Ehrlenspiel · Integrierte Produktentwicklung

Von der arbeitsteiligen Routine zur engagierten Gemeinschaft

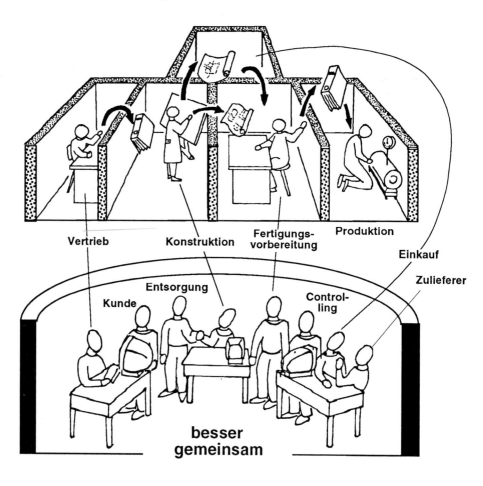

Wesentliche Schwachstellen der arbeitsteiligen Organisation sind geistige Mauern zwischen Abteilungen. Mitarbeiter verlieren die Gesamtheit des Produkts aus den Augen, der Arbeitsablauf wird nur noch innerhalb der einzelnen Abteilungen, dort aber bis ins Detail, optimiert.

Durch zielorientierte Zusammenarbeit von produkt-, produktions- und vertriebsdefinierenden Bereichen können erhebliche Zeit-, Kosten- und Qualitätsvorteile erreicht werden.

Klaus Ehrlenspiel

Integrierte Produktentwicklung

Methoden
für Prozeßorganisation, Produkterstellung
und Konstruktion

Mit 462 Abbildungen

Carl Hanser Verlag München Wien

Der Autor:

Professor Dr.-Ing. Klaus Ehrlenspiel
Lehrstuhl für Konstruktion im Maschinenbau
Technische Universität München

Die Deutsche Bibliothek – CIP-Einheitsaufnahme

Ehrlenspiel, Klaus:
Integrierte Produktentwicklung : Methoden für
Prozessorganisation, Produkterstellung und Konstruktion /
Klaus Ehrlenspiel. – München ; Wien : Hanser, 1995
ISBN 3-446-15706-9

© 1995 Carl Hanser Verlag München Wien
Satz: Gerber Satz, München
Druck: Appl, Wemding
Binden: Sellier, Freising
Printed in Germany

Vorwort

Die Wirklichkeit ist nicht so **oder** so,
sondern so **und** so.

(Harry Mulisch)

Dieses Buch ist das Ergebnis von einem Jahrzehnt Konstruktionserfahrung in der Industrie und rund zwei Jahrzehnten Konstruktionsmethodik an der Hochschule. Konstruieren hat mich immer begeistert: Neues erdenken, trotz zahlreicher Einschränkungen und Probleme; zu erleben, daß ein Produkt funktioniert und sich durchsetzt. – Konstruktionsmethodik ist mindestens ebenso interessant: das Erkennen, was beim Konstruieren wirkt, wie man systematisch bessere Produkte findet, und wie man das Konstruieren lehrfähig macht.

Weiter gebracht haben mich die Gedanken meines Vorgängers Professor Rodenacker, die langjährige Zusammenarbeit mit den Kollegen Pahl und Dörner und viele Diskussionen mit den Kollegen Andreasen, Beitz, Birkhofer, Jung, J. Müller und Roth. Anregend waren auch die ICED-Konferenzen und die Diskussionen mit Dr.-Ing. Hubka.

Das Engagement für die Integration betrieblicher Bereiche zum gemeinsamen Produkterfolg haben der DFG Sonderforschungsbereich 336, vor allem mit dem Kollegen Milberg, und rund 70 Kostensenkungsseminare in der Industrie verstärkt. Ich habe dabei erkannt, daß die rein sachbezogene Methodik allein nicht ausreicht, sondern daß Denk- und Handlungseigenheiten von Konstrukteuren, von Gruppen, ja von ganzen Unternehmen einbezogen werden müssen.

Allein hätte ich dieses Buch so nicht geschrieben. Ohne meine Mitarbeiter am Lehrstuhl und ihr Engagement – vor allem im letzten Jahr – wäre es nicht entstanden. Deshalb möchte ich ihnen ausführlicher, als es sonst üblich ist, danken.

Am Anfang des Diskussions- und Arbeitsprozesses vor sechs Jahren waren die Herren Dr.-Ing. N. Dylla, Dr.-Ing. E. Feichter, Dr.-Ing. A. Kiewert meine Gesprächspartner. Erste Entwürfe für Kapitel erarbeiteten Dr.-Ing. J. Bruckner, Dr.-Ing. E. Lenk, Dr.-Ing. R. Schiebeler, Dr.-Ing. G. Stoll, Dr.-Ing. P. Stolz, Dr.-Ing. R. Stuffer, Dr.-Ing. R. Wellniak, Dr.-Ing. M. Wolfram und Dipl.-Ing. E. Steinmeier.

Danach gründeten wir den „Buch-Club", der aus Frau Dipl.-Ing. U. Phleps, und den Herren Dr.-Ing. A. Kiewert, Dr.-Ing. J. J. Wach und Dr.-Ing. V. Weinbrenner bestand. Das Management übernahm mit großem Engagement Dr.-Ing. J. J. Wach, der viel zur Neukonzeption beitrug, danach Dr.-Ing. V. Weinbrenner. Er steuerte das Buchprojekt mit Umsicht und Einsatz bis zum Druck und trug, wie auch Dipl.-Ing. U. Phleps und Dr.-Ing A. Kiewert, viel zur Klärung der Gedanken, der Struktur und der Details bei.

Für die Arbeit an folgenden Teilbeiträgen möchte ich mich bei meinen Mitarbeitern ganz besonders bedanken:

Dipl.-Ing. S. Ambrosy (Kapitel 7.10, 8.1), Dipl.-Ing. G. Allmansberger (Arbeitsblätter und Checklisten), Dipl.-Ing. R. Bernard (Kapitel 8.7), Dr.-Ing. J. Bruckner (7.9) Dipl.-Ing. G. Hechtl (7.9), Dipl.-Ing. S. Danner (4.4.2, 7.8), Dipl.-Ing. R. Eiletz (7.3, 7.4, Anhang A1), Dipl.-Ing. A. Giapoulis (7.5.5, 7.6.4, 8.5), Dipl.-Ing. J. Günther (7.5, 8.3), Dipl.-Ing. R. Irlinger (7.6), Dr.-Ing. A. Kiewert (5.1.4.7, 7.1, 7.2, 9), Dipl.-Ing. R. Kleedörfer (7.7), Dipl.-Ing. P. Merat (9.4), Dr.-Ing. A. Schlüter (5.1.4.3, 8.6), Dipl.-Ing. Dipl.-Wirtsch. Ing. S. Uebelhör (4.4.2, 7.8), Dipl.-Ing. R. Simons (8.7), Dipl.-Ing. M. Steiner (9.3.4), Dr.-Ing. J. J. Wach (4.1.6), Dr.-Ing. V. Weinbrenner (8.2).

An den umfangreichen Korrekturlesungen waren genannte Herren und intensiv Frau Dipl.-Ing. U. Phleps sowie die Herren Dr.-Ing. E. Feichter, Dr.-Ing. A. Kiewert, Dr.-Ing. J. J. Wach und Dr.-Ing. V. Weinbrenner beteiligt. Ihnen und den externen kritischen Gutachtern, den Herren Prof. Dr.-Ing. R. Baumgarth, Prof. Dr. D. Dörner, Prof. Dr.-Ing. D. Fischer und Dipl.-Ing. G. Zoll möchte ich ganz herzlich danken.

Für das Erstellen der Bilder danke ich Frau S. Frick und Frau J. Schulz.

Ich möchte ferner zahlreichen Firmen danken. Sie haben indirekt an diesem Buch mitgewirkt, indem sie eingewilligt haben, daß ihre Praxisbeispiele – allerdings meist etwas verfremdet – aufgenommen werden. Der Dank gilt den Firmen Behr, BHS Werk Sonthofen, BMW, Heckler und Koch, MTU Friedrichshafen, Rafi, Renk, Trützschler, Webasto, Zahnradfabrik Passau.

Gedankt sei auch dem Carl Hanser Verlag für die angenehme Zusammenarbeit und gute Ausführung. Es sei angemerkt, daß der Verlag von einem Teil der Herstellkosten entlastet wurde, um den Buchpreis vor allem für Studenten noch tragbar zu machen.

Meiner Frau danke ich für das Verständnis und die Geduld bei der zeitlichen und inneren Abwesenheit ihres Mannes.

Klaus Ehrlenspiel
im August 1994

Lehrstuhl für Konstruktion
im Maschinenbau
TU München

Inhalt

1 Einleitung

1.1 Zielsetzung und möglicher Leserkreis

Wovon handelt dieses Buch ?

Dieses Buch handelt von der Entwicklung und Konstruktion als Kern der **Produkterstellung.** Was ist darunter zu verstehen? Produkterstellung ist der gesamte Prozeß, der abläuft, bis ein Produkt genutzt wird: von der Ideensuche, nach der das Produkt erst definiert wird, bzw. vom Auftrag bis zur Auslieferung des Produkts an den Nutzer. Innerhalb dieses Prozesses ist die Entwicklung und Konstruktion zusammen mit der vorangehenden Produktplanung bzw. der Projektierung die Definitionsphase des Produkts. Insofern ist die Phase der Entwicklung und Konstruktion, in der alle produktbeeinflussenden Stellen zusammenwirken sollen (z. B. Kunde, Vertrieb, Produktion, Materialwirtschaft, Controlling, Zulieferer), der Kern dieser Produkterstellung.

a) Dieses Buch will in einem **ersten Schwerpunkt** eine **integrierende Denkweise** vermitteln. Es wird versucht, nicht nur das Zusammenwirken der einzelnen Abteilungen im Unternehmen zu fördern, sondern auch den Horizont für die Festlegung aller Produkteigenschaften, von der Nutzung bis zur Entsorgung, zu erweitern.

Integrierende Methoden wie interdisziplinäre Teamarbeit (Simultaneous Engineering), Quality Function Deployment (QFD), zielkostenorientiertes Konstruieren (Target Costing) ergeben erstaunliche Verbesserungen in der Qualität, der Durchlaufzeit und den Kosten von Produkten. Die Kombination dieser z. T. von Japan und USA übernommenen Methoden mit den inzwischen erprobten Erkenntnissen des methodischen Konstruierens kann einen weiteren Schub zu besseren, konkurrenzfähigen Produkten bringen.

Dementsprechend wird eine „**integrierte Produkterstellungsmethodik (IP-Methodik)**" vorgeschlagen, die, ausgehend von der Konstruktionsmethodik, auch in den Bereichen Produktion, Vertrieb, Materialwirtschaft und Controlling eingesetzt werden kann. Sie ist eine Vereinigung von Denkmethoden zur Lösung von Problemen, von Organisationsmethoden zur Optimierung zwischenmenschlicher Prozesse und von sogenannten sachgebundenen Methoden zur unmittelbaren Verbesserung von Produkten (hier meist Konstruktionsmethoden). Der Inhalt der Methoden ergibt sich aus der Logik des Denkens, aus den Informations- und Organisationsnotwendigkeiten bei der Arbeitsteilung und aus der Logik der Sache, wie sie derzeit sowohl durch die Kenntnisse und Möglichkeiten der Physik als auch der Konstruktions- und Produktionstechnik gegeben sind. Damit baut das Buch auf vielen bekannten Vorgängern auf: Andreasen, Beitz, Eder, Hansen, Hubka, Koller, Pahl, Rodenacker, Roth, um nur einige zu nennen.

b) Ein **zweiter Schwerpunkt** des Buches ist die **flexible Anwendung von Methoden** je nach den Anforderungen des zu erstellenden Produkts, des Unternehmens und der Bearbeiter selbst. Methoden sind notwendigerweise bis zu einem gewissen Grad abstrakt, damit sie möglichst durchgängig angewendet werden können. Sie müssen aber an das jeweilige Problem angepaßt werden. So wird in diesem Buch besonders der **Vorgehenszyklus** betont, eine einfache Problemlösungsmethode, die durchgängig und in unterschiedlicher Bearbeitungstiefe eingesetzt und leicht angepaßt werden kann. Hervorgehoben wird außerdem das in der Praxis sehr häufig eingesetzte **„korrigierende Vorgehen"**, das der „Ökonomie des Denkens" entgegenkommt und nur wenig Zeit beansprucht. Es ergänzt das konstruktionsmethodisch bekannte **„generierende Vorgehen"**, das vor allem für grundsätzlich neue Lösungen geeignet ist.

c) Der **dritte Schwerpunkt** des Buches ist vor allem für wissenschaftlich orientierte Leser interessant. Es wird gezeigt, daß sich die **Notwendigkeit methodischen Vorgehens** einerseits aus der Beschränktheit des menschlichen Gedächtnisses und andererseits aus der Komplexität von Produkten und ihren Erstellungsprozessen ergibt. Wir können gar nicht anders erfolgreich denken und handeln als methodisch. Dabei wird der Methodikbegriff durchgängig vom **„Unbewußten bis zum Bewußten"** interpretiert. Es gibt also, neben chaotischen Vorgehensweisen, auch implizit im Unbewußten ablaufende Methoden. Die bisher bekannte Technik ist sicher zu einem erheblichen Teil ohne bewußten Methodeneinsatz entstanden, wenn man von Analyse- und Rechenmethoden absieht. Geniale Ingenieure entwickelten nicht nur Technik, sondern aus Erfahrung zielgerichtete, unbewußt und implizit ablaufende Methoden. Solche Methoden zu erkennen, zu formalisieren, zu lehren und bei den Lernenden wieder durch Einüben z. T. ins Unbewußte absinken zu lassen, ist Aufgabe von Konstruktionswissenschaft und -lehre.

Man kann sich fragen, wozu die wissenschaftliche Beschäftigung mit Produkterstellungsmethoden nützen soll, wenn so hervorragende Technik, wie wir sie kennen, auch ohne viel bewußten Methodeneinsatz entstanden ist. Man kann dafür eine Analogie zum Einsatz physikalischer Wissenschaften heranziehen: Die ersten Motoren von Watt und Otto sind ohne tiefergehende Thermodynamik- und Mechanikkenntnisse entstanden. Heute aber sind diese Wissenschaften zur Optimierung der Motoren unerläßlich. Ähnlich ist es mit dem Übergang vom impliziten, kaum bewußten Konstruieren zum wissenschaftlich durchdachten methodischen Vorgehen. Man weiß heute eher, was man wann und warum tun muß, und kann den Prozeß dementsprechend steuern.

Die Produkterstellung kann man mit einer Bergwanderung vergleichen, bei der manchmal schlechtes Wetter und Nebel herrscht. Nach wie vor wird vieles effektiv implizit als reine Routine erledigt: Man wandert so vor sich hin. Ab und zu kann man heute aber die „Methodikkarte" und den Kompaß herausziehen, feststellen, wo man ist, wie man gegangen ist, und wie man möglichst ohne Umwege ans Ziel kommen kann. Das konnte man früher nicht.

d) Was behandelt das Buch nicht ?

Viele für die Konstruktion und Entwicklung wichtige Aspekte der Produkterstellung werden in diesem Buch aus Umfangsgründen nicht behandelt. So spart das Buch das Thema **Datenverarbeitung** nahezu aus. Eine strukturierte Denkweise, die Voraussetzung für ihren erfolgreichen Einsatz ist, wird jedoch vermittelt. Nach wie vor gilt: erst strukturieren, ordnen, standardisieren, organisieren und dann erst automatisieren und programmieren. Nur eine in sich logische Produkterstellungsmethodik kann die Voraussetzung für die Formalisierung der Prozesse sein, die dann DV-fähig werden.

Schwerpunkt des Buches liegt aus Umfangsgründen auch **nicht** bei Faktenwissen und **spezifischem Vorgehen** zur zielgerichteten Konstruktion auf bestimmte Produkteigenschaften hin (Design to X). Dafür gibt es besondere, ins Detail gehende Anleitungen. Hier wird nur das kostengünstige Konstruieren ausführlicher behandelt.

Es fehlen ferner **Methoden aus dem Produktions- und Vertriebsbereich** und typische **Managementmethoden**. Allerdings sind viele der hier vorgestellten Methoden allgemein einsetzbar.

e) Für wen ist das Buch geschrieben?

Das Buch soll

- **Studenten** der „Produkterstellungslehre" (wenn es diese mal gibt), einstweilen der Konstruktion und der Produktion,
- entsprechenden **Dozenten**,
- selbständig arbeitenden und leitenden **Konstrukteuren** sowie **Produktverantwortlichen** in der Industrie

Erkenntnisse und Hilfen vermitteln.

Wahrscheinlich ist der Stoff für Studenten einerseits zu umfangreich (im allgemeinen Teil), andererseits zu dürftig (im konkreten Teil der Anleitung zur Konstruktion). Deshalb muß hier die angegebene ergänzende Literatur helfen.

Ich würde mich freuen, wenn dieses Buch all jenen Impulse gibt, die sich mit der Produkterstellung befassen. Damit sind eben nicht nur die Konstrukteure, entsprechend dem bisherigen Abteilungsdenken, gemeint. Es ist faszinierend, konkurrenzfähige, nutzer- und umweltfreundliche Produkte zu erdenken, zu realisieren und dann im Markt genutzt zu sehen. Dieses Erlebnis wünsche ich Ihnen.

1.2 Gliederung des Buches

Da integrierte Produktentwicklung die Integration in die gesamte Produkterstellung bedeutet, ist diese von besonderer Wichtigkeit. Deshalb steht im **Zentrum des Buches** das **Kapitel 6** mit der „Methodik für die integrierte Produkterstellung (IP-Methodik)" **(Bild 1.2-1)**. Dabei handelt es sich um eine Methodik für alle Unternehmensbereiche, die an der Produkterstellung beteiligt sind. In erster Linie sind das die Entwicklung und Konstruktion, die Produktion, der Vertrieb, die Materialwirtschaft und das Controlling. Die anderen Kapitel arbeiten auf dieses zentrale Thema hin bzw. gehen von ihm aus.

Kapitel 2 behandelt den Aufbau **technischer Systeme** und liefert somit die Sachlogik als Voraussetzung für sachgerechtes Handeln. Die Produktlogik und der Produktlebenslauf werden hier behandelt.

Kapitel 3 zeigt, wo der **Mensch als Problemlöser,** neben seinen erstaunlichen Fähigkeiten, Defizite hat. Als Kompensation für diese Defizite entwickeln wir Methoden, die häufig genug im Unbewußten ablaufen. Daraus ergibt sich der **Normalbetrieb** des Denkens, der allerdings immer wieder vom **Rationalbetrieb**, dem methodisch bewußten Denken, unterbrochen wird.

Kapitel 4 leitet vom Einzelmenschen auf die Gruppe und das Unternehmen über und gibt einen Überblick über **Inhalt und Organisation der Produkterstellung.** Ausgehend von einer Beschreibung der bisher vorherrschenden konventionellen, hauptsächlich sequentiell ablaufenden Produkterstellung mit ihren Problemen, die sich aus der Arbeitsteilung ergeben, wird ein Ansatz zu deren Überwindung vorgestellt: die **integrierte Produkterstellung.**

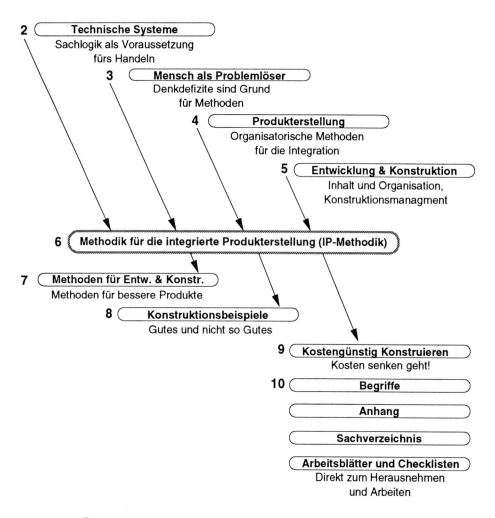

Bild 1.2-1:   Übersicht über die Buchgliederung

Kapitel 5 behandelt die Entwicklung und Konstruktion. Hier werden Inhalt und Organisation dieses Bereiches sowie Möglichkeiten zur Rationalisierung und Terminplanung angesprochen.

Kapitel 6 stellt die oben erwähnte „Methodik für die integrierte Produkterstellung (**IP-Methodik**)" vor, eine mögliche Problemlösungs- und Arbeitsmethodik für das ganze Unternehmen. Ihre Ausgestaltung muß unternehmensspezifisch erfolgen. Diese Methodik kann inhaltlich bereichert werden durch die in

Kapitel 7 dargestellten **sachgebundenen Entwicklungs- und Konstruktionsmethoden**. Hier werden erprobte, dem Vorgehenszyklus entsprechend strukturierte Inhalte der Konstruktionsmethodik behandelt. Sie sind Teile des Methodenbaukastens und damit Teilmethoden der IP-Methodik.

Kapitel 8 zeigt an sieben **Konstruktionsbeispielen**, wie diese Methoden angewendet werden und wie sie auch bei nicht immer rational kontrollierten Prozessen automatisch Anwendung finden. An zwei Beispielen werden die Folgen eines methodisch unkontrollierten Vorgehens aufgezeigt.

Kapitel 9 gibt einen Überblick über die Erfahrungen und Methoden, **Kosten** zu **senken**. Hier wird ein methodisches Vorgehen beschrieben, bei dem es nicht in erster Linie um Funktionsforderungen geht, sondern um eine andere Hauptforderung, die Senkung der Herstellkosten.

Kapitel 10 definiert im Buch verwendete **Begriffe**. Darauf folgen das **Literaturverzeichnis,** der **Anhang** und das **Sachverzeichnis**.

Ein Heft, das als **Arbeitsblätter und Checklisten** die wichtigsten Bilder des Buches unmittelbar für die Konstruktionsarbeit zusammenfaßt, ist hinten in das Buch eingelegt.

1.3 Zur Akzeptanz und Weiterentwicklung der Konstruktionsmethodik

Dieses Buch geht aus von Erfahrungen, die in mehr als 20 Jahren mit der Anwendung und Weiterentwicklung der Konstruktionsmethodik im deutschsprachigen Raum gemacht wurden. Trotz der faszinierenden Erkenntnisse hat sie sich entgegen anfänglichen Erwartungen in der Praxis nur teilweise durchgesetzt. Hier soll den Ursachen dafür nachgegangen werden, denn daraus entstehen Neuansätze für Verbesserungen. Einige werden in diesem Buch aufgegriffen. Ähnliche werden in dem Bericht über den Ladenburger Diskurs (1992 bis 1993) behandelt [1/1].

Konstruieren ist lehrbar

Seit 1967 die Tagung der VDI-Fachgruppe Konstruktion mit dem Titel „Engpaß Konstruktion" [2/1] auf den gravierenden Mangel an gut ausgebildeten und entsprechend motivierten Konstrukteuren hinwies, ist nicht nur im deutschsprachigen Raum viel geschehen. Es gibt zwar immer noch zu wenig Konstrukteure, aber durch die Konstruktionsmethodik ist das Konstruieren wenigstens lehrbar geworden, und man muß es sich nicht, wie früher, nur durch Abschauen und Eigenerfahrungen mühsam und langsam aneignen. An fast allen Technischen Universitäten (Hochschulen) und Fachhochschulen wird die Konstruktionsmethodik gelehrt. Absolventen ohne Anwendungserfahrung sind in der Lage, ohne längere Einarbeitungszeit zielgerichtet, auch bei komplexen Aufgabenstellungen, befriedigende Lösungen zu entwickeln. Diese Aussage wird bestätigt durch viele erfolgreiche Diplomarbeiten in Zusammenarbeit mit der Industrie und durch die Nachfrage nach methodisch ausgebildeten Absolventen [3/1].

In diesem Zusammenhang soll **Bild 1.3-1** auf die Ziele der Konstruktionsmethodik hinweisen. Im Vordergrund stand bisher die Hilfestellung zur Entwicklung von technisch optimalen Produkten, und dies vor allem im Hinblick auf die prinzipielle Lösung, dem Konzept. Es ist klar, daß die Vielfalt der Ziele in der bisher kurzen Geschichte der Konstruktionswissenschaft noch nicht durchgängig bearbeitet werden konnte.

Probleme für die Akzeptanz ergaben sich bzw. bestehen noch aus folgenden Gründen:

1 **Die Konstruktionsmethodik wird nur langsam, in Teilen oder abgewandelt, von der Praxis übernommen.**
Eine direkte Übernahme von produktneutralen Vorgehensplänen in die Praxis ist wenig effektiv (Kapitel 4.1.5, 6.4): sie müssen produkt- oder problemspezifisch angepaßt werden. Ähnliches erfahren **Methoden** der Konstruktionsmethodik, die in der Praxis vor allem von methodisch geschulten Konstrukteuren abgewandelt bzw. eingesetzt werden. Solche Methoden sind z. B. das Erstellen von Anforderungslisten mit Hilfe von Leitlinien [4/1] oder Checklisten, der Einsatz des morphologischen Kastens, die Nutzung von Auswahl- und Bewertungsverfahren.
Trotzdem ist Kritik wegen ungenügendem Praxiseinsatz vorhanden. Sie ist allerdings nicht einheitlich [5/1; 6/1; 7/1; 8/1].

2 Die Konstruktionsmethodik im deutschsprachigen Raum **entwickelte sich langsam** seit Mitte der sechziger Jahre aus den Arbeiten von Kesselring, Leyer, Matousek, Niemann, Tschochner und Wögerbauer. Darauf bauten Bischoff, Bock und Hansen (Ilmenauer Schule) sowie Beitz, Hubka, Koller, J. Müller, Pahl, Rodenacker und Roth auf. Es bildeten sich, wie bei jeder neu entstehenden Wissenschaft, **Schulen** mit zum Teil neuen Begriffen heraus, die ein einheitliches Verstehen schwer machten. Die Schulen-Bildung wurde beginnend mit der VDI-Richtlinie 2221 von 1986 überwunden.

3 Der **zeitliche Verzug** von der Forschungserkenntnis über die Lehre bis zur Übernahme in der Praxis muß mit mehr als 10 Jahren angesetzt werden, wenn die Erkenntnis nicht direkt mit wirtschaftlichen Vorteilen lockt (Kapitel 5.2.2.3). Es dauert allein ca. 5 Jahre, bis ein Hochschulabsolvent, vom Studienbeginn ab gerechnet, in die Praxis kommt. Danach muß er sich einarbeiten und in Positionen kommen, in denen die Durchsetzung neuer Gedanken möglich ist. Methodikseminare in der Praxis finden zu selten statt und können das Einüben von Methoden auch nicht ausreichend gewährleisten. Dies behindert den Wissenstransfer. Es wäre ein Weiterbildungs-Kurz-Studium nötig.

technische Ziele	Hilfestellung bei der – Entwicklung von neuartigen Produkten – Entwicklung von besseren Produkten mit optimalem Kundennutzen / Kundenkosten
organisatorische Ziele	– Rationalisierung der Konstruktionsarbeit – Verkürzung der Konstruktionszeit und der Produktlieferzeit – Erleichtern von Teamarbeit – Erleichterung des interdisziplinären Arbeitens – Nachvollziehbar machen von Konstruktionen – Objektivierung der Konstruktionsarbeit – Verbesserung rechnergestützten Konstruierens – Verkürzung der Einarbeitungszeit für Konstrukteure

persönliche Ziele	– Hilfestellung in neuartigen Situationen
	– Steigerung der Kreativität
	– Nachvollziehbar machen von Konstruktionen
	– Erweiterung des Problembewußtseins
	– Verbesserung der Präsentation der Konstruktion
	  gegenüber Vorgesetzten, Kunden, ...
	– Erleichtern des Überblicks über das ständig wachsende
	  Fachgebiet

didaktische Ziele	– Lehrbar machen des Konstruierens – Rationalisierung der Lehre

Bild 1.3-1:   Ziele der Konstruktionsmethodik

4   Konstruktionsmethodik müßte durch **Üben** zum **Normalbetrieb des Denkens** werden. Wie in Kapitel 3.4 gezeigt, nutzen Konstrukteure verinnerlichte und als erfolgreich erfahrene Vorgehensweisen und Methoden. Sie richten sich weniger nach nur gehörten und an der Hochschule abgeprüften Methoden. Zum intensiven Üben reichen aber an der Hochschule bisher die Zeit und die Lehrkapazität nicht. Schon gar nicht für das effektivste, das „entdeckende Lernen", bei dem man mit einem Problem konfrontiert wird und unter Anleitung die Methode selbst entdeckt! – Außerdem ist die Hochschullehre oft begrifflich zu abstrakt und gerade für Konstrukteure zu wenig bildhaft anschaulich.

5   Es ist schwierig, die **Wirksamkeit von Konstruktionsmethoden** oder allgemein von Problemlösungsmethoden z. B. auf Qualitätsverbesserung, Zeit- und Kosteneinsparung überzeugend nachzuweisen (Kapitel 5.2.2.3). Das ist ähnlich wie beim Einsatz der Normung. Es trifft ebenso für den Methodeneinsatz in Fertigungsvorbereitung, Vertrieb oder Einkauf zu. Dementsprechend werden Methoden hier erst dann eingesetzt, wenn das Management diese als wirksam erachtet. Nachweisbar dagegen ist die Wirtschaftlichkeit der Automatisierung von sich oft wiederholenden Routineprozessen.

6 Die gelehrte Konstruktionsmethodik ist eine „**Allgemeinmethodik**". Sie muß für alle Produkte jeder Komplexität, für alle Personen, alle betrieblichen Hierarchieebenen, für Einzelpersonen wie für Gruppen und Abteilungen, für eine Vielzahl von Anforderungen an das Produkt (von der Funktion bis zum Recycling) und für jede Art konstruktiver Tätigkeit (vom Klären der Aufgabe bis zum Ausarbeiten der Produktdokumentation, von der Neu- bis zur Variantenkonstruktion) gültig sein. Je allgemeingültiger aber eine Methodik ist, um so abstrakter muß sie formuliert sein und um so größer ist der geistige und organisatorische Aufwand, sie an das konkrete Problem anzupassen. Trotzdem ist der Methodeneinsatz in hohem Maße effizient. Es muß einfach der Anpassungsaufwand an konkrete produkt- und betriebsspezifische Erfordernisse geleistet werden (Kapitel 6.4). – Auch dieses Buch kann so z. B. nicht 17.000 verschiedene Abwandlungen der IP-Methodik (Kapitel 6.2) behandeln, entsprechend den im Maschinenbau nach VDMA vorhandenen 17.000 Produktarten.

7 Die Konstruktionsmethodik wurde in der Vergangenheit für die **Neukonstruktion,** d. h. das generierende Konstruieren, und dabei vor allem für die **Konzeptphase** entwickelt (Kapitel 5.1.3.2). Diese Konstruktionsart und -phase ist zwar sehr wichtig, macht i. a. aber höchstens 10% der in der Praxis zu leistenden Konstruktionsarbeit aus. Ein Großteil der Arbeit wird für die Anpassung und Verbesserung vorhandener Produkte eingesetzt und dabei wieder für die Gestaltung in Entwurf und Ausarbeitung, wobei meist Norm-, Wiederhol- und Gleichteile sowie gekaufte Funktionsträger verwendet werden. Für die Gestaltung gibt es aber zu wenig methodische Hilfen. Dies wieder rührt hauptsächlich daher, daß beim Gestalten eine sehr große Zahl von Parametern zu berücksichtigen sind, die zudem stark vernetzt sind. Ein einigermaßen sequentieller, detaillierter und allgemeingültiger Ablauf läßt sich deshalb hier, im Gegensatz zur Konzeptphase, in der man von vielen Parametern abstrahiert, kaum angeben. Ein weiterer Grund ist, daß die **korrigierende Lösungssuche** (Kapitel 5.1.4.3) gegenüber der generierenden Lösungssuche bisher kaum gesehen wurde. Insbesondere in der Gestaltung dominiert sie. Wenn sie auch weniger innovative Lösungen hervorbringt, so ist sie doch zeitsparend und entspricht der Ökonomie des Denkens (Kapitel 3.2 8.6). Das bedeutet insgesamt, daß Konstruktionsmethodik bisher nur einen kleinen Teil der Konstruktionsarbeit abdeckt, was ihre Einführung erschwert. Hinzu kommt, daß die Einbeziehung von Versuchen und Berechnungen zur realistischen Früherkennung von Lösungseigenschaften bisher kaum berücksichtigt wurde (Kapitel 7.8.3).

8 Die bisherige Methodik ist im wesentlichen auf die **Funktion** von Produkten, d. h. auf die **Suche nach prinzipiellen Lösungen**, ausgerichtet. Das ist natürlich die wichtigste Anforderung. Trotzdem gibt es in der Praxis genügend Produkte (z. B. Getriebe, Verdichter, Pumpen), deren prinzipielle Lösungen bekannt und erprobt sind. Probleme, wie z. B. Zuverlässigkeit, Ergonomie, Montageautomatisierung, Kosten, sind nun viel dringender (Design to X). Dafür gibt es aber im Rahmen der Konstruktionsmethodik erst in Ansätzen Hilfestellungen (Kapitel 6.5.2; 9).

9 In der Konstruktionspraxis ist **Zeitdruck** ein Dauerzustand [9/1]. Trotz laufender Änderungen bleibt der Liefertermin des Produkts und damit der Produktdokumentation meist fest. Zeitmangel ist erfahrungsgemäß ein Hauptgrund für das Nichteinführen neuer Verfahren und Methoden (Kapitel 4.1.7.2). Bis heute sind Methoden bezüglich Wirksamkeit und Zeitverbrauch nicht untersucht worden. In der Praxis sind einfach erlernbare, schnell und wirkungsvoll einsetzbare Methoden gefordert. Die Hochschulinstitute, die ja Methoden entwickeln, haben wenig Zeitdruck. Dementsprechend werden von dort zum Finden des technisch besten Produkts möglichst vollständige Lösungsfelder angestrebt, was bei begrenzter Information und Zeit in der Praxis meist nicht durchführbar ist („80%-ige Lösungen sind ausreichend"). Ein Schwerpunkt konstruktionsmethodischer Forschung könnte deshalb werden, in einer vorgegebenen Zeit ein akzeptables Produkt zu erzeugen.

10 Die deutschsprachige Konstruktionsmethodik ist bisher im wesentlichen eine **Sachmethodik**, d. h. eine personen- und organisationsneutrale Methodik, selbst wenn immer wieder Teamarbeit und Kreativitätsmethoden, wie Brainstorming, gefordert werden. Pahl und Beitz [4/1] nehmen diesbezüglich eine Sonderstellung ein. Führungsprobleme und Probleme, wie sie in der Praxis aus der Arbeitsteilung entstehen und zu interdisziplinären Organisationsformen führen, stehen für die Hochschulen bisher nicht im Vordergrund. Gerade solche Probleme sind aber in der Praxis ein wesentlicher Anlaß, rational begründete Methoden und Vorgehenspläne einzusetzen (Kapitel 4.3.3; 4.3.4; 4.4; 5.2).

11 Konstruktionsmethodik früherer Ausprägung wird oft genug als **starr und zu wenig flexibel** bezeichnet. Auf die unterschiedlichen Anforderungen der Konstruktion und der Bearbeiter gehe sie nicht ausreichend ein. Dieser Eindruck rührt aus der anfänglichen Zielrichtung her, die Konstruktionsmethodik mit in sich logischen, fast algorithmischen Vorgehensplänen aufzubauen. Vorbilder waren physikalische Berechnungsvorgänge und eine Elementarisierung von Funktionen und Lösungen, ähnlich dem System chemischer Elemente, aus denen dann wieder komplexe Strukturen aufgebaut werden. Mit der VDI-Richtlinie 2221 [10/1] wurde ansatzweise ein Methodenbaukasten eingeführt, der auf größere Flexibilität abgestellt war. Trotzdem verstärkt allein schon die Darstellung von Vorgehensplänen durch linear aufeinanderfolgende Arbeitsabschnitte den Eindruck von starr abzuarbeitenden Programmen. Rückwärtsgerichtete Pfeile, die Iterationen andeuten, fallen dagegen kaum ins Auge. Erst in neuerer Zeit, durch die Anregung aus denkpsychologischen Untersuchungen, werden mit individual- und gruppenpsychologischen Einflüssen auch die Iteration und Flexibilisierung stärker berücksichtigt.

12 Zwischen der bisherigen **Konstruktionsmethodik und CAD** besteht zu wenig Zusammenhang. Erst langsam entwickelt sich eine rechnerspezifische Konstruktionsmethodik. Diese ergibt sich aus den Besonderheiten des Rechnereinsatzes. So kann man erst damit räumliche Gebilde modellieren: 3D-konstruieren und nicht nur darstellen. Bisher konnte man dies nur im Kopf oder direkt körperlich. Ferner kann man damit sämtliche Eigenschaften und Daten eines Produktes und seiner Elemente im Produktmodell geordnet ablegen und für jeden Interessenten zugreifbar machen. Schließlich läßt sich die Produktlogik formal leichter darstellen und verarbeiten (Kapitel 2.3.3).

Faßt man die obigen Gedanken **zusammen** und gewichtet sie, so dürften die wesentlichen Gründe für die unzureichende Nutzung der Konstruktionsmethodik in der Praxis in folgenden drei Komplexen liegen:

- Konstrukteure der Praxis – und z. T. auch Studenten – haben zum großen Teil im Unbewußten ablaufende Problemlösungs- und Vorgehensmethoden ausgebildet („Normalbetrieb des Denkens"), die nur schwer und durch intensives Üben „umprogrammiert" werden können.

- Gerade für das Üben allein und vor allem im Team steht in Aus- und Weiterbildung viel zu wenig Zeit zur Verfügung. Dies wiederum ist wohl auf mangelnden Einblick in die „Ablaufmechanismen" des Denkens und Handelns zurückzuführen. Es ist ähnlich wie beim Fahrradfahren und Schwimmen, das man auch nicht nur über die Theorie lernen kann. Statt Fähigkeiten und Verhaltensweisen werden im Übermaß Fakten vermittelt.

- Schwerpunkte praktischer Entwicklungs- und Konstruktionsarbeit, wie das Gestalten, das korrigierende Vorgehen, die Versuchstechnik, die zwischenmenschlichen und organisatorischen Belange, kommen – aus welchen Gründen auch immer – bisher zu kurz. Praktiker sehen sich bei einem Großteil ihrer Arbeit zu wenig unterstützt.

Dabei wäre gerade die Konstruktionsmethodik mit ihrem innovationsfördernden Ansatz eine wesentliche Hilfe für die deutsche Industrie.

Natürlich besteht noch erheblicher **Forschungsbedarf**, der zum Teil sehr grundsätzlich die Nutzung von Methoden beim menschlichen Handeln betrifft: Inwieweit und wie häufig handeln Menschen bewußt oder unbewußt zielgerichtet und benutzen dabei Methoden? Welche (alternativen) Methoden werden zur Lösung welcher Probleme eingesetzt? Wie werden Ziele als solche erkannt, oder wirken auch sie zum Teil schon im Unbewußten? Sind es eher kurz- oder langfristige Ziele?

Ferner sind sowohl die Nutzen- als auch die Aufwandsermittlung von Methoden ein offenes Feld. Welchen Lern- und Anwendungsaufwand haben alternative Methoden? Wie kann man Methoden so einüben, daß sie zur effektiven Routine werden? Bei welchen soll man das tun? Wo sind Schwachstellen heute bekannter Methoden, und wie kann man sie vermindern? Warum entstehen laufend neue Methoden (z. B. Simultaneous Engineering, KAIZEN, QFD, Target Costing), und wie hängen sie mit altbekannten zusammen? Warum entwickeln sich letztere nicht ausreichend weiter?

Schließlich ist die Interpretation und Differenzierung von Methoden offen: Welche Methoden eignen sich für Einzel- bzw. Gruppenarbeit, welche für ganze Organisationen? Wie fruchtbar ist eine einheitliche Methodik für ein ganzes Unternehmen (Kapitel 6.2)? Wie führt man diese ein?

Literatur zu Kapitel 1

[1/1] Müller, J.: Akzeptanzprobleme in der Industrie, ihre Ursachen und Wege zu ihrer Überwindung. In: Pahl, G. (Hrsg.): Psychologische und pädagogische Fragen beim methodischen Konstruieren. Köln: TÜV Rheinland-Verlag 1994. (Ergebnisse des Ladenburger Diskurses 1992 bis 1993)

[2/1] VDI-Fachgruppe Konstruktion (ADKI): Engpaß Konstruktion. Konstruktion 19 (1967), S. 192–195.

[3/1] Pahl, G.: Notwendigkeit und Grenzen der Konstruktionsmethodik. In: Hubka, V. (Hrsg.): Proceedings of the ICED 1990, Dubrovnik. Zürich: Edition Heurista 1990, S. 15–30. (Schriftenreihe WKD 19)

[4/1] Pahl, G.; Beitz, W.: Konstruktionslehre. 3. Aufl. Berlin: Springer 1993.

[5/1] Pahl, G.; Beelich, K. H.: Erfahrungen mit dem methodischen Konstruieren. Werkstatt und Betrieb 114 (1981) 11, S. 773–782.

[6/1] Riehm, U.: Einige konzeptuelle Mängel der Konstruktionswissenschaft und ihre Auswirkungen auf CAD. In: Hubka, V. (Hrsg.): Proceedings of the ICED 1983, Kopenhagen. Zürich: Edition Heurista 1983, S. 314–326. (Schriftenreihe WDK 10)

[7/1] Jorden, W.: Die Diskrepanz zwischen Konstruktionspraxis und Konstruktionsmethodik. In: Hubka, V. (Hrsg.): Proceedings of the ICED 1983. Zürich: Edition Heurista 1983. (Schriftenreihe WDK 10)

[8/1] Havenstein, G.; Schwarzkopf, W.: Arbeitsbereich Konstruktion. VDI-Z 126 (1984) 20, S. 753–759.

[9/1] Ehrlenspiel, K.: Industrieprobleme und nötiges Wissen bzw. Können im Bereich Entwicklung und Konstruktion. In: Pahl, G. (Hrsg.): Psychologische und pädagogische Fragen beim methodischen Konstruieren. Köln: TÜV Rheinland-Verlag 1994. (Ergebnisse des Ladenburger Diskurses 1992 bis 1993)

[10/1] VDI-Richtlinie 2221: Methodik zum Entwickeln und Konstruieren technischer Systeme und Produkte. Düsseldorf: VDI-Verlag 1993.

2 Technische Systeme und ihre Eigenschaften

2.1 Einleitung

Die Systemtechnik, die nach dem 2. Weltkrieg ausgehend von den Arbeiten Shannons, Wieners und Bertalanffys („Allgemeine Systemtheorie") entstanden ist, hat als fachübergreifende Wissenschaft enge Beziehungen zur Konstruktionswissenschaft (Hubka [1/2], Beitz [2/2]). Sie vermittelt im wesentlichen zwei Inhaltsbereiche: den Begriff des **Systems**, mit dem sich u. a. technische Systeme mit ihren Eigenschaften darstellen lassen, und die Methodik zur Synthese und Analyse von Systemen. Die Konstruktionswissenschaft verwendet diese beiden Bereiche analog: zum einen die **Theorie technischer Systeme** als Beschreibung technischer Gebilde und zum anderen die **Theorie der Konstruktionsprozesse,** beide zusammen als Ursprung der Methodik des Konstruierens (**Bild 2.1-1**).

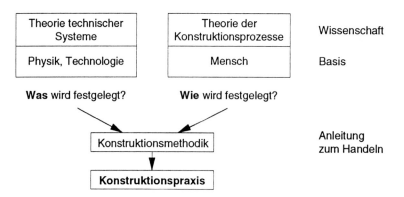

Bild 2.1-1: Der Zusammenhang zwischen der Theorie technischer Systeme und der Theorie der Konstruktionsprozesse

Da die Theorie technischer Systeme auf der Physik und der Technologie des zu Konstruierenden (bzw. des Konstruierten) aufbaut, ist sie weniger strittig als die Theorie des Konstruktionsprozesses, die auf den schwer beobachtbaren Denkvorgängen des Menschen gründet. Die Theorie technischer Systeme sei als eine abstrakte Beschreibungsmöglichkeit der zu konstruierenden Objekte diesem Buch vorangestellt.

Systemtechnik oder „Systems Engineering" (Ropohl [3/2], Daenzer & Huber [4/2], Patzak [5/2]) ist aus folgenden Gründen entstanden bzw. heute nötig:

- Das Wissen ist in einer Art **„Wissensexplosion"** aufgrund der sich immer mehr in Spezialgebiete aufspaltenden Wissenschaften so angewachsen, daß niemand mehr das Ganze übersehen kann. Die Spezialisten können sich untereinander kaum mehr verstehen, da sie jeweils eigene Fachsprachen entwickeln. Dabei liegt – wie viele Forschungsprojekte gezeigt haben – der Gewinn an Erkenntnissen heute nicht nur in immer mehr fachgebundenen „Tiefbohrungen", sondern zunehmend in den Anregungen aus interdisziplinären Kontakten. Die Systemtechnik kann dabei mit ihren Begriffen und Schemata als fachübergreifendes Verständigungsmittel dienen. Sie erleichtert die interdisziplinäre Nutzung von Wissen. Ganzheitliches Denken, das dadurch gefördert wird, ist die eine sehr wichtige Möglichkeit, komplexe Systeme zu optimieren, die Bedeutung der Teilprobleme und Teilsysteme zu erkennen und die Folgewirkungen auf andere Systeme oder von anderen Systemen zu beurteilen [6/2].

- Im Lauf der technischen Entwicklung der letzten 200 Jahre ist eine unübersehbare **Vielfalt von technischen Produkten** entstanden, die nur durch eine übergreifende – folglich abstrakte – Systematik geordnet und verstanden werden kann. Alleine im Maschinenbau gibt es (nach VDMA) rund 17.000 verschiedene Produktarten, und laufend werden neue Produkte entwickelt. Es sei nur erinnert an Laserschweiß-, Laserbearbeitungs-, Laserhärteanlagen, an die vielfältigen Robotersysteme und die Geräte, die im Verlauf der Mikroelektronik- und Datenverarbeitungsentwicklung entstehen.

  Deswegen können die Produkte im einzelnen auch nicht mehr alle gelehrt werden. Die Lehre für einen Maschinenbaustudenten erfaßt nur einige Promille davon. Als Folge wächst der Einarbeitungs- und Weiterbildungsaufwand in der Industrie an. Die Lehre an den technischen Schulen wird notwendigerweise immer abstrakter und kann nur wenige Produkte beispielhaft als Trainingsobjekte konkret ansprechen. Daher liegt der Schwerpunkt auf den **Arbeitsmethoden** [7/2]. Die Systemtechnik erleichtert auch Analogieschlüsse zwischen verschiedenen Produkten, die ähnliche Strukturen besitzen, und ermöglicht die Rationalisierung geistiger Arbeit.

- Nicht nur die Produkte, auch die Systeme, in die diese eingebettet sind und mit denen sie verträglich sein müssen, werden immer **komplexer** und weltweit vernetzt. Es sei nur an die zunehmend automatisierten Fabriken, die internationale Arbeitsteilung, die zugehörigen Sicherheitsstandards und an die Umweltproblematik erinnert. Die Planung solcher Systeme erfordert eine **ganzheitliche** Betrachtungsweise und sowohl eine **produktneutrale** als auch eine produktspezifisch angepaßte Arbeitsmethodik, wozu die Systemtechnik die Ansätze liefert. Auch hierbei muß notwendigerweise zunächst abstrakter gedacht werden. REFA [8/2] schreibt zur Abstraktion: „Planen, Gestalten und Steuern des betrieblichen Geschehens sind nur möglich, wenn man die Komplexität der Probleme zu reduzieren versteht, indem man sie auf die wesentlichen Elemente beschränkt."

- Die Systemtechnik erleichtert durch die klare Strukturierung in Teilsysteme mit zugehörigem In- und Output die **mathematische Modellierung** von Systemen und damit deren Eigenschaftsberechnung [9/2].

– Die Systemtechnik hat im Lauf ihrer Entwicklung den gerade für Ingenieure immer wichtiger werdenden Gedanken betont, den **Menschen** als Teil der technischen Systeme aufzufassen, d. h. nicht nur technische, sondern **soziotechnische Systeme** zu betrachten und zu planen. Probleme der Akzeptanz, der Bedienung, des Betriebs und der Instandhaltung technischer Objekte einschließlich der Unfallmöglichkeiten und -gefahren (z. B. bei Verkehrsunfällen) sind oft durch ein „nicht-an-den-Menschen-angepaßt-sein" bedingt. Deshalb sollte der Techniker nicht von dem alten Grundsatz ausgehen, daß der Mensch sich gefälligst dem technischen System anpassen müsse, sondern umgekehrt, das technische System muß weitestgehend den Schwächen und Eigenschaften des Menschen angepaßt konstruiert werden.

2.2 Der Systembegriff

2.2.1 Allgemeingültiges

Zur Definition des Systems

Der Begriff des Systems in allgemeiner Form wird gemäß **Bild 2.2-1** definiert:

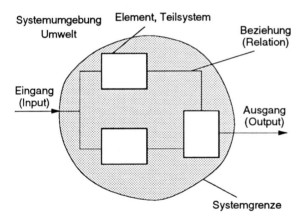

Bild 2.2-1:   Darstellung eines Systems

Ein System besteht aus einer Menge von Elementen (Teilsystemen), die Eigenschaften besitzen und durch Beziehungen miteinander verknüpft sind. Ein System wird durch eine Systemgrenze von der Umgebung abgegrenzt und steht mit ihr durch Ein- und Ausgangsgrößen in Beziehung (offenes System). Die Funktion eines Systems kann durch den Unterschied der dem Zweck entsprechenden Ein- und Ausgangsgrößen beschrieben werden (Zweckfunktion in Kapitel 7.4.2). Nach ihrem Verhalten können statische und dynamische Systeme unterschieden werden.

Obige Definition soll am Beispiel eines einfachen soziotechnischen Systems veranschaulicht werden (**Bild 2.2-2**). Das System „Brot schneiden" besteht z. B. aus den Elementen „Brotschneidemaschine" und „Mensch". Das Element „Tisch" sei hier vernachlässigt. Das Brot ist der Operand, der im Eingangszustand als ungeschnittener Laib und im Ausgangszustand als geschnittene Brotscheiben vorliegt. Dieser Unterschied stellt die Funktion des Systems „Brot schneiden" dar. Die Elemente des Systems – Mensch und Brotschneidemaschine – haben miteinander vielfältige Beziehungen. Der Mensch übt Kräfte aus, führt das Brot, stellt die Scheibendicke ein, schaltet die elektrische Energie ein und aus. Es werden also Stoffe, Energien und Signale umgesetzt. In Bild 2.2-2 sind neben der „Stoffart" Brot als weitere Ein- und Ausgangsgrößen Energien angegeben. Diese stellen ebenfalls Beziehungen zur Systemumgebung dar. Sie sind im Gegensatz zum **Hauptumsatz** Brot nur **Nebenumsätze**, die zur Durchführung der Funktion nötig sind. Soweit die Beschreibung des Systems bezüglich seiner Funktion.

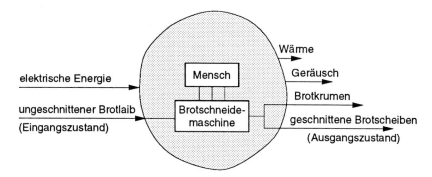

Bild 2.2-2: Darstellung eines soziotechnischen Systems „Brot schneiden"

Für sich betrachtet kann man das Teilsystem der Brotschneidemaschine bezüglich seines Aufbaus bzw. seiner Baustruktur beschreiben. Die Systemelemente bilden nämlich selbst wiederum Systeme, die aus Elementen und Beziehungen bestehen. So besteht die Brotschneidemaschine aus den Bauelementen Messer, Motor, Getriebe, Gestell, Schalter usw. Diese können wiederum als Systeme aufgefaßt werden. Selbst der Gestellwerkstoff ist ein physikalisch-chemisches System. Und seine Moleküle und Atome sind ebenso Systeme. Umgekehrt kann die Brotschneidemaschine als Teilsystem der Küche und diese als Teilsystem des Hauses aufgefaßt werden.

Der Systembegriff ist also vom Kleinen bis zum Großen, vom Ganzen bis zum Teil durchgängig anwendbar, wie **Bild 2.2-3** deutlich macht. Das übergeordnete System, oben in Bild 2.2-3, ist mit **Black Box** bezeichnet, da nur Ein- und Ausgangsgrößen und keine Strukturen erkennbar sind. Dies ist die abstrakteste Darstellung eines Systems.

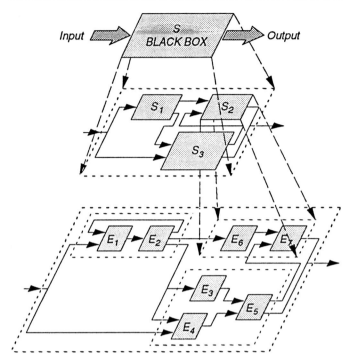

Bild 2.2-3:   Die Struktur eines Systems in unterschiedlicher Detaillierung

Zu den **Bestandteilen** eines Systems gibt es noch folgende Erläuterungen:

– **Element (Teilsystem):** Wie soeben gezeigt, kann jedes **Element** als Teilsystem eines übergeordneten Systems gesehen werden, und jedes Teilsystem kann wiederum in Elemente (Teilsysteme) aufgegliedert werden. Das System erhält durch die Beziehungen zwischen diesen Elementen eine **Struktur**.

– **Systemgrenze:** Die Grenze des zu betrachtenden Systems wird durch den Zweck der Modellbildung bestimmt. Die Funktion der Systemgrenze kann sein:
  • Abgrenzung gegenüber anderen Systemen, d. h. Schnittstellendefinition;
  • Beschränkung oder Erweiterung der zu betrachtenden Gesamtheit;
  • Definition des Verantwortungs-, Kompetenz- und Lieferbereiches;
  • Klärung, welche Beziehungen zur Umwelt oder zu anderen Systemen bestehen: funktionelle, ökologische, geistige, psychische, physische (Stoff-/Energie-/Informationsflüsse);
  • Abstraktion vorhandener Systeme zur Black Box, um leichter Alternativlösungen zu finden (Kapitel 7.3.3).
  Nicht definierte Systemgrenzen oder nicht berücksichtigte Verantwortungsbereiche sind in der Praxis Anlaß vieler Fehler (Kapitel 3.5).

– **Systemumgebung:** Die Umgebung (Umwelt) eines Systems ist alles, was nicht in das betreffende System einbezogen ist.

- **Beziehungen (Relationen):** Die Systemelemente können Beziehungen aufgrund ihrer Eigenschaften haben: z. B. hierarchische Ordnungsbeziehungen, Flußbeziehungen (Stoff, Energie, Information). Insbesondere bei technischen Systemen gehören auch Funktions-, Lage-, Bewegungs- und Kräftebeziehungen dazu, wie sie durch Kopplungen und Verbindungen bzw. Verbindungselemente hergestellt werden.

- **Ein-/Ausgangsgrößen (Input/Output):** Durch die Ein- und Ausgangsgrößen werden die Beziehungen (Relationen) zwischen Umgebung und System dargestellt, die durch die Systemgrenze hindurch gehen. Durch Zustandsbeschreibungen der relevanten (zweckgerichteten) Ein- und Ausgangsgrößen des Operanden läßt sich die Funktion eines Systems angeben. Das System selbst ist der Operator, der die Zustände des Operanden ändert.

- **Eigenschaften:** Jedes System, seine Elemente, seine Relationen besitzen eine Reihe von Eigenschaften, z. B. räumliche und zeitliche Eigenschaften, Zuverlässigkeit, Kosten, Eignung zur Herstellung oder zum Transport usw. Eine besonders wichtige Eigenschaft ist die Funktion. Diese Eigenschaften können zur Beschreibung und Klassifikation von Systemen verwendet werden.

Arten von Systemen

Wie aus der obigen Systemdefinition ersichtlich ist, können daraus unter verschiedenen Gesichtspunkten und je nach Zweck der Systembeschreibung die unterschiedlichsten Systemarten abgeleitet werden. **Bild 2.2-4** zeigt beispielsweise eine Gliederung nach den Beziehungen und der Art der Elemente.

Für die Produkterstellung von besonderer Bedeutung ist die in **Bild 2.2-5** angegebene Gliederung in Ziel-, Sach- und Handlungssystem. Im Sachsystem wird das zu konstruierende bzw. zu produzierende Produkt beschrieben. Dabei kann man in einen Modell- und einen Objektbereich unterteilen. Im Modellbereich wird z. B. ein Produkt gedanklich und mit Hilfsmitteln, wie sie Berechnungen, Zeichnungen oder Drahtmodelle darstellen, modelliert. Durch die Produktion werden diese Modelle dann in die körperliche Realität – den Objektbereich – überführt. Die angesprochene Modellierung wie auch die Überführung in den Objektbereich wird durch Ziel- und Handlungssysteme unterstützt ([10/2] und [11/2]).

- **Zielsysteme** stellen die Menge der Zielvorgaben – die Anforderungen – und deren Verknüpfungen dar. Im Zielsystem werden die Anforderungen strukturiert, evtl. hierarchisch nach der Wichtigkeit oder gemäß der zeitlichen Abfolge der Teilziele. Ergebnisse sind Anforderungslisten und Pflichten- oder Lastenhefte. Sie sind Grundlage für jede Beurteilung des entstehenden Sachsystems (s. u.) und des Entwicklungs- bzw. Handlungsprozesses. Dementsprechend fordert die Nutzwertanalyse [12/2] (Kapitel 7.9) ein sehr klar strukturiertes Zielsystem. Großen Einfluß auf das Zielsystem hat natürlich der Markt bzw. der Nutzer, für den das Produkt erstellt wird.

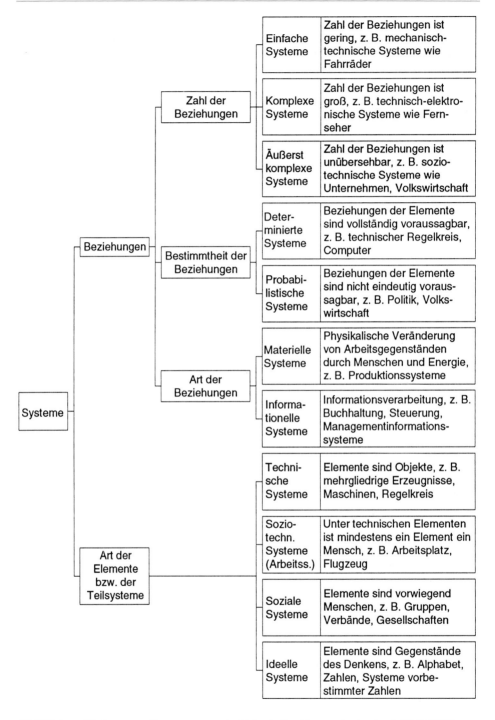

Bild 2.2-4:   Gliederung von Systemarten aus der Sicht der Betriebsorganisation (nach REFA [8/2])

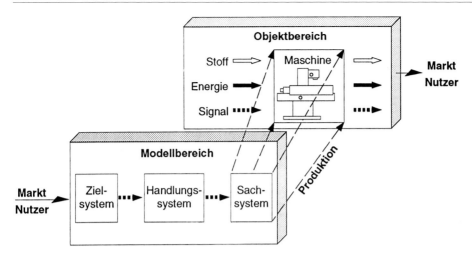

Bild 2.2-5:   Für die Produkterstellung wesentliche Systeme

– **Sachsysteme** sind in der Technik die aus der Arbeit der Ingenieure, Techniker usw.
  entstehenden technischen Gebilde wie Maschinen, Maschinenteile, Geräte, Apparate,
  also die technischen Systeme. Sachsysteme sind das Objekt des Handlungssystems
  (s. u.). Dieses Objekt muß nicht immer ein materielles Gebilde sein, sondern kann
  auch immateriell sein, wie es z. B. bei Software der Fall ist.
  In **Bild 2.2-6** ist das System eines Planetengetriebes gezeigt, das wiederum Teil des
  größeren Systems eines Gaskompressors, und dieser seinerseits Teil einer verfahrenstechnischen Anlage ist. Ferner sind auch unterschiedliche Abstraktionsweisen,
  „Sichten" und Darstellungsarten gezeigt.

– **Handlungssysteme** enthalten strukturierte Aktivitäten, die z. B. zur Zielerfüllung
  eines zu erstellenden Sachsystems nötig sind. Dazu gehören Menschen, Sachmittel
  und Handlungen. Ergebnisse sind Projekt-, Vorgehens- und Terminpläne sowie Beschreibungen der Aufbau- und Ablauforganisation (Kapitel 4 und 5). Der später
  beschriebene Vorgehenszyklus (Kapitel 3.3.2) und die hier entwickelte IP-Methodik
  (Kapitel 6.2) sind Beispiele für Handlungssysteme.

Die dargestellten Zusammenhänge zwischen Ziel-, Sach- und Handlungssystem verdeutlichen, daß diese sehr eng verknüpft sind: Die im Zielsystem vorgegebene Art des
technischen Sachsystems beeinflußt den Prozeß seiner Erstellung (d. h. das Handlungssystem) und dieser wiederum das technische System.

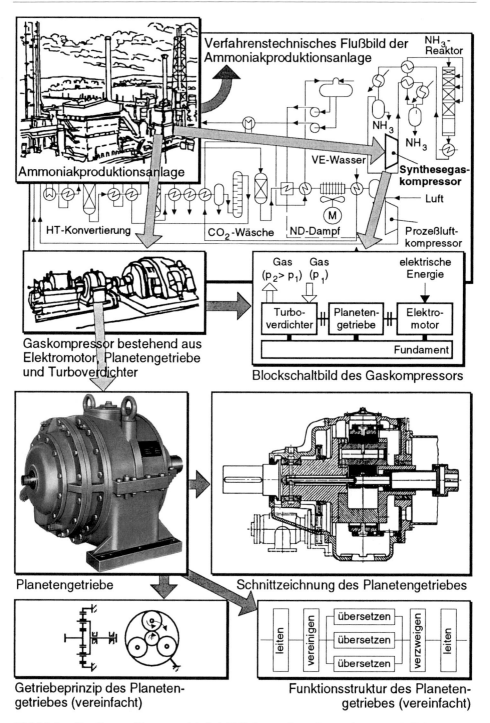

Bild 2.2-6:   Das System „Planetengetriebe" als Teil eines größeren Systems in unterschiedlicher Abstraktion und in verschiedenen Sichten

2.2.2 Technische Systeme

Zur Definition des technischen Systems

Technische Systeme sind künstlich erzeugte geometrisch-stoffliche Gebilde, die einen bestimmten Zweck (Funktion) erfüllen, also Operationen (physikalische, chemische, biologische Prozesse) bewirken. Sie sind somit Sachsysteme im oben definierten Sinn. Sieht man vornehmlich das geometrisch-stoffliche Gebilde und weniger den Prozeß oder das Verfahren, welches das Gebilde durchführt, so spricht man von einem **technischen Produkt.** Dieses Produkt hat eine Vielzahl von Eigenschaften, unter denen es betrachtet werden kann bzw. die es bedingen. **Bild 2.2-7** gibt sie wieder. (Vergleiche auch das auf den Konstruktionsprozeß bezogene Bild 5-1.) Soll ein Produkt konstruiert werden, so müssen sehr viele dieser Eigenschaften als Anforderungen definiert werden.

Mit den Modellierungshilfsmitteln für technische Systeme wie z. B. Funktionsstrukturen muß es aber auch möglich sein, ganze verfahrenstechnische Anlagen zu erfassen, d. h. also auch die **Verfahren** abzubilden, die in diesen Anlagen ablaufen. Unter einem Verfahren oder einem Prozeß wird eine geordnete Menge von Operationen verstanden.

Es ist nämlich kein prinzipieller Unterschied zwischen dem Prozeß, der in einer Maschine abläuft (z. B. Staubsauger), oder dem, der in einer verfahrenstechnischen Anlage (z. B. chemische Fabrik) verwirklicht wird. In der Anlage sind nur die technischen Teilsysteme (Apparate), die den verfahrenstechnischen Prozeß erfüllen, örtlich getrennt und z. B. durch Rohrleitungen verbunden aufgestellt. Der Prozeß in einem Staubsauger kann durch die Teilprozesse „Staub saugen", „Staub transportieren" und „Staub abscheiden" beschrieben werden, die durch jeweils einzeln identifizierbare Teilsysteme (Düse, Schlauch, Filter) verwirklicht werden. Der Unterschied zur verfahrenstechnischen Anlage ist nur, daß sie alle in **einer** Einheit, in **einem** – auch von außen nur als Einheit sichtbaren – technischen System zusammengebaut sind. In diesem Sinne sind wahrscheinlich alle Produkte Teile eines Verfahrens.

Es muß ferner auch kein prinzipieller Unterschied gemacht werden, ob die zu erfüllenden Operationen durch technische Teilsysteme oder durch Lebewesen (Menschen, Tiere, Pflanzen) verwirklicht werden. Die meisten technischen Systeme sind soziotechnische Systeme, denn sie bedürfen der Regelung, Überwachung, Instandhaltung, allgemein der Interaktion mit dem Menschen. Bei der verbreiteten materialistischen Sichtweise wird diese Interaktion oft zu wenig beachtet.

Zweck der Definition „technisches System"

Die zu Beginn gegebene Begründung für die Verwendung des Begriffs „System" soll nun weiter konkretisiert werden.

– Das „Denken in Systemen" erleichtert die **Planung, Entwicklung und Konstruktion sowie den Bau des technischen Systems**. Insbesondere ist die Einführung klarer **Systemgrenzen** von großer praktischer Bedeutung (Kapitel 3.5).

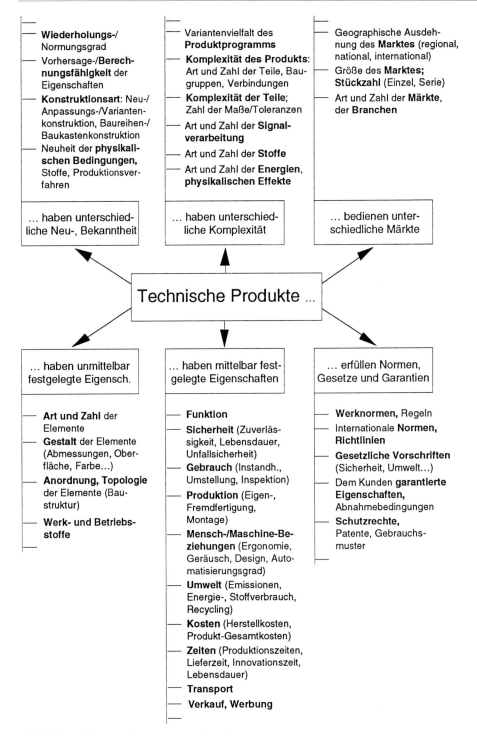

— **Wiederholungs-/** Normungsgrad
— Vorhersage-/**Berech-nungsfähigkeit** der Eigenschaften
— **Konstruktionsart**: Neu-/Anpassungs-/Varianten-konstruktion, Baureihen-/Baukastenkonstruktion
— Neuheit der **physikali-schen Bedingungen,** Stoffe, Produktionsver-fahren

— Variantenvielfalt des **Produktprogramms**
— **Komplexität des Produkts**: Art und Zahl der Teile, Bau-gruppen, Verbindungen
— **Komplexität der Teile**; Zahl der Maße/Toleranzen
— Art und Zahl der **Signal-verarbeitung**
— Art und Zahl der **Stoffe**
— Art und Zahl der **Energien, physikalischen Effekte**

— Geographische Ausdeh-nung des **Marktes** (regional, national, international)
— Größe des **Marktes; Stückzahl** (Einzel, Serie)
— Art und Zahl der **Märkte,** der **Branchen**

... haben unterschied-liche Neu-, Bekanntheit

... haben unterschied-liche Komplexität

... bedienen unter-schiedliche Märkte

Technische Produkte ...

... haben unmittelbar festgelegte Eigensch.

... haben mittelbar fest-gelegte Eigenschaften

... erfüllen Normen, Gesetze und Garantien

— **Art und Zahl** der Elemente
— **Gestalt** der Elemente (Abmessungen, Ober-fläche, Farbe...)
— **Anordnung, Topologie** der Elemente (Bau-struktur)
— **Werk- und Betriebs-stoffe**

— **Funktion**
— **Sicherheit** (Zuverläs-sigkeit, Lebensdauer, Unfallsicherheit)
— **Gebrauch** (Instandh., Umstellung, Inspektion)
— **Produktion** (Eigen-, Fremdfertigung, Montage)
— **Mensch-/Maschine-Be-ziehungen** (Ergonomie, Geräusch, Design, Auto-matisierungsgrad)
— **Umwelt** (Emissionen, Energie-, Stoffverbrauch, Recycling)
— **Kosten** (Herstellkosten, Produkt-Gesamtkosten)
— **Zeiten** (Produktionszeiten, Lieferzeit, Innovationszeit, Lebensdauer)
— **Transport**
— **Verkauf, Werbung**

— **Werknormen**, Regeln
— Internationale **Normen, Richtlinien**
— **Gesetzliche Vorschriften** (Sicherheit, Umwelt...)
— Dem Kunden **garantierte Eigenschaften,** Abnahmebedingungen
— **Schutzrechte,** Patente, Gebrauchs-muster

Bild 2.2-7:   Eigenschaften technischer Produkte

- Am gedanklichen bzw. graphisch oder mathematisch dargestellten Modell können die **Eigenschaften** des technischen Systems frühzeitig erkannt bzw. simuliert werden (Kapitel 2.3).

- Die **abstrakte Modellierung** ermöglicht die Reduktion der Betrachtung auf das **Wesentliche.**

Als Beispiel für technische Systeme und ihre unterschiedlich abstrakte Darstellung dient der in Bild 2.2-6 gezeigte Gaskompressor.

2.3 Eigenschaften und Klassifikation technischer Systeme

Die Vielfalt technischer Systeme wird zweckmäßig aufgrund ihrer jeweils ähnlichen Eigenschaften eingeteilt, d. h. klassifiziert. Damit werden Gruppen von Systemen zusammengefaßt, deren Verhalten ähnlich ist und die in ähnlicher Weise konstruiert und produziert werden können. Die Ordnung durch Klassifikation ist ein Mittel zur Komplexitätsbewältigung.

2.3.1 Allgemeingültiges zu Eigenschaften

Eine **Eigenschaft** ist alles, was durch Beobachtungen, Meßergebnisse, allgemein akzeptierte Aussagen usw. von einem Gegenstand festgestellt werden kann. Wichtige kennzeichnende Eigenschaften können zur besseren Hervorhebung mit dem Begriff **Merkmal** bezeichnet werden. Eigenschaften (Merkmale) haben eine **Bedeutung** (Semantik, Qualität) und eine evtl. zahlenmäßige **Ausprägung** (Quantität). Das Merkmal „Farbe" hat z. B. die Ausprägung „zinnoberrot"; das Merkmal „Drehmoment" kann die Ausprägung „200 Nm" haben).

Für technische Systeme faßt DIN 2330 [13/2] die **Produktmerkmale** in drei Hauptgruppen zusammen (**Bild 2.3-1**):

- **Beschaffenheitsmerkmale** sind Merkmale, die am Produkt selbst festgestellt werden können (z. B. Gestalt, Werkstoff, Farbe, Verbindungsart). Auf diese Merkmale lassen sich alle Eigenschaften (also auch die nachfolgend aufgeführten Funktions- und Relationsmerkmale) zurückführen.

- **Funktionsmerkmale** bezeichnen den gewollten Zweck eines Produkts, wie z. B. das zu übertragende Drehmoment oder den zu messenden Temperaturbereich.

- **Relationsmerkmale** sind Eigenschaften eines Produkts, die erst im Zusammenhang mit anderen Systemen (oder mit dem Menschen) von Bedeutung sind. Beispiele sind Spannungen und Verformungen aufgrund äußerer Kräfte, Geräusche, Passungen, Kosten, Bedienbarkeit oder Umweltbelastung.

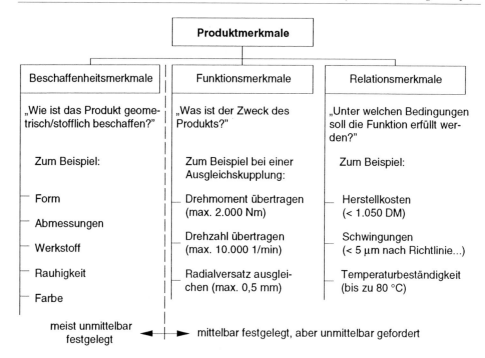

Bild 2.3-1:   Gliederung der Produktmerkmale (nach DIN 2330 [13/2])

Beschaffenheitsmerkmale sind **unmittelbar festgelegte** Merkmale, während Funktions-und Relationsmerkmale dadurch **mittelbar** festgelegt werden. Konstrukteure legen Beschaffenheitsmerkmale in großer Zahl unmittelbar oder direkt fest (z. B. Längen, Werkstoffe, Toleranzen, Oberflächenbeschaffenheit). Sie tun dies aber aufgrund der in den Anforderungen überwiegend vorgegebenen Funktions- und Relationsmerkmale. So bestimmt z. B. eine geforderte Lagerlebensdauer die Abmessungen des Lagers. Beschaffenheitsmerkmale können aber dabei auch mittelbar oder indirekt festgelegt werden. So folgt z. B. das Gewicht des Lagers aus dessen unmittelbar festgelegten Abmessungen. Beschaffenheits- und Relationsmerkmale sind **Zustandsmerkmale**, die den Zustand eines Objekts kennzeichnen. Der Unterschied von Ein- und Ausgangszuständen charakterisiert dessen Funktion.

Da die Beschaffenheitsmerkmale die „Schlüsselmerkmale" für alle Eigenschaften eines Produkts sind, sucht die Forschung seit jeher, die Bezüge zwischen Funktions- und Relationsmerkmalen zu den Beschaffenheitsmerkmalen möglichst genau quantitativ aufzudecken (z. B. Dauerbruchgefahr bei Wellenabsätzen in Abhängigkeit von Abmessungen und Werkstoffen; Getriebegeräusche in Abhängigkeit von Zahnabmessungen und Zahnfehlern). Die Beschaffenheitsmerkmale – als die unmittelbar festgelegten Merkmale eines Produkts – sind diejenigen Merkmale, von denen alle Eigenschaften eines Produkts (Funktions- und Relationsmerkmale) abhängen. Um ein Beispiel zu bringen: Es müssen die Bezüge zwischen der Gestalt der Bauteile, der Baustruktur (Beschaffenheitsmerkmale) und den Montagezeiten und -kosten (Relationsmerkmale) bekannt sein, damit das Produkt montagegünstig entworfen werden kann. Diese Bezüge müssen dann möglichst genau bekannt sein, wenn das Produkt (der Prozeß) konzipiert und entworfen wird (Eigenschaftsfrüherkennung).

Die Einteilung der Eigenschaften kann je nach Zielsetzung auch unter anderen Gesichtspunkten erfolgen, z. B. nach:

- **inhaltlichem** Bezug,
- **räumlichem** Bezug oder
- **zeitlichem** Bezug.

Eine weitere und feinere Einteilung in insgesamt zwölf Eigenschafts- bzw. Merkmalsgruppen findet sich bei Hubka [14/2]. Dort werden auch die Beziehungen zwischen den Gruppen dargestellt.

2.3.2 Klassifikation technischer Systeme

Der **Zweck der Klassifikation** ist, das Verständnis für die Vielfalt technischer Systeme zu erleichtern und eine Übersicht darüber zu schaffen. Was im System chemischer Elemente und im Linnéschen System der Pflanzen geschaffen wurde, ist für technische Systeme erst im Werden. Die Klassifikation der in einer Branche oder in einem Unternehmen hergestellten Produkte kann dazu beitragen, zu dichte Besetzungen bzw. Lücken im Produktprogramm aufzuzeigen.

Technische Systeme können nach allen Produktmerkmalen entsprechend Bild 2.3-1 eingeteilt werden, insbesondere aber nach der Hauptumsatzart (Stoff, Energie, Information), nach der Komplexität, nach ihrer Struktur (z. B. nach ihrer Fluß-, Bau- oder Wirk- [15/2, 16/2] bzw. Organstruktur [1/2]) und nach ihren Abstraktionsebenen oder -arten (Bild 2.2-4, Bild 2.2-5 und Bild 2.2-6).

a) Klassifikation nach der Hauptumsatzart

Technische Systeme bewirken im allgemeinen – um ihren Zweck zu erfüllen – eine Zustandsänderung eines Operanden, des Umsatzprodukts. Die Art des dafür nötigen Umsatzes (**Hauptumsatz**) kann zur Einteilung der technischen Systeme herangezogen werden. Nach DIN [17/2] werden folgende Umsatzarten unterschieden:

- **Stoff** (Materie),
- **Energie** und
- **Information**[1] (Signale, Daten).

Für Stoff und Energie müssen die bekannten Erhaltungssätze gelten, gleichgültig, welche Prozesse (Operationen) mit ihnen durchgeführt werden. Dies gilt nicht für Informa-

---

[1] Eine feinere, im folgenden jedoch nicht angewendete Unterscheidung von Informationen, Signalen und Daten ist möglich. Sie beruht auf der Vorstellung, daß Informationen erst dann aus Daten oder Signalen entstehen, wenn letztere durch eine Interpretation mit einer Bedeutung versehen werden. Bei der Steuerung einer Verkehrsampel handelt es sich demnach um einen Signalfluß. Ein Informationsfluß wird daraus, wenn die rote Ampel als Aufforderung zum Stoppen interpretiert wird.

tionen. Diese können vom Menschen kreiert, erfunden bzw. entdeckt oder vernichtet, zerstört bzw. vergessen werden [5/2] (Bild 7.10-1).

Wie **Bild 2.3-2** am Beispiel einer Drehmaschine zeigt, wirken meist alle drei Umsatzarten bei einem technischen System zusammen, um die gewünschte Zustandsänderung, die Hauptfunktion, zu erfüllen. Hier ist die Hauptfunktion, die geforderte Form des Werkstücks durch Zerspanen von Stahl zu erreichen. Das Hauptumsatzprodukt ist dementsprechend Stahl, ein **Stoff**. Um dies zu erreichen, muß als erstes Nebenumsatzprodukt elektrische **Energie**, z. B. zur Drehbewegung des Werkstücks, umgesetzt werden. Die Energie allein reicht aber nicht. Sie muß gesteuert werden. Die im Programm der NC-Drehmaschine gespeicherte Information über die Soll-Konturen des Werkstücks wird den Schrittmotoren mitgeteilt, solange bis sie meßbar „verkörpert" ist. Die **Information** ist also das zweite Nebenumsatzprodukt.

Die Änderung des Hauptumsatzes eines technischen Systems entspricht also dessen Zweck oder Hauptfunktion. Ein Pkw hat folglich als Hauptumsatzprodukt Stoffe, denn er soll deren Ortsänderung bewirken. Dementsprechend geräumig ist er zu konstruieren.

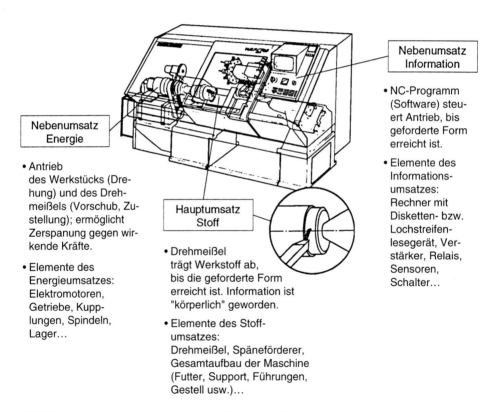

Nebenumsatz Information

• NC-Programm (Software) steuert Antrieb, bis geforderte Form erreicht ist.

• Elemente des Informationsumsatzes: Rechner mit Disketten- bzw. Lochstreifenlesegerät, Verstärker, Relais, Sensoren, Schalter…

Nebenumsatz Energie

• Antrieb des Werkstücks (Drehung) und des Drehmeißels (Vorschub, Zustellung); ermöglicht Zerspanung gegen wirkende Kräfte.

• Elemente des Energieumsatzes: Elektromotoren, Getriebe, Kupplungen, Spindeln, Lager…

Hauptumsatz Stoff

• Drehmeißel trägt Werkstoff ab, bis die geforderte Form erreicht ist. Information ist "körperlich" geworden.

• Elemente des Stoffumsatzes: Drehmeißel, Späneförderer, Gesamtaufbau der Maschine (Futter, Support, Führungen, Gestell usw.)…

Bild 2.3-2:   Umsatzarten am Beispiel einer NC-Drehmaschine

Ein und dasselbe Umsatzprodukt kann u. U. für alle drei Umsatzarten benutzt werden. So erfüllt z. B. Wasser den Zweck des Stoffumsatzes in einer Brauchwasserpumpe, den Zweck des Energieumsatzes in einer Wasserturbine oder den Zweck des Signalumsatzes in einem Drehflügelmeßgerät für die Wassergeschwindigkeit. Dabei ist das wirksame Maschinenelement in allen Fällen das gleiche: die umströmte Schaufel (siehe auch Bild 2.3-4). Entsprechend dem jeweiligen Zweck sind die Konstruktionsregeln unterschiedlich.

Die allgemeinen Größen lassen sich in **Flußstrukturen** darstellen, wie **Bild 2.3-3** für die NC-Drehmaschine zeigt. Die Kreise symbolisieren Zustände, die vor und nach der in dem Rechteck symbolisierten Operation angeordnet sind. Die Pfeile der Flüsse sind wie folgt aufzufassen:

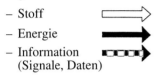

- Stoff
- Energie
- Information
  (Signale, Daten)

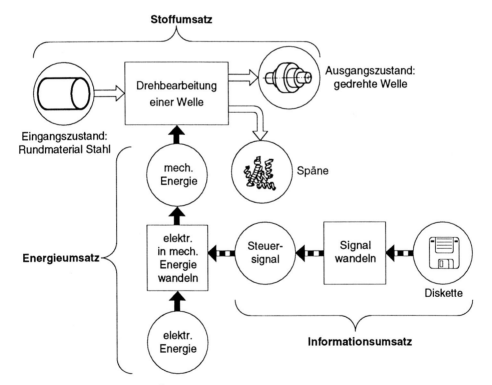

Bild 2.3-3: Funktionsstruktur[1] einer NC-Drehmaschine (vereinfacht)

---

[1] Auf Funktionsstrukturen wird speziell in Kapitel 7.4.2 und Anhang A1 eingegangen.

In **Bild 2.3-4** sind Beispiele für Maschinenelemente und zugehörige Maschinentypen (bzw. Geräte, Apparate) angegeben, die nach dem Hauptumsatz und dem Umsatzprodukt klassifiziert sind. Man sieht, daß es viel mehr als die üblichen Maschinenelemente gibt, die zur mechanischen Antriebstechnik zu rechnen sind. Allerdings hat die mechanische Antriebstechnik eine große Bedeutung, da sie zumindest bei allen sich bewegenden Produkten Verwendung findet. Auch Software ist ein „Maschinenelement", ohne das sich heute kaum mehr etwas bewegt.

Umsatzart des Hauptumsatzes (entspr. Zweck)	Umsatzprodukt	Maschinenelement	Produkttyp bzw. Maschinentyp
Energie-umsatz	mechanische Energie	Zahnrad *, Welle, Lager, Kupplung	Getriebe
	pneumatische E.	Kolben * * Zahnrad *	Verbrennungsmotor Zahnradpumpe/-motor
	hydraulische E.	umströmte Schaufel •	Turbine, Verdichter
	thermische E.	Rohrleitung • •	Wärmetauscher
	elektrische E.	Elektromagnet	Elektromotor
Stoffumsatz	fester Stoff	Sieb, Filter Mischschaufel Drehmeißel	Sieb-, Filtriermaschinen Mischer Drehmaschine
	flüssiger Stoff	Zahnrad * Kolben * * umströmte Schaufel • Rohrleitung • •	Zahnradpumpe Kolbenpumpe Kreiselpumpe Trinkwasserversorgung
	gasförmiger Stoff	umströmte Schaufel • Behälter	Ventilator Gasflasche
Informations-umsatz	energetische Information	Zahnrad * Kolben * * umströmte Schaufel • Rohrleitung • • elektrische Schalter Software	indukt. Drehzahlmeßgerät Mehrwegeventil Geschwindigkeitsmeßgerät pneumatische Steuerung Telegraf Rechner
	stoffliche Information	Zahnrad * Kolben * * Letter	Ovalrad-Meßgerät Mengenregler Schreibmaschine
Die mit *, * *, •, • • markierten Maschinenelemente kommen in allen drei Umsatzarten vor			

Bild 2.3-4:   Klassifikation technischer Systeme nach der Hauptumsatzart (Zweck) und nach dem Umsatzprodukt

Ein technisches System kann **vor** aller Stukturierung, als Black Box, sozusagen auf der höchsten Abstraktionsstufe durch die Zustandsänderung des Umsatzprodukts beschrieben werden, wie **Bild 2.3-5** zeigt. Diese hier vielleicht zu einfach erscheinende Maßnahme, hilft bei der Aufgabenklärung (Kapitel 7.3) für neu zu konstruierende Systeme, um festzustellen, was das System bewirken soll, wo das Kernproblem liegt.

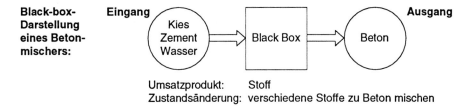

Umsatzprodukt: Stoff
Zustandsänderung: verschiedene Stoffe zu Beton mischen

Bild 2.3-5:   Beispiel zur Black-box-Darstellung

Schließlich sei mit **Bild 2.3-6** noch gezeigt, wie man mit derartigen Flußdarstellungen ein Maschinenbau-Unternehmen als soziotechnisches System vereinfacht modellieren kann.

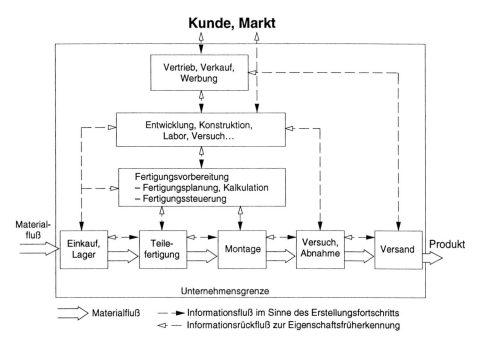

Bild 2.3-6:   Beispiel für ein soziotechnisches System: Modell eines Maschinenbau-Unternehmens mit den Systemelementen (Abteilungen), ihren Relationen sowie den vernetzten Informations- und Materialflüssen (Stofffluß) bei der Produkterstellung (unvollständig und ohne Berücksichtigung von Zuständen)

Ein Maschinenbau-Unternehmen ist ein Handlungssystem, das Produkte als Sachsysteme erstellt. Dazu benötigt es Zielsysteme (z. B. in Form von Plänen oder Zeichnungen) und wiederum Sachsysteme in Form von Gebäuden, Werkzeugmaschinen usw. Das Hauptumsatzprodukt eines Maschinenbau-Unternehmens sind Stoffe, die zu produzierten Waren umgewandelt werden. Dem Stoff wird mit Hilfe der hier vernachlässigten Energie die Information aufgeprägt. Der Stoff- und Energiefluß kann dabei fast vollkommen automatisiert verarbeitet werden. Die dafür nötige Planung und Steuerung wird durch die Mitarbeiter des Unternehmens vorgenommen. Fast alle Mitarbeiter sind dementsprechend nur noch informationsverarbeitend tätig. Durch den informationsverarbeitenden Rechner werden auch diese Prozesse zum Teil automatisiert. Für die früher nötige Muskelarbeit (Energieumsatz) wird heute kaum jemand mehr benötigt.

b) Klassifikation nach Komplexität, Flußstruktur und Baustruktur

Die **Komplexität**[1] eines **technischen Systems** ist abhängig von der Anzahl und der Unterschiedlichkeit der Elemente (Varietät) und der Anzahl und Vielfalt der Relationen zwischen den Elementen (**Vernetztheit, Konnektivität**). Komplexität kann damit als eine **objektiv** meßbare Eigenschaft eines Systems aufgefaßt werden. Davon kann man **Kompliziertheit** unterscheiden, die ein Maß für die **subjektive** Schwierigkeit bei der Behandlung von technischen Systemen darstellt (Bild 3.1-1). Gleiche Sachverhalte können für verschiedene Personen unterschiedlich kompliziert, d. h. schwierig sein. So erlebt ein Laie die Reparatur eines Pkw als sehr kompliziert, ein Automechaniker eher als einfach.

Bild 2.3-7 zeigt eine Klassifizierung technischer Systeme nach der Komplexität von dem Grenzzustand Punkt über die Gestaltzone, das Bauteil, die Baugruppe, die Maschine bis zur Anlage. Bezogen auf die Zahl der Teile ergeben sich z. B. 1–100 Teile bei einem Maschinenelement, 1.000 Teile bei einer einfachen Maschine, 10.000 Teile bei einem Pkw und 100.000 Teile bei einer Papiermaschine oder einem Flugzeug.

Die oben angesprochene Unterschiedlichkeit eines technischen Systems wird offensichtlich, wenn man die **Vielfalt der in einem System wirkenden Energien, Stoffe und Informationen** betrachtet. Beispielsweise ist ein früher rein mechanisch (außer dem Motor) wirkender Pkw weniger komplex als ein heutiger, der zusätzliche hydrostatische, hydrodynamische, elektrische, elektronische und Software-Komponenten enthält, die miteinander verknüpft sind.

Da Anlagen unterteilt werden können in Aggregate, Geräte oder Maschinen, diese in Baugruppen, diese wiederum in Bauelemente und in Bauteile, ist auch eine Klassifikation technischer Systeme nach der **Baustruktur** möglich. Dabei wird unter Baustruktur die Struktur der Zusammenfügung von Einzelteilen zu Baugruppen und/oder zum Gesamtverband des Produkts verstanden.

Technische Systeme können also hinsichtlich der beiden Strukturarten **Baustruktur** und **Flußstruktur** (Bild 2.3-6) unterschieden werden. Unter Flußstruktur wird der „Schaltplan" für die durch ein System „fließenden" Stoffe, Energien oder Informationen ver-

---

[1] Bei der weitergefaßten Objektkomplexität (Kapitel 3.1.1) werden weitere Eigenschaften von Objekten des Handelns berücksichtigt.

standen. Eine besondere Art der Flußstruktur ist die Funktionsstruktur (vgl. Bild 2.3-3 und Kapitel 7.4.2).

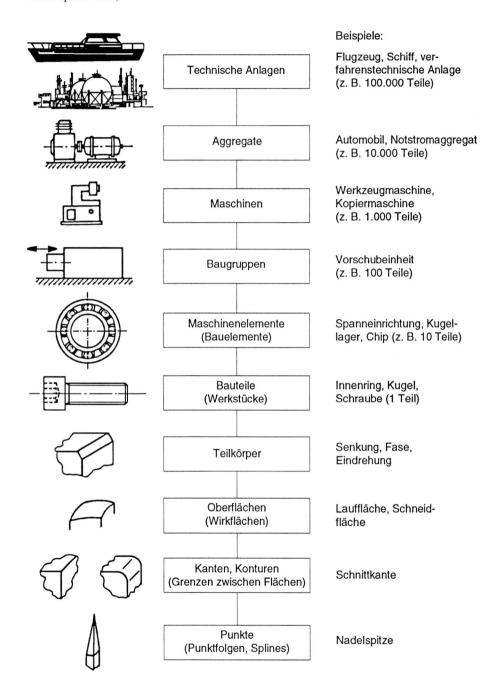

	Beispiele:
Technische Anlagen	Flugzeug, Schiff, verfahrenstechnische Anlage (z. B. 100.000 Teile)
Aggregate	Automobil, Notstromaggregat (z. B. 10.000 Teile)
Maschinen	Werkzeugmaschine, Kopiermaschine (z. B. 1.000 Teile)
Baugruppen	Vorschubeinheit (z. B. 100 Teile)
Maschinenelemente (Bauelemente)	Spanneinrichtung, Kugellager, Chip (z. B. 10 Teile)
Bauteile (Werkstücke)	Innenring, Kugel, Schraube (1 Teil)
Teilkörper	Senkung, Fase, Eindrehung
Oberflächen (Wirkflächen)	Lauffläche, Schneidfläche
Kanten, Konturen (Grenzen zwischen Flächen)	Schnittkante
Punkte (Punktfolgen, Splines)	Nadelspitze

Bild 2.3-7: Klassifikation technischer Systeme nach ihrer Komplexität (nach Koller [18/2])

c) Klassifikation nach den Modellierungsbegriffen technischer Systeme

Technische Systeme können in verschiedenen Bereichen modelliert werden [8/2]. In der Konstruktionsmethodik [15/2, 16/2, 19/2] werden insbesondere die folgenden Bereiche verwendet:

– Funktion (funktionelle Lösungsmöglichkeiten),
– Physik (physikalische Lösungsmöglichkeiten) und
– Gestalt (gestalterische Lösungsmöglichkeiten).

Diese Bereiche sind in **Bild 2.3-8** als horizontal angeordnete Ebenen wiedergegeben. Im Sinne einer durchgängigen Produkterstellung ist zusätzlich der Produktionsbereich angedeutet.

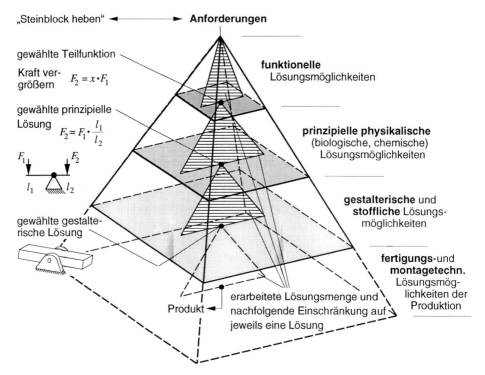

Bild 2.3-8:   Hierarchische Modellierung von technischen Systemen in den Bereichen Funktion, Physik und Gestalt (links Beispiel für „Steinblock heben")

Die schraffierten vertikalen Flächen in Bild 2.3-8 sollen schematisch die Lösungssuche und -auswahl während des Produkterstellungsprozesses darstellen: Die geforderte Gesamtfunktion „Steinblock heben" kann durch unterschiedliche Kombinationen verschiedener Teilfunktionen realisiert werden, die durch die Schnittlinie der schraffierten Fläche in der Ebene der funktionellen Lösungsmöglichkeiten repräsentiert werden. Zur weiteren Konkretisierung muß eine bestimmte Lösung ausgewählt werden. Im

Beispiel ist dies die Teilfunktion „Kraft vergrößern", für die auf der nächsten Ebene mehrere verschiedene prinzipielle physikalische Lösungsmöglichkeiten gefunden werden können. Zum Übergang auf die Ebene der gestalterischen und stofflichen Lösungsmöglichkeiten und weiter auf die Produktionsebene muß wieder jeweils eine bestimmte Möglichkeit ausgewählt werden, die zu mehreren Alternativen auf der darunterliegenden Ebene führt. Die Pyramidenform der Darstellung soll diese Zunahme von sinnvollen Lösungsmöglichkeiten zum Ausdruck bringen und auf den damit verbundenen Informationszuwachs hinweisen, der z. B. zwischen den Anforderungen und der kompletten Produktdokumentation zu verzeichnen ist. Im Bild ist dieses Entstehen einer Lösungsvielfalt auf den verschiedenen Ebenen und das Einschränken durch Bewertung und Auswahl immer nur ausgehend von einer Teilfunktion, einer prinzipiellen und einer gestalterischen Lösung gezeigt. In der Realität müssen natürlich zum einen alle Teilfunktionen berücksichtigt werden. Zum anderen ist beim Wechsel auf eine konkretere Ebene die Beschränkung auf eine einzelne Lösungsmöglichkeit oft nicht möglich. Es müssen zusätzlich mehrere alternative Lösungsmöglichkeiten parallel bearbeitet werden, bis eine Bewertung und Auswahl auf einer konkreteren Ebene durchführbar ist.

Die oberste Ebene in Bild 2.3-8 ist den Funktionsmerkmalen zuzurechnen. Die Ebene darunter – die Physik – stellt eine Abstraktion der Beschaffenheitsmerkmale dar, die selbst auf der Ebene der gestalterischen und stofflichen Lösungsmöglichkeiten abgebildet sind. Es ist beispielsweise klar, daß die Funktion „Kraft vergrößern" mit dem physikalischen Effekt „Hebel" erfüllt werden kann, der in seiner mechanischen wie symbolischen Darstellung nur eine Abstraktion seiner geometrisch-stofflichen (gestalterischen) Realisierung darstellt. Die physikalischen (in besonderen Fällen auch die chemischen oder biologischen) Effekte erlauben eine sehr effektive Beschreibung von technischen Systemen sowohl bei deren Analyse als auch bei der Synthese. Da die Effekte verbal, mathematisch und auch symbolisch mit Hilfe einer „Primitiv-Geometrie" formuliert werden können, stellen sie den Übergang von der verbal formulierten Funktion zur geometrisch-stofflich verkörperten Gestalt dar (Kapitel 7.5.5.3).

Die in Bild 2.3-8 dargestellte Pyramide zeigt gleichzeitig eine hierarchisch determinierende Beziehung. Der jeweils abstraktere Bereich (näher an der Pyramidenspitze) ist für die Gesamtlösung wichtiger als der nachfolgende konkretere. So ist z. B. die Hauptfunktion in der Pyramidenspitze zusammen mit den Nebenfunktionen entsprechend den Anforderungen die Voraussetzung für die gewählten physikalischen Effekte, und diese bedingen wiederum die gestalterische Realisierung des Produkts und seine Produktion.

Da die in Bild 2.3-8 angesprochenen chemischen und biologischen Effekte derzeit für die Produktentwicklung im Maschinenbau gegenüber physikalischen Effekten eine untergeordnete Bedeutung haben, werden sie nachfolgend nicht mehr erwähnt.

Welch eine Vielfalt von Produkten bei im wesentlichen konstanten physikalischen und gestalterischen Lösungsmöglichkeiten nur dadurch entsteht, daß die Funktion – z. T. sogar nur quantitativ – variiert wird, zeigt **Bild 2.3-9** am Beispiel von Kraftfahrzeugen.

Bild 2.3-9: Die Aufgaben (Funktionen) als Bestimmungsgrößen für Produkte (nach Hubka [1/2]):
Unterschiedliche Aufgaben führen zu unterschiedlichen Fahrzeugen bei prinzipiell gleichen
Lösungsmöglichkeiten.

Unterschiedliche Anforderungen, wie die

– Beförderung von Personen: unterschiedlich an Zahl und an Komfort,
– Beförderung von Gütern: offen und geschlossen,
– Beförderung von großen bzw. kleinen, schweren bzw. leichten Gütern oder
– Erzeugung von Zugkraft,

ergeben also sehr unterschiedliche Fahrzeuge.

Wird umgekehrt die Funktion im wesentlichen konstant gehalten und werden die technischen Lösungsmerkmale variiert (d. h. die physikalischen, vor allem aber die gestalterischen Lösungsmöglichkeiten aufgrund fortschreitender Technologie und Produktionstechnik), so entsteht ebenfalls eine Fülle unterschiedlicher Lösungen, wie **Bild 2.3-10** zeigt. Produkte werden also wesentlich bestimmt durch die Funktion und die dafür zu einer bestimmten Zeit verfügbaren technischen Lösungsmöglichkeiten.

Fiat Personenwagen

| 1901: 12 HP | 1919: 501 | 1934: 508 "Balilla" | 1971: 127 |

Bild 2.3-10: Technische Lösungsmöglichkeiten als Bestimmungsgrößen für Maschinen (nach Hubka
[1/2]): Bei ungefähr gleicher Aufgabe führen im Lauf der Zeit unterschiedliche Lösungsmöglichkeiten und Erkenntnisse zu unterschiedlichen Fahrzeugen.

d) Klassifikation nach weiteren Eigenschaften

Entsprechend der Vielzahl von Eigenschaften technischer Systeme ergeben sich weitere Klassifizierungsmöglichkeiten. Da diese zum Teil in nachfolgenden Kapiteln noch behandelt werden, seien sie hier nur aufgeführt. Die Klassifizierung ist möglich nach:

– produktspezifischen Gestaltparametern (z. B. axiale, halbaxiale, radiale Pumpen
bzw. Turbinen; gerad-, schräg-, pfeil-, bogenverzahnte Getriebe; Lamellen-, Rippen-
oder Plattenheizkörper),
– Werkstoffart (z. B. Stahl-, Kunststoff-, Holzbauweise),
– Stückzahl (z. B. Einzel-, Serien-, Massenprodukt),
– Fertigungsart (z. B. Guß-, Schweiß-, Blech-, Schmiedeteil),

– Größe (z. B. Groß-, Klein-, Miniaturmotoren),
– Automatisierungsgrad (z. B. nicht-, halb-, vollautomatisch),
– Leistung, Geschwindigkeit (z. B. Einfach- bzw. Hochleistungsmotoren; Unterschallbzw. Überschallflugzeuge),
– Gewicht (z. B. Produkte des Schwermaschinenbaus, Maschinenbaus, Leichtbaus),
– Schmierungsart (z. B. trockenlaufende, tauchgeschmierte, druckgeschmierte Getriebe oder Lager) usw.

2.3.3 Verknüpfung von Sach- und Handlungssystemen

Die Elemente von technischen Systemen sind immer voneinander abhängig; sie sind mehr oder weniger eng verknüpft oder vernetzt [20/2]. Diese Verknüpfung erfolgt beim praktischen Konstruieren zwar im Detail bewußt, aber dem gesamten Ablauf nach eher implizit, intuitiv. Das erste folgt aus der Logik der Sache („Es ist doch klar, daß sich der Lagerdurchmesser aus dem Wellendurchmesser bestimmt!"), das zweite meist aus dem produktspezifisch eingeschliffenen Ablauf („Das machen wir eben so!"). Wer wissensbasierte Systeme entwickelt hat, weiß, wie schwer solche „Selbstverständlichkeiten" zu erfragen und zu beobachten sind, damit sie formalisiert werden können [21/2].

Will man z. B. bei einer Variantenkonstruktion die Automatisierung des Konstruktionsablaufs evtl. einschließlich der Teilefertigung und Montage durchführen, so müssen früher implizit ablaufende Entscheidungen explizit beschrieben werden: Es muß die Produkt- einschließlich der Produktionslogik formuliert werden, die somit ausgehend vom Sachsystem eine Basis für einen Vorgehensplan im Handlungssystem darstellt.

a) Produktlogik

Unter **Produktlogik** kann man, in Erweiterung von Weinbrenner [22/2], die bei einem technischen Produkt bestehenden Abhängigkeiten zwischen den Anforderungen sowie Restriktionen (unternehmensinterne Anforderungen aus Normen, Richtlinien...) und den Elementen des Produkts sowie den Prozessen der Produktion, der Nutzung und Entsorgung verstehen. Es ist dabei klar, daß auch die Abhängigkeiten der Elemente untereinander dazugehören. Produktlogik ist dann, wie in **Bild 2.3-11** angedeutet, die Summe aus der Konstruktions-, Produktions-, Nutzungs- und Entsorgungslogik und entspricht damit einer „Produktlebenslauflogik". Bisher ist die Konstruktions- und die Produktionslogik noch Gegenstand der Forschung.

Die Zusammenhänge sollen schematisch an Hand Bild 2.3-11 und an einem Getriebebeispiel erläutert werden. Dabei soll noch einmal betont werden, daß die Produktlogik im Lauf der Produkterstellung meist implizit – d. h. zunächst nicht formal nachvollziehbar – festgelegt wird. Sie stellt einen Teil des Konstruktions-, Produktions-, Nutzungs- und Entsorgungs-Know-hows dar und kann nachträglich nur durch Interpretation der Produktdokumentation und durch Befragen ermittelt werden.

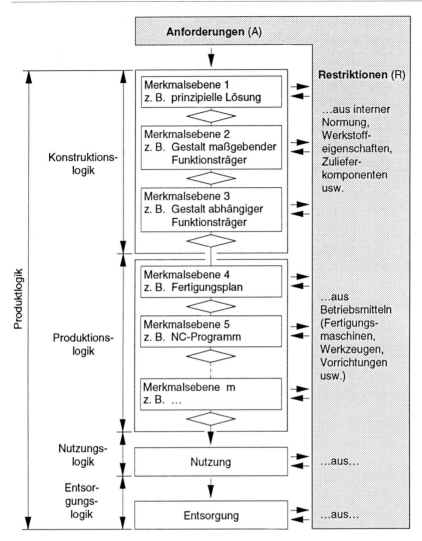

Bild 2.3-11: Produktlogik als Summe aus Konstruktions-, Produktions-, Nutzungs- und Entsorgungslogik

Die folgenden Ausführungen sind für die Variantenkonstruktion[1] eines Turbinengetriebes gültig, dessen mögliche Gestaltvarianten durch betriebsinterne Normung (Restriktionen[2] (R)) eingeschränkt und definiert wurden. Der Konstruktionsablauf ist also sozusagen vorausgedacht worden. Es ist aber ganz allgemein auch bei der Neu- oder Anpassungskonstruktion eines Produkts ein ähnlicher Ablauf zu erwarten, wobei allerdings eher Fehler („trial and error") und dementsprechende Iterationen auftreten werden.

---

[1]   Zu den Begriffen Varianten-, Anpassungs- und Neukonstruktion siehe Kapitel 5.1.4.1.
[2]   Restriktionen sind einschränkende Anforderungen.

Das Turbinengetriebe entspricht bzgl. seiner Baustruktur dem Getriebe in Bild 2.3-14. Bild 2.3-11 zeigt, wie ausgehend von den Anforderungen (A) in jeder Merkmalsebene Entscheidungen getroffen werden, die Produkt- oder Prozeßmerkmale festlegen. Der Inhalt der Merkmalsebenen und deren Detaillierung hängt vom Sachsystem (hier dem Produkt) ab. Im folgenden Beispiel (**Bild 2.3-12**) wird Merkmalsebene 2 angesprochen.

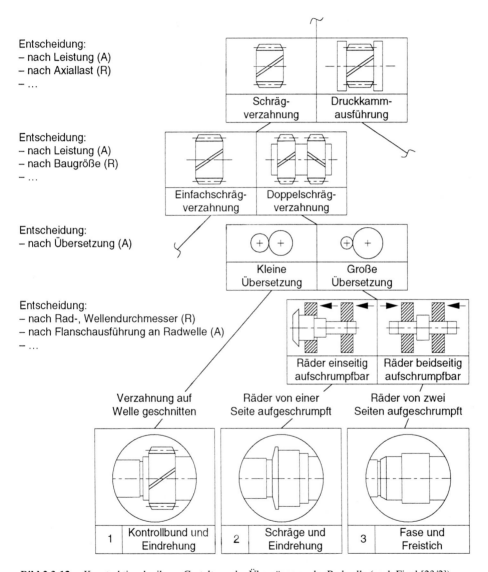

Bild 2.3-12: Konstruktionslogik zur Gestaltung der Übergänge an der Radwelle (nach Figel [23/2])

Bild 2.3-12 gibt am Beispiel eines Turbinengetriebes an, wie aus den Anforderungen (A) bezüglich Getriebeleistung und evtl. geforderter Axiallastaufnahme die Entscheidung für Schrägverzahnung oder Schrägverzahnung mit Druckkammausführung getroffen wird. Daß hier keine Geradverzahnung zur Entscheidung ansteht, ergibt sich aus der internen Normung des Unternehmens: Es besteht in dieser Hinsicht eine Restriktion (R) bei Turbinengetrieben.

Es wurde aufgrund der Anforderungen eine Schrägverzahnung festgelegt. In der nächsten Untermerkmalsebene ist zwischen Einfach- und Doppelschrägverzahnung zu entscheiden. Entsprechend der geforderten Leistung (A) und den geforderten Drehzahlen (A) ergibt sich aus einer Überschlagsberechnung eine bestimmte Getriebebaugröße (Achsabstand). Für diese Baugröße ist als genormte Restriktion (R) nur Doppelschrägverzahnung vorzusehen (Freiheit von Axialkräften). So arbeitet man sich über verschiedene Untermerkmalsebenen vor, bis die Ausführung 2 der Radwelle in Bild 2.3-12 festgelegt ist. In jeder Ebene werden Entscheidungsregeln angestoßen, deren Bedingungsteil Anforderungen, Folgeanforderungen und Restriktionen enthält und die automatisch abgearbeitet werden können. So wird über die durch interne Normung festgelegten Gestaltvarianten beispielsweise der Getrieberadwelle nach **Bild 2.3-13** entschieden. Damit ist die **Konstruktionslogik** dieser Welle definiert.

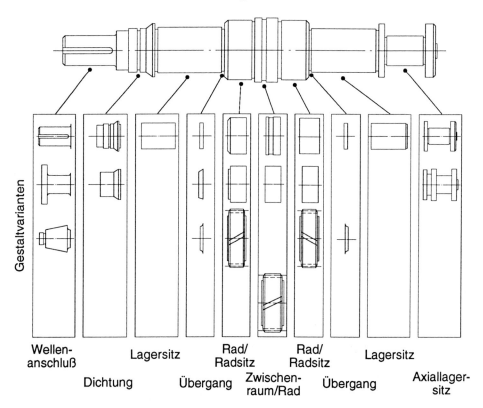

Bild 2.3-13:   CAD-Makrobaukasten der Turbogetriebe-Radwelle (Gestaltung von Übergängen, Rädern bzw. Radsitzen und Zwischenräumen entsprechend Bild 2.3-12; nach Figel [23/2])

In ähnlicher Weise kann entsprechend Bild 2.3-11 der Fertigungsplan und das NC-Programm für diese Welle mit der **Produktionslogik** (automatisch) festgelegt werden. Die Anforderungen hierfür leiten sich aus der Wellengestalt, den Toleranzen und Werkstoffeigenschaften ab. Restriktionen ergeben sich z. B. aus den Rohmaterialabmessungen und den Betriebsmitteleigenschaften.

Die **Nutzungslogik** umfaßt die Angaben der Montage-, Demontage-, Inspektions- und Gebrauchsanweisungen in Form von „Wenn…dann…"-Beziehungen. Auch hier kann eine formalisierte Logik zur Automatisierung führen, z. B.: „Wenn die Schwingungen (Temperaturen, Öldrücke…) einen bestimmten Grenzwert über-/unterschreiten, dann wird Alarm gegeben und die Anlage abgeschaltet."

Die **Entsorgungslogik** kann z. B. auch in einer Entsorgungsrichtlinie als Text beschrieben werden, etwa: „Wenn die Messingdichtringe bzw. die Weißmetallager entsorgt werden sollen, ist wie folgt vorzugehen…".

Beispiele, bei denen heute schon fast durchgängig mit einer Produktlogik gearbeitet wird, sind die Rechnerentwicklung, -produktion und -nutzung. Ein Werkzeug zur formalen Beschreibung der Produktlogik wurde von Weinbrenner entwickelt [22/2].

Insgesamt gesehen beeinflussen die durch den Produktaufbau bedingte Konstruktionslogik und die durch die einsetzbaren Produktionsprozesse bedingte Produktionslogik usw. den Gesamtprozeß der Produkterstellung und des Produktlebenslaufs. Damit kann auch von einer in sich kohärenten **Prozeßlogik** für die Produkterstellung und den Produktlebenslauf gesprochen werden, die auch rechnerunterstützt bearbeitet werden kann [24/2].

b) Optimierung des Vorgehens beim Konstruieren

Entsprechend der oben beschriebenen Konstruktionslogik ist leicht einzusehen, daß es Funktionsträger (Bauteile, Baugruppen) gibt, die stark mit anderen verknüpft sind, und andere, die eher randständig sind. Erstere seien **maßgebende Funktionsträger** (Bauteile, Baugruppen) genannt. Sie erfüllen meist eine wichtige Funktion (Hauptfunktion) und sind insbesondere dann zuerst beim Konstruieren festzulegen und damit im eigentlichen Sinne „maßgebend", wenn sie andere Funktionsträger stark beeinflussen, selbst aber davon weniger beeinflußt werden (Kapitel 6.5.1). Beispiele sind Zahnräder bei Getrieben, Laufräder bei Pumpen, Verdichtern, Turbinen, Zylinder und Kolben bei Verbrennungsmotoren. Abhängige Funktionsträger sind direkt davon abhängig (z. B. Lager, Gehäuse, Dichtungen). Optimal ist das Vorgehen dann, wenn man diese maßgebenden Funktionsträger erkennt und sie nach Möglichkeit zuerst mit der gebotenen Aufmerksamkeit durcharbeitet. Entsprechende Hinweise enthalten auch die Vorgehenspläne zum Konstruieren (Kapitel 6.5.1). Daß die Verhältnisse kompliziert sein können (anscheinend abhängige Funktionsträger können unter besonderen Randbedingungen zu maßgebenden werden), wird nachfolgend am Beispiel eines Stirnradgetriebes gezeigt.

In **Bild 2.3-14** ist das Konzept eines einfach-schrägverzahnten und wälzgelagerten Stirnradgetriebes mit den wichtigsten Bauelementen (1) bis (11) dargestellt, dessen Achsabstand nicht vorgegeben ist, aber aus Kostengründen minimiert werden soll.

Zu gestaltende Bauelemente beim Stirnradgetriebe

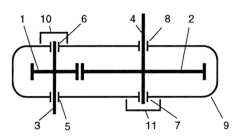

1	Ritzel
2	Rad
3	Ritzelwelle
4	Radwelle
5	Ritzellager unten
6	Ritzellager oben
7	Radlager unten
8	Radlager oben
9	Gehäuse
10	Ritzeldeckel
11	Raddeckel

a) Bauelementematrix für
Übersetzung von z. B. i > 1,5;
wenig Iteration

nötige Information von den
Bauelementen ...

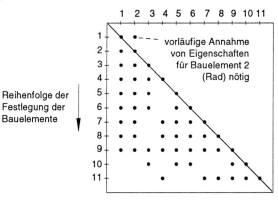

Reihenfolge der
Festlegung der
Bauelemente

b) Bauelementematrix für Übersetzung
von z. B. i < 1,5 und insbesondere
bei gehärteten, schrägverzahnten
Zahnrädern;
mehr Iteration

Iterationen

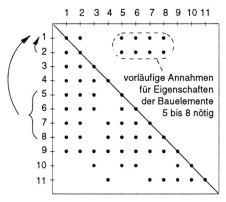

Bild 2.3-14:   Das zweckmäßige Vorgehen bei der Festlegung (Gestaltung) der Bauelemente läßt sich aus
der Bauelementematrix feststellen (Beispiel Stirnradgetriebe mit Wälzlagern ohne Berücksichtigung von Dichtungen)

In der Bauelementematrix a) in Bild 2.3-14 für ein Getriebe mit einer Übersetzung $i >$ 1,5 ist vertikal die Reihenfolge der Festlegung (Gestaltung) der einzelnen Bauelemente von (1) bis (11) insofern zweckmäßig, als dabei praktisch keine Informationen von jeweils vorher noch nicht festgelegten Bauelementen benötigt werden. In der horizontalen Achse und über der Diagonalen sind nämlich diejenigen Bauelemente angegeben, von denen Informationen benötigt werden, um die Bauelemente in der vertikalen Achse der Reihe nach von (1) bis (11) festzulegen.

Die einzige Ausnahme besteht darin, daß man bei Festlegung des Ritzels auch etwas vom Rad wissen muß und umgekehrt. Man muß z. B. die Festigkeit beider optimieren. Es ist hier also eine Iterationsschleife nötig. Wenn man die Reihenfolge ändern würde, z. B. das Gehäuse vor den Lagern festlegen wollte, gäbe es eine Menge von unnötigen Iterationen. Man sieht aus dem Beispiel, daß der Radsatz (1), (2) die maßgebende Baugruppe darstellt.

Um jedoch zu zeigen, wie komplex und vernetzt bereits dieses einfache Beispiel ist, ist unter Bild 2.3-14 b) noch einmal eine Bauelementematrix für ein Getriebe mit sehr kleiner Übersetzung ($i < 1,5$) und gehärteten Zahnrädern dargestellt, wobei der Achsabstand erfahrungsgemäß nicht durch die Zahnräder (1) und (2), sondern durch die Wälzlagerdurchmeser (5) bis (8) bestimmt wird. Man muß also nachträglich die Zahnräder iterativ korrigieren bzw. man arbeitet bei den Lagern zunächst mit vorläufigen Annahmen. Die Lager sind mit zu den maßgebenden Bauelementen geworden. Man muß also u. U. die Vorgehensweise ändern.

Mit Hilfe solcher Bauelemente- oder Baugruppenmatrizen kann man die Vorgehensweise beim Konstruieren hinsichtlich Aufwand und Zeit optimieren [25/2]. Das geht natürlich umso leichter, je weniger das neu konstruierte Produkt von früher bekannten abweicht, bei einer vollkommenen Neukonstruktion dürfte dies jedoch schwierig sein. Es zeigt sich daraus aber, daß das Vorgehen bei **Simultaneous Engineering** (Kapitel 4.4.1) nicht nur ein Organisationsproblem, sondern auch ein Problem der Produktstruktur ist. Ferner zeigt sich, daß sehr detaillierte **Vorgehenspläne** (Kapitel 4.1.5) produkt- und sogar – wie hier – anforderungsabhängig sind. Allgemeingültige Vorgehenspläne können also im Detail kein sinnvolles Vorgehen mehr angeben.

Diese rein technische Sicht einer Reihenfolge für die Festlegung der Elemente muß u. U. geändert werden, wenn termin- oder kostenbestimmende Baugruppen/Bauteile vorgezogen werden müssen (Kapitel 7.4.1.2).

c) Zusammenhang zwischen Produkt- und Organisationsstruktur

Betrachtet man die Beziehungen zwischen Sachsystem und Handlungssystem nicht wie bisher im Detail, sondern eher ganzheitlich, so kann man die These formulieren: „**Die Produktstruktur bedingt die Organisationsstruktur**" oder „Komplexe Sachsysteme können nur mit komplexen Handlungssystemen erstellt werden".

Ein Unternehmen zur Herstellung des oben dargestellten Getriebes kann beispielsweise weit einfacher strukturiert sein, als dies für einen modernen Automobilhersteller erforderlich ist. Die Beziehungen sind allerdings von einigen wichtigen Einflußgrößen wie

Qualitätsanforderungen, Fertigungstiefe oder produzierter Stückzahl abhängig. Auch ein verhältnismäßig kleines Team kann nämlich ein Sonderautomobil konstruieren und herstellen, wenn nur eine geringe Stückzahl produziert werden soll.

2.4 Der Lebenslauf technischer Systeme und ihre Planung im Handlungssystem

Bei der Betrachtung des Lebenslaufs von Systemen bzw. von Produkten (**Bild 2.4-1**) können gleichartige Abschnitte zwischen der Planung und Beseitigung der Systeme bzw. Produkte unterschieden werden, die in Abhängigkeit vom jeweiligen System mit jeweils unterschiedlichen Begriffen bezeichnet werden.

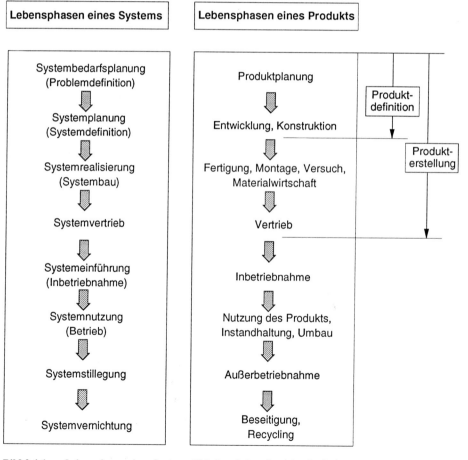

Bild 2.4-1:   Lebensphasen eines Systems (links) und eines Produkts (rechts)

In Bild 2.4-1 sind den Lebensphasen eines „allgemeinen" Systems die Lebensphasen eines konkreten technischen Systems (z. B. des Gaskompressors nach Bild 2.2-6) gegenübergestellt.

Lebenslauforientiert ergeben sich unterschiedliche Aufgaben beim Umgang mit einem Produkt, weshalb viele Abteilungen im Unternehmen oder auch besondere Unternehmen darauf ausgerichtet sind. Die Betrachtung der Lebensphasen hat für die Ermittlung der Anforderungen an ein zukünftiges technisches System den Vorteil, daß man weniger vergißt, da durch die mögliche Strukturierung die Kompliziertheit des Gesamtumfangs verringert wird (Kapitel 7.3). Anforderungen, Nutzen, Probleme, äußere Einwirkungen und Störungen in den jeweiligen Phasen des Lebenslaufs müssen bei zuständigen Fachleuten, Abteilungen oder Institutionen ermittelt werden.

Der Lebenslauf eines Produkts hat auch erhebliche Auswirkungen auf die **Kosten**, den Erlös und den Gewinn eines Produkts. Bei Produkten, die über längere Zeiträume z. B. als Serie oder als Baureihe auf dem Markt bleiben, ist neben dem Lebenslauf eines einzelnen Produkts auch der Marktlebenslauf der Produktart zu berücksichtigen (**Bild 2.4-2**).

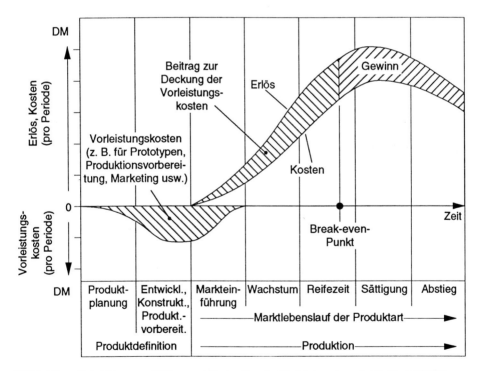

Bild 2.4-2: Entwicklung von Erlösen und Kosten über der Marktlebensdauer (nach Geyer [26/2])

Produkte müssen rechtzeitig geplant werden, da es erhebliche Zeit dauern kann, bis sie mit oft beachtlichen Vorleistungskosten, z. B. für Planung, Entwicklung, Realisierung usw., verkaufsfähig sind und es dann wieder lange dauert, bis sie einen ausreichenden Umsatz erreichen. Der Gewinn entwickelt sich dabei meist nicht proportional zum Umsatz, da die Produktart nach einiger Zeit veraltet und Konkurrenzprodukte entstehen. Deshalb müssen derartige Produkte rechtzeitig überarbeitet werden bzw. zur Ablösung neue geplant werden.

Die System- bzw. **Produktplanung** ist deshalb eine wichtige Phase des Systemlebenslaufes (Bild 2.4-1), da in ihr das Vorausdenken und die gedankliche Systemkonfigurierung sowie die Vorwegnahme von späterem Verhalten bzw. der angestrebten Zustände oder Handlungen geschieht [5/2].

Wie in Kapitel 2.1 bzw. Bild 2.1-1 angesprochen, ist die Methodik zur Planung von Systemen und die dafür zweckmäßige Planung des Vorgehens neben dem bisher dargestellten Systembegriff der zweite wesentliche Inhalt der Systemtechnik.

Planung ist eine ureigene menschliche Tätigkeit, da der Mensch laufend dabei ist, einen auf Ziele ausgerichteten Weg zu suchen. Unter Vorgehensplanung kann man das vorwegnehmende Verknüpfen von einzelnen Handlungen zu einem zielführenden Handlungsablauf verstehen. Bei vielen Handlungen ist allerdings die Planungsphase deshalb nicht mehr erkennbar, da sie inzwischen zur Routine geworden sind.

Es gibt im Unternehmen zahlreiche Planungsvorgänge (z. B. Produkt-, Umsatz-, Gewinn-, Fertigungs-, Montageplanung) und auch Entwickeln und Konstruieren ist im Grunde eine Planungstätigkeit, selbst wenn sie üblicherweise nicht so bezeichnet wird. Eine allgemeine Methode zur Vorgehensplanung wird in Kapitel 6 beschrieben. Eine dafür wichtige Grundlage aus der Systemtechnik ist der Problemlösungszyklus (Kapitel 3.3.2).

Literatur zu Kapitel 2

[1/2]   Hubka, V.: Theorie Technischer Systeme. 2. Aufl. Berlin: Springer 1984.

[2/2]   Beitz, W.: Systemtechnik in der Konstruktion. DIN-Mitteilungen 49 (1970) 8, S. 295–302.

[3/2]   Ropohl, G.: Systemtechnik – Grundlagen und Anwendung. München: Hanser 1975.

[4/2]   Daenzer, W. F.; Huber, F.: Systems Engineering. 7. Aufl. Zürich: Industrielle Organisation 1992.

[5/2]   Patzak, G.: Systemtechnik – Planung komplexer, innovativer Systeme. Berlin: Springer 1982.

[6/2]   Blaß, E.: Entwicklung verfahrenstechnischer Prozesse. Frankfurt: Salle & Sauerländer 1989.

[7/2]   Müller, J.: Arbeitsmethoden der Technikwissenschaften. Berlin: Springer 1990.

[8/2]   REFA: Methodenlehre der Planung und Steuerung. Bd. 1. 4. Aufl. München: Hanser 1985.

[9/2]   Walther, C.: Systemtechnische Verfahren zur Bestimmung der Zusammenhänge zwischen Eigenschaften und Funktionsstruktur technischer Systeme. München: TU, Diss. 1994.

[10/2] Ehrlenspiel, K.; Lindemann, U.: Ein Beitrag zur Theorie des Konstruktionsprozesses. Konstruktion 31 (1981) 7, S. 269–277.

[11/2] Lindemann, U.: Systemtechnische Betrachtung des Konstruktionsprozesses unter besonderer Berücksichtigung der Herstellkostenbeeinflussung beim Festlegen der Gestalt. Düsseldorf: VDI-Verlag 1980. (Fortschritt-Berichte der VDI-Zeitschriften Reihe 1, Nr. 60) Zugl. München: TU, Diss. 1980.

[12/2] Zangemeister, C.: Nutzwertanalyse in der Systemtechnik. 3. Aufl. München: Wittemannsche Buchhandlung 1973.

[13/2] DIN-Norm 2330: Begriffe und Benennungen. Berlin: Beuth 1979.

[14/2] Hubka, V.: Theorie der Maschinensysteme. Berlin: Springer 1973.

[15/2] VDI-Richtlinie 2221: Methodik zum Entwickeln und Konstruieren technischer Systeme und Produkte. Düsseldorf: VDI-Verlag 1986.

[16/2] Pahl, G.; Beitz, W.: Konstruktionslehre. 3. Aufl. Berlin: Springer 1993.

[17/2] DIN-Fachbericht 12: Einteilungsschema für technische Systeme. 1. Aufl. Berlin: Beuth 1987.

[18/2] Koller, R.: Konstruktionslehre für den Maschinenbau. 2. Aufl. Berlin: Springer 1985.

[19/2] Roth, K.: Konstruieren mit Konstruktionskatalogen. Bd. 1: Konstruktionslehre. 2. Aufl. Berlin: Springer 1994.

[20/2] Steinmeier, E.: Einsatz eines Produktmodells zur Entwicklung komplexer Produkte am Beispiel der Pkw-Entwicklung. München: TU, Manuskript der Diss. 1994.

[21/2] Tropschuh, P. F.: Rechnerunterstützung für das Projektieren mit Hilfe eines wissensbasierten Systems. München: Hanser 1989. (Konstruktionstechnik München, Bd. 1) Zugl. München: TU, Diss. 1988 u. d. T.: Tropschuh, P. F.: Rechnerunterstützung für das Projektieren am Beispiel Schiffsgetriebe.

[22/2] Weinbrenner, V.: Produktlogik als Hilfsmittel zum Automatisieren von Varianten- und Anpassungskonstruktionen. München: Hanser 1994. (Konstruktionstechnik München, Bd. 11) Zugl. München: TU, Diss. 1993.

[23/2] Figel, K.: Optimieren beim Konstruieren. München: Hanser 1988. Zugl. München: TU, Diss. 1988 u. d. T.: Figel, K.: Integration automatisierter Optimierungsverfahren in den rechnerunterstützten Konstruktionsprozeß.

[24/2] Ehrlenspiel, K.; Milberg, J.; Schuster, G.; Wach, J.: Rechnerintegrierte Produktkonstruktion und Montageplanung. CIM-Management 9 (1993) 2, S. 23–28.

[25/2] Eppinger, S. D.: Modul based Appoaches to Managing Concurrent Engineering. In: Hubka, V. (Hrsg.): Proceedings of ICED 91, Zürich. Zürich: Edition Heurista 1991, S. 171–176. (Schriftenreihe WDK 20)

[26/2] Geyer, E.: Produktplanung – Ideenfindung, Ideenbewertung, Ideenverfolgung. RKW-Handbuch Forschung, Entwicklung, Konstruktion (F+E). Beitrag 4170. Berlin: Schmidt 1976.

3 Der Mensch als Problemlöser

Jeder, der konstruiert, kennt die Situation, daß man in einer gewissen Zeit eine Aufgabe „durchziehen" muß. Man weiß aufgrund eigener Erfahrung, wie man sie anpacken muß, und ist sich ziemlich im klaren darüber, was schließlich als Bearbeitungsergebnis vorliegen wird. Da man routinemäßig vorgehen kann, spricht man von einer **Aufgabe**.

Bestimmt stand jeder beim Konstruieren aber auch schon vor einem echten **Problem**. Wenn beispielsweise der Chef von einer Messe zurückkommt und sagt: „Eines ist mir klar geworden: wir müssen konkurrenzfähiger werden. So kann's nicht weitergehen!", dann steht der Konstruktionsleiter (und ggf. auch der Vertriebs- und der Fertigungsleiter) vor einem Problem. Man muß herausfinden, was (welche Eigenschaft der Produkte, des Unternehmens) anders werden muß und welche Mittel dafür zweckmäßig wären. Welche Personen sollen in welcher Zeit mit welchen Methoden was erreichen? Dieses Problem muß zunächst in seinem Zielcharakter geklärt werden.

Wie man Probleme erkennen und auch lösen kann, wird im folgenden behandelt. Es können hier jedoch nur allgemein anwendbare Methoden und Strategien vorgestellt werden. Der Nachteil dabei ist, daß diese nur Richtungen für das Handeln angeben können, selten jedoch direkt zu problemspezifischen Lösungen hinführen. Weinert [1/3] schreibt dazu: „Je allgemeiner eine Strategie ist, desto weniger wirksam ist sie bei der Lösung anspruchsvoller inhaltsspezifischer Probleme. Inhaltliche Wissensdefizite können nicht durch allgemeine Problemlösekompetenz beseitigt werden." Ein Beispiel soll dies verdeutlichen: Mit dem Problemlösungszyklus der Systemtechnik (Kapitel 3.3.2, Bild 3.3-12) alleine kann keine Schadensanalyse an einer Turboverdichteranlage durchgeführt werden (Kapitel 3.3.4). Dazu gehört eine Menge Faktenwissen (Bild 3.1-1). Aber es kann der Weg für ein zweckmäßiges Vorgehen gewiesen werden.

In den folgenden Unterkapiteln steht der Mensch mit seinen Denkvorgängen beim Problemlösen im Mittelpunkt. An dieser Stelle sei aber noch auf weitere wichtige Faktoren hingewiesen, die Auswirkungen auf Problemlöseprozesse haben. **Bild 3-1** zeigt neben den individuellen auch eine Vielzahl von äußeren Einflüssen auf den Konstruktionsprozeß, der hier stellvertretend als ein spezieller Problemlöseprozeß aufgeführt ist. Die schwerwiegenden Auswirkungen von Zeitdruck, fehlenden Informationen oder zumeist unangenehmen externen Entscheidungen auf die Problemschwierigkeit dürften jedermann bekannt sein.

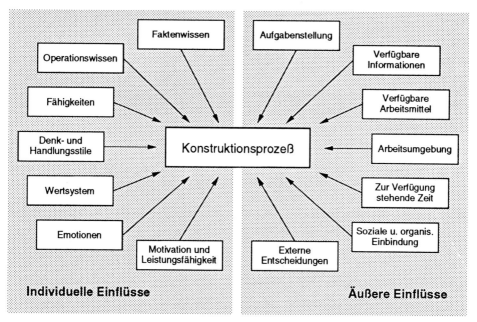

Bild 3-1: Einige Einflußfaktoren auf den Konstruktionsprozeß (nach Dylla [2/3])

3.1 Was ist ein Problem?

3.1.1 Allgemeine Probleme

Ein **Problem im allgemeinen** ist einfach zu definieren: Ein Mensch steht einem Problem gegenüber, wenn er einen unerwünschten Anfangszustand in einen erwünschten End- oder Zielzustand überführen will, aber noch nicht weiß, wie, d. h. mit welchen Mitteln [3/3], oder wie überhaupt der Endzustand aussehen soll.

Ein Problem ist somit durch drei Komponenten gekennzeichnet:

– Unerwünschter Anfangszustand A.
– Erwünschter End- oder Zielzustand E, der aber durchaus noch unklar sein kann.
– Barriere, die die Überführung von A in E im Moment verhindert. Es fehlen für das vorliegende Problem die Mittel, das Ziel zu erreichen.

Probleme können, wie eingangs schon erwähnt, folgendermaßen von Aufgaben abgegrenzt werden: **Aufgaben** sind geistige Anforderungen, für deren Bewältigung Methoden und Mittel bekannt sind. Aufgaben erfordern nur reproduktives Denken, beim **Problem** aber ist unbekannt, wie und ob es überhaupt lösbar ist. Bei einer Aufgabe fehlt von den drei oben aufgezählten Komponenten die Barriere [3/3], auch wenn für ihre Lösung manchmal große Anstrengungen und viel Zeit erforderlich sind.

Gierse [4/3] und Rutz [5/3] definieren wie folgt:

- „Ein **Problem** liegt vor, wenn man ein Ziel erreichen will, jedoch nicht weiß, wie man zu diesem gelangen kann, oder nicht genau weiß, wie dieses Ziel aussieht."
- „Eine **Aufgabe** ist eine Anforderung, ein eindeutig präzisiertes Ziel durch bekanntes Vorgehen mit Sicherheit zu erreichen."

Die Unterscheidung zwischen Aufgabe und Problem bei einem konkret vorliegenden Fall ist allerdings stark subjektiv: Was für einen Menschen eine Aufgabe ist, da er genügend Erfahrungen mit ähnlichen früheren Vorgängen hat, kann für einen anderen ein großes Problem sein, da er ein Neuling in dem betreffenden Gebiet ist. Ähnlich gibt es für einen erfahrenen Auftraggeber nur Aufgaben, denn er kennt die Mittel zu ihrer Lösung, nämlich seine Mitarbeiter. Im Maschinenbau hat sich der Begriff Aufgabe durchgesetzt (z. B. Aufgabenklärung, Aufgabenstellung). Wenn in den folgenden Kapiteln daher von Aufgaben gesprochen wird, kann es sich im oben definierten Sinn auch durchaus um Probleme handeln.

Einflußgrößen zur Klassifikation von Problemen

Es sollen nachfolgend einige Einflußgrößen besprochen werden, mit denen Probleme ihrem Charakter nach erkannt und eingeteilt werden können. Das Ziel ist dabei, für bestimmte erkannte (konstruktive) Probleme die Methoden zuordnen zu können, die für ihre Lösung geeignet sind (Methodenbaukasten in Kapitel 7.1).

Wie **Bild 3.1-1** zeigt, hängt die Problemschwierigkeit nicht nur vom sachlich gegebenen Problem (Objektmerkmale, links) ab, sondern mindestens ebenso von der Person und der Gruppe, die „das Problem hat" (Mittelmerkmale). Schließlich kann vieles zum Problem werden, weil die Zeit zur ausreichenden Bearbeitung nicht zur Verfügung steht (ganz rechts). Es sollen nachfolgend die Einflußgrößen auf die Problemschwierigkeit an konstruktiven Beispielen erläutert werden, wobei allerdings die Zusammenhänge für Probleme aller Art gültig sind.

a) Objektmerkmale

Objektmerkmale eines Problems sind nach Bild 3.1-1 das Gebiet bzw. der Inhalt, der Umfang und die Komplexität des Problems. Aus systemtechnischer Sicht resultieren die Objektmerkmale aus dem zugrundeliegenden Sachsystem (Kapitel 2.2.1).

- Das **Objektgebiet** kennzeichnet den Wissensbereich, in dem das Problem existiert. Wie in Kapitel 4.2 noch näher gezeigt wird, stehen im Konstruktionsbereich allerdings nicht nur technische Probleme an, sondern besonders für Führungskräfte auch wirtschaftliche, juristische und Personal-, Organisations- sowie Führungsprobleme. Letztere können für Ingenieure gerade deshalb zum besonderen Problem werden, da sie dafür vom Fakten- und Methodenwissen her nur unzureichend ausgebildet sind.

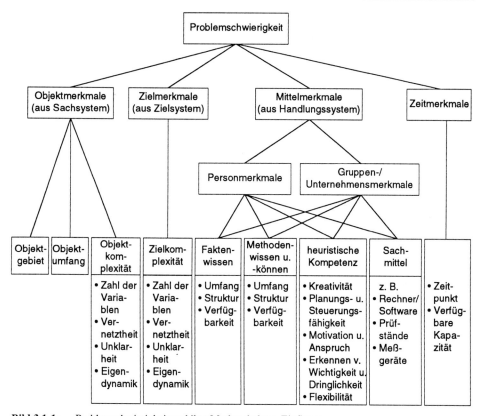

Bild 3.1-1:   Problemschwierigkeit und ihre Merkmale bzw. Einflüsse

– Ferner ist der **Objektumfang** eines Problemkomplexes in der Technik häufig so groß, daß allein schon das Faktenwissen des Bearbeiters dem in keiner Weise entspricht.

– Es ist aber vor allem die **Objektkomplexität**, die ein Problem von der sachlichen Seite schwierig (d. h. kompliziert) macht, weshalb die meisten Ansätze zum Problemlösen eine Verringerung der Kompliziertheit anstreben. Die Objektkomplexität bietet gegenüber der engeren Definition der Komplexität technischer Systeme (Kapitel 2.3.2 b) eine erweiterte Sicht für Objekte des Handelns allgemein.

   • Die **Anzahl der Variablen** überfordert die menschliche Verarbeitungskapazität sehr schnell. Wahrscheinlich stellt die gleichzeitige Berücksichtigung von mehr als drei bis vier Parametern, die gegenseitig in unterschiedlichen Abhängigkeiten verknüpft sind, bereits eine mentale Grenze dar. Braess et al. [6/3] berichten von einem parametrischen Fahrzeugmodell, in dem 130 Parameter zur Simulation von Pkw-Eigenschaften wie aktive Sicherheit oder Wirtschaftlichkeit erfaßt sind: „Es ergab sich schon bei den ersten Optimierungsläufen, daß das menschliche Vorstellungsvermögen bezüglich der zahlreichen Abhängigkeiten überfordert ist." (Vgl. auch unten mit der Vernetztheit.)

Wie man sieht, kann man solche unüberschaubaren Abhängigkeiten nur noch mathematisch formulieren und dann durch Variation die bezüglich ihrer Auswirkung wesentlichen Parameter ermitteln. Das gilt natürlich nur für die Analyse bereits vorhandener Systeme. Für die Synthese neuer Systeme muß man die wesentlichen Parameter aus der Erfahrung mit ähnlichen Systemen zu erkennen und zu beeinflussen suchen (Schwerpunktbildung).

- Die **Vernetztheit** bedeutet den Grad der gegenseitigen Abhängigkeit der variablen Parameter eines Systems. Dabei gibt es die positive und die negative Verknüpfung. Positive Verknüpfung bedeutet: Ändert man einen Parameter in eine gewünschte Richtung, so ändert sich auch der andere in die gewünschte Richtung. Bei negativer Verknüpfung ändern sich die Parameter gegenläufig. Beim Pkw wäre eine positive Verknüpfung: mehr Motorleistung bedeutet auch mehr Beschleunigung; eine negative Verknüpfung: mehr Motorleistung ergibt verringerte Umweltfreundlichkeit (wenn keine besonderen Maßnahmen ergriffen werden) [7/3].

- Die **Unklarheit** (Intransparenz) bedeutet, daß Eigenschaften des Systems oder Merkmale der Situation unklar sind. Man weiß z. B., daß die Zuverlässigkeit eines Produkts gesteigert werden soll; welche Schäden oder Beanstandungen aufgrund welcher Betriebsweisen des Kunden vorliegen, ist aber unbekannt. Man kennt auch die wahren Schadensursachen nicht und muß also – wie so oft beim Konstruieren – in Unsicherheit entscheiden.

- Die **Eigendynamik** bedeutet die Veränderung eines Systems ohne äußeres Zutun, z.B. beim Versagen des Systems. Man kommt dadurch unter Zeitdruck, muß sich mit Ungefährlösungen zufrieden geben, da keine Zeit ist, alle nötigen Informationen zu sammeln.

b) Zielmerkmale

Ziele, die sich auf den zu bearbeitenden Objektbereich beziehen, können bezüglich ihrer Komplexität nach gleichen Einflußgrößen betrachtet werden wie die Objektkomplexität. Die obigen Erläuterungen treffen auch hierfür zu. Eigendynamik kann sich z. B. bei längerfristigen Entwicklungsaufgaben ergeben, wenn sich auf dem Markt die Anforderungen ändern. So wurde beim Pkw nach einer Ölpreiserhöhung statt hoher Anfahrtsbeschleunigung plötzlich die Verbrauchssenkung wichtig.

c) Mittelmerkmale

Betrachtet man die Problemschwierigkeit ausgehend von den Mitteln zur Lösung eines Problems (vgl. Handlungssystem, Kapitel 2.2.1) zunächst hinsichtlich der **Personmerkmale**, so können diese in Fakten-, Methodenwissen und in die heuristische Kompetenz aufgeteilt werden. Betont werden soll dabei, daß bezüglich Fakten und Methoden nicht nur klar rational vermittelbares Wissen für die Problemlösefähigkeit maßgebend ist, sondern vor allem bei Methoden unbewußtes „Methodenkönnen". Die meisten Handlungen laufen so ab. Auch Fakten und ihre Zusammenhänge werden oft nur erahnt. Man hat „ein Gespür" dafür. Die Bedeutung von „Wissen" ist also weit aufzufassen.

– **Faktenwissen** ist für die Problemlösefähigkeit einer Person von ganz besonderer Bedeutung und läßt sich nicht durch Methodenwissen kompensieren. Wie Weinert [1/3] betont, kann der Wissensvorsprung des Experten von Anfängern kurzfristig weder aufgeholt noch überbrückt werden. Es wird geschätzt, daß zum „Heranreifen" eines Fachmanns ein Zeitraum von zehn Jahren durchaus als realistisch anzusetzen ist. Selbst Schachgroßmeister sind anderen oder gar Schachcomputern nicht etwa aufgrund ihres umfangreichen Methodenwissens überlegen, sondern aufgrund der bildhaft im Langzeitgedächtnis gespeicherten (bis zu 50.000) Schachkonstellationen mit all ihren zugehörigen Möglichkeiten und Gefahren. Daß ferner Leistungsüberlegenheit tatsächlich auf bereichsspezifischem Faktenwissen und nicht auf allgemeinen Fähigkeiten beruht, zeigt sich darin, daß Professoren in für sie fachfremden Gebieten offenbar ähnliche Problemlösestrategien anwenden und vergleichbar schlechte Leistungen erzielen, wie Studienanfänger in dem betreffenden Fach.

– **Methodenwissen** ist trotz der eben hervorgehobenen Bedeutung des Faktenwissens für das effektive Problemlösen wichtig, wenn man darunter nicht nur das rational verwaltete Wissen um den Einsatz zweckmäßiger Methoden versteht, sondern auch das viel häufigere unbewußte Methodenkönnen („Normalbetrieb", siehe Bild 3.3-2). Offenbar sind wir fähig, uns durch Abschauen, analoge Übertragung und „trial and error" unbewußte, aber effektive Methoden zurechtzulegen. Das alles heißt nicht, daß man nicht wirksame Methoden bewußt lernen und eintrainieren soll. „Bessere und besser genutzte Strategien ermöglichen im allgemeinen auch bessere Leistungen" [1/3].

– **Heuristische Kompetenz** ist der verbleibende Sammelbegriff menschlicher Problemlösefähigkeit. Damit ist u. a. zielgerichtete Kreativität, die Planungs- und Steuerungsfähigkeit des eigenen Vorgehens mit der inneren Flexibilität für neue Ansätze gemeint. Anders als beim inhaltsorientierten Fakten- und Methodenwissen gehört zur heuristischen Kompetenz das Erkennen der Wichtigkeit und (zeitlichen) Dringlichkeit von Teilproblemen, Fakten und anzuwendenden Methoden. Und es ist klar, daß die persönliche Motivation und der jeweilige individuelle Anspruch Triebfedern dafür sind. Man weiß allerdings gegenwärtig kaum etwas darüber, wodurch sich bei ähnlich guter Wissensbasis produktive von lediglich reproduktiven Menschen unterscheiden [1/3]. Die heuristische Kompetenz läßt sich durch Selbsteinschätzung (z. B. mit Fragebogen), durch Computersimulation [7/3] und durch systematische Beobachtung ([2/3], Kapitel 3.4) feststellen. Normale Intelligenztests reichen dafür nicht aus.

– **Sachmittel** (z. B. Prüfstände, Rechner, Software), die zum Problemlösen verfügbar sein müßten, es aber nicht sind, können natürlich auch die Problemschwierigkeit erhöhen.

Auf **Gruppen- und Unternehmensmerkmale** sind die obigen personspezifischen Einflüsse weitgehend übertragbar. Es kommen aber aufgrund gruppendynamischer Effekte noch weitere hinzu (Kapitel 4.3.3).

d) Zeitmerkmale

Es liegt auf der Hand, daß die Problemschwierigkeit bezüglich aller besprochenen Merkmale zunimmt, wenn die verfügbare Bearbeitungszeit aufgrund mangelnder Kapazität nicht gegeben ist. In anderen Fällen ist auch der Zeitpunkt bedeutungsvoll. Die Zeit kann z. B. für die Problemlösung „noch nicht reif" sein.

Bei der Problemschwierigkeit ist schließlich zu beachten, daß jedes Problem meist mehrere **Teilprobleme** enthält, die sich auch aus gewählten Lösungen ergeben können, die so am Anfang oft noch gar nicht sichtbar sind und dann u. U. ausschlaggebend für die endgültige Lösungsauswahl werden können. („Der Teufel steckt im Detail!")

3.1.2   Die Konstruktionsaufgabe als Problem

Die oben vorgenommene Einteilung von Problemen allgemeiner Art soll auf das Konstruieren von Produkten übertragen werden, d. h. es soll deren Problemschwierigkeit klassifiziert werden. Dies ist, wenn die Klassifizierung übersichtlich bleiben soll, nur mit einer starken Vereinfachung der vielfältigen Realität möglich, so daß nur eine grobe Orientierung möglich wird.

Entsprechend Kapitel 3.1.1 ist ein Problem in jedem Fall durch die Ziele, die erreicht werden sollen, durch die möglichen Mittel, durch die Merkmale des zu bearbeitenden Objekts und durch die verfügbare Zeit charakterisiert. Wie die Unterteilung dieser Merkmalsbereiche in Bild 3.1-1 zeigt, können sich daraus sehr viele Parameterkombinationen für die Problemschwierigkeit ergeben.

Entsprechend einem vereinfachten Einteilungsvorschlag (nach Dörner [3/3] und Krause [8/3]), der von Hönisch [9/3] auf Konstruktionsprobleme angewandt wurde, werden nur die Zielzustände und die Mittel jeweils mit zwei Klassifikationsparametern berücksichtigt, so daß sich eine Matrix mit vier Konstruktionsproblemen (**Bild 3.1-2**) ergibt. Die Unklarheit der Ziele oder die Nichtverfügbarkeit der Mittel ist jeweils auf den Bearbeitungsbeginn durch einen gedachten „mittleren" Bearbeiter bzw. eine „mittlere" Gruppe bezogen. Die Bewältigung des Problems ist ja gerade dadurch charakterisiert, daß man am Schluß weiß, worauf es ankommt (Ziele sind klar) bzw. wie man es macht (Mittel sind bekannt und verfügbar geworden). Dabei sollen unter „Mittel" die Methoden, die Rechen- und Versuchsmöglichkeiten sowie die verfügbaren Informationen für den Prozeß des Entwickelns und Konstruierens verstanden werden. Es sind also keine technischen Mittel gemeint, mit denen das zu konstruierende Produkt seine Funktion(en) erfüllt.

Um die Einteilung von Konstruktionsproblemen in Bild 3.1-2 einfacher besprechen zu können, wurden die vier Felder I bis IV mit Begriffen versehen.

Feld I entspricht einer **„Konstruktionsaufgabe"**, wie sie üblicherweise bei Varianten- und einfacher Anpassungskonstruktion nach vorgegebenem Muster vorkommt. Es ist klar, was man zu tun hat und wie man vorgeht. Man geht wohl in der Regel routinemäßig im „Normalbetrieb" (Kapitel 3.2) vor, hat meist formalisierbare Operationen, so daß interaktiver Rechnereinsatz zweckmäßig ist und bei entsprechend häufigem Vorkommen der Ablauf auch wirtschaftlich automatisiert werden kann.

Mittel (Wissen, Können, Sachmittel) ╲ Ziele, Restriktionen	klar (Lösungsfreiraum klar begrenzt)	unklar (Lösungsfreiraum unklar, Grenzen schwer erkennbar)
ausreichend bekannt und verfügbar	**I. Aufgabe** Einfache Konstruktion nach vorgegebenem Muster z. B.: einfache Varianten-, Anpassungs-, Baureihen-, Baukastenkonstruktion	**III. Zielproblem** Anforderungen für Produkt können zunächst nicht ermittelt werden z. B.: bisherige Industrieplanetengetriebe umkonstruieren für den unbekannten Markt der Roboterantriebe
nicht ausreichend bekannt und verfügbar	**II. Mittelproblem** Konstruktion bei sich widersprechenden Zielen und zu engen Lösungsfreiräumen, komplexe Optimierungen z. B.: Einfaches achsversetztes Getriebe mit 15% niedrigeren Herstellkosten als bisher und 10 dB(A) niedrigeres Geräusch	**IV. Ziel- und Mittelproblem** Anforderungen und Lösungen unklar z. B.: Getriebe sicher gegen bisher unbekannte Schadensart konstruieren oder Getriebe konstruieren für bisher vom Konzept her unklaren "Öko-Pkw"

Bild 3.1-2: Problemmatrix: Einteilung von Konstruktionsaufgaben und -problemen (s. a. Kapitel 8 und Bild 8-1)

Feld II wurde als „**Mittelproblem**" bezeichnet, da Zielzustand und Lösungsfreiraum nach wie vor klar gegeben sind und nicht weiter konkretisiert werden müssen, aber die einzusetzenden Mittel zu wenig bekannt oder verfügbar sind. Das kann der Fall sein z. B. bei nicht ausreichend verfügbarem Wissen, wie man auf bestimmte klar geforderte Zieleigenschaften hin konstruiert (Design to…). So kann z. B. die Konstruktion an sich einfacher Produkte (Getriebe, Pumpe) zu einem großen Problem werden, wenn bestimmte Geräusch- oder Kostenziele gefordert werden, aber Informationen (Wissen über Verursachung und Einflußparameter sowie Methoden zur Beeinflussung) fehlen.

Zwar können die Ziele durchaus klar sein, sich aber gegenseitig widersprechen, wie z. B. bei den Forderungen nach einem schnellen, komfortablen Pkw bei minimalem Verbrauch und geringen Kosten, wobei diese zahlenmäßig vorgegeben sein müßten (Bild 7.3-4). Das kann ein nicht lösbares Problem ergeben, so daß die Ziele geändert werden müssen. Das Wissen und die zur Bearbeitung zweckmäßige Methode muß in einem eigenen Problemlöseprozeß (rekursiv) zusammengetragen oder erarbeitet werden. Die elektronische Datenverarbeitung kann dabei helfen.

Feld III wurde als „**Zielproblem**" bezeichnet, da darunter Konstruktionsprobleme verstanden werden sollen, für die zwar die nötigen Mittel ausreichend verfügbar sind, es aber durchaus unklar und wenig konkret ist, was im einzelnen erreicht werden soll. Solche Probleme kommen häufiger vor: Die Ziele können unternehmensintern unklar sein (z. B. wir müssen bei dem Produkt X „konkurrenzfähiger" werden), sie können extern beim Kunden unklar sein, sich immer wieder verändern oder sich sogar bei mehreren Kunden widersprechen. Die Klärung der Ziele wird zum wichtigsten Teil der Problembearbeitung: „Was sind die eigentlichen Ziele, wie sind sie gewichtet, welches ist das Kernproblem?" Die Konstruktionsarten sind hierbei solche, die mit bekannten Mitteln zu bearbeiten sind: Anpassungs- und Baureihen-/Baukastenkonstruktionen sowie Neukonstruktion mit vorhandenen oder bekannten Funktionsträgern.

Methoden zur Aufgabenklärung bzw. Problemanalyse, des Marketings sind vorrangig. Im übrigen sind alle Methoden zur Produktentwicklung einsetzbar, auch rechnergestütztes Vorgehen.

Feld IV wurde als „**Ziel- und Mittelproblem**" bezeichnet, da hierbei zusätzlich zu Zielproblemen auch noch die einzusetzenden Mittel vor Beginn der Bearbeitung unklar oder nicht verfügbar sind. Das ist vor allem bei Neukonstruktionen der Fall (Beispiel: Anlage zur Sortierung von Hausmüll) oder bei Konstruktionen, bei denen quantitativ schwer definierbare Eigenschaften (besseres Design, bessere Kundenakzeptanz, umweltgerechtes Produkt) gefordert werden. Bei letzteren ist dann je nach persönlicher oder betrieblicher, ja u. U. branchenspezifischer Erfahrung auch das Know-how für die Bearbeitung nicht ausreichend bekannt oder verfügbar. Hierfür sind Problemlösemethoden anwendbar, es sind aber besonders kreative Fähigkeiten gefordert. In manchen Fällen müssen das nötige Wissen und die Methoden zur Bearbeitung zunächst selbst erarbeitet werden. Rechnergestützte Verfahren sind, da man in Neuland vorstößt, kaum einsetzbar.

Die vorgestellte Einteilung bedingt verschiedene **Vereinfachungen**. Die Objektmerkmale und die Zeitmerkmale werden nicht berücksichtigt. Dies führt dazu, daß z. B. die Konstruktion einer Küchenmaschine auf die gleiche Stufe wie die eines Flugzeugs oder Pkws gestellt wird. Weiterhin wurden der Lösungsfreiraum oder komplementär dazu die Menge an Restriktionen zusammen mit den Zielen betrachtet, was ebenfalls eine Vereinfachung bedeutet. So können die Ziele klar sein, wie es z. B. bei der Konstruktion eines Radnabengetriebes für ein bestimmtes Drehmoment und für eine bestimmte Übersetzung bei einzuhaltenden Herstellkosten der Fall ist. Der Lösungsfreiraum ist durch die vorgegebenen Durchmesser- und Breitenabmessungen zwar ebenfalls klar begrenzt, aber doch so eng, daß die Konstruktion unter diesen Umständen zu einem großen Problem werden kann. So kann die einfache Variantenkonstruktion (Feld I in Bild 3.1-2) zu einer komplexen Optimierungsaufgabe werden (Feld II). Ähnliche Verhältnisse können vorliegen, wenn neue, vorteilhafte Lösungen für Produkte gesucht werden, die z. B. auch international seit Jahrzehnten von vielen Ingenieuren bearbeitet werden (beispielsweise neue stufenlose Antriebe für Pkw, kleine leichte elektrische Akkumulatoren). Obwohl die Ziele dabei klar sind, ergibt sich durch den zu engen Lösungsfreiraum bzw. durch die große Zahl von Restriktionen (z. B. Produkte der Konkurrenz und Patentsituation) ein großes Konstruktionsproblem (Feld II).

Auch die verfügbare Zeitdauer und der geeignete Zeitpunkt für eine Konstruktion wird nicht berücksichtigt. Zeitrestriktionen können jede Aufgabe zu einem Problem machen und jedes Problem verstärken.

In obiger Problemklassifikation wurde bisher nicht auf einen weiteren wesentlichen Unterschied hingewiesen: Man kann Probleme (wie auch die dafür geeigneten Methoden) entsprechend ihrer Zielsetzung in Analyse- und Syntheseprobleme unterteilen.

– **Analyseprobleme** sind Probleme, deren Lösung in Erkenntnissen über vorhandene Systeme besteht (z. B. physikalische, mathematische, juristische, psychologische Zusammenhänge).
– **Syntheseprobleme** sind Probleme, deren Lösung im Bilden bzw. Verwirklichen neuer Systeme besteht.

Im allgemeinen treten bei der Lösung beider Problemarten wieder Teilprobleme aus der jeweils anderen Problemart auf. So ist z. B. bei einem Analyseproblem der Mechanik die Modellierung des betrachteten Systems z. T. ein Syntheseproblem.

In Kapitel 8 (Bild 8-1) sind die dort vorgestellten Konstruktionsbeispiele nach obiger Problemmatrix (Bild 3.1-2) geordnet.

3.2 Der problemlösende Mensch

Die problemlösende Person, der Mensch mit seinem einerseits erstaunlichen, andererseits aber auch wieder begrenzten „Denkapparat" nimmt selbst, wie in Kapitel 3.1 und insbesondere an Hand von Bild 3.1-1 gezeigt wurde, wesentlichen Einfluß auf das Auftreten von Problemen. Es sind nicht immer nur die komplizierten Strukturen des Objektes, wie wir mit unserer eher materiell-sachlich orientierten Denkweise vermuten würden, die Anlaß zu Schwierigkeiten geben. Wie sich zeigt, sind wesentliche Anteile unseres problemlösenden Vorgehens, Verhaltens und Arbeitens auf die begrenzte Kapazität unseres Gehirns zurückzuführen. Ein Großteil des damit fast zwangsweise notwendigen methodischen Arbeitens ist daraus zu erklären. Eine weitere Ursache für arbeitsteiliges, parallelisiertes Arbeiten ist natürlich auch die oft für den einzelnen zu große anstehende Arbeitsmenge. Das wird in Kapitel 4.1.3 gezeigt.

3.2.1 Gedächtnismodelle

Konstruieren ist zu einem wesentlichen Teil Denkarbeit. Um Konstruktionsprozesse verstehen zu können, ist es daher sinnvoll, sich zunächst ein Bild von Denkprozessen und dem „kognitiven Apparat" zu machen, in dem diese Prozesse ablaufen. Dabei soll für die allgemeine Betrachtung zunächst davon ausgegangen werden, daß der Konstrukteur ein Mensch ist wie jeder andere und daß beim Konstruieren Denkprozesse ablaufen, wie in anderen Lebensbereichen auch. Die spezifischen Besonderheiten kommen später zur Sprache.

Denken ist Forschungsgegenstand der Denkpsychologie. Problemlösen, zu dem das Konstruieren gezählt werden kann, ist eines ihrer Kerngebiete. Nachfolgend werden daher Modellvorstellungen beschrieben, die sich Denkpsychologen aufgrund zahlreicher empirischer Untersuchungen über das menschliche Gedächtnis und seine Funktionen beim Denken im allgemeinen und beim Problemlösen im besonderen gebildet haben (vgl. Dylla [2/3]). Dabei darf nicht vergessen werden, daß es sich um **Modelle** handelt, die mit Hilfsmitteln, vor allem aus der Systemtechnik und der Informationsverarbeitung, die beobachteten Verhaltensweisen erklären sollen, die jedoch kein Abbild der Anatomie oder der Physiologie des Gehirns darstellen. Die heutige physiologische Modellvorstellung faßt das Gehirn als eine parallel arbeitende, stark vernetzte „Rechnerarchitektur" auf, die aus ca. 10 Milliarden Neuronen besteht, von denen jedes mit bis zu 10.000 anderen verbunden ist.

Ein gängiges Modell[1] der Denkpsychologie bildet das Gedächtnis als ein informationsverarbeitendes System mit drei (Speicher-) Elementen ab (siehe **Bild 3.2-1**): einem sensorischen Speicher, einem Kurzzeitgedächtnis und einem Langzeitgedächtnis (Dörner [3/3] und Hussy [11/3]).

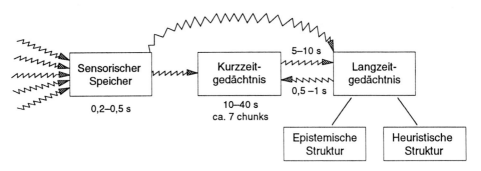

Bild 3.2-1:   Gedächtnisarten

Der **sensorische Speicher**, auch Ultrakurzzeitgedächtnis genannt, nimmt die Informationen auf, die von den Sinnesorganen eintreffen. Diese bleiben jedoch nur für eine sehr kurze Zeit (ca. 0,2–0,5 s) vollständig erhalten und zerfallen dann mit exponentiellem Verlauf.

Das **Kurzzeitgedächtnis** hat die Funktion eines Arbeitsspeichers, der die Informationen enthält, welche für den aktuellen Denkprozeß zur Verfügung stehen. Leider ist seine Speicherkapazität sehr gering. Man nimmt an, daß nur etwa sieben Einheiten (chunks) auf einmal behalten werden können. Nach Newell & Simon [12/3] vermindert sich die

---

[1]   Diese einfache Darstellung wird inzwischen für die verschiedenen Teile des Arbeitsgedächtnisses weiterentwickelt [10/3].

Zahl der Speicherplätze, die effektiv für die Informationsverarbeitung zur Verfügung stehen, noch dadurch, daß der Arbeitsspeicher Informationen für die Koordination von aktuellen und übergeordneten Prozessen aufnehmen muß. Die „chunks", die Informationseinheiten, die verarbeitet werden, können selbst jedoch sehr komplex sein. Es kann sich dabei z. B. um komplexe Baugruppen einer Maschine handeln, wobei aber vorausgesetzt wird, daß sie vom betreffenden Individuum durch **ein** Symbol repräsentiert werden können (sog. Superzeichen oder Komplexionen). Hierbei ist es jedoch nötig, daß Teilinhalte bereits im Langzeitgedächtnis verarbeitet werden. Für die Speicherzeit schwanken die Angaben zwischen 10 s und 40 s (ohne Aufmerksamkeitszuwendung). Die derzeit favorisierte Hypothese besagt, daß beim Eintreffen von neuen Informationen die ältesten verloren gehen (FIFO-Speicher: first in, first out).

Das **Langzeitgedächtnis** dient der langfristigen Speicherung von Informationen. Seine Kapazität und seine Speicherzeit sind in ihrem Umfang nicht bekannt. Bemerkenswert ist der große Unterschied zwischen der benötigten Zeit für das Aufnehmen von Informationen und der Zeit für das Abrufen gespeicherter Informationen. Newell & Simon [12/3] berichten, daß das Speichern 5–10mal länger dauert als das Wiederfinden (5–10 s/chunk gegenüber 0,5–1 s/chunk). Wichtiges Merkmal des Langzeitgedächtnisses ist – neben der Menge der gespeicherten Daten – dessen Struktur, die die Grundlage für einen schnellen Zugriff bildet. Dörner [7/3] unterscheidet eine **epistemische Struktur**, welche das Wissen über Sachverhalte enthält (Fakten, Bilder, festgelegte Handlungspläne) und eine **heuristische Struktur**, die es dem Individuum ermöglicht, neue Handlungspläne zu entwerfen. (Episteme = griech.; wohlbegründetes Wissen; Heuristik = griech.; Lehre von Methoden zur Problemlösung).

– **Epistemische Struktur**:
  Informationen über verschiedene Realitätsbereiche sind in der epistemischen Struktur in Form von **semantischen Netzen** abgespeichert. Solch ein Netz besteht aus Knoten, welche die Inhalte in Form von Begriffen repräsentieren, und aus Fäden, welche die Relationen zwischen den Inhalten herstellen. Es existieren verschiedene Modelle über derartige Verknüpfungstypen. Dörner [7/3] unterteilt die Relationen in drei Gruppen: in Abstraktheitsrelationen, Teil-Ganzes-Relationen und Raum-Zeit-Relationen.
  Abstraktheitsrelationen geben die Beziehungen eines Begriffs zu Ober- und Unterbegriffen an (z. B. Schraube → Verbindungselement). **Teil-Ganzes-Relationen** gliedern Sachverhalte hinsichtlich ihrer Bestandteile (z. B. Schraube → Schraubenkopf, Schraubenschaft). **Raum-Zeit-Relationen** ermöglichen die Abbildung der relativen Lage von Teilen oder der zeitlichen Abfolge von Handlungen (z. B. Schraubenkopf auf Schraubenschaft; erst bohren, dann Gewinde schneiden). Die Verknüpfung von räumlich-zeitlichen Elementen bezeichnet Dörner als Komplexion. Läßt man erfahrene Konstrukteure und Anfänger technische Zeichnungen reproduzieren, so betrachten die Erfahrenen die Originalzeichnung seltener und kürzer und machen weniger Fehler. Wahrscheinlich verfügen erfahrene Konstrukteure bereits über Komplexionen, die sie aktivieren können (Waldron et al. [13/3]). Die Begriffe, die die Knoten des semantischen Netzes in der epistemischen Struktur bilden,

können als Bilder, als Worte und als Handlungsprogramme im Gedächtnis gespeichert sein. Es müssen also nicht nur verbale Vorstellungen sein.

– **Heuristische Struktur**:

Reichen die in der epistemischen Struktur gespeicherten Handlungsprogramme (Operatoren) zur Bewältigung einer Situation nicht mehr aus, so nimmt diese Problemcharakter an. Zur Problemlösung werden auf einer höheren (Meta-)Ebene aus einer begrenzten Zahl elementarer Operatoren neue Operatoren gebildet. Dadurch entstehen Heurismen. Ein Grundschema für Heurismen sieht Dörner [16/3] im TOTE-Schema (Test – Operate – Test – Exit), einem zyklischen Wechsel von Prüf- und Handlungsschritten (Kapitel 3.3.1).

Das Langzeitgedächtnis kann ferner nach dem Informationsträger (Bild 7.10-1) strukturiert werden, insbesondere hinsichtlich Bild- und Sprachgedächtnis. Gerade beim Konstruieren ist das „Bilderdenken" von großer Bedeutung. Es ist aber von der Forschung her wenig geklärt (Kapitel 3.4.4).

3.2.2   Was heißt Denken?

Denken kann ganz allgemein als die Fähigkeit bezeichnet werden, sich mit aus Wahrnehmungen (sprachlich, visuell...) gewonnenen Informationen über die Wirklichkeit auseinanderzusetzen. Dabei können verschiedene Denkformen unterschieden werden (**Bild 3.2-2**).

spekulatives, reflexives Denken	zielt auf Erkenntnismehrung
konstruktives Denken	zielt auf Handlungen ab
intuitives Denken	sprunghaftes, ganzheitliches Denken
diskursives Denken	in logischer Folge fortschreitendes Denken
konvergentes Denken	rückwärtsschreitendes, von einer Lösung ausgehendes Denken
divergentes Denken	vorwärtsschreitendes, freischweifendes Denken
produktives Denken	kreatives, schöpferisches Denken
reproduktives Denken	Wiederverwendung von Gedankengängen
logisch-analytisches Denken	von Prinzipien der Logik geleitet
dialektisches Denken	Denken in Form von „trial and error"-Zyklen
induktives Denken	verallgemeinerndes Denken
deduktives Denken	folgerndes Denken

Bild 3.2-2:   Zusammenstellung verschiedener Denkformen (nach Rutz [5/3])

Intuitives und diskursives Denken stellen ein häufig verwendetes Begriffspaar dar. **Intuitives** Denken ist sprunghaft und durch plötzliche Einfälle gekennzeichnet. Es steht unter sehr geringer Kontrolle des Bewußtseins. Aufgrund ganzheitlicher Sinneswahrnehmung und Vorstellungsbilder werden die Zusammenhänge als Ganzes sichtbar. Die Erkenntnis fällt ins Bewußtsein, wie ein Bild im Spiegel erscheint, wenn Licht eingeschaltet wird. An vielen Stellen der Literatur werden die Intuition oder intuitives Denken in den Bereich des Mystischen verbannt.

Der Gegensatz dazu ist das **diskursive**, zergliedernde Denken. Hierbei wird das Denken rational und planvoll durch das Bewußtsein gelenkt. Es verläuft in logischer Folge fortschreitend, von einer Vorstellung, einem Begriff, Urteil oder Schluß zum anderen übergehend. Im Gegensatz zum intuitiven Denken muß hier also das Problem in die wesentlichen Bestandteile zerlegt werden, um der diskursiven Bearbeitung zugänglich zu sein. Insofern entspricht es dem **logisch-analytischen** oder **rationalen** Denken.

Interessant ist, daß das diskursive, logisch-analytische Denken, das rationale Verhalten, dem Menschen nicht angeboren ist, sondern anerzogen werden muß. Wir lernen es z. B. durch die Sprache oder die Mathematik. Offenbar ist der Mensch ursprünglich bildhaft und ganzheitlich auffassend. Das analytische, diskursive, logische Denken wird anscheinend erst im Lauf der Zeit stärker ausgebildet. Es ist klar, daß bei Konstrukteuren in besonderem Maße bildhaftes, ganzheitliches, kreatives Denken gefordert ist und daher trainiert werden sollte. Das Studium, insbesondere an Universitäten, legt aber gerade besonderen Wert auf das logisch-analytische Denken. Die Frage ist somit berechtigt, ob bei einem solchen relativ einseitigen Denktraining gute Konstrukteure mit Universitätsabschluß erwartet werden können.

Eine weitere Erkenntnis aus denkpsychologischen Untersuchungen ist für effektives Problemlösen wichtig. Offenbar laufen routinierte Denk- und somit auch Handlungsprozesse, die intuitiv und damit praktisch unbewußt abgewickelt werden, wesentlich schneller und ökonomischer ab, als methodenbewußt geplante bzw. diskursiv, rational gesteuerte. Wahrscheinlich läuft ein Großteil unseres Denkens und Tuns in einer Art **„Normalbetrieb"** nur zum Teil bewußt ab. Wir sind zwar bei klarem Bewußtsein, aber wesentliche Denkprozesse laufen routineartig im Unbewußten ab. Und erst wenn es hierbei nicht mehr weitergeht, wenn die Situation problematisch wird, wird im **„Rationalbetrieb"** methodenbewußtes, diskursives, rationales Vorgehen zweckmäßig (Müller [14/3]). Unser Denken und Handeln gleicht bezüglich dieser zwei Betriebsarten einem Eisberg, dessen eigentliche Gestalt und Größe der bewußten Wahrnehmung verborgen ist (**Bild 3.2-3**). Es ist sogar zusätzlich anzunehmen, daß das bewußte Denken und Handeln durch unbewußte Antriebe, Motivation, Wertmaßstäbe vorbereitet wird. Das bewußte Denken wird sozusagen vom Unbewußten getragen. Nicht umsonst spricht man von der „Ratio Advocata": der Ratio, die wie ein Advokat die Argumentation je nach Erfordernis des jeweiligen Mandanten (d. h. hier des Unbewußten) einsetzt. Das ist nicht ideal, aber real, und gesunde Selbstkritik ist angebracht. Dies Denken gehorcht – auch – dem ökonomischen Prinzip, so daß die einem Ingenieur naheliegende Forderung lautet: Methodenbewußte Planung im „Rationalbetrieb" nur soweit notwendig, Arbeit im routiniert ablaufenden „Normalbetrieb" mit Erfahrungswissen so viel wie möglich [14/3].

Ein Diplomand hat diese Erkenntnis am Ende seiner Konstruktionsarbeit so formuliert: „Den größten Teil der Zeit habe ich nicht bewußt methodisch, sondern intuitiv gearbeitet. Ich bin sozusagen mit einem Pkw im Zweiradantrieb im Straßengang gefahren. Erst wenn es nicht mehr weiterging, wenn das Gelände schwierig wurde, habe ich den Vierradantrieb, die Konstruktionsmethodik eingesetzt. Und sie hat meistens geholfen."

Bild 3.2-3:   Ein Großteil unserer Handlungen ist aus dem Unbewußten gesteuert. Der „Normalbetrieb" läuft routiniert im Unbewußten ab.

Die Konsequenz für die Lehre des methodischen Konstruierens muß demnach sein, einfache, aber effektive Vorgehensweisen so einzuüben, daß sie wie das Gangschalten beim Pkw ins Unbewußte absinken und so automatisiert im „Normalbetrieb" ablaufen.

Statt des bewußt ablaufenden „Rationalbetriebs" gibt es schließlich noch in Situationen der Überforderung, der Angst vor dem Versagen einen **„Negativ-Emotionalbetrieb"**. Dabei wird das Verhalten nicht mehr rational, sondern durch Emotionen wie Ärger, Ablehnung, Angst, Wut oder Verzweiflung gesteuert. Manche Prüfungssituationen sind dadurch geprägt. Auch bei Untersuchungen über das Verhalten von Konstrukteuren haben wir das z. T. erlebt (Kapitel 3.4). (Der Begriff „Negativ-Emotionalbetrieb" wurde geprägt, da es ja einen „Positiv-Emotionalbetrieb" gibt: Freude, Akzeptanz und Vertrauen wirken motivierend und fördern die Problemlösefähigkeit.)

3.2.3   Denkschwächen und Denkfehler

Unser „Denkapparat" hat, verglichen mit einem Computer, nach heutiger Abschätzung eine große Zahl schwerlich vom Rechner erreichbarer Vorzüge: Wir haben ein Bewußtsein unserer selbst, können abstrahieren, Wichtiges von Unwichtigem unterscheiden, können Ziele und Werte setzen, können lernen, ungeahnte kreative Einfälle haben, können Analogien bilden, können Muster und Gestalten erkennen oder sogar ergänzen, können deren Fehler erkennen, können Ursachen-Wirkungs-Ketten bilden und mit vorläufigen, von uns als nur wahrscheinlich definierten Informationen umgehen. Außerdem wirken Denken, Fühlen, Wollen und Handeln zusammen und bilden das Ich, was dem Computer als unserem Werk unerreichbar ist.

Aber unser Denkapparat hat gegenüber dem Computer, und nicht nur im Vergleich zu ihm, auch Denkschwächen und begeht Denkfehler. In **Bild 3.2-4** wurde der Versuch gemacht, diese den gedächtnisspezifischen Ursachen zuzuordnen.

1 Mangelnde Funktionalität

1.1 Unmöglichkeit, komplexe Vorgänge oder Systeme simultan bearbeiten zu können (wegen des begrenzten Kurzzeitgedächtnisses).

1.2 Bestimmte Prozesse können nicht schnell genug durchgeführt werden. (Deshalb ist Maschinen-, Rechnereinsatz sinnvoll.)

1.3 Bei bestimmten, sich wiederholenden Prozessen werden Fehler gemacht (z. B. Rechen-, Tippfehler; deshalb ist Maschinen-, Rechnereinsatz sinnvoll).

1.4 Komplizierte räumliche Strukturen sind ohne Hilfsmittel schwer vorstellbar. (Deshalb sind perspektivische Zeichnungen und körperliche Modelle sinnvoll.)

1.5 Zukünftige Abläufe kann man sich nur schwer, und wenn, dann nur in linearen Abhängigkeiten vorstellen. (Deshalb ist Simulation mit Rechnermodellen sinnvoll.)

1.6 Vergeßlichkeit wegen des begrenzten Zuflusses zum Langzeitgedächtnis. (Deshalb ist Dokumentation sinnvoll.)

2 Mangelnde Fähigkeit, abstrakt und logisch zu denken

2.1 Komplexe, logische Abfolgen können nur schwer vollzogen werden (z. B. Denksport- aufgaben).

2.2 Abstrakte Denkprozesse können ohne die laufende Verknüpfung mit konkreten, anschaulichen Beispielen schwer nachvollzogen werden. (Deshalb sind verbale und bildhafte Veranschaulichungen sinnvoll.)

2.3 Die Abstraktion vielgestaltiger konkreter Phänomene fällt schwer. (Deshalb ist Training der Abstraktionsfähigkeit und Denken in Funktionen sinnvoll.)

3 Aufwands- bzw. Zeitminimierung

3.1 **Zu starke Vereinfachung** komplexer Prozesse und Systeme. Unzulässige Reduktion von Voraussetzungen, Restriktionen und Einflußgrößen und deren Abhängigkeiten. Situationsanalyse, ohne Nebenwirkungen zu beachten. Unzulässige Erweiterung der Gültigkeitsbereiche an sich einzuschränkender Aussagen: "Übergeneralisierung". Nicht- beachtung der ggf. vorhandenen Vernetztheit von Systemen: monokausales Denken.

3.2 Systeme werden **vornehmlich statisch betrachtet;** wenn dynamisch, dann nur in **linearen** Zeitfunktionen (siehe 1.5).

3.3 Zu **seltener Wechsel von Denkstandpunkten,** Betrachtungsweisen.

3.4 **Mangelnde Zielklärung.** Verbleiben im Vorläufigen, Unklaren. Damit verringert sich der Zeitaufwand für spätere Erfolgskontrolle einschließlich des evtl. Zugeständnisses von Mißerfolgen.

3.5 **Mangelnde Entwicklung alternativer Lösungen.** Sich zufrieden geben mit der erstbesten Lösung.

Bild 3.2-4: Denkschwächen und Denkfehler mit ihren Ursachen und Abhilfemaßnahmen

3.6 **Mangelnde Eigenschaftsanalyse** alternativer Lösungen.
(Abhängig auch von 3.4 und 3.5.)

3.7 **Mangelnde inhaltliche Steuerung** von Prozessen, stattdessen emotionale Steuerung.
(Abhängig insbesondere von 3.4 und 3.6.)

3.8 **Entscheidungen** werden gefällt, ohne ausreichend entscheidungsrelevante
Informationen beschafft zu haben: emotionales Entscheiden.

3.9 Da unbewußt gesteuerte, intuitive Vorgänge schneller und effektiver erledigt werden
können als diskursive, rational gesteuerte, ergeben sich die meisten der obigen Fehler
infolge dieses dann **unkontrollierten Ablaufs.** Dies kann bis zu einer emotionalen
Ablehnung methodischen Vorgehens führen [15/3].

4   **Sicherheitserhaltung** [16/3]
(Bestreben, nicht in das Gefühl der Inkompetenz und Unsicherheit zu geraten, Angst vor
dem Neuen. Überdeckt sich teilweise mit der Aufwandsminimierung.)

4.1 **Ideenfixation** auf das Gewohnte. Festhalten an Vorurteilen (Beispiel: Streichholz-Lege-
spiel in Bild 3.3-7 und Bild 3.3-9). Mangelnder Einfallsreichtum bezüglich kreativ Neuem.

4.2 **Eingeschränkte Analyse** des zu behandelnden Systems, des Vorläuferprodukts.
Beschränkung auf angeblich wichtige Teilbereiche, in denen man sich kompetent fühlt.
Zentralreduktion auf eine Einflußgröße (z. B. es kommt nur darauf an, die Teilezahl zu
reduzieren).

4.3 Sich **abschirmen gegen (negative) Informationen,** die eigenen Modellvorstellungen
und/oder einen erstellten Maßnahmenplan fragwürdig machen. Ungeprüfte Hypothesen
werden als Tatsachen ausgegeben: dogmatisches Verhalten.

4.4 Um **Mißerfolg** gar **nicht** erst **erkennen** zu können, wird keine ausreichende Ziel- oder
Aufgabenklärung durchgeführt.

4.5 **Bei sich anbahnendem Mißerfolg:** Beibehalten der alten, eingefahrenen Strategien;
Abschieben der Verantwortung auf äußere Umstände oder andere Personen
(Aggression). Letzte Notfallreaktionen: "Ohne Rücksicht auf Verluste und sehr massiv".
Regression bedeutet Rückzug in Scheinwelten, gut beherrschbare Details oder Berech-
nungen, die ohne Relevanz sind. Resignation führt zum Aufgeben, obwohl noch etwas
zu retten wäre.

Bild 3.2-4:   Denkschwächen und Denkfehler mit ihren Ursachen und Abhilfemaßnahmen (Fortsetzung)

Die vier Punkte aus Bild 3.2-4 sollen noch einmal kurz zusammengefaßt werden:

1   **Mangelnde Funktionalität,** d. h. es können aufgrund der sehr kleinen Kapazität des
(bewußten) Kurzzeitgedächtnisses bestimmte Operationen nur sehr eingeschränkt
oder langsam durchgeführt werden. Wir können z. B. nicht gleichzeitig die Funktion,
die Teilefertigung, die Montage und die Entsorgung eines Produkts optimal gestalten, so daß sich dafür spezielle Vorgehensweisen entwickelt haben („Design to X" in
Kapitel 6.5.2). Wir müssen sequentiell eins nach dem anderen machen.

2   **Mangelnde Fähigkeit, abstrakt und logisch zu denken.** Nach der evolutionären
Erkenntnistheorie [17/3] ist unser Gehirn ein Überlebensapparat zur Bewältigung der
bis zur Neuzeit eher begrenzten Lebensumstände, des „Mesokosmos": „Mit unseren
kognitiven Fähigkeiten sind wir nicht nur auf mittlere physikalische Dimensionen
geprägt, sondern auch auf Systeme geringer Komplexität, auf kurze, unverzweigte
Kausalketten, auf lineare Extrapolation, auf die Suche nach Regelmäßigkeiten, auf
Eindeutigkeit und Gewißheit."

3 Aufwands- bzw. Zeitminimierung ergibt als allgemeines Prinzip der Natur eine Reihe von Einschränkungen. Wir vereinfachen oft zu stark, beschränken uns auf wenige Einflußgrößen, die uns gerade besonders wichtig erscheinen. Viele Dinge werden vorwiegend statisch betrachtet, auch wenn in der Praxis die Probleme häufig aus der Dynamik entstehen. Man geht bei einer Aufgabe sofort auf die Lösung los, statt die Aufgabe erst ausreichend zu klären.

4 Sicherheitsmaximierung bedeutet ein Verharren im Gewohnten und Interpretieren neuer Situationen nur aufgrund von bekannten Erfahrungen. Zweifel werden erst gar nicht zugelassen. Man bleibt bei seinen Vorurteilen. Man beschränkt sich auf die Bearbeitung des Bekannten. Ein Lagerspezialist z. B. bearbeitet bei einer Konstruktion die Lagerproblematik in aller Ausführlichkeit, obwohl es viel wichtigere Probleme gäbe. Dies nennt man „Zentralreduktion". Im übrigen könnte **kreatives Denken**, das ja für innovatives Konstruieren besonders bedeutungsvoll ist, geradezu als die Umkehrung des abgesicherten Denkens bezeichnet werden. Es kommt dabei darauf an, aus den gewohnten Denkschemata auszubrechen, Vorurteile, Vorprägungen zu verlassen. Darauf wird in Kapitel 7.5.4 bei den Kreativitätsmethoden eingegangen.

3.3 Maßnahmen zur Lösung von Problemen

Bevor über Vorgehensweisen zum Problemlösen im einzelnen gesprochen wird, soll versucht werden, die Erkenntnisse über Denkvorgänge mehr aus der Sicht des Konstrukteurs zu betrachten. Die oben erwähnte Unterscheidung in das meist unbewußt ablaufende Arbeiten im **„Normalbetrieb"** und in den bei Schwierigkeiten eher eingesetzten **„Rationalbetrieb"** des Denkens und Handelns ist abhängig von der Erfahrung oder der „Meisterschaft" des Bearbeiters. Da die Problemschwierigkeit, wie **Bild 3.3-1** schematisch zeigt, im Verlauf des Konstruierens immer wieder unterschiedlich hoch sein wird, liegt sie teils über, teils unter der „Meisterschaftskurve" des Bearbeiters. Mal ist also „Rationalbetrieb" mit Methodeneinsatz nötig, mal läuft die Arbeit im „Normalbetrieb" routiniert ab. Da die Meisterschaftskurve eines „alten Hasen" höher liegt als die eines Neulings, ist dieser eher überfordert und muß Aktivitäten zum Problemlösen entfalten.

a) Empfehlungen zum Arbeiten im „Normal- bzw. im Rationalbetrieb"

Eine Frage ist, bei welchen äußeren Umständen das übliche Arbeiten im „Normalbetrieb", d. h. intuitives, unbewußtes Arbeiten verlassen werden soll, zugunsten eines methodischen, rationalen, diskursiven Vorgehens im „Rationalbetrieb". In **Bild 3.3-2** sind dazu Angaben gemacht, z. B. in Abhängigkeit von der Wichtigkeit, Neuheit und Dringlichkeit des Problems, die eigentlich auf der Hand liegen und auch in der Praxis bestätigt werden.

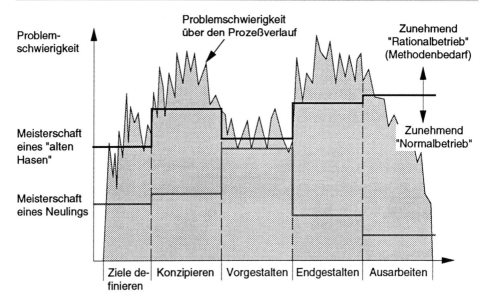

Bild 3.3-1:   Meisterschaftskurven von Problemlösern im Konstruktionsbereich (nach Müller [18/3])

Vorgehen, Arbeiten / Kriterien	intuitiv, z. T. unbewußt, "Normalbetrieb" wenn...	methodisch, rational, bewußt, "Rationalbetrieb" wenn...
Wichtigkeit des Problems	– Problem nicht so wichtig – Fehlentscheidung leicht korrigierbar	– wichtiges Problem (z. B. hoher zu erwartender Umsatz) – Entscheidung von großer Tragweite
Neuheit des Problems	altes Problem, es genügt, übliche Lösungen zu verwenden	– vollkommen neue Lösung gesucht – keine ähnliche Lösung bekannt
Komplexität des Problems	– eher einfach, klar zu durchschauen – zeitlich konstant, "statisch" – klares, eindeutiges Ziel	– hohe Komplexität, schwer durchschaubar – zeitlich sich ändernd, "dynamisch" – unklare, widersprüchliche Ziele
Dringlichkeit des Problems (verfügbare Zeit)	– es eilt – Aufwand lohnt nicht	bei wichtigem und/oder neuem Problem sollte selbst unter Zeitdruck ein Minimum an Methodik angewandt werden
Organisation der Problembearbeitung	nur wenige aufeinander eingespielte Mitarbeiter, die kaum wechseln	Koordination von vielen oder im Lauf der Zeit wechselnden Mitarbeitern erforderlich

Bild 3.3-2:   Wann methodisches, rationales, bewußtes Arbeiten im „Rationalbetrieb", wann intuitives, z. T. unbewußtes Arbeiten im „Normalbetrieb"?

Vergleicht man zusammenfassend die Vor- und Nachteile der beiden Arbeitsformen, so ergibt sich:

Vor- und Nachteile intuitiven Arbeitens im „Normalbetrieb":

Intuitives Arbeiten kann gute oder sehr gute Lösungen auch bei komplexen Problemen zustande bringen. Der Zeitaufwand ist meist gering, da nur eine oder wenige Lösungen mit geringem Dokumentations- und Selbstreflexionsaufwand erstellt werden. Da intuitives Arbeiten auf im Gedächtnis gespeicherten Wissens- und Vorgehensstrukturen beruht, kann es durch gezieltes Training, bzw. in der beruflichen Praxis durch langjährige Erfahrung, verbessert werden.

Intuition kann jedoch nicht erzwungen werden. Das Ergebnis ist stark vom Bearbeiter abhängig. Der Weg ist nicht nachvollziehbar, und es besteht die Gefahr, durch Vorfixiertheit Lösungen nur innerhalb eines gewissen fachlichen Horizonts zu finden (Kapitel 3.4.4). Bei mangelndem Wissen und Training können durch vornehmlich intuitives Arbeiten natürlich auch sehr schlechte Lösungen entstehen (Kapitel 8.3).

Vor- und Nachteile diskursiven, rationalen, methodischen Arbeitens im „Rationalbetrieb":

Diskursives Arbeiten schließt die Intuition niemals aus. Viele Methoden, die diskursives Arbeiten ermöglichen, versuchen im Detail die Intuition anzuregen. Durch diskursives Arbeiten werden bessere Lösungen wahrscheinlicher, die Lösungsvielfalt wird größer und dadurch auch die Sicherheit, keine guten Lösungen vergessen zu haben. Außerdem wird der gesamte Problemlöseprozeß dokumentierbar, was das Lösen nachfolgender, ähnlicher Probleme erleichtert und den Lösungsprozeß einsichtig und lehrbar macht. Methoden helfen bei der Überwindung von Ideenfixierung, Gewohnheitsbremsen oder Betriebsblindheit, aber auch bei der zielgerichteten Lösungssuche, die sich bei komplexen Problemen auf das Wesentliche konzentriert.

Nachteilig ist vor allem der höhere Zeitaufwand. Gerade auch bei komplexen Problemen stehen zur Zeit noch zuwenig effektive Methoden zur Verfügung, so daß erst problemspezifische Methoden formuliert werden müßten. Die Methoden müßten auch produkt- und betriebsspezifisch angepaßt werden (Kapitel 6.4). Werden Methoden angewandt, taucht meist ein neues Problem infolge der zum Teil rasant wachsenden Lösungsmenge auf: der Umgang mit den vielen Lösungen und eine vernünftige Einschränkung auf brauchbare Lösungen.

Zusammenfassend vier Thesen:

- Denken und Handeln im routiniert, unbewußt gesteuerten **„Normalbetrieb"** sind wegen ihrer Effektivität zu bevorzugen.
- Auch beim „Normalbetrieb" ist von Zeit zu Zeit eine **methodische Orientierung** zweckmäßig: „Wo stehen wir im Prozeß? Was sind die weiteren Schritte? Wo können sich Probleme ergeben?"
- **„Rationalbetrieb"**, also methodenbewußtes, laufend reflektiertes und kontrolliertes Denken und Handeln nur in Problemsituationen anwenden, wo es nötig ist.

- In Sprache, Schrift und Grafik **nur so abstrakt wie nötig**, aber immer **so konkret wie möglich** formulieren.

Eine ähnliche Problematik wird in Kapitel 5.1.4.3 beschrieben, wo es sich um korrigierendes bzw. generierendes Vorgehen bei der Lösungssuche handelt.

b) Folgerungen für die planende (konstruktive) Arbeit aufgrund der Besonderheiten unseres Denkapparats

Die in Kapitel 3.2.2 aufgezeigten Besonderheiten unseres Denkapparats müssen sich direkt auf die planende und konstruktive Arbeit auswirken. **Bild 3.3-3** faßt die Auswirkungen aufgrund der Begrenztheit des Kurzzeit- und auch Langzeitgedächtnisses (Punkt A und B) zusammen.

A **Folgerungen aus der Begrenztheit des Kurzzeitgedächtnisses** (Arbeitsspeicher) Maßnahmen bzw. Strategien zur Bewältigung der Informationsüberforderung bzw. Kompliziertheitsreduzierung: Einsatz von **"Naturstrategien"**.

   A.1 **Sequentielle Arbeitsweise**: Zwischenzielbildung vom Vorläufigen zum Endgültigen (I.1, II.2 und III.1–III.3); vom Qualitativen zum Quantitativen; vom Abstrakten zum Konkreten (X.4)

   A.2 **Aufgliederung in Teilprobleme**: Teilzielbildung

   A.3 **Vorgehen vom Wesentlichen zum weniger Wesentlichen**; vom Groben zum Feinen (I.2); zuerst das Dringlichste (I.3)

   A.4 **Pendeln zwischen dem Ganzen und dem Detail** (X.3)

   A.5 **Komplexbildung** (Superzeichenbildung)

   A.6 **Informationen auslagern** in ein **externes Gedächtnis**

   A.7 **Iterativ** im Wechsel zwischen Synthese und Analyse arbeiten (TOTE-Schema, Kapitel 3.3.1)

   A.8 **Mehrere Lösungen** suchen und dann begründet auswählen

   A.9 **Zusammenarbeit** von Spezialisten in einer **Gruppe**

   A.10 **Abspeicherung** im Langzeitgedächtnis

B **Folgerungen aus der Begrenztheit unseres Langzeitgedächtnisses**

   B.1 Das Wissen wird in Schriften (Büchern, Zeitschriften, Berichten...), in Bildern, in Zeichnungen und elektronisch (Programme, Datenbanken...) abgespeichert

   B.2 Da der Einzelne nicht alles wissen kann, konzentrieren sich Spezialisten auf bestimmte Gebiete

C **Folgerungen aus der Tendenz unseres "Denkapparates" zur Aufwands- und Zeitminimierung, den unbewußt, intuitiv ablaufenden Vorgängen den Vorzug vor diskursiven, rational gesteuerten zu geben**

   C.1 **Intensive Zielklärung** (Aufgabenklärung) betreiben

   C.2 **Intensive Eigenschaftsanalyse** alternativer Lösungen durchführen

   C.3 **Inhaltliche Steuerung des Prozesses**

   C.4 **Wichtige Entscheidungen rational** und nicht emotional treffen

   C.5 Sich selbst, den Prozeß und das Ergebnis **kritisch hinterfragen**

   C.6 **Kreativitätstechniken** einsetzen; die Erfahrung anderer Fachleute einsetzen; Ideenfixation auf das Gewohnte beachten; Brainstorming; Problem zu zweit oder zu dritt diskutieren; Teamarbeit

Bild 3.3-3: Folgerungen für konstruktive Arbeit aufgrund der Besonderheit unseres Denkapparats (in Klammern stehen die Nummer der zugehörigen Strategien aus Bild 3.3-22)

Um diese von unserer Natur her gegebenen Nachteile auszugleichen, haben sich eine Reihe von **Denk- bzw. Handlungsstrategien** herausgebildet, wie z. B. „Aufgliedern in Teilprobleme" oder „zuerst das Wesentliche, dann das weniger Wesentliche". Aus diesen ergeben sich Grundlagen methodischen Arbeitens. Sie sind uns so selbstverständlich geworden, daß man sie als **„Naturstrategien"** bezeichnen kann. Sie dienen insbesondere der Kompliziertheitsreduzierung. (Soweit das zu bearbeitende System in seinem Umfang zunächst eingeschränkt wird, ist damit auch eine Komplexitätsreduzierung verbunden.) Sie werden nachfolgend näher besprochen und sind im wesentlichen aus experimentellen Untersuchungen zum (konstruktiven) Problemlösen (Kapitel 3.4) abgeleitet [2/3, 3/3, 19/3, 20/3, 21/3, 22/3]. In Bild 3.3-22 wird ein Teil dieser Strategien dem Vorgehenszyklus zugeordnet (vgl. Angaben in den Klammern oben in Bild 3.3-3).

A   Folgerungen aus der Begrenztheit der Kapazität des Kurzzeitgedächtnisses
(„Naturstrategien")

A.1   Sequentielle Arbeitsweise, Zwischenzielbildung, Abstraktion

Die anstehende Arbeit wird in Teilprobleme oder Arbeitspakete aufgeteilt, die nacheinander und schrittweise abgearbeitet werden. Damit verringert sich der gleichzeitig zu bewältigende Informationsumsatz.

Vom Vorläufigen zum Endgültigen

Bei dieser Strategie wird z. B. zunächst angenommen, daß die Gestalt eines Produkts nur durch die geforderte Funktion bestimmt wird. Das dadurch entstehende Gebilde ist ein **vorläufiges**, das unter Berücksichtigung der anderen Anforderungen in eine **endgültige** Form gebracht werden muß (Kapitel 3.3.3). Eine Reduzierung der Kompliziertheit ergibt sich durch die anfängliche Vernachlässigung von Einflußgrößen (z. B. Herstellbarkeit oder Ergonomie). Diese Strategie ist meist mit dem nachfolgenden Vorgehen „vom Abstrakten zum Konkreten" verbunden.

Vom Abstrakten zum Konkreten

Konkrete Anforderungen werden zunächst in eine abstraktere Funktion umformuliert (**Bild 3.3-4**). Diese ist dann Ausgangspunkt für die Suche nach immer noch abstrakten, prinzipiellen Lösungen (Konzept). Diese werden dann schrittweise konkretisiert (z. B. in einem Entwurf), bis schließlich die konkrete Lösung (z. B. in der Fertigungsdokumentation) erreicht ist (Kapitel 5.1.3.4). Die dabei notwendigen Teilschritte im Sinne einer Unterteilung des Lösungsprozesses sind leichter zu bewältigen als ein Übergang ohne Zwischenzustände.

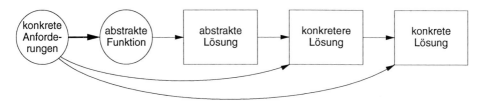

Bild 3.3-4:   Strategie der Zwischenzielbildung (Dylla [2/3])

Um den Zusammenhang zwischen abstraktem Denken und der nötigen Konkretisierung nicht aus den Augen zu verlieren, zeichnen sich gute Problemlöser (Konstrukteure) durch ein fortwährendes „Pendeln zwischen dem Abstrakten und dem Konkreten" (s. a. Strategie A.4) aus.

Abstraktion ist ein wesentliches Mittel zur Verringerung der Kompliziertheit. Es wird das für die jeweilige Zielsetzung Unwesentliche weggelassen. Die Abstraktion kann sich auf ganze Anforderungsgruppen (z. B. Funktion vor Fertigungs- und Kostenanforderungen) oder auf einzelne Teilfunktionen (zentrale Teilfunktion zuerst) beziehen. Sie kann sich ferner auf Beschaffenheitsmerkmale (Baugruppen, Teile, Werkstoffe, Maße...) beziehen. Dies drückt sich in den Abstraktionsebenen der Konstruktionsmethodik aus (Bild 2.3-8). Da meist alle Eigenschaften mit allen vernetzt sind, resultiert aus der Abstraktion die Notwendigkeit zur Iteration, d. h. man muß bei Berücksichtigung der zunächst weggelassenen Aspekte an bereits Bearbeitetem nachbessern [22/3]. Die **Iteration** gehört somit wesentlich zur methodischen Arbeit. Die vorhersehbare Iteration läßt sich auch einplanen [23/3].

A.2 Aufgliederung in Teilprobleme (Teilzielbildung)

Dieser Strategie liegt die Annahme zugrunde, daß sich das Gesamtproblem (die Gesamtfunktion) soweit in Teilprobleme (Teilfunktionen) aufspalten läßt, bis sich dafür – relativ unabhängig voneinander – Teillösungen (Teilfunktionsträger) finden lassen, die schließlich zu einer Gesamtlösung zusammengesetzt werden können (**Bild 3.3-5**).

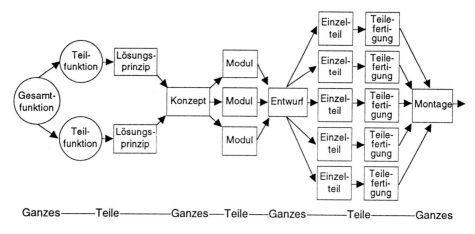

Bild 3.3-5: Strategie der Aufgliederung in Teilprobleme und des Wechsels vom Detail zum Ganzen
(s. a. Bild 5.1-7 und Bild 6.5-1)

Die Unterteilung des Problems kann anfangs nur aufgrund der geforderten Funktionen geschehen und wird dann bei der entstehenden Lösung fortgesetzt. Das Vorgehen setzt aber voraus, daß die Struktur der Teilfunktionen mit der Struktur der Teillösungen zunächst übereinstimmt. Bei Funktionsvereinigung, d. h. bei der Erfüllung von mehreren Funktionen durch ein Lösungselement, kann sich die Struktur ändern (Kapitel 7.7.1).

Sofern ein Bearbeiter allein an einer Konstruktionsaufgabe arbeitet und nicht Teilprobleme an andere zeitlich parallel arbeitende vergeben werden, ist vom zeitlichen Arbeitsablauf selbstverständlich kein Unterschied zwischen der Teilzielbildung und der zuvor besprochenen Zwischenzielbildung. Die jeweiligen Teilprobleme müssen, soweit keine gegenseitige Durchdringung auftritt, sequentiell abgearbeitet werden.

A.3 Vom Wesentlichen zum weniger Wesentlichen

Dieses Vorgehen baut auf der Strategie der Aufgliederung in Teilprobleme auf. Durch die Bearbeitung der wesentlichen Teilprobleme am Anfang soll dabei eine Überlastung des Bearbeiters durch unwesentliche Details vermieden werden (vgl. Abstraktion bei Punkt A.1 oben und in Bild 3.3-3). Es geht dabei darum, sich zunächst auf wesentliche Funktionen oder Funktionsträger zu konzentrieren. Ein Hilfsmittel zum Erkennen des Wesentlichen ist z. B. die ABC-Analyse (Bild 7.2-5). Man beschränkt sich zunächst auf das „zentrale Problem", das Kernsystem bzw. die maßgeblichen Funktionsträger. Dies kann man dadurch erkennen, daß es viele Nachbarsysteme beeinflußt, selbst aber wenig beeinflußt wird. Im Beispiel der Getriebekonstruktion ist das Kernsystem der Radsatz (Kapitel 2.3.3 b).

In diesem Zusammenhang stellt sich auch die Frage, ob das zentrale Problem immer innen ist, d. h. ob man „von innen nach außen" oder „von außen nach innen konstruieren" soll. (Ein Spruch der Konstrukteure: „Am Anfang war die Mittellinie!"). Es kommt darauf an, wo die Hauptfunktion oder die wichtigsten Restriktionen des Produkts zu suchen sind: Diese können mehr innen liegen, wie z. B. bei den Zylindern und Kolben eines Verbrennungsmotors, sie können aber auch mehr außen liegen, wie z. B. bei den zulässigen Außenmaßen eines Lkw. In jedem Fall wird ein fortwährender Wechsel zwischen innen und außen, zwischen dem Ganzen und dem Detail nötig sein, wie nachfolgend beschrieben.

Diese Strategie wird manchmal auch als Weg „vom Groben zum Feinen" bezeichnet bzw. als „schrittweise Erhöhung des Detaillierungsgrades". Der anfangs geringe Detaillierungsgrad ermöglicht eine Konzentration auf das Wesentliche. Damit verbunden ist ein Übergang „vom Qualitativen zum Quantitativen". Dieser Übergang ist insofern zwangsläufig, als ohne vorherige Festlegung einer Qualität (z. B. Schaltkupplung vorsehen) eine quantitative Bestimmung (z. B. Durchmesser der Schaltkupplung 200 mm) keinen Sinn macht.

Die Strategien A.1–A.3 lassen sich im Grunde auf die **Abstraktion** von anfangs weniger wichtigen Eigenschaften, Teilaufgaben oder Teilen des gesuchten Objekts zurückführen. Die Abstraktion ist damit eine grundlegende Strategie zur Kompliziertheitsreduzierung. Allerdings ist damit auch das Nachbessern, das iterative Arbeiten zwangsläufig notwendig, um nachträglich eine Optimierung des Ganzen zu erreichen.

A.4 Pendeln zwischen dem Ganzen und dem Detail

Entsprechend Bild 3.3-5 wird aus einzelnen Lösungprinzipien die prinzipielle Lösung (Konzept) gebildet. Diese wird in Module gegliedert, die entsprechenden Vorentwürfe werden zu einem Gesamtentwurf zusammengefaßt, aus dem schließlich die Einzelteilzeichnungen erstellt werden. Daraus werden in der Teilefertigung Einzelteile, die dann in der Montage wieder zu einem Ganzen zusammengefügt werden. Dieses wiederholte Zusammenfassen der Teile im Konzept, im Vor- und Gesamtentwurf sowie in der Montage ist nötig, um die Kompatibilität und die Erfüllung von Systemeigenschaften prüfen zu können.

Um bei dieser Strategie die nötige Konkretisierung im Detail nicht aus den Augen zu verlieren, ist eine „zoomende Arbeitsweise" (**Bild 3.3-6**) und das Beachten der Teil-Ganzes-Beziehungen wesentlich. Der starke Wechsel des Detaillierungsgrades bei Beobachtung einzelner Vorgehensschritte wurde nicht nur von Dylla [2/3], sondern auch in anderen Untersuchungen des Konstruktionsprozesses beobachtet [22/3]. Die insgesamt zunehmende Erhöhung des Detaillierungsgrades steht dazu nicht im Widerspruch.

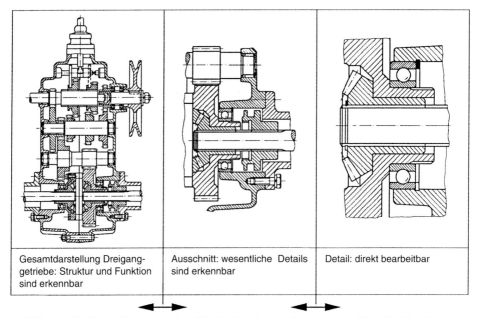

| Gesamtdarstellung Dreiganggetriebe: Struktur und Funktion sind erkennbar | Ausschnitt: wesentliche Details sind erkennbar | Detail: direkt bearbeitbar |

Während der Bearbeitung ständiger Wechsel zwischen den einzelnen Komplexitätsebenen

Bild 3.3-6:   Zoomende Arbeitsweise der menschlichen Vorstellung

In Bild 3.3-6 ist am Beispiel einer Änderung einer Getriebelagerbefestigung gezeigt, wie der Blick laufend zwischen dem Ganzen (das Getriebe muß montiert werden können) und dem Detail (der Sicherungsring muß funktionssicher sein, die Nut muß fertigbar sein) hin und her springt. Durch die Kapazitätsgrenze des Kurzzeitgedächtnisses können nicht gleichzeitig das Getriebe als Ganzes und alle seine Details im Arbeitsspeicher gehalten werden. Wenn wir einen Überblick über das Ganze bekommen wollen, so muß auf abstrakterem Niveau gearbeitet werden, als wenn man Details bearbeitet. Wir lösen dann sogar das Getriebe in eine für die Funktion noch ausreichend abstrahierte Symboldarstellung in Form einer schematischen Skizze auf (vgl. Bild 2.2-6, unten links).

A.5 Komplexbildung (Superzeichenbildung)

Zur Entlastung des Gedächtnisses bildet man aus mehreren Elementen eine begrifflich zusammengefaßte Einheit, die z. B. auch durch ein Symbol repräsentiert wird. Dadurch wird im Gedächtnis nur **ein** Chunk belegt. Ein Beispiel ist der Begriff „Gangschaltung" bei einem Fahrrad, der viele Elemente umfaßt: Zahnräder, Federn, Hebel, Bolzen usw.

A.6 Informationsauslagerung in ein „externes Gedächtnis" (Notizen und Skizzen)

Mit Notizen und Skizzen, die in unmittelbarem optischen Kontakt am Arbeitsplatz verfügbar sind (schneller Zugriff!), läßt sich das Kurzzeitgedächtnis entlasten. Das gleiche gilt für die Visualisierung mit Flip-Charts oder der Kärtchen-Methode bei Besprechungen. Das schriftliche Fixieren von Gedanken wirkt sich außerdem präzisierend aus: **„schriftlich nachdenken"** und **„skizzierend nachdenken"**.

Insbesondere Skizzen sind ein hervorragendes Mittel nicht nur, um sich bei anderen verständlich zu machen, sondern auch, um den eigenen Denk- und Gestaltungsprozeß voranzubringen. Man tritt sozusagen in einen Dialog mit seiner eigenen Skizze.

A.7 Bearbeitung iterativ im Wechsel zwischen Synthese und Analyse

Um das Endgültige langsam und schrittweise verbessernd entstehen zu lassen („vom Vorläufigen zum Endgültigen" oder „vom Groben zum Feinen"), ist ein fortlaufender Wechsel zwischen Synthese und Analyse eine notwendige Voraussetzung. Erfahrungsgemäß ist es besser, am Anfang Fehler zu riskieren und diese zu verbessern, als gar nichts zu machen. Da wir beim Problemlösen im Grunde nach dem „trial and error"-Verfahren arbeiten, muß zuerst ein Syntheseschritt ins Neuland geleistet werden: „Ohne Synthese, ohne riskantes Tun gibt es keine Fehlererkenntnis und keinen Erkenntnisfortschritt". Damit wird Innovation zu einem mit Iteration notwendig verknüpften Ablauf. Die im folgenden besprochenen Handlungsmodelle TOTE-Schema (Kapitel 3.3.1) und Problemlösungszyklus (Kapitel 3.3.2) entsprechen dieser Einsicht.

A.8 Suche nach mehreren Lösungen und dann begründete Auswahl

Mehrere Lösungen zu suchen ist nötig, da nicht garantiert werden kann, daß die „erstbeste" Lösung auch wirklich die beste ist. Diese Maßnahme ähnelt dem iterativen Arbeiten. Die Informationsüberforderung, sofort eine optimale Lösung finden zu müssen, wird verringert, indem der Anspruch aufgegeben wird, in **einem** Denkakt die beste Lösung zu erzeugen, die alle Anforderungen optimal erfüllt (vgl. generierendes Vorgehen bei der Lösungserzeugung in Bild 3.4-7).

A.9 Zusammenarbeit von Spezialisten

Die Informationen und ihre Verarbeitung werden auf verschiedene Bearbeiter (Spezialisten) aufgeteilt, so daß einer nicht alles wissen und bearbeiten muß. Das Problem ist dann allerdings die Organisation der arbeitsteiligen Arbeit (Kapitel 4 und 5.2).

A.10 Abspeicherung im Langzeitgedächtnis

Informationen, die die Kapazität des Kurzzeitgedächtnisses übersteigen, werden ins Langzeitgedächtnis ausgelagert und bei Bedarf sehr schnell wieder zurückgeholt. Ein

Nachteil ist dabei die geringe Abspeicherungsgeschwindigkeit durch wiederholtes Einprägen, einer Art „Auswendiglernen".

Die Maßnahmen und Strategien A.1–A.10 sind uns als zum Teil selbstverständlich „in Fleisch und Blut" übergegangen. Sie bilden, wie gesagt, eine Art natürliche, biologisch notwendige Arbeitsmethodik, eine Reihe von „Naturstrategien". Alle weiteren, bewußt entwickelten Arbeitsmethoden bauen darauf auf.

B   Folgerungen aus der Begrenztheit unseres Langzeitgedächtnisses

Da man nicht alles im Kopf behalten kann, speichert man seit jeher Wissen in Büchern, Akten usw. (d. h. allgemein auf Papierträgern) oder jetzt auch elektronisch ab. Wichtig dabei ist aber, mindestens zu wissen, daß etwas gespeichert sein könnte und wie man es finden kann. Das heißt, man benötigt die Kenntnis über mögliche Wissensklassen und Suchsysteme.

C   Folgerungen aus der Tendenz unseres „Denkapparats" zur Aufwands- und Zeitminimierung, den unbewußt, intuitiv ablaufenden Vorgängen den Vorzug vor diskursiven, rational gesteuerten zu geben

Die drei Erkenntnisse, nämlich intensive **Zielanalyse** (C.1) sowie **Eigenschaftsanalyse** alternativer Lösungen zu betreiben (C.2) und den **Konstruktionsprozeß nicht emotional** zu **steuern**, sondern **inhaltlich** aufgrund der Übereinstimmung von Anforderungen und Eigenschaften entwickelter Lösungen (C.3), stammen aus den Untersuchungen von Dylla [2/3] (Kapitel 3.4). Sie charakterisieren das Vorgehen erfolgreicher Konstrukteure. Wahrscheinlich gilt dies für alle Syntheseprozesse.

Dasselbe wie für C.3 gefordert, gilt für die Vorbereitung und das Treffen von **Entscheidungen** (C.4). Dies soll rational, diskursiv und aufgrund ausreichender entscheidungsrelevanter Informationen erfolgen.

Auf die Untersuchungen von Dörner [7/3] sind nicht nur obige Kriterien gestützt, sondern es ist auch bestätigt worden, daß Versuchspersonen, die sich selbst, den Prozeß und das dabei entstandene **Ergebnis kritisch hinterfragen** („Metabetrachtung"), bessere Problemlöser sind (C.5). Wie bei Kapitel 3.3 a) erwähnt, ist es zweckmäßig, auch im „Normalbetrieb" des Denkens von Zeit zu Zeit eine methodische Orientierung einzuschalten. Die Frustration negativer Folgerungen muß zunächst ausgehalten werden.

Da man auch aus Sicherheitsgründen dazu neigt, am Gewohnten festzuhalten und damit nicht zu neuen Sichten und Lösungen kommt, ist es zweckmäßig, die Erfahrung anderer (Spezialisten) zu nutzen, **Kreativitätstechniken** (z. B. Brainstorming: Kapitel 7.5.4) einzusetzen oder Probleme zu zweit oder zu dritt zu diskutieren (C.6).

3.3.1   Das TOTE-Schema

Das eigentliche Problem beim Problemlösen ist die **Lücke** [5/3, 24/3], das fehlende Glied zwischen einem unbefriedigenden Anfangszustand und einem angestrebten Endzustand, soweit letzterer klar definiert ist. Wenn der Endzustand (das Ziel) klar ist, werden somit nur Mittel zum Erreichen dieses Ziels gesucht, es besteht ein „Mittelproblem" (Bild 3.1-2). In **Bild 3.3-7** ist an Hand eines Streichholzlegespiels ein einfaches Beispiel gegeben. Der Anfangszustand ist klar. Der Endzustand ist zum mindesten abstrakt klar formuliert.

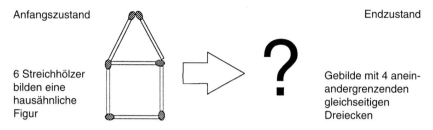

Anfangszustand

6 Streichhölzer bilden eine hausähnliche Figur

Endzustand

Gebilde mit 4 aneinandergrenzenden gleichseitigen Dreiecken

Bild 3.3-7: Einfaches Problem mit klar definiertem Anfangs- und Endzustand (Ist- und Sollzustand). Das Ziel ist klar, nur die Mittel sind unklar (Interpolationsproblem nach Dörner [3/3]). Lösung siehe Bild 3.3-10.

Die Frage ist, wie man zum Lösungsgedanken kommt, der die Lücke füllt. Offenbar produziert der menschliche Geist bei der Beschäftigung mit einem Problem mehr oder weniger bewußt ständig Gedanken und Vorstellungsbilder (Operate). Diese werden mit einer meist intuitiven Analyse [25/3] auf eine **Ähnlichkeit** mit der auszufüllenden Lücke geprüft (Test). Wenn das „Lösungssein" vorläufig erkannt ist, setzt eine zweite bewußte Kontrollphase ein. Man sieht: Das Problemlösen geschieht durch eine zyklische Abfolge von Prüfschritten (**T**est) und Generierungs- oder Veränderungsschritten (**O**perate) oder anders ausgedrückt: von Analyse- bzw. Bewertungs- und von Syntheseschritten. Ist im Test das Erreichen eines End- bzw. Zielzustands erkannt worden, so ist das Problem gelöst (**E**xit). Damit ist der elementare Heurismus zum Problemlösen beschrieben: das TOTE-Schema (**Bild 3.3-8**).

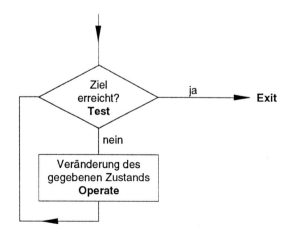

Ziel erreicht? **Test**

ja

Exit

nein

Veränderung des gegebenen Zustands **Operate**

Bild 3.3-8: Das TOTE-Schema (**T**est-**O**perate-**T**est-**E**xit)

Das TOTE-Schema entspricht einem regelkreisartigen Vorgehen. Der Regelkreis wird so lange durchlaufen, bis die Ist-Soll-Abweichung null wird oder aus Zeitmangel abgebrochen wird.

Wenn nicht nur das Mittel, sondern auch das Ziel unklar ist, wie es mit dem einfachen Beispiel in **Bild 3.3-9** veranschaulicht wird, so muß mit dem TOTE-Schema zunächst das Ziel geklärt werden. Hier wird im Testschritt das Ziel „möglichst schönes Gebilde" als nicht ausreichend, als Lücke erkannt. Darauf wird im Operate-Schritt gefragt: „Was heißt schön?", worauf die Antwort „möglichst regelmäßig" eher ein klar definiertes Ziel zu sein scheint. Die nächsten Durchläufe des TOTE-Schemas gelten dann wieder der Mittelsuche, um eine „schöne" Anordnung von sechs Streichhölzern zu erreichen. Das TOTE-Schema wurde in den beiden Beispielen also auf verschiedenen Problem- oder Schichtebenen [21/3] eingesetzt. Das bezeichnet man als **Rekursion**. Wenn ein Verfahren dagegen mit immer wieder anderen Eingangsdaten in der gleichen Problemebene wiederholt wird, wird das als **Iteration** bezeichnet (**Bild 3.3-11** und Kapitel 3.3.2 c).

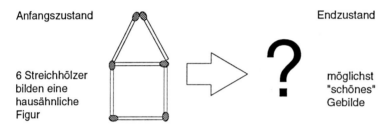

Bild 3.3-9:   Problem wie oben (Bild 3.3-7), aber mit weniger klar definiertem Ziel. Nun sind Ziel und Mittel unklar (eher dialektisches Problem nach Dörner [3/3]). Lösung s. Bild 3.3-10.

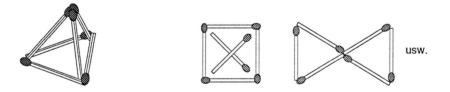

Lösung zu Bild 3.3-7:   Lösungen zu Bild 3.3-9:
Gleichseitiger Tetraeder   Viereck mit Kreuz, zwei gleichseitige Dreiecke usw.

Bild 3.3-10:   Endzustände (Lösungen) zu Bild 3.3-7[1] und Bild 3.3-9

---

[1]   Das Mittel besteht bei dieser Lösung darin, drei Streichhölzer aus der Ebene herauszubewegen und einen Tetraeder zu bilden. Das Kreative ist dabei, „aus der Ebene in den Raum zu denken" (siehe Punkt 4.1 in Bild 3.2-4).

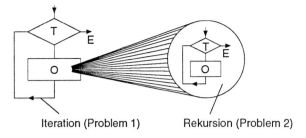

Iteration (Problem 1)   Rekursion (Problem 2)

Bild 3.3-11: Zur Erläuterung der Iteration und der Rekursion (nach Rutz [5/3])

Das TOTE-Schema soll im Hinblick auf seine Bedeutung an einem **praktischen Beispiel** noch einmal erläutert werden: Jemand kommt mit dem Zug in eine fremde Stadt und will zur Langestraße Nr. 210. Intuitiv wird in einem Testschritt geprüft, ob das Ziel schon erreicht worden ist. Da dies nicht der Fall ist und die Lage des Ziels unklar ist, muß eine kreative „Operation" erfolgen, die den Versuch eines Lösungsansatzes für das gegebene Problem darstellt. Dafür gibt es mehrere Möglichkeiten, die mehr oder weniger Erfolg und Aufwand beinhalten: einen Stadtplan kaufen und das mögliche öffentliche Verkehrsmittel ermitteln, jemanden fragen, eine aushängende Stadtkarte im Bahnhof suchen, ein Taxi nehmen. Bei der Suche nach diesen Möglichkeiten wurde in eine andere Schichtebene oder Problemebene gewechselt, und jetzt muß dort die am besten geeignete Möglichkeit ausgewählt werden. Wieder werden neue TOTE-Schemata durchlaufen. Man erkennt auch hierin deren iterativen und rekursiven Gebrauch.

Denkstrategien sind mehr oder weniger bewußte Vorgehensweisen, die unterschiedliche Denkformen beinhalten können (Bild 3.2-2): das völlig ziellose und zufällige „Versuch-und-Irrtum"-Verhalten auf der einen und das logische Schließen auf der anderen Seite. Zwischen diesen Extremen gibt es viele verschiedene Ausprägungen. Es wird vermutet, daß **zielorientiertes „trial and error"-Verhalten** (um den geläufigen englischen Ausdruck zu gebrauchen), wie es das TOTE-Schema verkörpert, für praktische Probleme am geeignetsten ist. Praktische Probleme sind komplex und vielschichtig und haben häufig kein klares Ziel. Logisches Schließen kann nur für Probleme mit klar formuliertem Anfangs- und Endzustand eingesetzt werden. Dies sind nach Dörner [3/3] **Interpolationsprobleme**, die wie Schachspielen oder das Entwerfen von Schaltplänen für Logiksteuerungen auch algorithmisch gelöst werden können [26/3]. Das Problem dabei ist meist die große Zahl von numerisch unterschiedlichen Lösungsvarianten. Deshalb werden dafür der Rechner eingesetzt und das TOTE-Schema in Form von Optimierungsprogrammen in vielen Wiederholungen abgearbeitet [27/3].

Die **Durchführung des TOTE-Schemas** kann also ganz unterschiedlich erfolgen:

– Der **Operate-Schritt** kann eine echte Handlung, eine gedankliche Vorwegnahme einer Handlung oder das Aufstellen einer Hypothese sein. Der Zugriff auf Wissen, Erfahrung und Fakten ist notwendig. Der Operate-Schritt stellt den synthetischen Teil des Prozesses dar. Bei Optimierungsverfahren werden die Parameterwerte des zu optimierenden Systems nach bestimmten Regeln variiert.

– Der **Test-Schritt** beinhaltet den analytischen Abschnitt des Prozesses. Hier wird die Kontrolle des vorangegangenen Schrittes auf Erreichen der Zieleigenschaften durchgeführt. Das geschieht z. T. aufgrund logischer Schlußketten. Bei der mathematischen Optimierung werden die Eigenschaftsberechnungsprogramme mit den vorher gewählten Parametern abgearbeitet und die Ergebnisse mit den Zielwerten verglichen.

– Mit dem Erkennen einer Lösung – oder bei Optimierungsprogrammen mit dem Erreichen des Zielwertes – kommt man zum **Exit-Schritt** des TOTE-Schemas.

Bisher wurde das TOTE-Schema bewußt nicht an Beispielen aus dem Maschinenbau erläutert. Dies erfolgt in Kapitel 6.2.2. Es sollte hier die universelle Bedeutung dieser Denkform deutlich werden.

Das TOTE-Schema ist als eine Art „Mikro-Logik" so elementar, daß es wenig konkrete Hilfe für die persönliche oder gar betriebliche Handlungsorganisation darstellt. Es wird deshalb nachfolgend der Problemlösungszyklus vorgestellt, bei dem einzelne Schritte stärker spezifiziert sind. Durch Abstraktion lassen sie sich wieder auf das TOTE-Schema zurückführen.

3.3.2   Der Problemlösungs- und der Vorgehenszyklus

Das oben beschriebene TOTE-Schema ist eine – wie angedeutet – meist unbewußt ablaufende Denkform, bei der man im allgemeinen verschachtelt (rekursiv) von Problemebene zu Problemebene springt. Solche Problemebenen sind die Zielsuche und die Lösungsermittlung, wobei man letztere in eine bewußte Lösungssuche und eine Lösungsauswahl aufteilen kann. Will man eine Hilfe für eine bewußte, persönliche Arbeitstechnik geben, so ist es zweckmäßig, den Wechsel der Problemebenen nicht dem Zufall zu überlassen, sondern mindestens zu empfehlen, die Zielbestimmung vor der Lösungsermittlung durchzuführen. So ist der **Problemlösungszyklus** der Systemtechnik entstanden [25/3].

a) Der Problemlösungszyklus der Systemtechnik

ist in **Bild 3.3-12** dargestellt. Er besteht aus sechs Schritten, die zur Vereinfachung wieder in die drei Arbeitsabschnitte I) Zielsuche, II) Lösungssuche und III) Lösungsauswahl zusammengefaßt werden können.

Da beim Konstruieren, wie bereits in Kapitel 3.1 angedeutet, sehr oft von Aufgaben anstelle von Problemen gesprochen wird, soll der Begriff Problemlösungszyklus durch **„Vorgehenszyklus"** entsprechend Bild 3.3-14 ersetzt werden. Dies ist auch deshalb sinnvoll, da nach Arbeitsschritt 2 des Problemlösungszyklus ein **neuer Arbeitsschritt „Aufgabe strukturieren"** eingeführt wurde. Die Betonung dieses Arbeitsschrittes – der implizit im Problemlösungszyklus auch enthalten ist – hat sich in der Praxis als fruchtbar erwiesen. Dies wird später noch erklärt.

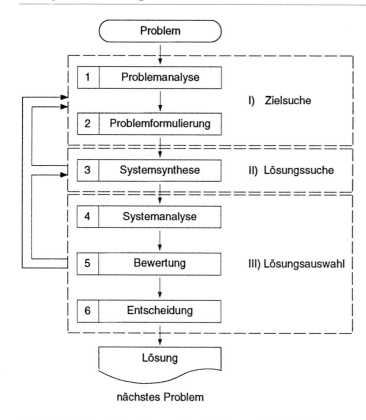

Bild 3.3-12: Der Problemlösungszyklus der Systemtechnik [25/3]

Ehe der Vorgehenszyklus näher erläutert wird, soll an Hand von **Bild 3.3-13** dessen Entstehung aus dem TOTE-Schema verdeutlicht werden. Das noch mal links bei a) gezeigte TOTE-Schema wird immer wieder – auch mit unterschiedlichen Inhalten – durchlaufen wie z. B. für die Klärung des Problems oder für die Suche nach Lösungen. Linearisiert man diesen Prozeß, so ergibt sich eine Kette aus Test-(Analyse)- und Operate-(Synthese)-Schritten, wie sie unter b) gezeigt ist. Wenn man also im Sinne einer heuristischen Lösungssuche die Inhalte der Arbeitsschritte nicht offen läßt, sondern vorschreibt, ist ein Ablauf mit den Arbeitsabschnitten I), II) und III), wie er im Problemlösungs- oder Vorgehenszyklus verwirklicht ist, eine logische Konsequenz. Dabei sind im Sinne der Selbstähnlichkeit in diesen Arbeitsabschnitten sehr viele TOTE-Schemata enthalten. Dies ist im Bild 3.3-13 unter c) angedeutet.

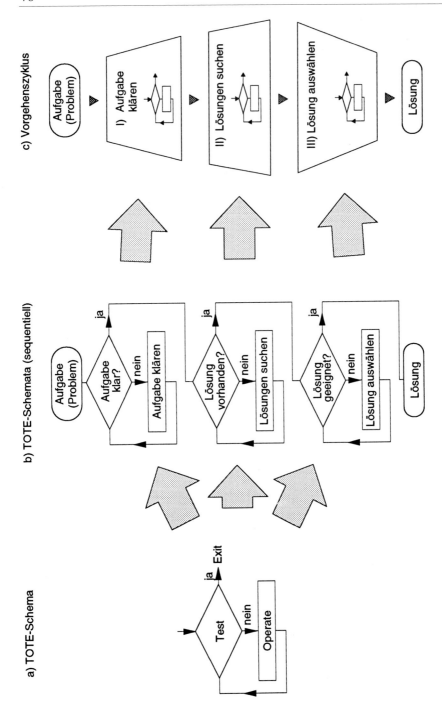

Bild 3.3-13:   Ableitung des Vorgehenszyklus aus dem TOTE-Schema: der Vorgehenszyklus setzt sich aus mehreren selbstähnlichen TOTE-Schemata zusammen (nach Kiewert)

b) Der Vorgehenszyklus

gibt also eine **Folge von Arbeitsschritten** an, die den Zweck hat, für eine Aufgabe (Problem) eine Lösung (Ergebnis) zu finden. Er besteht nach **Bild 3.3-14** aus den drei großen Arbeitsabschnitten **I) Aufgabenklärung** (Zielsuche), **II) Lösungssuche** und **III) Lösungsauswahl**, die jeweils wieder unterteilt werden können, so daß sich sieben konkrete einzelne Schritte ergeben:

I)
- Aufgabe analysieren
- Aufgabe formulieren
- Aufgabe strukturieren

II) Lösungen suchen (und darstellen)

III)
- Lösungen analysieren
- Lösungen bewerten
- Lösung festlegen (entscheiden)

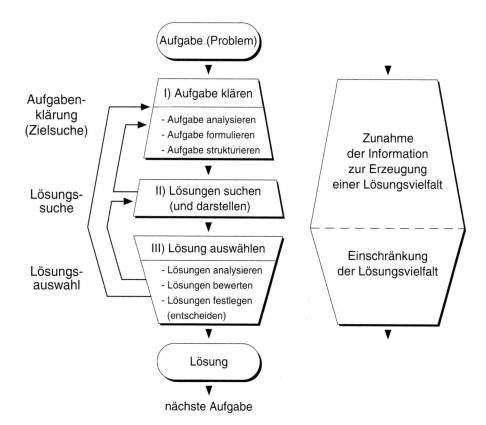

Bild 3.3-14: Vorgehenszyklus für die Systemsynthese (Lösungssuche), abgeleitet aus dem Problemlösungszyklus der Systemtechnik [25/3]

Ein weiterer Arbeitsabschnitt **IV) „Lösung verwirklichen"**, in dem das Ergebnis der Planung realisiert wird, wird in Bild 3.3-16 besprochen. Dazu gehört dann auch eine **Ergebniskontrolle**, ob das Ziel erfüllt worden ist. Planung ohne Kontrolle der Zielerfüllung ist wenig wert. Schließlich sollte aus der Prozeßkontrolle ein **Erkenntnisgewinn** bezüglich der angewandten Methoden gezogen werden. Man sollte aus der Analyse des Bisherigen etwas lernen für die Verbesserung zukünftiger ähnlicher Prozesse [21/3].

In Bild 3.3-14 sind bewußt nur die drei hauptsächlichen Arbeitsabschnitte numeriert, weil diese bei einfacheren Problemen unbedingt durchgeführt werden müssen und auch unbewußt (siehe oben TOTE-Schema) durchgeführt werden. Die einzelnen Arbeitsschritte können dagegen je nach Situation unterschiedlich intensiv bearbeitet werden.

Bei der **grafischen Gestaltung** des Vorgehenszyklus ist bewußt eine Verbreiterung von oben (I) zur Mitte (II) gewählt, da tendenziell eine Informationszunahme zur Erzeugung einer (relativen) Lösungsvielfalt angestrebt wird. Im unteren Abschnitt III erfolgt dann bei der Auswahl eine Einschränkung auf die geeignetste Lösung.

Die sieben einzelnen Arbeitsschritte werden im folgenden näher beschrieben. Die zugehörigen Methoden sind in den Kapiteln 7.2 bis 7.9 erläutert.

Arbeitsabschnitt I): Aufgabe klären

– **Aufgabe analysieren**
  Durch die Aufgabenanalyse erfolgt eine systematische Klärung dessen, was eigentlich erreicht werden soll. Es kommt dabei insbesondere darauf an, die Schwachstellen der gegenwärtigen Situation bzw. der bisherigen Lösung(en) zu erkennen. Daraus ergeben sich zu verwirklichende Ziele und Anforderungen. Unterschiedliche Methoden können dabei zum Einsatz kommen, die dazu dienen, die gesamte Problemsituation erkennbar zu machen (Kapitel 7.3).

– **Aufgabe formulieren**
  Die Aufgabenformulierung beinhaltet die Festlegung der Ziele, die in Zielsystemen und Anforderungslisten dokumentiert werden. Diese bilden die Grundlage für alle folgenden Schritte. Deshalb sind die richtigen Zielvorgaben Voraussetzung für erfolgreiche Lösungen. Man kann Ziele und Anforderungen wie folgt unterscheiden: **Ziele** sind Soll-Vorstellungen vom Auftraggeber (z. B. Kunde, Vertrieb oder Unternehmer). Die Konstruktion formuliert diese Ziele in **Anforderungen** um, um sie für sich in einer Anforderungsliste bearbeitbar zu machen (Kapitel 7.3.6). Das wichtigste formulierte Ziel entspricht dann der Hauptforderung (Kapitel 6.5).

– **Aufgabe strukturieren**
  Strukturieren bedeutet ein Gliedern und Unterteilen eines Sachverhalts z. B. nach dessen Eigenschaften und Wichtigkeit (vgl. ABC-Analyse, Bild 7.2-5). Es ist ein hervorragendes Mittel, die Kompliziertheit einer Aufgabe zu reduzieren. Sie wird durchschaubar, und man erkennt durch wertende Unterscheidung die wesentlichen und unwesentlichen Bereiche, so daß man weiß, womit man zuerst bei der Bearbeitung beginnen soll. Man erkennt Teilaufgaben, die man entweder alleine nacheinander oder nach Aufteilung auf mehrere Personen sowohl sequentiell als auch parallel

bearbeiten kann (s. Kapitel 4.1.3, 4.3 und 4.4). Dazu können beispielsweise Produkt-, Funktions-, Zuverlässigkeits-, Kostenstrukturen usw. verwendet werden (vgl. Bild 5.1-2, Bild 5.1-3 und Kapitel 7.4). Ein eingehendes Beispiel ist in Bild 3.3-24 angegeben. Aufgrund der erkannten Teilaufgaben läßt sich auch der Arbeitsumfang abschätzen. Nach einer Strukturierung kann eine Projektplanung mit einer Zeit- und Kostenvorgabe durchgeführt werden (Kapitel 4.3.4 und 5.2.3). Da, wie gesagt, die einzelnen Schritte des Vorgehenszyklus nicht numeriert wurden, um einen flexiblen Einsatz zu ermöglichen, kann auch dieser Schritt „Aufgabe strukturieren" vor dem Schritt „Aufgabe formulieren" durchgeführt werden. Man erhält dann eine Aufgabenformulierung, die bereits bearbeitungsgerecht durchstrukturiert ist. Ohnehin werden die drei Schritte laufend im Wechsel eingesetzt werden. Bei einfachen, wenig komplexen Aufgaben wird die Strukturierung einfach oder kann sogar entfallen.

Arbeitsabschnitt II): Lösungen suchen

Dieser Arbeitsabschnitt ist nicht weiter unterteilt. Lösungen können sowohl intuitiv als auch mit Kreativitätsmethoden oder mit diskursiven Methoden gesucht werden (Kapitel 7.5). Es wurde bewußt „Lösungen" im Plural formuliert, da mehrere Lösungen gesucht werden sollen, aus denen im Abschnitt III) die beste ausgewählt wird. Dabei dürfen Teillösungen für Teilaufgaben nicht isoliert, sondern nur im Zusammenhang des Ganzen betrachtet werden. Dieser Abschnitt stellt einen Syntheseschritt dar, nachdem die bisherigen Arbeitsschritte der Aufgabenklärung einen analysierenden Charakter hatten.

Arbeitsabschnitt III): Lösung auswählen

- **Lösungen analysieren**

  Um die geeignetste Lösung erkennen zu können, müssen die Eigenschaften der Lösungen ermittelt werden, insbesondere soweit sie entsprechend den Anforderungen wichtig sind (s. Kapitel 7.8). Diese Analyse soll die erforderlichen Daten für die sich anschließende Bewertung liefern. Dabei sind nicht nur die im Rahmen der Teilaufgaben gezielt angesprochenen Eigenschaften zu überprüfen, sondern auch Auswirkungen auf andere Eigenschaften sowie auf das gesamte System.

- **Lösungen bewerten**

  Bei der Bewertung werden die Ergebnisse der Analyse mit den Vorgaben der Anforderungsliste bzw. des Zielsystems verglichen. Dadurch werden die Vor- und Nachteile der einzelnen Lösungsvarianten sichtbar. Die Darstellung der Nutzen- und der Aufwandsseite der Lösungsvorschläge sowie ihrer Schwachstellen liefert die Grundlage für die nachfolgende Entscheidung (s. Kapitel 7.9).

  Bei einfacheren Aufgaben werden (z. T. intuitiv) die Lösungsanalyse, -bewertung und die Auswahlentscheidung in **einem** Arbeitsschritt vorgenommen. Es ist aber erfahrungsgemäß fruchtbar und führt zu viel mehr Klarheit, die drei Schritte möglichst zu unterscheiden.

- **Lösung(en) festlegen (entscheiden)**

  Auf der Basis der Bewertung muß die Entscheidung getroffen werden, welche Lösungsvariante ausgewählt werden soll (s. Kapitel 7.9). Diese wird dann weiter bearbeitet. Genügt keiner der zur Entscheidung stehenden Lösungsvorschläge den Anforderungen, erfolgt ein iterativer Rücksprung und, je nach den Gründen hierfür, ein erneutes Durchlaufen der entsprechenden Schritte des Vorgehenszyklus. Die Iteration kann man auch als Rückführung im Sinne eines Regelkreises auffassen. Entscheiden und die Sammlung entscheidungsrelevanter Informationen ist ein wesentlicher Teil des Konstruierens. Wie aus Kapitel 3.4 klar wird, erfolgen beim Konstruieren sehr viele Entscheidungen: im „Minutentakt" und in noch kürzeren Zeitabständen („design is making decisions" [28/3]).

c) Die Wiederholung als Iteration und Rekursion

Die **Iteration**, d. h. das wiederholte, zyklische Durchlaufen von Arbeitsschritten, ist beim Vorgehenszyklus wesentlich und hat ihm seinen Namen gegeben. Eine Entscheidung in Arbeitsabschnitt III) kann z. B. den Rücksprung zum Abschnitt II) „Lösungen suchen" auslösen, d. h. es werden neue, besser brauchbare Lösungen gesucht. Der Rücksprung kann aber auch bis zum Abschnitt I) „Aufgabe klären" zurückführen. Dies ist dann der Fall, wenn für die Aufgabe, wie sie derzeit gestellt ist, keine befriedigende Lösung gefunden werden kann. Der Auftraggeber muß dann z. B. zu restriktive Forderungen abmildern. Im gleichen Sinn ist der iterative Rücksprung von Arbeitsabschnitt II) nach I) zu verstehen: Für die so gestellte Aufgabe wurde keine Lösung gefunden.

Wie schon in Kapitel 3.3.1 angedeutet, wird die **Wiederholung** in einer anderen Problem- oder Schichtebene als **Rekursion** bezeichnet (Bild 3.3-19). Beim praktischen Vorgehen ergeben sich laufend Rekursions- und Iterationsschritte.

Das iterative Vorgehen führt zu einem Anheben des Informationsniveaus für den nachfolgend wieder zu durchlaufenden Schritt entsprechend einem **Lernprozeß**. Je öfter der Zyklus durchlaufen wird, um so zielsicherer wird man bei der jeweiligen Situation. Schließlich verliert sie ihren Problemcharakter. Sie wird zur Routineaufgabe. Dann wird der im „Rationalbetrieb" abgearbeitete Vorgehenszyklus im „Normalbetrieb" unbewußt als eine Kette von aneinanderhängenden TOTE-Schemata ablaufen. Das ist insbesondere dann der Fall, wenn die Aufgabe bzw. das Problem früher schon öfters ähnlich vorkam und die zugehörige Lösung oder Entscheidung als „Muster" im Langzeitgedächtnis gespeichert ist. Diese kann dann oft sehr schnell gefunden werden: Der „alte Hase" verblüfft den Anfänger.

Es gibt geplante und ungeplante Wiederholungen (Iterationen bzw. Rekursionen). Zu den geplanten gehört z. B. im Sinne der Eigenschaftsfrüherkennung (Bild 4.2-3 und Kapitel 7.8) die Folge: Überschlagsberechnung – Nachrechnung – Versuch. Zu den ungeplanten Wiederholungen gehören die meisten Änderungen (Bild 4.2-7 und Kapitel 4.2.3.2) sowie die Behebung von Beanstandungen und Schäden (Kapitel 3.3.4 und 7.8.1.2). Je **innovativer** eine Aufgabe gelöst werden soll, umso mehr Wiederholungen sind nötig (Kapitel 3.5).

d) Die Steuerung des Konstruktionsprozesses

erfolgt, wie in Kapitel 3.4 aus den experimentellen Beobachtungen gefolgert wird, durch den Vergleich der Lösungseigenschaften aus Arbeitsabschnitt III) mit den in Abschnitt

I) formulierten Anforderungen. Deshalb ist nicht nur die kreative Lösungssynthese, sondern auch die Analyse von Aufgabe und Lösungseigenschaften wesentlich für einen erfolgreichen Konstruktionsprozeß. Bei arbeitsteiligen Konstruktionsprozessen kommen zusätzliche Steuerungsaufgaben hinzu, die beispielsweise mit Methoden des Projektmanagements (Kapitel 4.3.4) erledigt werden können.

e) Der Vorgehenszyklus für die Systemanalyse

Der Vorgehenszyklus kann nicht nur für die Systemsynthese, also das Finden von Lösungen für gestellte Aufgaben (Probleme), erfolgreich eingesetzt werden, sondern auch für die **Systemanalyse**, d. h. für die **Erkenntnisgewinnung** von Systemeigenschaften. Dies ist in **Bild 3.3-15** gezeigt. Dabei wurde gegenüber Bild 3.3-14 nur der **Begriff „Lösung" durch „Hypothese"** ersetzt. Es wird als Aufgabe z. B. die Erkenntnis über die zutreffende Ursachen-Wirkungs-Kette für einen Schaden (Wirkung) an einem Produkt gestellt. Dann werden in Arbeitsabschnitt II) verschiedene mögliche Ursachen-Wirkungs-Ketten als Hypothesen gesucht. Aus diesen wird in Abschnitt III) die am ehesten zutreffende Hypothese ausgewählt. In den Beispielen in Kapitel 3.3.4 und 7.8.1.2 wird dies näher gezeigt.

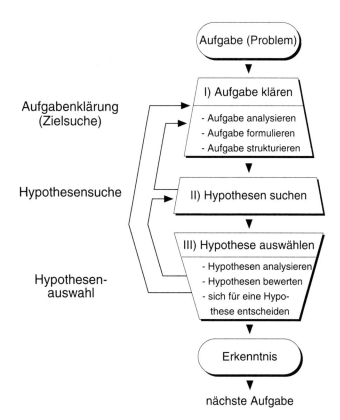

Bild 3.3-15: Vorgehenszyklus für Systemanalyse (Erkenntnisgewinnung)

Im übrigen kann man den Vorgehenszyklus auch für die **Modellerstellung** zur Vereinfachung (Abstraktion) komplexer Systeme, deren Eigenschaften untersucht werden sollen, verwenden. So muß z. B. in der Mechanik oder Thermodynamik die Realität durch Modellvorstellungen ersetzt werden. Jeder Ingenieur weiß, wie wichtig geeignete Modellannahmen sind und daß es dafür keinen allgemein gültigen Algorithmus gibt (Kapitel 7.8.2). Diesen kann es auch nicht geben, da die Modellsuche genauso wie die Lösungssuche ein kreativer, unbestimmter, nicht eindeutiger Prozeß ist. Wenn man in Bild 3.3-14 den **Begriff Lösung durch Modell ersetzt**, liefert der Vorgehenszyklus eine Handlungsanweisung für das Finden einer zutreffenden Modellvorstellung. Allerdings muß die Modellauswahl durch das Analysieren und Beurteilen der jeweiligen Modelle in Bezug auf die Systemrealität, d. h. über den Vergleich Rechnung oder Messung, geschehen. Das ist bekannt und üblich. Aber vielleicht helfen die Teilschritte des Arbeitsabschnitts I) (Aufgabe bzw. Problem klären) weiter.

Daraus wird deutlich, was der **Sinn des Vorgehenszyklus** ist: Er bringt nicht ein völlig neues Vorgehen, sondern er formalisiert bekannte, zweckmäßige Abläufe. Der Aufgaben- bzw. Problemlöseprozeß soll aus dem meist unbewußten „Normalbetrieb" für bestimmte Fälle in den bewußt ablaufenden „Rationalbetrieb" überführt werden. Mangelndes Fakten- oder Methodenwissen wird dadurch nicht ersetzt. Es soll der geistige Prozeß bewußt gemacht werden.

Der Vorgehenszyklus ist nicht nur in der Konstruktion isoliert einsetzbar, sondern ist eine allgemein verwendbare Problemlösemethode, die in allen **Lebensphasen** von Produkten bzw. Systemen angewendet werden kann. Immer wieder ergeben sich Probleme, die gelöst werden müssen. Dies zeigt **Bild 3.3-16**, in dem nur die Abschnitte des Vorgehenszyklus zur Strukturierung der Lebensphasen eines Systems entsprechend Bild 2.4-1 aufgetragen sind. Da im Planungsbereich (z. B. Produktplanung, Entwicklung und Konstruktion) zunächst noch keine materielle Realisierung der ausgewählten Lösung geschieht, war der **Arbeitsabschnitt IV) „Lösung verwirklichen"** noch nicht nötig. Er ist ab der Systemrealisierung hinzugefügt worden. Er kann in die folgenden einzelnen Arbeitsschritte unterteilt werden:

- „**Verwirklichung planen**",
- „**Verwirklichung einleiten**",
- „**Verwirklichung überwachen**" und
- „**Ergebnis kontrollieren**".

Der Arbeitsabschnitt „Lösung verwirklichen" – die Realisierung – muß jedoch nicht nur materiell verstanden werden, wie man aus der Lebensphase Vertrieb sieht. Die Vertriebsplanung wird z. B. im Verkauf von Produkten realisiert. Die Finanzplanung in Bild 3.3-17 hätte als Realisierung z. B. die Aufnahme eines Kredits zur Folge.

Sofern dabei Probleme auftauchen, wird versucht, diese entsprechend den Arbeitsabschnitten I) bis III) zu lösen. Auf den abschließenden methodischen Erkenntnisgewinn wurde oben bei Bild 3.3-14 hingewiesen.

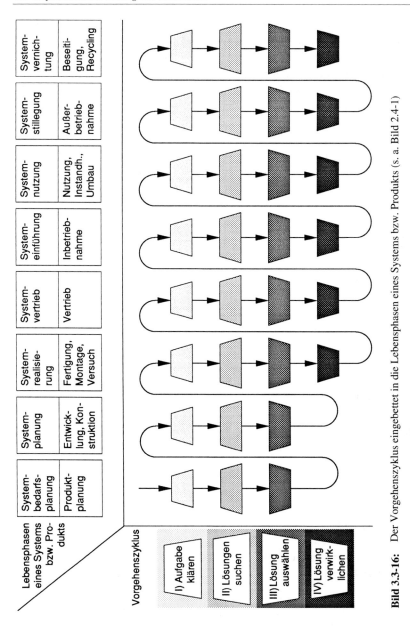

Bild 3.3-16: Der Vorgehenszyklus eingebettet in die Lebensphasen eines Systems bzw. Produkts (s. a. Bild 2.4-1)

Ferner ist der Vorgehenszyklus im Unternehmen natürlich nicht nur im Produktbereich einsetzbar, sondern in **allen Bereichen**, also von der Personal- bis zur Finanzplanung. Dies zeigt **Bild 3.3-17** (die Rücksprünge innerhalb der Vorgehenszyklen und die vielfältigen Abhängigkeiten zwischen den einzelnen Ebenen sind nicht dargestellt).

Weiter ist der Vorgehenszyklus in verschiedenen **hierarchischen Ebenen der Produktentwicklung** einsetzbar, und zwar von der Produktplanung bis zur Bauteilkonstruktion (**Bild 3.3-18**) [29/3].

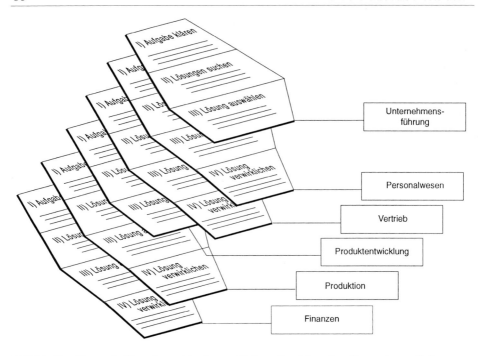

Bild 3.3-17:   Einsatz des Vorgehenszyklus in verschiedenen Bereichen eines Unternehmens (bei nur
planenden Bereichen tritt der vierte Arbeitsabschnitt „Lösung verwirklichen" nicht auf)

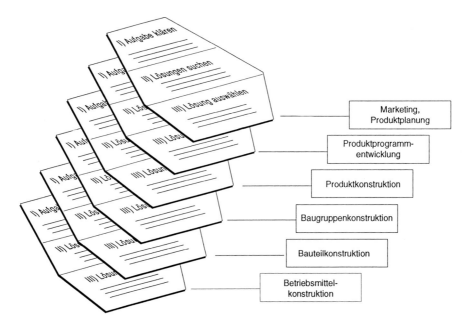

Bild 3.3-18:   Einsatz des Vorgehenszyklus in hierarchischen Ebenen der Produktentwicklung

f) Einsatz des Vorgehenszyklus beim Wechsel des Problembereichs

Schließlich ist in **Bild 3.3-19** an einem Beispiel dargestellt, wie der Vorgehenszyklus beim **Wechsel des Problembereichs** – also **rekursiv** – eingesetzt werden kann (Schichtübergang nach Müller [21/3]). Ein Produkt soll im Entwurf gestaltet werden. Dabei erweist sich, daß ein wichtiges Materialverhalten unbekannt ist. Mit Bereichswechsel 1 wird der Versuch veranlaßt, dies zu klären. Bei der Planung des Versuchs stellt sich heraus, daß dafür keine Meßvorrichtung vorhanden oder zu beschaffen ist. Eine Meßvorrichtung muß erstellt werden (Bereichswechsel 2). Erst dann kann der Versuch begonnen werden (Bereichswechsel 3). Die Daten des Versuchs (Bereichswechsel 4) erlauben dann, die Gestaltung fortzuführen. Solche rekursive Aktionen gibt es in Unternehmen häufig (Kapitel 8.5 und 8.6).

g) Der Zusammenhang zwischen den Arbeitsschritten des Vorgehenszyklus und den Schritten anderer Problemlösemethoden

Dieser Zusammenhang ist in **Bild 3.3-20** dargestellt. Man sieht, daß die Begriffe und deren Reihenfolge ähnlich sind. Unterschiedlich sind die Gewichtung der Schritte und deren mehr oder weniger feine Aufteilung. Der Vergleich bestätigt aber, daß der Problemlösungszyklus bzw. der daraus abgeleitete Vorgehenszyklus Allgemeingültigkeit besitzen, denn die im Bild dargestellten Methoden haben sich z. T. unabhängig voneinander entwickelt (s. a. Kapitel 8.4).

Im übrigen beruht nicht nur der Vorgehenszyklus und das TOTE-Schema auf dem „trial and error"-Verhalten (Versuch und Irrtum), sondern auch die **natürliche Evolution** geht so vor. An die Stelle von Abschnitt II) „Lösungen suchen" tritt dort „neue Lösungen durch zufällige Mutation", an die Stelle von Arbeitsabschnitt III) „Lösung auswählen" tritt jedoch „Selektion während des Lebens" (survival of the fittest). Nur der Arbeitsabschnitt I) „Aufgabe klären" ist typisch für das menschliche Bewußtsein, das versucht, seine Lebensumstände selbst in die Hand zu nehmen.

h) Selbstähnlichkeit des Vorgehenszyklus

Bei Anwendung des Vorgehenszyklus zeigt es sich, daß jeder Arbeitsabschnitt (aber auch jeder einzelne Arbeitsschritt) je nach Aufgaben- bzw. Problemlage wiederum mit einem eigenen „kleinen" (d. h. untergeordneten) Vorgehenszyklus bearbeitet werden kann. Dies führt zu einem wesentlichen Merkmal des Vorgehenszyklus, der **Selbstähnlichkeit** [35/3]. Diese ist in **Bild 3.3-21** gezeigt. Die einzelnen Arbeitsschritte der Vorgehenszyklen sind jeweils kreisförmig angeordnet (aus Gründen der Übersichtlichkeit sind keine Rücksprünge und nicht alle möglichen Verzweigungen in untergeordnete Vorgehenszyklen dargestellt). Um einen Vorgehenszyklus verlassen zu können, muß im Arbeitsschritt „Lösungen festlegen" ein passendes Ergebnis gefunden werden, und es dürfen keine weiteren Probleme auf dieser Bearbeitungsebene vorliegen. Ergibt sich bei einem beliebigen Arbeitsschritt ein Teilproblem, so kann zu dessen Lösung ein neuer, untergeordneter Vorgehenszyklus begonnen werden. Dieses Aufteilen von Gesamtaufgaben in Teilaufgaben und das selbstähnliche Ineinanderschachteln von Teillösungen finden sich ähnlich auch bei anderen Autoren [5/3, 25/3, 36/3, 37/3].

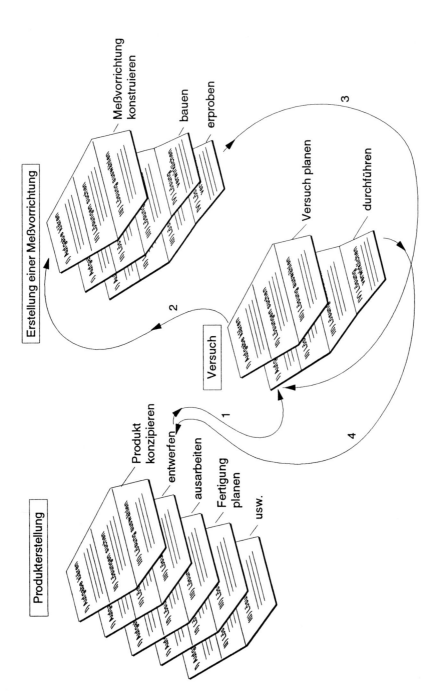

Bild 3.3-19: Wechsel des Problembereichs mit rekursiver Anwendung des Vorgehenszyklus: Wechsel vom Entwerfen in den Versuch, um unbekanntes Materialverhalten zu bestimmen, von dort in Meßvorrichtungserstellung, um das Verhalten messen zu können, dann zurück zum Entwerfen

1	2	3	4	5	6	7
Problemlösungs-zyklus der System-technik [25/3, 30/3]	Vorgehenszyklus (s. Kapitel 3.3.2)	Allgemeiner Lösungsprozeß (Pahl/Beitz [31/3])	Vorgehensplan aus VDI 2222 [15/3] (geordnet nach 1)	Wertanalyse-Arbeitsplan (DIN 69910 [32/3])	REFA-6-Stufen-Methode [33/3]	Produktplanung nach VDI 2220 [34/3]
(Problemsuche)	I) Aufgabe klären – Aufgabe analysieren	Konfrontation	Aufgabe auswählen, Aufgabenstellung klären	1) Projekt vorbereiten	Problem definieren	Unternehmens- und Marktanalyse
Problemanalyse	– Aufgabe formulieren	Information	Erarbeiten der Anforderungsliste	2) Objektsituation analysieren	Ziele setzen	
Problem-formulierung	– Aufgabe strukturieren	Definition		3) Soll-Zustand beschreiben	Aufgabe abgrenzen	
Systemsynthese	II) Lösungen suchen	Kreation	Konzipieren, Entwerfen, Ausarbeiten	4) Lösungsideen entwickeln	Lösungen suchen	Suchfelder aufstellen und Produkt-ideen sammeln
Systemanalyse	III) Lösung auswählen	Kontrolle, Beurteilung	Technisch/wirt-schaftliche Bewertung	5) Lösungen fest-legen (bewerten, entscheiden)	Informationen suchen	Analyse
Beurteilung	– Lösungen analysieren					Auswahl
Entscheidung	– Lösungen bewerten – Lösungen festlegen	Entscheidung	Entscheiden		Lösungen auswählen	Entwicklungs-vorschlag
	IV) Lösung verwirk-lichen, Ergebnis-kontrolle, Er-kenntnisgewinn			6) Lösung verwirklichen	Lösung einführen, Zielerfüllung kon-trollieren	

Bild 3.3-20: Gegenüberstellung verschiedener Problemlösemethoden: Die Schritte des Problemlösungszyklus sind mit ähnlichen Bezeich-nungen in allen dargestellten Methoden enthalten.

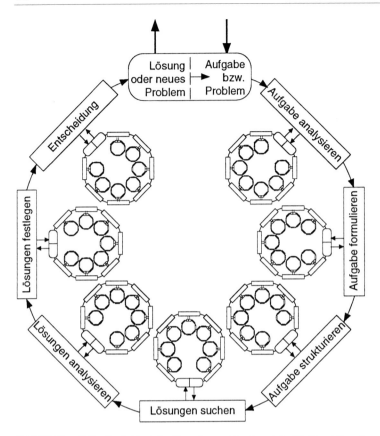

Bild 3.3-21:   Selbstähnlichkeit des Vorgehenszyklus (vereinfachte Darstellung)

3.3.3   Der Vorgehenszyklus und zugehörige Strategien

Der Vorgehenszyklus ist ein übergreifend wirksames, aus der Systemtechnik abgeleitetes Hilfsmittel zur Lösung von Problemen bzw. zur Bewältigung von Aufgaben. Ferner haben sich zur Komplexitätsbewältigung – und das ist eine wesentliche Aufgabe jeder Methodik – bestimmte Strategien als zweckmäßig herausgestellt, die sich wiederum zum Teil aus „Naturstrategien" entsprechend der Begrenztheit des Kurzzeitgedächtnisses ableiten lassen (Kapitel 3.3 b). Durch diese Strategien wird das zu bearbeitende Problem (bzw. das zu überarbeitende Produkt) und der dafür möglicherweise geeignete Prozeß „heruntergebrochen" in lösbare, machbare und von früheren Erfahrungen her bekannte Bausteine und Vorgehensschritte.

In **Bild 3.3-22** sind zu einigen Schritten des Vorgehenszyklus solche Strategien zugeordnet worden, wie z. B. (I.1) „Teilaufgaben formulieren und sequentiell oder parallel abarbeiten". Damit ist schon ein wesentliches Kennzeichen von Methoden angesprochen, nämlich das schrittweise Vorgehen, das ja allen Vorgehensplänen zu Grunde liegt

(Kapitel 4.1.5 und 6.3). Man wird also bei umfangreichen Aufgaben aus dem Vorgehenszyklus auf einen Vorgehensplan übergehen.

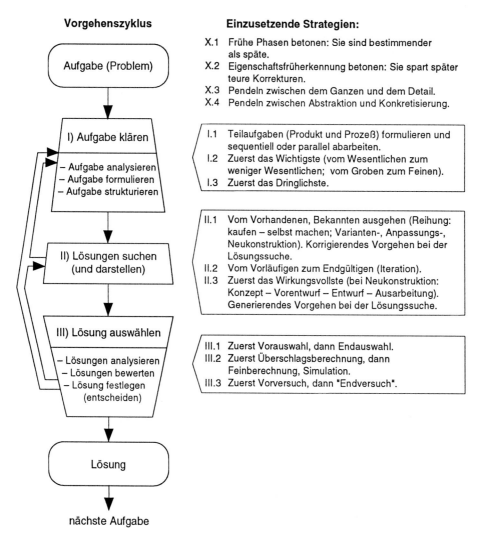

Bild 3.3-22: Vorgehenszyklus für die Lösungssuche mit zugehörigen Strategien

Beim Abarbeiten dieser Schritte kann entsprechend dem Prinzip der Selbstähnlichkeit (Bild 3.3-21) wiederum der Vorgehenszyklus eingesetzt werden. Etliche Strategien, wie „Zuerst das Wichtigste" oder „Zuerst das Dringlichste", leiten sich aus der „Ökonomie der Denkvorgänge" heraus ab (Bild 3.3-3).

Es sind ferner allgemein einsetzbare Strategien (X.1 bis X.4) prinzipiell ableitbar, aber auch aus der Erfahrung bekannt, daß (X.1) frühe Phasen eines zusammenhängenden zielorientierten Prozesses, wie ihn der Produkt- oder Produktionsentwicklungsprozeß darstellt, bestimmender sind als späte. Am Anfang werden die Weichen gestellt! Es lohnt sich also mehr Aufwand in die frühen Phasen des Prozesses zu stecken, um später umso aufwendigere Iterationen und Korrekturen zu vermeiden (Bild 4.4-5). Die Strategie (X.2), Eigenschaftsfrüherkennung zu fördern, um späte, teure Korrekturen zu vermeiden und damit entscheidungsrelevante Informationen möglichst direkt zum Entscheider zu bringen, ergibt sich aus derselben Erkenntnis. Beide Strategien sind Gründe für den Erfolg des Simultaneous Engineering (Kapitel 4.4.1 und 7.8).

Fast alle weiteren in Bild 3.3-22 aufgeführten Strategien (II.2, II.3, III.1, III.2, III.3) resultieren aus den übergeordneten Strategien A.1 bzw. A.3 (Bild 3.3-3), d. h. vom Vorläufigen zum Endgültigen vorzugehen, ferner zuerst das Ganze ins Blickfeld zu nehmen und grob anzugehen bzw. vom Wesentlichen zum weniger Wesentlichen fortzuschreiten, anstelle sich zu früh im Detail zu verlieren.

Die folgenden Beispiele verdeutlichen, daß die Strategie II.2 „**Vom Vorläufigen zum Endgültigen**" nicht nur bei der Suche nach Lösungen eingesetzt wird, sondern bei praktisch allen Arbeitsschritten im Vorgehenszyklus bzw. der Produkterstellung, wie etwa

– bei der Aufgabenklärung: von der Vorklärung zur (End-)Klärung,
– beim Entwerfen: vom Vorentwurf zum (End-)Entwurf,
– beim Gestalten: vom Vorgestalten zum (End-)Gestalten,
– beim Berechnen: von der Überschlagsberechnung zur (End-)Berechnung,
– beim Versuchen: vom (orientierenden) Vorversuch zum (End-)Versuch,
– beim Kalkulieren: von der Vorkalkulation zur (End-)Kalkulation,
– beim Auswählen: von der Vorauswahl zur (End-)Auswahl usw.

Eine an sich selbstverständliche Besonderheit stellt die Strategie bei der Lösungssuche (II.1) dar, **vom Vorhandenen und Bekannten zum weniger Bekannten** bzw. **vom Käuflichen zum Selbstgemachten** vorzugehen. Das entspricht einer Strategie des minimalen Aufwands bzw. minimalen Risikos. Auf der gleichen Linie liegt – für den Praktiker selbstverständlich –, daß ein Produkt oder ein Prozeß nur dann umfassend überarbeitet wird, wenn anders die gestellten Forderungen nicht erfüllbar sind (**korrigierendes Vorgehen** bei der Lösungssuche: Kapitel 3.4.2 und 5.1.4.3). Beim Konstruieren überlegt man also zunächst, die Forderungen in einer Variantenkonstruktion (z. B. durch Maßänderungen) zu erfüllen und geht nur bei möglicherweise unbefriedigendem Resultat über die Anpassungs- zur Neukonstruktion weiter.

Daß sich diese Strategien – ähnlich wie Regeln – bei ungeklärten Gültigkeitsbedingungen **anscheinend widersprechen**, erkennt man im Vergleich zur Strategie II.3, bei der empfohlen wird, **zunächst das Wirkungsvollste**, das Konzept, also die prinzipielle Lösung zu bearbeiten. Das vorher gesagte (II.1) gilt nämlich für die Weiterentwicklung von vorliegenden Lösungen, das in II.3 Angesprochene für die Neukonstruktion (**generierendes Vorgehen** bei der Lösungssuche: Kapitel 3.4.2 und 5.1.4.3).

Die Entscheidung zwischen dem korrigierenden Vorgehen (ein Bottom-up-Vorgehen) und dem generierenden Vorgehen (top-down) wird in Kapitel 5.1.4.3 eingehend behandelt. Sie kommt in der Praxis laufend vor, allerdings ohne daß sie bewußt wird.

3.3.4 Beispiel zum Vorgehenszyklus

Behebung einer Schwingungsbeanstandung an einem Gaskompressor

Das Beispiel zeigt, wie der Vorgehenszyklus bei der Klärung einer Beanstandung sowohl für die Analyse (vgl. Bild 3.3-15) wie für die Synthese (vgl. Bild 3.3-14) fruchtbar eingesetzt wird.

a) Aufgabenstellung

Eine Gaskompressoranlage (Turbosatz) mit einer Leistung von 10 MW, bestehend aus einem Turbokompressor (8.000 1/min), einem Stirnradgetriebe (8.000/3.000 1/min) und einem Elektromotor mit 50 Hz (3.000 1/min), ist im Freien aufgestellt (**Bild 3.3-23**). Der Getriebelieferant bekommt vom Anlagenhersteller die Mitteilung, daß die Anlage beim Probebetrieb abgestellt werden mußte, da die Schwingungen am Getriebe horizontal mit 150 µm Amplitude bei 50 Hz unzulässig hoch waren. Es werden ein Ingenieur und ein Monteur angefordert, um das Getriebe auf die garantierten Amplituden von ≤ 10 µm zu bringen.

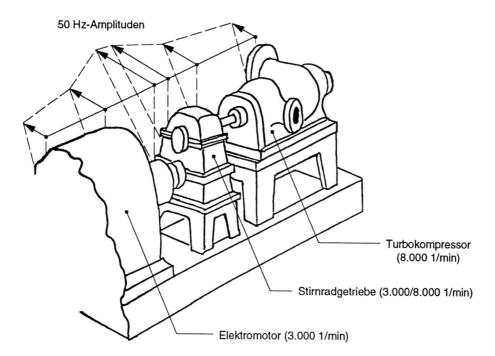

Bild 3.3-23: Gaskompressoranlage (Turbosatz) mit 50 Hz-Schwingungsprofil in horizontaler Richtung

I)   Aufgabe klären

Aufgabenanalyse des Anlagenherstellers: Durch einen Schwingungsmeßtrupp wird bei Leerlauf und bei unterschiedlicher Last die ganze Anlage auf Schwingungen nach Amplitude, Richtung, Phasenlage und Frequenz vermessen. Das Ergebnis ist, daß tatsächlich die 50 Hz-Amplituden in horizontaler Richtung dominieren, an der Stelle des Getriebes am höchsten sind (bei Leerlauf ca. 90 µm, bei 50% Last ca. 95 µm) und nach unten zum aus Stahlträgern geschweißten Fundament hin deutlich abnehmen (Bild 3.3-23). Das Getriebe erweist sich offensichtlich als der Ort der höchsten Schwingungen und damit vermutlich auch als deren Ursache.

Aufgabenformulierung des Anlagenherstellers: Das Getriebe **ist** der Schwingungserreger. Der Getriebelieferant muß möglichst schnell und kostenlos Abhilfe bewirken.

Erste Aufgabenanalyse des Ingenieurs vom Getriebelieferanten: Das Getriebe **scheint** der Erreger zu sein. In einer Ursachenanalyse muß zunächst geklärt werden, ob nicht andere Komponenten der Anlage allein- oder mitverantwortlich sind. Weitere Untersuchungen werden nötig sein.

Zweite Aufgabenanalyse und -strukturierung des Ingenieurs vom Getriebelieferanten: Der Ingenieur macht eine Iteration zurück in die Aufgabenanalyse und erzeugt zunächst im Kopf ein Systemmodell des schwingungsfähigen Gebildes Turbosatz (**Bild 3.3-24**). Daraus geht hervor, daß alle drei Komponenten (Motor, Getriebe und Turboverdichter) schwingungserregend sein können. Als schwingungsfähige Gebilde kommen aber vier Komponenten in Frage, da das Fundament allein oder im Zusammenwirken mit den Maschinen ebenfalls zu berücksichtigen ist. Zwischen den Maschinen können Torsionsschwingungen und Translationsschwingungen in x-, y-, z-Richtung übertragen werden. Der Turboverdichter scheidet als erregende Maschine praktisch aus, da er eine Drehfrequenz von 8.000/60 = 135 Hz aufweist. Damit hat der Ingenieur die Aufgabe zunächst ausreichend strukturiert.

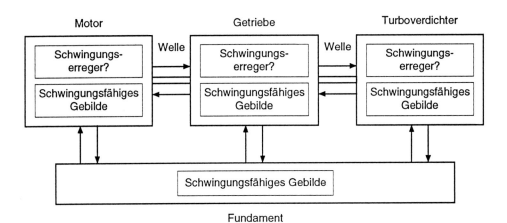

Bild 3.3-24:   Systemmodell des schwingungsfähigen Gebildes Turbosatz (die Pfeile symbolisieren die mögliche Übertragung von Schwingungen)

II) Hypothesen suchen

Da es sich hier um eine Analyse eines Sachsystems handelt, sind Hypothesen zu entwickeln, die als Erkenntnis zu den Ursachen der Schwingungsüberhöhung führen (Bild 3.3-15). Dies ist ein kreativer Akt, der u. U. im Team von nicht voreingenommenen Fachleuten am besten abläuft. Da aber die Schwingungsfachleute hier von der „gegnerischen Partei" sind, ist der Monteur des Getriebelieferanten der einzige Gesprächspartner des Ingenieurs. Die Hypothesen sind mit H1, H2 usw. bezeichnet.

Hypothese **H1**: Das Getriebe hat an der langsam laufenden Welle (50 Hz) eine Unwucht.

Hypothese **H2**: Das Getriebe hat am langsam laufenden Rad einen Rundlauf- oder Summenteilungsfehler in der Verzahnung.

Hypothese **H3**: Vom Motor wird das Drehmoment nicht gleichmäßig bei jeder Umdrehung geliefert, sondern bei jeder Umdrehung mit einem Maximum bzw. Minimum. Da sich die Drehmomente an den Getriebelagern „abstützen", kann dies eine Schwingungserregung am Getriebe bedeuten.

Hypothese **H4**: Die Getriebemasse und die Fundamentnachgiebigkeit sind so geartet, daß das Feder-Masse-System eine Eigenfrequenz in der Nähe von 50 Hz ergibt. Die Erregung kann dann klein sein und sowohl aus dem Getriebe wie dem Motor stammen.

Hypothese **H5**: Das große, langsam laufende Zahnrad (50 Hz) hat sich vom Sitz der zugehörigen Welle gelöst.

III) Hypothese auswählen

Hypothesen analysieren (z. T. **Hypothesen bewerten**): Sämtliche Hypothesen müssen nun auf ihre Eigenschaften untersucht werden: Sind sie möglich oder nicht?

H1, H5: Das Getriebe wird demontiert. Der Sitz des Zahnrades ist in Ordnung. Bei einer in der Nähe befindlichen Maschinenfabrik wird die statische und dynamische Unwucht kontrolliert und als innerhalb der Toleranz befunden. Diese Hypothesen scheiden also aus.

H2: Durch Telefonkontakt mit der Qualitätssicherung des Getriebeherstellers kann geklärt werden, daß die Verzahnungsfehler des langsam laufenden Rades im Rahmen der üblichen Toleranzen liegen und damit die Hypothese hinfällig ist.

H3: Der Motorhersteller behauptet, daß drehfrequenzproportionale Drehmomentschwingungen „noch nie vorgekommen seien" und auch gar nicht auftreten könnten. Außerdem seien sie an der fertigen Anlage nur sehr aufwendig zu messen. Die Hypothese wird als ungeklärt zurückgestellt.

H4: Der Ingenieur prüft die Eigenfrequenz des Systems Getriebe und Fundament bei Anlagenstillstand. Er schaltet dazu die schreibenden Schwingungsmeßgeräte am Getriebe oben, am Fuß und unten am Fundament ein und schlägt mit einem Vorschlaghammer auf den Getriebefuß. Er erhält Amplitude/Zeit-Diagramme, die nach Auszählen erstaunlicherweise eine Frequenz von ca. 49 Hz ergeben. Eine genaue Frequenzanalyse beim Hochlaufen des Turbosatzes ergibt ein Maximum der Schwingungen bei 49,4 Hz.

Hypothesen bewerten: Die fünf Hypothesen sind bis auf H3 in der Analyse geklärt worden. Die wahrscheinlichste ist H4. Dabei kann festgestellt werden, daß der Anlagenhersteller, der außer dem Kompressor auch das Fundament entworfen und geliefert hat, keine Schwingungsberechnung auf Eigenfrequenzen durchgeführt hat. Die Schwingungserregung kann auf geringe Unwuchten des entsprechenden Zahnrades bzw. der Welle mit 50 Hz (3.000 1/min) zurückgeführt werden.

Entscheidung: ... des Anlagenherstellers: Die Hypothese H4 wird als Grund für die zu hohen Schwingungen angesehen.

b) Neue Aufgabenstellung

Als neue Aufgabe stellt sich für den Anlagenhersteller und den Getriebelieferanten die Beseitigung der störenden Eigenfrequenz. Jetzt geht es um konstruktive oder fertigungstechnische Maßnahmen, d. h. um eine Synthese bzw. Änderung des Sachsystems (Bild 3.3-14), und nicht mehr nur, wie vorher, um eine Erkenntnis durch eine Systemanalyse (Bild 3.3-15).

I)   Neue Aufgabe klären

Neue Aufgabe analysieren: Es ist klar, daß die Eigenfrequenz $\omega = \sqrt{c/m}$ des Systems Getriebe/Fundament (m = Masse des Getriebes einschließlich eines Anteils vom Fundament; c = Federrate des Fundamentrahmens) durch die beiden Parameter m und c beeinflußt werden kann. Um aus dem Betriebsbereich bei 50 Hz herauszukommen, muß die Eigenfrequenz mit einem deutlichen Abstand (ca. 20%) von der Betriebsfrequenz 50 Hz entfernt liegen, also bei ca. $\leq$ 40 Hz oder $\geq$ 60 Hz. Die Anlage soll in spätestens drei Wochen endgültig betriebsbereit sein.

Neue Aufgabe formulieren: Anlagenhersteller und Getriebelieferant müssen miteinander eine wirkungsvolle, kostengünstige Abhilfemaßnahme überlegen, die in ca. zwei Wochen verwirklicht werden kann. Die Kosten trägt der Anlagenhersteller.

Neue Aufgabe strukturieren und planen: Man kommt überein, daß der Anlagenhersteller und der Getriebehersteller zunächst getrennt nach Lösungen suchen und jeweils ihre Experten in den Mutterhäusern befragen. Danach werden die Lösungen in einer gemeinsamen Sitzung besprochen und ausgewählt.

II)   Für neue Aufgabe Lösungen suchen

Die Lösungen sind mit L1, L2 usw. bezeichnet.

Lösung **L1**: Anbringen eines hydraulischen Schwingungsdämpfers am Getriebegehäuse.
Lösung **L2**: Versteifen des Fundamentrahmens durch Einschweißen von Blechen und Profileisen.
Lösung **L3**: Vergrößern der Getriebemasse durch Aufschrauben eines Gewichts (z. B. aus Gußeisen) auf das Getriebegehäuse.
Lösung **L4**: Anbringen eines Schwingungstilgers.

III) Für neue Aufgabe **Lösung auswählen** (es werden alle drei Vorgehensschritte für die Auswahl entsprechend Bild 3.3-14 in der Diskussion durchlaufen)

L1: Dieser Lösungsvorschlag wird verworfen, da auf Dauer ein Schwingungsdämpfer nicht als genügend betriebssicher erachtet wird.

L2: Beim Einschweißen von Blechen in das Fundament wird sehr viel Wärme eingebracht, so daß sich das Fundament möglicherweise unzulässig verzieht und die Maschinenausrichtung nicht mehr stimmt. Eine mechanische Nachbearbeitung des Fundaments scheidet aus Termingründen aus.

L3: Die Getriebezusatzmasse ist auch kurzfristig realisierbar. Sie wird, da keine Berechnungsdaten vorliegen, auf 400 kg geschätzt. Die noch aufgekommene Idee, einen mit Sand gefüllten Blechkasten statt eines Gußgewichtes zu verwenden, wird aus Platzgründen verworfen.

L4: Die zwangsweise (gegenläufige) Synchronisation des Schwingungstilgers ist ungeklärt und scheint nicht realisierbar.

Für die neue Aufgabe **Lösung festlegen:** Die Lösung L3 mit der Getriebezusatzmasse soll realisiert werden. Der Anlagenhersteller rechnet überschlägig aus, ob 400 kg ausreichend sind.

Damit ist sowohl das Analyse- wie das Syntheseproblem geklärt. Die verwirklichte **Abhilfemaßnahme** ist zwar unkonventionell, aber ein **voller Erfolg:** Die 50 Hz-Schwingungen lagen bei Vollast nur noch bei einigen μm. Der Anlagenhersteller berechnet zukünftig die Eigenfrequenzen der Anlagen (**Erkenntnisgewinn**).

Man erkennt an diesem Beispiel, daß sich die sieben Schritte des Vorgehenszyklus in der Praxis nicht so klar trennen lassen und manchmal auch einer weniger wichtig ist. Trotzdem war es für den Autor immer wieder hilfreich, sich der Schritte auch im größten Durcheinander zu erinnern. Wenn man den Vorgehenszyklus verinnerlicht hat, kann man sich (und die Gruppe) immer wieder in einen sinnvollen Ablauf zurückholen. Wichtig ist z. B., mit der nötigen Ruhe und Beharrlichkeit lange genug und intensiv **Aufgabenanalyse, -formulierung** und **-strukturierung** zu betreiben. Man ist oft genug mit viel zu viel Ungeduld schon bei den Problemlösungen (Kapitel 3.5, 7.3, 8.2 und 8.3). Wichtig ist auch, **nicht nur eine** Lösung oder Hypothese zu entwickeln, sondern mehrere und diese dann in der Lösungsanalyse begründet zu untersuchen.

Man sieht ferner aus der anfänglichen Wiederholung der Aufgabenanalyse, daß auch hier Iteration zweckmäßig ist. In der Praxis laufen im Kopf sehr viel mehr Iterationen und Rekursionen ab, als hier dargestellt werden konnten.

Welche komplexen Zusammenhänge von Ursachen-Wirkungs-Ketten bei der Schadensanalyse vorhanden sind, zeigt Neese ([38/3] und [39/3]). Das Vorgehen bei der Schadensanalyse wird in Kapitel 7.8.1.2 besprochen.

3.4   Individueller Problemlöseprozeß beim Konstruieren

Um feststellen zu können, wodurch sich **erfolgreiche Konstrukteure** auszeichnen, wie sie ihren Konstruktionsprozeß gestalten, werden nachfolgend experimentell gewonnene Erkenntnisse vorgestellt. Dabei wurden die Denkvorgänge und das Problemlöseverhalten von Konstrukteuren sowohl aus der Praxis wie aus der Hochschule – mit und ohne Schulung in Konstruktionsmethodik – untersucht [2/3, 5/3]. Solche Untersuchungen sind erst in den achtziger Jahren begonnen worden [2/3, 5/3, 19/3, 20/3, 21/3, 40/3 und 41/3] und werden in enger Zusammenarbeit mit experimentell arbeitenden Denkpsychologen durchgeführt. Bisherige Vorgehenspläne und Hilfsmittel für das Konstruieren sind jeweils aus der Selbstbeobachtung und der Erfahrung von Konstrukteuren entstanden und somit eher subjektgebunden.

Der **Zweck** der Theoriebildung aus der **Beobachtung real ablaufender Konstruktionsprozesse** ist ein zweifacher:

– die **Weiterentwicklung der Konstruktionsmethodik** im Sinne einer größeren Anpassungsmöglichkeit an die Erfordernisse der zu bearbeitenden Probleme und der konstruierenden Personen;
– ein besserer Aufbau und die benutzergerechte Gestaltung von **Hilfsmitteln** (Methodenbaukästen, Lösungskataloge, Checklisten...) sowie von computergestützten Hilfsmitteln (CAD-Systeme, wissenbasierte Systeme...).

Es ist aber klar, daß die nachfolgend beschriebene Untersuchung einzelner Konstrukteure eine starke Vereinfachung gegenüber realen Konstruktionsprozessen darstellt. Diese sind beispielsweise durch eine intensive Kommunikation mit Kollegen und Vorgesetzten gekennzeichnet. Es sind Gruppenprozesse. Untersuchungen darüber werden erst aufgenommen.

In Kapitel 8.3 zeigt ein Beispiel aus dieser Versuchsreihe, wie eine Konstruktion mißglückt, wenn man die Aufgabe nur mangelhaft klärt und eine verengte Sicht bei der Lösungssuche hat.

3.4.1   Untersuchung von Konstruktionsprozessen

Versuchsbeschreibung

Es wurde allen Versuchspersonen immer die gleiche schriftliche Aufgabenstellung (Neukonstruktion einer Vorrichtung für das Verstellen eines optischen Geräts) gestellt (Bild 8.3-1). **Bild 3.4-1** zeigt bereits eine von einer Versuchsperson durchgeführte Konstruktion.

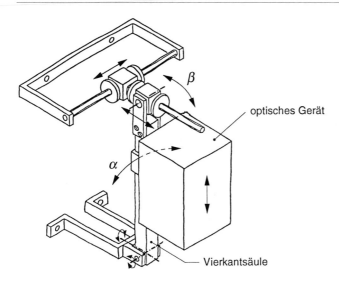

Bild 3.4-1:   Beispiel einer Konstruktion der Vorrichtung von einer Versuchsperson

An der Vierkantsäule kann ein optisches Gerät für die Entzerrung von Bildern auf und ab bewegt werden. Es soll außerdem in Richtung α und senkrecht dazu in Richtung β geschwenkt und arretiert werden können. Diese Aufgabe war für die Versuchspersonen neu und nicht zu komplex. Insgesamt sind bisher über 20 Versuche durchgeführt worden.

Bild 3.4-2 zeigt Entwürfe von neun Konstrukteuren, die alle diese gleiche Aufgabenstellung und gleiche äußere Versuchsbedingungen (Bild 3-1, rechts) hatten. Die Unterschiede der Entwürfe beziehen sich sowohl auf die prinzipiellen Lösungen (Konzepte) als auch auf die Gestaltung. Man kann daraus erkennen, welch großen Einfluß personspezifische Unterschiede wie die Ausbildung oder die individuellen Erfahrungen und Fähigkeiten des Konstrukteurs auf das Ergebnis – und natürlich auch auf den Konstruktionsprozeß – haben (Bild 3.1-1). In einem Unternehmen würden die Unterschiede infolge der ausgleichenden Diskussion mit Kollegen nicht so stark zutage treten (Kapitel 4.3.3).

Im Versuch konnte der Konstrukteur am Schreibtisch und am Zeichenbrett arbeiten, sollte dabei „laut denken" und wurde während der frei verfügbaren Konstruktionszeit von zwei Versuchsleitern mit einer Videokamera beobachtet (**Bild 3.4-3**). Es waren Maschinenbauhandbücher, Norm- und Halbzeugkataloge sowie Angaben über die Fertigungsmöglichkeiten der Modellwerkstatt verfügbar. Die Versuchsleiter beantworteten Fragen bezüglich der Aufgabenstellung.

Somit sind im wesentlichen die Einflußfaktoren auf den Konstruktionsprozeß nach Bild 3-1 bis auf die personspezifischen Einflüsse, die zu untersuchen waren, konstant gehalten worden. Natürlich liegt eine eingeschränkte Versuchssituation vor, die manche gewonnenen Erkenntnisse nur mit Vorsicht übertragbar macht.

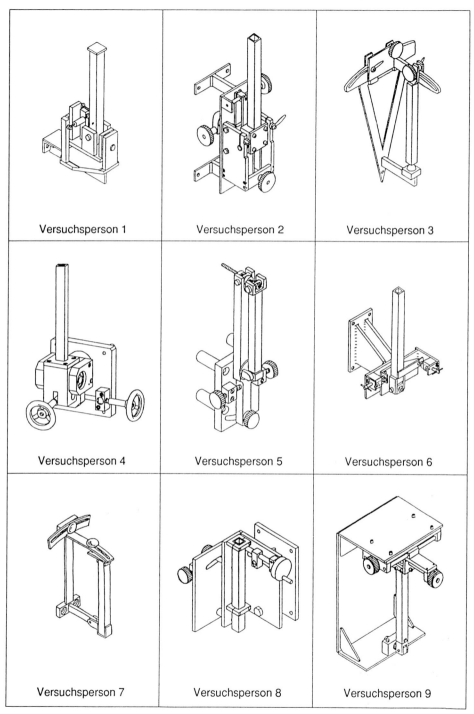

Versuchsperson 1   Versuchsperson 2   Versuchsperson 3

Versuchsperson 4   Versuchsperson 5   Versuchsperson 6

Versuchsperson 7   Versuchsperson 8   Versuchsperson 9

Bild 3.4-2:   Beispiele für Vorrichtungen, die verschiedene Versuchspersonen entwickelt haben (zur besseren Übersicht ist jeweils nur die Vierkantsäule ohne optisches Gerät dargestellt)

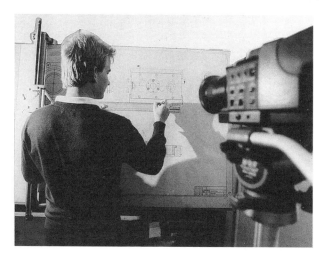

Bild 3.4-3: Videobeobachtung des Konstruktionsprozesses

Weitere Ergebnisse und eine Absicherung der Aussagen ergaben ähnliche Versuche, die an der TH Darmstadt [19/3, 42/3] durchgeführt wurden. Die **Einschränkungen der Aussagekraft** der Ergebnisse beziehen sich auf:

– die Art der Aufgabe,
– die geringe Zahl von Versuchspersonen,
– die für die Personen ungewohnte Umgebung, ohne die gewohnten Hilfsmittel, ohne Diskussionsmöglichkeit mit Kollegen und
– den Zwang „laut zu denken".

Auch das Protokollier- und Auswerteverfahren ergibt eine spezielle Sicht für die damit gewonnenen Erkenntnisse.

Auswertung der Versuche

Die Auswertung sollte zwischen den Merkmalen der Personen, des Konstruktionsprozesses und der Qualität des Konstruktionsergebnisses Bezüge herstellen. Die Personmerkmale ergaben sich aus vorgeschalteten Tests und der Prozeßanalyse. Die Qualität der Konstruktionsergebnisse war aus einer von zwei Lehrstühlen gemeinsam erfolgten Bewertung der Entwurfzeichnungen bestimmbar. Für den Konstruktionsprozeß wurde ein Kategoriensystem mit 11 Klassen und bis zu 60 Einzelkategorien aufgestellt [2/3]. Den nachfolgend beschriebenen zahlenmäßigen Ergebnissen liegen die Auswertungen von sechs Versuchspersonen zugrunde.

Bild 3.4-4 zeigt, wie die Videoaufnahmen rechnergestützt z. B. in eine Grobstruktur von Problemlösephasen aufgeschlüsselt wurden, die dann wieder feiner in die Arbeitsabschnitte des Vorgehenszyklus unterteilt wurden. Die kürzesten ausgewerteten Verhaltenselemente lagen bei meist unter zehn Sekunden. Die Auswertungszeit dauerte oft mehr als die zehnfache Konstruktionszeit. Letztere schwankte von 5,5 bis 12 Stunden.

Konstruktionsphasen:

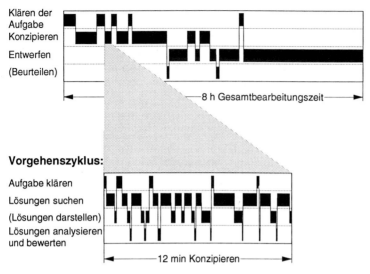

Bild 3.4-4: Zur Auswertung der Konstruktionsprozesse [2/3]. Oben: Grobe Auswertung über 8 Stunden Bearbeitungszeit. Unten: Feine Auswertung über 12 Minuten als Ausschnitt aus der Suche nach Lösungsprinzipien (Konzipieren).

3.4.2   Erkenntnisse zum Problemlöseverhalten beim Konstruieren

Arbeitsablauf

In Bild 3.4-4 ist oben der gesamte 8stündige Konstruktionsprozeß eines mittelguten Konstrukteurs grob nach den Konstruktionsphasen (Kapitel 5.1.3) wiedergeben. Es wurde zusätzlich noch die Beurteilung der Lösungen erfaßt. Typisch ist, daß nach dem Klären der Aufgabe (generell 5–12% der Gesamtbearbeitungszeit) eine immer wieder unterbrochene Suche nach Lösungsprinzipien (Konzipieren) folgte, die dann nach gelegentlich längeren Beurteilungsphasen in eine Konkretisierung, d. h. in die Entwurfsphase einmündete. Auffallend ist bei allen Personen das starke Hin- und Herspringen, das bei einer feineren Auflösung in elementare Arbeitsschritte des Vorgehenszyklus noch stärker sichtbar wird. Unten in Bild 3.4-4 ist ein 12minütiger Ausschnitt aus der Phase des Konzipierens dargestellt. Man kann sich, obwohl dann noch feiner aufzulösen wäre, die Anzahl aufeinander folgender Durchläufe des TOTE-Schemas vorstellen.

Insgesamt bewegt sich also das Konstruieren im Groben, wie in jedem **Vorgehensplan** beschrieben, von einer durch zeitweilige Lösungssuche unterbrochenen Phase der Ziel- oder Aufgabenklärung über Phasen der Suche nach Lösungsprinzipien (Konzipieren) zur Konkretisierung im gestalteten Entwurf. Die Ausarbeitungsphase war hier nicht gefordert und ist entsprechend nicht beobachtet worden. Die in Kapitel 5.1.3 beschriebenen Konstruktionsphasen werden im einzelnen nicht streng sequentiell durchlaufen.

Innerhalb der Phasen wird der **Vorgehenszyklus** laufend eingesetzt. Offensichtlich geschieht dies aber mehr oder weniger vollständig und zum großen Teil unbewußt.

In **Bild 3.4-5** sind die Mittelwerte der relativen Bearbeitungszeit für die **Arbeitsschritte** entsprechend dem **Vorgehenszyklus** aller sechs vollständig ausgewerteten Versuchspersonen aufgetragen. Man sieht, daß „Aufgabe klären" bzw. „Anforderungen analysieren" und „Anforderungen (um)formulieren" zusammen kaum 10% der gesamten Bearbeitungszeit einnehmen. In gleicher Größenordnung liegen zusammen genommen „Lösungen analysieren" und „Lösungen bewerten". Trotz dieses im Vergleich zu „Lösungen darstellen" (zeichnen) geringen Zeitanteils (weniger als 20%) haben diese Tätigkeiten, wenn sie sorgfältig und intensiv stattfinden, eine überragende Bedeutung für die Qualität der erarbeiteten Konstruktion und für die sinnvolle Steuerung des Konstruktionsprozesses, wie später gezeigt wird. Die Säule mit den Fragezeichen ganz rechts in Bild 3.4-5 faßt nicht interpretierbare Nachdenkphasen zusammen.

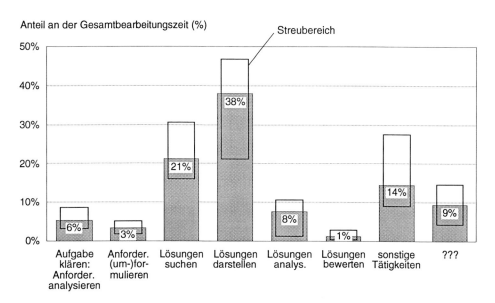

Bild 3.4-5:   Mittelwerte der relativen Bearbeitungszeit für die Arbeitsschritte des Vorgehenszyklus bei den Versuchspersonen

Ergebnisse bezüglich des Suchens der prinzipiellen Lösung

Prinzipielle Lösungen werden meist mit **wenigen und konkreten Suchbegriffen aus dem Gedächtnis** gesucht. Die Versuchspersonen bewegen sich durchweg auf einer relativ konkreten Begriffsebene und verwenden kaum abstrakte Funktionsbegriffe oder gar **Funktionsstrukturen** (Bild 7.4-4). Dies kann aber auch typisch für die gestellte Aufgabe sein. Obwohl ca. zehn Anforderungsarten in Frage kämen (z. B. Funktion, Herstellung, Bedienung, Sicherheit, Kosten), werden nur ein oder zwei Anforderungsarten auf einmal verwendet (oft nur die Funktion). Ein Hinweis auf die begrenzte **Kapazität des**

Kurzzeitgedächtnisses? Wenn andere Anforderungen analysiert werden sollen, werden eigene gesonderte Analyseschritte eingeschaltet.

Beim Suchen werden **Skizzen** angefertigt. **Bild 3.4-6** zeigt Beispiele für die untere Schwenklagerung der Vorrichtung (Kreuzgelenk, Kugel in Pfanne). Je nach Person sind die Skizzen in Perspektive oder als Rißdarstellung, aber immer sehr konkret ausgeführt.

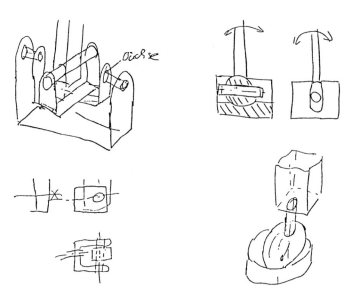

Bild 3.4-6:   Beispiele für Skizzen von vier Lagerungen

Offenbar entlasten die Versuchspersonen damit ihr Kurzzeitgedächtnis (Strategie A.6 in Bild 3.3-3) und verwenden die Skizze als „Diskussionspartner" zur Eigenschaftsanalyse und als Ausgangsbasis zum Anpassen an die konkrete Situation. Das Training des Skizzierens, auch als Mittel zur Verbesserung des räumlichen Vorstellungsvermögens, scheint demnach besonders wichtig. Dies wird auch dadurch gestützt, daß statistisch signifikant die besten Konstruktionen von den Versuchspersonen kamen, die bei dem durchgeführten **Raumanschauungstest** am besten abgeschnitten hatten [19/3]. Der dabei eingesetzte „Schlauchfigurentest" bezieht sich allerdings nur auf **ein** Merkmal der räumlichen Vorstellung: die 2D/3D-Beziehung. Normale **Intelligenztests** hatten keine Korrelation, wie ja auch aus anderen Untersuchungen für solch komplexe Prozesse nicht anders zu erwarten [3/3].

Ergebnisse bezüglich der Strategien der Lösungssuche

Erste Lösungen entstehen aus dem Gedächtnis (s. o.). Wenn dann Varianten erzeugt werden sollen, empfiehlt die Konstruktionsmethodik bisher, mehrere zunächst gleichberechtigte Lösungen zu suchen (wie auch immer erzeugt) und daraus die beste zu wählen. Dieses **generierende Vorgehen bei der Lösungssuche (Bild 3.4-7)** wird jedoch nur zu 19% der Bearbeitungszeit angewandt.

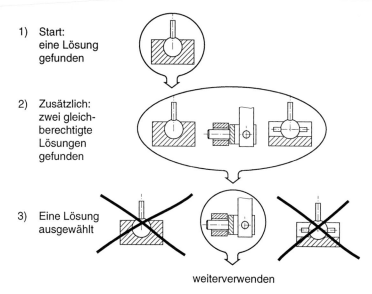

1) Start:
eine Lösung
gefunden

2) Zusätzlich:
zwei gleich-
berechtigte
Lösungen
gefunden

3) Eine Lösung
ausgewählt

weiterverwenden

Bild 3.4-7: Beispiel für generierendes Vorgehen bei der Lösungssuche

In den meisten Fällen (81% der Zeit) wird mit dem **korrigierenden Vorgehen bei der Lösungssuche (Bild 3.4-8)** zunächst nur eine Lösung angegeben. Diese wird gleich oder im Verlauf der weiteren Bearbeitung auf Schwachstellen analysiert und entsprechend abgeändert oder ersetzt.

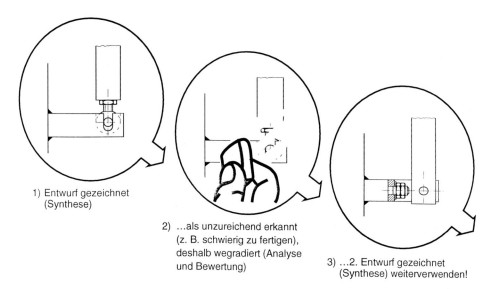

1) Entwurf gezeichnet
(Synthese)

2) ...als unzureichend erkannt
(z. B. schwierig zu fertigen),
deshalb wegradiert (Analyse
und Bewertung)

3) ...2. Entwurf gezeichnet
(Synthese) weiterverwenden!

Bild 3.4-8: Beispiel für korrigierendes Vorgehen bei der Lösungssuche: Wechsel zwischen Synthese und Analyse

Das korrigierende Vorgehen spart sicher Aufwand und mindert die Frustration, längere Zeit eine ungewisse Lösungssituation aushalten zu müssen, aber man bleibt an das vorhandene Lösungsprinzip gebunden. Es erscheint sinnvoll, beim Konzipieren (wo der Aufwand zur Darstellung noch gering ist und die Auswirkung groß) das generierende Vorgehen bei der Lösungssuche vorzuziehen und beim Gestalten mehr das korrigierende Vorgehen einzusetzen. Die gegenseitigen Vor- und Nachteile sind in **Bild 3.4-9** aufgeführt (vgl. Kapitel 5.1.4.3).

Generierendes Vorgehen bei der Lösungssuche	**Korrigierendes** Vorgehen bei der Lösungssuche
Vorteile	
führt eher zu neuen, interessanten Lösungen	– geht schneller – weniger mentale Belastung – tiefergehende Analyse möglich – einfachere Kompatibilitätsprüfung
Nachteile	
– mehr Erzeugungsaufwand – größere mentale Belastung durch höhere Komplexität und längeres Aushalten in einer ungewissen Lösungssituation – Genauigkeit der Analyse schwieriger – Kompatibilitätsprüfung aufwendiger	eher Verharren bei bekannten Lösungen

Bild 3.4-9:   Vergleich des generierenden und korrigierenden Vorgehens bei der Lösungssuche

Ergebnisse bezüglich der Analyse der Lösungen

Die Analyse der Lösungen erfolgt meistens qualitativ oder ungefähr quantitativ. Die Eigenschaften werden also nicht ganz genau ermittelt. Nur selten werden genaue Zeichnungen erstellt, um z. B. eine vermutete Kollision zu prüfen. Bei allen Analysevorgängen ist natürlich die Erfahrung der Versuchspersonen maßgebend. Studenten sind dabei im Nachteil.

Gleichmäßiges Vorgehen oder Schwerpunktbildung?

Nach dem Aufteilen der Gesamtfunktion in mehrere Teilfunktionen TF_i (**Bild 3.4-10**) empfiehlt die Konstruktionsmethodik [30/3] meist ein **gleichmäßiges Vorgehen,** indem zunächst Teillösungen TL_j für alle Teilfunktionen TF_i gesucht werden, die als prinzipielle Lösungen zu einem Konzept zusammengesetzt werden (links in Bild 3.4-10 dargestellt). Dieses wird dann bis zum fertigen Entwurf konkretisiert.

Eine Alternative für kompetente Konstrukteure, die das Zentralproblem (hier Teilfunktion TF_2) sofort entdecken, besteht darin, dieses zunächst anzupacken (**Schwerpunktbildung**) und über eine prinzipielle Lösung dafür zu einem konkretisierten Vorentwurf zu kommen. Erst dann werden die weniger wichtigen Teilfunktionen prinzipiell gelöst und dem Vorentwurf angepaßt (rechts in Bild 3.4-10). Wahrscheinlich ist die Schwerpunktbildung aufwandsgünstiger, aber nur bei nicht zu komplexen Problemen einsetzbar. Man muß ja ahnen, daß sich die Teillösungen TL_1 und TL_3 harmonisch in den Vorentwurf für die zentrale Teillösung TL_2 einfügen lassen.

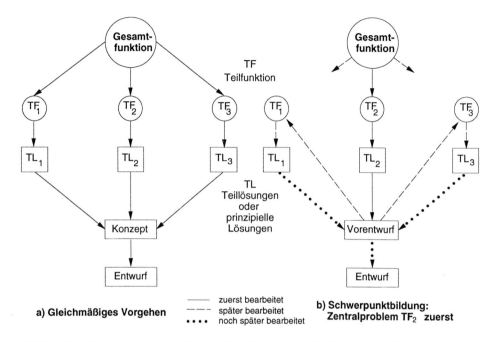

Bild 3.4-10: Lösungsstrategien: a) Gleichmäßiges Vorgehen oder b) Schwerpunktbildung

3.4.3 Wodurch zeichnen sich erfolgreiche Konstrukteure aus?

Hat es überhaupt Sinn, sich mit einer Methodik an eine ganze Personengruppe zu wenden, d. h. eine interpersonelle Methodik zu empfehlen? Oder muß in Anbetracht des personspezifisch stark unterschiedlichen Vorgehens jeder Konstrukteur seine eigene Vorgehensweise entwickeln?

In der Untersuchung von Dylla [2/3] liefert der Vergleich von Merkmalen der Konstruktionsprozesse „nur wenig Hinweise auf die Ursachen von Erfolg bzw. relativem Mißerfolg." Im folgenden werden aber von Dylla doch mit einiger Wahrscheinlichkeit gefundene Merkmale angegeben, die erfolgreiche von weniger erfolgreichen Konstrukteuren unterscheiden. In einer Veröffentlichung von Fricke & Pahl [19/3] werden noch zusätzliche Merkmale festgestellt. Inzwischen sind insgesamt über 20 Personen untersucht worden. Bei den sehr großen personspezifischen Einflüssen ist das jedoch immer noch eine zu schwache Basis, um endgültige Aussagen zu treffen. Es werden deshalb nachfolgende **Hypothesen formuliert**. Die Aussagen werden teilweise durch [7/3], [20/3] und [22/3] gestützt.

Danach zeichnen sich **erfolgreiche Konstrukteure** gegenüber **weniger erfolgreichen** durch folgende **Merkmale** aus:

1) Bei der Aufgabenklärung, d. h. der **Analyse und Formulierung von Anforderungen** (Zielanalyse), sind sie genauer und wenden relativ mehr Zeit dafür auf (ca. 10% der Bearbeitungszeit) [2/3]. Weniger gute Konstrukteure sind eher flüchtig und bleiben im Ungefähren, Unvollständigen.

2) Bei der Lösungssuche ist ihr Anteil an **suchraumerweiternden Denkprozessen** höher (Umstrukturieren und Zusammenfassen von Informationen) [19/3].

3) Sie legen die **Schwerpunkte** ihres Vorgehens auf technisch-konstruktiv notwendige, d. h. auf die wesentlichen Hauptarbeitsschritte [19/3]. Sie gehen nach der Strategie „Vom Wesentlichen zum weniger Wesentlichen" vor [30/3]. Sie sind also fähig zur zielführenden Abstraktion.

4) Sie erstellen **Varianten** und geben sich in wichtigen Problembereichen nicht mit der ersten und einzigen Teillösung zufrieden [19/3]. Methodisch ausgebildete Versuchspersonen erstellen mehr Varianten als „Nichtmethodiker". Schlechte Methodiker erzeugen eine nicht mehr sinnvoll reduzierbare Variantenflut. Es gibt offenbar eine optimale Variantenzahl.

5) Bei der **Analyse von Lösungen** sind sie genauer und wenden dafür relativ viel Zeit auf. Gestützt auf eine adäquate graphische Darstellung nutzen sie dafür ihr räumliches Vorstellungsvermögen und ihre Erfahrung [2/3]. Zusammen mit der intensiven Zielanalyse haben sie damit die besseren Voraussetzungen für die Lösungsbewertung. Sie können ihre Lösungen deshalb eher den Anforderungen gemäß, genau und konkret entwickeln. Schlechte Konstrukteure erzeugen eher ungenaue, weniger konkrete Lösungen.

6) Sie berücksichtigen die **wichtigen Funktionen** (Hauptfunktionen) ausgeglichen und bearbeiten die Probleme vor allem in der Lösungssuche gegliedert nach den Hauptfunktionen [19/3]. Auch hier zeigt sich die Bedeutung zielführenden Abstraktionsvermögens.

7) Sie haben ein signifikant besseres **räumliches Vorstellungsvermögen** (soweit sich dies bisher beurteilen läßt [19/3]).

8) Sie nutzen adäquate, inhaltlich begründete Strategien zur **Ablaufsteuerung** des Konstruktionsprozesses [2/3]. Die inhaltliche Steuerung stützt sich auf die sorgfältige Analyse der Anforderungen und der Lösungseigenschaften (siehe Hypothesen 1 und 5). Durch deren Übereinstimmung oder Nichtübereinstimmung und die Wichtigkeit der Anforderungen wird das weitere Vorgehen bestimmt. Im Gegensatz dazu sind weniger gute Konstrukteure eher oberflächlich, nicht so konkret bzw. mehr emotional.

Wenn diese Erkenntnisse bestätigt werden und weitere hinzukommen, läßt sich eine „interpersonelle" Konstruktionsmethodik begründen.

Trotzdem muß auf die enormen **personspezifischen Unterschiede** im Vorgehen sowohl von konstruktionsmethodisch geschulten wie ungeschulten Konstrukteuren hingewiesen werden. Jede Person hat offenbar für sie typische Denkschwächen, -fehler und -vorzüge. Diese wären individuell zu korrigieren bzw. zu schulen (z. B. durch Seminare ähnlich dem Rhetoriktraining).

Weitere Einflüsse

Bisher war die Betrachtung auf den Konstruktionsprozeß und das dabei beobachtete Vorgehen ausgerichtet. Es ist aber klar, daß **Sachwissen** über Konstruktionsprobleme und -elemente von erheblicher Bedeutung sein muß.

Es ist ferner wahrscheinlich, daß mehr **Konstruktionserfahrung** im jeweils bearbeiteten Problembereich mindestens die Bearbeitungszeit verringert. Daß damit die Qualität der Konstruktion gesteigert wird, ist anzunehmen, kann aber noch nicht belegt werden. Nach Dörner [7/3] müßte sich positiv auswirken:

– die Fähigkeit zum Erzeugen realitätsnaher, konkreter Vorstellungsbilder,
– die Fähigkeit zum Denken in beziehungsreichen (vernetzten) Systemen,
– eine gewisse Frustrationstoleranz bezüglich des Umgangs mit Ungewissem und Ungelöstem,
– die Fähigkeit sowohl zu abstrahieren wie zu konkretisieren,
– ein Kompetenzbewußtsein, das sowohl aus der frühen Jugend und Familiensituation genährt wird als auch durch erfolgreich gelöste Probleme und schließlich
– die Bereitschaft, sich Denkarbeit zu machen, d. h. Spaß am Lösen von Problemen zu haben.

Bisher wurden Einflüsse besprochen, die für eine einzelne Person gültig sind. Auch die oben erläuterte Versuchssituation bezog sich nur auf **einen** Bearbeiter der Aufgabe. Es ist aber klar, daß Konstruieren in der Praxis in fortwährendem Informationsaustausch mit anderen Personen – wenn nicht sogar in Teamarbeit – geschieht. Gute Konstrukteure müssen also die Fähigkeit besitzen, sich kooperativ in den Rahmen der Arbeitsteilung einzufügen. Das kann soweit gehen, daß der einzelne seinen Erfolg zugunsten des Teamerfolgs oder des Erfolgs der Sache, des Produkts, zurückstellt. Bei leitenden Konstrukteuren muß ferner Führungsbefähigung hinzukommen (Kapitel 4.3.3).

Hypothesen über neutrale Einflüsse hinsichtlich der Konstruktionsqualität

Ohne Einfluß auf die Qualität der Lösung scheint die bei der Bearbeitung verbrauchte Zeit zu sein, d. h. eine längere **Zeitdauer** ergab keine besseren Lösungen: In der kürzesten Zeit aller Versuchspersonen (5 Std. 22 Min.) erarbeitete ein Nichtmethodiker aus der Praxis die fast beste Lösung mit allerdings unbefriedigender Darstellung.

Kein Einfluß auf die Qualität der Lösung war hinsichtlich der gewählten Strategie der Lösungssuche (generierendes bzw. korrigierendes Vorgehen bei der Lösungssuche) und der Art des Vorgehens von der abstrakten Lösungsidee zum konkreten Entwurf (gleichmäßiges Vorgehen bzw. Schwerpunktbildung) erkennbar.

3.4.4   Zum bildhaften Gedächtnis und Faktenwissen des Konstrukteurs

Wie die denkpsychologische Untersuchung des Konstruktionsprozesses [2/3] gezeigt hat, erfolgt die Lösungssuche überwiegend aus dem Gedächtnis. Auch die Initiative zur Suche in schriftlichen oder computergespeicherten Unterlagen oder zur Befragung bestimmter Personen geht von einer im Gedächtnis gespeicherten, meist vagen Ergebnisvorstellung aus.

Es müssen also **Fakten** (Bilder, Abläufe, Zusammenhänge) im Gedächtnis **gespeichert** sein, und es muß, analog zu einer Datenbank, ein **Suchsystem** existieren. Letzteres enthält möglicherweise ein Begriffs- und Bilderverzeichnis, das ähnlich wie bei einem Thesaurus mit Synonymbegriffen auf Umformulierungen und/oder Umstrukturierungen angewiesen ist, bis der richtige Suchbegriff, die Suchvorstellung gefunden ist. Diese ruft dann den gespeicherten Inhalt ab („Metaphern-Denken"). Der **gespeicherte Inhalt** des Gedächtnisses ist sicher durch Bilder, Vorstellungen, Abläufe geprägt, die schon in der frühen Kindheit gründen und auch Erlebnisse über physikalische Vorgänge einschließen (z. B. Elastizität und Bruch eines Astes, Wirkung von Schneidflächen, Strömung von Wasser, Wärmeleitung von Porzellan und Eisen; **Bild 3.4-11**).

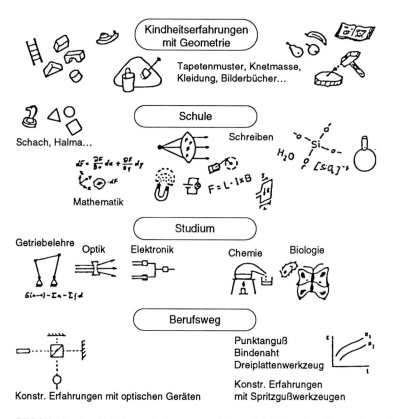

Bild 3.4-11:   Zur Entstehung des Bild- und Faktengedächtnisses eines Konstrukteurs (nach Jung [28/3])

Bei **Bildern** gibt es – ähnlich wie bei Begriffen – eine große Spannweite der Abstraktion: vom „konkreten" Foto bis zum „abstrakten" Symbol (Bild 2.2-6). Möglicherweise wird auch durch **bildhafte Abstraktion** die Erzeugung einer Lösungsvielfalt begünstigt, analog zur **begrifflichen Abstraktion** (Bild 7.3-8 und 7.3-9). Die Kombination von **„Bild und Begriff"**, wie z. B. in Bild 7.6-4, scheint die größte Merk- und Manipulationsmöglichkeit zu ergeben.

Konstruktive Vorbilder haben den **Vorteil**, daß dadurch sehr schnell eine „vernünftige" Lösung gefunden bzw. gestaltet werden kann. So hat sicher ein Konstrukteur, der ein Teil als Stahlguß-, Spritzguß- oder Blechbiegeteil gestaltet, eine typische Idealgestalt für das jeweilige Fertigungsverfahren vor seinem inneren Auge und paßt diese den vorliegenden Randbedingungen an. **Bild 3.4-12** zeigt dies an einem Hebel, der z. B. als Entwurf eines Schwermaschinenbauers oder eines Feinmechanikers gänzlich unterschiedlich gestaltet wird.

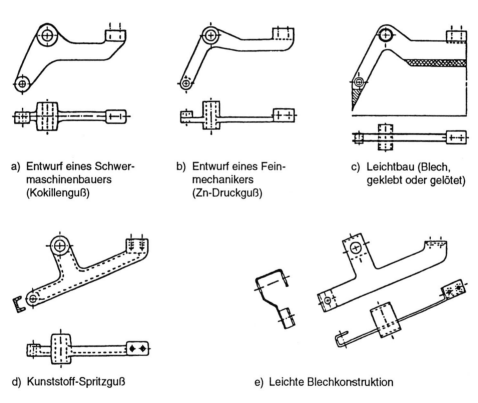

a) **Entwurf eines Schwermaschinenbauers (Kokillenguß)**

b) **Entwurf eines Feinmechanikers (Zn-Druckguß)**

c) **Leichtbau (Blech, geklebt oder gelötet)**

d) **Kunststoff-Spritzguß**

e) **Leichte Blechkonstruktion**

Bild 3.4-12: Gestaltvarianten eines Doppelhebels entsprechend unterschiedlichen Fertigungsverfahren (nach Hansen [43/3])

Damit ist aber auch bereits der **Nachteil** dieses vorbildhaften Denkens zu erkennen: Einmal gespeicherte Bilder prägen das Denken so stark, daß man sich nur sehr schwer wieder davon lösen kann. Die dafür nötige Abstraktion kann der dann gefundenen neuen

Lösung Erfindungshöhe verleihen. Dies wurde durch eine Untersuchung von Janson & Smith [44/3] bestätigt. Sie gaben zwei Personengruppen die Aufgabe, einen Fahrradständer für das Dach eines Pkws zu entwerfen. Gruppe 1 bekam nur eine schriftliche Aufgabenstellung ohne jede Lösungsangaben, Gruppe 2 erhielt zusätzlich die Zeichnung eines ausgeführten Ständers mit Rinnen für die Fahrradreifen, einem Haltearm für das Festklemmen des Fahrradrahmens und mit elastischen Saugnäpfen zur Befestigung des Ständers auf dem Autodach. Die Zahl der Lösungen mit den in der Vorgabe enthaltenen Konstruktionselementen war bei der Gruppe 2 erstaunlich und signifikant höher als bei der Gruppe 1. Offensichtlich waren die meisten Versuchspersonen nicht in der Lage oder hatten es nicht für notwendig erachtet, davon zu abstrahieren. Auch bei Ingenieuren aus der Praxis war der gleiche Effekt der **Lösungsfixierung** zu beobachten. Sogar visuell vorgegebene konstruktive Fehler wurden bei den neuen Lösungen signifikant oft mit eingebaut.

3.5   Fehler – nicht nur beim Konstruieren

Zuvor ein Zitat von Friedrich Krupp: „Wer arbeitet, macht Fehler. Wer viel arbeitet, macht viele Fehler. Nur wer gar nicht arbeitet, die Hände in den Schoß legt, macht keine Fehler. Ich arbeite viel." Dabei kann „die Hände in den Schoß legen" auch schon ein Fehler sein.

Wenn Methoden zielführendes Denken und Handeln unterstützen, sind Fehler das Ergebnis zu geringen oder ungeeigneten Methodeneinsatzes, mangelnder Fachkenntnis und zu wenig vorhandener heuristischer Kompetenz (Bild 3.1-1). Die aus der Begrenztheit des menschlichen Denkapparats ableitbaren Denkschwächen und Denkfehler wurden in Bild 3.2-4 wiedergegeben. Von daher gesehen ist die obige Aussage von Friedrich Krupp eigentlich selbstverständlich. Daneben existiert noch eine große Zahl von äußeren Einflüssen (Bild 3-1), die ebenfalls die Ursachen von Fehlern sein können.

Es kommt deshalb trotz Methodeneinsatzes immer wieder zu Fehlern. Und gerade beim Entwickeln und Konstruieren, d. h. beim Syntheseprozeß, muß es sogar **Iterationen**, d. h. mangelhaft zielführende Entscheidungen, geben, die dann wieder zu korrigieren sind. Der Weg ins Neuland, in die Innovation ist mit Fehlerrisiko verbunden. Nur bei Routinehandlungen lassen sich Fehler weitgehend vermeiden. Hier sind ja dann auch automatisierte Prozesse möglich. Nur wer es riskiert, einen ersten, vielleicht nicht optimalen Vorschlag, ein Lösungsprinzip einzubringen, kann einen innovativen Prozeß starten.

Man sollte im Sinne der japanischen Einstellung (Imai [45/3]) froh sein, einen Fehler oder eine Schwachstelle zu entdecken, denn **jeder entdeckte Fehler eröffnet die Chance**, etwas besser zu machen. Dies und nicht die zwanghafte Suche nach Schuldigen ist typisch für kreative und kooperative Personen.

Weiter ist es unbedingt notwendig, gerade in den ersten Phasen der Produktentwicklung Schwachstellen und Fehler zu entdecken und zu beseitigen, da ihre Beseitigung im

Verlauf der Produkterstellung progressiv teurer wird. 80% der Produktfehler werden in der Entwicklungsphase früh erzeugt, aber leider erst zu 70% in der Montage und im Versuch spät entdeckt. Entsprechend der **„rule of ten"** (Clark & Fujimoto [46/3]) kostet die Beseitigung eines Fehlers in der Konzeptphase z. B. 1 DM, in der Fertigungsvorbereitung 10 DM, in der Produktion 100 DM und beim Kunden 1.000 DM (Kapitel 4.4.2 und 7.8.1.1).

Die nachfolgend aufgezeigten Fehler stammen aus der Praxis des Autors als Konstruktions- und Werkleiter einer Getriebefirma sowie seinen Erfahrungen als Hochschullehrer. Ein besonderer Schwerpunkt sind die **Fehler beim „Aufgabe klären"**. Hier liegen nach den Erfahrungen des Autors die meisten Ursachen für Fehler beim Konstruieren ([47/3 und 48/3]).

Die Fehler und ihre Ursachen werden dem Vorgehenszyklus aus Kapitel 3.3.2 zugeordnet (**Bild 3.5-1**).

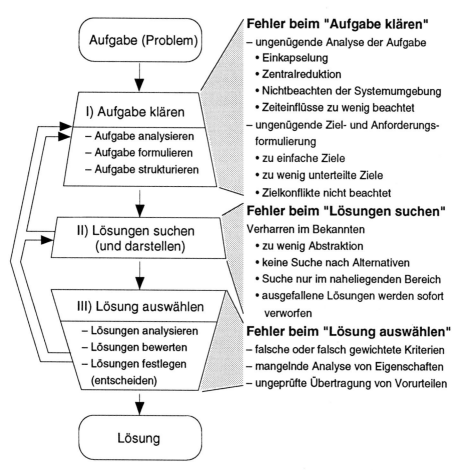

Bild 3.5-1:   Ursachen für Fehler beim Konstruieren, den Arbeitsabschnitten des Vorgehenszyklus zugeordnet

Fehler, die dem Arbeitsabschnitt „Aufgabe klären" zuzuordnen sind, lassen sich oft auf die **Einkapselung** des Bearbeiters oder der Bearbeiter („Wir kümmern uns nur um dieses Problem und sind darin kompetent"), auf eine **Zentralreduktion** (zu starke Vereinfachung eines Problems auf wenige Einflußgrößen [7/3]) oder auf die **Nichtbeachtung der Systemumgebung** zurückführen (Schnittstellenprobleme, vgl. Kapitel 2.2.1).

Fehler beim „Aufgabe klären"

Die folgenden Fehler sind an den **Schnittstellen** zweier Systeme aufgetreten. Gerade hier werden die Aufgabe und die Verantwortlichkeit z. B. zwischen Hersteller und Lieferant oft zu wenig geklärt.

– Ein Getriebe schwingt mit unzulässigen Amplituden: Es wurde vergessen, das von einer Fremdfirma gelieferte Stahlfundament mit der ihm eigenen hohen Elastizität und der vom Getriebehersteller zu nennenden Getriebemasse auf Eigenfrequenzen zu berechnen. Es ist typisch, daß das Gesamtsystem Getriebe und Fundament nicht befriedigt, da die Komponenten von unterschiedlichen Lieferfirmen stammen und sich niemand für das Gesamtsystem verantwortlich fühlt (Kapitel 3.3.4).

– Der Anlagenhersteller dimensioniert das Ölabflußrohr unter dem durchflußgeschmierten Getriebe eigenmächtig mit 150 mm statt 220 mm Durchmesser (entsprechend dem Durchmesser des Ölaustrittsflansches am Getriebegehäuse), also mit rund dem halben Ausflußquerschnitt. Die Folge ist, daß das Öl sich im Getriebe staut. Das Getriebe überhitzt sich durch die Pantschverluste und muß abgeschaltet werden. Die Anlage ist funktionsunfähig. Es war nicht leicht, diesen an sich so einfachen Fehler zu entdecken. Eine Erkenntnis daraus war, daß die Konstruktion eine am Getriebe befestigte Vorschrift für die erforderlichen Nennweiten der Ölzu- und Ölabflußrohre erstellte.

Weitere Fehler beim **„Aufgabe klären"** beruhen auf der ungenügenden Prognostik bzw. der **nicht ausreichenden Beachtung von zeitlichen Abhängigkeiten:**

– Ein Planetenträger wurde als von außen zugeliefertes Schmiedeteil unter Nichtberücksichtigung der langen Lieferzeit von der Konstruktion zu spät in Auftrag gegeben. Die Getriebeherstellerfirma wird infolgedessen wegen verspäteter Lieferung mit einer empfindlichen Konventionalstrafe belegt.

– Ersatzteile für kundenspezifische Radsätze von Getrieben wurden vom Anlagenhersteller nicht bestellt. Bei Getriebeausfall ist ein wochenlanger Stillstand einer ganzen Fabrik mit entsprechendem Produktionsverlust die Folge. Erkenntnis war auch hier ein Hinweis in der Auftragsbestätigung auf die langen Lieferzeiten kundenspezifischer Teile.

Dylla [2/3] und Fricke [42/3] stellten bei experimentellen Untersuchungen von Konstruktionsprozessen fest, daß bei der Klärung der Aufgabe die **Formulierung der wesentlichen Ziele** einen entscheidenden Anteil am Erfolg hat. Dies ist einleuchtend, da eine mangelhafte Analyse der geforderten Eigenschaften eines Produkts auch dazu führt, daß man bei der Beurteilung der Lösung keine klaren Kriterien zur Verfügung hat, nach denen man Lösungen beurteilen soll. Die Grundlage für eine fehlerhafte, falsch gewichtete Bewertung wird damit schon beim „Aufgabe klären" gelegt.

– Ein Konstrukteur legt bei der Entwicklung einer Wandhalterung für ein optisches Gerät besonderen Wert auf die seiner Ansicht nach wichtigen Eigenschaften „kompakte Bauweise und ansprechendes Design". Leider führt die starke Orientierung an diesen hier nebensächlichen Kriterien zur Vernachlässigung entscheidender Produktmerkmale wie Funktion, Sicherheit und Bedienungsfreundlichkeit (vgl. Kapitel 3.4).

Fehler beim „Lösungen suchen"

Unter dem Zeitdruck in der Praxis wird häufig nur die erste naheliegende Lösung weiterentwickelt und ausgearbeitet. Der Drang des Menschen nach **Vermeidung von Unbestimmtheit** (möglichst nicht lange im Unklaren verbleiben) sowie die **Ökonomie des menschlichen Denkens** (warum soll man sich mit mehreren Lösungen beschäftigen, wenn man schon eine hat) unterstützen dieses Verhalten (nach Weinert [1/3], Vollmer [17/3] und Krause et al. [49/3]). Die Kombination mit einer ungenügenden Aufgabenklärung und fehlender Bewertung (man braucht ja dann nicht auswählen) führt schließlich zu einem rasch fertigen, aber nicht anforderungsgerechten Produkt.

– In einer kleinen Firma des Sondermaschinenbaus werden häufig interessante Ideen und Konzepte, die Konstrukteure entwickelt haben, vom Konstruktionsleiter mit Phrasen wie „Mit Spritzgußteilen haben wir noch nie gearbeitet. Das klappt nie! Außerdem haben wir keine Zeit, wir brauchen **jetzt** eine Lösung!" kommentiert. Dieses Verhalten führt dazu, daß in der Firma kaum alternative Lösungen für Produkte erarbeitet werden und keine neuen Prinzipien zur Anwendung kommen.

Fehler beim „Lösung auswählen"

Eine der Schwierigkeiten beim „Lösung auswählen" ist, daß der Konstrukteur anhand einer vorläufigen unvollständigen Produktbeschreibung (z. B. Skizze eines Konzepts) **Eigenschaften des zukünftigen Produkts erkennen und beurteilen** muß. Das Vorstellungsvermögen des Konstrukteurs und seine Fähigkeit zum Analysieren spielen hier eine entscheidende Rolle.

Hier ergeben sich eine Fülle von Fehlerquellen, wie z. B. **mangelhafte Analyse der Eigenschaften** von technischen Lösungen, die Annahme **falscher Kriterien zur Bewertung** und die ungeprüfte Übertragung von Bekanntem auf neue Situationen („das geht schon, das machen wir schon immer so").

– Bei der Entwicklung eines Mechanismus mit relativ komplexer Kinematik wird nach der Fertigung eines Prototypen festgestellt, daß in der Konstruktion ein Freiheitsgrad fehlt und der Mechanismus dadurch klemmt. Für den Mechanismus muß ein neues Konzept entwickelt werden. Der Konstrukteur und die Mitarbeiter aus der Fertigung verteidigen sich, daß sie den Fehler in der Kinematik nicht anhand der technischen Zeichnungen erkennen konnten. Geeignete einfache Hilfsmittel zur Eigenschaftsfrüherkennung (wie Pappmodelle und perspektivische Skizzen) oder Hilfsmittel zur Analyse der Kinematik (Bestimmung der Freiheitsgrade, kinematische Kette) wurden hier nicht eingesetzt.

Wie kann man Fehler vermeiden?

Die Methoden in diesem Buch haben auch den Zweck, mit Situationen, in denen Fehler entstehen, besser umgehen zu können und Fehler zu reduzieren bzw. diese durch geeignete Kontrollschritte früher zu erkennen.

In Kapitel 8.2 und 8.3 sind Beispiele für fehlerhafte Konstruktionsprozesse enthalten, und in der Literatur gibt es weitere Hinweise (z. B. Petroski [50/3]). Der Leser findet aus seiner Erfahrung sicher auch genügend Beispiele. Aus fremden Fehlern zu lernen, ist ja günstiger als aus eigenen. Und wenn man bei der eigenen Arbeit auf Fehler stößt, ist eine Analyse der Gründe und Hintergründe z. B. anhand des Vorgehenszyklus, wie in Kapitel 3.3.4 gezeigt, zweckmäßig.

Literatur zu Kapitel 3

[1/3]   Weinert, F. E.: Wie löst man schwierige Probleme? München: TU, TUM-Mitteilung 1 und 2 1987.

[2/3]   Dylla, N.: Denk- und Handlungsabläufe beim Konstruieren. München: Hanser 1991. (Konstruktionstechnik München, Bd. 5) Zugl. München: TU, Diss. 1990.

[3/3]   Dörner, D.: Problemlösen als Informationsverarbeitung. 2. Aufl. Stuttgart: Kohlhammer 1979.

[4/3]   Gierse, J.: Problemlösungs-Instrumentarien – Versuch einer Strukturierung. Mannheim: Wertanalyse-Kongreß 1990.

[5/3]   Rutz, A.: Konstruieren als gedanklicher Prozeß. München: TU, Diss. 1985.

[6/3]   Braess, H. H.; Stricker, R.; Baldauf, H.: Methodik und Anwendung eines parametrischen Fahrzeugmodells. Automobil-Industrie 5 (1985), S. 627–637.

[7/3]   Dörner, D.: Die Logik des Mißlingens. Reinbeck: Rowohlt 1989.

[8/3]   Krause, W.: Problemlösen – Stand und Perspektiven. Psychologie 190 (1982), S. 17–36.

[9/3]   Hönisch, G.: Förderung der Kreativität in der universitären Ausbildung. In: Rugenstein, J. (Hrsg.): 17. Koll. Konstruktionstechnik, 23.–25.3.1993, TU Magdeburg. Magdeburg: TU, Eigenverlag 1993, S. 70–81.

[10/3]   Dörner, D.: Gedächtnis und Konstruieren. In: Pahl, G. (Hrsg.): Psychologische und pädagogische Fragen beim methodischen Konstruieren. Köln: TÜV Rheinland 1994, S. 150–160. (Ergebnisse des Ladenburger Diskurses 1992 bis 1993)

[11/3]   Hussy, W.: Denkpsychologie. Bd. 1. Stuttgart: Kohlhammer 1984.

[12/3]   Newell, A.; Simon, H. A.: Human Problem Solving. Englewood Cliffs, N. J.: Prentice-Hall 1972.

[13/3]   Waldron, M. B.; Jelinek, W.; Owen, D.; Waldron, K. J.: A study of visual recall differences between expert and naive mechanical designers. In: Eder, W. E. (Hrsg.): Proceedings of ICED 1987, Boston. New York: ASME 1987, S. 86–94. (Schriftenreihe WDK 13)

[14/3]   Müller, J.: Akzeptanzbarrieren als berechtigte und ernstzunehmende Notwehr kreativer Konstrukteure. Nicht immer nur böser Wille, Denkträgheit oder alter Zopf. In: Hubka, V. (Hrsg.): Proceedings of ICED 1991, Zürich. Zürich: Edition Heurista 1991, S. 769–776. (Schriftenreihe WDK 20)

[15/3]   VDI-Richtlinie 2222, Blatt 1: Konstruktionsmethodik – Konzipieren technischer Produkte. Düsseldorf: VDI-Verlag 1977.

[16/3]   Stäudel, T.: Der Umgang mit Vernetztheit: Anforderungen, Problemlösefehler und Methoden. Referat für die Tagung „Planen". Kognitive Anthropologie. Berlin: Max-Planck-Gesellschaft 1990.

[17/3]   Vollmer, G.: Was können wir wissen? Bd.1. Stuttgart: Hirzel 1985.

[18/3]   Müller, J.: Akzeptanzbarrieren beim Praktiker gegenüber Methodik, CAD und Wissenssystemen – Erscheinungen, Ursachen, Möglichkeiten der Überwindung. München: TU, Bericht an den Lehrstuhl für Konstruktion im Maschinenbau 1992.

[19/3]   Fricke, G.; Pahl, G.: Zusammenhang zwischen personenbedingtem Vorgehen und Lösungsgüte. In: Hubka, V. (Hrsg.): Proceedings of ICED 1991, Zürich. Zürich: Edition Heurista 1991, S. 331–341. (Schriftenreihe WDK 20)

[20/3]   Stauffer, L. A.; Ullman, D. G.: A Comparison of the Results of Emperial Studies into the Mechanical Design Process. Design Studies 9 (1988) 2, S. 107–114.

[21/3]   Müller, J.: Arbeitsmethoden der Technikwissenschaften. Berlin: Springer 1990.

[22/3]   Hoover, S. P.; Rinderle, J. R.; Finger, S.: Models and Abstraction in Design. In: Hubka, V. (Hrsg.): Proceedings of ICED 1991, Zürich. Zürich: Edition Heurista 1991, S. 46–57. (Schriftenreihe WDK 20)

[23/3]   Smith, R. P.; Eppinger, S. D.: Characteristics and Models of Iteration in Engineering Design. In: Roozenburg, N. F. M. (Hrsg.): Proceedings of ICED 1993, The Hague. Zürich: Edition Heurista 1993, S. 564–571. (Schriftenreihe WDK 22)

[24/3]   Lohmann, H.: Zur Theorie und Praxis der Heuristik in der Ingenieurerziehung. Wiss. Zeitung der TH Dresden 9 (1959/60) 4, S. 1069–1096 und 5, S. 1282–1321.

[25/3]   Daenzer, W. F.; Huber, F.: Systems Engineering. 7. Aufl. Zürich: Industrielle Organisation 1992.

[26/3]   Ehrlenspiel, K.; Rutz, A.: Denkpsychologie als neuer Impuls für die Konstruktions- forschung – Folgerungen aus der Unmöglichkeit geschlossen algorithmischer Behand- lung des Konstruktionsprozesses. In: Hubka, V. (Hrsg.): Proceedings of ICED 1985, Hamburg. Zürich: Edition Heurista 1985, S. 863–873. (Schriftenreihe WDK 12)

[27/3]   Figel, K.: Optimieren beim Konstruieren. München: Hanser 1988. Zugl. München: TU, Diss. 1988 u. d. T.: Figel, K.: Integration automatisierter Optimierungsverfahren in den rechnerunterstützten Konstruktionsprozeß.

[28/3]   Jung, A.: Funktionale Gestaltbildung – Gestaltbildende Konstruktionslehre für Vorrich- tungen, Geräte, Instrumente und Maschinen. Berlin: Springer 1989. (Hochschultext)

[29/3]   Krehl, H.: Erfolgreiche Produkte durch Value Management. In: Hubka, V. (Hrsg.): Proceedings of ICED 1991, Zürich. Zürich: Edition Heurista 1991, S. 246–253. (Schriftenreihe WDK 20)

[30/3]   VDI-Richtlinie 2221: Methodik zum Entwickeln und Konstruieren technischer Systeme und Produkte. Düsseldorf: VDI-Verlag 1993.

[31/3]   Pahl, G.; Beitz, W.: Konstruktionslehre. 3. Aufl. Berlin: Springer 1993.

[32/3]   DIN-Norm 69910: Wertanalyse. Berlin: Beuth 1987.

[33/3]   REFA: Methodenlehre des Arbeitsstudiums. Teil 3: Kostenrechnung, Arbeits-
          gestaltung. 4. Aufl. München: Hanser 1975.

[34/3]   VDI-Richtlinie 2220: Produktplanung – Ablauf, Begriffe und Organisation. Düsseldorf:
          VDI-Verlag 1980.

[35/3]   Feichter, E.: Systematischer Entwicklungsprozeß am Beispiel von elastischen Radial-
          versatzkupplungen. München: Hanser 1994. (Konstruktionstechnik München, Bd. 10)
          Zugl. München: TU, Diss. 1992.

[36/3]   Kiewert, A.: Der Konstruktionsprozeß als Rückkopplung – Formalisierung von Teil-
          aspekten des Konstruktionsprozesses. In: Hubka, V. (Hrsg.): Proceedings of ICED
          1991, Zürich. Zürich: Edition Heurista 1991, S. 70–76. (Schriftenreihe WDK 20)

[37/3]   Patzak, G.: Systemtechnik – Planung komplexer, innovativer Systeme. Berlin: Springer
          1982.

[38/3]   Neese, J.: Methodik einer wissensbasierten Schadenanalyse am Beispiel Wälz-
          lagerungen. München: Hanser 1991. (Konstruktionstechnik München, Bd. 7)
          Zugl. München: TU, Diss. 1991.

[39/3]   Ehrlenspiel, K.; Neese, J.: Eine Methodik zur wissensbasierten Schadenanalyse tech-
          nischer Systeme. Konstruktion 44 (1992), S. 125–132.

[40/3]   Blessing, L. T. M.: A Process-based Approach to Computer-supported Engineering
          Design. Cambridge: Black Bear Press 1994. Zugl. Enschede: University of Twente,
          Diss. 1994.

[41/3]   Hales, C.: Analysis of Engineering Design Process in an Industrial Context.
          Hampshire: Gants Hill Public. 1987. Zugl. Cambridge: University of Cambridge, Diss.
          1987.

[42/3]   Fricke, G.: Konstruieren als flexibler Problemlöseprozeß – Empirische Untersuchung
          über erfolgreiche Strategien und methodische Vorgehensweisen beim Konstruieren.
          Düsseldorf: VDI-Verlag 1993. (Fortschritt-Berichte der VDI-Zeitschriften Reihe 1,
          Nr. 227) Zugl. Darmstadt: TH, Diss. 1993.

[43/3]   Hansen, F.: Konstruktionssystematik. Berlin: VEB Verlag Technik 1965.

[44/3]   Janson, D. G.; Smith, S. M.: Design Fixation. In: University of Massachusetts (Hrsg.):
          Preprints of NSF, Engineering Design Research Conference. Amherst: College of
          Engineering 1989, S. 54–76.

[45/3]   Mazuki Imai: KAIZEN, Der Schlüssel zum Erfolg der Japaner im Wettbewerb.
          München: Langen Müller Herbig 1992.

[46/3]   Clark, K.; Fujimoto,T.: Automobilentwicklung mit System: Strategie, Organisation und
          Management in Europa, Japan und USA. Frankfurt a. M.: Campus 1992.

[47/3]   Ehrlenspiel, K.: Denkfehler bei der Maschinenkonstruktion: Beispiele, Gründe und
          Hintergründe. In: Strohschneider, S.; Weth, R. von der (Hrsg.): Ja, mach nur einen
          Plan. Bern: Huber 1993, S. 196–207.

[48/3]   Ehrlenspiel, K.; Huppmann, H.: Stationäre Getriebe. In: Allianz Vers. AG (Hrsg.):
          Handbuch der Schadenverhütung. 2. Aufl. München: Eigenverlag 1976, S. 719–745.

[49/3]   Krause, W.; Müller, J.; Sommerfeld, E.: Umstrukturierung von Wissen beim Konstru-
          ieren. In: Hubka, V. (Hrsg.): Proceedings of ICED 1991, Zürich. Zürich: Edition
          Heurista 1991, S. 306–313. (Schriftenreihe WDK 20)

[50/3]   Petroski, H.: Paradigms for Human Error in Design. In: Proceedings of the 1991 NSF
          Design and Manufacturing Systems Conference. Dearborn, Michigan: Society of
          Manufacturing Engineers 1991, S. 1137–1146.

4 Produkterstellung – Inhalt und Organisation

Produkte für Kunden zu erstellen und zu vertreiben, ist Hauptzweck produzierender Unternehmen. Nur wenn ein Produkt Bedürfnisse eines Kunden befriedigen kann, ist dieser u. U. bereit, einen Preis für dessen Erwerb zu entrichten und so zum Umsatz des Unternehmens beizutragen. Deshalb ist der Kunden- bzw. Marktbezug eine der wichtigsten Aufgaben von Unternehmen.

Um für Kunden attraktive Produkte zur Verfügung zu stellen, kann man die Sicht auf das Produkt und die Technik richten. Man kann seine Blick aber auch mehr auf den Prozeß lenken, aus dem heraus das Produkt entsteht. Hierbei ist eine wichtige Leitidee, daß hohe Prozeßqualität zu hoher Produktqualität führt. Diese Sicht, welche auch diesem Buch zugrunde liegt, hat sich in den letzten 10 Jahren der Konstruktionsforschung herausgebildet (Kapitel 3.4).

Im Kapitel 4 soll nun nach der Behandlung von technischen Systemen (Kapitel 2) und des Menschen als Problemlöser (Kapitel 3) der Produkterstellungsprozeß behandelt werden, in dem Menschen zusammenwirken, um technische Systeme für den Markt zu produzieren.

Zu Beginn (Kapitel 4.1) werden der Prozeß und die Organisation der herkömmlichen, stark arbeitsteiligen Produkterstellung betrachtet und heute zu beobachtende Schwachstellen analysiert. Darauf aufbauend wird als Ansatz zur Überwindung heutiger Probleme eine stärkere Integration der Produkterstellung vorgeschlagen. Hierzu werden integrierende Methoden für die Organisation beschrieben (Kapitel 4.3). Diese finden, als einzelne Bestandteile von integrierenden Vorgehensweisen, bei den in Kapitel 4.4 beschriebenen Simultaneous Engineering und Quality Function Deployment Anwendung. Kapitel 4.5 zeigt am Beispiel zweier Untersuchungen, welche Erfolge integrative Ansätze haben können.

4.1 Konventionelle Produkterstellung

Zunächst soll die konventionelle Produkterstellung, d. h. im wesentlichen die sequentielle Abfolge von z. B. Vertriebs-, Konstruktions-, Fertigungsvorbereitungsprozessen beschrieben werden. Hierbei wird natürlich die integrative Komponente, die das Produkt als Ganzes begreifende Sicht, auch immer wieder vollzogen. Jedoch nicht in dem Ausmaß, wie es bei den ab Kapitel 4.2 vorgeschlagenen Vorgehen gemacht wird.

4.1.1   Der Prozeß der Produkterstellung

Unter dem **Prozeß der Produkterstellung**[1] versteht man den Vorgang der Erzeugung eines Produkts von der ersten Idee bzw. der Auftragserteilung bis zur Auslieferung an den Nutzer (**Bild 4.1-1**). Während dieses Prozesses werden die Eigenschaften des Produkts erst modellhaft, dann in der Produktion materiell festgelegt, woran praktisch alle Abteilungen des Unternehmens beteiligt sind. Grundlegend dabei ist, daß alle Produkteigenschaften am stärksten durch die Entscheidungen beeinflußt werden, die am Anfang seines Lebenslaufs liegen, sozusagen bei Zeugung, Geburt und in der Kinderstube.

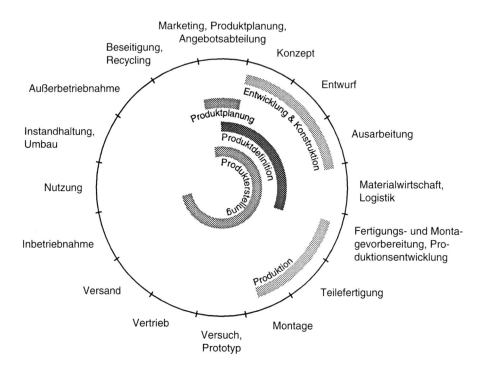

Bild 4.1-1:   Produkterstellung im Lebenslauf eines Produkts

Am Anfang des Prozesses der Produkterstellung steht die Produktdefinition, welche die planenden Abteilungen, wie die Angebotsabteilung, die Konstruktion und Entwicklung und die Fertigungs- und Montagevorbereitung erarbeiten. Dabei werden die Produkt- und die Produktionseigenschaften definiert. Außerdem werden auch das Verhalten des Produkts bei der Nutzung und seine Tauglichkeit für ein Recycling festgelegt. Gerade letzteres tritt zunehmend in den Verantwortungsbereich des Herstellers.

---

[1]   In der Praxis werden für diesen Prozeß andere Begriffe verwendet (Auftragsabwicklung, gesamter Geschäftsprozeß, Produktentstehung, integrierte Produktion). Da aber keiner dieser Begriffe die Aktivität formuliert, die zur Entwicklung und Produktion eines Produkts nötig ist, wird hier der Begriff „Produkterstellung" verwendet.

Zweck der Produkterstellung ist das erfolgreiche Produkt. Der Produkterfolg hängt trotz der Bedeutung früher Phasen des Lebenslaufs nicht allein vom Ergebnis der Entwicklung und Konstruktion oder gar der Produktdefinition ab. Während der Produktdefinition wird nur geplant, die Realisierung durch Produktion, Vertrieb und Service kann aber erheblich vom Soll, z. B. bezüglich der Qualität, der Termine oder der Kosten, abweichen.

4.1.2 Einflüsse auf den Prozeß der Produkterstellung

Der Prozeß der Produkterstellung wird abhängig von inneren und äußeren Einflüssen unterschiedlich gestaltet. Will man ihn in einem günstigen Sinn beeinflussen, so muß man die wesentlichen innerbetrieblichen und äußeren Einflüsse und mögliche „Stellschrauben" kennen. In **Bild 4.1-2** ist eine Auswahl von Einflüssen auf die Produkterstellung zusammengestellt. Eine klare Trennung zwischen innerbetrieblichen und äußeren Einflüssen kann nicht vorgenommen werden, da sie voneinander abhängen.

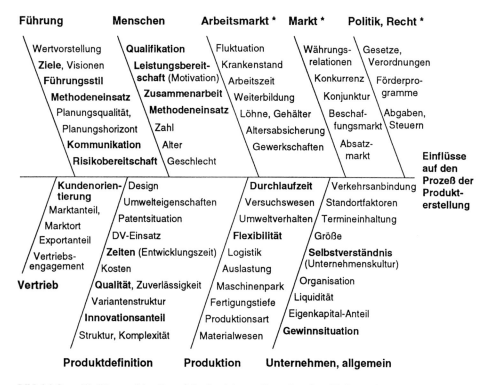

Bild 4.1-2: Einflüsse auf den Prozeß der Produkterstellung (* äußere Einflüsse)

So haben äußere Einflüsse, wie die Konkurrenzsituation und die Konjunkturlage, Auswirkungen auf innerbetriebliche Einflüsse, wie die Leistungsbereitschaft und die Zusammenarbeit von Mitarbeitern. Daneben gibt es auch Einflüsse, die direkt auf der Schnittstelle zwischen außen und innen liegen. Hier seien als Beispiele das Vertriebsengagement und die Kundenorientierung genannt.

Die Einflußfaktoren haben Auswirkungen auf die unternehmensspezifische Ausprägung von Merkmalen der Produkterstellung (**Bild 4.1-3**). So können z. B. hohe Standortko-

Merkmale der Produkterstellung		Mögliche Ausprägungen der Merkmale der Produkterstellung			
Allgemein	Auftrags-auslösung	Produktion auf Bestellung mit Einzelaufträgen	Produktion auf Bestellung mit Rahmenaufträgen	Anonyme Vorprod. auftragsbezogene Endproduktion	Produktion auf Lager
	Betroffene Standorte	Standort „X"		Standort „Y"	Standort „Z"
	Betroffene Abteilungen	Produkt-planung	Vorent-wicklung	Konstruktion	Fertigungs-vorbereitung ....
	Dringlichkeit, Priorität	gering		mittel	hoch
	Aufwand	gering	gering-mittel	mittel	mittel - groß	groß
Produktbezogen	Produktsparte	Produkt-gruppe „R"	Produkt-gruppe „S"	Produkt-gruppe „T"	....
	Produktart	nach Kunden-spezifkation	typisiert mit kun-denspezifischen Varianten	Standard-erzeugnis mit Varianten	Standard-erzeugnis ohne Varianten
	Produkt-komplexität	mehrteilig mit komplexer Struktur	mehrteilig mit einfacher Struktur	geringteilig	....
	Voraussichtliche Stückzahl	sehr groß, Massenfertigung	groß, Massenfertigung	gering, Einzel- und Kleinserienfertigung	eins, Einmalfertigung
	Änderungs-umfang	keine Änderung, nur Produktion	gering, Varianten-konstruktion	mittel, Anpassungs-konstruktion	hoch, Neukonstruktion
Produktionsbezogen	Bedarfsermittlung	bedarfsorientiert	erwartungs-/ bedarfsorientiert	erwartungs-orientiert	perioden-orientiert
	Auslösung des Sekundärbedarfs	auftragsorientiert	teilweise auftrags-orientiert/ teilweise periodenorientiert	periodenorientiert	
	Bevorratung	Bevorratung von Kleinteilen	Bevorratung auf Teileebene	Bevorratung auf Baugruppenebene	Bevorratung von Erzeugnissen
	Fertigungstiefe	hoch	mittel	gering	null
	Montagetiefe	hoch	mittel	gering	null
	Ablaufart in der Teilefertigung	Werkstatt-fertigung	Inselfertigung	Reihenfertigung	Fließfertigung
	Ablaufart in der Montage	Baustellen-montage	Gruppenmontage	Reihenmontage	Fließmontage
	Änderungsein-flüsse des Kunden noch in der Produktion	in größerem Umfang	gelegentlich	sehr selten	keine
	???	....			

Bild 4.1-3: Mögliche Ausprägungen von Merkmalen der Produkterstellung (nach Wach [1/4])

sten dazu führen, daß man sich im Unternehmen dafür entscheidet, die Fertigungs- und die Montagetiefe bis auf Null zu verringern.

Bei der Kombination der Auswahl von Ausprägungen von Produkterstellungsmerkmalen aus Bild 4.1-3 ergeben sich Milliarden verschiedener Gestaltungsmöglichkeiten von Auftragsabwicklungen. Dies illustriert die Vielfalt unterschiedlicher Produkterstellungsprozesse und die Unterschiedlichkeit von Unternehmenscharakteristika und -problemen. Auf welche Weise solche, meist hoch komplexe, Prozesse bewältigt werden können, wird im folgenden durch eine Beschreibung der Grundlagen der Arbeitsteilung erläutert.

4.1.3 Arbeitsteilung zur Bewältigung der Komplexität der Produkterstellung

4.1.3.1 Begründung und Arten der Arbeitsteilung

Die Komplexität der Produkterstellung wird einerseits durch die **Komplexität der Produkte** selbst beeinflußt. Komplexe Produkte haben meist auch komplexe Erstellungsprozesse zur Folge. Andererseits ist aber auch die geforderte **Menge** von Produkten **pro Zeit** von Einfluß auf die Komplexität des Prozesses. So kann die Herstellung eines sehr einfachen Produkts, z. B. einer Beißzange, bei einer geforderten Stückzahl von 10.000 Stück pro Tag durchaus ein komplexes Problem darstellen.

Je nach Komplexität gibt es unterschiedliche Vorgehensweisen, um von einem Ausgangszustand (Bedürfnis) zu einem Endzustand (Bedürfniserfüllung) zu kommen (**Bild 4.1-4**).

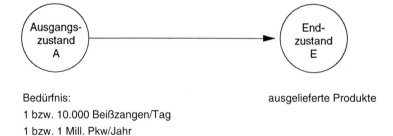

Bedürfnis: ausgelieferte Produkte
1 bzw. 10.000 Beißzangen/Tag
1 bzw. 1 Mill. Pkw/Jahr

Bild 4.1-4: Übergang von einem Ausgangszustand A zu einem Endzustand E

– **Geringe Komplexität:** Es ist ohne weiteres klar, daß ein Facharbeiter in einer Schmiedewerkstatt durch eine teils geistige, teils handwerkliche Tätigkeitsfolge an einem Tag eine Beißzange herstellen kann. Es braucht dabei nichts Sichtbares dokumentiert zu werden: Es gibt keine Zeichnung und keinen Arbeitsplan. Die Komplexität des Produkterstellungsprozesses ist „im Kopf" beherrschbar.

– **Hohe Komplexität:** Bei 10.000 Beißzangen pro Tag wird der Prozeß jedoch so vielschichtig, daß Maßnahmen zur Bewältigung der Komplexität des Produkterstellungsprozesses – nicht des Produkts – nötig werden. Es ist unzweckmäßig, 10.000
Arbeiter ohne weitere Planung und Koordination damit zu beauftragen, jeden Tag je
eine Beißzange herzustellen. Jeder Arbeiter würde dann die Produktionsaufgabe
komplett bearbeiten. Schon der Zu- und Abtransport des Materials wäre chaotisch.
Man wird den Prozeß also arbeitsteilig, d. h. mit Zwischenzuständen und zusätzlich
mit mehreren parallel arbeitenden Werkern (Mengenteilung) organisieren.

Die Einführung von Zwischenzuständen (**Artteilung**) und die Aufteilung der Arbeit in
parallele Prozesse (**Mengenteilung**) sind zwei wesentliche Maßnahmen zur Komplexitätsbewältigung, die im folgenden eingehender besprochen werden (Bild 3.3-4, 3.3-5).

Zwischenzustände können, auf das Beispiel der Beißzange bezogen, etwa folgende sein:
die Zeichnung der Beißzange, der Arbeitsplan und die Vorgabezeitberechnung, das produzierte und geprüfte Schmiederohteil, das bearbeitete Fertigteil, die montierte Beißzange, die versandfertig verpackte Beißzange. Die Prozesse, die zu solchen Zwischenzuständen führen, können auch parallel von mehreren Personen ausgeführt werden.

Schematisch ist dies in **Bild 4.1-5** dargestellt. Dabei ist es zunächst bedeutungslos, ob
man den Zeitraum zwischen dem Ausgangs- und dem Endzustand durch Zwischenzustände oder durch Tätigkeiten (Operationen) unterteilt, die zu diesen Zwischenzuständen
führen. Der konkrete Erstellungsprozeß der Beißzangen ist dann eine Menge von parallel ablaufenden gleichartigen Tätigkeitsfolgen. Jede einzelne Person erledigt nur noch
eine Teiltätigkeit mit hoher Effizienz, für die sie u. U. ausgebildet ist oder für die sie infolge von Training eine hohe Fertigkeit erlangt. Auch eine Arbeitsteilung zwischen planenden und ausführenden Tätigkeiten ist möglich.

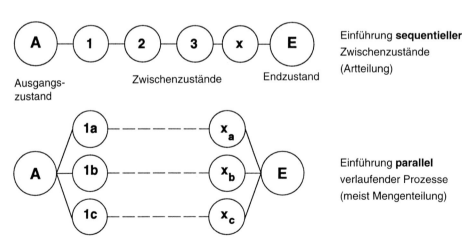

Bild 4.1-5:   Unterteilung des Prozesses von A nach E

Die beschriebenen Maßnahmen zur Komplexitätsbewältigung sind bei allen Tätigkeiten
einsetzbar: Aufteilung des Gesamtprozesses in **sequentiell** aufeinander folgende Teil-

schritte bei gedanklichen wie bei körperlichen Tätigkeiten **einer** Person oder auch **vieler** Personen. Die Aufteilung in **parallele Prozesse** kann nach unterschiedlichen Funktionen, unterschiedlichen Baugruppen (z. B. beim Pkw: Motor, Karosserie, Innenausstattung) und unterschiedlichen technischen Bereichen (z. B. bei Waschautomaten: Mechanik, Elektrik zum Antrieb, Steuerungstechnik, Software, Bild 5.1-21) usw. erfolgen (**Bild 4.1-6**). So werden in der Teilefertigung die Einzelteile eines Produkts parallel gefertigt, sie ergeben erst in der Montage wieder ein Ganzes. Aus dem Beispiel nach Bild 5.1-21 erkennt man übrigens, daß bei der Aufteilung in parallele Prozesse auch Artteilung vorliegen kann (siehe auch Bild 3.3-5).

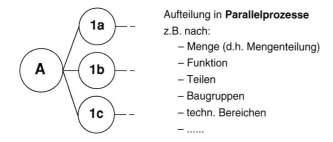

Bild 4.1-6: Verschiedene Möglichkeiten der Aufteilung des Produkterstellungsprozesses in Parallelprozesse (siehe auch Bild 3.3-5)

Ebenso kann die Aufteilung eines Produkterstellungsprozesses in Tätigkeitsfolgen nach unterschiedlichen **Strategien** sinnvoll sein (**Bild 4.1-7**):

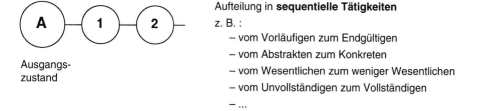

Bild 4.1-7: Verschiedene Möglichkeiten der Unterteilung des Produkterstellungsprozesses in sequentielle Tätigkeiten

- vom Vorläufigen zum Endgültigen (Konzept, Vorentwurf, Entwurf, Produktdokumentation, Prototyp, Teilefertigung, Vormontage, Endmontage, ...);
- vom Abstrakten zum Konkreten (geistige bzw. rechnerinterne Modellierung, Designmodell, Versuchsmodell, fertiges Produkt) (vgl. Bild 3.3-4);
- vom Wesentlichen zum weniger Wesentlichen. Zuerst die Funktionsfestlegung: Hauptfunktionen vor Nebenfunktionen. Anschließend die Sicherheitsauslegung. Dann die fertigungsgerechte Gestaltung: Grobgestaltung vor Feingestaltung; erst Haupt-, dann Nebenfunktionsträger; schließlich kostengünstige, ergonomische, op-

tisch günstige Gestaltung (Bild 3.3-3; 6.5-1). Natürlich wird man versuchen, nicht nur sequentiell vorzugehen, sondern die wichtigsten Punkte gleichzeitig zu beachten.

4.1.3.2   Dokumente als Folge der Arbeitsteilung

Überträgt man die hier schematisch dargestellte Arbeitsteilung auf die Realität eines Unternehmens, so ergibt sich eine Vielzahl von **Schnittstellen**, wie **Bild 4.1-8**a zeigt. Das können nicht nur interne, sondern auch externe Schnittstellen sein, wie z. B. zum Kunden, zu Zulieferern, die ihrerseits wieder Zulieferer haben. Schnittstellen ergeben Probleme bezüglich des Informationsflusses: Die Information kommt nicht, falsch oder

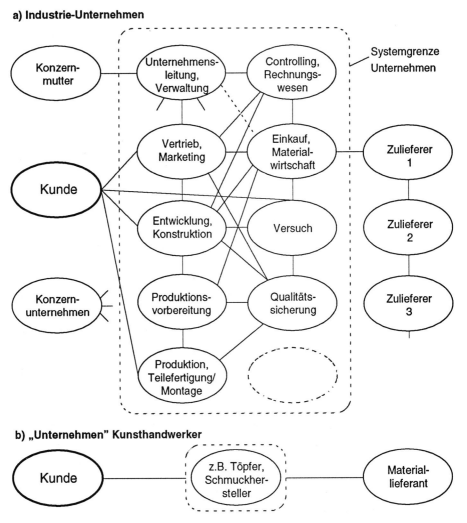

Bild 4.1-8:   Schnittstellen: a) mit der Arbeitsteilung entstehende Schnittstellen sind Ursachen für Quali-täts-, Termin- und Kostenprobleme; b) ohne Arbeitsteilung kaum Schnittstellenprobleme

zur falschen Zeit (Kapitel 4.2.3, 3.5). Bei Produkterstellungsprozessen, die ohne Arbeitsteilung auskommen, gibt es diese Problematik nicht, wie Bild 4.1-8b am Beispiel eines Kunsthandwerkers zeigt.

Um den Informationsfluß zu organisieren, wird zur Überwindung der Schnittstellenproblematik die weiterzugebende Information in Dokumenten „eingefroren". Damit wird die Information objektiv feststellbar und ähnlich wie ein Werkstück im Materialfluß der Produktion verplanbar.

Unter einem **Dokument** versteht man eine als Einheit gehandhabte Zusammenfassung oder Zusammenstellung von Informationen, die nicht-flüchtig auf einem Informationsträger gespeichert sind [2/4]. Dokumente entstehen bei der Produkterstellung vor allem in planenden Abteilungen aus den Modellen, die dort z. B. für das Produkt oder die Produktion erarbeitet werden. Beispiele für Modellierungen des Produkterstellungsprozesses als Arbeitsergebnisse zur Weitergabe an Schnittstellen sind in **Bild 4.1-9** wiedergegeben.

Die Dokumente sind bei konventioneller Arbeit nur bis zu einem bestimmten Grad formalisiert. Es gibt in Unternehmen formalisierte und abzulegende „**Muß-Dokumente**" (Fertigungszeichnungen und Berechnungen, Stücklisten, Prüfpläne etc.), die erstellt werden müssen, damit ein geordneter Informationsfluß zustande kommt. Andere Dokumente („**Kann-Dokumente**") werden hilfsweise erstellt, um den Arbeitsfortschritt zu erleichtern. Beispiele dafür sind Prinzipskizzen oder Überschlagsberechnungen. Sie werden u. U. nach Abschluß der Arbeiten weggeworfen. Wenn man rechnergestützt arbeiten will und/oder die Produkthaftpflicht und die Qualitätssicherung (z. B. DIN ISO 9000) stärker beachtet, muß man meist stärker formalisieren und eine Reihe von Kann-Dokumenten in Muß-Dokumente umwandeln (Kapitel 4.4.2).

Insbesondere dann wird in der Praxis der Produkterstellungsprozeß in seinen Planungsanteilen als ein „**dokumentengetriebener**" Prozeß aufgefaßt. Das bedeutet, daß die Arbeitsfortschritte, die Termine und die an der Arbeit beteiligten Personen nach den zu erstellenden Dokumenten eingeteilt werden. („Wer macht bis wann die Festigkeitsrechnung, die Maßzeichnung, die Montageplanung?"). Dokumente sind in der Praxis bei jedem Planungsprozeß die harten Fakten, nach denen man sich richtet und z. B. die Terminplanung durchführt (Kapitel 5.2.3).

In Bild 4.1-9 fällt auf, daß die einzelnen Modelle und Dokumente nicht durchgängig aufeinander aufbauen und nur mit Neugenerierung der Daten ineinander überführt werden können. Dieses Problem der Schnittstellen zu überwinden, ist ein Anliegen von CIM. Ein verbesserter dokumentengetriebener Produkterstellungsprozeß, wobei Dokumente nur einzelne Facetten eines allen Abteilungen gemeinsamen Produkt- und Produktionsmodells sind, ist an vielen Stellen Forschungsthema [3/4].

Auf die Folgen der Arbeitsteilung, die sich in der Aufbauorganisation von Unternehmen und im Ablauf der Produkterstellung niederschlägt, gehen die anschließenden Kapitel ein.

An der Produkterstellung beteiligte Abteilungen und ihre Tätigkeiten	In den Abteilungen dokumentierte Modellierung (Arbeitsergebnisse)
Produktplanung, Marketing • Markt- und Mitbewerber analysieren • Vertrieb organisieren	• Vorläufige Produktdefinition • Wirtschaftlichkeitsabschätzung • Vertriebsplan, Werbelayout
Entwicklung und Konstruktion • Klären der Aufgabe • Strukturieren der Aufgabe • Suchen nach Lösungsprinzipien • Gliedern in realisierbare Module • Gestalten des Produkts • Ausarbeiten der Produktdokumentation	• Anforderungsliste • Funktionsstruktur, Schaltplan, geforderte Kosten- oder Zuverlässigkeitsstruktur • Prinzipielle Lösung (z. B. Skizze) • Modulare Struktur, Baustruktur • Entwurfszeichnung, Berechnung • Produktdokumentation (z. B. Fertigungszeichnungen, Stückliste)
Materialwirtschaft • Strukturieren der Teile nach Fremd- und Eigenteilen • Bestell- und Kontrollvorgänge durchführen	• Bestell-, Lager-, Fertigungsstückliste • Anfragen und Aufträge • Eingangskontroll-Protokolle, Materialschein
Arbeitsvorbereitung • Fertigungsablauf, Fertigungsverfahren, Vorgabezeit, Werkzeuge, Vorrichtungen, Logistik und Prozeßüberwachung festlegen	• Fertigungsprozeßplan, NC-Programm, Lohnbeleg, Terminplan • Beschaffungsantrag • Vorrichtungszeichnung • Montageplan
Qualitätssicherung • Prüfverfahren und Prüffolge festlegen, prüfen	• Prüfplan, Prüfprotokoll
Kalkulation • Herstellkosten errechnen	• Vorkalkulation, Nachkalkulation

Bild 4.1-9:   Beispiele für Dokumente aus der Modellierung des Produkterstellungsprozesses

4.1.4   Aufbauorganisation

In Unternehmen werden umfangreiche Aufgaben häufig von Tausenden von Menschen arbeitsteilig bewältigt. Um die geistige und körperliche Arbeit der Mitarbeiter so zu organisieren, daß zu einem gewünschten Zeitpunkt ein qualitativ hochwertiges und kostengünstiges Produkt erstellt wird, ist die Strukturierung der betrieblichen Arbeit unumgänglich. Die Aufbauorganisation legt die hierarchische Gliederung des Unternehmens in Teilsysteme fest und regelt deren Beziehungen (Kompetenz, Verantwortung, Kommunikation). Das hierfür gewählte sequentielle und parallele arbeitsteilige Vorgehen ist in einem Unternehmen schon in der Gesamtorganisation und den Gebäuden sichtbar.

Man kann ein Unternehmen nach folgenden Kriterien gliedern [4/4]

– Gliederung nach Funktionsbereichen
– Gliederung nach Produktbereichen/Sparten (Kapitel 4.3.1)
– Gliederung nach Phasen der Produkterstellung (Bild 2.4-1, 4.1-1)
– Gliederung nach Marktbereichen/Regionen
– Gliederung nach Projekten (Kapitel 4.3.4)

Da die Gliederung nach **Funktionsbereichen** (Linienorganisation, Verrichtungsmodell) der konventionellen Produkterstellung zugrunde liegt, wird sie im folgenden behandelt. Funktionsbereiche sind z. B. Entwicklung, Produktion, Vertrieb. Der Aufbau der Organisation geschieht hierarchisch, d. h. die Entwicklung ist wieder in Funktionsbereiche gegliedert usw. (Bild 3.3-3).

In den **Bildern 4.1-10 bis 4.1-12** ist ein Beispiel für diese Organisation der Produkterstellung gezeigt. Bild 4.1-10 zeigt die Struktur des gesamten Unternehmens, Bild 4.1-11 in detaillierter Form die Struktur der Entwicklung und Konstruktion. Bild 4.1-12 gibt die Struktur der Produktion wieder.

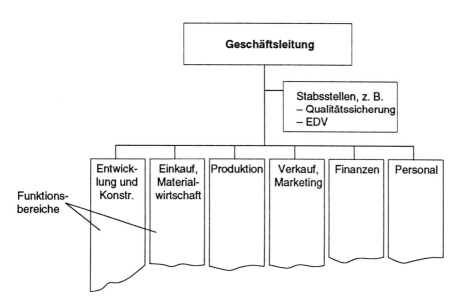

Bild 4.1-10:   Organisation eines Maschinenbauunternehmens

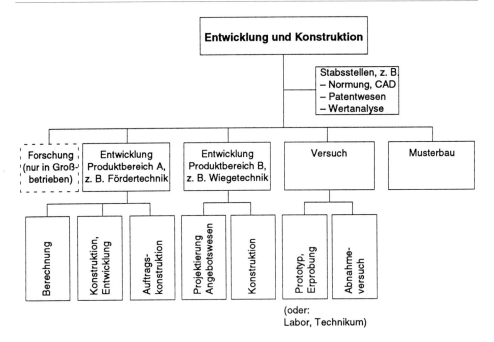

Bild 4.1-11:   Organisation des Bereichs Entwicklung und Konstruktion

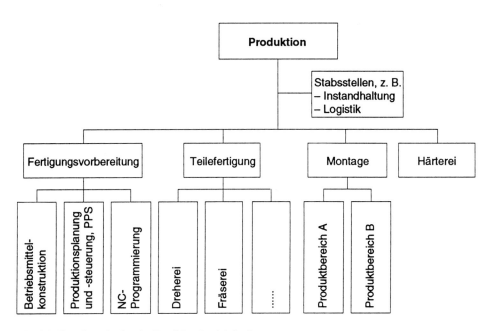

Bild 4.1-12:   Organisation des Bereichs „Produktion"

Große Unternehmen, wie z. B. Pkw-Hersteller, unterteilen noch weiter. Der Konstruktions- und Fertigungsprozeß wird z. B. nach **Produktbereichen**, d. h. nach der Baustruktur des Pkw, aufgeteilt (Abteilung für Motoren, Karosserie, ...) und hat dementsprechend auch eine Abteilung für die Integration (Entwicklung Gesamtfahrzeug). Ferner gibt es Abteilungen, die **Phasen der Produkterstellung**, d. h. die Strategie „vom Vorläufigen zum Endgültigen" (Bild 3.3-3), verkörpern (Forschung, Vorentwicklung, Prototyperprobung, Vorserienerprobung, Serienkonstruktion).

Die verschiedenen zu realisierenden **Eigenschaften** des Fahrzeugs werden außerdem von jeweils **spezialisierten Abteilungen** analysiert, die die Konstruktion beraten (Festigkeit, Steifigkeit, Fahrverhalten, Klima, Kosten, Zuverlässigkeit, Ergonomie, ...). Die Komplexität der Pkw-Erstellung wird also beherrschbar, indem von einzelnen Abteilungen jeweils nur Ausschnitte des Gesamtsystems und Teile der Eigenschaften betrachtet werden.

Welche weiteren Probleme die funktionale Organisation vor allem in größeren Unternehmen bezüglich der Zusammenarbeit aufweist, wird in Kapitel 4.1.6 besprochen.

4.1.5 Ablauforganisation und Vorgehenspläne

Ablauforganisation

Die Ablauforganisation im Sinne eines Unternehmens befaßt sich mit der inhaltlichen, personellen, zeitlichen und räumlichen Gestaltung der Produkterstellung bzw. der Auftragsabwicklung durch die Stellen der Aufbauorganisation.

Begründung von Vorgehensplänen

Im Rahmen der beschriebenen betrieblichen Ablauforganisation hat jeder Mitarbeiter seine **persönliche Ablauforganisation** zu gestalten. Grundlagen dafür sind in Kapitel 3.3 und 3.4 beschrieben. In jedem Fall steht hier der **Vorgehenszyklus** im Vordergrund (Kapitel 3.3.2). Wenn der Umfang der Arbeit jedoch sehr groß wird bzw. andere Personen oder Gruppen eingebunden werden müssen, wie hier bei ganzen Produkterstellungsprozessen, ist eine Strukturierung nur mit dem Vorgehenszyklus nicht mehr ausreichend. So fängt man bei größeren Aufgaben an, die Arbeitsabschnitte schärfer abzugrenzen und zu formulieren, und entwickelt aus dem Vorgehenszyklus einen Arbeitsplan bzw. einen **Vorgehensplan** mit zeitlicher Strukturierung. In diesem lassen sich dann über die persönliche Arbeitsgestaltung hinaus gruppen- und abteilungsbezogene Abläufe darstellen. (Vgl. Definition des Begriffs Organisation an Beginn von Kapitel 5.)

Wie in **Bild 4.1-13** schematisch angedeutet ist, enthält ein solcher Vorgehensplan in jedem Arbeitsabschnitt hierarchisch untergliederbar viele Vorgehenszyklen. Man kann also selbstähnlich immer weiter detaillieren.

Entsprechend den jeweils neuen Inhalten in jeder Detaillierungsebene bekommen die Hauptschritte des Vorgehenszyklus jeweils spezielle Ausprägungen. So wird beim Konzipieren bei den Vorgehenszyklen in der Detaillierungsebene 1 das (I) „Aufgabe klären" zu „konzeptbestimmende Anforderungen ermitteln", in der Detaillierungsebene 2 zu

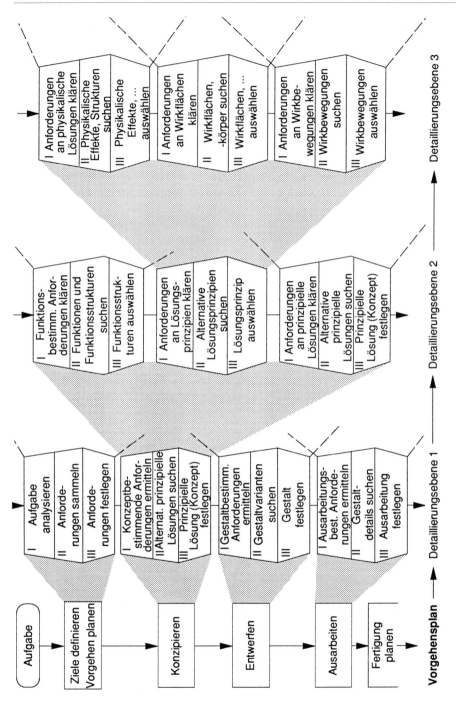

Bild 4.1-13: Der Vorgehensplan enthält viele selbstähnliche Vorgehenszyklen (nach Kiewert, siehe auch Bild 6.5-3)

„Anforderungen an Lösungsprinzipien klären" und in der Detailllierungsebene 3 zu „Anforderungen an physikalische Lösungen klären".

Das Schema der Bearbeitung bleibt also jeweils gleich, nur die konkreten Inhalte ändern sich problemangepaßt. Die Tiefe der Detaillierung von Vorgehensplänen hängt von dem jeweiligen Problem und dem zulässigen Arbeitsaufwand ab [4/4]. Vorgehenspläne müssen in Anbetracht der Komplexität bearbeiteter Prozesse Grenzen haben: So kann man bei der Planung von ganzen Produkterstellungsprozessen nicht jeden einzelnen Handlungsschritt oder Denkakt mit zugehörigem Zeitpunkt vorausplanen; eine Detaillierung wird durch die betroffenen Bearbeiter mit Hilfe von Vorgehenszyklen bzw. darauf aufbauenden eigenen Vorgehensplänen geleistet. Dafür muß der Vorgehensplan aber ein auszubauendes Rahmensystem bieten. Vorgehenspläne bewegen sich also in dem Spannungsfeld zwischen zu groben und zu feinen Vorgaben (Kapitel 2.3.3).

Wesen und Aufbau von Vorgehensplänen

Vorgehenspläne dienen als **organisatorische Leitfäden** für das Vorgehen. Sie sind Hilfen zur Strukturierung und damit zur Bewältigung der Komplexität von sonst unklaren Abläufen. Sie entsprechen der sequentiellen Arbeitsweise unter Zwischenzielbildung. Sie geben aber **keine inhaltliche Hilfe,** beispielsweise zum Finden oder Auswählen von Lösungen für bestimmte Probleme.

In Vorgehensplänen werden Schritte angegeben, während derer man Merkmale festlegt. Bei der Produktentwicklung sind dies **Produktmerkmale,** wie z. B. die Gestalt eines Teils. Die einzelnen Schritte wiederum sind eine Folge des Einsatzes von **Strategien** (z. B. der der Zwischenzielbildung). So ist z. B. ein Schritt das Vorentwickeln und der nächste das Serienentwickeln (**Bild 4.1-14**). – Man kann also Vorgehenspläne auch als eine Verknüpfung von **merkmalsfestlegenden Tätigkeiten** und von **Strategien** auffassen und kann sie nach Teilobjekten und Teilprozessen detaillieren (Kapitel 6.3.2).

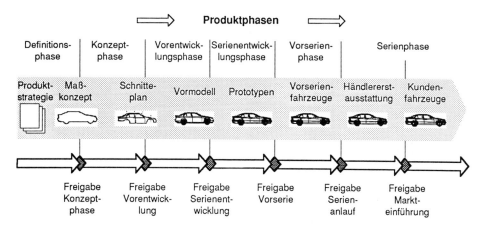

Bild 4.1-14:   Vorgehensplan für die Pkw-Entwicklung [5/4]. Die Rauten symbolisieren Meilensteine mit Freigabeentscheidungen.

Auch Pahl und Beitz [6/4] entwickeln sehr fein unterteilte Vorgehenspläne für einzelne Phasen der Produkterstellung aus einem allgemeinen Lösungsprozeß mit der **Strategie** „vom Qualitativen zum Quantitativen" (Bild 3.3-3). Der dortige allgemeine Lösungsprozeß ist fast deckungsgleich mit dem Problemlösungszyklus und ist ein Grundbestandteil aller Vorgehenspläne (Bild 3.3-20).

Ein allgemein formulierter Vorgehensplan für die Konstruktion und Entwicklung ist in der VDI 2221 zu finden (Bild 5.1-7). Allgemeine Vorgehenspläne werden in der Praxis jedoch nicht direkt übernommen. Erst eine Anpassung dieser Pläne an Produkt und Betrieb bringen eine Akzeptanz in der Industrie, falls sie nicht aufgrund der Produktkomplexität oder wegen der Qualitätssicherung (z. B. DIN ISO 9000 [7/4]) erforderlich sind. Das bedeutet, daß allgemeine Vorgehenspläne nur Anregungen zur Entwicklung betriebs- oder produktspezifischer Vorgehenspläne sein können.

Ein Beispiel eines Vorgehensplans eines mittelständischen Kleinfahrzeugherstellers (Kehrmaschinen, Schneeräumgeräte) [8/4] zeigt **Bild 4.1-15**. In der Mitte sind die Handlungsschritte in Blöcken angeordnet. Das Vorgehen ist in eine Folge von **Phasen**, wie die Produktplanung oder das Konzipieren und Entwickeln, gegliedert, die angeben, wie ein Problemlöseprozeß zweckmäßig aufgeteilt werden kann. Nach jeder Phase erfolgt eine Freigabebesprechung und -entscheidung. Die einzelnen Phasen können noch in **Arbeitsabschnitte** untergliedert werden. Die Arbeitsabschnitte haben **Arbeitsergebnisse** oder **Dokumente** zur Folge. In der Industrie werden solche spezifischen Vorgehenspläne bewußt als Dokumente für die terminliche Grobplanung eingesetzt.

Beispiele für Vorgehenspläne aus der Praxis

In der Praxis werden je nach Erfordernissen unterschiedlich aufgebaute Vorgehenspläne eingesetzt: sequentielle Folgen von Arbeitsabschnitten (Bild 4.1-15; Bild 4.1-16), ferner sequentielle und parallele Folgen aufgetragen über dem zeitlichen Ablauf. (Bild 4.4-7; Bild 6.3-5).

Wie schon in Kapitel 3.2 gezeigt, ist das Vorgehen im einzelnen nicht immer sehr bewußt verankert: „Man macht es eben so, man hat es immer so gemacht!". Aber trotzdem ist der Entwicklungs- und Konstruktionsablauf insgesamt durch die Organisationsstruktur und den Informationsfluß der Ablauforganisation klar vorgegeben. Oft liegen auch sehr detaillierte Vorgehenspläne vor, die bereits Zeitvorgaben enthalten (z. B. Freigabetermine) (Bild 4.1-18; 4.1-19; 6.3-5).

Als Beispiel für einen sehr speziellen produktspezifischen Vorgehensplan ist in **Bild 4.1-16** das Vorgehen bei der konstruktiven Auftragsabwicklung eines Planetengetriebes (Bild 2.2-6) in Einzelfertigung wiedergegeben. Bemerkenswert ist, daß dieser Vorgehensplan früher nie aufgeschrieben wurde. Der Ablauf war so sachlogisch und als Know-how der Mitarbeiter unbewußt gespeichert, daß eine Dokumentation nicht nötig war.

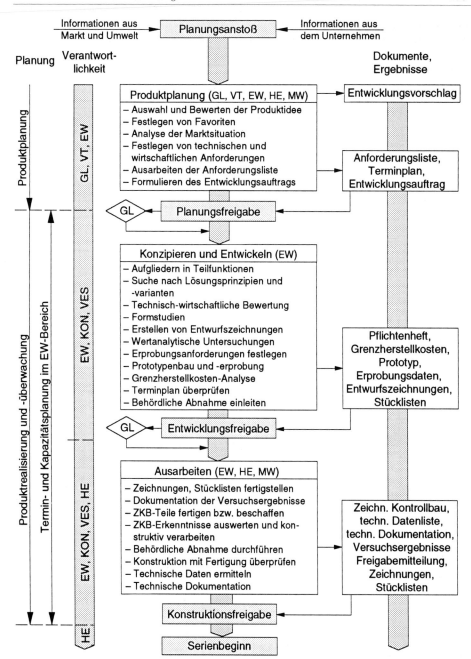

Bild 4.1-15: Vorgehensplan für Kleinfahrzeuge (EW= Entwicklung, HE= Herstellung, MW= Materialwirtschaft, VT= Vertrieb, GL= Geschäftsleitung)

**Vorgehensplan für die Auftragsabwicklung eines Planetengetriebes in Einzel-
fertigung bei vorgegebener prinzipieller Lösung als Variantenkonstruktion**

Aufgabenklärung

– Kontrolle des Auftrags auf ein Planetengetriebe hinsichtlich Vollständigkeit der
  Angaben (z. B. Leistung, Drehzahlen, Drehrichtungen, Ölversorgung, Kupplungen,
  Anordnung zwischen ...).
– Kontrolle, ob der Auftrag früher schon gleich oder ähnlich ausgeführt worden ist.
  Wenn gleich, dann keine Konstruktionsarbeit mehr. Wenn nicht, geht es mit Ent-
  werfen weiter.

Konzipieren entfällt, da prinzipielle Lösung im Auftrag gefordert.

Entwerfen

– Festlegen der konstruktiven Ausführung (Radsatz, Gehäuse ähnlich oder gleich
  wie bisher; Werkstoffe, Wärmebehandlung liegen damit fest).
– Berechnung der nötigen Abmessungen von Radsatz, Lager, Wellen usw.,
  ferner von Verzahnungsgeometrie und -meßdaten.
– Einzeichnen des Radsatzes und aller auftragsspezifischen Teile in vorgegebenes Standardgußgehäuse nach Vorbildern bzw. mit CAD-Makros.
  Ergebnis: Schnittzeichnungen des Getriebes.

Ausarbeiten

– Erstellen der Fertigungszeichnungen der Einzelteile nach Standardvorgaben.
– Erstellen der Stückliste nach Vorbild, Instandhaltungsanleitung.
– Kontrolle der Maße und Stücklisten.

Bild 4.1-16:   Vorgehensplan für die Variantenkonstruktion eines Planetengetriebes

Das obige Vorgehen war aus dem **rein technischen Verständnis** der Merkmalsfestle-
gung in Arbeitsabschnitten geprägt. Bei kosten- oder terminzielorientiertem Vorgehen
muß man dies technisch-sequentielle Vorgehen – soweit möglich – verlassen
(Bild 7.4-3). Es müssen zuerst die **kosten- oder terminbestimmenden Baugruppen/-
teile** bearbeitet werden. Die zugehörigen Arbeitsabschnitte sind dann, u. U. mit vorläufigen Annahmen, vorzuziehen. So kann z. B. ein freiformgeschmiedeter Planetenträger
mit Übermaß **vor** Abschluß einer Getriebekonstruktion bestellt werden.

Weitere Beispiele für die Ablauforganisation sind die **Vorgehenspläne** der Konstruktionsmethodik, soweit sie nicht nur die persönliche Arbeitsorganisation des jeweiligen
Konstrukteurs betreffen (Kapitel 6.5.1).

Nutzen und Grenzen von Vorgehensplänen

Methoden und Vorgehenspläne werden in der **Praxis** nur dann explizit eingesetzt, wenn
sie erkennbaren Nutzen bringen. Wie in Kapitel 3.2 ausgeführt, wird niemand den effektiven intuitiven „Normalbetrieb" des Denkens und Handelns verlassen, wenn er nicht
muß. Vorgehenspläne sind aber dann ein Muß, wenn komplexere Prozesse bewältigt
und eine Vielzahl von Personen koordiniert werden müssen. Bei Einsatz insbesondere
integrierter Datenverarbeitung erlangen Vorgehenspläne für die Anwendung in Leitsy-
stemen eine besondere Bedeutung zur Organisation der Informationsverarbeitung.

Ablauforganisation und Vorgehenspläne können aber auch nur soweit positiv wirken, wie dies die Aufbauorganisation zuläßt. Die Effizienz der Aufbauorganisation kann nur an der Effizienz der Ablauforganisation gemessen werden. Die Standardisierung der Abläufe und Formalisierung der Regeln, Anweisungen und Dokumente („Muß-Dokumente") ergeben eine Entlastung von Improvisation und fallabhängiger Disposition, müssen aber von Zeit zu Zeit auf ihre Effizienz überprüft werden. „Es gibt zu viele starre und schwerfällige Strukturen, die zu wenig flexibel rasche Reaktionen verhindern" [9/4].

Erfahrungen in der **Lehre** aus dem Bereich der Entwicklung und Konstruktion haben gezeigt, daß auch schon der Einsatz allgemeiner Vorgehenspläne (wie in Bild 5.1-7 oder 6.5-1) für eine beschleunigte Einarbeitung und Know-how-Übernahme sehr hilfreich ist. Über die Konstruktion und Entwicklung hinaus wäre es interessant, über allgemeine Vorgehenspläne zur gesamten Produkterstellung als Basis für die Lehre zu verfügen.

4.1.6   Praxisbeispiel einer Produkterstellung: Heizgerät

Zweck des Beispiels

Das Beispiel soll zeigen, wie bei der üblichen konventionellen Produkterstellung Probleme entstehen können: Probleme aus ungenügender Zielsetzung, Mängeln im Informationsaustausch, Mängeln in der Ablaufplanung. Das Beispiel zeigt aber auch, wie man versucht, daraus zu lernen und durch Teamarbeit die Integration zu verbessern. Das Beispiel soll zusammen mit Kapitel 4.1.7 die Notwendigkeit zu mehr Integration in der Produkterstellung (Kapitel 4.2) aufzeigen.

Gesamtaufgabe

Ein größerer Hersteller von Zusatzheizungen für Kraftfahrzeuge (im weiteren als Stammhaus bezeichnet) hatte einen kleineren, in Probleme geratenen Wettbewerber (im weiteren als Zweigwerk bezeichnet) übernommen. Dieses Zweigwerk war auf dem Marktsegment Luftzusatzheizungen tätig, in dem das Stammhaus verstärkt Fuß fassen wollte. Dies sollte mit einer weitgehend neu zu entwickelnden Luftzusatzheizung geschehen, die sich durch bessere Funktionen und geringere Kosten gegenüber dem Wettbewerb abheben sollte.

Technik

Der Aufbau und die Funktionsweise des Heizgeräts stellte sich nach mehreren Konzeptverwerfungen und -änderungen wie folgt dar (vgl. **Bild 4.1-17**): Die Heizluft wird durch ein Heizluftgebläse angesaugt und durch das Heizgerät gefördert. Beim Passieren des Wärmeübertragers wird die Heizluft erwärmt. Die Brennluft wird vom Brennluftgebläse angesaugt und durch ein Luftführungssystem in die Brennkammer geleitet. Für einen optimalen Wärmeübergang liegt der Brenner mittig im Wärmeübertrager. Die Brennluft wird durch mehrere Löcher im Blechmantel der Brennkammer in den Brenner geleitet.

Der Brennstoff wird von der Kraftstoffdosierpumpe aus dem Fahrzeugtank durch die Zuleitung dem Verdampfer bzw. Brenner zugeführt. Beim Durchtritt durch den Ver-

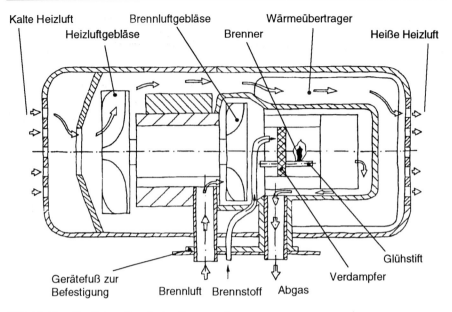

Kalte Heizluft   Brennluftgebläse   Wärmeübertrager
        Heizluftgebläse   Brenner   Heiße Heizluft

Gerätefuß zur   Glühstift
Befestigung   Brennluft Brennstoff Abgas   Verdampfer

Bild 4.1-17:   Das Heizgerät und seine Komponenten

dampfer wird der Kraftstoff durch Wärmerückführung aus der Brennkammer verdampft. Im Brenner werden dann der Kraftstoffdampf und die Brennluft miteinander vermischt. Durch den Glühstift wird die Verbrennung eingeleitet und das Kraftstoff-Luft-Gemisch zur Zündung gebracht. Die heiße Brennluft wird anschließend am Boden des Wärmeübertragers umgelenkt und strömt entgegen der Strömungsrichtung der Heizluft durch den Wärmeübertrager zum Abgasrohr. Ein elektronisches Steuergerät hat die Aufgabe, den gesamten Heizprozeß zu regeln und zu überwachen. Als Sensoren dienen hierbei ein Flammwächter, ein Überhitzungsschutz und ein Temperaturfühler in der Ansaugluft.

Die gesamte Zusatzheizung ist vom Hersteller den Kundenwünschen entsprechend in das übergeordnete „System" Kraftfahrzeug mit entsprechend komplexen Randbedingungen einzubinden.

Phase A

Die Entwicklung bzw. Erstellung der Zusatzheizung begann mit der Vorgabe der ersten Anforderungen an das Produkt von der Unternehmensleitung bzw. vom Vertrieb des Stammhauses (**Bild 4.1-18**). Es wurde im neuen Zweigwerk entwickelt, wobei die Projektleitung ihren Sitz im Stammhaus hatte. Wohl auch durch die große örtliche Trennung von Entwicklung und Projektleitung und dem damit einhergehenden mangelhaften Informationsaustausch erschien es längere Zeit so, als ob die Entwicklung im neuen Zweigwerk ohne größere Probleme abliefe. Bei der Vorstellung bzw. Erprobung der ersten Prototypen nach etlichen Monaten zeigte sich jedoch, daß das System nicht den tatsächlichen Marktanforderungen entsprach und deutliche funktionelle Probleme mit den separaten Antrieben für Brennstoff- und Heizluftförderung auftraten. Überdies waren die Marktanforderungen nicht ausreichend erfaßt bzw. beachtet worden, ferner fiel im Dauertest eine zentrale Komponente, der Verdampfer, sehr häufig aus. 16 Monate Entwicklungszeit waren in der Phase A inzwischen verstrichen.

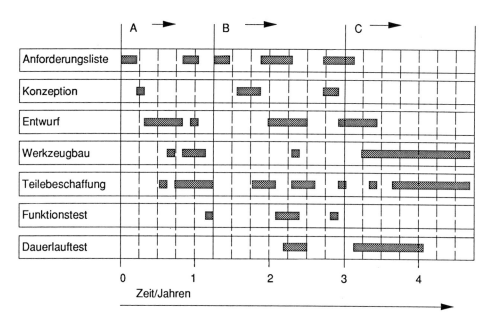

Bild 4.1-18: Projektablauf in der Übersicht

Phase B

Als Folge wurde unter neuer Leitung im Stammhaus eine genauere Marktanalyse durchgeführt, um die Anforderungen an das Produkt besser zu klären. Ferner erfolgte eine eingehende Schadensanalyse des im Dauertest häufig versagenden Verdampfers. Dabei zeigte sich, daß für eine zentrale Teilfunktion, die Brennstoff- und Heizluftförderung, ein neues Prinzip mit zwei separaten Antrieben angewandt wurde, ohne daß dessen Risiken durch entsprechende Voruntersuchungen ausreichend abgeschätzt worden waren. Konstruktions-FMEAs, Risikoabschätzungen oder umfassendere Versuche bzw. Simulationen zur Eigenschaftsfrüherkennung waren unzureichend durchgeführt worden. Das angewandte Prinzip war für die vorliegende Aufgabe nicht geeignet. Deshalb mußte das Gesamtkonzept für das Produkt verworfen werden.

Da sich die große räumliche Entfernung von Entwicklung und Projektleitung nicht bewährt hatte, wurde die Entwicklung in das Stammhaus verlagert, um dort mit neuer Leitung und verstärkter bzw. geänderter Mannschaft die Entwicklung in einem klarer definierten Projekt fortzusetzen. In diesem Zusammenhang wurde auch die Organisationsstruktur vollständig umgebaut. Es wurde ein interdisziplinäres Team geschaffen, in dem u. a. der Vertrieb, das Controlling, die Arbeitsvorbereitung sowie Mitarbeiter aus den betroffenen Fachabteilungen für bestimmte Zeiträume eingebunden wurden. Hilfsmittel zur Projektsteuerung wurden eingesetzt, das Projekt bis zum Serienanlauf durchgeplant.

Der geplante Serienanlauf mußte trotzdem verschoben werden. Zur Unterstützung und der Verwirklichung einer „integrierten Produkterstellung" wurde die Zusammenarbeit mit einer Unternehmensberatung aufgenommen.

Der weitere Projektfortschritt im Stammhaus bis zur ersten Produktionsvorserie gestaltete sich wie in **Bild 4.1-19** bzw. im folgenden dargestellt (die beschriebenen Teilschritte waren teilweise stark ineinander verschachtelt):

Die Entwicklungsarbeit im Stammhaus begann mit einer ausführlichen Überarbeitung der Anforderungsliste (Teilschritt 2). Hierbei wurden die Ergebnisse aus Patentrecherche, Marktanalyse, Schadensanalyse und die Vorgaben aus der Fahrzeugindustrie eingearbeitet. An diesem Anforderungsklärungsprozeß war neben der Entwicklung insbesondere die Vertriebsabteilung beteiligt. In diesem Zusammenhang tauchte z. B. das Problem auf, daß der Vertrieb nicht genügend Benzinproben aus dem Ausland beschafft hatte.

Erste Entwürfe wurden durch die Entwicklung angefertigt (Teilschritt 3). Controlling und Vertrieb führten eine erste Wertanalyse durch. Zu den Wertanalysen merkte das Controlling an, daß es lästig sei, wegen „Pfennigbeträgen" einen Berg an Formalismus bewältigen zu müssen. Die hierfür auftretenden Kosten würden dabei manchmal die gewünschten Einsparungen übersteigen.

Es folgte die Vorbereitung für den Bau eines Erprobungsgeräts mit Angebotseinholung und Bestellung von Musterteilen (Teilschritt 4). In der Konstruktion wurden detailliertere Entwürfe angefertigt. Das Projektteam führte eine Risikobetrachtung durch, und die Konstruktion berechnete die erforderlichen Toleranzen. Das Erprobungsgerät wurde montiert (Teilschritt 7), danach wurde es Funktionstests und firmenintern genormten Prüfungen unterworfen, und zwar für die Freigaben bzgl. Vertrieb, Systementwicklung, Einkauf, Arbeitsvorbereitung, Qualität und Entwicklung E-Technik. Unter Mitwirkung aller Abteilungen wurden die Bauteil- und Komponentenanforderungslisten genau festgelegt (Teilschritt 9). Desweiteren erfolgte eine Konzeptbestätigung über eine Risikobetrachtung, in die ebenfalls alle Abteilungen eingebunden waren (Teilschritt 10).

In diesem Zusammenhang dienten ausführliche Funktionstests und Dauerläufe durch den Versuch und die Konstruktion der Untermauerung der Risikoabschätzungen (Teilschritte 11/12). Dabei wurde wegen Komplikationen mit dem Leerlaufen der Kraftstoffleitung und nicht gelösten Temperaturproblemen das Gesamtkonzept erneut verworfen und zu einer Variante mit externer Dosierpumpe zurückgekehrt. Hier zeigte sich wiederum, daß die Qualitätssicherung und auch der Versuch zu wenig und zu spät in den Entstehungsprozeß eingebunden waren, der Informationsaustausch zwischen den Abteilungen also ungenügend war.

Ausgehend von den festgestellten Schwachstellen bzw. Erfahrungen wurde wieder entsprechend umkonstruiert, die Konstruktion fertigte Stücklisten und Fertigungszeichnungen an. Die Arbeitsvorbereitung erarbeitete unter Mitwirkung der Qualitätssicherung die Arbeitspläne (Teilschritt 13). Parallel dazu erfolgte die Angebotseinholung und Auswahl der Lieferanten vorwiegend durch den Einkauf und die Arbeitsvorbereitung (Teilschritt 14).

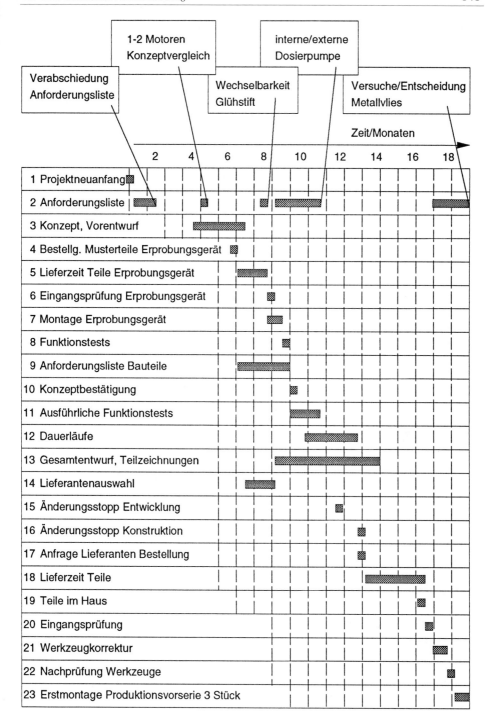

Bild 4.1-19:   Detaillierter Ausschnitt aus dem Projektplan, Phase B

Zur Absicherung des zum jetzigen Zeitpunkt im Projektverlauf vorgesehenen Änderungsstopps für die Entwicklung wurde der momentane Entwicklungsstand durch eine Risikobetrachtung bzw. Toleranzrechnung überprüft. Anschließend erfolgte die Werkzeugbestellung (Teilschritt 17). Die Werkzeuge wurden von der Qualitätssicherung und dem Versuch in Abstimmung mit dem Projektteam einer Eingangsprüfung unterzogen und teilweise korrigiert. In einem weiteren Schritt erfolgten die Nachprüfung und die Freigabe der Werkzeuge (Teilschritte 20/21/22).

Parallel dazu erfolgte auch die endgültige Bestellung der Zulieferteile, wobei selbst in dieser späten Phase noch Unsicherheiten bzgl. der Verwendung eines Metallvlies als Verdampfer bestanden. Versuche hierzu wurden noch durchgeführt, während drei Zusatzheizungen der Produktionsvorserie bereits montiert wurden (Teilschritt 23). Schwierigkeiten bei der Montage zeigten, daß auch die Arbeitsvorbereitung nicht genügend bzw. zu spät in den Entwicklungsprozeß integriert worden war.

Phase C

In der Phase C (siehe Bild 4.1-18) konnte die Luftzusatzheizung schließlich zur Serienreife weiterentwickelt werden.

Zusammenarbeit und Informationsfluß

Die insgesamt auffälligen Abstimmungsprobleme in dem Projekt wurden mit einer eingehenden Informationsfluß- bzw. Kommunikationsanalyse näher hinterfragt. Hierbei wurden alle Mitarbeiter des Projektteams gebeten, über sämtliche von ihnen geführten Gespräche in einem zweiwöchigen Zeitraum Buch zu führen. In entsprechenden Formularen waren Zeitpunkt, Gesprächspartner, Initiator, Dauer und Anlaß der Gespräche zu notieren. Eine Auswertung dieser Erhebung ist in **Bild 4.1-20** dargestellt. Das Bild zeigt sternförmig aufgetragen die Gespräche des im mittleren Kreis genannten Mitarbeiters, wobei

– die Pfeilstärke die gesamte Gesprächsdauer anzeigt,
– die Pfeilrichtung verdeutlicht, wer das Gespräch initiierte und
– die Zahl am Pfeil die Anzahl der geführten Gespräche symbolisiert.

Durch diese Auswertung konnten so z. B. relativ eindeutig „Informationssenken" erkannt werden. Der hier beschriebene Mitarbeiter – „Entwickler Wärmetauscher" in der Mitte von Bild 4.1-20 – ging von sich aus sehr selten auf andere Projektbearbeiter zu: im Bild nur zweimal auf den Projektleiter und einmal auf den Motorverantwortlichen. Interviews zeigten, daß als Folge auch die anderen Mitarbeiter wenig Lust hatten, sich stets um die an sich unumgängliche Kommunikation mit ihm zu bemühen. Die Analysen wurden auch mit einer Abfrage des Soll-Zustands bezüglich der Kommunikation bei den jeweiligen Abteilungs- sowie Projektleitern abgeglichen. Auch dies zeigte sehr deutlich die Schwächen im Informationsfluß auf. Das Beispiel zeigt außerdem, daß das zu stark introvertierte Verhalten dieses Mitarbeiters zu technischen Problemen, Zeitverlust und überhöhten Kosten führte.

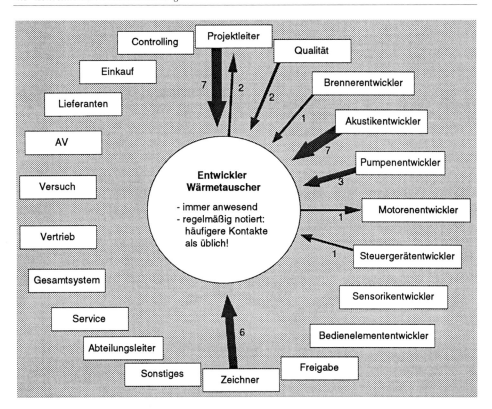

Bild 4.1-20: Auswertung des Informationsaustauschs eines Mitarbeiters über den Zeitraum von zwei Wochen. Die Zahlen beziehen sich auf die Häufigkeit der Gespräche, die Dicke der Pfeile auf deren Gesamtdauer (Bereichsangaben verändert).

Erkannte Probleme

Bei diesem Fallbeispiel, das über die Analysen und entsprechende Korrekturmaßnahmen zu guter Letzt doch noch erfolgreich zu Ende gebracht werden konnte, tauchten in mehreren wichtigen Bereichen Probleme auf:

1) Mangelnde Zusammenarbeit durch eine (zunächst) ungeeignete Organisationsstruktur, schlechte Koordination und Abstimmung und auch eine mangelhafte Leitung des Projekts.
2) Unzureichende Marktanalyse und Aufgabenklärung, unzureichende Risikoabschätzung, also insgesamt mangelhafter Methodeneinsatz.
3) Mißachtung von persönlichen, menschlichen Eigenschaften und individuell unterschiedlichen Verhaltensweisen.

Diese Probleme können meist nicht isoliert betrachtet werden. Sie sind voneinander abhängig, eng vernetzt und sich gegenseitig bedingend. Stimmt sich z. B. der Einkauf nicht ausreichend mit dem Versuch ab (u. U. ein menschliches oder ein organisatorisches Problem), so können technische Probleme die Folge sein, was sich als massives

Zeitproblem in der Konstruktion auswirken kann. Letztlich bewirkt Zeitmangel dann häufig hohe Kosten. Aus der nachfolgenden Umfrage (Kapitel 4.1.7.2) erkennt man, daß diese Probleme für viele Unternehmen typisch sind.

4.1.7 Probleme heutiger Produkterstellung

4.1.7.1 Gründe für die Probleme aus der Geschichte der Produkterstellung

Innerhalb der letzten 100 Jahre hat sich die Güterproduktion fundamental gewandelt. Bis circa 1900 wurden viele benötigte Wissensbereiche durch erfahrene Meister abgedeckt und zum Großteil auch von ihnen erledigt. Mit der zunehmenden Industrialisierung, als große Mengen gleichartiger Produkte von schnell anzulernenden Arbeitern zu fertigen waren, begann die Aufteilung der früher vom Handwerker ganzheitlich verrichteten Arbeiten. Gleichzeitig wurden die Produkte und die Fabriken komplexer, so daß sich nicht nur die Zerlegung der Arbeit in kleinste Elemente empfahl, sondern auch die Trennung von planenden und ausführenden Arbeiten. Wegbereiter dafür waren A. Smith und F. Taylor [10/4]. Das Szenario der Produkterstellung hat sich seit den Anfangszeiten des Taylorismus stark verändert und verkompliziert. Diese Änderungen können aus der folgenden Gegenüberstellung des früheren und des heutigen Szenarios entnommen werden:

Früher zu Anfangszeiten des Taylorismus war

- ein **Produkt** über **lange Zeiträume unverändert** geblieben (z. B. T-Modell von Ford). Man hat die Abteilungen darauf optimiert ausrichten können. Es gab nur **wenige Varianten** (Ford: „Sie können jede Farbe haben, Hauptsache, sie ist schwarz"). Die Stückzahlen gleicher Produkte waren hoch.
- Das Produkt war **wenig komplex**: wenig Funktionen, kaum Elektrik, keine Elektronik. Mit einfachen Werkzeugen konnte ein normaler Arbeiter i. a. die Einzelteile herstellen, das Produkt montieren und warten.
- Das **Bildungsniveau der Arbeiter** und der meisten Angestellten war eher niedrig. Die stark hierarchischen Unternehmensstrukturen wurde größtenteils, auch wegen der noch schwachen Gewerkschaften, akzeptiert.
- Der **Markt** war ein **nationaler Verkäufermarkt**: Der Markt war aufgrund der großen Nachfrage von den Verkäufern dominiert. Der Preis wurde auf Grund der kalkulierten Kosten der Produktion gemacht.

Heute haben wir:

- einen **raschen Wandel der Produkte**. Der Faktor „Zeit" hat insbesondere im Konsumbereich seit den 70er Jahren an Gewicht gewonnen. Wegen der großen Konkurrenz auf dem Weltmarkt wurde neben Preis und Qualität eine **kurze Innovationszeit** zum erfolgsbegründenden Kriterium. Die Innovationen folgen rasch aufeinander. Die Marktlebensdauer der dadurch schneller entwickelten Produkte sank von 1980 bis 1990 im Computerbereich um 46% und im Kfz-Bau um 12,5%. Ein neuer Typ von Wettbewerbern, der schnelle Konkurrent, hat so alle Branchen umgestaltet. Die

Produktentwicklungszeit muß kurz sein, da oft nur noch der Erste am Markt guten Gewinn macht.

– Im Investitionsgüterbereich wird fast jedem Kunden seine Wunschvariante gebaut. Man erstickt in der teuren **Variantenflut**. Die Losgrößen bzw. Stückzahlen sind stark zurückgegangen („Losgröße 1").

– Die Produkte und die Produktion sind z. T. durch Elektronik und Rechnersteuerung oft **sehr komplex** geworden. Vieles wird automatisiert, was früher vom „Bediener" gesteuert wurde.

– Die Forderung nach **Sicherheit**, **Zuverlässigkeit** und **Qualität** ist dominierend. Qualitäts-Sicherungsnachweise und die zugehörige Dokumentation sind umfangreicher und teurer geworden (Produkthaftungs-Gesetz; DIN ISO 9000 [7/4]).

– Das **Bildungsniveau** der Arbeiter und Angestellten ist heute höher. Auch sind sie selbstbewußter geworden. Sie lehnen sich gegen streng hierarchische, verkrustete Strukturen auf. Sie suchen nicht nur Verdienst, sondern auch Selbstverwirklichung in der Arbeit.

– Der Markt ist zum weltweiten **Käufermarkt** geworden: Der Kunde ist König. Die Preise richten sich nach der internationalen und zahlreich gewordenen Konkurrenz und danach, „wieviel der Kunde zu zahlen bereit ist" (vgl. Target Costing, Kapitel 9.3.3). Die Herstellkosten können nun nicht mehr einfach auf den Verkaufspreis hochgerechnet werden (bottom up). Vielmehr müssen Konstruktion und Produktion auf den Markt hin ausgerichtet werden.

– Die **Technikproduktion** ist international vom Standort her flexibel: Es gibt weltweit technische Bildungs- und Produktionsmöglichkeiten. Durch Automatisierung ist das „Meister-know-how" nicht mehr so wichtig wie früher. Frühere „Billigländer" bringen bei entsprechenden Telekommunikations- und Verkehrsmöglichkeiten alteingesessene Produzenten in Bedrängnis.

4.1.7.2 Probleme der konventionellen Produkterstellung am Beispiel Entwicklung und Konstruktion

Folgende drei Problembereiche in Entwicklung und Konstruktion sind sehr wahrscheinlich auch für die Produkterstellung typisch:

– Problembereich 1: **organisatorische Probleme**. Hierunter fallen u. a. Zusammenarbeits-, Führungs-, Motivations-, Qualifikations- und Weiterbildungsprobleme sowie die Organisation von Hilfsmitteln (CAD, Kataloge, ...).

– Problembereich 2: **Entwicklungs- und Konstruktionsprozeß**. Hierunter fallen Probleme mit der Klärung der Anforderungen, der Suche nach Lösungen sowie mit der zeitlichen und inhaltlichen Steuerung der Prozesse (Terminprobleme).

– Problembereich 3: **technisch-wirtschaftliche Probleme** mit dem Produkt. Hierunter fallen die Funktions-, Fertigungs-, Werkstoff-, Zuverlässigkeits-, Umwelt- und Kostenprobleme.

Die Bewertung dieser drei Problembereiche wurde mit einer Umfrage 1991/92 abgefragt. Dies ist schon daher unerläßlich, weil eine sorgfältige Schwachstellenanalyse eine

Grundvoraussetzung für entsprechende Verbesserungen der Produkterstellung und ihrer Abläufe ist.

a)   Ergebnisse der Umfrage „Probleme in Entwicklung und Konstruktion"

Bei der Umfrage[1] wurden rund 300 Mitarbeitern aus unterschiedlichen Unternehmen die in Bild 4.1-21 in Kurzform angegebenen Fragen gestellt: organisatorische Probleme: Fragen 1.1 bis 1.8, Probleme im Entwicklungs- und Konstruktionsprozeß: Fragen 2.1 bis 2.6; technisch wirtschaftliche Probleme: Fragen 3.1 bis 3.8. Manche Fragen waren redundant. Zeit- und Kostenprobleme wurden direkt abgefragt (Frage 2.4; 2.5; 3.7), die Frage nach der Produktqualität dagegen war indirekt in den Fragen 3.1 bis 3.6 enthalten. Die Antworten konnten in einer fünfstufigen Skala von 0 = sehr gut (keine Probleme), bis 4 = sehr schlecht (große Probleme) gegeben werden. Der Mittelwert aller Antworten lag bei 2,01.

Die Ergebnisse der Umfrage waren statistisch fast unabhängig von Branche, Firmengröße, Serien- oder Einzelfertigung und von der hierarchischen Rangstellung der Befragten. Wahrscheinlich ist diese Befragung allgemein für die Probleme bei der heutigen konventionellen Produkterstellung repräsentativ. Die bei dem Praxisbeispiel in Kapitel 4.1.6 erkannten Probleme wurden auch genannt.

Auffallend am Ergebnis der Umfrage ist, daß die gravierendsten Probleme offensichtlich im Bereich der mangelnden Zeit, des Kostendrucks, der unklaren Zieldefinition bzw. der Steuerung des Konstruktionsprozesses gesehen werden. Probleme technischer Art sind seltener. Allerdings kumulieren die Probleme technischer Art sowie der Zusammenarbeit, der Prozeßsteuerung bzw. der Zieldefinition meist in Kosten- und Zeitproblemen. Die einzelnen Probleme können nicht isoliert betrachtet werden; Probleme technischer Art können das Resultat mangelnder Zusammenarbeit sein. Dies führt zu Änderungen und Zeitdruck, eine Kostenminimierung ist nicht mehr durchführbar. Die Ursache-Wirkungs-Ketten lassen sich nicht ohne weiteres auf die eigentlichen Ursachen reduzieren und sind auch mit Sicherheit von Fall zu Fall sehr unterschiedlich. Die Aussage, daß dieses oder jenes Problem generell das gravierendste ist und genau jene Ursache hat, ist folglich sehr problematisch.

---

[1]   Diese Umfrage wurde im Rahmen von Industrieseminaren zum „Kostengünstigen Konstruieren" in den Jahren 1991 und 1992 durchgeführt. Die Befragten stammten zu 70% aus dem allgemeinen Maschinenbau, zu 17% aus der Kfz-Industrie und deren Zulieferern. Die Unternehmensgröße hatte einen Schwerpunkt bei 500 – 2000 Mitarbeitern (24%), rund die Hälfte waren Konstrukteure (Sachbearbeiter), 23% Gruppenleiter, 15% Abteilungsleiter. Einzel- und Kleinserienfertigung dominierte.

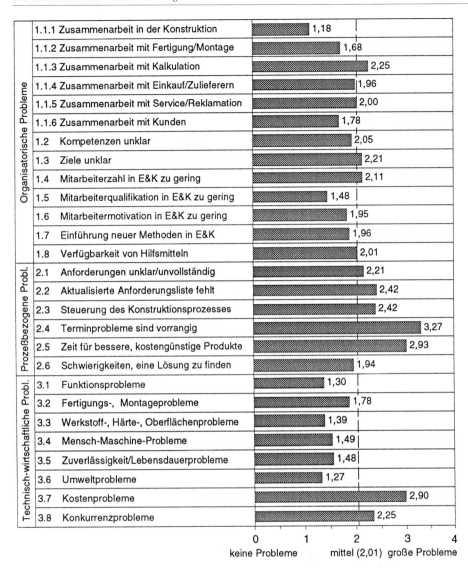

		Wert
Organisatorische Probleme	1.1.1 Zusammenarbeit in der Konstruktion	1,18
	1.1.2 Zusammenarbeit mit Fertigung/Montage	1,68
	1.1.3 Zusammenarbeit mit Kalkulation	2,25
	1.1.4 Zusammenarbeit mit Einkauf/Zulieferern	1,96
	1.1.5 Zusammenarbeit mit Service/Reklamation	2,00
	1.1.6 Zusammenarbeit mit Kunden	1,78
	1.2 Kompetenzen unklar	2,05
	1.3 Ziele unklar	2,21
	1.4 Mitarbeiterzahl in E&K zu gering	2,11
	1.5 Mitarbeiterqualifikation in E&K zu gering	1,48
	1.6 Mitarbeitermotivation in E&K zu gering	1,95
	1.7 Einführung neuer Methoden in E&K	1,96
	1.8 Verfügbarkeit von Hilfsmitteln	2,01
Prozeßbezogene Probl.	2.1 Anforderungen unklar/unvollständig	2,21
	2.2 Aktualisierte Anforderungsliste fehlt	2,42
	2.3 Steuerung des Konstruktionsprozesses	2,42
	2.4 Terminprobleme sind vorrangig	3,27
	2.5 Zeit für bessere, kostengünstige Produkte	2,93
	2.6 Schwierigkeiten, eine Lösung zu finden	1,94
Technisch-wirtschaftliche Probl.	3.1 Funktionsprobleme	1,30
	3.2 Fertigungs-, Montageprobleme	1,78
	3.3 Werkstoff-, Härte-, Oberflächenprobleme	1,39
	3.4 Mensch-Maschine-Probleme	1,49
	3.5 Zuverlässigkeit/Lebensdauerprobleme	1,48
	3.6 Umweltprobleme	1,27
	3.7 Kostenprobleme	2,90
	3.8 Konkurrenzprobleme	2,25

0   1   2   3   4
keine Probleme   mittel (2,01) große Probleme

Bild 4.1-21: Auswertung von 295 Fragebögen zu Problemen in Entwicklung und Konstruktion

Im folgenden werden die abgefragten Problembereiche inhaltlich genauer beleuchtet.

b)   Organisations- und Führungsprobleme

Ein Großteil der heute auftretenden organisatorischen Probleme rührt von den **Nachteilen der Arbeitsteilung** her. Hierbei kann man grob in Nachteile bei manuellen und bei geistigen/planenden Tätigkeiten unterscheiden:

– Vor allem bei manuellen Tätigkeiten handelt es sich nach [11/4] um:
  • **Demotivation**, Entfremdung vom Sinn der Arbeit;

- **Fehlen** der Möglichkeit zum **selbständigen Handeln,** da nur vorgeschriebene und kontrollierte Arbeit honoriert wird und menschliche Fähigkeiten nicht entsprechend genutzt werden;
- **einseitige Beanspruchung**, die zu Ermüdung und Gesundheitsschäden führt;
- daraus resultierende **höhere Fluktuation**, Abwesenheit vom Arbeitsplatz und Krankheit;
- Mangel an **Flexibilität** bezüglich Menge und Inhalt der Arbeit;
- Notwendigkeit **vermehrter Planung, Organisation und Kontrolle**;
- Steigerung der Transportkosten und des **Logistik-Aufwands**;
- Schwierigkeit, die **Gewinn- und Kostenverantwortung** einzelnen Funktionsbereichen zuzuordnen

– Überträgt man diese Nachteile auf planende und teilweise kreativ zu verrichtende Arbeiten, so können die Defekte mit **Bild 4.1-22** etwas überzeichnet anschaulich gemacht werden: Die Sachbearbeiter in den Abteilungen sind demotiviert, haben den Sinn fürs Ganze verloren. Der Arbeitsablauf innerhalb der einzelnen Abteilungen wird bis ins Detail optimiert, wobei die Gesamtheit des Produkts selbst aus den Augen verloren wird. Die Abteilungsoptimierung verdrängt die ganzheitliche Produktoptimierung. Die Sachbearbeiter haben als Kaufleute, Techniker, Juristen etc. ganz verschiedene Ausbildungen und damit auch unterschiedliche Fachsprachen. Sie haben jeweils andere Probleme, reden zu wenig miteinander, um dem Produkt und dem Unternehmen zum Erfolg zu verhelfen und werfen lieber ihre erarbeiteten Informationen teilnahmslos über die Abteilungsmauern. Diese Mauern existieren nicht

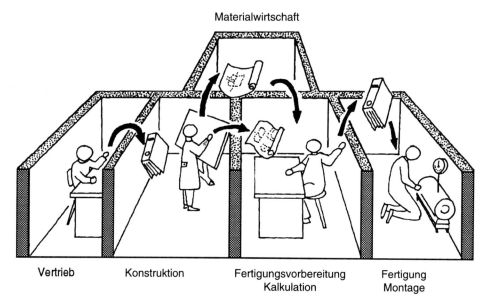

Materialwirtschaft

Vertrieb   Konstruktion   Fertigungsvorbereitung   Fertigung
                                        Kalkulation   Montage

Bild 4.1-22:   Geistige Mauern zwischen den Abteilungen behindern den Informationsfluß und ergeben zu teure Produkte

nur horizontal in den einzelnen Hierarchieebenen, sondern auch vertikal in Form von „hierarchischen Geschoßdecken". Nach der Erfahrung des Autors ist dieses „**Mauerndenken**" die Hauptursache für Zeit-, Qualitäts- und Kostenprobleme in unseren Unternehmen.

Weitere Probleme auf der Seite der Organisation verursacht insbesondere bei größeren Unternehmen die vorherrschende **funktionale Organisation**: Linienbereichsleiter bemessen ihre Macht nach der Zahl der ihnen unterstellten Mitarbeiter. Sie dulden keine informellen Querbeziehungen zu anderen Funktionsbereichen. Bei notwendigen Änderungen geht alles die „Hierarchieleiter hinauf und hinunter" („**Mißtrauensorganisation**"). Die Vorgesetzten kümmern sich zuviel um die ihnen von früher vertrauten Details und lassen ihren Untergebenen zu wenig Gestaltungsfreiheit („**Durchgreiforganisation**"). Bei für das gemeinsame Produkt notwendigen Entscheidungen schieben Linienbereichsleiter die Entscheidung vor sich her und warten auf die Schnittstellenentscheidungen anderer. Damit vermeiden sie das Risiko des ersten Entscheiders („**entscheidungsscheu**").

Ein anderes häufig auftretendes Problem ist das Fehlen von klaren **Anforderungen und Zielen**, wie auch Kostenzielen, die auf Baugruppen heruntergebrochen sind. Die Kooperation mit der Kalkulation und dem Einkauf ist meist unzureichend. Insbesondere die Anforderungen des Kunden sind der Konstruktion in vielen Fällen nicht ausreichend bekannt. Der **Kontakt zum Kunden** ist oft durch den Vertrieb abgeschirmt (Bild 7.3-2). In der Folge wird die Konstruktion vom Vertrieb mit kundenspezifischen Varianten so eingedeckt, daß sie nicht mehr zur Neuentwicklung oder Standardisierung kommt.

Ebenso ist der Kontakt zu **Zulieferern und nachgelagerten Funktionsbereichen** (z. B. Fertigung, Montage, Qualitätssicherung) oft nicht ausreichend gegeben. So werden diese Bereiche nicht oder zu spät bei neu entstehenden Produkten mit einbezogen. Terminverzögerungen durch nachträgliche Änderungen sind häufig die Folge. Wenn nicht mehr geändert werden kann, bleiben die Kosten höher als nötig, und dies unerkannt! Die zunehmende Verringerung der Fertigungstiefe verstärkt das Problem bezüglich der Zulieferer noch!

c) Probleme des Entwicklungs- und Konstruktionsprozesses

Das dominierende Problem des Entwicklungs- und Konstruktionsprozesses, bei dem sich alle Mitarbeiter, alle Firmen, alle hierarchischen Positionen und alle Branchen treffen, ist das **Zeit- und Terminproblem**.

Es ist naheliegend, daß es wesentlich durch mangelhafte Steuerung des Konstruktionsprozesses, durch Führungs-, Kompetenz- und Zusammenarbeitsprobleme zustande kommt. Eine **Praxisanalyse** der Gründe für Zeitüberschreitungen bis zur Auslieferung von Produkten hat ergeben, daß rund 60% der Zeitüberschreitungen durch Planungsfehler im Entwicklungsbereich zustande kamen. Das waren unklare Projektdefinitionen und Aufgabenstellungen, Entwurfs- und Unterlagenfehler sowie Konzeptänderungen in der Entwurfsphase [12/4].

d)   Technisch-wirtschaftliche Probleme

Ein häufiges technisch-wirtschaftliches Problem ist, daß **Prototypen** nicht ausreichend für Serienfertigungsverfahren konstruiert werden. Sie sind dementsprechend oft nicht serienfertigungsreif. Bei Serienanlauf sind zu hohe Kosten und Qualitätsmängel die Folge.

Allgemein treten die **technischen Probleme** aber eher gegenüber den „Management-problemen" zurück. Wahrscheinlich auch deshalb, weil ja gerade diese intensiv gelehrt werden. Direkte Fragen, wie „Haben Sie wesentliche technische Probleme?", werden fast immer verneint. „Technische Probleme, die lösen wir; aber was uns drückt, sind die unklaren Kompetenzen, die Informations- und Kommunikations-, d. h. die menschlichen Probleme."

Wertet man die Aussagen des Kapitels insgesamt, so ergibt sich die Notwendigkeit nach stärkerer Zusammenarbeit der arbeitsteiligen Bereiche im Sinne einer Gesamtoptimierung des Produkts. Eine Integration muß vor allem auf den Kundennutzen ausgerichtet sein. Im folgenden werden Möglichkeiten und Methoden für eine integrierte Produkterstellung gezeigt.

4.2   Integrierte Produkterstellung

Die integrierte Produkterstellung stellt einen Lösungsansatz zur Überwindung von Problemen der heutigen, stark arbeitsteiligen Produkterstellung dar. Ausgehend von der Bewußtseinsänderung in Wissenschaft und Praxis sowie Betrachtungen des konventionellen Informationsflusses bei der Produkterstellung wird in diesem Kapitel 4.2 ein Methodensystem für die integrierte Produkterstellung beschrieben. Es ist ein besonderes Anliegen dieses Kapitels, erkennbar zu machen, daß ein Überbetonen der Arbeitsteilung und des Spezialistentums in Selbstverwirklichungsmentalität auf Kosten des gemeinsamen, kooperativen und integrativen Denkens, Wollens und Handelns geht und so kein optimales Produkt erstellt werden kann.

4.2.1   Was heißt integrierte Produkterstellung?

Bei der **integrierten Produkterstellung** arbeiten, im Gegensatz zu der konventionellen Produkterstellung, alle am Erstellungsprozeß beteiligten Abteilungen und die betroffenen Spezialisten eng und unmittelbar zusammen. Hierbei wird versucht, durch eine gemeinsame Zielrichtung Qualität, Zeiten und Kosten der Produkterstellung und des Produkts positiv zu beeinflussen. Zur Zeiteinsparung wird zusätzlich eine Parallelisierung von früher sequentiell bearbeiteten Tätigkeiten angestrebt, insbesondere die Parallelisierung von Produkt-, Produktions- und Vertriebsentwicklung.

Bei der konventionellen Produkterstellung arbeiten die betroffen Abteilungen selbstverständlich auch zusammen. Andernfalls würde kein Produkt entstehen können, da dieses gerade als Ganzes, aus dem Zusammenwirken vieler Spezialisten, erzeugt wird. Bei der integrierten Produkterstellung jedoch werden in hohem Maße bewußt organisatorische Methoden zur Gesamtoptimierung des Produkts und der Produkterstellung eingesetzt. Hierzu gehören Methoden zur Zielorientierung und Zusammenarbeit von Menschen (vgl. Kapitel 4.2.4, 4.3), wobei die in Kapitel 6 beschriebene ganzheitliche Methodik als gemeinsame Grundlage dienen kann.

Die Ausrichtung der Mitarbeiter auf gemeinsam erarbeitete und akzeptierte Ziele kann nicht von heute auf morgen, z. B. durch Anordnung, erreicht werden. Vielmehr stellt dies einen Lernvorgang von Führung und Mitarbeitern dar, eine Bewußtseinsänderung im Unternehmen [13/4, 14/4].

4.2.2 Bewußtseinsänderung

Die zunehmende Betonung des ganzheitlichen, integrativen Denkens und Handelns ist in Gesellschaft, Wissenschaft und Industrie ein seit längerer Zeit beobachtbarer Prozeß. Wesentlich ist die Erkenntnis von neu gegründeten, erfolgreichen Unternehmen, daß das Potential nicht nur in den Finanzen und Einrichtungen, sondern in der Qualität, der Motivation und Leistungsbereitschaft der Mitarbeiter liegt. Es stellt sich die Frage, wie man aus Personal, das sich nur zu 10% für das Unternehmen engagiert, Mitarbeiter gewinnen kann, die sich stärker einsetzen. Unternehmen sollten sich in Richtung Sinngemeinschaft entwickeln.

4.2.2.1 Entwicklung der Produkterstellung

Zu Beginn des Jahrhunderts ist aus den Anfängen des Taylorismus (Kapitel 4.1.7) eine zunehmende Aufspaltung in spezialisierte Abteilungen entstanden. Die Spezialisierung in den Fachgebieten hat ebenso wie die Komplexität der Produkterstellungsprozesse in den letzten Jahrzehnten so stark zugenommen, daß ein tayloristisches Verteilen der Aufgaben und ein sklavisches Bearbeiten von nur der eigenen Problemstellung in engen Systemgrenzen nicht mehr möglich ist. Die Spezialisten in einer arbeitsteiligen Organisation sind auf die Kooperation der anderen Mitarbeiter angewiesen. So ist heute das ganzheitliche Denken vieler Mitarbeiter gefragt, damit qualitativ hochwertige Produkte entstehen können. Durch die vermehrte Bildung von Teams aus Mitarbeitern, die verschiedene Aspekte eines Problems bearbeiten, kann wieder eine ganzheitlichere Sicht ermöglicht werden (**Bild 4.2-1**).

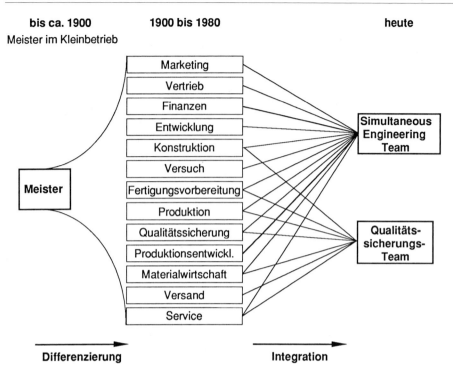

Bild 4.2-1:   Von der Integration in „all-round"-Menschen zur Integration der Spezialisten

4.2.2.2   Entwicklung des wissenschaftlichen Weltbildes

Eine dementsprechende Änderung des Denkleitbildes hat in der Wissenschaft schon mit Beginn des 20. Jahrhunderts begonnen.

Die früher vorherrschende Wissenschaftsauffassung und die dabei angewandten Methoden kann man unter dem **„Paradigma** oder **Leitbild der Elementarisierung"** (in **Bild 4.2-2** links) zusammenfassen. Die überaus erfolgreiche Entwicklung der Naturwissenschaften und der Technik ist auf diese Leitsätze, die implizit mindestens bis Descartes verfolgbar sind, zurückzuführen: Die reale Welt wird, beschränkt auf ihre meß- und zählbaren Eigenschaften, in Elemente zerlegt. Man hoffte, das so in seine Elemente zerlegte Ganze wieder aus den untersuchten Elementen aufbauen und verstehen zu können [15/4].

Heute ist man bescheidener geworden und ahnt, daß die Komplexität der Welt von uns nur unter bestimmten Aspekten und teilweise verstanden werden kann. Beispiele dafür liefern die Umweltproblematik, psychologische und wirtschaftliche Entwicklungen. Zudem ist das frühere Wissenschaftsverständnis voll auf die Analyse, d. h. die Eigenschaftserkenntnis, ausgerichtet. Synthesemethoden, also Methoden, um gezielt Neues zu schaffen, welches nicht durch einfache Kombination von Elementen entsteht, sind bei diesem Denken unterentwickelt geblieben. Die Schöpfer der Konstruktionsmethodik faszinierte besonders immer wieder eine Theorie: Die Methodik sollte aufgebaut sein wie das chemische System der Elemente oder die Physik. Wenn sich auch viel Neues sogar durch Kombination und Variation erzeugen läßt, so steht dem doch das Entstehen des „Unerwarteten", „ganz Anderen" im kreativen Akt entgegen. Auch bei der Entwicklung des rechnergestützten Konstruierens wurde oft angenommen, daß das menschliche Denken langfristig voll verstanden und mit dem Computer simuliert werden kann. Dazu müßte dann die Konstruktionsmethodik wie die Mathematik auf wenige Axiome aufgebaut sein, aus denen eine zwangsläufige einheitliche Lehre abgeleitet werden kann.

Paradigma der Elementarisierung ➤	Paradigma der Integration
– **Abstraktion von Eigenschaften** zur Komplexitätsreduktion.	– **Ganzheitlich** mehrere Wissensbereiche integrierend.
– Betrachtung nur von Elementen des Ganzen **(Elementarisierung)**. Das Ganze wird aus den Elementen aufgebaut und ist daraus verständlich.	– **Systembezogen** statt nur eng produktbezogen.
– **Naturwissenschaftliche** Bearbeitung von meß- und zählbaren Eigenschaften.	– Auf den Menschen, seine Umwelt und die dadurch gegebenen **Werte bezogen**.
– Wesentlich ist die Eigenschaftsermittlung aus der (exakten) **Analyse**.	– Auf den **Lebenslauf** der Produkte und Prozesse bezogen.
	– Auf die **Synthese** statt nur auf die Analyse von Systemen bezogen.

Bild 4.2-2:   Paradigmenwechsel in den Ingenieurwissenschaften (z. T. nach Ropohl [15/4])

Die hier behandelten integrierenden Methoden haben das „**Leitbild der Integration**" als Basis (in Bild 4.2-2 rechts). Es wird versucht, ganzheitlich, unter Einbeziehung mehrerer Wissensbereiche, also interdisziplinär, vorzugehen und die Synthese mehr ins Blickfeld zu rücken. Wie weit das gelingt, ist offen. Herbert Simon schreibt in seinem Buch „The Science of the Artificial": „Science is the study of what is. Engineering is the creation of what is to be!".

Diese Unterscheidung der vorherrschenden Denkrichtungen heißt natürlich nicht, daß etwa unter dem Paradigma der Integration die sorgfältige Eigenschaftsanalyse von Produkten oder Prozessen unbedeutend geworden sei. Die Bedeutung der Analyse für die Synthese von Produkten ist gerade durch die Untersuchung realer Konstruktionsprozesse herausgearbeitet worden [16/4].

Die angedeutete technik- und wissenschaftsgeschichtliche Entwicklung ist auch eine Begründung dafür, daß der Schwerpunkt im Spannungsfeld „Arbeitsteilung – Integration" heute mehr in Richtung Integration verschoben werden sollte. Die Notwendigkeit einer verstärkten Integration der Produkterstellung kann man aber auch aus einer Analyse der Informationsflüsse bei der Produkterstellung ableiten.

4.2.3   Begründung integrierter Produkterstellung aus dem Informations- fluß

Beim Produkterstellungsprozeß ist ganz wesentlich, daß für Entscheidungen die richtigen Informationen zum rechten Zeitpunkt zur Verfügung stehen. In Kapitel 4.1.7 wurde gezeigt, welche Probleme bei der Produkterstellung auftreten können, wenn Informationen fehlen, die aufgrund der Sachlogik benötigt werden.

4.2.3.1   Arten und Organisation des Informationsflusses

Produkte wirken, nachdem sie ihren Produkterstellungsprozeß durchlaufen haben und dabei mannigfaltige Informationen in sie eingeflossen sind, durch ihre Eigenschaften auf den Nutzer. Bei einem Pkw als stofflichem Gebilde sind Eigenschaften, wie eine gute Beschleunigung oder die Geräumigkeit, in dem vorausgegangenen Informationsprozeß festgelegt worden. Die Geräumigkeit wird z. B. als Anforderung **definiert**, wird in Form von CAD-Daten bei der Karosserieentwicklung **festgelegt,** wird dann u. U. über NC-Daten in Preßwerkzeugen bereits stofflich **realisiert** und **wirkt** sich nach der Produktion des Pkw beim Fahrer, als Betroffenem, unmittelbar körperlich aus.

An diesem Beispiel sieht man, daß der Informationsfluß sich in seiner Qualität ändert. Es gibt Stellen, die Informationen festlegen, indem sie ursächlich für Produkteigenschaften verantwortlich sind (hier die Konstruktion), es gibt Stellen, die Informationen realisieren (hier die Karosseriefertigung), und es gibt Adressaten oder von der Information Betroffene (hier der Fahrer oder die Fahrerin). Damit aber Eigenschaften wie Funktion, Sicherheit, Produktionsverhalten, Mensch/Maschineverhalten, Umweltverhalten und Kosten entsprechend den Anforderungen des Nutzers und des Unternehmens „richtig" festgelegt werden können, ist nicht nur ein **Informationsvorfluß** in Richtung der Produkterstellung zu organisieren, sondern auch der **Informationsrückfluß** (feed back), z. B. von ähnlichen Vorläuferprodukten, zur Produktdefinition.

Bild 4.2-3 zeigt den für die Produktdefinition notwendigen Informationsrückfluß schematisch. Während die Produkteigenschaften in den ersten Phasen des Produktlebenslaufs, also in der Planung und in der Konstruktion, am stärksten beeinflußt werden können und der Änderungsaufwand da noch am geringsten ist, ist im allgemeinen die Erkenntnismöglichkeit über die festzulegenden Produkteigenschaften gerade in diesen Phasen am geringsten. Die Erkenntnis über den Erfolg eines Produkts, die für den Hersteller wichtigste Eigenschaft, wird erst im Lauf der Nutzung gewonnen. Durch Informationsrückfluß aus früheren ähnlichen Produkten (Produkt 1) kann das Erkenntnisniveau in den frühen Phasen angehoben werden, so daß ein Teil der Produkteigenschaften für das bearbeitete Produkt 2 realistisch vorausgesagt werden kann.

Der Synthese-Treibende muß die Auswirkungen seiner Festlegungen analysieren können, um im Sinne eines Regelkreises bzw. einer Rückkopplung möglichst unmittelbar Korrekturen vornehmen zu können. Früher hat man zeitlich **lange Regelkreise** in Kauf genommen: Man hat den Pkw gebaut, sich hinein gesetzt und dann die unbequem engen Stellen geändert. Heute strebt man im Interesse der Zeiteinsparung **kurze Regelkreise**

Produkt 1

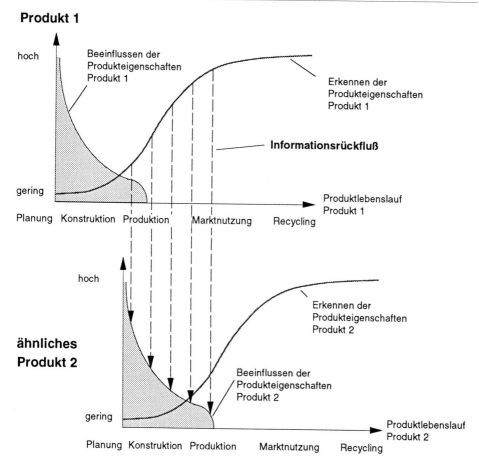

Bild 4.2-3: Ganz am Anfang kann ein Produkt noch leicht geändert werden. Es fehlt aber die Erkenntnis der zukünftigen Eigenschaften (Crux der Konstruktion!). Ein Informationsrückfluß von früheren ähnlichen Produkten (Produkt 1) muß für das bearbeitete Produkt 2 organisiert werden.

an: Man nutzt CAD im obigen Fall der Pkw-Entwicklung und berechnet die Abstände: Die Geräumigkeit wird simuliert. So komfortabel quantitativ berechenbar, wie bei dieser Eigenschaftsfrüherkennung, sind aber die wenigsten Produkteigenschaften. Die meisten müssen durch persönliche Diskussion mit den entsprechenden Fachleuten, zunächst vornehmlich qualitativ, nach Zielsetzung und Auswirkung durchgesprochen werden. Dafür müssen der Produktdefinition aus allen nachfolgenden Stationen (**Bild 4.2-4**) des Lebenslaufes Informationen zufließen. So muß z. B. im Kontakt mit der Fertigung geklärt werden, wie im einzelnen gefertigt wird, welche Genauigkeiten erzielbar oder welche Werkzeuge und Vorrichtungen verfügbar sind. Andernfalls kann der Konstrukteur nicht fertigungsgerecht konstruieren.

Der Informationsvorfluß von Abteilung zu Abteilung ist in Bild 4.2-4 durch einen dikken Pfeil symbolisiert. Er muß zustande kommen, da sonst kein Produkt erstellt werden

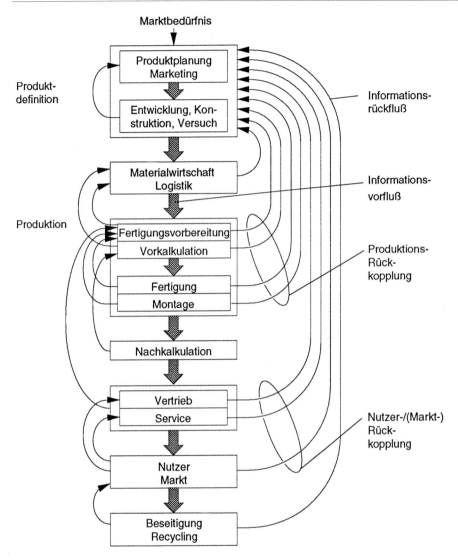

Bild 4.2-4:   Der Produktlebenslauf mit Informationsrückflüssen bzw. Regelkreisen

kann. Rückwärts müssen die Informationen (dünne Pfeile) im Idealfall schon am Anfang des Produkterstellungsprozesses beim ersten Festlegen von Produkteigenschaften fließen. Ansonsten werden vorher fehlende Informationsrückflüsse später erzwungen, da aufgrund von Mängeln Nachbesserungen erforderlich werden (ungeplante Iterationen).

Besonders wichtig für die Produktdefinition sind die Produktions- und die Nutzer-Rückkopplung. Mit der ersten werden kostengünstige, mit der zweiten marktfähige Produkte geschaffen. Für diese rückwärtsgerichteten Informationsflüsse gibt es im wesentlichen drei Möglichkeiten: den Informationsrückfluß durch Personen (Berater, Teamarbeit, Job Rotation), den durch Papier und den durch EDV.

Verringert man nun die Zahl der Schnittstellen, indem man den Informationsfluß direkt von Mitarbeiter zu Mitarbeiter im Sinne von Bild 4.2-1 im Team (z. B. Simultaneous Engineering) ermöglicht, so entfallen viele „Informationstransporte" und Dokumente. Zudem spart man damit Zeit und Kosten. Dies zeigt der Vergleich von **Bild 4.2-5** mit Bild 4.2-4. Die Informationen fließen schnell und effektiv auf direktem Weg zwischen den Fachleuten. Der Großteil der äußeren, bewußt zu organisierenden Informationsrückflüsse, ist weggefallen. Es bleibt im wesentlichen die Rückkopplung vom Nutzer bzw. Markt übrig. „Lange" Regelkreise sind zu „kurzen" geworden.

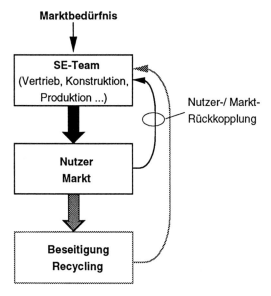

Bild 4.2-5: Das SE-Team reduziert die Vielfalt der nach außen auftretenden Informationsregelkreise praktisch auf den Nutzer-/Markt-Regelkreis

4.2.3.2 Folgen der schnittstellenbedingten Informationsverarbeitung

Die Folgen einer schnittstellenbedingten Informationsverarbeitung müssen nicht unbedingt negativ sein. So nimmt die **wertschöpfende Arbeitsleistung pro Person** bei einem fruchtbar arbeitenden Team durch Synergieeffekte sicher gegenüber der Einzelarbeit zu (**Bild 4.2-6**). Bei weiter zunehmender Arbeitsteilung kann allerdings die Arbeitsleistung wegen innerer Reibungsverluste zur gegenseitigen Information wieder abnehmen. Das kann so weit gehen, daß eine bürokratische Organisation nur noch mit sich selbst beschäftigt ist („Parkinson-Effekt"). Es gibt nur wenige Untersuchungen über die durch Arbeitsteilung bzw. Schnittstellen bedingten Kosten- und Zeitaufwände. Meist sind es Abschätzungen oder Fallbeispiele. Die Unternehmensberatung Arthur D. Little schätzt, daß in der Praxis bis zu 1/3 der Selbstkosten eines Unternehmens durch den Aufwand zur Überwindung der Abteilungsschnittstellen anfallen [17/4].

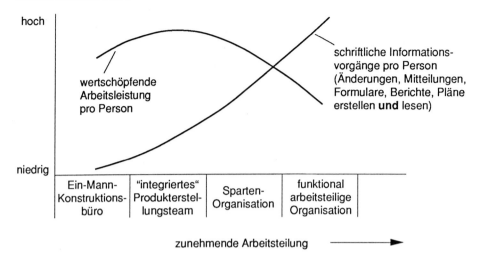

Bild 4.2-6:   Je stärker die formale Arbeitsteilung, um so mehr Arbeitsleistung muß zur gegenseitigen
Information aufgewendet werden („Informationslogistik")

Die unproduktiven **Übertragungs-, Liege-** und **Einarbeitungszeiten** an den Schnittstellen der Auftragsbearbeitung werden zu 70% bis über 90% der gesamten Durchlaufzeit eines Auftrags geschätzt [18/4; 19/4]. Dies entspricht Untersuchungen im Fertigungsbereich, nach denen die Liegezeiten der Werkstücke in der Gegend von 90% betragen. Nur rund 10% ist Bearbeitungszeit.

Einen Mangel an Informationsaustausch kann man an der **Änderungshäufigkeit** der Produktdokumente erkennen. Der Informationsaustausch gestaltet sich jedoch selten auch nur annähernd ideal, wie man an den meisten Abläufen der Produkterstellung ablesen kann. **Bild 4.2-7** zeigt links den stark ausgezogenen, treppenförmigen idealen Ablauf der Produkterstellung ohne Änderungen. Durch das übliche, unkoordinierte Aneinandervorbeiarbeiten ergeben sich aber laufend in allen Abteilungen Änderungen, die ein erneutes Überarbeiten mit entsprechender Zeit- und Kostenauswirkung nötig machen.

Bei innovativer Produktentwicklung ist allerdings durch den iterativen Entwicklungsprozeß („trial and error") ein gewisser Änderungsaufwand unvermeidbar [16/4]. Der größte Teil der Änderungen wird aber durch Planungsschlamperei und dadurch bedingten Zeitdruck verursacht (ungeplante Iteration). Wenn die Zeit knapp ist, unterbleiben sogar manche Überarbeitungen, worunter die Qualität leidet.

Prozeßkosten-Untersuchungen für die **Zeichnungserstellung oder für Zeichnungsänderungen** wurden schon öfters durchgeführt. Je nach Größe bzw. Schnittstellenzahl des betroffenen Unternehmens sind Kosten von einigen hundert bis einigen tausend DM pro Bauteil ermittelt worden (Bild 9.4-1), [20/4]. Die Erhaltung und Änderungen am Dokument kann noch mal ein mehrfaches dieser Erstellungskosten betragen. Nach VDMA (Kapitel 5.2.2.3) beträgt der Aufwand für Änderungen 15,6% des gesamten Aufwandes in Entwicklung und Konstruktion. 30% davon werden allein zur Fehlerbereinigung benötigt. Bullinger [21/4] berichtet aufgrund einer Umfrage, daß sogar rund ein Drittel des ganzen Entwicklungs- und Konstruktionsaufwandes durch vermeidbare Änderungen verursacht werde. Es gibt Firmen, die bei Änderungen zur Kosteneinsparung einen „Malus" von DM 3000.- vorgeben, der durch die Einsparung mindestens wettgemacht werden muß.

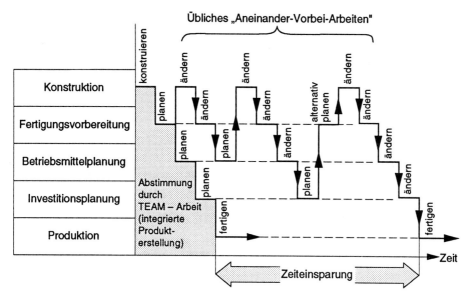

Bild 4.2-7:   Beim Erarbeiten der Fertigungsunterlagen lohnt sich Teamarbeit. Die abgestimmte Informationsverarbeitung erspart das wiederholte Ändern und damit Zeit und Kosten (nach K. W. Witte).

Zusammenfassend kann man sagen, daß durch integrative Maßnahmen zur Reduzierung der Zahl und Auswirkung der Schnittstellen Zeit und Kosten effektiv gesenkt werden können. So waren bei einem Maschinenbauunternehmen vor Einführung der Fertigungsberatung, eine Methode der organisatorischen Integration (Bild 4.2-8), zwischen 50 und 60% der DIN A0 und A1-Zeichnungen zu ändern, danach nur noch 10%.

4.2.4   Methodensystem für die integrierte Produkterstellung

Ähnlich wie der Prozeß der Produkterstellung bei komplexen Produkten (z. B. Werkzeugmaschinen, Textilmaschinen, Pkw) selbst wieder komplex ist, so ist auch die Methodik, Personen mit ihren Informationen zur ganzheitlichen Produktoptimierung und -erstellung zusammenzuführen, nicht einfach.

Es handelt sich also um ein **„Methodensystem zur Zielorientierung und Zusammenarbeit von Menschen, die Produkte erstellen".** Bekannt geworden sind dafür **integrierende Vorgehensweisen,** wie Simultaneous Engineering und Qualitätsmanagement (Kapitel 4.4), die selbst wieder aus Einzelmethoden (Kapitel 4.3) aufgebaut sind. Solche Einzelmethoden sind z. B. Teamarbeit (Kapitel 4.3.3) und Projektmanagement (Kapitel 4.3.4), ferner eine große Zahl von Methoden, wie sie in **Bild 4.2-8** aufgeführt sind. In Kapitel 6.2 und 6.3 ist mit der **IP-Methodik** ein ganzheitliches Methodensystem ausgehend von der Konstruktionsmethodik dargestellt, das vom Ansatz her für die gesamte Produkterstellung geeignet ist. Die Gesamtheit der Methoden (die Methodensysteme) sind also nicht einheitlich, sondern sind aus unterschiedlichen Notwendigkeiten und Sichtweisen in der Praxis entstanden. So entstanden z. B. :

– **Simultaneous** und **Concurrent Engineering** zur Verkürzung der Produkterstellungszeiten,
– **Qualitätsmanagement** oder Total Quality Management (TQM), z. B. mit Quality Function Deployment (QFD), aus Gründen der Qualitätssicherung,
– **Target Costing** zur Verringerung der Herstell- und Produktgesamtkosten (lifecyclecosts).

Da es sich bei Qualität, Zeit und Kosten um gekoppelte Querschnittsanforderungen handelt, wirken die Vorgehensweisen ganzheitlich. Simultaneous Engineering z. B. verringert nicht nur Zeitabläufe, sondern auch Kosten und wirkt qualitätssteigernd. Es ist vorstellbar, daß noch andere Vorgehensweisen für andere Querschnittsanforderungen entstehen, beispielsweise für Produkte mit minimalen Gesamtenergieverbrauch für Erstellung, Nutzung und Entsorgung.

Arten und Methoden der Integration

In Bild 4.2-8 wird versucht, die vielfältigen Arten, Vorgehensweisen, Methoden und Hilfsmittel, die zur Überwindung der Nachteile der Arbeitsteilung und Spezialisierung beitragen, zu ordnen. Wegen der vielfältigen Aspekte und Sichtweisen gelingt das natürlich nur zum Teil.

Als **übergeordnete Arten der Integration** werden die persönliche, die informatorische und die organisatorische Integration unterschieden.

– Die **persönliche Integration** ist sicher am wichtigsten. Sie zielt darauf ab, Spezialisten mit dem Verständnis eines Generalisten auszustatten, der sich aufgrund gemeinsam erarbeiteter Ziele in seinem Bereich unternehmerisch engagiert (Kapitel 4.2.2).

– Die **informatorische Integration** hat wegen der Bedeutung der Information (Kapitel 4.2.3) am meisten Ausprägungen. Im Hinblick auf die Kundenausrichtung der Unternehmen ist sicher die **Integration des Kunden** vorrangig. Das wird unter der Aufgabenintegration von Vorgehensweisen wie Qualitätsmanagement und Target Costing (Kapitel 9.3.3) ebenfalls intensiv verfolgt. **Aufgabenintegration** bedeutet, daß eine Person oder Gruppe, die von ihr verantworteten (durchgeführten) Aufgaben um solche bisher an den Systemrändern gelegenen erweitert. Beispiele sind Gruppenarbeit in der Fertigung (Ausführung und Planung) oder Übernahme der NC-Programmierung durch die Konstruktion. Hierzu gehört auch die Teamarbeit (Kapitel 4.3.3). Bekannt geworden ist die **Datenintegration** durch CIM und die

Elemente und Methoden der integrierten Produkterstellung

1 Persönliche Integration

1.1 Integration der Leistungsbereitschaft
- Gemeinsames Wollen
- Motivation

1.2 Integration der Ziele
- Kooperation, Führung und Mitarbeiter auf gemeinsam erarbeitete Ziele
- Mitarbeiter-Beteiligung
- Erfolgsorientierte Bezahlung

1.3 Integratives Wissen
- Ausbildung z.T. als Generalist
- Systemtechnisches Wissen
- Weiterbildung
- Job-Rotation

2 Informatorische Integration

2.1 Integration der Kunden
- Einbezug der Kunden in die Produktentwicklung
- Kooperation mit Pilotkunden
- Beteiligung von Kunden am Unternehmen

2.2 Aufgabenintegration
- Qualitätsmanagement TQM mit QFD
- Target Costing, Zielkost.gest. Konstruktion
- Arbeitsanreicherung, Fertigungsinseln
- Gruppen-/Teamarbeit
- Reengineering
- Planung u. Ausführung in einer Person

2.3 Methodenintegration
- Nutzung übergreifender Methoden (Konstruktionsmethodik, IP-Methodik, WA)
- Verwendung einheitlicher Begriffe
- Systemtechnik

2.4 Integrative Eigenschaftsfrüherkennung
- Simulation, Virtual Reality
- Rapid Prototyping

2.5 Datenintegration
- CIM; CAD/CAM; CAD/CAQ
- Rechnerintegrierte Entwicklung (CID)
- Produktmodell, Produktlogik

3 Organisatorische Integration

3.1 Aufbauintegration
- Produktorientierte Organisation (Spartenorg., Profit-Center, Segmentierung)
- Flache Hierarchien
- Verantwortungsdelegation

3.2 Ablaufintegration
- Parallelisierung von Tätigkeiten
- Projektmanagement
- Concurrent Engineering
- Simultaneous Engineering
- Fertigungs- u. Kostenberatung
- Kooperation mit Systemlieferanten
- Wertanalyse
- Qualitätszirkel
- Freigabebesprechung, Design Review
- FMEA, DFA, DFM
- Konstruktionsbegleitende Kalkulation

3.3 Örtliche Integration
- Gemeinsame Arbeitsräume
- Entwicklungs-Zentren
- Segmentierung

Bereich 2.2 weiter:
- KVP, KAIZEN, Verbesserungswesen

Bild 4.2-8:   Arten und Methoden der Integration

rechnerintegrierte Produktentwicklung (CID, Computer Integrated Development [22/4]) und das Arbeiten mit einem Produktmodell.

- Unter die **organisatorische Integration** fällt die **Aufbauintegration**. Diese umfaßt Organisationsformen, die entsprechend der Produkterstellung produktspezifisch gestaltet werden (Kapitel 4.3.1, z. B. Spartenorganisation, Profit Center) und flache Hierarchien mit Verantwortungsdelegation nach unten aufweisen.

Für die **Ablaufintegration** gibt es eine Vielzahl von Vorgehensweisen: Simultaneous Engineering (Kapitel 4.4.1); Wertanalyse (Kapitel 9.3.2) und Methoden (Projektmanagement (Kapitel 4.3.4); Fertigungs- und Kostenberatung (Kapitel 9.3.1); Freigabebesprechungen und Design-Review. Ferner kann man der Ablaufintegration Hilfsmittel, wie z. B. die FMEA (Kapitel 7.8.1), zuordnen.

Von Bedeutung ist auch die **örtliche Integration** unterschiedlicher Abteilungen in gemeinsamen Büroräumen bzw. in Entwicklungs-Center (z. B. FIZ: Forschungs- und Ingenieur-Zentrum von BMW). Die Wahrscheinlichkeit der Kommunikation zweier Mitarbeiter pro Tag verringert sich auf ein Fünftel, wenn die Arbeitsplätze statt 3 m eine Entfernung von 30 m haben (Bild 7.10-2[23/4]). Ein bewährtes Mittel zur Kostensenkung ist deshalb das Zusammenlegen von Konstruktion, Fertigungsvorbereitung und Kalkulation in ein Büro.

4.3 Organisatorische Methoden der integrierten Produkterstellung

Aus der Vielfalt der Elemente und Methoden der integrierten Produkterstellung aus Bild 4.2-8 sollen nachfolgend einige wesentliche Methoden näher besprochen werden.

4.3.1 Produktbezogene Aufbauorganisation

In Kapitel 4.1.4 werden Formen der konventionellen funktionellen Aufbauorganisation gezeigt. Da dort die „Linien" Vertrieb, Konstruktion und Produktion jeweils für viele Produkte zuständig sein können, sind meist die Verantwortlichkeit und die Motivation für den Erfolg **einer** Produktart nur schwach ausgeprägt. Zudem lassen sich die Kosten nur ungenau auf die jeweiligen Produkte verrechnen.

Eine sehr effiziente Alternative stellt die **produktbezogene Organisation** (Spartenorganisation; Profit Center) dar (**Bild 4.3-1** rechts). Bei ihr sind die Organisationseinheiten unter dem Vorstand nach Produkten oder Produktgruppen orientiert. Das gibt erfahrungsgemäß ein stärkeres Zusammengehörigkeits- und Erfolgsgefühl als die Funktionsorientierung. Der angestrebte Erfolg „ihres" Produkts integriert die arbeitsteilig tätigen Personen mehr als die Tatsache, gemeinsam z. B. in einer großen Konstruktionsabteilung zu arbeiten, in der die unterschiedlichsten Produkte konstruiert werden. Deshalb gehen immer mehr funktional organisierte Unternehmen zur Spartenorganisation über.

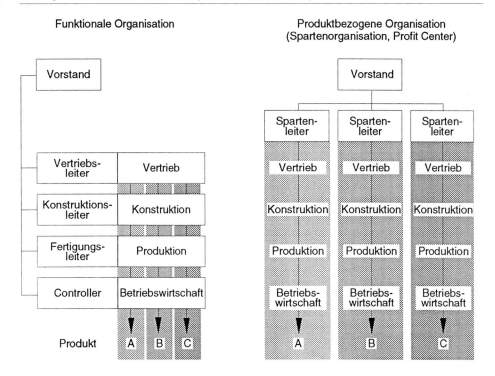

Bild 4.3-1: Unterschied zwischen funktionaler und produktbezogener Organisation

Eine Mischform zwischen der Gliederung nach Funktions und Produktbereichen ist die in **Bild 4.3-2** gezeigte **Matrix-Organisation**, die in vielen Unternehmen verwirklicht ist. Hier gibt es Produktverantwortliche bzw. Projektmanager, deren Aufgabe es ist, für ein Produkt, das in mehreren Funktionsabteilungen bearbeitet wird, den Erstellungsprozeß zu koordinieren. Daneben gibt es Funktionsbereichsleiter, wie z. B. einen Konstruktionsleiter, in dessen Büro dann viele Produktarten bearbeitet werden. Wenn das Betriebsklima, z. B. wegen Kompetenz- und Machtansprüchen, nicht stimmt, können aufgrund von Mehrfachunterstellungen und Entscheidungsunklarheiten Probleme entstehen. Eine Grundregel der Organisation heißt: „Es kann nur **eine** Person verantwortlich sein". Demgegenüber können Konflikte zwischen Linien- und Projektverantwortlichen auch fruchtbar sein, wenn ein gemeinsames Ziel wie der Produkterfolg koordinierend wirkt. Wirkt ein Manager nur zeitlich begrenzt verantwortlich für ein Projekt, so ist der Übergang zum Projektmanagement angedeutet (Kapitel 4.3.4).

Eine andere Methode zur organisatorischen Integration der Aufbauorganisation ist die **Verantwortungsdelegation**. Das Mitarbeiterpotential eines Unternehmens kann besser zur Wirkung kommen, wenn entsprechend **Bild 4.3-3** eine Organisationsform mehr im Sinne einer **vernetzten Regelkreispyramide,** denn als tayloristisch zentralgesteuertes Uhrwerk, realisiert wird. Die Gruppen regeln sich dann selbst im Rahmen der Führungsgrößen (Rahmenbedingungen) der jeweils übergeordneten Instanz (Bild 4.3-9). Dabei sieht das Subsidiaritätsprinzip[1] vor, daß der übergeordnete Regelkreis nur das tut und vorgibt, was der untergeordnete nicht kann. Eine solche Vertrauensorganisation mit wenig Kontrolle ist erfolgreicher als eine Organisation nach dem Motto „Vertrauen ist gut, Kontrolle ist besser" (Mißtrauensorganisation). Flexibilität im Umgang und informelle Kontakte sind fruchtbarer als das Durchsetzen einer strikten Ordnung, bei der jeder nur genau das tut, was ihm vorgeschrieben ist. Mitarbeiter an der Basis wissen oft viel besser, was zweckmäßig ist, als in der Hierarchie Höherstehende. Deshalb sollte man ihnen die Möglichkeit geben, kreativ zu sein.

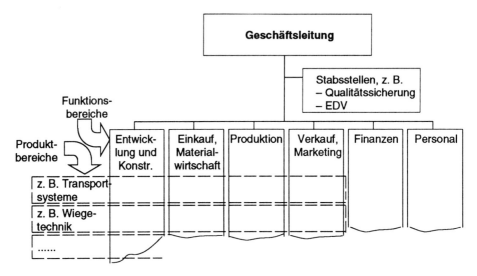

Bild 4.3-2:   Matrix-Organisation bei einem Maschinenbauunternehmen

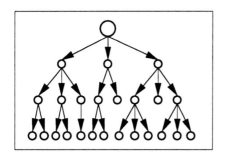

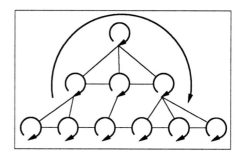

Zentral gesteuertes,   Unternehmen als **Regelkreispyramide**
„planwirtschaftliches" Unternehmen   mit informeller, vernetzter Querkommunikation

Bild 4.3-3:   Herkömmliche Organisationsform eines Unternehmens und Organisation nach dem Subsidiaritätsprinzip

---

[1]   subsidium (lat.): Beistand, Rückhalt, Unterstützung

4.3.2 Methoden der Ablauforganisation

Die in Bild 4.2-8 aufgelisteten Möglichkeiten der Ablaufintegration haben unterschiedlich starke integrative Wirkung. Drei davon, die im Schwerpunkt die Konstruktion, die Produktion, die Kalkulation und den Vertrieb betreffen, sind in **Bild 4.3-4** vergleichend gegenübergestellt. Von a) nach d) nimmt der Grad der Integration zu. Die übliche funktionelle Aufbauorganisation kann erhalten bleiben.

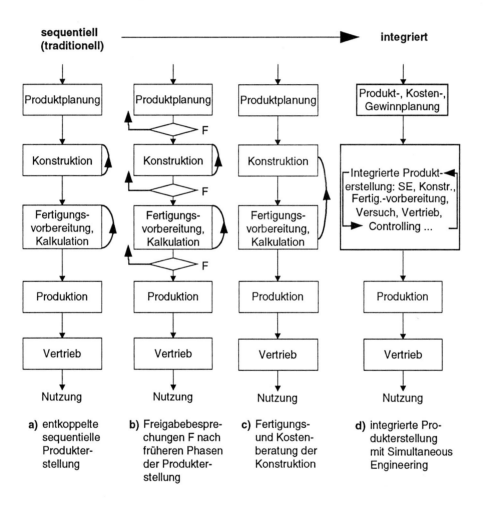

Bild 4.3-4:   Vier Formen der Produkterstellung (mit von a nach d zunehmender Integration im Sinne kurzer Regelkreise) [24/4]

– Links in **Bild 4.3-4a** ist der **traditionelle, sequentiell ablaufende Prozeß** gezeigt. Es sind allenfalls Regelkreise innerhalb der einzelnen Abteilungen vorhanden. Zeiten, Kosten und Qualität sind nicht befriedigend. Doppelarbeit und wiederholter Entwicklungsbeginn sind die Regel.

– Bei **Bild 4.3-4b** sind nach den frühen Phasen der Produkterstellung **Freigabebesprechungen** zwischengeschaltet, an denen alle das Produkt beeinflussenden Abteilungen teilnehmen (Design-Review). Dies kann auch detaillierter innerhalb der Konstruktion z. B. nach der Konzept- und der Entwurfsphase geschehen (Bild 6.5-1). Zweckmäßig ist es, wenn die Zeichnungen von der Fertigungsvorbereitung mit einem Freigabevermerk abgezeichnet werden. So werden zeitaufwendige Änderungen zur fertigungs-, montage- und kostengünstigen Konstruktion rechtzeitig vermieden.

Eine ähnlich wirkungsvolle Maßnahme ist (vgl. Kapitel 4.2.4), Konstruktion, Fertigungsvorbereitung, Kalkulation und Einkauf **örtlich zusammenzufassen**, um die Kommunikation zwischen den Abteilungen zu verstärken (Bild 4.2-8).

– Bei **Bild 4.3-4c** wird eine frühe Einbindung der Fertigung und Kalkulation (u. U. des Einkaufs) in die Konstruktion durch die **Fertigungs- und Kostenberatung** erreicht [20/4] (Kapitel 9.3.1). Dies ist vor allem dort vorteilhaft, wo Produkte in ihrer prinzipiellen Lösung lange Zeit gleich bleiben und Anpassungs- sowie Variantenkonstruktion vorherrschen. Hier ergeben sich dann hauptsächlich fertigungstechnische Probleme, wofür Vertrieb und Marketing nicht unbedingt eingebunden werden müssen. Das ist oft bei Investitionsgütern wie z. B. Getrieben, Turbinen oder Kompressoren der Fall.

Eine **alternative Möglichkeit** zu Bild 4.3-4c fertigungsgerechte bzw. kostengünstige Produkte zu realisieren, besteht darin, die **Schnittstelle** zwischen Konstruktion und Fertigungsvorbereitung geeignet zu verändern. Dies ist eine Maßnahme der Aufgabenintegration nach Bild 4.2-8 vor allem in kleineren Unternehmen:

• Die **Konstruktion** nimmt in ihrem Bereich Fertigungsvorbereiter oder NC-Programmierer auf und **erstellt Fertigungspläne bzw. NC-Programme** selbst. Damit ist das Know-how der Fertigungsvorbereitung rechtzeitig vorhanden. Ähnliches ist möglich für die Montage z. B. durch Montagevorranggraphen.

• Umgekehrt wurde von Linner [25/4] gemeinsam mit Firmen erprobt, das **Ausarbeiten von der Fertigungsvorbereitung** durchführen zu lassen. Dazu wurden von der Konstruktion funktionswichtige Wirkflächen, Maße, Werkstoffe u. dgl. als unveränderlich markiert und so für die fertigungsgerechte Gestaltung Freiräume eröffnet. Ähnliches ist mit Zulieferanten möglich.

In beiden Fällen muß eine gegenseitige Abstimmung erfolgen, so daß die Verantwortung für das Produkt bzw. die Produktion vom jeweiligen Bereich getragen werden kann.

– Eine besonders intensive Form der Integration (**Bild 4.3-4d**) ist das **Simultaneous Engineering** (SE, Kapitel 4.4.1) Die Integration kann beim SE so weit gehen, daß nicht nur Modell-, Prototyp- und Nullserienproduktion, sondern auch Versuche von diesem Team in einem Entwicklungslabor oder einer Entwicklungswerkstatt durchgeführt werden. Dabei strebt man eine Parallelisierung der Arbeitsabläufe an. Die Integration umfaßt dabei die Produktions- und Vertriebsentwicklung, wenn in diesen Bereichen neue Strukturen zweckmäßig sind. So muß z. B. bei neuen Serienprodukten auch die Montage neu gestaltet werden.

Eine weitere Methode der Ablaufintegration, die **Parallelisierung der Arbeitsabläufe** vom Entwicklungsauftrag bis zur Freigabe des Produkts, ist schematisch im Vergleich zur sequentiellen Ablauforganisation in **Bild 4.3-5** dargestellt. Sie ermöglicht große Zeit- und Kosteneinsparungen, wobei Arbeiten teilweise mit vorläufigen Annahmen begonnen und u. U. im Verlauf der Arbeit wieder geändert werden müssen. Diese „Annahmekorrekturen" sind erfahrungsgemäß aber zeit- und kostengünstiger als die früher üblichen ungeplanten „Nachbesserungen".

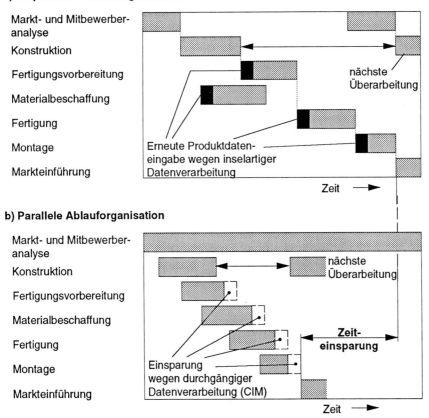

Bild 4.3-5: Zeiteinsparung durch Parallelisierung der Arbeiten im Vergleich zu konventioneller Produkterstellung (oben)

4.3.3 Gruppen- und Teamarbeit

Die Gruppen- und Teamarbeit ist als Aufgabenintegration sowohl eine informatorische Integration, wie auch als Bestandteil von SE (Kapitel 4.3.2) ein Mittel zur organisatorischen Integration.

4.3.3.1   Was versteht man unter einer Gruppe, was unter einem Team?

Unter einer **Gruppe** versteht man mehrere Personen, die sach- oder prozeßbezogen zusammenarbeiten. Gruppen können im Rahmen der Produkterstellung z. B.

– funktions- oder baugruppenorientiert (z. B. Antriebs-, Steuerungsgruppe),
– eigenschaftsorientiert (z. B. Schwingungs-, Kostengruppe) oder
– phasenorientiert (z. B. Entwurfs-, Detaillierungsgruppe) ausgerichtet sein.

Ist die Gruppe zielorientiert mit der Bewältigung einer gemeinsamen Aufgabe beschäftigt, so spricht man von einem **Team**[1]. Teams werden ad hoc zur Lösung eines bestimmten Problems gebildet und bleiben meist nur zeitlich befristet bestehen. Häufig verfügen sie über eine interdisziplinäre, fachübergreifende Zusammensetzung, nur selten sind sie monodisziplinär aufgebaut. Teamarbeit ist dort zweckmäßig, wo neuartige, komplexe Aufgaben zu lösen sind.

4.3.3.2   Vorteile und Anwendungsbereiche von Gruppenarbeit

Vorteile von Gruppen- und Teamarbeit, insbesondere der interdisziplinären Teamarbeit, gegenüber Einzelarbeit sind die höhere Quantität und Qualität von Ideen und Meinungen, das größere Wissen und die breitere Urteilsbasis. Durch die Koordination der verschiedenen Fähigkeiten und Erfahrungen können Irrtumsausgleichsmechanismen entwickelt und Interessensausgleiche erreicht werden [27/4]. Bei der Teamarbeit sind erfahrungsgemäß durch das gemeinsame zielgerichtete Arbeiten mehr Personen informiert und für die weitere Verwirklichung gemeinsam geschaffener Lösungen motiviert. Liege- und Einarbeitungszeiten sind dann im allgemeinen geringer.

Die interdisziplinäre Teamarbeit hat sich z. B. bei der Beschleunigung des methodischen Konstruierens in folgenden Bereichen bewährt:

– Bei der **Aufgabenklärung**, die einzelnen bringen unterschiedliche Erfahrungen ein.
– Zur **ersten Lösungssuche**; das intensive methodische Durcharbeiten muß dagegen in Einzelarbeit erledigt werden.
– Bei **Auswahl und Endprüfung von Lösungen und Entwürfen**, z. B. bei der Freigabebesprechung für neue Lösungen. Hier ist die Beteiligung aller zur Produkterstellung beitragenden Abteilungen für den Produkterfolg besonders wichtig.

Meist kommen die oben aufgezählten Vorteile der Teamarbeit nicht voll zum Tragen, da sich die gemeinsame Arbeit oft schwierig gestaltet.

4.3.3.3   Probleme bei Teamarbeit

Probleme bei der Teamarbeit können dadurch entstehen, daß die Mitarbeiter bezüglich **sozialer Kompetenzen** zu wenig geschult sind und sich schwer tun, die Barrieren unter-

---

[1]   Die Bezeichnungen Team und Projektgruppe werden oft gleichwertig verwendet. Der Teamleiter entspricht dem Projektleiter (Kapitel 4.3.4).

schiedlicher Ausbildung, Zielsetzungen, Erfahrungen und Begriffswelten diskutierend zu überbrücken. Langsamer, aber häufig gründlich denkende Mitarbeiter haben oft nicht genug Zeit, ihre Ideen in die Diskussion einzubringen. Die Dominanz von Gruppenmitgliedern führt zu Akzeptanzverlust, zu menschlicher, emotionaler Kritik und zu schlechtem Gruppenklima. Der Zeitaufwand, um diese Abstimmungsprozesse bis zum Ende durchzuführen, kann sehr hoch sein.

Je nach Zusammensetzung des Teams kann der Gruppendruck Abstimmungsprozesse und offene Meinungsbildung verhindern: Selbstzensur der Gruppe zur Harmonieerhaltung (Beispiel Tschernobyl [26/4]). Entscheidungen können infolge von Gruppenbefangenheit einseitig werden. So entscheidet sich ein Team gegenüber einer Einzelperson oft weniger risikofreudig. Gute Lösungen können untergehen. Wegen einer „Verantwortungsdiffusion" werden u. U. aber auch von **„heimlichen Teamleitern"** eingebrachte problematische Entscheidungen nicht korrigiert [27/4]. Je interdisziplinärer, abteilungsübergreifender ein Team besetzt ist, um so schwieriger wird es, diesem Team allgemein akzeptierte Ziele vorzugeben. Ohne klare und akzeptierte Aufgabenstellung wird das vom Auftraggeber gewünschte Ergebnis nämlich in der Regel nicht erarbeitet [29/4].

Probleme kann es auch zwischen **Teammitgliedern** und dem Teamleiter sowie Mitarbeitern der **Linienorganisation** geben. So wird im Team oft die qualitativ hochwertige und interessante Arbeit geleistet, in der Linie die Routinearbeit. Das erzeugt Spannungen. Der Linienchef muß also laufend über den Arbeitsfortschritt im Team informiert werden, damit er leichter akzeptieren kann, fähige Mitarbeiter an das Team abzutreten. Als Unterstützung der Teamarbeit gegenüber der Linie hat sich ein beratender **Lenkungsausschuß** direkt unter dem Vorstand, in dem unabhängige, erfahrene Ingenieure (senior engineers) sitzen, bewährt.

Um Probleme der Teamarbeit innerhalb der Gruppe zu vermeiden, sollten bei Aufbau und Organisation des Teams einige grundlegende Regeln beachtet werden:

4.3.3.4 Regeln für effektive Teamarbeit

– Ein Team sollte als aufgabenorientierte Gruppe **nicht zu groß** werden. Gruppen mit mehr als 7 bis 8 Mitgliedern arbeiten mit zunehmender Größe immer uneffektiver.
– Bevor die Arbeit aufgenommen wird, muß in der Phase der ersten Aufgabenklärung festgelegt werden, wer entsprechend **Bild 4.3-6** zum **Kernteam** gehören soll (möglichst wenige), wer zum **erweiterten Team** zu zählen ist und wer von Fall zu Fall (wie z. B. Experten, Zulieferer, Kunden) einzuladen ist. Teammitglieder sollen kompetente Personen sein und nicht solche, die die Linie am ehesten entbehren kann.
– Entsprechend dem Arbeitsfortschritt sollte die **Teamzusammensetzung** geändert werden, z. B. am Anfang mehr konstruktions-, später mehr fertigungsorientiert.
– Der **Teamleiter** sollte sich nach innen eher als Moderator (primus inter pares) denn als Vorgesetzter verstehen. Er braucht genauso viel Fach- wie Führungskompetenz und sollte eine starke Persönlichkeit sein. Nach außen sollte er mit Kompetenz die

Teamentscheidungen auch gegen Widerstände vertreten. Dazu benötigt er Budget-verantwortung. In Japan hat sich der vollverantwortliche „Heavy-Weight-Manager" bewährt [28/4].

– Ein Team benötigt eine klare **Zielsetzung**, eine Termin-, Kapazitäts- und Kostenpla-nung mit entsprechender Aufgabenverteilung (Kapitel 5.2.3). Es müssen rechtzeitig Entscheidungen getroffen und festgehalten werden.

Neben den organisatorischen Voraussetzungen für eine effektive und für den einzelnen befriedigende Teamarbeit sind die Grundeinstellung und die soziale Kompetenz der ein-zelnen Teammitglieder für die Arbeit eine wichtige Grundlage.

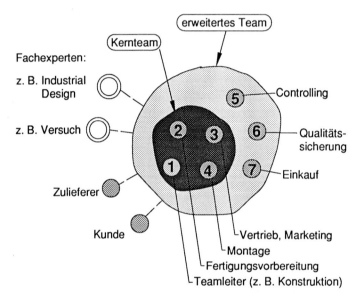

Bild 4.3-6:   Beispiel für die Teamzusammensetzung (Kernteam, z. B. aus Konstruktion (1), Fertigung (2), Montage (3), Vertrieb (4); erweitertes Team, z. B. aus Controlling (5),
Qualitätssicherung (6), Einkauf (7); Fachexperten, z. B. Versuch, Industrial Design) [13/4]

Persönliche Voraussetzungen der Gruppenmitglieder:

– Die Bereitschaft zu kooperativer Arbeit.
– Geistige Beweglichkeit und die Bereitschaft, sich überzeugen zu lassen.
– Dennoch das Vermögen, den eigenen Standpunkt nicht leichtfertig aufzugeben.
– Die Fähigkeit, Kritik zu äußern, ohne den anderen zu verletzen und selbst Kritik an-zunehmen, also die Fähigkeit, Fairneß gegenüber Teampartnern zu üben.
– Die Fähigkeit und Bereitschaft zum Lernen. Das positive Bewerten des Auffindens von Fehlern als Chance zu deren Behebung. (Die Suche nach Schuldigen ist sekun-där.)

Daraus folgen einige **Bedingungen**:

– **Akzeptanzbedingungen**
  • Mitglieder müssen sich als gleichwertige Partner anerkennen.
  • Konflikte dürfen nicht verschleiert werden, sondern müssen aufgedeckt und diskutiert werden. Sie sollen als Informationsquellen, nicht als Störungen betrachtet werden. Dabei soll sachlich diskutiert und nicht persönlich getadelt werden.
– **Kommunikationsbedingungen**
  • Die Teilnehmer sollen alle Ideen, die ihnen einfallen, mitteilen. Das Klima im Team sollte so sein, daß auch unkonventionelle, neue Ideen geäußert werden können. Neue Ideen stoßen häufig auf Ablehnung, manchmal sogar im Kopf desjenigen, der die Idee hat (NIH-Einstellung = „not invented here").
  • Das Team sollte versuchen, neue Ideen positiv aufzunehmen und sie weiterzuentwickeln.
  • Ideen und Arbeitsergebnisse sollten laufend sichtbar für alle festgehalten werden.
  • Neue Aspekte und Zielsetzungen sollten sofort mitgeteilt und diskutiert werden, um eine Bildung von Informationsmonopolen zu vermeiden.
  • An Patentideen sollte das jeweilige Team insgesamt beteiligt werden.

4.3.4 Projektmanagement

Das Projektmanagement dient als Methode der Ablaufintegration bei der organisatorischen Integration der Produkterstellung (Bild 4.2-8). Die Produkterstellung vollzieht sich im Unternehmen interdisziplinär, d. h. im Informationsaustausch mit vielen Personen, Gruppen oder Abteilungen. Die Aufgabe des Projektmanagements besteht darin, Projekte, die durch Einmaligkeit in der Durchführung, zeitliche, personelle und finanzielle Begrenzung, durch ihre Komplexität und durch interdisziplinäre Durchführung charakterisiert sind [30/4, 31/4], zu organisieren. Hierbei müssen die betroffenen Fachbereiche bezüglich des gemeinsam anzustrebenden Produkterfolgs koordiniert werden. Deshalb wird das Projektmanagement auch als ein Fach im Bereich zwischen den Ingenieur- und Wirtschaftswissenschaften beschrieben [31/4; 32/4; 33/4; 34/4; 35/4; 36/4].

Geschichtlich gesehen ist Projektmanagement vor allem in den USA seit Mitte der 50er Jahre aus Vorhaben der Luft- und Raumfahrt entstanden. Es hat seine positiven Einflüsse auf Qualität, Termine und Kosten z. B. bei den Programmen Apollo (20.000 Unternehmen, 300.000 Personen) und Ariane gezeigt. Zu problematisch verlaufenen Großprojekten zählen das Großklinikum Aachen, der Schnelle Brüter Kalkar und der Tornado [32/4]. Hier mangelte es an gutem Projektmanagement, und so traten extreme Termin- und Kostenabweichungen auf.

4.3.4.1 Aufgaben des Projektmanagements

Die Aufgaben, die das Projektmanagement im Rahmen des Organisierens und Leitens des Problemlösungsprozesses zu erfüllen hat, sollten möglichst in Abstimmung mit den am Projekt Interessierten, den Projektverantwortlichen und den im Projekt Beschäftigten bearbeitet werden. Dabei kann ein Durchgehen der sieben Fragen (**Bild 4.3-7**) hilfreich sein.

Warum	das Projekt? Allgemeine Zielsetzungen?
Was	soll das Projekt erreichen? Spezielle Ziele? Konkret meßbar?
Wie	soll vorgegangen werden? Was ist an Mitteln nötig?
Wer	soll am Projekt teilnehmen? Wer ist finanziell beteiligt?
Wo	soll es bearbeitet werden?
Wann	beginnt das Projekt? Wann soll es fertig sein?
Wieviel	wird das Projekt kosten?

Bild 4.3-7:   Checkliste mit sieben hilfreichen Fragen zum Start eines Projekts

Die Aufgaben des Projektmanagements werden im folgenden kurz angesprochen:

–   Im Rahmen einer **Projektaufbauorganisation** muß das **Projekt strukturiert** werden. Umfangreiche Projekte werden zunächst in Teilprojekte – u. U. über mehrere Stufen – unterteilt (vgl. Strategien A1 und A2 in Bild 3.3-3). Als letzte Stufe ergeben sich Arbeitspakete (**Bild 4.3-8**). Damit verbessern sich die Übersicht über das Projekt und die Zusammenhänge von Teilprojekten und Arbeitspaketen, die dann jeweils an verantwortliche Stellen übertragen werden können. Die Definition von geeigneten Schnittstellen zur Abgrenzung der obigen Teilprojekte und Arbeitspakete kann auf der Grundlage dieser Strukturierung vorgenommen werden.

–   Parallel zu der Strukturierung müssen die **Zieldefinition** und die Aufgabenklärung erarbeitet werden. Bei einem Produkt müssen die Produkteigenschaften (Anforderungen) einschließlich der Zielkosten festgelegt und unterteilt sowie zugeteilt werden (Kapitel 7.3; 7.4; 9.3.3).

–   Die terminlichen und kostenmäßigen Bedingungen des Projekts müssen bei der Zuordnung der personellen, finanziellen und sachlichen Ressourcen im Rahmen der **Projektablauforganisation** berücksichtigt werden. Die Möglichkeiten der **Projektplanung**, -kalkulation und -steuerung müssen erarbeitet und akzeptiert werden. Ein einerseits kooperativer, andererseits durchsetzungsfähiger Projektleiter muß benannt werden. Die Projektgruppen oder Teams sind, soweit möglich, zu bilden (Kapitel 4.3.3).

–   Ab Anlauf des Projekts muß von der Projektleitung eine mitlaufende **Projektkalkulation** und **-steuerung** durchgeführt werden. Dabei wird die Projektplanung detailliert und u. U. angepaßt (Kapitel 5.2.3).

Für die Steuerung eines Projekts hat sich die Denkweise aus der Regelungstechnik bewährt. In **Bild 4.3-9** ist ein aufs Projektmanagement zugeschnittenes Regelkreis-Schema wiedergegeben. Der zu regelnde Prozeß – die Regelstrecke – ist das Projekt, der Regler ist z. B. der Projektleiter. Da die Regleraktivität eines Menschen im Regelkreis als Steuern bezeichnet wird, steuert er also das Projekt. Er hat dazu als Führungsgröße die Ziel- und Vertragsvorgaben. Aufgrund der verschiedenartigen Soll-Ist-Abweichungen gibt er Anweisungen bzw. versucht, die Mitarbeiter zu überzeugen, um das Ist mit dem Soll zur Deckung zu bringen.

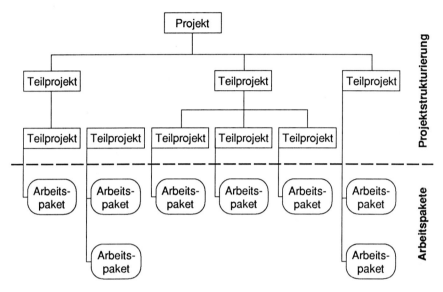

Bild 4.3-8: Beispiel für eine hierarchische Gliederung eines Projekts in Teilprojekte und Arbeitspakete.

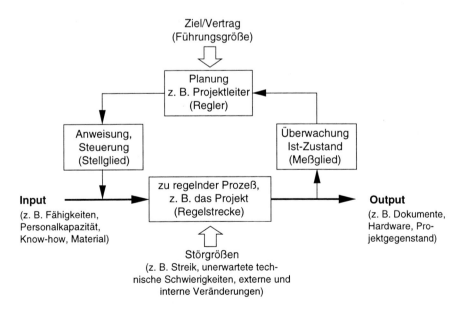

Bild 4.3-9: Allgemeiner Management-Regelkreis [32/4]

– Die Projektgruppen müssen bei inneren Konflikten geführt werden. Die Aktivitäten der Beteiligten zur Um- und Neugestaltung von Systemen müssen im Rahmen der Projektaufbauorganisation koordiniert werden. Nach außen sind die Aktivitäten des Projekts mit der Linie zu verzahnen und **Zielkonflikte** zu **lösen**. Dabei müssen das Verständnis und die Kooperation der Linienverantwortlichen gesichert werden.

Bild 4.3-10 stellt noch einmal vorrangige Aufgaben des Projektmanagements dar.

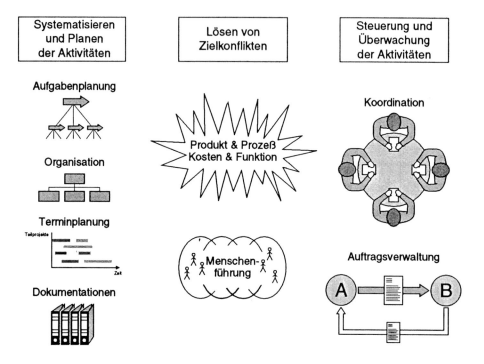

Bild 4.3-10:   Aufgaben des Projektmanagements (nach Schöpf)

4.3.4.2   Einsatzbereiche des Projektmanagements

Während eine Kleingruppe von z. B. drei bis vier Mitarbeitern, die mit einem Projekt beauftragt ist, sich im wesentlichen selbst organisiert, gewinnen die Methoden des Projektmanagements bei größeren Vorhaben zur Qualitäts-, Termin- und Kosteneinhaltung zunehmend an Bedeutung. Der Einsatz des Projektmanagements ist also vor allem dann zweckmäßig, wenn

– zur Bewältigung des Vorhabens nicht nur verschiedene Fachdisziplinen, sondern auch verschiedene Abteilungen innerhalb der eigenen Firma und auch fremder Firmen beteiligt werden müssen;
– eine Aufgliederung in verschiedene, aber miteinander verbundene und wechselwirkende Teilaufgaben notwendig ist;

– die Teilaufgaben miteinander oder mit anderen Aufgaben der Firma um die Zuteilung von verfügbarem Personal, von Budgetanteilen, von Laboratorien, Werkstätten etc. konkurrieren [31/4; 37/4].

Projektmanagement ist auch für kleinere Vorhaben, wie die Einführung eines neuen CA-Systems, zweckmäßig, da gerade die Zieldefinition, Ablauforganisation, Termin- und Kostenkontrolle und die Koordination von Aufträgen und Vorhaben einen Schwachpunkt in vielen Unternehmen darstellt, wie aus Kapitel 4.1.6 und 4.1.7 hervorgeht.

4.3.4.3   Methoden und Hilfsmittel des Projektmanagements

Entsprechend dem interdisziplinären Ansatz des Projektmanagements stammen seine Methoden aus vielen Bereichen. In **Bild 4.3-11** sind sie nach den oben angesprochenen Aufgaben des Projektmanagements zusammengestellt. Sie entstammen der Systemtechnik, der Betriebswirtschaft (Kostenrechnung, Controlling), den Managementwissenschaften und der Ingenieurplanungsmethodik.

Aufgaben	Methoden und Hilfsmittel
Zieldefinition	– Problemanalysen (z. B. in Projektstart-Workshop)
	– Projektdeckungsrechnung (Zeit, Kosten)
	– Produktplanung (Kapitel 7.2)
	– Aufgabenklärung (Kapitel 7.3)
Projektaufbau-organisation	– Matrix-Organisation (Kapitel 4.3.1)
	– Projektteammanagement (Kapitel 4.3.3)
Projektablauf-organisation	– Konfigurationsmanagement [32/4]
	– Phasenorganisation mit Meilensteindefinition (Kapitel 5.2.3.2)
Projektplanung (Terminplanung)	– Struktur-, Ablaufplanung [32/4; 33/4; 34/4]
	– Netzplantechnik [38/4]
	– Balken-, Kapazitätsdiagramm (Kapitel 5.2.3)
Projektkalkulation	– Vor-/Nachkalkulation [32/4]
	– Erfahrungsdatenbank
Projektsteuerung	– Meilensteine, Kostentrendanalyse
	– Rückmeldeverfahren, Freigabebesprechungen
	– Projektberichtswesen; Dokumentation
	– Qualitätsaudits [33/4]

Bild 4.3-11:   Methoden und Hilfsmittel des Projektmanagements mit Kapitelverweisen und Literatur

4.4   Integrierende Vorgehensweisen

In diesem Kapitel werden das Simultaneous Egineering und das Quality Function Deployment als Beispiele für in der Praxis bewährte, integrierende Vorgehensweisen des Produkterstellungsprozesses vorgestellt. Die in Kapitel 4.3 dargestellten Methoden der Produkterstellung sind häufig Bestandteile von solchen integrierenden Vorgehensweisen. Eine weitere Vorgehensweise, die in sich eine Reihe von Einzelmethoden und Hilfsmitteln vereinigt, ist die Wertanalyse (Kapitel 9.3.2). Diesen integrierenden Vorgehensweisen ist gemeinsam, daß sie den Gedanken des Informationsrückflusses (Kapitel 4.2.3), der Eigenschaftsfrüherkennung (Bild 4.2-3 und 7.8-1) und der Konzentration auf Kundenbedürfnisse (Bild 4.2-5) verwirklichen, indem sie eine frühe Einbindung der mit der Produkterstellung befaßten Abteilungen verfolgen. Dieses Merkmal war bei einer Umfrage zur Verkürzung der Produktentwicklungszeit auch vorrangig. Gleichzeitig soll die Arbeit durch Projektmanagement effektiv organisiert werden (**Bild 4.4-1**).

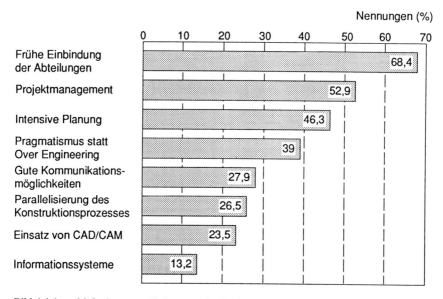

Bild 4.4-1:   Maßnahmen zur Verkürzung der Produktentwicklungszeit [21/4]

4.4.1   Simultaneous Engineering

4.4.1.1   Idee und Arbeitsweise des Simultaneous Engineering

Unter der integrierenden Vorgehensweise des **Simultaneous Engineerings** versteht man die zielgerichtete, interdisziplinäre Zusammen- und Parallelarbeit von Produkt-,

Produktions- und Vertriebsentwicklung mit Hilfe eines straffen Projektmanagements, wobei der gesamte Produktlebenslauf betrachtet wird (**Bild 4.4-2**).

Simultaneous Engineering bedeutet

– zielgerichtete $\Big\}$ Zusammen- und
– interdisziplinäre Parallelarbeit im Team

• für Produkt-, Produktions- und
  Vertriebsentwicklung
• für den ganzen Produktlebenslauf
• mit straffem Projektmanagement

Bild 4.4-2: Definition des Simultaneous Engineering

Im Rahmen des Simultaneous Engineering[1] werden folgende **Einzelmethoden** (Kapitel 4.3) entsprechend Bild 4.2-8 eingesetzt: Teamarbeit (Kapitel 4.3.3), Projektmanagement (Kapitel 4.3.4), Parallelisierung von Arbeitsabläufen (Kapitel 4.3.2), Einbezug der Kunden, Kooperation mit Systemlieferanten, Schwerpunktbildung mit ABC-Analyse, FMEA, DFA, DFM, Target Costing, zielkostengesteuertes Konstruieren, Simulation und Rapid Prototyping. Wichtig auch im Sinne des schnellen und einheitlichen Verständnisses ist eine Betonung der Visualisierung von Zielen und Ergebnissen.

Folgende Zielsetzungen sollen mit Unterstützung des Simultaneous Engineering bei der Produkterstellung erreicht werden: **Zeiteinsparung** bei der Produkterstellung, **Kostenverringerung** bezüglich der Produktgesamtkosten, insbesondere der Entwicklungs- und Herstellkosten, **Qualitätsverbesserung**, bezogen auf die Vorstellungen der Kunden.

Die Produktverantwortung wird einem SE-Team übertragen, die der Teamleiter zusammen mit dem Team bis zur Serienfertigung oder den ersten Verkaufserfolgen übernimmt. Dabei wird dieses Team speziell für die Entwicklungs- und Erstellungsdauer eines innovativen Produkts gebildet. Es löst sich nach Abschluß des Projekts wieder auf. Die sonstige Geschäftsabwicklung läuft projektunabhängig im Unternehmen weiter. Es können in einem Unternehmen parallel mehrere SE-Teams arbeiten. Die Merkmale des Simultaneous Engineering sind in **Bild 4.4-3** zusammenfassend dargestellt.

Ein SE-Team kann, muß aber nicht örtlich vereint sein. Es trifft sich nur zu bestimmten Zeiten und kann, wie in **Bild 4.4-4** gezeigt, zusammengesetzt sein. Der Kunde ist nicht Mitglied des Teams, aber von Zeit zu Zeit eine wichtige Informationsquelle. Insbesondere bei geringer Fertigungstiefe ist die Zusammenarbeit mit Zulieferern im Team von großer Bedeutung. In Abstimmung mit dem Einkauf werden so häufig enge langfristige Beziehungen mit ausgewählten Zulieferern aufgebaut, um den Lieferumfang gemeinsam

---

[1] Der Unterschied zwischen SE und Concurrent Engineering (CE) wird vor allem darin gesehen, daß SE bewußt auf die Parallelisierung von Produkt- und Produktionsentwicklung abzielt, während CE im Schwerpunkt eine optimale Produkterstellung durch interdisziplinäre Zusammenarbeit im Team anstrebt. In der Bundesrepublik Deutschland wird beides meist unter SE zusammengefaßt. So soll es auch hier geschehen [20/4].

zu optimieren. In Zukunft wird die Arbeit durch eine rechnerintegrierte Produkterstellung unterstützt werden (Kapitel 9.3.4).

Merkmale des Simultaneous Engineering

1) Organisation der Arbeit

- Arbeiten im **SE-Team** (Kernteam und erweitertes Team; Bild 4.3-6)
- **Ablaufplan** mit Meilensteinen, Zwischenrevisionen und Freigabebesprechungen
- **Parallelisierung** von Produkt-, Fertigungs- und eventuell Vertriebsentwicklung (SE-Team setzt z. B. in der Realisierungsphase mehrere Gruppen ein, die durch gute Kommunikation und vorläufige Annahmen Arbeiten parallel erledigen können.)

2) Gestaltung der Arbeit

- veränderte **Zielsetzung**, durch mehr Zeit für Aufgabenklärung und Konzeptphase auf Kosten der Realisierungszeit ("Mach´s gleich richtig.")
- **Integration** der Ziele und Erfahrungen durch SE-Team und Einbezug von Kunden und Lieferanten
- **Eigenschaftsfrüherkennung** für Produkt, Produktion, Vertrieb durch Berechnung, Simulation, frühzeitige Kostenschätzung, orientierende Versuche, Rapid Prototyping, Prototyp mit Serienfertigungsverfahren ...
- **Einsatz effektiver Werkzeuge** z. B. für Visualisierung und Informationssuche mit Datenbanken, CAD, ...
- **Reduzierung der Besprechungsdokumentation** durch gute Kommunikation

Bild 4.4-3:   Erfolgsmerkmale des Simultaneous Engineering

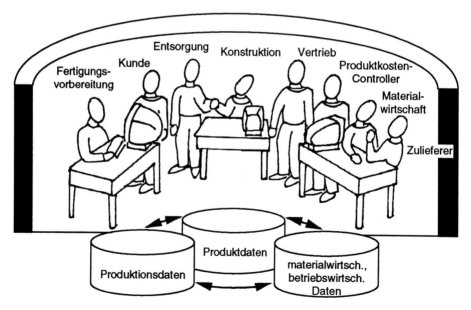

Bild 4.4-4:   Zusammenarbeit von produkt-, produktions- und vertriebsdefinierenden Bereichen als Voraussetzung für das Simultaneous Engineering

4.4.1.2 Auswirkungen des Simultaneous Engineering

Die **Produkterstellungszeiten** werden vom Entwicklungsauftrag bis zum Serienbeginn oft auf die Hälfte und weniger verringert. Trotz des anfangs erhöhten Aufwands werden die Entwicklungskosten insgesamt eher geringer als bei konventioneller Entwicklung. Die Zeiteinsparungen als solche wirken schon kostenverringernd. Durch die frühzeitige Abstimmung werden wiederum lange Iterationsschleifen, Fehler oder aufwendige Änderungen vermieden. Der Grund dafür liegt in den „kurzen Regelkreisen" oder im direkten Informationsfluß (Kapitel 4.2.3).

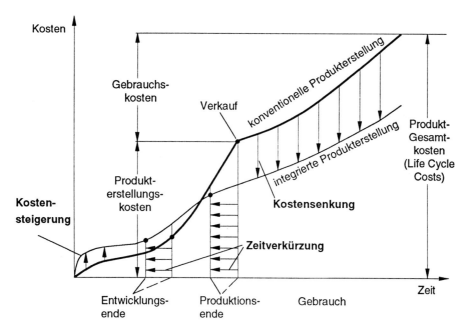

Bild 4.4-5: Intensiver Arbeits- und Zeiteinsatz in frühen Phasen der Produkterstellung verkürzen Entwicklungs- und Produktionszeiten und verringern Herstell- und Gebrauchskosten

Bild 4.4-5 zeigt zusammenfassend, daß sich intensiver Arbeitseinsatz fähiger Personen aus allen betroffenen Abteilungen gerade in den ersten Phasen der Produkterstellung durch Zeit- und Kosteneinsparungen im weiteren Verlauf mehr als bezahlt macht. Am Anfang werden die Weichen gestellt und die wesentlichen Entscheidungen getroffen, die alle späteren Prozesse bestimmen.

Die dick ausgezogene Kurve im Bild 4.4-5 stellt den Verlauf der Kostenentstehung bei der konventionellen Produkterstellung dar: In einer hierarchischen Linienorganisation werden sequentiell die nötigen Arbeitsschritte „abgearbeitet". Die rasche Steigerung der Kosten während der Aktivitäten der Produktion (und Materialwirtschaft) wird dabei deutlich. Aber auch nach dem Verkaufspunkt steigen für den Kunden die Gebrauchskosten weiter.

Beim Simultaneous Engineering (dünn ausgezogene Kurve) können anfangs die Entwicklungskosten höher sein, aber die Herstellkosten und eventuell die Gebrauchskosten werden gerade durch die intensive Anfangsbearbeitung niedriger (Erfahrungswerte: 20 bis 40%). Die Zeiten bis zur Auslieferung werden um 30 bis 50% reduziert. Im allgemeinen wird die Qualität des Produkts besser, die Zahl der Reklamationen nimmt ab.

Die **Zeitersparnis** hat folgende **Ursachen**:

– **Parallelisierung der Arbeitsabläufe** (vgl. Kapitel 4.3.2)
– **Enge informatorische Zusammenarbeit** zwischen den Spezialisten der einzelnen Abteilungen. Man trifft sich regelmäßig im Team zum schnellen und wirkungsvollen Informationsaustausch. Im übrigen kann das Projekt in abgestimmter Einzelarbeit vorangetrieben werden.
– Es gibt einen konsequent einzuhaltenden **Entwicklungsplan** mit Meilensteinen und Kostenvorgaben.
– Die Beteiligten des Teams aus den verschiedenen Abteilungen sind in der Regel **motiviert,** weshalb Liegezeiten und die Suche nach „Schuldigen" beim Auftreten von Fehlern kaum auftreten.
– Die Verantwortung für alle Produkteigenschaften wird klar dem Team übertragen.

Zu den **Risiken** des Simultaneous Engineering zählen:

– Das Risiko des **Mißerfolgs,** da die Arbeit stark von der Qualifikation des Teamleiters und der Kooperation der Teammitglieder sowie von der Akzeptanz der Linie abhängt.
– Bei zu hohem Zeitdruck und betonter Parallelarbeit mit vorläufigen Annahmen das Risiko eines **nicht optimalen Produkts** mit Fehlern.
– Das Risiko die **Linienverantwortung** zu vernachlässigen. (Aufgaben der Linie sind: fachliche „Heimat", Langfrist-Entwicklungen, Komponenten-Entwicklung, Modellpflege, Auftragsabwicklung und Kundenservice.)

4.4.1.3 Praxisbeispiel zu Simultaneous Engineering[1]: Entwicklung eines digitalen Manometers[2]

Simultaneous Engineering (SE) wird bisher vor allem bei stark innovativen Produkten, die kurze Innovationszeiten erfordern, angewandt. Dabei handelt es sich meist um Serienprodukte für den Konsumbereich (Consumer-Elektronik und Optik, Haushaltsgeräte, Meß- und Sensortechnik, Kfz-Technik). Das in **Bild 4.4-6** gezeigte digitale Manometer wurde mit Hilfe des Simultaneous Engineering in weniger als 1,5 Jahren, statt wie sonst zu erwarten in mindestens 3 Jahren, vom Entwicklungsauftrag bis zur Serienproduktion realisiert.

Das digitale Manometer vereinigt in sich einen Drucksensor (sieben Druckbereiche bis 1000 bar), eine Verstärker- und die Auswerteelektronik sowie eine LCD-Anzeige. Be-

---

[1]   Ein weiteres Beispiel ist in Kapitel 9.3.3.2 wiedergegeben.
[2]   Für die Überlassung der Unterlagen danke ich Herrn Dr.-Ing. R. Hellwig.

merkenswert sind u. a. folgende technische Merkmale: eine Tendenzanzeige, ein erschütterungsunempfindlicher Grenzwertschalter, ein „elektronischer Schleppzeiger", Unempfindlichkeit gegen mechanische Schwingungen.

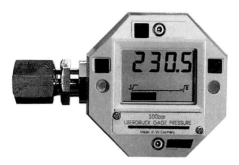

Bild 4.4-6:   Digitales Differenzdruckmeßgerät

Der Projektablauf ist in **Bild 4.4-7** dargestellt. Man sieht die Parallelisierung der früher im Betrieb als unbedingt sequentiell angesehenen Arbeitsvorgänge. Das **SE-Team** bestand unter Leitung eines Entwicklers im Kern aus Entwicklung, Vertrieb, Arbeitsvorbereitung und Vorrichtungsbau. Hinzu kamen fallweise Qualitätssicherung, Einkauf, Marketing und Fertigung. Das Team traf sich anfangs alle 1 bis 2, später alle 4 bis 6 Wochen. Der Projektleiter bearbeitete nur dieses termingebundene Projekt. Weitere Projekte übernahm er zur Überbrückung von Wartezeiten. Die Verantwortung des Teams endete mit der störungsfreien Serienfertigung des Produkts.

Bei den **Meilensteinen der Terminplanung** handelte es sich im wesentlichen um die gewohnten: Entwicklungsantrag, Entwicklungsauftrag, Konzept- und Planungsfreigabe für die Vorserie, Start der Vorserie, Planung der Folgeserie und der Verkaufsfreigabe, Verkaufs- und Angebotsfreigabe. Es galt der Grundsatz: „Lieber höhere Entwicklungskosten als längere Entwicklungszeit".

Im einzelnen lief das Projekt folgendermaßen ab (Die Nummern geben die Phasen in Bild 4.4-7 an):

1   Die **Markt- und Mitbewerber-Analyse** fand in einem Start-Team von Vertrieb und Entwicklung statt. Gemeinsame Reisen zu potentiellen Kunden wurden unternommen, um frühzeitig die Anforderungen aus erster Hand zu erhalten.

2   Die **Anforderungsliste** wurde im engen Kontakt mit dem zukünftigen Anwender von Entwicklung und Vertrieb gemeinsam erstellt (**Bild 4.4-8**). In der ersten Teamsitzung wurde der Termin für den Änderungsstopp der Anforderungsliste auf den Tag nach Ablauf der Hälfte der geplanten Entwicklungszeit festgelegt.

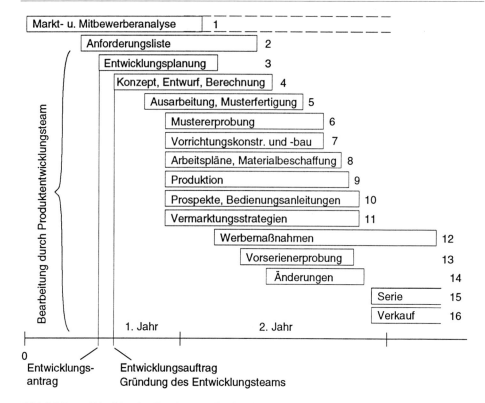

Bild 4.4-7:   Ablaufplan des Simultaneous Engineerings bei der Produkterstellung des digitalen Manometers

3   Die **Entwicklungsplanung** umfaßte eine Wirtschaftlichkeitsabschätzung des Entwicklungsprojekts. unter Berücksichtigung der Entwicklungskosten. Diese wurden über die voraussichtlich absetzbare Stückzahl der ersten fünf Verkaufsjahre abgeschätzt. Ferner wurden Entwicklungsziele und der Zeitplan mit Entwicklungsschritten festgelegt. Anschließend wurde ein **Entwicklungsantrag** erstellt.

Nach der Erteilung des Entwicklungauftrags wurde ein SE-Team gegründet. Bei den routinemäßigen Entwicklungsbesprechungen mit den Vorgesetzten wurde dem Auftrag eine Priorität vor allgemeinen Linienbelangen eingeräumt.

4   Das **Konzipieren, Entwerfen und Berechnen** fand hauptsächlich in Einzelarbeit statt. Im SE-Team wurden die Lösungen dann bewertet und ausgewählt. Nach der Lösungsfindung wurden die ersten Skizzen gleich in CAD erstellt, ebenso die Stückliste, die dann laufend weiter vervollständigt wurde. Die Herstellkosten wurden grob abgeschätzt.

5   Parallel zur Konstruktion wurde die **Ausarbeitung** in Fertigungszeichnungen vorangetrieben; die ersten **Muster** wurden auf NC-Maschinen hergestellt, um

Fertigungsmöglichkeiten zu erproben. Wichtig waren dabei fertigungsgleiche Bedingungen, wie sie bei der späteren Serienfertigung vorlagen.

6-10 Unter Berücksichtigung der Verbesserungen und Änderungsvorschläge aus **Mustererprobung** (6), **Vorrichtungskonstruktion** und -bau (7), **Arbeitsplanerstellung** und **Materialbeschaffung** (8) wurde das Produkt optimiert. Diese Arbeitspakete wurden parallel durchgeführt. Zeitgleich mit der **Produktion** (9) wurden **Prospekte** und **Bedienungsanleitungen** (10) erstellt. Die Mitarbeiter mußten bereit sein, im Interesse des gesamten Zeitgewinns, Arbeiten vorläufig durchzuführen und später Änderungen einzuarbeiten.

Merkmal	Einheit	Wert	F = Forderung W = Wunsch	Quelle
1. Eingangsgrößen – Meßbereiche – Meßbereich-Stufung – ...	bar psi	1.....1000 150, 300 750	F F	Vertrieb und Entwicklung 1
2. Ausgangsgrößen 2.1 Digitalanzeige – größter angezeigter Druck – kleinste angezeigte Druckstufe – ...	% %	110 120 0,1	F W F	Vertrieb und Entwicklung 1
2.2 Quasi-Analog-Anzeige – Balkenform, Anzahl, Segmente – ...	–	20	F	Vertrieb und Entwicklung 2
2.3 Speicher-Grenzwert- funktion – Minimalwert – ...	–	Speicher vorhanden	F	Vertrieb und Entwicklung 2
2.4 Ablesen – Ableseentfernung – ...	m	4.....6	F	Vertrieb und Entwicklung 1 + 2
3. Mechanische Eigen- schaften – Gewicht – ...	kg	≤ 1	F	Vertrieb und Entwicklung 1

Bild 4.4-8:   Anforderungsliste für Digibar

11-12 **Vermarktungsstrategien** (11) und **Werbemaßnahmen** (12) wurden schon vor der Vorserienerprobung eingeleitet, so daß zur Serienfreigabe für den Verkauf alle Wege geöffnet waren.

13-16 Aufgrund der **Vorserie** (13) (es gab keine zusätzliche Nullserie mehr) wurden noch **Änderungen** (14) eingebracht, worauf die Serienfreigabe erfolgte. Der **Verkauf** (16) wurde eingeleitet.

Bei diesem Projekt konnten folgende Erfolge und Nachteile beobachtet werden:

Zu den beobachteten **Erfolgen** zählen:

– Eine Zeiteinsparung von insgesamt 40-50% gegenüber der sonst benötigten Zeit für eine vergleichbare Produkterstellung. Diese Zeiteinsparung ist auch bei weiteren Projekten dieses Unternehmens realisierbar.

– Eine deutliche Qualitätsverbesserung. Nachbesserungen aufgrund von Reklamationen aus der Serienfertigung oder von Kunden kamen praktisch nicht mehr vor.

– Das Produkt und der Entwicklungsprozeß wurden kostengünstiger als erwartet. Die Produktkosten wurden durch die mitlaufende Kalkulation und daraus stimulierte Kostensenkungsvorschläge der Teammitglieder beeinflußt.

– Es wurde eine Entwicklungsdokumentation erarbeitet, die von der Anforderungsliste bis zur letzten Meßreihe zu Entscheidungen bei Vorhaben herangezogen werden konnte und gut nachvollziehbar war.

Beobachtete **Nachteile:**

– Die notwendigen Änderungen in der Entstehungsphase schlugen auch auf „Hardware"-erzeugende Bereiche durch. So mußten im Vorrichtungsbau ganze Vorrichtungen weggeworfen werden.

– Neben diesem Projekt kam kein anderes zum Tragen.

– Bei zeitweisen Schwächen der Projektleitung litt das Projekt.

– Durch Elite-Verhalten von Teammitglieder kam es zu einzelnen Kompetenzüberschreitungen und Spannungen mit den Stammabteilungen.

4.4.2   Durchgängige Vermittlung der Anforderungen – Qualität mit QFD

Der veränderte Produkterstellungsprozeß durch komplexere, kurzlebigere Produkte sowie überregionale und transparentere Märkte (vgl. Kapitel 4.1.7) erfordert eine angepaßte Dokumentation und Vermittlung der Produktanforderungen. Ziel muß in erster Linie die hinreichende Erfüllung der vom Kunden geforderten bzw. benötigten Funktionen sein.

Hieraus hat sich auch ein neuer „Inhalt" des Begriffs Qualität herausgebildet: Qualität ist die „Gesamtheit von Eigenschaften und Merkmalen eines Produkts, die sich auf dessen Eignung zur Erfüllung festgelegter oder vorausgesetzter Erfordernisse beziehen" [7/4]. Das heißt, daß **Qualität die Erfüllung der – explizit formulierten und implizit gewollten – Kundenwünsche** bedeutet (Kapitel 5.1.2 [33/4]).

Neben den Kundenforderungen an Produkt und Projekt sind auch durch externe und firmeninterne Richtlinien oder durch die Unternehmensstrategie vorgegebene Anforderungen zu berücksichtigen. Um alle Forderungen ausreichend zu erfüllen, dabei jedoch keine Mittel zur Erfüllung überflüssiger Funktionen aufzuwenden, muß der **Ressour-**

ceneinsatz während der Produkterstellung gezielt geplant werden. Aufwendige Methoden wie z. B. die FMEA für die präventive Qualitätssicherung oder Versuche zur Eigenschaftserkennung (Kapitel 7.8) sollen bevorzugt an den kritischen Schwachstellen des Entwurfs eingesetzt werden.

Wesentlich für den Erfolg aller Anstrengungen zur Erfüllung der externen und internen Anforderungen ist die Integration aller an der Produkterstellung beteiligten Fachbereiche (Vertrieb, Konstruktion, Produktion ...) in interdisziplinären Teams, z. B. in SE-Teams (Kapitel 4.4.1). Nur so ist eine ausreichende Berücksichtigung der teilweise gegensätzlichen Ziele der verschiedenen Bereiche möglich. Das **Prinzip des internen Kunden** als Leistungsmotivation erfordert deshalb auch die Erfüllung der Forderungen der im Produkterstellungsprozeß nachgelagerten Bereiche – z. B. kann die Fertigung als „Kunde" der Konstruktion angesehen werden, weshalb letztere die Wünsche der Fertigung zufriedenstellen muß.

Aus diesem Grunde müssen während des Prozesses der integrierten Produkterstellung die Zusammenhänge zwischen den Anforderungen an ein Produkt über die verschiedenen Konkretisierungsstufen (z. B. Kundenwünsche, Funktionen, Baugruppen ...) transparent und nachvollziehbar dokumentiert werden. Eine Methode zur durchgängigen Vermittlung und Dokumentation der Anforderungen stellt hierbei das erstmals in den 60er Jahren in Japan von Akao eingeführte **Quality Function Deployment (QFD)** [39/4, 40/4] dar, mit dem die integrierte und gezielte Umsetzung von Anforderungen im gesamten Produkterstellungsprozeß möglich ist.

Matrizen als Kommunikationsmittel

Grundlegender Ansatz des QFD ist die Verbindung verschiedener Begriffswelten – bzw. Modellierungsstufen der Produkteigenschaften – über Matrizen. Diese dienen als Kommunikationsmittel und Schnittstellen für die integrierte, simultane Arbeit in SE-Teams. Damit wird die „Stimme des Kunden" durchgehend im Unternehmen vermittelt und bleibt Maßstab für alle Entscheidungen.

Zu Beginn bereitet ein Team aus Marketing und Entwicklung die „unscharfen" Kundenforderungen auf und setzt sie mittels QFD in quantifizierbare, d. h. mit technischen Daten definierbare Qualitätsmerkmale bzw. Anforderungen um. Dazu wird das sog. „**House of Quality**" erstellt (**Bild 4.4-9**). Die Anforderungen werden als Zielvorgaben für die Entwicklung und Produktion an alle betroffenen Stellen weitervermittelt und angepaßt. Als Beispiel ist ein Waschmaschinen-Reihenschalter gewählt (Kapitel 8.6).

Folgende **Schritte** werden bei der **Erstellung des „House of Quality"** abgearbeitet:

– Die Kundenforderungen werden in Matrix (1) strukturiert und aus Sicht der Kunden gewichtet. Wichtige Forderungen – sog. Verkaufspunkte – werden zusätzlich durch den Hersteller hervorgehoben. (Wünsche gibt es nicht, vgl. Kapitel 7.3.2.1).

– Der Beurteilung des eigenen Vorgängerprodukts durch die Kunden wird die angestrebte Beurteilung des neuen Produkts gegenübergestellt. Aus der daraus ableitbaren zu realisierenden Verbesserung, multipliziert mit den Gewichtungen durch die Kunden und mit den Verkaufspunkten, ergibt sich die Priorität der einzelnen Forderungen. Dies entspricht der Anstrengung, die zur ausreichenden Erfüllung des jeweiligen Kundenwunsches durch den Hersteller aufzubringen ist.

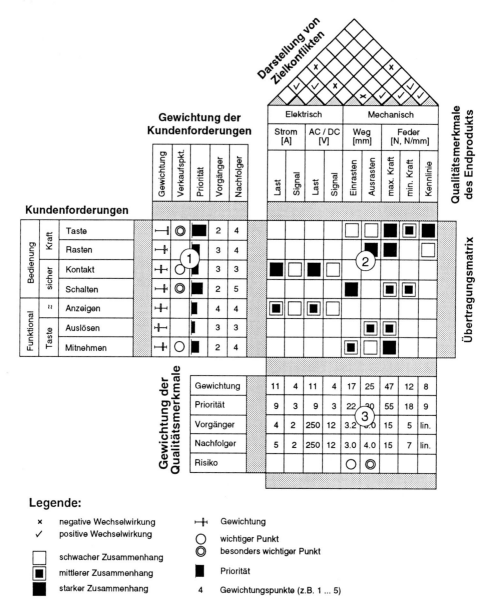

Bild 4.4-9:   Das „House of Quality" zur Umsetzung von Kundenforderungen in Qualitätsmerkmale als erster Teil eines umfassenden QFD am Beispiel eines Waschmaschinen-Reihenschalter

–   Im nächsten Schritt werden in der Übertragungsmatrix (2) die Zusammenhänge zwischen Kundenforderungen und Qualitätsmerkmalen festgelegt und ihrer Stärke nach bewertet. Verschieden starke Zusammenhänge werden durch unterschiedliche Symbole (oder auch Zahlenwerte) markiert.

– Die Prioritäten der Kundenforderungen aus (1) werden mittels der Übertragungsmatrix (2) in Prioritäten der Qualitätsmerkmale in (3) umgerechnet. Durch Vergleich der technischen Daten des Vorgängerprodukts und der Wettbewerber werden die technischen Vorgabewerte für das neue Produkt festgelegt. Besonders kritische Punkte können wiederum gekennzeichnet werden.

– Das „Dach" des House of Quality verdeutlicht Zielkonflikte, indem Zusammenhänge zwischen einzelnen Qualitätsmerkmalen – in Form positiver oder negativer Beeinflussung – symbolisch dargestellt werden (z. B. Einrasten und Ausrasten stehen möglicherweise im Konflikt miteinander).

Dieser gezeigte Lösungsweg zur **Dokumentation der Kundenforderungen** bleibt durch das standardisierte und bis zur Festlegung der Herstellungsprozesse konsequent weitergeführte Vorgehen der Umsetzung von Kundenvorgaben in Produkt- und Prozeßmerkmale immer nachvollziehbar. QFD vermittelt so die Kundenforderungen mittels eines Systems von Verknüpfungsmatrizen über die unterschiedlichen Begriffswelten hinweg bis zur Fertigungs-, Montage- und Qualitätskontrollplanung (Bild 4.4-10).

Die Wünsche der Kunden als Ausgangspunkt für methodische Produkterstellung

Da Kundenaussagen die Anforderungen an das Produkt meist nur unvollständig beschreiben, erfolgt parallel zur Analyse dieser Aussagen eine Festlegung der aus technischer Sicht erforderlichen Produktfunktionen. Die Funktionsbeschreibung im QFD berücksichtigt auch alle impliziten Anforderungen, wie sie durch gesetzliche Vorgaben (z. B. Produkthaftung oder Normen) festgelegt werden. Die im QFD festgehaltene, abstrakte Beschreibung der Funktionen ist Voraussetzung für eine methodische Lösungsfindung. Daraus werden letztlich die Anforderungen an die Herstellungs- und Prüfprozesse abgeleitet.

Auf dieser Basis werden weitere Konkretisierungsschritte durchgeführt, bei denen jeweils für die Stärke des Zusammenhangs mit den Qualitätsmerkmalen und der Gewichtung entsprechend der Kundenwünsche bzw. des nötigen Verbesserungsbedarfs eigene Matrizen erstellt werden. Einzelne Konkretisierungsschritte, die beispielhaft in **Bild 4.4-10** dargestellt sind, können sein:

– Funktionen: Matrix (4), (5) und Tabelle (6)
– Baugruppen: Matrix (7), (8) und Tabelle (9)
– Einzelteile: Matrix (10), (11)

Diese Schritte sowie ihr Zusammenhang sind produkt- und erstellungsprozeßabhängig. Sie müssen daher im jeweiligen Unternehmen angepaßt werden, um die Produkterstellung optimal zu unterstützen.

Für die Durchführung im einzelnen wird auf die Literatur von Akao [39/4] und King [40/4] verwiesen, die Beispiele und Vorgehensanweisungen enthalten.

Durch die klare und gegenüber heute üblichen Erstellungsprozessen sehr viel umfassendere anfängliche Aufbereitung der Problemstellung mit QFD konzentrieren sich die späteren Entwicklungsanstrengungen auf Engpaßbereiche mit hohem Verbesserungsbedarf und hohem Nutzen für die Kunden mit dem gleichzeitigen Effekt einer Nutzenmaximierung der eingesetzten Ressourcen. Das nachträgliche Ändern von Produkteigenschaften innerhalb der dann sehr komplexen Wechselwirkungen im Produkt – und damit die Möglichkeit, Zusammenhänge zu übersehen und „Fehler zu machen" – wird so weitgehend vermieden (vgl. Kapitel 4.1.6). So können auch die Risiken des Simultaneous Engineerings (vgl. Kapitel 4.4.1.2) verringert werden. Daneben wird die Einhaltung oder sogar Verkürzung von Entwicklungszeiten durch die Identifikation von Engpaßbereichen erleichtert.

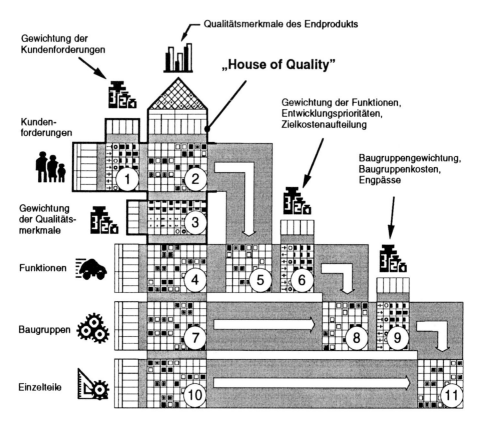

Bild 4.4-10: QFD-Matrizen dienen der systematischen Umsetzung von Kundenforderungen auf Produkt- und Bauteileigenschaften

QFD ist vor allem bei **Weiterentwicklungen** einsetzbar, wo auf eine bereits existierende Produktstruktur aufgebaut werden kann. Im allgemeinen kann ja davon ausgegangen werden, daß für das zu bearbeitende Produkt in irgendeiner Weise ein Vorgängerprodukt existiert. Dennoch ist QFD auch zur systematischen Anforderungserstellung und Dokumentation bei Neuentwicklungen geeignet, wenn dies auch mit erheblichem

Aufwand verbunden ist. Zur Erstellung der Anforderungslisten und Produktstrukturen sind dann die bekannten Methoden heranzuziehen (vgl. Kapitel 7).

Die enge Teamarbeit von Vertretern aller mit dem Produkt befaßten Abteilungen ermöglicht, u. a. mittels QFD, erhebliche Kostensenkungen am Produkt. Dies ist v. a. dann möglich, wenn mit QFD nicht nur eine Produktplanung, sondern damit kombiniert auch eine Kostenplanung mit entsprechenden Kostenzielvorgaben durchgeführt wird. Dieser Ansatz entspricht der Idee des Target Costing (Kapitel 9.3.3, [41/4;42/4]).

4.5 Auswirkung der Integration: Merkmale erfolgreicher Unternehmen

Eine effiziente Produktentwicklung kann auf Dauer nur dann Bestand haben und sich positiv auswirken, wenn sie eingebettet ist in eine erfolgversprechende Unternehmensstruktur, die von einer qualifizierten, kooperativen und motivierenden Führungsmannschaft geleitet wird. Gerade Ingenieure seien nochmals daran erinnert, daß die wichtigsten Ressourcen eines Unternehmens nicht Maschinen, Hallen und Computer sind, sondern fachlich qualifizierte und in ihrer Persönlichkeit entwickelte Menschen, die „es miteinander können".

Es kann hier nicht die Aufgabe sein, Rezepte für erfolgreiches Führen von Unternehmen zu geben. Dazu sind die Verhältnisse zu komplex. Nicht umsonst wurde die situative Managementlehre entwickelt [9/4]. Aber es sind interessante Unternehmensvergleiche entstanden (MIT-Studie [28/4]; McKinsey-Studie [43/4]), die die integrierte Produkterstellung als einen wesentlichen Faktor im Rahmen anderer erfolgversprechender Maßnahmen sehen. Es sollen deshalb hier einige dieser untersützenden Maßnahmen besprochen werden. Die MIT-Studie von J. P. Womack u. a. (1991) stellt die Pkw-Produzenten von Japan, denUSA und Europa einander gegenüber, die McKinsey-Studie von G. Rommel u. a. (1993) vergleicht erfolgreiche und weniger erfolgreiche Maschinenbauunternehmen und Kfz-Komponentenhersteller in Deutschland.

a) Die **MIT-Studie** [28/4] hat mit dem Schlagwort **„Lean Production"** einen Umdenkungsprozeß in der deutschen Industrie eingeleitet. Es hat sich nämlich auch durch andere Untersuchungen z. B. im Bereich der Werkzeugmaschinen gezeigt, daß die grundsätzlichen Aussagen nicht nur für die Pkw-Produktion, sondern recht allgemein gelten. Untersucht wurden vor allem Großserienhersteller von Pkw in Japan, den USA, in japanischen Werken in den USA und Europa.

Beachtlich dabei war der internationale **Zahlenvergleich,** aus dem z. B. hervorgeht (**Bild 4.5-1**), daß die Montagezeit für vergleichbare Pkw in Japan nur rund die Hälfte der in Europa beträgt und daß japanische Firmen in den USA auch nur ca. 60% der europäischen benötigen. Das ist nur ein Indiz für andere Prozesse und wirkt sich dementsprechend in den Kosten aus. Dabei liegen die kürzeren Zeiten nicht an der verringerten Qualität der Pkw. Sie ist sogar höher als bei US-amerikanischen oder europäischen Pkw.

Bei amerikanischen und europäischen Pkw werden in den ersten drei Monaten nach Kauf rund 1,5 mal so viel Fehler beanstandet wie bei japanischen. Die hohe Zuverlässigkeit japanischer Pkw ist auch durch TÜV-Reports bekannt geworden. Auch hier ist wieder erstaunlich, daß die Pkw-Qualität selbst dann fast gleich hoch ist wie in Japan, wenn die Pkw in japanischen Fabriken in Nordamerika oder England produziert werden.

Wie man den Untersuchungen entnehmen kann, liegen die **Gründe** für die günstigen Werte z. B. nicht etwa an der höheren Automatisierung in Japan. Die Montageautomatisierung ist in Europa im Pkw-Bereich eher höher als in Japan. Ein Beispiel ist die Halle 54 bei Volkswagen. Die Gründe sind auch nicht allein in der japanischen Mentalität des Fabrikpersonals zu suchen – obwohl hier wesentliche Unterschiede zu den USA und Europa bestehen, sondern offenbar in einem besonderen Managementstil, den die Autoren des Buches eben „lean production" oder „schlanke Produktion" genannt haben. Natürlich ist eine wesentliche Ursache der Entstehung dieses Managementstils die gruppenorientierte, kooperative Lebensauffassung der Japaner, die dazu führt, daß alle im Interesse des Erfolges ihres Unternehmens so lange diskutieren, bis Zielsetzung und Motivation für alle klar sind, so daß alle am Werk und Ergebnis gleichermaßen interessiert sind, am „gleichen Strick" ziehen. Das zeigt z B. die Zahl auch kleiner Verbesserungsvorschläge pro Beschäftigtem (**Bild 4.5-1**), die in Japan 150 mal höher ist als in den USA oder Europa (Kaizen; KVP= kontinuierlicher Verbesserungsprozeß). Offenbar ist es den Japanern in den USA noch nicht gelungen, diese hohe Zahl bei den amerikanischen Arbeitern in ihren amerikanischen Fabriken zu erreichen. Aber das teamorientierte Arbeiten und die hohe Ausbildungszeit für Produktionsarbeiter wurden durch das Managementsystem von Japan auf die USA übertragen (Bild 4.5-1).

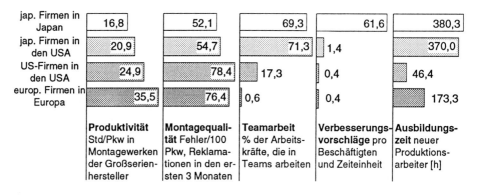

Bild 4.5-1:   Pkw-Produktionsvergleich nach [28/4]

Welche **Lehre** kann man für die eher individualistisch orientierte Gesellschaft in Europa und den USA daraus ziehen? Zunächst einmal die, daß diese Art individualistisch zu arbeiten ihre Vorteile hat, weil dadurch eher individuell originelle und kreative Lösungen gefördert werden. Das ist ein von Japanern beklagtes Defizit. Dann zeigt aber die Untersuchung des Autorenteams, daß die konsequente Verwirklichung von Simultaneous Engineering mit voll motivierten Mitarbeitern unter Abbau bürokratischer

Abteilungs- und Hierarchieschranken, mit weit nach unten verlagerten Kompetenzen, Erstaunliches bewirken kann.

Im einzelnen wirkt positiv:

–   engste **Marktorientierung:** Japaner haben z. B. bei Pkw-Unternehmen das Kundenbedarfsprofil im Laptop und korrigieren es beim Hausverkauf von Pkw. Kauf, Verkauf, Reparaturen werden vom Serviceteam erledigt. Der Kunde soll nur fahren.

–   Die **Entwicklung erfolgt im interdisziplinären Team** unter einem starken, hauptverantwortlichen Teamleiter. Die Zulieferer werden in die Entwicklung integriert. Der Gewinn aus Verbesserungen wird aufgeteilt. Bei einem Pkw-Hersteller entwikkeln die Zulieferer gemeinsam mit den Pkw-Entwicklern in einem großen Raum.

–   Die **Fertigung** erfolgt „just in time" in einem engen Vertrauensverhältnis mit relativ wenigen Zulieferern.

–   Die **Montage** erfolgt im wesentlichen mit auf Lebenszeit eingestellten, motivierten Mitarbeitern, deren Kosten nicht als variable Kosten angesehen werden. Die Teammitglieder ersetzen sich gegenseitig am Fließband. Die Fluktuation ist gering.

–   Die **Ausbildung** aller technischen Mitarbeiter fängt am Band an. Ingenieure wechseln dann z. B. zum Marketing und zu allen wichtigen Funktionen der Pkw-Produktion. Auch später dient **Job-Rotation** dem geplanten Wissenstransfer (Bild 4.1-22).

–   Die **Organisation** ist auf eine flache Hierarchie mit weit nach unten verlagerter Verantwortung hin ausgerichtet (z. B. nur 4 bis 5 Hierarchieebenen statt 8 bis 14 wie früher in Europa).

Die Vorteile dieser Art, Produkte zu erstellen, sind gegenüber der bisher üblichen Massenfertigung:

–   etwa halber Personalbedarf,
–   etwa halber Investitionsbedarf,
–   etwa halbe Entwicklungszeit für neue Produkte,
–   Verringerung der Stückkosten um 30 - 40% gegenüber Europa
–   Verbesserung der Produktqualität,
–   Vergrößerung der Produktvielfalt (Japaner sind bekannt für schnelles Entdecken von Marktnischen),
–   Verringerung der Lagerhaltung,
–   weniger Fabrikflächenbedarf,
–   anspruchsvollere, weniger monotone Arbeit.

Die **Nachteile** sind in dem erwähnten Buch [28/4] zu wenig besprochen. Es scheint aber doch den Nachteil der hohen Störungsanfälligkeit zu geben. Wenn das Management nicht führt, die Motivation verloren geht und die Mitarbeiter nicht ständig im Verbesserungsprozeß engagiert sind, entfallen die obigen Vorteile.

Eine **zusammenfassende Charakterisierung:**

Während die unter Taylor und Ford begonnene **Massenfertigung** auf den möglichst zu ersetzenden „dummen", ungelernten Arbeiter gesetzt hat, der keine Verantwortung hat, außer die einfachen Handgriffe weisungsgemäß durchzuführen, setzt die **„schlanke**

Produktion" auf den kooperativ im Team arbeitenden, verantwortlich mitdenkenden, motivierten, vielseitig ausgebildeten, dem Unternehmen auf lange Zeit verbundenen Mitarbeiter: in einem System gegenseitiger Verpflichtung. Die „schlanke Produktion" entspricht nach Ansicht der Autoren der Vereinigung der besten Merkmale der handwerklichen Fertigung und der Massenproduktion. – Sicher müssen wir Europäer einen Mittelweg zwischen unserer individualistischen und der gruppenbetonten Arbeitsauffassung der Japaner finden und dabei unsere typischen Stärken betonen.

Europäische Gestaltungsfreiheiten liegen weniger in den einfach kontrollierbaren Einflußgrößen wie längere Arbeitszeiten, besseres soziales Netz, mehr Automatisierung oder schärfere Kostenkontrolle, sondern eher in „weichen" Einflußgrößen. Diese beruhen im wesentlichen auf besserer menschlicher Zusammenarbeit im Sinne eines **gemeinsamen Nutzens von Kunden, Mitarbeitern, Zulieferern und Unternehmern.** Es handelt sich dabei um eine Unternehmenskultur, die den einzelnen Mitarbeiter verantwortlich zur Geltung kommen läßt, die Mitdenken belohnt und Personalqualifikation und Lernbereitschaft fördert. Warnecke [44/4] schätzt aufgrund seiner Erfahrung, daß in herkömmlichen Organisationsstrukturen nur 10 bis 20% der Mitarbeiter ihr volles Leistungspotential einbringen.

b)   Die **McKinsey-Studie** [43/4] faßt im Zeichen zunehmender Komplexität mit den Schlagworten „Einfachheit und Schwerpunktsetzung" ihre Untersuchung von erfolgreichen und weniger erfolgreichen Unternehmen zusammen. Leider werden keine Angaben über den statistischen Hintergrund gemacht.

Erfolgreiche Unternehmen zeichnen sich danach im Maschinenbau insbesondere durch folgende Merkmale aus:

–   In der **Produkt- und Kundenstruktur** konzentrieren sie sich auf A-Produkte und A-Kunden. Die übliche Zuschlagskalkulation macht nämlich keine Aussagen über den „realen Gemeinkostenanteil", d. h. die Komplexitätskosten von Nischenprodukten und Ausnahmekunden. Sie rechnet diesen eine nicht vorhandene Kostendeckung zu. Ein von der Produktnormung ungesteuerter Verkäufer wirkt komplexitätssteigernd. Er sollte umgekehrt den Kunden auf das bevorzugte Kernsegment lenken.

–   Geringe **Leistungstiefe** (Fertigungstiefe; Entscheidung „make or buy") ist nicht einfach immer besser. Wenn aber nach außen verlagert wird, sollte man sich auf wenige Lieferanten konzentrieren und eine langfristige Vertrauensbasis aufbauen. Die Entwicklung und Fertigung gemeinsam mit dem Lieferanten besprechen. Die Basis bildet eine enge Zusammenarbeit zwischen Entwicklung und Einkauf des Unternehmens, z. B. durch gegenseitige „Job-Rotation".

–   Die **integrierte Produkterstellung und Kundennähe** senken bei einem eingeplanten zeitlichen Mehraufwand in der Konzeptphase die mittlere Gesamtdauer von der Projektstudie bis zum Produktionsbeginn von 30 Monaten (weniger erfolgreiche Unternehmen) auf 13 Monate (erfolgreiche Unternehmen). Durch die „Know-how-Integration" am Anfang ergibt sich eine relativ störungsarme Hauptentwicklungsphase mit weniger Änderungen. „Wir kommen gegenüber Japan auf kürzere Entwicklungszeiten, wenn wir das tiefverwurzelte Ressort- und Bereichsdenken als unser Haupthindernis überwinden."– Damit die Kundenwünsche, die für die Kaufentscheidung maßgebend sind, erfüllt werden, sollten die Entwickler den Kundennutzen aus persönlicher Anschauung verstehen: „Entwickler an die Kundenfront!", „Der Entwickler muß den Kunden besser verstehen als der Kunde sich selbst!" (Bild 7.3-2) Es ist besser, in kleinen Verbesserungsschritten mit geringen Risiken zu entwickeln, als sich umwälzende Innovationen vorzunehmen (Kaizen; KVP). Der damit verbundene enorme Lernvorgang des ganzen Unternehmens dauert zwei Produkterstellungszyklen.

– Der **Logistikaufwand** wird durch die reduzierte Produkt- und Kundenvielfalt stark verringert und ist am geringsten, wenn sich das gesamte Geschäftssystem vom Vertrieb bis zur Montage an einem Standort befindet. Das praktizieren erfolgreiche Unternehmen allerdings mehrheitlich durch einen Neuanfang „auf der grünen Wiese". Die Lagerhaltung teurer A-Teile wird im Bestand minimiert, aber öfters disponiert. Von handlingsintensiven C-Teilen werden langfristige Bestände seltener eingelagert. Die Produktionsplanung erfolgt mittelfristig zentral und grob und später kurzfristig dezentral und fein auf Meisterebene statt langfristig zentral mit EDV.

– Die **Organisation** wird wirkungsvoll durch akzeptierte (gemeinsam erarbeitete), einfache Ziele, durch selbststeuerungsfähige, dezentrale Strukturen sowie durch kompetente, flexible und motivierte Mitarbeiter. Weiterbildung und Job-Rotation ist bei erfolgreichen Unternehmen weitaus intensiver. Erfolgreiche Unternehmen haben häufiger produktorientierte Organisationsformen (Profit Center, Spartenorganisation).

Insgesamt stellen die beiden Studien übereinstimmend die in **Bild 4.5-2** zusammengefaßten Maßnahmen zur Verbesserung unserer Konkurrenzfähigkeit heraus: produktori-

Die europäische Stärke: Individuelle Kreativität verbunden mit der „Einbindung aller Mitarbeiter in den motivierenden Produkterfolg"

- durchschaubare **kleine Einheiten** (Profit Center), mit **Eigenverantwortung** von Arbeitsgruppen

- **Kooperative Führung**, die für Visionen und strategische Ziele begeistert

- **Information** und **Kommunikation** bis zum „letzten Mitarbeiter" und mit diesem **physisch begreifbare** Ziele erarbeiten

- **Kundenorientierung!** Begreifbar machen, daß Stelle und Gehalt jedes Mitarbeiters aus der Kundenzufriedenheit stammt

- **Abteilungsübergreifendes, ganzheitliches Denken** stärken, z. B. durch kurzfristige Job-Rotation, durch Verbesserung der Ausbildung

- **Integrierende**, ganzheitliche **Methoden** einsetzen, z. B. kostenzielorientiertes Entwickeln und Konstruieren im SE-Team

- **Komplexitätsreduzierung:** Vereinfachen von Produktprogramm, Fertigungstiefe, Arbeitsprozessen

Bild 4.5-2: Unternehmerische Maßnahmen zur Verbesserung unserer Konkurrenzfähigkeit

entiert organisierte, für die Mitarbeiter durchschaubare kleine Unternehmenseinheiten, die kooperativ geführt werden. Durch klare, verstehbare Zielsetzung, Information und Kommunikation bis in die Werkerebene hinein, durch Delegation von Verantwortung in Gruppen und durch integrierte Produktentwicklung sollen die Mitarbeiter so motiviert werden, daß sie sich für ihr Unternehmen und ihren Produkterfolg engagieren.

Literatur zu Kapitel 4

[1/4]   Wach, J. J.: Problemspezifische Hilfsmittel für die integrierte Produktentwicklung. München: Hanser 1994. (Konstruktionstechnik München, Bd. 12) Zugl. München: TU, Diss. 1994.

[2/4]   DIN 6789, Teil 1: Dokumentationssystematik. Berlin: Beuth 1990.

[3/4]   Wellniak, R.: Das Produktmodell im rechnerintegrierten Konstruktionsarbeitsplatz. München: Hanser 1994. (Konstruktionstechnik München, Bd. 17) Zugl. München: TU, Diss. 1994.

[4/4]   Schertler, W.: Unternehmensorganisation. München: Oldenbourg 1982.

[5/4]   Braunsperger, M.: Qualitätssicherung im Entwicklungsablauf. München: Hanser 1993. (Konstruktionstechnik München, Bd. 9) Zugl. München: TU, Diss. 1992.

[6/4]   Pahl, G.; Beelich, K. H.: Erfahrungen mit dem methodischen Konstruieren. Werkstatt und Betrieb 114 (1981) 11, S. 773–782.

[7/4]   DIN ISO 9000: Qualitätsmanagement- und Qualitätssicherungsnormen. Berlin: Beuth 1992.

[8/4]   Paul, J.: Planung, Steuerung und strategische Ausrichtung der Produktentwicklung. RKW Handbuch Forschung, Entwicklung, Konstruktion (F&E), Beitrag 4750. Berlin: Schmidt 1987.

[9/4]   Müller, K.: Management für Ingenieure. Berlin: Springer 1988.

[10/4]   Taylor, F. W.: The principles of scientific management. New York: Norton 1911. Zugl.: Die Grundsätze wissenschaftlicher Betriebsführung. München: Oldenbourg. 1913.

[11/4]   Heinen, E.: Industriebetriebslehre. 9.Aufl. Wiesbaden: Gabler 1991.

[12/4]   Brockhoff, K.; Urban, C.: Die Beeinflussung der Entwicklungsdauer. Zfbf Sonderheft 23 (1988), S. 1–42.

[13/4]   Stuffer, R.; Ehrlenspiel, K.: Teamarbeit als Grundlage der integrierten Produktentwicklung. In: Roozenburg, N. F. M. (Hrsg.): Proceedings of the ICED 1993, The Hague. Zürich: Edition Heurista 1993, S.293–300. (Schriftenreihe WDK 22)

[14/4]   Dierkes, M.: Leitbilder, Organisationskultur und Organisationshandeln. In: Pahl, G. (Hrsg.): Psychologische und Pädagogische Fragen beim methodischen Konstruieren. Köln: TÜV Rheinland 1994.

[15/4]   Ropohl, G.: System und Methode,Die neue Philosophie im technischen Handeln. In: Hubka, V. (Hersg.): Proceedings of the ICED 1991, Zürich: Edition Heurista 1991, S.209–215. (Schriftenreihe WDK 20)

[16/4]   Dylla, N.: Denk- und Handlungsabläufe beim Konstruieren. München: Hanser 1991. Zugl. München: TU, Diss. 1990.

[17/4]   Sommerlatte, T.: Was soll die deutsche Industrie zur Stützung ihrer Wirtschaftlichkeit tun? München: VDI-EKV 1993. (Vortrag)

[18/4]   Hoffmann, V.: Schölling, W.: Time Based Management mit Schwerpunkt Forschung und Entwicklung. Planung und Produktion 11 (1992), S. 16–21.

[19/4]   Führberg-Baumann, J.; Müller, R.: Neugestaltung der Auftragsabwicklung. VDI-Z 133 (1991) 7, S. 52–57.

[20/4]   Ehrlenspiel, K.: Kostengünstig Konstruieren. Berlin: Springer 1985.

[21/4]   Bullinger, H. J.: IAO Studie „F&E heute". München: GmfT-Verlag 1990.

[22/4]   Ehrlenspiel, K.: Auf dem Weg zur integrierten Produktentwicklung. In: VDI-Berichte 812, Düsseldorf: VDI-Verlag 1990, S. 165–179.

[23/4]   Allen, T.: Managing the flow of technology. Cambridge MA (USA): MTT Press 1977.

[24/4]   Hundal, M. S.: Engineering and Management for Rapid Product Development. In: Proceedings of the ICED 1993, Den Haag. Zürich: Edition Heurista 1993, S. 588–595. (Schriftenreihe WDK 22)

[25/4]   Linner, St.: Konzept einer integrierten Produktentwicklung. München: TU,   Diss. 1993.

[26/4]   Dörner, D.: Die Logik des Mißlingens. Reinbeck: Rowohlt 1989.

[27/4]   Badke-Schaub, P.: Gruppen und komplexe Probleme. Bamberg: Univ., Diss. 1992.

[28/4]   Womack, J. P.; Jones, D. T.; Roos, D.: Die zweite Revolution in der Automobilindustrie. Frankfurt: Campus 1991.

[29/4]   Stuffer, R.: Planung und Steuerung der integrierten Produktentwicklung. München: Hanser 1994. (Reihe Konstruktionstechnik München, Bd. 13) Zugl. München: TU, Diss. 1994.

[30/4]   REFA (Hrsg.): Methodenlehre der Planung und Steuerung. Teil 5. München: Hanser 1985.

[31/4]   DIN 6901: Projektmanagement, Begriffe. Berlin: Beuth 1987.

[32/4]   Saynisch, M.: Konfigurationsmanagement. Köln: TÜV Rheinland-Verlag 1984.

[33/4]   Pfeifer, T.: Qualitätsmanagement: Strategien, Methoden, Techniken. München: Hanser 1993.

[34/4]   Sondermann, J. P.: Quality Engineering; Poka Yoke, Shainin. In: Wildemann, H.: F & E. Markt-, montage-, fertigungs- und logistikgerechte Produktentwicklung. München: Transfer Centrum 1993, S. 299–326.

[35/4]   Madauss, B.-J.: Projektmanagement. Ein Handbuch für Industriebetriebe, Unternehmensberater und Behörden. 2. Aufl. Stuttgart: Poeschel 1984.

[36/4]   Platz, I.; Schmelzer, H. J.: Projektmanagement in der industriellen Forschung und Entwicklung. Berlin: Springer 1986.

[37/4]   Blaß, E.: Entwicklung verfahrenstechnischer Prozesse. Frankfurt: Salle & Sauerländer 1989.

[38/4]   Groh, H.; Gutsch, R.: Netzplantechnik – Eine Anleitung zum Projektmanagement für Studium und Praxis. Düsseldorf: VDI-Verlag 1982.

[39/4]   Akao, Y.: QFD – Quality Function Deployment. Landsberg: Verlag moderne Industrie 1992.

[40/4]   King, B.: Doppelt so schnell wie die Konkurrenz – Quality Function Deployment. 2. Aufl. St. Gallen: gfmt 1994.

[41/4]   Ehrlenspiel, K.: Gründe für den Kosten-, Zeit- und Qualitätsdruck Japans und Antworten darauf – Eindrücke von einer Studienreise zu elf japanischen Unternehmen. Konstruktion 45 (1993), S. 73–78.

[42/4]   Burkhardt, R.: Volltreffer mit Methode – Target Costing. Top Business (1994) 1, S.95–99.

[43/4]   Rommel, G.; Brück, F.; Diederichs, R.; Kempis, R.-D.; Kluge, J.: Einfach überlegen. Stuttgart: Schäffer-Poeschel 1993.

[44/4]   Warnecke, H. J.: Die fraktale Fabrik. Berlin: Springer 1992.

5 Entwicklung und Konstruktion – Inhalt und Organisation

In diesem Kapitel wird versucht, den Prozeß des Entwickelns und Konstruierens – den Kern der Produkterstellung – verständlich zu machen. Nach den Ausführungen in Kapitel 3.4 über das individuelle Problemlösen als innerer, mentaler Prozeß und nach dem Überblick über den Gesamtprozeß der konventionellen wie auch der integrierten Produkterstellung in Kapitel 4.1 und 4.2 sollen im folgenden Angaben zum äußeren, zwischenmenschlichen Prozeß gemacht werden, wie er im betrieblichen Alltag beobachtet werden kann. Dieser zwischenmenschliche Prozeß muß organisiert werden. Dabei sei unter Organisation die Gesamtheit der Regelungen verstanden, welche die Aufgaben der Mitarbeiter für eine optimale Produkterstellung gewährleisten. In **Bild 5-1** sind – ohne Anspruch auf Vollständigkeit – Einflüsse wiedergegeben, die den Konstruktionsprozeß bestimmen, ihn effektiv, schwierig oder komplex, schnell oder träge, erfreulich oder menschlich problematisch gestalten können.

Die sechs Einflußgruppen und die aufgeführten Stichworte sprechen soweit für sich, daß sie hier nicht vorab behandelt werden müssen. Zudem sind bei den Stichworten zu den Einflüssen auch die Kapitel angegeben, in denen der jeweilige Sachverhalt besprochen wird.

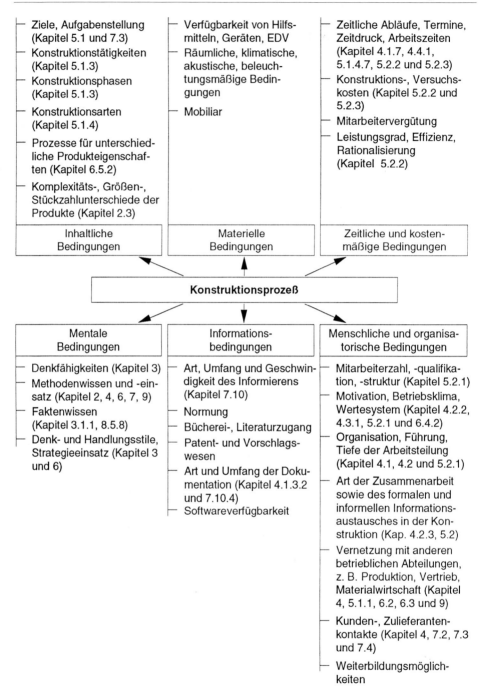

Ziele, Aufgabenstellung (Kapitel 5.1 und 7.3)
Konstruktionstätigkeiten (Kapitel 5.1.3)
Konstruktionsphasen (Kapitel 5.1.3)
Konstruktionsarten (Kapitel 5.1.4)
Prozesse für unterschiedliche Produkteigenschaften (Kapitel 6.5.2)
Komplexitäts-, Größen-, Stückzahlunterschiede der Produkte (Kapitel 2.3)

Verfügbarkeit von Hilfsmitteln, Geräten, EDV
Räumliche, klimatische, akustische, beleuchtungsmäßige Bedingungen
Mobiliar

Zeitliche Abläufe, Termine, Zeitdruck, Arbeitszeiten (Kapitel 4.1.7, 4.4.1, 5.1.4.7, 5.2.2 und 5.2.3)
Konstruktions-, Versuchskosten (Kapitel 5.2.2 und 5.2.3)
Mitarbeitervergütung
Leistungsgrad, Effizienz, Rationalisierung (Kapitel 5.2.2)

Inhaltliche Bedingungen

Materielle Bedingungen

Zeitliche und kostenmäßige Bedingungen

Konstruktionsprozeß

Mentale Bedingungen

Informationsbedingungen

Menschliche und organisatorische Bedingungen

Denkfähigkeiten (Kapitel 3)
Methodenwissen und -einsatz (Kapitel 2, 4, 6, 7, 9)
Faktenwissen (Kapitel 3.1.1, 8.5.8)
Denk- und Handlungsstile, Strategieeinsatz (Kapitel 3 und 6)

Art, Umfang und Geschwindigkeit des Informierens (Kapitel 7.10)
Normung
Bücherei-, Literaturzugang
Patent- und Vorschlagswesen
Art und Umfang der Dokumentation (Kapitel 4.1.3.2 und 7.10.4)
Softwareverfügbarkeit

Mitarbeiterzahl, -qualifikation, -struktur (Kapitel 5.2.1)
Motivation, Betriebsklima, Wertesystem (Kapitel 4.2.2, 4.3.1, 5.2.1 und 6.4.2)
Organisation, Führung, Tiefe der Arbeitsteilung (Kapitel 4.1, 4.2 und 5.2.1)
Art der Zusammenarbeit sowie des formalen und informellen Informationsaustausches in der Konstruktion (Kap. 4.2.3, 5.2)
Vernetzung mit anderen betrieblichen Abteilungen, z. B. Produktion, Vertrieb, Materialwirtschaft (Kapitel 4, 5.1.1, 6.2, 6.3 und 9)
Kunden-, Zulieferantenkontakte (Kapitel 4, 7.2, 7.3 und 7.4)
Weiterbildungsmöglichkeiten

Bild 5-1: Sichtweisen und Einflüsse auf den Konstruktionsprozeß mit Angabe der entsprechenden Kapitel, in denen diese besprochen werden

5.1 Ziele, Aufgaben und Tätigkeiten in Entwicklung und Konstruktion

5.1.1 Definition und Bedeutung des Entwickelns und Konstruierens

Mit der Einführung der Arbeitsteilung zu Anfang des 20. Jahrhunderts trennte sich die Konstruktion zunehmend von der Produktion (s. Kapitel 4.1.7.1). Als Schnittstelle wurde die Werkstattzeichnung eingeführt, deren Darstellungsart und Symbole z. B. in DIN 6 [1/5], DIN 15 [2/5], DIN 30 [3/5], DIN 199 [4/5] und DIN 406 [5/5] genormt wurden [6/5]. Seither ist die Aufgabe der Abteilung „Entwicklung und Konstruktion" das Festlegen der Produkteigenschaften ausgehend von der Aufgabenstellung (Eingangspfeil in **Bild 5.1-1**) in Form von Informationen auf verschiedenen Informationsträgern (Zeichnungen, Stücklisten, Beschreibungen auf papierenen oder elektronischen Medien: Ausgangspfeil in Bild 5.1-1). Das Produkt wird aufgrund dieser Dokumentation dann von der Produktion materiell hergestellt, d. h. das durch die Informationen beschriebene Produkt wird materiell realisiert. Diese Arbeitsteilung hat nicht nur Vorteile, sondern bringt auch die Nachteile, daß oft zu wenig fertigungs-, montage- oder kostengünstig konstruiert wird (Kapitel 4.1.7).

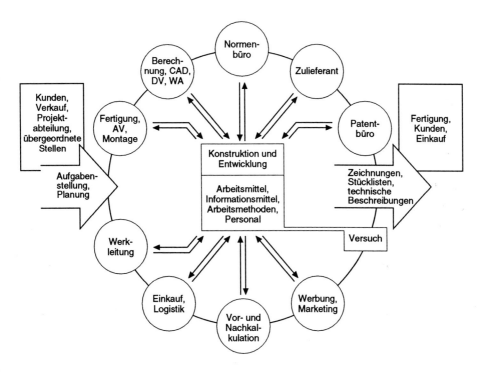

Bild 5.1-1:   Abteilung „Entwicklung und Konstruktion" als Knotenpunkt des Informationsumsatzes

Wie Bild 5.1-1 zeigt, stehen Entwicklung und Konstruktion als informationsumsetzende Abteilungen in engem Austausch mit einer Vielzahl anderer Abteilungen, wovon besonders die Berechnung und Datenverarbeitung sowie der Versuch genannt seien.

Dieser **Informationsumsatz** läßt sich in drei Phasen einteilen:

– **Informationsgewinnung** aus der Aufgabenstellung, dem Auftrag, dem Pflichtenheft, der Spezifikation und aus Berechnungen, Zeichnungen, Stücklisten, Normen, Patent- und anderer Literatur, aus Gesprächen mit Experten, Kunden, Vertretern, aus Beobachtungen und Versuchen.

– **Informationsverarbeitung** durch Analyse der Information, Abstraktion, kreativer Lösungssuche (Synthese), durch Kombination und Variation von Lösungen, durch Berechnung und Versuche, insbesondere aber durch Erarbeitung von Skizzen, Zeichnungen und Stücklisten.

– **Informationsweitergabe** durch die Produktdokumentation: Zeichnungen, Stücklisten, Berechnungen, Tabellen, Handlungsanweisungen und Beschreibungen.

Obwohl die Begriffe „Entwicklung" und „Konstruktion" oft synonym gebraucht werden, besteht in der Praxis doch eine gewisse Tendenz zur Unterscheidung:

Die **Entwicklung** als Abteilung (Bild 4.1-11) wird **organisatorisch** der Konstruktion übergeordnet und umfaßt zusätzlich noch die Abteilungen Versuch, Musterbau (Prototyperstellung), Berechnung, u. U. Projektierung sowie als Stabsstellen Normung, CAD-Betreuung, Patentwesen und Wertanalyse (dies ist kein Widerspruch zu Bild 5.1-1, da die Zuordnung variabel gehandhabt wird).

Man kann dementsprechend die **Entwicklungstätigkeit definieren** als die Tätigkeit, bei der ausgehend von Anforderungen die geometrisch-stofflichen Merkmale eines technischen Produkts mit allen seinen lebenslaufbezogenen Eigenschaften festgelegt werden. Dabei handelt es sich um einen Optimierungsprozeß bei zum Teil widersprüchlichen Zielsetzungen unter enger Einbeziehung von Musterbau, Versuch, Fertigung, Montage und Zulieferern.

Die **Konstruktionstätigkeit** entspricht der Entwicklungstätigkeit, ohne daß die unmittelbare Einbeziehung von Musterbau und Versuch bei der jeweils anstehenden Aufgabe nötig ist.

Es muß noch erwähnt werden, daß unter Produktentwicklung in der Praxis oft auch der ganze Prozeß der Produkterstellung gemäß Bild 4.1-1 verstanden wird. Als Konstruktion wird ferner nicht nur die oben definierte Tätigkeit bezeichnet, sondern auch die Konstruktionsabteilung und das daraus entstandene Ergebnis sowohl als Zeichnung wie auch als gebautes Produkt.

Im weiteren Verlauf dieses Buches wird zur Vereinfachung nicht mehr zwischen Entwicklung und Konstruktion unterschieden. Es wird, wie an der Hochschule üblich, der Begriff „Konstruktion" als Abteilung bzw. Tätigkeit verwendet, sofern die Versuchstätigkeit nicht direkt angesprochen ist.

Die **Bedeutung des Konstruierens** ist für ein produzierendes Unternehmen beträchtlich: Der Unternehmenserfolg wird weitgehend durch den Produkterfolg bestimmt, der zu entsprechenden Erlösen bzw. Gewinnen führt. Die Erfolgsverantwortung für das Produkt liegt wiederum wesentlich im Entwicklungs- und Konstruktionsbereich, d. h. in den frühen Phasen der Produkterstellung. Dabei ist aber klar, daß entsprechend dem zur Arbeitsteilung Gesagten praktisch alle Abteilungen eines Unternehmens im Hinblick auf den angestrebten Produkterfolg in dieser Phase zusammenarbeiten müssen.

Dies wird auch durch die Devise „Lieber höhere Entwicklungskosten als längere Entwicklungszeit" deutlich (Kapitel 4.4.1.3). Im Endeffekt führt dies zu niedereren Selbstkosten eines Produkts und u. U. auch zu niedereren Gebrauchskosten für den Kunden. Insgesamt werden so die Produkt-Gesamtkosten (life cycle costs) verringert und die Zeiten verkürzt. Die Zukunftsentscheidungen werden eben am Anfang der Produkterstellung getroffen, nicht am Ende bei der Teilefertigung oder der Montage. „Über das Ende wird am Anfang entschieden." Dieser Bedeutung wird oft weder die Qualifikation, noch die Zahl, noch die Bezahlung, noch das Prestige der Konstrukteure gerecht.

Es besteht allerdings eine **Tendenz zum Wandel**, der durch folgende Veränderungen zustande kommt: Die Verschiebung vom Verkäufer- zum Käufermarkt verlangt mehr marktorientierte, kundenangepaßte Produkte, deren Innovationszyklus sich immer mehr verkürzt. Die Produkte werden durch die Einbeziehung elektronischer Steuerungs- und Regelungstechnik, durch erhöhte Sicherheits- und Umweltforderungen bei verstärktem Kostendruck immer komplexer. Beide Veränderungen resultieren in komplexeren und deshalb verstärkt methodisch durchzuführenden Konstruktionsprozessen, die nur von qualifizierten Personen beherrscht werden können. Enge Zusammenarbeit und gute Motivation sind Voraussetzung. Ferner verlangt das Vordringen der Datenverarbeitung mehr wissenschaftliche Durchdringung und den Einsatz von Methoden. Nur so können die seit Einführung von CAD steigenden Arbeitsplatzkosten in einen Rationalisierungsgewinn umgewandelt werden.

Die Komplexität von Konstruktionsprozessen kann an Hand **Bild 5.1-2** abgeschätzt werden. Hier sind in der Art eines morphologischen Schemas die Einflußgrößen auf Konstruktionsprozesse mit ihren Ausprägungen angegeben. Je nach den aktuellen Ausprägungen und ihren Verknüpfungen ergibt sich eine sehr große Zahl von unterschiedlichen Konstruktionsprozessen. Es liegt auf der Hand, daß Methoden und Hilfsmittel wenigstens einem Teil dieser Einflußgrößen angepaßt („herunterbrechen") werden müssen (Kapitel 6.4).

Einflußgrößen auf Konstruktionsprozesse		Ausprägung der Einflußgrößen					
Individuelle Einflüsse	Ausbildung	techn. Zeichner	Techniker	Ingenieur	"Leiter"		
	Berufserfahrung	hoch		mittel		gering	
	"Fähigkeiten"	Kreativität	"Theoretiker"	Praxiserfahrung	...		
	Motivation	hoch		mittel		gering	
Arbeitsumgebung	Unternehmensgröße	< 100 MA	100 - 1000 MA	1000 - 5000 MA	> 5000 MA		
	Organisationsstruktur	Ein-Linien-O.	Mehr-Linien-O.	Stab-Linien-O.	Matrix-O.		
	"Teamarbeit"	keine		zeitweise		immer	
	soziale Einbindung	hoch		mittel		gering	
Äußere Einflüsse	Marktattraktivität	hoch		mittel		gering	
	Wettbewerbssituation	zersplitterter Markt		oligopolistischer M.		monopolistischer M.	
	Reifegrad d. Marktes	junger Markt	wachsender M.	reifer Markt	rückgängiger M.		
	Marktposition	sehr gut	gut	mittel	schlecht		
	gesellsch. Akzeptanz	hoch angesehen		normal		schlechte Akzeptanz	
Restriktionen	Zeitdruck	extrem hoch	hoch	normal	unproblematisch		
	Gesetzgebung ...	sehr restriktiv		z. T. restriktiv		unproblematisch	
	spez. Anforderungen	Funktion	Kosten	Teilefertigung	Montage		
	Festlegungen	Kundenspezifikation		teilweise Kundenspez.		interne Festlegung	
Produkt	Produktart	Turbinen	Lokomot.	Getriebe	Werkzg.m.	Kleingeräte	...
	Teilezahl	sehr hoch	hoch	mittel	gering		
	Stückzahl	Massenprod.	Großserienprod.	Serienprod.	Einzelprod.		
	Komplexität	hochkomplex	komplex	normal	einfach		
	Variantenzahl	sehr hoch	hoch	mittel	gering		
	Neuheit	völlig neu	neu	eingeführt	alt		
	Konstruktionsart	Neukonstruktion		Anpassungskonstrukt.		Variantenkonstruktion	
	Fertigungstiefe	sehr hoch	hoch	mittel	gering		
Produktion	mögliche Verfahren	Drehen	Gießen	Schweißen	Biegen	Härten	...
	verfügbare Anlagen	Bearb.zentrum X	Fräsmasch. Y	Montageanlage Z	...		
	Know-how	hoch		mittel		gering	
	Automatisierungsgrad	hoch		mittel		gering	
Arbeitsmittel	verfügb. Werkzeuge	CAD-System	Datenbank	Teilesuchsystem	...		
	verfügb. Methoden	FMEA	Kalkulationsverf.	FEM-System	...		
	Versuchsmöglichk.	umfangreich		begrenzt		nicht gegeben	
verfügbare Informationen	allg. Sachinformation	umfangreich		begrenzt		nicht verfügbar	
	Methodeninformation	umfangreich		begrenzt		nicht verfügbar	
	Vorläuferproduktinfo.	umfangreich		begrenzt		nicht verfügbar	
	bisherige Dokumentat.	umfangreich		begrenzt		nicht vorhanden	
	erfahrene Kollegen	vorhanden		begrenzt vorhanden		nicht vorhanden	

Bild 5.1-2: Schema zur Klassifikation von Konstruktionsprozessen an Hand von Einflußgrößen (nach Wach [7/5])

5.1.2 Ziele des Konstruierens

Die Ziele des Konstruierens im Unternehmen leiten sich von den Unternehmenszielen ab. Ein wesentliches Unternehmensziel ist der Produkterfolg, d. h. daß die Produkte langfristig am Markt mit auskömmlichen Preisen und entsprechendem Gewinn abgesetzt werden können. Dies bedingt, daß die Produkte Eigenschaften aufweisen, die den Nutzern Geld wert sind (z. B. sichere Funktion, geringe Emissionen, gute Ergonomie... insgesamt hohe Qualität bei nicht zu hohen Preisen und kurzen Lieferzeiten). Dies sind also **marktspezifische Ziele,** die sich z. T. gegenseitig widersprechen, neutral sind oder gleichsinnig wirken (Bild 7.3-4).

Das Konstruieren hat aber auch **herstellerspezifische Ziele** zu erfüllen, die sich ebenfalls aus obigen Unternehmenszielen ableiten. Ein wesentliches Ziel ist, die unternehmensinternen Kosten gering zu halten, d. h. den Aufwand für den Konstruktionsprozeß, für Versuche, Prototypen, Sondermaschinen usw. zu minimieren. Es ist klar, daß dies dem Anspruch nach der Konstruktion qualitativ hochwertiger, sicherer, umweltfreundlicher Produkte widerspricht. Beim Konstruieren muß man hierfür einen Kompromiß finden. Viele markt- und herstellerspezifische Ziele wirken jedoch gleichsinnig.

Das wesentliche Ziel des Konstruierens ist also, die Eigenschaften eines Produkts so festzulegen, daß sie den Forderungen und Wünschen des Nutzers sowie des Marktes entsprechen, und zwar so, daß das Produkt eine **hohe Qualität** erreicht (Kapitel 4.4.2). Dabei wird unter Qualität der Grad der Annäherung der Ist- an die Soll-Eigenschaften verstanden, und es sind alle Eigenschaftsarten gemeint. Es gibt also eine Qualität der Funktionserfüllung, der Sicherheit, der Ergonomie usw. [8/5]. Die Soll-Eigenschaften werden sinnvollerweise von **der** Stelle vorgegeben, die später von den Ist-Eigenschaften direkt betroffen ist. Im allgemeinen ist das der Nutzer oder der Markt. Im Unternehmen sind für die Festlegung der Ist-Eigenschaften eines Produkts im wesentlichen die Stellen maßgebend, die das Produkt definieren, also vornehmlich die Konstruktionsabteilung. Durch diese Festlegungen ist bereits die Qualität des Produkts weitgehend bestimmt. Der direkte Kontakt zwischen festlegender Stelle und betroffener Stelle ist für eine hohe Produktqualität von elementarer Bedeutung. Der Kontakt zwischen Konstrukteur und Nutzer bzw. Markt darf durch den Verkauf, das Marketing oder durch Vertreter nicht abgeschnitten werden (Bild 7.3-2). Ebenso wichtig ist der Kontakt zur Produktionsabteilung und der Materialwirtschaft (siehe hierzu Bild 4.2-4 und Kapitel 7.10.3).

Außer diesen durch das Unternehmen vorgegebenen Zielen des Konstruierens gibt es aber auch die **persönlichen Ziele der Konstrukteure.** Hesser [9/5] hat einer Befragung entnommen, daß sich Konstrukteure am ehesten mit dem Architekten und Erfinder identifizieren und sich dabei als ideale Tätigkeit „eine frei wirkende, aber zielstrebige, konstruktive Kreativität in Unabhängigkeit und Selbständigkeit" vorstellen. Dieses Leitbild steht aber nur selten im Einklang mit der tatsächlichen Arbeitssituation, die oft gekennzeichnet ist durch starke Arbeitsteilung und den Zwang, in kurzer Zeit mit unzureichenden Informationen und zu geringer Mitarbeiterqualifikation zu brauchbaren Lösungen zu kommen. Es kommt hinzu, daß der Konstrukteur mit der Zeichnung eines der wenigen zentralen Dokumente im Unternehmen schafft, das oft willkommenen Anlaß zur Kritik bietet, da es für viele andere eine nicht selbst erstellte Arbeitsgrundlage ist. Aber trotzdem bleibt der Reiz des Konstruierens: für ein Problem eine Lösung auszudenken, diese zu gestalten und dann zu erleben, wie sie materiell entsteht und sich schließlich im Gebrauch bewährt. Dies gilt auch für noch so kleine Probleme.

5.1.3   Tätigkeiten und Konstruktionsphasen

Beim Konstruieren wird ausgehend von einer verbalen oder schriftlichen Aufgabenstellung in schrittweisem und z. T. wiederholendem Vorgehen die Dokumentation eines neuen Produkts erarbeitet. Dabei kann man, wie in **Bild 5.1-3** aufgeführt, laufend durchgeführte **Grundtätigkeiten**, wie „Anforderungen analysieren", „Lösungen suchen" und „gestalten", von **begleitenden Tätigkeiten**, wie z. B. „sich informieren" und „ordnen", unterscheiden. Grundtätigkeiten sind für das Konstruieren unverzichtbar, während begleitende Tätigkeiten unterstützend wirken und allgemein bei der Informationsverarbeitung nötig sind.

Denken ist in Bild 5.1-3 nicht als besondere Tätigkeit angegeben, da es bei allen Tätigkeiten selbstverständlich ist. Es gibt natürlich Routinetätigkeiten wie das Darstellen (z. B. CAD-Befehle zum Schraffieren oder Plazieren), bei denen kaum mitgedacht werden muß. Es fällt auf, daß die Grundtätigkeiten dem Vorgehens- oder Problemlösungszyklus entsprechen (Kapitel 3.3.2).

Obwohl diese Tätigkeiten im Konstruktionsprozeß laufend vorkommen, konzentrieren sie sich in bestimmten Schwerpunkten, den sogenannten **Konstruktionsphasen** [10/5]:

– **Aufgabe klären**,
– **Konzipieren**,
– **Entwerfen** und
– **Ausarbeiten**.

Vor der näheren Erläuterung der Konstruktionsphasen steht ein Überblick über deren zeitliche Häufigkeit. Diese ist mit Prozentzahlen in **Bild 5.1-4** für verschiedene Tätigkeiten in Konstruktionsabteilungen als Mittelwert aus sieben statistischen Untersuchungen [11/5] bei konventionellem Konstruieren (ohne CAD-Unterstützung) angegeben. Dabei wurden konstruktiv tätige Personen befragt (siehe hierzu auch Kapitel 5.2.2.3).

Die Zahlen streuen in hohem Maße je nach Unternehmen, Produktart und Konstruktionsart. Von Bedeutung ist jedoch, wie **Bild 5.1-5** anschaulich zeigt, daß der Arbeitsaufwand zum Ende des Konstruierens hin steil ansteigt. Das ist wohl auch bei anderen Projekten ähnlich und bedeutet, daß man bis zur endgültigen Realisierung eines Projekts einen gegen Ende exponentiell ansteigenden Arbeitsaufwand einplanen muß. Während die ersten Phasen vornehmlich von Ingenieuren bearbeitet werden, werden später bei zunehmenden Routineanteilen Techniker und Technische Zeichner tätig. Dieser Zuwachs an Routine und algorithmierbaren Wiederholoperationen ist auch der Grund für die Bearbeitungsmöglichkeit durch den Rechner (CAD). Ganz im Gegensatz dazu hat der Beginn der Konstruktionstätigkeit beim Klären der Aufgabe und Konzipieren

		Tätigkeiten	zugehörige bzw. verwandte Begriffe	Hilfen
Grundtätigkeiten	1	Anforderungen klären	Aufgabe klären, Ziele erkennen, Anforderungen, Restriktionen erkennen	Checklisten, Bewertungsverfahren, Markt-, Fremderzeugnis-, Schwachstellenanalyse
	2	Prinzipielle Lösung suchen	Konzept, Funktionsprinzip suchen	Checklisten, Kreativmethoden, Kataloge, Literatur, Patentliteratur, Diskussionen, Erfahrung
	3 (Lösungen suchen)	Gestaltprinzipien suchen	Bauweisen, Anordnungsprinzipe, Halbzeuge	Checklisten, Kreativmethoden, Kataloge, Literatur, Patentliteratur, Diskussionen, Erfahrung
	4	Gestalterische Lösung suchen	Lösungen gestalten, Lösungen, Oberfläche, Toleranzen suchen, über- nehmen, variieren	Gestaltungsregeln, -vorbilder, -richtlinien, ähnliche Konstruktionen, Literatur, Diskussion, Beratung, CAD
	5 (Lösung auswählen)	(Werk-)Stoff suchen	Betriebs-, Hilfsstoffe, Halbzeuge, Werk-stoffbehandlung festlegen	Werkstoffnormen, Kataloge, Handbücher
	6	Fertigungsger. gestaltete Lösung suchen	Fertigungs-, montage- und normgerecht gestalten	Normen, Gestaltungsrichtlinien, Beratung, Diskussionen, ähnliche Vorbilder, CAD
	7	Berechnen	Voraus-, Nachrechnen, Auslegen, Dimen-sionieren, Simulieren, Kalkulieren, Abschätzen	Berechnungsformeln und -modelle, Berechnungssoftware
	8	Experimentieren	Probieren, Testen, Simulieren, Versuchen	Versuchs- und Meßtechnik, Modelltechnik, Modellwerkstatt, Rapid Prototyping
	9	Beurteilen	Bewerten, Auswählen, Vergleichen, Entscheiden, Festlegen	Erfahrung, Auswahl-, Bewertungstechniken, FMEA, Teamdiskussion
	10 (Darstellen)	Grafisch darstellen	Skizzieren, Zeichnen, Dokumen-tieren, Darstellen	Darstellungstechniken, Zeichnungsregeln und -normen, CAD, Graphiksysteme
	11	Textlich darstellen	Schreiben, Stücklisten erstellen, Beschriften, Dokumentieren	Schreibautomaten, CAD, Textsysteme, ähnliche Stücklisten, PPS
Begleitende Tätigkeiten	12	Sich informieren	Informationen suchen, auswerten	Info-Datenbanken, Kataloge, Normen, Richtlinien, Berichte, Zeichnungen, Zeitschriften, Bücher
	13	Strukturieren	Ordnen, Analysieren, Systematisieren, Identifizieren, Gliedern, Reihen, Klassifizieren, Sortieren	Ordnungssysteme, Klassifikationstechniken, Nummernsysteme, Sachmerkmalsleisten
	14	Prüfen	Messen, Testen, Vergleichen	Checklisten, Fragebögen, Softwareprogramme, Qualitätssicherungssysteme, Schwachstellenanalyse, Verfahren von Taguchi, Shainin
	15	Ändern	Ausbessern, Verbessern, Iterieren, Korrigieren, Variieren	Erfahrung, Optimierungsprogramme, Regeln
	16	Organisieren	Planen, Überwachen, Steuern	Projektmanagement, Organisationslehre, -psychologie
	17	Kommunizieren	Diskutieren, Nachfragen, Schreiben, Erkunden, Erklären, Formulieren, Beraten, Verstehen, Korrespondieren	Briefwechsel, Fax, Telefon, Sprachkenntnisse, Vortragstechnik, Netzwerke, Besprechungen, Rhetorik, Moderationstechnik

Bild 5.1-3:   Grundtätigkeiten und begleitende Tätigkeiten beim Konstruieren

Phase	Tätigkeit	Häufigkeit (Streubereich)
Aufgabe klären	Aufgabe analysieren, strukturieren und formulieren	?
Konzipieren	Funktionen ermitteln und strukturieren, Lösungsprinzipien suchen und strukturieren	0–10%
Entwerfen	Gestalten 17% Berechnen 4% Informieren 8%	20–40%
Ausarbeiten	Zeichnen 30% Ändern 10% Stücklisten erstellen 10% Kontrollieren 6%	50–60%
Sonstiges	Schriftwechsel, Verkaufsunterstützung	10–20%

Bild 5.1-4:   Zeitliche Häufigkeit von Phasen und Tätigkeiten in Konstruktionsabteilungen (nach [11/5])

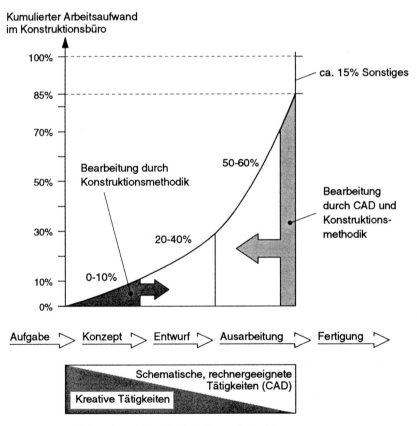

Bild 5.1-5:   Arbeitsaufwand (kumuliert) im Konstruktionsbüro

hohe kreative Anteile. Dieser Abschnitt ist wissenschaftlich intensiv durch die Konstruktionsmethodik bearbeitet worden. Die Pfeile in Bild 5.1-5 sollen das Vordringen der Konstruktionsmethodik bzw. des CAD vom Beginn und Ende des Konstruierens her andeuten.

Einen mit dem benötigten Arbeitsaufwand (Zeit) gekoppelten ähnlich hohen Anstieg der Kosten zeigt **Bild 5.1-6** am Beispiel der Erstellung einer Werkzeugmaschine in einem Zeitraum von 2,5 Jahren. Man sieht die anfänglich niedrigen Kosten für Systemstudien, im Grunde für „Papierarbeit": Die ersten 50% der Erstellungszeit machen nur 22% der gesamten Kosten aus. Danach steigen die Kosten und natürlich auch der Arbeitseinsatz stark an. Im Unterschied zu Bild 5.1-5 ist hier die Produktion der ersten Maschine mit enthalten.

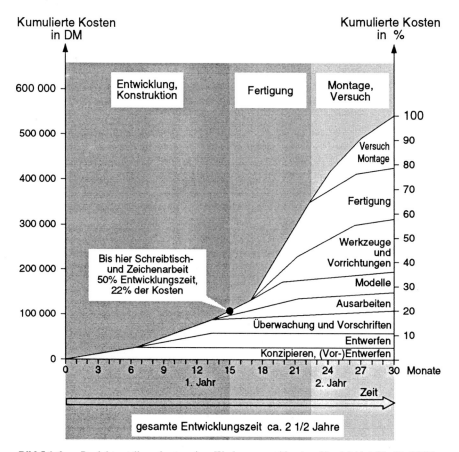

Bild 5.1-6: Produkterstellungskosten einer Werkzeugmaschine (aus Handelsblatt Nr. 61; 1973)

Bevor im folgenden die einzelnen **Phasen des Konstruierens**, wie sie in der VDI-Richtlinie 2222 aus dem Jahre 1973 [10/5] definiert wurden, beschrieben werden, soll zur Übersicht der generelle Vorgehensplan für das Entwickeln und Konstruieren nach

VDI-Richtlinie 2221 (Bild 5.1-7) vorgestellt werden. Durch diese beiden VDI-Richtlinien sind die verwendeten Begriffe inzwischen in der Industrie weitgehend eingeführt.

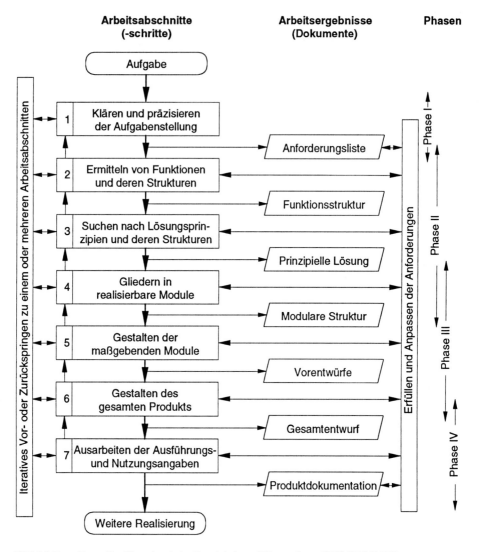

Bild 5.1-7:   Generelles Vorgehen beim Entwickeln und Konstruieren (VDI 2221 [12/5])

Der Vorgehensplan besteht aus einer Folge von **Arbeitsabschnitten** oder **-schritten** 1 bis 7, die zu entsprechenden **Arbeitsergebnissen** führen. Mehrere Arbeitsabschnitte können zu **Entwicklungs-** bzw. **Konstruktionsphasen** zusammengefaßt werden (ganz rechts). Im Maschinenbau sind das z. B. „Aufgabe klären", „Konzipieren", „Entwerfen", „Ausarbeiten". Der Plan kann entsprechend seinen 7 Arbeitsabschnitten wie folgt beschrieben werden:

1) Nach dem Klären und Präzisieren der Aufgabenstellung stehen die möglichst vollständigen und konkreten Anforderungen in Form einer Anforderungsliste zur Verfügung.

2) Daraus lassen sich abstrakte (Teil-)Funktionen ableiten, die zu einer Funktionsstruktur zusammengefaßt werden.

3) Für die Funktionen werden Lösungsprinzipien gesucht und zu der prinzipiellen Lösung (Konzept) kombiniert.

4) Diese wird in realisierbare Module gegliedert,

5) welche im nächsten Schritt gestaltet, also konkretisiert werden.

6) Die so entstandenen Vorentwürfe werden in einen Gesamtentwurf integriert,

7) der die Grundlage für die weitere Ausarbeitung bildet.

Ganz rechts in Bild 5.1-7 ist eine vertikale Informationsbrücke zwischen Anforderungsliste und Arbeitsabschnitten eingezeichnet. Damit soll das ständige Anpassen und Ergänzen der Anforderungsliste während des Arbeitens angedeutet werden. Ganz links in Bild 5.1-7 ist eine ähnliche Informationsbrücke eingegeben, die das iterative Vor- und Zurückspringen zu einem oder mehreren Arbeitsabschnitten darstellt.

Die einzelnen Phasen und Arbeitsabschnitte mit den zugehörigen Arbeitsinhalten und den zu erzielenden Arbeitsergebnissen werden im folgenden eingehend beschrieben.

5.1.3.1 Klären der Aufgabenstellung

Das **Klären der Aufgabenstellung** dient zur Klärung aller Zusammenhänge, die mit der Aufgabenstellung verknüpft sind. Der Konstrukteur versucht die Aufgabe zu gliedern, den Arbeitsablauf zeitlich und personell zu organisieren, Informationen, die mit der Aufgabe im Zusammenhang stehen, zusammenzutragen, wie z. B. das Feststellen des Standes der Technik, der geltenden Vorschriften und Gesetze, der zu berücksichtigenden Normen usw. Aus dem Lasten- oder Pflichtenheft des Verkaufs und in Abstimmung mit dem Kunden bzw. mit vorgesetzten Stellen erstellt er schließlich eine **Anforderungsliste** als die Gesamtheit aller Anforderungen in der Sprache des Konstrukteurs (**Bild 5.1-8**, vgl. Kapitel 7.3).

lfd. Nr.	Anforderung		Zahlen- wert mit Toleranz	Forderung Wunsch	Name	Datum
1	gleichförmige Momentübertragung	–	–	F	Maier	12.4.94
2	übertragbares Moment	M_{max}	≥ 200 Nm	F		
3	übertragbare Drehzahl	n_{max}	≥ 5000/min	F		
4	übertragbarer radialer Versatz	V_{max}	≥ 9 mm	F		
5	Durchmesser An-/Abtriebswelle	D_A	34-0,1mm	F		
6	Länge An-/Abtriebswelle	L_A	70 mm	F		
7	Durchmesser Gelenk	D_G	≤ 150 mm	F		
8	Rückstellkräfte möglichst gering	–	–	W		
9	Lebensdauer	LD	≥ 1000 h	F		
~~10~~	~~Herstellkosten Prototyp~~	~~HK~~	~~≤ 500 DM~~	~~F~~		
11	Prototyp fertig bis		1.9.94	F	Müller	5.5.94

lfd. Nr.	Änderung		Zahlen- wert mit Toleranz	Forderung Wunsch	Name	Datum
10	Herstellkosten Prototyp	HK	≤ 600 DM	F	Müller	20.8.94

Bild 5.1-8:   Anforderungsliste einer Ausgleichskupplung

5.1.3.2   Konzipieren

Beim **Konzipieren** versucht man, eine Vorstellung darüber zu gewinnen, wie und mit welchen Mitteln die Maschine prinzipiell oder qualitativ funktionieren könnte. Dabei wird zunächst die Aufgabe in bekannte Teilaufgaben (z. B. nach Teilfunktionen) zerlegt. Der Konstrukteur muß dann durch die Suche in Lösungssammlungen oder Katalogen oder durch Analogiebildung und Assoziationen, also durch Rückgriff auf seine Erfahrung, prinzipielle Lösungen finden. Weitere Produkteigenschaften, z. B. Kosten, Beanspruchung, Mensch-Maschine-Beziehung, Umweltverträglichkeit usw., sind zwar wichtig, können aber noch nicht genau ermittelt werden. Bei Produktsystemen, wie bei Baukasten- oder Baureihenkonstruktionen oder bei Anlagen mit wechselnden Betriebsweisen, wird auch die Funktionsweise des ganzen Systems (z. B. Kombinationslogik der Bausteine, Stufensprünge, abgedeckter Größenbereich) vorläufig festgelegt. Das Ergebnis dieser Phase ist das **Konzept**, eine aus mehreren Lösungsvarianten ausgewählte

prinzipielle Lösung eines Produkts, die die wichtigsten Anforderungen, insbesondere die Funktionsanforderungen am wahrscheinlichsten und optimal erfüllt. Es handelt sich um eine teilweise noch abstrakte Lösung. Die Gestalt steht noch nicht im Vordergrund. Die Darstellung des Konzepts erfolgt im allgemeinen durch Skizzen, Schemata oder grobmaßstäbliche Zeichnungen (vgl. Konzeptskizze in **Bild 5.1-9**).

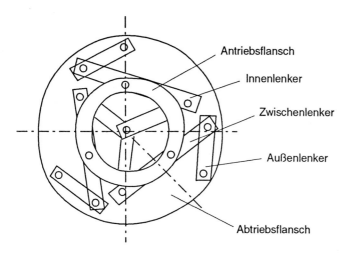

Bild 5.1-9: Konzeptskizze einer Ausgleichskupplung

5.1.3.3 Entwerfen

Das **Entwerfen** bezeichnet die Phase, in der das qualitativ funktionierende Produkt aus der Form eines Konzepts in ein quantitativ funktionsfähiges und fertigbares, körperlich gestaltetes Gebilde überführt wird. Dabei werden noch nicht sämtliche Details fertig gestaltet, sondern nur die wesentlichen Bauteile und Baugruppen. Dies ist ein ausgeprägt iterativer Prozeß, bei dem sich Synthese (Vorstellung, Zeichnung) und Analyse (Berechnung, Versuch, Bewertung…) ständig gegenseitig beeinflussen und abwechseln. Die Zeichnung ist in dieser Phase das wichtigste Arbeits- und Ausdrucksmittel des Konstrukteurs. Das Ergebnis ist der **Entwurf**, die Festlegung aller wesentlichen geometrischen und stofflichen Merkmale eines Produkts in Form einer bzw. mehrerer maßstäblicher Entwurfszeichnungen einschließlich den Auslegungsrechnungen, vorläufiger Stücklisten und später entstehenden Versuchsprotokollen. In **Bild 5.1-10** ist ein **Vorentwurf** einer Kupplung gezeigt, in **Bild 5.1-11** der **endgültige Entwurf** als Zusammenstellungszeichnung mit den als Stücklistenpositionen durchnumerierten Einzelteilen. Eine der wesentlichen Tätigkeiten in der Entwurfsphase ist das Gestalten. Entwerfen umfaßt aber mehr: z. B. das Berechnen, Informieren, die Eigen- und Gruppenarbeit organisieren (Kapitel 7.6).

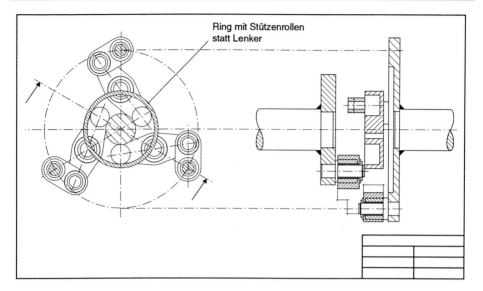

Bild 5.1-10:　Vorentwurf

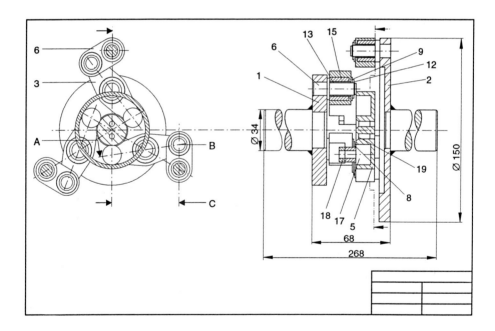

Bild 5.1-11:　Zusammenstellungszeichnung des endgültigen Entwurfs ausgehend vom Vorentwurf

5.1.3.4 Ausarbeiten

Beim **Ausarbeiten** des Entwurfs werden die wesentlichen Informationen niedergelegt, die man zu Materialbeschaffung und Produktion benötigt. Die endgültige Gestaltung und maßliche Festlegung aller Details wird vorgenommen. Dieser Phase des Konstruktionsprozesses kommt durch die stark betriebliche Arbeitsteilung wesentliche Bedeutung zu. Aus Gründen der allgemeinen Verständlichkeit muß sich der Konstrukteur, Techniker oder Zeichner einer genormten Darstellungsweise bedienen. Das Ergebnis ist die Produktdokumentation. Sie umfaßt alle im Rahmen des Konstruktionsprozesses geschaffenen Unterlagen für die Herstellung und Nutzung des Produkts, wie z. B. die Zusammenstellungszeichnung, Einzelteilzeichnungen (Werkstatt- oder Fertigungszeichnungen), Stücklisten und Nutzungsunterlagen. **Bild 5.1-12** zeigt die Fertigungszeichnung einer Kupplungslasche.

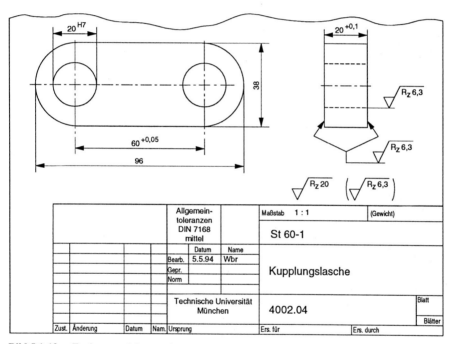

Bild 5.1-12: Fertigungszeichnung einer Kupplungslasche

Zusammenfassend läßt sich feststellen, daß die umfangreichste Tätigkeit beim Konstruieren das **Gestalten** – das Festlegen der Form und der Abmessungen eines technischen Gebildes – ist. Diese Tätigkeit läßt sich nicht eindeutig einer Konstruktionsphase zuordnen. Allerdings ist die Entwurfsphase der Schwerpunkt des Gestaltens. Parallel zur Gestalt werden die **Werkstoffe** und **Fertigungsverfahren** einschließlich der Montageverfahren festgelegt. Das Festlegen von Gestalt, Werkstoff und Fertigungsverfahren (implizit) ist von wesentlicher Bedeutung, da sich jede Anforderung und jede Eigenschaft letztlich darin niederschlagen muß. Ein Produkt besteht aus „Gestalt und Stoff".

Dies sind die Beschaffenheitsmerkmale (Kapitel 2.3.1) oder die unmittelbar festgelegten Merkmale, aus denen sich dann alle Funktions- und Relationsmerkmale mittelbar ergeben. Methoden zum Gestalten werden in Kapitel 7.6 und Kapitel 7.7 vorgestellt.

5.1.4   Arten des Konstruierens

Während die bisher besprochenen Phasen des Konstruierens eine Einteilung des Konstruktionsprozesses nach der Strategie „Vom Vorläufigen zum Endgültigen" (A.1 in Bild 3.3-3) darstellen, sollen nun noch weitere Unterscheidungsmerkmale für Konstruktionsprozesse eingeführt werden:

– Konstruktionen unterschiedlicher Bearbeitungstiefe: Konstruktionsarten (Kapitel 5.1.4.1);
– Konstruktionen mit unterschiedlicher Eigenschaftsermittlung durch Berechnung und Versuche (Kapitel 5.1.4.2);
– Korrigierendes und generierendes Vorgehen (Kapitel 5.1.4.3);
– Konstruktionen unterschiedlicher Komplexität (Kapitel 5.1.4.4);
– Konstruktionen unterschiedlicher Art der Hauptforderung (Kapitel 5.1.4.5);
– Kundengebundene und kundenoffene Konstruktion (Kapitel 5.1.4.6);
– Konstruktionen unterschiedlicher Konstruktionszeit und -kosten (Kapitel 5.1.4.7).

5.1.4.1   Konstruktionen unterschiedlicher Bearbeitungstiefe: Konstruktionsarten

Wenn die Bearbeitungstiefe eines Produkts unterschiedlich groß ist, kann man verschiedene Konstruktionsarten (Neu-/Anpassungs-/Variantenkonstruktion) definieren. Diese sind dadurch gekennzeichnet, daß die Konstruktionsphasen (Kapitel 5.1.3) unterschiedlich intensiv und teilweise gar nicht durchlaufen werden. Die Bearbeitungstiefe eines Produkts bestimmt sich aus der **Neuheit seiner Merkmale**. Wenn man auch vereinfachend sagt, daß ein Produkt durch Gestalt und Stoff bestimmt sei, so sind diese primären Merkmale doch netzartig und eng mit anderen Merkmalen, wie z. B. der Teilefertigung, dem Montage- und dem Entsorgungsverfahren, verknüpft, die sich gegenseitig beeinflussen.

Man kann mindestens acht produktbestimmende Merkmale in Form eines morphologischen Schemas anordnen und diesen die Ausprägungen „neu", „ähnlich wie" und „gleich wie" zuteilen (**Bild 5.1-13**). „Ähnlich wie" kann dabei bedeuten „wie frühere Produkte im selben Unternehmen". Dabei wird noch vereinfachend angenommen, daß nicht hinsichtlich der Komplexität unterschieden wird, wie es später in Kapitel 5.1.4.4 geschieht.

Daraus ergibt sich durch Kombination eine große Zahl von Abstufungen von Produkten unterschiedlicher Bearbeitungstiefe. Entsprechend der ganzheitlichen Auffassung der Produkterstellung ist dabei eingeschlossen, daß ein Produkt z. B. bezüglich der Merkmale 1 bis 4 gleich bleibt wie bisher und nur Merkmal 5, der Werkstoff, sich ändert. Meist werden dann aber auch die Teilefertigung und das Entsorgungsverfahren tangiert.

Aus diesen Änderungen könnten sich dann aber im Rückschluß wieder Änderungen der Merkmale 3 und 4 (Teilgestalt) ergeben, da die Merkmale vielfach miteinander vernetzt sind. Nachfolgend werden stark vereinfachend die drei in der Konstruktionsmethodik üblichen Konstruktionsarten Neu-, Anpassungs- und Variantenkonstruktion besprochen, bei denen nur die Merkmale 1 bis 5 zur Unterscheidung verwendet werden. In Bild 5.1-13 sind Beispiele dazu eingetragen.

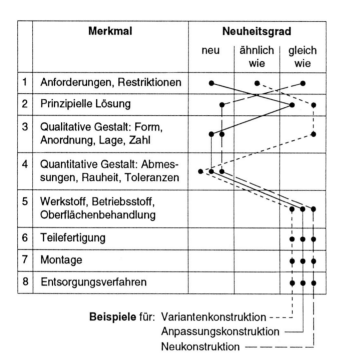

Bild 5.1-13: Die Bearbeitungstiefe eines Produkts ergibt sich aus der Variabilität der produktbestimmenden Merkmale. (Die Merkmale 3 bis 6 können bei Kaufteilen zu einem Merkmal zusammengezogen werden.)

Neukonstruktion

Wie **Bild 5.1-14** schematisch angibt, bezeichnet man eine Konstruktionsaufgabe als eine **Neukonstruktion**, wenn alle drei Phasen: Konzipieren, Entwerfen und Ausarbeiten in gleicher Weise **neu** zu bearbeiten sind. Dies kommt nach einer Befragung des VDMA [13/5] aus dem Jahre 1988 in einer zeitlichen Häufigkeit von rund 33% aller Konstruktionsaufgaben vor. Dabei muß natürlich mit erheblichen begrifflichen Unklarheiten und firmenspezifischen Streuungen gerechnet werden. So hat die Analyse eines konstruktionsmethodisch Sachkundigen bei sechs Werkzeugmaschinenherstellern ergeben, daß nur ca. 10% der Konstruktionsaufgaben der Neukonstruktion zuzurechnen sind, ca. 15% der Anpassungskonstruktion und ca. 70% der Variantenkonstruktion. Diese Zahlen sind in Bild 5.1-14 in Klammern angegeben.

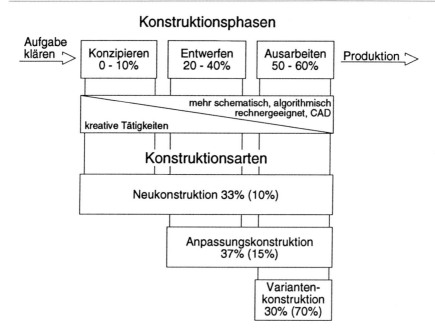

Bild 5.1-14: Zuordnung der Konstruktionsarten zu den Konstruktionsphasen (nach VDI-Richtlinie 2222 [10/5]). Zahlenangaben s. Bild 5.1-4, VDMA [13/5], in Klammern nach Romanow [14/5].

Wirklich innovative Neukonstruktionen, für die weder in der eigenen Firma noch bei Konkurrenten nicht wenigstens ähnliche Vorläufer bekannt sind, dürften sehr selten sein. Beispiele dafür wären die Neukonstruktion des ersten Düsentriebwerkes oder die Neukonstruktion der ersten Magnetschwebebahn. Dies sind Verwirklichungen von physikalischen Effekten, die bei einer bestimmten Produktart erstmalig angewendet werden.

Eine auf Innovation ausgerichtete Konstruktionsart kann nach Schiele [15/5] auch als **Fortschrittskonstruktion** bezeichnet werden. Im Maschinenbau stammen 22% des Umsatzes von Produkten, die drei Jahre zuvor so noch nicht bekannt waren (Innovationsrate). Unter Fortschrittskonstruktion kann man die Neukonstruktion und die Anpassungskonstruktion an innovative Bedingungen (z. B. bisher nicht eingesetzte Werkstoffe) verstehen. Die nachfolgend beschriebenen Konstruktionsarten sind dann mehr der **konstruktiven Abwicklung** zuzuordnen (siehe Kapitel 5.2.2).

Anpassungskonstruktion

Ist die prinzipielle Lösung (Konzept) bekannt und „nur" noch ein neuer Entwurf und die Ausarbeitung nötig, so wird diese Konstruktionsart mit **Anpassungskonstruktion** bezeichnet. Sie tritt am häufigsten auf (37%). Dabei werden Gestalt, Werkstoff und Abmessungen an veränderte Anforderungen angepaßt. Die Anforderungen bezüglich Gestalt und Abmessungen können auch durch andersartige Werkstoffe und/oder Fertigungsverfahren bedingt sein. Selbstverständlich kann bei komplexen Produkten im Rahmen einer Anpassungskonstruktion die Neukonstruktion einzelner Funktionsträger notwendig werden (s. Verschachtelung in Bild 5.1-16). Die **Weiterentwicklung** ausgehend von bekannten Produkten und die **Konstruktion eines Baukastens** oder einer **Baureihe**[1] bei meist vorhandenen Vorläufern in Form von Einzelmaschinen ähneln dieser Konstruktionsart.

Variantenkonstruktion

Ist auch die Gestalt und der Werkstoff bekannt und müssen im wesentlichen nur noch Maße z. B. aufgrund veränderter Kundenanforderungen geändert werden, so spricht man von **Variantenkonstruktion.** Beispiele dafür sind Getriebe oder Turboverdichter, die für andere Leistungsanforderungen, Durchsatzmengen oder Drehzahlen geändert werden müssen. Variantenkonstruktionen eignen sich nach der Programmierung der Konstruktionslogik (d. h. nach der Formalisierung der Beziehungen zwischen Anforderungen und Beschaffenheitsmerkmalen) hervorragend für automatisches Konstruieren (Kapitel 2.3.3) [16/5]. Die Häufigkeit von Variantenkonstruktionen mit 30% könnte wahrscheinlich noch erhöht werden, wenn gezielt darauf hingearbeitet würde und mehr Nachdruck auf Baureihen- und Baukastensysteme gelegt würde, so daß dann mehr standardisierte Teile und Abmessungen vorkommen und nur noch geringfügig geändert werden muß.

Grenzen der Einteilung in Konstruktionsphasen und -arten.

Konstruktionsphasen können in der Praxis selten so sequentiell abgearbeitet werden, wie man das aus Bild 5.1-14 entnehmen könnte. Das ist nur bei Aufgaben mit nicht stark voneinander abhängigen Teilfunktionen oder bei geringerem Neuheitsgrad möglich. Um in der Lage zu sein, z. B. prinzipielle Lösungen, die in der Konzeptphase noch verhältnismäßig abstrakt erdacht und skizziert worden sind, zu beurteilen und feststellen zu können, ob sie zu anderen bereits gefundenen Teillösungen passen, muß man konkretisieren und u. U. sogar dimensionieren. Das bedeutet, daß man alleine deshalb schon von der Konzeptphase in die Entwurfsphase vordringen muß.

Bild 5.1-15 zeigt dieses typische iterative Springen am realen Ablauf der Neukonstruktion einer Verpackungsanlage. Die Ursachen waren hier Änderungen am ursprünglichen Mechanisierungs- und Automatisierungsgrad aufgrund von Projektergebnissen, die vorher nicht absehbar waren, oder Zusatz- und Änderungswünsche der Kunden. Zu beachten ist auch, daß zwischendurch zweimal Muster gebaut wurden [17/5]. Es sei noch einmal betont, daß die Unterteilung des Konstruktionsprozesses in die obigen Konstruktionsphasen nur eine Arbeitshilfe darstellt. Ein gutes Konzept braucht nicht unbedingt einen guten Entwurf und dieser kein erfolgreiches Produkt ergeben.

Trotzdem ist es im Sinne effektiven Konstruierens anzustreben, keine unnötigen Rücksprünge zu machen, die z. B. auf gedankliche Fehler, Ungeduld oder innere Unordnung zurückzuführen wären. Wie Fricke [18/5] zeigt, führt das „flexible" Abarbeiten eines Vorgehensplans zumindest bei der untersuchten Aufgabenart (Vorrichtung) zu guten

---

[1] Hier sind die Definition und Konstruktion von Elementen eines Baukastens bzw. des Grundentwurfs einer Baureihe gemeint, und nicht das Zusammenstellen von Baukastenelementen zu einem Produkt oder das Ableiten einer bestimmten Baugröße aus dem Grundentwurf einer Baureihe. Letzteres ähnelt einer Variantenkonstruktion.

Konstruktionsergebnissen. Ähnliches zeigt sich auch bei eigenen Untersuchungen (Kapitel 3.4).

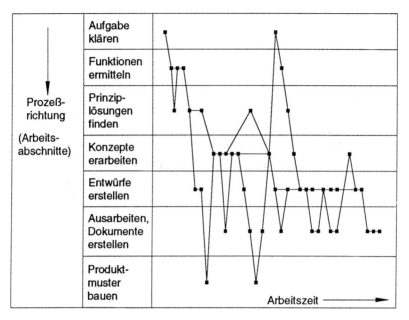

Bild 5.1-15: Realer Ablauf der Neukonstruktion einer Verpackungsanlage (nach Birkhofer [17/5])

Bei komplexen Produkten lassen sich ferner die Konstruktionsphasen schon deshalb nicht für das ganze Produkt eindeutig abgrenzen, da in mehreren Ebenen der späteren Baustruktur gearbeitet wird (**Bild 5.1-16**). Beispielsweise muß beim **Entwerfen** eines Getriebes ein **Konzept** für eine vom Getriebeinneren her angetriebene, angeflanschte Schmierölpumpe gefunden werden. Das bedeutet eine Entscheidung zu treffen zwischen verschiedenen möglichen Arten von Schmierölpumpen (z. B. Schraubenspindel-, Zahnrad-, Ringscheibenpumpe) und verschiedenen Antriebsarten (z. B. Direktantrieb, Zahnrad-, Zahnriemenantrieb). Daraufhin wird ein **Entwurf** für eine gewählte prinzipielle Lösung durchgearbeitet (z. B. für eine Schraubenspindelpumpe mit Stirnzahnradantrieb). Dabei zeigt sich, daß zunächst die Lagerung des Antriebsrades für die Pumpe **konzipiert** werden muß (z. B. ohne Lagerung direkt auf den Wellenstumpf der Pumpe aufgesetzt; mit getrennter Gleit- oder Wälzlagerung; dann, mit welcher Kupplungsart verbunden?). Dann muß diese Lagerung **entworfen** und in die bereits vorgestaltete Umgebung des Getriebegehäuses bzw. Radsatzes eingepaßt werden. Erst dann geht es wieder weiter mit dem Entwerfen des Getriebes insgesamt. Die **Konstruktionsphasen** sind also **ineinander verschachtelt** (vgl. Verschachtelung von Vorgehenszyklen in Bild 4.1-13).

Konstruktionsarten sind ebensowenig für das gesamte Produkt eindeutig abzugrenzen, da auch hier häufig eine Verschachtelung, bezogen auf die Komponenten des Produkts, eintritt. So kann z. B. die Gesamtkonstruktion einer Fräsmaschine durchaus eine Neukonstruktion sein, obwohl der Hauptantrieb eine Variantenkonstruktion darstellt. Es muß dafür keine neue prinzipielle Lösung gesucht werden, da die bisher bekannte befriedigt und nur in den Abmessungen verändert werden muß.

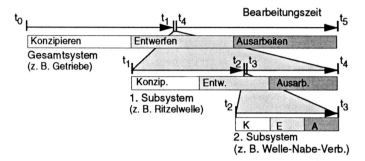

Bild 5.1-16: Verschachtelung der Konstruktionsphasen Konzipieren, Entwerfen und Ausarbeiten

5.1.4.2 Konstruktionen mit unterschiedlicher Eigenschaftsermittlung durch Berechnung und Versuche

Die Produkteigenschaften bei der Nutzung des Produkts müssen vor der Auslieferung an den Kunden möglichst genau vorhergesagt werden. Andernfalls riskiert man Beanstandungen und Schäden. Da Berechnung und Simulation der Eigenschaften meist sehr viel kostengünstiger und weniger zeitaufwendig sind, strebt man an, Versuche mit Labormustern oder Prototypen möglichst zu vermeiden (Kapitel 7.8). Dies ist aber meist nur bei Anpassungs- und Variantenkonstruktionen möglich, wenn man sich im Rahmen bekannter Eigenschaften bewegt. Das bedeutet, daß man sich auch im Rahmen bekannter Abmessungen, Werkstoffe, Fertigungsverfahren, Umsatzprodukte und Einsatzarten befinden muß. Alle anderen konstruktiven Lösungen, insbesondere Neukonstruktionen, müssen versuchsmäßig erprobt werden. Sie werden also in enger Zusammenarbeit mit dem Versuch entwickelt.

Wie **Bild 5.1-17** zeigt, geht man dabei sowohl bei der **Eigen-** wie der **Kundenerprobung** nach der Strategie „Vom weniger Kostspieligen zum Kostspieligen" vor. Man schraubt sich mit den gewonnenen Versuchserfahrungen immer weiter hinunter „auf den Boden der realen Bedingungen" und durchläuft immer wieder iterativ den Konstruktions- und Produktionsprozeß. Nach jeder Erprobung werden konstruktive und evtl. produktionstechnische Änderungen durchgeführt. Trotzdem kommen dann im praktischen Einsatz immer wieder neue Überraschungen vor, von deren Bedingungen man im Versuchsbetrieb (oft unbewußt) abstrahiert hatte.

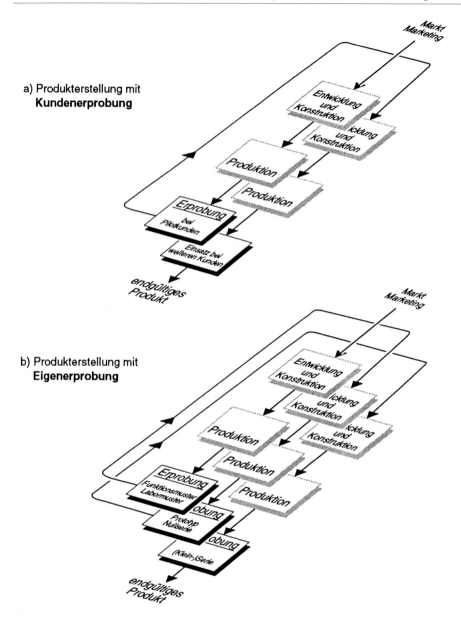

a) Produkterstellung mit **Kundenerprobung**

b) Produkterstellung mit **Eigenerprobung**

Bild 5.1-17:   Produkterstellung mit unterschiedlicher Erprobung (iterative Anwendung des Vorgehenszyklus): a) Kundenerprobung insbesondere bei Einzelfertigung (z. B. Großmaschinen wie
Großgetriebe, Kompressoren, Papiermaschinen); b) Eigenerprobung insbesondere bei
Serien- und Kleinserienfertigung (z. B. kleinere verfahrenstechnische Maschinen, elektronische, optische Geräte, Fahrzeuge)

5.1.4.3 Korrigierendes und generierendes Vorgehen

Ein Großteil der Konstruktionsarbeit betrifft die **Weiterentwicklung** von Produkten. Darunter sei verstanden, daß das zu bearbeitende Produkt wenigstens als prinzipielle Lösung (Konzept) im Unternehmen existiert. Somit enthält die Weiterentwicklung im Schwerpunkt die Phasen Entwerfen und Ausarbeiten und die Konstruktionsarten Anpassungs- und Variantenkonstruktion.

Man geht dabei von einem **Vorläuferprodukt** und der Analyse von dessen **Schwachstellen** aus und hat ganz spontan erste Lösungsideen, wie die Schwachstellen beseitigt werden können. Damit steht man vor der Entscheidung, ob man diese ursprünglichen Lösungsideen weiterverfolgen soll, also korrigierend tätig wird, oder ob man einen grundsätzlich neuen, generierenden Ansatz wählen soll (vgl. auch Bild 3.4-7, Bild 3.4-8 und Kapitel 8.5).

a) Beispiel

An einem einfachen Beispiel soll das erläutert werden (**Bild 5.1-18**). Ein Schieber wird in zwei Führungen 1 und 2 eines Führungsteils, das mit vier Schrauben an einer Grundplatte befestigt ist, geführt (Lösung a in Bild 5.1-18). Als eine **Schwachstelle** hat sich die Montage erwiesen. Die Montagekosten sind zu hoch. Die Analyse ergibt, daß das Einfädeln des Schiebers wegen der scharfen Kanten schwierig ist und daß der Schieber manchmal klemmt, da offenbar die Führungen statisch überbestimmt sind. Aus dieser genauen Analyse sind bereits erste Lösungsideen sichtbar geworden, die zu einer **Korrektur** des Schiebers an der Stelle A (mehr Luft, andere Toleranzen) und an der Stelle B (Schieberkanten mit Fasen versehen) führen können (Lösung b in Bild 5.1-18). Mit diesen Korrekturen wäre also die Schwachstelle behoben.

Die dargestellten Korrekturen lassen sich mit einem geringen **Änderungsaufwand** durchführen. Das **Risiko**, die Funktion des Produkts durch die Korrekturen zu verschlechtern, wird vom Konstrukteur als gering eingestuft, da die Korrekturen in ihren Auswirkungen gut zu überblicken sind.

Bei der Analyse der Korrekturen stellt sich für den Konstrukteur aber die Frage, ob die Lösung nicht grundsätzlich „**generierend"** verbessert und hinsichtlich der Kosten günstiger gestaltet werden könnte. Er ahnt Potentiale und überlegt weiter, ob die **Konstruktionszeit** für ein generierendes Vorgehen bei der Lösungssuche überhaupt zur Verfügung steht. Aufgrund dieser Überlegungen entschließt er sich zu „generierendem Vorgehen bei der Lösungssuche". Das Ergebnis von 15 Minuten Variationsüberlegungen und 1 1/2 Stunden Konstruktionsarbeit zeigt Lösung c) in Bild 5.1-18. Ein neues Konzept wurde entwickelt: Die Führung besteht nur noch aus je zwei abgesetzten Schrauben, die mit einer Passung direkt in die Grundplatte geschraubt sind. Das komplizierte Führungsteil mit Führung 1 und 2 ist unnötig. Der Schieber selbst ist einfacher geworden. Eine Überschlagskalkulation ergibt, daß bei Lösung b) 15% der Montagekosten, aber nur 3% der Herstellkosten gespart werden, während bei Lösung c) ca. 80% der Herstellkosten dieser Funktionsgruppe eingespart werden. Inwieweit die Lösungen b) und c) technisch gleichwertig sind, soll hier nicht analysiert werden. Weitere Beispiele für korrigierendes Vorgehen zeigen Kapitel 8.5 und 8.6.

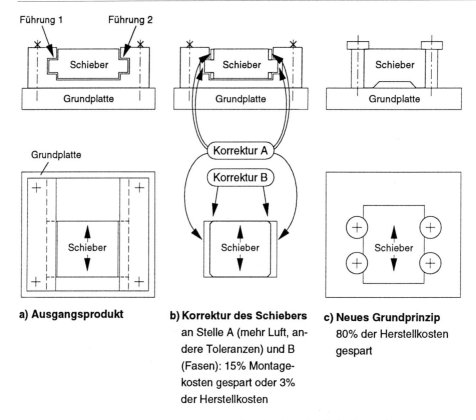

a) Ausgangsprodukt

b) Korrektur des Schiebers an Stelle A (mehr Luft, andere Toleranzen) und B (Fasen): 15% Montagekosten gespart oder 3% der Herstellkosten

c) Neues Grundprinzip 80% der Herstellkosten gespart

Bild 5.1-18: Beispiel für korrigierendes und generierendes Vorgehen beim Konstruieren:
a) Ausgangsprodukt; b) korrigierte Lösung; c) neu generierte Lösung

b) Erkenntnis

Man erkennt aus dem Beispiel die **Problematik der Entscheidung zwischen korrigierendem und generierendem Vorgehen**. Da nach Dylla rund 80% der Konstruktionszeit mit korrigierendem Vorgehen bei der Lösungssuche verbracht werden [19/5], liegt diese Art des Vorgehens nahe: Sie geht unmittelbar aus der Schwachstellenanalyse hervor und ist schnell zu bewerkstelligen (Kapitel 3.4.2). Sie dominiert in der Praxis.

Die Entscheidung muß also die Fragestellung beantworten: „Soll ausgehend von einer Schwachstellenanalyse korrigierend vorgegangen werden oder eine generierende, grundsätzliche Lösungssuche vorgezogen werden?" Die Kriterien dafür wurden im obigen Beispiel aufgezeigt (s. a. Vorteil-Nachteil-Vergleich in Bild 3.4-9). Um diese Entscheidung bewußt zu machen und sie in die Methodik einzugliedern, sollen Begriffe und das Vorgehen genauer aufgezeigt werden.

c) Begriffe

– Unter **korrigierendem Vorgehen** versteht man eine Änderung eines Produkts aufgrund einer Anforderung oder erkannten Schwachstelle mit minimalem Änderungsaufwand. Das Vorgehen ist dementsprechend „schwachstellengetrieben". Das vorhandene Konzept oder Gestaltungsprinzip wird beibehalten. Dies entspricht einem Vorgehen „bottom-up" und dem kontinuierlichen Verbesserungsprozeß (KVP, KAIZEN). Das Funktionsrisiko der korrigierten Lösung ist im allgemeinen gering, denn es wird ja wenig geändert. Deshalb entstehen auch kaum neue Schwachstellen oder Mängel. Die Konstruktionsarten Anpassungs- und Variantenkonstruktion sind beim korrigierenden Vorgehen vorherrschend.

– Unter **generierendem Vorgehen** werden – oft ausgehend von einer bestehenden Lösung – durch einen Abstraktions- und nachfolgenden Konkretisierungsprozeß meist mehrere völlig neue Lösungen angestrebt, aus denen ausgewählt wird. Das Vorgehen ist eher „anforderungsgetrieben". Das vorhandene Konzept oder Gestaltungsprinzip kann sich ändern. Das Vorgehen entspricht also einer Neukonstruktion mit dem bekannten konstruktionsmethodischen Vorgehen: „top-down" (Bild 6.5-1). Es wird im Gegensatz zu der in Bild 3.3-22 angegebenen Strategie II.1 („Vom Vorhandenen, Bekannten ausgehen") die Strategie II.3 („Zuerst das Wirkungsvollste") bevorzugt. Der größere Aufwand und das Risiko des Neuen wird im Hinblick auf die erhoffte durchschlagende Wirkung in Kauf genommen.

d) Vorgehen

Das Vorgehen unter Einsatz des Vorgehenszyklus ist in **Bild 5.1-19** dargestellt. Der mittlere Arbeitsabschnitt „Lösungen suchen" hat zwei Alternativen. Je nach Entscheidung wird der linke Teil II a) „korrigierendes Vorgehen bei der Lösungssuche" oder der rechte II b) „generierendes Vorgehen bei der Lösungssuche" eingeschoben. Dabei kann es sein, daß die Aufgabe nicht nur noch einmal abstrahiert, sondern auch verfeinert strukturiert werden muß. Dies ist im Bild 5.1-19 durch den gestrichelt eingezeichneten Arbeitsabschnitt I b) des Vorgehenszyklus angedeutet.

Unter „**I) Aufgabe klären**" werden zunächst die Anforderungen ermittelt und das Ausgangsprodukt auf Schwachstellenarten und -ursachen analysiert. Das geht meist „Hand in Hand". Bei komplexeren Verhältnissen wird man zur Strukturierung gezwungen sein, d. h. zur Aufgliederung nach ordnenden Gesichtspunkten (Kapitel 7.5.5.1). Meist kommen dabei schon erste Lösungsideen ins Blickfeld. Das entspricht unserem Denken in TOTE-Schemata und kann nicht auf Arbeitsabschnitt II a) oder II b) verlagert werden, obwohl dies im Sinne eines systematischen Vorgehens folgerichtig wäre.

Wie aus obigem Beispiel erkennbar ist, ergeben sich um so eher wirkungsvolle Abhilfeoder Lösungsideen, je sorgfältiger die Schwachstellenanalyse mit der zugehörigen Ursachenforschung durchgeführt wird (s. a. Kapitel 8.5.4). Das Vorgehen bei der Schwachstellenanalyse wird in Kapitel 3.3.4 und bei der Schadenanalyse in Kapitel 7.8.1.2 angesprochen.

Ein weiteres Beispiel: Als Ursache für den Dauerbruch einer Welle wird eine zu scharfe Kerbe entdeckt. Bei korrigierendem Vorgehen wird z. B. der Ausrundungsradius der Kerbe vergrößert, bei generierendem Vorgehen wird dagegen z. B. eine neue Lösung ohne Kerbe erzeugt.

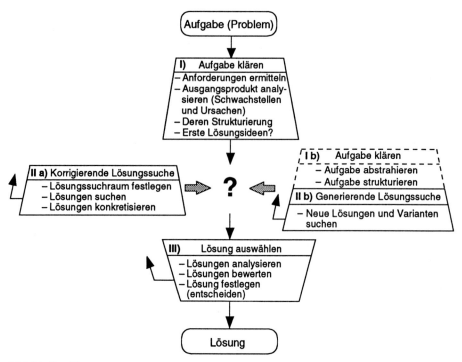

Bild 5.1-19: Vorgehenszyklus mit alternativer Lösungssuche: Entscheidung zwischen korrigierendem Vorgehen (II a, links) oder generierendem Vorgehen bei der Lösungssuche (II b, rechts) [nach Giapoulis, Günther, Schlüter]

Die weiteren in Bild 5.1-19 angegebenen **Arbeitsabschnitte II a) bzw. II b) und III) „Lösung auswählen"** sprechen in ihren Teilschritten für sich selbst, so daß sie hier nicht mehr weiter erläutert werden müssen. Die Beispiele in Kapitel 8.5 und 8.6 beschreiben das Vorgehen ausführlich.

e) Entscheidung zwischen korrigierendem und generierendem Vorgehen

In **Bild 5.1-20** soll der im obigen Beispiel a) geschilderte Ablauf graphisch verdeutlicht werden. Dabei kann man im allgemeinen davon ausgehen, daß das korrigierende Vorgehen aus der Ökonomie des Denkens heraus und wegen des geringeren Änderungs- und Zeitaufwands bevorzugt wird. Im Vorgehenszyklus nach Bild 5.1-19 ist also dann der Arbeitsabschnitt II a) „eingeschoben". Es sollte aber immer überlegt werden, ob das generierende Vorgehen mit der Lösungssuche nach Arbeitsabschnitt II b) nicht doch vorzuziehen ist, da erfahrungsgemäß eher neue (innovative) Lösungen entstehen.

Bild 5.1-20 geht von einer Aufgabe (einem Problem) aus, die, wenn sie eher einfach ist, durch den Arbeitsabschnitt I) des Vorgehenszyklus „Aufgabe klären" bearbeitet wird (links im Bild). Ist sie sehr komplex oder stehen grundlegende Anforderungen an, so erfolgt die erste Bearbeitung z. B. in der „kreativen Klärung" im Team (rechts im Bild; s. Kapitel 7.3.7). Danach steht die Entscheidung an, ob korrigierend oder generierend vorgegangen wird (siehe auch Kapitel 8.5.5).

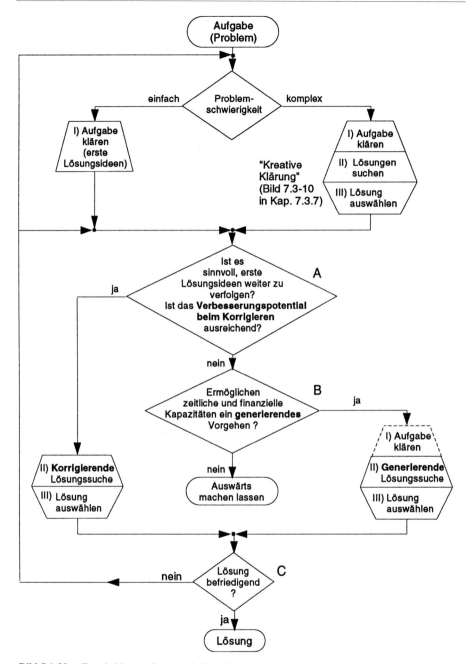

Bild 5.1-20: Entscheidungsschema zwischen dem korrigierenden (links) und dem generierenden Vorgehen (rechts). Ob eine Änderung (Korrektur) aus Kostengründen überhaupt vertretbar ist, muß gesondert entschieden werden.

Besonders radikale Anforderungen lassen sich beispielsweise oft nur durch eine generierende Vorgehensweise erfüllen. So ist es z. B. selten, daß eine Herstellkostensenkung von 40–60% nur durch Korrigieren zu erreichen ist. Dafür muß meist ein Lösungsprinzip oder das ganze Konzept verändert werden.

Die **Entscheidungsraute A** in der Mitte des Bildes 5.1-20 verdeutlicht die Entscheidungssituation. Aufgrund bisheriger Erfahrungen mit korrigierendem und generierendem Vorgehen muß beurteilt werden, ob erste Lösungsideen weiter verfolgt werden sollen, oder ob die Lösungsfixierung aufgehoben werden muß, um so den Weg für neue Lösungsmöglichkeiten zu eröffnen.

– Die ersten Lösungsideen müssen, wie obiges Beispiel bereits zeigt, insbesondere hinsichtlich des **möglichen Verbesserungspotentials beim Korrigieren** bewertet werden. Ist das Verbesserungspotential (Nutzen) zu gering, dann sollte von einem korrigierenden Vorgehen abgesehen werden. Wenn das Verbesserungspotential noch nicht beurteilt werden kann, wird man meist mit dem korrigierenden Vorgehen beginnen, um so Erfahrungen zu sammeln. Korrigieren ist ja zeitlich und risikomäßig i. allg. günstig.

– Stehen in diesem Fall aber genügend **zeitliche und finanzielle Kapazitäten** für die Bearbeitung der Aufgabe zur Verfügung, dann ist der generierende Weg einzuschlagen (**Entscheidungsraute B**). Dabei ergeben sich eher innovative Lösungen.

– Manchmal läßt auch einfach der Zeitpunkt, zu dem die Lösung fertig sein muß, keine vertiefte generierende Bearbeitung zu. Wenn aber nur die Kapazität oder die Methodenkenntnis nicht ausreichend vorhanden ist, besteht die Möglichkeit der externen Vergabe der Aufgabe – z. B. an eine Hochschule.

Es kann nun sein, daß die generierend oder korrigierend entstandene Lösung **wenig befriedigend** ist (**Entscheidungsraute C**). In diesem Fall sind **Iterationen** notwendig, bei denen jeweils wieder neu über den einzuschlagenden Weg „Generieren oder Korrigieren" entschieden werden muß, da aufgrund der Beschäftigung mit dem Problem eventuell neue Lösungsideen entstanden sind.

Es tritt jedoch auch der Fall auf, daß durch die Lösung weitere Teilprobleme zu Tage treten (Beispiele: Kapitel 8.5 und 8.6). In diesem Fall sind Rücksprünge bis hin zur Aufgabenklärung notwendig.

Generell ist anzumerken, daß ein **generierendes Vorgehen** eher im Bereich der Konzeptphase bei der Neukonstruktion eingesetzt werden dürfte, während ein **korrigierendes Vorgehen** beim Entwerfen und Ausarbeiten seinen Platz hat. Da diese Konstruktionsphasen in der Praxis dominieren, ist auch die quantitativ überragende Bedeutung des korrigierenden Vorgehens einleuchtend (vgl. [19/5]).

5.1.4.4   Konstruktionen unterschiedlicher Komplexität

Produkte erstrecken sich von Einzelteilen (z. B. einfachen Werkzeugen) bis zu hochkomplexen Anlagen (Bild 2.3-7). Dementsprechend unterschiedlich komplex sind die zugehörigen Konstruktionsarbeiten und deren Organisation. Konstruktionsprozesse können ferner bei komplexen Produkten, die zunehmend mehr durch den Einbau von elektronischen oder rechnertechnischen Steuerungs- und Regelungsanteilen entstehen, in ihrer Art eine neue Qualität bekommen. **„Mechatronische" Produkte** erfordern das Zusammenwirken unterschiedlicher Spezialisten in einem parallelisierten Prozeß (Kapitel 4.4). Bei komplexeren Geräten und Maschinen muß deshalb bereits bei der Aufgabenklärung gemeinsam (z. B. von der mechanischen Konstruktion, elektronischen Entwicklung bzw. Software-Entwicklung) festgelegt werden, welche Konstruktions-/Entwicklungsgruppe welche Aufgabenteile bearbeitet und wo die gegenseitigen Schnittstellen liegen (**Bild 5.1-21**). Dies ist auch deshalb wichtig, da **Aufgabenteile gegenseitig verschoben** werden können: Es kann z. B. eine Waschmaschinensteuerung jeweils mehr elektromechanisch, elektronisch oder in Software realisiert werden. Das hat Einfluß auf Baugröße, Kosten und Zuverlässigkeit.

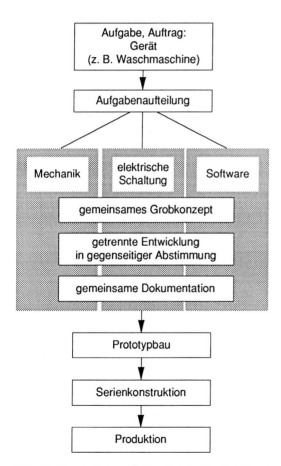

Bild 5.1-21: Aufgabenaufteilung bei der Konstruktion einer Waschmaschine in drei verschiedene, parallel abzuwickelnde Konstruktionsarten: mechanische Konstruktion mit Antrieb, Entwicklung und Konstruktion der elektrischen Schaltung, Entwicklung der Software (VDI-Richtlinie 2422 [20/5])

Ein anderes Beispiel stellen Sonder- und Werkzeugmaschinen dar, wo nicht nur bei der Steuerung, sondern u. U. beim Antrieb schon am Anfang eine Aufgabenaufteilung in mechanische, elektrische und hydrostatische Lösungen vorgenommen werden muß.

5.1.4.5   Konstruktionen unterschiedlicher Art der Hauptforderung (Design to X)

Es ist klar, daß je nach der **Hauptforderung** an das neue Produkt große Unterschiede in der Art des durchzuführenden Konstruktionsprozesses bestehen. Darunter versteht man **die** zentrale, bestimmende Forderung an ein Produkt. Diese kann z. B. betreffen:

- die Funktion, d. h. das Funktionieren überhaupt,
- die Sicherheit bei gegebener Funktion und bekanntem Produkt,
- das Gewicht oder die Baugröße (Leicht- und Kleinbau),
- das Erscheinungsbild (Industrial Design),
- die Herstellkosten (kostengünstig Konstruieren) usw.

Unterschiedlich sind dabei weniger die Methodik als vielmehr der Wissensbereich und das Beschaffen der benötigten Informationen. Es ist klar, daß dies in den meisten Fällen nur interdisziplinär möglich sein wird (Kapitel 4.4, 6.5.2 und 9.2).

5.1.4.6   Kundengebundene und kundenoffene Konstruktion

Die Produkterstellung und damit die Konstruktion kann in **kundengebundene** Vorgänge (meist mehr Einzelfertigung) und **kundenoffene** Vorgänge (eher Serie) unterschieden werden [21/5]. Im ersten Fall liegt der Auftrag eines externen Kunden vor. Bei kundengebundenen Konstruktionen ist durch das von der Projektierung ausgearbeitete Angebot und die festgelegte Lieferzeit der konstruktive Freiheitsgrad bereits sehr stark eingeschränkt. Die wichtigsten Entscheidungen über das zu konstruierende Produkt sind bereits in der Projektierungsphase, beim Angebot und in den Verhandlungen mit dem Kunden gefallen.

Bei der kundenoffenen Konstruktion spielen die Produktplanung und das Marketing zur genauen Ermittlung der Marktbedürfnisse eine große Rolle. Auch kann die Entwicklung in Zusammenarbeit mit Versuch und Industrial Design größere Neuerungen gegenüber früheren Produkten einführen. Man ist dann eher fähig (im Sinne von Kapitel 5.1.4.1), die **Fortschrittskonstruktion** zu betonen. Dies alles bedingt erhöhten Entwicklungsaufwand, der im allgemeinen nur tragbar ist, wenn er bei Serienproduktion auf eine größere Stückzahl umgelegt werden kann.

5.1.4.7   Konstruktionen mit unterschiedlichen Konstruktionszeiten und -kosten

Eine naheliegende, bisher kaum beachtete Unterscheidung für Methodik, Konstruktionsaufgaben usw. bietet die für das Produkt benötigte Konstruktionszeit t_K, die von dem „**Produktumfang**" bzw. der **Produktkomplexität** (Bild 2.3-7) abhängt [22/5]. Vom Produktumfang abhängig ist die notwendige Entwicklungs- und Konstruktionszeit.

Diese ist maßgebend für die dort entstehenden Kosten (vgl. Planzeitvorgaben in Kapitel 5.2.3.3), die selbst wieder ein Kostenziel sein können (Kapitel 9.3.3 Target Costing). Die benötigte Konstruktionszeit hat einen großen Einfluß auf die konkrete Ausgestaltung des Konstruktionsprozesses, die Anwendung von Methoden usw. **Kurze Konstruktionsprozesse sind ganz anders organisiert als lange**, wobei prinzipielle Strukturen erhalten bleiben.

Entwicklungs-/Konstruktionszeitachse

Um die Zeit als Einfluß auf den Entwicklungs- bzw. Konstruktionsprozeß darzustellen, zeigt **Bild 5.1-22** eine logarithmische Zeitachse („kurze" Prozesse im Minutenbereich wären bei einer linearen Teilung im Verhältnis zu „langen" nicht mehr erkennbar). Eine Konstruktionsstunde ist als Wert 1 (10^0) gesetzt. Der logarithmischen Teilung sind **nicht Kalenderzeiten**, sondern **Arbeitszeiten** (Minuten (min) bis Jahre (a)) zugeordnet. Dabei wird von einer tatsächlichen Jahresarbeitszeit von 1.600 Stunden und einem 8-Stunden-Arbeitstag ausgegangen [23/5].

Hier wird als Konstruktionszeit die **Bearbeitungszeit** betrachtet. Davon zu unterscheiden ist die **Durchlaufzeit**. Sie kann, da der Bearbeiter nicht ununterbrochen an einer Aufgabe arbeitet und Liege- bzw. Wartezeiten auftreten, sehr viel länger sein oder aber, weil mehrere Bearbeiter parallel arbeiten, kürzer als die Bearbeitungszeit sein. Die Beachtung der Durchlaufzeit, gerade in der Konstruktion, wird zunehmend wichtiger.

Parallel zur Zeitachse kann eine Kostenachse für Entwicklungs- und Konstruktionskosten (EKK) aufgetragen werden. Sie geht von 100,– DM/h als Kostensatz für die Konstruktion aus. Nach einer VDMA-Untersuchung aus dem Jahre 1991 [24/5] beträgt der durchschnittliche Verrechnungssatz für die eigene Konstruktion 101,25 DM/h.

Die **Spannweite von 10 Zehnerpotenzen** (1:10.000.000.000!) der Zeit- und Kostenachsen zeigt die Spannweite der unterschiedlichen Produkte und Probleme beim Entwickeln und Konstruieren, Kostensenken usw. auf. Entsprechend dem unterschiedlichen Umfang müssen **unterschiedliche Schwerpunkte** gesetzt werden sowie **unterschiedliche Methoden und Hilfsmittel** verwendet werden. Die jeweils benötigte Konstruktionszeit muß bei der flexiblen Anwendung der IP-Methodik und der Auswahl geeigneter Methoden (Kapitel 7.1.2) mit als Kriterium betrachtet werden. Ein Patentrezept für alles gibt es nicht. Es kommt immer auf das richtige Bündel von Maßnahmen an.

Konstruktionsaufgaben (Produktumfänge)

Der Zeitachse nach Bild 5.1-22 kann man verschiedene Konstruktionsprozesse bzw. Produktumfänge (I–IV) zuordnen. Folgende Einteilung wird hier vorgeschlagen:

I   **Minuten** bis **Stunden** umfaßt die Konstruktionszeit für einzelne Konstruktionsschritte, z. B. um eine Gestaltzone, ein Maß oder eine Toleranz festzulegen. Nach [19/5] fallen solche Entscheidungen im Sekunden- bis Minutentakt beim Konstruieren. Hier muß sich jeder Konstrukteur selbst „nebenher" organisieren. Der Konstruktionsprozeß wird durch das **TOTE-Schema** (Kapitel 3.3.1) oder evtl. durch den Vorgehenszyklus (Kapitel 3.3.2) beschrieben.

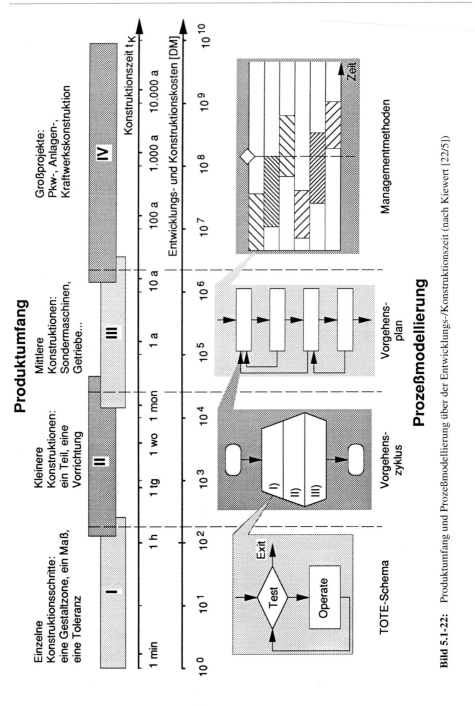

Bild 5.1-22: Produktumfang und Prozeßmodellierung über der Entwicklungs-/Konstruktionszeit (nach Kiewert [22/5])

II **Stunden** bis **Monate** dauert es, einfache Teile, Vorrichtungen, Baugruppen usw. zu konstruieren. Nach [24/5, 25/5 und 26/5] braucht die Erstellung einer DIN A4 Zeichnung für ein einfaches Teil einige Stunden. Komplizierte, große Teile, Vorrichtungen und Ähnliches können aber auch eine sehr viel längere Konstruktionszeit beanspruchen. Es kann eine Arbeit im Team erforderlich sein, die schon mehr oder weniger Organisationsaufwand erfordert. Hier wird der Konstruktionsprozeß durch den **Vorgehenszyklus** (Kapitel 3.3.2) oder bei längeren Prozessen (Tage/Wochen) durch einen **Vorgehensplan** (Kapitel 6.3 und 6.4) beschrieben. Bei den denkpsychologischen Untersuchungen von Konstrukteuren (Kap. 3.4) ist diese Einteilung zu erkennen: Für die Analyse einzelner Konstruktionsentscheidungen wurden der Vorgehenszyklus und für die Analyse des Gesamtprozesses die Phasen des Vorgehensplanes verwendet (Bild 3.4-4)

III **Monate** bis **Jahre** umfaßt die Konstruktionszeit für kleinere bis mittelgroße Maschinen. Zu ihrer Bewältigung wird schon eine ganze Konstruktionsabteilung oder ein entsprechendes Ingenieurbüro mit der dazugehörigen Organisation benötigt. Dies ist der typische Einsatzbereich für einen **Vorgehensplan** (Kapitel 6.3 und 6.4) und für **Projektmanagement** (Kapitel 4.3.4).

IV **Viele Jahre** Entwicklungs-/Konstruktionszeit werden für Großprojekte wie z. B. eine Pkw-Entwicklung, Kraftwerks-, Anlagenkonstruktion usw. benötigt. Solche Projekte können nur große Firmen z. T. wieder nur in Zusammenarbeit mit weiteren Firmen (Zulieferern) mit geeigneten Aufbau- und Ablauforganisationen durchführen. Entsprechend wächst auch der Aufwand für die Organisation des Prozesses. Hier müssen „**Managementmethoden**", Netzpläne usw. eingesetzt werden (Kapitel 4.3 und 4.4).

Die Grenzen der Bereiche sind „fließend" und überschneiden sich. Die „längeren" Produkt- und Prozeßumfänge (Bereiche II–IV) setzen sich aus einer Reihe der jeweils „kürzeren" Bereiche (I-II) zusammen. Die Verfahren und Methoden links in Bild 5.1-22 aus den kurzen Bearbeitungsprozessen (z. T. TOTE-Schema oder Vorgehenszyklus) werden rechts bei den längeren Prozessen immer mit eingesetzt (s. a. Bild 3.3-13, 3.3-21 und 4.1-13). Die Methoden sind „**aufwärtsverschachtelt**".

5.2 Management in Entwicklung und Konstruktion

5.2.1 Organisation und Führungsanforderungen

5.2.1.1 Die Mitarbeiterstruktur

Der Anteil der in **Entwicklung und Konstruktion, Versuch und Forschung** in der Maschinenindustrie Tätigen stellt mit ca. 50% die dominierende Gruppe der Ingenieure dar (**Bild 5.2-1**). Die **Produktion** einschließlich Montage und Inbetriebnahme beschäftigt ungefähr 15% der Ingenieure. Stark zugenommen haben in den letzten Jahren die **Vertriebsingenieure**, die mit ca. 21% die zweitstärkste Gruppe bilden. In absoluten

Zahlen waren 1989 rund 90.000 Ingenieure im Maschinenbau bei 1,14 Millionen Beschäftigten tätig. (Insgesamt arbeiten in Westdeutschland rund 0,5 Millionen Ingenieure aller Art, rund 1% der Erwerbstätigen.)

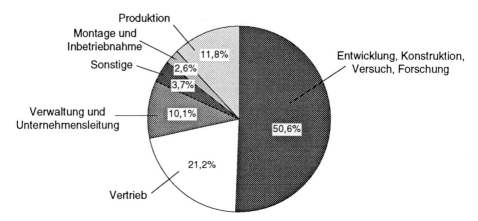

Bild 5.2-1:   Tätigkeitsbereiche der Ingenieure in der Maschinenindustrie (nach VDMA 1986/87 [13/5])

Dabei steigt der **Anteil der Ingenieure** bezogen auf die Zahl der Beschäftigten laufend an, wie **Bild 5.2-2** über einen Zeitraum von fast 40 Jahren zeigt.

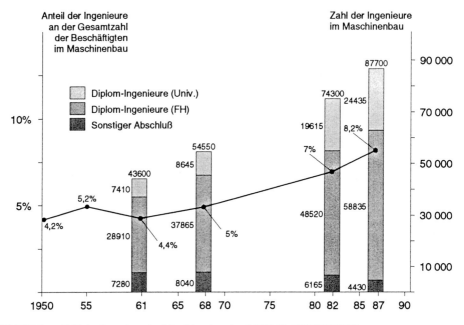

Bild 5.2-2:   Zahl der Ingenieure im Maschinenbau (nach VDMA 1986/87 [13/5])

Der Ingenieuranteil hat sich in dieser Zeit von 4,2% auf 8,2% fast verdoppelt. Damit scheint ein zunehmender Einsatz von wissenschaftlicher und methodischer Denkweise verbunden zu sein. Ferner zeigt das Bild, daß das **Zahlenverhältnis von Ingenieuren aus Fachhochschulen zu denen aus Universitäten bzw. Technischen Hochschulen** 1968 sich wie 4,4 zu 1 verhielt. 1987 dagegen betrug das Verhältnis 2,4 zu 1. Die Zahl der Ingenieure von wissenschaftlichen Hochschulen ist also schneller gewachsen.

Dabei stellen Ingenieure mit ca. 13% nur rund ein Achtel aller in der Konstruktion Tätigen (**Bild 5.2-3**). Die Gesamtzahl der in Entwicklung und Konstruktion Beschäftigten macht im Maschinenbau im Mittel 13% aller Mitarbeiter eines Unternehmens aus (bei Einzelfertigung 17,2%, bei Serienfertigung 6,3%, VDMA 1991 [24/5]).

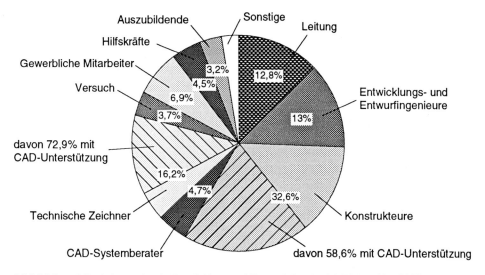

Bild 5.2-3:   Mitarbeiterstruktur in Entwicklung und Konstruktion (nach VDMA 1991 [24/5])

Rund 77% aller Konstruktionsmitarbeiter beschäftigen sich mit mechanischer Konstruktion, ca. 18% mit Elektro-Konstruktion und 10% mit Software-Erstellung (VDMA 1986/87 [13/5]).

5.2.1.2   Berufsbilder in Konstruktion und Fertigungsvorbereitung

Im folgenden werden einige typische **Berufsbilder** beschrieben, die selbstverständlich nur in großen Unternehmen so differenziert zu beobachten sind [27/5]. In kleineren Unternehmen sind Konstrukteure in hohem Maße „multifunktional" tätig, d. h. sie erledigen je nach Erfordernis Entwicklungsaufgaben, Detaillierung, Patentbearbeitung oder Projektierungsaufgaben [11/5] (Bild 5.2-5).

Zuvor noch ein Überblick zum Anforderungsprofil für Entwickler und Konstrukteure. **Bild 5.2-4** zeigt dies entsprechend Stellenanzeigen von 1983 und 1991. Demnach hat das Interesse für Kenntnisse in CAD, Fertigungstechnik und Kostendenken deutlich zugenommen. Dominierend ist der Wunsch nach Berufserfahrung.

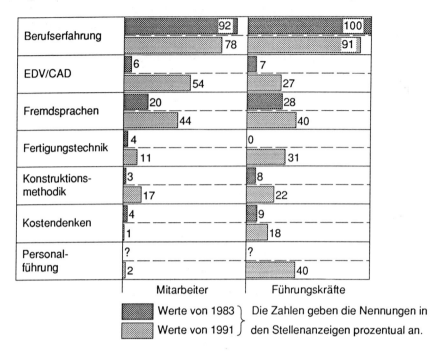

Bild 5.2-4: Anforderungsprofil aus Stellenanzeigen für Mitarbeiter bzw. Führungskräfte in E&K
(1983: 153 Anzeigen nach Voegele [28/5], 1991: Eigenanalyse von 160 Anzeigen)

Wie die Tätigkeiten im Bereich E&K des Maschinenbaus verteilt sind, zeigt **Bild 5.2-5.**

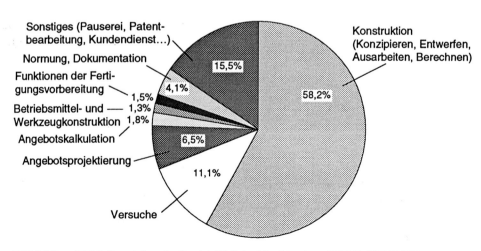

Bild 5.2-5: Tätigkeitsverteilung im Bereich E&K des Maschinenbaus (VDMA 1991 [24/5])

Wie Bild 5.2-5 zeigt, befassen sich rund 8% der Personen neben der eigentlichen Konstruktionstätigkeit mit Angebotstätigkeit und rund 11% mit Versuchstätigkeit.

Berufsbilder

– **Entwicklungskonstrukteure** haben die Aufgabe, aus der Beobachtung von technischen Trends, Marktveränderungen, aufkommenden technischen Lösungen, ausgehend von dem im Unternehmen vorhandenen Produkt-Know-how „innovative Lösungen zu konzipieren" und bis zum Erkennen der Realisierbarkeit voranzutreiben. Die Anforderungen an ihren Arbeitsstil sind eher strategisch-innovatorische, mit der Fähigkeit zum Abstrahieren und Erkennen von Zusammenhängen. Sie müssen sich ferner kommunikativ und kooperativ verhalten, denn es ist wichtig, daß sie das neue Projekt an die Unternehmensleitung und die Kollegen „verkaufen" können.

– **Entwurfskonstrukteure** haben die Aufgabe, das Konzept der Entwicklungskonstrukteure gestaltend und berechnend in einen machbaren Entwurf zu überführen. Sie stehen dabei in meist enger Zusammenarbeit mit einer Gruppe von Technikern und Zeichnern, die wichtige Einzelheiten ausarbeiten. Sie benötigen einen relativ engen Kontakt zu Fertigung, Montage und Kundenservice. Oft genug sind sie von ihrer Herkunft Praktiker mit einer betrieblichen Lehre, die sich zum Techniker oder Diplom-Ingenieur (FH) weitergebildet haben.
Ihr Arbeitsstil ist eher konservativ als innovativ, denn sie orientieren sich auch wegen des hohen Zeitdrucks, dem sie ausgesetzt sind, an früheren Lösungen. Sie benötigen ein gutes räumliches Vorstellungsvermögen und die Flexibilität des Pendelns zwischen dem Detail und dem Gesamten.

– **Detailkonstrukteure, Techniker** und **technische Zeichner** haben die Aufgabe, Einzelteilzeichnungen für die Fertigung und zugehörige Stücklisten herzustellen. Teilweise müssen sie bisher noch nicht festgelegte Einzelheiten konstruieren. Die Anforderungen bestehen in ausgeprägtem produktspezifischen Erfahrungswissen und in Kenntnissen über Fertigungs- und Montageprozesse. Ihre Entscheidungskompetenzen sind eher gering. Ihre Arbeit besteht in Veränderungen am Detail und wird heute vielfach mit Unterstützung durch CAD-Systeme ausgeführt.

– **Berechnungsingenieure** sind für Details hochqualifizierte Einzelarbeiter, die z. B. Festigkeits-, Schwingungs- und Strömungsberechnungen durchführen. Ihre Denkweise ist oft von der Universität geprägt, wo sie ihre Fähigkeit zum analytisch-kritischen Denken geschult haben und das nötige physikalisch-technische Wissen vermittelt bekamen.

– **Angebotsingenieuren** obliegt es, die technische Aufgabenklärung einerseits mit dem Kunden, andererseits mit unternehmensinternen Konstrukteuren, Vertriebsspezialisten und Kalkulatoren bis zu einem auftragsreifen Zustand durchzuführen. Sie sind von den Anforderungen her eher Generalisten und benötigen gute Fähigkeiten zur Kooperation sowie eine rasche Auffassungsgabe. Problematisch bei dieser Tätigkeit ist, daß die Zahl der angeforderten Angebote immer mehr zunimmt (auch deshalb, da sie im allgemeinen kostenlos sind) und immer mehr Angaben und Garantiezusagen pro Angebot erwartet werden.

- **Projektleiter** sind von der Aufgabe her mitkonstruierende Auftragsmanager, die Konstruktionsaufträge verantwortlich abwickeln. Von ihnen wird ein gutes technisches Verständnis gepaart mit guter Kommunikations- und Kooperationsfähigkeit erwartet. Sie benötigen die Bereitschaft zu entscheiden und notfalls unter Zeitdruck „ihre" Konzeption durchzuziehen, auch wenn sie nicht immer optimal ist (Kapitel 4.3.1 und 4.3.4).

Nachfolgend wird noch der Aufgabenbereich des Fertigungsplaners, des NC-Programmierers und des Vorrichtungskonstrukteurs beschrieben: einerseits um das Verständnis für die nachfolgenden Prozesse zu fördern, andererseits wegen der Tendenzen, Arbeitsinhalte aus der Fertigungsplanung bereits in der Konstruktion vorzubereiten (CAD/CAM, Fertigungs- und Kostenberatung; siehe Kapitel 4.3.2 und 9.3.1).

- **Fertigungsplaner** legen die Bearbeitungsverfahren, deren Abfolge und die Fertigungsmittel (Maschinen, Werkzeuge, Vorrichtungen) im Fertigungsplan fest. Ihre Aufgabe ist ferner, Abmessungen des Werkstückrohlings festzulegen und zu entscheiden, welches die kostengünstigste Fertigungsweise unter Berücksichtigung der Maschinengenauigkeit und der Auslastung der Fertigungsmittel sein wird. Sie legen die Vorgabezeiten fest und machen Aufspann-, Vorschub- und Drehzahlangaben. Teilweise programmieren sie wichtige Prozesse für NC-Maschinen und erhalten dabei die Hauptzeiten für mögliche Zeitvergleiche als „Abfallprodukt".
  Es gibt zwei Organisationsprinzipien: die Spezialisierung nach Bearbeitungsverfahren (z. B. konventionelle spanende Verfahren, Bearbeitungszentren, Schweißverfahren), wie sie in der Serienfertigung üblich ist, und die Spezialisierung nach Baugruppen, so daß die Fertigungsplaner direkte Gesprächspartner für die entsprechenden Konstruktionsgruppen sind. Letzteres ist vornehmlich in der Einzel- und Kleinserienfertigung üblich (Kapitel 9.3.1).
  Ihr Arbeitsstil muß sehr kooperativ sein: sowohl gegenüber den Werkern wie auch den Konstrukteuren, gegenüber dem Einkauf und der Kalkulation. Seit durch die Datenverarbeitung die Änderungs- und Variantenplanung und bei einfachen Rotationsteilen die automatische Arbeitsplanerstellung möglich wurden, nimmt die Bedeutung der manuellen Tätigkeit ab. In manchen Unternehmen wird deshalb umorganisiert und die Fertigungsplanung aufgeteilt.

- **NC-Programmierer** haben die Aufgabe, NC-Programme zu entwerfen, zu erzeugen, zu kontrollieren und evtl. zusammen mit den Werkern zu optimieren. Sie sind am dichtesten an der Fertigung angesiedelt, denn sie simulieren detailgenau die Fertigung (gedanklich oder mit entsprechender Software auch graphisch). Sie sind „ins Büro versetzte Zerspanungsfachleute". Dieser Beruf ist durch die DV neu entstanden, wobei die Tätigkeit des Anreißers entfallen ist.

- **Vorrichtungskonstrukteure** erstellen für komplizierte Werkstücke Sondervorrichtungen für bestimmte, ihnen gut bekannte Werkzeugmaschinen. Sie benützen dabei, wie es für einfache Werkstücke üblich ist, möglichst standardisierte Elemente. Sie müssen den Arbeitsraum, die Kollisionsmöglichkeiten, die Werkzeuge und das Materialverhalten bei den Zerspanungsprozessen genau kennen. Sie sind von ihrer Vorbildung her meist gelernte Metallfacharbeiter, die sich weitergebildet haben.

5.2.1.3 Organisation

Eine Möglichkeit, die Aufbauorganisation des Entwicklungs- und Konstruktionsbereiches zu gestalten, wurde bereits in Bild 4.1-11 gezeigt.

– Die Entwurfstätigkeit und Zeichnungserstellung ist in manchen Unternehmen aufgeteilt in eine Entwurfs- und eine Detaillierungsabteilung. Dies ist bei immer wieder ähnlichen Produkten sinnvoll, die als Anpassungs- oder Variantenkonstruktion erstellt werden. Außerdem ist dies nur möglich, wenn der notwendige Informationsaustausch zwischen Entwurfskonstrukteur und Detailkonstrukteur eher gering ist. Der Vorteil dieser Arbeitsteilung liegt bei der größeren Flexibilität und der gleichmäßigeren Arbeitsauslastung der für mehrere Produkte zuständigen Detaillierungsabteilung.

Bei neuen oder komplexen Aufgaben ist diese Arbeitsteilung unzweckmäßig. Entweder erledigt der Entwurfskonstrukteur die Detaillierung selbst (wie dies zunehmend beim Einsatz von CAD festzustellen ist), oder er arbeitet in engem Kontakt mit den für ihn zuständigen Detailkonstrukteuren zusammen.

– Angesichts des großen Informationsbeschaffungsbedarfs und der starken Notwendigkeit terminlicher und kapazitätsmäßiger Vorplanung wird in manchen Unternehmen eine **Arbeitsvorbereitung** für die **Konstruktion** eingerichtet [29/5].

– Im Zeichen des CAD-Einsatzes **verschieben sich** manche traditionellen **Grenzen der Arbeitsteilung:** Die Detailkonstrukteure erledigen bei bestimmten Bauteilen auch das NC-Programmieren bzw. konstruieren bereits mit NC-gerechten Formelementen (features). Es gibt aber auch den umgekehrten Vorgang, daß bestimmte Bearbeitungszonen oder auch Objekte (Rohrleitungen, Überwachungsgeräte...) von der Fertigungsvorbereitung, Fertigung oder Montage sozusagen „vor Ort" festgelegt werden [30/5].

– In jedem Fall muß die **Verantwortung** für die Gestaltung des funktionsbestimmenden Umfangs eines Produkts in der Hand des Konstrukteurs bleiben, sofern es sich nicht um Produkte handelt, die stark vom Aussehen und der Ergonomie bestimmt sind. Bei jenen hat der Designer u. U. die Hauptverantwortung.

5.2.1.4 Führungsanforderungen

Oft besteht die Meinung, ein Konstruktionsgruppen- oder gar Konstruktionsabteilungsleiter sei als „Chefdenker" der für die Zukunft der Produkte Verantwortliche und hauptsächlich dafür da. Das ist auch seine Aufgabe. Noch viel mehr aber ist er „**Konstruktionsmanager**" und hat vielfältige organisatorische, terminliche und personelle Entscheidungen zu treffen [31/5]. **Bild 5.2-6** veranschaulicht dies am Beispiel des Tagesablaufs eines Abteilungsleiters für 20 Mitarbeiter. Die rein technische **Ausbildung** der Ingenieure besonders an Universitäten wird diesem Berufsbild zu wenig gerecht, denn Organisations- und Führungsprobleme dominieren in der Praxis. Es sollten wenigstens Grundlagen als Impuls für eine ganzheitliche Orientierung und spätere Weiterbildung vermittelt werden. Die in Kapitel 4.1.7.2 wiedergegebene Umfrage bestätigt diese Aussage.

Uhrzeit	Tätigkeit	Problemart
8.00 Uhr	Planung der Konstruktionstermine.	Organisation
8.20 Uhr	Suche nach externem Konstruktionsbüro. Telefonische Verhandlung über den Einsatz zweier Konstrukteure für sechs Wochen.	Organisation
8.30 Uhr	Anruf von engl. Raffinerie: „Getriebe-Totalschaden". Suche nach Berechnung und Zeichnung; Studium der Unterlagen.	Sprachproblem
9.00 Uhr	Suche nach einem Konstrukteur und Monteur, die sofort hinfahren, Schaden klären, Ersatzradsatz einbauen. – Besprechung der Verhaltensregeln gegenüber Kunden.	Organisation Menschenführung Technik
9.30 Uhr	(Zu spät gekommen: 9.45 Uhr) Produktbesprechung „Getriebe" mit Verkauf, Projektierung, Produktion, Werksleitung: – Liefertermin von Getrieben mit Konventionalstrafe; – Auftragseingang mäßig! Was tun? • Kundenbesuche...welche...wer? • Preisnachlässe in Sonderfällen...wieviel? • Werbeschrift direkt...Anzeigen? – Entwicklungsplanung für die nächsten drei Jahre; – Lizenzabgabe an Japan?...Firma? • Vorbesprechung einer Japanreise.	 Organisation Organisation Technik Technik Organisation
12.00 Uhr	Mittagspause.	
13.00 Uhr	Rundgang zu fünf Konstruktionsgruppen. Diskussion am Brett. – Wie kostengünstiger? – Berechnungsansätze richtig? Belastungsgrenze? – Ein Getriebe nicht montierbar!	 Wirtschaftlichkeit Technik Technik
15.15 Uhr	Besuch am Abnahmeprüfstand: Lärmminderung an Getriebe. Konventionalstrafe?	Technik/Akustik
16.00 Uhr	Überarbeiten eines Investitionsplanes für die CAD-Anlage mit vier Bildschirmen.	Technik + Wirtschaftlichkeit
16.45 Uhr	Studium von zwei Patentschriften einer konkurrierenden Firma.	Technik
17.15 Uhr	Gespräch mit einem Zeichner, der weggehen will, über Arbeitsklima und Gehaltserhöhung.	Menschenführung
17.45 Uhr	Idee für neue Sondergetriebe-Lösung durchgedacht und skizziert.	Technik
18.30 Uhr	Nach Hause; auf dem Weg Vertriebskollegen getroffen; „Lauter Kleinkram, man kommt zu nichts Rechtem!"	Kommunikation

Bild 5.2-6:   Beispiel eines Tagesablaufs eines Diplom-Ingenieurs als Konstruktionsleiter „Getriebe"

Dabei muß man sich vor Augen führen, daß nach Befragungen des VDMA [32/5] Konstruktionsingenieure im Mittel zu 70% Führungsfunktionen übernehmen (Diplom-Ingenieure (FH) zu 64% mit Schwerpunkt **Gruppenleiter**, Diplom-Ingenieure (Univ.) zu 81% mit Schwerpunkt **Abteilungsleiter**). 85% aller Universitätsabsolventen erreichen spätestens nach fünf Jahren Berufstätigkeit mindestens die Position eines Gruppen-leiters. Wie die **Bilder 5.2-7** und Bild 5.2-8 zeigen, fällt dann die selbst durchgeführte Konstruktions- und Berechnungstätigkeit stark ab, und Führungstätigkeiten überwiegen.

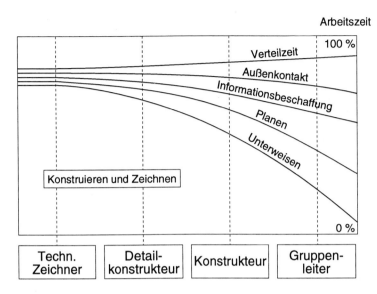

Bild 5.2-7:   Verteilung der Tätigkeiten im Bereich Entwicklung und Konstruktion

Bei der genannten Befragung des VDMA [32/5] aus dem Jahr 1981 (referiert auch in Rademacher [29/5]) wurden 1.700 Fragebögen ausgewertet, die allerdings von eher größeren Unternehmen stammten: 80% der Unternehmen hatten mehr als 1.000 Mitar-beiter. Hier wird daraus in **Bild 5.2-8** nur das **Tätigkeitsprofil** von Diplom-Ingenieuren (FH), Diplom-Ingenieuren (Univ.) und Doktor-Ingenieuren wiedergegeben. Bei der im allgemeinen sehr langsamen Änderung grundsätzlicher Strukturen und Auffassungen in der Gesellschaft ist anzunehmen, daß die Grundaussagen auch heute noch gültig sind. Die Befragten sollten aus einem Katalog von **Tätigkeiten** die Rangfolge der bei ihnen am häufigsten vorkommenden bilden. In Bild 5.2-8 sind daraus drei Häufigkeitsangaben (hohe, mittlere, geringe Häufigkeit) zusammengezogen.

Neben der erwähnten Zunahme an Führungstätigkeiten bei Diplom-Ingenieuren (Univ.) und Doktor-Ingenieuren ist interessant, daß „Konstruktionen beurteilen" (fünfte Zeile von oben) weniger häufiger ist als „an Besprechungen teilnehmen" (zweitunterste Zeile). Letzteres ist, wenn man Ingenieure insgesamt betrachtet, überhaupt deren häufig-ste Tätigkeit.

In der Rangfolge der wichtigsten **Fähigkeiten**, die von Mitarbeitern aller Art im Bereich der Konstruktion erwartet werden (in Bild 5.2-8 nicht dargestellt), steht „Verantwor-tungsbewußtsein" unter 44 vorgegebenen Möglichkeiten an der Spitze. Dann folgt bei Sachbearbeitern „Fähigkeit zur Zusammenarbeit" und bei Führungskräften „Entschei-dungsfreudigkeit".

Legende

- ● Hohe Häufigkeit
- ◐ Mittlere Häufigkeit
- ○ Geringere Häufigkeit

			Gruppen-leiter			Abteilungs-leiter			Haupt-abteilungs-leiter, Vorstand		
			Dipl.-Ing. (FH)	Dipl.-Ing. (Univ.)	Dr.-Ing.	Dipl.-Ing. (FH)	Dipl.-Ing. (Univ.)	Dr.-Ing.	Dipl.-Ing. (FH)	Dipl.-Ing. (Univ.)	Dr.-Ing.
Langfristige Planung		Ziele definieren	○	○	○	○	○	○	◐	●	●
		Entwicklungsvorhaben bewerten	○	○	○	○	○	●	◐	◐	◐
Konstruk-tionsauf-gaben		Konstruktionslösungen prinzipiell erarbeiten	●	◐	◐	◐	◐	○	○	○	○
		Berechnungen durchführen	◐	●	◐	○	○	○	○	○	○
		Konstruktion beurteilen	●	◐	◐	●	●	◐	●	◐	○
		Versuche und Messungen durchführen	○	◐	●	○	○	○	○	○	○
Organisation, Koordination, Führung		Mitarbeiter anweisen	●	●	◐	○	○	○	○	○	○
		Mitarbeiter motivieren	○	○	○	○	○	○	●	●	●
		Aktivitäten der eigenen Abteilung organisieren	○	○	○	●	●	●	○	○	○
		Aktivitäten der eigenen Abteilung überwachen	○	○	○	◐	●	◐	○	○	○
		Aktivitäten mit anderen Abteilungen koordinieren	○	○	○	○	◐	●	○	◐	●
		Besprechungen selbst abhalten	○	○	○	○	○	○	●	●	◐
Bespre-chungen		An Besprechungen teilnehmen	◐	●	●	●	○	○	●	○	○
		Durch Lesen informieren und weiterbilden	○	○	●	○	○	○	○	○	○

(Zeilengruppierung: Tätigkeiten → Allgemeine Tätigkeiten)

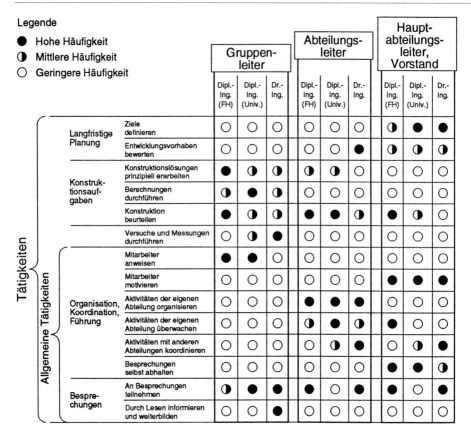

Bild 5.2-8:   Tätigkeitsprofil von Konstruktions- und Entwicklungsingenieuren verschiedener Hierarchiestufen (nach Hillebrand [33/5] und Rademacher [29/5])

Führungskräfte müssen ein Klima schaffen, das die **Zufriedenheit und Motivation am Arbeitsplatz** fördert. Hierfür ist nicht in erster Linie das Gehalt maßgebend, sondern die Leistungsmotivation, die Art der Arbeit, die Anerkennung und die Aufstiegsmöglichkeit (**Bild 5.2-9**). Erst bei Unzufriedenheit erscheint an dritter Stelle das Gehalt.

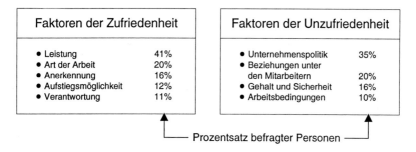

Faktoren der Zufriedenheit		Faktoren der Unzufriedenheit	
● Leistung	41%	● Unternehmenspolitik	35%
● Art der Arbeit	20%	● Beziehungen unter den Mitarbeitern	20%
● Anerkennung	16%	● Gehalt und Sicherheit	16%
● Aufstiegsmöglichkeit	12%	● Arbeitsbedingungen	10%
● Verantwortung	11%		

Prozentsatz befragter Personen

Bild 5.2-9:   Faktoren der Zufriedenheit/Unzufriedenheit in der Konstruktion (Befragung von Turner)

Wie aus Bild 5.2-8 zu erkennen ist, dominieren bei Führungskräften Planungs- und Steuerungsaufgaben. Welche Inhalte diese haben können, ist in **Bild 5.2-10** dargestellt.

Planungs- und Steuerungsaufgaben in der Konstruktion

1) Auftragsneutrale, langfristige Planungsaufgaben

- Systematisierung der Erzeugnisstruktur (Erzeugnisgliederung, Normung...)
- Planung des Dokumentationssystems
  (Nummernsysteme, Zeichnungs-, Unterlagenverwaltung, Wiederholteilsuchsystem...)
- Grundlagen der Termin- und Kapazitätsplanung
  (Auftragsstruktur, Zeitrichtwerte...)
- Planung des Hilfsmitteleinsatzes
  (Informationssysteme, Mikrofilmsystem, CAD-System, CAD/CAM/CIM/CID, Daten-
  banken, Produktmodell, FMEA, Berechnungsmethoden...)
- Produkt- und Entwicklungsplanung
- Patent- und Lizenzplanung
- Organisationsplanung
- Personalplanung
- Kostenplanung und -kontrolle
- Einführung von Konstruktionsmethoden
  (Qualitätssicherung, SE-Team, Konstruktionsmethodik, Wertanalyse)
- Weiterbildungsplanung

2) Auftragsbezogene Steuerungsaufgaben

- Termin- und Kapazitätsplanung anstehender Aufträge
  (Auftragssteuerung, Terminkontrolle...)
- Zusammenstellen der auftragsbezogenen Informationen, verwendbaren Lösungen
  und Hilfsmittel
- Änderungsüberwachung und -steuerung
- CA-System-Belegungsplanung

Bild 5.2-10:   Planungs- und Steuerungsaufgaben in der Konstruktion (nach Radermacher [29/5])

Das heute angestrebte **sachorientiert-partnerschaftliche Führungsverhalten** statt des **autoritär-direktiven** ist offenbar mehr ein hehres Ziel als Realität. Eine Umfrage zeigte, daß Mitarbeiter rund 70% der Manager als autoritär einstufen, während die Manager dies nur zu 30% von sich selbst meinten. Das Personal wird zu wenig infor- miert, zu wenig in Entscheidungsprozesse eingebunden und zu wenig durch Leistungs- rückmeldungen motiviert [34/5].

5.2.2 Leistungssteigerung, Durchlaufzeitverkürzung und Effizienzmessung in der Konstruktion

Der Anteil der Konstruktion an den Gesamtkosten eines Unternehmens beträgt im Mittel ca. 10%, liegt also gegenüber anderen Bereichen wie Fertigung oder Materialwirtschaft eher niedrig. Aber die Konstruktion legt rund 60–80% der änderbaren Kosten fest (Bild 9.1-5), d. h. sie **beeinflußt rund 6–8mal so viel Kosten, wie sie selbst kostet.** Weiter- hin **legt sie fast alle marktrelevanten Produkteigenschaften fest** (Kapitel 5.1.2). Das bedeutet, daß der Produkterfolg und damit auch in erheblichem Maß der Unternehmenserfolg von der Kreativität und der Leistung der Konstruktion abhängt. Wird man nun ausgerechnet am Herz des Unternehmens Rationalisierungsoperationen vornehmen, d. h. Personal reduzieren (rund 70% der Kosten der Konstruktion sind Personalkosten)? Das scheint absurd. Im Gegenteil, man wird in diese sensible Abteilung möglichst **qualifiziertes Personal, arbeitserleichternde Hilfsmittel und Methodentraining** einbringen, um die Qualität der Produkte zu steigern **und** Kosten und Zeiten zu senken. Doch muß man differenzieren: Das Gesagte gilt vor allem für die sogenannte **„Fortschrittskonstruktion"** (nach Schiele [15/5]), die neue, konkurrenzfähige Produkte entwickelt, von denen das Unternehmen in Zukunft leben wird. Daneben gibt es die **konstruktive Abwicklung** (vornehmlich Varianten- und Anpassungskonstruktion), die Kundenaufträge für bekannte Produkte eher routinemäßig abzuwickeln hat. Hier ist weniger Innovation gefordert, sondern sichere und fehlerfreie konstruktive Arbeit, die nach möglichst kurzer Zeit (und damit meist auch mit geringen Konstruktionskosten) in der Produktion verwirklicht werden kann. Der Zeitdruck ist dabei groß, denn rund 50% der gesamten Lieferzeit ist „Verweilzeit" im gesamten planenden Bereich. Durchlaufzeitverkürzung ist besonders in Bereichen wichtig, wo die Konstruktion allein z. B. 15–35% der Lieferzeit benötigt: bei kundenangepaßten Einzelaufträgen, in Ingenieurbüros usw. Für diese konstruktive Abwicklung bestehen Analogien zur Fertigung. Hier ist Rationalisierung, d. h. Zeit- und Kostensenkung sinnvoll, solange darunter nicht die Produktqualität leidet. In der Praxis vermischen sich die beiden Konstruktionsarten je nach Auftragslage. Es gibt dafür ja selten getrennte Abteilungen.

5.2.2.1   Was heißt Leistungssteigerung in der Konstruktion?

Wenn man die Leistung steigern will, muß zunächst geklärt werden, was man unter Leistung zu verstehen hat [35/5].

– Bei der **konstruktiven Abwicklung** ist Leistung die anforderungsgemäße fehlerfreie Erstellung der Produktdokumentation eines prinzipiell bekannten Produkts in minimaler Zeit mit geringsten Konstruktionskosten. Diese Konstruktionsart betrifft mindestens zwei Drittel aller Konstruktionsarbeit (Bild 5.1-14).

– Bei der **Fortschrittskonstruktion** (Neukonstruktion und Anpassungskonstruktion an innovative Bedingungen) ist Leistung der Markterfolg des neu entwickelten Produkts. Dabei ist zu berücksichtigen, daß dieser Erfolg natürlich durch die **gemeinsamen** Anstrengungen von z. B. Konstruktion, Produktion, Materialwirtschaft, Controlling und Vertrieb zustande kommt, also der Konstruktion nicht allein zugerechnet werden kann (Kapitel 4.1.1, 4.2 und 4.4).

Dann kann es aber auch nicht darauf ankommen, im rationalisierten Konstruktionsprozeß mit geringstem Personal- und Zeitaufwand irgendein Produkt zu erstellen. Diese Art Konstruktion betrifft rund ein Drittel aller Konstruktionsarbeit.

Die **Möglichkeiten zur Leistungssteigerung** sind in **Bild 5.2-11** für die beiden o. g. unterschiedlichen Konstruktionsarten angegeben:

```
                    ┌─────────────────────┐
                    │        Wie          │
                    │  Leistungsteigerung │
                    │      in der         │
                    │   Konstruktion?     │
                    └─────────────────────┘
```

┌──────────────────────────────┐   ┌──────────────────────────────┐
│ **Bei konstruktiver Abwicklung** │   │ **Bei Fortschrittskonstruktion** │
└──────────────────────────────┘   └──────────────────────────────┘

1) Betroffene Konstruktionsarten

– Anpassungskonstruktion, Variantenkonstruktion – Baureihen-/Baukastensysteme zur rationellen Abwicklung	– Neukonstruktion – Anpassungskonstruktion an innovative Bedingungen – Neukonstruktion von Baureihen-/ Baukastensystemen

2) Ziel der Leistungssteigerung

┌──────────────────────────────┐   ┌──────────────────────────────┐
│ **Rationeller**   │   │ **Erfolgreiches**   │
│ **Konstruktionsprozeß**   │   │ **Konstruktionsprodukt**   │
└──────────────────────────────┘   └──────────────────────────────┘

– Konstruktionszeiten und -kosten niedrig – Produkt anforderungsgemäß	– möglichst hohe Produktqualität bei kurzen Entwicklungszeiten und zielkonformen Herstellkosten – Entwicklungskosten fallen dagegen nicht sehr ins Gewicht

3) Mehr Leistung erzielbar durch...

– Geordneter, standardisierter, rechnerunterstützter Konstruktionsablauf – Produkt genormt als (Makro-)Baukasten, Baureihen möglichst teilautomatisierte Konstruktion: CAD, CAD/CAM – mitlaufende, rechnerunterstützte Kalkulation, Fertigungs- und Kostenberatung – Projektmanagement bzw. Arbeitsvorbereitung in der Konstruktion zur Informationsbeschaffung und Zeit- und Kapazitätsplanung – Wiederholinformationen/Wiederholteile schnell abrufbar	– Enge Markt-/Kundennähe der Entwicklung und Konstruktion für realistische Produktplanung, Formulierung der Anforderungen – Informations-, Konstruktionsanalyse- und Simulationsprozesse DV-unterstützt: CAD/CAM, CIM, CID – Methodisches Konstruieren, Wertanalyse im Entwicklungs- und Konstruktionsprozeß – Intergrierte Produktentwicklung (Simultaneous Engineering) zur marktnahen, qualitativ hochwertigen, schnellen und kostengünstigen Produktentwicklung

Bild 5.2-11: Leistungssteigerung in der Konstruktion

Bei der **konstruktiven Abwicklung** ist Leistungssteigerung möglich durch folgende Maßnahmen:

– **Ordnen und Standardisieren** des Konstruktionsablaufs, bei dem möglichst viele Routinevorgänge rechnerunterstützt, schnell und fehlerfrei erledigt werden.

– Das **Produkt möglichst „normen"** und als Baukasten bzw. Baureihe mit Hilfe von CAD-Programmen teilautomatisiert konstruieren (Kapitel 2.3.3, 9.3.4 und 9.4).

- Eine **mitlaufende rechnergestützte Kalkulation der Kosten** verwirklichen (Kapitel 9.3.4). In besonderen Fällen hinsichtlich Fertigungsproblemen erfolgt eine Fertigungs- und Kostenberatung (Kapitel 9.3.1). Bei der zunehmenden Bedeutung von Zukaufteilen bzw. der Verringerung der Fertigungstiefe ist ein enger Kontakt zur Materialwirtschaft nötig (**technischer** Einkauf, Kapitel 7.10.3).

- Den **Konstruktionsprozeß geplant nach Zeit und Kapazität** durch ein entsprechendes DV-System vorplanen. Alternativ können Konstruktionsgruppen sich im einzelnen ihre Arbeit selbst vorgeben. Sie bekommen dann nur noch einen Fertigstellungstermin für die Produktdokumentation mitgeteilt (Bild 4.3-3, Kapitel 5.2.3). Eine „Arbeitsvorbereitung Konstruktion" klärt, soweit möglich, alle fehlenden Informationen [29/5].

- Bessere **Dokumentation konstruktiver Entscheidungsprozesse**, so daß im Wiederholungsfall darauf zurückgegriffen werden kann. Hierzu hilft ein Konstruktionsleitsystem mit dem Zwang zur Ablage definierter Dokumente oder Protokolle, wie sie zu einem Produktmodell gehören (Kapitel 9.3.4). Wiederholteile/-gruppen zu finden, ist wichtig (Kapitel 7.10.2). Die für die Erstellung verantwortlichen Abteilungen können auch für bestimmte Produktarten räumlich zusammengelegt werden.

- Verstärkung des **Informationsaustauschs** von der Konstruktion nach „vorn" zum technischen Vertrieb und nach „hinten" zur Produktion und zur Materialwirtschaft, um wie bei einem „Stafettenlauf" einen effizienten Informationsfluß zu erreichen.

Insgesamt kommt es darauf an, den Arbeitsablauf und das Produkt möglichst gut durchdacht und geordnet zu gestalten. Dies ist wieder eine Voraussetzung für den DV-Einsatz. Ein Großteil der zeit- und kostenintensiven Änderungsvorgänge, wie sie derzeit üblich sind, muß vermieden werden (Bild 4.2-7).

Bei der **Fortschrittskonstruktion** ist Leistungssteigerung möglich durch folgende Maßnahmen:

- Möglichst **enge Markt- bzw. Kundennähe** verwirklichen, um daraus eine realistische Produktplanung und umfassende Anforderungsliste ableiten zu können (Bild 7.3-2).

- Die **Integrierte Produkterstellung** (Kapitel 4.4, z. B. Simultaneous Engineering) verwirklichen, um marktnahe, kostengünstige Produkte in kurzer Entwicklungszeit bauen zu können. Innerhalb dieses Ablaufs sollte mit konstruktionsmethodischen Teilmethoden und Hilfsmitteln gearbeitet werden (Kapitel 7).

- Auch hier sollten **Informations-, Konstruktions-, Analyse- und Simulationsprozesse** soweit wie möglich durch DV unterstützt werden.

Insgesamt kommt es darauf an, ein Produkt zu entwickeln, das nach Qualität und Preis den Käufer besticht und das, um damit der erste am Markt zu sein, nach kurzer Entwicklungszeit gefertigt werden kann. Kurze Entwicklungszeit und hohe Produktqualität haben Vorrang vor niedrigen Entwicklungskosten (Bild 4.4-5).

5.2.2.2 Vorgehensweise bei der Rationalisierung und Durchlaufzeitverkürzung

Es ist zunächst, wie in **Bild 5.2-12** gezeigt, eine **Analyse des Ist-Zustandes** in Konstruktion und Entwicklung notwendig, um Schwachstellen zu entdecken, für die dann kurz- und mittelfristige Maßnahmen überlegt werden können.

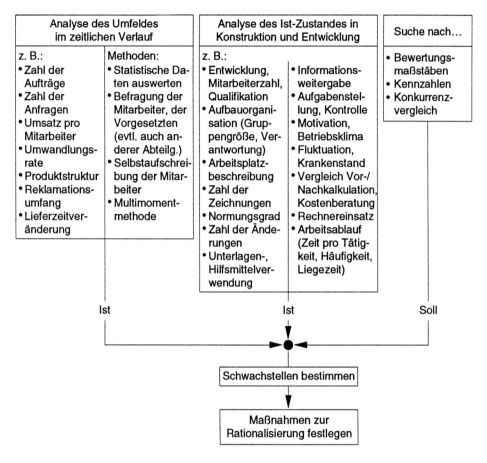

Bild 5.2-12: Vorgehensweise bei der Rationalisierung in Konstruktion und Entwicklung

Da den Ist-Größen (z. B. Umsatz pro Mitarbeiter, Zahl der Zeichnungen pro Mitarbeiter, Qualifikationsprofil) nur ungenaue oder gar keine **Soll-Größen** gegenüber gestellt werden können, ist eine Beurteilung des Ist-Zustandes schwierig. Es ist im allgemeinen noch nicht einmal möglich, die Kenngrößen des eigenen Betriebes mit statistischen Durchschnittsdaten anderer Unternehmen erfolgversprechend zu vergleichen, da diese zu sehr streuen und zu wenig aufgegliedert sind (z. B. Prozentsatz der Mitarbeiter in Entwicklung und Konstruktion an der Geamtbeschäftigtenzahl nach Branchen oder Produktionsart). Immerhin gibt z. B. der Kennzahlenkompaß des VDMA [36/5] einen ungefähren Anhalt. Ferner können insbesondere durch **Interviews der Mitarbeiter** offensichtliche **Schwachstellen** aufgedeckt werden, da starke Mängel den unmittelbar Betroffenen meist bekannt sind (Kapitel 7.10.2). Nach der Ist-Zustandsanalyse werden für die dann aufgedeckten Schwachstellen Maßnahmen zur Verbesserung überlegt und ausgewählt.

Parallel zu dieser Untersuchung müssen aber Vorgänge analysiert werden, die das **Unternehmen als Ganzes** betreffen oder auch vom Markt bzw. von der Konkurrenz herrühren (**Umfeldanalyse**). Es stellen sich z. B. folgende Fragen: Wie hat sich über längere Zeit die Zahl der zu betreuenden Produkttypen verändert (Variantenvielfalt), die Zahl der Anfragen, die Umwandlungsrate von Anfragen zu Aufträgen? Hat sich im Lauf der Zeit die Produktstruktur verändert, z. B. von Serien- mehr zu Einzelfertigung, von Standardmaschinen mehr zu Sondermaschinen und Anlagen, von nichtautomatisierten zu automatisierten Maschinen usw.? Dies ist deshalb interessant, weil dann die Konstruktionsabteilung bei gegebener Mitarbeiterzahl und gleichem Umsatz mehr belastet wird. Je nach Produktprogramm und je nach spezifischen Problemen wird eine unterschiedliche Qualifikation und Zahl der Mitarbeiter gefordert.

Maßnahmen zur Rationalisierung und Durchlaufzeitverkürzung

Die Maßnahmen können folgende Bereiche betreffen:

– **Organisation** (vgl. Kapitel 4.1 und 4.3):
   Veränderung der Struktur durch Aufteilen oder Zusammenfassen von Gruppen. Im allgemeinen sind 8 bis 10 Mitarbeiter pro Gruppe ideal.
   Bei größeren Konstruktionsbüros ist zu überlegen, ob eine stärkere Arbeitsteilung nicht Rationalisierungsvorteile bringt! Die Aufteilung kann z. B. erfolgen in: Projektierung, „Arbeitsvorbereitung und -beschaffung" für die Konstruktion, konstruktive Entwicklung (nicht auftragsgebunden), auftragsabwickelnde Konstruktion, Zeichenbüro, Berechnungsbüro, Fertigungs- und Kostenberatung. Bei schon vorhandener starker Unterteilung sollte man deren Zweckmäßigkeit bei stark schwankendem Arbeitsvolumen analysieren! Stärkere Spezialisierung erschwert den bei Auftragsschwankungen nötigen personellen Ausgleich. Die Schnittstellen zwischen den einzelnen Funktionsblöcken der Ablauforganisation können durch Arbeitsplatzbeschreibungen und Angabe der Verantwortlichkeiten präzisiert werden. Dies wird jedoch z. B. in Japan zur Steigerung der Flexibilität gerade vermieden.
   Die in Kapitel 4.3, 4.4 und in Bild 4.2-8 beschriebenen integrierend wirkenden Organisationsformen können in erheblichem Maß zeit- und kostenverringernd sowie qualitätssteigernd sein.
   Die Entscheidung, ob mehr Arbeitsteilung oder mehr Integration, hängt vom Ausgangszustand ab, der in beiden Richtungen nicht optimal sein kann.

– **Struktur des Produktprogramms**:
   Durch eine geplante, auf Schwerpunkte konzentrierte Zahl von Varianten der Produkte können erhebliche Kosten und Zeitanteile gespart werden (Kapitel 4.5 b). Neue Produkte sind ferner relativ schnell und sicher durch eine langfristig geplante Vorentwicklung von wichtigen Komponenten erstellbar.

– **Personal**:
  Maßnahmen bezüglich Versetzung, Neueinstellung von Mitarbeitern, bessere Schulung, Weiterbildung, Veränderung der fachlichen Qualifikation bei Neueinstellung. Versuch einer Verbesserung der Motivation, des Betriebsklimas z. B. durch bessere Anerkennung und Information. Der Chef muß fachlich und menschlich anerkannt sein.

– **Methoden und Hilfsmittel** (vgl. Kapitel 7 und Kapitel 9):
  Bessere und gemeinsame Planung von Zeiten und Kosten der Konstruktion (siehe Kapitel 5.2.3) verhindert Leerlauf, Doppelarbeit und Hetze mit entsprechenden Fehlern. Dies gilt auch für die Produktplanung und für die Produktbereinigung („halbtote" Produkte können hohe Kosten verursachen!). Suchsysteme für Normteile, Wiederholteile und Teilefamilien einschließlich deren Kosten am Bildschirm einführen. Anwendung von Konstruktionskatalogen, Relativkosten, Erstellung von Vorgehensplänen und Konstruktionsrichtlinien überlegen. Variantenmanagement (Kapitel 9.4).

– **Zeichnungserstellung**:
  durch CAD bzw. Transparentpausen, Vordruckzeichnungen, Klebefolien usw.

– **Rationalisierungsgeräte**:
  Rechnereinsatz, Mikrofilmeinsatz und Kopiermaschinen.

– **Innerbetriebliche Normung**:
  Werknorm, Teilefamilien, Baureihen und Baukastensysteme mit entsprechender Normprüfung der Zeichnungen (Kapitel 9.3).

5.2.2.3 „Effizienzmessung" in der Konstruktion

Unter **Effizienz** soll hier das Verhältnis von Konstruktionsergebnis zum eingebrachten Aufwand, d. h. zur Arbeitszeit oder den Konstruktionskosten verstanden werden (**Bild 5.2-13**). Man könnte diese Art von Effizienz auch als Leistungsgrad bezeichnen.

$$\text{Effizienz} \quad = \quad \frac{\text{Konstruktionsergebnis} \qquad [\quad ? \quad]}{\text{Konstruktionsaufwand} \quad [\text{Personenstunden oder DM}]}$$

Bild 5.2-13: Formel für die „Effizienz" in der Konstruktion

An dieser verschwommenen Begrifflichkeit wird aber bereits das Problem der Messung des Konstruktionsergebnisses offenbar. Dies müßte entsprechend der Meßgröße des Nenners in Zeit oder in Geldeinheiten bewertet werden. Das ist derzeit aber kaum für die konstruktive Abwicklung und schon gar nicht für die Fortschrittskonstruktion möglich. Maßgebend ist der **Produkterfolg**, der nicht nur von der Konstruktion, sondern von mehreren Abteilungen im Unternehmen und zudem noch von verschiedenen äußeren Einflüssen bestimmt wird (Kapitel 4.1.1). Eine absolute Effizienzmessung ist also nicht möglich, wenn es auch immer wieder versucht wird. Möglich ist nur im Sinne von „**benchmarking**" der relative Vergleich mit möglichst ähnlich strukturierten Konkurrenzunternehmen über Kennzahlen, die allerdings nicht einfach zu beschaffen sind.

Was für die Konstruktion gesagt wurde, **gilt für alle planenden, produktdefinierenden Abteilungen,** wie z. B. Produktplanung, Industrial Design, Fertigungs- und Montagevorbereitung. Unklar definierte, vage Eingangs- und Ausgangszustände dieser Abteilungen sowie deren nicht eindeutig algorithmisch und quantitativ zu beschreibender Prozeß vom Eingangs- zum Ausgangszustand macht den quantitativen Vergleich alternativer Arbeitsmethoden unmöglich. Dementsprechende Investitionen in qualifiziertes Personal, Methoden oder Weiterbildung bleiben also der Einsicht, der Überzeugung, dem Glauben der Geschäftsleitung überlassen. Das Ergebnis ist die **Nicht-Kalkulierbarkeit** der Effizienz von produktdefinierenden Abteilungen.

Dies wird sofort **anders, wenn** sich die **Arbeitsabläufe routineartig** wiederholen, wenn sie z. B. **mit dem Rechner automatisiert** werden können. Die Arbeit ist dann kaum kreativ und ähnelt der Produktion. Die Investition in Hard- und Softwarealternativen wird **kalkulierbar**.

Es sollen im Kontrast zum bisher Gesagten noch die Verhältnisse in der **Produktion** angesprochen werden: Sie geht von der klar definierten Produktdokumentation der Konstruktion aus und endet in dem noch klarer definierten Endzustand „fertiges Produkt". Der **Produktionsprozeß** zwischen definiertem Ein- und Ausgangszustand ist bekannt und kann hinsichtlich Kosten- und Zeiteinsparung kalkuliert werden. Damit können klare Entscheidungen für erhebliche Fertigungsinvestitionen getroffen werden, die ihr „Return on Investment" bringen.

Zum angesprochenen **Relativvergleich** („benchmarking") von Konstruktionsabteilungen sind direkt nur Kennzahlen aus dem zwischenbetrieblichen Vergleich eines weit gefaßten Produktbereichs erhältlich. Nachfolgend sind einige **Zahlenangaben des VDMA** aus dem Jahr 1991 [24/5] für den Maschinenbau aufgeführt:

– **Personalanteil in** Entwicklung und Konstruktion bezogen auf die Gesamtmitarbeiterzahl: im Mittel 13% (zwischen 6,3% bei Großserie und 17,2% bei Einzelfertigung).
– **Einkauf von Konstruktionsleistungen** (ausgelagerte Konstruktionskapazität): im Mittel 9,4% der gesamten Konstruktionskapazität (zwischen 3% und 15%).
– **Entwicklungs- und Konstruktionskosten** bezogen auf Gesamtkosten: im Mittel 10,2% (zwischen 6,1% Großserie und 12,7% Einzelfertigung).
– **Kostenstruktur Entwicklung und Konstruktion**: im Mittel 69,1% Personalkosten; 5,8% EDV-Kosten (davon 71,6% für CAD); 4,9% Material; 4,5% Fremdvergabe (3,1% bei Großserie und 5,1% bei Einzelfertigung); 4,7% Raumkosten; 1,6% Reisekosten.
– **Pro-Kopf-Umsatz je E&K Mitarbeiter**: im Mittel 1,61 Mio. DM (zwischen 1,3 Mio. DM bei Einzelfertigung und 3,2 Mio. DM bei Großserie).
– **Wertanalyse-Erfolgsquote** (durchschnittliche Einsparung an Herstellkosten): 11% (zwischen 5% bis 18%).

Die folgenden Zahlen stammen aus einer ähnlichen Untersuchung des VDMA aus den Jahren 1986/87 [13/5]:

- **Zahl der** pro Jahr von E&K Mitarbeitern **erstellten äquivalenten DIN A4-Zeichnungen**: 247 (bezogen auf sämtliche Mitarbeiter der Konstruktion bzw. 485 bezogen auf tatsächlich konstruierende Mitarbeiter).
- **Zeitaufwand** pro äquivalenter **DIN A4-Zeichnung**: 3 bis 4 Stunden.
- **Beschleunigungsfaktor durch CAD**: im Mittel bei Neukonstruktion 1,4 (1,0 bis 2,0) bei Anpassungskonstruktion 2,3 (1,5 bis 3,0) und bei Variantenkonstruktion 3,0 (1,5 bis 5,0).
- Zahl der angemeldeten **Patente** pro Mitarbeiter und Jahr: im Mittel 0,4, d. h. alle 2 bis 3 Jahre wird pro E&K-Mitarbeiter im Durchschnitt ein Patent angemeldet.

Auch wenn obige Zahlen für den zukünftigen Leser nicht auf dem aktuellsten Stand sind, so geben sie doch einen Hinweis auf die Größenordnungen und zeigen, welches Zahlenmaterial beschaffbar ist.

5.2.2.4 Kosten der Konstruktionsabteilung

Bisher wurden bereits an verschiedenen Stellen Angaben zu den Kosten der Konstruktionsabteilung gemacht. Diese werden im folgenden zusammengefaßt und ergänzt.

Die Konstruktionsabteilung macht ca. 10% der Gesamtkosten eines Unternehmens aus, wobei sich der Wert aufspalten läßt in 6,1% bei Großserienfertigung und 12,7% bei Einzelfertigung (VDMA [24/5]). Rund 70% der Gesamtkosten des Konstruktionsbereiches sind Personalkosten, 5,8% EDV-Kosten (einschließlich CAD). Die Konstruktionskosten werden von rund zwei Drittel aller Firmen direkt auf einzelne Kundenaufträge verrechnet. Die restlichen Beträge werden als Prozentzuschlag auf die Herstellkosten verrechnet. Der Zuschlagssatz (EKK, Bild 9.1-3) bezogen auf die Herstellkosten liegt bei 8–10% (Streuung 4–15%). Die aktuellen Kostensätze (DM/Std.) sind den Angaben des VDMA [24/5, 36/5] zu entnehmen.

Rund 10% der Konstruktionskapazität wird nach außen an zuliefernde Konstruktionsbüros vergeben („**outsourcing**"). Dies ist im Interesse der Flexibilität und oft auch der Kosten interessant. Die unternehmensinternen Kostensätze liegen rund 40% über den Fremdsätzen. Um jedoch die Vergabe nach außen aus Kostengründen zu entscheiden, muß intern von Vollkosten auf entscheidungsrelevante Grenzkosten heruntergerechnet werden.

5.2.3 Termin- und Kapazitätsplanung

5.2.3.1 Zur Begründung der Termin- und Kapazitätsplanung

Rund 70% aller vom VDMA 1986 [13/5] befragten Firmen führen eine Termin- und Kapazitätsplanung durch, wobei die Zeitaufschreibung bei 82% und die Ermittlung von Planzeitwerten bei 78% aller Firmen eine Voraussetzung dafür sind. Bei einem mittleren

Jahresumsatz von 1,61 Mio. DM (1991) pro Mitarbeiter in der Konstruktion scheint dies sinnvoll – auch unter Berücksichtigung der Tatsache, daß zumindest in der **konstruktiven Abwicklung** (Bild 5.2-11) die kreativen Anteile eher gering sind. Auch werden mit dem Einzug der „Maschine CAD" fertigungsähnliche Strukturen naheliegend. Viele angeblich kreative Anteile entpuppen sich zudem bei näherer Analyse als unerkannte, intuitiv abgewickelte Konstruktionslogiken (siehe Kapitel 2.3.3 und [37/5]). Es wird angegeben, daß mindestens 75% der Konstruktionszeit verplanbar ist. Schließlich benötigen die planenden Abteilungen (einschließlich Fertigungsvorbereitung) rund 50% der Lieferzeit der Produkte, so daß eine straffe **Terminplanung** auch zur Vermeidung von Konventionalstrafen notwendig ist.

Es ist klar, daß beim traditionellen Selbstverständnis des Konstrukteurs als dem „kreativen Vordenker" (Kapitel 5.1.2) nicht nur eine Termin-, sondern auch eine **Zeitvorgabe** wie in der Fertigung heftig abgelehnt wird. Aber analog zur Fertigung gibt es **zwei Strategien**, unter denen ausgewählt werden kann:

– **Zeitvorgabe** für Konstruktionsarbeiten auf die jeweilige **Person** bezogen und unter deren Einbeziehung. Dies gestaltet sich meist schwierig.
– **Terminvorgabe** für eine **Konstruktionsgruppe**, die bis zu diesem Termin einen größeren Konstruktionsauftrag abzuwickeln hat. Die interne Terminabstimmung ist dann Angelegenheit der Gruppe. Dies entspricht der Gruppenarbeit in der Produktion. Auch hier ist die Einbeziehung des Gruppenleiters in die Terminplanung Voraussetzung für eine realitätsnahe Planung.

Schließlich ist klar, daß für die **Fortschrittskonstruktion** (innovative Neukonstruktion) zwar Terminpläne gemacht werden müssen, aber im einzelnen Freiheit gegeben werden muß. Obwohl offenbar leichter Termindruck die Kreativität erhöht [38/5], ist kreative Leistung grundsätzlich nicht planbar.

5.2.3.2   Durchführung der Termin- und Kapazitätsplanung

Die Terminplanung der Konstruktion muß integriert sein in ein **(Grob-)Terminplanungssystem der gesamten Auftragsabwicklung**, in dem ausgehend vom Liefertermin des Produkts rückwärts Termine für die Fertigstellung der Montage, der Fertigung der Teile des Produkts, der Bereitstellung zu beschaffender Materialien, der Durchführung der Fertigungsplanung, der Konstruktion, der Auftragsklärung usw. angegeben werden. Es hat keinen Sinn, in einem Teilbereich hohen Planungsaufwand zu treiben, wenn die Abwicklung dann woanders hängen bleibt [39/5]. Außerdem gilt die **Regel**:

Maßnahmen zur Einhaltung von Terminen sind **umso kostengünstiger, je früher** sie eingeleitet und realisiert werden. Maßnahmen zur Zeitverkürzung sind in Kapitel 5.2.2 zusammengefaßt.

Es ist zweckmäßig, die Terminplanung an den entstehenden Dokumenten bzw. Ergebnissen zu orientieren. Sie sind die „Werkstücke" im Informationsfluß – entsprechend den Bauteilen im Materialfluß. In einem **„dokumentengetriebenen Prozeß"** sind sie konkret ansprechbar bezüglich Inhalt, Erarbeitungsstelle und Terminabfolge (Kapitel

4.1.3.2). Es ist zweckmäßig, zuerst die zu erstellenden Dokumente zu planen und davon ausgehend die Vorgehensschritte mit ihren Terminen zusammenzustellen (Kapitel 6.3.2 und 6.5). In der Endphase der Produkterstellung wird aus dem dokumentengetriebenen ein **„objektgetriebener Prozeß"**. Es geht dann um Termine für Versuchsteile, Prototypen, Vorserien- und Serienausführungen. Die wichtigste Aufgabe der Terminplanung ist die Koordination der betroffenen Stellen und Personen. Dazu gehört die **Akzeptanz** der inhaltlichen und der terminlichen Ziele. **Motivation** ist auch hier ein besserer Antrieb als äußerer Druck.

Voraussetzung für die Terminplanung ist die längerfristig angelegte Beschaffung der Informationen über (**Bild 5.2-14**):

– **Lasten:** Konstruktionsaufträge, Angebote, Entwicklungsaufträge.

– **Belastbarkeit, Kapazität:** Zahl der Personen mit ihrer zukünftigen realen Stundenkapazität aufgeschlüsselt nach von ihnen durchführbaren Arbeitsarten. „Engpaßpersonen" (Spezialisten) gesondert berücksichtigen.

– **Arbeitszeitabschätzung:** Klassifizierungssystem für Tätigkeitsarten, Arbeitsinhalten mit Planzeitwerten (Kapitel 5.2.3.3). Je feiner die Aufgabe unterteilt wird, um so genauer wird die Zeitabschätzung ausfallen (Fehlerausgleich, Kapitel 9.2.3 a).

– **Bestimmung der Belastung** entsprechend den vorgegebenen Lasten: Das angestrebte Ergebnis ist die abgeschätzte Bearbeitungszeit für die gegebenen Lasten. Die **durchzuführenden Arbeiten werden klassifiziert** und mit **Planzeitwerten** abgeschätzt: Klassifikation z. B. nach Neu-, Anpassungs-, Variantenkonstruktion; Bestimmung des Ähnlichkeitsgrades zu Vorläufern; Vergleich der Planzeitwerte mit den real verbrauchten Zeiten. Es kann ferner feiner klassifiziert werden nach: Konzipieren, Entwerfen, Ausarbeiten, Berechnen, Informationen beschaffen, Versuchsarbeit, technische Dokumentation erstellen. Dabei kann nach Zeichnungsanzahl (DIN A4-äquivalent) und Stücklistenseiten unterschieden werden. Diesen Meßgrößen wird eine **Zeitangabe** zugeordnet: z. B. Stunden pro DIN A4-Zeichnung, Stunden pro Seite Stückliste. Hier sind die oben erwähnten Zeitaufschreibungen auf Projekte nützlich [17/5]. Leider werden sie bei der Mehrzahl der Unternehmen nicht geeignet ausgewertet und können daher nicht zu Planzeitvorgabe oder zur Vorkalkulation eingesetzt werden.

– Die **Terminplanung** wird entsprechend Bild 5.2-14 durch Vergleich der **Belastung** in Stunden mit der **Belastbarkeit**, d. h. der verfügbaren Kapazität, möglich. Dabei wird die zu geringe oder zu große Kapazität der Gruppe oder Abteilung rechtzeitig erkennbar. **Maßnahmen zum Kapazitätsausgleich** können eingeplant werden. Diese können z. B. sein: Überstunden; Einstellung von Personal oder Leihkräften ins Unternehmen; Vergabe an externe Konstruktionsbüros; Outsourcing: Entwicklungsleistung voll von außen.

Die Planung wird meist auf einem PC durchgeführt und wöchentlich aktualisiert. Eine graphische Belastungs-/Kapazitätsübersicht ist zweckmäßig (**Bild 5.2-15**). **Probleme der Praxis** liegen häufig darin, daß die rechnerunterstützte Terminplanung i. a. als Einzelprojektplanung durchgeführt wird. Das ist aber bei mehreren parallelen Projekten wenig hilfreich. Ein „Multiprojektabgleich" wird bei den existierenden DV-Systemen zu komplex und ist wenig transparent [40/5].

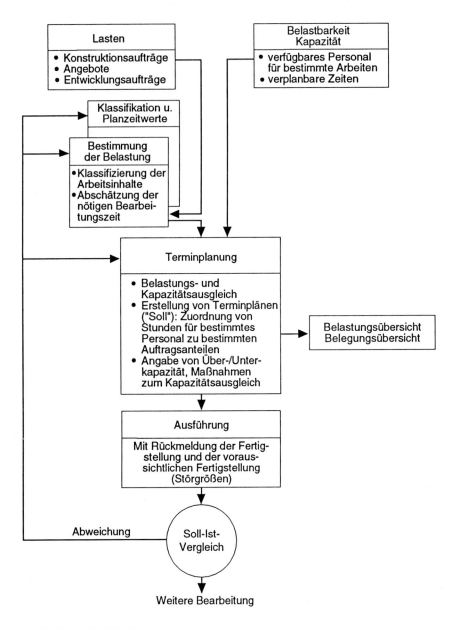

Bild 5.2-14:   Ablauf der Terminplanung

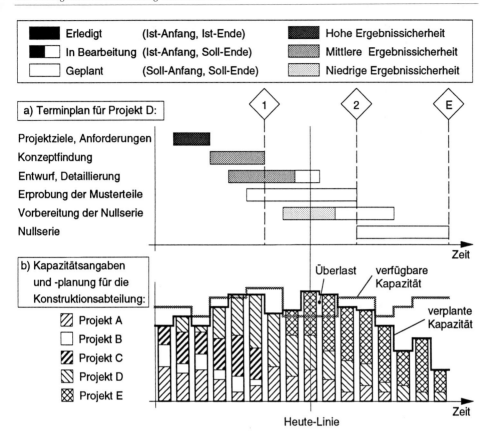

Bild 5.2-15: Beispiel für eine Terminplanung: a) Graphische Angabe der Termine für ein Projekt mit Meilensteinen 1, 2 und Endtermin E; b) Kapazitätsangabe einer Konstruktionsabteilung aufgrund der Verplanung mehrerer Projekte (nach [40/5])

5.2.3.3 Erfahrungswerte für Planzeiten

Einige Angaben über **Planzeitwerte** sind aus der Literatur zu entnehmen. Sie müssen aber firmenspezifisch geprüft und korrigiert werden.

Nach VDMA 1986/87 [13/5] gaben die befragten Firmen als Mittelwert an:

Erstellung einer äquivalenten DIN A4-Zeichnung im Mittel in 3,3 Stunden pro tatsächlich konstruierendem Mitarbeiter. (Dabei erstreckt sich die sehr große Streuung von 0,5 bis 24 Stunden; kurze Zeiten bei Ähnlichteilen, Ausfüllzeichnungen; hohe Zeiten bei besonderer Neukonstruktion; siehe auch nachfolgende Angaben nach Paul [25/5].) Bezogen auf die Gesamtzahl der Mitarbeiter in der Konstruktion ergeben sich im Mittel nicht 3,3 sondern 6,5 Stunden pro äquivalenter DIN A4-Zeichnung. Das bedeutet, daß nur 50–58% der Konstruktionskapazität wirklich zum Konstruieren eingesetzt werden. Die Konstruktion leistet in der restlichen Zeit noch folgende Tätigkeiten:

Projektierung, Angebotskalkulation, Normung, Patentbearbeitung, Dokumentenverwaltung und z. T. Fertigungsvorbereitung (vgl. Bild 5.1-3 und 5.2-5).

In einer Untersuchung aus dem Jahre 1978 hat Paul [25/5] die unten angegebenen Planzeitwerte für die Konstruktionszeit bezogen auf DIN A4-Zeichnungen ermittelt (**Bild 5.2-16**). Laut Angabe vom VDMA aus dem Jahre 1986 sind diese Angaben jedoch um ca. 30% zu reduzieren. Wahrscheinlich müssen diese Werte aufgrund des verstärkten CAD-Einsatzes heute noch stärker reduziert werden (1986 wurden nach VDMA rund 22% aller Zeichnungen im Maschinenbau mit CAD erstellt).

Paul hat außerdem die aufgrund der erstellten Konstruktionen benötigte **Zeit im Versuchsbereich** ermittelt und ebenfalls auf DIN A4-Zeichnungsformat bezogen. Dabei handelt es sich entsprechend dem Produktprogramm der untersuchten Fa. HAKO um Versuche z. B. an Kehrmaschinen und selbstfahrenden Grasmähmaschinen. Für diese Planzeitwerte im Versuchsbereich sind keine Korrekturen bekannt.

Konstruktions-art	Konstruktionszeit Planzeitwert pro DIN A4-Zeichnung (nach Paul 1978)	Konstruktionszeit Planzeitwert pro DIN A4-Zeichnung (**reduziert nach VDMA 1986**)	Versuchszeit Planzeitwert pro DIN A4-Zeichnung (nach Paul 1978)
Neukonstruktion	8 Stunden	**5,6 Stunden**	**6,5 Stunden**
Anpassungs-konstruktion	6 Stunden	**4,2 Stunden**	**5 Stunden**
Varianten-konstruktion	2 Stunden	**1,4 Stunden**	**1,5 Stunden**

Bild 5.2-16:   Planzeitwerte für Konstruktion und Versuch (nach Paul [25/5])

5.2.3.4   Einführung einer Termin- und Kapazitätsplanung

Die nachfolgende Checkliste (**Bild 5.2-17**) gibt einige Anhaltspunkte, die bei der Einführung einer Termin- und Kapazitätsplanung in Entwicklung und Konstruktion berücksichtigt werden sollten. Sehr wichtig ist dabei, daß die Betroffenen von Anfang an motiviert sind, weil sie bei der Einführung mitarbeiten und mitgestalten können. Ideal ist, wenn die Betroffenen die nachfolgenden Ziele annehmen, zu ihren eigenen machen und selbständig verfolgen.

1) Welche Ziele haben wir?

- Termintreue für das Produkt
- Kapazitätsengpässe früher erkennen
- Gesamtauslastung transparent machen
- Rechtzeitigen Kapazitätsausgleich ermöglichen
- Unternehmensweite Grobplanung, abteilungsweite Feinplanung
- Regelmäßige Kosten- und Qualitätsprüfung

2) Typische Schwachstellen

- Mangelnde abteilungsübergreifende Kommunikation
- Mangelnde Motivation der Mitarbeiter
- Ungenügende Auftrags-/Aufgabenklärung macht realistische Planung unmöglich

3) Wie kann man Produkt und Prozeß strukturieren?

- Produktstruktur nach
  • Baugruppen
  • Terminkritischen Kaufteilen bzw. Fertigungsteilen (Langläufer)
- Prozeßstruktur nach
  • Konstruktionsphasen
  • Auftragsabwicklungsphasen
- Die Phasenenden ergeben Meilensteine, z. B. Auftragsbestätigung, Konstruktions-
  freigabe, Prototypenerstellung
- Dem aus Produkt- und Prozeßstruktur abgeleiteten Mengengerüst werden Planzeiten
  aus Erfahrung zugeordnet

4) Welche Werkzeuge/Hilfsmittel gibt es?

- Werkzeuge mit einfacher Handhabung bevorzugen: PC-Systeme (z. B. MS-Project,
  Timeline...)
- Eigenentwickelte Software
- Terminlisten
- Regelmäßige Querschnittsbesprechungen

5) Wie gestaltet man die Einführung?

- Mit den Betroffenen einführen, Team bilden, Gemeinsamkeiten erreichen
- Schrittweise Einführung mit zunehmender Planungsgenauigkeit

6) Wie geschieht die Durchführung und Kontrolle der Ergebnisse?

- Organisatorische Trennung von konstruktiver Abwicklung und Fortschrittskonstruktion
  zweckmäßig
- Aufgrund kurzfristiger "Kleinaufgaben" nur 60–80% der Kapazität sinnvoll verplanbar
- Engpaßaufgaben besonders berücksichtigen
- Dezentrale Feinplanung auf Gruppen- statt Mitarbeiterebene (Bild 4.3-3)
- Aufwand für Planung begrenzen (ca. 0,5–2% der E&K-Kosten)
- Regelmäßiger Abgleich wichtiger als einmaliger hoher Planungsaufwand

Bild 5.2-17: Checkliste zur Einführung der Termin- und Kapazitätsplanung [39/5]

Literatur zu Kapitel 5

[1/5] DIN-Norm 6: Darstellung in Normprojektionen. Berlin: Beuth 1986.

[2/5] DIN-Norm 15: Linien. Berlin: Beuth 1984.

[3/5]   DIN-Norm 30: Zeichnungsvereinfachung. Berlin: Beuth 1982.

[4/5]   DIN-Norm 199: Begriffe im Zeichnungs- und Stücklistenwesen. Berlin: Beuth 1984.

[5/5]   DIN-Norm 406: Maßeintragungen in Zeichnungen. Berlin: Beuth 1985.

[6/5]   König, W.: Konstruieren und Fertigen im deutschen Maschinenbau unter dem Einfluß
         der Rationalisierungsbewegung. Ergebnisse und Thesen für eine Neuinterpretation des
         „Taylorismus". Technikgeschichte 56 (1989) 3, S. 183–204.

[7/5]   Wach, J. J.: Problemspezifische Hilfsmittel für die Integrierte Produktentwicklung.
         München: Hanser 1994. (Konstruktionstechnik München, Bd. 12)
         Zugl. München: TU, Diss. 1993.

[8/5]   Arnold, R.; Bauer, C. O.: Qualität in Entwicklung und Konstruktion. Köln:
         TÜV-Verlag 1990.

[9/5]   Hesser, W.: Zur Tätigkeit des Konstrukteurs – Ergebnisse einer Voruntersuchung.
         VDI-Z 121 (1979) 20, S. 1031–1035.

[10/5]   VDI-Richtlinie 2222: Konstruktionsmethodik – Konzipieren technischer Produkte.
         Düsseldorf: VDI-Verlag 1977.

[11/5]   Schönfeld, S.; Pöttrich, W.; Sieber, P.; Franz, L.: Analyse des Konstruktionsprozesses –
         Ein Mittel zur Rationalisierung und Intensivierung in der Konstruktion. Maschinenbau-
         technik 29 (1980) 5, S. 204–208.

[12/5]   VDI-Richtlinie 2221: Methodik zum Entwickeln und Konstruieren technischer Systeme
         und Produkte. Düsseldorf: VDI-Verlag 1993.

[13/5]   VDMA: Zwischenbetrieblicher Vergleich – Kennzahlen aus dem Bereich Entwicklung
         und Konstruktion 1986/87. Frankfurt: VDMA 1988. (BwZ 72)

[14/5]   Romanow, P.: Konstruktionsbegleitende Kalkulation von Werkzeugmaschinen.
         München: TU, Diss. 1994.

[15/5]   Schiele, O. H.: mündl. Information von Prof. Dr.-Ing. Schiele, Neustadt a. d. W. 1985.

[16/5]   Weinbrenner, V.: Produktlogik als Hilfsmittel zum Automatisieren von Varianten- und
         Anpassungskonstruktionen. München: Hanser 1994. (Konstruktionstechnik München,
         Bd. 11)
         Zugl. München: TU, Diss. 1993.

[17/5]   Birkhofer, H.: Konstruieren im Sondermaschinenbau – Erfahrungen mit Methodik und
         Rechnereinsatz. In: Rechnergestützte Produktentwicklung: Integration von Konstruk-
         tionsmethodik und Rechnereinsatz, Bad Soden. Düsseldorf: VDI-Verlag 1990,
         S. 67–88. (VDI-Berichte 812)

[18/5]   Fricke, G.: Konstruieren als flexibler Problemlöseprozeß – Empirische Untersuchung
         über erfolgreiche Strategien und methodische Vorgehensweisen beim Konstruieren.
         Düsseldorf: VDI-Verlag 1993. (Fortschritt-Berichte der VDI-Zeitschriften Reihe 1,
         Nr. 227)
         Zugl. Darmstadt: TH, Diss. 1993.

[19/5]   Dylla, N.: Denk- und Handlungsabläufe beim Konstruieren. München: Hanser 1991.
         (Konstruktionstechnik München, Bd. 5)
         Zugl. München: TU, Diss. 1990.

[20/5]   VDI/VDE-Richtlinie 2422: Entwicklungsmethodik für Geräte mit Steuerung durch
         Mikroelektronik. Düsseldorf: VDI-Verlag 1994.

[21/5]   VDI-Richtlinie 2210 (Entwurf): Datenverarbeitung in der Konstruktion – Analyse des
         Konstruktionsprozesses im Hinblick auf den EDV-Einsatz. Düsseldorf: VDI-Verlag
         1977.

[22/5]   Kiewert, A.: Die Konstruktionszeit – ein Ordnungskriterium für Konstruktionsprozesse und -methoden. Manuskript zu einem Aufsatz. Erscheint demnächst in der Zeitschrift Konstruktion.

[23/5]   Holzhamer, H.-H.: Baden-Württemberg und die japanische Herausforderung. SZ (1992) 107, S. A1.

[24/5]   VDMA: Zwischenbetrieblicher Vergleich – Kennzahlen und Informationen aus dem Bereich Entwicklung und Konstruktion 1991. Frankfurt: VDMA 1991. (BwZ 72)

[25/5]   Paul, J.: Überwindung von Engpässen im Konstruktionsbereich durch Planung und Steuerung. In: Das Konstruktionsbüro – Arbeitsmittel und Organisation, Stuttgart. Düsseldorf: VDI-Verlag 1978, S. 113–120. (VDI-Berichte 311)

[26/5]   Paul, J.: Planung, Steuerung und strategische Ausrichtung der Produktentwicklung. RKW Handbuch Forschung, Entwicklung, Konstruktion (F&E), Beitrag 4750. Berlin: Schmidt 1987.

[27/5]   Manske, F.; Mickler, O.; Wolf, H.; Martin, P.; Widmer, H. J.: Computerunterstütztes Konstruieren und Planen in Maschinenbaubetrieben. Karlsruhe: KfK 1990. (Bericht KfK-PFT 158)

[28/5]   Voegele, A. A.: Sind Kosten und Wirtschaftlichkeit auch Zielgrößen des Ingenieurs? RKW Handbuch Forschung, Entwicklung, Konstruktion (F&E), Beitrag 4340. Berlin: Schmidt 1986.

[29/5]   Radermacher, W.: Arbeitsvorbereitung in der Konstruktion – Organisationsformen. VDI-Z 125 (1983) 22, S. 925–931 und 23/24, S. 995–998.

[30/5]   Linner, S.: Konzept einer integrierten Produktentwicklung. München: TU, Diss. 1993.

[31/5]   Binz, H.: Der Wandel des Berufsbildes „Konstruktionsleiter" – vom Chefkonstrukteur zum Konstruktionsmanager. In: Entwicklung und Konstruktion im Strukturwandel, Fulda. Düsseldorf: VDI-Verlag 1994, S. 39–50. (VDI-Berichte 1120)

[32/5]   Ehrlenspiel, K.; Hillebrand, A.: Anforderungsprofile für Konstruktions- und Entwicklungsingenieure im Maschinenbau. Forschungskuratorium Maschinenbau. Frankfurt/M.: Maschinenbau Verlag 1981.

[33/5]   Hillebrand, A: Anforderungsprofile für Konstruktions- und Entwicklungsingenieure im Maschinenbau. Kontakt Studium (1983) 3, S. 15–17.

[34/5]   Scheer, H.-P.: Die Fetzen fliegen. Die Wirtschaftswoche (1994) 11, S. 70–75.

[35/5]   Ehrlenspiel, K.: Leistungssteigerung in der Konstruktion. Konstruktion 27 (1975) 10, S. 365–373.

[36/5]   VDMA: Kennzahlenkompaß 1994. Frankfurt/M.: Maschinenbau Verlag 1994.

[37/5]   Ehrlenspiel, K.; Tropschuh, P. F.: Anwendung eines wissensbasierten Systems für die Synthese – Beispiel: Das Projektieren von Schiffsgetrieben. Konstruktion 41 (1989), S. 283–292.

[38/5]   Janis, I. L.; Mann, L.: Decisions Making. New York: Free Press of Glencoe 1977.

[39/5]   Ehrlenspiel, K.; Stuffer, R.; Rutz, A.: Einführung einer methodischen Termin- und Kapazitätsplanung in Entwicklung und Konstruktion. In: Zeit- und Kostenmanagement in der Konstruktion, Mannheim. Düsseldorf: VDI-Verlag 1993, S. 76–95. (VDI-Berichte 1037)

[40/5]   Stuffer, R.: Planung und Steuerung der Integrierten Produktentwicklung. München: Hanser 1994. (Konstruktionstechnik München, Bd. 14) Zugl. München: TU, Diss. 1993.

6 Methodik für die Produkterstellung mit Schwerpunkt Entwicklung und Konstruktion

6.1 Einleitung und Zielsetzung

Die Beschreibung des Menschen als Problemlöser in Kapitel 3 hat gezeigt, daß der gezielte Methodeneinsatz aus unserem täglichen Handeln nicht mehr wegzudenken ist. Dies gilt natürlich erst recht für die Produkterstellung in einem Unternehmen bzw. für die Entwicklung und Konstruktion, wie dies aus der Schilderung von Problemen in den Kapiteln 4 und 5 ersichtlich ist. Das betriebliche Geschehen ist derart komplex geworden, daß die „intuitiven" Verhaltensweisen des Menschen allein zu dessen effektiver Bewältigung nicht mehr genügen.

Allgemein nimmt die Komplexität der zu erstellenden Produkte und der notwendigen Prozesse zu (vgl. Kapitel 4.2). Außerdem sollen immer mehr neue Produkte in immer kürzerer Zeit entwickelt werden. In die gleiche Richtung wirkt die Forderung nach einer Qualitätssicherung von Anfang an. Dies kann nur durch eine insgesamt methodisch geordnete Produkterstellung erreicht werden. Denn nur in einem fehlerarmen, zielsicheren Prozeß können fehlerarme Produkte erstellt werden, deren Ist-Eigenschaften den Soll-Eigenschaften entsprechen [1/6]. Auch ist die Ausweitung rechnergestützter Teilprozesse der Produkterstellung ohne methodisch aufgebaute, in Teilbereichen auch algorithmische Abläufe, undenkbar.

Im folgenden wird eine **Methodik vorgestellt**, die nicht allein für die Entwicklung und Konstruktion, sondern vom Ansatz her für die gesamte Produkterstellung geeignet ist. Sie ist aus den Erfahrungen mit der Konstruktionsmethodik entstanden und mit systemtechnischem Denken abstrahiert worden. Sie ist also eine Über- oder Metamethodik zum Problemlösen bei der Produkterstellung. Damit gilt sie vom Ansatz her auch für die Bereiche Produktion, Vertrieb und Materialwirtschaft.

Das **Ziel** dieses Kapitels ist also, einen **Vorschlag für eine gemeinsame bereichsübergreifende Methodik-Grundstruktur** zu machen, aus der z. B. durch Einbringen von bereichsspezifischen Begriffen, Faktenwissen oder Einzelmethoden jeweils eine entsprechende Methodik abgeleitet werden kann. Das ist natürlich ein „kühnes Unterfangen", da in diesem Buch zu den meisten Bereichen neben der Konstruktion kaum Aussagen gemacht werden können.

Doch die zu erwartenden **Vorteile** eines solchen gemeinsamen Methodikverständnisses rechtfertigen diesen Vorschlag:

– Gemeinsame Begriffe, Denkweisen, Methoden erleichtern integriertes, abgestimmtes, **ganzheitlich optimales Handeln**. Man erkennt dies, wenn man sich das einigende Band vorstellt, das bestimmte Berufs- oder Interessengruppen verbindet: So spricht man innerhalb von Gruppen von Betriebswirten, Ingenieuren oder DV-Spezialisten die gleiche Sprache, hat ähnliche Probleme; man versteht sich. In einem Unternehmen arbeiten bei der Produkterstellung viele unterschiedliche Berufsgruppen mit dem Ziel des Produkterfolges zusammen. Es wäre gut, wenn sie gleiche Begriffe und eine gleiche Methodik hätten, um das gemeinsame Ziel zu erreichen.

– Diese Gemeinsamkeit führt zu **besseren Produkten** (Qualität, Zeit, Kosten). Sie ist als Gegengewicht zur immer weiter fortschreitenden Spezialisierung nötig. Integral denkende, das Ganze sehende und verfolgende Personen sind heute schon selten gegenüber der Vielzahl von Spezialisten. Ein Produkt ist aber ein Ganzes. Die Optimierung des Ganzen darf nicht vernachlässigt werden.

Um die nachfolgend beschriebene Methodik ansprechen zu können, wird als **Begriff „Integrierende Produkterstellungsmethodik (IP-Methodik)"** vorgeschlagen. Darunter wird also eine Methodik zur Produkterstellung unter besonderer Berücksichtigung der Zielorientierung und Zusammenarbeit der beteiligten Menschen verstanden.

Eine integrierende Methodik für die gesamte Produkterstellung sollte **folgende Eigenschaften** haben. Sie sollte

– produkt- und betriebsspezifisch konkretisier- und anpaßbar,
– für den gesamten Produktlebenslauf geeignet,
– für alle Hauptforderungen geeignet
– für alle Unternehmensbereiche gültig, aber bereichsspezifisch ausbaufähig,
– leicht erlernbar und didaktisch günstig,
– für Anfänger und Fortgeschrittene gleichermaßen geeignet,
– in Teilbereichen für eine mögliche Rechnerunterstützung algorithmierbar sein,
– Unterstützung für durchgängige Denk- und Handlungsprozesse darstellen,
– bezüglich verfügbarer Zeit und zu leistenden Aufwands flexibel einsetzbar sein.

Es wird noch einmal betont, daß diese Ansprüche nur für den Ansatz der Methodik gelten. Das konkrete Ausgestalten ist in diesem Buch auf Erfahrungen in Entwicklung und Konstruktion und z. T. auf Produktionsprozesse (z. B. Montage) begründet. Die verarbeiteten Erkenntnisse stammen aus diesen Bereichen, ferner aus langjährigen Arbeiten zur Herstellkostensenkung, aus Untersuchungen über Simultaneous Engineering und Systemtechnik in der Industrie sowie aus der Beobachtung von Konstruktionsprozessen mit denkpsychologischen Methoden. – Ein weitergehendes Ausgestalten der Methodik in anderen Bereichen bleibt hier offen.

6.2 Darstellung der IP-Methodik

6.2.1 Inhalte

Die Inhalte der IP-Methodik müssen sich aus den Problemen und den Problemlösungsmöglichkeiten aller an der Produkterstellung beteiligten Teilsysteme ergeben. Diese

Teilsysteme sind in **Bild 6.2-1** in Form abgerundeter Balken schematisch wiedergegeben. Es handelt sich um das

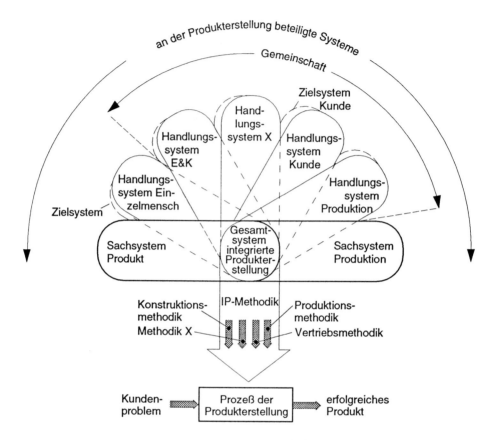

Bild 6.2-1:   Die Methodik der integrierten Produkterstellung (IP-Methodik) entsteht aus dem Zusammenwirken von verschiedenen Sach-, Handlungs- und Zielsystemen.

- **Sachsystem Produkt:** Darunter werden alle physikalisch-technischen Eigenschaften und Lösungsmöglichkeiten verstanden, wie sie in Bild 2.3-8 angedeutet sind: Physikalische, gestalterische, stoffliche Merkmale.
- **Sachsystem Produktion:** Da jedes von der Entwicklung und Konstruktion modellierte Produkt erst produziert werden muß, stehen die Eigenschaften und Lösungsmöglichkeiten der Produktionstechnik in Wechselwirkung mit dem Produkt. Sie sind entsprechend Bild 2.3-8 die Basis für die Erzeugung des Produkts.
- **Ziel- und Handlungssystem Mensch:** Darunter sei das einzelne Individuum verstanden, das im Zielsystem seine Motivation und Wünsche für die Arbeit im Unternehmen einbringt. Sein Handlungssystem enthält seine Fähigkeiten, Kennt-

nisse und seine Kompetenz, wie sie in Bild 3.1-1 als Mittelmerkmale zum Problemlösen gekennzeichnet worden sind. Für das Konstruieren gibt Kapitel 3 Aufschluß über die individuellen Möglichkeiten und Einschränkungen beim Denken und Handeln.

– **Ziel- und Handlungssystem Entwicklung und Konstruktion** (Das Zielsystem ist jeweils gestrichelt hinter dem Handlungssystem angedeutet): In Kapitel 5 sind die Inhalte, die Organisation und organisatorische Methoden der Entwicklung und Konstruktion angegeben, in Kapitel 7 die sachgebundenen Methoden, die ebenfalls zum Handlungssystem zu rechnen sind.

– Ziel- und Handlungssysteme der weiteren an der Produkterstellung beteiligten **Bereiche X**: Als Beispiel ist nur noch die Produktion aufgeführt. Es gehören aber natürlich auch andere Bereiche, wie der Vertrieb, die Materialwirtschaft, das Controlling ... dazu.

– **Ziel- und Handlungssystem Kunde**: Es ist klar, daß der Kunde, für den ja die Produkte bestimmt sind, direkt oder indirekt an der Produkterstellung beteiligt ist.

Die Sachsysteme der an der Produkterstellung beteiligten Bereiche wurden, ausgenommen die Produktion, hier nicht erwähnt, da sie in diesem Zusammenhang wenig Bedeutung haben. Im Zentrum aller Teilsysteme ist – sozusagen als Vereinigungsmenge – das Gesamtsystem integrierte Produkterstellung schematisch eingezeichnet. Die Inhalte, die Organisation und organisatorische Methoden sind in Kapitel 4 dargestellt worden.

Die Abstraktion und die gemeinsame Struktur der organisatorischen und sachgebundenen Einzelmethoden dieses Gesamtsystems stellt die Methodik der integrierten Produkterstellung dar. Sie unterstützt (unten im Bild 6.2-1) den Prozeß der integrierten Produkterstellung, dessen Eingangsgröße das Kundenproblem ist und ein (hoffentlich) erfolgreiches Produkt als Ausgangsgröße zur Folge hat.

Unter einem erfolgreichen Produkt sei ein Produkt verstanden, das vom Markt intensiv nachgefragt wird, da es die Kundenprobleme besser als die Konkurrenz löst, das staatliche Regelungen, wie z. B. Umweltauflagen, erfüllt und Gewinn abwirft (Zur Beeinflussung des Erfolgs: Kapitel 4.1.1, Kapitel 5.2.2.3).

6.2.2   Elemente der Methodik und ihr Zusammenwirken

Elemente dieser **Methodik** sind in **Bild 6.2.-2** angegeben:

a) Links das TOTE-Schema (Kapitel 3.3.1) das den unbewußten Ablauf von Denkprozessen regelkreisartig beschreibt (vorwiegend Normalbetrieb). Das Abarbeiten erfolgt im Sekunden- bis Minutenbereich.

b) Rechts davon der **regelkreisartige Vorgehenszyklus**, wobei die Herleitung aus dem TOTE-Schema in Kapitel 3.3.2 dargestellt wurde. Da der Vorgehenszyklus zusammen mit **Strategien** zu einem erheblichen Teil im Rationalbetrieb des Denkens eingesetzt wird und aus ihm sich auch Vorgehenspläne entwickeln lassen, stellt er einen

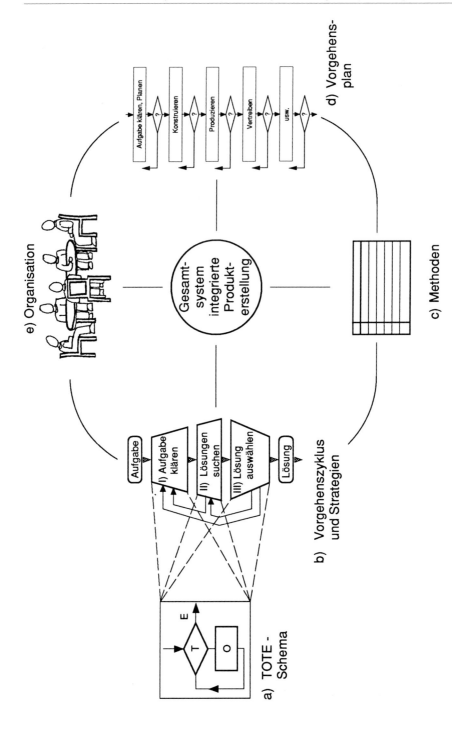

Bild 6.2-2:   Elemente der IP-Methodik, die je nach Komplexität von Objekt oder Prozeß kombiniert werden

Kern der Methodik dar. Das Abarbeiten erfolgt in einem Zeitraum von einer bis zu vielen Stunden.

c) Die für die Bearbeitung nötigen **Einzelmethoden,** die in einem **Methodenbaukasten** zusammengefaßt sein können, sind hier schematisch als Liste dargestellt (Kapitel 7.1).

d) Ganz rechts der **Vorgehensplan,** mit dem größere Projekte in Arbeitsabschnitte oder auch Phasen unterteilt werden und in der Praxis in einem Zeitraum von Wochen bis Monaten abgearbeitet werden (Kapitel 4.1.5). Hier sind zwischen den Abschnitten rautenförmig angedeutete Analyseprozesse eingefügt. Dadurch soll auch hier der Regelkreis-Charakter betont werden: Falls ein Abschnittsergebnis z. B. nach Meinung eines interdisziplinären Expertenteams nicht ausreichend ist und keine Freigabe erhält, wird eine Überarbeitung (Iteration) eingeleitet. Im Vorgehensplan sind hier vereinfachend nur einige Phasen der Produkterstellung angegeben. Natürlich können diese Prozesse auch in einem Team nach außen unsichtbar ablaufen.

e) Da meist arbeitsteilig gearbeitet werden muß, ist die **Organisation** der Zusammenarbeit ein wesentliches Kennzeichen der Produkterstellungsmethodik. Dafür geeignete Formen, Vorgehensweisen und Methoden sind in den Kapiteln 4.1.4, 4.1.5, 4.2.4, 4.3, 4.4, 5.2 und 9.3 wiedergegeben, wie z. B. geeignete Aufbau- und Ablauforganisation, Teamarbeit, Einsatz des Projektmanagements, Simultaneous Engineering.

Diese Elemente a) bis e) können je nach Komplexität der zu bearbeitenden Objekte oder Prozesse kombiniert werden.

Die **integrierende Klammer** für diese fünf Elemente ist der Bezug auf das Gesamtsystem integrierter Produkterstellung, d. h. alle Aktivitäten müssen die Teilsysteme nach Bild 6.2-1 berücksichtigen. – Wie intensiv die Elemente eingesetzt werden, hängt von der Art und vom Umfang des zu lösenden Problems ab: Kleine Probleme werden durch den Einsatz von verknüpften TOTE-Schemata gelöst. Größere Probleme werden durch das Abarbeiten der Schritte des Vorgehenszyklus angegangen (Beispiele in Kapitel 8). Unter Umständen werden dabei Einzelmethoden eingesetzt (Beispiele in Kapitel 7). Vorgehenspläne dienen der Strukturierung größerer Projekte. Die Elemente und Methoden der integrierten Produkterstellung wie sie in anderer Strukturierung in Bild 4.2-8 aufgeführt sind, sind Inhalt der obigen Handlungssysteme bzw. Methoden.

Eine mögliche **graphische Darstellung** für Vorgehenspläne mit den aus den Arbeitsabschnitten entstehenden Arbeitsergebnissen (Dokumente, Prozesse oder Produkte) unter Einbeziehen des Vorgehenszyklus zeigt **Bild 6.2-3**. Die Form der Arbeitsabschnitte soll andeuten, daß diese entsprechend den Schritten des Vorgehenszyklus abgearbeitet werden. Beispiel Arbeitsabschnitt: „Lösungsprinzip für eine Teilfunktion suchen". Es wird nach dem Vorgehenszyklus die Aufgabe geklärt. Es werden mehrere Lösungsprinzipien (mit Methoden z. B. nach Kapitel 7.5) gesucht und daraus begründet ausgewählt. Die Darstellung in Bild 6.2-3a entspricht der üblichen von Vorgehensplänen (Kapitel 4.1.5), die nach 6.2-3b enthält eine Zeitachse, so daß Termine, Meilensteine und evtl. Parallelarbeiten daraus hervorgehen (vgl. Bild 5.2-15).

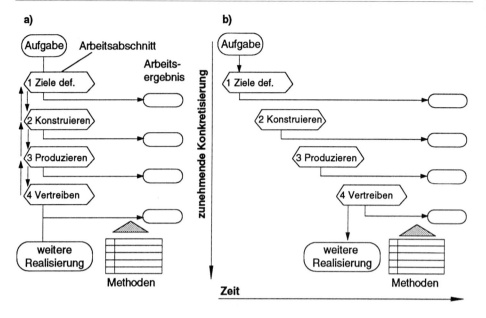

Bild 6.2-3:   Schematische Darstellungen der Methodik a) Arbeitsabschnitte sequentiell, b) Arbeitsabschnitte sequentiell und parallel, Darstellung mit Zeitachse. Der Vorgehenszyklus ist in jedem Arbeitsabschnitt enthalten.

6.3   Anwendung der Methodik in unterschiedlichen Bereichen

Im folgenden wird zunächst an Beispielen gezeigt, wie die oben dargestellte Methodik
in drei unterschiedlichen Unternehmensbereichen angewendet wird. Danach wird gezeigt, wie sich Vorgehenspläne sowohl nach Teilprozessen als auch nach Teilobjekten
hierarchisch strukturieren lassen, und zwar unabhängig vom Unternehmensbereich.

6.3.1   Vergleich der Methodikelemente in drei Unternehmensbereichen

In **Bild 6.3-1** werden die Elemente der IP-Methodik nach Bild 6.2-2 in den drei Unternehmensbereichen Konstruktion, Produktion und Vertrieb verglichen. Es zeigt sich, daß
einige durchgehend eingesetzt werden, wie z. B. die meist implizit durchgeführte Anwendung des Vorgehenszyklus. Da in der Praxis häufig ganz verschiedene Begriffe
verwendet werden, wird das dort oft nicht deutlich. Auch der Einsatz des Vorgehensplans und von organisatorischen Methoden ist generell in allen Unternehmensbereichen
üblich. Dies ist darin begründet, daß diese Methoden zur gegenseitigen Abstimmung der
Bereiche eingesetzt werden. Unterschiede gibt es bei den angewandten Methoden
(analog zu Kapitel 7.3 bis 7.9) von der Aufgabenklärung bis zur Beurteilung von Lösungen. Es scheint so, daß man hierbei gegenseitig von einander lernen könnte.

Vergleichsobjekt	Beispiele in den Bereichen ...		
	Konstruktion	Produktion	Vertrieb
1) TOTE-Schema 2) Vorgehenszyklus	durchgängig anwendbar und z. T. explizit genutzt		
3) Strategien, z. B. – vom Wesentlichen zum weniger Wesentlichen	für Produkt: Anforderungsliste/Konzept/Entwurf/ Ausarbeitung	für Fertigungsanlage: Pflichtenheft/ Konzept/Entwurf/ detaillierte Feinplanung	für Vertriebssystem: Pflichtenheft/Konzept/Plan/ endgültige Feinplanung
4) Methoden ... – zur Aufgabenklärung	Merkmalslisten, Checklisten	Checklisten	Conjoint-Analyse, Portfolio-Analyse
– zur Aufgabenstrukturierung	Funktionsmodellierung	?	?
... nach Neuigkeit der Aufgabe	Neu-/Anpassungs-/Varianten konstruktion	ABC-Analyse durchgehend eingesetzt	
– zur Lösungssuche	systematische Methoden, z. B. morphologischer Kasten	Kreativmethoden werden durchgehend eingesetzt	?
– zur Eigenschaftsanalyse, z. B. • Berechnung • Simulation • Versuch	z. B. Festigkeit z. B. Kinematik z. B. Pkw-Fahrversuch	z. B. Zerspanungszeit z. B. Durchlaufzeit z. B. Montageversuch	z.B. Logistikdaten z. B. ? z. B. Versuch mit Testmarkt
– zur Beurteilung	z. B. Nutzwertanalyse wird durchgehend eingesetzt		
5) Vorgehensplan	durchgängig eingesetzt wie aus Projektmanagement bekannt		
6) Organisatorische Methoden	z. B. Aufbau-/Ablaufstrukturierung, Projektmanagement, Teamarbeit, Termin- u. Kapazitätsplanung durchgehend		

Bild 6.3-1:   Vergleich der Elemente der IP-Methodik (Bild 6.2-2) anhand von Beispielen aus Unternehmensbereichen

6.3.2   Einsatz von Vorgehensplänen

In Unternehmen wird die Produkterstellung bei komplexen Produkten (z. B. Pkw, Werkzeugmaschinen) mit Vorgehensplänen nach Teilprozessen aufgeteilt (Kapitel 4.1.5) und bei sinnvoll abtrennbaren Produktteilen in Teilobjekte (z. B. Karosserie, Antrieb) aufgeteilt (Kapitel 4.1.3). So soll auch hier gegliedert werden. Nachfolgend soll gezeigt werden, daß der Einsatz von Vorgehensplänen in beliebiger hierarchischer Aufteilung (z. B. mit der Strategie „Vom Vorläufigen zum Endgültigen") bereichsneutral ist und so sowohl für das Montieren wie für das Konzipieren von Produkten möglich ist.

6.3.2.1   Aufteilung in unterschiedliche Teilprozesse am Beispiel der Produktion

In **Bild 6.3-2** ist der Gesamtprozeß „Produkt erstellen" unterteilt in Teilprozesse der Produktion und dann weiter in Teilprozesse der Montageplanung [2/6]. Dabei wird sowohl der Montageprozeß wie das konkret zu bauende Montagesystem (z. B. Roboter mit Peripherie) zuerst grob, dann fein geplant. Es liegt auf der Hand, daß auch hier wieder weiter detailliert werden kann. Sofern man die Inhalte (Begriffe, Methoden, Hilfsmittel) den jeweiligen Aufgaben anpaßt, bleibt die Vorgehensweise gleich, wie sie am

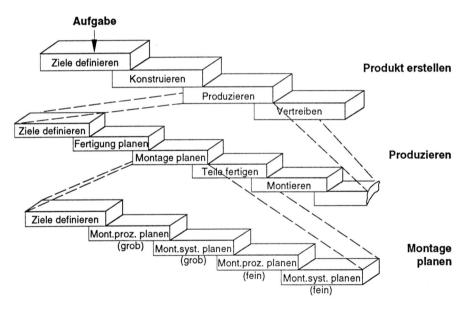

Bild 6.3-2:   Montageplanung mit unterschiedlichen Teilprozessen

Beispiel des Konstruierens gezeigt wird (vgl. z. B. Bild 6.3-3). Man erkennt also Analogien im Vorgehen und im Einsatz von Strategien zwischen der Produktions- und der Konstruktionstechnik.

6.3.2.2   Aufteilung in unterschiedliche Teilprozesse und Teilobjekte am Beispiel Konstruktion

Bisher wurde der Prozeß der Produkterstellung mehr oder weniger weit detailliert, um ihn zeitlich sequentiell oder arbeitsteilig bearbeitbar zu machen. In gleicher Weise müssen komplexe Objekte in Teilobjekte detailliert werden. Ein Beispiel stellt die Konstruktion einer Waschmaschine in Bild 5.1-21 dar. Teilobjekte sind dort: Mechanik, elektrische Schaltung und Software. Parallel arbeitende Gruppen definieren Arbeitsabschnitte und erarbeiten in gegenseitiger Abstimmung geeignete Dokumente.

Eine verallgemeinerte Darstellung der **Detaillierungstiefe** sowohl der Arbeitsabschnitte wie der Teilobjekte zeigt **Bild 6.3-3.** Oben sind wieder die Arbeitsabschnitte der Produkterstellung angedeutet, darunter die der Konstruktion. Am Beispiel Konzipieren wird eine Aufspaltung in drei Teilobjekte vorgenommen. Das sind hier z. B. Mechanik, elektrische Antriebstechnik, Software. Diese werden wieder in Arbeitsschritte aufgeteilt.

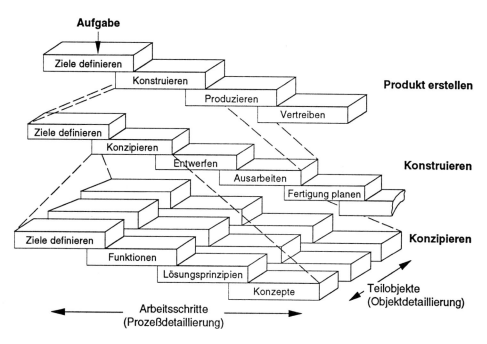

Bild 6.3-3:   Die Detaillierungstiefe beim Einsatz der Methodik ist je nach Problemstellung variabel. Das gilt sowohl für die zunehmende Verfeinerung der Arbeitsabschnitte (Prozeßdetaillierung) wie für die Unterteilung des Objektes in Teilobjekte, wie Teilfunktionen, Subsysteme, Module, Baugruppen,... (Objektdetaillierung)

Es ist sowohl nach Dylla [3/6] wie nach Hoover [4/6] beim Konstruieren (auch beim Planen der Fertigung) typisch, daß man laufend mit unterschiedlicher Detaillierungstiefe arbeitet. Dabei ist es der heuristischen Kompetenz des Bearbeiters überlassen, welches Teilobjekt er definiert und zuerst bearbeitet (schwerpunktartiges Vorgehen) oder ob er in gleichmäßigem Vorgehen alle Teilobjekte in gegenseitiger Abstimmung vorantreibt. In jedem Fall müssen laufend „Teil-Ganzes-Betrachtungen" vorgenommen werden (Strategie X3 in Bild 3.3-22). So soll durch die Strahlen in Bild 6.3-3 angedeutet werden, daß z. B. das Konzipieren einzelner Teilobjekte sich am Gesamtobjekt messen muß und dieses wiederum an den Ergebnissen aus den Arbeitsabschnitten „Ziele definieren", „Produzieren", „Vertreiben" usw.

Die Unterteilung in Teilobjekte kann unterschiedlich sein. Es kann sich um unterschiedliche Funktionen, physikalische Bereiche oder um unterschiedliche Baugruppen handeln, z. B. beim Pkw um Motor, Fahrwerk, Karosserie. Dort sind diese Teilobjekte in einem Unternehmen ganzen Hauptabteilungen mit Hunderten von Beschäftigten zugeordnet. Die Teilobjekte sind dann mit organisatorischen Unterteilungen verknüpft. Es handelt sich dann nicht mehr nur um ein Modell eines individuell ablaufenden Konstruktionsprozesses, sondern um einen Prozeß, der sich in der Organisationsstruktur eines Unternehmens abbildet (Kapitel 4.1.4). Teilobjekte können also nicht nur Unterteilungen eines Produktes sein, sondern auch Unterteilungen von organisatorischen Einheiten wie Produktion oder Vertrieb. Damit soll angedeutet werden, daß mit der IP-Methodik nicht nur Produkte geplant und erstellt werden können, sondern auch andere Objekte, wie die Einführung eines DV-Systems (**Bild 6.3-4**).

System und Subsystem	mögliche Teilobjekte
1) System allgemein	– Subsysteme, Module (z. B. beim Pkw: Fahrwerk, Karosserie, Antrieb...)
2) Produkt	
Umsatzart	– Modul für Energie-, Stoff-, Informationsumsatz
Funktion	– Haupt-/Nebenfunktion, Teilfunktion, Elementarfunktion (z. B. Antreiben, Steuern...)
Physik	– hydraulisches, elektrisches, mechanisches Teilprojekt
Modul	– Anlageteil, Baugruppe, Teileverband
Element	– Bauteil, Funktionsträger, Gestaltzone
3) Produktion	– Materialvorbereitung, Teilefertigung, Montage, Abnahmeversuch
Fertigungsvorbereitung	– Fertigungsplanung, Zeitvorgabe, Betriebsmittelplanung, NC-Programmierung
4) Vertrieb	– Marketing, zentraler Vertrieb, produkt-, landes-, kundenspezifischer Vertrieb, Vertriebscontrolling

Bild 6.3-4:   Beispiele für Teilobjekte zur Objektdetaillierung (nach Bild 6.3-3)

6.3.2.3   Beispiele für einen Vorgehensplan bei integrierter Produkterstellung

Simultanes Konstruieren des Produktes und Entwickeln der Produktionsverfahren und -systeme im Sinne des „Simultaneous Engineering" wurde in Kapitel 4.4.1 angesprochen. Vorgehenspläne sind in Bild 4.3-5 und 4.4-7 angegeben. Leitgedanke ist dabei das möglichst parallele, zeitsparende, informationstechnisch gut abgestimmte Entwickeln von Produkt, Produktion und Vertrieb. **Bild 6.3-5** zeigt (ähnlich wie Bild 4.3-5) die gleichzeitige Produktkonstruktion (hier ein elektromechanischer Schalter) und Erstellung der zugehörigen Montageanlage in gegenseitiger Abstimmung. [5/6]. Hier wurden im Sinne des Projektmanagements die Freigabetermine zeitlich als Meilensteine fixiert (mit Rauten dargestellt).

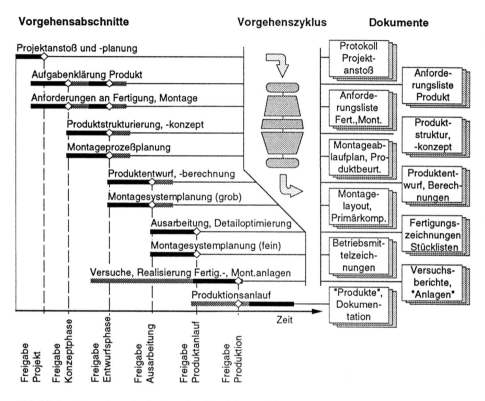

Bild 6.3-5: Vorgehensplan für integrierte Produkt- und Montageanlagenerstellung [5/6]

6.4 Unternehmens- und produktspezifische Anpassung und Einführung

Um die in Kapitel 6.2 wiedergegebene allgemeine Methodik auf betriebs- und produktspezifische Erfordernisse „herunterzubrechen" bedarf es ebenfalls einer zielgerichteten Vorgehensweise bzw. einer Anpassungsmethode. Es entstehen daraus problemspezifische Standardvorgehenspläne, Auswahl und Gliederung von Methoden in einem Methodenbaukasten, Checklisten und Sachinformationen wie Regelsammlungen und Vorschriften für die konkrete Arbeit. Beispiele für solche, aus dem Praxisbedarf entstandene Vorgehenspläne sind in Kapitel 4.1.5 angegeben.

6.4.1 Vorgehensweise

Wie **Bild 6.4-1** zeigt, muß die Anpassung in einen größeren Rahmen eingebunden werden, der sicherstellt, daß Führungskräfte und Mitarbeiter von der Notwendigkeit der Verbesserung bzw. vom Nutzen überzeugt sind (Schritt 1 und 2). Danach ist es zweck-

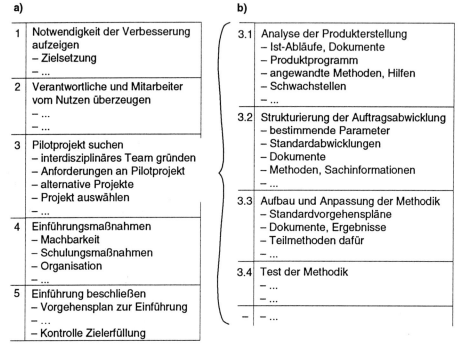

a)

1	Notwendigkeit der Verbesserung aufzeigen – Zielsetzung – ...
2	Verantwortliche und Mitarbeiter vom Nutzen überzeugen – ... – ...
3	Pilotprojekt suchen – interdisziplinäres Team gründen – Anforderungen an Pilotprojekt – alternative Projekte – Projekt auswählen – ...
4	Einführungsmaßnahmen – Machbarkeit – Schulungsmaßnahmen – Organisation – ...
5	Einführung beschließen – Vorgehensplan zur Einführung – ... – Kontrolle Zielerfüllung

b)

3.1	Analyse der Produkterstellung – Ist-Abläufe, Dokumente – Produktprogramm – angewandte Methoden, Hilfen – Schwachstellen – ...
3.2	Strukturierung der Auftragsabwicklung – bestimmende Parameter – Standardabwicklungen – Dokumente – Methoden, Sachinformationen – ...
3.3	Aufbau und Anpassung der Methodik – Standardvorgehenspläne – Dokumente, Ergebnisse – Teilmethoden dafür – ...
3.4	Test der Methodik – ... – ...

Bild 6.4-1:   Vorgehensplan für Aufbau, Anpassung und Einführung der Methodik nach Kapitel 6.2
a) Einführungsmaßnahmen; b) Aufbau und Anpassung der Methodik [5/6]

mäßig zunächst am Beispiel eines Pilotprojektes die oben besprochene Anpassung der Methodik durchzuführen (Schritt 3).

Bild 6.4-1b zeigt mit den Schritten 3.1 bis 3.4, wie man dabei vorgehen kann. In diesem Rahmen analysiert man die Produkterstellung bzw. konkret für das Pilotprojekt die Auftragsabwicklung und stellt Schwachstellen und betriebsspezifische Notwendigkeiten fest (Schritt 3.1; 3.2). Der Vergleich mit den Methodikelementen und der Methodik nach Kapitel 6.2 und 6.3 sowie den organisatorischen Möglichkeiten der integrierten Produkterstellung (Kapitel 4.2) ergibt Anregungen für den Aufbau der konkreten angepaßten Methodik (Schritt 3.3).

Das Abarbeiten von sieben Fragen (wer, wann, wie, womit, was, wo und warum) kann dabei hilfreich sein (Bild 4.3-7). Danach erfolgt der Test des Systems und die entsprechende Weiterentwicklung und Korrektur (Schritt 3.4). Es werden (Bild 6.4-1a) die Einführungsmaßnahmen festgestellt und überprüft (Schritt 4) und bei voraussichtlich erfolgreicher Einsatzmöglichkeit die Einführung beschlossen (Schritt 5).

6.4.2 Personenbezogene Voraussetzungen

Die Einführung von Methoden kann nur dann erfolgreich sein, wenn die mit der Einführung befaßten und die Methoden anwendenden Personen geeignet und motiviert sind. Zur Eignung gehört eine gewisse **Abstraktionsfähigkeit,** da Methoden immer abstrakter sind, als die daraus abgeleiteten konkreten Handlungen.

Mindestens ebenso wichtig ist die **Motivation.** Da sich Methodenanwendung meist wirtschaftlich nicht „rechnen" läßt (Kapitel 5.2.2.3), ist die Überzeugung nötig, daß es sich lohnt, bei bestimmten Problemen Methoden anzuwenden. Das gilt mindestens so sehr für den „Chef" wie für die Bearbeiter. Als günstig hat sich „Entdeckendes Lernen" erwiesen, wenn die Mitarbeiter z. B. am Pilotprojekt entdecken, wie ein vorher offensichtlich ungünstiger Zustand durch bessere Organisation, bessere Methoden und Hilfsmittel positiv verändert wird. Dies tritt aber nur ein, wenn die Unternehmenskultur stimmt, die Mitarbeiter von vornherein in den Lern- und Umgestaltungsvorgang integriert sind und ihn selbst mitgestalten.

Schließlich muß auch ein bestimmtes **Anfangswissen** und Training für Methoden vorhanden sein. Hier helfen Trainer, Weiterbildungsseminare und Bücher. Der zu Beginn hohe Zeitaufwand zum Ausarbeiten und Einführen der Methoden verringert sich entsprechend der Trainierkurve schnell.

6.5 Anwendung für das Vorgehen beim Konstruieren

Die in Kapitel 6.2 dargestellte Methodik verfügt über eine große Flexibilität. Sie ist für eine Vielzahl von Aufgaben und Problemen in unterschiedlichen Bereichen anwendbar. So allgemein ist sie aber wenig hilfreich. Sie muß deshalb, wie in Kapitel 6.4 angedeutet, angepaßt, konkretisiert werden.

Für die Lehre ist eine Anpassung auf einen bestimmten Produkt-/Betriebsbereich allein, wie z. B. an Vorgehensplänen im Bild 4.1-15 oder 4.1-16 gezeigt, nicht ausreichend. Sie muß bei 17 000 verschiedenen Produktarten im Maschinenbau (nach VDMA) einigermaßen produktneutral erfolgen. **Vorgehenspläne der Konstruktionslehre** nehmen also bezüglich der Abstraktheit eine Mittelstellung zwischen der allgemeinen Methodik in Kapitel 6.2 und deren betrieblicher Ausgestaltung ein.

Im folgenden wird die Konkretisierung für Vorgehenspläne gezeigt, die für **Produkte des Maschinenbaus** eingesetzt werden können. Diese werden nach Neuheitsgrad d. h.

nach Neu-, Anpassungs- und Variantenkonstruktion unterschieden. Die Inhalte bauen auf der Literatur [6/6: 7/6; 8/6; 9/6] und auf Erfahrungen aus einer großen Zahl von Produktentwicklungen zusammen mit der Industrie auf. Das Vorgehen entspricht zunächst der sequentiellen Arbeitsweise. Das bedeutet allerdings nicht, daß z. B. auf eine Fertigungs- und Kostenberatung verzichtet werden kann (Kapitel 9.3.1). Man kann aber einzelne Teilobjekte (Module) eines Produkts auch mit diesen Vorgehensplänen parallel entwickeln.

Die **Hauptforderung** ist dabei zunächst die Funktion. Unter Hauptforderung soll die zentrale, im Vordergrund stehende Forderung verstanden werden. Die Funktion ist natürlich für ein Produkt unabdingbar. Sie muß auch dann immer beachtet werden, wenn es um andere Hauptforderungen geht, wie z. B. um die Senkung der Kosten oder die Verbesserung der Zuverlässigkeit eines Produkts. Diese anderen Hauptforderungen werden später behandelt (Kapitel 6.5.2). Bei anderen Hauptforderungen kann eine andere Reihenfolge der Arbeitsschritte sinnvoll sein, als sie im folgenden dargestellt wird (Kapitel 7.4.1.2).

6.5.1   Vorgehenspläne für die Hauptforderung Funktion

Ein neutraler Vorgehensplan nach Kapitel 6.2 enthält nur eine Folge von nicht produktspezifischen Arbeitsabschnitten mit zugehörigen Arbeitsergebnissen sowie die Information, daß die Arbeitsabschnitte mit den Schritten des Vorgehenszyklus und u. U. mit Methoden z. B. aus einem Methodenbaukasten abgearbeitet werden können (Bild 6.2-3). Die Arbeitsabschnitte und die Methoden sind also zu konkretisieren.

Das muß entsprechend den Inhalten der in Bild 6.2-1 gezeigten Ziel-, Handlungs- und Sachsysteme für den Bereich des mechanischen Maschinenbaus geschehen. Dabei müssen z. B. das Denk- und Arbeitsverhalten des Einzelmenschen, die zwischenmenschliche Organisationslogik, der prinzipielle Aufbau von Produkten und Ablauf von Verfahren sowie von Produktionsprozessen berücksichtigt werden.

Für die Anpassung des neutralen Vorgehensplans nach Bild 6.2-3a werden z. B. folgende stichwortartig dargestellte Informationen eingesetzt:

– aus den Zielsystemen „Kunde" und „Unternehmensbereiche": Anforderungen, Ziele (Kapitel 7.3),
– aus dem Sachsystem „Produkt" (Bild 2.3-8): Funktionsträger (Elemente) und ihre geometrische, stoffliche Beschreibung (Physik); Produktlogik (Bild 2.3-11)
– Aus dem Sachsystem „Produktion": Teilefertigung, Montage; Produktionslogik (Bild 2.3-11),
– aus dem Handlungssystem „Entwicklung und Konstruktion" (Bild 5-1): Konstruktionsarten; Dokumentationsarten (Anforderungsliste, Zeichnungsarten...); Methoden; Organisationslogik,
– aus dem Handlungssystem „Einzelmensch" (Konstrukteur; Kapitel 3.3b): Strategien nach Bild 3.3-22 z. B.: I2 „Vom Wesentlichen zum weniger Wesentlichen": Konstruktionsphasen; Wirkflächen; maßgebende, abhängige Funktionsträger (Bild 3.3-5).

Strategie II2: "Vom Vorläufigen zum Endgültigen": Vor- und Endgestalten; Vorentwurf und Gesamtentwurf, Freigaberauten.

Vorgehenspläne für Neu-/ Anpassungs- und Variantenkonstruktionen

Im **Bild 6.5-1** ist ein funktionsorientierter Vorgehensplan für die **Neukonstruktion** von Maschinenbauprodukten entsprechend der schematischen Darstellung Bild 6.2-3a dargestellt. Für die Teilschritte wie auch die Ergebnisse (Dokumente) sind nur Beispiele aufgeführt. Sie müssen (können) betriebsspezifisch verändert werden.

Wie aus Bild 6.5-1 zu ersehen ist, sind links die Arbeitsabschnitte und Arbeitsschritte dargestellt, die mit den Schritten des **Vorgehenszyklus** in Arbeitsergebnisse überführt werden (rechts im Bild.). Der Vorgehenszyklus (VZ) ist dabei symbolisch nur einmal quer eingezeichnet. Wichtige Arbeitsschritte wie Planen, Analysieren, Bewerten sind dabei bewußt nochmals formuliert, obwohl sie auch entsprechend dem Vorgehenszyklus ohnehin durchzuführen sind.

Sachgebundene Methoden aus Kapitel 7 werden je nach Erfordernis zum Erarbeiten der Arbeitsergebnisse eingesetzt.

Zwischen den mit 1 bis 4 numerierten Arbeitsabschnitten sind an wichtigen **Stellen Freigaberauten** eingezeichnet, die die Freigabe der Arbeitsergebnisse durch z. B. ein interdisziplinäres Team in einer **Freigabebesprechung** andeuten sollen. Dabei gibt es folgende Entscheidungen: weiter zum nächsten Arbeitsabschnitt, zurück zu einer Nachbesserung bzw. Iteration oder Stopp: Abbruch der Entwicklung.

Zwischen den Kästchen der Arbeitsabschnitte ist rechts ein Doppelpfeil angeordnet. Dieser soll symbolisch das Überspringen von Arbeitsabschnitten vorwärts andeuten, wenn der jeweilige Inhalt durch frühere Arbeiten schon vorhanden ist, wie es z. B. bei Iterationen der Fall ist. Ferner soll damit die **Anforderungsweitergabe**, d. h. die laufende **Aktualisierung der Anforderungsliste** und des **Vorgehensplans** sowie der **Rückgriff** auf diese Vorgaben und Ziele angedeutet sein. Folgende **Begriffe** seien noch näher erläutert: **Funktionsträger** kann ein Lösungsprinzip, eine prinzipielle Lösung, ein Teil, eine Baugruppe oder auch ein (einzubringendes) Produkt sein. Beim Entwerfen (Arbeitsabschnitt 3) werden **maßgebende** und **abhängige Funktionsträger** unterschieden. Wie in Kapitel 2.3.3b erläutert, sind maßgebende Funktionsträger solche, deren Einfluß auf andere Funktionsträger groß ist, die aber selbst wenig von anderen beeinflußt werden. Diese werden nach Möglichkeit zuerst festgelegt, da dann der Konstruktionsprozeß mit weniger Iterationen abläuft (Bild 2.3-14).

Das Prinzip des Vorgehensplans in Bild 6.5-1 ist mit dem der VDI 2221 identisch. Nur die Schwerpunkte sind unterschiedlich gesetzt. In Bild 6.5-1 wird das Entwerfen gegenüber dem Konzipieren stärker betont. Arbeitsabschnitt 3 „Entwerfen vorbereiten" entspricht z. B. dem Abschnitt 4 der VDI 2221 „Gliedern in realisierbare Module". Falls das Konzipieren im Vordergrund steht, wird ein eigener Vorgehensplan mit drei Arbeitsschritten, an Stelle der zwei in der VDI 2221, vorgeschlagen (Bild 6.5-3).

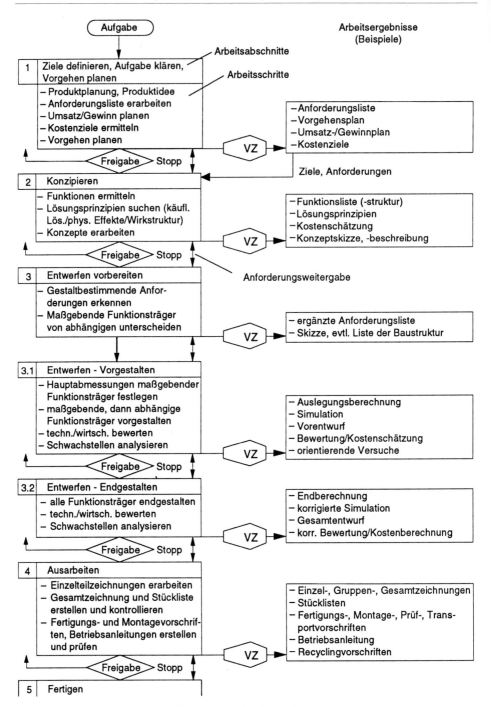

Bild 6.5-1:   Vorgehensplan für die **Neukonstruktion** (VZ = Vorgehenszyklus)

Der obige Vorgehensplan für die Neukonstruktion (Bild 6.5-1) kann im Prinzip auch für die **Anpassungskonstruktion (Bild 6.5-2a)** oder für die **Variantenkonstruktion** verwendet werden (**Bild 6.5-2b**). Dabei wird lediglich die Konzeptphase (2) übersprungen, da ja bei beiden Konstruktionsarten die prinzipielle Lösung bestehen bleibt. Bei der Variantenkonstruktion wird insbesondere das Entwerfen (3) reduziert auf die Dimensionierung der Funktionsträger, da Werkstoff und Fertigung im wesentlichen bestehen bleiben (Zur Definition der Konstruktionsarten siehe Kapitel 5.1.4.1). Die Arbeitsergebnisse sind in diesen Plänen nicht eingezeichnet.

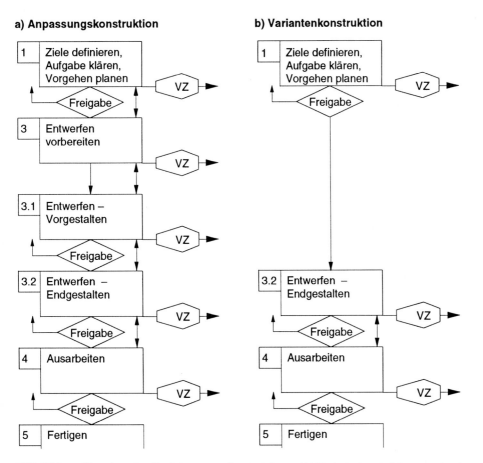

Bild 6.5-2:   Vorgehensplan für a) Anpassungskonstruktion und b) Variantenkonstruktion ausgehend von Bild 6.5-1 für die Neukonstruktion. Die Arbeitsschritte entsprechen ihrem Inhalt nach Bild 6.5-1. Die Arbeitsergebnisse sind nicht wiedergegeben.

Den Arbeitsabschnitt 2 **"Konzipieren"** in Bild 6.5-1 kann man nach Erkenntnissen der Konstruktionsmethodik in weitere Arbeitsabschnitte unterteilen (**Bild 6.5-3**).

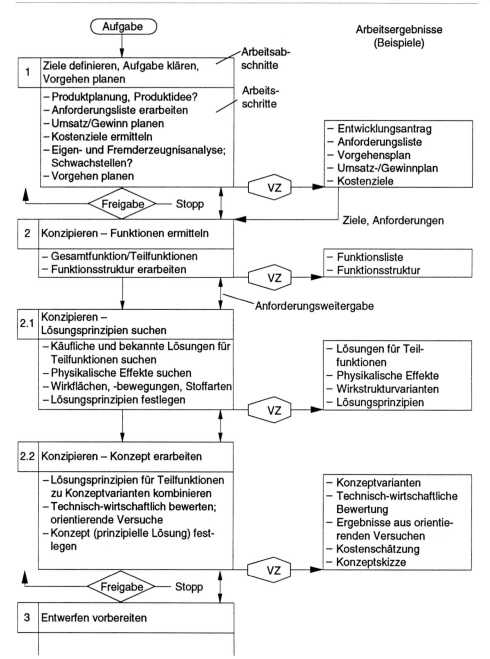

Bild 6.5-3:   Vorgehensplan für den Arbeitsabschnitt 2, **Konzipieren** nach Bild 6.5-1 weiter unterteilt
(vgl. Bild 4.1-13)

Dabei werden in Arbeitsabschnitt 2.1 und 2.2 **neue Begriffe** verwendet, die nachfolgend
an Hand **Bild 6.5-4** erläutert werden sollen.

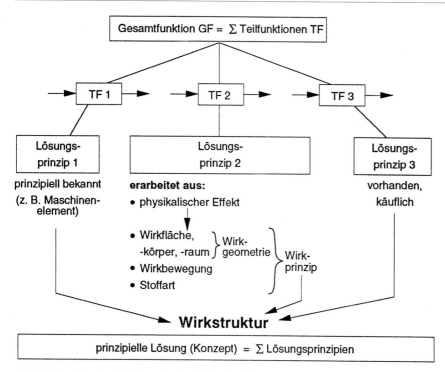

Bild 6.5-4: Zur Begriffsklärung beim Arbeitsabschnitt 2 „Konzipieren" (vgl. Bild 6.5-3, 3.3-5)

Die in Arbeitsabschnitt 2 ermittelte Gesamtfunktion GF des zukünftigen Produkts wird in Teilfunktionen TF unterteilt, deren logische Verknüpfung die Funktionsstruktur ergibt (Kapitel 7.4.2; Anhang A1). Für diese Teilfunktionen werden jeweils mehrere Lösungsprinzipien gesucht (Kapitel 7.5). Diese können entsprechend der Strategie II1 „Vom Vorhandenen, Bekannten ausgehen" (Bild 3.3-22) entweder vorhanden, käuflich oder prinzipiell bekannt sein. Falls dies nicht zutrifft oder diese nicht befriedigen, müssen neue Lösungsprinzipien erarbeitet werden. Dies kann über die Suche nach physikalischen Effekten (Kapitel 7.5.5.3) geschehen, die dann bezüglich ihrer Wirkgeometrie, ihrer Wirkbewegung und Stoffart zu konkretisieren sind. Dabei bedeutet die Vorsilbe „Wirk-" funktionsrelevant. Zweckmäßigerweise setzt man zur Erweiterung der Lösungsvielfalt Methoden zur Gestaltvariation ein (Kapitel 7.6, 7.7). So kommt man zu den Wirkprinzipien (Dies ist ein anderer Begriff für Lösungsprinzip, gesehen aus der Sicht der Funktionserfüllung.).

Danach wählt man unter den gefundenen Lösungs- bzw. Wirkprinzipien z. B. ein bis zwei geeignete aus (Kapitel 7.8 und 7.9), kombiniert sie entsprechend der Funktionsstruktur der Teilfunktionen und wählt daraus die beste prinzipielle Lösung, das Konzept, aus. Aus Sicht der Funktionserfüllung wird auch von Wirkstruktur gesprochen. (Die Vielfalt der Begriffe entspricht dem Gebrauch in der Literatur [8/6; 9/6])

Methodisches Vorgehen mit Vorgehensplänen in der Praxis

Die Praxis hat gezeigt, daß auch im Industrieeinsatz eine **sehr schnelle Bearbeitung** von Projekten an Hand der Vorgehenspläne möglich ist. Man muß dabei allerdings auf „100%-Lösungen" verzichten. Besonders die Konzeptphase von neu zu erarbeitenden Produkten (Neukonstruktion) eignet sich dafür.

Es wird ein Team von zwei bis vier konstruktionsmethodisch geübten Personen gebildet, das mit einer Zeitvorgabe von z. B. ein bis zwei Tagen diese Zeit entsprechend den Vorgehensplänen strukturiert. Man beginnt mit der Aufgabenklärung, schreibt die Anforderungsliste, geht über zur Funktionsermittlung usw. Wichtig ist dabei, die Resultate zu visualisieren, so daß schließlich ein ganzer Raum voller Notizen und Skizzen hängt. Es werden die mehr sachgebundenen Methoden der Konstruktionsmethodik mit Kreativitätstechniken (z. B. Brainstorming, Galeriemethode) verknüpft (Kapitel 7.). Vorgehensplan und Vorgehenszyklus werden in vergrößerter Form zentral sichtbar ausgehängt. Eine Telephonverbindung in den Raum sollte vermieden werden, nach außen aber möglich sein, um schnell nötige Informationen zu beschaffen.

6.5.2 Vorgehen für beliebige Hauptforderungen (Design to X)

Die eigentliche und wichtigste Hauptforderung beim Konstruieren ist selbstverständlich die Funktion des Produktes. Wenn deshalb in diesem Abschnitt das Konstruieren mit der Ausrichtung auf andere Hauptforderungen wie Sicherheit, Kosten gezeigt wird, so bedeutet das nicht, daß die Funktionserfüllung in den Hintergrund tritt, sondern daß sie bei Zielkonflikten immer Vorrang hat. Leider ist es aber so, wie in Kapitel 3.2 gezeigt wurde, daß unsere Denk- und Arbeitskapazität so begrenzt ist, daß die Vielzahl aller gegenseitig vernetzten Forderungen und Restriktionen nicht gleichzeitig im Sinne einer „Multizieloptimierung" erfüllt werden können (Bild 4.1-2, 5.1-13). Wie Dylla zeigte, (Kapitel 3.4) werden im ersten Durchgang beim Konstruieren im wesentlichen Funktion und Fertigung berücksichtigt. Bei weiteren (Haupt-)Forderungen müssen erneute konstruktive Überarbeitungen erfolgen. Ein Produkt ist also immer ein verbesserungsfähiger Kompromiß! Bei der Entwicklung von Produkten z. B. im **Simultaneous Engineering-Team** kann ein Produkt allerdings eher im Sinn der Multizieloptimierung gestaltet werden, da das Wissen von mehreren Personen gebündelt wird. Die nachfolgende beschriebene Vorgehensweise soll mit dieser Teamarbeit verknüpft werden.

Gerade aber bei der Weiterentwicklung alt eingeführter Produkte, deren Funktion durch jahrzehntelange, z. T. internationale Iterationsprozesse optimiert sind, können andere **nicht funktionsrelevante Forderungen** wie Verfügbarkeit, Kosten, Design, d. h. alle sogenannten „Gerechten" (Bild 6.5-6), so wichtig werden, daß sich ihre Erfüllung ganz in den Vordergrund drängt. Jeder kennt Aussagen, wie „Unser Produkt ist rundum richtig, aber zu teuer!". Dann ist Kostensenken bei Beibehaltung möglichst aller übrigen guten Eigenschaften die wichtigste Forderung. Hierfür gibt, wie auch aus Kapitel 9 und Bild 9.2-3 hervorgeht, der Vorgehensplan nach Bild 6.5-1 zu wenig spezifische Hilfestellung. Vorgehensschritte, wie das Definieren und Aufteilen von Kostenzielen oder das Erkennen von Kostenschwerpunkten und Kostensenkungspotentialen sowie wesentliche Einflußgrößen auf die Kosten werden darin nicht erwähnt.

In ähnlicher Weise, aber mit anderen Begriffen ist dies bei der Hauptforderung technische Sicherheit der Fall: Sicherheitsfaktor, Lebensdauer, Verfügbarkeit statt Kostenziel, Sicherheits- oder Zuverlässigkeitsschwachstellen statt Kostenschwerpunkten usw. **Es fehlt also eine hauptforderungsspezifische Vorgehensweise.**

Vorgehensweise

Bild 6.5-5 zeigt am Beispiel eines Betonmischers ein vielfach in der Praxis erprobtes Vorgehen. Es handelt in Kurzfassung folgende Hauptforderungen Funktion, („Der Mischer befriedigt in der Mischqualität nicht mehr im Vergleich zur Konkurrenz."), Herstellkosten („Der Mischer muß um 20% kostengünstiger werden.") und technische Sicherheit („Der Mischer ist zu unzuverlässig.") ab. Die Hauptforderung „niedere Herstellkosten" wird in Kapitel 9.3.3.2 eingehend behandelt.

Wesentlich ist, eine **Phase kreativer Klärung** der Aufgabe und des Vorgehens der weiteren detaillierten konstruktiven Bearbeitung vorzuschalten (Kapitel 7.3.7; Bild 7.3-10). Dabei wird nach der Strategie „Vom Wesentlichen zum weniger Wesentlichen"(I.2 Bild 3.3-22) zunächst geklärt, wo die **wesentlichen Forderungen, Schwachstellen, Potentiale liegen und welche konstruktiven Freiräume** bestehen (I Aufgabe klären). Dies ist ganz links im Bild 6.5-5 allgemein und **am Beispiel des Mischers** speziell in den drei mittleren Blöcken für die drei beispielhaften Hauptforderungen gezeigt. Diese Vorgehensstrukturierung wird am besten im interdisziplinären Team der über Funktion, Fertigung, Montage, Einkauf, Service, Verkauf, Kostenkalkulation kundigen Personen geleistet (SE-Team Kapitel 4.3.3, 4.4.1.1).

Dabei werden auch **erste Lösungsideen** (II Lösungen suchen) und mögliche Potentiale sowie Einflußgrößen ermittelt. Kann und soll man neue Konzepte wagen? (Z. B. hier bei Herstellkosten des Mischerantriebs). Oder soll man Fertigungsvarianten bevorzugen? (Hier der Mischtrog als Schweißkonstruktion). Daraus entscheidet sich dann die weitere detaillierte Bearbeitung: für welche Funktionsträger wird in welcher Phase weitergearbeitet, in der Konzept-, Entwurfs- oder Ausarbeitungsphase? Oder überläßt man wesentliche Anteile einem Lieferanten? Die weitere Bearbeitung erfolgt in einem Vorgehen analog zu Bild 6.5-1 bis 6.5-3 bzw. entsprechend der Strukturierung nach Kapitel 7.4.

Ferner wird bei dieser Vorgehensstrukturierung schon angesprochen wie die **Brauchbarkeit der neuen Lösungsvorschläge** analysiert werden kann (III Lösung auswählen), ob Versuche nötig und möglich sind, ob gerechnet werden kann, usw. Schließlich wird das weitere Vorgehen strukturiert.

Man sieht, der Vorgehenszyklus gibt in Verbindung mit den Strategien nach Bild 3.3-22 eine hinreichende, flexible Vorgehensweise an, um gezielt auch jeweils Hauptforderungen zu erfüllen. Es sind den Teilschritten links in Bild 6.5-5 nur die jeweiligen hauptforderungsspezifischen Begriffe zuzuordnen. Natürlich muß die Vorgehensstrukturie-

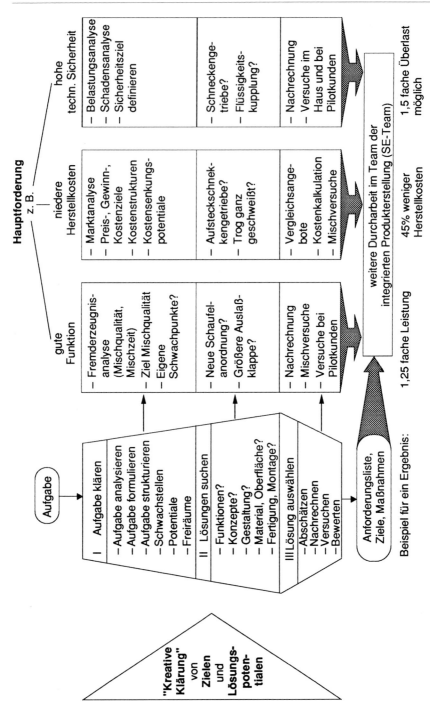

Bild 6.5-5:   Der Vorgehenszyklus ist angepaßt für beliebige Hauptforderungen einsetzbar (Design to X). Rechts Beispiele für 3 Hauptforderungen an einen Betonmischer (siehe auch Kapitel 9.3.3.2).

rung an die produkt- und betriebsspezifischen Eigenheiten angepaßt werden (Kapitel 6.4). Bild 6.5-5 wird für die Hauptforderung Kosten im Bild 9.2-3 detailliert.

Da alle Gestaltungsrichtlinien und viele Restriktionen (z. B. Leichtbau, Kleinbau, verlustarm, schwingungsarm, geräuscharm, dicht, emissionsarm) zu **Hauptforderungen** werden können, ergäbe die ins Einzelne gehende Behandlung des Konstruierens für Hauptforderungen jeweils ein eigenes Buch [z. B. 10/6; 11/6]. Es müßte ja auch das zugehörige Faktenwissen eingebracht werden, das mindestens so wichtig wie die Methodik ist. In **Bild 6.5-6** ist eine Auswahl von Gestaltungsrichtlinien gezeigt. – Das vorliegende Buch kann also nur das grundsätzliche Vorgehen andeuten.

Gestaltungsrichtlinie	Literatur
ausdehnungsgerecht	Konstruktionslehre, (Pahl/Beitz, [9/6])
ergonomiegerecht	Konstruktionslehre, (Pahl/Beitz, [9/6])
	Konstruieren ergonomiegerechter Erzeugnisse, (VDI-Richtlinie 2242, [12/6])
	Lehrbuch der Ergonomie, (Schmidtke, H., [13/6])
fertigungsgerecht	Konstruktionslehre, (Pahl/Beitz, [9/6])
	Handbuch der Fertigungstechnik, (Spur, G.; Stöferle, T., [14/6])
festigkeitsgerecht	Kerbspannungslehre, (Neuber, H., [15/6])
	Konstruktionslehre für den Maschinenbau, (Koller, R., [16/6])
instandhaltungsgerecht	Konstruktionslehre, (Pahl/Beitz, [9/6])
kostengünstig	Kostengünstig Konstruieren, (Ehrlenspiel, K., [10/6])
korrosionsgerecht	Konstruktionslehre, (Pahl/Beitz [9/6])
	Korrosionsschutzgerechte Konstruktion, (Dechema, [17/6])
kriech- und relaxationsgerecht	Konstruktionslehre, (Pahl/Beitz, [9/6])
montagegerecht	Konstruktionslehre, (Pahl/Beitz, [9/6])
	Konstruktionslehre für den Maschinenbau, (Koller, R., [16/6])
	Montagegerechtes Konstruieren, (Gairola, A., [18/6])
	Montagegerechtes Konstruieren, (Andreasen et al., [19/6])
	Montage und Demontage, (VDI Berichte 999, [20/6])
normgerecht	Konstruktionslehre, (Pahl/Beitz, [9/6])
	Einführung in die DIN-Normen, (Klein, M., [21/6])
risikogerecht	Konstruktionslehre, (Pahl/Beitz, [9/6])
sicherheitsgerecht zuverlässig	Sicherheitsgerechtes Gestalten technischer Erzeugnisse, DIN VDE 1 000, [22/6]
	Konstruieren sicherheitsgerechter Produkte, (VDI-Richtlinie 2224, [23/6])
	Qualität und Zuverlässigkeit technischer Systeme (Birolini [24/6])
	Zuverlässigkeit im Maschinenbau (Bertsche; Lechner [25/6])
tribologiegerecht	Tribologie Handbuch – Reibung und Verschleiß, (Czichos, H., Habig, K.-H., [26/6])

Bild 6.5-6: Auswahl an Gestaltungsrichtlinien („X-gerechte") und Restriktionen mit Literaturangaben

umweltgerecht	Konstruktionslehre, (Pahl/Beitz, [9/6])
	Umwelt- und recyclinggerechte Produktentwicklung, (Brinkmann, T. et al., [27/6])
	Recyclinggerechtes Konstruieren, (Weege, R.-D., [28/6])
	Konstruieren recyclinggerechter technischer Produkte, (VDI-Richtlinie 2243, [29/6])
verschleißgerecht	Verschleiß und Härte von Werkstoffen, (Habig, K.-H., [30/6])
werkstoffgerecht	Werkstoff- und verfahrensgerecht Konstruieren, (Bode, K.-H., [31/6])
	Konstruktionslehre für den Maschinenbau, (Koller, R., [16/6])

Bild 6.5-6:   Auswahl an Gestaltungsrichtlinien („X-gerechte") und Restriktionen mit Literaturangaben (Fortsetzung)

Literatur zu Kapitel 6

[1/6]   Braunsperger, M.: Qualitätssicherung im Entwicklungsablauf – Konzept einer präventiven Qualitätssicherung für die Automobilindustrie. München: Hanser 1993. (Konstruktionstechnik München, Bd. 9) Zugl. München: TU, Diss. 1992.

[2/6]   Eversheim, W.; Szabó, Z-J.: Analyse der Fertigungsunterlagen. BMFT Projekt, AC-WZL/113; CAD Bericht 10; Aachen 1975.

[3/6]   Dylla, N.: Denk- und Handlungsabläufe beim Konstruieren. München: Hanser 1991. Zugl. München: TU, Diss. 1990.

[4/6]   Hoover, S. P.; Rinderle, J. R.; Finger, S.: Models and Abstraction in Design. In: Hubka, V.(Hrsg.): Proceedings of ICED 1991, Zürich. Zürich: Edition Heurista 1991, S. 46–56. (Schriftenreihe WDK 20).

[5/6]   Wach, J. J.: Problemspezifische Hilfsmittel für die integrierte Produkterstellung. München: Hanser 1994. (Konstruktionstechnik München, Bd. 12) Zugl. München: TU, Diss. 1993.

[6/6]   VDI-Richtlinie 2222: Konstruktionsmethodik, Konzipieren technischer Produkte. Düsseldorf: VDI-Verlag 1977.

[7/6]   Pahl, G.; Beelich, K. H.: Erfahrungen mit dem methodischen Konstruieren. Werkstatt und Betrieb 114 (1981) 11, S. 773–782.

[8/6]   VDI-Richtlinie 2221: Methodik zum Entwickeln und Konstruieren technischer Systeme und Produkte. Düsseldorf: VDI-Verlag 1993.

[9/6]   Pahl, G.; Beitz, W.: Konstruktionslehre. 3. Aufl. Berlin: Springer 1993.

[10/6]   Ehrlenspiel, K.: Kostengünstig Konstruieren. Berlin: Springer 1985.

[11/6]   Kollmann, F.-G.: Maschinenakustik. Berlin: Springer 1993.

[12/6]   VDI-Richtlinie 2242, Blatt 1 und Blatt 2 (Entwurf): Konstruieren ergonomiegerechter Erzeugnisse. Düsseldorf: VDI-Verlag 1986.

[13/6]   Schmidtke, H. (Hrsg.): Lehrbuch der Ergonomie. München: Hanser 1981.

[14/6]   Spur, G.; Stöferle, T.: Handbuch der Fertigungstechnik. Bd. 1–6, München: Hanser 1979–1986.

[15/6]   Neuber, H.: Kerbspannungslehre. 3. Aufl. Berlin: Springer 1985.

[16/6]   Koller, R.: Konstruktionslehre für den Maschinenbau. 2. Aufl. Berlin: Springer 1985.

[17/6]   Dechema, Deutsche Gesellschaft für chemisches Apparatewesen e.V. (Hrsg.): Korrosionsschutzgerechte Konstruktion – Merkblätter zur Verhütung von Korrosion durch konstruktive und fertigungstechnische Maßnahmen. Frankfurt am Main: 1981.

[18/6]   Gairola, A.: Montagegerechtes Konstruieren – Ein Beitrag zur Konstruktionsmethodik. Darmstadt: TU, Diss. 1981.

[19/6]   Andreasen, M. M.; Kähler, S.; Lund, T.: Design for Assembly. Berlin: Springer 1985.

[20/6]   Verein Deutscher Ingenieure (Hrsg.): Montage und Demontage, Fellbach. Düsseldorf: VDI-Verlag 1992. (VDI-Berichte 999)

[21/6]   Klein, M.: Einführung in die DIN-Normen. 10. Aufl. Stuttgart: Teubner 1989.

[22/6]   DIN VDE 1000: Sicherheitsgerechtes Gestalten technischer Erzeugnisse. Allgemeine Leitsätze. Berlin: Beuth 1983. Teilw. ersetzt durch: DIN EN 292, Teil 1 u. 2: Sicherheit von Maschinen, Grundbegriffe, allgemeine Gestaltungsleitsätze. Berlin: Beuth 1991.

[23/6]   VDI-Richtlinie 2224 (Entwurf): Konstruieren sicherheitsgerechter Produkte. Düsseldorf: VDI-Verlag 1985.

[24/6]   Birolini, A.: Qualität und Zuverlässigkeit technischer Systeme. Berlin: Springer 1985.

[25/6]   Bertsche, B.; Lechner, G.: Zuverlässigkeit im Maschinenbau. Berlin: Springer 1990.

[26/6]   Czichos, H.; Habig, K.-H.: Tribologie Handbuch – Reibung und Verschleiß. Braunschweig: Vielweg 1992.

[27/6]   Brinkmann, T.; Ehrenstein G. W., Steinhilper R.: Umwelt- und recyclinggerechte Produktentwicklung. Augsburg: WEKA-Fachverlag 1994.

[28/6]   Weege, R.-D.: Recyclinggerechtes Konstruieren. Düsseldorf: VDI-Verlag 1981.

[29/6]   VDI-Richtlinie 2243 (Entwurf): Konstruieren recyclinggerechter technischer Produkte. Düsseldorf: VDI-Verlag 1991.

[30/6]   Habig, K.-H.: Verschleiß und Härte von Werkstoffen. München: Hanser 1980.

[31/6]   Bode, K.-H.: Werkstoff- und verfahrensgerecht Konstruieren. Darmstadt: Hoppenstedt 1984.

7 Sachgebundene Methoden für die Entwicklung und Konstruktion

Sachgebundene Methoden sind auf das Erreichen eines vorgegebenen **sachlichen Ziels**, z. B. eines **Dokuments** oder **Objekts, ausgerichtet.** Insofern unterscheiden sie sich von den **Organisationsmethoden**, deren Ziel die Gestaltung eines Prozesses ist (Kapitel 4.3; 4.4; 5.2). Dieses Kapitel bietet für die Entwicklung und Konstruktion eine Reihe allgemein anwendbarer Methoden, die in erster Linie auf das Suchen von Lösungen zur Erfüllung von Funktionsforderungen ausgerichtet sind.

Die **Gliederung** richtet sich nach dem Vorgehenszyklus (Kapitel 3.3.2) von der Aufgabenklärung (Kapitel 7.3) bis zur Beurteilung und Entscheidung über Lösungsalternativen (Kapitel 7.9). Da Innovation häufig über neue Aufgabenstellungen erfolgt, werden in Kapitel 7.2 Methoden zur Produktplanung und Innovation vorangestellt.

Die Methoden können als Einzelmethoden im Rahmen eines Vorgehens eingesetzt werden, z. B. bei der Anwendung des Vorgehenszyklus oder eines Vorgehensplans (Kapitel 4.1.5) bzw. der IP-Methodik (Kapitel 6.2). Sie sind z. T. **alternativ** für ein zu lösendes Problem einsetzbar. Dies wird deutlich, wenn man die Vielzahl von Methoden betrachtet, z. B. für die Lösungssuche in Kapitel 7.5, zum Gestalten in den Kapiteln 7.6 und 7.7 oder zum Beurteilen und Entscheiden in Kapitel 7.9. Deshalb bilden sie eine Art Baukasten, einen **Methodenbaukasten**, aus dem man sie flexibel an das zu lösende Problem angepaßt nach bestimmten Kriterien, wie z. B. nach verlangter Genauigkeit oder verfügbarer Zeit, auswählt, soweit ihre Anwendung nicht vorgeschrieben ist. Vorgeschrieben wird von Abnahmegesellschaften, aber auch von Kunden, z. B. die Anwendung bestimmter Methoden, meist spezielle Rechen- oder Meßverfahren (Kapitel 7.8).

7.1 Methodenbaukasten

Die meisten Methoden laufen wohl unerkannt **im Normalbetrieb des Denkens** und Handelns ab, soweit sie nicht explizit in Formularen, Dokumenten festgeschrieben sind. Ein Formular, z. B. für ein bestimmtes Rechenverfahren, ist ja nicht nur in seinem ausgefüllten Zustand das Ergebnis der Methode, sondern legt durch seine Struktur ja auch weitgehend den Ablauf der Methode fest. Die Vielfalt der implizit in der Praxis eingesetzten Methoden ist bisher kaum untersucht (Kapitel 3.4).

Die nachfolgenden Ausführungen zu einem Methodenbaukasten sind, wie bei den Vorläufern [1/7.1, 2/7.1, 3/7.1, 4/7.1], ein Ansatz Methoden einheitlich zusammenzustellen um ihren Einsatz zu erleichtern. **Es fehlen** noch weitere Methoden, deren Beschreibung und vor allem deren Eigenschaften (z. B. Leistungsfähigkeit, Genauigkeit, Anwendungsaufwand), um sie nach entsprechenden Kriterien auswählen zu können.

7.1.1 Struktur und Anwendung des Methodenbaukastens

Unter einem **Methodenbaukasten** versteht man eine systematisch geordnete Sammlung von Methoden, die für bestimmte Arbeitsabschnitte eines Prozesses alternativ eingesetzt werden können und für deren Auswahl Hilfen angegeben sind.

Vergleicht man Methoden mit Werkzeugen, so entspricht eine geordnete Sammlung von Methoden einem Werkzeugkasten. Man findet jedes Werkzeug an seinem Platz: die Schraubendreher hier, die Zangen dort. Von einem Baukasten erwartet man außerdem eine Arbeitsanleitung, die Auswahlkriterien für die einzelnen Bausteine bzw. Werkzeuge angibt. Dies ist auch hier angestrebt.

Beobachtet man die **Praxis**, welche Methoden aus welchen Gründen explizit eingesetzt oder neu eingeführt werden, so sind das sicher im wesentlichen Analysemethoden (z. B. Berechnungs-, Versuchs- und Simulationsmethoden), Organisationsmethoden sowie Methoden der Datenverarbeitung. Meist sind es sogenannte „**Mußmethoden**", weil man anders das angestrebte Ergebnis nicht erreicht. Hier geht es mehr um „**Kannmethoden**", also heuristische Methoden, die nur die Wahrscheinlichkeit, ein Ergebnis zu erreichen, erhöhen. Die Einführung von Methoden erfolgt aufgrund von sachlicher Notwendigkeit (z. B. besseres Berechnungsergebnis), von Rationalisierungseffekten (z. B. Gruppenarbeit), von Verordnungen, Gesetzen (z. B. Kostenrechnung, Qualitätsverbesserung durch DIN-ISO 9000 ff) oder aufgrund von Modeerscheinungen. Methoden müssen gelernt, betrieblich angepaßt und in die tägliche Arbeit eingeführt werden. Das ist im Hinblick auf die zunehmende Zahl von Methoden sicher nur eingeschränkt der Fall.

Da der ganze Produktlebenslauf im Verlauf der Produkterstellung mit dem Rechner unterstützt werden kann und zunehmend werden muß, müssen auch dafür Methoden zur Verfügung stehen. Beim **rechnergestützten Konstruieren** verwendet man bestimmte Werkzeuge (tools), die Methoden enthalten, um die zur Produktdefinition nötigen Dokumente zu erstellen. So ist es prinzipiell auch beim Erstellen von Dokumenten ohne Rechner.

Damit wird das Potential eines **übergeordneten Methodenbaukastens** deutlich, das nicht nur die Entwicklung und Konstruktion betrifft. In **Bild 7.1-1** ist dies in einer Matrix gezeigt, welche die Phasen des Produktlebenslaufs und Schritte des Vorgehenszyklus als Achsen hat. In den Feldern sind einige Methoden eingetragen.

Ein Methodenbaukasten muß folgende **Anforderungen** erfüllen:

– Er soll die Verknüpfung zwischen Aufgaben und den für sie zweckmäßigen Bearbeitungsmethoden angeben (Funktion der Methoden).
– Er soll Methoden identifizierbar beschreiben.
– Er soll Auswahlkriterien und Hinweise für den Methodeneinsatz geben.

– Er soll Hinweise geben, wo man mehr über die Methoden erfahren kann bzw. wie
  man sie lernen kann.
– Er soll erweiterbar und aktualisierbar sein.

Schritte des Vorgehens-zyklus	Produktverfolgung, -steuerung	Produktplanung	Produktentwicklung	Fertigung, Montage	Vertrieb, Verkauf	Gebrauch, Rücknahme, Entsorgung
I Aufgabe klären						
Aufgabe analysieren	Unternehmensanalyse, Informationsflußanalyse ...	Marktanalyse, Benchmarking ...	Vorläuferproduktanalyse, Schadenanalyse ...	Produktionsprozeßanalyse, Wettbewerberanalyse ...	Gewinn-/ Verlustanalyse, Kundenanalyse ...	Lebensdauerstruktur, Entsorgungsanalyse ...
Aufgabe formulieren	Meilensteine ...	Entwicklungsdefinition	Anforderungsliste, Änderungsdefinition ...	Aufgabendefinition, Terminfestlegung ...	Pflichten-/ Lastenheft ...	Zieldefinition für Gebrauch, Rücknahme, Verwertung ...
Aufgabe strukturieren	Standardablaufpläne, Netzplantechnik ...	Produkt-, Marktmatrix, QFD ...	Funktionsstrukturen, Baustruktur ...	Produktionsstruktur ...	Vertriebsstruktur ...	Entsorgungsstruktur ...
II Lösungen suchen und darstellen						
	Qualitätsmanagement, Freigabewesen ...	Suchfelder, Produktbereiche ...	Variation der Wirkstruktur, morph. Kasten ...	Produktionsprozeßentwurf, ProduktionsanlagenLayout ...	Vertriebsformen ...	Rücknahmelogistik, Verwertungsverfahren ...
III Lösung auswählen						
Lösungen analysieren	Soll/Ist-Vergleich, ABC-Analyse ...	Conjointanalyse, Umsatzanalyse ...	Berechnung, Simulation, Versuche ...	Produktionsprozeßanalyse ...	Vertreteranalyse, Reklamationsanalyse ...	Schadstoffbilanz ...
Lösungen bewerten	Fehlerbaumanalyse ...	Suchfeldbewertung ...	Punktbewertung, Nutzwertanalyse ...	Techn./ wirtsch. Bewertung, Kalkulation ...	Kosten/ Nutzen-Bewertung ...	Ökologisch/ ökonomische Bewertung ...

Produktlebensphasen →

Bild 7.1-1: Mögliche Einordnung von Methoden in eine Matrix aus Vorgehenszyklus und Produktlebensphasen

7.1.2   Auswahl von Methoden

In **Bild 7.1-2** sind **Kriterien** angegeben, die zur Auswahl von Methoden wichtig sein können. In erster Linie ist zunächst die Leistungsfähigkeit der Methode wichtig. Welche Teilaufgabe oder welchen Vorgehensschritt unterstützt sie? Desweiteren ist wichtig, ob die Eingangsinformationen zum Einsatz der Methode vorhanden oder beschaffbar sind. Schließlich sind auch die persönlichen Voraussetzungen von großer Bedeutung: Wer kennt und kann die Methode?

Kriterien für die Methodenauswahl	
Kriterien	Erläuterungen und Beispiele
Leistung der Methode (Zweck, Gültigkeitsbereich)	Bei welchem Arbeitsabschnitt oder für welches Dokument ist die Methode **nötig** oder **zweckmäßig?** (Synthese- oder Analysemethode?) Welche Eingangsinformation benötigt sie, welche Ausgangsinformation liefert sie? (**Funktion** oder Methode?) Wie **genau** ist sie? Wie **sicher** führt sie zum Ziel?
Anwendbarkeit	Ist die benötigte **Eingangsinformation** vorhanden oder in **angemessener Zeit** mit angemessenem Aufwand beschaffbar? (Zum Beispiel entfällt eine Nutzwertanalyse mit Konkurrenzprodukten bei unvollständigem Datenmaterial der Konkurrenz.)
Verfügbare Zeit	Ist die Zeit für das Anwenden und Lernen der Methode vorhanden? Gibt es einfachere, schneller anwendbare Methoden? Was kostet ihr Einsatz?
Betriebliche Eignung	Ist die Methode im Unternehmen **bekannt?** Muß sie erst eingeführt, durchgesetzt werden? Ist sie für **Einzel- oder Gruppenarbeit** geeignet? Wenn sie teamorientiert ist: Gibt es ein Team, das sie beherrscht und dafür motiviert ist?
Persönliche Voraussetzungen	Für welchen **Bearbeiter** (z. B. Forscher, Entwickler, Konstrukteur, Fertigungsvorbereiter, Einkäufer ...) ist die Methode vorgesehen? Sind **Kenntnis** und **Erfahrung** mit der Methode vorhanden? Motivation?
Verfügbare Hilfsmittel	Sind Hilfsmittel wie EDV Hard-/Software oder Versuchs-, Meß- und Produktionseinrichtungen für die Methode nötig und vorhanden?

Bild 7.1-2:   Checkliste für die Auswahl von Methoden aus dem Methodenbaukasten

Leider ist bisher keine einigermaßen objektive Einstufung der Wirksamkeit und des Lern- und Anwendungsaufwandes alternativer Methoden bekannt. Es kann nur eine vorläufige Abschätzung aus dem Gebrauch in der Lehre vorgenommen werden.

Bild **7.1-3** zeigt beispielhaft einen Teil des Methodenbaukastens aus der VDI-Richtlinie 2221 [1/7.1]. Seine Zugriffsmerkmale sind die Arbeitsabschnitte 1 bis 7 des Vorgehensplans entsprechend Bild 5.1-7.

Methoden / Arbeitsabschnitte	1 Klären und präzisieren der Aufgabenstellung	2 Ermitteln von Funktionen und deren Strukturen	3 Suchen nach Lösungsprinzipien und deren Strukturen	4 Gliedern in realisierbare Module	5 Gestalten der maßgebenden Module	6 Gestalten des gesamten Produkts	7 Ausarbeiten der Ausführungs- und Nutzungsangaben
Analyse- und Zielvorgabe-Methoden Aus der Analyse eines vorhandenen bzw. aus Vorstellungen über die Eigenschaften eines neuen Produkts sowie des künftigen Produktumfeldes werden Ziele hergeleitet, die Orientierungsvorgaben für die Produktentwicklung und -konstruktion sind.							
Marktanalyse [10, 12] (Bedarf, Preise, Funktionen, Trends, Anwendergruppen, Zielgruppen ...)	●				●	●	
Prognosemethoden [3, 10, 12, 14, 45, 65, 80, 83] (Anwendergruppen, Bedarf, Trends ...)	●		●				
Wettbewerberanalyse [10, 12, 139] (Stärken, Schwächen, vermutete Strategie ...)	●	○	○	○	○	○	●
Fremderzeugnisanalyse [139] (Leistung, Kosten, Stärken, Schwächen, Funktionen, Technik ...)	●	●	●	●	●	●	○
Unternehmensanalyse [6, 52, 142] (Finanzen, Personal, Fertigungsmöglichkeiten ...)	●		○	○	○		

● gut geeignet   ○ geeignet
für den jeweiligen Arbeitsabschnitt

Bild 7.1-3:   Auszug aus dem Methodenbaukasten in VDI 2221 [1/7.1]
                 (die Literaturangaben beziehen sich auf die VDI-Richtlinie)

Bild 7.1-4 zeigt einen Teil einer strukturierten Sammlung der in diesem Buch vorgestellten Methoden (vollständig im Anhang A2). Wegen der noch großen Unvollkommenheit in bezug auf die oben dargestellten Anforderungen und Auswahlkriterien wurde der Begriff „Methodenbaukasten" hier vermieden. Der Anhang A2 wurde „strukturierte Methodensammlung" genannt. Die Methoden wurden gegliedert nach:

a) allgemein anwendbaren Methoden,
b) organisatorischen Methoden und
c) sachgebundenen Methoden.

Methode (Maßnahme) a) Allgemein anwendbare Methoden	Kapitel	allgemein anwendbar	besonders integrativ	Produkt-planung	Entw. & Konstr. Aufg. klären Vorg. planen	Konzipieren	Entwerfen	Ausarbeiten	Produktion	Vertrieb	Controlling
Systemmodellierung											
– Technische Systeme	2.2.1	●	●	●	●	●	●	○	●	●	●
– Produktlogik	2.3.3	○	○		●	●	●	●	●	○	○
Basismethoden für Prozesse											
– Vorgehenszyklus	3.3.2	●	○	●	●	●	●	○	●	●	●
– Vorgehensplan	4.1.5 6.3.2	○		○	●	●	●	●	●	●	○
– IP-Methodik	6.2	●	●	●	●	●	●	●	●	●	●
– Methodenbaukasten	7.1	●	○	●	●	●	●	●	○	○	○
Analyse- und Strukturierung											
– ABC-Analyse	7.2.3	●		●	●	●	●	●	●	●	●
– Klassifizierung	2.3.2	●		●	●	●	●	●	●	●	●
– Ordnungsschemata	7.5.4.1	●		●	●	●	●	○	○	●	○
– Checklisten	7.5.4.4	●	○	●	●	●	●	●	●	●	●
– Portfolio-Analyse	7.2.3	○		●	○	○			○	●	●
– Morphologischer Baum	7.2.4	○		●	○	●					
– Morphologisches Schema	7.5.4.1	●		●	○	●	●	○	○		
– Morphologischer Kasten	7.5.5	●		●	○	●	●	○	○		
– Schwachstellenanalyse	7.8.1.1	●	●	●	●	●	●	○	●	●	●
– Rechen- und Simulations-methoden	7.8.2	●	●	●	●	●	●	○	●	●	●
– Schadensanalyse	7.8.1.2	○	○		●	○	○	○	●	○	
● stark betroffen, anwendbar ○ schwach betroffen, anwendbar											

Bild 7.1-4:   Teil der strukturierten Methodensammlung (Methodenbaukasten, Anhang A2)

Da Eigenschaften zur Auswahl entsprechend Bild 7.1-2 noch nicht bekannt sind, wurden nur die betroffenen Bereiche bzw. Phasen der Produkterstellung zugeordnet.

Kritisch ist anzumerken, daß die vorliegende Methodensammlung keinen Anspruch auf Vollständigkeit erheben kann. Außerdem sind die Methodeneigenschaften zu wenig bekannt. Allerdings ist auch ein umfangreicher Methodenbaukasten dann wenig hilfreich, wenn der Bearbeiter viele Methoden nicht kennt oder in ihrer Anwendung nicht geübt ist. Schließlich erfordert es einen noch nicht bekannten Aufwand, einen Methodenbaukasten zu pflegen, d. h. aktuell zu halten.

Es soll ferner noch einmal daran erinnert werden, daß die **bewußte Anwendung von Methoden im „Rationalbetrieb"** nur eine unterstützende Funktion für den routinemäßig ablaufenden **„Normalbetrieb"**, die vorwiegend unbewußte, rasch ablaufende Arbeit, des Konstrukteurs haben können. Methodenbeherrschung ist nur eine das Faktenwissen ergänzende Komponente der Problemlösefähigkeit (Kapitel 3.2, Bild 3.1-1).

7.1.3   Beispiel für eine Methodenauswahl

An einem Beispiel soll gezeigt werden, wie die Auswahl von Methoden durchzuführen ist, wenn die wichtigsten Eigenschaften der Methoden für diese Auswahl verfügbar sind.

Ausgangspunkt für das Beispiel sind **13 Methoden,** die **zur Bestimmung von Haltekräften bei Schnappverbindungen** geeignet sind. Die **Eigenschaften** dieser Methoden sind, aufgrund von Erfahrungen im Umgang mit den Methoden, bekannt (**Bild 7.1-5**). Die **Methoden sind im einzelnen**:

– Zwei analytische Berechnungsmethoden: Überschlagsrechnung und Einsatz der Differentialrechnung.

– Vier 2D-FE Methoden und vier 3D-FE Methoden, die sich durch unterschiedliche Werkstoffgesetze, Berücksichtigung der Kontakt- und Reibungsverhältnisse unterscheiden.

– Drei Versuchsmethoden: Erste orientierende Versuche können z. B. an aus Grundelementen montierten einfachen Versuchskörpern durchgeführt werden. Weiterhin können Versuche mit gefrästen oder gespritzten Prototypen unternommen werden.

Abhängig von der **Schnappergeometrie** treten verschiedene physikalische Effekte auf, die bei der Haltekraftermittlung berücksichtigt werden müssen. Zur genauen Berechnung von Schnappverbindungen mit einem Haltewinkel $\geq 90°$ sind beispielsweise Reibungseinflüsse und ein nichtlineares Werkstoffverhalten zu beachten [5/7.1]. In Abhängigkeit von bestimmten Geometrieparametern und den aus diesen Parametern resultierenden physikalischen Effekten wurden daher die in **Bild 7.1-5** dargestellten Problemklassen gebildet. Die für die Problemklassen geeigneten Methoden wurden eingeordnet, die Erfüllung der Kriterien Aufwand und Genauigkeit wurde festgestellt.

In dem hier behandelten Beispiel benötigt ein Konstrukteur eine Schnappverbindung, die **möglichst große Haltekräfte erreicht**. Aus seiner Erfahrung entscheidet er sich für eine Geometrie mit einem Haltewinkel von 100°. Zur Berechnung der Verbindung ist demnach die Problemklasse „großer Haltewinkel" aus der Methodensammlung auszuwählen (horizontal grau unterlegt).

Methoden zur Ermittlung von Schnapperhaltekräften														Bewertung
Problemklassen in Abhängigkeit von der Geometrie 1. ε = Dehnung 2. β = Haltewinkel 3. Art der Elastizität: 3D-Biegung 2D-Biegung	Analy.		Berechnung 2D-FEM				3D-FEM				Versuch			**Genauigkeit** ⊠ unbrauchbar ● qualitativ ◐ ±50% ○ ±10% **Zeitlicher Aufwand** ● hoch (Tage) ◐ mittel (Stunden) ○ gering (Minuten)
	Überschlag	Differentialgleichung	linearer Werkstoff	nichtlin. Werkstoff	Kontaktrechnung	Reibung	linearer Werkstoff	nichtlin. Werkstoff	Kontaktrechnung	Reibung	orientierend	Prototyp gefräst	Prototyp gespritzt	
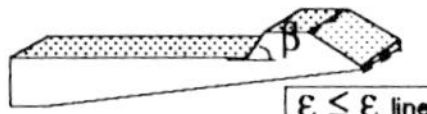 Standard-schnapper · $\varepsilon \leq \varepsilon$ linear · $\beta < 90°$ · 2D-Bieg. (Aufwand)	○	◐	◐	◐	◐	◐	◐	●	●	●	◐	●	●	Aufwand
(Genauigkeit)	○	○	○	○	○	○	○	○	○	⊠	●	◐	○	Genauigkeit
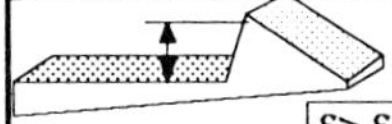 großer Hinterschnitt · $\varepsilon > \varepsilon$ linear · $\beta < 90°$ · 2D-Bieg. (Aufwand)	○	◐	◐	◐	◐	◐	◐	●	●	●	◐	●	●	Aufwand
(Genauigkeit)	●	●	◐	○	○	○	◐	○	○	⊠	●	◐	○	Genauigkeit
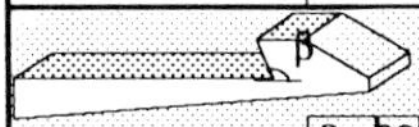 großer Haltewinkel · ε = beliebig · $\beta \geq 90°$ · 2D-Bieg. (Aufwand)	○	◐	◐	◐	◐	◐	◐	●	●	●	◐	●	●	Aufwand
(Genauigkeit)	⊠	●	●	◐	◐	○	◐	◐	⊠	⊠	●	◐	○	Genauigkeit
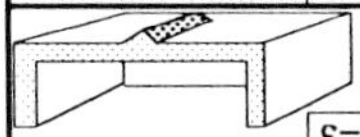 räumliche Biegung · ε = beliebig · β = beliebig · 3D-Bieg. (Aufwand)	○	◐	◐	◐	◐	◐	◐	●	●	●	◐	●	●	Aufwand
(Genauigkeit)	⊠	⊠	⊠	⊠	⊠	⊠	◐	○	⊠	⊠	●	◐	○	Genauigkeit

Bild 7.1-5: Methodenauswahl für verschiedene Objekte (Schnapper unterschiedlicher Ausführung) zur Bestimmung der Haltekräfte der Schnapper.

Die Auswahl einer geeigneten Methode erfolgt dann über den Erfüllungsgrad der einzelnen Kriterien. Im diesem Beispiel wird insbesondere gefordert:

1. Die **Genauigkeit** der Methode soll bei ± 10% liegen.
   Aufgrund der komplexen und teuren Spritzgußformen im Beispiel sollen die zu erwartenden Haltekräfte möglichst genau bestimmt werden, um nachträgliche, hohe Änderungskosten an der Form zu vermeiden.
2. Der zeitliche **Aufwand** sollte maximal bei einer Woche liegen.
   Aufgrund der für die Entwicklung gesetzten Meilensteine ist in diesem Beispiel das geforderte Ergebnis innerhalb einer Woche zu liefern. Unter Einbeziehung von Kostenaspekten ist jedoch ein geringerer Aufwand bei der Methodendurchführung wünschenswert. Die aus der Zeitdauer ableitbaren **Durchführungskosten** (z. B. Personal- und Sachkosten weniger als 5.000 DM) wären dementsprechend als ein weiteres Kriterium möglich.

3. Die **Verfügbarkeit** und **Beherrschung** sollen im Beispiel gleichermaßen für alle aufgeführten Methoden gewährleistet sein.

Zusätzlich zu den **methodenspezifischen** Kriterien unter Punkt 1 und 2 sind weitere, äußere Einflüsse von großer Bedeutung für die Methodenauswahl. Solche äußeren Einflüsse sind z. B. die **Verfügbarkeit der Einrichtungen** zur Methodendurchführung oder die **Beherrschung der Methode** selbst. Diese Kriterien können nicht allgemeingültig in das Schema von Bild 7.1-5 eingetragen werden, da sie von den wechselnden innerbetrieblichen Randbedingungen abhängen.

Anhand von Bild 7.1-5 kann nun die Methodenauswahl durchgeführt werden. Es zeigt sich, daß prinzipiell sowohl eine 2D-FEM-Berechnung unter Einbeziehung der Reibverhältnisse als auch ein Versuch mit gespritzten Prototypen die gewünschte **Genauigkeit** erreichen. Aufgrund des geringeren Untersuchungs**aufwand**s wird die FEM-Berechnung vorgezogen.

Wie man aus Bild 7.1-5 erkennt, wurde für die Methodenauswahl zunächst die geeignete Problemklasse „großer Haltewinkel" bestimmt. Unter den ausreichend genauen Methoden (vertikal grau unterlegt) wurde dann die Methode ausgewählt, deren Anwendung mit dem geringsten Aufwand verbunden ist.

Was zeigt das Beispiel?

Man sieht, daß die Methodenauswahl **nicht nur von der zu bestimmenden Eigenschaft** (hier Haltekräfte), sondern auch **von dem zu untersuchenden Objekt** abhängt. Die Methoden eignen sich unterschiedlich gut je nach Art und Ausführung der Schnappverbindung. Das gilt möglicherweise ganz allgemein. Damit werden die Struktur eines zukünftigen Methodenbaukastens (Kapitel 7.1.1) und die Methodenauswahl (Kapitel 7.1.2) komplex.

Literatur zu Kapitel 7.1

[1/7.1]　　VDI Richtlinie 2221: Methodik zum Entwickeln und Konstruieren technischer Systeme und Produkte. Düsseldorf: VDI-Verlag 1986.

[2/7.1]　　Pahl, G.; Beitz, W.: Konstruktionslehre. Berlin: Springer 1993.

[3/7.1]　　Jorden, W.; Schwarzkopf, W.: Flexible Konstruktionsmethodik mit Hilfe eines Methodik-Baukastensystems. Konstruktion 37 (1985) 2, S.73–77.

[4/7.1]　　Wach, J. J.: Problemspezifische Hilfsmittel für die Integrierte Produktentwicklung. München: Hanser 1994. (Konstruktionstechnik München, Band 12) Zugl. München: TU, Diss. 1993.

[5/7.1]　　Schlüter, A.: Gestaltung von Schnappverbindungen für montagegerechte Produkte. München: Hanser 1994. (Konstruktionstechnik München, Band 18) Zugl. München: TU, Diss. 1994

7.2 Methoden zu Produktplanung und Innovation

Fragen:

- Warum sind neue Produkte für das Unternehmen so wichtig?
- Wie wird das vorhandene Produktprogramm analysiert?
- Wie werden Ideen für neue Produkte gefunden?
- Welche Randbedingungen sind bei der Produktplanung zu beachten?

In diesem Kapitel werden Methoden dargestellt, wie man zu neuen Ideen für Produkte und Verfahren kommen kann. Natürlich kann nicht der eigentlich kreative Prozeß aufgedeckt werden. Aber diese Methoden erleichtern und stimulieren den Prozeß durch geeignete Analysen des Umfeldes und der Organisation günstiger Voraussetzungen.

7.2.1 Zweck und Begründung der Methoden

Im Gegensatz zum nachfolgenden Kapitel 7.3 „Methoden zur Aufgabenklärung", in dem eine Konstruktionsaufgabe vorgegeben ist, wird hier diese Aufgabe erst gesucht. Es ist im Sinne der Innovation mindestens ebenso wichtig, **neue Probleme und Problembereiche für Produkte** zu finden, wie die Lösungen dafür. Die dargestellten Methoden sind eine **Voraussetzung für die Produktplanung.** Diese wird an Hand eines Beispiels in Kapitel 7.2.6 vorgestellt. Auch hier ist der **Vorgehenszyklus** zweckmäßig:

I Aufgabe und Vorgehen klären (Problemanalyse), bestehend aus Ermittlung des Unternehmens- und des Produktpotentials relativ zur Konkurrenz, wozu auch die Unternehmenszielsetzung gehört: Ermittlung von Stärken und Schwachstellen.

II Lösungen suchen, ausgehend vom Ganzen, in der Aufdeckung von Produktbereichen, übergehend zum Detail durch die Suche nach Produktideen.

III Lösungen auswählen, sowohl von Produktbereichen wie Produktideen.

Das im folgenden beschriebene Vorgehen wird in **Bild 7.2-1** grafisch dargestellt. Auch hier kommt das iterative Vor- und Zurückspringen laufend vor. Der anscheinend sequentielle Ablauf ist also nur als grober Anhalt aufzufassen (siehe Kapitel 7.2.6).

a) Zweck der Methoden

Der Zweck der Methoden besteht darin, dem Unternehmen Vorteile gegenüber Mitbewerbern und Vorteile für den Nutzer, den Markt zu schaffen, indem Produktänderungen oder die Neuaufnahme von Produkten rechtzeitig veranlaßt werden.

b) Begründung der Methoden

Entsprechend Bild 2.4-2 haben Produkte einen Marktlebenslauf, dessen Beachtung immer wichtiger wird, da sich die Marktbedürfnisse schneller wandeln, neue Technologien und Konkurrenten entstehen. Dieser schnellere Wandel wird zum Teil durch die Hersteller erzeugt, die über neue Produkte einen Marktvorsprung erreichen wollen.

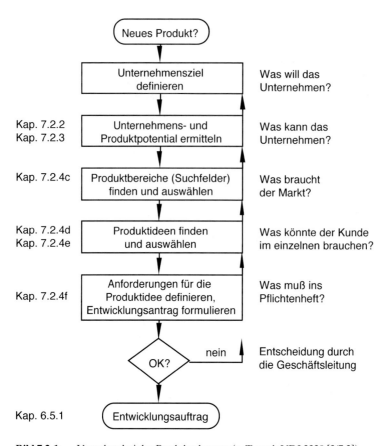

Bild 7.2-1:   Vorgehen bei der Produktplanung (z. T. nach VDI 2220 [2/7.2])

Das **Alter der Produkte** wurde also in den letzten Jahren immer geringer, wie **Bild 7.2-2** am Beispiel von Siemens zeigt. Heute konkurrieren Unternehmen außer über Qualität und Kosten auch über die Innovations- und Lieferzeit.

Die **Entwicklungszeit** für neue Produkte beträgt im Maschinenbau etwa 1 bis 10 Jahre. Bei Konsumgütern und in der Elektrotechnik sind kürzere Entwicklungszeiten üblich, die z. T. länger als die Marktlebensdauer der Produkte sind. Also muß man z. B. für einen Zeitraum von 3 bis 6 Jahren rechtzeitig planen. Dies zu tun ist trotz der Unsicherheit von Prognosen wichtig.

Die Zahl der **erfolgreich** am Markt **eingeführten Produkte** ist mit einigen Prozent der ursprünglichen Produktideen verschwindend gering (**Bild 7.2-3**). Die Kosten für die Produktentwicklung und -einführung steigen rasch an. Also sind Methoden und Maßnahmen zur Auswahl des richtigen Entwicklungsobjekts nötig.

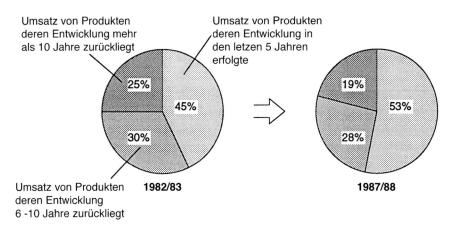

Bild 7.2-2: Umsatzanteile unterschiedlich alter Produkte 1982/83 und 1987/88 (nach Siemens)

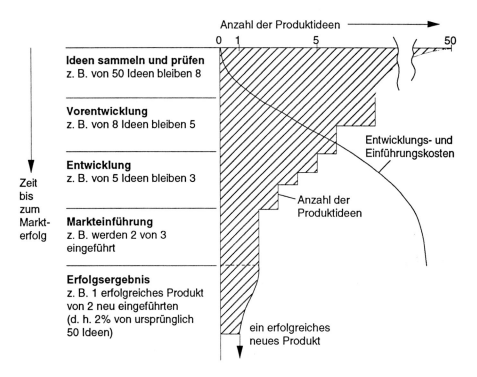

Bild 7.2-3: Ausfallkurve für Produktideen

Diese Aussagen zeigen, daß es unverantwortlich wäre, wenn eine Unternehmensleitung das Entstehen neuer Produkte mehr oder weniger dem Zufall überließe. Neue Produkte und deren Markterfolg können bis zu einem gewissen Grad methodisch geplant werden. Dabei geht es nicht nur um **diskursive Methoden,** z. B. zur Informationssammlung und

-auswahl, sondern auch um **Kreativitätstechniken**, damit wirkliche Innovationen entstehen können, die zum „Ausbruch aus dem Gewohnten" führen.

c) Zum Begriff Innovation

Unter Innovation versteht man üblicherweise die Einführung einer neuartigen, fortschrittlichen Lösung **für ein bestimmtes Problem**. Das kann ein Produkt oder ein Prozeß (Verfahren) materieller oder immaterieller Art sein. Es kann eine neue Lösung hinsichtlich der Funktion sein, also ein **neues Konzept** (prinzipielle Lösung). Es kann aber auch ein Produkt sein, das eine bekannte prinzipielle Lösung mit einer **neuen Gestalt** realisiert. Diese kann wieder z. B. durch neue Werkstoffe, Fertigungsverfahren und Montagetechnologien oder eine neue Designidee bedingt sein. Bei der Einführung der Uhrenfamilie Swatch wurde vieles davon, einschließlich einer Vertriebsinnovation, gleichzeitig verwirklicht [1/7.2].

Innovation kann aber auch die Entdeckung oder Formulierung eines **neuen Problems**, Problembereichs oder einer neuen Aufgabe sein (z. B. Kapitel 7.2.4d: 3D-Maus). Man kann ferner eine Basisinnovation von einer „nur äußerlichen" Scheininnovation und eine Brancheninnovation von einer unternehmensinternen Innovation unterscheiden.

d) Innovationshemmnisse

Neues einzuführen ist immer mit Risiko verbunden, z. B. der Möglichkeit von Geld-, Ansehens- oder Kundenverlust. In Konjunkturzeiten schieben Unternehmen mit gut laufenden Produkten Innovationen auf die lange Bank. „Kreative Spinner" werden kaltgestellt, denn sie passen nicht in den so gut laufenden Routinebetrieb. Sowohl betrieblich wie persönlich stellt die „NIH-Mentalität" (Not invented here) das wohl größte Innovationshemmnis dar: Die Bescheidenheit anzuerkennen, daß andere auch etwas Gutes oder gar Besseres erdacht und verwirklicht haben, ist selten. Japan hat es fertiggebracht, seit seiner Öffnung 1854 hundert Jahre vom Westen zu lernen!

7.2.2   Ermitteln des Unternehmenspotentials

a) Fragestellung

Welche Stärken und Schwächen hat das eigene **Unternehmen** bezogen auf die Konkurrenz derzeit und in absehbarer Zukunft? Dies kann sich auf ein Produkt, einen Produkt- oder Prozeßbereich, auf eine am Markt zu erfüllende Funktion oder Dienstleistung beziehen. Das **Unternehmenspotential** ist die Gesamtheit der Möglichkeiten eines Unternehmens, eine Nachfrage nach Problemlösungen (Produkten, Dienstleistungen) erfüllen zu können [2/7.2, 3/7.2, 4/7.2].

b) Zweck der Methode

Das Erkennen des Unternehmenspotentials mit seinen Stärken und Schwächen soll je nach Zielsetzung der Unternehmensleitung bewirken, daß man sich nicht „verzettelt", sondern seine Kräfte konzentriert und entweder die weitere Produktentwicklung dort beginnt, wo man ohnehin stark ist, um diese starke Position weiter auszubauen, oder gerade in Schwachstellen einsetzt, um diese zu beseitigen (Kapitel 4.5b). Das bedeutet auch, daß die entsprechenden **Unternehmensziele** präzisiert werden.

Poten-	Potentialbereiche			
tialart	Entwicklung	Beschaffung	Produktion	Vertrieb

Infor-
mation
	- Erfahrung
	- Entwicklung von
	  Funktionen und
	  Eigenschaften
	- Arbeitsprinzipien
	- Organisations-
	  methoden
	- Schutzrechte
	- Patente
	- Lizenzen
	  usw.
		- Erfahrung
		- Aushandeln von
		  Lieferbedingungen
		- Organisations-
		  methoden
		- Beschaffungs-
		  organisation
		- Lieferanten-
		  beziehungen
		- Material
		- Zukaufteile
		- Betriebsmittel
		  usw.
			- Erfahrung
			- Verfahren
			- Fertigung
			  • Werkstoffe
			  • Abmessungen
			  • Genauigkeit
			- Montage
			- Organisations-
			  methoden
			- Organisations-
			  struktur
			  usw.
				- Erfahrung
				- Werbung
				- Kundendienst
				- Organisations-
				  methoden
				- Vertriebs-
				  organisation
				- Abnehmer-
				  beziehungen
				  • Absatzvermittl.
				  • Endabnehmer
				- Marktanteile
				  usw.

Sach-
mittel
	- Entwicklungs-
	  mittel
	- Versuchsfelder
	- Prüfmittel
	- Informations-
	  mittel usw.
		- Ausstattung
		- Transportmittel
		- Informationsmittel
		  usw.
			- Grundstücke
			- Gebäude
			- Infrastruktur
			- Produktions-,
			- Informations-
			  mittel usw.
				- Nieder-
				  lassungen
				- Ausstattung
				- Transport-
				  mittel
				  usw.

Personal	- Forschungs-
	  personal
	- Konstrukteure
	- Zeichner usw.
		- Personal im
		  • Innendienst
		  • Außendienst
		  usw.
			- Fachpersonal
			- Hilfspersonal
			  usw.
				- Personal im
				  • Innendienst
				  • Außendienst
				  usw.

Finanz- mittel	Budgetierung: langfristige Finanzierungsmöglichkeiten			

Bild 7.2-4: Unternehmenspotential: Potentialbereiche und Potentialarten (nach VDI 2220 [2/7.2])

c) Inhalt der Methode

Es werden Daten über die Potentiale des eigenen Unternehmens und vergleichbare Daten über die der Konkurrenz gesammelt. Da letzteres oft schwierig ist, müssen Schätzungen genügen. Dies betrifft z. B. die Potentiale der Entwicklung, des Vertriebs, der Produktion, der Beschaffung und der Finanzen. Diese sind natürlich zahlenmäßig im einzelnen aufzuschlüsseln, was nach den Potentialarten, Informationen, Sachmitteln, Personal und Finanzmitteln geschehen kann (**Bild 7.2-4**).

Die Zahlen werden jeweils in **ABC-Analysen** verglichen (**Bild 7.2-5**). Bei der ABC-Analyse werden Massenphänomene gegliedert in die wichtige A-Gruppe, die mittelwichtige B-Gruppe und die untergeordnete C-Gruppe. Zweck ist, das Wichtige zu erkennen und vom Unwichtigen zu trennen. In Bild 7.2-5 sind die Umsätze und Gewinne der Produkte A bis P aufgetragen. Dabei machen die drei Produkte der A-Gruppe (19% aller Produkte) 70% des Umsatzes, die sechs Produkte der B-Gruppe (37% aller Produkte) weitere 23% des Umsatzes und die vielen untergeordneten Produkte (44%) der C-Gruppe nur noch 7% des gesamten Umsatzes. Bei dem Gewinn sieht die Rangfolge anders aus! Man sieht also sofort, an welcher Stelle der Rangliste bzw. in welcher Gruppe sich das Produkt befindet. Die ABC-Analyse ist eine einfache, aber aussagekräftige Methode zum Strukturieren von zunächst undurchsichtigen Verhältnissen.

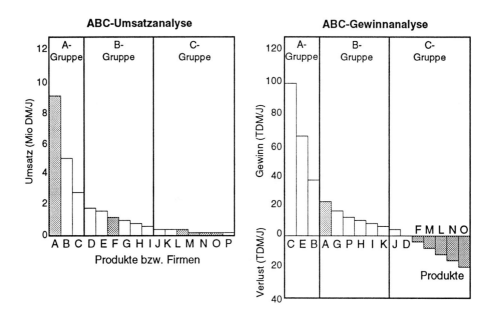

Bild 7.2-5:   ABC-Produktanalyse (nach Meerkamm)

d) Folgerungen hinsichtlich der Unternehmensziele

Erfahrungsgemäß lassen sich neue, geeignete Produkte nur sehr schwer finden, wenn sich die Unternehmensleitung nicht festlegt, was sie auf Dauer will. Eine Unternehmenszielsetzung, besser noch eine **Vision**, eine **Leitidee** für die Zukunft des Unternehmens, wirken richtungsweisend und motivierend. Geht es um technische Führerschaft auf bestimmten Gebieten? Will man den Marktanteil erhöhen? Will man hinsichtlich der Unternehmensgröße wachsen oder gleich bleiben? Will man in der Qualität, der Lieferzeit, den Kosten, im Service führend werden?

7.2.3 Ermitteln des Produktpotentials

a) Fragestellung

Welche Stärken und Schwächen haben die **Produkte** des eigenen Unternehmens bezogen auf die der Konkurrenz derzeit und in absehbarer Zukunft?

b) Zweck der Methode

Das Erkennen des Produktpotentials mit seinen Stärken und Schwächen ist eng verknüpft mit dem Erkennen des Unternehmenspotentials, da der Zweck eines Unternehmens die Marktbefriedigung mit Produkten ist. Da aber die produktbezogene Analyse auch unabhängig vom Unternehmenspotential durchgeführt werden kann, wird sie hier getrennt behandelt. Vor der Neukonstruktion oder konstruktiven Überarbeitung eines neuen Produkts ist eine **Bewertung des bisherigen Produkts** möglichst aus Nutzersicht, aber auch aus Herstellersicht eine unbedingte Voraussetzung (Kapitel 7.9). Diese sollte sich auf das ganze einschlägige Produktprogramm beziehen. Nur wenn erkannte Schwachstellen in Ziele und Anforderungen umgesetzt werden, besteht Hoffnung, einen wesentlichen Marktvorsprung zu erreichen. Hilfreich ist dabei, fremde Erzeugnisse mit in die Betrachtung einzubeziehen (**Fremderzeugnisanalyse**).

c) Inhalt der Methode

Das Produktprogramm bzw. das einzelne Produkt kann nach **Marktkriterien** (z. B. Umsatzanteile relativ zur Konkurrenz, auch nach Branchen, Ländern, Lieferzeiten, Preisen, Qualitätskriterien), nach **Nutzerkriterien** (z. B. realisierte Funktionen, Handhabung, Zuverlässigkeit, Service, Design, Gebrauchskosten, Emissionen, Geräusch, Lebensdauer) und nach **Herstellerkriterien** (z. B. interne Durchlaufzeit, Fertigbarkeit, Prüf- und Montierbarkeit, Herstellkosten, Gewinn, Ausschuß- und Reklamationsquote) beurteilt werden.

Von Interesse kann ferner eine **Patent- und Lizenzanalyse** relativ zur Konkurrenz sein. Schwachstellen können auch aus der Auswertung von Reklamations-, Service-, Montage- und Prüfberichten erkannt werden. Fehlende Funktionen, Leistungsdaten und Ausführungsvarianten sind oftmals den Kundenrückfragen auf Angebote zu entnehmen.

Die formale Auswertung kann über Rangreihenlisten, ABC-Analysen (Bild 7.2-5), Portfolio-Diagramme (Bild 7.2-6) oder Bewertungsverfahren (Kapitel 7.9) erfolgen, wie sie nachfolgend beispielhaft gezeigt werden.

Die oben erwähnte **Fremderzeugnisanalyse** ist besonders bei Pkw-Herstellern verbreitet. Sie kann in ein Bewertungsverfahren (z. B. gewichtete Punktbewertung) überführt werden. Fremd-Pkw werden z. B. zerlegt und die Einzelteile für Konstrukteure zugänglich in eigenen Räumen, beispielsweise an Wandtafeln, befestigt. Den Teilen können die Werkstoffe, Fertigungs- und Montageverfahren und die selbst kalkulierten Kosten zugeordnet werden. Es ist klar, daß Fremderzeugnisse auch betrieben und getestet werden. Man kann kaum schneller entwickeln, als sich von der Konkurrenz anregen zu lassen. Das bedeutet aber zunächst, sie ernst zu nehmen und ferner sie nicht einfach nachzuahmen, sondern sich bewußt von ihr zu unterscheiden.

d) Beispielhafte Arten der Auswertung

In Bild 7.2-5 ist die ABC-Analyse gezeigt, die für die Produkte A bis P links nach Umsatz pro Jahr und rechts nach Gewinn pro Jahr durchgeführt wurde. Man sieht daraus, daß das Produkt A mit dem höchsten Umsatz kaum Gewinn abwirft. Es ist rechts nur noch im Mittelfeld, in der B-Gruppe. Zu ermitteln wäre nun, ob es in der Lebensdauerkurve (Bild 2.4-2) auf dem absteigenden Ast liegt, ob es einfach zu teuer hergestellt wird, oder ob der abgesunkene Preis auf Konkurrenten mit einem besseren Preis-Leistungsverhältnis zurückzuführen ist.

Bild 7.2-6 zeigt ein **Portfolio-Diagramm**, in dem der Kostendruck, dem die Produkte beim Verkauf unterliegen, über dem jeweiligen Umsatzanteil des Produkts aufgetragen ist. Aus einem derartigen Diagramm kann man erkennen, welche Produkte als erste ein Kostensenkungsprogramm nötig haben: Es sind die mit dem größten Umsatz und größten Kostendruck im Feld rechts oben. Dort würde auch das Produkt A zu finden sein (Kapitel 9.3.3). Ähnliche Diagramme kann man auch für andere Eigenschaften, z. B. für die Ausschuß-/Reklamationsquote, die Gebrauchskosten aufstellen.

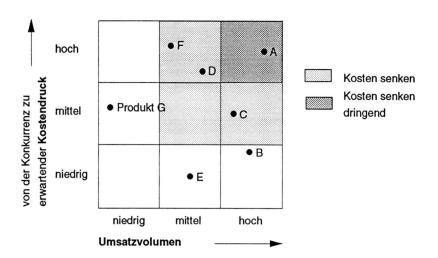

Bild 7.2-6:   Portfolio-Diagramm für die Auswahl von Produkten, die zur Kostensenkung anstehen

Das **Bild 7.2-7** bezieht sich auf die **Altersverteilung** eines ganzen Produktprogramms. Die geschätzte Lebenserwartung der Produktarten am Markt ist absteigend nach oben aufgetragen. Je breiter die Basis ist, desto gesünder ist das Programm. Ein solches ist links gezeigt. Rechts sieht man ein überaltertes Programm. Wenn diese Darstellung auch idealisiert ist, da die zu erwartende Lebensdauer nur grob geschätzt werden kann, vermittelt sie für die Produktplanung doch wesentliche Erkenntnisse.

Alte Produkte, die sich noch einigermaßen gut verkaufen, aber lange nicht überarbeitet wurden, sollten zunächst in die engere Auswahl zur Überarbeitung gezogen werden.

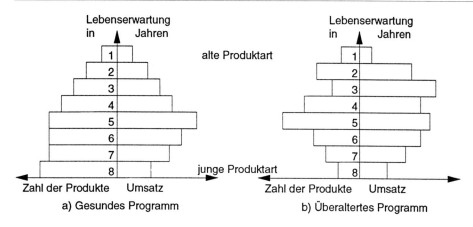

Bild 7.2-7: Alterspyramide von Produktprogrammen (nach Brankamp [5/7.2])

7.2.4 Finden von Produktbereichen und Produktideen

a) Fragestellung

Welche Produktbereiche (Suchfelder) und welche konkreten zukunftsträchtigen Produktideen gibt es darin?

b) Zweck der Methode

Die bisher gezeigten Methoden der Ermittlung des Unternehmens- und des Produktpotentials sind als typische Analysemethoden nur eine Vorbereitung für die Suche nach zukunftsträchtigen Produktideen. Dabei ist jedoch bekannt, daß gerade Analysen mit der dazu notwendigen Abstraktion und dem Aufdecken von Schwachstellen Ideen für Verbesserungen oder neue Produkte geradezu herausfordern. Im folgenden wird nun direkt synthetisierend und kreativ verfahren um Ideen für Produkte zu finden. Es hat sich bewährt [2/7.2], vom Ganzen zum Detail vorzugehen und **zunächst Produktbereiche (Suchfelder)** zu ermitteln, in denen dann im einzelnen gesucht wird. Durch den vorhandenen Produktbezug liegen die Produktbereiche meist fest. Das bedeutet jedoch nicht, daß es nicht fruchtbar wäre, sich davon zu lösen und auf benachbarte Produktbereiche überzugehen. Bei der Festlegung der Suchfelder usw. ist zu berücksichtigen, daß entsprechend **Bild 7.2-8** die meisten Anregungen für neue Produkte direkt von Kunden, aus Tagungen oder Messen und von Kontakten mit der Konkurrenz entstehen. Das Schlußlicht bilden Ideen aus dem Wissenschaftsbereich und aus Patentschriften! Die systematische Auswertung von Patentschriften ist aber fruchtbar.

c) Produktbereiche (Suchfelder) finden

Produktbereiche sind der Produktfindung vorzugebende Aktionsbereiche, innerhalb derer nach neuen Produktideen gesucht werden soll. Sie sollen dem Unternehmenspotential entsprechen und zukunftsträchtig sein. Sie sind gemäß **Bild 7.2-9** durch die Parameter Funktionen, Arbeitsprinzipien, Stoffe, Verfahren, Abnehmerbereiche usw. beschreibbar (siehe auch nachfolgende Erläuterung unter d). Die Begriffe entsprechen nur z. T. den sonst in Kapitel 7 verwendeten.

Woher kommen Ideen für neue Produkte ?

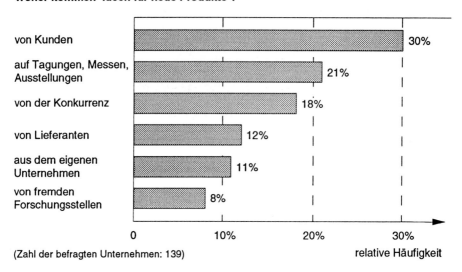

(Zahl der befragten Unternehmen: 139)

Bild 7.2-8:   Herkunft der Ideen für neue Produkte (nach Brankamp [5/7.2])

Der Parameter **Funktion** ist hierbei nicht im Sinne der strengen Definition aus der Konstruktionsmethodik und der Wertanalyse zu verstehen, sondern soll – relativ weit gefaßt – bestimmte Aufgaben oder Zwecke beschreiben. Ein Funktionsfeld umfaßt alle Produkte, die dieselbe Funktion erfüllen.

Der Parameter **Arbeitsprinzip** beschreibt die Wirkungsweise der Produkte aufgrund physikalischer oder chemischer Gesetzmäßigkeiten (ähnlich prinzipielle Lösung eines Produkts).

Suchfelder, z. B. für Unternehmen der Konsum- und Gebrauchsgüterindustrie, können durch den Parameter **Stoff** gekennzeichnet sein.

Unternehmen der Investitionsgüterindustrie orientieren sich vielfach mit Hilfe des Parameters **Verfahren** (ähnlich prinzipielle Lösung eines Prozesses).

Soll die Suche nach neuen Produkten auf bestimmte Abnehmer zielen, so sind die Suchfelder durch den Parameter **Abnehmerbereich** zu beschreiben.

Häufig sind anfallende Änderungen in Technik, Wirtschaft und Gesellschaft unmittelbare Impulse für neue Produkte, ebenso lassen sich aus der Analyse derartiger **Trends** Suchfelder für neue Produkte erschließen [6/7.2].

Design als Parameter zur Beschreibung von Suchfeldern soll auf Wertvorstellungen, Zeitbezug (z. B. modisch, konservativ, futuristisch) und dergleichen hinweisen.

Auch aus der **Bionik** können durch Analogien zur Natur Suchfelder gefunden werden.

Produktbereich (Suchfelder)	
Parameter	**Beispiele**
Funktionen	Transportieren, Verpacken, Prüfen, Messen
Arbeitsprinzipien	Hydraulik, Lasertechnik, Mikroelektronik
Stoffe	Glas, Kunststoff, Leichtmetall, Edelstahl
Verfahren (Prozeß)	Gießen, Walzen, Schweißen, Schleifen
Abnehmerbereiche	Bergbau, Landwirtschaft, Automobilbau, Wehrtechnik
Trends	Umweltschutz, mittlere Technologien, Rohstoffrückgewinnung, Mikroelektronik
Design	Handhabung/Ergonomie, Umgebungsbezug, Zeitbezug, Wertvorstellungen
Bionik	Analogien zur Natur, Lösung äquivalenter Funktionen

Bild 7.2-9:   Parameter und Beispiele für Suchfelder (z.T. nach VDI 2220 [2/7.2])

Dabei können systematisch Produktbereiche (Suchfelder) durch **Suchfeldhierarchien** bzw. **morphologische Bäume** (Kapitel 7.5.5.1) aufgedeckt werden, wie **Bild 7.2-10** am Beispiel des Transportierens zeigt. Vom wenig konkreten Hauptsuchfeld Transportieren kommt man so zu immer engeren Suchfeldern wie Erde bewegen, Getreide verladen. Die geeigneten Suchfelder sind entsprechend der Zukunftsbedeutung, dem Unternehmenspotential und der Unternehmenszielsetzung auszuwählen. Dabei ist auch zu entscheiden, welche **Strategie** man einschlagen will: ob man der **Produktart**, der **Problemart**, der **Kundengruppe** oder der **Produktionsart treu** bleiben will.

Man geht am **wenigsten Risiko** ein, wenn man bei der gleichen Produktart bleibt. Bleibt man z. B. bei der vorhandenen Produktionsart, so hat man den Vorteil, auf das bekannte Produktions-Know-how zurückgreifen zu können und nicht wesentlich neu investieren zu müssen. Man kann aber natürlich fast alle obigen Einschränkungen verlassen und versuchen, mit neuen Produkten in neue Märkte vorzudringen.

d) Produktideen finden

Eine Produktidee ist eine vage Vorstellung von einem möglichen Produkt noch ohne klare Konzeption dieses Produkts. In manchen Fällen handelt es sich um eine neue oder erfinderische Aufgabenstellung. So ist z. B. die Idee des Konstruierens im Raum mit einer **3D-Maus** und der holographischen Darstellung des konstruierten Körpers eine erfinderische Aufgabenstellung, die bisher ungelöst ist.

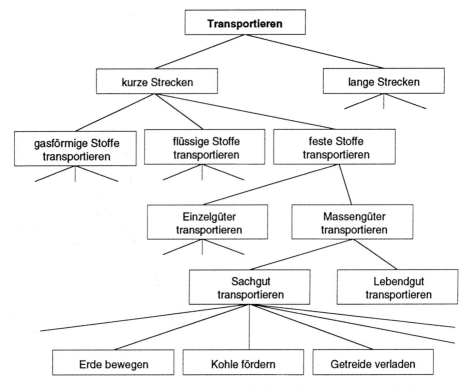

Bild 7.2-10: Aufstellung und Strukturierung der Suchfeldhierarchie als „**morphologischer Baum**" (nach VDI 2220 [2/7.2])

Neue Ideen kann man durch Einsatz von Kreativmethoden (z. B. Brainstorming, Methode 6-3-5: Kapitel 7.5.4) oder mit systematischen Lösungsfindungstechniken (z. B. morphologische Schemata, Wirkbewegungs- oder Wirkflächenvariation, Kapitel 7.5.5, 7.6, 7.7) finden. Von Bedeutung ist auch das innerbetriebliche Vorschlagswesen.

Die Fragestellungen sind ähnlich wie beim Klären der Aufgabe (Kapitel 7.3) und überschneiden sich z. T. mit den obigen Fragen beim Klären des Produktpotentials. Sie sollen entsprechend Bild 7.2-9 an Beispielen erläutert werden.

– **Funktionen**: Welche Funktionen werden bis jetzt geliefert? Welche Funktionen sucht der Kunde eigentlich? Z. B. Automatisieren des Haushalts: Welche Funktionen gibt es dabei: Reinigen der Wäsche, des Geschirrs, der Zimmer, Versorgen/Entsorgen im Lebensmittelbereich, Zubereiten der Speisen usw.? Welche Funktionen werden technisch unterstützt, welche nicht oder unzureichend?

– **Arbeitsprinzipien**: Statt spülen: eßbares oder verrottbares Geschirr. Kaufläden ohne Personal mit komfortablen Warenautomaten. Wie sieht das ideale Produkt, der ideale Prozeß aus? **Widerspruchsorientierte Ideen**: Türen öffnen ohne Schlüssel, ohne Kraft; Geschirr, das nicht zerbricht, nicht schmutzig wird. **Analogien** suchen, z. B. ausgehend vom leitungslosen Telefon, Rasierer: Wo sind heute noch Stromzuleitungen? Wie können sie vermieden werden? **Ideen**: Bügeleisen ohne Leitung, mit induktiver Energieübertragung durch das Bügelbrett. Induktive Energieübertragungsschiene an der Wand entlang, auf Tischen: für Radios, Toaster, Küchenmaschinen [6/7.2] (Kapitel 7.5.5.3).

– **Stoffe**: Ein Unternehmen XY stellt bisher Betonmischer her (Kapitel 9.3.3.2). Ist das Arbeitsprinzip des Mischers (Zweiwellen-Zwangsmischer) auch für das Mischen anderer Stoffe einsetzbar? **Ideen**: Einsetzbar beim Herstellen von Kalksandsteinen; für das Mischen chemischer Substanzen; für das Mischen von Asphalt und Split. Falls diese Ideen verwirklicht würden, bliebe das Unternehmen der Produktart (Mischer) und der Produktionsart treu. Die Kundengruppe würde gewechselt, die Problemart würde sich aufgrund der neuen Stoffe geringfügig verändern. Das Risiko (s. o.) wäre also beherrschbar. Die Unternehmensleitung könnte ein Unternehmensziel formulieren: „Mischtechnologie von Firma XY" oder „Die Mischspezialisten von XY".

– **Verfahren**: Ein Unternehmen stellt kontinuierliche, rotierende Fest-Flüssig-Filter für die chemische Industrie her. Man überlegt, mit welchen Wirkflächen/Wirkbewegungen man andersartig filtrieren könnte. **Ideen:** Statt Rotation Translation in Form von Bandfiltern; statt bewegten ruhende Filterflächen, deren Filterkuchen im Batchbetrieb durch Schüttelschwingungen automatisch entfernt wird (Kapitel 7.6).

– **Abnehmerbereiche:** Der geschilderte Filterhersteller überlegt, welche Branchen außer der Chemie Filterprobleme haben. Folgende **Ideen** ergeben sich: Abwasser-Filtration, Bier-Filtration, Filtration in der Galvanotechnik (Kapitel 7.2.6).

– **Trends:** Welche Trends existieren: Einzel- und Kleinhaushalt; weniger Pkw-Verkehr in Großstadtzentren; zu wenig Zeit zum Einkaufen, zunehmende Freizeitorientierung usw. Ein Produktplanungsteam überlegt sich Ideen zum sich immer mehr verstärkenden Freizeittrend. Was folgt daraus? Aus einer dafür erstellten Suchfeldhierarchie ähnlich Bild 7.2-10 mit den Untersuchfeldern Reisen, Sport, Kultur, Weiterbildung wählen sie den Sport aus und erstellen gemeinsam ein morphologisches Schema „Sportgeräte", aus dem z. B. folgende **Ideen** geboren wurden (**Bild 7.2-11**): Eissegeln mit nur einer Kufe ähnlich dem Snowboard bzw. dem Surfen; Segeln auf dem Wasser, wobei statt des Boots, ähnlich wie bei einem Fahrzeug, vier große aufblasbare Rollen den Auftrieb und den Vortrieb übernehmen.

– **Bionik:** Für die zu bearbeitenden Funktionen werden äquivalente Funktionen in der Natur gesucht, und es wird analysiert, wie sie in der Natur gelöst werden. **Beispiele** sind: Fliegen und Flugantrieb bei Vögeln und Fledermäusen; Schwimmen und Schwimmantrieb bei Fischen jeweils funktionsvereint (Kapitel 7.7.1). Leichtbaustrukturen mit Schalen, Waben, Rohren, Geweben [7/7.2, 8/7.2, 9/7.2]. **Ideen:** Strömungsgerechtes Profil ähnlich wie beim Delphin. Ebenso mindert dessen flexible, näpfchenartige Körperoberfläche den Strömungswiderstand. Wie kann dies an technischen Produkten realisiert werden?

– **Widerspruchsorientierte Entwicklungsstrategie** (**WOIS**) nach Linde, Hill [6/7.2, 10/7.2]. Es wird das scheinbar Unmögliche gefordert, obwohl z. B. Naturgesetze zu widersprechen scheinen; zulassen des scheinbar Unzulässigen. Aus der Lösung der inneren Widersprüche können sich überraschende, neue Ideen ergeben. **Beispiele:**

Forderung an einen konventionellen Schütz, der in Luft arbeitet: „Schütz mit eigenem konstanten Klima" ergibt den Vakuum-Schütz. Traktor, der seine eigene Straße mit sich führt, ergibt den Traktor mit Gleiskette.

Merkmal des Sportgerätes	Lösungselemente					
1. Bewegungs-art	1.1 Gleiten	1.2 Rollen	1.3 Schwimmen	1.4 Tauchen	1.5 Laufen	1.6 Tanzen
2. Stoffart	2.1 Fester Boden	2.2 Eis	2.3 Schnee	2.4 Kaolin	2.5 Kunststoff-fläche	2.6 Kunststoff-kugeln
	2.7 Kunststoff-schnee	2.8 Süßwasser	2.9 Salzwasser	2.10 Öl	2.11 Luft	
3.1 Kufen (Schnei-den)	3.1.1 Eine Kufe pro Fuß	3.1.2 Eine Kufe pro Person	3.1.3 Zwei Kufen pro Fuß	3.1.4 Zwei Kufen pro Person	3.1.5 n Kufen	
3.2 Flächen	3.2.1 Eine Fläche pro Fuß	3.2.2 Eine Fläche pro Person	3.2.3 Zwei Flächen pro Fuß	3.2.4 Zwei Flächen pro Person	3.2.5 n Flächen	
3.3 Rollen (Räder)	3.3.1 Eine Rolle pro Fuß	3.3.2 Eine Rolle pro Person	3.3.3 Zwei Rollen pro Fuß	3.3.4 Zwei Rollen pro Person	3.3.5 n Rollen pro Person	3.3.6 n Rollen hinter-/neben-einander
3.4 Raupen	3.4.1 Eine Raupe pro Fuß	3.4.2 Eine Raupe pro Person	3.4.3 Zwei Raupen pro Fuß	3.4.4 Zwei Raupen pro Person	3.4.5 n Raupen pro Person	3.4.6 n Raupen hinter-/neben-einander
4. Antriebsart	4.1 Eigen auf Ebene	4.2 Eigen auf Hang	4.3 Windsegel	4.4 Motor mit Propeller	4.5 Motor treibt Wirkfläche an	

(Linke Randbeschriftung zu den Zeilen 3.1–3.4: 3. Wirkflächenart)

Beispiele bekannt: 1.1 + 2.2 + 3.1.1 + 4.1 = Schlittschuhe; 1.2 + 2.1 + 3.3.4 + 4.1 = Fahrrad
1.1 + 2.8 + 3.2.2 + 4.3 = Surfen
neu: 1.1 + 2.5 + 3.1.1 + 4.1 = Schlittschuhe auf Kunststoffbahn
1.1 + 2.2 + 3.1.2 + 4.3 = Eissegeln mit nur einer Kufe ähnlich Snowboard
1.2 + 2.8 + 3.3.6 + 4.3 = Segeln mit z.B. 4 großen aufgeblasenen Kunststofffädern

Bild 7.2-11:   Morphologisches Schema für Sportgeräte

e) Produktideen auswählen

Ebenso wie zuvor die geeigneten Suchfelder, müssen auch die geeigneten Produktideen entsprechend Zukunftsträchtigkeit, Unternehmenszielsetzung und Unternehmenspotential (siehe Bild 7.2-4) ausgewählt werden. Dazu können die Methoden nach Kapitel 7.9 eingesetzt werden. Nach VDI 2220 [2/7.2] ist eine dreistufige Bewertung und Auswahlentscheidung zweckmäßig:

Stufe 1:   Grobbewertung auf der Basis der Erfahrung der Teilnehmer
            (direkt im Anschluß an die Ideenfindung).

Stufe 2:   Qualitative Feinbewertung basierend auf Kurzanalysen (nach ca. 2 Wochen).

Stufe 3:   Qualitativ-quantitative Bewertung aufgrund umfangreicher Detailanalysen
            (z. B. innerhalb von drei bis sechs Monaten).

f) Anforderungen für die Produktidee; **Entwicklungsantrag**

Die Anforderungen an das zukünftige Produkt werden festgelegt, um den Übergang in die weitere konstruktive Bearbeitung zu ermöglichen. Es sollen nur unbedingt notwendige Einschränkungen gemacht werden, um nicht Lösungsmöglichkeiten beim Konstruieren unnötig zu blockieren. Neben den technischen Anforderungen sollen wirtschaftliche Anforderungen (z. B. vorgesehener Markt und Umsatz, Stückzahl pro Jahr, zulässige Herstell- und/oder Betriebskosten, zulässige Entwicklungs- und Investitionskosten, zulässiger Preis) und terminliche Anforderungen (z. B. Zeitplan) so konkret wie eben möglich formuliert werden. Zusammen mit der Konstruktion wird daraus ein **Entwicklungsantrag** formuliert, der in einen **Entwicklungsauftrag** münden kann (Bild 4.4-7, 7.3-1).

7.2.5 Organisatorische Maßnahmen zur Förderung der Innovationsfähigkeit

Das **Innovationstempo** zu erhöhen ist allein keine ausreichende Maßnahme, um am Markt erfolgreiche Produkte einzuführen: Es geht um die **Innovation, die den Kunden anspricht,** die er kaufen will. Da der Kunde oft selbst nicht weiß, was der Hersteller kann, ist ein enger Kontakt zum Produktentwickler besonders wichtig. Viele Schnittstellen dazwischen sind nachteilig (Bild 7.3-2)!

Ferner wird man durch neue Erfahrungen und Situationen kreativ und durchbricht die Routine eher. Auch verhelfen Anreize, Konkurrenzsituationen und Methoden dazu die innere (Denk-) Trägheit zu überwinden. Nachfolgend sei dies zusammengefaßt:

– **Kundenkontakt stärken**: Entwickler bei Verkaufsgesprächen, zur Reklamationsbeseitigung und auf Messen mit dem Kunden in Kontakt bringen. Den „Kundeningenieur" im Unternehmen definieren. Er vertritt den Kunden, untersteht direkt der Unternehmensleitung und wird aus dem Projekterfolg bezahlt. Den Kunden zeitweise in Entwicklungsteams aufnehmen (Kapitel 4.4.1.1).

– **Neue Erfahrungen vermitteln**: Job-Rotation fördern. Entwickler beim Kunden arbeiten lassen; in andere Länder versetzen (Kapitel 4.5b).

– **Neues von außen einbringen**: Kreative Mitarbeiter, Firmen einkaufen. Lizenzen übernehmen. Innovationsaufträge nach außen vergeben (z. B. an Hochschulen). Fachfremde Personen, auch Nichtfirmenangehörige ins Entwicklungsteam aufnehmen (Beispiel Swatch [1/7.2]).

– **Innere Anreize schaffen**: Kreativitätstechniken (Kapitel 7.5.4), diskursive Methoden (Kapitel 7.5.5, 7.5.6, 7.6, 7.7) und obige Methoden (Kapitel 7.2.2 - 7.2.4) evtl. unter Anleitung eines Moderators anwenden.

7.2.6   Praxisbeispiel: Müllgroßbehälter

Was zeigt das Beispiel?

Das Beispiel behandelt, hier in stark verkürzter Form dargestellt, die **Produktplanung eines mittleren Stahlbauunternehmens**, wobei obige Methoden zum Teil angewendet wurden. Der Ablauf der Arbeiten erfolgte ungefähr nach Bild 7.2-1.

a) Ausgangssituation und Zielsetzung

Das Unternehmen beschäftigt rund 140 Mitarbeiter im Stahlbau im wesentlichen im Unterauftrag von Bauunternehmen, Maschinenfabriken und Ingenieurbüros. Es ist im Stahlhochbau, in der Stahlsonderkonstruktion und im Behälterbau tätig. Zum Unternehmen gehören noch zwei weitere Produktbereiche andersartiger Produkte mit insgesamt ähnlicher Mitarbeiterzahl.

Der **Anlaß** für die Produktplanung ist die teilweise Unterauslastung des Stahlbaus und die ungenügende Gewinnsituation, weil ein eigenständiges Produktprogramm fehlt.

Ziel ist, zusätzlich zur bisherigen Arbeit ein eigenes Produktprogramm aufzubauen, um das vorhandene Unternehmenspotential besser auszulasten und dadurch die Gewinnsituation zu verbessern. Einige Ideen waren vorhanden. Durch die Systematik will man sicherstellen, daß nicht wesentlich bessere Ideen übersehen werden.

b) Vorgehen

Von der Werksleitung wird ein **Planungsausschuß** aus drei leitenden Ingenieuren von der Konstruktion, Projektierung und der Produktion und einem jungen Ingenieur gebildet, wobei letzterer die Planungsarbeit verantwortlich durchzuführen hat. Der Ausschuß trifft sich mindestens einmal im Monat, wobei Mitarbeiter aus dem Verkauf, Einkauf und der Finanzabteilung fallweise zugezogen werden. Es wird jeweils ein Protokoll geschrieben, das auch die vereinbarten Aufgaben der Ausschußmitglieder enthält. Das Planungsergebnis soll nach einem halben Jahr vorgelegt werden. Im nachhinein erwies es sich als ungünstig, daß dem Ausschuß keine Kaufleute angehören.

c) Ablauf und Zwischenergebnisse der Produktplanung

c1)   Unternehmenspotential ermitteln (Kapitel 7.2.2)

– **Produktionspotential:** 110 produktive Mitarbeiter, davon 45 Facharbeiter; Einzel- und Kleinserienfertigung im Stahl- und Behälterbau bei einem maximalen Stückgewicht von 15 t. Schweißnachweis A und B vorhanden. Alle Stähle, auch Edelstähle können verarbeitet werden. Maximale Länge des Ausgangsmaterials 25 m. (Weitere Details werden hier nicht erwähnt).

– **Konstruktionspotential:** 10 Mitarbeiter der Stahlbaukonstruktion. Keine eigenen Schutzrechte. Die Projektierung wird ebenfalls dort erledigt.

– **Vertriebspotential:** 9 Mitarbeiter. Kein Außendienst. Kein auswärtiger Kundendienst. Kaum Werbung.

- **Beschaffungspotential:** 5 Mitarbeiter.
- **Finanzpotential:** Investition in Höhe eines Jahresumsatzes erscheint möglich.
- **Auftragsanalyse:** Hauptauftraggeber sind Bauunternehmer und Ingenieurbüros. 60% des Umsatzes stammen aus einem Umkreis von 200 km Radius. Die Umwandlungsrate der Angebote in Aufträge liegt zwischen 10 und 20%.
- **Konkurrenzanalyse:** 42% aller Stahlbaufirmen haben ein gleiches Programm, teilweise haben sie aber auch zusätzlich ein anderes (z. B. Hallen, Behälter, Kranbau). Bei der Konkurrenz ist sehr gutes Werbematerial vorhanden. Dies steht im Kontrast zum eigenen.
- Die Analyse des **Produktpotentials** (Kapitel 7.2.3) entfällt hier, weil ein eigenes Produkt nicht vorhanden ist, sondern neu gesucht werden soll.

c2) Unternehmensziele formulieren

- Ausweitung der Unternehmensgröße und Ausbau der Arbeitsplätze, da Arbeitsuchende vorhanden sind.
- Eigenes Produktprogramm mit höherem Know-how, das anfangs mit dem vorhandenem Unternehmenspotential erfüllbar ist. Es soll nach drei Jahren einen Mindestumsatz von 10 Mill. DM aufweisen.
- Gewinnsituation verbessern.

c3) Finden und Bewerten von Produktbereichen und Produktideen (Kapitel 7.2.4)

- Aus dem systematischen Warenverzeichnis der Industriestatistik (Statistisches Bundesamt), werden 64 Produktbereiche (Suchfelder) zur weiteren Bewertung durch Mitarbeiter ausgewählt. Diese Bewertung wird mit Fragebögen durchgeführt, wobei die Verwandtschaft zum bisherigen Programm (Entscheidung für hohe Produktionstreue!) das wichtigste Kriterium ist
- Es bleiben die Produktbereiche Umweltschutztechnik, Behälterbau, Stahlhochbau übrig, die bezüglich Zukunftsaussichten aus Statistiken und Prognosen weiter bewertet werden.
- Die dabei am besten beurteilte Umweltschutztechnik wird weiter aufgeschlüsselt in Abfallbeseitigung, Strahlenschutz, Wasserhaushalt, Immissionsschutz, wonach wieder eine Bewertung und Auswahl vor allem nach Know-how, Entwicklungs- und Vertriebskapazität erfolgt (Problemtreue!). Es bleibt die Abfallbeseitigung übrig.
- Dieses Suchfeld wird weiter unterteilt in fünf Teilsuchfelder, aus denen schließlich die **Entsorgung von Haushalts- und Kleingewerbemüll** ausgewählt wird.
- Hierfür wird eine Funktionsanalyse erstellt: Sammeln – Transportieren – Zwischenlagern – Transportieren – Aufbereiten – Endlagern. Für das Sammeln und Transportieren werden vorhandene Behältersysteme analysiert und vorläufig neue konzipiert. Damit sind bereits Produktideen vorhanden.
- Endgültig ausgewählt wurde danach der Produktbereich „Anlagen und Behälter zum Sammeln, Vorbehandeln und/oder Sortieren von Haushalts- und Kleingewerbemüll".
- Parallel zur systematischen Ermittlung von Produktideen werden **spontan von Mitarbeitern geäußerte Produktideen** gesammelt. Dies sind z. B. Park- und Feuerschutzsysteme.

– Die endgültige Auswahl der Produktideen wird von der Unternehmensleitung zusammen mit dem Planungsausschuß durchgeführt. Es wird als Startprodukt **Müllgroßbehälter** gewählt. Dafür wird ein Pflichtenheft einschließlich Kostenziel erstellt.

Was kann man daraus lernen?

– Die Konstruktion von **Müllgroßbehältern** war zu Beginn der Produktplanung noch nicht ins Auge gefaßt worden. Dies war also eine **Innovation für das Unternehmen**. Sie wurde durch Einstellen eines erfahrenen Konstrukteurs realisiert. Er übernahm anfangs zum Teil zusammen mit der Unternehmensleitung auch den Vertrieb. Der Umsatz entwickelte sich innerhalb von 2 Jahren auf 15% des Stahlbauumsatzes.

– Die Konstruktion, der Bau und der Vertrieb von **Stahlparkhäusern** waren ursprünglich schon eine **Idee des technischen Werksleiters**. Diese konnte durch den Kauf eines Ingenieurbüros realisiert werden, das dafür auch Schutzrechte einbrachte.

– Die Produktplanung war also **insgesamt erfolgreich**. Die Einbeziehung des kaufmännischen Bereichs hätte die Produktplanung erleichtert.

– Die Beschaffung vieler Daten und Fakten war zeitaufwendig, aber notwendig und fruchtbar. Der Einsatz der **Systematik** ist aber nur **ein** Hilfsmittel. Es war darüber hinaus viel Kreativität, Fingerspitzengefühl und Erfahrung nötig. Um die Arbeit nicht ausufern zu lassen, war oft nach der Ausweitung des Lösungsfeldes eine begründete Auswahl nötig.

– Die interdisziplinäre **Planungsgruppe** war nicht immer einfach zu motivieren und zu fundierter Zusammenarbeit anzuhalten. Die Zusammensetzung der Planungsgruppe bezüglich Persönlichkeit, Erfahrungsbereich, Kooperationsbereitschaft ist ausschlaggebend für den Erfolg. Darüber wird in der Literatur kaum berichtet.

Literatur zu Kapitel 7.2

[1/7.2]   Thomle, E.: Brauchen wir eine neue Unternehmenskultur? Managementwissen 5 (1985), S. 2–6.

[2/7.2]   VDI-Richtlinie 2220: Produktplanung, Ablauf, Begriffe, Organisation. Düsseldorf: Beuth 1980.

[3/7.2]   VDI (Hrsg.): Arbeitshilfen zur systematischen Produktplanung. Düsseldorf: VDI-Verlag 1978. (VDI Taschenbücher T 79)

[4/7.2]   Kramer, F.: Innovative Produktpolitik. Berlin: Springer 1987.

[5/7.2]   Brankamp, K.: Planung und Entwicklung neuer Produkte. Berlin: de Gruyter 1971.

[6/7.2]   Linde, H.; Hill, B.: Erfolgreich Erfinden – Widerspruchsorientierte Entwicklungsmethodik. Darmstadt: Hoppenstedt 1991.

[7/7.2]   Hertel, H.: Biologie und Technik – Struktur, Form, Bewegung. Mainz: Krauskopf 1963.

[8/7.2]   Rechenberg, I.: Evolutionsstrategie. Stuttgart: Problemata Reihe 15 1973.

[9/7.2]   Nachtigall, W.: Biostrategie. Hamburg: Hoffmann & Campe 1983.

[10/7.2]   Linde, H.; Mohr, K.-H.: Widerspruchsorientierte Innovationsstrategie /WOIS – Ein Beitrag zur methodischen Produktentwicklung. Konstruktion 46 (1994) 1, S. 77–83.

7.3 Methoden zur Aufgabenklärung

Fragen:

– Was sind Anforderungen?
– Warum sind Anforderungen wichtig?
– Wie findet man Anforderungen?
– Wie erstellt und aktualisiert man eine Anforderungsliste?

7.3.1 Zweck und Gültigkeitsbereich der Methoden

Zweck und Bedeutung:

Aufgabenstellungen an die Entwicklung und Konstruktion kommen meist aus folgenden Bereichen:

– von Kunden und Nutzern als Aufforderung zu einem **Angebot** oder als **Auftrag** aufgrund eines früheren Angebots;
– von externen oder unternehmensinternen Stellen als **Entwicklungsauftrag**;
– von unternehmensinternen Stellen einschließlich der Entwicklung und Konstruktion zur **Verbesserung eines vorhandenen Produkts**, z. B. zur Leistungssteigerung oder Kostensenkung.

In den meisten Fällen ist dem Auftraggeber nicht klar, was die Konstruktion als Information im Detail braucht, bzw. die Konstruktion weiß nicht recht, worauf es dem Auftraggeber sowohl im Schwerpunkt als auch in den Einzelheiten ankommt. Es liegt ein typisches „**Schnittstellenproblem**" vor: Man muß sich verständigen, Fragen und Antworten austauschen. Das soll effektiv geschehen. Es soll möglichst nichts vergessen werden, was hinterher Anlaß zu Qualitätsbeanstandungen, Nacharbeit, Zeitverzögerungen oder Kostenerhöhung und damit zu Ärger und Auseinandersetzungen zwischen Kunden und Hersteller führen könnte. „Die **Stimme des Kunden** soll laut im Unternehmen zu hören sein!" Ein Negativbeispiel dafür zeigt Kapitel 8.2: Ein „Marktflop".

Damit wird die **Bedeutung** der Aufgabenklärung deutlich. Es gibt aus der Erfahrung des Autors wohl keinen Zeitpunkt und keine Phase in der Produkterstellung, die so ausschlaggebend für den Erfolg des Produkts ist wie die Aufgabenklärung. Sie ist sozusagen die zentrale Zeugungsphase. In den Anforderungen liegt der Kern des zukünftigen Produkts.

Dementsprechend sollte man gerade am Anfang alles tun, um die Kommunikation mit dem Auftraggeber bzw. Endkunden zu verbessern: intensive Gespräche unterstützt durch Check- und Fragelisten, durch Vergleiche zu früheren Erfahrungen und zur Konkurrenz. Das Endergebnis ist die „gelebte" und immer wieder **aktualisierte Anforderungsliste**, die aus einem evtl. vorliegenden Pflichten- oder Lastenheft anderer Stellen von der Konstruktion formuliert wird. Die Anforderungsliste ist eine der wichtigsten Dokumente beim methodischen Konstruieren! **Beispiele für Anforderungs-listen** zeigen die Bilder 4.4-8, 5.1-8, 8.1-2 und 8.7-3. Natürlich ergeben sich Anforderungen oft erst durch die zunehmende Erkenntnis bei der Bearbeitung eines Auftrags. Aber man sollte die Auftragsklärung am Anfang nicht auf die leichte Schulter nehmen.

Dementsprechend wichtig sind die Methoden zur Aufgabenklärung, die aber im wesentlichen nur Anlaß zu strukturierten, oft bohrenden Gesprächen sein können. Die Aufgabenklärung bezieht sich natürlich **nicht nur auf technische**, sondern auch auf wirtschaftliche und zeitliche Fragen und auf die genannte Klärung der Schnittstellen mit den Kunden und Zulieferern. Wer ist wann für was verantwortlich? (Bild 4.3-7)

Sie bezieht sich auch **nicht nur auf das externe Verhältnis zum Kunden,** sondern auch auf **die Klärung interner Fragen:** Welche Stückzahlen, Umsätze, Gewinne sind auf welchen Märkten zu erwarten? Wie entwickelt sich die Konkurrenzsituation? Entspricht das eigene Potential, die eigene Kapazität den Anforderungen?

Die Vielfalt der Festlegungen externer und interner Art geht am besten aus dem Deckblatt einer Anforderungsliste eines Unternehmens hervor, wie sie **Bild 7.3-1** zeigt. Die Technik wird in dieser Liste nur ganz kurz behandelt. Sie wird in der eigentlichen Anforderungsliste als Anhang aufgeführt. Zunächst stehen Umsatz-, Gewinn-, Kosten-, und Aufwandszeitabschätzungen im Vordergrund.

Gültigkeitsbereich:

Die Methoden führen **nicht zwangsläufig zum Ziel.** Dem Anwender werden im Rahmen vor allem technischer Problemstellungen, insbesondere des Maschinenbaus, Anregungen gegeben, mit welchen Fragestellungen und Überlegungen Klarheit in die Aufgabenstellung zu bringen ist.

7.3.2 Systematisches Finden von Anforderungen

Eine Aufgabe besteht aus der Summe aller Anforderungen, wobei unter Anforderung die knappe und präzise Formulierung eines gewünschten Sachverhalts in der Sprache des Konstrukteurs verstanden werden soll. Die Gesamtheit der Anforderungen stellt bereits eine abstrakte Beschreibung der Lösung dar; die Informationen werden im Lösungsprozeß nach und nach ergänzt, bis konkrete Maschinenmerkmale erhalten werden (siehe auch Quality Function Deployment, Kapitel 4.4.2).

Der **wesentliche Lieferant der Anforderungen** ist der „Endkunde", der spätere Nutzer des Produkts. Da bis zu diesem Endkunden aber oft mehrstufige Kunden-Lieferanten-Relationen bestehen, müssen **auch die Anforderungen der „Zwischenkunden"** berücksichtigt werden. Dies können z. B. Firmen sein, die dem Endkunden, dem Anlagenbetreiber, eine Anlage liefern (siehe Bild 2.2-6).

ENTWICKLUNGSAUFTRAG Auftragsnummer Erzeugnisnummer	Bezeichnung	Abteilung Projektleiter Tag Änderung

1 Beschreibung

Ersetzt Gerät: Hierzu gehört Ablaufplan vom Anforderungsliste vom

2 Veranlassung	zutreffende angekreuzt	**3 Umsatzerwartung U und geplanter Gewinn G**					
neues Arbeitsgebiet Ergänzung Geräteprogramm zu hohe Herstellkosten technische Mängel bestehender Geräte Marktlücke Anpassung an Stand der Technik Konkurrenzdruck Kundenwunsch sonstige			U	G	U	G	U	G
		günstig Stück Wert						
		normal Stück Wert						
		ungünstig Stück Wert						
		Jahr	1		2		3

4 Kosten HK zulässige Herstellkosten VP angestrebter Brutto-Verkaufspreis	geschätzt	vor-kalkuliert	nach-kalkuliert

5 Aufwand

Entwicklung und Konstruktion bis endgültiger Genehmigung

Entwicklung und Konstruktion danach
Prototypenerstellung   Werkstattstunden
                                  Material
Sonderwerkzeuge, Maschinen
Vorrichtungen
    bei Einzelfertigung
    bei Serienfertigung bis   Stück
    bei Serienfertigung über   Stück

6 Zeitplan

Monate bis zur endgültigen Genehmigung
Monate danach bis Ablieferung durch Sonderfertigung
Monate danach bis Ablieferung durch Serienfertigung

7 Warenzeichen	BRD	International
zu beantragendes Warenzeichen festgelegtes Warenzeichen		

8 Genehmigungen	vorläufige Genehmigung		endgültige Genehmigung
	Serienfertigung		
	Einzelfertigung		

9 Schlußbemerkungen

Geprüft   Tag

Bild 7.3-1:   Zusammenfassendes Deckblatt eines Entwicklungsauftrages aus der Praxis

Schließlich gibt es noch Anforderungen des Herstellers selbst und von dessen Lieferanten. Man sollte versuchen, die Kette der Lieferanten von Anforderungen auf den Endkunden hin auszurichten (**Bild 7.3-2**). Andernfalls ergeben sich durch **„Kommunikationsmauern" Vergessen, Verfälschen und falsches Gewichten von Anforderungen**. Es ist ein unbedingtes Muß, daß Entwickler und Konstrukteure vor der Auftragserteilung direkt mit dem Endkunden verhandeln, wenn es um mehr als Routineaufträge geht. Ein weiterer Zweck solcher Gespräche ist auch, unerkannt teure Sonderlösungen nach Möglichkeit zu vermeiden und dem Kunden die **konstruktionsinterne Standardisierung zu „verkaufen"**. Bei der Einzel- und Kleinserienfertigung ist diese für einen Außenstehenden und dem Kollegen aus dem Vertrieb meist nicht erkennbar.

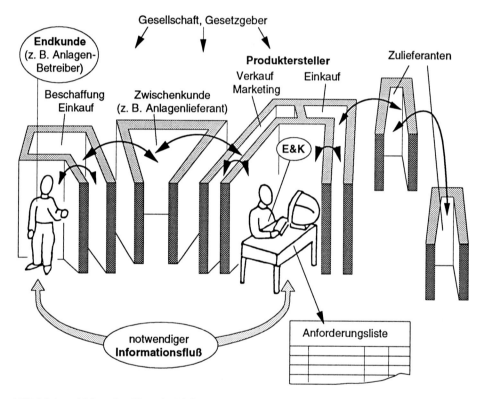

Bild 7.3-2:   Mehrstufige Kette der Lieferanten von Anforderungen für die Anforderungsliste. Kommunikationsmauern verfälschen die Anforderungen!

7.3.2.1   Arten von Anforderungen

Anforderungen lassen sich auf verschiedene Weisen klassifizieren, z. B. nach der Wichtigkeit, nach technisch-wirtschaftlichen und organisatorischen Aspekten sowie nach den einzelnen Lebensphasen des Produkts. Man kann auch nach der Ausrichtung der Anforderungsermittlung unterscheiden, z. B. nach der hersteller-, umwelt- und nutzerorientierten Anforderungsermittlung [1/7.3, 2/7.3].

a) Gliederung der Anforderungen nach ihrer Wichtigkeit

Nicht jede Anforderung ist gleich wichtig. Deshalb empfiehlt sich eine Unterteilung der Anforderungen in

– **Forderungen** und
– **Wünsche.**

Forderungen müssen unter allen Umständen erfüllt werden. Ein Lösungsvorschlag, der die Forderungen nicht erfüllt, ist nicht akzeptabel. Die Forderungen können in Fest- und Mindestforderungen unterteilt werden (siehe **Bild 7.3-3**).

– **Festforderungen** sind Forderungen ohne Toleranzbereich.
  Beispiele für Festforderungen:
  • Der Pkw-Motor muß vier Zylinder haben.
  • Das Getriebegehäuse muß gegossen werden.
  • Das Fernsehgerät muß Btx-fähig sein.
– **Mindestforderungen** sind Forderungen mit Toleranzbereich. Demzufolge können Mindestforderungen mehr oder weniger gut erfüllt werden.
  Beispiele für Mindestforderungen:
  • Der Wirkungsgrad muß mindestens 95% betragen.
  • Die Herstellkosten müssen unter 4500 DM liegen.
  • Das Spannmittel muß mindestens Werkstücke mit einem Durchmesser von 80 bis 250 mm aufnehmen können.
  • Nötige Dicke des Bleches: 2±0,2 mm
– **Wünsche** sollen nach Möglichkeit erfüllt werden. (Bei der QFD gibt es statt dessen unterschiedlich gewichtete Forderungen; Kapitel 4.4.2.)

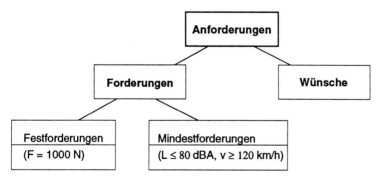

Bild 7.3-3: Gliederung der Anforderungen nach ihrer Wichtigkeit.

Diese Gliederung der Anforderungen ist auch für die spätere Beurteilung der Lösungsvorschläge und -varianten von Bedeutung, da die Anforderungsliste die wichtigste Grundlage beim Finden von Bewertungskriterien ist (Kapitel 7.9).

Bei einer **einfachen Lösungsauswahl** führen nicht erfüllte Forderungen zu einem Ausscheiden prinzipiell ungeeigneter Lösungsvorschläge.

Bei der späteren **Bewertung** der Lösungsvarianten (sie erfüllen mindestens die Forderungen) ist u. a. der Grad der Erfüllung von Mindestforderungen, Wünschen und selbstverständlichen Anforderungen ein geeignetes Mittel zur Auswahl der besten Variante.

– Es gibt, wie eben erwähnt, auch Anforderungen, die nicht formuliert werden, weil sie implizite oder allgemein **selbstverständliche Anforderungen** sind, wie z. B. günstige Fertigung, leichte Montage, Kleinbau oder guter Wirkungsgrad. In besonderen Fällen, bei denen ein Produkt konstruktiv überarbeitet werden soll, weil es z. B. schlecht automatisch zu montieren ist, kann eine solche Anforderung ganz zentral werden. Sie wird zur **Hauptforderung** (Kapitel 6.5). Darunter kann man die zentrale, bestimmende Forderung für die Bearbeitung einer Entwicklung verstehen.

– Unangenehm bei der Aufgabenklärung sind **nutzerselbstverständliche Anforderungen**, also solche, die für den Nutzer des Produkts selbstverständlich sind, weil er täglich mit dem Produkt umgeht. So kann ein Endkunde z. B. keine Anschlagösen für Kranseile von stationären Maschinen fordern, weil er sie im Gegensatz zum Hersteller für selbstverständlich hält.

– Oftmals **widersprechen sich Anforderungen**. Bei solchen Zielkonflikten (zur Unterscheidung von Zielen und Anforderungen siehe Kapitel 3.3.2b) muß entsprechend den gesetzten Prioritäten ein Kompromiß gefunden werden. Es lassen sich generell folgende Beziehungen zwischen Anforderungen unterscheiden (siehe **Bild 7.3-4**):

   • **Zielkonflikt**: Die Anforderungen widersprechen sich (zumindest teilweise): Beispiel: Möglichst billiger Pkw – möglichst betriebssicherer Pkw.

   • **Zielunabhängigkeit:** Die Anforderungen betreffen voneinander unabhängige Eigenschaften des gesuchten Produkts: Beispiel: Möglichst schneller Pkw – möglichst gutes Heizungssystem.

   • **Zielunterstützung**: Die Anforderungen beziehen sich auf Eigenschaften, die ähnliche Maschinenmerkmale erfordern: Beispiel: Hohe Fahrsicherheit – hoher Innenraumkomfort.

– Analog zur Gewichtung von Bewertungskriterien (Kapitel 7.9.5) kann man insbesondere auch eine **Gewichtung der Anforderungen** vornehmen. Dies wird bei der QFD betont (Kapitel 4.4.2). Die Gewichtung kann als Unterscheidungsmerkmal zu existierenden Produkten vom Vertrieb oder Marketing gefordert werden: bewußt festgelegte Verkaufsargumente oder „unique selling points".

b) Gliederung der Anforderungen nach inhaltlichen Klassen und nach Produktlebensphasen

Wie **Bild 7.3-5** zeigt, kann man Anforderungen in verschiedene Klassen einteilen, wie z. B. in technisch-wirtschaftliche und organisatorische Anforderungen, die dann noch tiefer untergliedert werden können. Sehr fruchtbar ist auch die Ermittlung von Anforderungen über die gedankliche Vorwegnahme von Lebensphasen, die das Produkt durchlaufen wird (Bild 2.4-1, 2.4-2). Dabei beeinflußt das Produkt sowohl seine Umgebung, wie es andererseits auch von ihr beeinflußt wird. **Fremdeinwirkungen** (z. B.

Kurzschluß, Blitz, Hochwasser, Verschmutzung oder Bedienungsfehler) wirken auf das Produkt; Geräusch, Schwingungen, stoffliche Emissionen sind **Auswirkungen des Produkts auf seine Umgebung.**

In Bild 7.3-5 sind nur beispielhafte Stichworte zum Lebenslaufbezug angegeben.

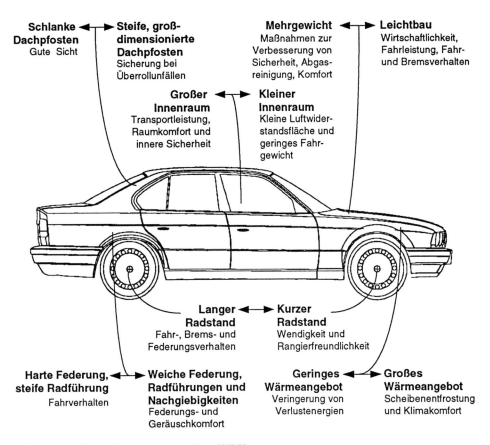

Bild 7.3-4:   Zielkonflikte im Automobilbau [3/7.3]

7.3.2.2   Hilfsmittel für das Ermitteln von Anforderungen

Gegen Vergessen sollte man **Checklisten** einsetzen, wie eine in Bild 7.3-5 beispielhaft gezeigt wird (siehe auch Bild 7.3-6). Trotzdem kann man besonders bei neuen Produkten und ungewohnten Situationen auch damit nicht mit Sicherheit Lücken in den Anforderungen ausschließen. In diesem Zusammenhang gilt der alte Spruch: „Man kann kaum so verrückt denken, wie es dann in der Praxis passiert". Zweckmäßig ist es deshalb, auch **im interdisziplinären Team** (z. B. auch mit Serviceleuten und Kunden-monteuren!) seine Phantasie walten zu lassen.

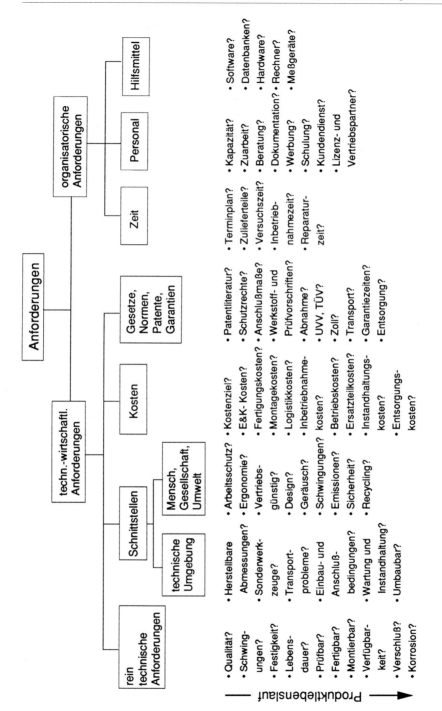

Bild 7.3-5: Anforderungsarten mit einigen lebenslauforientierten Fragen

Welche Schäden eintreten, wenn man das nicht tut, zeigt folgendes **Beispiel**:

Im Winter 1987 brach der Münchner S-Bahnverkehr zusammen, weil sich die **Schiebetüren** bei minus 20°C nicht mehr öffneten. Die S-Bahnzüge sollen aber im Entwicklungsstadium bei weit tieferer Temperatur getestet worden sein. Leider hatte man die Anforderung vergessen, das Türeöffnen bei vorher nassem Zug zu erproben. Darauf war offenbar niemand gekommen. In der Realität trat aber das ein: Eis schmolz im Innenstadttunnel und fror beim Herausfahren wieder fest. **Schwenktüren** wie im Busbetrieb einzubauen hätte damals nachträglich ca. 80 Mill. DM gekostet. Das Ergebnis war zunächst eine neue Frage in der Checkliste: „Wird der Wagen bei Frost kurzzeitig aufgetaut?" – Wie man sieht, können vergessene Anforderungen und Eigenschaften sehr erhebliche Auswirkungen haben.

Hilfsmittel gegen Vergessen oder fehlerhafte Festlegung von Anforderungen sind:

- **Checklisten, Klassifikationen** (Bild 7.3-5),
  Leitlinie (Bild 7.3-6)
- **Fragelisten** (siehe unten)
- **Fragebögen** an Endkunden
- **Gespräche** mit Endkunden, Nutzern, Serviceverantwortlichen und Kundenmonteuren unter Einsatz obiger Listen
- **Aufgabenklärung** im **interdisziplinären Team**

Nachfolgend sollen noch einige Erläuterungen hierzu gegeben werden. Die im **Bild 7.3-6** gezeigte **Leitlinie** zum Aufstellen einer Anforderungsliste geht von den Hauptmerkmalen Geometrie, Kinematik, Kräfte, Energie, Stoff, Signal usw. aus und bewirkt zusammen mit den aufgeführten Beispielen Assoziationen zu weiteren Anforderungen beim Bearbeiter. Sie ist als Ergänzung zu der lebenslauforientierten Checkliste Bild 7.3-5 vorwiegend nach technischen Hauptmerkmalen aufgebaut.

Eine weitere Hilfe ist eine **Frageliste**: „Wer gescheit fragt, bekommt eine gescheite Antwort." Diese Binsenweisheit gilt auch bei der Aufgabenklärung. Ein Auftraggeber setzt häufig vieles als selbstverständlich voraus, was eben nicht selbstverständlich ist. „Wer sich einschließt, konstruiert leicht am Ziel vorbei!" Das bedeutet eine gewisse Offenheit des Konstrukteurs und Verständnis beim Auftraggeber. **Fragen** sind z. B.:

- **Was** war der **eigentliche Anlaß** für die Aufgabe? Was ist das eigentliche **Entwicklungsziel**? Wo liegt das eigentliche **Problem? Hauptforderung?**
- **Wer** hat die Forderungen und Wünsche formuliert? Kann man rückfragen?
- **Welche Eigenschaften** muß das Produkt haben? Welche darf es nicht haben?
- Welche Wünsche und Erwartungen sind **selbstverständlich?**
- Wie sieht das **ideale Produkt** aus?
- Welche **Randbedingungen, Restriktionen** sind eventuell doch veränderlich? Wo liegen **Gestaltungsfreiheiten** und offene Wege?
- Was waren die **bisherigen Beanstandungen** und **Schwachstellen?** Welche hat die Konkurrenz? Wo ist die Konkurrenz besser?
- Können **Systemgrenzen** verschoben werden (Kapitel 7.3.4)?

Hauptmerkmal	Beispiele
Geometrie	Größe, Höhe, Länge, Durchmesser, Raumbedarf, Anzahl, Anordnung, Anschluß, Ausbau und Erweiterung
Kinematik	Bewegungsart, Bewegungsrichtung, Geschwindigkeit, Beschleunigung
Kräfte	Kraftgröße, Kraftrichtung, Krafthäufigkeit, Gewicht, Last, Verformung, Steifigkeit, Federeigenschaften, Stabilität, Resonanzen
Energie	Leistung, Wirkungsgrad, Verlust, Reibung, Ventilation, Zustandsgrößen wie Druck, Temperatur, Feuchtigkeit, Erwärmung, Kühlung, Anschlußenergie, Speicherung, Arbeitsaufnahme, Energieumformung
Stoff	Physikalische, chemische, biologische Eigenschaften des Eingangs- und Ausgangsprodukts, Hilfsstoffe, vorgeschriebene Werkstoffe (Nahrungsmittel-gesetze u. ä.), Materialfluß und Materialtransport, Logistik
Signal	Eingangs- und Ausgangssignale, Anzeigeart, Betriebs- und Überwachungsgeräte, Signalform
Sicherheit	Unmittelbare Sicherheitstechnik, Schutzsysteme, Betriebs-, Arbeits- und Umweltsicherheit
Ergonomie	Mensch-Maschine-Beziehung: Bedienung, Bedienungsart, Übersichtlichkeit, Beleuchtung, Formgestaltung
Fertigung	Einschränkung durch Produktionsstätte, größte herstellbare Abmessungen, bevorzugtes Fertigungsverfahren, Fertigungsmittel, mögl. Qualität und Toleranzen
Kontrolle	Meß- und Prüfmöglichkeit, besondere Vorschriften (TÜV, ASME, DIN, ISO, AD- Merkblätter)
Montage	Besondere Montagevorschriften, Zusammenbau, Einbau, Baustellenmontage, Fundamentierung
Transport	Begrenzung durch Hebezeuge, Bahnprofil, Transportwege nach Größe und Gewicht, Versandart und -bedingungen
Gebrauch	Geräuscharmut, Verschleißrate, Anwendung und Absatzgebiet, Einsatzort (z. B. schwefelige Atmosphäre, Tropen)
Instandhaltung	Wartungsfreiheit bzw. Anzahl und Zeitbedarf der Wartung, Inspektion, Austausch und Instandsetzung, Anstrich, Säuberung
Recycling	Wiederverwendung, Wiederverwertung, Endlagerung, Beseitigung
Kosten	Zul. Herstellkosten, Werkzeugkosten, Investition und Amortisation, Betriebskosten
Termin	Ende der Entwicklung, Netzplan für Zwischenschritte, Lieferzeit

Bild 7.3-6:   Leitlinie mit Hauptmerkmalen zum Aufstellen einer Anforderungsliste (nach Pahl/Beitz [4/7.3])

Fragebögen für Endkunden werden bei immer wieder ähnlichen Produkten und Problemen vor oder zusammen mit einem ersten Angebot verschickt.

7.3.3   Aufgabenklärung und Systemabgrenzung mittels Black-Box

Bei Konstruktionsproblemen mit dem Schwerpunkt auf der Konzepterstellung sind die Funktionsanforderungen am wichtigsten. Um diese zu ermitteln, benutzt man die Black-

Box-Darstellung. Sie dient dazu, sich klar zu werden, was die Maschine nun eigentlich bewirken soll, und um die Formulierung des Kernproblems zu erleichtern.

Die gesuchte Maschine wird durch einen **schwarzen Kasten (Black-Box)** repräsentiert, der als höchste Abstraktion des zu erstellenden Systems anzusehen ist. Eine Black-Box hat demnach **Ein- und Ausgänge an den Systemgrenzen**, über die die Umgebung durch das Umsatzprodukt mit dem System kommuniziert. Nach dem Zeichnen der Black-Box muß zunächst geklärt werden, welches Umsatzprodukt die Maschine verändern soll. Danach werden der vorliegende gegebene, evtl. unerwünschte, sowie der gesuchte gewünschte Zustand des Umsatzprodukts am Ein- und Ausgang der Black-Box formuliert und die **Zustandsänderung** stichpunktartig beschrieben (Bild 2.2-2)

Dabei ist es zweckmäßig, sich auf die wesentlichen Größen zu beschränken und z. B. nicht alle denkbaren Eigenschaften der Umsatzprodukte aufzuzählen. Skizzen erleichtern die Vorstellung (Bild 2.3-3).

7.3.4 Problemanalyse durch Systemgrenzenverschiebung

Die Systemgrenzenverschiebung kann hilfreich sein, wenn es darum geht, ein Problem klarer zu erkennen oder einen ins Stocken geratenen Lösungsprozeß wieder zu aktivieren.

Systemgrenzenverschiebung:

Eine Systemgrenzenverschiebung kann sowohl eine **Ausdehnung** wie auch eine **Verringerung der Systemgrenzen** bewirken. Im ersten Fall versucht man, Teile der Systemumgebung, z. B. Anschlußsysteme, mit in die Problemlösung einzubeziehen, und definiert ein übergeordnetes Problem. Im zweiten Fall konzentriert man sich auf das Wesentliche, das Kernproblem, und vernachlässigt unbedeutende Teilprobleme.

Praxisbeispiel: Umkonstruktion eines Sicherheitsstiftes

Der Verfasser wurde zu einer Firma gerufen, wo man ihn in der Entwicklungsabteilung für Bremsen bat, einen Verbesserungsvorschlag für den Sicherungsstift einer Scheibenbremse zu machen.

Wie **Bild 7.3-7** zeigt, ist eine innenbelüftete Grauguß-Bremsscheibe mit einer Stahlgußnabe über Schwerspannhülsen verbunden. Die Nabe selbst ist auf einer Radwelle des Fahrzeugs aufgeschrumpft. Da die Grauguß-Bremsscheiben beim Bremsen hohe Temperaturen erreichen, müssen sie wegen der Wärmedehnung radial nachgiebig mit der kühleren Stahlgußnabe verbunden werden. Hierzu dienen die Schwerspannhülsen, die an mehreren Stellen des Umfangs radial eingepreßt werden. Damit sie durch die Fliehkraft nicht wieder radial nach außen wandern, wurden sie durch einen gehärteten Sicherungsstift (parallel zur Achsrichtung der Welle) in der Graugußnabe festgehalten.

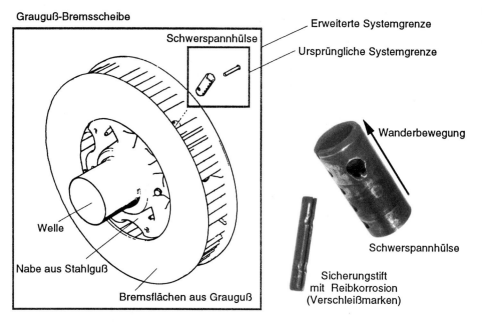

Bild 7.3-7:   Scheibenbremse für eine Fahrzeugwelle

Das ursprüngliche **Problem** war nun, daß durch Reibkorrosion die Sicherungsstifte durchgescheuert wurden (Bild 7.3-7, rechts) und die Sicherung damit funktionsunfähig war. Die Schwerspannhülsen wanderten aus, wodurch die Bremsen versagten. Das war nur im Ausland auf besonders schlechten Strecken mit hohen Wellenschwingungen der Fall. Die zugehörige Kostenlawine kann man sich vorstellen.

Die ersten Fragen bezogen sich auf die **ursprüngliche Systemgrenze**: Schwerspann-hülsen und Sicherungsstift (Bild 7.3-7, mitte). Waren eine sinnvolle Veränderung des Werkstoffs, der Härte, der Toleranzen, der Abmessungen von Nutzen? All das war schon ohne Erfolg getestet worden (korrigierendes Vorgehen, aber ohne eigentliche Schwachstellenkenntnis: Kapitel 5.1.4.3). Es blieben nur noch Fragen bezüglich einer **erweiterten Systemgrenze**, die sich auf die ganze Bremse, das Fahrzeug und die Strecke bezogen. Nachdenklich machte die Aussage, daß die Schwerspannhülsen in manchen Fällen auch nach innen, entgegen der Fliehkraft, wanderten und sich in die Stahlgußnabe einarbeiteten. Wie der Autor feststellen konnte, kannte man den Mechanismus der eigenartigen Wanderbewegung nicht. Damit war die „Schlüsselfrage" gestellt. Dementsprechend war das ursprüngliche Problem, den Sicherungsstift wider-standsfähiger zu machen, übergegangen in ein neues Problem: den Wandermechanismus der Schwerspannhülsen aufzudecken. Der Gedanke dabei war, daß bei Ausschalten dieses **Wandermechanismus der Sicherungsstift** eigentlich überflüssig ist und nur zur letzten Absicherung dient.

Es wurde ein Simulationsprüfstand für die Grauguß-Bremsscheibe und die Stahlgußnabe konstruiert, bei dem zwei Metallplatten, die durch eine Schwerspannhülse verbunden waren, gegeneinander schwingend bewegt wurden. Und tatsächlich, bei bestimmten Schwingungen fing die Schwerspannhülse an zu wandern. Es stellte sich schließlich ein Wandermechanismus heraus, der analog zum Herauswandern eines Korkens aus einer Flasche war, bei welcher der schon herausschauende Korken von Hand immer wieder hin und her gebogen wird. Der Korken entspricht dabei der Schwerspannhülse, das Flaschenloch der Bohrung in der Bremsscheibe und das Hin- und Herbiegen den Relativschwingungen zwischen Bremsscheibe und Nabe. Es konnten einige konstruktive und fertigungstechnische Maßnahmen angegeben werden, das Wandern gezielt zu verhindern. Damit war das Problem gelöst [5/7.3].

Man erkennt daraus, wie wichtig eine intensive Problemanalyse ist. Die ursprüngliche Systemgrenze um den Sicherungsstift mit dem mutmaßlichen Verschleißproblem wurde erweitert. Erst die Betrachtung der ganzen Bremsscheibe mit Nabe und Scheibe brachte die wirkliche Ursache zu Tage, das Schwingungswandern der Spannstifte.

7.3.5 Aufgabenanalyse durch Abstraktion

Je enger und konkreter die Problemstellung und letztlich sämtliche Forderungen formuliert sind, desto kleiner wird die mögliche Lösungsvielfalt. Abstraktion macht umgekehrt mehr Lösungen möglich (Suchraumverengung bzw. -erweiterung). Neben der obigen Systemgrenzenverschiebung dient auch die oft damit verbundene Abstraktion zur Klärung des eigentlichen Problems, aber auch zur Festlegung des Suchfeldes.

Die Abstraktion führt meist zum Oberbegriff für ein Phänomen und damit zu einer größeren Lösungsmenge:

1. Beispiel: Wagenheber

In **Bild 7.3-8** ist die Funktion eines Wagenhebers durch die Ein- und Ausgänge einer Black-Box dargestellt.

Die Eingangsbewegung am Wagenheber (von Hand oder maschinell) wird in eine Ausgangsbewegung der Pkw-Karosserie umgeformt. Natürlich ist der zugehörige Energieeinsatz ebenfalls angesprochen. Man sieht, wie mit zunehmender Abstraktion und Systemgrenzenverschiebung immer mehr Lösungen möglich werden.

In der Abstraktionsstufe 5 wird schließlich die Ursache-Wirkungs-Kette aufgedeckt, aufgrund derer der Wagenheber überhaupt nötig wird. In einer Systemgrenzenerweiterung wird das Problem des pannenfreien Rades formuliert. Damit würden Wagenheber und Reserverad unnötig.

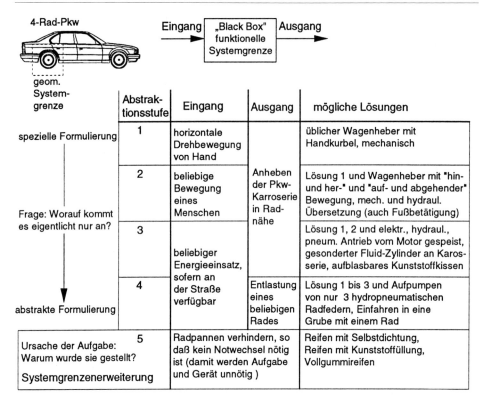

geom. Systemgrenze	Abstraktionsstufe	Eingang	Ausgang	mögliche Lösungen
spezielle Formulierung	1	horizontale Drehbewegung von Hand		üblicher Wagenheber mit Handkurbel, mechanisch
	2	beliebige Bewegung eines Menschen	Anheben der Pkw-Karrosserie in Radnähe	Lösung 1 und Wagenheber mit "hin- und her-" und "auf- und abgehender" Bewegung, mech. und hydraul. Übersetzung (auch Fußbetätigung)
Frage: Worauf kommt es eigenlicht nur an?	3	beliebiger Energieeinsatz, sofern an der Straße verfügbar		Lösung 1, 2 und elektr., hydraul., pneum. Antrieb vom Motor gespeist, gesonderter Fluid-Zylinder an Karosserie, aufblasbares Kunststoffkissen
abstrakte Formulierung	4		Entlastung eines beliebigen Rades	Lösung 1 bis 3 und Aufpumpen von nur 3 hydropneumatischen Radfedern, Einfahren in eine Grube mit einem Rad
Ursache der Aufgabe: Warum wurde sie gestellt? Systemgrenzenerweiterung	5	Radpannen verhindern, so daß kein Notwechsel nötig ist (damit werden Aufgabe und Gerät unnötig)		Reifen mit Selbstdichtung, Reifen mit Kunststoffüllung, Vollgummireifen

Bild 7.3-8: Abstraktion des Problems „Wagenheber"

2. Beispiel: Zweischalenwecker

Die Aufgabe nach **Bild 7.3-9** bestand in der Kostensenkung an einem **„Zweischalenwecker"**, z. B. für ein Telefon. Dies war der unmittelbare Anlaß für eine nachfragende Firma. Naheliegend wären demnach z. B. die Änderung des bisher für die Schalen benutzten Messingwerkstoffes in Stahl oder eine Änderung der Fertigungsvorgänge gewesen. Damit wäre man in der ursprünglichen Systemgrenze verblieben.

Durch Abstraktion der „Schalen" kam man zur Beschreibung „Zwei-Ton-Wecker". Damit werden in dieser ersten Abstraktionsstufe eine Reihe weiterer Lösungen zur Erzeugung von zwei Tönen erschlossen, die zum Teil kostengünstiger als der Zweischalenwecker sind.

In einer zweiten Abstraktionsstufe erhält man den Oberbegriff **„akustischer Wecker"** und damit den Zugang zu allen entsprechenden Möglichkeiten von Weckern.

Eine dritte Abstraktionsstufe führt zu der bloßen Forderung **„Wecken"**, die neben einem akustischen auch pneumatisches, optisches, mechanisches usw. Wecken zuläßt. Eine weitere Abstraktion würde das Wecken selbst in Frage stellen und damit die Systemgrenze „Wecken" verlassen. (Analogie zu Bild 7.3-8).

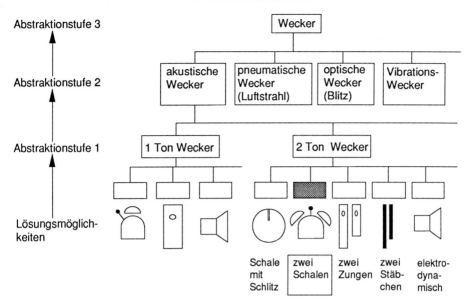

Bild 7.3-9: Abstraktion des Problems „Zweischalenwecker"

Wie weit jeweils abstrahiert werden soll, hängt von der gewünschten Lösungsvielfalt bzw. der Anwendungsbreite einer Lösung ab. Die **Abstraktion muß sich auf die Forderungen beziehen, die die Zahl der Lösungen unnötig einschränken** (wie z. B. oben die Forderung nach Schalen), nicht auf Forderungen, von denen man im Interesse des Auftraggebers nicht absehen kann, wie z. B. nach einem akzeptablen Klang.

In Grenzbereichen der Abstraktion findet also, wie gezeigt, häufig eine Systemgrenzenverschiebung statt.

Abschließend soll aber davor gewarnt werden, jeweils möglichst abstrakt zu formulieren. Viele Aufgabenstellungen sind zu Beginn der Bearbeitung bereits zu abstrakt formuliert. Für eine erfolgversprechende Bearbeitung ist dann oft eine **Konkretisierung** und damit Einschränkung auf ein enges, dafür aber vollständig bearbeitbares Suchfeld zu empfehlen.

7.3.6 Erstellen einer Anforderungsliste

Eine Anforderungsliste wird meist **aus einem Lasten- oder Pflichtenheft** des Kunden oder des Vertriebs erstellt. Sie ist deren Umformung in die Begriffswelt und Notwendigkeiten der Konstruktion. Es ist zweckmäßig, eine betriebsintern vereinbarte **verbindliche Form** einer Anforderungsliste festzulegen, denn sie ist für die ganze Produkterstellung, d. h. für viele Abteilungen, ein wichtiges Dokument. Sie ist zum einen integrativ, begleitet zum anderen aber auch die Produkterstellung. Ein einfaches Beispiel zeigt Bild 5.1-8 (siehe Bild 4.4-8, 8.1-2).

Das Dokument sollte **folgende Informationen** enthalten:

- Den Gegenstand, eine Auftragsnummer, die Projektnummer.
- Eine laufende **Nummer** für alle **Anforderungen, die mit Zahlenwert, Toleranz und Dimension** eingetragen werden. Sie sollen so konkret wie möglich und nur so abstrakt wie zweckmäßig eingetragen werden. Je detaillierter eine Anforderungsliste ist, um so stärker wird die Zahl der möglichen Lösungen eingeschränkt.
- Eine Angabe, ob es sich um eine **Forderung F** („muß") oder einen **Wunsch W** („kann") handelt. **Hauptforderung** kennzeichnen (Kapitel 6.5).
- Den **Namen** des Eintragenden und das **Datum**.
- Die **Quelle** der Anforderung, so daß bei Änderungen oder Präzisierungen dort nachgefragt werden kann.
- Eine Möglichkeit, Änderungen oder Ergänzungen vorzunehmen.
- **Offene Fragen** als unbeantwortet kennzeichnen.
- Eine sinnvolle **Gliederung** (z. B. nach Bild 7.3-5), so daß man sich schnell zurechtfindet. Zweckmäßig ist dabei auch eine Möglichkeit, hierarchisch oder nach Teilobjekten zu gliedern (z. B. Antriebstechnik, Grundmaschine, Steuerungstechnik, Software), so daß verschiedene Abteilungen ihren Anteil an der gemeinsamen Anforderungsliste zunächst getrennt erarbeiten können.
- Auch u. U. **Lösungen,** Zeichnungen von angrenzenden Systemen oder auch vom zu konstruierenden Produkt, wenn bestimmte Teilsysteme bereits festgelegt sind (z. B. bei Anpassungs- und Variantenkonstruktionen).

Anforderungslisten sollen möglichst im interdisziplinären Team erstellt, mindestens geprüft und vom federführenden Entwicklungs- oder Projektleiter verantwortet und unterschrieben werden. Damit bekommt dieser auch einen Überblick über spätere wesentliche Änderungen, die u. U. Qualitäts-, Zeit- und Kostenprobleme verursachen.

Anforderungslisten müssen stets **aktuell** gehalten und den jeweiligen Bearbeitern entsprechend zugestellt werden bzw. auf dem Rechner so verfügbar sein. Es gibt Software zu ihrer Erstellung und Aktualisierung [6/7.3]. Während des Produkterstellungsprozesses muß die Anforderungsliste **laufend ergänzt** werden (z. B. durch Folgeanforderungen aufgrund gewählter Lösungselemente). Anforderungslisten sollen also einem **Änderungsdienst,** wie er bei Zeichnungen üblich ist, unterworfen werden. Zu einem bestimmten Zeitpunkt im Laufe der Produkterstellung muß ein Änderungsstopp vereinbart werden.

Die Erstellung der Anforderungsliste **vereinfacht** sich, wenn auf ähnliche Produkte, und somit ähnliche Anforderungslisten, zurückgegriffen werden kann.

7.3.7 Aufgabenklärung und Vorgehensstrukturierung („Kreative Klärung")

Bei größeren Projekten oder auch wenn wesentliche Hauptforderungen, wie z. B. niedrige Kosten, höherer Kundennutzen, im Vordergrund einer Neuentwicklung oder Produktüberarbeitung stehen, ist die Aufgabenklärung mit der Ermittlung der Anforderungen ein **interdisziplinärer Prozeß** (Kapitel 6.5.2). Die Anforderungsliste muß noch mehr in gegenseitiger Abstimmung entstehen, als dies sonst schon – und wie oben beschrieben – der Fall ist.

Es wird in dieser Phase der **„Klärung der Ziele und Lösungspotentiale"** (**Bild 7.3-10, links**) nicht nur die erste Anforderungsliste besprochen und festgelegt, sondern es werden auch gemeinsam Ziele und Maßnahmen für alle an der Produkterstellung mitwirkenden Abteilungen definiert. Außerdem wird ein erster Plan für das gemeinsame Vorgehen aufgestellt (**Bild 7.3-10, rechts: „Vorgehensstrukturierung"**).

Dabei kann z. B. vereinbart werden, daß das Marketing eine spezielle Kundenbefragung organisiert, Konkurrenzprodukte zur Analyse beschafft, die Entwicklung bestimmte Funktionsträger völlig neu konzipiert, andere nur für ein alternatives Fertigungsverfahren umgestaltet, der Einkauf bestimmte Funktionsträger als Zulieferumfang anfragt bzw. Zulieferanten zu gemeinsamen Entwicklungsbesprechungen einlädt, die Produktion Untersuchungen für alternative Fertigungsverfahren plant und der Versuch mit dem Service eine Versuchsplanung und Pilotkundensuche vorsieht.

Der **Vorgehenszyklus (Bild 7.3-10 Mitte)** verhilft zur Klärung:

I   Es wird das Vorgehen soweit strukturiert, daß entsprechend dem Vorgehenszyklus vorläufig klar ist, welche konstruktiven, fertigungstechnischen und z. B. vertriebsmäßigen **Anforderungen und Freiräume** bestehen. Was soll geändert werden, was soll beibehalten werden?

II Wo sind im Hinblick auf **erkannte Schwachstellen** aussichtsreiche **Lösungspotentiale**?

III Welche **Analyse- und Bewertungsmöglichkeiten** können besonders wirkungsvoll eingesetzt werden?

Man geht im Gespräch sowohl das Produkt, wie auch den Erstellungsprozeß entsprechend dem Vorgehenszyklus nach Bild 7.3-10 durch. Man erzeugt und simuliert bei dieser **Kreativen Klärung** (Kapitel 6.5.2) nicht nur Ziele, sondern auch erste Lösungen und Lösungspotentiale, die dann später detailliert und entsprechend dem vereinbarten Vorgehensplan oder im Simultaneous-Engineering-Team weiterverfolgt werden. Danach kann es nötig werden, eine neue derartige „Kreative Klärung" zu vereinbaren.

Um dieses Ergebnis erreichen zu können, ist in Bild 7.3-10 der Vorgehenszyklus mit Stichworten aus der gesamten Produkterstellung ergänzt worden. Er enthält also Fragen, die alle Phasen des Konstruierens betreffen. Das konnte hier aus Platzmangel nur beispielhaft geschehen. Auch fehlen Fragestellungen, die den Vertrieb, die Produktion oder die Materialwirtschaft im einzelnen betreffen. Ein solcher Fragenkatalog sollte produkt- und betriebsspezifisch aufgestellt werden. Ferner gehört als Vorarbeit für eine solche Sitzung die Strukturierung des Produkts nach den Eigenschaften der Hauptforderung (Kapitel 6.5.2, z. B. Kostenstruktur nach wichtigen Baugruppen, Ausfallraten nach Funktionsträgern, Terminengpässe) [7/7.3]. Zweckmäßigerweise benutzt man zur **Visualisierung** der Ergebnisse drei Flip-Charts, die jeweils die Abschnitte I, II und III des Vorgehenszyklus darstellen.

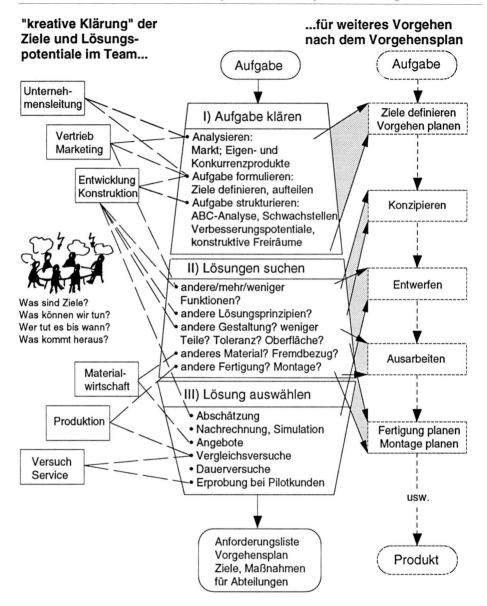

Bild 7.3-10: Der Vorgehenszyklus als Hilfe für die „**Kreative Klärung**" des weiteren Vorgehens

Als **Erkenntnis** dieser Ausführungen sollte festgehalten werden, daß Aufgabenklärung nicht nur heißt, im „abstrakten Raum" Anforderungen an ein Produkt zusammenzutragen. Es müssen auch ausgehend vom Kundennutzen, Unternehmenspotential, Risikoabschätzungen und terminlichen Restriktionen bereits vorläufig Freiräume und **Lösungspotentiale** für die nachfolgende detaillierte Bearbeitung vereinbart werden. Zieldefinition und Vorgehensplanung bedingen eine „visionäre Sicht" auf potentielle Lösungsansätze. Die sequentielle Abfolge von Vorgehensschritten eines Vorgehensplans, bei dem vom Abstrakten zum Konkreten zunehmend mehr Produkt- und Produktionsmerkmale festgelegt werden, ist ja kein Zwang, wenn man sich über die Strategien X.1 und II.3 in Bild 3.3-22 im klaren ist (frühe Phasen sind bestimmender als späte; zuerst das Wirkungsvollste). Diese Art der simultanen, kreativen Klärung im interdisziplinären Team kann sehr fruchtbar sein, wenn sie danach durch eine kritische, systematische Durcharbeit ergänzt wird (Bild 7.3-10, rechts). Man kann z. B. ohne weiteres in der Phase der Aufgabenklärung festlegen, welche Produktumfänge von außen bezogen werden oder welche wie im Haus gefertigt werden, wenn dies durch frühere Vorgehenszyklen bereits geklärt wurde. **Das erfolgreiche Produkt ist das Ziel.**

Literatur zu Kapitel 7.3

[1/7.3]   Ehrlenspiel, K.: Betriebsforderungen an Maschinen – Bedeutung und Einteilung. Konstruktion 29 (1977), S. 29–35.

[2/7.3]   Franke, H. J.: Methodische Schritte beim Klären konstruktiver Aufgabenstellungen. Konstruktion 27 (1975), S. 395–405.

[3/7.3]   Braess, H. H.: Das Automobil von der Idee bis zum Recycling. In: Ringvorlesung Systemtechnik und systemtechnische Anwendungen. München: TU, Fakultäten für Maschinenwesen, Elektrotechnik, Physik und Informatik, Umdruck zur Vorlesung 1990.

[4/7.3]   Pahl, G., Beitz. W.: Konstruktionslehre. 3. Aufl. Berlin: Springer 1993.

[5/7.3]   Simons, R.: Untersuchung einer Verbindung mit Schwerspannhülsen an relativ zueinander bewegten Bauteilen. München: TU, Unveröffentlichte Diplomarbeit 1977. (Nr. 51)

[6/7.3]   Barrenscheen, J.; Drebing, U.; Sieverding, H.: Rechnerunterstützte Erstellung von Anforderungslisten. VDI-Z 131 (1989) 4, S. 84–89.

[7/7.3]   Ehrlenspiel, K.; Sauermann, H. J.: Produktkostenplanung in Teamarbeit. Harvard-Manager (1987) 4, S. 113–117.

7.4 Methoden zur Aufgabenstrukturierung

Fragen:

- Wie kann man eine komplexe Aufgabe so unterteilen, daß sie leichter überschaubar wird, mit bekannten Methoden bearbeitet werden kann und an Personen oder Gruppen zur Bearbeitung weitergegeben werden kann?
- Was ist zuerst zu tun, was danach?
- Wie kann man eine Aufgabe lösungsneutral mit Funktionen beschreiben?
- Wie kann man ein System in einer abstrakten Form mit Funktionsstrukturen beschreiben und eventuell alternative Strukturen bilden?

Grundsätzliches:

Strukturieren bedeutet ein Gliedern und Unterteilen eines Sachverhalts nach dessen Eigenschaften und deren Wichtigkeit (Bild 7.2-5, ABC-Analyse). Es ist ein hervorragendes Mittel, die Komplexität einer Aufgabe zu reduzieren. Sie wird durchsichtig, man erkennt durch wertende Unterscheidung die wesentlichen und unwesentlichen Bereiche, so daß man weiß, womit man zuerst bei der Bearbeitung beginnen soll. Man erkennt Teilaufgaben, die man nacheinander bearbeiten oder an andere Bearbeiter vergeben kann (Kapitel 4.3.3, 4.3.4).

Strukturieren kann man alle Arten von Systemen nach vielen Gesichtspunkten, z. B.:

- **Produkte** nach deren Eigenschaften, wie z. B. nach Arten, Funktionen, besonderen Merkmalen, umgesetzten Energien, Stoffen etc.
- **Prozesse** nach deren Eigenschaften, wie z. B. nach Arten, Funktionen, Methoden und Hilfsmitteln zur Planung, zum Betrieb etc.

Man kann dabei z. B. folgende Ordnungsprinzipien benützen (Kapitel 2.3.2):

- **einfache Reihung nach einem Kriterium** (Neuigkeit, Umfang, Wichtigkeit, Dringlichkeit (Termin), Kosten, Häufigkeit, Gewicht, Größe, Alphabet etc.)
- **hierarchische Ordnung** durch Über-, Unter-, Gleichordnung (z. B. Organisationsstruktur bzw. Aufbaustruktur, Baustruktur bzw. Stücklistenstruktur)
- **Vernetzung**, indem Elemente durch ihre gegenseitigen Beziehungen in einen Ordnungszusammenhang gebracht werden (z. B. Informationsbeziehungen von Mitarbeitern (Bild 4.1-20), Funktionsbeziehungen der Komponenten eines Pkw (Bild 7.4-6)).

Es ist zweckmäßig, auch beim Strukturieren den **Vorgehenszyklus** wie folgt einzusetzen:

I   Ziele und Anforderungen des Strukturierens klären.
II   Möglichkeiten der Strukturierung suchen.
III Zweckmäßigste Art der Strukturierung festlegen, entsprechend einer Abschätzung von Nutzen und Aufwand.

Im folgenden wird zunächst gezeigt, wie eine Aufgabe nach der vorhandenen Organisation strukturiert werden kann (Kapitel 7.4.1). Diese Strukturierung ermöglicht es, die Aufgabe im Unternehmen an den dafür geeigneten Stellen zu bearbeiten. Danach wird nach inhaltlichen Kriterien – hier nach Funktionen – neu strukturiert (Kapitel 7.4.2). Weitergehende inhaltliche Strukturierungen geben Vorgehenspläne an (Kapitel 4.1.5, 6.3.2, 6.5.1).

7.4.1   Organisatorische Strukturierung

Je nach Umfang eines Unternehmens gibt es nach unterschiedlichen Kriterien strukturierte Abteilungen, Arbeitsgruppen und Einzelbearbeiter, denen Teile einer anstehenden Aufgabe zugeteilt werden. Die Bearbeitung kann dann arbeitsteilig und sequentiell

– allerdings unter gegenseitiger Abstimmung – erfolgen oder im Rahmen eines Projekts im Team (Kapitel 4.3.3, 4.3.4, 4.4.1).

Je nach der erwähnten Arbeitsteilung des Unternehmens kann die Strukturierung der Aufgabe nach folgenden **Kriterien** durchgeführt werden:

- Nach **Neuigkeit**, z. B. Neu-, Anpassungs-, Variantenkonstruktion (Kapitel 5.1.4.1).
- Nach **Modulen**, z. B. Steuerungs-, Antriebs-, Meßtechnik, Baugruppen, Bauteile (Kapitel 7.4.1.1). Dabei kann man auch nach deren **Bearbeitungsreihenfolge** gliedern (Kapitel 7.4.1.2).
- Nach **Arbeits- bzw. Konstruktionsphasen** und **Tätigkeiten**, z. B. Projektieren, Konzipieren, Entwerfen, Ausarbeiten, Berechnen, Versuchen (Kapitel 5.1.3, 7.8, 7.9).
- Nach **Hauptforderungen**, z. B. Design oder Zuverlässigkeit verbessern. Es kann besondere Gruppen geben, die sich schwerpunktartig damit befassen (Kapitel 5.1.4.2, 5.1.4.5). Die Eigenschaften der Hauptforderungen ergeben unterschiedliche Strukturierungsbegriffe (Kapitel 6.5)
- Nach **externer/interner Bearbeitung**, z. B. teilweise Auswärtsvergabe an einen anderen Werksteil; an einen Lieferanten, der nicht nur die Entwicklung, sondern auch die Produktion übernimmt; an ein Ingenieurbüro, speziell für den E&K-Umfang.

In jedem Fall müssen die Arbeitspakete nicht nur nach ihren **Anforderungen** klar sein, sondern sie müssen auch bezüglich **Arbeitsumfang** aufgrund früherer ähnlicher Arbeiten eingeschätzt werden. Damit kann ausgehend von dem gegebenen Abschluß-termin beurteilt werden, ob die vorhandene interne Bearbeitungskapazität ausreicht oder ob etwas getan werden muß, um die Kapazität zu vergrößern (Kapitel 5.2.3).

Es soll nachfolgend nur noch kurz auf **Konstruktionsphasen** und **Tätigkeiten** ein-gegangen werden. Dafür ist aufgrund des Neuigkeitsgrades und im Vergleich zu frühe-ren ähnlichen Aufgaben abzuschätzen, was getan werden muß. Es muß z. B. festgestellt werden, welche Module (Baugruppen) der anstehenden Aufgabe eine Neu-, Anpas-sungs- oder Variantenkonstruktion darstellen. Dann können entsprechende Vorgehens-pläne (Kapitel 6.3.2, 6.5.1) zur weiteren Arbeitsorganisation verwendet werden, sofern nicht betriebsintern bereits angepaßte Vorgehenspläne vorhanden sind. Welche Tätig-keiten unterschieden werden können, geht aus den Bildern 5.1-3 und 5.1-14 hervor.

7.4.1.1 Strukturieren nach Modulen

Die gebräuchlichste Art der Strukturierung einer Konstruktions- oder Produktions-aufgabe ist die nach Modulen, die z. B. als Grundmaschine, Antriebstechnik, Steue-rungstechnik bezeichnet werden. Module sind auch Baugruppen und Bauteile (Bild 2.3-7). Diese Art der Strukturierung ist deshalb in der Entwicklung und Konstruktion möglich, da in fast allen Fällen Produkte mit Vorläufern bearbeitet werden, deren Struktur in etwa schon bekannt ist. Die Baugruppen können dabei funktionsorientiert gebildet werden. Alle Bauteile, die zusammen eine bestimmte Funktion erfüllen, werden zusammengefaßt (**Funktionsgruppe**).

Üblich ist die Orientierung an der Fertigung und besonders an der Montage. Alle Bauteile, die zusammen eine (Vor-)Montageeinheit bilden, werden zu einer **Montage-gruppe** zusammengefaßt und insgesamt hierarchisch gegliedert. Funktionsüber-schneidungen werden in Kauf genommen.

Die **Baustruktur** stellt also die Baugruppen und Bauteile als Systemelemente eines Produkts mit ihren Beziehungen dar. Die Beziehungen können z. B. Funktions- oder Montagebeziehungen sein.

In **Bild 7.4-1** ist beispielhaft ein Teil der Baustruktur eines Fahrzeugantriebs dargestellt. Ersetzt man die Namen der Komponenten durch deren Funktionsbezeichnungen, so erhält man eine **„funktionale Baustruktur"**.

Diese Darstellungsarten der Baustruktur in Form einer funktionalen Baustruktur oder eines Funktionsbaumes haben eine Bedeutung für die Arbeitsorganisation und die Informationsflüsse. Der funktionalen Baustruktur eines Automobils in **Bild 7.4-6** wird direkt die Struktur der zuständigen Abteilungen zugeordnet. Das Sachsystem mit den Eigenschaften der Module ist so direkt mit dem Handlungssystem verknüpft (Kapitel 2.3.3).

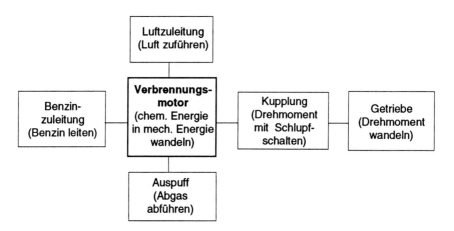

Bild 7.4-1:   Teil der Baustruktur eines Fahrzeugantriebs. Die Bezeichnungen in Klammern entsprechen einer funktionalen Baustruktur.

Die **Darstellung** einer Baustruktur kann wie in Bild 7.4-1 entsprechend der System-technik erfolgen oder als technische Zeichnung. Auch die Stückliste ist eine gebräuch-liche Art der Darstellung. In der **Struktur-Stückliste** werden Bauteile und Baugruppen entsprechend dem Fertigungs- bzw. dem Montageablauf gegliedert. Die Positions-angaben darin ergeben die Zuordnung der Teile zur Zeichnung. Über eine Stufung der Positionsnummern wird der hierarchische Rang der Teile zur Baugruppe bzw. zum ganzen Produkt gekennzeichnet.

Sie kann ferner in einfacher Zuordnung (Bild 7.4-1) geschehen oder in Form eines hierarchischen Baums (**Bild 7.4-2**). Auch in diesem Bild sind die Bauelemente ergänzt durch die zugehörigen Funktionsbezeichnungen. Damit wird die Darstellung zum sogenannten **Funktionsbaum** (funktionale Baustruktur). Bei der konstruktiven Entscheidung z. B. für einen Verbrennungsmotor wird gleichzeitig über die **Folgefunktionen** unterhalb der gestrichelten Linie mitentschieden.

Diese Darstellungsarten der Baustruktur in Form einer funktionalen Baustruktur oder eines Funktionsbaumes haben eine Bedeutung für die Arbeitsorganisation und die Informationsflüsse. Der funktionalen Baustruktur eines Automobils in **Bild 7.4-6** wird direkt die Struktur der zuständigen Abteilungen zugeordnet. Das Sachsystem mit den Eigenschaften der Module ist so direkt mit dem Handlungssystem verknüpft (Kapitel 2.3.3).

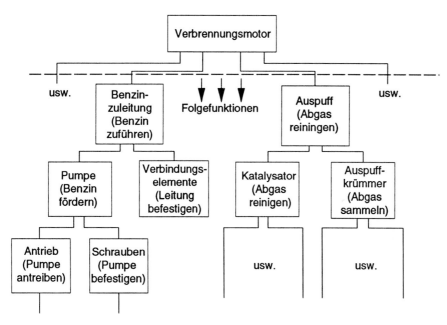

Bild 7.4-2: Baustruktur in hierarchischer Baumdarstellung. Durch die Funktionsbezeichnung (in Klammern) gleichzeitig ein Funktionsbaum.

7.4.1.2 Strukturieren nach der Bearbeitungsreihenfolge von Modulen

Nachfolgend wird gezeigt, daß es nicht gleichgültig ist, welche Module (z. B. Baugruppe, Teil) zuerst bearbeitet werden, welche danach. Wie **Bild 7.4-3** zeigt, gibt es mindestens drei **wichtige Alternativen des Vorgehens**. Diese werden am Beispiel der Anpassungskonstruktion einer Bettfräsmaschine erläutert [2/7.4]. Vereinfacht sind hier 14 Baugruppen angegeben. Üblicherweise besteht eine solche Maschine aus 10 bis 20 Hauptgruppen, wobei sich durch die ersten 10 bereits 80% der Herstellkosten ergeben. 25% Herstellkosten werden durch die Steuerung, ca. 10% durch den Maschinenschutz

abgedeckt. Wenn man Bauteile betrachtet, legen 9% der Bauteile 80% der Herstellkosten fest, während 70% der Teile nur noch 5% zu den Herstellkosten beitragen.

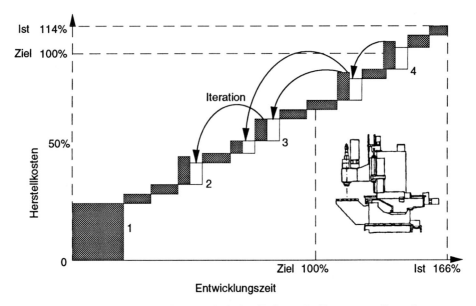

a) Sequentielles Vorgehen nach rein technischer Reihung der Baugruppen/Bauteile

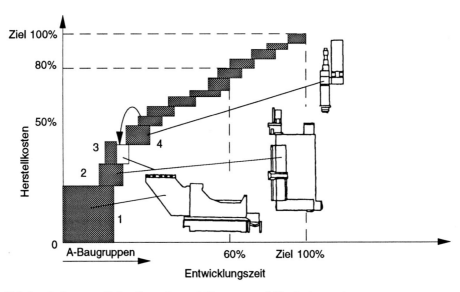

b) Integriertes, paralleles Vorgehen, „A-Baugruppen" (Kosten) zuerst

Bild 7.4-3:   Zwei Arten der Bearbeitungsorganisation für die Konstruktion einer Bettfräsmaschine
(weiße Rechtecke: nachträglich iterativ überarbeitete Baugruppen, um Kosten zu senken)

Es macht also Sinn, die **kostenintensiven Baugruppen bzw. -teile** im Konstruktionsprozeß **zuerst festzulegen** (A-Baugruppen). Damit bekommt man bei Einsatz der
konstruktionsbegleitenden Kalkulation sehr früh eine Angabe, ob man das Kostenziel
erreichen kann (Kapitel 9.3.3).

a) In Bild 7.4-3a ist im Gegensatz dazu die sehr häufige Vorgehensweise nach **rein
technischer Reihung** der zu konstruierenden Baugruppen gezeigt. Die kostenmäßig
wichtigen A-Baugruppen 1, 2, 3 und 4 werden zum Teil sehr spät bearbeitet, was
dann die aus Kostengründen, durch Pfeile dargestellten Iterationen zur Folge hat.
Trotz 66% zu langer Entwicklungszeit werden die Zielkosten um 14 % überschritten.
Die technische Reihung kann aber dann sehr bedeutsam für den effektiven Informationsaustausch und damit für den Zeitaufwand sein, wenn die Hauptforderung die
Funktion ist und z. B. die Kosten eher zweitrangig sind (Kapitel 2.3.3b).

b) Bild 7.4-3b zeigt mit der **Priorisierung kostenintensiver Baugruppen** das sinnvoll
integrierte, z. T. parallele Vorgehen, das hier im Beispiel bereits in 60% der Entwicklungszeit eine Maschine mit der Kenntnis von 80% der zu erwartenden Herstellkosten ergibt. Zuerst werden die A-Baugruppen 1 bis 4 soweit möglich bearbeitet. In ähnlicher Weise geht man vor, wenn eine andere Hauptforderung dominiert,
wie z. B. die Zuverlässigkeit oder die Gewichtsreduzierung (siehe Kapitel 6.5.2).

c) Eine **dritte Alternative**, die sich vor allem bei engen Lieferterminen als Notwendigkeit ergibt, ist die **Priorisierung terminbestimmender Baugruppen**. Solche
können z. B. neugestaltete Schmiede- und Gußteile sein. Diese müssen zuerst bearbeitet und in Auftrag gegeben werden. Manchmal müssen vorläufige Annahmen
getroffen werden. Das Produkt ist dann u. U. nicht optimal, aber termingerecht. Bild
7.4-3b ist auch dafür gültig, wenn man in der vertikalen Achse Herstellkosten durch
Lieferzeit ersetzt.

Man sieht, daß es auch für das Abarbeiten von Vorgehensplänen noch andere
Gesichtspunkte gibt als rein technische (Kapitel 4.1.5, Kapitel 6.3.2).

7.4.2   Inhaltliche Strukturierung nach Funktionen

Unter inhaltlicher Strukturierung sei hier die Strukturierung nach rein technischen Merkmalen verstanden, wie z. B. nach Funktionen, Energiearten, Stoffarten, Fertigungs- oder
Montagearten. Da beim Entwickeln und Konstruieren die Erfüllung der Funktion zunächst Vorrang hat, werden hier die Möglichkeiten der Funktionsstrukturierung intensiv
dargestellt, wie sie die Konstruktionsmethodik entwickelt hat (siehe Anhang A1). Die
Funktionsstrukturierung liegt in der Schnittstelle zwischen Aufgabenklärung und Lösungssuche. Dementsprechend begründen alternative Funktionsstrukturen ganze
Lösungsfamilien. Die Funktionsstrukturierung kann so der Aufgabenstrukturierung oder
der Konzeptphase zugeordnet werden (Bild 6.5-1, 6.5-3).

Zu Beginn der nachfolgenden, eher abstrakten Ausführungen über Funktionen und
Funktionsstrukturen von technischen Systemen seien einige **Beispiele** aufgeführt.

Das **erste Beispiel** beinhaltet die Aufgabe, eine Kamera vertikal und winklig verstellen zu können. Damit sollen verzerrte Bilder wieder entzerrt werden können. Diese Wandhalterungen wurden in den Kapiteln 3.4.1 und 8.3 eingehend beschrieben. Die hier in **Bild 7.4-4** gezeigte Ausführung ist die Lösung einer weiteren Versuchsperson als die aus Bild 3.4-1 bzw. 3.4-2.

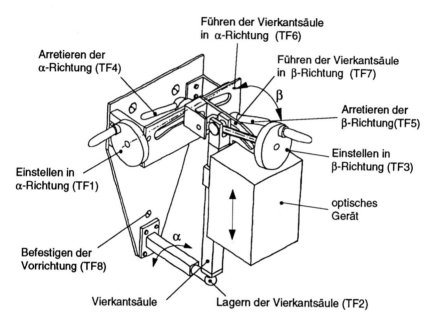

Bild 7.4-4:   Vorrichtung für das Verstellen eines optischen Geräts mit Angabe von Funktionen der Funktionsträger bzw. Bauteile

Die **Gesamtfunktion GF** der Vorrichtung kann so formuliert werden: „Vorrichtung zum Verstellen und Schwenken einer Kamera". Da sie so nicht bearbeitet werden kann, muß sie entsprechend der Strategie I.1 (Teilaufgaben formulieren; Bild 3.3-22) aufgeteilt werden in Teilfunktionen (TF). Diese ergeben in der Summe wieder die Gesamtfunktion (GF=$\sum$TF). Die Teilfunktionen sind in Bild 7.4-4 den Funktionsträgern zugeordnet worden.

Für die Neukonstruktion einer solchen Vorrichtung ist nach Kapitel 6.5.1 in den Bildern 6.5-1 und 6.5-3 im Arbeitsabschnitt Konzipieren ein Schritt „Funktionen ermitteln" angegeben, der als Ergebnis eine Funktionsliste oder eine Funktionsstruktur haben kann.

In diesem ersten Schritt nach dem Klären der Aufgabe reicht es durchaus, sich zunächst die wichtigsten **Teilfunktionen** als Liste aufzuschreiben:

– Lagern der Vierkantsäule,
– Einstellen in α und β Richtung und
– Arretieren in α und β Richtung.

Daß man zu diesen Teilfunktionen noch weitere formulieren kann, ist in Bild 7.4-4 angegeben: z. B. Führen der Vierkantsäule, Befestigen der Vorrichtung an der Wand. Wie weit man hier ins Detail geht, hängt von der Wichtigkeit der jeweiligen Teilaufgabe ab.

Damit hat man eine **Liste** von lösungneutralen Teilfunktionen, die ausreichen, um Lösungsprinzipien zu finden. Eine **Funktionsstruktur**, die die Beziehungen zwischen den Teilfunktionen darstellt, bringt bei diesem Beispiel keinen Nutzen im Sinne eines besser beherrschbaren Konstruktionsprozesses oder einer günstigeren konstruktiven Lösung. Dies haben auch die Untersuchungen nach Kapitel 3.4.1 gezeigt. Funktionsstrukturen sind ein sinnvolles Beschreibungsmittel und arbeitserleichternd, wenn es um Energie-, Stoff- und Signalflüsse in größeren oder komplexen Systemen geht.

In einem **zweiten Beispiel** sei am einfachen Beispiel „Wasser speichern" eine Funktionsstruktur gezeigt, wie sie in diesem Kapitel näher behandelt wird (**Bild 7.4-5**). Die Teilfunktionen

– Wasser zuleiten,
– Wasser speichern und
– Wasser ableiten

sind jeweils charakterisiert durch Ein- und Ausgangszustände (Kreise) des Umsatzprodukts Wasser und durch Operationen (Rechtecke), die die geforderten Änderungen erzwingen. Die dafür vorhandenen (oder gefundenen) technischen Lösungen oder Funktionsträger sind angegeben: Zulaufrohr, Speicher, Ablaufrohr.

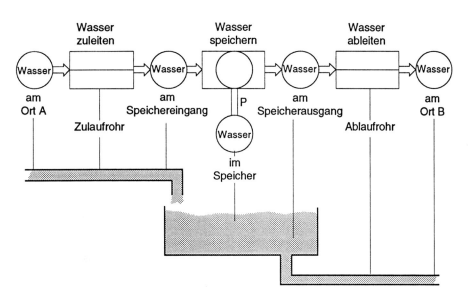

Bild 7.4-5:   Funktionsstruktur für die Gesamtfunktion „Wasser speichern"

Ferner ist in Bild 2.3-3 die vereinfachte Funktionsstruktur einer NC-Drehmaschine wiedergegeben. Es ist klar, daß für diese Verhältnisse eine derart einfache Funktionsstruktur nur einen begrenzten Nutzen hat. Wichtig und unentbehrlich wird sie bei komplexen Systemen, wie sie ausschnittsweise (in Bild 7.4-6, 7.4-7) dargestellt sind.

7.4.2.1 Zweck und Begründung der Methode

Die Methode dient der funktionellen Systembeschreibung, unterstützt die Synthese und Analyse von Systemen bei komplexen funktionellen Zusammenhängen und ermöglicht eine Systematisierung und Klassifizierung von Systemen (Kapitel 2.3.2).

Technische Systeme können auf verschiedene Weisen beschrieben werden. Die funktionelle Beschreibung ist eine davon und kann als Beschreibungsmittel z. B. Maschinenzeichnungen, verbale Beschreibungen von Anforderungen oder Eigenschaften von Systemen ergänzen. Wie bei anderen Beschreibungsweisen wird bei der funktionellen Beschreibung nur ein Aspekt des Systems erfaßt, nämlich die Funktion, der Zweck des Systems.

Zwecke der Funktionsformulierung sind:

a) **Abstraktion** zur Vergrößerung der Lösungsvielfalt.

b) **Modellierung** komplexer Systeme auf abstraktem Niveau, wie z. B. bei Schaltplänen, Anlagen-Flußplänen (Verfahrenstechnik), zur Erleichterung des Überblicks und der Manipulation.

zu a) Das am Systemzweck orientierte Denken in Funktionen verhilft zum Überblick über das Ganze, durchbricht die Ideenfixierung durch Bekanntes und ermöglicht durch Formalisierung das Umgehen von in der konkreten Vorstellungswelt angesiedelten Denkblockaden. Funktion ist die lösungsunabhängige Darstellung einer Aufgabe. Statt „Konstruiere ein Garagentor" formuliert man z. B.: „Konstruiere einen diebstahlsicheren Garagenverschluß". Durch Variation von Funktionsstrukturen können schon in einem sehr frühen und abstrakten Stadium der Produktentwicklung die Weichen für wesentliche neue Lösungsfamilien gestellt werden (Beispiel Fischentgrätmaschine Kapitel 8.1).

zu b) Die Strukturierung der Systeme mit Funktionsstrukturen kann sich beziehen auf:

• **Funktionale Baustrukturen.** Die Baugruppen oder Funktionsträger eines technischen Systems werden mit ihren Funktionsbegriffen bezeichnet und durch ihre gegenseitigen Beziehungen strukturiert. Diese können **hierarchische** (Bild 7.4-2) oder **vernetzte** Strukturen ohne erkennbare Über-/Unterordnung darstellen (**Bild 7.4-6**). Letztere auf einer Datenbank implementierte Struktur hat den Zweck, die Vielfalt der Abhängigkeiten von Funktionsträgern mit deren unterschiedlichen Eigenschaften übersichtlich zu machen. Bei einem Pkw sind 10000 bis 20000 Funktionsträger zum großen Teil aufeinander abzustimmen.

• **Flußstrukturen.** Beschreibung der Energie-, Stoff- und Signalflüsse. Diese Nutzung wird in der Konstruktionsmethodik bisher vorrangig behandelt und steht auch im folgenden im Vordergrund (Bild 2.3-3, 7.4-5, 7.4-7).

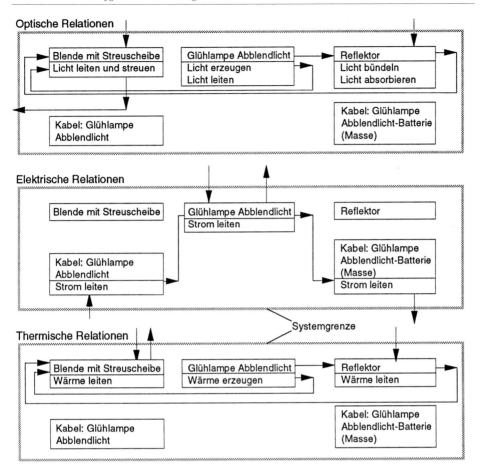

Bild 7.4-6: Ausschnitte aus der funktionalen Baustruktur von AUTOSYS: Beispiel Pkw-Scheinwerfer mit drei verschiedenen Umsatzarten (Steinmeier [1/7.4])

Für das Konstruieren im Maschinenbau sind erfahrungsgemäß **folgende Anwendungen fruchtbar:**

– **Stofffluß-Strukturen:** Da Stoffe örtlich identifizierbar sind und ihre Fließrichtung gut feststellbar ist, läßt sich die Struktur leicht geometrisch darstellen und nachprüfen. Stofffluß-Strukturen sind deshalb bei komplexen Systemen eine gute Hilfe für deren Entwicklung. Sie erleichtern die Übersicht, den Vergleich und die Neugenerierung (Bild 7.4-7). Das Beispiel zeigt, daß auch Fertigungsverfahren mit der Methode übersichtlich beschrieben werden können. Die Arbeit hat den Zweck, aus einer Vielfalt von Fertigungsverfahren für faserverstärkte (Pkw-)Teile das optimale zu wählen. Bei einfachen Systemen ist eine formale Darstellung, wie z. B. in Bild 7.4-5, nicht nötig. Man durchschaut sie auch so.

– **Energiefluß-Strukturen** sind dann hilfreich, wenn der Fluß im System örtlich gut identifizierbar ist, d. h. das System relativ zu den Funktionsträgern große Abmessungen hat (z. B. Pkw-, Schiffsantriebe bzw. wenn Stoffflüsse Energie transportieren, wie z. B. in Dampf- und Wasserkraftwerken). Als weniger hilfreich haben sie sich erwiesen, wenn es sich um kompakte mechanische Strukturen handelt (z. B. bei der Kupplungsentwicklung: Balken [5/7.4], John [6/7.4], Feichter [7/7.4]; Vorrichtung nach Bild 7.4-4). Hierfür ist die Strukturierung mit dem **Kraftfluß-Prinzip** besser geeignet (Kapitel 7.7.3). Außerdem gibt es die Beschreibungsmöglichkeiten der Getriebelehre.

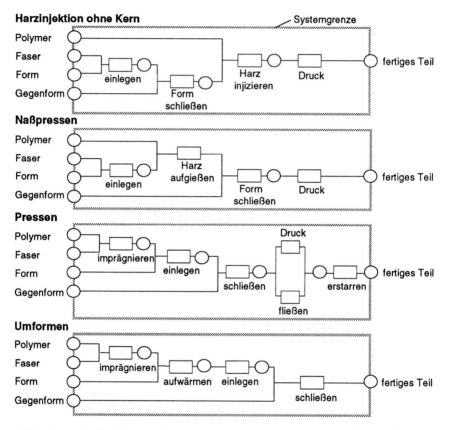

Bild 7.4-7:   Stofffluß-Struktur für Fertigungsverfahren von faserverstärkten Kunststoffen u. a. für Pkw-Teile (Zoll [4/7.4])

– **Signalflußstrukturen** sind mit der hier gezeigten formalen Darstellung bisher wenig eingesetzt worden. Das ist sicher auch darauf zurückzuführen, daß es in der Elektronik und Fluidik eingeführte Beschreibungsformen für die Steuerungs- und Regeltechnik gibt (Schaltpläne, Schaltnetze, Schaltwerke). Schließlich sind die Programmlogiken der Informatik ebenfalls Signalflußstrukturen.

7.4.2.2 Begriffe

Es werden hier nur die wichtigsten Begriffe erläutert (siehe auch Kapitel 10).

Ein System bzw. ein Produkt hat **Eigenschaften** bzw. **Merkmale** als wichtige, gekennzeichnete Eigenschaften (Kapitel 2.3.1). Die Eigenschaften zerfallen in zwei Gruppen: Funktionseigenschaften und Nichtfunktionseigenschaften (nach Bild 2.3-1: Beschaffenheits- und Relationsmerkmale, z. B. Werkstoff, Größe bzw. Lebensdauer, Kosten).

Eine **Funktion** ist allgemein in den Natur- und Ingenieurwissenschaften die Darstellung eines physikalischen oder mathematischen Zusammenhangs, z. B. in Form einer Gleichung. Sie kann aus dem Unterschied der Eingangs- und Ausgangszustände und der inneren Eigenschaften eines Systems definiert werden (Bild 2.2-1). Die damit erfaßten Zustände können in zweckentsprechende und störende eingeteilt werden. Dementsprechend kann man **Zweck- und Störfunktionen** unterscheiden. Bei dem System „Brot schneiden" in Bild 2.2-2 ist eben dies die Zweckfunktion. Die Wandlung der elektrischen Energie am Eingang in Geräusch und Wärme am Ausgang entsprechen Störfunktionen, die beim Konstruieren meist zu unterdrücken sind. Ein technisches Gebilde kann auch zu ungeplanten Zwecken verwendet werden (z. B. Reifen als Schiffs-Fender). Im folgenden wird unter Funktion grundsätzlich nur die geplante oder bestimmungsgemäße Zweckfunktion verstanden.

– Unter **Funktion** versteht man also die lösungsneutrale Formulierung des gewollten Zwecks eines Produkts. Sie drückt die Zustandsänderung eines Umsatzprodukts aus, welche durch den Funktionsträger bewirkt wird. (So ist in Bild 7.4-5 der gewollte Zweck „Wasser speichern". Dieser wird dadurch erreicht, daß pro Zeiteinheit über einen definierten Zeitraum gesehen weniger Wasser austritt als eintritt, d. h. die Ausgangs- und Eingangszustände sind unterschiedlich.)

Den Begriff Funktion kann man entsprechend den Strategien (Bild 3.3-22) I.1 (Unterteilung des Ganzen) und I.2 (Wesentliches und weniger Wesentliches) weiter spezifizieren:

– **Gesamtfunktion –Teilfunktion**

– **Hauptfunktion** (Beschreibung des Hauptzwecks) – **Nebenfunktion** (Unterstützung der Hauptfunktion). Im gleichen Sinne wird bei der Art des Umsatzes eines Systems (Energie-/Stoff-/Signalumsatz) der Haupt- und Nebenumsatz unterschieden.

– **Elementarfunktion** ist eine Funktion, die nicht weiter untergliederbar und allgemein anwendbar ist (siehe Anhang, elementare Operationen, Bild A1-15, A1-16).

– Die Funktionsstruktur eines Produkts wächst während dessen Entwicklung mit der zunehmenden Detaillierung laufend mit. Die Entscheidung für eine bestimmte Lösung zieht nämlich **Folgefunktionen** nach. So bedingt die Entscheidung für einen Verbrennungsmotor statt eines Elektromotors z. B. die ganze Stoffzu- und -abfuhr mit sich. Folgefunktionen können dann u. U. hierarchisch geordnete **Funktionsbäume** beinhalten (z. B. von der Abgasleitung bis zur Sicherung einer zugehörigen Befestigungsschraube (Bild 7.4-2).

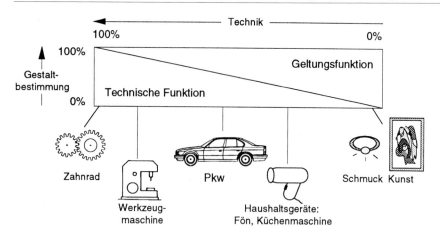

Bild 7.4-8: Bestimmung der sichtbaren Gestalt durch die Geltungsfunktion bzw. die technische Funktion.

– Neben der technischen Funktion, die die Eigenschaftsänderung (Zustandsänderung) eines Umsatzprodukts ausdrückt, gewinnt die **Geltungsfunktion** immer mehr an Bedeutung. So kann man Produkte nach dem Grad, in dem die Gestalt von der technischen Funktion oder der Geltungsfunktion bestimmt wird, einteilen (**Bild 7.4-8**). Man kann unter Geltungsfunktion im Sinne der Wertanalyse [3/7.4]) die Wirkung eines Produkts auf den Sinn für Ästhetik verstehen, ferner auf das Ansehen – die Geltung – das eine damit verbundene Person erfährt. Sie ist allenfalls subjektiv, nicht objektiv quantifizierbar.

7.4.2.3   Definition der Elemente und Symbole einer Funktionsstruktur

– Es ist zweckmäßig, Funktionen möglichst mit **Substantiv** und **Verb** zu **formulieren** (z. B. Wasser speichern). Das Substantiv beschreibt das Umsatzprodukt (Wasser), das Verb die Eigenschaftsänderung (Operation, Aktivität).

– **Symbole** sollen die funktionelle Beschreibung technischer Systeme vereinfachen und eine anschauliche Darstellung ermöglichen.
Wie oben bereits angesprochen, wird durch eine Funktion die Eigenschaftsänderung eines Umsatzprodukts ausgedrückt, die durch einen Funktionsträger bewirkt wird. Der **Funktionsträger** wird im hier behandelten Zusammenhang meist eine Maschine oder ein Maschinenteil sein, eben das Konstruktionsobjekt. Es kann sich jedoch ebenso um einen Menschen handeln, der die Eigenschaftsänderung bewirkt oder um ein biologisches oder chemisches System (Kapitel 2.3.3c).

Aus dieser Funktionsdefinition lassen sich drei formale Elemente ableiten:

1. Element: **Zustand**

Der Zustand eines Umsatzprodukts wird durch die Summe seiner momentanen Eigenschaften bestimmt. Als Symbol wird ein Kreis definiert (**Bild 7.4-9**). Die ausdrückliche Definition und das Symbol haben sich im Interesse der Nachvollziehbarkeit von Funktionsstrukturen als zweckmäßig erwiesen.

2. Element: **Operation**

Die Operation beschreibt die Eigenschaftsänderung zwischen zwei Zuständen. Als Symbol wird ein Rechteck definiert (Bild 7.4-9). Anstelle des Begriffs „Operation" findet man in der Literatur häufig auch die Begriffe „Prozeß" und „Verfahren". Eine Spezifizierung unterscheidet dann nach technischen, biologischen, chemischen, und anderen Prozessen bzw. Verfahren.

3. Element: **Relation**

Die Relation stellt die logische Beziehung zwischen Zuständen und Operationen her, gibt also an, welche Zustände durch welche Operation verknüpft werden sollen. Als Symbol wird ein Pfeil definiert (Bild 7.4-9).

Name	Darstellung	Formaler Inhalt
Zustand	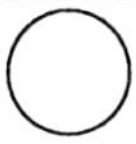 ◯	Eigenschaften des Umsatzprodukts
Operation	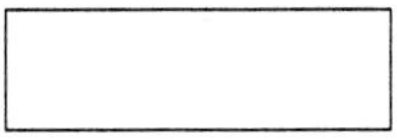 ▭	Eigenschaftsänderung, hervorgerufen durch Funktionsträger (Systeme)
Relation	 ⟶	Beziehung zwischen Zuständen und Operationen

Bild 7.4-9: Symbole für die Elemente der Funktionsstruktur

Formal besteht eine Funktion dann aus der Folge:

Zustand – Relation – Operation – Relation – Zustand.

Am Beispiel eines Montageroboters wird die Funktionsbeschreibung (**Bild 7.4-10**) verdeutlicht. Umsatzprodukt ist eine Schraube, deren Eigenschaften vorher (X1 = Schraube auf Palette) und nachher (X2 = Schraube montiert) im Eingangs- bzw. Ausgangszustand beschrieben werden. Der Roboter bewirkt die Eigenschaftsänderung (das Einschrauben) und ist so Ursache für den ablaufenden technischen Prozeß, also für die Operation.

Die Arten von Operationen, Relationen und Regeln zum Umgang mit Elementen sowie die Definition von Elementarfunktionen bzw. -operationen sind im **Anhang A1** des Buches aufgeführt. Ebenso ist dort dargestellt, wie man aus diesen Elementen Funktionsstrukturen erstellen kann, wie sie bisher von der Art her in den Bildern 2.3-3, 7.4-5 und 7.4-7 gezeigt wurden.

Wegen der Bedeutung der Benutzerschnittstelle, d. h. dem Informationsfluß zwischen Mensch und Maschine, für die Maschinenkonstruktion soll nachfolgende Anregung gebracht werden.

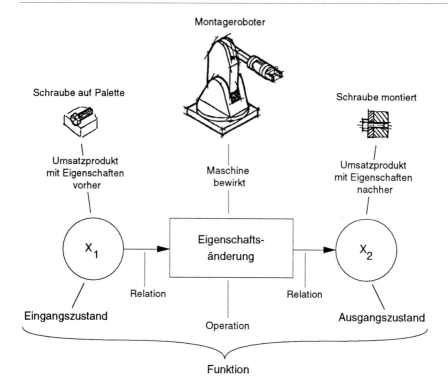

Bild 7.4-10:   Funktionsbeschreibung, Beispiel: „Schraube montieren"

7.4.2.4   Funktionsstruktur für Geräte mit zentraler Steuerung

Geräte mit zentraler Steuerung sind z. B. Waschmaschinen, Verpackungsmaschinen, Roboter. Diese Geräte können nach der VDI/VDE-Richtlinie 2422 [8/7.4] nach **Bild 7.4-11** beschrieben werden, das den Informationsfluß zeigt.

Das Gerät vermittelt i. allg. zwischen dem Menschen und einem technischen Prozeß. Es ist wichtig, die jeweiligen Schnittstellen schon am Anfang, bei der Aufgabenklärung und -strukturierung zu definieren. So kann z. B. die Benutzeroberfläche festgelegt werden, ehe das Gerät selbst konstruiert ist: Es wird definiert, was dem Benutzer angezeigt wird und wieweit er Bedienfunktionen ausübt (z. B. mehr oder weniger automatischer Ablauf). Ebenso wird die Schnittstelle zum Prozeß hin definiert: inwieweit die Steuerung über Aktoren in den Prozeß eingreift und welche Informationen aus dem Prozeß über die Sensoren in die Steuerung eingespeist werden (müssen). Eine derartige Aufgabenklärung ist z. B. zwischen Maschinenkonstrukteur und Steuerungsfachmann von Bedeutung.

Ein Waschvorgang läuft dabei z. B. mehr oder weniger automatisch ab (siehe **Bild 7.4-12**). Das Beispiel zeigt, wie sich der Automatisierungsgrad, der Grad der Ein-

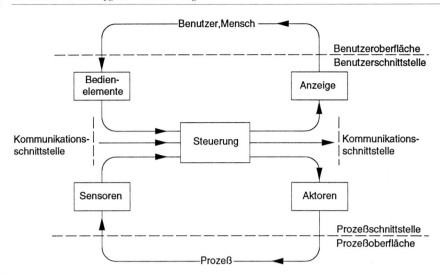

Bild 7.4-11: Informationsflußstruktur eines Gerätes mit zentraler Steuerung nach VDI 2422 [9/7.4]

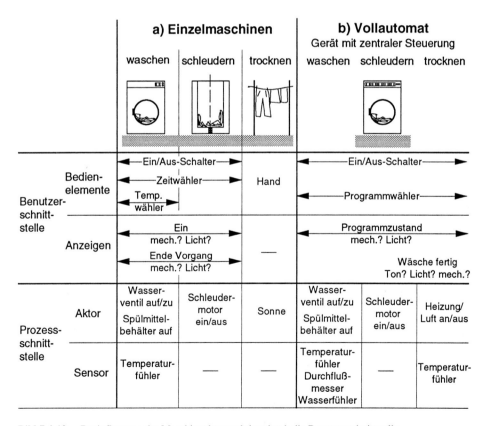

Bild 7.4-12: Beeinflussung der Maschinenkonstruktion durch die Benutzerschnittstelle

greifbarkeit und Bedienmöglichkeiten auf die Maschinenkonstruktion auswirkt. Es ist also fruchtbar, zunächst die Benutzerschnittstelle bei solchen Geräten zu betrachten. So kann es bei einem hohen gewünschten Grad an Eingreifbarkeit günstiger sein, statt eines funktionsvereinten Vollautomaten, Einzelmaschinen zum Waschen zu konstruieren (Bild 7.4-12, links).

Literatur zu Kapitel 7.4

[1/7.4]   Steinmeier, E.: Einsatz eines Produktmodells zur Entwicklung komplexer Produkte am Beispiel der Pkw-Entwicklung. München: TU, Manuskript zur Diss. 1994.

[2/7.4]   Romanow, P.: Konstruktionsbegleitende Kalkulation von Werkzeugmaschinen. München: TU, Diss. 1994.

[3/7.4]   DIN-Norm 69910: Wertanalyse. Berlin: Beuth 1987.

[4/7.4]   Zoll, G.: Entwicklung von Kunststoffprodukten mit systemtechnischen Methoden. Berlin: TU, Manuskript zur Diss. 1994.

[5/7.4]   Balken, J.: Systematische Entwicklung von Gleichlaufgelenken. München: TU, Diss. 1981.

[6/7.4]   John, T.: Systematische Entwicklung von homokinetischen Wellenkupplungen. München: TU, Diss. 1987.

[7/7.4]   Feichter, E.: Systematischer Entwicklungsprozeß am Beispiel von elastischen Radialversatzkupplungen. München: Hanser 1994. (Konstruktionstechnik München, Band 10). Zugl. München: TU, Diss. 1992

[8/7.4]   VDI/VDE-Richtlinie 2422: Entwicklungsmethodik für Geräte mit Steuerung durch Mikroelektronik. Düsseldorf: VDI-Verlag 1994.

[9/7.4]   Heinzl, J.: Entwicklungsmethodik für Geräte mit Steuerung durch Mikroelektronik. In: Elektronik in Kraftfahrzeugen. Düsseldorf:: VDI-Verlag 1984, S. 213–218. (VDI-Berichte 515)

7.5   Methoden zur Lösungssuche

Fragen:

–   Wie geht man bei der Lösungssuche vor?
–   Soll man konventionelle Lösungen übernehmen oder völlig neue erzeugen?
–   Soll man dies allein oder im Team tun?
–   Wie kann man durch systematisches Vorgehen kreative Einfälle unterstützen?

Nach der Aufgabenklärung ist die **Suche nach Lösungen** der Arbeitsschritt im Konstruktionsprozeß, der den „Erfindergeist" des Ingenieurs am meisten beansprucht. Die Lösungssuche für Schlüsselprodukte eines Unternehmens kann über dessen Bestehen am Markt entscheiden. Das unterstreicht die Bedeutung dieses Arbeitsabschnittes.

Es werden folgende Hilfsmittel zur Lösungssuche vorgestellt: Zunächst werden einige **Strategien** (siehe Bild 3.3-22) zur Suche nach Lösungen gezeigt. Dann werden **konven-**

tionelle Arbeitsweisen (Kapitel 7.5.3) und **Kreativitätstechniken** (Kapitel 7.5.4), welche die Lösungssuche unterstützen, besprochen. **Systematiken** und **Ordnungsschemata**, die zur Lösungssuche geeignet sind, werden in Kap. 7.5.5 dargestellt.

7.5.1 Einsatz des Vorgehenszyklus zur Lösungssuche

Wie **Bild 7.5-1** zeigt, kann die Lösungssuche als die Folge mehrerer aufeinanderfolgender Vorgehenszyklen dargestellt werden. Eine geeignete Vorgehensweise läßt sich an Hand von drei Ebenen beispielhaft veranschaulichen. Der Vorgehenszyklus auf der ersten Ebene **dient der Orientierung über die Art der Lösungssuche**. Die zweite Ebene dient der **tatsächlichen Lösungssuche** und die dritte der **Vervollständigung des Lösungsfeldes** bzw. der **Anpassung** der gefundenen Lösung. Im folgenden werden die drei Ebenen kurz beschrieben:

1. Ebene: Orientierung über die Art der Lösungssuche

I **Aufgabe klären:** Zu klären sind der Abstraktionsgrad der Aufgabe, Schwerpunkte, wichtige Randbedingungen und Einflußfaktoren (z. B. verfügbare Zeit).

II **Lösungen suchen:** Methoden und Hilfsmittel zur Lösungssuche zusammenstellen. (In den Abschnitten 7.5.3 bis 7.7 werden Methoden zur Lösungssuche beschrieben). Soll man korrigierend oder generierend vorgehen (Kap. 5.1.4.3)?

III **Lösung auswählen:** Eine oder mehrere Methoden werden ausgewählt, die für die Lösungssuche angewendet werden sollen.

2. Ebene: Durchführung der Lösungssuche

I **Aufgabe klären:** Wichtige Parameter festlegen, nach denen die Lösungssuche durchgeführt werden soll. Anforderungen zusammenstellen.

II **Lösungen suchen:** Je nach Methode (z. B. Konstruktionskatalog, Kreativitätstechnik) werden Lösungen erarbeitet und ein Feld von Lösungen aufgestellt.

III **Lösung auswählen:** Geeignete Lösungen werden bewertet und eine Vorauswahl getroffen. Es bleiben mehrere Lösungsmöglichkeiten bestehen, die noch nicht optimal für die Problemstellung geeignet sind.

3. Ebene: Vervollständigung bzw. Anpassung

I **Aufgaben klären:** Zu klären ist, inwieweit die ausgewählten Lösungen für die Randbedingungen geeignet sind, wo sie noch optimiert, angepaßt und vervollständigt werden müssen.

II **Lösungen suchen:** Das Lösungsfeld wird vervollständigt und die vorhandenen Lösungen werden angepaßt.

III **Lösung auswählen:** Es wird analysiert und bewertet, inwieweit die Anforderungen erfüllt sind. Falls das Ergebnis negativ ist, können anschließend weitere Vorgehenszyklen durchlaufen werden.

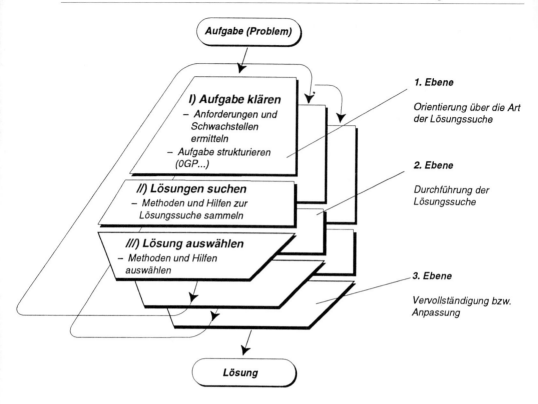

Bild 7.5-1:   Beispielhafte Vorgehensweise beim Suchen von Lösungen mit dem Vorgehenszyklus

7.5.2   Strategien zur Lösungssuche

Es gibt nach Bild 3.3-22 einige Strategien, die besonders bei der Lösungssuche zu beachten sind:

Strategie II.1: Zuerst vorhandene, bekannte Lösungen

Zuerst ist zu prüfen und zu überlegen, ob das Problem nicht durch Übernehmen von bekannten Lösungen oder durch Korrekturen gelöst werden kann. Diese Strategie ist ökonomisch, spart Zeit und Kosten und ist risikoarm, weil man Bekanntes und Bewährtes weitgehend beibehält (Kapitel 5.1.4.3, 8.5, 8.6 sowie [1/7.5]).

Strategie II.2: Vom Vorläufigen zum Endgültigen

Diese Strategie legt nahe, das Konzept oder die Gestalt eines Produkts zuerst grob zu bestimmen. Das zuerst gesuchte Gebilde ist vorläufig. In einem zweiten Schritt der Lösungssuche wird dann die vorläufige Lösung verfeinert und konkretisiert.

Der Vorteil liegt dabei z. B. in der Entlastung des Gedächtnisses durch die externe Speicherung der vorläufigen Lösung (z. B. in einer Handskizze). Außerdem kann dadurch dem Verlust von Ideen durch Vergessen vorgebeugt werden. Schließlich hilft diese Vorgehensweise, das „Wirkungsvolle" im Sinne von Strategie II.3 zu erkennen, was oft Schwierigkeiten macht [2/7.5].

Strategie II.3: Zuerst das Wirkungsvollste

Dieser Strategie liegt die Erkenntnis zugrunde, daß sich die Gesamtfunktion jedes etwas komplexeren Systems in mehr oder weniger wichtige Teilfunktionen aufspalten läßt, die man einzeln bearbeiten kann. Der Vorteil ist, daß das System auf überschaubare Komplexität reduziert wird. Die wichtigen bzw. wirkungsvollen Teilfunktionen oder -probleme bearbeitet man zuerst. Ebenso soll damit ausgedrückt werden, daß die Suche nach Lösungsprinzipien wirkungsvoller ist als die Suche nach Gestaltdetails (Bild 2.3-8).

7.5.3 Konventionelle Lösungssuche

Ziel der konventionellen Lösungssuche ist, das „vernünftig Naheliegende" zu tun, nämlich für ein Konstruktionsproblem vorhandene Lösungen zu finden, zu übernehmen und, falls nötig, anzupassen. Dabei geht man von der Erfahrung aus, daß es für die meisten Probleme bewährte Lösungen gibt, die man „nur" noch finden muß.

Das können folgende sein:

- im eigenen Haus vorhandene oder bekannte Lösungen
- käufliche Lösungen von (Prospekte, Kataloge)
- verständlich aufbereitete Lösungen aus der Literatur (Fachzeitschriften, Fachbücher, Firmenschriften, Forschungsberichte, Literaturdatenbanken)
- Lösungen aus der Patentliteratur (Patentrecherchen)
- Lösungen der Konkurrenz (Prospekte, Messebesuche)

Im Zeichen geringerer Fertigungstiefe und größerer Flexibilität kommt vor allem **Zulieferkomponenten** eine steigende Bedeutung zu ([3/7.5], [4/7.5]). Das können fertig käufliche Komponenten sein oder solche, die der Zulieferer gemeinsam mit dem Hersteller erst entwickelt bzw. auf ihn abstimmt.

Zulieferkataloge werden rechnergestützt beim Konstruieren mit CAD eingesetzt, so daß der Konstrukteur direkt von Diskette oder CD-ROM die Lösungen in seine Zeichnung kopieren kann [5/7.5]. Das gleiche gilt für Normteile.

Typisch für die konventionelle, meist angewandte Lösungssuche ist, daß fast durchweg auf **im eigenen Kopf gespeicherte Lösungen** zugegriffen wird. Es wird dann nur noch zur Konkretisierung in Unterlagen nachgeschlagen (Kapitel 3.4).

7.5.4 Lösungssuche mit Kreativitätstechniken

Entscheidend für das Finden von neuen, tauglichen Lösungen ist die Kreativität des Gestalters bzw. Konstrukteurs [7/7.5].

Was ist Kreativität?

Kreativ sein heißt, schöpferisch und einfallsreich Neues zu schaffen. Man versteht unter **Kreativität** allgemein die **Fähigkeit des Menschen, Ideen, Konzepte, Kombinationen und Produkte hervorzubringen, die in wesentlichen Merkmalen neu sind und dem Bearbeiter vorher unbekannt waren.** Kreativität beinhaltet die Übertragung bekannter Zusammenhänge auf neue Situationen, wie auch die Entdeckung neuer Beziehungen zwischen bekannten Elementen.

Die Frage ist, **wie und wann kreative Einfälle entstehen** und wie sie begünstigt werden können. Aus eigener Erfahrung des Autors und der von Bekannten scheint es so zu sein, daß kreative Einfälle (z. B. Patentideen) bei Entspannung (z. B. in der Freizeit, im Bett, im Zug oder im lockeren Gespräch) entstehen. Voraussetzung ist aber auch daß vorher eine intensive Beschäftigung mit der Materie, dem Problem stattgefunden hat. Man braucht das Wissen und das Problembewußtsein, um Lösungen zu finden (Beispiel siehe Kapitel 8.4.6). Kreativität erfordert Flexibilität im Denken und die Fähigkeit, Dinge aus einer anderen Perspektive zu sehen. Außerdem ist ein Maß an Vorurteilsfreiheit für neue Wege erforderlich. Man sollte nicht sofort jede Lösungsidee durch Kritik vernichten. Jeder Mensch besitzt die Fähigkeit, kreativ zu sein ([8/7.5], [9/7.5]).

Die folgenden Methoden können Hilfestellung bieten, kreative Lösungssuche anzuregen bzw. die geeigneten Randbedingungen zur Entfaltung von Kreativität zu schaffen.

Brainstorming

Brainstorming ist eine Methode zur Problemlösung und Ideenfindung durch gegenseitige Anregung des intuitiven, kreativen Denkens im Rahmen einer Gruppe von 5 bis 15 Personen. Brainstorming eignet sich vor allem für klar definierte, weniger komplexe Probleme.

Durchführung

Die Teilnehmer sollen nach einer Darlegung und **Klärung des Problems** frei und ungehemmt eine **große Anzahl von Ideen** produzieren („Gedankensturm"), die ins „Unreine gesprochen" und für alle sichtbar notiert werden.

Die Ideen werden **visualisiert** (Flip-Chart, Tafel, Overhead) und sollen von anderen Teilnehmern aufgegriffen, abgewandelt und weiterentwickelt werden bzw. durch **Assoziationen zu neuen Vorschlägen** führen.

Der Teilnehmerkreis sollte möglichst **interdisziplinär** zusammengesetzt sein, um eine gesunde Mischung aus verschiedenen Einstellungen und Fachkenntnissen zu erhalten. Die Wichtigkeit der Zusammensetzung aus verschiedenen Fachleuten beim Brainstorming betont auch Weisberg [9/7.5]. Wesentlich ist, daß an den Vorschlägen **keine**

Kritik geübt wird. Das Ergebnis der Sitzung wird erst später von Fachleuten kritisch gesichtet, systematisch geordnet und ausgewählt. Brainstorming entspricht damit den Abschnitten I, II des Vorgehenszyklus (Bild 3.3-22). Abschnitt III (Lösungsauswahl) wird getrennt durchgeführt.

Für das Brainstorming gelten folgende **Grundregeln** (nach [10/7.5] und [11/7.5]):

- Klare **Problemdarstellung** zu Anfang (siehe unten).
- **Freies Gedankenspiel** ist willkommen. Je ungezwungener Einfälle sind, desto besser. Es ist leichter, sie wieder auf die Erde zurückzuholen als sie „hochzudenken".
- Es kommt auf die **Menge der Einfälle** an. Je größer die Anzahl der Vorschläge, desto wahrscheinlicher, daß unter ihnen ein „Gewinner" ist.
- Suche nach **Verbesserung und Kombination der Vorschläge** zu neuen Ideen. Neben der Beisteuerung eigener Einfälle sollten die Teilnehmer Anregungen geben, wie die Vorschläge der anderen verbessert oder wie zwei oder mehr zu einem neuen Vorschlag kombiniert werden könnten.
- **Kritik** findet erst nach der Ideengenerierung statt (keine „Killerphrasen"). Das bedeutet, daß negative Kritik auf eine **besondere Sitzung für die Ideenauswahl** zu verschieben ist.

Wichtig für die Problemdarstellung sind **Fragen, die genau den Kern des Problems treffen**. Zu allgemein formulierte Fragen machen die Lösungsfindung schwierig. Eine solche zu allgemeine Frage lautet z. B.: „Wie können wir unser Produkt A auf den Markt bringen?" Bessere Fragestellungen, die sich auch während einer Sitzung entwickeln können, sind konkret:

- Wie soll Produkt A verpackt sein?
- Wie soll die Werbung für A aussehen?
- Welche Kunden spricht Produkt A an?
- Welche Kunden spricht es nicht an? Warum?

Methode 6-3-5

Die Methode 6-3-5 ist ein Verfahren zur Problemlösung und Ideenfindung in einer Gruppe von **sechs** Personen, die je **drei** Lösungsvorschläge erstellen und diese im Umlauf **fünfmal** ergänzen (schriftliche Form des Brainstorming).

Nach Diskussion und Analyse des Problems werden die Teilnehmer also aufgefordert, jeweils drei Lösungsansätze in ein Formular einzutragen und stichpunktartig zu erläutern. Nach einiger Zeit (ca. fünf Minuten) werden die Unterlagen an den Nachbarn weitergegeben. Dieser ergänzt, angeregt von den Vorschlägen des Vorgängers, das Formular um weitere drei Lösungen. Das Verfahren wird fortgesetzt bis jeder alle Formulare bearbeitet hat.

Die Methode läßt sich auch räumlich und zeitlich getrennt anwenden. Der Teilnehmerkreis sollte möglichst interdisziplinär zusammengesetzt sein. Das Ergebnis der Sitzung wird von Fachleuten ausgewertet ([12/7.5], [13/7.5], [14/7.5]).

Synektik

Synektik ist eine Methode zur Problemlösung und Ideenfindung mit gezieltem Einsatz des kreativen Denkens im Rahmen einer Gruppe von vier bis sieben Personen. Im Unterschied zum Brainstorming wird versucht, sich durch **Analogien aus dem nicht-technischen Bereich** (z. B. der Biologie) anregen zu lassen, um Lösungen für technische Probleme zu finden ([15/7.5], [13/7.5], [14/7.5]).

Eine **Synektiksitzung läuft nach folgenden Schritten ab**:

- Darlegen des Problems
- Vertrautmachen mit dem Problem (Analyse)
- Verfremden des Vertrauten, d. h. Analogien und Vergleiche aus anderen Lebensbereichen anstellen
- Analysieren der geäußerten Analogie
- Vergleichen zwischen Analogie und bestehendem Problem
- Entwickeln einer neuen Idee aus dem Vergleich
- Entwickeln einer möglichen Lösung

Der Teilnehmerkreis sollte möglichst interdisziplinär zusammengesetzt sein. An den Vorschlägen sollte keine Kritik geübt werden.

Eine Forschungsrichtung, die sich schwerpunktmäßig damit befaßt, Analogien aus der Natur zu erkennen und deren Funktionen technisch nutzbar zu machen, ist die **Bionik** ([16/7.5], [17/7.5]).

Galeriemethode

Ziel dieser Methode ist **Anregung von Assoziationen durch die bildhafte Präsentation von Lösungen**. Sie unterstützt besonders die anschauliche Darstellung der Gestalt und Anordnung von konstruktiven Teillösungen.

Die Galeriemethode [18/7.5] eignet sich besonders zur **Lösungssuche bei Gestaltungsproblemen** und verbindet Einzel- mit Gruppenarbeit. Die Methode kommt dem bildhaften Denken von Konstrukteuren entgegen, da Lösungsideen von mehreren Bearbeitern in Form von Skizzen oder Zeichnungen in einer Art Galerie nebeneinander präsentiert werden und als Anregung für weitere Lösungsideen dienen.

Nach einer Einführungsphase, in der das Problem in der Gruppe dargelegt wird, folgt eine Phase der Lösungssuche, in der jeder Bearbeiter für sich intuitiv Lösungen in Skizzen und Notizen festhält und so dokumentiert, daß sie für andere verständlich sind.

Die gefundenen Lösungen werden an den Raumwänden aufgehängt, damit alle Gruppenmitglieder sie sehen, gedanklich verarbeiten und diskutieren können. Die bei der Betrachtung anderer Lösungen neu gewonnenen Ideen werden dann von Gruppenmitgliedern weiterentwickelt und auf Papier festgehalten. Alle entstandenen Ideen werden vervollständigt, geordnet und gesichtet und stehen damit für einen folgenden Auswahlschritt oder für einen erneuten Galerierundgang zur Verfügung.

7.5.5   Lösungssuche mit Systematiken

Die **Fragen,** die dieses Kapitel behandelt, sind:

- Was ist eine Systematik?
- Verwendet man besser vorhandene Systematiken oder erstellt man eigene?
- Kann man mit Hilfe einer Systematik eher eine gute Lösung finden?

In diesem Kapitel wird gezeigt, wie man mit Systematiken zu einer Lösung, möglicherweise sogar zu einer guten Lösung kommen kann. Ob man mit einer Systematik arbeiten will oder (zunächst) lieber konventionell (Kapitel 7.5.3) oder mit einer Kreativitätstechnik (Kapitel 7.5.4) Lösungen sucht, hängt vom eigenen Arbeitsstil oder von der Entscheidung der Gruppe ab, in der man arbeitet.

Eine **Systematik** ist eine Ordnung von Lösungselementen oder von Merkmalen, die für Lösungen wesentlich sind.

Im folgenden wird gezeigt, wie man sich für sein spezielles Problem ein Ordnungsschema von Merkmalen erstellen kann, das unter Umständen Lücken zeigt, in welchen bisher unerkannte Lösungen enthalten sein können (Kapitel 7.5.5.1).

Es wird aber auch gezeigt, wie man vorhandene **Konstruktionskataloge** (Kapitel 7.5.5.2) und **Listen von physikalischen Effekten** (Kapitel 7.5.5.3) nutzen kann, um Lösungselemente oder Anregungen zu Lösungen zu finden.

Schließlich wird noch auf die Nutzung und Erstellung von **Checklisten** (Kapitel 7.5.5.4) eingegangen. Diese sind Merkmalslisten, die helfen sollen bei der Vielfalt des zu Bedenkenden nichts zu vergessen.

Der **Vorgehenszyklus** ist in diesem Kapitel mit dem Übergang von Analyse bzw. Strukturierung der Aufgabe (I) zur Lösungssuche (II) angesprochen.

7.5.5.1   Anwendung von Ordnungsschemata

Zweck der Methode

Ein Ordungsschema ist, wie schon angedeutet, eine Ordnung von Merkmalen eines Lösungsfeldes. In ihm können vorhandene und bisher unerkannte Lösungen oder Lösungselemente für die vorliegende Aufgabe enthalten sein.

Das **Arbeiten mit Ordnungsschemata** ist ein wichtiger Bestandteil des methodischen Konstruierens. Zahlreiche Beispiele zeigen, daß die Lösungssuche mit Hilfe von Ordnungsschemata sehr effektiv sein kann [6/7.5, 19/7.5]. Die Vorgehensweise der Arbeit mit Ordnungsschemata darf allerdings nicht als Algorithmus verstanden werden. Sie sind ein Hilfsmittel für die Unterstützung der Intuition des Konstrukteurs und als solche sollen sie an seine individuelle Denk- und Arbeitsweise angepaßt werden.

Man kann je nach Art der Ordnungsschemata (Erklärung unten) drei Zwecke bei der Anwendung unterscheiden:

–   **Alle Schemata** stellen (mögliche) **Lösungsspeicher** dar [6/7.5, 19/7.5]. Sie dienen
    also dazu, Lösungen zu finden bzw. einzuordnen.

–   **Eindimensionale Schemata** nach Dreibholz [21/7.5] (morphologische Kästen nach
    Zwicky [22/7.5], offene morphologische Schemata) bei denen für Teilfunktionen je-
    weilige Lösungsprinzipien angegeben sind, geben einen hervorragenden Überblick
    über die **Kombination** der einzelnen Lösungsprinzipien zur Gesamtlösung ([6/7.5])
    (Bild 7.5-13, 7.6-40).

–   **Zwei- und mehrdimensionale Schemata** nach Dreibholz [21/7.5] lassen **fehlende
    Lösungen** („weiße Felder") erkennen, die dann relativ leicht erzeugt werden können,
    da die sie bedingenden Merkmale definiert sind ([19/7.5, 22/7.5, 23/7.5, 24/7.5])
    (Bild 7.5-3, 7.5-4, 7.5-5) (geschlossene morphologische Schemata).

Ein **Beispiel** soll das Gesagte verdeutlichen:

Eine Firma stellte sich die Aufgabe, vorhandene, automatisch auslösende **Skibindungen**
zu systematisieren, um die Bildungsgesetze der Auslösemechanismen zu erkennen und
daraus vielleicht wieder neue, bessere und patentfähige Lösungen zu erzeugen.

Nach Klärung der Aufgabe und Erstellung der Anforderungsliste erfolgt eine Strukturierung der Aufgabe (Vorgehenszyklus), wobei die Strukturmerkmale aus bisher vorhandenen Lösungen (eigene und der Konkurrenz) gefunden werden können. Dies ist **eine**
Möglichkeit, neue Lösungen zu erzeugen.

Man sammelt also Lösungen bekannter und patentierter Skibindungen, wie z. B. einige
in **Bild 7.5-2** gezeigt sind. Hier geht es um den Auslösemechanismus am Fersenhalter
beim Sturz nach vorne.

Weiter wird nun nach **ordnenden Gesichtspunkten** (nach Hansen [25/7.5]) in den
Wirkflächen (Kapitel 7.6.1.1) und Wirkbewegungen (Kapitel 7.6.2.3) dieser Mechanis-
men gesucht. Die bekannten Skibindungen ließen sich auch – wenn man in der Getriebelehre bewandert ist – nach der Art der kinematischen Ketten analysieren und ordnen.
Bei eingehender Analyse des Auslösevorgangs erkennt man, daß der Sohlenhalter, der
die Sohle des Stiefels im eingerasteten Zustand nach unten auf den Ski drückt, beim
Auslösen um einen Drehpunkt am skifesten Gestell nach oben klappt und den Skistiefel
dadurch freigibt. Darin sind **alle Bindungen gleich**. Ebenso haben alle ein
Federelement, das mit einstellbarer Federkraft in eine Raste des Sohlenhalters drückt.
Nicht gleich sind sie bezüglich der Bewegungsart des Federelements
(**„unterscheidende Merkmale"** nach Hansen [25/7.5]). Diese kann rotatorisch oder
translatorisch sein. Unterschiede bestehen außerdem darin, an welchem Bindungsteil das
Federelement befestigt ist: am Gestell oder am Sohlenhalter.

Damit sind bereits **ordnende Gesichtspunkte** (Wirkbewegung des Federelements, Befestigung des Federelements) und **unterscheidende Merkmale** (Rotation / Translation,
bzw. Befestigung am Gestell / Sohlenhalter) gefunden.

Die Skibindungen lassen sich nun in einer **Matrix** nach diesen Gliederungsmöglichkei-
ten einzeichnen, wie es in **Bild 7.5-3** geschehen ist. Damit hat man sich eine aufgaben-

spezifische Systematik erarbeitet und kann erkennen, ob **„weiße Felder"** darin enthalten sind. Dies sind Felder, für die bisher keine Lösungen existiert. Es ist damit relativ leicht, die betreffenden Lösungen zu konzipieren. Entsprechend Abschnitt III im Vorgehenszyklus wird man diese neuen Lösungen analysieren und gegenüber den vorhandenen bewerten, um zu sehen, ob es Sinn macht, sie weiterzuverfolgen. – Im vorliegenden Beispiel ist so eine Patentanmeldung entstanden.

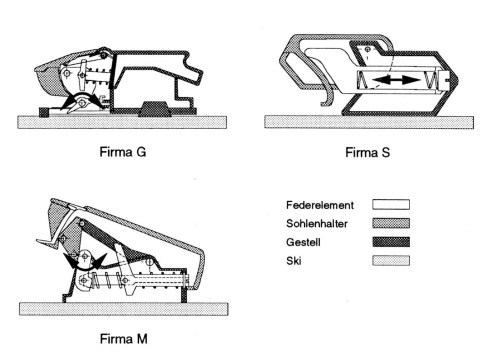

Bild 7.5-2: Auslösemechanismen am Fersenhalter verschiedener Skibindungen beim Sturz nach vorn

Die in **Bild 7.5-3** gezeigte Matrix kann deshalb als „geschlossenes morphologisches Schema" bezeichnet werden (Erläuterung folgt), da alle möglichen Lösungen für die gefundenen ordnenden Gesichtspunkte darin enthalten sein müssen. Das Lösungsfeld ist somit abgeschlossen.

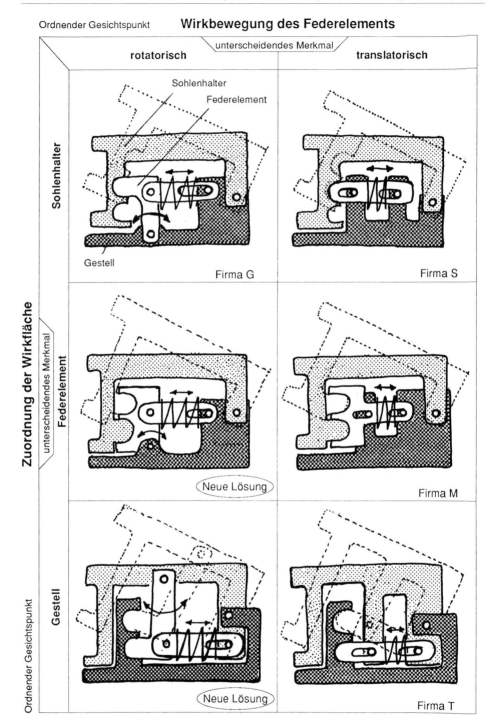

Bild 7.5-3:   Systematik von Auslösemechanismen für Fersenhalter von Skibindungen

Begriffe und Darstellungen

Als **Ordnungsschema** oder **morphologisches Schema** wird eine matrizenartige Darstellung von konstruktiven Lösungen bezeichnet. (Nach Zwicky [22/7.5] kann man dies auch als „**morphologischen Kasten**" bezeichnen.)

– Ein Ordnungsschema weist Zeilen und Spalten auf, nach denen die konstruktiven Lösungen geordnet werden. Die Oberbegriffe der Zeilen bzw. Spalten sind nach Hansen [25/7.5] **ordnende Gesichtspunkte (OGP)**. Unterschiedliche Ausführungen (Merkmale) der ordnenden Gesichtspunkte sind **unterscheidende Merkmale**.

– Eine Darstellung, wie in **Bild 7.5-3**, wird auch als **geschlossenes morphologisches Schema** bezeichnet, da alle mit den erfaßten Merkmalen möglichen Lösungen darin prinzipiell enthalten sind. Da die ordnenden Gesichtspunkte in jeder der Lösungen enthalten sein müssen, ist es oft nicht einfach, diese zu finden.

– Viel häufiger lassen sich Lösungen nur nach **einem ordnenden Gesichtspunkt** darstellen, z. B. nach der Funktion. Dann sind die unterscheidenden Merkmale die einzelnen Teilfunktionen. Es gibt dann eine systematische Einteilung nur noch von Zeile zu Zeile. Die Zahl der Spalten ergibt sich je nach der Zahl der gefundenen zuzuordnenden Lösungen. Diese morphologischen Schemata können deshalb auch als offene morphologische Schemata (oder auch sehr häufig als „morphologischer Kasten") bezeichnet werden. (Beispiele dafür enthalten die Bilder 7.2-11, 7.5-13, 7.6-12, 7.6-40, 8.7-7).

– Ergeben sich ordnende Gesichtspunkte (OGP), deren unterscheidende Merkmale wieder zu OGP werden können usw., so ist eine Darstellung als „**morphologischer Baum**" mit hierarchischen Ebenen und Verzweigungen naheliegend (Bild 7.2-10). Im Grunde stellt ein solcher „Baum" eine Begriffshierarchie dar, wie sie mit der Unterscheidung in Oberbegriff/Unterbegriff allgemein üblich ist. „Ordnender Gesichtspunkt" und „unterscheidendes Merkmal" entsprechen Ober- und Unterbegriff ([20/7.5]).

– Ein **zweidimensionales Ordnungsschema** (geschlossenes morphologisches Schema) wird im folgenden **Bild 7.5-4** seinem prinzipiellen Aufbau nach gezeigt. Den ordnenden Gesichtspunkten X und Y sind unterscheidende Merkmale X_i und Y_i zugeordnet.

– Ein Ordnungsschema kann auch **mehrdimensional** sein, indem z. B. mehrere zweidimensionale Schemata als Variationen eines zusätzlichen ordnenden Gesichtspunktes Z in ein dreidimensionales Ordnungsschema eingeordnet werden (siehe **Bild 7.5-5a** [19/7.5]). Durch Wiederholung dieses Verfahrens können beliebige mehrdimensionale Schemata entstehen. Alternativ besteht die Möglichkeit, um auf die vereinfachte Form der zweidimensionalen Darstellungsart zurückzugreifen, mehrere ordnende Gesichtspunkte oder eine weitergehende Aufgliederung der unterscheidenden Merkmale in einer Dimension des Schemas zu verknüpfen (**Bild 7.5-5b**, siehe auch Konstruktionskataloge in Kapitel 7.5.5.2). Ein großer Nachteil der mehrdimensionalen Ordnungsschemata ist allerdings die schnell wachsende Unübersichtlichkeit und dadurch ihre für den Benutzer aufwendige Handhabung.

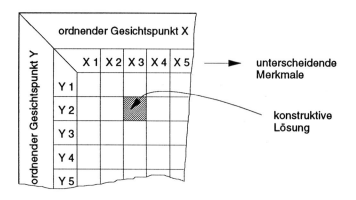

Bild 7.5-4:   Prinzipieller Aufbau eines zweidimensionalen Ordnungsschemas

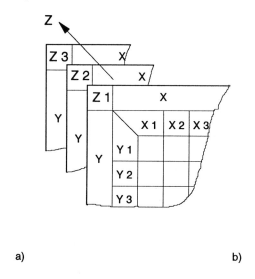

a)   b)

Bild 7.5-5:   Mehrdimensionale Ordnungsschemata

– In ein Ordnungsschema können Lösungen in jeder Darstellungsart eingebracht werden. In Bild 7.2-10 und 7.2-11 sind die Lösungen **begrifflich** aufgeführt, in Bild 7.5-11 als Sinnbilder und in den Bildern 7.5-14 und 7.6-40 in Form von **Skizzen**. Es ist verständlich, daß für Konstrukteure die bildhafte Darstellung besondere Bedeutung hat.

Arbeiten mit Ordnungsschemata

Entsprechend den oben angegebenen drei Zwecken von Ordnungsschemata kann man auch drei Nutzungsmöglichkeiten unterscheiden:

- Suche von Lösungen aus vorhandenen **Konstruktionskatalogen** (Kapitel 7.5.5.2) (nach Roth [19/7.5]) oder aus vorhandenen Lösungssammlungen ([20/7.5]). Dies ist einfach. Über geeignete ordnende Gesichtspunkte (OGP), d. h. über den Gliederungsteil oder über den Zugriffsteil, geht man in den Katalog und findet im Hauptteil Lösungen. Auch hier ist natürlich der Einsatz des **Vorgehenszyklus** Voraussetzung:

  I   Anforderungen und OGP erkennen,
  II   Lösungen aus dem Katalog entnehmen, und
  III   die geeignete Lösung auswählen.

- **Eindimensionale Schemata** zur Kombination von Lösungsprinzipien werden in Kapitel 7.5.6 besprochen.

- Hier soll gezeigt werden, wie man z. B. ein **zweidimensionales Ordnungsschema** aufstellt und weiße Felder durch neue Lösungen ausfüllt (Bild 7.5-3).

Aufstellen und Nutzen eines zweidimensionalen Ordnungsschemas

Das Aufstellen des Ordnungsschemas kann durch die Anwendung des Vorgehenszyklus in zwei aufeinanderfolgenden Ebenen beschrieben werden. In der 3. Ebene wird das Ordnungsschema genutzt, indem die fehlenden neuen Lösungen in den weißen Feldern gebildet werden (**Bild 7.5-6**).

Natürlich ist es – wie gesagt – nicht einfach, die richtigen ordnenden Gesichtspunkte (OGP) und unterscheidenden Merkmale für ein Lösungsfeld zu finden. Es ist kein zwangsläufiger Vorgang, sondern ein kreativer Akt. Die intensive Lösungssuche des Konstrukteurs sollte dabei nicht behindert, sondern gefördert werden. Ein Ordnungsschema ist kein Selbstzweck: Der Aufwand für das Aufstellen muß klein genug sein. Problematisch kann auch das Finden des richtigen Abstraktionsgrades für die OGP sein.

1. Ebene: Orientierung über die Art der Lösungssuche

I Aufgabe klären:

- Anforderungen an die Lösung und Schwachstellen der bisherigen Lösung ermitteln (Anforderungsliste).
- Aufgabe strukturieren, indem versucht wird, OGP zunächst vorläufig zu ermitteln. Hierzu können prinzipiell alle Beschaffenheitsmerkmale von technischen Gebilden, die Merkmale der Leitlinie (Bild 7.3-6), die Teilfunktionen nach Kapitel 7.4.2, die physikalischen Effekte aus Kapitel 7.5.5.3 und die Variationsmerkmale aus Kapitel 7.6 eingesetzt werden.
- Vorgehen strukturieren: Möglichkeiten zur Suche von Lösungen für die vorliegende Aufgabe ermitteln, z. B. eigenes Zeichnungsarchiv, Prospekte, Patentliteratur, Fachliteratur.

II Lösungen suchen:
Die einschlägigen Lösungen suchen und vorläufig ordnen.

III Lösungen auswählen:
Nicht geeignete Lösungen, welche die Anforderungen nicht erfüllen, ausschließen.

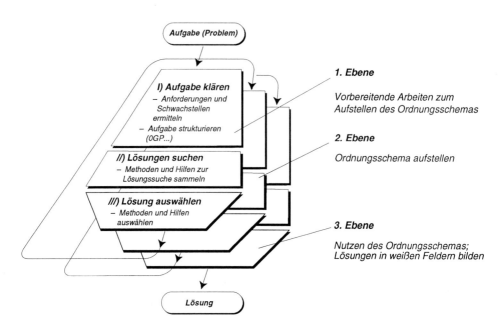

Bild 7.5-6:   Vorgehensweise beim Lösungen suchen mit dem Vorgehenszyklus

2. Ebene: Durchführung der Lösungssuche

I   Aufgabe klären:
Durch die Analyse wird geklärt, wieweit die OGP und unterscheidenden Merkmale für alle relevanten Lösungen zutreffen.

II Lösungen suchen:
Das Ordnungsschema bzw. Varianten davon werden aufgestellt.

III Lösungen auswählen:
Die Ordnungsschemata werden analysiert und bezüglich ihrer Schwachstellen bewertet (evtl. nochmals iterativ korrigiert).

3. Ebene: Vervollständigung bzw. Anpassung:

I   Aufgabe klären:
Entfällt, da die Anforderungen aus der Aufgabenklärung der ersten Ebene übernommen werden.

II Lösungen suchen:
Mit den gefundenen OGP und unterscheidenden Merkmalen werden in einem kreativen Akt Lösungen für die weißen Felder gesucht.

III Lösungen auswählen:
Analysieren und bewerten, wieweit die Lösungen die Anforderungen erfüllen.

7.5.5.2 Anwendung von Konstruktionskatalogen

Unter einem Katalog wird eine geordnete Sammlung von bewährten und möglichen technischen Lösungen verstanden.

Man unterscheidet

- **konventionelle Kataloge** von Lieferanten, die z.B. Normteile, Maschinenelemente und allgemein Funktionsträger enthalten (Kapitel 7.5.3),
- **Sammlungen technischer Lösungen** in der Literatur und
- **systematisch geordnete Konstruktionskataloge** nach Roth [19/7.5] und VDI-Richtlinie 2222 [26/7.5].

Letztere werden nachfolgend weiter besprochen.

Kataloge im konstruktionsmethodischen Sinn sind meist mehrdimensionale Ordnungs-schemata (Bild 7.5-5b). Sie haben folgende **Ziele**:

- schnellen, aufgabenorientierten Zugriff zu Lösungen ermöglichen,
- möglichst ein vollständiges Lösungsspektrum anbieten,
- Auswahl der geeigneten Lösung durch die Merkmale des Zugriffteils erleichtern,
- Algorithmierung des Konstruierens und dadurch des Rechnereinsatzes unterstützen.

Kataloge nach Roth [19/7.5] sind, wie auch im Beispiel von **Bild 7.5-7** gezeigt, aus vier Teilen aufgebaut:

- Gliederungsteil (OGP und unterscheidende Merkmale),
- Hauptteil (Bild, Schema),
- Zugriffsteil (Eigenschaften der Lösung) und
- Anhang (z.B. Literatur).

Der **Gliederungsteil** ist insofern wichtig für den Katalog, als durch ihn die Vollständigkeit weitgehend abgeprüft werden kann. In ihm sind die ordnenden Gesichtspunkte und die unterscheidenden Merkmale in eine Dimension (nur Zeilen) des Katalogs eingegliedert (Bild 7.5-5b). Dadurch wird die eindimensionale Eintragung der Lösungen im Hauptteil (Spalte) und eine eindeutige Zuordnung zu den unterscheidenden Merkmalen möglich. Die Übersicht und Handhabung des Katalogs wird so vereinfacht.

Für die zukünftige **DV-Nutzung** von Konstruktionskatalogen ist die strenge Unterscheidung obiger vier Teile wenig relevant, da die Lösungen mit ihren Eigenschaften (Merkmalen) in einer Datenbank abgespeichert werden. Sucht man eine Lösung, so können über die Eingabe aller geforderten Sollmerkmale, mit einem bestimmten Toleranz-bereich, entsprechende Lösungen angezeigt werden.

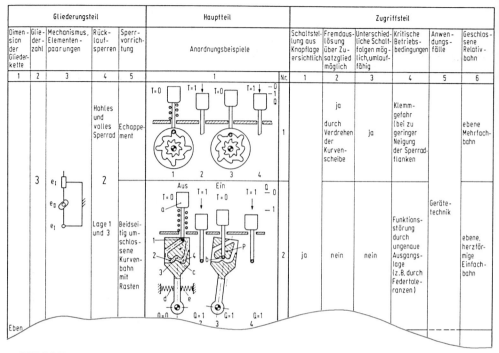

Bild 7.5-7: Grundsätzlicher Aufbau von Konstruktionskatalogen mechanischer T-Flipflops (Tastschalter; Blatt 1); Konstruktionskatalog nach Roth [19/7.5]

Es wäre eine enorme Erleichterung des methodischen Konstruierens, wenn für alle wesentlichen Aufgabenstellungen Kataloge mit Lösungen vorhanden wären. Da aber mit zunehmender Konkretisierung der Lösungen sowohl deren Vielfalt wie die Zahl ihrer Merkmale „explodieren" und der Erarbeitungsaufwand sehr groß ist, sind entweder nur relativ abstrakte Kataloge (z. B. physikalische Effekte) verfügbar oder solche aus ausgewählten konkreten Bereichen (z. B. Welle-Nabe-Verbindungen). Eine Übersicht über verfügbare Konstruktionskataloge (nach Pahl/Beitz [6/7.5]) enthält der Anhang A3.

7.5.5.3   Anwendung von Ordnungsschemata für physikalische Effekte

Fragen:

– Kann man wirklich über solch abstrakte, elementare Beschreibungen, wie sie physikalische Effekte darstellen, zu neuen, brauchbaren Lösungsprinzipien kommen?
– Wie geht man dabei vor?
– Welche Effekte gibt es?

In diesem Kapitel wird gezeigt, wie man physikalische Effekte benutzt, um neue Lösungsprinzipien zu finden (nach Rodenacker [27/7.5] und Koller [28/7.5]), welche es gibt und wie man sie einteilen kann. In vielen Fällen läßt man sich durch die im Anhang aufgeführten Listen (Ordnungsschemata) der physikalischen Effekte nur anregen („Aha, man könnte das Problem ja auch elektrostatisch lösen"), in anderen Fällen arbeitet man sich systematisch durch die Ein- und Ausgangsgrößen der physikalischen Effekte und bildet Effektketten, die dann später gestaltet werden (Kapitel 7.6).

a) Wichtigkeit der physikalischen Effekte für den Konstrukteur

Produkte funktionieren meistens physikalisch. Sie sind angewandte Physik. Aus diesem Grund ist es für einen Maschineningenieur unerläßlich, daß er mit dem physikalischen Ursache-Wirkungsdenken vertraut ist und die Eigenschaften und Anwendungsmöglichkeiten der physikalischen Energien und Effekte kennt. Wirklich neue Maschinen entstehen häufig durch neuartige Anwendung der Physik: Düsen-Triebwerke für Flugzeuge, Atom-Kraftwerke, Tragflügel-Boote und Magnet-Schwebebahnen sind Beispiele dafür.

Physikalische Effekte sind elementare, abgrenzbare physikalische Erscheinungen, die auf der Grundlage der Erhaltungssätze (Masse-, Energie, Impuls-, Drallerhaltungssatz) und Gleichgewichtssätze (Kräfte-, Momentengleichgewicht) durch Beziehungen von physikalischen Größen zueinander beschrieben werden können. In der Praxis sind viele Ingenieure physikalisch fixiert, d. h. „Mechaniker denken mechanisch, Hydrauliker hydraulisch, Elektriker elektrisch". Auch Unternehmen sind oft fixiert. Das hat Vorteile wegen der gesammelten Erfahrung, aber auch Nachteile durch eine träge Reaktion auf technische Entwicklungen (siehe z. B. die Umstellungsschwierigkeiten der mechanischen Uhrenindustrie auf die Elektronik).

Aber Produkte funktionieren **nicht nur** physikalisch! Es gibt auch biologische und chemische Alternativen. Durch die Biochemie und die Bioverfahrenstechnik entstehen neue Apparateprinzipien. - Ein kleines Beispiel für die Anwendung der chemischen Effekte: Alte Farben lassen sich von Schränken eben auch abbeizen, nicht nur mechanisch abschaben und abschleifen oder thermisch abbrennen. Chemische und biologische Effekte werden hier aber nicht weiter behandelt, obwohl sie z. B. für die Umwelttechnik zunehmend wichtiger werden.

Die Wichtigkeit des gezielten Einsatzes physikalischer Effekte läßt sich am **Beispiel der Drucker-Entwicklung (Bild 7.5-8)** zeigen. Ganze Lösungsfamilien von Druckern verdanken ihre Existenz der Ausnutzung jeweils anderer physikalischer Effekte: vom Nadeldrucker bis zum Laserdrucker. Die jeweiligen Eigenschaften bezüglich Schnelligkeit, Auflösungsgenauigkeit, Geräusch, Unempfindlichkeit gegen Papiereigenschaftsschwankungen und Kosten können sehr unterschiedlich sein.

b) Zweck und Begründung der Methode

Der Zweck des Konstruierens mit physikalischen Effekten verfolgt drei Hauptziele:

– **Physikalisch orientierte Konstruktionsprobleme** können mit einem physikalisch orientierten Vorgehen effektiver gelöst werden [27/7.5].
– Bisher traditionell produzierte Produkte können wieder **innovativ** werden, wenn die zu Grunde liegende Physik besser verstanden und optimiert wird.
– Bei vielen – auch kleinen – konstruktiven Aufgaben kann die Lösungssuche mit physikalischen Effekten **neue Sichtweisen eröffnen** und Denkblockaden auflösen.

Prinzipielle Lösungen von Druckern	Physikalische Effekte
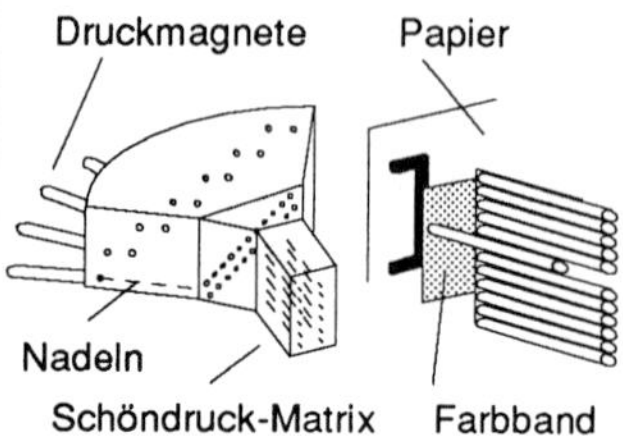 **Nadeldrucker** Druckmagnete, Papier, Nadeln, Schöndruck-Matrix, Farbband — Bei einem 24-Nadel-Drucker ermöglichen zwei Reihen gegeneinander versetzter Nadeln (Schöndruck-Matrix) einen durchgezogenen, lückenlosen Strich. Die Nadeln werden durch einen Elektromagneten hinausgestoßen und schnellen durch Federkraft wieder zurück. Mit dieser Technik sind auch Graphiken und eigene Zeichen möglich.	Elekromagnetische Anziehung Trägheit Stoß Adhäsion
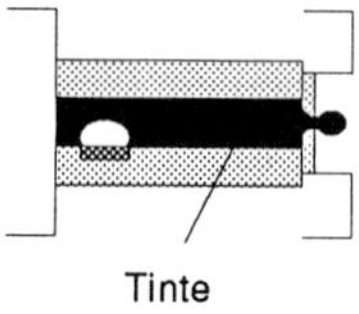 **Tintenstrahldrucker (thermisch)** Tinte — Das Prinzip des Tintenstrahldruckers: Durch Erhitzen mit einem Heizelement entsteht eine Dampfblase, die sich explosionsartig ausdehnt und die Tinte durch eine Düse hinausschießt.	Gay-Lussac Elastische Verformung Druckfortpflanzung Bernoulli Adhäsion (Kapillarwirkung)
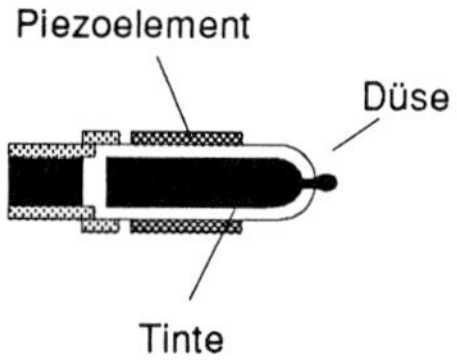 **Tintenstrahldrucker (piezoelektrisch)** Piezoelement, Düse, Tinte — Hier eine verbesserte Version: Ein piezoelektrisches Element rund um den Tintenbehälter zieht sich durch Anlegen einer elektrischen Spannung zusammen und verdrängt so die Tinte. Vorteil: Die Druckköpfe halten länger.	Piezo-Effekt Druckfortpflanzung Bernoulli Adhäsion (Kapillarwirkung)
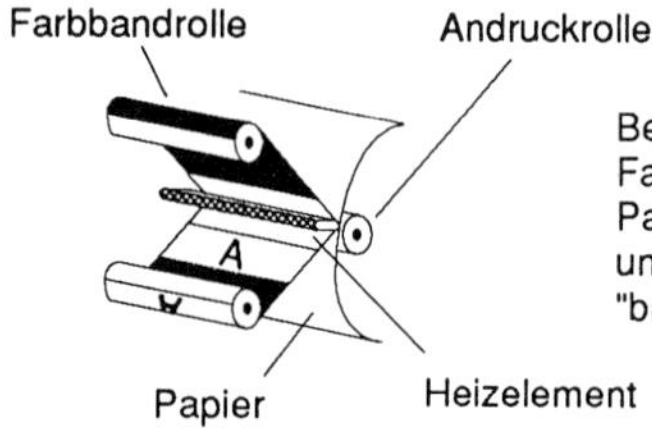 **Thermotransferdrucker** Farbbandrolle, Andruckrolle, Papier, Heizelement — Beim Thermotransferdrucker wird die Farbe ebenfalls durch Hitze aufs Papier gebracht, und zwar von drei unterschiedlichen Farbfolien. Die Hitze "brennt" die Farbe ins Papier.	Änderung des Aggregatzustandes Plastische Verformung
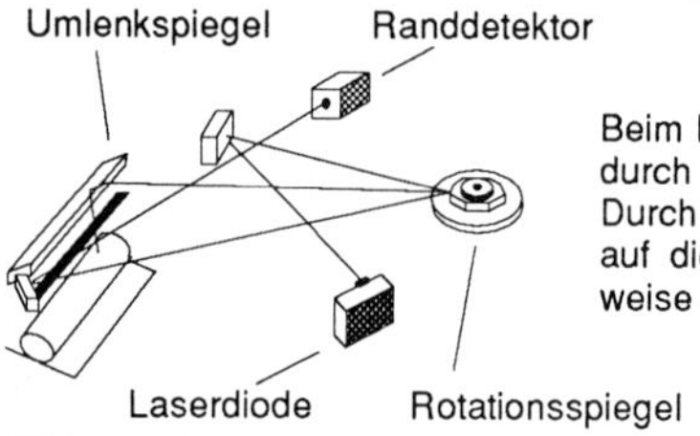 **Laserdrucker** Umlenkspiegel, Randdetektor, Laserdiode, Rotationsspiegel — Beim Laserdrucker wird der Laserstrahl durch einen Rotationsspiegel gelenkt. Durch den Umlenkspiegel gelangt er auf die Kopiertrommel, die er punktweise entlädt oder nicht entlädt.	Strahlungswärme Thermoeffekt Elektrostatische Anziehung Adhäsion

Bild 7.5-8:   Einige prinzipielle Lösungen von Druckern (nach Repota [31/7.5])

Diese Zweckbestimmungen werden nachfolgend besprochen.

– **Physikalisch orientierte Konstruktionsprobleme**

Bei manchen Konstruktions- oder besser Entwicklungsproblemen liegt die Lösung in der Wahl der richtigen Physik. Das sind häufig Stoffumsatzprobleme der Verfahrenstechnik, wie die Herstellung von Pulverkaffee oder das Aufbringen von Farbe auf Papier, z. B. bei Druckern (**Bild 7.5-8**). Es leuchtet ein, daß man dabei intensiv Versuche durchführen muß. Dies ist generell typisch für die Beschäftigung mit alternativer Physik. Oft wird dabei ein neuer Funktionsträger, ein neuer Apparat beinahe ausschließlich versuchstechnisch entwickelt. Konstruieren im Sinne von Gestalten tritt zunächst in den Hintergrund. Dies wird später wichtig.

Im Gegensatz dazu liegt bei vielen Produkten das physikalische Prinzip fest, weil es sich schon über Jahrzehnte als optimal erwiesen hat, wie z. B. bei Zahnradgetrieben, Kolben-Verbrennungsmotoren und Turbinen. Dann liegt der **Schwerpunkt des Konstruierens** an anderer Stelle, meist auf dem **Gestalten** (Kapitel 7.6) oder der Optimierung der **Werkstoffeigenschaften**. Das physikalische Prinzip wird in der Maschinenindustrie selten geändert, da dies mit langen Entwicklungszeiten und hohen Risiken verbunden sein kann. Wer aber innovativ sein will, überlegt sich die Physik seiner Produkte und Verfahren.

– **Innovative Produkte** durch **besseres Verständnis der physikalischen Vorgänge** der bisher produzierten Produkte.

Verstehen wir wirklich immer vollkommen, was sich in unseren Maschinen physikalisch abspielt? Welches physikalische Geschehen ereignet sich? Bei welchen Einflußgrößen ([27/7.5]) liegen die Schwerpunkte? In vielen Fällen sind wir einfach gewohnt, daß es so funktioniert. Was heißt physikalisch im Detail, z. B. Mischen, Dosieren, Trennen von Stoffen? Was heißt Drucken? Was heißt Verbrennen bestimmter Stoffe? Das intensive Studium der Physik hat gerade bei Verbrennungsmotoren sowohl den Verbrauch wie die Abgasemission erheblich verbessert!

Das folgende **Beispiel** der Umkonstruktion einer **Entstaubungsmaschine** für Baumwollfasern soll zeigen, was die Untersuchung der physikalischen Vorgänge in einer seit Jahren gebauten Maschine bringen kann.

Die Maschine nach **Bild 7.5-9a** zieht pneumatisch staubige Baumwollfasern bei E ein. Die Walze 1 beschleunigt mit Flügeln die Fasern und bringt sie zum Aufprallen auf dem Stabrost 2, wobei Staub freigesetzt wird. Der Ventilator 4 saugt den Staub ab. Danach legen sich die Fasern auf das gewebte Edelstahlband 3, das sie nach oben befördert. Sie treten dann durch die Zellenradschleuse 5 entstaubt nach oben aus (A), wobei sie wieder pneumatisch weiterbefördert werden. Die Zellenradschleuse dichtet den Unterdruck im Innenraum der Maschine gegen die Umgebung ab. Während die Fasern auf dem Edelstahlband nach oben wandern, werden sie über die durchgezogene Frischluft ebenfalls weiter entstaubt.

Der Grund für die konstruktive Überarbeitung waren zu hohe Kosten (Edelstahlband samt Antrieb) und Verfügbarkeitsprobleme (das Edelstahlband bekam Dauerbrüche).

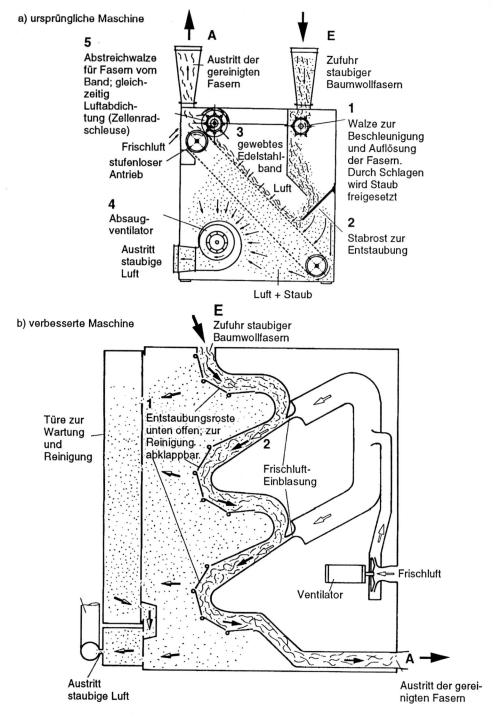

Bild 7.5-9:　Entstaubungsmaschine für Baumwollfasern mit und ohne bewegte Teile
(Ventilatoren werden – da besonders betriebssicher – nicht berücksichtigt)

Man strebte die ideale Entstaubungsmaschine möglichst ohne bewegte Teile an. Es wurde durch Versuche ermittelt, welche der zwei physikalischen Vorgänge (Aufprallen auf dem Stabrost; Luftströmung durch die auf dem Edelstahlband liegenden Fasern) zur Entstaubung mehr beiträgt. Man war erstaunt, daß 2/3 der Entstaubungswirkung durch das Aufprallen verursacht wurde.

Daraufhin wurde die neue Maschine nach **Bild 7.5-9b** ohne Edelstahlband erst als Prototyp und dann mit Erfolg in Kleinserie gebaut. Es wurde nur noch mit mehrfach angeordneten „Entstaubungsrosten" (1) gearbeitet. Oben, in der Mitte und unten wurden jeweils drei dieser Roste angeordnet. Die Fasern wurden durch mehrfache Frischlufteinblasungen (2) für diesen dynamischen Entstaubungsvorgang beschleunigt. Außer den technisch unproblematischen Ventilatoren waren keine bewegten Teile mehr vorhanden. Die Maschine war bei gleicher Leistung kleiner, kostengünstiger und zuverlässiger.

Natürlich hätte man noch mehr in die „physikalische Tiefe" gehen und das Haften des Staubs (und in der Umkehr das Lösen) an der Faseroberfläche untersuchen können. Der Erfolg war aber auch so schon erheblich.

– Das Arbeiten mit **physikalischen Effekten löst Denkblockaden auf.**

Physikalische Effekte sind für Maschineningenieure ungewohnt abstrakt. Deshalb werden am Konkreten verhaftete Denkblockaden aufgelöst. Dementsprechend erfordert die Lösungssuche mit physikalischen Effekten kritisches **und** kreatives Denken.

Ein physikalischer Effekt kann nur in Verbindung mit einer „Primitivgeometrie" bildhaft dargestellt werden (Bild 7.5-11). Man befindet sich damit bereits in gestaltenden Festlegungen. Diese primitive Wirkgeometrie soll aber so abstrakt sein, daß man bei der Gestaltvariation und -festlegung (Kapitel 7.6) nicht unnötig fixiert ist.

Allerdings arbeiten die meisten Konstrukteure sehr effektiv mit konkreten Maschinenelementen und Funktionsträgern, die selbst wieder ganze physikalische Komplexe verkörpern (Kapitel 3.4.1). So ist ein Gewinde z. B. die rotatorische Form eines Keils. Ebenso beinhalten ein Keilriementrieb oder eine Lamellenkupplung eine Vielzahl physikalischer Effekte.

Es bleibt dem Geschick des Konstrukteurs überlassen, das jeweilig zentrale Problem zu erkennen und nur dort in eine physikalische Vertiefung einzusteigen, ansonsten aber mit konkreten Funktionsträgern effektiv zu arbeiten.

c) Eigenschaften physikalischer Effekte

Es ist wichtig, die Eigenschaften der physikalischen Effekte zu kennen, damit eine sinnvolle Auswahl und Kombination von Effekten zu einer konstruktiven Lösung möglich wird.

Einflußgrößen

Zusätzlich zur bildhaften Darstellung (Bild 7.5-11) kann jedem physikalischen Effekt eine Gleichung zugeordnet werden. An Hand dieser Gleichung können zunächst die

Einflußgrößen erkannt werden. Diese können wiederum in **Haupteinflußgrößen** und **Störgrößen** unterteilt werden.

Während die physikalische Anordnung zunächst als ideales Gebilde zu verstehen ist, bringt die reale Anordnung eine Fülle von weiteren Einflußgrößen mit sich, die in die ideale Gleichung der Effektparameter als Haupteinflußgrößen nicht mit eingehen. Es sind dies effekttypische Störgrößen, die den gewollten, eindeutigen Zusammenhang der Haupteinflußgrößen stören.

Die Haupteinflußgrößen eines physikalischen Effekts lassen sich in zwei Gruppen aufspalten, einmal in Parameter, die **Ausgangsgrößen** (Folgegrößen) werden können, und in Parameter, die sich nur als **Eingangsgrößen** (Stellgrößen) eignen. Letzteren sind die Störgrößen zuzurechnen.

Der Wert der Ausgangsgröße hängt stets und eindeutig von den Werten der Eingangsgrößen ab. In vielen Fällen sind die Werte von Eingangsgrößen Konstanten.

Beispiel: Coulombsche Reibung

Bei dem Effekt „Coulombsche Reibung" mit der Beziehung

$$F_R = F_N \cdot \mu$$

Reibungskraft = Normalkraft · Reibungsbeiwert
(1 Ausgangsgröße)   (2 Eingangsgrößen)

kann zwar bei einem Versuchsaufbau durch Messung von F_R und F_N auf μ geschlossen werden, dennoch kann der Reibungsbeiwert, genauso wie die Normalkraft, nicht zur **Ausgangsgröße** des physikalischen Systems werden, wohl aber zur Eingangsgröße.

Als **Störgrößen**, z. B. des Reibungsbeiwerts treten auf:

Stoffart, Härte, Schmierstoffart, Berührfläche, Oberflächenkrümmung, Oberflächenrauheit, Riefenrichtung, Temperatur, Gleitweg, Relativgeschwindigkeit usw.

Wird der Reibungsbeiwert als Eingangsgröße vorgesehen, kann er über diese Störgrößen verändert werden.

Bei der **Wahl eines Effekts** für eine bestimmte Funktion wird man sich von der Anzahl möglicher Störgrößen leiten lassen.

Allgemein gilt: Physikalische Effekte mit wenigen und bekannten Einflußgrößen (Haupteinflußgrößen und Störgrößen) erfüllen eine Funktion meist sicherer und verursachen weniger Entwicklungsaufwand, da sie meist vorausberechnet werden können und kaum Versuche nötig sind. So sind z. B. bei einer Krafterzeugung über Hebel und Gewichte weniger Einfluß- und Störgrößen vorhanden als bei einer magnetischen Krafterzeugung. Der Entwicklungsaufwand zur sicheren und definierten Krafterzeugung dürfte also bei der mechanischen Lösung geringer sein.

Starke – schwache Effekte

Je nach Zweck können Effekte in „starke" und „schwache" Effekte unterschieden werden. Starke Effekte (bezogen auf das beanspruchte Volumen) sind i. allg. zu bevorzugen. Für die Krafterzeugung z. B. sind „Gravitation", „hydrostatischer Druck", „Zentrifugalbeschleunigung" starke Effekte; „elektrostatische Anziehung", „Induktion" sind schwache Effekte. In **Bild 7.5-10** wird dies am Beispiel von Motoren klar.

Drehmomenterzeugung		Gewicht Leistung	Volumen Leistung	einige Vor-/ Nachteile
elektrisch	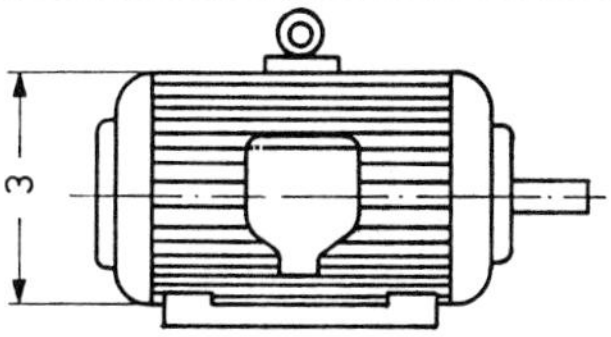 3	z.B. 10	z.B. 15-30	unbeschränkte Leitungslänge relativ guter Wirkungsgrad großes Trägheitsmoment Drehzahl aufwendig regelbar niedere Energiekosten "1-fach" Energie schlecht zu speichern Stillstandsdrehmoment gering geräuscharm
pneumatisch	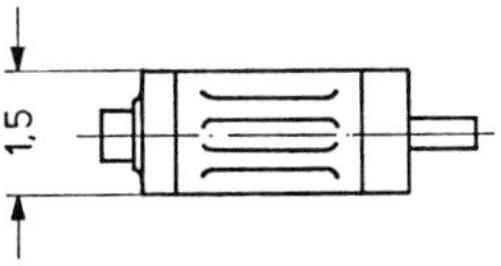 1,5	z.B. 2-7	z.B. 2-10	Leitungslänge ca 1000 m (keine Rückführung!) schlechter Wirkungsgrad gut regelbar, n aber lastabhängig brand-, explosionssicher starke Geräusche hohe Energiekosten "10-fach" Translation leicht erzeugbar
hydraulisch	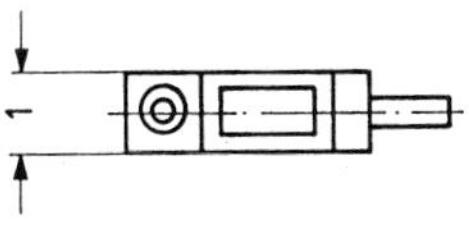 1	1	1	Leitungslänge ca 100 m kleines Trägheitsmoment (leicht umsteuerbar!) gut regelbar, n kaum lastabhängig starke Geräusche hohe Energiekosten "4-fach"

Bild 7.5-10:   Unterschiedliche Stärke von drei physikalischen Effekten am Beispiel von Motoren

Statische – dynamische Effekte

Effekte können zeitlich unabhängig (statisch) und zeitlich abhängig (dynamisch) von Einflußgrößen sein. Statische Effekte sind in der Regel zu bevorzugen.

d) Ordnungsschemata physikalischer Effekte als Arbeitsgrundlage

Physikalische Effekte sind zweckneutral. Den Zweck (die Funktion) bestimmt erst der Mensch. Jeder Effekt kann verschiedene Funktionen erfüllen, je nachdem, welche Parameter zu Eingangs- und Ausgangsgrößen werden. Damit sind diese bereits als **Suchbegriffe** in Ordnungsschemata geeignet. Die hier vorgenommene Ordnung von physikalischen Effekten muß sich aber an den Suchbegriffen von Konstrukteuren bei der Arbeit orientieren.

Eine der meistgebrauchten Einordnungen ist die nach Energiebereichen.

Ordnung nach Energiebereichen oder Umsatzart

Selbst wenn nicht im einzelnen mit physikalischen Effekten beim Konstruieren gearbeitet wird, so orientiert sich doch jeder Konstrukteur an den Energiebereichen, wenn er eine Funktion realisieren will. Die **Frage, ob eine Lösung besser mechanisch, elektrisch, elektronisch, hydrostatisch, hydrodynamisch, pneumatisch oder thermisch** zu verwirklichen wäre, stellt sich jedem Konstrukteur. Dementsprechend müssen die physikalischen Effekte danach grob gegliedert werden.

Ordnung nach Einflußgrößen

In der Regel steht bereits nach der Erstellung der Anforderungsliste mindestens eine Einflußgröße für die physikalische Effektkette fest. Es ist entweder die zur Verfügung stehende Eingangsgröße (z. B. elektrische Energie) oder die Ausgangsgröße (es soll z. B. eine Kraft einer bestimmten Größe erzeugt werden), oder es sind beide Einflußgrößen bestimmt. Eine Ordnung der physikalischen Effekte in einem Konstruktionskatalog mit den Eingangs- und Ausgangsgrößen als ordnende Gesichtspunkte ist daher für den Konstrukteur sehr sinnvoll und hilfreich. Eine solche Ordnung der physikalischen Effekte befindet sich in den Arbeitsblättern und Checklisten im Beiheft. Das nachfolgende Beispiel zeigt eine Sammlung von physikalischen Effekten mit einer „Kraft F" als Ausgangsgröße (**Bild 7.5-11**).

Ordnung nach elementaren Funktionen der vorhandenen Funktionsstruktur

Wenn für die abstrakte Darstellung der Konstruktion Funktionsstrukturen verwendet werden, können physikalische Effekte den verwendeten elementaren Funktionen (Leiten, Ändern, Wandeln, Vereinigen, Speichern) zugeordnet werden. In Kapitel 8.1 werden eine sinnvolle Lösungsfindung und Einordnung an Hand von physikalischen Effekten nach der Erstellung der Funktionsstruktur gezeigt.

e) Erstellung von Effektketten

Eine Effektkette verbindet in Reihe geschaltete Effekte, um die gewünschte Eigenschaftsänderung zu bewirken.

Die prinzipielle Arbeitsweise mit Effektketten geht von der Suche physikalischer Effekte geordnet nach Eingangs- bzw. Ausgangsgrößen aus. Mit dem oder einem der gegebenen Parameter wird auf Effektsuche gegangen. Die gefundenen Effekte werden auf ihre Einflußgrößen untersucht und diese, je nach Suchrichtung, d. h. ob vom Eingang oder Ausgang ausgehend, als Eingangs- oder Ausgangsgrößen für weitere Effekte verwendet. Das Verfahren kann beliebig lange, zumindest aber so lange fortgesetzt werden, bis ein Effekt dann die gegebene oder gewünschte Ein- bzw. Ausgangsgröße des Problems enthält und die Effektkette abschließt. (Arbeitsblätter und Checklisten im Beiheft)

Da ein rein formales Verfahren zum Bilden von Effektketten leicht zum Aufstellen unsinniger Lösungen führt, muß eine kritische Überprüfung auf Realisierbarkeit laufend parallel durchgeführt werden.

Physikalischer Effekt (Prinzip)			
Name Nummer	Prinzipskizze	Gleichung	Anwendung Literatur
Kohäsion fester Körper $F_1 = f(F_2)$ 01.01-1	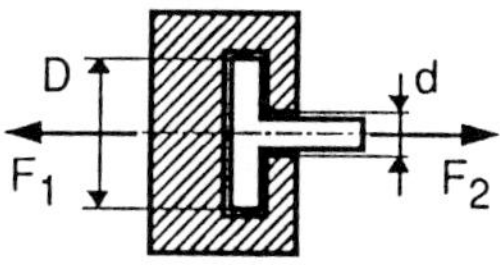	$F_1 = F_2$ für $D > d$	Formschluß
Hebel $F_1 = f(F_2)$ 01.01-2	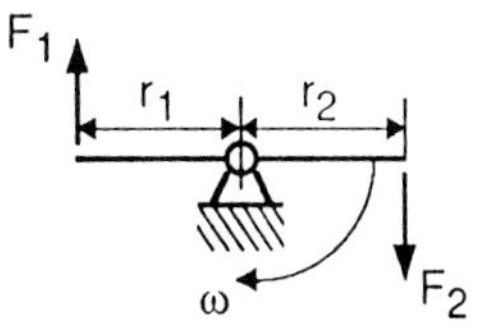	$F_2 = \dfrac{r_1}{r_2} F_1$	Kraftübersetzung Zahnrad Hebelgetriebe
Kniehebel $F_1 = f(F_2)$ 01.01-3	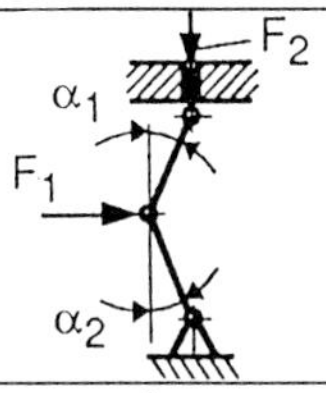	$F_2 = \dfrac{1}{\tan \alpha_1 + \tan \alpha_2} F_1$	Backenbrecher
Keil ohne Reibung $F_1 = f(F_2)$ 01.01-4	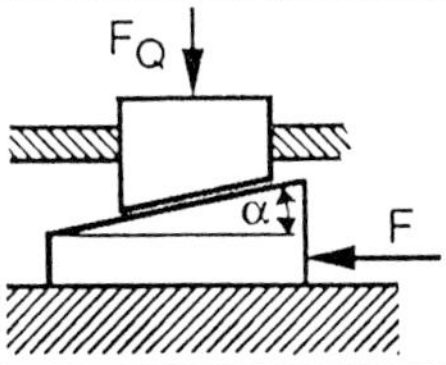	$F = \tan \alpha \, F_\varrho$	Bewegungs- schraube

Bild 7.5-11: Physikalische Effekte mit Ausgangsgröße „Kraft F"

7.5.5.4 Anwendung von Checklisten

Jeder kennt Checklisten, wie sie z. B. Piloten durchgehen müssen, um vor dem Start nichts vergessen zu haben. Vom Prinzip her können sie auch beim Konstruieren gut eingesetzt werden und haben dann noch eine weitere Funktion, nämlich die Intuition anzuregen.

Zweck und Anwendung

Checklisten sind systematisch aufgebaute Merkmalslisten, die im gesamten Konstruktionsprozeß verwendet werden können.

Ihr **Zweck** ist

– nichts zu vergessen, insbesondere in Zeitnot und Überforderung, wodurch eine Entlastung beim Denken und das Vermeiden von Fehlern erreicht wid und

– eine Anregung der Intuition.

Ihre **Anwendung** kann entsprechend dem Vorgehenszyklus geschehen:

– Bei der **Aufgabenklärung** (I): Üblich ist z. B., daß Firmen Merkmalslisten mit dem Angebot versenden, um beim Auftrag vom Kunden alle für die Auftragsabwicklung relevanten Daten bereit zu haben. Bild 7.3-5 mit lebenslauforientierten Anforderungsarten oder die Leitlinie in Bild 7.3-6 sind dafür anregend.

– Bei der **Lösungssuche** (II): Sämtliche Listen oder Ordnungsschemata für physikalische Effekte (Kapitel 7.5.5.3), Lösungssammlungen, alle Variationsmerkmale für das Gestalten (Kapitel 7.6) eignen sich zur Anregung der Intuition sowohl für den einzelnen Bearbeiter wie auch bei der Gruppenarbeit. Zum fertigungs- und kostengerechten Konstruieren eignen sich die Checklisten nach Heil (siehe Bild 9.2-6).

– Bei der **Auswahl** (III) der geeigneten Lösung: Die Merkmale, die bei der Aufgabenklärung eine Rolle gespielt haben, können als Kriterien verwendet werden. Insbesondere ist aber die Anforderungsliste die wichtigste Prüf- und Checkliste! Zweckmäßig ist eine produktspezifische Checkliste zur Schlußprüfung einer Konstruktion. (Arbeitsblätter und Checklisten im Beiheft)

Erstellung

Checklisten allgemeiner Art und entsprechende Merkmalslisten müssen betriebs- und produktspezifisch erstellt und meist aktualisiert werden. Geschieht dies nicht, so werden sie nicht genutzt, da irrelevante Merkmale oder ungebräuchliche Begriffe ihren Einsatz erschweren.

Eine gute Checkliste soll objektiv, vollständig und verständlich sein.

Bewährt hat sich die Befragung von Konstrukteuren zu bestimmten Themengebieten, wie z. B. zu Maßnahmen zum Kostensenken oder zur Wiederholteilsuche. Danach werden diese betriebs- und produktspezifischen Listen im Team ergänzt und nach systematischen Gesichtspunkten geordnet. Der Aushang am Arbeitsplatz ermöglicht die laufende Nutzung.

Allerdings hängt die Nutzung von der Art der Konstrukteure ab. Es gibt mehr systematisch oder mehr am unmittelbaren Einfall orientierte Konstrukteure. Die ersteren wenden eher Checklisten an, die zweiten weniger, obwohl gerade sie diese nötig hätten.

7.5.6　Kombination von Lösungsprinzipien: morphologischer Kasten

Fragen:

– Gibt es eine Methode zur optimalen Kombination von Lösungsprinzipien?
– Wie kann man gestaltete Lösungen (im Raum) kombinieren?

Entsprechend der Strategie I.1 „Teilaufgaben formulieren" (Bild 3.3-22) kann man analog Teilfunktionen als Teile der Gesamtfunktion aufstellen (Kapitel 7.4.2) und für diese möglichst mehrere Lösungsprinzipien suchen. Anschließend müssen diese Teillösungen wieder zur Gesamtlösung kombiniert werden ([6/7.5], [29/7.5], [30/7.5]). Da meist mehrere Teillösungen für eine Teilfunktion gefunden werden, ergeben sich bei dieser Kombination auch mehrere Varianten der Gesamtlösung. Daraus muß dann wieder die optimale prinzipielle Lösung (Konzept) ausgewählt werden (**Bild 7.5-12**). Das Vorgehen gilt natürlich ganz allgemein und nicht nur zum Finden eines Konzepts. Die hier vorgestellte Methode zur Kombination ist der **morphologische Kasten** [22/7.5].

Im folgenden wird formal gezeigt, wie sich gestaltete Lösungen kombinieren lassen.

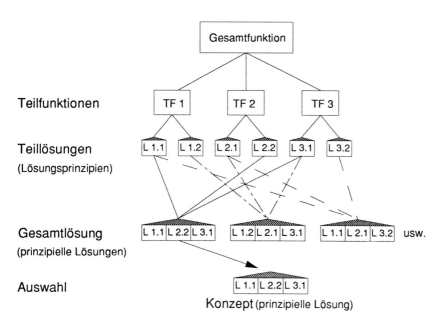

Bild 7.5-12:   Strategie beim Vorgehen zur Lösungssuche: Aufteilen ... Kombinieren.

7.5.6.1   Zweck und Begründung der Methode

Ein morphologischer Kasten ist ein eindimensionales Ordnungsschema (Kap. 7.5.5.1). Den Zeilen werden die Teilfunktionen zugeordnet. In die Spalten werden die zugehörigen Teillösungen eingetragen, in der Regel in Form von Skizzen.

Für jede Teilfunktion kann zunächst eine Teillösung aus der Zeile ausgewählt und alle Teillösungen können zu einer Gesamtlösung (Konzept) verbunden werden.

Die Anzahl N der theoretischen Kombinationsmöglichkeiten ergibt sich aus:

$$N = m_1 \cdot m_2 \cdot \ldots \cdot m_i \cdot \ldots \cdot m_{n-1} \cdot m_n$$

m_i = Anzahl der Teillösungen, die zu der Teilfunktion i gehören.

Wichtig bei der Verbindung der Teillösungen ist die Überprüfung, ob die Lösungen miteinander **verträglich** und kombinierbar sind. Die theoretische Zahl der Kombinationsmöglichkeiten wird dadurch zu einer realistischen Gesamtlösungszahl reduziert.

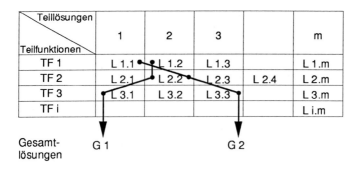

Bild 7.5-13: Prinzipieller Aufbau eines morphologischen Kastens zur Kombination der Teillösungen L zu Gesamtlösungen G.

Wie man sieht, ist der obige morphologische Kasten ein eindimensionales (offenes) Ordnungsschema mit **einem** ordnenden Gesichtspunkt (OGP) und den Teilfunktionen als unterscheidenden Merkmalen (Kap. 7.5.5.1). Da die Zahl der Lösungen, die in den Spalten eingetragen werden, nicht festgelegt ist und sich nach den gefundenen und sinnvollen Lösungen richtet, ist das Ordnungsschema offen.

Die morphologische Methode oder die Anwendung des morphologischen Kastens ist in der Praxis aufgrund ihrer Vorteile sehr verbreitet.

Der **Zweck** der Methode ist:

– **Dokumentation und Überblick über das gesamte Lösungsfeld**
  Beim unmethodischen Vorgehen werden Teillösungen oft vergessen oder zu schnell verworfen, da sie mit manchen anderen nicht kombinierbar sind. Durch eine solche Dokumentation der Teillösungen können alle sinnvollen Teillösungen in Betracht gezogen und systematisch mit den anderen zur Verfügung stehenden Teillösungen auf Verträglichkeit überprüft werden. Keine Lösung wird einzeln verworfen, sondern die Gesamtlösungen werden bewertet.
  Wichtig ist auch, daß hierbei die Teillösungen möglichst bildhaft dargestellt werden. Insgesamt wird so erreicht, daß wohl das Kurzzeitgedächtnis durch die externe Lösungsabspeicherung entlastet wird und die Kapazität zur Kombination der Teillösungen freigesetzt wird (Kapitel 3.2.1).
– **Unterstützung der Methode der Funktionsaufteilung** und **Suche nach mehreren Teillösungen**
  Das Schema des morphologischen Kastens fordert direkt dazu heraus, die Gesamtfunktion in Teilfunktionen aufzuspalten. Es fordert ferner dazu heraus, mehr als eine Teillösung zu suchen. Die nachfolgende Kombination ist zwangsläufig.
– Aufgrund des Schemas wird die **Nachvollziehbarkeit** der Lösungssuche für Außenstehende erleichtert.

Der morphologische Kasten kann **auf verschiedenen Konkretisierungsebenen** eingesetzt werden. Dadurch können physikalische Effekte zur Effektkette, Prinziplösungen zum Konzept, konkretere Teillösungen zum Entwurf oder sogar konkrete Bauteile zu einer Baugruppe kombiniert werden. Auch alternative Fertigungsverfahren für Bauteile eines Produkts können als Teillösungen eingesetzt und zu einem Gesamt-Fertigungskonzept kombiniert werden.

Morphologische Kästen können **verschachtelt** sein: Jede Teillösung kann aus einem untergeordneten morphologischen Kasten entstanden sein. Umgekehrt können die Gesamtlösungen eines betrachteten morphologischen Kastens als Teillösungen in übergeordnete morphologische Kästen eingehen.

Die hier gezeigte Elementarisierung von existierenden Vorgängerlösungen in Lösungselemente (physikalische Effekte, Wirkflächen usw.) und der Kombinationsvorgang zu neuen Gesamtlösungen mit anderer Funktion, sind **grundsätzliche Ansätze der Konstruktionsmethodik**. Er entspricht z. B. dem Vorgehen in der Chemie bzw. der Physik mit der Elementarisierung in Moleküle, Atome usw. und dem anschließenden Aufbau (Synthese) neuer Strukturen mit anderen Eigenschaften.

Die Konstruktion hat allerdings nicht nur die Aufgabe, diskrete Lösungselemente (Art und Zahl) zu neuen Strukturen (Lage) zu kombinieren, sondern auch Lösungen maßlich zu gestalten (Form, Größe).

7.5.6.2 Beispiele für die Verwendung des morphologischen Kastens

Als Beispiel zeigt **Bild 7.5-14** den mit Teillösungen in Form von Skizzen versehenen offenen morphologischen Kasten für **Lasereinstellgeräte**.

Die Gesamtaufgabe war folgende:

Für einen zylindrischen Laserkopf soll eine Vorrichtung konstruiert werden, die eine Höheneinstellung und Winkeleinstellung sowohl in der vertikalen als auch in der horizontalen Ebene bietet. An Hand eines morphologischen Kastens werden die im Team gefundenen Teillösungen für die angegebenen drei Teilprobleme eingetragen und zu einem Konzept kombiniert. Der morphologische Kasten ist bewußt im Skizzenzustand belassen worden, wie er im Laufe der Bearbeitung entstand.

Weitere Darstellungen offener morphologischer Kästen sind in folgenden Bildern enthalten: 7.2-11, 7.6-40 und 8.7-7.

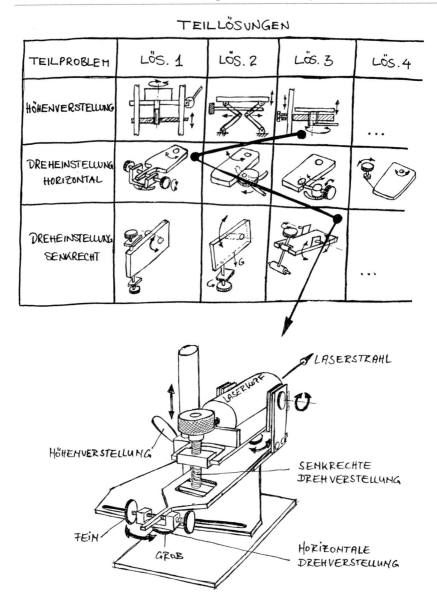

Bild 7.5-14: Lasereinstellgerät: Kombination von Teillösungen zum Konzept mit Hilfe eines morphologischen Kastens

Literatur zu Kapitel 7.5

[1/7.5]   Ehrlenspiel, K.; Danner, S.; Schlüter, A.: Verbindungsgestaltung für montagegerechte Produkte. In: Montage und Demontage, Fellbach. Düsseldorf: VDI-Verlag 1992, S. 179–205. (VDI-Berichte 999)

[2/7.5] Aebli, H.: Denken: Das Ordnen des Tuns. Bd. I: Kognitive Aspekte der Handlungstheorie. Stuttgart: Klett-Cotta 1980.

[3/7.5] Engelken, G.: Informationstechniken im Zulieferbetrieb - Chancen und Risiken. In: Wettbewerbsfähiger mit Zulieferkomponenten, Kassel. Düsseldorf: VDI-Verlag 1993, S. 173–184. (VDI-Berichte 1098)

[4/7.5] Birkhofer, H.: Erfolgreiche Produktentwicklung mit Zulieferkomponenten. In: Praxiserprobte Methoden erfolgreicher Produktentwicklung, Mannheim. Düsseldorf: VDI-Verlag 1992, S. 155–170. (VDI-Berichte 953)

[5/7.5] Reinemuth, J.; Birkhofer, H.: Elektronische Katalogsysteme für Zulieferkomponenten. In: Wettbewerbsfähiger mit Zulieferkomponenten, Kassel. Düsseldorf: VDI-Verlag 1993, S. 157–172. (VDI-Berichte 1098)

[6/7.5] Pahl, G.; Beitz W.: Konstruktionslehre. 3. Aufl. Berlin: Springer 1993.

[7/7.5] Wüstenberg, D.: Kreativität in der Konstruktion. Konstruktion 45 (1993) 12, S. 411–414.

[8/7.5] Drevdahl, J.: Factors of Importance for Creativity. Journal of Clinical Psychology (1956) 12, S. 21–26.

[9/7.5] Weisberg, R.: Kreativität und Begabung. Heidelberg: Spektrum der Wissenschaft 1989.

[10/7.5] Clark, R.: Brainstorming: Methoden der Zusammenarbeit und Ideenfindung. München: Verlag Moderne Industrie 1966.

[11/7.5] Osborn, A.: Applied Imagination, Principles and Procedures of Creative thinking. New York: Charles Cribner's Sons 1957.

[12/7.5] Rohrbach, B.: Kreativ nach Regeln – Methode 6-3-5, eine neue Technik zum Lösen von Problemen. Absatzwirtschaft 12 (1969), S. 73–75.

[13/7.5] Batelle Institut (Hrsg.): Methoden der Ideenfindung. Frankfurt am Main.

[14/7.5] Hoffmann, R. (Hrsg.): Kreativer Innovationsprozeß: Techniken des Erfindens. Sindelfingen.

[15/7.5] Gordon W. J. J: Synectics, the Development of Creative Capacity. New York: Harper 1961.

[16/7.5] Zerbst, E.: Biologische Funktionsprinzipien und ihre technische Anwendungen. Stuttgart: Teubner 1987.

[17/7.5] Nachtigall, W.: Konstruktionen: Biologie und Technik. Düsseldorf: VDI-Verlag 1986.

[18/7.5] Hellfritz, H. (Hrsg.): Innovation via Galeriemethode. Königsstein/Taunus 1978.

[19/7.5] Roth, K.: Konstruieren mit Konstruktionskatalogen. 2. Aufl. Berlin: Springer 1994.

[20/7.5] Ewald, O.: Lösungssammlungen für das methodische Konstruieren. Düsseldorf: VDI-Verlag 1975.

[21/7.5] Dreibholz, D.: Ordnungsschemata bei der Suche von Lösungen. Konstruktion 27 (1975), S. 233–239.

[22/7.5] Zwicky, F.: Entdecken, Erfinden, Forschen im morphologischen Weltbild. Zürich: Droemer Knaur 1966.

[23/7.5] Holliger-Uebersax, H.: Morphologische Methodik des kreativen Problemlösens. STZ 21 (10.1980) 10, S. 1048.

[24/7.5] Holliger-Uebersax, H.: Allgemeine Morphologie: Sinn und Zweck einer interdisziplinären Methodenwissenschaft für kreative Design-Prozesse. Rome: ICED 81.

[25/7.5]   Hansen, F.: Konstruktionssystematik. Berlin: VEB Verlag Technik 1965.

[26/7.5]   VDI-Richtlinie 2222, Blatt 2: Konstruktionsmethodik, Erstellung und Anwendung von
            Konstruktionskatalogen. Düsseldorf: VDI-Verlag 1982.

[27/7.5]   Rodenacker, W.: Methodisches Konstruieren. 4. Auf.. Berlin: Springer 1991.

[28/7.5]   Koller, R.: Konstruktionsmethode für den Maschinen-, Geräte- und Apparatebau. 2.
            Aufl. Berlin: Springer 1985.

[29/7.5]   Kettner, H.; Klingenschmitt, V.: Die morphologische Methode und das Lösen
            konstruktiver Aufgaben. Erster Teil. wt-Z. ind. Fertig. 61 (1971), S. 737–741.

[30/7.5]   Kettner, H.; Klingenschmitt, V.: Die morphologische Methode und das Lösen
            konstruktiver Aufgaben. Zweiter Teil. wt-Z. ind. Fertig. 63 (1973), S. 357–363.

[31/7.5]   Repota, P.: Welche Technik ist die Beste? PM 4 (1994), S. 84–94.

7.6   Methoden zum Gestalten – Variation der Gestalt

Fragen:

– Wie kann man neue, innovative Produkte durch gezieltes **Verändern der Wirkgestalt**, d. h. der Gestalt der **prinzipiellen Lösung,** finden?
– Wie kann man durch **Gestaltvariation beim Entwerfen** günstige Bedingungen für
  z. B. die Funktion, Fertigung, Montage, Ergonomie oder das Design erreichen?
– **Von welchen Parametern hängt die Gestalt** ab, und wie kann man sie dementsprechend beeinflussen?

Gestalten ist eine der wesentlichen Tätigkeiten beim Konstruieren. Dementsprechend
soll zunächst etwas zu den **Begriffen der Gestalt und des Gestaltens** gebracht werden.
Danach folgen Anmerkungen zum korrigierenden und generierenden Vorgehen beim
Gestalten. Die Kapitel 7.6.1 bis 7.7.5 bringen Methoden zum Variieren der Gestalt. Ein
Vorschlag zum zeichnerischen Vorgehen beim Gestalten wird in Kapitel 7.6.4 gezeigt.

a)   Der Begriff Gestalt:

Die Gestalt ist, gemeinsam mit dem Werkstoff, ein wesentliches Beschaffenheitsmerk-
mal eines technischen Gebildes.

Unter der **Gestalt eines materiellen Produkts** kann man die Gesamtheit seiner geome-
trisch beschreibbaren Merkmale verstehen. Faßt man ein Produkt als System von Ge-
staltelementen auf, so kann man die Gestalt eines Elements durch die Merkmale Form,
Größe (Makrogeometrie) und Oberfläche (Mikrogeometrie: Rauheit) definieren. Das
Produkt als System läßt sich durch die Gestalt aller Elemente und deren Lage darstellen.
Gleichbedeutend mit der Lage der Elemente ist die Anordnung der Elemente.

Die Gestalt eines Produkts kann zeitlich variabel sein, z. B. bei einem sich bewegenden
Roboter oder weil sich stoffliche Zustände wandeln, wenn sich beispielsweise feste

Stoffe elastisch verformen oder flüssige, teigige oder körnige Stoffe sich unter Krafteinwirkung verändern.

Je nach dem Ziel der Gestaltfestlegung kann man folgende Begriffe unterscheiden:

– **Wirkgestalt** (auch Wirkgeometrie) bezeichnet die Gestalt, die durch die (Zweck-)Funktion festgelegt ist. In vielen Fällen ergibt sich die wesentliche Gestalt aus der Funktion. Im Industrial Design gilt der Satz „form follows function". Im bildhaften Gedächtnis sind die Gestalt und Funktion eng verknüpft [1/7.6].
Es scheint so zu sein, daß die im Gedächtnis abgespeicherten Strukturen und „features" weitgehend deckungsgleich sind. Es handelt sich dabei um geometrische Objekte mit Bedeutung bzw. Semantik. Je nachdem, was man weiß oder für wichtig hält, kann man zu der gestalthaften Erscheinung z. B. stoffliche, fertigungstechnische, ergonomische oder ästhetische Inhalte assoziieren.

– **Produktionsgestalt** bezeichnet die Gestalt, die durch Forderungen der Teilefertigung und der Montage bestimmt ist.

Am Beispiel eines Nagelbohrers (**Bild 7.6-1**) sei der Begriff Wirkfläche veranschaulicht. Die **Wirkfläche** für die **Hauptfunktion** „Lochbohren" ist die Wendelfläche mit Schneide an der Spitze des Bohrers. Sie verwirklicht den **Hauptumsatz Stoff** (Stoff herausschneiden). Der Griff dagegen ist die Wirkfläche für die **Nebenfunktion** „Drehmoment und Axialkraft erzeugen" und den **Nebenumsatz Energie**. Schließlich gibt es noch eine **Konturfläche**, die durch fertigungstechnische Gesichtspunkte bestimmt ist. Sie ist also nicht durch die Funktion festgelegt („Wirk = funktionsrelevant") sondern dient zur Verbindung von Wirkflächen zu Wirkkörpern.

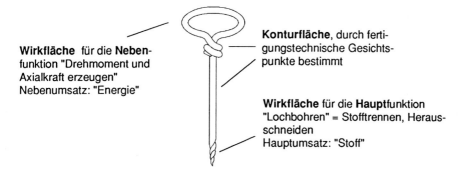

Wirkfläche für die **Neben-**funktion "Drehmoment und Axialkraft erzeugen" Nebenumsatz: "Energie"

Konturfläche, durch fertigungstechnische Gesichtspunkte bestimmt

Wirkfläche für die **Haupt**funktion "Lochbohren" = Stofftrennen, Herausschneiden Hauptumsatz: "Stoff"

Bild 7.6-1: Wirk- und Konturflächen am Beispiel eines Nagelbohrers

Im nachfolgenden Kapitel 7.6.1 wird unter der **direkten Variation** die Veränderung von Wirkflächen, Wirkkörpern, d. h. der Wirkgestalt durch Einflüsse bzw. Variationsmerkmale besprochen, die direkt darauf wirken wie z. B. Form, Lage, Zahl oder Größe von Flächen und Körpern.

In Kapitel 7.6.2 werden bei der **indirekten Variation** andere Einflüsse auf die Gestalt angesprochen, wie z. B. die Art des Werkstoffs, des Fertigungs- oder Montageverfahrens. Grundsätzlich wirken sich **alle** Anforderungen an ein Produkt auf die Gestalt aus. Ein Produkt ist ja physikalisch durch die Gestalt und den (Werk-) Stoff definiert. Das gesagte trifft auch für alle Gestaltungsrichtlinien, die sogenannten „Gerechten" zu, wie z. B. ergonomie-, recycling-, festigkeitsgerecht (siehe Bild 6.5-6).

b) Die Begriffe Gestalten und Entwerfen

Gestalten heißt Gestalt festlegen und dies erfolgt fast in allen Phasen des Konstruierens: bei der Aufgabenklärung (z. B. durch Anschlußmaße), in der frühen Konzeptphase durch die Wirkgestalt physikalischer Effekte und besonders in der Entwurfs- und Ausarbeitungsphase.

Der Prozeß des **Entwerfens** umfaßt einerseits das **Gestalten** selbst, andererseits die **Organisation** des Gestaltens (z. B. Eigenarbeit, Gruppenarbeit und Hilfsmitteleinsatz organisieren). Bei der Gestaltung wird aber nicht nur die Gestalt im obigen Sinn, sondern auch der **Stoff (Werk- und Betriebsstoff)** festgelegt.

c) Generierendes und korrigierendes Vorgehen beim Gestalten

Entsprechend Kapitel 5.1.4.3 versteht man unter **generierendem Vorgehen** die Erzeugung mehrerer Lösungsvarianten, die durch einen vorhergehenden Abstraktionsprozeß hervorgerufen, mindestens aber begünstigt wurden. Aus diesen wird die geeignetste ausgewählt (Bild 3.4-7). Beim **korrigierendem Vorgehen** dagegen wird an einem Vorläuferteil (-baugruppe, -produkt) auf Grund einer erkannten Schwachstelle eine Änderung mit möglichst geringem Änderungsaufwand vorgenommen (Bild 3.4-8).

Die nachfolgenden Variationsmerkmale eignen sich sowohl für das generierende als auch für das korrigierende Vorgehen beim Gestalten. Mindestens ergeben sich aber Anregungen für Korrekturen.

– **Generierend gestaltet** wird im allgemeinen in der **Konzeptphase** entsprechend konstruktionsmethodischem Vorgehen (Beispiele in Bild 7.6-8 und Kapitel 7.6.5 und 8.7). Es werden z. B. mit den Variationsmerkmalen mehrere Lösungsvarianten erzeugt, aus denen ausgewählt wird. Die vorhergehende Abstraktion kann über die (Teil-) Funktionsformulierung und die Wahl physikalischer Effekte erfolgen.

– **Korrigierend gestaltet** wird meist schon aus Aufwandsgründen in der **Entwurfsphase** ausgehend von Bauteilen oder Baugruppen, die entweder im eigenen Haus vorhanden, bekannt oder über andere (Konkurrenz-) Firmen oder die Literatur bekannt sind. Auch neue Konzepte (prinzipielle Lösungen) werden ja mindestens zum Teil aus früheren, ähnlichen Bauteilen oder Baugruppen entwickelt (Beispiele in den Kapiteln 9.2.4, 9.3.3.2f). Nachfolgend soll angedeutet werden, wie man auch in der Entwurfsphase generierend gestalten kann.

d) Generierendes Gestalten in der Entwurfsphase

Generierendes Gestalten in der Entwurfsphase, also bei vorgegebenem Konzept, kann analog dem Vorgehen in der Konzeptphase entsprechend Bild 6.5-4 geschehen. Anstelle der Funktionsstruktur tritt als abstrakte Modellierung die Baustruktur mit der minimal notwendigen Teilezahl (siehe Strategie der einteiligen Maschine, Kapitel 7.7.2). Wie in der Konzeptphase die Teilfunktionen über physikalische Effekte und Wirkprinzipien mit konkreten Lösungen versehen werden, so werden hier die Bauteile mit aufeinander abgestimmten **Werkstoffen** und **Fertigungsverfahren** versehen. Diese sind allerdings wieder vernetzt mit den für die Baustruktur maßgebenden Einflußgrößen **Verbindungs-** und **Montageverfahren**. Gerade diese enge Abhängigkeit macht das methodische Entwerfen sehr viel komplizierter als das methodische Konzipieren.

Die nachfolgenden Variationsmerkmale sollen helfen, **alternative Lösungen** für Bauteile (z. B. Werkstoff- oder Fertigungsvarianten) und die konkrete **Baustruktur** (z. B. Verbindungs- oder Montagevarianten) zu generieren, um daraus auszuwählen.

e) Gültigkeitsbereich der Methoden zur Gestaltvariation

Die Methoden sind **nicht als vollständig** anzusehen. Sie sind aber im Maschinenbau wesentlich. Sie lassen sich uneingeschränkt auf jede vorliegende Lösung anwenden und gelten damit für Teillösungen genauso wie für beliebig komplexe Gesamtlösungen. Die Methoden helfen zu variieren, sagen aber nie, was oder warum variiert werden soll, so daß in jedem Fall kreatives Denken die elementare Voraussetzung für eine erfolgreiche Anwendung dieser Methoden ist.

f) Das Arbeiten mit Variationsmerkmalen: Variation durch Analogieschluß

Vorhandene Lösungen werden mit **Variationsmerkmalen** verändert. Ein Variationsmerkmal besteht aus einem **Schlagwort** und **bildhaften Beispielen**, die die Anwendung des Variationsmerkmals zeigen, bzw. es definieren. Es kommt unserem Denken entgegen, Bilder mit Begriffen zu verknüpfen, wodurch eine bessere geistige Manipulationsmöglichkeit entsteht. Das Arbeiten mit Variationsmerkmalen zielt darauf ab, durch systematische Anregung der Intuition Ideen zu erzeugen. Durch einen Analogieschluß werden an Variationsmerkmalen gezeigte Gestaltvariationen auf das vorliegende Original übertragen.

Im **Vorgehenszyklus** (aus Kapitel 3.3.2) müssen beim Arbeiten mit der Methode Variation der Gestalt die drei Teilschritte Aufgabe klären, Lösung suchen und Lösung auswählen durchlaufen werden, wobei die jeweiligen Inhalte an diese spezielle Methode angepaßt werden müssen (siehe **Bild 7.6-2**).

I) Aufgabe klären:

Um variieren zu können, muß zu Beginn der Arbeit eine **Ausgangslösung** vorhanden sein. Erfahrungsgemäß ist das mit einer Vorgängerlösung meist der Fall. Sie kann auch aus der Fach- oder Patentliteratur stammen. Es muß auch klar sein, welche Wirkflächen und Wirkbewegungen dabei maßgebend sind. Ferner müssen die Anforderungen an das Produkt klar sein. – Nicht nur für das korrigierende Vorgehen sollten **Schwachstellen** analysiert werden. So kann die Variantenflut gezielt sinnvoll reduziert werden.

II) Lösungen suchen:

Man geht von einer vorhandenen Lösung (**Bezugslösung**) aus und erzeugt analog zu den Variationsmerkmalen neue Varianten. Deren Kennzeichnung zur Bezugslösung macht den Konstruktionsprozeß transparent (siehe Bild 7.6-8). Beim Arbeiten werden als Nebeneffekt auch **freie Assoziationen** angeregt. Allein die intensive Beschäftigung mit dem Problem führt oft schon auf intuitive Weise zu neuen Lösungen.

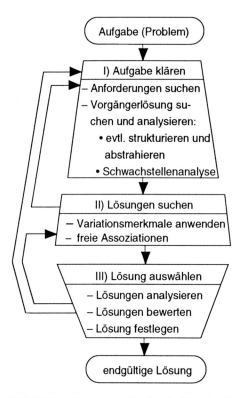

Bild 7.6-2:   Vorgehenszyklus bei der Variation der Gestalt

Das Arbeiten mit Variationsmerkmalen ist nicht eindeutig. Durch unterschiedliche Merkmale können gleiche (Gestalt-) Ergebnisse entstehen („Viele Wege führen nach Rom"). Das kommt auch daher, daß eine Bezugslösung meist **viele Ansatzpunkte bietet, Variationsmerkmale** anzuwenden. Sie hat mehrere Wirkflächen oder auch Wirkbewegungen.

Die **Variationsvielfalt** ist prinzipiell so groß, daß auch schon bei einfachen **Produkten kein vollständiges Lösungsfeld erzeugt** werden kann. Man muß sich auf **Schwachstellen** konzentrieren, um mit Verbesserungsregeln (die es gesammelt noch nicht gibt) den Variationsaufwand zu begrenzen.

III) Lösung auswählen:

Aus der Vielfalt der gefundenen Lösungen werden ein oder zwei weiterzuverfolgende Lösungen ausgewählt. Falls diese noch nicht befriedigen, wird iterativ weiter variiert.

Die folgenden mehr als zwanzig Variationsmerkmale lassen sich zum Teil auf die ersten vier (Form, Lage, Zahl und Größe) zurückführen. Trotzdem ist ihre Darstellung im Sinne einer unmittelbar anschaulichen Auffassung und Nutzung zweckmäßig. **Bild 7.6-3** zeigt einen Überblick über die Variationsmerkmale in diesem Kapitel.

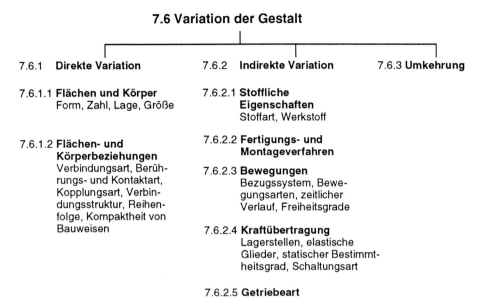

Bild 7.6-3: Übersicht über die Variationsmerkmale

7.6.1 Direkte Variation der Gestalt

Die Gestalt wird direkt (unmittelbar) verändert, wenn die erzeugenden Flächen und Körper und/oder die Flächen- und Körperbeziehungen variiert werden.

Die wichtigsten Variationsmerkmale sind: Form, Lage, Zahl und Größe. Sie gelten systemtechnisch gesehen sowohl für Flächen, Einzelteile, Baugruppen und ganze Produkte in einem übergeordnetem System. Man wird entsprechend der Strategie I.2 (zuerst das Wichtige, Bild 3.3-22) zunächst die Wirkgestalt variieren und festlegen, danach die Gestalt insgesamt angehen (z. B. Fertigungsgestalt, Design oder Ergonomie).

7.6.1.1 Variation der Flächen und Körper

Die hier zusammengestellten Variationsmerkmale dienen zur Veränderung der absoluten und relativen Beschaffenheit und Eigenschaft von Flächen und Körpern.

a) Variation der Form

Unter Form wird der Umriß, das Äußere, verstanden. Die Form kann durch Krümmungsradien, Umrißpolygone, Begrenzungsflächen usw. beschrieben werden. Bei Größen- und Zahländerungen in Grenzbereichen (z. B. gegen Null oder Unendlich) ergeben sich ebenfalls oft Formänderungen (**Bild 7.6-4**).

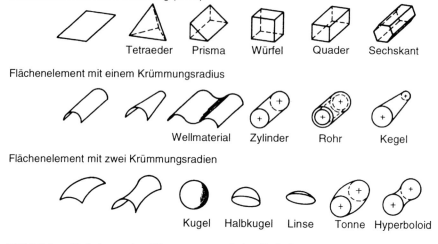

Bild 7.6-4:   Variationsmerkmal Form an geometrischen Basiselementen

b) Variation der Lage

Beim Variationsmerkmal Lage werden die relative oder absolute Lage von Flächen, Körpern, deren Flächennormalen, erzeugenden oder sonstigen Bezugslinien (z. B. Mittellinien) verändert. In **Bild 7.6-5** ist dieser Sachverhalt an Hand von Wirkflächen an einem Reibrad dargestellt.

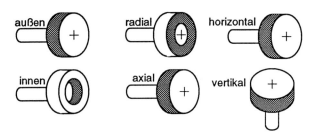

Bild 7.6-5:   Variationsmerkmal Lage, die Wirkfläche ist grau gekennzeichnet

c) Variation der Zahl

Die Veränderung der Anzahl von Flächen, Körpern, Umrißkanten usw. führt zu einer direkten Variation der Gestalt. Im **Bild 7.6-6** wird dieses Variationsmerkmal bei der Zylinderanzahl eines Verbrennungsmotors gezeigt.

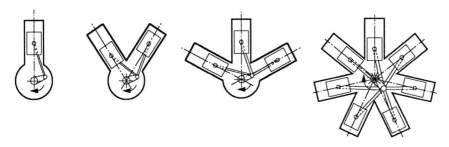

Bild 7.6-6:   Variationsmerkmal Zahl bei Verbrennungsmotoren [3/7.6]

d) Variation der Größe

Die Abmessungen von Flächen, Körpern sowie deren Abstände zueinander werden geändert. In Grenzbereichen (Maß gegen Null oder Unendlich) ergeben sich Formvarianten. Gehen mehrere Maße gegen Null, kann dies zum völligen Entfallen von Flächen (Körpern) führen, was auch als Zahlvariation gedeutet werden kann. Eine Anwendung des Variationsmerkmals Größe auf ein Zweigelenk zeigt **Bild 7.6-7**.

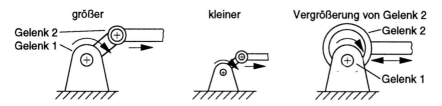

Bild 7.6-7:   Größenvariation eines Zweigelenks

In **Bild 7.6-8** wird die **Anwendung** der vier Variationsmerkmale Form, Lage, Zahl und Größe am Beispiel von Schraubenköpfen gezeigt. Ausgehend von der Bezugslösung Schlitzschraube werden durch die Variation der Flächen und Körper „neue" Lösungen gefunden. Durch die fortlaufende Numerierung und den Hinweis auf die jeweilige Bezugslösung ist eine verständliche Dokumentation gewährleistet.

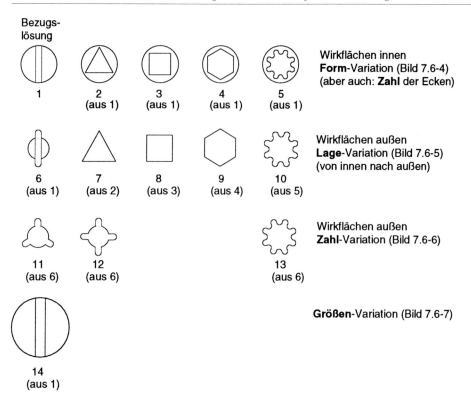

Bild 7.6-8:   Variation von Flächen und Körpern am Beispiel Schraubenkopf

7.6.1.2   Variation der Flächen- und Körperbeziehungen

Die nachfolgend aufgeführten Variationsmerkmale dienen zur Variation der Beziehungen von Flächen und Körpern untereinander.

a) Variation der Verbindungsart

Mit diesem Variationsmerkmal werden Beispiele möglicher Verbindungen von Flächen und Körpern gezeigt (**Bild 7.6-9**). Eine Klassifizierung von Verbindungen kann über die Merkmale „starr, gelenkig oder elastisch", „lösbar oder unlösbar" und „stoffschlüssig, formschlüssig oder kraftschlüssig" erfolgen, wobei letztere wegen des unterschiedlichen Gebrauchs der Begriffe wie folgt definiert werden:

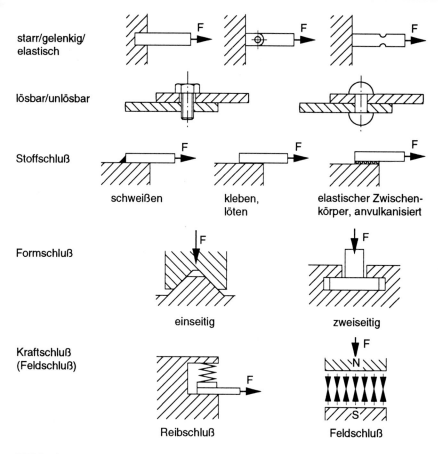

Bild 7.6-9: Variationsmerkmal Verbindungsart

Stoffschluß

Stoffschluß ist der durch molekulare Kräfte entstehende Schluß, der zu einem Festkörperverhalten führt. Kraftübertragung ist in jeder Richtung möglich.

Formschluß

Die Körper berühren sich. Die Kraftübertragung erfolgt in Richtung der gemeinsamen Flächennormale. Man kann einseitigen und zweiseitigen Formschluß unterscheiden, je nachdem, ob der Kraftvektor eine oder beide Orientierungen annehmen darf.

Kraftschluß

Es können zwei Fälle unterschieden werden:

a) Die Körper berühren sich. Die Kraftübertragung erfolgt in der gemeinsamen Tangentenebene infolge einer normal dazu gerichteten Anpreßkraft (**Reibschluß**).

b) Die Körper berühren sich nicht. Die Kraftübertragung erfolgt längs der gemeinsamen Flächennormale infolge eines Kraftfelds (Kraftschluß oder **Feldschluß**).

b) Variation der Berührungs- und Kontaktart

Insbesondere bei form- und reibschlüssigen Verbindungen sind Variationen der Berührungs- bzw. Kontaktart zweier Flächen von Interesse. **Punkt-, Linien- oder Flächen-berührung** haben Einfluß auf die Flächenpressung und Hertzsche Pressung. Diese sind klein, wenn es sich um **konforme Flächen** (konvex/konkav) handelt, wogegen bei **kontraformen** Flächen (konvex/konvex) die Flächenpressung und die Hertzsche Pressung ansteigen (**Bild 7.6-10**).

Bild 7.6-10:   Variationsmerkmal Berührung/Kontaktart

c) Variation der Kopplungsart

Die Kopplung, Verbindung bzw. Lagerung relativ zueinander bewegter Körper erfolgt durch **Gleiten** (Gleitlager), **Rollen** (Rollenlager) und **Wälzen** (Zahnräder). Dabei sind Rollen und Wälzen dem Gleiten vorzuziehen, da im allgemeinen größere Schmierfilmdicken entstehen (bei gleicher Fortschrittsgeschwindigkeit) und damit weniger Verschleiß auftritt, die Reibungskräfte niedriger sind und eventuell Schmierstoff ganz entbehrlich wird (**Bild 7.6-11**).

Die zu koppelnden Flächen müssen sich nicht direkt berühren. Bei Wälzlagern sind als Zwischenelemente Wälzkörper vorhanden. Ferner ist es möglich, Körper mittels **Lenker** oder elastischen Zwischenelementen relativbeweglich zu koppeln (Bild 7.6-11). Die Lenker ihrerseits können ebenfalls wieder Gleit-, Roll-, Wälz- oder **elastische Lager** haben oder selbst elastisch sein. Bei hin- und hergehenden Teilen sind elastische Elemente besonders vorteilhaft, da sie verschleißfrei sind, nicht geschmiert werden müssen und auch die Gefahr der Reibkorrosion vermeiden.

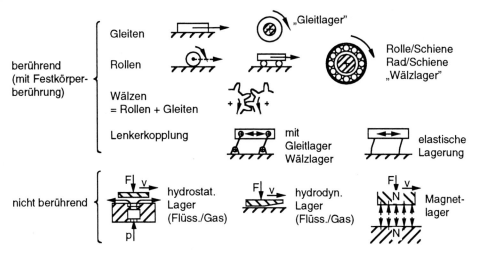

Bild 7.6-11: Variationsmerkmal Kopplungsart

Neben diesen direkt oder indirekt auf Berührung basierenden Koppelungen sind auch rein kraftschlüssige, nicht berührende Kopplungen möglich (hydrostatische, hydrodynamische, Magnet-Lager) (Bild 7.6-11). Eine Anwendung des Variationsmerkmals Kopplungsart auf Lager, Führungen und Gewinde zeigt das **Bild 7.6-12**.

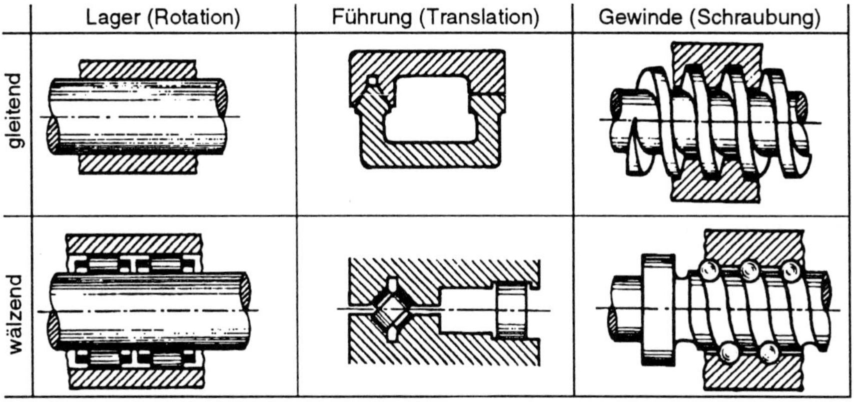

	Lager (Rotation)	Führung (Translation)	Gewinde (Schraubung)
gleitend			
wälzend			

Bild 7.6-12: Geschlossener morphologischer Kasten (Kapitel 7.5.5.1) für Kopplungsartvariationen bei Lagern, Führungen und Gewinden [3/7.6]

d) Variation der Verbindungsstruktur

Flächen, Körper oder ganze Bauteile und deren Beziehungen zueinander lassen sich auf abstrakte Weise mit den Mitteln der **Graphentheorie** darstellen. Den Flächen bzw. Körpern werden Symbole zugeordnet, die alle gleich, aber auch unterschiedlich (flächen-/körperspezifische Symbole) sein können und als „Knoten" bezeichnet werden. Deren Verbindungen werden als „Kanten" dargestellt. Die sich so ergebenden Darstellungen bezeichnet man als Verbindungsstrukturen. Im Zusammenhang mit ganzen Bauteilen ist auch der Begriff **Baustruktur** gebräuchlich (Kapitel 2.3.2b). Die Strukturen eignen sich zur Klassifikation und zum Vergleich von Objekten und sind ein leicht handhabbares Hilfsmittel für das systematische Variieren. Durch die systematische Variation erhält man ein vollständiges Lösungsfeld, das aber auch unsinnige Lösungen enthalten kann.

Mit der Zahl n der zu verbindenden Elemente nimmt die Anzahl der möglichen Verbindungsstrukturen rasch zu. Bei drei zu verbindenden Elementen beträgt die Zahl z der möglichen Minimal-Verbindungsstruktur-Varianten drei. Bei vier Elementen beträgt sie bereits 16. Sie ergibt sich nach dem Gesetz:

$$z = n^{n-2}$$

Damit ist jedes Element gerade über eine Relation angeschlossen. In **Bild 7.6-13** ist die systematische Variation für ein Objekt mit drei Elementen dargestellt. Mit der überbestimmten (die Elemente sind über mehr als eine Relation angeschlossen) Verbindungsstruktur ganz rechts ergeben sich dann vier Varianten.

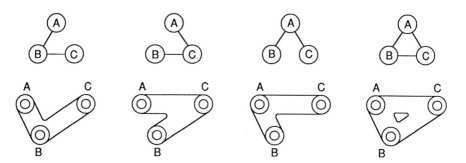

Bild 7.6-13:   Variationsmerkmal Verbindungsstruktur

e) Variation der Reihenfolge

Die Reihenfolge ist eine häufig anwendbare Vereinfachung des Variationsmerkmals Verbindungsstruktur. Stehen mehr als zwei Flächen oder Körper miteinander in irgendeiner Beziehung, kann deren relative Anordnung zueinander, deren Reihenfolge, verändert werden. Dabei ist Voraussetzung, daß die variierten Elemente nicht in unmittelbarem funktionellen Zusammenhang stehen. Eine Anwendung des Variationsmerkmals auf Fest-Los-Lagerungen zeigt **Bild 7.6-14**.

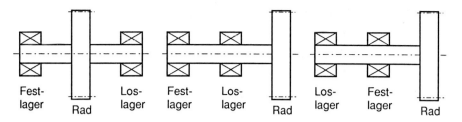

Bild 7.6-14: Reihenfolgevariation bei einer Fest-Los-Lagerung

f) Variation der Kompaktheit von Bauweisen

Bauteile und Produkte können unterschiedlich kompakt gestaltet werden. Man kann von Massiv-, Hohl- und offener Bauweise sprechen. Bei **Trägern**, wie z. B. Kranträgern, Hochspannungsmasten, Brückenkonstruktionen oder Maschinengestellen ist die in **Bild 7.6-15** gezeigte Variation der Bauweise häufig zu beobachten. Massive (a) oder geschlossene bzw. hohle Ausführung (b) oder die offene Ausführung mit Rippen aus Profilmaterial oder Rohren (c) sind hier die häufigsten Bauweisen. Daß diese Bauweisen auch bei **Rotoren** möglich sind, zeigen die Varianten (d) und (e) in Bild 7.6-15. Das Variationsmerkmal „Kompaktheit von Bauweisen" ist auch durch die geeignete Kombination der Merkmale Form, Größe und Lage herleitbar. Damit würde aber auf die unmittelbar anschauliche und merkbare Darstellung verzichtet.

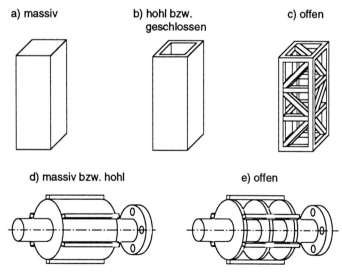

Bild 7.6-15: Variation der Kompaktheit von Bauweisen: a) bis c) Träger; d) und e) Rotore (hier von einer Prallmühle)

7.6.2 Indirekte Variation der Gestalt

Die Gestalt wird indirekt (mittelbar) verändert, wenn z. B. die stofflichen Eigenschaften, das Fertigungs- und Montageverfahren, die Bewegungen, die Kraftübertragung oder die Getriebeart variiert werden. Ferner haben fast alle Anforderungen und Restriktionen indirekt Einfluß auf die Gestalt.

7.6.2.1 Variation der stofflichen Eigenschaften

a) Variation der Stoffart

Körper bestehen aus Stoffen mit bestimmten Stoffmerkmalen. Unter dem Variationsmerkmal Stoffart sind Beispiele zusammengefaßt, die Änderungen des Stoffzustands, des Stoffverhaltens sowie der makroskopischen Beschaffenheit zeigen (**Bild 7.6-16**).

Zustand:	**Verhalten:**
– fest, flüssig, gasförmig, amorph	– starr, elastisch, plastisch, viskos
– metallisch/nicht-metallisch	– durchsichtig/undurchsichtig
– organisch/anorganisch	– brennbar/nicht brennbar
	– edel/unedel
makroskopische Beschaffenheit:	– leitfähig/nicht leitfähig für Wärme, Elektrizität oder Magnetismus
„Festkörper", körnig, pulvrig, staubförmig	– korrodierend/nicht korrodierend

Bild 7.6-16:   Variationsmerkmal Stoffart

b) Variation des Werkstoffs

Das Variationsmerkmal Werkstoff beinhaltet die Änderung von Art, Qualität und Anzahl des/der Werkstoffe (**Bild 7.6-17**). Außerdem kann auch eine Änderung des **Halbzeugs** (Blech, Rundmaterial, Profilmaterial) einen Einfluß auf die Gestalt haben. Man sieht, daß **Werkstoff, Fertigungsverfahren und Gestalt fast unlösbar miteinander verknüpft** sind.

Merkmal	Beispiele		Bemerkung
	vorher	nachher	(Einfluß auf die Gestalt)
Werkstoffart	St 37	GG 20	Änderung des Fertigungsverfahrens: gußgerecht gestalten
Werkstoffqualität	unbe-handelt	gehärtet HRC 55	u. U. Schleifen nötig, deshalb u. U. Schleifauslauf vorsehen
Werkstoffzahl (Ein- oder Mehrstoffbauweise)	Polyamid unverstärkt	glasfaserverstärktes Polyamid	andere Fertigungs- und Trennverfahren? Gestalt?
Halbzeug	Profilmaterial	Blech	u. U. umformgerecht gestalten

Bild 7.6-17:   Variationsmerkmal Werkstoff

7.6.2.2 Variation des Fertigungs- und Montageverfahrens

Durch die Wahl des Fertigungsverfahrens beeinflußt der Konstrukteur indirekt die Gestalt eines Bauteils. Eine Variation des Fertigungsverfahrens von spanender (z. B. Fräsen) zu urformender Fertigung (z. B. Gießen) hat eine deutliche Änderung der Gestalt zur Folge (siehe **Bild 7.6-18**). Dieses Merkmal hängt eng mit dem Variationsmerkmal Werkstoff (Bild 7.6-17) zusammen. (Eine Checkliste für Fertigungsverfahren ist in der Beilage „Arbeitsblätter und Checklisten" enthalten.)

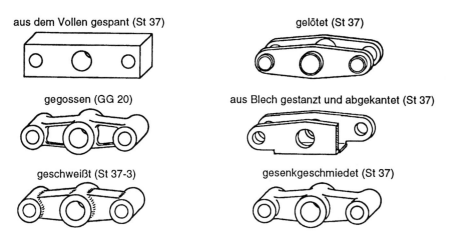

Bild 7.6-18: Variationsmerkmal Fertigungsverfahren

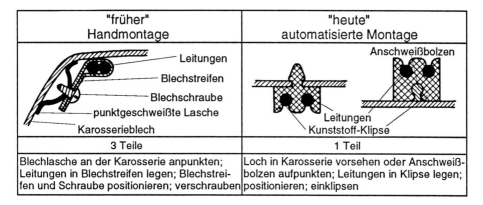

Bild 7.6-19: Variationsmerkmal Montageverfahren: Befestigung von Leitungen an einer Pkw-Karosserie

Wie in **Bild 7.6-19** gezeigt, hat auch die Variation des Montageverfahrens einen indirekten Einfluß auf die Gestalt eines Bauteiles. (Eine Checkliste zum montagegerechten Konstruieren ist in der Beilage „Arbeitsblätter und Checklisten" enthalten.)

7.6.2.3   Variation der Bewegungen

Durch die vorgegebenen oder gewählten Bewegungen eines technischen Gebildes wird die Gestalt eines Produkts bestimmt. Die für die Funktionserfüllung nötigen Bewegungen werden Wirkbewegungen genannt.

a) Variation des Bezugssystems

Bewegungen werden stets gegenüber Bezugssystemen betrachtet. Bezugssysteme sind z. B. die Umgebung einer Maschine oder fest an die Umgebung gebundene Maschinenteile wie Gestelle oder Gehäuse. Man spricht dann von Absolutsystemen. Hingegen sind bei der Betrachtung von Teilsystemen innerhalb von Maschinen mitbewegte Bezugssysteme, sogenannte Relativsysteme, interessant.

Je nachdem, welches Relativsystem zum Absolutsystem erklärt wird (Gestellwechsel), erhält man unterschiedliche Konzepte (**Bild 7.6-20** oben).

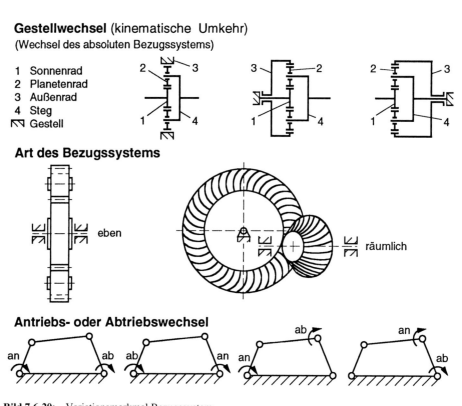

Bild 7.6-20:   Variationsmerkmal Bezugssystem

Eine weitere Unterscheidung von Bezugssystemen bringt die Art des Systems mit sich. Es gibt ebene und räumliche Bezugssysteme (Bild 7.6-20 Mitte). Durch die Wahl des Absolutsystems wird zwischen bewegten und nicht bewegten Elementen unterschieden. Bei den bewegten Elementen kann weiter differenziert werden, je nachdem, ob es sich um Antriebsglieder, Abtriebsglieder oder mitbewegte Glieder handelt (Bild 7.6-20 unten).

b) Variation der Bewegungsarten

Prinzipiell lassen sich zwei Arten von Bewegungen unterscheiden, aus denen durch Überlagerung alle anderen Bewegungsarten hergeleitet werden können: die **Translations-** und die **Rotationsbewegung**. Die einfachsten zusammengesetzten Bewegungen, die im Maschinenbau große Bedeutung haben, sind die **Schraubbewegung** (Translations- und Rotationsbewegungsvektor fallen zusammen) und die Wälzbewegung (Translations- und Rotationsbewegungsvektor schneiden sich). Die Ergebnisse dieser Variationen überschneiden sich zum Teil mit denen des Variationsmerkmals Kopplungsart. Die prinzipiell möglichen Arten von Bewegungen werden in **Bild 7.6-21** dargestellt.

Art	Translation	Rotation	Schraubung	Wälzen
Orientierung und Überlagerung	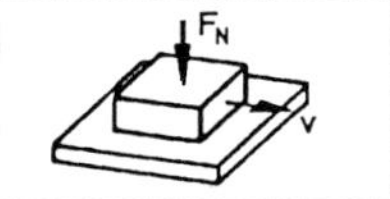	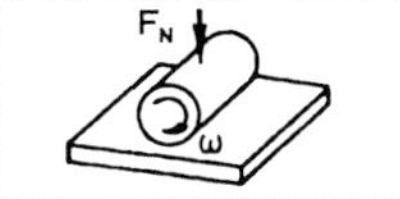		
	Gleiten = Schiebung, Translation	Rollen = Rotationsachse senkrecht zur Berührnormalen	Rechtsschraubung= Rotations- und Translationsvektor gleichorientiert	Gleichlauf = Tangentialflächen gleich bewegt
	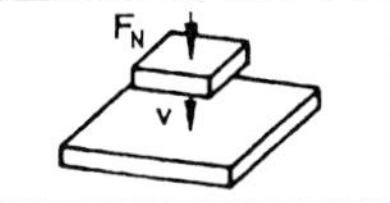	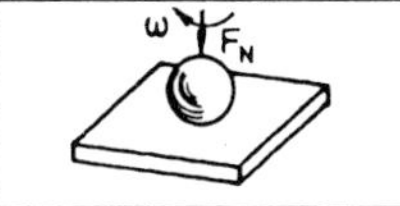		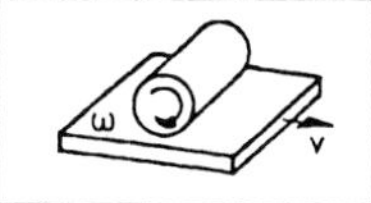
	Prallen = Bewegung in Richtung zu erwartender Berührnormale	Bohren = Rotationsachse ist gleichzeitig Berührnormale	Linksschraubung = Rotations- u. Translationsvektor entgegengesetzt orientiert	Gegenlauf = Tangentialflächen entgegen bewegt

Bild 7.6-21: Variationsmerkmal Bewegungsart

c) Variation des zeitlichen Verlaufs der Bewegung

Bewegungen können ferner nach ihrer zeitlichen Änderung differenziert werden. Bewegungen, als Vektoren aufgefaßt, können ihre **Größe** (schneller, langsamer, beschleunigt, ruhend), ihre **Orientierung** (Bewegungsumkehr) und ihre **Richtung** (in x-, y-, z-Richtung bzw. um die x-, y-, z-Achse) ändern. Die ersten beiden Möglichkeiten sind zusammen mit der Bewegungsart und ihren unterscheidenden Merkmalen in **Bild 7.6-22** zusammengestellt.

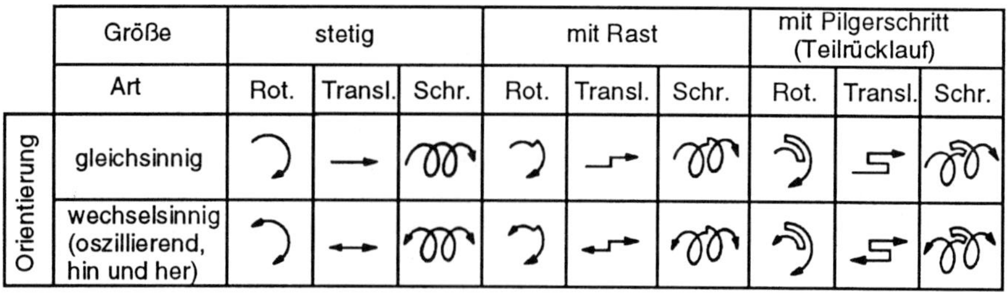

Größe	stetig			mit Rast			mit Pilgerschritt (Teilrücklauf)		
Art	Rot.	Transl.	Schr.	Rot.	Transl.	Schr.	Rot.	Transl.	Schr.
gleichsinnig	⌒	→	〜〜	⌒	⟶	〜〜	⌒	⇨	〜〜
wechselsinnig (oszillierend, hin und her)	⌒	↔	〜〜	⌒	⟷	〜〜	⌒	⇔	〜〜

(Orientierung)

Bild 7.6-22:   Morphologisches Schema für das Variationsmerkmal zeitlicher Verlauf der Bewegung

d) Variation der Gelenkfreiheitsgrade

Eine Körperpaarung erlaubt je nach Beschaffenheit eine bis maximal fünf voneinander unabhängige Relativbewegungen der zugehörigen Körper zueinander. Gerade bei kinematischen Problemen kommt daher der Wahl der Anzahl der Freiheitsgrade und deren Aufteilung in Bewegungsarten (Translation, Rotation) große Bedeutung zu.

e) Variation des Getriebefreiheitsgrades

Für die Verwendung dieses Variationsmerkmals werden Kenntnisse der Getriebelehre vorausgesetzt. Hier kann nur ein stark komprimierter Abriß der Variationsmöglichkeiten aufgezeigt werden.

Ein System von Körpern ist **kinematisch bestimmt**, wenn die Relativbewegungszustände aller Körper eindeutig von den Relativbewegungen angetriebener Körper abhängen. Kinematische Bestimmtheit liegt vor, wenn die Summe aller Antriebsbewegungen mit dem Getriebefreiheitsgrad übereinstimmt.

Eine Variation des Getriebefreiheitsgrades, bzw. des kinematischen Systems bei gleichem Getriebefreiheitsgrad, kann auf verschiedene Weise erfolgen, und zwar durch:

– Veränderung der Freiheitsgrade der Lagerstellen,
– Veränderung der Anzahl der Lagerstellen,
– Veränderung der Anzahl der Körper und durch
– Veränderung des Bezugssystems.

Bild 7.6-23 zeigt Beispiele zum Variationsmerkmal **Getriebefreiheitsgrad**.

Grüblersche Formel:

$$F = \sum_{1}^{e} f - b(e - n) - b$$

F = kinematischer Bestimmtheitsgrad (Getriebefrei-
heitsgrad)

$\sum_{1}^{e} f$ = Summe aller Gelenk-
freiheitsgrade

b = Anzahl der voneinander
unabhängigen Bewegungen
des Bezugsystems

e = Anzahl aller Lagerstellen
(Gelenke)

n = Anzahl aller Körper
(Glieder)

Symbole:

$\curvearrowright^2$ = Lagerstelle (Gelenk) mit
Anzahl der Freiheitsgrade

Veränderung des Bezugssystems

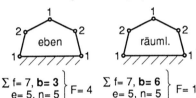

$$\left. \begin{array}{l} \Sigma\ f= 7,\ \mathbf{b= 3} \\ e= 5,\ n= 5 \end{array} \right\} F= 4 \qquad \left. \begin{array}{l} \Sigma\ f= 7,\ \mathbf{b= 6} \\ e= 5,\ n= 5 \end{array} \right\} F= 1$$

Veränderung der Freiheitsgrade der Lagerstellen
(Gelenke)

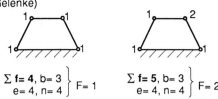

$$\left. \begin{array}{l} \Sigma\ \mathbf{f= 4},\ b= 3 \\ e= 4,\ n= 4 \end{array} \right\} F= 1 \qquad \left. \begin{array}{l} \Sigma\ \mathbf{f= 5},\ b= 3 \\ e= 4,\ n= 4 \end{array} \right\} F= 2$$

Veränderung der Anzahl der Lagerstellen
(Gelenke)

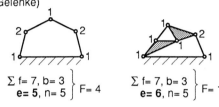

$$\left. \begin{array}{l} \Sigma\ f= 7,\ b= 3 \\ \mathbf{e= 5},\ n= 5 \end{array} \right\} F= 4 \qquad \left. \begin{array}{l} \Sigma\ f= 7,\ b= 3 \\ \mathbf{e= 6},\ n= 5 \end{array} \right\} F= 1$$

Veränderung der Anzahl der Körper (Glieder)

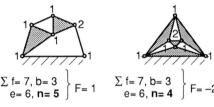

$$\left. \begin{array}{l} \Sigma\ f= 7,\ b= 3 \\ e= 6,\ \mathbf{n= 5} \end{array} \right\} F= 1 \qquad \left. \begin{array}{l} \Sigma\ f= 7,\ b= 3 \\ e= 6,\ \mathbf{n= 4} \end{array} \right\} F= -2$$

Bild 7.6-23: Variationsmerkmal Getriebefreiheitsgrad

7.6.2.4 Variation der Kraftübertragung

Ähnlich wie die Bewegungen bestimmt auch die Kraftübertragung in einer Maschine die festzulegende Gestalt. Deshalb kann auch hier eine Veränderung der Gestalt durch Veränderungen in der Kraftübertragung bewirkt werden. Die hierunter zusammengefaßten Variationsmerkmale Lagerstellen, statischer Bestimmtheitsgrad, Schaltungsart und elastische Glieder unterscheiden sich von den Kraftflußbetrachtungen im Bereich der Maschinenelemente, die als z. B. Hilfsmittel zum beanspruchungsgerechten Konstruieren dienen (siehe auch Kapitel 7.7.3).

a) Variation der Lagerstellen

Hier besteht eine Überschneidung mit dem Variationsmerkmal Freiheitsgrad (Kapitel 7.6.2.3). Da Lager und Führungen im Maschinenbau jedoch einen vorrangigen Platz einnehmen, soll hier auf die wesentlichsten Variationsmöglichkeiten hingewiesen werden (**Bild 7.6-24**).

Variationsmöglichkeit	Beispiele	Bild
Lageranordnung	Fest-Los-Lagerung schwimmende Anordnung **X-Anordnung** O-Anordnung	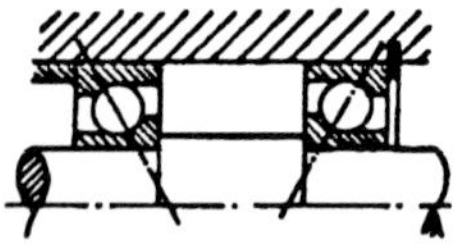
Wälzlager	Kugellager (axial + radial) **Rollenlager (axial + radial)** Nadellager (axial + radial) Drahtkugellager (axial + radial)	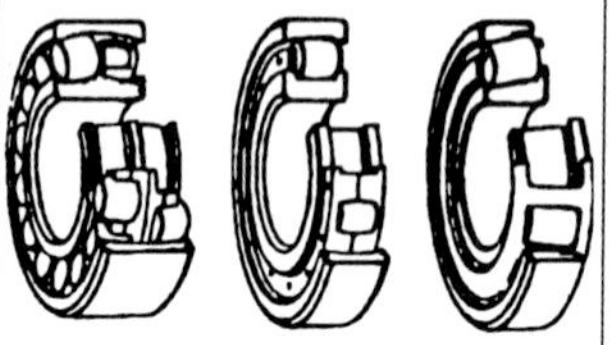
Gleitlager	hydrodynamische Lager zylindrisch **Segmentlager** **Kippsegmentlager** hydrostatische Lager	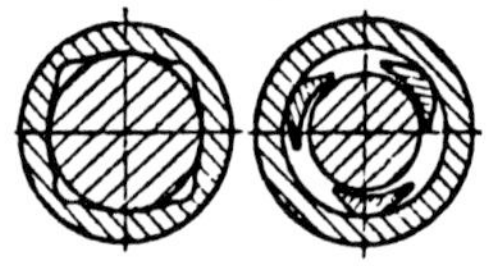
Führungen	offene Führungen umschließende Führungen **umgreifende Führungen** Wälzführungen Gleitführungen hydrodynamisch hydrostatisch	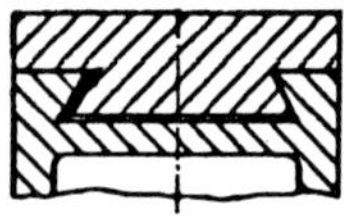

Bild 7.6-24: Variationsmöglichkeiten von Lagerstellen

b) Variation der elastischen Glieder

Ähnlich wie Lager und Führungen sind elastische Glieder (Federn) im Maschinenbau häufig verwendete Elemente. **Bild 7.6-25** gibt einen groben Überblick über die vielfältigen Variationsmöglichkeiten bei den elastischen Gliedern am Beispiel von meist **metallischen Federn**. Sehr vielfältige Gestaltvarianten gibt es bei (meist anvulkanisierten) **Elastomerfederelementen**.

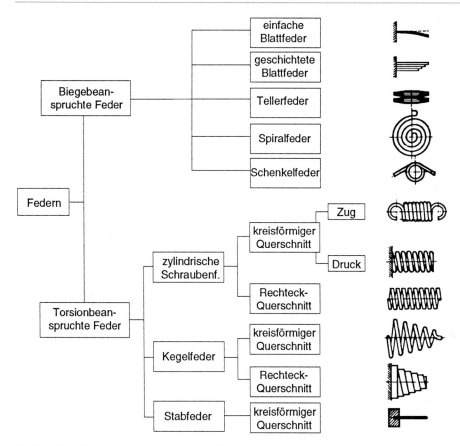

Bild 7.6-25: Variationsmerkmal elastische Glieder am Beispiel von Federn

c) Variation des statischen Bestimmtheitsgrades

Ein System aus starren Körpern (z. B. Stabwerk) ist statisch bestimmt, wenn die Lagerreaktionen innerhalb des Systems eindeutig aus den Gleichgewichtsbedingungen berechnet werden können. Bei statischer Unbestimmtheit reichen die Gleichgewichtsbedingungen zur Ermittlung der Lagerreaktionen nicht aus.

Da im allgemeinen räumlichen Fall insgesamt 6 Gleichgewichtsbedingungen für einen Körper zur Verfügung stehen, darf eine statisch bestimmte Lagerung dieses Körpers höchstens 6 Lagerreaktionen enthalten. Statische Bestimmtheit bei komplexeren Systemen kann, von Sonderfällen abgesehen, mit der beim Variationsmerkmal Getriebefreiheitsgrad angegebenen Grüblerschen Gleichung (Bild 7.6-23) leicht berechnet werden.

Es gilt dann:

$F = 0$: statisch bestimmt, $F < 0$: statisch unbestimmt und $F > 0$: Getriebe.

Variationsmöglichkeiten ergeben sich ähnlich dem Variationsmerkmal Getriebefreiheitsgrad:

– Veränderung der Lagerreaktionen der Lagerstellen
– Veränderung der Anzahl der Lagerstellen
– Veränderung der Anzahl der Körper
– Veränderung des Bezugssystems

Die für das Variationsmerkmal Getriebefreiheitsgrad gezeigten Beispiele können daher hier in ähnlicher Weise angewendet werden. Ergänzend hierzu werden in **Bild 7.6-26** einige Beispiele zum statischen Bestimmtheitsgrad von Körpern in einer Ebene gezeigt.

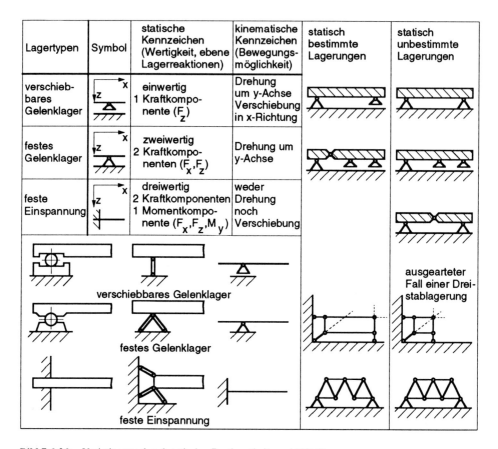

Bild 7.6-26:   Variationsmerkmal statischer Bestimmtheitsgrad [4/7.6]

d) Variation der Schaltungsart

Das Variationsmerkmal Schaltungsart ist unter die Kraftübertragungsvariationen einzuordnen, da sich im Maschinenbau hier die häufigsten Anwendungen finden lassen. Es gilt jedoch teilweise auch für den Energie-, Stoff- und Signalfluß.

Die wichtigsten Schaltungsarten sind die Reihenschaltung (Hintereinanderschaltung) und die Parallelschaltung von Flächen, Körpern oder ganzen Systemen.

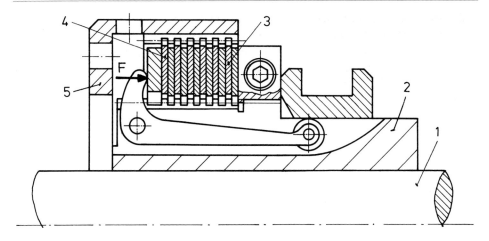

Bild 7.6-27: Lamellenkupplung mit Reihenschaltung der Bauteile, Parallelschaltung der Lamellen und der Hebel (hier nicht gezeigt)

Reihenschaltung

Alle in Reihe geschalteten Elemente werden vom gesamten (Energie-, Stoff-, Signal-) Fluß durchströmt. In **Bild 7.6-27** werden z. B. alle Lamellen in Paket 3 und 4 von der Anpreßkraft F beaufschlagt.

Parallelschaltung

Die parallel geschalteten Elemente werden nur von Teilen des gesamten (Energie-, Stoff- oder Signal-) Flusses durchströmt. Bei der Lamellenkupplung in Bild 7.6-27 überträgt z. B. eine Lamelle 4 nur $1/6$ des Reibmoments. In bezug auf das Reibmoment sind also die Lamellen in Paket 3 und 4 parallel geschaltet.

Neben diesen Schaltungsarten ergibt sich aus dem Flußdenken die Kreisschaltung, die ebenfalls Auswirkungen auf die Gestalt hat.

Kreisschaltung

Die Elemente sind so angeordnet, daß ein Teil des gesamten (Energie-, Stoff- oder Signal-) Flusses zurückgeführt wird. Dies geschieht meist so, daß dieser Teil als Bedingungsgröße über ein entsprechendes Element den Gesamtfluß beeinflußt (siehe Kapitel 7.7.5 Selbsthilfe). Auch das Prinzip der Selbsthemmung basiert auf Kreisschluß.

Anwendung der Reihenschaltung

Die meisten Maschinen haben, bezogen auf den jeweiligen Fluß, hintereinander angeordnete Elemente. Bei der Lamellenkupplung nach Bild 7.6-27 wird z. B. das Drehmoment in der Elementenreihenfolge 1, 2, 3 bzw. 4 und 5 übertragen. Das Merkmal Reihenschaltung soll daher nur bei gleichartigen hintereinandergeschalteten Elementen hervorgehoben werden.

Gründe für eine Reihenschaltung im eben genannten Sinn ergeben sich häufig aus technischen oder wirtschaftlichen Überlegungen. So werden z. B. bei Zahnradgetrieben ab bestimmten Übersetzungsverhältnissen mehrere hintereinandergeschaltete Übersetzungsstufen verwendet. Das gesamte Rädervolumen kann dadurch verringert werden. Durch Verschachtelung baut das Getriebe trotz mehrerer Stufen kleiner. Mehrere Stufen bedingen auch niedrigere Umfangsgeschwindigkeiten und geringere Lagerbelastungen.

Anwendung der Parallelschaltung

Für Parallelschaltungen lassen sich ebenfalls sowohl wirtschaftliche als auch technische (funktionsnotwendige) Gründe angeben, wie nachfolgend gezeigt.

d1) Parallelschaltung zur Verringerung von Baugröße, Gewicht und Kosten

Beispiele hierzu sind:

Lamellenkupplung (Bild 7.6-27), Planetengetriebe mit mehreren Planetenrädern (**Bild 7.6-28**), Wälzkörper in Wälzlagern oder Freiläufen, mehrgängige Gewinde, Vielnutwellen (statt einer Paßfeder), Dampfturbinenschaufeln in einer Reihe oder Drahtwindungen an Elektromagneten/-motoren. Die Baugrößenverringerung kommt dadurch zustande, daß der Energiefluß auf mehrere Elemente aufgeteilt wird, die entsprechend kleiner bemessen werden können. Meist kann ohnehin vorhandener rotationssymmetrischer Bauraum besser ausgenutzt werden (Planetengetriebe, Wälzlager). Bei Parallelschaltung entsteht meist das Problem des Lastausgleichs (Kapitel 7.7.4).

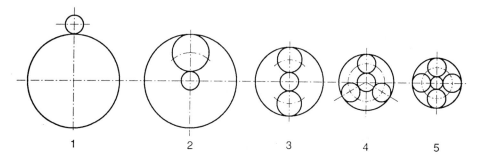

Bild 7.6-28:   Größenvergleich zwischen Parallelwellengetriebe (1) und Planetengetrieben (2 bis 5) für gleiches Drehmoment M und gleiche Übersetzung

Schließlich werden schwache physikalische Effekte (z. B. an Dampfturbinenschaufeln) durch die Mehrfachanordung in ihrer Gesamtwirkung verstärkt.

Die Kostenverringerung kommt vor allem bei großen, schweren Maschinen zustande, die materialkostenintensiv sind, da sich die Materialkosten in der 3. Potenz aus der Baugröße verändern (Bild 9.1-10). Die größere Teilezahl bringt zwar eine Steigerung der Fertigungskosten, die jedoch nur bei kleineren Maschinen überwiegt (Kapitel 9.4).

d2) Parallelschaltung als Funktionsvoraussetzung

Beispiele hierzu sind: Mindestens 3 Räder beim PKW oder mindestens 3 Füße beim (frei beweglichen) Stuhl, infolge hoher Anforderung an Biegsamkeit eine Großzahl dünner Drähte beim Drahtseil oder eine Großzahl dünner Drähte bei einer elektrischer Litze.

Die hier betrachtete, am **Flußgedanken orientierte Parallelschaltung** muß jedoch stets von der **sicherheitstechnischen (Redundanz)** unterschieden werden. Die Lamellen der Kupplung nach Bild 7.6-27 sind zwar bezogen auf den Energiefluß (aus Reibmoment) parallelgeschaltet, beim Fressen einer Lamelle ist meist jedoch die ganze Kupplung blockiert, weshalb keine sicherheitstechnische Parallelschaltung vorliegt.

7.6.2.5 Variation der Getriebeart

Die bisherigen Variationsmöglichkeiten blieben alle im Bereich des vorliegenden physikalischen Prinzips. Ein Übergang auf ein anderes Getriebeprinzip bedeutet u. U. die Wahl eines physikalisch anderen Lösungsprinzips für eine Aufgabe oder zumindest eine Gestaltvariation, die sich nicht nur auf einen einzelnen Funktionsträger, sondern auf ein ganzes System von Elementen gleichermaßen erstreckt.

Es gibt verschiedene Möglichkeiten, Getriebe zu klassifizieren und danach zu variieren:

nach dem **physikalischen Prinzip (Bild 7.6-29):**

– Hebelgetriebe
– Keilgetriebe
– Torsionsgetriebe
– Querkontraktionsgetriebe
– Fluidgetriebe
– elektromagnetische Getriebe

nach dem **konstruktiven Aufbau** (aus der Gruppe der Hebel- oder Keilgetriebe):

– Rädergetriebe
– Kurvengetriebe
– Gelenkgetriebe
– Wälzhebelgetriebe
– Schraubgetriebe
– Zug-/Druckmittelgetriebe
– hybride Getriebe

nach dem **zeitlichen Verlauf der Bewegung**:

– gleichförmige Getriebe (z. B. Zahnrad-, Reibrad-, Riemengetriebe)
– ungleichförmige Getriebe (z. B. Gelenk-, Kurvengetriebe)

nach der **Art der Kraftübertragung**:

– zwangsläufige Getriebe (Zahnrad-, Gelenkgetriebe) (**Bild 7.6-30** rechts unten)
– schlupfläufige Getriebe (Riemen-, Reibrad-, hydrodynamische Getriebe)
– schaltläufige Getriebe (Schaltwerks-Getriebe)

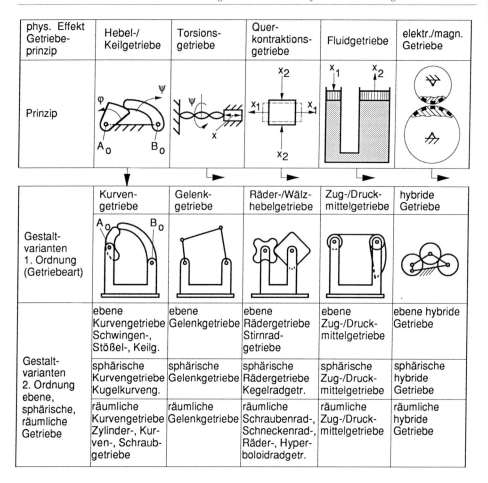

Bild 7.6-29:   Getriebearten mit unterschiedlichem physikalischen Prinzip bzw. Gestalt [3/7.6]

nach Zweck oder Funktion:

– Getriebe für eine bestimmte Ortskurve = Bahngetriebe (Storchschnabel, Stoffvorschub bei der Nähmaschine, Gradführungen (Bild 7.6-30, rechts oben))

– Getriebe für eine bestimmte zeitliche Zuordnung = Zeitgetriebe (Nockenwelle, Ventiltrieb, Malteserkreuz (Bild 7.6-30, links unten))

– Getriebe für eine bestimmte Übersetzung = Geschwindigkeitsgetriebe (Stirnradgetriebe, stufenloses Riemengetriebe (Bild 7.6-30, links oben))

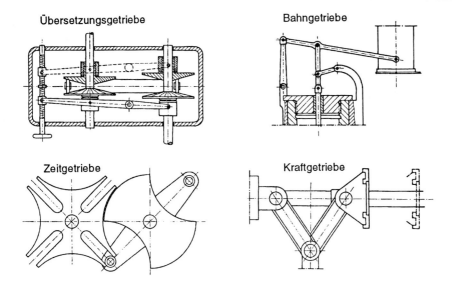

Bild 7.6-30: Getriebetypen, geordnet nach ihrer Funktion [5/7.6]

7.6.3 Umkehrung als negierendes Variationsmerkmal

Das generell anwendbare Variationsmerkmal Umkehrung überschneidet sich teilweise mit anderen Merkmalen. Wegen der vielfältigen Möglichkeiten sowohl zur direkten Variation von Flächen und Körpern als auch zur Variation der Flächen- und Körperbeziehungen, der Bewegungen und des Kraftflusses soll es hervorgehoben werden. In **Bild 7.6-31** sind Beispiele der **geometrischen** und **kinematischen Umkehrung** gezeigt. Ferner wird unter Negierung auch die **völlige Entfernung** einer Teilfunktion, eines Teils oder einer Verbindung verstanden. Eine solche Negierung kann hilfreich bei der Suche nach neuen Lösungen sein.

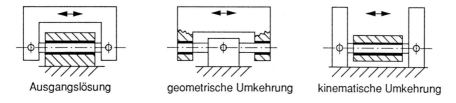

Bild 7.6-31: Variationsmerkmal Umkehrung

7.6.4 Vorgehen beim zeichnerischen Gestalten und Variieren von Lösungen

Fragen:

- Auf welcher Abstraktionsebene soll die Variation der Wirkstruktur stattfinden?
- Wie detailliert sollen die Skizzen der Varianten sein?
- Welche Aspekte sollen bereits bei der Wirkstrukturvariation und Gestaltung vom Konstrukteur berücksichtigt werden?

Im folgenden Beispiel soll gezeigt werden, wie man die Gesamtgestalt eines Produkts in einzelne **Gestaltelemente** aufspalten kann. Die einzelnen Gestaltelemente kann man zunächst abstrahieren und entsprechend skizzieren. Auf diese Weise können sehr einfach und schnell Variationen der Anordnung dieser Elemente, also alternative Konzepte, vom Konstrukteur erzeugt werden. Der Vorteil bei dieser Vorgehensweise ist, daß nur die wichtigsten Aspekte der konstruktiven Lösung berücksichtigt werden müssen. Der Konstrukteur kann sich zunächst auf die Funktion konzentrieren und andere Aspekte wie Fertigung und Montage in späteren Phasen berücksichtigen. Dadurch daß die Skizzen nicht detailliert sind, ist es einfach für den Konstrukteur, in kurzer Zeit spielerisch mehrere Lagevariationen der gestalteten Elemente zu erzeugen und die geeigneten Anordnungen in späteren Phasen zu konkretisieren.

Wichtig bei dieser Vorgehensweise ist, daß, solange **von Hand** durch Skizzieren gestaltet wird, wie CAD-Systeme nicht eine ähnlich leichte Möglichkeit der Variantenerzeugung bieten. Die Art, mit ersten, nur qualitativen Konzeptskizzen umzugehen, wird immer bestehen bleiben. Sie erlaubt eine schnelle Vorarbeit, um sich über den grundsätzlichen Aufbau eines Produkts und mögliche Varianten klar zu werden. Das **Eckventil** als Beispiel wurde deshalb verwendet, weil es einfach und weithin bekannt ist. Es wird üblicherweise so nicht mehr gestaltet, da es genormt ist.

Der **Zweck** des Beispiels ist folgender:

- Eine beispielhafte Vorstellung über das Vorgehen beim Gestalten zu geben – insbesondere für Anfänger.
- Ermutigen, mit vorläufigen, nicht detaillierten Skizzen zu arbeiten.
- Zeigen, daß man am Anfang noch rein funktionsbetont arbeiten kann, ohne an Fertigungs- und Montageanforderungen zu denken. Diese werden nachfolgend berücksichtigt.
- Zeigen, wie man mit der Skizze – als externer Repräsentation – ins Zwiegespräch eintritt, um schrittweise gestaltend weiterzukommen.

Es ist dem Autor klar, daß dies **nur eine Art der Vorgehensweise** ist. Wir kennen Konstrukteure, die nicht skizzieren, sondern gleich maßstäblich in den Entwurf gehen. Sie haben ihre Gestaltvorstellung im Kopf oder einer ähnliche Zeichnung als Vorlage. – Die Speicherkapazität der Gehirne ist sehr unterschiedlich (Kapitel 3.2.2)

Der Vorgang der **Konzepterstellung** ist auch ein Vorgang der **Konzeptdarstellung**. Die Teillösungen müssen räumlich und grob maßstäblich angeordnet werden. Unter grob maßstäblicher Anordnung wird hier das grobe Abstimmen der Abmessungen der einzelnen Teile aufeinander verstanden. Zur Beurteilung eines Konzepts ist eine Darstellung notwendig, die vernünftige relative Maße erkennen läßt. Die Abstimmung und Anordnung der Teile zueinander führt auch zwangsläufig zu der Problematik, wieviele Bauteile es sein sollen und wie die Teile verbunden werden sollen. Auch dies sollte aus der Konzeptdarstellung erkennbar sein.

Der Methode liegen die Strategien „Von Innen nach Außen", „Vom Groben zum Detail" und „Vom Wesentlichen zum Unwesentlichen" zugrunde. Wer die Vorstellung über ein Getriebekonzept zu Papier bringt, fängt bestimmt nicht mit der Darstellung einer Bohrung am Gehäusedeckel an.

Damit lassen sich die Schritte wie folgt angeben:

1. Schritt: „Hüllelemente bilden"

Die Teillösungen können in einem Abstraktionsschritt durch **Hüllelemente** ersetzt werden, die in ihrer Größe bereits grob aufeinander abgestimmt sein sollen. Hüllelemente können dabei Flächen, Körper oder Hohlkörper sein und eine mehr oder weniger starke Abstraktion der Teillösungen darstellen (**Bild 7.6-32**).

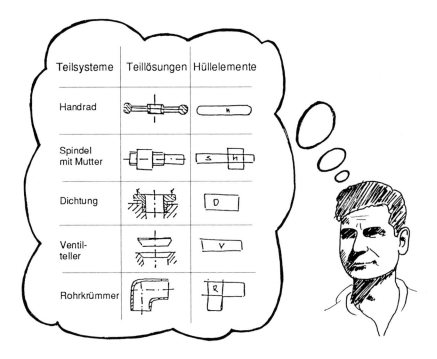

Bild 7.6-32: Abstraktion von Teillösungen zu Hüllkörpern

2. Schritt: „Hüllelemente anordnen"

Die **Hüllelemente** werden zunächst mit ihren Bezugslinien (z. B. Mittellinie) räumlich auf verschiedene Weise zueinander **angeordnet**, wobei ihre funktionelle Zusammengehörigkeit berücksichtigt wird. Je nach Art der Hüllelemente sind dabei auch Durchdringungen oder Ineinanderschachtelungen zulässig. Es gilt die Strategie **„Vom Groben zum Detail"**. Sind aufgrund von Schnittstellenforderungen vorhandene Maschinen, Maschinenteile, Anschlußteile oder auch Einbauverhältnisse zu berücksichtigen, so werden diese zuerst gezeichnet bzw. durch Hüllelemente angegeben, so daß bei der Planung des Konzepts diese Bedingungen berücksichtigt werden können (**Bild 7.6-33**).

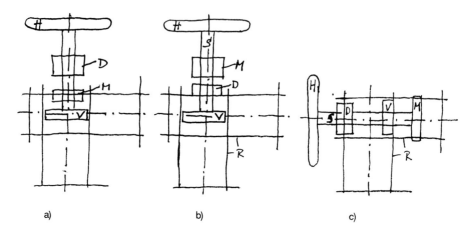

Bild 7.6-33: Anordnung der Hüllelemente und Bezugslinien mit Lagealternativen a) bis c)

In diesem Schritt stellt man die **Anordnung der Hüllelemente** dar (Bild 7.6-33) und zeichnet die Bezugslinien, hier die Mittellinien der Teillösungen, ein.

3. Schritt: „Aus Teillösung ein gestaltetes Konzept skizzieren"

Nach den Strategien „Von Innen nach Außen", „Vom Groben zum Detail" und „Vom Wesentlichen zum Unwesentlichen" werden nun die **Teillösungen**, die in ihren Proportionen den zugehörigen Hüllelementen angepaßt sind, beginnend von der inneren um ihre Bezugslinien herum nach außen fortschreitend gezeichnet und verbunden.

Es ist zweckmäßig, die Hüllelemente mit dünnen Strichen vorzuzeichnen und dann schrittweise auf derselben Zeichenunterlage das Konzept aufzubauen. Mit dem Zeichnen der Hüllelemente wird auch gleich die Darstellungsart festgelegt, ob perspektivisch oder in ebenen Ansichten (**Bild 7.6-34**).

Bei der Anordnung der Hüllelemente und Bezugslinien können selbstverständlich Varianten mit Variationsmerkmalen (z. B. Form, Lage, Zahl, Größe ...) erzeugt werden, wie in Bild 7.6-32 gezeigt wurde.

Vor diesem Schritt kann durchaus bereits eine Bewertung der obigen Varianten erfolgen. Ist man sich über die grobe Anordnung im klaren, versucht man jetzt, mit einer anderen Strichstärke, die **Teillösungen** in ein **gestaltetes Konzept** einzupassen und zu verbinden.

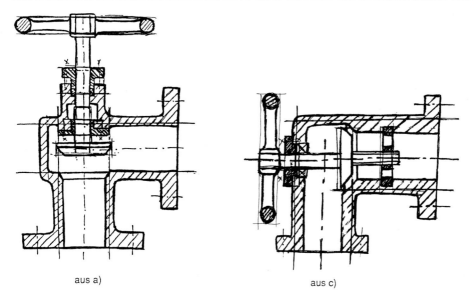

aus a)   aus c)

Bild 7.6-34:   Verbindung der Teilelemente zu fertigungs- und montagetechnisch noch nicht durchgearbeiteten Konzeptvarianten

Bei der Konzeptdarstellung in Bild 7.6-34 werden als maßgebende Funktionsträger zuerst die Spindel als Innerstes eingezeichnet, dann die Innenkontur des Rohres, das Ventil mit Ventilsitz, die Spindelmutter und die Dichtung, das Handrad und zuletzt die Außenkontur des gesamten Eckventils mit den Flanschen.

Probleme der Fertigung und Montage sind bei dieser Konzepterstellung unberücksichtigt geblieben. Es handelt sich um die Darstellung einer funktionalen Konzeptvorstellung, die dann Ausgangspunkt für Veränderungen und Verbesserungen sein kann.

Ein Vorentwurf eines Eckventils, der auch schon fertigungs- und montagegerecht durchgearbeitet ist, kann dann wie in **Bild 7.6-35** aussehen. Zwischen Vorentwurf und grobgestaltetem Konzept gibt es einen fließenden Übergang.

Man sieht, daß es gewisse **Gestaltungsstrategien** gibt. Hier wurde **„von Innen nach Außen"** gestaltet, da die maßgeblichen Funktionsträger innen liegen. Das ist sicher bei vielen Investitionsgütern, wie Verbrennungsmotoren, Getrieben, Strömungsmaschinen, z. T. selbst bei Pkws, ähnlich („Am Anfang war die Mittelinie").

Bei anderen Produkten, die mehr vom Design her bestimmt sind (z. B. Küchenmaschinen, Haartrockner) oder bei denen äußere Maße einzuhalten sind (z. B. Eisenbahnwagons, stapelbare Verpackungen) kommt die Strategie **„Von Außen nach Innen"** zum Zuge. – In den meisten Fällen handelt es sich aber um ein Wechselspiel zwischen beiden Strategien, da sich die innere und äußere Gestalt gegenseitig bedingen.

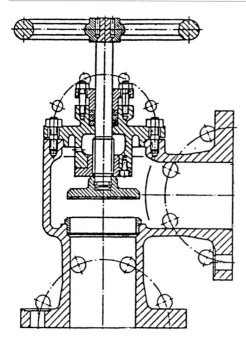

Bild 7.6-35: Vorentwurf eines Eckventils

7.6.5   Variationsbeispiel Wellenkupplung

Im folgenden Beispiel soll gezeigt werden, wie durch Anwendung der verschiedenen Variationsmerkmale, ausgehend von einer bekannten Bauform der Oldhamkupplung, neue, patentfähige Lösungen gefunden werden können [9/7.6].

Da sich prinzipiell neue Lösungen nicht durch Variation fertigungsbedingter Gestalt-merkmale finden lassen, muß in einem ersten Schritt die Abstraktion der Ausgangslö-sung hinsichtlich ihrer wirkgeometrischen Gestalt-Merkmale vorgenommen werden und somit der Bereich festgelegt werden, in dem die Variation erfolgen soll. Bei einer Radi-alversatz ausgleichenden Wellenkupplung treten zwei Hauptfunktionen auf, die als „Drehmoment übertragen" und als „Radialbeweglichkeit ermöglichen" bezeichnet wer-den können. Die Wirkflächen, die diese Hauptfunktionen erfüllen, sind in **Bild 7.6-36** unten schwarz gekennzeichnet.

Die so gefundenen Wirkflächen können nun mit Hilfe der in Kapitel 7.6.1 und 7.6.2 auf-gezeigten Variationsmerkmale in einem zweiten Schritt verändert werden. Das läßt sich beliebig oft wiederholen und kann sowohl auf die Ausgangsvariante als auch auf neu gefundene Lösungen anwendet werden. Die **Bilder 7.6-37** bis **7.6-39** zeigen, wie man ausgehend von der Originalkupplung durch die Anwendung der unterschiedlichen Vari-ationsmerkmale zu prinzipiell neuen oder zumindest anderen Lösungen kommen kann.

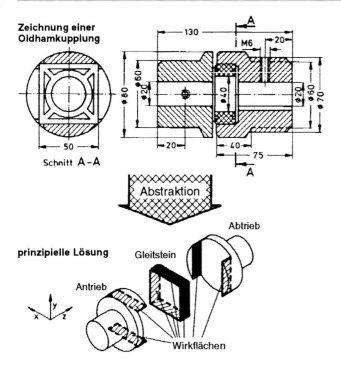

Bild 7.6-36: Abstraktion einer Oldhamkupplung hinsichtlich ihrer Wirkflächen

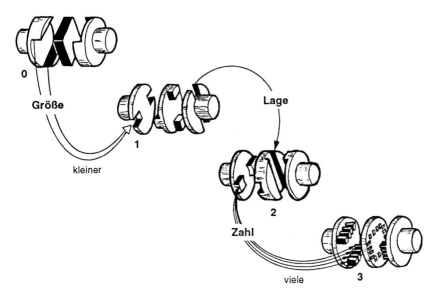

Bild 7.6-37: Variation der Oldhamkupplung

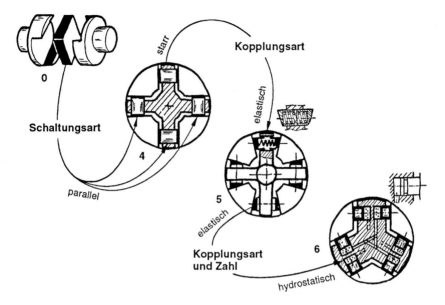

Bild 7.6-38:   Variation der Oldhamkupplung

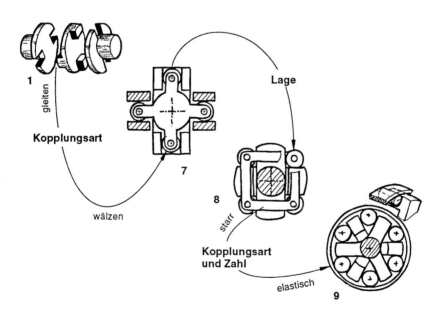

Bild 7.6-39:   Variation der Oldhamkupplung

Bild 7.6-40 zeigt, wie durch die **Kombination** von Lösungsprinzipien (Kapitel 7.5.6) neue Varianten zu einer Bezugslösung (hier z. B. Nr. 9) gefunden werden können. Die Kupplung wird zuerst in die Funktionsträger der Hauptfunktionen zerlegt. Diese werden dann mit Hilfe der Variationsmerkmale variiert und in einem morphologischen Kasten abgelegt. Somit können z. B. weitere 20 (von 81 prinzipiell möglichen) sinnvolle Lösungen kombiniert werden, von denen hier nur zwei (10 und 11) dargestellt sind.

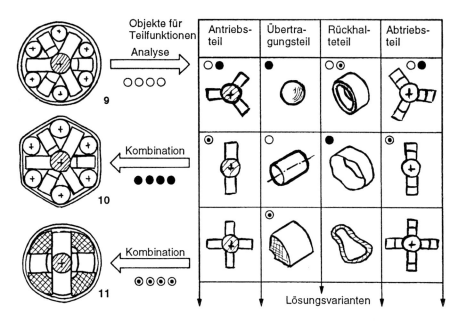

Bild 7.6-40: Morphologisches Schema für die Analyse, Variation und Kombination von Kupplung 9

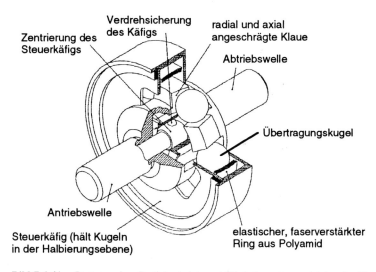

Bild 7.6-41: Prototyp einer Radial-, Axial- und Winkelversatz ausgleichenden Kupplung (Typ 10)

Mit Auswahl- und Bewertungsverfahren (Kapitel 7.9) können aus der Lösungsvielfalt gemäß der Aufgabenstellung interessierende Varianten ausgesucht werden, um sie in einem letzen Schritt tribologie-, festigkeits- und fertigungsgerecht zu gestalten.

Der erfolgreiche Einsatz der **Variation der Gestalt** zeigt sich an Ergebnissen der über viele Jahre am Lehrstuhl für Konstruktion im Maschinenbau München durchgeführten Arbeiten mit Wellenkupplungen (Balken [10/7.6], Feichter [11/7.6], Henkel [12/7.6], John [9/7.6]). Durch methodische Vorgehensweise wurden ca. 20 industriell abgestimmte Patentanmeldungen getätigt und weitere 9 anmeldefähige Lösungen ausgearbeitet. **Bild 7.6-41** zeigt als Beispiel die Lösung 10 (Patentnummer DE 3416002 A1).

Literatur zu Kapitel 7.6

[1/7.6]   Jung, A.: Zur methodischen Synthese der Gestalt. In: Entwicklung und Konstruktion von Präzisionsgeräten. 34. Intern. Wiss. Koll. TH Ilmenau 1989, S 41–43.

[2/7.6]   Dylla, N.: Denk- und Handlungsabläufe beim Konstruieren. München: Hanser 1991. (Konstruktionstechnik München, Band 5) Zugl. München: TU, Diss. 1990

[3/7.6]   Koller, R.: Konstruktionslehre für den Maschinenbau. 2. Aufl. Berlin: Springer 1985.

[4/7.6]   Magnus, K.: Grundlagen der technischen Mechanik. Stuttgart: Teubner 1990.

[5/7.6]   Rodenacker, W. G.: Methodisches Konstruieren. 4. Aufl. Berlin: Springer 1991.

[6/7.6]   Tjalve, E.: Systematische Formgebung für Industrieprodukte. Düsseldorf: VDI-Verlag 1978.

[7/7.6]   Richter, W.: Skizzieren als anschauliche Darstellungsart. Konstruktion 35 (1983) 10, S. 391–396.

[8/7.6]   Richter, W.: Gestalten nach dem Skizzierverfahren. Konstruktion 39 (1987) 6, S. 227–237.

[9/7.6]   John, T.: Systematische Entwicklung von homokinetischen Wellenkupplungen. München: TU, Diss. 1987.

[10/7.6]   Balken, J.: Systematische Entwicklung von Gleichlaufgelenken. München: TU, Diss. 1981.

[11/7.6]   Feichter, E.: Systematischer Entwicklungsprozeß am Beispiel von elastischen Radialversatzkupplungen. München: Hanser 1993. (Konstruktionstechnik München, Band 10) Zugl. München: TU, Diss. 1992

[12/7.6]   Henkel, G.: Theoretische und experimentelle Untersuchungen ebener konzentrischer gewellter Kreisringmembranen. Hannover: Universität, Diss. 1980.

7.7 Methoden zum Gestalten – Gestaltungsprinzipien

Gestaltungsprinzipien sind Grundsätze, aus denen die konkrete Gestalt abgeleitet werden kann, die also in übergeordneter Art eine Leitlinie zum Gestalten vermitteln. Prinzipien, wie z. B. der Kraftfluß oder die Integral-/Differentialbauweise, können hilfreich sein, wenn es beispielsweise um eine sichere oder kostengünstige Konstruktion geht.

Allerdings hängt ihr Einsatz von der Art der Aufgabe und den Anforderungen ab, so daß es dem Geschick des Konstrukteurs überlassen bleibt, wann er sie anwendet. Sie können unterstützend im Arbeitsabschnitt des Vor- und Endgestaltens eingesetzt werden (Abschnitt 3.1 und 3.2 in Bild 6.5-1).

7.7.1 Prinzip der Funktionsvereinigung/-trennung

Fragen

– Kann ein Bauteil die Funktionen mehrerer übernehmen? Damit können oft die Kosten gesenkt werden! **(Funktionsvereinigung)**
– Muß ein Bauteil so ausgeführt werden, daß es **nur eine Funktion** erfüllt? Dabei werden oft die Leistungsfähigkeit und die Sicherheit erhöht, die Berechenbarkeit wird günstiger! **(Funktionstrennung)**

Zweck und Begründung der Methode

Es gibt Bauteile oder Funktionsträger, die **nur eine Funktion** erfüllen: Eine Fahrzeugbremse soll nur Bremswirkung erzeugen, eine Fahrradglocke nur läuten. Andere Bauteile oder Funktionsträger – und das dürfte die Mehrheit sein – erfüllen mehrere Funktionen, wie z. B. die Vorderradgabel eines Motorrades (Kräfte übertragen, federn) oder die Reifen (Kräfte übertragen, federn, dämpfen etc.).

Beispiel: Leuchtenaufhängung

Am Beispiel einer Leuchtenaufhängung (**Bild 7.7-1**) wird dies unmittelbar anschaulich. **Links** erfüllt das Zuleitungskabel zwei Funktionen. Die Leitung der elektrischen Energie (F1) und die Aufnahme der Gewichtskraft der Leuchte (F2). Das Kabel stellt eine **funktionsvereinte** Lösung dar.

Funktionsvereinigung **Funktionstrennung**

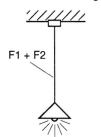

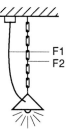

F1 + F2

Funktion F1:
el. Energie leiten

Funktion F2:
Gewichtskraft
leiten

F1
F2

F1 + F2: Zuleitungskabel

F1: Zuleitungskabel
F2: Kette

Bild 7.7-1: Funktionsvereinigung und Funktionstrennung am Beispiel einer Leuchtenaufhängung

Rechts, z. B. für die Befestigung eines schweren Lüsters, sind zwei getrennte Funktionsträger vorgesehen. Eine Kette trägt den Lüster (F2), während der Strom vom Kabel zugeführt wird (F1). Dies stellt die **funktionsgetrennte** Lösung dar.

Das Prinzip der **Funktionstrennung** ergibt, da die betrachtete Komponente nur eine Funktion zu erfüllen hat, meist eine besser berechenbare und damit in der Regel eine betriebssicherere konstruktive Lösung. Dieses Element kann besser an seine Funktion angepaßt werden und hat damit eine besondere Leistungsfähigkeit.

Das Prinzip der **Funktionsvereinigung** ergibt hingegen meist die kostengünstigere, platzsparendere und leichtere Konstruktion, da von einem Funktionsträger mindestens zwei Funktionen erfüllt werden, für die sonst mehr Bauteile notwendig wären.

Neu konstruierte Produkte weisen meist, soweit der Konstrukteur überhaupt Funktionen differenziert betrachtet hat, für bestimmte Funktionen gesonderte Bauteile oder Funktionsträger auf. Hier ist es sinnvoll zu überlegen, ob Funktionen zusammengelegt werden können.

Beispiel: Flachriemen

An Hand des Beispiels eines Flachriemens (**Bild 7.7-2**) soll das Prinzip der **Funktionstrennung** noch näher erläutert werden. Flachriemen müssen sowohl Umfangskräfte auf die Reibscheiben (F1) als auch Zugkräfte zwischen den Reibscheiben (F2) übertragen. Beides zusammen erfüllte bisher der bekannte Lederriemen in Funktionsvereinigung. Für die erste Funktion eignet sich Leder mit einem Reibwert $\mu \approx 0{,}3{-}0{,}5$ besser als Polyamid ($\mu \approx 0{,}1$). Bei der zweiten Funktion ist Polyamid mit einer zulässigen Zugfestigkeit von $\sigma \approx 20$ N/mm^2 dem Leder ($\sigma \approx 4$ N/mm^2) überlegen. Der Verbundriemen aus Leder und Polyamid vereinigt die beiden Vorteile dieser Werkstoffe. Das Leder nimmt hierbei hauptsächlich die Umfangskräfte (F1), das Polyamid die Zugkräfte (F2) auf. Diese Funktionstrennung ermöglicht höhere Grenzdrehzahlen und eine höhere Leistung bei gleichzeitig geringerer Wartung (weniger Nachspannen).

Dasselbe Prinzip mit getrennten Funktionselementen ist bei Keilriemen (Kordfäden im Gummi) und Zahnriemen (Kunststofffäden oder Stahllitzen) verwirklicht.

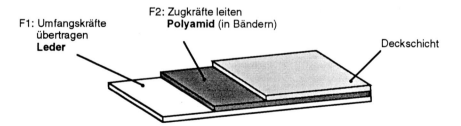

Bild 7.7-2:   Funktionstrennung bei Flachriemen

Beispiel: Integrierte Anlaufkupplung

Anlaufkupplungen sollen das Drehmoment eines Elektromotors erst dann auf die Arbeitsmaschine übertragen, wenn der Elektromotor sich selbst beschleunigt, also bereits Nenndrehzahl erreicht hat. Somit kann der Motor kleiner und kostengünstiger ausgelegt werden, weil er beim Anlauf weniger Drehmassen beschleunigen muß. Da die Wellen zwischen Motor und Arbeitsmaschine häufig nicht fluchten und Stöße abgefedert werden sollen, wird noch eine meist gummielastische Ausgleichskupplung hinter den Motor geschaltet. Beide Bauteile zusammen verursachen eine große Baulänge und sind teuer.

Die **integrierte, elastische Anlaufkupplung (Bild 7.7-3)** dagegen faßt in **Funktionsvereinigung** beide beschriebenen Kupplungen in einer Einheit zusammen. Das Aggregat wird kürzer und kostengünstiger. Das schwarze Sechseck stellt einen Gummiring dar, der an drei Stellen von der Antriebswelle mit Drehmoment beaufschlagt wird. An den anderen drei versetzten Stellen wird das Drehmoment zur Abtriebswelle weitergeleitet. Hier hat der Konstrukteur diese zusätzlich zur Befestigung von Fliehkraft-Reibbelägen verwendet. Ab einer bestimmten Drehzahl werden sie nach außen an die Abtriebsglocke gedrückt, so daß die Arbeitsmaschine sanft eingeschaltet wird. Bei niedrigen Drehzahlen ziehen die Gummikörper die Reibbeläge wieder in die Ausgangsstellung zurück.

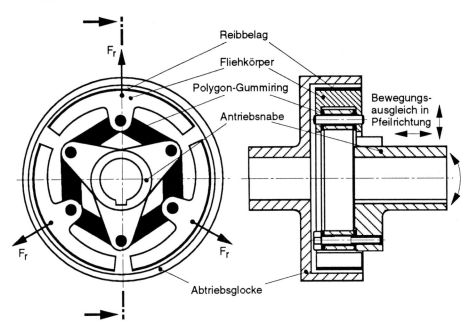

Bild 7.7-3:   Funktionsvereinigung einer integrierten, elastischen Anlaufkupplung [1/7.7]

Das Beispiel zeigt aber auch **Nachteile** der Funktionsvereinigung auf. Der Gummiring muß jetzt sowohl für die Fliehkraft-Nachgiebigkeit radial weich ausgelegt werden als auch für die Drehmomentübertragung unter Umständen härter. Die Auslegungsberechnung ist hier viel komplexer, als wenn – wie sonst bei Anlaufkupplungen – einfach Stahlfedern verwendet würden. Dementsprechend sind aufwendige Versuche notwendig, um ein Optimum für die zwei zu vereinigenden Funktionen zu erreichen.

Weitere Beispiele

Funktionsvereint sind:

– Edison-Gewinde für Glühbirnen (Strom leiten, Birnengewicht aufnehmen, montage- und demontagefähig sein)
– Rillenkugellager (Radial- und Axialkräfte übertragen)
– Hubschrauberrotor (Auf- und Vortrieb ermöglichen)
– Maschinengehäuse (meist: Kräfte übertragen, Positionen von Wellen sichern, Schmierstoff speichern, Zutritt von Schmutz verhindern etc.)
– Automatische Waschmaschine (teilweise, Bild 7.4-12)
– In der Natur:
  • Vogelflügel (Auf- und Vortrieb ermöglichen etc.)
  • Schwimmfüße (laufen, rudern etc.)

Funktionsgetrennt sind:

– Reine Torsionswellen, z. T. in Radialkraft übertragenden Hohlwellen (Drehmoment übertragen)
– Stahlseile an Hängebrücken und Seilbahnen (reine Kraftübertragung gegenüber Trägern zur Kraft- **und** Momentenübertragung)
– Flugzeugtriebwerk (**nur** Vortrieb erzeugen, Flugzeugflügel **nur** Auftrieb)

Anmerkung zu den Begriffen

Ähnliche Begriffspaare wie die Funktionsvereinigung/-trennung, verwenden auch Roth [2/7.7] (Funktionsintegration/-trennung), Koller [3/7.7] (Multi-/Monofunktionalbauweise) und Pahl & Beitz [4/7.7] (Aufgabenteilung). Dabei geht es um die geplanten Zweckfunktionen.

Da ein technisches Gebilde viele Eigenschaften hat, kann man es auch für ursprünglich nicht geplante Zwecke einsetzen. Ein Löffel kann z. B. zum Schneiden, als Flaschenöffner und als Wurfgeschoß verwendet werden. Das ist eine multifunktionale Nutzung eines ursprünglich monofunktional geplanten Werkzeugs.

7.7.2   Prinzip der Integral-/Differentialbauweise

Fragen

– Können mehrere Bauteile zu einem zusammengefaßt werden, um die Teilezahl und damit oft die Kosten zu senken? (**Integralbauweise**)
– Müssen komplexe Teile in mehrere Teile aufgeteilt werden, um dadurch die Ausschußgefahr zu verringern, teure Formen zu vermeiden oder günstigeren Transport zu erreichen? (**Differentialbauweise**)

Zweck und Begründung der Methode

Unter der **Integralbauweise** versteht man das Zusammenfassen verschiedener Bauteile zu einem. Bei der **Differentialbauweise** wird ein Bauteil in mehrere aufgeteilt.

Bild 7.7-4 zeigt links die Differentialbauweise an einem Maniкürebesteck mit drei Funktionen F1 bis F3 und drei einzelnen Werkzeugen. Bei der Nagelfeile rechts sind bei der Integralbauweise ebenfalls alle drei Funktionen vorhanden, aber eben in nur einem Bauteil.

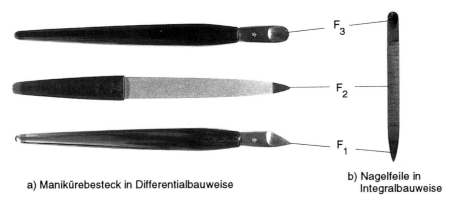

a) Maniкürebesteck in Differentialbauweise

b) Nagelfeile in Integralbauweise

Bild 7.7-4: Integral- und Differentialbauweise am Beispiel eines Maniкürebestecks

Der **Unterschied** zwischen **Integralbauweise** und **Funktionsvereinigung** besteht darin, daß bei der Integralbauweise die für die Realisierung einzelner Funktionen nötigen Wirkflächen, Wirkbewegungen und Werkstoffe nach wie vor am integrierten Bauteil (Funktionsträger) getrennt vorhanden sind, während diese bei Funktionsvereinigung ineinander aufgehen. In beiden Fällen entsteht aber aus mehreren Teilen ein Teil. Aus der Sicht der Teilezahlreduzierung führen also beide Prinzipien zum gleichen Ergebnis. Die funktionsbetonte Sicht (Kapitel 7.7.1) ist gerade für Konstrukteure wichtig, da eine ihrer wichtigsten Aufgaben die Realisierung von Funktionen ist.

Die **Integralbauweise** wird in der Regel in der **Serienfertigung** von größeren Stückzahlen angewendet und an Bauteilen, bei denen aus Gründen der Bauteilbeanspruchung Fügestellen vermieden werden sollen. Dadurch kann das Integralbauteil aus einem homogenen Werkstoff hergestellt werden, erhält aber i. allg. eine komplexere Gestalt.

Die **Differentialbauweise** wird meist bei der **Einzelfertigung** oder bei kleinen Stückzahlen verwendet. Das Produkt kann aus Halbzeugen und Normteilen verschiedenen Werkstoffs bestehen. Die einzelnen Bauteile werden z. T. mit den bekannten Zerspanungstechniken gefertigt und mit Hilfe von Fügetechniken (Schrauben, Schweißen, Löten, Kleben, Klipsen etc.) verbunden. Die Differentialbauweise wird ebenfalls bei sehr großen Bauteilen verwendet, die als Integralbauteile nicht mehr bzw. nur unter großem Aufwand oder Risiko herstellbar, montierbar oder transportabel wären. So weisen große Maschinen (wie z. B. Turbinen, Schiffsdieselmotoren und Generatoren) schon aus Transportgründen mehr Teile auf als kleine.

Beispiel: Funktionsträger

An einem Bauteil sei dies noch weiter verdeutlicht (**Bild 7.7-5**). Links ist der Funktionsträger aus elf Bauteilen (die miteinander verschraubt werden) in Differentialbauweise dargestellt. Dies ist bei einem Maschinenprototyp in Einzelfertigung aus Halbzeugen gerechtfertigt. Rechts ist der gleiche Funktionsträger nur noch als ein Feingußteil mit weniger als einem Drittel der Kosten gezeigt, wie er in der Serienfertigung verwendet werden sollte.

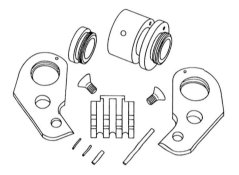 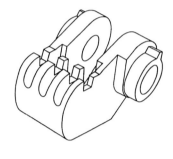

a) Differentialbauweise:
   11 Einzelteile

b) Integralbauweise:
   1 Feingußteil, Fertigungszeit-
   ersparnis 62%, Kostenersparnis 72%

Bild 7.7-5: Differential- und Integralbauweise durch Feingußverfahren

Auffallend oft sind Maschinenkonstruktionen nicht an die Stückzahl angepaßt, in der sie schließlich hergestellt werden.

Vor- und Nachteile der Integralbauweise

Eine **Reduktion der Teilezahl** durch die Integralbauweise birgt bei der Serienfertigung einige **Vorteile**, die zu einer Kostensenkung führen. Hier haben meist die einmalig anfallenden Kosten für Modelle, Formen und spezielle Maschinen oder Werkzeuge, im Vergleich zu den bei jedem Stück auftretenden Montagekosten, eine geringere Bedeutung, da sie durch die Stückzahl dividiert werden (Kapitel 9.1.5d). Weiterhin vereinfacht sich die Materialbeschaffung und Logistik. Aufgrund der hier verwendeten Fertigungsverfahren der Ur- und Umformtechnik ist in der Regel nur eine geringe Zerspanungsbearbeitung notwendig. Die oft komplexe Gestalt des Integralbauteils ist der Grund für die aufwendigere Qualitätssicherung des Einzelteils, die aber andererseits im Gesamtsystem wegen der geringeren Teilezahl und der damit kleineren Anzahl an Fügestellen vereinfacht wird. Eine weitere positive Auswirkung der Teilezahlreduzierung ist der verringerte Montageaufwand.

Ein **Nachteil** dieser Methode ist, daß nur in geringem Umfang Halbzeuge oder Normteile verwendet werden können. Der gesamte Fertigungsdurchlauf ist meist zeitaufwendig und unflexibel, da die Arbeitsschritte seriell erfolgen (Modellbau, Formen, Gießen etc.). Änderungen können nur mit großem Zeit- und Kostenaufwand durchgeführt werden, da Modelle, Formen oder Werkzeuge geändert werden müssen. Schließlich birgt die höhere Gestaltkomplexität ein erhöhtes Fertigungsrisiko in sich (erhöhte Ausschußgefahr). So mußte ein Gußteil eines großen Elektromotors **(Bild 7.7-6)** wegen Lunkerbildung an der Lagerstelle immer wieder neu gegossen werden, da der Materialfehler erst nach der teuren Bearbeitung in der terminkritischen Phase erkannt wurde. Die Umkonstruktion in Differentialbauweise (rechts) war unter diesen Umständen trotz Fügestelle und nötiger Montage kosten- und zeitgünstiger.

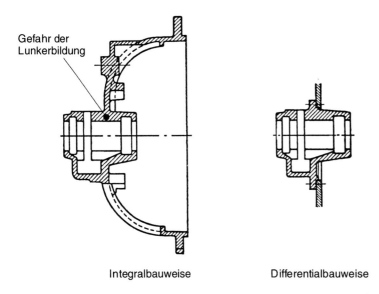

Gefahr der
Lunkerbildung

Integralbauweise   Differentialbauweise

Bild 7.7-6: Geringeres Fertigungsrisiko durch Differentialbauweise. Links ein Gußteil mit Neigung zur Lunkerbildung. Rechts die Umkonstruktion mit einer Blechwand [5/7.7].

Vor- und Nachteile der Differentialbauweise

Die Vor- und Nachteile ergeben sich im wesentlichen durch die Umkehrung der Gesichtspunkte für die Integralbauweise. Der **Vorteil** durch das geringere **Fertigungsrisiko** wurde mit Bild 7.7-6 gezeigt. Während die Integralbauweise ihre **Kostenvorteile** in der Großserie hat, liegen sie bei der Differentialbauweise in der **Einzel- und Kleinserienfertigung** durch die Aufteilung des Bauteils in mehrere Einzelteile. Es entstehen weniger fixe Kosten für Modelle, Formen und spezielle Maschinen, da die Teile aus oft vorhandenen, unterschiedlichen Werkstoffen, Halbzeugen und Normteilen gefertigt und montiert werden können. Die Logistik- und Montagekosten steigen damit zwar an, dafür wird die Qualitätsprüfung der einfachen Teile oft günstiger. Ein **Austausch** einzelner Bauteile, z. B. wegen Verschleiß, ist oft leichter möglich bzw. kostengünstiger, da nur die entsprechenden Einzelteile ersetzt werden müssen. Spätere **Änderungen** an den einzelnen Elementen sind leichter möglich und kostengünstiger als bei der Integralbauweise, da nicht das ganze System ersetzt werden muß, sondern nur die betroffenen Elemente an die Anforderungen angepaßt werden müssen.

Bedingt durch eine Vielzahl der aufgeführten Faktoren läßt sich bei der Differentialbauweise in der Einzel- bzw. Kleinserienfertigung eine **Verringerung des Terminrisikos** und eine Verkürzung der Produkterstellungszeit erreichen.

Methoden zur Verwirklichung der Integralbauweise zur Teilereduzierung

a) Analyse des Bauteils

Eine Methode besteht in der systematischen Analyse eines Bauteils mit den jeweils benachbarten Teilen einer Baugruppe unter dem Gesichtspunkt, inwieweit sie vereinigt werden können, beispielsweise durch Anwenden der **Variationsmerkmale** Werkstoff und Fertigungsverfahren (Kapitel 7.6.2.1 bzw. 7.6.2.2), wobei die Urform- und Umformverfahren bevorzugt werden sollten. Diese sind z. B.:

– Gießen, Spritzgießen, Feingießen
– Sintern
– Schmieden, Strangpressen, Walzen
– Blechumformen, Tiefziehen.

b) Strategie der „einteiligen Maschine" [5/7.7]

Die Maschine (z. B. ein Getriebe nach Bild 8.4-2) wird in Gedanken und auf der Zeichnung **als ein Gußteil ausgedacht.** Dabei werden auch bewegte Teile festgegossen. Alle Montageöffnungen eines Gehäuses werden „zugegossen". Teilfugen zum Montieren gibt es nicht mehr. Alles ist **ein** Teil, selbst wenn es „verrückt" anmutet. Dies ist nötig, weil vorhandene Gestaltungen ein fast suggestives Beharrungsvermögen in unserem Gehirn haben. Das Abstrahieren vom optisch Geprägten und Gewohnten fällt schwer (Kapitel 3.4.4).

Danach erfolgt (mit Rotstift) ein **stufenweises Auftrennen** in die „minimal notwendige Teilezahl" nach folgenden Gesichtspunkten:

– Wo sind unterschiedliche Werkstoffe nötig?
– Wo liegt eine Relativbewegung vor (Achtung: Für hin- und hergehende Teile können manchmal elastische Verbindungen statt Lagerungen genügen)?
– Wie muß montiert/demontiert werden?
– Wo müssen Ersatzteile ausgetauscht werden?
– Wo sind Teilungen wegen des Transports nötig?
– Wo ist die Zugänglichkeit beim späteren Gebrauch notwendig?

7.7.3 Prinzip des Kraftflusses

Fragen

– Wie kann ein Produkt, in dem Kräfte und Momente eine große Rolle spielen, in seinem Funktionsprinzip schnell erkannt werden?

– Wie kann ein solches Produkt steif oder elastisch und dennoch leicht und klein gestaltet werden?

– Wie können bei einem Bauteil oder Bauteilverbund Beanspruchungs-Schwachstellen erkannt werden, und wie können sie dann beanspruchungs- und verformungsgerecht gestaltet werden?

Zweck und Begründung der Methode

Der Kraftfluß ist eine **Hilfsvorstellung** aus der Strömungsmechanik für die **Funktionsanalyse** und die **Gestaltung** von Produkten. Man postuliert, daß Kräfte und Momente wie eine Flüssigkeit durch ein System strömen. In diesem System muß das betreffende Bauteil und auch seine Umwelt enthalten sein, sofern hier „Kraftüberleitungen" vorliegen (actio = reactio). Betrachtet man nur Teile eines solchen Systems, so „fließen" Kräfte bzw. Momente von einer Einleitungsstelle zur Ausleitungsstelle analog zu einer Flüssigkeit. Wo sich der Querschnitt verengt oder wo plötzliche Umleitungen, d. h. scharfe Querschnittsveränderungen in Bauteilen vorhanden sind, strömt die Flüssigkeit schneller, was analog als höhere Beanspruchung aufgefaßt wird. Trotz der weitverbreiteten Nutzung dieser Analogie ist die exakte Formulierung offen. Es gibt zwei Anwendungen:

– Der **Makrokraftfluß** dient zur Funktions-, Kraft- und Momentenflußanalyse eines ganzen Produkts. Die Fragen dabei sind: Fehlen Bauteile, Abstützungen oder Verbindungen? Kann der Kraftfluß auf kurzem Wege geschlossen werden oder wird er zur elastischen Gestaltung bewußt auf einem weiten Weg geführt?

– Der **Mikrokraftfluß** dient zur ersten beanspruchungsgerechten Gestaltung eines Bauteils. Fragen dabei sind: Wo sind unnötige Spannungskonzentrationen? Wie kann man scharfe Umleitungen und damit Überbeanspruchungen mildern?

Inhalt der Methode

An Beispielen sollen Inhalt und Anwendung erläutert werden:

Beispiel: Presse

An der Presse nach **Bild 7.7-7** soll der Einsatz des **Makrokraftflusses** deutlich gemacht werden. Die Preßkraft durchströmt links im Bild als Druckkraft die Preßstempel, wandelt sich in der oberen Traverse in ein Biegemoment um, welches daraufhin als Druckkraft unter den Muttern der Zuganker wirkt. Sie wird zu einer Zugkraft im Zuganker und in der unteren Traverse wieder in ein Biegemoment bzw. eine Druckkraft umgewandelt. Der Kraftfluß ist geschlossen und symmetrisch.

Was bringt diese Betrachtung? Man erkennt, wie sich bei der symmetrischen Presse die Beanspruchung im geschlossenen Kreislauf von Druck zu Biegung und schließlich zu Zug wandelt. Weiterhin wird deutlich, daß der Kräfteverlauf sich in der unteren Traverse in gleicher Weise wie oben darstellt. Schließlich erkennt man, daß es an den Ecken der Konstruktion wenig bzw. unbeanspruchte Zonen (UZ) gibt. Hier könnte man Material sparen. Wenn man weiß, daß die (Torsions- und) Biegebeanspruchung das Material ungleichmäßig ausnützt, erkennt man, daß die symmetrische Presse mit den Zugankern leichter und bei hohen Materialanteilen kostengünstiger wird als die unsymmetrische C-Presse rechts. Sie hat im ganzen Gestell Biegebeanspruchung. Verformungsprobleme stehen damit im Vordergrund. Allerdings ist die Zugänglichkeit besser.

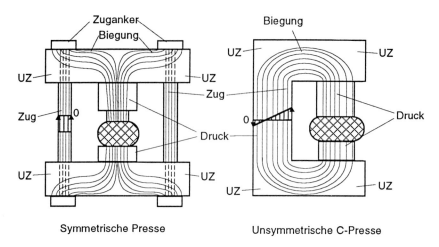

Bild 7.7-7:   Symmetrische und unsymmetrische Gestaltung des Kraftflusses in Preßgestellen (unbeanspruchte Zonen = UZ)

Beispiel: Entlastungskerbe

Der **Mikrokraftfluß** soll an dem in **Bild 7.7-8** gezeigten Wellenabschnitt mit einer Eindrehung für einen Sicherungsring deutlich werden. Man erkennt durch das Zusammendrängen des Kraftflusses an der Eindrehung die Spannungserhöhung an der Hauptkerbe. Die links angeordnete Entlastungskerbe ist viel zu klein und zu weit von der Hauptkerbe entfernt. Besser ist die Entlastungskerbe rechts, die den Kraftfluß „sanft" umlenkt.

Grundsätze zum Kraftfluß

– Ein **Kraftfluß** ist (bei umfassender Betrachtung des Systems) immer **geschlossen**. Massenkräfte (Gewichte, Fliehkräfte) werden nicht berücksichtigt.
– In einem Kraftfluß-Kreislauf **ändert sich die Beanspruchungsart** (Pressung, Druck, Zug, Biegung, Torsion).
– Der Kraftfluß sucht sich den **kürzesten Weg**. Die Kraftlinien drängen sich in engen Querschnitten zusammen, in weiten dagegen breiten sie sich aus.

Regeln zur kraftflußgerechten Gestaltung

Regel 1:   Kraftfluß **eindeutig** führen: Überbestimmungen, Unklarheiten der Kraftübertragung meiden (z. B. Fest-/Loslager-Bauweise: Bild 7.6-24).

Regel 2:   Für **steife, leichte Bauweisen** den Kraftfluß auf **kürzestem Wege führen.** Biegung und Torsion vermeiden, Zug und Druck mit voll ausgenutzten Querschnitten bevorzugen; z. B. bei Hängebrücken oder Zugankern (Bild 7.7-7).

Symmetrieprinzip bevorzugen, wie z. B. bei Innenbackenbremsen, Doppel-schrägverzahnungen, Planetengetrieben (Bild 7.7-13 und 7.7-16).

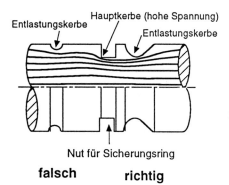

Die Entlastungskerbe muß nahe der Hauptkerbe liegen und die gleiche Tiefe, aber größeren Radius haben.
Die Umlenkung des Kraftflusses der linken Kerbe kommt als Hilfswirkung nicht zum Tragen.

falsch   **richtig**

Bild 7.7-8: Zweckmäßige Lage einer Entlastungskerbe [6/7.7]

Regel 3: Für **elastische, arbeitsspeichernde Bauweisen:** Kraftfluß auf **weitem Wege führen.**
Biegung und Torsion bevorzugen, den Kraftfluß „spazierenführen", z. B. bei Federn, Rohrkompensatoren, im Crash-Verhalten günstige Pkw-Karosserien.

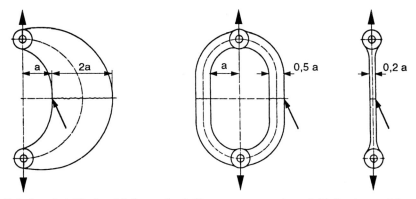

Bei allen drei Gliedern ist die maximale Zugspannung an den mit Pfeil gekennzeichneten Stellen gleich groß

Bild 7.7-9: Zugbeanspruchung gibt leichte Konstruktionen, Biegebeanspruchung schwere [7/7.7]

Regel 4 : **Sanfte Kraftflußumlenkung** anstreben.
Scharfe Umlenkungen ergeben Spannungskonzentrationen; Abhilfe sind Ausrundungen und den Kraftfluß verformungsgerecht ein- und auszuleiten (Bild 7.7-10).

Beispiele:

– Die **Regeln 2 und 3** werden in **Bild 7.7-9** dargestellt. Bei gleicher maximaler Zugspannung ist die Bauweise links mit „herumgeführtem" Kraftfluß und Biegebeanspruchung die größte und schwerste. Die symmetrische Bauweise in der Mitte, mit
teilweiser Biegung und Zug, ist leichter. Rechts der reine Zugstab mit dem kürzesten
Kraftfluß ist am leichtesten und kleinsten.

– **Regel 4** wird durch die sanfte und verformungsgerechte Kraftflußführung an den
Muttern (b) und (c) in **Bild 7.7-10** veranschaulicht. Bei a) wird die Zugkraft aus dem
Bolzen plötzlich in die Mutter umgelenkt. Die Verformungen von Bolzen und
Mutter sind zudem entgegengesetzt gerichtet. Deshalb brechen die meisten Bolzen
im ersten Gewindegang. Bei der Zugmutter (b) und der Mutter mit Entlastungskerbe
(c) sind die Verformungen dagegen gleichgerichtet.

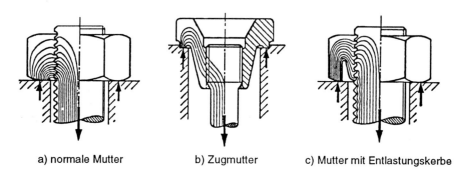

    a) normale Mutter   b) Zugmutter   c) Mutter mit Entlastungskerbe

Bild 7.7-10: Kraftfluß bei Schraubverbindungen. Bei (b) und (c) verformungsgerechte Krafteinleitung
[8/7.7].

– Die **kraftflußgerechte Gestaltung** eines Gabelschlüssels wird durch den Vergleich
der beiden spannungsoptischen Aufnahmen in **Bild 7.7-11** deutlich. Die unbe-
anspruchten Zonen (UZ) werden sichtbar und können bei kraftflußgerechter Gestaltung vermieden werden. Dadurch werden Material und Kosten gespart.

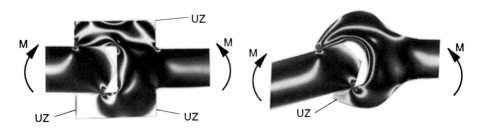

Bild 7.7-11: Spannungsoptische Untersuchung an einem Gabelschlüssel [9/7.7] (unbeanspruchte
Zonen = UZ)

7.7.4 Prinzip des Lastausgleichs

Fragen

- Wie wird bei parallel geschalteten, statisch unbestimmten Funktionsträgern erreicht, daß **überall** annähernd **gleiche Kräfte** und **Momente** übertragen werden?
- Wie können die Nachteile von **Verformungsbehinderungen** und ungleichen **Wärmedehnungen** gemindert werden?

Zweck und Begründung der Methode

Jedes Straßenfahrzeug dürfte eigentlich nur drei Räder haben, um statisch bestimmt zu sein. Trotzdem gibt es Lastwagen und Schwerlastfahrzeuge, die sechs, acht oder mehr Räder haben. Die gleichzeitige Kraftübertragung an den Rädern ist nur deshalb möglich, weil die Aufhängung der Räder beweglich ausgeführt ist und Verformungen der Bauteile und Reifen auftreten (elastischer Lastausgleich). Bei einem Tisch mit vier Beinen kommt Wackeln schon eher vor, da hier keine besondere Elastizität vorgesehen ist. Im Gegensatz zum Prinzip des Kraftflusses, in dem die Leitung von Kräften und Momenten behandelt wird, stellt sich beim Prinzip des Lastausgleichs die Frage nach der **gleichmäßigen Aufnahme von Kräften und Momenten bei einer Leistungsverzweigung an mechanisch parallel geschalteten Wirkflächen.** Das **Ziel** ist also eine möglichst gleiche mechanische Belastung der statisch unbestimmten Bauteile.

Gründe und Beispiele für **Parallelschaltungen** sind in Kapitel 7.6.2.4d angegeben. Im wesentlichen geht es dabei um die Verringerung der Baugröße, des Gewichts und der Kosten von Produkten. **Ursachen für das Auftreten ungleicher Lasten** (Störgrößen) sind Fertigungs- und Montagefehler an den Wirkflächen selbst oder an den Gegenwirkflächen (Beispiel: Straße bzw. unebener Boden – Fahrzeug), ferner ungleiche Verformungen oder thermische Ausdehnungen. Bemerkenswert ist, daß sämtliche **Linien- und Flächenberührungen** von Festkörpern statisch unbestimmt sind, wenn man die Mikroverhältnisse betrachtet. Auch sie kommen durch Lastausgleichsmechanismen zum gleichmäßigen Tragen, z. B. durch elastische Verformungen oder durch Einlaufen (plastisches Verformen und Verschleiß).

Inhalt der Methode

Die Maßnahmen, um einen Lastausgleich zu erzielen, können in drei Kategorien eingeteilt werden (**Bild 7.7-12**):

a) Die Beseitigung des Problems.

b) Die Reduzierung von Störgrößen.

c) Die Reduzierung der Auswirkung von Störgrößen.

Der **Vorgehenszyklus** wird bei diesem Prinzip angepaßt eingesetzt. Im Schritt I-„Aufgabe klären" werden neben den Anforderungen die statische Bestimmtheit ermittelt, die räumlichen Möglichkeiten festgestellt, die Körper und Baugruppen in kräftemäßigen Abhängigkeiten strukturiert. Im Schritt II-„Lösungen suchen" werden die Möglichkeiten des Lastausgleichs nach Bild 7.7-12 entsprechend den Anforderungen konkretisiert und im Schritt III-„Lösung auswählen" die günstigste festgelegt.

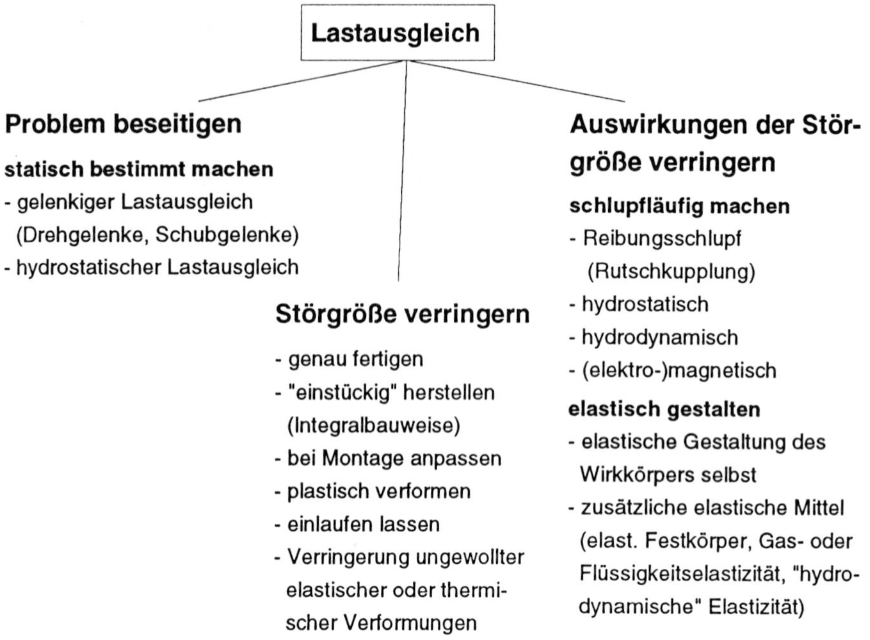

Lastausgleich

Problem beseitigen

statisch bestimmt machen
- gelenkiger Lastausgleich
  (Drehgelenke, Schubgelenke)
- hydrostatischer Lastausgleich

Störgröße verringern

- genau fertigen
- "einstückig" herstellen
  (Integralbauweise)
- bei Montage anpassen
- plastisch verformen
- einlaufen lassen
- Verringerung ungewollter
  elastischer oder thermi-
  scher Verformungen

Auswirkungen der Störgröße verringern

schlupfläufig machen
- Reibungsschlupf
  (Rutschkupplung)
- hydrostatisch
- hydrodynamisch
- (elektro-)magnetisch

elastisch gestalten
- elastische Gestaltung des
  Wirkkörpers selbst
- zusätzliche elastische Mittel
  (elast. Festkörper, Gas- oder
  Flüssigkeitselastizität, "hydrodynamische" Elastizität)

Bild 7.7-12:   Lösungsmöglichkeiten für den Lastausgleich

a) Beseitigung des Problems

Werden die ursprünglich statisch unbestimmten Wirkflächen/Wirkkörper durch zusätzliche Gelenke und Führungen **statisch bestimmt** gemacht, so ist das Problem beseitigt (**gelenkiger Lastausgleich**). In **Bild 7.7-13a** ist das an einem schematisch dargestellten **Fahrzeug** gezeigt. Durch Anordnung von gelenkigen Wippen faßt man die eingeleiteten Kräfte paarweise in einem Gelenk zusammen und erreicht so statische Bestimmtheit (Bild 7.6-23 und 7.6-26) und den Ausgleich.

Bild 7.7-13b zeigt das gleiche am Beispiel einer **Scheibenbremse**: Ein Schubgelenk an der Welle erlaubt der Bremsscheibe soviel Axialbewegung, daß die einseitig eingeleitete hydrostatische Bremskraft F durch eine ebensogroße Gegenkraft am rückwärtigen Reibbelag kompensiert wird.

Der **hydrostatische Lastausgleich** sorgt entsprechend dem Gesetz von der Gleichheit des Drucks an allen Stellen für gleiche Kräfte. In Bild 7.7-13b sind dementsprechend zu beiden Seiten der Bremsscheibe hydrostatische Kolben vorgesehen.

b) Reduzierung der Störgrößen

Diese Art des Lastausgleichs zielt direkt auf die **Ursache** der ungleichen Lasten ab: Genau fertigen, „einstückig" herstellen (also nicht durch zwischenliegende Paßflächen und Verbindungen wieder neue Ungenauigkeiten einbringen), bei der Montage anpassen (justieren), plastisch verformen, d. h. nach der Montage einmalig überbelasten und ferner einlaufen lassen.

Dies findet vor allem dann Anwendung, wenn die Platzverhältnisse (z. B. bei Zahnrädern und Wälzlagern) keinen Einbau für zusätzliche Teile, z. B. für den gelenkigen Lastausgleich, erlauben. Zahnräder und Wälzlager werden deshalb extrem genau gefertigt. Gleitlager, Führungen und Kolben läßt man unter Umständen einlaufen.

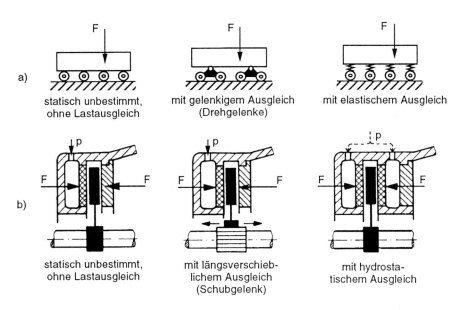

Bild 7.7-13: Beispiele für den Lastausgleich; a) an einem Fahrzeug; b) an einer Scheibenbremse

c) Reduzierung der Auswirkungen von Störgrößen

Diese Art des Lastausgleichs zielt auf die **Symptome** der ungleichen Lasten ab.

– Bei **schlupfläufigem Lastausgleich** werden in die parallelen Leistungszweige von leistungsverzweigten oder Mehrweg-Getrieben Reibungsschlupfkupplungen oder hydrodynamische Kupplungen eingebaut.

– Beim **elastischen Lastausgleich** wird der geometrische Fehler, die Störgröße, durch elastisches Nachgeben eines im Kraftfluß befindlichen Gliedes erreicht. In Bild 7.7-13a ist dies schematisch an einem Fahrzeug gezeigt: Die Räder sind federnd aufgehängt. Der elastische Lastausgleich kann die Überlast je nach Elastizität nur verringern, nicht aber beseitigen. Da ferner die Verhältnisse oft nur ungenau berechenbar sind, müssen aufwendige Versuche eingeplant werden.

Der elastische Lastausgleich wird am häufigsten eingesetzt, da i. allg. keine Zusatzbauteile nötig sind. Bei richtiger, nachgiebiger Gestaltung der Bauteile wird das Produkt kostengünstig. Zudem sind keine tribologischen Gelenke (Reibung, Schmierung, Verschleiß und somit auch Kosten) notwendig.

Bei **Planetengetrieben** ist der Lastausgleich eine maßgebliche Teilaufgabe (Kapitel 8.4), da das Getriebe bei gelagerten Zahnrädern bereits mit mehr als einem Planetenrad statisch unbestimmt ist (zum Aufbau des Getriebes siehe dei Bilder 2.2-6 und 8.4-2). Der Einbau eines Lastausgleichs zum Ausgleich von Exzentritäts- und Winkelfehlern ist demnach erforderlich, da eine extreme Fertigungsgenauigkeit i. allg. sehr teuer ist. Bild 7.7-14 zeigt oben die Möglichkeiten des **gelenkigen Lastausgleichs** an Sonnen-, Planeten- und Außenrad, die meist in Einfach- und Doppelzahnkupplungen bestehen.

Im unteren Teil sind die **elastischen** Möglichkeiten dargestellt [10/7.7].

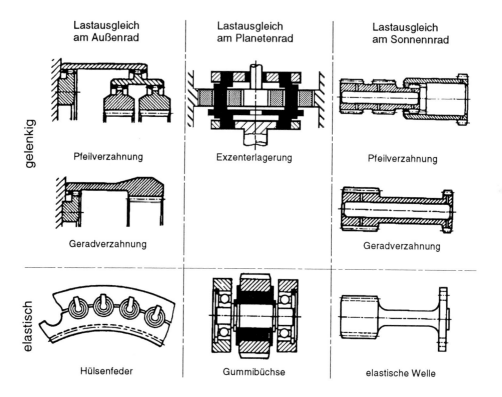

Bild 7.7-14:   Beispiel für den Lastausgleich bei Planetengetrieben: Oben gelenkiger, unten elastischer Lastausgleich. Beim elastischen Lastausgleich am Planetenrad ist schematisch eine Buchse aus synthetischem Gummi (schwarze Fläche) gezeigt (Siehe auch Bild 8.4-3).

7.7.5   Prinzip der Selbsthilfe

Fragen

– Wie wird erreicht, daß ein Funktionsträger „sich selbst hilft", seine Funktion unter Normallast besser zu erfüllen?

– Wie wird erreicht, daß ein Funktionsträger „sich selbst" vor gänzlichem Versagen bei Überlast schützt?

Man kennt Knoten, die sich um so fester zuziehen, je mehr das Seil belastet wird. Oder eine Fahrzeugbremse, die mit wenig Pedalkraft bei Vorwärtsfahrt schon sehr stark (selbstverstärkend) bremst, bei Rückwärtsfahrt dagegen (selbstschadend) nur eine geringe Wirkung zeigt. Selbstschützend ist ein Gleitlager, das bei Ölausfall noch kurze Zeit mit seiner geschmolzenen Weißmetallschicht läuft.

Zweck und Begründung der Methode

Bei einer selbsthelfenden Konstruktion hilft ein geeignet angeordnetes Element oder System – meist im Kreisschluß – mit, die Aufgabe besser zu erfüllen, d. h. sicherer, platzsparender, leichter und/oder leistungsfähiger zu werden.

Dies ergibt sich aus dem Zusammenspiel der **Ursprungs-** und **Hilfswirkung**. Die Ursprungswirkung entspricht in vielen Fällen der Wirkung des Systems ohne Selbsthilfe. Die Hilfswirkung ergibt sich entweder aus funktionsabhängigen Kräften und Momenten oder durch eine geeignete Wahl des Kraftflusses (Kapitel 7.7.3).

Inhalt der Methode

Meist werden selbsthelfende Konstruktionen erst durch die gezielte Variation einer vorhandenen erzeugt. Dabei helfen Analogien zu bereits verwirklichten Beispielen [4/7.7]. Es kann aber auch, bei Erarbeitung von Funktionsstrukturen, eine Kreisschaltung eingefügt werden, die über eine geeignete Auswahl von physikalischen Effekten konkretisiert wird.

Bei **selbstverstärkenden Lösungen** ergibt sich die Gesamtfunktion der Anordnung aus der positiven Verknüpfung von Haupt- und Nebenfunktion der Anordnung. Der Vorteil bei der Verwendung dieses Prinzips liegt in der Kraft- und Leistungsverstärkung und somit dem höheren Gebrauchsnutzen des Produkts. Selbstverstärkende Lösungen sind z. B. Klemmverbindungen für Seile (**Bild 7.7-15**), Selbstspanneinrichtungen bei Riemengetrieben, das sich selbst regulierende Anpressen bei Reibradgetrieben und die nachfolgend dargestellte Duplex-Bremse.

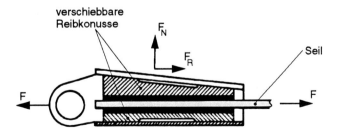

Bild 7.7-15: Selbstverstärkende Seilklemme (Funktionen Zug- und Reibkraft in Kreisschaltung)

Beispiel: Duplex-Bremse

Bei einer Trommelbremse, wie sie in **Bild 7.7-16** dargestellt ist, werden durch die Anpreßkraft an den Bremsbacken Reibungskräfte R erzeugt, die zur Kraft R_{ges} vektoriell addiert werden können. Diese Kraft ergibt zusammen mit dem Hebelarm r um die Drehpunkte D bzw. D' das Hilfsmoment M_H. Bei Drehung der Bremstrommel gegen den Uhrzeigersinn erzeugt das Hilfsmoment an den Bremsbacken eine erhöhte Anpreßkraft und somit auch eine größere Reibkraft, die wiederum ein größeres Moment um die Drehpunkte D und D' erzeugt (Kreisschaltung).

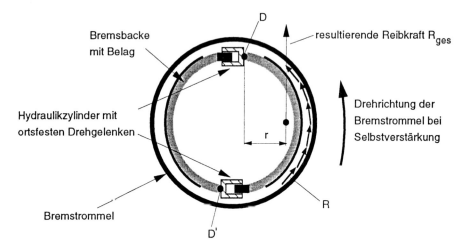

Bild 7.7-16: Selbstverstärkende Duplex-Bremse

Diese Konstruktion hat jedoch bei Drehung im Uhrzeigersinn (Rückwärtsfahren und Bremsen) eine **selbstschadende** Wirkung zur Folge. Die Höhe der selbsthelfenden Hilfswirkung ist abhängig vom Hebelweg, d. h. von der Wahl der Drehpunkte. Bei einer reinen Translationsführung statt eines Drehgelenks an den Bremsbacken wäre kein Selbsthilfeeffekt zu erzielen.

Bei **Dichtungen** kann man erreichen, daß die Dichtlippe bzw. der Dichtring mit zunehmendem Betriebsdruck stärker angepreßt wird (**Bild 7.7-17**). Die Ursprungswirkung ist hierbei die Anpressung durch die Elastizität der Dichtung bzw. die in Funktionstrennung angeordneten Federn. Die Hilfswirkung entsteht durch den Betriebsdruck p.

Im Gegensatz zu selbstverstärkenden Lösungen sind bei **selbstausgleichenden Lösungen** Ursprungs- und Hilfswirkung entgegengesetzt angeordnet. Durch den erzeugten Ausgleich ist eine höhere Gesamtwirkung des Systems möglich. Dies soll durch das nachfolgende Beispiel in **Bild 7.7-18** erläutert werden.

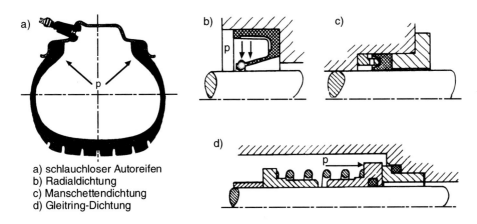

a) schlauchloser Autoreifen
b) Radialdichtung
c) Manschettendichtung
d) Gleitring-Dichtung

Bild 7.7-17: Selbsthelfende Dichtungen [4/7.7]

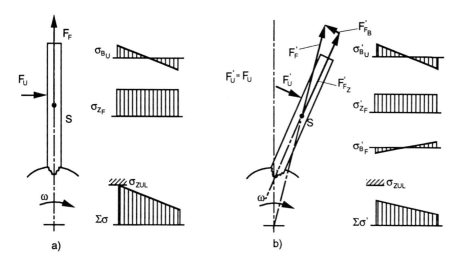

Bild 7.7-18: Selbstausgleichende Lösung bei der Anordnung von Schaufeln in Strömungsmaschinen
a) konventionelle Lösung, b) Schrägstellung der Schaufel in übertriebener Darstellung
[4/7.7]

Die **Turbinenschaufeln** unterliegen im Betriebszustand zum einen einer Biegespannung σ_{B_U} aus der Umfangskraft, zum anderen einer Zugspannung σ_{Z_F} infolge der Fliehkraft F_F. Bei der konventionellen Lösung (a) überlagern sich diese Beanspruchungen, wodurch die zulässige Spannung σ_{zul} schon bei einer bestimmten, übertragbaren Umfangskraft F_U erreicht wird. Bei gleichem Betriebszustand bewirkt ein Schrägstellen der Turbinenschaufeln (b) zum einem eine geringere Zugbeanspruchung σ_{Z_F}' aus der Zerlegung der

Fliehkraft in die Anteile F_{F_Z}' und F_{F_B}'. Zum anderen verursacht aber die Kraft F_{F_B}' eine Biegebeanspruchung σ_{B_F}'. Diese zusätzliche Hilfswirkung σ_{B_F}' wirkt der ursprünglichen Biegebeanspruchung σ_{B_U}' entgegen. Aufgrund dessen können nun die Turbinenschaufeln mit einer höheren Umfangskraft, d. h. mit einer höheren Turbinenleistung, beaufschlagt werden, bis wieder die zulässige Spannung σ_{zul} erreicht wird.

Sebstschützende Lösungen erhalten ihre Bedeutung erst im Überlastfall. Die Hilfswirkung ist dabei physikalisch anders oder mit anderer Kraftleitung als die Ursprungswirkung.

Beispiele dafür sind:

– Aufsitzen einer Druckfeder auf ihren Gängen bei Bruch.
– Anschlag einer Kupplung bei Bruch ihrer elastischen Elemente.
– Fließen von Bauteilen an Stellen zu hoher Spannung.

Literatur zu Kapitel 7.7

[1/7.7]   Centa Antriebe Kirschey (Hrsg.): Firmenschrift. Haan. (Firmenschrift)

[2/7.7]   Roth, K.-H.: Konstruieren mit Konstruktionskatalogen, Bd. 1. 2. Aufl. Berlin: Springer 1994.

[3/7.7]   Koller, R.: Konstruktionslehre für den Maschinenbau. 2. Aufl. Berlin: Springer 1985.

[4/7.7]   Pahl, G.; Beitz, W.: Konstruktionslehre. 3. Aufl. Berlin: Springer 1993.

[5/7.7]   Ehrlenspiel, K.: Kostengünstig Konstruieren. Berlin: Springer 1985.

[6/7.7]   Müller, H. W.: Der Mechanismus der Drehmomentübertragung in Preßverbindungen. Darmstadt: TH, Diss. 1960.

[7/7.7]   Leyer, A. (Hrsg): Allgemeine Gestaltungslehre. Basel: Birkhäuser 1964. (Technica Reihe, Heft 2)

[8/7.7]   Tochtermann, W.; Bodenstein, F.: Konstruktionselemente des Maschinenbaus, Teil 1. 8. Aufl. Berlin: Springer 1968.

[9/7.7]   Ficker, E: Spannungsoptik. München: TU, Lehrstuhl für Apparate und Anlagenbau, Umdruck zum Praktikum Spannungsoptik.

[10l7.7] Ehrlenspiel, K.: Planetengetriebe – Lastausgleich und konstruktive Entwicklung. In: Zahnräder und Zahnradtriebe, München. Düsseldorf: VDI-Verlag 1967, S. 57–67. (VDI Bericht 105)

7.8 Analysemethoden für Produkteigenschaften

Fragen:

– Welche Analysemethoden für Produkteigenschaften gibt es?
– Welche Methoden wirken **integrierend**?
– Wann soll man **welche Methode** anwenden?

In diesem Kapitel soll ein **Überblick** gegeben werden über verschiedene Arten von Analysemethoden, ohne daß diese bis in alle Einzelheiten erläutert werden. Es wird dann auf Literatur verwiesen.

a) Bedeutung

Die Bedeutung der Analyse im Verlauf des Konstruierens und der Produkterstellung ist erheblich. Es spricht nach Dylla [1/7.8] viel dafür, daß diejenigen Konstrukteure bessere Konstruktionsergebnisse hervorbringen, die sowohl die Aufgabe als auch die Eigenschaften von erzeugten (Teil-)Lösungen sehr sorgfältig analysieren (vgl. Kapitel 3.4.3).

Ziel der Analysen ist es, möglichst frühzeitig und mit wenig Aufwand Eigenschaften der Lösungen, z. B. als Basis für weitere Konstruktionsschritte, zu erkennen (Eigenschaftsfrüherkennung). Hier treten jedoch zwei grundlegende Probleme zutage (vgl. auch Bild 4.2-3, 9.1-5 und 9.1-9):

- Die **Genauigkeit** der Aussagen einer Analyse ist von den vorhandenen Informationen abhängig. Je genauere bzw. detailliertere Informationen zum Produkt vorliegen, also je später im Konstruktions- und allgemein im Produkterstellungsablauf eine Analyse durchgeführt wird, desto sicherer sind die Aussagen über bestimmte Produkt- und Prozeßeigenschaften.

- Der **Aufwand** für die Beeinflussung (Änderung) von Produkt- und Prozeßeigenschaften steigt jedoch i. allg. mit der wachsenden Festlegung der Eigenschaften, da sich diese wechselseitig stark beeinflussen und deshalb um so mehr geändert werden muß. In den sehr frühen Phasen der Produktdefinition sind jedoch zu wenige Produkteigenschaften erkennbar, um hier gezielt beeinflussen zu können.

Die Strategie bei der Analyse muß also sein, frühzeitig und mit möglichst **wenig Aufwand** die wesentlichen Produkt- und Prozeßeigenschaften **grob** abzuschätzen, um sie mit geringen Änderungen **gezielt festlegen** zu können. Im Verlauf des Produkterstellungsprozesses wird dann **schrittweise** immer **feiner** analysiert, wobei die mit geringem Änderungsaufwand beeinflußbaren Produkt- und Prozeßeigenschaften immer mehr die Detailebene betreffen (Strategien X.1, X.2 in Bild 3.3-22).

b) Arten der Analysemethoden

Die Analysemethoden lassen sich in vier **Kategorien** einteilen (**Bild 7.8-1**):

- Überlegung und Diskussion,
- Berechnung, Optimierung, Kennzahlenvergleich,
- Simulation und
- Versuch.

Die zugehörigen Einzelmethoden unterscheiden sich stark durch den verfolgten Zweck. Es kann z. B. um das **grundsätzliche Verhalten** eines Funktionsträgers gehen. Da reichen häufig sogenannte orientierende Versuche aus, z. B. bei kinematischen Problemen Versuchsmodelle aus Pappe und Draht.

Zweck / Art der Methode	grundsätzliches Verhalten	Vergleich zwischen Alternativen	Eigenschaftsermittlung überschlägig	genau
Überlegung, Diskussion (Kap. 7.8.1)	interdisziplinäre Diskussion	Vorteils-/ Nachteilsvergleich, Portfolio-Analyse	Abschätzung, Scenariotechnik	logische Argumentation
Berechnung, Optimierung, Kennzahlenvergleich (Kap. 7.8.2)	z. B. kinematische, dynamische Berechnung, Berechnung von Verformung, Verschleiß, Kosten	ABC-Analyse, Vergleichsrechnung, Marktanalyse (z. B. Conjoint-Analyse), Kennzahlen	Auslegungsrechnung, Überschlagsrechnung	Nachrechnung
Simulation mit dem Rechner (Kap. 7.8.2)	kinematische, dynamische Simulation	Simulation mit unterschiedlichen Alternativen	Testmarkt, Rechnersimulation mit einfachem Modell	FEM-Rechnung, Rechnersimulation mit genauem Modell
Versuch (Kap. 7.8.3)	Handversuch, orientierender Versuch (Pappe, Draht, Plastik), Rapid Prototyping	Vergleichsversuche, Modellversuche	Vorversuch, Laborversuch, Technikumsversuch, spannungsoptischer Vers., Modellversuch	Prototypversuch, Prüfstandsversuch für Berechnungsformel

Bild 7.8-1: Klassifikation der Analysemethoden nach Zweck bzw. Genauigkeit

Geht es um den **Vergleich zwischen konstruktiven Alternativen**, so kann man sehr einfache Vergleichsversuche anstellen, wie noch am Beispiel einer Scheibenbremse gezeigt wird (Kapitel 7.8.3). Es kann auch um die **sehr genaue und umfassende Eigenschaftsermittlung von Produkten und Prozessen** gehen, damit man Berechnungsmethoden oder Simulationsverfahren erstellen kann, um sich zukünftige Versuche zu ersparen. Je nach der Entscheidung für ein mehr oder weniger abstraktes oder genaues Vorgehen kann der Aufwand groß oder klein sein.

Die gleiche Problematik liegt bei unterschiedlichen Methoden der Berechnung und Simulation vor.

Die Aufgabe eines Gruppen- oder Abteilungsleiters ist die **Wahl zwischen** den in Bild 7.8-1 gezeigten **Arten der Analyse**, z. B. „Rechnen, Simulation oder Versuch?" (Kapitel 5.1.4.2) und die Festlegung des Aufwands.

Als Beispiel aus der Tribologie (Behandlung von Reibungs-, Schmierungs- und Verschleißproblemen) zeigt **Bild 7.8-2** die Einschätzung unterschiedlicher Analysemethoden aus der Sicht der Industrie: Praxisnähe und Aufwand sind gegenläufig.

c) Produkterstellungs- und Verifikationsmodell

Der Prozeß der Produkterstellung läuft vom Vorläufigen zum Endgültigen, vom Unvollständigen zum Vollständigen ab (Strategie II.2 in Bild 3.3-22). Die verschiedenen

Festlegungen synthetischer Art können unter dem Begriff **Produkterstellungsmodell** zusammengefaßt werden. Die Fragestellung ist dabei: „Wie sollen das Produkt, der Produktions- und Vertriebsprozeß beschaffen sein, damit das Produkt zu einem Erfolg am Markt wird?" Dementsprechend werden in jedem Arbeitsabschnitt modellhaft Festlegungen getroffen und dokumentiert, z. B. die Anforderungsliste, die Funktionsstruktur, das Konzept usw., aber auch der Fertigungs- oder der Vertriebsplan.

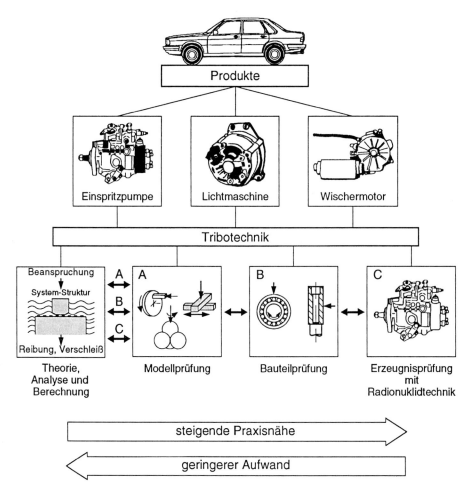

Bild 7.8-2: Unterschiedliche Analysemethoden mit gegenläufigem Praxisbezug und Aufwand ([2/7.8])

Damit dieses **Produkterstellungsmodell** die endgültig angestrebte Erfolgsrealität trifft, muß die Modellvorstellung in jedem Arbeitsabschnitt durch entsprechende Analysemethoden abgeprüft oder verifiziert werden. Ziel von sogenannten **Verifikationsmodellen** ist dabei, durch **kurze Iterationsschleifen** eine **frühzeitige Absicherung** der Entscheidungen im Produkterstellungsprozeß zu erreichen und spätere Änderungen zu vermeiden. Das SE-Team (Kapitel 4.4.1) arbeitet z. B. in einem **Entwicklungslabor**, in dem geeignete fertigungs-, montage- und versuchstechnische Einrichtungen schnell verfügbar sind.

Der Aufwand der Analyse ist hierbei so gering wie möglich zu halten. Unter diesem Gesichtspunkt ist zu entscheiden, ob einzelne Funktionsträger oder komplette Konstruktionen analysiert werden sollen, ob sehr genaue Analysemethoden (z. B. Prototypenversuche, umfangreiche FEM-Modelle) erforderlich sind oder ob vereinfachte und schnelle Untersuchungen (z. B. Papp- und Drahtmodelle, einfache FEM-Modelle) ausreichen. Verifikationsmodelle sind also gegenüber der Realität verschieden stark abstrahierte gedankliche, rechen- oder versuchstechnische Gebilde. Beispiele für unterschiedlich abstrakte Modelle einer elastischen Radialversatzkupplung sind in **Bild 7.8-3** gezeigt. Solche wurden z. B. zur Analyse von Kupplungen eingesetzt, wie sie nach Kapitel 7.6.5 konstruktionsmethodisch erzeugt worden waren.

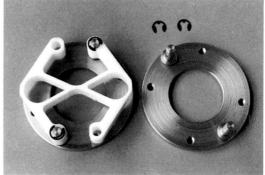

Bild 7.8-3: Pappmodell und Prototyp einer radialausgleichenden Wellenkupplung als Verifikationsmodelle (nach [3/7.8])

7.8.1   Überlegung und Diskussion als Analysemethode

7.8.1.1   Methoden zur Schwachstellenanalyse

Schwachstellen eines Produkts sind meist der Anlaß für eine konstruktive Überarbeitung. Dabei können Schwachstellen in **jeder Eigenschaft** auftreten, z. B. Funktion, Verfügbarkeit, Geräusch, Ergonomie, Design, Kosten und Entsorgbarkeit.

Die Schwachstellenanalyse ist im Vorgehenszyklus Teil des **Abschnitts I** (bei Aufgabe analysieren) ganz zu Beginn einer Entwicklung und ist nötig im **Abschnitt II** (bei Lösungen analysieren). Schwachstellenbeseitigung ist ferner das Ziel des korrigierenden Vorgehens (Kapitel 5.1.4.3).

Als Methoden dafür können grundsätzlich alle dienen, die einen Soll-Ist-Vergleich bzw. einen Vergleich zwischen Alternativen liefern. Dies sind z. B.:

– Marktanalyse einschließlich der eigenen Produkte (Kapitel 7.2)
– Marktforschung (z. B. Conjoint-Analyse, Kapitel 9.3.3)
– Fremderzeugnisanalyse
– Benchmarking [4/7.8], Kennzahlvergleiche [5/7.8]
– Berechnungs- und Simulationsmethoden (Kapitel 7.8.2)
– Zielkostengesteuerte Konstruktion (Kapitel 9.2), Target Costing (Kapitel 9.3.3)
– Formblattanalyse und FMEA (nachfolgend Punkt a)
– Fehlerbaumanalyse (Punkt b)
– Versuchsmethoden (Kapitel 7.8.3)
– Methoden der Schadensanalyse (Kapitel 7.8.1.2).

a) Formblattanalyse und FMEA

– In der **Formblattanalyse** ist, ähnlich wie bei Checklisten (Kapitel 7.5.5.4 und Bild 9.2-6), eine Folge von Fragen zu beantworten. Jedoch wird ein Ablaufschema vorgegeben, in das ein Fehler und die sich daraus ergebenden Folgen einzutragen sind. Das Ergebnis ist eine logische Struktur von möglichen Fehlern und Gefahren, die von dem technischen System ausgehen können.
– Ähnlich hierzu ist die **FMEA** = **F**ailure **M**ode and **E**ffekt **A**nalysis oder „Fehlermöglichkeiten- und -einfluß-Analyse". Diese setzt sich in der Industrie immer mehr durch. Sie wird angewandt zur Verringerung potentieller Fehler beim Planen des Gesamtprodukts (System-FMEA), beim Konstruieren von Baugruppen oder Einzelteilen (Konstruktions- oder Produkt-FMEA) und bei der Planung der Produktionsprozesse für das Produkt (Prozeß-FMEA). **Bild 7.8-4** zeigt den prinzipiellen Ablauf einer Konstruktions-FMEA.

Die FMEA wirkt im Sinne der Kostenfrüherkennung (Bild 9.1-9) der „rule of ten": Die Kosteneinsparung in Bezug auf die gesamten Systemkosten ist um so größer, je früher im Arbeitsablauf ein Fehler festgestellt und vermieden wird. Von Abteilung zu Abteilung nehemen die Fehlerbeseitigungskosten um den Faktor 10 zu. In die FMEA sind deshalb alle an der Produkterstellung beteiligten Bereiche (z. B. Entwicklung, Konstruktion, Fertigungsplanung, Qualitätssicherung, Vertrieb usw.) eingebunden, sie hat somit eine integrierende Funktion (Bild 4.2-8).

Für das Management ist die Risiko-Prioritätszahl RPZ der FMEA von Bedeutung. Sie soll möglichst klein sein. Die RPZ wird aus Faktoren für die Wahrscheinlichkeit des Auftretens, der Entdeckung sowie dcr Bedeutung eines Fehlers gebildet (vgl. Bild 7.8-4). Werden bestimmte Grenzwerte überschritten, sind Abhilfemaßnahmen erforderlich.

b) Fehlerbaumanalyse

Bei der **Fehlerbaumanalyse** [7/7.8] wird ein bestimmtes (unerwünschtes) Ereignis betrachtet und nach den Ursachen für das Zustandekommen gesucht. Es wird also gefragt: „Was passiert, wenn ... eintritt?" Daher wird die Fehlerbaumanalyse auch als Verhaltensanalyse bezeichnet.

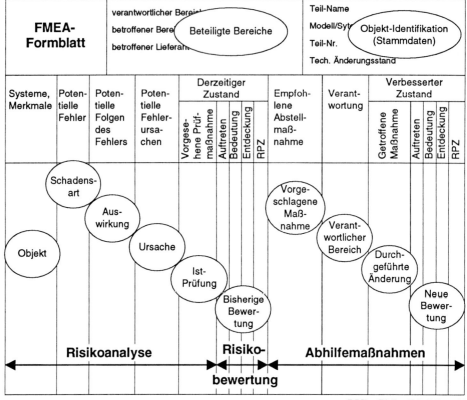

Bild 7.8-4:   Formblatt für eine Konstruktions-FMEA (in Anlehnung an [6/7.8])

Diese Ursachen für einen Fehler können wiederum durch andere Ereignisse bedingt sein (logische "UND"-Verknüpfung), oder es können mehrere Ursachen denselben Fehler bewirken (logische "ODER"-Verknüpfung). Auf diese Art kommt man zu einer hierarchischen Darstellung der Fehlerabhängigkeiten, dem sog. Fehlerbaum. Die Ergebnisse können auch die Eingangswerte für eine entsprechende FMEA bilden [6/7.8].

Die Fehlerbaumanalyse ist sehr flexibel und liefert am ehesten qualitative Analyseergebnisse, setzt dazu allerdings eine genaue Kenntnis des Systems voraus.

c) Gefahren- und Fehleranalyse mit Statistiken

Gute Hersteller legen Schadens- bzw. Unfallstatistiken ihrer Produkte oder Produktion an. Daraus können Schwerpunkte zur Beseitigung von Fehlern bzw. Unfällen erkannt werden. Die Aufschlüsselung geschieht am besten nach den sicherheitstechnischen

Begriffen. Dafür sei auf entsprechende Literatur verwiesen [z. B. 8/7.8]. Schwerpunkt muß aber die Fehlervermeidung sein, nicht nur die nachträgliche Erfassung aufgetretener Fehler.

7.8.1.2 Methode der Schadensanalyse

Die Analyse von Schäden und Beanstandungen ist vor allem in Klein- und Mittelunternehmen meist eine Aufgabe der Konstruktion.

In Kapitel 3.3.4 ist als Anwendungsbeispiel für den Vorgehenszyklus die Analyse einer Schwingungsbeanstandung bei einem Getriebe beschrieben.

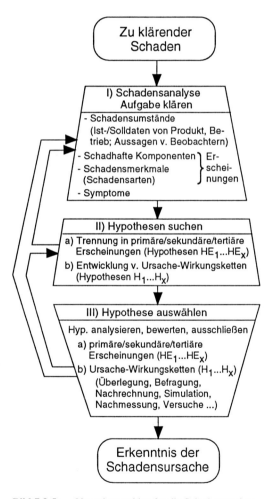

Bild 7.8-5: Vorgehenszyklus für die Schadensanalyse

Auch die Analyse von Produktschäden kann nach dieser Methode mit weniger Fehlern und Umwegen als durch rein planerische Überlegungen durchgeführt werden. Es müssen nur entsprechende Begriffe für Schäden eingebracht werden. Der Vorgehenszyklus nach Bild 3.3-15 wurde deshalb für die Schadensanalyse weiter konkretisiert und in **Bild 7.8-5** dargestellt. Vorläufiges **Ziel** der Schadensanalyse ist die erkannte **Schadensursache**. Dabei ist zu unterscheiden zwischen Produktfehlern (meist dem Hersteller anzulasten), Betriebsfehlern (meist dem Betreiber anzulasten), Unvollkommenheiten des Standes der Technik und unvorhersehbaren Ereignissen. Die meisten Endursachen sind menschliche Fehler oder Unterlassungen.

Eigentliches **Ziel** ist dann die Schadenbehebung und die **Schadenvermeidung**, die aber nur bei erkannter Ursache wirkungsvoll sein kann.

Für die Schadensanalyse sind die Begriffe **Komponenten, Merkmale, Erscheinungen** und **Symptome** wichtig [9/7.8]. Deren Bedeutung wird nachfolgend verdeutlicht.

Das Vorgehen bei der Schadensanalyse nach Bild 7.8-5 geschieht folgendermaßen:

I   Schadensanalyse – Aufgabe klären
– Zunächst sind die **Schadensumstände** festzustellen: Befragung von Beobachtern (z. B.: Was hat sich ereignet? Was war anders als sonst?). Für das Produkt und den damit durchgeführten Betrieb müssen die Soll-Daten vorhanden sein (z. B. Zeichnungen, Meßprotokolle, Werkstoffanalysen, Berechnungen). Falls die Ist-Daten davon abweichen, sind diese festzuhalten.
– Die schadhaften **Komponenten** (Baugruppen, Bauteile) mit ihren **Schadensmerkmalen** (Schadensarten: Bruch, Verschleiß, Korrosion…) sind festzuhalten, aufzunehmen (z. B. zu fotografieren). Physikalisch beobachtbare Veränderungen an diesen Komponenten, die z. B. durch Schadensmerkmale beschrieben werden können, werden zusammengefaßt als **Erscheinungen** bezeichnet (z. B. Reibkorrosion zwischen Innenring und Welle).
– Die **Symptome** (z. B. Geräusch, Überlast, Austritt von Stoffen…) sind festzuhalten.

II Hypothesen suchen
– Es ist zweckmäßig, zunächst die **primären** Komponenten und Schadensarten (bzw. **Erscheinungen) von den sekundären zu trennen**. Die primären sind die verursachenden Erscheinungen. (Primär ist z. B. ein Dauerbruch, sekundär wäre es, wenn auch Gewaltbruch auftrat; er muß ja schon vom Zeitablauf her eine Folge des Dauerbruchs sein). Auch das sind Hypothesen (HE_X = Hypothese der Erscheinung x), die geprüft werden müssen. Entsprechend dem vorhandenen Wissen über das Zusammenwirken der Komponenten und der Schadensarten sind mehrere **hypothetische Ursache-Wirkungs-Ketten** H_1 bis H_X aufzustellen.

III Hypothese auswählen
– Nun müssen zunächst die hypothetischen primären bzw. sekundären **Erscheinungen** HE_X auf Stichhaltigkeit geprüft werden. (Welche waren wirklich primär?)
– Dann werden die hypothetischen **Ursache-Wirkungs-Ketten** H_X abgeprüft. Welche können ausgeschlossen werden? Es wird dies durch Überlegung, Befragung, Nachrechnung, Simulation, Nachmessung oder geeignete Versuche ermöglicht. Schließ-

lich bleiben z. B. ein oder zwei Ursache-Wirkungs-Ketten übrig. Die plausibelste wird als die wahrscheinlichste angenommen. Es ist meist nötig, daß der Vorgehens- zyklus bei dieser Bearbeitung mehrmals zyklisch durchlaufen wird, was die Pfeile andeuten. Es gibt „kleine Iterationen" im Kopf des Bearbeiters, aber auch große, die sich in wiederholten Besprechungen, Versuchen, verfeinerten Berechnungen, nach- geholten Messungen etc. äußern.

So erhält man schließlich die **Schadensursache**, aus der man **Abhilfemaßnahmen** ableiten kann.

In Wirklichkeit sind die Ursache-Wirkungs-Ketten so zahlreich und noch dazu vernetzt, so daß es schwer ist, sie im Kopf oder auf Papier zu modellieren. Das ist selbst bei anscheinend so einfachen Schadensmechanismen wie bei Wälzlagerungen der Fall. Rechnerunterstützung ist dann hilfreich [9/7.8, 10/7.8].

7.8.2 Rechen- und Simulationsmethoden, Optimierung, Kennzahlenmethoden

7.8.2.1 Berechnungsarten technischer Sicherheiten

a) Bei der **Berechnung** wird versucht, die aus Versuchen oder Praxisbeobachtung gewonnene Erfahrung in einem modellhaften Algorithmus zu erfassen. Das Modell soll die realen Verhältnisse möglichst genau vorhersagen.

Man unterscheidet Auslegungsberechnungen und Nachrechnungen. Eine **Ausle- gungsberechnung** (Überschlagsberechnung) liefert Dimensionierungsdaten für ein Produkt aufgrund geforderter Eingangsdaten (z. B. ergeben sich bei einem Getriebe aus dem zu übertragenden Drehmoment mit der Hertzschen oder Stribeck Pressung direkt die Durchmesser und Breiten der Zahnräder). Es geht hier um eine vorläufige Dimensionierung, wie in Kapitel 9.4.6 gezeigt wird.

Die **Nachrechnung** liefert auftretende Beanspruchungen aufgrund der ersten kon- struktiv gewählten Dimensionierung. Diese Berechnungsansätze berücksichtigen wesentlich mehr Einflußgrößen als diejenigen der Auslegungsberechnung. Falls Grenzwerte überschritten werden, muß die Gestalt oder müssen stoffliche Eigen- schaften angepaßt werden.

Man kann ferner die heute üblichen Berechnungsarten in drei Gruppen aufteilen, die zunehmend mehr Einflußgrößen berücksichtigen:

– **Deterministische Verfahren** berücksichtigen i. allg. nur die wichtigsten Einfluß- größen. Hierzu zählen die Sicherheitsberechnungen einfacher Maschinen- elemente. Am besten gesichert ist die statische Festigkeitsrechnung. Verschleiß-, Korrosions- und thermische Probleme werden meist nur überschlägig erfaßt.

– **Halbdeterministische Verfahren** berücksichtigen weitere Einflußgrößen aus praxisnahen Versuchsreihen. Beispiele hierfür sind Wälzlager-Berechnungen unter Berücksichtigung von Öl-/Umgebungsverschmutzung, Verformungs- und thermischen Bedingungen. Erwähnenswert ist ferner die Betriebsfestigkeitsberechnung von Bauteilen aufgrund von Last-Kollektiven unter Berücksichtigung der Werkstoffstreuung.

– **Probabilistische Verfahren** schließen aus der Beobachtung des realen Verhaltens von technischen Systemen, z. B. auf die Wahrscheinlichkeit des Versagens einer Maschine. Hierzu zählen Zuverlässigkeitsberechnungen für die Entwicklung von Flugzeugen oder von elektronischen Systemen und im Reaktor- und Kraftwerksbau [8/7.8].

b) **Weitere Informationen über die Sicherheit** technischer Produkte (v. a. im Anlagenbau) fordert der Besteller oder Betreiber, da er meist durch Berechnungen allein nicht überzeugt werden kann. Denn Gefahren oder Schäden, die ein Hersteller noch nicht erlebt hat, weil er z. B. ein Neuling in einer bestimmten Produkt- oder Anwendungsart ist, wird der Hersteller i. allg. auch nicht berechnen.

Es werden gefordert:

– Garantien mit entsprechenden Konventionalstrafen (z. B. für Verfügbarkeit, Dichtheit, Geräuscharmut, Verluste…),
– Referenzangaben für ähnliche Produkte oder Einsatzfälle,
– Einschaltung neutraler Abnahme-/Prüfgesellschaften (Klassifikationsgesellschaften, TÜV usw.),
– Vertrauenswürdigkeit des Herstellers,
– Qualifikationsnachweis (z. B. Zertifizierung nach DIN ISO 9000 ff. [11/7.8]).

7.8.2.2   Weitere rechnerische Analysemethoden

Folgende beispielhafte Literaturstellen erläutern weitere Analysemethoden:

– Kostenkalkulation (Kapitel 9.2.3)
– Simulationsmethoden, z. B. Finite-Elemente-Methoden (FEM) [12/7.8, 13/7.8]
– Optimierungsmethoden [14/7.8]
– Kennzahlenmethoden [15/7.8]

7.8.3   Versuchsmethoden

Versuche sind im allgemeinen zeit- und kostenintensiver als Berechnungsverfahren, jedoch sind sie meist praxisnäher (Bild 7.8-2). In vielen Fällen, vor allem wenn es um die Verarbeitung von Stoffen (Materialien) geht, sind Versuche zur Eigenschaftsfrüherkennung nötig, da es meist keine genauen Stoffgesetze für die Berechnung gibt.

Grundsätzlich gibt es für Unternehmen **drei Möglichkeiten, Versuche durchzuführen** bzw. durchführen zu lassen:

1. Versuche im eigenen Haus mit:
   – Funktions- oder Labormustern
   – Prototypen
   – Nullserie, Vorserie.

2. Versuch bei auswärtigen Unternehmen (z. B. Entwicklungsgesellschaft, Hochschule).

3. Versuch beim Kunden.

Letzteres muß gemacht werden, wenn es sich um „Großmaschinen" handelt, für die im Originalmaßstab i. allg. keine Prüfstände gebaut werden können (z. B. Papiermaschinen, Rauchgasreinigungsanlagen).

Wie Versuch und Konstruktion einander bedingen und durchdringen, zeigen die Bilder 3.3-19 und 5.1-17.

Will man Versuche planen, so muß man sich zunächst entscheiden, welche Art von Versuchen hinsichtlich der zu erwarteden Ergebnisse durchzuführen ist (Bild 7.8-1, 7.8-2): orientierende Versuche, Prototypversuche oder Prüfstandsversuche zur Erstellung eines Berechnungsverfahrens.

Da die Darstellung von orientierenden Versuchen in der Literatur eher dürftig ist, soll im folgenden näher darauf eingegangen werden.

Orientierende Versuche

Eine häufige Erfahrung ist, daß **Versuche zu aufwendig** geplant werden, da es in den meisten Unternehmen eine eigene Abteilung gibt, die sich der Versuchsaufträge mit dem gewohnten Aufwand annimmt. Als Ergebnisse werden „exakte" Daten und Berechnungsunterlagen geliefert. Das ist aber von der Konstruktion dann gar nicht gefordert, wenn es z. B. um das grundsätzliche Funktionieren eines Lösungsprinzips geht, oder wenn nur zwei konstruktive Varianten relativ zueinander verglichen werden sollen. In solchen Fällen genügen **„orientierende Versuche"** (Handversuche, Einfachversuche), die u. U. sogar in der Konstruktionsabteilung selbst durchgeführt werden können.

Am **Beispiel** einer **Scheibenbremse für den Bahnbetrieb** soll gezeigt werden, wie man vorgeht, um die Eigenschaften von konstruktiven Varianten nur soweit zu erkennen, daß man die bessere auswählen kann (vgl. dazu die Beispiele in den Kapiteln 8.5 und 8.6).

Bild 7.8-6 zeigt im oberen Bildteil eine konventionelle, innen durch radiale Kanäle belüftete Scheibenbremse für den Bahnbetrieb. Unten ist eine Wirkflächen-Variante wiedergegeben, bei der statt der rippenförmigen Stege nur noch gegossene Bolzen vorgesehen sind.

Der Grund für die Umkonstruktion waren die vermuteten geringeren **Ventilationsverluste** und die geringere **Rißempfindlichkeit** durch Wärmespannungen. Diese Annahme wurde durch FEM-Untersuchungen bestätigt. Zu beantworten blieb also die Frage, wie groß der **Ventilationsverlust** und die **Kühlwirkung** der neuen Scheibenkonstruktion relativ zur alten sind. Dies ließ sich mit vertretbarem Aufwand nicht mehr rechnen. Um die Modellkosten zu sparen, wurde für die nachfolgenden Versuche eine mit montierten Bolzen versehene Modellscheibe gebaut.

Die Versuchseinrichtung bestand nur aus einer Handbohrmaschine, die an einem dünnen Draht aufgehängt war und deren Drehmoment über eine Federwaage gemessen werden konnte (**Bild 7.8-7**). Die beiden Scheiben wurden jeweils an der Bohrmaschine befestigt, in kochendem Wasser auf 100° C erhizt und eine definierte Zeit gedreht. Während des Versuchs wurde die Temperatur der geförderten Luft und anschließend die Oberflächentemperatur der Scheibe gemessen.

Bremsscheibe A mit radialen Rippen (alt)

Bremsscheibe B mit gegossenen Bolzen (neu)

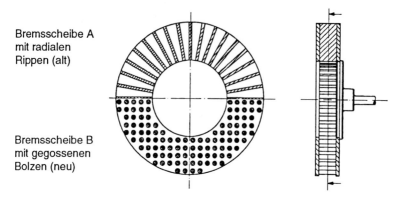

Bild 7.8-6:   Bremsscheibenmodell [16/7.8]

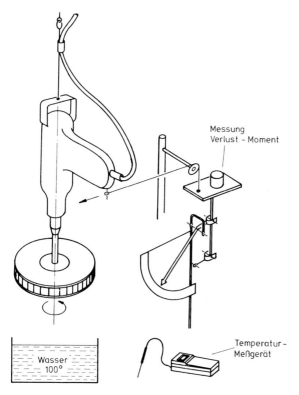

Messung Verlust – Moment

Temperatur – Meßgerät

Wasser 100°

Bild 7.8-7:   Einfache Versuchseinrichtung für einen orientierenden Versuch zur Entscheidung zwischen zwei Bremsscheibenvarianten (Bild 7.8-6)

Ergebnis: Die neue Scheibe fördert ca. 30% weniger, wegen besserem Wärmeübergang aber heißere Luft. Die Kühlwirkung ist dadurch etwas besser. Das Verlustmoment ist um 60% geringer. Bei einer Verlustleistung einer bisherigen Rippenscheibe von rund 1 kW (bei 160 km/h) ergeben sich erhebliche Einsparungen bei einem ganzen Zug. Die Entscheidung für die neue Scheibe war damit eindeutig. Aufwendigere Fertigungs- und Versuchsinvestitionen sind gerechtfertigt (Strategien X.1, X.2, II.2 in Bild 3.3.-22). Heute hat sich die Bolzenscheibe weitgehend durchgesetzt.

Versuchsplanung und -durchführung

Will man Versuche zielgerichtet für die gewünschten Erkenntnisse schnell und kosten-günstig planen, durchführen, auswerten und interpretieren, so ist meist eine Vielzahl von Problemen zu lösen, für die eine ähnliche Vielzahl von Methoden zur Auswahl stehen. Diese können hier nur skizziert werden. Das meiste wird auch hier von erfahrenen Praktikern im „Normalbetrieb" (Kapitel 3.2) aus der Logik der Sache heraus erledigt.

Setzt man den **Vorgehenszyklus** (Bild 3.3-14) ein, so ist gilt für **Arbeitsabschnitt I** „Problem (Aufgabe) klären und strukturieren":

– **Ausgangspunkt** ist ein Problem (Aufgabe) in Form einer unbekannten Eigenschaft eines Objekts, z. B. eines Funktionsträgers, Produkts, Werk-, Betriebs-, Umsatz-stoffes.

– Es ist eine vorläufige hypothetische Modellvorstellung vom **Funktionieren, Ab-laufen, Verhalten** des zu **untersuchenden Objektes** zu erarbeiten. In manchen Fällen kann dies schon ein mathematisches Modell sein [17/7.8]. Es sind die interessierenden Ein- und Ausgangsgrößen, die Haupt- und Nebeneinflußgrößen zu erkennen und festzulegen.

– Es ist ferner eine Modellvorstellung für die **Einflußgrößen-Variation** und -Erfas-sung nötig: Welche Einflußgrößen können direkt oder indirekt gemessen (ver-glichen) werden, welche sollen in welchem Bereich geändert und welche konstant gehalten werden? Dabei ist es meist zweckmäßig, zu Beginn der Versuche große Variationsbereiche grob abzutasten und je nach Ergebnis an bestimmten Stellen zu verfeinern [18/7.8].

Entsprechend **Arbeitsabschnitt II und III** des Vorgehenszyklus „Lösungen suchen und auswählen" ergibt sich als nächstes:

– Es sind **Versuchsmethoden** (z. B. orientierende/detaillierte Versuche, physikalisch unterschiedliche Verfahren; Bild 7.8-1) und mögliche **experimentelle Einrichtun-gen** (Prüfstände) zu ermitteln und auszuwählen. U. U. muß die Einrichtung erst konstruiert und gebaut werden (Problembereichswechsel, Bild 3.3-19).

Nach **Arbeitsabschnitt IV** (Kapitel 3.3.2e) des Vorgehenszyklus „Lösung verwirk-lichen" ergibt sich weiter:

– Die Versuche sind **durchzuführen**. Es muß beobachtet und gemessen werden.

– Die Versuche müssen **ausgewertet** und **interpretiert** werden.

Meist finden sehr viele Iterationen zwischen den obigen Arbeitsabschnitten statt. Es ist selten der Fall (nur bei Routineversuchen), daß die ursprünglichen Modellvorstellungen und die Wahl der Versuchsparameter (Einflußgrößen) bzw. der Versuchseinrichtungen von Anfang an realistisch eingeplant werden können.

Literatur zu Kapitel 7.8

[1/7.8]   Dylla, N.: Denk- und Handlungsabläufe beim Konstruieren. München: Hanser 1991. (Konstruktionstechnik München, Band 5) Zugl. München: TU, Diss. 1990

[2/7.8]   Heinz, R.: Schwingungsverschleiß – Erscheinungsformen, Prüfmethoden und Abhilfemaßnahmen. Technische Berichte 8 (1986/87) 5, S. 252–264. (Stuttgart: Bosch)

[3/7.8]   Feichter, E.: Systematischer Entwicklungsprozeß am Beispiel von elastischen Radialversatzkupplungen. München: Hanser 1992. (Konstruktionstechnik München, Band 10). Zugl. München: TU, Diss. 1992

[4/7.8]   Horváth, P.; Herter, R. N.: Benchmarking. Controlling 4 (1992) 1, S. 4–11.

[5/7.8]   Eversheim, W.; Linnhoff, M.; Pollack, A.: Mit Benchmarking zur richtigen Unternehmensstrategie. VDI-Z 136 (1994) 5, S. 38–41.

[6/7.8]   Hering, E.; Triemel, J.; Blank, H.-P.: Qualitätssicherung für Ingenieure. Düsseldorf: VDI-Verlag 1993.

[7/7.8]   DIN-Norm 25424, Teil 1: Fehlerbaumanalyse; Methoden und Bildzeichen. Berlin: Beuth 1981.
          Teil 2: Fehlerbaumanalyse; Handrechenverfahren zur Auswertung eines Fehlerbaums. Berlin: Beuth 1990.

[8/7.8]   Birolini, A.: Qualität und Zuverlässigkeit technischer Systeme – Theorie, Praxis, Management. Berlin: Springer 1985.

[9/7.8]   Neese, J.: Methodik einer wissensbasierten Schadenanalyse am Beispiel Wälzlagerungen. München: Hanser 1991. (Konstruktionstechnik München, Band 7) Zugl. München: TU, Diss. 1991

[10/7.8] Neese, J.; Ehrlenspiel, K.: Ein Expertensystem zur Schadenanalyse an Wälzlagern (SAWEX). In: Expertensysteme in Entwicklung und Konstruktion, Baden-Baden. Düsseldorf: VDI-Verlag 1989, S. 269–289. (VDI-Berichte 775)

[11/7.8] DIN ISO 9000: Qualitätsmanagement- und Qualitätssicherungsnormen. Berlin: Beuth 1992.

[12/7.8] Zienkiewicz, O. C.: Methode der Finiten Elemente. 2. Aufl. München: Hanser 1984.

[13/7.8] Bathe, K.-J.: Finite-Elemente-Methode. Berlin: Springer 1990.

[14/7.8] Figel, K.: Optimieren beim Konstruieren: Einsatz von Optimierungsverfahren, CAD und Expertensystemen. München: Hanser 1988. Zugl. München: TU, Diss. 1988

[15/7.8] Boothroyd, G.; Dewhurst, P.: Design for Assembly. Amherst: University of Massachusetts, Department of Mechanical Engineering 1983.

[16/7.8] Wirth, X.: Innenbelüftete Wellenbremsscheibe mit verminderter Ventilatorleistung. Glasers Annalen. München: G. Siemens Verlag 1985.

[17/7.8] Blaß, E.: Entwicklung verfahrenstechnischer Prozesse. Frankfurt: Solle und Sauerländer 1989.

[18/7.8] Ropohl, G.: Systemtechnik – Grundlagen und Anwendung. München: Hanser 1975.

7.9 Methoden zum Beurteilen und Entscheiden

Fragen:

- In **welchen Fällen** sollten Beurteilungsmethoden eingesetzt werden?
- Welche **Schwachstellen** gibt es bei **realen Bewertungs- und Entscheidungsprozessen**?
- Welche **Methoden** zur Beurteilung gibt es?
- **Wann** wendet man **welche** Methode an?

7.9.1 Zweck und Gültigkeitsbereich der Methoden

Den Beurteilungsmethoden kommt sowohl im ganzen Prozeß der Produkterstellung wie beim Konstruieren eine besondere Bedeutung zu: Es muß laufend entschieden werden („design is making decisions"). Das drückt sich aus im

- TOTE-Schema (Bild 3.3-8: Test-Schritt!),
- Vorgehenszyklus (Bild 3.3-14: III Lösung auswählen!) und
- Vorgehensplan (Bild 6.5-1).

Beurteilungsmethoden sollen aber nur **Hilfe zur Entscheidungsvorbereitung** geben.

Die Dokumentation sämtlicher Entscheidungen und deren Gründe wird in der gesamten Produkterstellung zunehmend wichtiger, da durch entsprechende Nutzung der Dokumentation die Produktqualität positiv beeinflußt werden kann [2/7.9]. Um fundierte Entscheidungen treffen zu können, sind begründete Wertzuweisungen nötig. Voraussetzung dafür wiederum ist eine sachgerechte Eigenschaftsanalyse. Der Begriff **Beurteilung** dient daher als Oberbegriff für Analyse und Bewertung. Den in diesem Kapitel vorgestellten Bewertungsmethoden ist also eine genaue Analyse voranzustellen. Methoden dazu sind in Kapitel 7.8 beschrieben.

Im allgemeinen ist **jede Beurteilung subjektiv**, und es gibt keine Sicherheit für die Auswahl einer objektiv besten Lösung. Der Einsatz von Auswahl- und Bewertungsmethoden macht den Produkterstellungsprozeß nachvollziehbar, mindert damit Probleme mit der Produkthaftung [1/7.9] und entspricht den Forderungen nach DIN ISO 9000 ff [2/7.9]. Eine Bewertung gibt immer nur einen Vergleich zu bekannten oder denkbaren Lösungen an. Eine plötzlich bekannt werdende, besonders gute Lösung ändert die gesamte Bewertung der anderen.

7.9.2 Schwachstellen realer Bewertungs- und Entscheidungsprozesse

Beim Konstruieren und damit auch beim Gestalten werden laufend Entscheidungen verschiedener Art getroffen:

- **Zielentscheidungen**, insbesondere bei sich widersprechenden Zielen (Bild 7.3-4),
- **Ja/Nein-Entscheidungen**, z. B. „ist ein bestimmtes Produktelement nötig?",
- **Auswahlentscheidungen**, d. h. Entscheidungen, welche Gestaltvarianten konstruiert werden sollen, Bewertung diskreter Gestaltvarianten nach Sicherheit, Handhabung, Fertigbarkeit, Aussehen, Kosten etc.,
- **„stufenlose Entscheidungen"**, welche Form und Abmessung festzulegen ist.

Die meist unbewußt bleibenden **kleinen Entscheidungen** erfolgen kürzer als im Minutentakt [3/7.9]. Besonders gestalterische bildhafte Entscheidungen, wie bei den „stufenlosen" Entscheidungen, werden oft nicht explizit getroffen: Der Konstrukteur sieht vor seinem „geistigen Auge" „gesunde", brauchbare Konstruktionsvorbilder aus früheren Bewertungsprozessen und richtet sich danach.

Trotzdem sollte man sich die Voraussetzungen für zu treffende Entscheidungen möglichst bewußt machen und möglichst quantifizieren. Denn nach Dylla [3/7.9] unterscheiden sich erfolgreiche Konstrukteure von weniger erfolgreichen u. a. dadurch, daß sie die Anforderungen sorgfältiger klären, die Eigenschaften ihrer Lösungsvarianten möglichst genau ermitteln und diese mit den Anforderungen vergleichen (Kapitel 3.4). Aus diesem Vergleich erfolgt die Entscheidung sowohl für die konstruktive Festlegung als auch für den weiteren Ablauf des Konstruktionsprozesses. Die Bewertung ist damit auch, wie schon in Kapitel 3.3.2 besprochen, ein wesentlicher Bestandteil des Vorgehenszyklus (Bild 3.3-14), der dem beobachteten Vorgehen entspricht (Bild 3.4-4).

Die Bewertung dient, wie erwähnt, wesentlich der Entscheidungsvorbereitung, insbesondere bei **„größeren" Entscheidungen**. Die **Entscheidung** selbst ist ein besonderer subjektiver Akt des Entscheidungsträgers, da die Bewertung nie vollständig sein kann und zudem selbst wieder erhebliche subjektive Einflüsse der Bewertenden enthält. In den Bewertungsvorgang fließen in unterschiedlichem Maße das Wertsystem und die Bedürfnisse des Kunden, des Unternehmens, der Gesellschaft und natürlich auch des Bewertenden ein. In der Praxis muß schon aus Zeitmangel meist mit erheblicher **Entscheidungsunsicherheit** gearbeitet werden. **Ziel** ist es, durch mehr und bessere Information über Entscheidungsalternativen mit minimalem Aufwand beim Bewerten eine hohe Entscheidungssicherheit zu erreichen.

Das **Entscheidungsverhalten** kann durch Vorurteile und innere Einstellungen geprägt sein: Es gibt persönlich unsichere (schwache) Entscheidungsträger. Es gibt welche, die zu früh entscheiden („vorpreschen"), andere, die zu spät entscheiden („aussitzen") relativ zu dem Entscheidungsverhalten anderer. Dies entsteht aufgrund psychischer Voreinstellungen.

Entscheidungen können **improvisiert** und zum Teil – im Normalbetrieb nach Kapitel 3.2.2 – intuitiv getroffen werden,

- wenn die Konsequenzen unbedeutend sind,
- wenn das Ergebnis nachträglich noch leicht beeinflußt werden kann,
- wenn eine Alternative sehr deutliche Vorteile gegenüber den anderen hat,
- wenn sich die Alternativen kaum unterscheiden.

Ansonsten sollten Entscheidungen methodisch unterstützt werden, wie nachfolgend gezeigt wird (siehe auch Bild 7.9-1).

Reale Bewertungsprozesse sind häufig sprunghaft, sehr intuitiv und sehr personenabhängig [4/7.9]. Die bewertende **Einzelperson** kann der Tendenz zur unbewußten Vereinfachung erliegen, übergeht oder vergißt Anforderungen, Randbedingungen oder Kriterien. Sie gewichtet (unbewußt) bestimmte Kriterien falsch, Lösungsvarianten werden ungenügend oder fehlerhaft analysiert. Sehr häufig wird gefühlsmäßig positiv bewertet, wenn die Funktion der Lösung gut erkennbar oder auch nur zeichnerisch klar dargestellt ist („Design"). Was nicht verstanden wird, erfährt meist eine unbewußte Abwertung [3/7.9]. Dies gilt ebenso für fremde Lösungen (Not-Invented-Here-Syndrom). Zu beachten sind Lernvorgänge beim Bewerten: Manche Kriterien werden in ihrer Wichtigkeit erst im Lauf der Bewertung erkannt. Vor Festlegung von Bewertungskriterien macht man deshalb zweckmäßigerweise eine Probebewertung.

In der **Gruppe** oder im Team kann der Einfluß dominanter Personen erheblich durchschlagen, da sich niemand etwas dagegen zu sagen traut. Es kann sich auch durch „Verantwortungsdiffusion" eine wenig kontrollierte Gruppenmeinung bilden [5/7.9]. Damit ist gemeint, daß man sich in einer Gruppe leichter „aus der Verantwortung stehlen" kann. Die Gruppe muß immer wieder auf ihre Verantwortung hingewiesen werden. Letztlich trägt dann der Team- oder Projektleiter die Verantwortung (Kapitel 4.3.3).

7.9.3 Hilfen zur Verbesserung der Entscheidungssicherheit

Aus Erfahrungen der Praxis können folgende Empfehlungen gegeben werden:

a) Hilfreich ist alles, was zur **Bewußtwerdung** des Bewertungs- und Entscheidungsprozesses führt und was den **Informationspegel** bezüglich der Anforderungen an die Lösungsvariante und deren Eigenschaften anhebt:
   - Fachleute, Service-Spezialisten und Benutzer hinzuziehen und mit ihnen die Problematik durchdiskutieren,
   - schriftlich nachdenken, d. h. Ziele, Kriterien, Lösungseigenschaften im Sinne eines Bewertungsverfahrens schriftlich niederlegen (in der Gruppe visualisieren),
   - die Anforderungen in Frage stellen und auf Vollständigkeit überprüfen (nicht erkannte, wichtige Anforderungen und damit Bewertungskriterien können ein Bewertungsergebnis und die Entscheidung völlig umstoßen, vgl. Kapitel 7.3.2.2, 8.4.7),
   - Checklisten für Eigenschaften (Kriterien) einsetzen,

b) Bewertungsverfahren mit folgendem **grundsätzlichen Vorgehen** einsetzen:
   1. Über **Zielvorstellungen** des Kunden, des Marktes, des Herstellers, der Gesellschaft geeignete Kriterien aufstellen.
   2. Diese Zielkriterien zu **Ober- und Unterkriterien** im Sinne der Nutzwertanalyse (Bild 7.9-11 oben) zusammenfassen und evtl. **gewichten**. Wird dieser Schritt nicht durchgeführt, besteht die Gefahr, daß die Gewichtung unbewußt geschieht,

da dann öfter nach ähnlichen und voneinander abhängigen Kriterien bewertet wird.

3. Die **Lösungsalternativen auf ihre Eigenschaften** bezüglich dieser Kriterien **analysieren**. Dazu müssen die Kriterien auf erfaßbare Merkmale „heruntergebrochen" werden (z. B. Geräusch auf Frequenz, Schallpegel …).

4. Die von der Art her i. allg. unterschiedlichen Eigenschaften (Lebensdauer, Gewicht, Kosten etc.) müssen normiert und z. B. durch eine **Wertvergabe dimensionsloser Punkte** gegenseitig verrechenbar gemacht werden (Wertfunktionen).

5. Die Einzelwerte (Punkte) eines jeden Kriteriums zu einem **Gesamtwert** der jeweiligen Alternative aufsummieren.

6. Die **Alternativen** hinsichtlich dieser Gesamtwerte **vergleichen**: Welche ist die beste? Wie ist die Rangfolge? Wo sind die Schwachstellen der Alternativen, aber auch der Bewertung?

7. Grundsätzlich gute Alternativen, die wegen untergeordneter Defizite abgewertet wurden, in einem zweiten Bewertungsdurchgang bezüglich des Nachbesserungsaufwands bewerten.

Für Bewertungsverfahren gibt es **formale Methoden** (Kapitel 7.9.5 und 7.9.6). Damit wird die Entscheidungsvorbereitung schrittweise, d. h. methodisch, durchgeführt. Sie wird diskutierbar und weniger subjektiv („objektivierte Subjektivität"). Die Schwerpunkte werden leichter erkennbar. Diese Verfahren werden nachfolgend erläutert.

Bewertungsverfahren sind außerdem ein hervorragendes Hilfsmittel, die **Schwachstellen eigener Produkte** relativ zu Konkurrenzprodukten nachvollziehbar aufzudecken. Insofern sollten sie grundsätzlich zur Aufgabenklärung bei der Weiterentwicklung von Produkten eingesetzt werden (Kapitel 7.3).

Wichtig ist aber zu wissen, daß nur der obige Schritt b3 (Analyse der Eigenschaften der Lösungsalternativen) einigermaßen objektiv vollzogen werden kann. Alle anderen Schritte enthalten mehr oder weniger subjektive Einflüsse.

c) **Konkretisieren** von Alternativen bzw. Lösungsvarianten um Schwachstellen zu erkennen und zu beseitigen, soweit dies zeitlich oder aufwandsmäßig vertretbar ist. Genauer durchkonstruieren bzw. berechnen; Simulationsverfahren einsetzen; u. U. einfache, orientierende Vergleichsversuche machen; Modelle machen („Rapid Prototyping"); Prototypen testen. Durch die Konkretisierung ergibt sich ein Erkenntniszuwachs, welcher der Eigenschaftsfrüherkennung und damit dem Vergleich von Lösungsvarianten förderlich ist (Bild 4.2-3 und 9.1-9).

7.9.4   Auswahl von Bewertungsmethoden

Die Auswahl von Bewertungsmethoden gestaltet sich in der Praxis sehr unterschiedlich, wie aus **Bild 7.9-1** schematisch hervorgeht.

Im Bild sind einige Kriterien aufgeführt, deren Ausprägung eine Orientierung für die Auswahl einer Beurteilungsmethode geben sollen. Bei der Mehrzahl aller Entscheidungen ist eine **Einfach-Auswahl** sinnvoll (links im Bild). Es gibt aber auch sehr

Kriterien für die Methodenauswahl	Frage: Welche Art der Auswahl wählen?	
	Einfach-Auswahl, wenn	Intensiv-Auswahl, wenn
Erkennbarkeit der Eigenschaften	mäßig	gut
Wichtigkeit der Entscheidung	gering	hoch
Korrekturmöglichkeit	einfach	schwierig
Neuheit des Problems	gering	hoch
Komplexität des Problems	gering	hoch
Dringlichkeit der Entscheidung	es eilt	Zeit muß vorhanden sein, wenn obiges zutrifft!

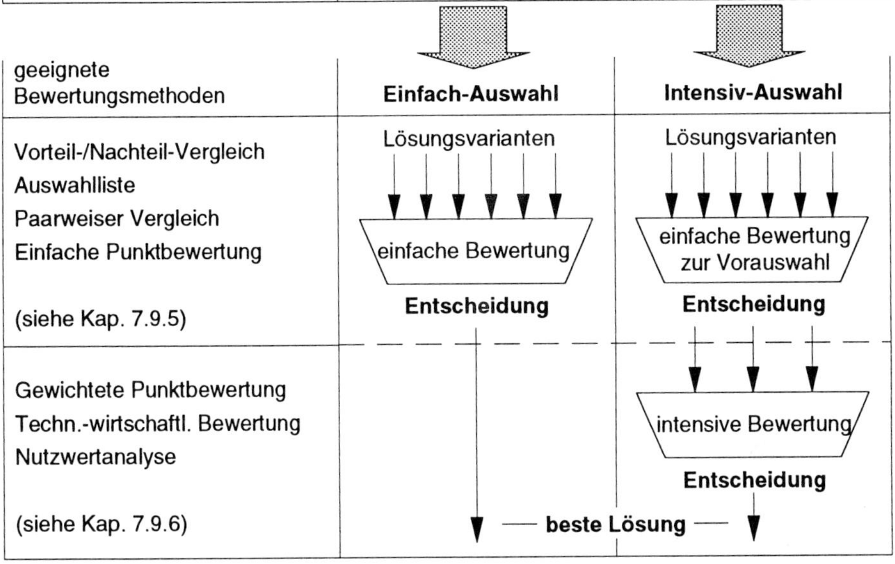

geeignete Bewertungsmethoden	Einfach-Auswahl	Intensiv-Auswahl
Vorteil-/Nachteil-Vergleich Auswahlliste Paarweiser Vergleich Einfache Punktbewertung (siehe Kap. 7.9.5)	Lösungsvarianten → einfache Bewertung → **Entscheidung**	Lösungsvarianten → einfache Bewertung zur Vorauswahl → **Entscheidung**
Gewichtete Punktbewertung Techn.-wirtschaftl. Bewertung Nutzwertanalyse (siehe Kap. 7.9.6)		intensive Bewertung → **Entscheidung**
	↓ — beste Lösung — ↓	

Bild 7.9-1: Entscheidungshilfe für Einfach-Auswahl (Kapitel 7.9.5) und Intensiv-Auswahl (Kapitel 7.9.6)

wichtige Fälle, bei denen man sich einer **Intensiv-Auswahl** zuwenden sollte. Dies ist beispielsweise der Fall, wenn das Entscheidungsproblem wichtig und neu ist, wenn eine Korrektur der getroffenen Entscheidung schwierig ist. Das setzt natürlich auch voraus, daß die Eigenschaften der Alternativen ausreichend erkannt werden können und daß man sich die nötige Zeit hierfür nimmt. Da die intensiven Bewertungsmethoden entsprechend aufwendig sind, ist es zweckmäßig, die oft beim methodischen Konstruieren oder im Brainstorming erzeugte große Menge von Lösungsvarianten mit einfachen Bewertungsmethoden auf z. B. zwei bis vier einzuschränken, also eine **Vorauswahl** vorzuschalten. Dabei kommt es insbesondere darauf an, daß Forderungen (Muß!) aus der Anforderungsliste erfüllt und Teillösungen untereinander verträglich sind (siehe Methode „Auswahlliste", Bild 7.9-5). Man sollte wenigstens nur prinzipiell geeignete Lösungsvarianten einer intensiven Bewertung unterziehen.

Sowohl für die einfache wie für die intensive Bewertung gibt es jeweils eigene Bewertungsmethoden, von denen ein Teil im folgenden besprochen wird.

7.9.5   Methoden für die einfache Bewertung

Wenn die Wichtigkeit und Neuheit der Entscheidung gering ist, wenn eine Korrektur der getroffenen Entscheidung einfach ist, wird man sich einfacher und schnell durchzuführender Methoden bedienen. Das geht zum großen Teil im Normalbetrieb des Gehirns (Bild 3.3-2). Die vielen kleinen Entscheidungen beim Konstruieren werden wohl meist unbewußt getroffen – auch weil sie oft schon Routinefälle darstellen.

Schließlich ist es in frühen Phasen des methodischen Konstruierens, beim Konzipieren, sehr sinnvoll, eine einfache Bewertung vorzunehmen, da die Erkennbarkeit der Eigenschaften von z. B. physikalischen Effekten oder Wirkflächenkombinationen noch gering ist.

Im folgenden werden verschiedene Bewertungsmethoden teilweise an Hand von bewußt einfach gewählten Beispielen erläutert, damit der Methodeninhalt deutlich wird.

a) Vorteil-/Nachteil-Vergleich

Die häufigste und am schnellsten durchführbare Methode der Bewertung ist der Vergleich von Vor- und Nachteilen einer Lösungsalternative relativ zu einer vorhandenen oder auch zu einer gedachten idealen Lösung. Hilfreich ist dabei, wenn man sich vorher klarmacht, welches die Vergleichslösung ist, und sich eine Kriterienliste vorgibt, die man der Reihe nach abarbeitet.

Als Beispiel soll von drei 9V-Batterien (Typ 1 bis 3) die zum Kauf geeignetste ermittelt werden. Die **Anforderungen** seien die in **Bild 7.9-2** zusammengestellten.

Funktion	mindestens 8,0 V unter Last	Forderung
Kosten (Preis)	höchstens 3 DM	Forderung
Betriebssicherheit	kein Auslaufen und Halten der Spannung über 1 Jahr	Wunsch

Bild 7.9-2:   Anforderungen an die Batterie

Damit sind ebenfalls drei Bewertungskriterien gegeben. Die **Eigenschaften** der drei Batterien sind in **Bild 7.9-3** angegeben. Sie erfüllen alle die beiden obigen Forderungen ("Muß-Eigenschaften").

Einen Vorteil-/Nachteil-Vergleich der Typen 2 und 3 gegen die technisch beste, aber teuerste Alternative Typ 1 zeigt **Bild 7.9-4**.

Batterietyp	Kriterien		
	Funktion	Kosten	Betriebssicherheit
Typ 1	9,1 V	2,50 DM	gut
Typ 2	8,5 V	2,20 DM	mittel
Typ 3	8,9 V	1,60 DM	mäßig

Bild 7.9-3:   Eigenschaften der drei Beispiel-Batterien

Kriterien	gegenüber Batterie Typ 1			
	hat Typ 2		hat Typ 3	
	Vorteil	Nachteil	Vorteil	Nachteil
Funktion	–	nicht besonders gut	fast gleich gut	–
Kosten	günstiger	–	sehr günstig	–
Betriebssicherheit	–	noch akzeptierbar	–	kaum akzeptierbar

Bild 7.9-4:   Vorteil/Nachteil-Vergleich der drei Batterien nach Bild 7.9-3

Der Hauptvorteil dieses Vorgehens ist, daß man sich über die Kriterien und die relativen Eigenschaften der Varianten klar wird. Die Entscheidung fällt dennoch meist aufgrund der sich bildenden „gefühlsmäßigen Wertung". Bei komplexen Objekten, vielen Kriterien unterschiedlicher Wichtigkeit kommt man so nicht gut weiter, weshalb formale Verfahren entstanden sind.

b) Auswahlliste

Die Methode verwendet vorgegebene, weitgehend allgemeingültige Kriterien (A bis G in **Bild 7.9-5**), wobei die wichtigsten A und B für jede Lösungsvariante erfüllt sein müssen, da sonst die weitere Bewertung sinnlos wird. Dies leuchtet unmittelbar ein, da A die Forderungen der Anforderungsliste betrifft und B die Verträglichkeit mit angrenzenden Lösungen.

Die Lösungsvarianten werden binär mit ja (+) oder nein (–) beurteilt. Werden Informationsmängel oder Unstimmigkeiten in der Anforderungsliste erkannt, so wird dies mit einem Fragezeichen (?) vermerkt. Die Lösung kann dann u. U. später noch einmal eingehender behandelt werden.

In Bild 7.9-5 ist bewußt nicht das Beispiel der Batterieauswahl angesprochen, da nur die Kriterien A und D zum Zug kommen.

Auf der Grundlage dieser ersten Beurteilung wird über die weitere Verwendung der ursprünglichen Lösungsvarianten nach folgenden Regeln entschieden:

1. Es werden die Lösungsvarianten weiterverfolgt bzw. intensiv bewertet, die alle Kriterien erfüllen (z. B. hier nur Variante 1).

2. Lösungsvarianten, bei denen ein Kriterium nicht erfüllt ist, werden ausgeschieden (Variante 2 und 4).

3. Treten bei Lösungsvarianten Informationsmängel oder Fragen zur Anforderungsliste auf, so werden diese nicht ausgesondert, sondern nach der Klärung der offenen Fragen neu beurteilt (Variante 3).

Kriterium		Lösungsvarianten				
		1	2	3	4	...
A	Forderungen der Anforderungsliste erfüllt?	+	?	+	−	
B	Verträglichkeit mit angrenzenden Lösungen gegeben?	+	−	+	+	
C	Grundsätzlich realisierbar?	+	+	?	+	
D	Aufwand zulässig?	+	+	+	−	usw.
E	Unmittelbare Sicherheit gegeben?	+	−	+	+	
F	Terminlich machbar?	+	+	+	+	
G	Know-how vorhanden/beschaffbar?	+	+	+	+	
H	...					
	Entscheidung	+	−	?	−	

Bild 7.9-5:   Auswahlliste (ja +; nein −; Informationsmangel ?) [ähnlich Pahl/Beitz, 6/7.9]

c) Paarweiser Vergleich

Insbesondere wenn die Eigenschaften von Alternativen mehr qualitativ als quantitativ bekannt sind, ist ein direkter Vergleich von jeweils zwei Alternativen nur bezüglich eines Kriteriums relativ leicht und klar durchführbar. Man kennzeichnet das Urteil mit „besser als ...", „schlechter als .." und vergibt dafür Punkte 1 und 0. Aufgrund der Punktesumme für je eine Alternative läßt sich eine Rangfolge bilden (**Bild 7.9-6**).

Bezüglich Betriebssicherheit ist Batterie vom	besser (1) oder schlechter (0) als Batterie vom			Punkte-summe Σ	Rangfolge
	Typ 1	Typ 2	Typ 3		
Typ 1	−	1	1	2	1
Typ 2	0	−	1	1	2
Typ 3	0	0	−	0	3

Bild 7.9-6:   Paarweiser Vergleich der drei Batterien bezüglich Betriebssicherheit, d. h. Auslaufen usw. (Dominanzmatrix)

Man kann den Vergleich natürlich erweitern auf „gleich gut wie ..." und vergibt dann Punkte 0 (schlechter), 1 (gleich gut) und 2 (besser). Ebenso kann dieser Vergleich für eine Rangfolge nach Wichtigkeit der Kriterien eingesetzt werden.

Die Klarheit und der relativ geringe Aufwand haben aber auch eine geringere Aussagekraft zur Folge. Bei der Kriterienbildung erhält man z. B. nur die Rangfolge, aber keine gewichteten quantitativen Wertungen.

d) Einfache Punktbewertung

Hierbei werden Bewertungskriterien gesucht und darauf aufbauend Punkte für die einzelnen Varianten vergeben. Eine Gewichtung der Kriterien erfolgt nicht. Die Punktesumme der einzelnen Varianten dient dann als Entscheidungshilfe. Das Vorgehen dabei ist ähnlich Bild 7.9-7, aber ohne den Schritt 2 (Gewichtung). Die Methode muß deshalb hier nicht gesondert beschrieben werden.

Entsprechend den Erläuterungen zu Bild 7.9-1 in Kapitel 7.9.4 kann die gefundene beste Lösung weiter im Konstruktionsprozeß verwendet oder konkretisiert werden. Es können aber einige fast gleichwertige Lösungsvarianten in einer intensiven Bewertung mit einer der nachfolgenden Methoden genauer untersucht werden.

7.9.6 Methoden für die intensive Bewertung

a) Gewichtete Punktbewertung

Ergänzend zur einfachen Punktbewertung werden hier die Bewertungskriterien gewichtet. Gezeigt wird dies am Beispiel der 9V-Batterien im **Bild 7.9-7**.

Bei dem Beispiel wurde eine Gewichtung zwischen 0 und 1 gewählt, wobei die Summe der Gewichte 1 ergibt. Der Punktebereich läuft von 1 bis 10.

Die Punktvergabe verlangt die Festsetzung von unteren und oberen Grenzwerten (z. B. Preis: 1,60 DM = 10 Punkte, 2,60 DM = 0 Punkte). Dazwischen werden die Punkte linear vergeben. Für die Betriebssicherheit wurden Punkte „nach Gefühl" vergeben.

Der Typ 3 schneidet am besten ab. Es sollte aber kritisch geprüft werden, ob die Gewichtung und Punktvergabe wirklich den Wünschen entsprechen.

Die **Gewichtung** ist nach Untersuchungen [7/7.9] nur dann für den Gesamtwert wirkungsvoll, wenn sie mit deutlichen Unterschieden erfolgt, sich die Eigenschaften in dem herauszuhebenden Kriterium stark unterscheiden und es nicht zu viele Kriterien sind.

Die Punktevergabe läßt sich nachvollziehbar gestalten, wenn man sich **Werteskalen** oder **Wertfunktionen** vorgibt. Dabei werden die zu vergebenden Punkte über der jeweiligen Ausprägung des Kriteriums aufgetragen [8/7.9]. Eine Werteskala macht z. B. folgende Angaben: 8 von 10 Punkten sind zu vergeben, wenn die nach Stunden gemessene Betriebssicherheit für die Variante bei 75 bis 85% der Betriebssicherheit aller Varianten liegt. 10 Punkte (100%) bekäme dann die absolut beste aus einer größeren Zahl von statistisch untersuchten Varianten. Dies entspricht z. B. einer linearen Wertfunktion.

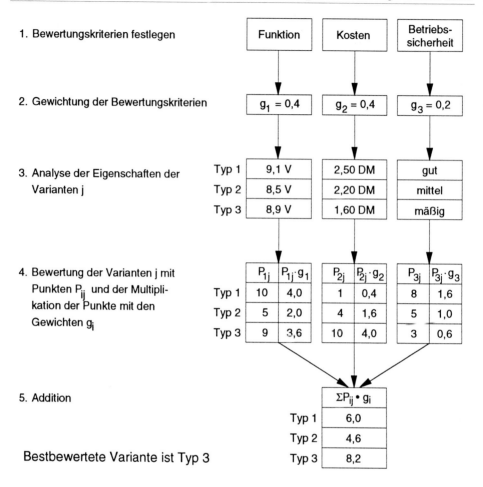

Bild 7.9-7:   Beispiel einer gewichteten Punktbewertung

b) Bewertung mittels technisch-wirtschaftlicher Bewertung

Diese Bewertung nach VDI 2225 [9/7.9; 10/7.9] ist verbreitet, da sie sehr anschaulich im „Stärke-Diagramm" die Einordnung der Lösungsvarianten hinsichtlich eines Ideal-punktes S mit der technisch-wirtschaftlichen Wertigkeit 1 zeigt.

b1)   Technische Wertigkeit X

Für jede technische Eigenschaftsklasse i einer Variante j werden Punkte p vergeben (z. B. von 0 bis 10 mit $p_{max} = 10$). Die Eigenschaftsklassen können mit Gewichten g_i (z. B. von 0 bis 1) versehen werden.

Die technische Wertigkeit X_j einer Variante j errechnet sich folgendermaßen:

$$X_j = \left[\frac{g_1 p_1 + g_2 p_2 + \ldots + g_i p_i}{(g_1 + g_2 + \ldots + g_i)\, p_{max}} \right]_j < 1$$

Bezugswert ist die ideale Lösung mit der maximalen Punktzahl p_{max}. Für das Beispiel 9V-Batterien ergeben sich mit den Punkten und Gewichten aus dem Bild 7.9-7 folgende technische Wertigkeiten (Berücksichtigung der Funktion und Betriebssicherheit) der einzelnen Typen (**Bild 7.9-8**):

Typ 1	$X_1 = \dfrac{0{,}4 \cdot 10 + 0{,}2 \cdot 8}{(0{,}4 + 0{,}2) \cdot 10}$	$= 0{,}93$
Typ 2	$X_2 = \dfrac{0{,}4 \cdot 5 + 0{,}2 \cdot 5}{(0{,}4 + 0{,}2) \cdot 10}$	$= 0{,}50$
Typ 3	$X_3 = \dfrac{0{,}4 \cdot 9 + 0{,}2 \cdot 3}{(0{,}4 + 0{,}2) \cdot 10}$	$= 0{,}70$

Bild 7.9-8:   Technische Wertigkeiten

b2)   Wirtschaftliche Wertigkeit Y

Bezugswert ist ein ideales Kostenziel (K_i oder HK_i), das ins Verhältnis zu den tatsächlichen Kosten der Varianten gesetzt wird (Kapitel 9.3.3). Um genügend attraktiv zu werden und eventuelle Kostensteigerungen aufzufangen, werden als die idealen Kosten $0{,}7 \cdot K_{zul}$ eingesetzt, wobei K_{zul} bisher 2,10 DM war.en

Die wirtschaftliche Wertigkeit Y_j einer Variante j wird mit der Formel:

$$Y_j = \left[\frac{ideales\ Kostenziel\ K_i (= 0{,}7\, K_{zul})}{tatsächliche\ Kosten\ K} \right]_j < 1$$

errechnet und ergibt (**Bild 7.9-9**) im Batteriebeispiel (ideales Kostenziel 1,47 DM):

Typ 1	$Y_1 = \dfrac{1{,}47\ \text{DM}}{2{,}50\ \text{DM}}$	$= 0{,}59$
Typ 2	$Y_2 = \dfrac{1{,}47\ \text{DM}}{2{,}20\ \text{DM}}$	$= 0{,}67$
Typ 3	$Y_3 = \dfrac{1{,}47\ \text{DM}}{1{,}60\ \text{DM}}$	$= 0{,}92$

Bild 7.9-9:   Wirtschaftliche Wertigkeiten

b3) Stärke-Diagramm

Für die graphische Darstellung der technisch-wirtschaftlichen Wertigkeiten eignet sich das Stärke-Diagramm (**Bild 7.9-10**) mit der technischen Wertigkeit X als Abszisse und der wirtschaftlichen Wertigkeit Y als Ordinate.

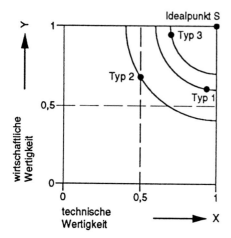

Bild 7.9-10:   Stärke-Diagramm

Durch Eintragen der Werte X und Y in das Stärke-Diagramm erhält man ein anschauliches Bild von dem jeweiligen technisch-wirtschaftlichen Wert einer Lösung. Die Lösungsvariante mit dem geringsten Abstand zum Idealpunkt S wird bevorzugt. Bild 7.9-10 zeigt für das Beispiel der 9V-Batterien das Stärke-Diagramm, aus dem Typ 3 als beste Variante hervorgeht.

Es ist in Abwandlung von Bild 7.9-10 auch möglich, die Achsen X und Y für die Bewertung aus Sicht des Kunden bzw. des Herstellers zu verwenden.

c) Nutzwertanalyse

Die Nutzwertanalyse (NWA) wird vor allem bei komplexen Projekten verwendet und dann am Rechner durchgeführt.

Vorteile der Nutzwertanalyse gegenüber der einfachen Punktbewertung sind:

– differenzierter, computergeeignet (günstig ist es dabei, Gewichtung und vergebene Zielwerte zu variieren, um mögliche Verschiebungen im Ergebnis feststellen zu können = Sensitivitätsanalyse).

Nachteile sind:

– unübersichtliche Dezimalbrüche,
– Möglichkeit, der Computer- oder Zahlengläubigkeit zu verfallen (Die Aufstellung der Teilziele/Bewertungskriterien, die Gewichtung und Wertzuweisung erfolgen weitgehend subjektiv! Abhilfe schafft z. B. interdisziplinäre Teamarbeit),
– Teilziele müssen voneinander unabhängig (überdeckungsfrei) sein, sonst wird unerkannt mehrfach bewertet.

Die Nutzwertanalyse (**Bild 7.9-11**) zeichnet sich im einzelnen aus durch

– hierarchische Gliederung der Bewertungskriterien = Ziele Z (**Zielsystem**) in Oberziel, Zwischenziele und Teilziele;
– kontrollierte **Gewichtung** innerhalb der verschiedenen Ebenen des Zielsystems. Dabei werden an jedem Verzweigungspunkt des Zielsystems jeweils wieder 100% Gewicht auf die einzelnen untergeordneten Ziele aufgeteilt. Es werden jeweils relative und absolute Gewichte ermittelt. Für die Errechnung der Nutzwertmatrix werden die absoluten Gewichte g_i der nicht mehr weiter aufgeteilten Teilziele i benötigt;
– Aufstellen einer **Zielgrößenmatrix**: Den Teilzielen werden die technisch-wirtschaftlichen Daten der einzelnen Varianten zugeordnet;
– Aufstellen der **Zielwertmatrix**: Den Zielgrößen aller Varianten werden Punkte, d. h. Zielwerte w_{ij} zugeordnet (der Index i kennzeichnet das Ziel i, der Index j die Variante j);
– Aufstellen der **Nutzwertmatrix** aus der Zielwertmatrix: Die Zielwerte w_{ij} werden mit den absoluten Gewichten g_i multipliziert.

Für jedes Teilziel entsteht so ein Teilnutzwert $n_{ij} = w_{ij}g_i$; die Summe aller Teilnutzwerte ergibt den Gesamtnutzwert $\sum n_{ij} = \sum w_{ij}g_i$ jeder Variante j und wird bei der Auswahl betrachtet.

Gegenüber der gewichteten Punktbewertung nach Bild 7.9-7 unterscheidet sich das in Bild 7.9-11 dargestellte Vorgehen der NWA im wesentlichen durch das hierarchische Zielsystem mit der ebenfalls hierarchisch abgestuft vergebenen Gewichte.

Zur übersichtlicheren Darstellung der Teilnutzwerte ist eine Grafik zweckmäßig: das **Nutzwertprofil (Bild 7.9-12)**. Dabei bestimmen die absoluten Gewichte g_i die Breite und die Zielwerte w_{ij} die Länge der Balken. Die Flächen der Balken stellen den jeweiligen Teilnutzwert dar.

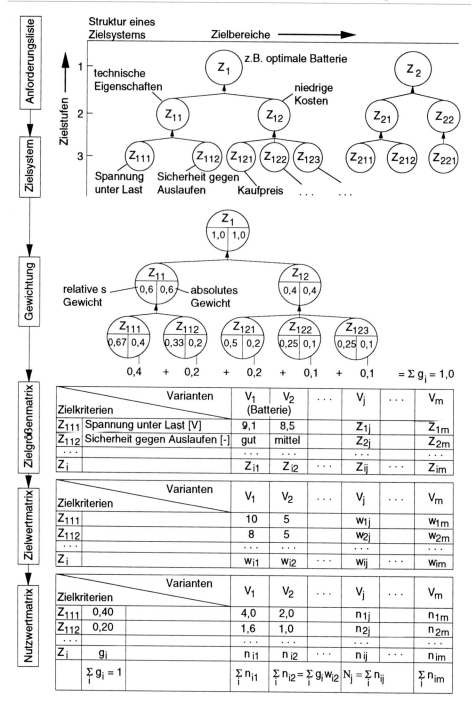

Bild 7.9-11: Vorgehensweise bei der Nutzwertanalyse am Beispiel der Batterien Typ 1 und Typ 2 (nach Zangemeister [11/7.9])

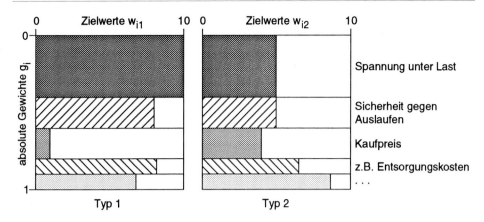

Bild 7.9-12: Nutzwertprofile der Batterien Typ 1 und Typ 2

Literatur zu Kapitel 7.9

[1/7.9]   Kullmann, H.: Produkthaftungsgesetz: Gesetz über die Haftung für fehlerhafte Produkte (ProdHaftG); Kommentar. Berlin: Schmidt 1990.

[2/7.9]   DIN ISO 9000 bis 9004: Qualitätssicherungssysteme - Qualitätsnachweisstufe für Entwicklung und Konstruktion, Produktion, Montage und Kundendienst. Berlin: Beuth 1987.

[3/7.9]   Dylla, N.: Denk- und Handlungsabläufe beim Konstruieren. München: Hanser 1991. (Konstruktionstechnik München, Band 5) Zugl. München: TU, Diss. 1990

[4/7.9]   Lenk, E.: Zur Problematik der technischen Bewertung. München: Hanser 1994. (Konstruktionstechnik München, Band 13) Zugl. München: TU, Diss. 1993

[5/7.9]   Badke-Schaub, P.: Gruppen und komplexe Probleme. Frankfurt a. M.: Lang 1993.

[6/7.9]   Pahl, G.; Beitz, W.: Konstruktionslehre. 3. Aufl. Berlin: Springer 1993.

[7/7.9]   Lowka, D.: Methoden der Entscheidungsfindung im Konstruktionsprozeß. In: Feinwerktechnik und Meßtechnik 83 (1975), S. 19 –21.

[8/7.9]   Daenzer, W. F.; Huber, F. (Hrsg.): Systems Engineering. Zürich: Industrielle Organisation 1992.

[9/7.9]   VDI-Richtlinie 2225, Blatt 1 und 2: Technisch-wirtschaftliches Konstruieren. Berlin: Beuth 1977.

[10/7.9]   Breiing, A.; Flemming, M.: Theorie und Methoden des Konstruierens. Berlin: Springer 1993.

[11/7.9]   Zangemeister, C.: Nutzwertanalyse in der Systemtechnik. München: Wittmannsche Buchhandlung 1970.

7.10 Informationsmethoden

Fragen:

– Was heißt Information?
– Wie analysiert man den Informationsfluß?
– Wie erkennt man Schwachstellen?
– Wie optimiert man den Informationsfluß?

7.10.1 Zweck und Begründung

In einem Industrieunternehmen werden fast alle Beschäftigten für den Informationsumsatz eingesetzt. Da der Material- und Energieumsatz durch technische Mittel weitgehend unterstützt, z. T. automatisiert wurde, verblieb die Steuerung dieser Umsatzarten vornehmlich dem Menschen. Für seinen Energieumsatz, die Muskelarbeit, wird fast niemand mehr bezahlt. Aber auch der Informationsumsatz wird zunehmend durch die elektronische Informationstechnik unterstützt und automatisiert. Innerhalb der drei Phasen des Informationsumsatzes **Informationsgewinnung**, **-verarbeitung** und **-weitergabe** (Kapitel 5.1.1) gibt es allerdings eine Reihe von Tätigkeiten, die technisch schwer zu beeinflussen sind. Das sind insbesondere solche, die mit der Koordinierung und Steuerung des Informationsflusses zu tun haben und das Ganze sowie die Schnittstellen der Systeme betreffen. Nicht umsonst betragen die Liegezeiten für Aufträge 80 bis 90% der gesamten Durchlaufzeit und liegen die Änderungskosten in der Größenordnung von einem Drittel des Entwicklungsaufwands (Kapitel 4.2.3.2, [1/7.10]).

Es kommt deshalb immer mehr darauf an, was ja auch das Anliegen des Buches insgesamt ist, Informationsmethoden einzusetzen: zur Steigerung der **Effizienz** („die richtigen Dinge zu tun") und der **Effektivität** („die Dinge richtig zu tun").

Es werden nachfolgend Hinweise auf einige Methoden für die Informationsgewinnung (Kapitel 7.10.2: Informationsquellen), für die Informationsverarbeitung (Kapitel 7.10.3: Informationsfluß) und für die Weitergabe (Kapitel 7.10.4: Dokumentation) [2/7.10; 3/7.10] gegeben.

Zunächst sollen noch der **Begriff der Information** und die **Arten der Information** geklärt werden. Nach DIN 44300 [4/7.10] versteht man unter Information die Kenntnis über Sachverhalte und Vorgänge. In **Bild 7.10-1** ist insbesondere nach der Funktion der Information („Wozu dient die Information?") unterteilt.

Man kann systemtechnisch zwischen Ziel-, Sach- und Handlungsinformationen unterscheiden (Kapitel 2.2). Beim Konstruieren werden z. B. aufgrund von Zielinformationen Sachinformationen – d. h. die Vielfalt der Beschaffenheitsmerkmale des Produkts – festgelegt (Bild 2.3-1). So wird z. B. aufgrund der geforderten Bruchsicherheit ein bestimmter Werkstoff für ein Bauteil ausgewählt. Dazu benötigt man eine Handlungsinformation. Das ist eine Prozeßinformation, also z. B. eine Vorschrift oder Regel. Die

Steuerinformation gibt an, wer diese Handlung wann durchführen soll (Bild 2.2-5). Die Informationen werden nicht immer alle explizit von außen vorgegeben, sondern oft implizit, unbewußt aus der Logik der Sache erzeugt (Kapitel 3).

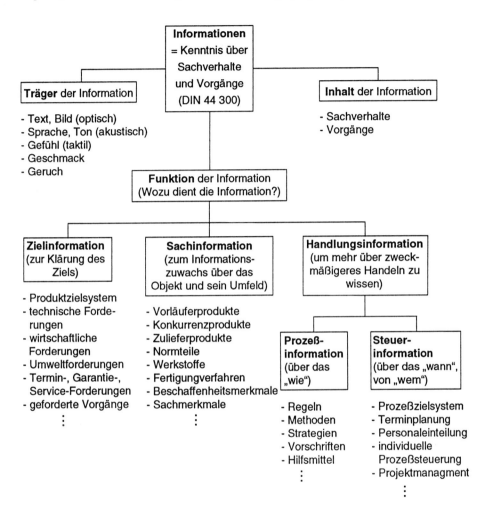

Bild 7.10-1:   Zum Begriff Information bei der Produkterstellung nach DIN 44 300

Diese Informationsarten müssen bei der Produkterstellung mit unterschiedlichem Schwerpunkt gewonnen, verarbeitet und weitergegeben werden.

7.10.2   Informationsgewinnung – Informationsquellen

Bei der Produkterstellung wird ein wesentlicher Zeitanteil für die Informationsgewinnung eingesetzt. Je nach Quelle sind dies 8% bis 30% der Konstruktionszeit

(Kapitel 5.1.3). Davon beansprucht das Finden und Beschaffen von Informationsquellen wiederum einen erheblichen Anteil. Informationsquellen sind im wesentlichen folgende **Informationsträger**:

- **Personen** mit der Sprache (z. B. Kunden, Vorgesetzte, Mitarbeiter, Lieferanten)
- **visuelle Träger** (auf Papier, DV, Gegenstände, z. B. Zeichnungen, Pläne, Texte, Bücher, Kataloge, Datenbanken, Videos, Modelle)
- **Tonträger** (z.B. Tonbänder)

Die **Informationsquellen** können unternehmensintern oder extern vorhanden sein. Je nachdem sind sie unterschiedlich schwer zu beschaffen. Da Informationen sich zeitabhängig verändern, sind Informationsquellen von unterschiedlicher Aktualität. Sie müssen mehr oder weniger häufig und aufwendig aktualisiert werden.

Für die **Informationssuche** bietet die Datenverarbeitung hervorragende Hilfsmittel an: Suche über **Nummernsysteme** [5/7.10] (Parallelnummern: identifizierende und klassifizierende Nummern), über **Begriffe** [6/7.10] und direkt in **bildhaften Katalogen**. Dabei kann man erhebliche Zeit für die Informationsverarbeitung sparen, wenn man gleiche oder ähnliche Informationen findet und zwar durch: Wiederhol-/Ähnlichteile, vorhandenen Konstruktionen, Arbeitspläne, NC-Programme, Kalkulationen, Bestellungen, Angebote usw. Da schätzungsweise 80 bis 90% aller Informationsverarbeitungsvorgänge auf zumindest ähnlichen Informationen wie früher beruhen, ist ein erhebliches Rationalisierungspotential vorhanden. Es kommt „nur" darauf an, die Informationen leicht wiederfindbar abzulegen, sie mit effizienten Suchmerkmalen (Nummern, Begriffen) zu versehen und die Suche möglichst so einfach und schnell zu gestalten, daß sie weniger aufwendig als die Informationsverarbeitung ist [7/7.10]. Die direkte Suche in einer **featurebasierten (objektorientierten) Datenbank** ohne den Umweg über klassifizierende Nummernschlüssel oder Merkmalsleisten scheint besonders vielversprechend (Kapitel 9.3.4.1). Bei einer Teilesuche für CAD können dabei zusätzliche Informationen mit angeboten werden wie Informationen aus der Fertigung (Arbeitspläne), aus der Montage (Montagebeanstandungen, -probleme), aus dem Einsatz (Beanstandungen, Schäden), ferner Kostendaten und Vergleichskalkulationen und Regeln für die konstruktive Bearbeitung. Dies schätzen Konstrukteure, da dann weniger Änderungen anfallen.

Wichtig sind **Kriterien** für die **Suche und Auswahl von Informationsquellen** [8/7.10] wie z. B.:

- die Zuverlässigkeit (Wahrscheinlichkeit des Eintreffens, Aussagesicherheit)
- die Informationsschärfe (Exaktheit, Eindeutigkeit des Inhalts)
- Volumen und Dichte (Wort- und Bildmenge)
- Wert (Wichtigkeit)
- Aktualität (Zeitpunkt der Informationsverwendung)
- Informationsform (graphisch oder alphanumerisch)
- Originalität (Notwendigkeit zur Erhaltung des Originalcharakters)
- Komplexität (Struktur bzw. Verknüpfungsgrad) und Feinheitsgrad (Detaillierungsgrad).

7.10.3 Informationsverarbeitung – Informationsfluß

Informationsflußanalysen

Der Informationsfluß bei der Produkterstellung ist nicht nur produkt- und unternehmensspezifisch, sondern variiert auch unternehmensintern zwischen den jeweiligen Projekten. Zur Optimierung des Informationsflusses sind also Projekte zu analysieren und die Ergebnisse projektspezifisch einzuordnen. Hierzu sind Vorgehensweisen notwendig, die die Durchführung dieser Analysen in den Unternehmen erleichtern. Schwerpunkt der Analysen ist die Betrachtung des Vorgehens von Mitarbeitern im Produkterstellungsprozeß und des dabei auftretenden Informationsflusses. Es müssen die **Schnittstellen** zwischen den Aufgaben sowohl bereichsintern als auch -übergreifend erarbeitet sowie Art und Umfang der auszutauschenden Informationen eingeordnet werden (Kapitel 5.2.2.2).

Die **Datenerhebung** kann während der Projektverfolgung durch die **Interview- und Fragebogenmethode** sowie die Protokollierung von Besprechungen oder Teamsitzungen erfolgen. Die **Inventurmethode**, das Sichten schriftlicher Unterlagen, liefert weitere Anhaltspunkte zum Informationsfluß. Über die Darstellung des Informationsflusses durch **Kommunikationsnetze** (Darstellung der zwischen Mitarbeitern geführten Gespräche) und **Kommunikationssterne** (sternförmige Darstellung von Zahl, Dauer und Richtung der mündlichen Kommunikation für jeweils einen Mitarbeiter (Bild 4.1-20), die Einordnung von Dokumenten nach deren Umfang und Inhalt und die Zuordnung von Teilaufgaben und Bearbeitern sollen aus den Fallanalysen Vorgehensweisen zur Optimierung abgeleitet werden.

Es ist zu untersuchen, ob systematische Sammlungen, in denen umgesetzte Informationen nach Ziel, Art, Wichtigkeit, Aktualität, Umfang und Exaktheit eingeordnet werden, die Schnittstellendefinition zwischen Teilaufgaben unterstützen können. Es soll dadurch z. B. die Frage nach dem Einfluß des Interessenten oder des Anwendungsfalls auf die Art der Informationsdarstellung oder nach der Wichtigkeit von Informationen geklärt werden.

Zur **Modellierung** des Informationsflusses bieten sich z. B. die Design Structure Matrix Repräsentation (**DSM**) [9/7.10] oder **SADT** (Structured Analysis and Design Technique) [10/7.10] an, um den erforderlichen Informationsfluß und den Prozeß hinsichtlich Entwicklungszeit und Qualität zu optimieren. Durch die Anwendung der DSM kann z. B. ein bereichsweise hoher Informationsbedarf aufgedeckt und darauf aufbauend eine Kopplung von Aufgaben für die Teambildung durchgeführt werden (Kapitel 2.3.3b).

Optimierung des Informationsflusses

In erster Linie ist es eine organisatorische Aufgabe, dem Konstrukteur die in der jeweiligen Situation notwendigen Informationen anzubieten, d.h. die Informationen müssen unmittelbar bei Bedarfsentstehung abgerufen werden können [6/7.10; 11/7.10]. Art und Inhalt der Weitergabe von Informationen werden bestimmt durch die betroffene **Benutzerebene** (z. B. Gruppenleiter, Konstrukteur, Zeichner), die zu unterstützende **Arbeitsphase** (z. B. Konzipieren, Entwerfen, Ausarbeiten), die **Arbeitsart** (z. B. Neu-, Anpassungs- oder Variantenkonstruktion) und die **Komplexität** des zu entwickelnden Produkts (z. B. Anlagen, Maschinen, Baugruppen, Einzelteile). Aber auch die **räumliche Distanz der Mitarbeiter (Bild 7.10.-2)**, die Mittel zur Datenübertragung, die Gruppenbildung sowie die Definition der Schnittstellen zwischen diesen Gruppen wirken sich auf den Kommunikationsumfang und damit auf den Informationsfluß aus (Bild 4.2-8).

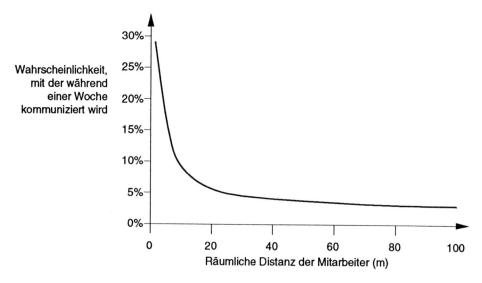

Bild 7.10.-2: Kommunikation der Mitarbeiter in Abhängigkeit ihrer räumlichen Distanz (nach Allen [2/7.10])

Wie in Bild 5.1-1 beispielhaft gezeigt, steht die Entwicklung und Konstruktion mit einer Vielzahl von Abteilungen im Informationsaustausch, der durch Personenkontakte, durch schriftliche oder EDV-Hilfsmittel geführt werden muß (Bild 4.2-4, 4.3-4). Um den Informationsfluß zu optimieren, gibt es folgende beispielhafte Möglichkeiten der **Bereitstellung von Informationen für die Entwicklung und Konstruktion** aus folgenden Abteilungen:

Fertigungsvorbereitung:

− Leistung, Arbeitsbereich und Genauigkeit von Betriebsmitteln
− Einblick in Fertigungs-, Montagepläne, Zeiten, Kosten von Teilen/Produkten
− Rückmeldung über Fertigungs-/Montageprobleme bestimmter Teile/Produkte
− …

Kalkulation:

− typische Kostenstrukturen von Produkten und Prozessen
− Maschinen-/Platzkostensätze
− Stundensätze in Gemeinkostenabteilungen
− Prozeßkostenbeispiele (Was kostet eine Änderung, eine neue Zeichnung...)

- Regeln und Kostenrechnung bei Fremdbezug statt Eigenfertigung
- ...

Vertrieb:

- Informationen über Konkurrenten (z. B. Umsätze, Preise, Prospekte, ...)
- Möglichkeiten zur Fremderzeugnisanalyse
- Benchmarking-Beispiele
- ...

Einkauf:

- langfristige Prospekt-, Angebotsbereitstellung für Probleme, die in der Zukunft wahrscheinlich vermehrt auftauchen
- Lieferzeiten, Kosteninformationen von Zulieferumfängen
- Mehrpreise für kurze Lieferzeiten
- Preise in Abhängigkeit von der Stückzahl
- Relativkosten von Materialien, Normteilen
- ...

7.10.4 Informationsweitergabe – Dokumentation

Voraussetzung für die Informationsweitergabe – sofern sie nicht mündlich erfolgt – ist eine auf den nachfolgenden Informationsverarbeiter abgestimmte und verständliche Dokumentation. Auch hier gilt das (interne und externe) Lieferanten-Kundenverhältnis (Kapitel 4.4.2). Wird dies nicht berücksichtigt, so entsteht das „Aneinander-vorbei-arbeiten" mit vielen Änderungen, Iterationen, Kosten, Zeit- und Qualitätsverlusten, wie es in den Bildern 4.1-22 und 4.2-7 dargestellt ist.

Die Dokumentation kann in unterschiedlichen **Repräsentationsarten** erfolgen. Diese sind abhängig vom **Informationsgegenstand** (z. B. bildhaft, begrifflich, statisch oder dynamisch zu beschreibende Gegenstände) und vom **Empfänger** (Adressaten) der Information. Die für Informationsgegenstand zweckmäßige Repräsentation (Darstellung) und Häufigkeit der Information sind zwischen Informationsgeber und -empfänger zu optimieren. Dazu bedarf es der Diskussion des Abbaus der Abteilungsmauern (Bild 4.1-22). Die wesentlichen visuellen Repräsentationsarten sind folgende:

Bilder   z. B. Skizzen, Schemata, Zeichnungen, Sinnbilder, Pläne, grafische Darstellungen, Fotos, Filme, ...

Schriftsätze   z. B. aus Zeichen, Ziffern, Buchstaben, Symbolen, Worten, Daten oder Signalen

Gegenstände   z. B. Ausstellungsstücke, Musterstücke, Prototypen, Werkstücke, Demonstrationsmodelle, ...

Auch hier ist eine zunehmende **Unterstützung durch die Datenverarbeitung** zu verzeichnen (8/7.10, 12/7.10): z. B. Textsysteme, CAD, CAD/CAM- und NC- Programme, PPS-Systeme, Rapid Prototyping. Die für das Suchen geeignete zentrale Verwaltung der Informationen kann über Produktmodelle und elektronische Zeichnungsarchive (EZA) [13/7.10] in Datenbanken erfolgen.

Literatur zu Kapitel 7.10

[1/7.10]   Bullinger, H. J.: IAO Studie „F&E heute". München: GmfT Verlag 1990.

[2/7.10]   Allen, T.: Managing the Flow of Technology. Cambridge, MA (USA): MIT Press 1977.

[3/7.10]   Brankamp, K.: Produktivitätssteigerung in der mittelständischen Industrie NRW. Düsseldorf: VDI-Verlag 1975.

[4/7.10]   DIN 44300: Informationsverarbeitung – Begriffe. Berlin: Beuth 1982.

[5/7.10]   Mewes, D.: Der Informationsbedarf im konstruktiven Maschinenbau. Düsseldorf: VDI-Verlag 1973. (VDI-Taschenbuch T49)

[6/7.10]   Müller, R.; Pickel, H.: Ein neues Verfahren zur Klassifizierung von Teilen. CIM Management (1994) 2, S. 31–35.

[7/7.10]   Müller, R.: Datenbankgestützte Teileverwaltung und Wiederholteilsuche. München: Hanser 1991. (Konstruktionstechnik München, Band 6) Zugl. München: TU, Diss. 1990

[8/7.10]   VDI-Richtlinie 2211, Blatt 1: Datenverarbeitung in der Konstruktion. Methoden und Hilfsmittel. Aufgabe, Prinzip und Einsatz von Informationssystemen. Düsseldorf: VDI-Verlag 1980.

[9/7.10]   Eppinger, S. D.; Whitney, D. E.; Smith, R. P.; Gebala, D. A.: Organizing the Tasks in Complex Design Projects. ASME Conference on Design Theory and Methodology. Chicago, IL: 1990, S. 39–46.

[10/7.10] Marca, D. A.; McGowan, L.: SADT – Structured Analysis and Design Technique. New York: McGraw-Hill 1988.

[11/7.10] Pflicht, W.: Technisches Änderungswesen in Produktionsunternehmen. Berlin: VDE-Verlag 1989.

[12/7.10] Staudt, E.: Technische Informationen in Forschung und Entwicklung. VDI-Z 133 (1991) 12, S. 14–17.

[13/7.10] Stolz, P.: Aufbau technischer Informationssysteme in Konstruktion und Entwicklung am Beispiel eines elektronischen Zeichnungsarchivs. München: Hanser 1994. (Konstruktionstechnik München Band 20) Zugl. München: TU, Diss. 1994

8 Entwicklungs- und Konstruktionsbeispiele

Beispiele bringen Leben in ein Buch und zeigen die Anwendung von Methoden und Hilfsmitteln. In diesem Buch werden neben zahlreichen nur kurz angesprochenen 14 umfangreichere Beispiele beschrieben.

a) Diese können wie folgt nach **Sachgebieten** eingeteilt werden:

– Produktplanung:	Müllgroßbehälter (Kapitel 7.2.6)
– Produkterstellung:	Heizgerät (Kapitel 4.1.6)
– Produkterstellung:	digitales Manometer (Kapitel 4.4.1.3)
– Entwicklung und Konstruktion:	Fischentgrätungsmaschine (Kapitel 8.1)
	Tragtaschenspender (Kapitel 8.2)
	Wandhalterung (Kapitel 8.3)
	Planetengetriebe (Kapitel 8.4)
	Unterdruckstellantrieb (Kapitel 8.5)
	Reihenschalter (Kapitel 8.6)
	Kennzeichenhalter (Kapitel 8.7)
– Kostengünstig Konstruieren:	Zentrifugengehäuse (Kapitel 9.2.4)
	Betonmischer (Kapitel 9.3.3.2)
– Schadensanalyse:	Gaskompressor-Getriebe (Kapitel 3.3.4)
– Rechnerunterstütztes Konstruieren:	CAD-Kostenkopplung XKIS (Kapitel 9.3.4)

b) Die Beispiele in Kapitel 8 sind von der Neu- zur Anpassungskonstruktion gereiht. Sie wurden in die Matrix zur **Problemeinteilung** (nach Bild 3.1-2) eingetragen (**Bild 8-1**). Dabei hat sich gezeigt, daß die Zuordnung zu den Quadranten deshalb schwierig ist, weil man von einem mittleren Fachmann ausgehen muß, der die Aufgabe bearbeiten soll. Je nach Qualifikation und Erfahrung sind ihm die Mittel zur Lösung mehr oder weniger bekannt. Damit wird ihm die gleiche Aufgabe mehr oder weniger zum Problem.

Man sieht ferner aus dem Bild, daß die Kennzeichnung hinsichtlich Neu- oder Anpassungskonstruktion (N bzw. A) keinen klaren Bezug zur Art des Problems hat. Das bedeutet, daß auch Anpassungskonstruktionen sehr problematisch werden können.

c) Herkunft der Beispiele

Dreizehn der vierzehn Beispiele sind bezüglich der Aufgabe direkt aus der Industriepraxis entnommen. Nur zwei davon (Kapitel 8.5, 8.6) sind im wesentlichen an der Hochschule bearbeitet worden, allerdings mit engem Praxiskontakt. Die anderen elf sind unmittelbar in und mit der Industrie bearbeitet worden. Das Beispiel Wandhalterung (Kapitel 8.3) ist eine Hochschulaufgabe, die z. T. von Praktikern, von Hochschulassistenten und Studenten bearbeitet wurde.

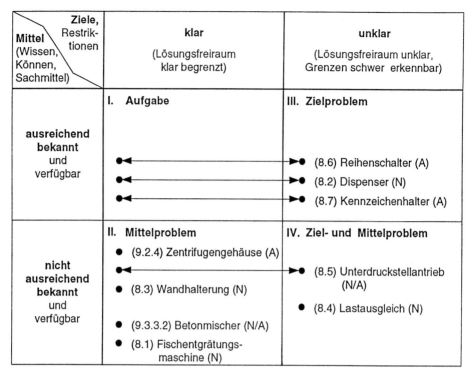

Mittel (Wissen, Können, Sachmittel) \ Ziele, Restriktionen	klar (Lösungsfreiraum klar begrenzt)	unklar (Lösungsfreiraum unklar, Grenzen schwer erkennbar)
ausreichend bekannt und verfügbar	I. Aufgabe ●◄——————►● (8.6) Reihenschalter (A) ●◄——————►● (8.2) Dispenser (N) ●◄——————►● (8.7) Kennzeichenhalter (A)	III. Zielproblem
nicht ausreichend bekannt und verfügbar	II. Mittelproblem ● (9.2.4) Zentrifugengehäuse (A) ●◄—————————————►● (8.5) ● (8.3) Wandhalterung (N) ● (9.3.3.2) Betonmischer (N/A) ● (8.1) Fischentgrätungs- maschine (N)	IV. Ziel- und Mittelproblem ●◄ (8.5) Unterdruckstellantrieb (N/A) ● (8.4) Lastausgleich (N)

Bild 8-1:   Einteilung der Beispiele aus Kapitel 8 und 9 als Problemarten (nach Bild 3.1-2). Die Nummern kennzeichnen die Kapitel; N = Neukonstruktion; A = Anpassungskonstruktion.

d) Welche methodische Lehre vermitteln die Beispiele?

- Die Beispiele bringen aus Umfangsgründen nicht den gesamten Entwicklungsablauf, sondern nur bestimmte **Schwerpunkte** daraus.

- Durchgängig angewendet bzw. anwendbar ist der **Vorgehenszyklus**, gleichgültig ob es sich um eine Aufgabe mit der Hauptforderung Funktion (Kapitel 8.1, 8.2, 8.3, 8.7) oder der Forderung nach geräuschgünstiger (Kapitel 8.5), montagegünstiger (Kapitel 8.6) oder kostengünstiger Konstruktion (Kapitel 8.4; 9.2.4: 9.3.3.2) handelt.

- **Vorgehenspläne** werden im Sinn des **generierenden Vorgehens** explizit bei den Beispielen in Kapitel 8.1 und zum Teil 8.7 eingesetzt. Der grundsätzliche Ablauf– Aufgabenklärung, Konzipieren mit Funktionsermittlung, Entwerfen und Ausarbeiten– ist aber selbstverständliche Grundlage der Beispiele in den Kapiteln 8.2, 8.4, 8.5 und 8.6.

- Die Bedeutung des **korrigierenden Vorgehens** wird vor allem an den Beispielen in Kapitel 8.5 und 8.6 gezeigt.

- In allen Fällen werden **sachgebundene Methoden** aus Kapitel 7 eingesetzt.

- Nicht immer war den Bearbeitern der Beispiele die verwendete Methode bewußt. Es mußte erst aus dem Handeln im **Normalbetrieb** heraus erkannt werden, daß der **Rationalbetrieb** mit bewußtem methodischen Vorgehen weitere Möglichkeiten verspricht.

8.1 Entwicklung einer Fischentgrätungsmaschine

8.1.1 Was zeigt das Beispiel?

Am Beispiel einer methodisch unterstützten Entwicklung einer Fischentgrätungsmaschine zur Entfernung der Brustgräten aus Fischfilets soll eine mögliche anwendungsspezifische Methodenfolge, also auch die Auswahl und Reihung sinnvoller Methoden, erläutert werden. Entsprechend Bild 8-1 war das Ziel klar: Es lag ein **Mittelproblem II** vor.

Die Entwicklung der Maschine wurde von der Produktidee bis zum Bau eines ersten Prototypen verfolgt, wobei das vor allem durch Intuition und ständige Iterationen geprägte Vorgehen des Entwicklers durch partielles Einbringen von Methoden unterstützt wurde. Zunächst waren der für die Anwendung bestimmter Methoden einzuhaltende Formalismus und die notwendige Abstraktion für den methodisch unerfahrenen Konstrukteur eher problematisch, insgesamt jedoch erwies sich der Einsatz der Methodik als sinnvolle Unterstützung zur **Klärung der Aufgabenstellung** und damit der Randbedingungen, zur Erzeugung einer gewissen **Lösungsvielfalt** und zur **Absicherung des eingeschlagenen Weges**. Die hierbei angewendeten Methoden werden schwerpunktartig dargestellt. Es wurde der **Vorgehensplan** für das Konzipieren einer Neukonstruktion (Bild 6.5-3) benutzt und immer wieder der **Vorgehenszyklus** (Bild 3.3-22) eingesetzt.

Die aus der Aufgabenklärung resultierenden Anforderungen führten zu einer **möglichen Funktionsstruktur**. Durch die Variation der Funktionsstruktur wurden für die Realisierung der Maschine mögliche Funktionen festgelegt. In einem weiteren Schritt erfolgte dann die Zuordnung von **physikalischen Effektketten** zur Erfüllung der geforderten Funktionen. Die Aufhebung der Lösungsfixierung sollte zu unkonventionellen Lösungsansätzen auf abstraktem Niveau führen. Unterstützt wurde diese Variation durch die Anwendung von **Checklisten**, in denen eine klassifizierte Sammlung physikalischer Effekte aufgenommen ist (siehe Beiheft: Arbeitsblätter und Checklisten).

Im folgenden wird die Entwicklung der Fischentgrätungsmaschine mit **Schwerpunkt** nur auf den ersten Abschnitten des Konzipierens einschließlich konstruktionsbegleitender Versuche gezeigt.

8.1.2 Aufgabe klären (Arbeitsabschnitt 1 in Bild 6.5-3)

Die Fischverarbeitung erfolgt heute weltweit hauptsächlich manuell, jedoch führen das hohe Lohnniveau in den Industrieländern und extreme Arbeitsbedingungen bei der Fischverarbeitung zunehmend zu teilautomatisierten Arbeitsschritten, wie dem Ausnehmen der Fische oder dem Filetieren.

Im Rahmen dieses Beispiels soll eine Maschine zur Entfernung der Brustgräten aus Fischfilets bis zum ersten Prototypen entwickelt werden.

Zur Klärung dieser Aufgabe ist diese entsprechend dem Vorgehenszyklus (Bild 3.3-22) zunächst zu analysieren und zu formulieren. Die anderen Arbeitsergebnisse aus Arbeitsabschnitt 1 werden hier nicht gezeigt.

8.1.2.1   Aufgabe analysieren

Die Aufgabenanalyse beinhaltet die Betrachtung des zu verarbeitenden Stoffes, ein Fischfilet, und der dabei zu beachtenden Randbedingungen. Hierbei sind folgende Fragestellungen zu beantworten:

– Aussehen des zu verarbeitenden Fischfilets?
– Größe der zu verarbeitenden Fischfilets?
– Weitere Eigenschaften im Hinblick auf die Handhabung der Filets?
– Beschaffenheit der Brustgräten und deren Lage im Filet?
– Beschaffenheit des verarbeiteten Fischfilets?

Die Klärung dieser Fragestellungen erfolgt über die repräsentative Untersuchung zweier unterschiedlicher Filetformen, die verarbeitet werden sollen:

– Es wird zwischen langrückigen (z. B. Forelle, Lachs, Saibling) und hochrückigen (z. B. Karpfen) Fischen, wie in **Bild 8.1-1** dargestellt, unterschieden. Die Wirbelsäule ist bereits in einer hier nicht beschriebenen Maschine entnommen worden.

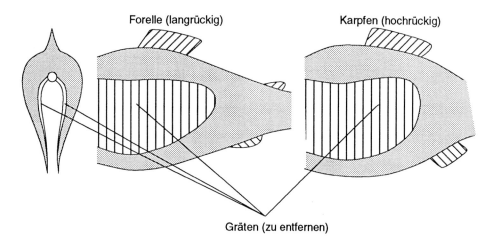

Bild 8.1-1:   Darstellung eines langrückigen Forellenfilets und eines hochrückigen Karpfenfilets

– Die verarbeitbare Filetgröße und das Gewicht sollen einen möglichst großen Bereich abdecken. Das Gewicht liegt hierbei zwischen 200 g und 1.500 g, wobei die Länge des Fischfilets zwischen 350 mm und 400 mm und die Breite des Grätenbereichs ca. 100 mm betragen soll.

- Die Brustgräten des Fisches bestehen aus einer mehr oder weniger elastischen Knorpelsubstanz. Die Brustgräten sind mit der Wirbelsäule verwachsen und mit den menschlichen Rippen vergleichbar. Sie grenzen, mit einer Haut verwachsen, den Bewegungsapparat vom Brustinnenraum ab, wo sich die inneren Organe befinden.
- In Bild 8.1-1 sind die aus dem Filet zu entfernenden Bereiche durch eine senkrecht schraffierte Fläche dargestellt.
- Die Außenhaut des zu verarbeitenden Fischfilets darf optisch nicht zerstört werden, da es sonst den Ansprüchen der Verbraucher nicht mehr genügt. Das Fleisch des Fischfilets muß unverändert bleiben, und die bearbeitete Fläche muß optisch den Ansprüchen des Verbrauchers genügen, d. h. das Fleisch darf durch mechanische Einwirkung nicht zerfetzt oder gequetscht werden. Das Fischfilet ist bei der Verarbeitung nicht gefroren.

8.1.2.2 Aufgabe formulieren (Anforderungsliste erarbeiten)

In einem zweiten Schritt wird die Aufgabe formuliert. Grundlage hierfür stellt die Aufgabenanalyse dar, deren Ergebnisse in Anforderungen an die zu entwickelnde Maschine übertragen werden. Diese Anforderungen werden in Zusammenarbeit mit dem Auftraggeber erstellt und in einer Liste zusammengefaßt sowie nach Forderungen und Wünschen als technische Anforderungen, Schnittstellen-, Kosten- und Gesetzesanforderungen klassifiziert (Bild 7.3-5). Die Anforderungsliste ist im folgenden dargestellt (**Bild 8.1-2**).

Firma: XY	Anforderungsliste: Fischentgräter		Bearbeiter: Ambr.		Dat. 2.6.94
Nr.	Anforderung			Zahlenwert	F/W
	Technische Anforderungen (Funktion)				
1	Trennung der Brustgräten aus einem Fischfilet				F
	Technische Anforderungen (Betrieb)				
2	Möglichst geringer Fleischverlust bei der Trennung der Brustgräten vom Fischfilet				F
3	Trennung des Fleisches in nicht gefrorenem Zustand				F
4	Verarbeitbare Filetgröße maximal			Länge 300 mm, Breite 100 mm	F
5	Oberfläche im bearbeiteten Bereich muß optisch den Ansprüchen der Verbraucher genügen, also möglichst glatt, nicht zerfetzt				F
6	Außenhaut des Fisches darf durch Bearbeitung nicht zerstört werden				F
7	Entfernen der Brustgräten muß automatisch ablaufen				F
8	Separate Abführung der Brustgräten und der entgräteten Filets				F
	Schnittstellenanforderungen				
9	Maschine fahrbar				F
10	Seitliches Anfügen bzw. Abstellen von Behältern für Filet und Gräten				F
11	Raumbedarf so gering wie möglich				W

Bild 8.1-2: Anforderungsliste für Fischentgrätungsmaschine

12	Netzanschluß 220 V/360 V	220 V/360 V	F
13	Umrüstbarkeit der elektrischen Anlage für Spannungen internationaler Stromnetze		F
14	Feuchtigkeitsfeste elektrische Anlage (spritzwasserfest), Schutzart IP 54		F
15	Lebensmittelverträglichkeit (Schmierung!)		F
16	Korrosionsfeste Werkstoffe: Kunststoff, Edelstahl, säurefestes lebensmittelverträgliches Aluminium		F
17	Wasseranschluß/Zufuhr		F
18	Beschickung manuell		F
19	Höhe für Bedienung	Höhe 1000 mm	F
20	Einfache Bedienung (keine Vorkenntnisse, Fertigkeiten)		F
21	Ausreichender Zeitraum zur Beschickung, mindestens	0,25 min	F
22	Übersichtliche Justierung		F
23	Anschläge zum Schutz vor falscher Justierung		F
24	Sicherheitstechnik: – Not-Aus-Schalter – kein direkter Zugang zur Trenneinrichtung der Maschine – gefahrlose Beschickung der Maschine		F
25	Stückzahlzähler		W
26	Säuberung aller Teile muß einfach möglich sein		F
	Kostenanforderungen		
27	Wenig Einzelteile		W
28	Verwendung genormter Zukaufteile		W
29	Geringer Aufwand an Edelstahl		W
30	Gleitlager und Führungen aus Kunststoff		W
31	Verwendung eines bereits vorhandenen Bandtransportsystems		W
32	Für den Transport müssen weit überstehende Bauteile demontierter sein		F
33	Kostengünstige handunterstützte Version der Maschine sollte ableitbar sein		W
34	Leichte Austauschbarkeit von Verschleißteilen		F
35	Fertigungsverfahren zur Herstellung: Bohren, Fräsen, Schweißen, Biegen, Drehen, (Gießen)		F
36	Kein zusätzliches Werkzeug zur Justierung		W
	Gesetzesanforderungen		
37	Durch TÜV geprüft		F

Bild 8.1-2:   Anforderungsliste für Fischentgrätungsmaschine (Fortsetzung)

Nachdem mit der Anforderungsliste die Aufgabe formuliert wurde, folgt nach dem Vorgehenszyklus die Strukturierung der Aufgabe (Kapitel 7.4). Da hier aber übergeordnet der Vorgehensplan für das Konzipieren (Bild 6.5-3) verfolgt wird, wird das Strukturieren nach Funktionen in dessen Arbeitsabschnitt 2 durchgeführt.

8.1.3 Funktionen ermitteln (Arbeitsabschnitt 2)

8.1.3.1 Gesamtfunktion/Teilfunktionen formulieren

Im Rahmen der Lösungssuche soll zunächst auf abstraktem Niveau die geforderte Funktion der Maschine beschrieben werden. Hierzu dient die Funktionsstruktur zur funktionellen Systembeschreibung durch eine lösungsneutrale, bildhafte Darstellung, deren abstrakteste Form die Black-box-Darstellung ist (Kapitel 7.3.3). Hierüber wird, wie in **Bild 8.1-3** dargestellt, die Gesamtfunktion „Entfernung der Brustgräten aus Fischfilets" beschrieben.

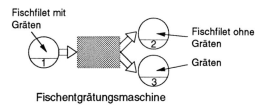

Bild 8.1-3:   Black-box-Darstellung der Fischentgrätungsmaschine

Die Detaillierung hierzu wird erleichtert durch eine Auflistung (**Funktionsliste**) der unmittelbar für den Bearbeiter erkennbaren Teilfunktionen des hier zu behandelnden Stoffumsatzes als Hauptumsatz. Nebenumsätze werden später betrachtet. Die Teilfunktionen (TF) für dieses Beispiel können wie folgt formuliert werden:

TF1: Fischfilet (aus Vorratsbehälter) der Maschine zuführen,
TF2: Gräten von Fischfilet trennen,
TF3: entgrätete Fischfilets abführen in Auffangbehälter für Fischfilets,
TF4: Gräten abführen in Auffangbehälter für Gräten.

Die Anwendung der Funktionsstruktur auf Analyse und Synthese von Problemen erfordert ein streng formales Vorgehen, durch das die Effizienz zunächst reduziert wird, jedoch wird dadurch für die weitere Bearbeitung von Lösungskonzepten in nachfolgenden Arbeitsschritten eine solide Grundlage geschaffen.

8.1.3.2 Funktionsstruktur erarbeiten

In der Funktionsstruktur werden die Eigenschaftsänderungen des Umsatzprodukts, hier das Fischfilet, während der Verarbeitung in der Maschine dargestellt. Dadurch wird die Strukturierung der Gesamtfunktion in Teilfunktionen und damit ein systematisches Vorgehen der Lösungsfindung unterstützt (Anhang A.1).

Durch die Aufgabenstrukturierung kann ein grobes Gerüst an geforderten Funktionen definiert werden, die in einem ersten Entwurf einer möglichen Funktionsstruktur modelliert werden. In **Bild 8.1-4** wird diese ohne Nebenumsätze dargestellt.

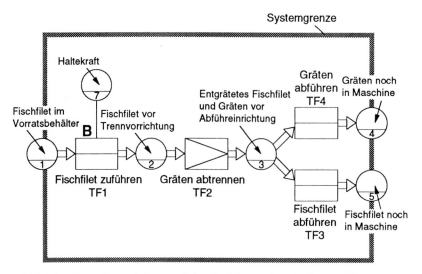

Bild 8.1-4: Erster Entwurf einer möglichen Funktionsstruktur für die Maschine

Ausgehend von diesem Entwurf ist es nun möglich, entsprechend dem Vorgehenszyklus mehrere Lösungen zu suchen und so eine **Variation der Funktionsstruktur** vorzunehmen. Hierzu werden Ausprägungen von Variationsmerkmalen verändert, wie z. B. die Reihenschaltung von gleichen Funktionen oder das Hinzufügen weiterer Funktionen. In **Bild 8.1-5** ergibt die Reihenschaltung von TF2 ein zweistufiges Abtrennen der Gräten

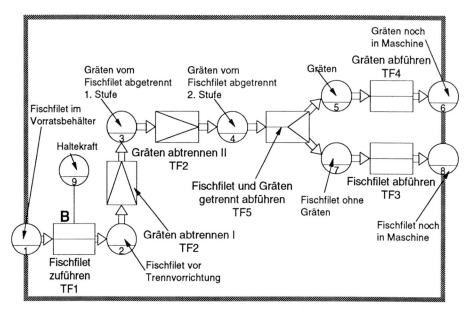

Bild 8.1-5: Variation der Funktionsstruktur durch Reihenschaltung und das Hinzufügen von Funktionen

vom Fischfilet, mit TF5 ist eine Funktion „Fischfilet und Gräten getrennt abführen"
eingeführt worden, die ein getrenntes Abführen von Fischfilet und Gräten möglicherweise erleichtert. Im Konzept der Maschine könnte sich dies durch Einführen eines entsprechenden Funktionsträgers (Bauteil, Baugruppe) auswirken.

In der Variante in **Bild 8.1-6** werden die Fischfilets durch **Reihenschaltung** von TF1
zweistufig zunächst in die Maschine, dann vor die Trennvorrichtung transportiert. Der
Durchsatz der Maschine wird durch **Parallelschaltung** erhöht.

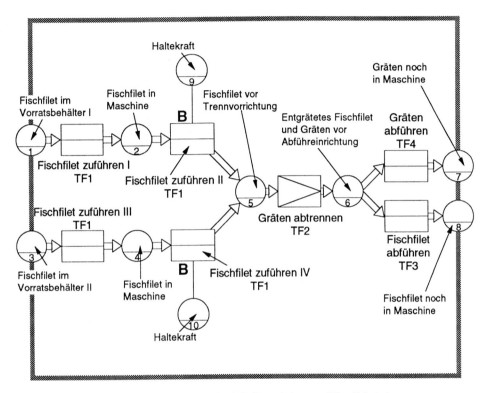

Bild 8.1-6: Variation der Funktionsstruktur durch Reihenschaltung und Parallelschaltung

Auf abstraktem, lösungsneutralen Niveau werden somit Lösungen mit unterschiedlicher
Strukturierung der Teilfunktionen erzeugt. Entsprechend Abschnitt III des Vorgehenszyklus lassen sich schon in dieser Phase die Funktionsstrukturvarianten vorläufig bewerten
und für die weitere Bearbeitung auswählen. So ist zu überlegen, ob eine Trennvorrichtung und eine Vorrichtung zum getrennten Abführen für Fischfilet und Gräten (Bild 8.1-
5) vorhanden sein müssen, wie sich der Durchsatz (Bild 8.1-6) steigern läßt oder ob gesonderte Abführvorrichtungen vorhanden sein sollen. Zumindest werden durch diese
Überlegungen Fragestellungen geschaffen, die die Lösungsfixierung reduzieren.

8.1.4   Lösungsprinzipien suchen (Arbeitsabschnitt 2.1)

8.1.4.1   Physikalische Effekte suchen

Die physikalisch beschreibbaren Eigenschaftsänderungen des Umsatzprodukts aus der Funktionsstruktur (Teilfunktionen) erfordern physikalische Effekte (Kapitel 7.5.5.3). Über Effektsammlungen (Beiheft: Arbeitsblätter und Checklisten) kann man für die Teilfunktionen mögliche physikalische Effekte oder Effektketten finden. Diese Vorgehensweise reduziert ebenfalls die Lösungsfixierung und ermöglicht die Generierung von Lösungen auf abstraktem Niveau.

Nach dem Erstellen und Variieren der Funktionsstruktur werden als zu bearbeitende Teilfunktionen das Zuführen der Fische (TF1) unter Einwirkung einer Haltekraft, das Trennen der Gräten vom Filet (TF2) und das Abführen von Filet (TF3) sowie der Gräten (TF4) als wichtigste bestätigt.

Für diese Teilfunktionen werden nun in einem **morphologischen Kasten** Variationen von Effekten bzw. Effektketten gesammelt (**Bild 8.1-7**). Der morphologische Kasten dient später als Kombinationshilfe der Teillösungen zu einem Gesamtkonzept (Kapitel 7.5.6).

Auch hier können auf einer noch sehr abstrakten Stufe sinnvolle Lösungen ausgewählt werden. So lassen sich z. B. durch die Analyse der notwendigen Energieformen für die unterschiedlichen Lösungsansätze der Teilfunktionen die Zahl der erforderlichen Energieanschlüsse im Gesamtkonzept reduzieren.

8.1.4.2   Wirkflächen, Wirkbewegungen, Stoffarten suchen

Für die Teilfunktionen wird nun unter Anwendung der ausgewählten physikalischen Effekte nach einer geeigneten Gestaltung gesucht. Hier wird die Lösungssuche, ausgehend von der Gestalt bekannter, konventioneller Lösungen (ähnliche Maschinen) oder von einer intuitiv gefundenen Gestaltung durch die Variation der geometrischen Merkmale, der Wirkgeometrie, unterstützt. Dies wird hier, da nicht Schwerpunkt des Beispiels, nicht weiter ausgeführt. Es werden Lösungsprinzipien für die Teilfunktionen erzeugt (siehe hierzu Kapitel 7.6.5).

Variation von Effekten bzw. Effektketten für Teilfunktionen

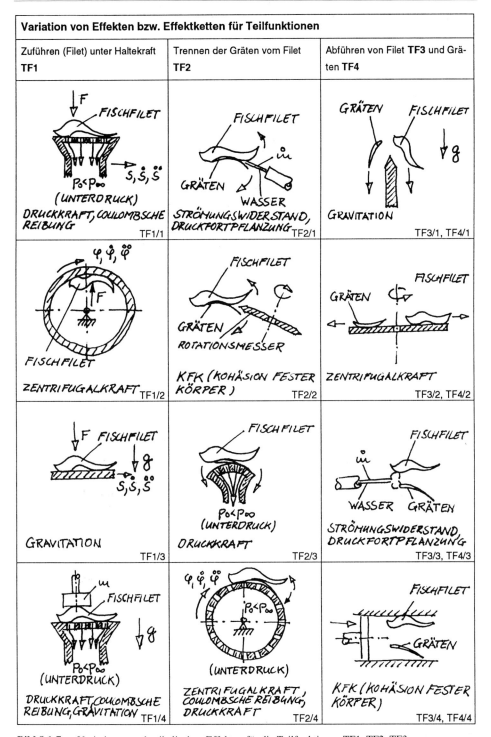

Bild 8.1-7: Variation von physikalischen Effekten für die Teilfunktionen TF1, TF2, TF3

8.1.5   Konzept erarbeiten (Arbeitsabschnitt 2.2)

8.1.5.1   Lösungsprinzipien zu Konzeptvarianten kombinieren

Die oben festgelegten Lösungsprinzipien werden nach einer Einfachbewertung mit der Auswahlliste (Bild 7.9-5) ausgewählt und mit einem morphologischen Kasten zu Gesamtlösungen kombiniert (ähnlich Bild 7.6-40 bzw. 8.7-7).

Dies war aber erst endgültig möglich, nachdem über orientierende, entwicklungsbegleitende Versuche mehr über die Eignung der Lösungsprinzipien bekannt war. Nur dieser Schwerpunkt des Beispiels soll im folgenden noch eingehender gezeigt werden.

8.1.5.2   Orientierende, entwicklungsbegleitende Versuche

Einen wesentlichen Punkt in der Entwicklung einer solchen Maschine nehmen orientierende oder entwicklungsbegleitende Versuche ein. Erst dadurch können sinnvolle und geeignete Lösungen ausgewählt werden. Dies ist insbesondere dann von Bedeutung, wenn die Eigenschaften von Lösungsprinzipien nicht bekannt sind (Kapitel 7.8.3).

In diesem Falle handelt es sich um ein Umsatzprodukt, an dessen Handhabung (gemäß der Aufgabenformulierung) besondere Anforderungen gestellt werden. Die Fischfilets sind weich und glitschig und müssen so festgehalten werden, daß die Gräten herausgetrennt werden können. Dabei sollen die Filets nicht beschädigt werden. Das Fischfilet als Lebensmittel führt zu weiteren Anforderungen hinsichtlich der Beachtung der Lebensmittelgesetze.

Das Problem konkretisiert sich schon nach der Festlegung der Teilfunktionen, durch die zusätzliche Fragestellungen aufgeworfen werden, wie z. B. die Frage nach dem Zuführen des Filets unter einer Haltekraft (TF1). Diese muß einerseits derart aufgebracht werden, daß die Gräten zugänglich sind und eine einfache Zuführung möglich ist, das Filet jedoch nicht beschädigt wird. So wurden z. B. während der Konzeptphase Versuche zum Zuführen der Filets unter Einwirkung einer Haltekraft durchgeführt, in denen das Filet durch Unterdruck oder durch Anfrieren auf einer Walze gehalten wurde.

8.1.5.3   Prototyp gestalten, bauen und testen

Trotz konstruktionsmethodischen Vorgehens und entwicklungsbegleitender Versuche für Teilfunktionen (z. B. TF1 Zuführen unter Haltekraft) traten bei der Teillösungskombination neue Probleme auf. Diese konnten erst geklärt und gelöst werden, als ein Prototyp probelief.

In diesem Abschnitt sollen an Hand des in **Bild 8.1-8** dargestellten Prototyps die generelle Funktionsweise des ausgewählten Konzepts vorgestellt und die Probleme aufgezeigt werden.

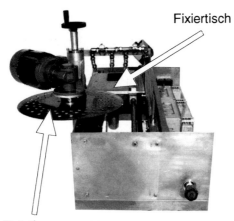

Bild 8.1-8: Prototyp der Fischentgrätungsmaschine

Funktionsweise des Prototyps

Für die Realisierung des Prototyps wurde für die Funktion „Gräten von Fischfilet trennen" ein rotierendes Messer (TF2/2 in Bild 8.1-7) gewählt. Das Filet wird auf den Fixiertisch im Stillstand (kein Unterdruck) gelegt. Der Fixiertisch fährt dann in Richtung Rotationsmesser, wobei das Filet vor Erreichen des Messers durch Unterdruck auf dem Tisch fixiert wird (TF1/4), und passiert dann das Messer, wodurch die Gräten aus dem Filet geschnitten werden (**Bild 8.1-9**). Nach dem Schneidevorgang wird der Unterdruck abgeschaltet. Das Filet, das sich oberhalb des Rotationsmessers befindet, wird durch das Messer herausgeschleudert (TF3/2), die Gräten, die auf dem Fixiertisch liegen, werden durch einen Wasserstrahl fortgespült (TF4/3). Der Fixiertisch fährt unbeaufschlagt zurück in die Ausgangsposition.

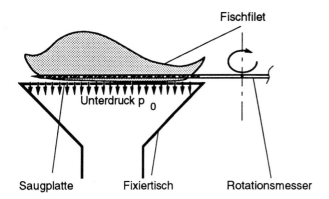

Bild 8.1-9: Realisierung der Teilfunktionen TF1 (Festhalten mit Unterdruck; Saugplatte) und TF2 (Trennen mit rotierendem Messer)

Ausführung des Prototyps

Zur Erläuterung der Funktionsweise des Prototyps werden die Komponenten Fixiereinheit, Rotationsmesser und Unterdruckbeaufschlagung im folgenden beschrieben.

Die Fixiereinheit besteht aus einem Fixiertisch mit Saugplatte. Am Fixiertisch befindet sich die Lagerung für die Führung, der Unterdruckanschluß sowie die Antriebsmechanik. Die Saugplatte ist ein mit Bohrungen versehenes Blech.

Das Rotationsmesser ist zur Reduzierung der Masse und zur Vermeidung des Ansaugens an den Fixiertisch mit Bohrungen versehen.

Die Absaugluft am Fixiertisch wird durch einen unterhalb des Tisches angebrachten Trichter abgeführt. Durch eine Kulissensteuerung wird dieser Trichter zur Unterdruckabschaltung geöffnet (**Bild 8.1-10**).

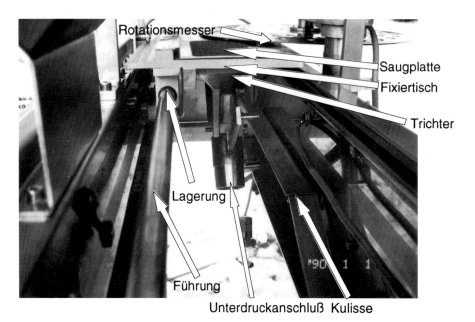

Bild 8.1-10: Fixiertisch mit Ansaugtrichter und Kulissensteuerung

8.1.5.4   Versuchsergebnisse und Probleme

Es sollen noch einige Probleme geschildert werden, die nach den ersten Probeläufen auftauchten und somit erst dann behoben werden konnten oder aber Bedarf für alternative Lösungen aufzeigten.

Die Reibung der glatten Metalloberfläche des Fixiertisches erwies sich als zu gering. Durch Auftragen von Korrundum (Idee „Treppenbelag") wurde dieses Problem behoben.

Die getrennte Abführung von Filet und Gräten erwies sich als schwierig. Zur Unterstützung der Abführung der Filets oberhalb des Rotationsmessers wurde eine zusätzliche Räumschiene angebracht und das Messer mit einem Wasserstrahl gespült. Teilweise wurden die Gräten ebenfalls durch die Rotation des Messers weggeschleudert und wie die Filets an der Gehäusewand in den Auffangbehälter für die entgräteten Filets abgeleitet. Durch die Erhöhung der Reibung auf dem Fixiertisch (s. o.) wurde jedoch auch dieses Problem behoben.

Wenn der Fixiertisch ohne aufgelegtes Fischfilet unter das Messer bewegt wurde, so wurde das Messer an den Tisch gesaugt. Die Erhöhung der Zahl der Bohrungen im Rotationsmesser beseitigte dieses Problem (korrigierendes Vorgehen, Kapitel 5.1.4.3).

8.1.6   Was kann man daraus lernen?

Am Beispiel wurde eine mögliche Methodenfolge zur Problemlösung aufgezeigt. Der **Schwerpunkt** lag hier auf der systematischen Erzeugung von Lösungsvarianten durch die Erstellung und Variation der **Funktionsstruktur** sowie auf der **Variation der Physik** und der Wirkgeometrie. Die Auswahl eines auszuarbeitenden Konzepts wurde durch die entwicklungsbegleitenden bzw. orientierenden Versuche, die das Erkennen von Eigenschaften der Lösungsvarianten ermöglichten, unterstützt. An diesem Beispiel wird die manchmal erforderliche **enge Verzahnung** von **Konstruktionsmethodik** und **Versuchstechnik** deutlich.

8.2   Neukonstruktion eines Tragetaschenspenders (Dispenser), der ein Marktflop wurde[1]

8.2.1   Was zeigt das Beispiel?

Am Beispiel der Neukonstruktion eines Automaten zur Ausgabe von Kunststoff-Tragetaschen wird gezeigt, wie aufgrund einer **mangelhaften Produktplanung** und kundenbezogener Aufgabenklärung ein rein technisch gesehen erfolgreicher Konstruktionsprozeß schließlich doch als Marktflop endet.

Der Auftrag wurde zunächst gemäß Bild 8-1 als **einfache Aufgabe** (I) begonnen, stellte sich dann aber als ein **Zielproblem** (III) heraus.

8.2.2   Ausgangssituation

Das folgende Beispiel stammt aus einem eingeführten Ingenieurbüro für Planung, Entwicklung und Konstruktion von Montage- und Verpackungsautomaten. Das Ingenieur-

---

[1]   nach Birkhofer [1/8.2]

büro hatte bereits viele Jahre für ein Unternehmen der Anlagentechnik gearbeitet, so daß sich ein Vertrauensverhältnis zwischen dessen Geschäftsführer und dem Inhaber des Ingenieurbüros entwickelt hatte. Nach dem altersbedingten Ausscheiden des Geschäftsführers, im folgenden als Kunde bezeichnet, hatte dieser ein eigenes Unternehmen zur Herstellung von hochwertigen, wiederverwendbaren und tragefreundlichen Kunststoff-Tragetaschen gegründet. Der Kunde wandte sich nun mit einem Entwicklungsauftrag für einen Ausgabeautomaten für seine Tragetaschen an den Inhaber des Ingenieurbüros.

8.2.3   Aufgabe klären

Die **Aufgabenstellung** wird im November 1989 vom Kunden zwei Mitarbeitern des Ingenieurbüros vorgetragen. Der Automat soll ca. 100 Tragetaschen aufnehmen und jeweils eine gegen Einwurf von 30 Pf automatisch ausgeben. Dieser Dispenser soll die Taschen beim Ausgeben möglichst automatisch auffalten und an den Griffschlaufen so fixieren, daß die geöffnete Tasche ohne weiteres Festhalten mit beiden Händen befüllt werden kann. Das Ingenieurbüro erhält vier Muster der Tragetaschen als Anschauungsmaterial. Der Dispenser soll in Supermärkten und Boutiquen direkt an der Kasse aufgestellt werden. Die Herstellkosten für die projektierte Nullserie von 50 Stück sollen unter 1.000 DM pro Stück liegen. Der Kunde hat eigene Marktbeobachtungen im Supermarkt angestellt und auch bei einem Filialleiter positive Resonanz auf diese Produktidee bekommen.

Trotz der Kapazitätsprobleme des Ingenieurbüros wird der Auftrag angenommen, auch aus Dankbarkeit für die früheren Aufträge des Kunden. Die Aufgabe ist für das Ingenieurbüro interessant, da sie neu ist und keine guten Lösungen bekannt sind. Sie scheint – aus den vorhandenen Erfahrungen im Bereich der Montage- und Verpackungsautomaten heraus – keine gravierenden Probleme zu machen („Das machen wir mit links…"). Für das Konzept, den Entwurf und die Ausarbeitung des Zeichnungssatzes werden zwei Mannmonate veranschlagt. Im März 1990 soll der Auftrag abgeschlossen sein.

Obwohl die Aufgabe wenig komplex und die Anforderungen klar erscheinen, wird sie zunächst **strukturiert** und eine **Gliederung in Teilfunktionen** (TF) vorgenommen und überlegt, welche automatisch und welche manuell verwirklicht werden sollen:

TF 1:   Taschen in Dispenser eingeben   TF 4:   Taschen vereinzeln und ausgeben
TF 2:   Taschen gegen Diebstahl sichern   TF 5:   Griffe vereinzeln
TF 3:   Taschen magazinieren   TF 6:   Griffe aufhängen

Eine vollständige Automatisierung aller Teilfunktionen scheint technisch schwierig realisierbar zu sein und hat keine Aussicht auf eine wirtschaftliche Lösung. Daher werden nur Konzepte weiterverfolgt, bei denen die Taschen automatisch vereinzelt und ausgegeben werden (Automatisierungsvariante V1) und bei denen nach einer manuellen Vereinzelung der Griffschlaufen diese gegebenenfalls automatisch so aufgehängt werden, daß sich die Tasche in Befüllposition befindet (Automatisierungsvariante V2).

8.2.4   Lösungen suchen

Lösungskonzepte für die oben genannten Teilfunktionen werden schnell gefunden (intuitive Arbeitsweise), skizziert und bereits diskutiert. Einige dieser Skizzen zeigen die **Bilder 8.2-1** und **8.2-2**. Entsprechend der o. g. Überlegungen zum Grad der Automatisierung werden die Konzepte für die Teilfunktionen zu unterschiedlichen Gesamtkonzepten kombiniert (**Bild 8.2-3** und **Bild 8.2-4**).

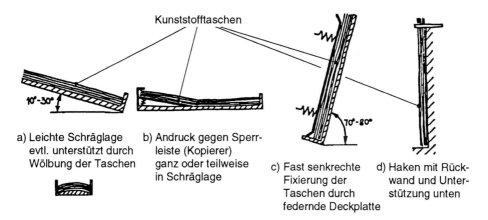

a) Leichte Schräglage
   evtl. unterstützt durch
   Wölbung der Taschen

b) Andruck gegen Sperr-
   leiste (Kopierer)
   ganz oder teilweise
   in Schräglage

c) Fast senkrechte
   Fixierung der
   Taschen durch
   federnde Deckplatte

d) Haken mit Rück-
   wand und Unter-
   stützung unten

Bild 8.2-1:   Konzepte für die Teilfunktion TF 3: "Taschen magazinieren"

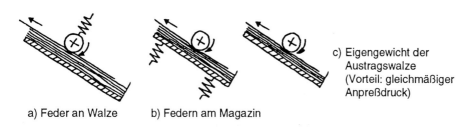

a) Feder an Walze

b) Federn am Magazin

c) Eigengewicht der
   Austragswalze
   (Vorteil: gleichmäßiger
   Anpreßdruck)

Bild 8.2-2:   Konzepte für die Teilfunktion TF 4: "Tasche vereinzeln und ausgeben"

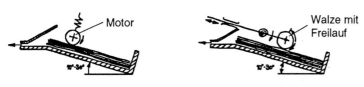

a) Elektrisch angetriebene
   Austragswalze

b) Mechanisch über Hebel-Ratschen-
   Mechanismus angetriebene Austragswalze

Bild 8.2-3:   Konzepte für automatisierte Vereinzelung und Ausgabe einer Tasche
(Automatisierungsvariante V1 für TF 4)

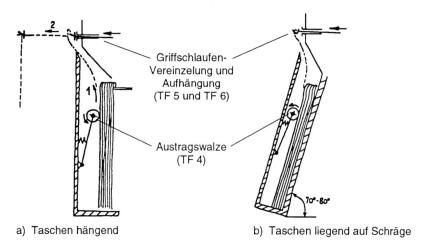

a) Taschen hängend   b) Taschen liegend auf Schräge

Bild 8.2-4:   Konzepte für automatisierte Vereinzelung und Ausgabe einer Tasche sowie automatisierter
                  Aufhängung der Griffschlaufen (Automatisierungsvariante V2 für TF 4, 5 und 6)

An Hand dieser Konzepte erfolgt eine Zwischenauswahl bzgl. Funktionssicherheit, Bauraum und Kosten. Dabei wird die Automatisierungsvariante V1 favorisiert, so daß dafür
auch ein grobmaßstäblicher Entwurf und eine Designskizze angefertigt werden.

8.2.5   Lösungen auswählen und verwirklichen

Bei der **Präsentation** der Ergebnisse (Ende Dezember 1989) ist auch der Kunde von
diesem Konzept überzeugt und gibt den Auftrag zur weiteren Ausarbeitung dieses Konzepts. Zur Durchführung von Versuchen werden kurz darauf 200 Tragetaschen angelie-
fert. Dabei wird festgestellt, daß diese Taschen einerseits im Format nicht mit den vier
Mustertaschen übereinstimmen. Andererseits erkennt man erst jetzt, daß die Böden der
Taschen durch ihre Einfaltung stark auftragen und dadurch leicht verrutschen oder
manchmal sogar aufklappen können. Das Magazinieren bei dem ausgewählten Konzept
kann daher nicht sicher durchgeführt werden. In einer „Krisenbesprechung" wird deshalb entschieden, auf das Konzept für die Automatisierungsvariante V2 zurückzugreifen, da bei den hängenden Taschen die o. g. Probleme keinen so großen Einfluß haben.
Dabei wird aber aus technischen und wirtschaftlichen Gründen auf das automatisierte
Auffalten der Griffschlaufen verzichtet. Der Kunde wird über die notwendigen Änderungen informiert und stimmt diesen zu.

Zur Ausarbeitung des **neuen Konzepts** wird ein Mitarbeiter halbtags abgestellt und
durch einen Studenten unterstützt. Um realistische Versuche – speziell für das problematische, schräg nach oben gerichtete Herausschieben der labilen Taschen – durchführen zu können, wird ein **Versuchsmuster** gebaut, das im Februar 1990 fertiggestellt ist.

In den Versuchen werden eine geeignete Geometrie und ein passendes Material für Leit-
und Ablenkelemente sowie für die Austragswalze gefunden. Das Versuchsmuster wird

dem Kunden Ende März 1990 vorgeführt. Zur Aufstellung des Dispensers sollen eine Wand- und eine Bodenbefestigung vorgesehen werden.

Nach dem Einarbeiten der Ergebnisse mit dem Versuchsmuster erkennt man, daß der Dispenser jetzt so groß baut, weshalb er in den seltensten Fällen direkt an der Kasse stehen kann. Eine Aufstellung an einem Packtisch macht jedoch den Einbau eines Münzprüfers erforderlich, da der Dispenser nicht mehr von der Kasse aus überwacht werden kann. Nach dem Einholen von Angeboten für die benötigten Teile des Dispensers erkennt man, daß das **Kostenziel** für die Nullserie bereits um 20% überschritten ist. Speziell die Kosten für die Steuerung und die tiefgezogene Abdeckhaube aus Kunststoff sind zu hoch.

Obwohl der Dispenser Gestalt angenommen hat und als Versuchsmuster relativ funktionssicher arbeitet, steht das **Projekt** im Mai 1990 **vor dem Abbruch**. Die Herstellkosten sind zu hoch, und zu diesem Zeitpunkt sind auch die ursprünglich vereinbarten Entwicklungskosten bereits um ein Mehrfaches überschritten. Die Situation wird offen mit dem Kunden besprochen. Da der Markt nach Ansicht des Kunden auf ein derartiges Gerät wartet, ist er bereit, die Mehrkosten zu tragen.

Die Entwicklung wird mit einer gründlichen **Wertanalyse** des Dispensers fortgesetzt, die zu einer Fülle von Änderungen führt. Mit dem überarbeiteten Zeichnungssatz werden ab Juni 1990 Angebote bei drei Herstellern eingeholt. Aufgrund der Urlaubszeit gehen die Angebote erst Mitte August 1990 ein. Da die Angebote zu teuer erscheinen, beschließt der Kunde im September 1990, die Montage im eigenen Unternehmen durchzuführen. Weiterhin soll am Ausgabeschlitz noch eine Sicherung gegen Diebstahl von magazinierten Taschen (z. B. mittels eines Drahthakens) angebracht werden. Der Kunde besteht außerdem auf der Anbringung eines Hakens, an dem zum Befüllen der Taschen eine Griffschlaufe eingehängt werden kann. Im Oktober 1990 ist dann das **erste Mustergerät (Bild 8.2-5)** fertiggestellt und der Dispenser zum Patent angemeldet **(Bild 8.2-6)**. Im Februar 1991 werden fünf Dispenser testweise aufgestellt.

Bild 8.2-5: Dispenser im Betrieb

Die Dispenser **arbeiten funktionssicher** und sind auch einfach zu befüllen. Durch die intensive Wertanalyse konnten die Herstellkosten der fünf Prototypen auf einen Stückpreis von 850 DM gesenkt werden. Bei einer Kleinserie von 100 Stück würde sich ein Stückpreis von 620 DM ergeben. Dieses Ergebnis konnte jedoch nur mit einem weit überzogenen Entwicklungs- und Konstruktionsaufwand erreicht werden. Gegenüber dem geplanten Termin (März 1990) verzögerte sich die Fertigstellung der Konstruktion um mehr als ein halbes Jahr (Oktober 1990), und anstelle der geplanten 2 Mannmonate wurden insgesamt 6,5 Mannmonate aufgewendet.

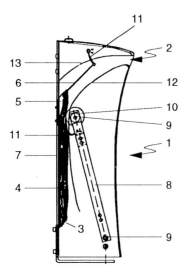

Bild 8.2-6:   Patentzeichnung des Dispensers

Das böse Erwachen kam aber erst durch den **Markttest** mit den fünf aufgestellten Dispensern. Anstelle der projektierten Abnahme von 100 Taschen/Tag wurden nur 6 Taschen/Tag erreicht. Im gleichen Verhältnis reduzierte sich auch der geschätzte Erlös/Jahr, und die Amortisationszeit der Herstellkosten stieg von drei Monaten auf vier Jahre. Der Dispenser entpuppte sich als **Marktflop** und wurde nach einiger Zeit zurückgenommen.

8.2.6   Was kann man daraus lernen?

– **Produktplanung** und intensive **kundenbezogene Aufgabenklärung** sind Voraussetzungen für den Markterfolg eines Produkts. Funktionierende Technik und Einhaltung des Kostenrahmens sind alleine noch keine Erfolgsgarantie!
   In diesem Beispiel wurde zum einen der Bedarf des Marktes von Anfang an falsch eingeschätzt. Dies hätte durch eine gründliche **Marktanalyse** vermieden werden können (Arbeitsabschnitt 1 in Bild 6.5-3 und Kapitel 7.2). Wegen des guten Kontaktes zwischen Kunden und Ingenieurbüroinhaber wurden beide Augen zugedrückt: „Er wird schon wissen, was er will!" Die interne Kritik an der Aufgabenstellung wurde nicht ernst genommen. Die Ehefrau eines Ingenieurs sagte schon am Anfang

des Projekts, daß dies eine „Schnapsidee" sei: „Wozu 30 Pfennig für eine Kunststoff-Tragetasche bezahlen, die man oft umsonst oder für 10 Pfennig an der Kasse bekommt?" Kunststoff-Tragetaschen gelten nicht als umweltfreundlich und werden nicht zur Wiederverwendung teuer gekauft. Sie werden eher als Müllbeutel verwendet.

Zum anderen wurde im Verlauf des Konstruktionsprozesses zusätzlich die wichtige Anforderung nach dem automatischen Öffnen und Aufhalten der Tragetaschen fallengelassen, um die Anforderung bzgl. der Herstellkosten einhalten zu können. Um solche Zielkonflikte im Hinblick auf die Marktchancen eines Produkts positiv zu entscheiden, bedarf es ebenfalls einer aussagekräftigen Marktanalyse.

– Wie bei Stoffumsatzproblemen in der Verfahrenstechnik häufig beobachtet, so auch hier: Die ersten vier Mustertaschen waren von den Abmessungen und der Faltung her anders als die 200 schließlich gelieferten Exemplare. **Stoffliche Versuchsmuster und die Endausführung weichen voneinander ab.** Der Automat wurde aufwendiger, baute größer und konnte nicht mehr an der Kasse aufgestellt werden. Damit war er beim Einpacken nicht mehr leicht erreichbar. Erkenntnis: Versuchsmuster müssen garantiert werden. Wichtige Anforderungen dürfen nicht vernachlässigt werden.

– Das **Problem** wurde in seiner **Schwierigkeit unterschätzt**: „Das machen wir mit links!"

– **Technisch** wurde die Aufgabe aber schließlich gut gelöst, wenn auch mit einigen Iterationen (mehrfacher Einsatz des **Vorgehenszyklus**). Immerhin waren aber durch die Kombination von Konstruktionsmethodik und Intuition wesentliche Lösungsvarianten gleich am Anfang erkannt und erzeugt worden (Bild 8.2-1 bis 8.2-4). Deshalb konnte nach Ausscheiden der Variante V1 sofort auf die bereits konzipierte Variante V2 übergegangen werden. Die Bilder 8.2-1 bis 8.2-4 sind Beispiele für die **Variation der Gestalt** (Kapitel 7.6).

– Vermehrter Entwicklungs- und Konstruktionsaufwand (die Zeiten und Kosten wurden in diesem Beispiel deutlich überschritten) hat jedoch trotz zusätzlichen nachträglichen Forderungen dazu geführt, daß die Vorgabe für die **Herstellkosten** eingehalten werden konnte. Je nachdem, ob ein Produkt in Einzel-, Kleinserien- oder Großserienfertigung hergestellt wird, kann sich eine **Überschreitung der Entwicklungs- und Konstruktionskosten** also insgesamt durchaus positiv auf die Selbstkosten auswirken. In ähnlicher Weise können sich natürlich auch durch eine frühere Markteinführung höhere Entwicklungs- und Konstruktionskosten „bezahlt" machen.

Literatur zu Kapitel 8.2

[1/8.2] Birkhofer, H.: Vom Produktvorschlag zum Produktflop – mit Planung und Methodik ins Desaster. In: Strohschneider, S.; Weth, R. von der (Hrsg.): Ja, mach nur einen Plan. Bern: Huber 1993, S. 93–104.

8.3   Die Konstruktion einer Wandhalterung – ein nicht optimaler Prozeß

8.3.1   Was zeigt das Beispiel?

Es wird gezeigt, wie die Konstruktion eines berufserfahrenen Praktikers ohne Methodikausbildung verläuft, wenn die **Klärung der Aufgabe** und die **Suche nach Lösungsprinzipien** vernachlässigt werden. Dieses Beispiel dokumentiert einen wenig erfolgreichen Prozeß, aus dessen Schwächen man lernen kann: Es hat keinen Sinn, sich mit ersten Lösungen zufriedenzugeben und sich dann in Details zu verlieren, bevor das Grundsätzliche des Konzepts nicht klar ist. Der **Sinn konstruktionsmethodischen Arbeitens** (nach z. B. dem Vorgehensplan Bild 6.5-1) **wird überdeutlich**.

8.3.2   Die Konstruktionsaufgabe

Verschiedene Versuchspersonen wurden im Rahmen eines Versuchs dabei beobachtet, wie sie die Aufgabenstellung „Konstruktion einer Wandhalterung", die in Kapitel 3.4 schon angesprochen wird, bearbeiteten.

Die **Aufgabe** besteht darin, eine Wandhalterung mit Schwenkmechanismus für die vorgegebene Führungssäule eines optischen Geräts zu entwickeln. Eine mögliche Lösung ist bereits in Bild 3.4-1 dargestellt.

An der Führungssäule (siehe **Bild 8.3-1**) ist das optische Gerät in der Höhe verstellbar angebracht. Der Schwenkmechanismus soll zwei Bewegungen der Säule im Raum (in α- und β-Richtung) um vorgegebene Winkel mit exakter Feineinstellung ermöglichen. Die Vorrichtung ist aus vorhandenen Halbzeugen (z. B. Vierkantrohre und Platten aus Stahl oder Aluminium), die bearbeitet werden können, und aus Normteilen (z. B. Schrauben und Bolzen) in einer Werkstatt herzustellen. Der Kostenaufwand für die Herstellung soll möglichst niedrig sein.

Die Aufgabe wird den Konstrukteuren im Versuch in schriftlicher Form mit einer zugehörigen Skizze vorgelegt (Bild 8.3-1). Als Ergebnisse der Bearbeitung sind eine Zusammenstellungszeichnung und eine Stückliste, in der alle verwendeten Halbzeuge und Normteile aufgeführt sind, gefordert.

Die Aufgabe ist eine typische **Neukonstruktion**, die (nach Bild 8-1 und 3.1-2) als „**Mittelproblem III**" bezeichnet werden kann. Die Ziele sind klar, wenn auch die Anforderungen im einzelnen erst noch geklärt werden müssen. Beispielsweise muß durch Befragung des Versuchsleiters ermittelt werden, daß die geforderte Toleranz der Feineinstellung ± 0,1 Grad beträgt. Die Anforderungen widersprechen sich: Eine hohe Einstellgenauigkeit ist nicht gerade kostengünstig. Die Gesamtaufgabe enthält mehrere

Teilaufgaben, die nicht unabhängig voneinander gelöst werden können. Die Zahl der möglichen konstruktiven Lösungen ist groß (Bild 3.4-2).

Aufgabenstellung und Instruktion

Wandhalterung mit Schwenkmechanismus

Konstruieren Sie eine Wandhalterung für die Führungssäule eines optischen Gerätes. (Skizzen siehe Anlage!)

Das Gerät ist durch
□25, Wandstärke 2
mindestens 175mm
auf der Säule ist ge
Die zu konstruieren
optischen Geräts au
Säulenachse und S
Schwenken der Säu
um max. + 15° erla
Schwenkwinkel beli
Bewegungen muß n
Feineinstellung der
soll von Hand erfolg
optische Gerät soll
Schwenkachsen so
nahe dem unteren S
von der Wand entfe
Möglichkeit keine ar
Die Wand ist aus Zi
vorzusehen.
Die Halterung soll a
Kostenaufwand in d
fertigungstechnisch
Anlage). Es dürfen
verwendet werden (
Korrosion geschützt
Gefordert ist eine Z
der die Gestalt aller
erkennen sind. Die
und in einer Stücklis
mit der DIN-Bezeich
Halbzeug anzugebe

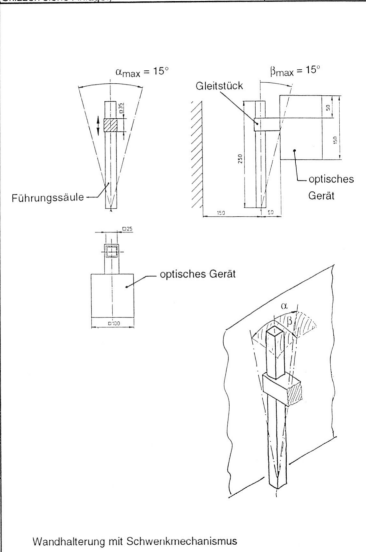

Wandhalterung mit Schwenkmechanismus

Bild 8.3-1: Ausschnitt aus der Aufgabenstellung „Konstruktion einer Wandhalterung mit Schwenkme-chanismus"

8.3.3   Versuchsdurchführung

Im Versuch arbeitet der Konstrukteur selbständig an einem Arbeitsplatz mit Schreibtisch und Zeichenmaschine. Er soll alle seine Gedanken aussprechen, also „laut denken". Die Versuchsperson kann jederzeit Informationen zur Problemstellung vom Versuchsleiter erfragen. Alle Äußerungen und Handlungen während der Arbeit werden mit einer Videokamera aufgezeichnet. Es besteht keine Zeitbeschränkung für die Bearbeitung der Aufgabe. Trotz dieser Bedingungen kommt der Versuch, wie in einer Nachbefragung geklärt wurde, dem Konstruieren in der Praxis recht nahe. Es entfallen allerdings Kontakte zu Kollegen und die Beratung mit ihnen.

Die Videoaufzeichnungen und erstellten Unterlagen werden mit Hilfe von Techniken der Protokollanalyse aus psychologischer und konstruktionsmethodischer Sicht ausgewertet (siehe z. B. [1/8.3], [2/8.3], [3/8.3] und [4/8.3]). Die Qualität der Konstruktionsergebnisse (d. h. der erstellten Entwürfe) wird mit einer Expertenbewertung festgestellt.

8.3.4   Der Konstruktionsprozeß der Versuchsperson „Otto"

Otto ist ein Konstrukteur aus dem Bereich des Anlagen- und Sondermaschinenbaus. Er besitzt eine Berufsausbildung als Mechaniker und hat eine Meisterprüfung absolviert. Der Konstrukteur besitzt keine konstruktionsmethodische Ausbildung. In seiner über siebenjährigen Berufserfahrung hat er bereits viele Konstruktionsprobleme (z. B. die Entwicklung von Montageautomaten) bearbeitet.

Der folgende Abschnitt kann nur einige interessante, entscheidende Ausschnitte des Konstruktionsprozesses, der über 9 Stunden dauerte, aufzeigen.

Wie alle Versuchspersonen wird Otto nach dem ersten Durchlesen der Aufgabe kurz zur Einschätzung des Problems befragt. Er gibt an, daß es ihm sehr wichtig ist, die Aufgabe zu löse und er findet sie „überhaupt nicht schwierig". Er schätzt, daß er für die Konstruktion einschließlich Entwurfszeichnung und Stückliste etwa sechs Stunden benötigen wird.

In den ersten zehn Minuten der Bearbeitungszeit **klärt** Otto mit dem Versuchsleiter **einige offene Fragen**. Er erfragt Informationen über die Höhe der Befestigung des Geräts an der Wand und bringt in Erfahrung, daß das optische Gerät, das an der Säule befestigt wird, zur entzerrten Projektion von Negativen in einem Fotolabor benutzt wird. Außerdem klärt er die Genauigkeit der Feineinstellung und versichert sich, ob er einige Angaben aus der Aufgabenstellung richtig verstanden hat. Anschließend trägt Otto die Angaben aus der Aufgabenstellung und der zugehörigen Skizze maßstäblich auf der zu erstellenden Entwurfszeichnung an der Zeichenmaschine ein.

Die **erste Lösungsidee** für die Lagerung der Führungssäule ist ein Gelenk aus zwei Bolzen, das in einer Skizze (Skizze a) in **Bild 8.3-2** festgehalten wird. Diese Bolzenlagerung mit der geforderten Feineinstellung zu kombinieren, erscheint Otto jedoch schwierig. Deshalb verwirft er diese Lösung.

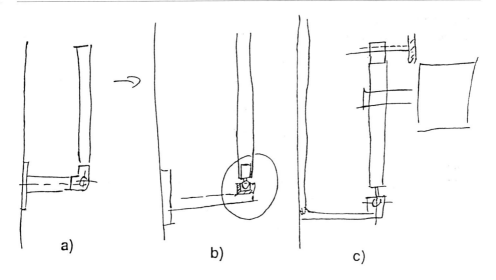

a)   b)   c)

Bild 8.3-2:   Handskizzen des Konstrukteurs Otto

Er entwickelt eine **neue Idee,** das untere Ende der Säule in einem **Kugelgelenk** (Skizze b) in Bild 8.3-2 zu lagern. Er entscheidet sich dafür, das Gelenk aus dem Kunststoff Polyamid herzustellen, weil er bereits viel Erfahrung mit diesem Werkstoff hat. In einer groben Skizze werden Kugelgelenk, Säule, optisches Gerät und eine Einstellung für die β-Bewegung skizziert, (Skizze c in Bild 8.3-2).

Es entsteht die **neue Lösungsidee,** die Einstellung für die α-Bewegung in eine **Grob- und Feineinstellung** aufzuteilen, damit die Bedienung des Gerätes beim Verstellen von der einen in die andere Extremlage erleichtert wird. Falls nur eine Feineinstellung vorhanden ist, muß der Bediener zum Wechsel der Extremlagen etwa 80 mal an der Handkurbel drehen. Otto hat diese Zahl überschlägig berechnet und hält diese Tatsache für sehr benutzerunfreundlich.

Nachdem er sich einige vorläufige Gedanken über die Möglichkeiten einer Grob- und Feineinstellung gemacht hat, sucht er in den verfügbaren Unterlagen die Abmessungen geeigneter Handräder, die er notiert. Er wählt ein geeignetes Handrad aus.

Otto beginnt mit der zeichnerischen Darstellung der bisher festgelegten Teillösungen in der Entwurfszeichnung. Er zeichnet die Einstellung in α-Richtung in zwei Ansichten (Vorder- und Seitenansicht) und stellt auch ein Handrad detailliert dar. Ebenso beschäftigt er sich mit der Darstellung der Grobeinstellung für die α-Bewegung. Er sieht dafür zwei Platten vor, die er gegeneinander bewegen will. Die Feineinstellung soll in den Lagerbock eingebaut werden. Zu diesem Zeitpunkt sieht die konstruierte Wandhalterung etwa wie in **Bild 8.3-3** aus.

An Hand der Zeichnung wird ihm deutlich, welche noch **ungeklärten Probleme** sich mit der Konstruktion ergeben: „Mir ist die Trennung zwischen Grob- und

Feineinstellung noch nicht ganz klar". Die ebenso noch ungeklärte Verbindung zwischen Feineinstellung und Säule ist in Bild 8.3-3 mit einem Fragezeichen versehen.

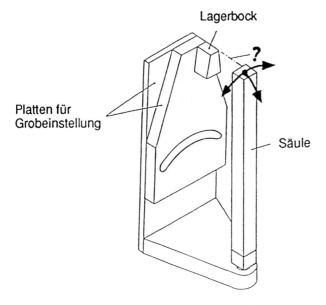

Bild 8.3-3:   Die Wandhalterung nach etwa 3 Stunden[1]

An diesem Punkt überlegt Otto wegen der aufgetretenen Unklarheiten und Schwierigkeiten, die Konstruktion abzubrechen und neu zu beginnen. Er ist unzufrieden mit seiner bisherigen Arbeit. „Das Ding ist zu groß und zu kompliziert". Nach längerem Abwägen entscheidet er sich für die Weiterbearbeitung.

Er versucht nochmals, die Idee der Grob- und Feineinstellung umzusetzen, stellt dann jedoch fest, daß die Wandhalterung damit zu aufwendig wird. Daraufhin beschließt Otto, nur eine Feineinstellung einzusetzen, auch wenn dies den Bedienaufwand erhöht. Er beurteilt diese Eigenschaft als „nicht optimal, aber akzeptabel".

Mit dieser Entscheidung **verwirft** der Konstrukteur **die Lösung** der Grobeinstellung, mit der er sich bereits etwa zwei Stunden beschäftigt hat und die er inzwischen weitgehend konkretisiert hat. Er radiert alle Elemente der Grobeinstellung, die er bereits gezeichnet hat, aus der Entwurfszeichnung wieder heraus.

Nun wendet er sich der **Einstellung der α-Schwenkbewegung** zu und erarbeitet in einer Skizze einen Gleitschuh, der die Verbindung zwischen der vorgegebenen Säule und der Gewindestange herstellt. Die Gestalt des Gleitschuhs wird in der Entwurfszeichnung genau festgelegt. Als Werkstoff hält Otto ebenfalls den Kunststoff Polyamid für ge-

---

[1]   Bei Bild 8.3-3 handelt es sich um eine Nachzeichnung, nicht um eine Originalzeichnung des Konstrukteurs.

eignet. Beim Positionieren des Gleitschuhs und der Gewindestange hat der Konstrukteur eine **wesentliche Anforderung außer acht gelassen (Bild 8.3-4a)**: die Bedingung, daß die Säule auf ihrer ganzen Länge für die Führung des optischen Gerätes frei sein muß. Die Gewindestange mit Gleitschuh und Handrad muß also an anderer Stelle positioniert werden. Otto erkennt diesen Fehler und äußert sich bestürzt: „Oh, Mann, da muß ich alles neu zeichnen". Er äußert sich verwundert darüber, daß ihm dieser fundamentale Fehler nicht früher aufgefallen ist. Nach einer kurzen Überlegung darüber, wie er den Mangel beheben kann, entschließt er sich, die Einstellung bestehend aus Gewindestange, Handrad und Gleitschuh nach oben zu versetzen und die Säule zu verlängern (**Bild 8.3-4b**).

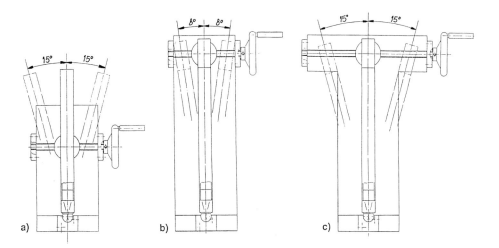

Bild 8.3-4: Drei Stadien der Entwurfszeichnung

Mit dieser Idee für die Korrektur beginnt die Versuchsperson die Änderungen in der Zeichnung umzusetzen. Es kostet ihn etwa 40 Minuten, in der Zeichnung zu radieren und die Änderungen einzubringen.

Nach Durchführung der gesamten Änderungen entdeckt er, daß durch die Verlegung der Einstellung nach oben natürlich der Einstellbereich für die Säule nicht mehr die geforderten Winkel von jeweils 15 Grad einhält (siehe Bild 8.3-4b). Er ist ungehalten darüber, daß er „schon wieder einen fatalen Fehler" festgestellt hat. „Jetzt muß ich das noch mal zeichnen." Nach einer kurzen Lösungssuche beschließt Otto, die Gewindestange zu verlängern und damit ihre Lagerung zu verbreitern (siehe **Bild 8.3-4c**). Die Durchführung dieser Änderung kostet ihn etwa 20 Minuten. Er ist deutlich darüber verärgert, daß er inzwischen einige Bauteile, z. B. das Handrad, mehrmals wegradieren und an anderer Position neu zeichnen mußte.

In den folgenden beiden Stunden vervollständigt Otto die Zusammenstellungszeichnung. Mit einigen Änderungen, die jeweils Radieren und Neuzeichnen erfordern, gelingt ihm nach 9 Stunden und 20 Minuten eine „noch akzeptable Lösung" mit geforderter Entwurfszeichnung und Stückliste (**Bild 8.3-5**).

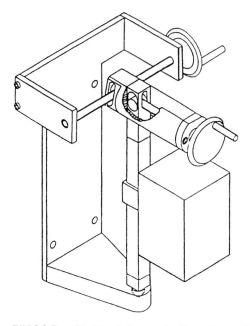

Bild 8.3-5:   Die Wandhalterung des Konstrukteurs Otto

Die Wandhalterung ist allerdings recht wackelig ausgeführt und hat die folgenden (in Bild 8.3-5 nicht direkt erkennbaren) Schwächen. Das Gerät kann wegen der fehlenden Arretierung nach dem Einstellen nicht fixiert werden. Außerdem hat das ganze System einen Freiheitsgrad zuviel. Es besteht die Gefahr, daß sich während des Gebrauchs Teile der Vorrichtung lösen und den Bediener verletzen. Die α- und β-Einstellung beeinflussen sich gegenseitig, wodurch die Arbeit mit dem Einstellmechanismus im Fotolabor erschwert wird.

8.3.5   Analyse des Prozesses

Konstruktionsprozesse lassen sich in Arbeitsabschnitte einteilen. In unserem Versuch sind das die Arbeitsabschnitte der **Aufgabenklärung**, des **Konzipierens** und des **Entwerfens** entsprechend dem **Vorgehensplan** (Bild 6.5-1) aus Kapitel 6.5.1.

Der Arbeitsabschnitt der **Aufgabenklärung** dient der Analyse der Problemstellung und dem Erkennen der Anforderungen. Beim **Konzipieren** geht es schwerpunktmäßig um die Suche nach Lösungen für das Problem und die Erstellung einer prinzipiellen Gesamtlösung, des Konzepts. In der Phase des **Entwerfens** wird dann das Konzept gestaltet und in einer Entwurfszeichnung ausgearbeitet.

Die **Aufgabenklärung** des Konstrukteurs ist hier kurz und oberflächlich. Dies führt dazu, daß er wesentliche Teilprobleme der Aufgabenstellung nicht erkennt. Z. B. beschäftigt er sich nie explizit mit der Arretierung des Geräts nach der Einstellung. Später muß er diese ungeklärten Ziele doch noch behandeln. Die Abschnitte des **Konzipierens** bzw. der **Suche nach Lösungen** sind bei Otto sehr kurz, er skizziert wenig. Er legt jedoch Wert darauf, nach dem Finden einer Lösung, diese möglichst schnell konkret im Entwurf zeichnerisch umzusetzen. Dabei erarbeitet er nie mehrere Varianten parallel. Seine Urteile über Lösungen fallen schnell und ohne tiefere Analyse. Die anfangs schnell verworfene Bolzenlagerung wäre durchaus ohne viel Aufwand zu realisieren gewesen.

Auffallend ist, daß er einerseits sehr schnell konkret wird, z. B. legt er nach der Wahl von Handrädern die genauen Dimensionen dieser Bauteile sofort fest. Andererseits läßt er häufig Teilprobleme bei der Lösungssuche offen. Ein Beispiel dafür ist die zuerst vage konkretisierte Grob- und Feinverstellung, die später verworfen wird. Durch diese stark unterschiedliche Konkretisierung der Teillösungen kann er nicht überprüfen, ob die gefundenen Teillösungen miteinander verträglich sind und ein tragfähiges Gesamtkonzept ergeben.

Ein möglicher Grund für dieses schnelle **Detaillieren ohne Überblick über das Gesamtproblem** liegt darin, daß Otto in der Praxis häufig Produkte verbessert und korrigiert, die bereits im Einsatz waren und Schwachstellen zeigten. Dort arbeitet er mit sehr konkreten Zeichnungen bzw. direkt am Produkt, dessen Schwachstellen er dann korrigiert. Diese ihm vertraute Arbeitsweise ist hier für die Neukonstruktion wenig geeignet.

Da Otto kaum Skizzen zur Darstellung seiner Lösungen anfertigt (Bild 8.3-2 zeigt schon mehr als 50 % seiner Handskizzen) und auch kein Gesamtkonzept in einer Skizze erarbeitet, bevor er ans Entwerfen geht, ist es ihm nicht möglich, Mängel bzw. nicht erfüllte Anforderungen bereits beim Konzipieren zu erkennen. Die **unvollständige Aufgabenklärung** trägt auch zu dieser fehlenden Kontrolle bei. Geklärte Anforderungen könnten als Kriterien zur Überprüfung der gefundenen Lösungen eingesetzt werden.

Beim **Entwerfen** ist für Otto bezeichnend, daß ihm erst in dieser Phase einige wesentliche Anforderungen, die er nicht beachtet hat, klar werden. Um diese Anforderungen zu erfüllen, muß er neu konzipieren und dann umfangreiche, zeitaufwendige Korrekturen in der Entwurfszeichnung vornehmen. Diese **Iterationen,** wie sie Bild 8.3-4 zeigt, entstehen wieder durch mangelnde Aufgabenklärung sowie wenig ausgearbeitete und nicht überprüfte Konzeptideen. Diese **Iterationen** sind unnötig und wären **vermeidbar** durch ein **besser ausgearbeitetes und analysiertes Konzept**. Mit zunehmender Bearbeitungszeit ist festzustellen, daß der Konstrukteur nicht mehr nach optimalen Lösungen sucht, sondern gerade noch akzeptable Lösungen wegen des geringeren Änderungsaufwands bevorzugt. Seine sinkende Motivation führt auch zu einigen Unsauberkeiten bei der Ausführung des Entwurfs.

8.3.6   Was kann man daraus lernen?

Betrachtet man den **Vorgehenszyklus** nach Bild 3.3-22 mit den zugehörigen Strategien, so verstößt Otto vor allem gegen die Strategien X.1 „Frühe Phasen betonen"; X.2 „Eigenschaftsfrüherkennung betonen"; I.2 „Zuerst das Wichtigste"; II.2 „Vom Vorläufigen zum Endgültigen". Er arbeitet zu wenig nach einer sinnvollen Ordnung, wie sie z. B. der **Vorgehensplan** Bild 6.5-1 darstellt.

Er kümmert sich ferner früh um **nicht wichtige Dinge** wie die Dimensionen von Handrädern. **Vorläufige Darstellungen** seiner Lösungen spart er sich weitgehend, er arbeitet meist an der endgültigen Zeichnung. **Eigenschaftsfrüherkennung** betreibt er wenig, weil seine konzeptionellen Ideen nicht überprüft.

Folgende **Ratschläge** lassen sich aus dem Beispiel ableiten, um Fehler zu vermeiden:

a) Intensives Klären der Aufgabe und breite Suche nach Lösungen bieten eine gute Grundlage zum Gestalten eines Entwurfs. Es ist ausreichend Zeit für die besonders wichtigen Schritte **Aufgabenklärung** und **Konzipieren** zu verwenden.
    – Man sollte konstruktive Probleme nicht unterschätzen. Auch auf den ersten Blick klare Aufgaben enthalten fast immer Unklarheiten.
    – Die erste gefundene Lösung ist nicht immer die beste Lösung. Es ist wichtig, Varianten zu erarbeiten.
    – Man sollte nicht zu früh mit dem Entwerfen am Brett (oder CAD-System) beginnen. Ausreichend Freihandskizzen von prinzipiellen Ideen sind anzufertigen und zu analysieren. Perspektivische Skizzen sind besonders wie hier bei räumlichen Problemen hilfreich.

b) Einen guten Anhalt zum Bearbeiten von Problemstellungen, die der „Wandhalterung" ähnlich sind, bietet der **Vorgehensplan für die Neukonstruktion** (siehe Bild 6.5-1).

c) Methoden aus dem **Methodenbaukasten**, die für solche Aufgaben besonders empfohlen werden, sind:
    – Anforderungsliste zum Klären der Aufgabe (Kapitel 7.3)
    – Morphologischer Kasten zur Kombination von Teillösungen (Kapitel 7.5.6)
    – Einfache Punktbewertung zur Bewertung und Auswahl von Varianten (Kapitel 7.9.5)

Literatur zu Kapitel 8.3

[1/8.3]   Ehrlenspiel, K.; Dylla, N.: Untersuchung des individuellen Vorgehens beim Konstruieren. Konstruktion 43 (1991) 1, S. 43–51.

[2/8.3]   Ehrlenspiel, K.; Dylla, N.; Günther, J.: Experimental investigation of individual processes in Engineering Design (part 1) - Aims, experiments and methods of analysis. In: Cross, N.; Dorst, K.; Roozenburg, N. (Hrsg): Research in Design Thinking. Delft: University Press 1992, S. 99–105.

[3/8.3] Fricke, G.; Pahl, G.: Zusammenhang zwischen personenbedingtem Vorgehen und Lösungsgüte. In: Hubka, V. (Hrsg.): Proceedings of ICED 1991, Zürich. Zürich: Edition Heurista 1991, S. 331–341. (Schriftenreihe WDK 20)

[4/8.3] Fricke, G.: Konstruieren als flexibler Problemlöseprozeß – Empirische Untersuchung über erfolgreiche Strategien und methodische Vorgehensweisen beim Konstruieren. Düsseldorf: VDI-Verlag 1993. (Fortschritt-Berichte der VDI-Zeitschriften Reihe 1, Nr. 227)

[5/8.3] Dylla, N.: Denk- und Handlungsabläufe beim Konstruieren. München: Hanser 1991. (Konstruktionstechnik München, Bd. 5) Zugl. München: TU, Diss. 1990.

[6/8.3] Günther, J.; Ehrlenspiel, K.; Auer, P.: Die Wandhalterung. In: Strohschneider, S.; Weth, R. von der (Hrsg.): Ja, mach nur einen Plan. Bern: Huber 1993, S.77–88.

[7/8.3] Ehrlenspiel, K.: Untersuchung individueller Konstruktionsprozesse. In: Pahl, G. (Hrsg.): Psychologische und pädagogische Fragen beim methodischen Konstruieren. Köln: TÜV Rheinland 1994, S. 43–57. (Ergebnisse des Ladenburger Diskurses 1992–1993)

8.4 Einfacherer Lastausgleich für Planetengetriebe

8.4.1 Was zeigt das Beispiel?

Planetengetriebe mit mehr als einem Planetenrad benötigen Maßnahmen bzw. konstruktive Lösungen zum Lastausgleich. Alle Planetenräder sollen die gleiche Leistung übertragen. In diesem Beispiel wird ein Planetengetriebe behandelt, welches kleiner, insbesondere aber kostengünstiger gestaltet werden sollte. Es wird gezeigt, wie zur Lösung dieses Problems bereits 1965 der Vorgehenszyklus, als er noch nicht allgemein bekannt war, seinen Schritten nach richtig eingesetzt wurde. – Es wird ferner sichtbar, wie komplex die Wahl eines neuen Werkstoffs sein kann. – Schließlich wird gezeigt, wie eine erfinderische, kreative Idee entstehen kann.

Dieses Beispiel ist in Bild 8-1 unter IV einzuordnen, da anfangs **weder die Ziele noch die Mittel klar** waren. Es handelt sich um eine **Neukonstruktion**, selbst wenn die endgültige, einfache Lösung eher einer Anpassungskonstruktion ähnelt.

8.4.2 Ausgangssituation

Was heißt Lastausgleich?

Einer der wesentlichen Vorteile des Planetengetriebes gegenüber dem parallelachsigen Stirnradgetriebe besteht darin, daß die Leistung an mehr als einer Stelle der Zentralräder übertragen werden kann (Bild 7.6 28). Der Radsatz und somit das ganze Getriebe kann dadurch kleiner ausgeführt werden, die Umfangsgeschwindigkeit an der Verzahnung nimmt ab.

In **Bild 8.4-1** ist ein Planetengetriebe mit drei Planetenrädern ohne Lastausgleich dargestellt. Die Umfangskräfte an den Planetenrädern sind infolge von Fertigungsfehlern des Getriebegehäuses, des Planetenträgers oder der Zahnräder ungleich. Da sämtliche Zahnräder statisch bestimmt gelagert sind, ist das Getriebe schon mit einem einzigen Planetenrad statisch bestimmt. Jedes weitere hinzukommende Planetenrad übernimmt eine Umfangskraft nur nach elastischer Verformung von Getriebeteilen oder nach Verschiebungen innerhalb der Lager. Es muß abhängig von der Fertigungsgenauigkeit damit gerechnet werden, daß schlimmstenfalls die gesamte Leistung durch ein einziges Planetenrad übertragen wird. Damit ginge dann ein wesentlicher Vorteil des Planetengetriebes, die geringe Baugröße, verloren. Die Zahnräder müßten wieder die Abmessungen eines einstufigen Stirnradgetriebes haben. Deshalb muß zum Ausgleich von Exzentrizitäts- und Rundlauffehlern sowie Winkelfehlern der Getriebeteile Sorge dafür getragen werden, daß alle Zahnräder den gleichen Belastungen ausgesetzt werden. Dies kann durch extreme Genauigkeit oder elastische bzw. kinematische Ausgleichsmechanismen erreicht werden. Da extreme Genauigkeit besonders bei großen Getrieben sehr teuer ist, ist ein „konstruktiver Lastausgleich" i. a. günstiger [1/8.4; 2/8.4; 3/8.4].

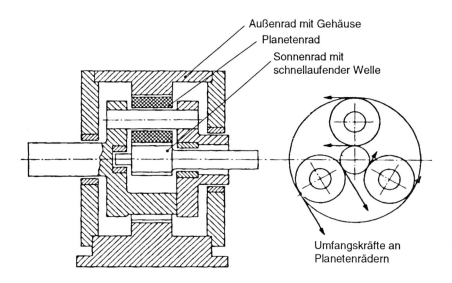

Bild 8.4-1:   Planetengetriebe ohne Lastausgleich [2/8.4]

Konkurrenzsituation

Planetengetriebe für hohe Leistungen und Drehzahlen, wie sie bei Turbinen und Verdichtern gegeben sind, oder für sehr hohe Drehmomente, wie sie bei Pumpen und Schiffen vorkommen, werden häufig nach dem Prinzip von Stoeckicht konstruiert und gebaut. Dieses Prinzip zeigt **Bild 8.4-2**, aus dem hervorgeht, daß sowohl das ungelagerte, pfeilverzahnte Sonnenrad wie die beiden schrägverzahnten Außenradringe über Doppelzahnkupplungen angeschlossen sind. Damit wird der oben beschriebene Lastausgleich ermöglicht, da diese Elemente sowohl winklige wie radiale Verlagerungen erlauben. Sonnen- und Außenräder „schwimmen" also und stellen sich bei drei Planetenrädern automatisch auf gleiche Lasten ein, wie ein Stuhl auf drei Beinen. Die großen geschmiedeten (gewalzten) Außenrad- und Kupplungsringe sind mit insgesamt acht Kupplungsverzahnungen (vier schrägverzahnte, vier geradverzahnte) sehr teuer und machen bis zu 15 % der Herstellkosten eines Getriebes aus (siehe auch Bild 7.7-14).

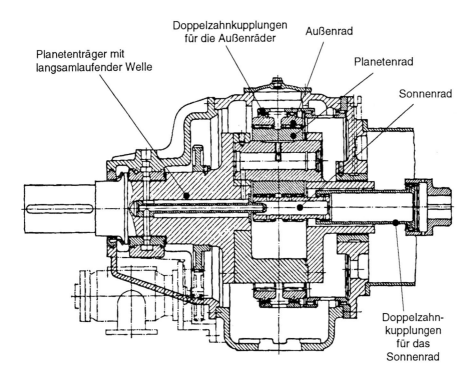

Bild 8.4-2:   Schnittbild eines BHS-Stoeckicht-Planetengetriebes

Die Konkurrenz im In- und Ausland ist wegen des Patentschutzes auf **andere Lösungen** ausgewichen **(Bild 8.4-3)**: Einige Firmen beschränken sich auf ein ungelagertes Sonnenrad (a), ein anderer Hersteller setzt elastische Hülsenfedern (d) zwischen Außenräder und Gehäuse (siehe auch Bild 7.7-14 unten). Ein weiterer Hersteller ließ sowohl das Sonnenrad wie den Planetenträger über Doppelzahnkupplungen sich an den starr verschraubten Außenrädern orientieren (f). In Bild 8.4-3 sind noch weitere Möglichkeiten, die sich aus der Systematik ergeben (b, c, e), aufgezeigt.

Aufgrund der zunehmenden Konkurrenz – auch von achsversetzten Stirnradgetrieben – bestand die Forderung, sowohl die Material-, die Teilefertigungs- sowie die Montagekosten zu senken, Schwingungen und Geräusche zu dämpfen und die Baugröße zu verringern, wobei die Zuverlässigkeit der Getriebe bei ca. zwanzig Jahren ungestörtem Tag- und Nachtdauerbetrieb nicht verringert werden durfte.

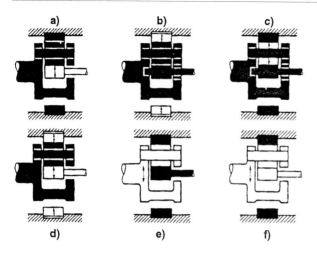

Bild 8.4-3: Prinzipielle Möglichkeiten zum radialen Lastausgleich in einem Planetengetriebe
a) Getriebe mit in radialer Richtung beweglichem Sonnenrad; b) Getriebe mit in radialer
Richtung beweglichem Außenrad; c) Getriebe mit in radialer Richtung beweglichem Planetenrad; d) Getriebe, in dem Sonnen- und Außenrad in radialer Richtung beweglich sind; e)
Getriebe mit in radialer Richtung beweglichem Planetenträger mit Planetenrad; f) Getriebe,
in dem sich der Planetenträger mit den Planetenrädern und dem beweglichen Sonnenrad am
Außenrad orientiert.
Nicht in radialer Richtung bewegliche Elemente sind schwarz, in radialer Richtung beweg-
liche Elemente sind weiß, Getriebegehäuse sind schraffiert [2/8.4].

Vorgehensweise

Das Vorgehen bei der Entwicklung wurde nach dem 1971 veröffentlichten „ABC des
Konstruierens" [2/8.4] organisiert, das im groben dem Vorgehenszyklus bzw. dem Problemlösungszyklus (Bild 3.3-12; 3.3-14) entspricht und so noch vor der ersten Veröffentlichung von Daenzer 1976 [6/8.4] eingesetzt wurde (**Bild 8.4-4**). Damit soll gezeigt

Vorgehenszyklus (Problemlösungszyklus)	„ ABC des Konstruierens"	PAL (BMW)
Aufgabe (Problem)		P = Problem finden, formulieren
I Aufgabe klären	A = Aufgaben, Anforderungen klären	A = Problem analysieren, verstehen
II Lösung suchen	B = Bestandsaufnahme bezüglich bekannter oder möglicher Lösungen	L = Lösung für das Problem suchen ...
III Lösung auswählen	C = Kritik (Analyse) und Lösungswahl (von frz. **c**hoisier = wählen)	... als Auswahl unter mehreren möglichen
IV Realisierung	D = Durchführung	

Bild 8.4-4:   Drei fast gleiche Vorgehensweisen zum Lösen von Aufgaben (Problemen)

werden, daß die Grundzüge des Vorgehenszyklus direkt aus der Praxis heraus als zweckmäßig erkannt wurden. Ein ähnlicher Vorgang liegt bei BMW mit dem Schema PAL vor, das dort in der Karosserieentwicklung entstand.

8.4.3 Aufgabe klären

Die **Anforderungen** wurden auf Notizblättern und nicht in einer Anforderungsliste fixiert. Sie wurden durch die Analyse von Literatur und Patenten, durch zahlreiche Diskussionen mit Fachleuten, Servicemonteuren, Kunden und Konkurrenten (z. B. bei Messen, Forschungsvereinigungen) im Laufe der Zeit sowohl qualitativ wie quantitativ konkretisiert. Dem Konstruktionsleiter waren die Anforderungen so geläufig, daß er zu jeder Zeit in der Lage war, eine Anforderungsliste niederzuschreiben. Vorteilhaft war besonders das **„schriftliche Nachdenken"** beim Abfassen von Veröffentlichungen. [1/8.4]. Der Zwang zur prägnanten Formulierung klärte die Gedanken. Die Anforderungen sind in **Bild 8.4-5** wiedergegeben.

Anforderungen (F = Forderung, W = Wunsch)

F 1 **Drehmoment** M_N bei Bauteilfehlern radial, axial und winklig möglichst für alle Zahneingriffe gleichmäßig übertragen; auch **Stoßdrehmoment** vom 6- bis 8-fachen M_N (quantitative Angaben [1/8.4])

F 2 Eignung für **hohe Drehzahlen**, am Sonnenrad bis 80.000 1/min (130 m/s Umfangsgeschwindigkeit)

F 3 **Lebensdauer** bis zu einigen 100 Mrd. Lastwechseln ohne Störung bei hohen Temperaturen (bis 90°C) und unterschiedlichen Schmierölen; keine Reibkorrosion, keine Dauerbrüche

F 4 Keine Nutzung fremder **Patente** (Verkaufsprestige!)

F 5 **Herstellkosten** der Getriebe 90% der bisherigen Ausführung (Teile und Montage)

W 1 **Geräusch-** und **schwingungsgünstiger** als bisher

W 2 **Risiko** bezüglich Zuverlässigkeit durch Nähe zum bisherigen Erfahrungsbereich möglichst gering

W 3 **Außendurchmesser** des Getriebes möglichst **kleiner** als bisher

Bild 8.4-5: Anforderungen an den Lastausgleich von Planetengetrieben

Eine wesentliche Erkenntnis bei dieser Entwicklung war die **Funktionsanalogie** zwischen Lastausgleichsvorrichtungen und nachgiebigen Wellenkupplungen (Ausgleichskupplungen). Beide haben die gleiche Funktion, nämlich den Drehmoment bei den in F1 angegebenen Bauteilverlagerungen zu übertragen. Damit waren infolge der reichhaltigen Kupplungsliteratur und entsprechenden Firmenprospekten mindestens neun Lösungsprinzipien (**Bild 8.4-6**) grundsätzlich möglich. Im eigenen Unternehmen war nur die Lösung f) üblich.

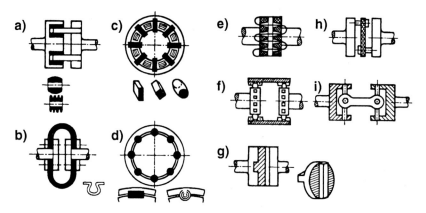

Bild 8.4-6:   Nachgiebige Wellenkupplungen (schematisch) a) nachgiebige Kupplung: „Bolzen im Loch" (Druck); b) nachgiebige Kupplung: „elastischer Ring" (Scherung); c) nachgiebige Kupplung: „elastischer Mitnehmer" (Biegung, Druck); d) nachgiebige Kupplung: „elastische Paßfeder" (Scherung); e) gelenkig nachgiebige Kupplung mit Stahlfeder; f) gelenkige Kupplung: Doppelzahnkupplung, Tonnenkupplung; g) Gleitstückkupplung: Oldhamkupplung; h) gelenkig-nachgiebige Kupplung mit elastischer Scheibe; i) gelenkige Kupplung: Kardangelenk

8.4.4   Lösungen suchen

Die wesentlichen Lösungsgedanken waren bereits bei der Analyse der Aufgabe, bei der abstrahierten Formulierung der Anforderungen entstanden. Deshalb ging es in der Konzeptphase nur um Auswahl und Anpassung der Lösungsprinzipien aus Bild 8.4-6 an Randbedingungen, wie z. B. an das Außenrad des Planetengetriebes. Der Konzeptphase folgte die Entwurfsphase **(Bild 8.4-7)**.

Die Lösung a) entspricht dem üblichen Stoeckicht-Lastausgleich. Die Lösung b) nimmt das Prinzip aus Bild 8.4-6d auf: Ein mit geräuschdämpfendem Gummi- oder Kunststoffschlauch überzogener Stahlbolzen überträgt die Umfangskraft vom Außenrad auf das Getriebegehäuse. Entsprechend dem „Prinzip des beschränkten Versagens" überträgt der mit Vorspannung eingepreßte Stahlbolzen die Umfangskraft für den Fall, daß die gummielastischen Teile ausfallen. Die Lösung c) ähnelt der Lösung b). Statt der beschriebenen Teile übertragen hier jedoch elastische Stahlfedern die Umfangskraft. – Um im Rahmen des bisherigen Erfahrungsbereiches zu bleiben (Wunsch W2), wurde schließlich die Lösung d) entworfen. Sie entspricht grundsätzlich der Lösung a), verzichtet aber auf eine Kupplungsmuffe und zwei Kupplungsverzahnungen. Ferner sind zur axialen Fixierung statt sieben Drahtringen nur drei zu montieren. Kinematisch erschien Lösung d) keine Nachteile gegenüber Lösung a) zu haben. Allerdings stellte sich die durch die Pfeile bei a) und d) symbolisierte Modellvorstellung von winklig auf Radialverlagerungen reagierenden Hebeln als falsch heraus: Es handelt sich ja um ringförmige Kupplungsmuffen, die sich nur bei axialem Spiel zu den Drahtringen hin radial verlagern können.

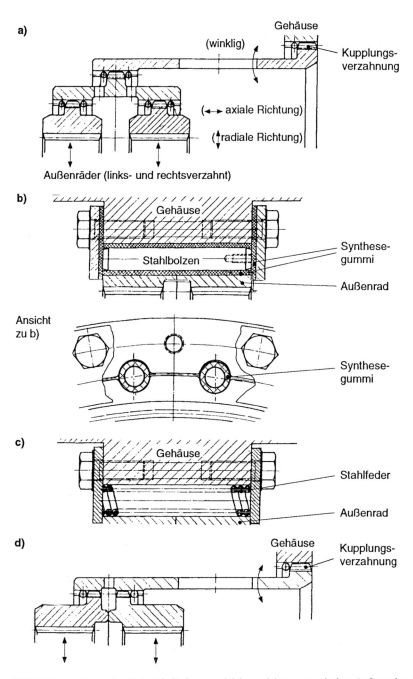

Bild 8.4-7:   Alternative Entwürfe für Lastausgleichsvorrichtungen zwischen Außenrad und Gehäuse

8.4.5 Lösungen auswählen und verwirklichen

Die Lösungen nach den Bildern 8.4-3, 8.4-6 und 8.4-7 wurden zuerst einem Vergleich der wahrscheinlichen Eigenschaften mit den gegebenen Anforderungen (Bild 8.4-5) und im Vorteil/Nachteil-Vergleich einer Einfachbewertung unterzogen (Kapitel 7.9.5). Darüber hinaus wurden die Kosten der Lösungen a) bis d) aus Bild 8.4-7 überschlagen und miteinander verglichen.

Die Produkteigenschaften wurden zunächst in Einzelarbeit, dann in Diskussionen mit Fachleuten von Konstruktion, Fertigung und Montage abgeschätzt. Dabei wurden immer wieder neue Verbesserungsideen eingebracht (Zyklischer Charakter des Vorgehenszyklus!).

Im Verlauf der Diskussion wurde die Minimierung des Ausfallrisikos (Wunsch W2 und Forderung F3 in Bild 8.4-5) immer dominierender. Trotz Kostenvorteilen bei den Lösungen b und c aus Bild 8.4-7 wurde schließlich zur weiteren Untersuchung die Lösung d **ausgewählt**.

Diese Lösung wurde zusammen mit weiteren hier nicht gezeigten Varianten in einem Verspannungsprüfstand monatelang unter betriebsnahen Verhältnissen **erprobt**. Die Gleichmäßigkeit der Lastverteilung an den Planetenrädern wurde über Dehnmeßstreifen an den stillstehenden Außenrädern gemessen und mit einigen Prozent Abweichung als sehr gut erkannt. – Schließlich wurden derartige Getriebe über zwei bis drei Jahre im Praxiseinsatz bei befreundeten Kunden erfolgreich erprobt. Die Lösung wurde patentiert [5/8.4] und in einer großen Zahl von Getrieben verwirklicht.

Das Herstellkostenziel wurde mit 93 % statt 90 % (F5 in Bild 8.4-5) nicht erreicht, auch der Wunsch W1 konnte nicht befriedigt werden. Dafür waren die Forderungen F1 bis F4 voll erfüllt worden: Es gab keine besonderen Ausfälle und Beanstandungen und damit auch keine Garantie- und Folgekosten oder Kundenverluste (Kapitel 8.4.7).

8.4.6 Das Entstehen einer Erfindung

Im Verlauf der oben beschriebenen Konstruktionsüberlegungen wurde geprüft, ob die Außenräder nicht ähnlich der Lösung b) in Bild 8.4-6 völlig elastisch, ohne Metallbrücken, schwingungs- und geräuschdämpfend im Gehäuse befestigt werden könnten. Ausgehend von Lösung b, hätte man den elastischen Ring an den Außenrädern anschrauben oder durch Schrauben festklemmen können. Das Anbringen von Schraubenlöchern in den dünnen Ringen der Außenräder schied wegen der Gefahr von Dauerbrüchen aus. Die alternative Vulkanisation wurde aufgrund von Bedenken bezüglich der Metall-Gummi-Bindung verworfen. Das Problem schien unlösbar zu sein.

Einen neuen Ansatz zur Lösung des Problems brachte die Beobachtung der Konkurrenz (siehe **Bild 8.4-8**). Dort war das obige Problem gelöst – und patentiert – worden, indem Polyurethan in eine spielvergrößerte Kupplungsverzahnung zwischen Außenrad und Gehäuse gegossen und auspolymerisiert wurde (in der Wirkung analog zu Lösung b) in

Bild 8.4-7). Dies war **einer** von **drei Lösungsansätzen**, die in Kombination zu der in **Bild 8.4-9** dargestellten Konstruktionserfindung führten:

1) Ein elastischer Werkstoff kann zwischen einem Außenrad und einem zusätzlichen Ring aus Stahl ohne zu vulkanisieren eingebracht werden, wenn es sich bei den Ringflächen um einfache Drehflächen handelt.

2) Ein elastischer Werkstoff, wie Vulkollan, ist gieß- und polymerisierbar, und zwar mit den benötigten Elastizitätseigenschaften.

3) Ein eingeschlossener, elastischer Werkstoff, der einseitig auf Druck beansprucht wird, überträgt Druck, ähnlich wie eine Flüssigkeit, in alle Richtungen .

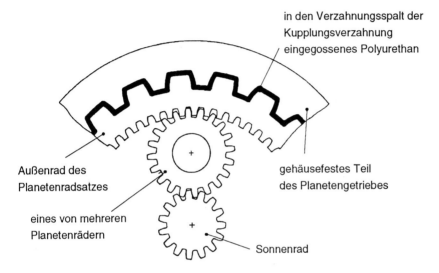

Bild 8.4-8: Planetengetriebe mit Lastausgleich durch eingegossenen, zahnformartigen Polyurethanring. Alternativkonstruktion zur Außenradaufhängung nach Bild 8.4-7b. Der Polyurethanausguß zwischen der Aufhängeverzahnung des Außenrades und eines gehäusefesten Ringes wirkt radial nachgiebig und außerdem schall- und schwingungsdämpfend.

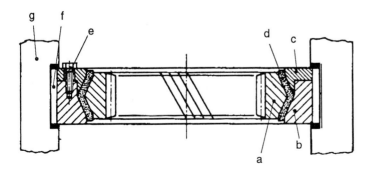

Bild 8.4-9: Elastische Befestigung eines innenverzahnten Rades (Außenrad) [2/8.4]

Die Lösung nach Bild 8.4-9 konnte, wie folgt, hergestellt werden. Das Außenrad a) wurde in die beiden Ringe (b, c) eingelegt, wobei zwischen den Ringen (b, c) in axialer Richtung ein definierter Spalt bestehen blieb. Danach goß man Vulkollan d) ein und ließ dieses auspolymerisieren. Sodann wurden die Ringe (b, c) durch Schrauben (e) in axialer Richtung so auf Druck beansprucht, daß die im elastischen Werkstoff entstehende Vorspannung ausreichte, um das Drehmoment durch Reibungskräfte übertragen zu können. Die Paßfedern (f) ermöglichten das Einlegen der Außenradkonstruktion in das geteilte Gehäuse (g) und stützten das Drehmoment ab.

Die angegebene Konstruktionsart war auch bei dünnen Außenrädern, die in radialer Richtung leicht verformbar sind, einsetzbar. Da keine weiteren verzahnten Teile nötig waren, blieben die Herstellkosten niedrig.

Diese Erfindung entstand nicht durch logische Deduktion, sondern durch das glückliche Zusammentreffen der drei oben angegebenen Lösungsansätze. Dabei war das Problembewußtsein als latente Zielsetzung – gleichsam wie eine Sammellinse – genauso wie die drei Wissensinhalte unabdingbar (Diese Idee entstand nicht am Schreibtisch, sondern in der Eisenbahn (Kapitel 7.5.4)).

8.4.7 Das Risiko der Werkstoffwahl

Im obigen Abschnitt wurde die Funktion der an sich sehr eleganten Lastausgleich-Lösung nach Bild 8.4-8 erläutert, die ein Konkurrenzunternehmen verwirklicht hatte. Neben der allseitigen Nachgiebigkeit des Polyurethans im Verzahnungsspalt zwischen Außenrad und Gehäuse konnte eine erhebliche Geräusch- und Schwingungsdämpfung erzielt werden. Die Herstellkosten und die Baugrößen der Getriebe wurden wegen der entfallenden Außenrad-Kupplungsmuffen stark verringert (Bild 8.4-7a). Die Lösung wurde patentiert und nach einjährigem Probelauf den staunenden Konkurrenten anläßlich der Hannover-Messe vorgeführt. Die Konkurrenzfirmen stellten sich so auf erhebliche Umsatzeinbrüche ein, und man ärgerte sich, daß einem die Lösung nicht selbst eingefallen war.

Allerdings konnten auch durch den einjährigen Probelauf nicht alle Eigenschaften, die ein Kunststoff im Laufe eines Getriebelebens (15 bis 20 Jahre Dauerbetrieb) aufweisen muß, vorhergesehen und geprüft werden. Schon bald nach dem Einsatz in ca. 30 weltweit plazierten Getrieben fielen diese aus, da die Antriebe wegen zu hohen Schwingungen abgeschaltet werden mußten. Die Ursache war ein „Herausbröseln" des durch Hydrolyse zerstörten Polyurethans. Das dafür verantwortliche Wasser im Schmieröl (gelöst und frei) war bei den Probeläufen – bei anderer Ölart – nicht aufgetreten. Es sammelte sich im Praxiseinsatz als Kondenswasser an, welches sich durch ein häufiges An- und Abschalten der Druckölanlagen – ein thermisches „Atmen" des Öltanks – bildete. An einen solchen Schaden hatte auch von den Fachleuten niemand gedacht.

Die Folge war, daß der Hersteller Kunden und Aufträge verlor und alle gelieferten Getriebe wieder in den alten, teureren Zustand umbauen mußte. Ferner zog die ganze Branche daraus für Jahre die sehr vereinfachte Lehre: „Keine Kunststoffe in stationäre Großgetriebe!" Eine Getriebeinnovation in Form des Einsatzes eines bisher nicht verwendeten Werkstoffs wurde so fünf Jahre nach der Konstruktionsentscheidung aufgegeben. Man sieht daraus, wie die Werkstoffwahl für eine ganze Branche stellvertretend von einem Unternehmen vollzogen werden kann [4/8.4].

Nachträglich kann man als Erkenntnis daraus gewinnen, daß eine Werkstoffwahl oft nicht am Schreibtisch bzw. am Zeichenbrett zu erledigen ist, sondern daß selbst nach einem Rat von einschlägigen Fachleuten und nach eingehenden Versuchen immer noch nicht alle wichtigen Eigenschaften bekannt sein können und mit erheblichen Risiken gerechnet werden muß. Es wäre in diesem Fall besser gewesen, nach den Versuchen am Prüfstand bei einigen wenigen ausgewählten Pilotkunden mehr Praxiserfahrung zu sammeln. So wurde es auch bei der Lösung nach Bild 8.4-7d mit weniger spektakulärem Aufsehen und weniger innovativem Sprung, aber insgesamt mehr Erfolg durchgeführt. Vielfach ist die häufige Verbesserung in kleinen Schritten (KAIZEN; KVP) ohne großes Risiko eine günstigere Strategie.

8.4.8 Was kann man daraus lernen?

Folgende Erkenntnisse kann man aus diesem Beispiel für das Vorgehen bei der Produktentwicklung ziehen:

– Der **Vorgehenszyklus** ist im grundsätzlichen Ansatz eine in der Praxis oft implizit unbewußt, manchmal auch explizit klar angewandte Methode.

– Bei genügender Einarbeitung und Problembewußtsein ist die schriftliche Ausarbeitung von konstruktionsmethodisch geforderten **Dokumenten** (Anforderungsliste!) zum Einzelerfolg nicht in vollem Umfang nötig, obwohl sie bei arbeitsteiligem Vorgehen und bei sich ähnlich wiederholenden Konstruktionen unabdingbar ist.

– Von wesentlicher Bedeutung ist eine intensive **Aufgabenklärung**, da davon sowohl die Qualität als auch die Bewertung der erarbeiteten Lösung abhängt.

– Die enge Zusammenarbeit zwischen **Konstruktion** und **Versuch** kann wesentlich sein. Dabei geht es nicht nur um Vor- bzw. Vergleichsversuche, sondern auch um langfristig angelegte Prototypversuche, u. U. zusammen mit Pilotkunden.

– Eine **Erfindung** erfordert oft ein „glückliches" vernetztes Zusammentreffen von Problembewußtsein und gegenseitig sich befruchtendem Fachwissen. Das entbindet aber nicht von der vorausgehenden analytisch klaren Durcharbeit des Problems und der bisher vorhandenen Lösungen.

– Die innovative **Werkstoffwahl** – und die zugehörige Fertigungs- und Gestaltungsumstellung – kann einen Prozeß über Jahre erfordern, bei dem die betroffenen Fachleute intensiv und interdisziplinär zusammenarbeiten müssen. Auch Pilotkunden sollten dabei mit eingebunden werden.

Literatur zu Kapitel 8.4

[1/8.4]   Ehrlenspiel, K.: Planetengetriebe – Lastausgleich und konstruktive Entwicklung. In: Zahnräder und Zahnradgetriebe, München. Düsseldorf: VDI-Verlag 1967, S. 57–67. (VDI Bericht 105)

[2/8.4]   Ehrlenspiel, K.: Überlegungen zur Konstruktionsarbeit am Beispiel eines Turboplanetengetriebes. VDI-Z 113 (1971) 2, S. 106–113.

[3/8.4]   Ehrlenspiel, K.: Die konstruktive Lösung des Lastausgleichs. Konstruktion 31 (1979) 1, S. 12–18.

[4/8.4]   Ehrlenspiel, K.; Kiewert, A.: Die Werkstoffauswahl als Problem der Produktentwicklung im Maschinenbau. In: Ingenieur-Werkstoffe im technischen Fortschritt, München. Düsseldorf: VDI-Verlag 1990, S. 47–67. (VDI Berichte 797).

[5/8.4]   Schutzrecht DE 1963831Patentschrift (1972-01-20). Bayrische Berg-, Hütten- und Salzwerke AG. – Ehrlenspiel, Klaus; Strinzel, Horst. Planetengetriebe mit Doppelschrägverzahnung

[6/8.4]   Daenzer, W. F.; Huber, F. (Hrsg.): Systems Engineering. 7. Aufl. Zürich: Industrielle Organisation 1992.

8.5   Geräuschgünstiger Unterdruckstellantrieb

8.5.1   Was zeigt das Beispiel?

Das Beispiel zeigt Schritte des tatsächlichen Entwicklungsablaufs eines Unterdruckstellantriebes für Pkw-Lüftungs-Klappen. Ziel ist dabei, die Effektivität von Strategien und Methoden zu verdeutlichen. Besonders betont werden:

–   Die Wichtigkeit der **Aufgabenklärung** und der genauen **Analyse** von Vorgängerprodukten sowie erzeugten Lösungen (Kapitel 8.5.4).

–   Die Entscheidungssituation für das **generierende** und **korrigierende Vorgehen** (Kapitel 8.5.5) (vgl. Kapitel 5.1.4.3).

–   Die Notwendigkeit der fortwährenden **Ergänzung** und **Anpassung der Anforderungsliste** während des ganzen Entwicklungsprozesses (Kapitel 8.5.7).

–   Die enge Verzahnung von konstruktiver **Lösungserzeugung** mit der Eigenschaftsanalyse durch **FEM-Berechnungen** und vor allem durch einfache, **orientierende Versuche** (Kapitel 8.5.7).

–   Die Bedeutung des **Faktenwissens** des Konstrukteurs sowohl für das korrigierende Vorgehen (Kapitel 8.5.4) wie für die Analyse vorhandener Lösungen (Kapitel 8.5.7).

Das Beispiel wechselt gemäß Bild 8-1 zwischen einem **Ziel- und Mittelproblem** (IV) und einem **Mittelproblem** (II). Es gab während der Entwicklung immer wieder neue Probleme und Ziele. Bei begrenztem Lösungsfreiraum waren die Mittel nicht einfach zu finden. – Es handelt sich je nach Anspruch des Bearbeiters um eine **Anpassungs-** (A) oder **Neukonstruktion** (N).

8.5.2 Technische Aufgabenstellung

Für das Öffnen und Schließen von Luftkanälen in Klimaanlagen von Pkw werden Klappen verwendet, die durch mechanische Unterdruckstellantriebe betätigt werden. Ein solcher Unterdruckstellantrieb wird in **Bild 8.5-1** dargestellt.

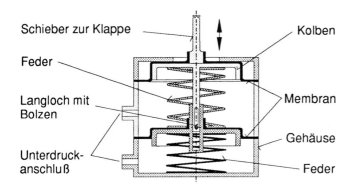

Bild 8.5-1: Unterdruckstellantrieb, Vorgängerprodukt

Der dargestellte Antrieb (Vorgängerprodukt) ist zweistufig, da die Klappe in zwei Stellungen betätigt werden soll: halb und ganzauf. Durch zwei Unterdruckanschlüsse können zwei Kammern unabhängig voneinander mit Unterdruck beaufschlagt werden. Durch den Unterdruck werden die Kunststoffkolben linear bewegt. Die Kolben sind miteinander und mit dem Schieber, der die Klappe betätigt, verbunden. Die Abdichtung der zwei Kammern erfolgt durch Elastomermembranen. Gehäuse, Kolben und Federn sind nicht rund, sondern aus Einbaugründen flach. Die Funktion des Unterdruckstellantriebes ist in **Bild 8.5-2** dargestellt.

Die beiden Kolben werden mit Federn nach oben gedrückt (Bild 8.5-2a) und sind durch ein Langloch mit Bolzen gegenseitig gekoppelt. Wenn die untere Kammer I Unterdruck erhält, zieht sich der Schieber um S_1 zurück (Bild 8.5-2b). Wird auch die obere Kammer II mit Unterdruck beaufschlagt, so wird der maximale Stellweg S_2 erreicht (8.5-2c). Wenn die Kolben betätigt werden, entsteht ein schlagendes Geräusch.

Ziel der konstruktiven Aufgabenstellung ist, den Unterdruckstellantrieb **geräuscharm** zu gestalten (Hauptforderung! Kapitel 6.5). Dabei ist außerdem besonders auf eine **kostengünstige** Lösung zu achten. In Kapitel 6.5.2 wurde gezeigt, wie man den **Vorgehenszyklus** auch für andere Hauptforderungen als die Funktion einsetzen kann. In Bild 6.5-5 waren dies die Herstellkosten und die technische Sicherheit. Hier ist es die Geräuschverminderung.

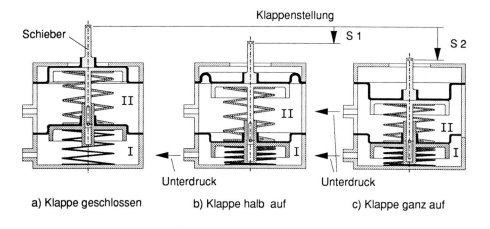

Bild 8.5-2: Funktion des vorhandenen Unterdruckstellantriebs

8.5.3 Struktur der Beispieldarstellung

Eine detaillierte Beschreibung des gesamten Entwicklungsprozesses, des Unterdruckstellantriebes und aller währenddessen entstandenen konstruktiven Lösungen ist hier nicht möglich. Es werden nur Ausschnitte des iterativen Konstruktionsprozesses und einige konstruktive Lösungen dargestellt:

– Im ersten Teil (Kapitel 8.5.4) wird die **Aufgabenklärung** gezeigt. Ausgehend von der technischen Aufgabenstellung wird eine Analyse der genauen Ursachen der Geräuschentwicklung durchgeführt. Die ersten, spontan und intuitiv, an Hand der Aufgabenklärung entstandenen Ideen werden ebenso in diesem Teil beschrieben.

– Im zweiten Teil (Kapitel 8.5.5) wird die Entscheidungssituation über die weitere, **korrigierende oder generierende Vorgehensweise** mittels den bereits vorhandenen Lösungen erläutert.

– Im dritten Teil (Kapitel 8.5.6) werden weitere **konstruktive Lösungen** beschrieben, die nach mehreren Iterationen sowohl aus der korrigierenden, als auch aus der generierenden Vorgehensweise entstanden sind.

– Im vierten Teil (Kapitel 8.5.7) wird die letzte Analysephase der vorhandenen Lösungen dargestellt und die **Ergebnisse der Analyse** ausgewertet.

Aus **Bild 8.5-3** kann man erkennen, in welchen Konstruktionsphasen und durch welche Vorgehensweise (korrigierend oder generierend) die in diesem Beispiel enthaltenen Lösungen entstanden sind.

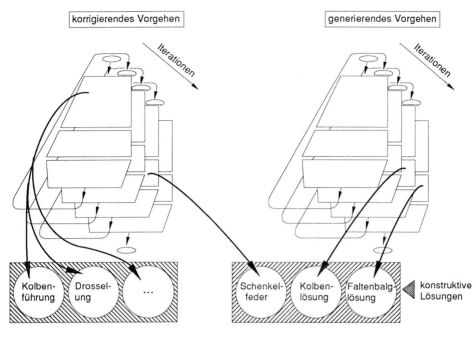

Bild 8.5-3: Einsatz des Vorgehenszyklus (Bild 3.3-22) sowohl beim korrigierenden wie generierenden Vorgehen. Unten: entstandene Lösungen.

8.5.4 Aufgabenklärung und erste Lösungsideen

Im Rahmen einer systematischen Vorgehensweise wird als erster Schritt die **Analyse und Strukturierung der Aufgabe** ausgehend vom vorhandenen Produkt vorgesehen. Die Aufgabenformulierung „die Konstruktion soll geräuschärmer gestaltet werden und dabei ist besonders auf die Kosten zu achten" enthält zwei sehr abstrakte Anforderungen für den Konstrukteur. Notwendig für die Planung von konkreteren Zielen für den Konstruktionsprozeß und für die Erstellung einer Anforderungsliste wäre die Festlegung eines **Geräuschziels** und die **Ermittlung der Geräuschursachen.** Unter Ursache können in diesem Fall die Nennung beteiligter Bauteile bei bestimmten Betriebsbedingungen verstanden werden (z. B. ungünstige Verformung eines Bauteils verursacht unerwünschte Klemm- und Reibeffekte und dadurch Geräusche). Wichtig ist, daß der Konstrukteur bei der Analysephase eine **genaue Vorstellung über das physikalische Geschehen** während des Betriebs gewinnt (Kapitel 7.5.5.3). Eine neue Lösung, die ohne diese Ursachenermittlung entstanden ist, kann nur durch Zufall erfolgreich werden. Angenommen die Ursache der Geräusche sei eine ungünstige Verformung des Kunststoffkolbens, wäre u. U. eine Werkstoffvariation sinnvoll. Eine Variation des Werkstoffs wäre allerdings uneffektiv, wenn z. B. die Ursache bei der ungenauen Zentrierung der Rückstellfeder läge. Der Konstrukteur, der für eine solche Ursachenanalyse „keine Zeit hat", geht des Risiko ein, daß sein gesamter Konstruktionsprozeß zu einer Zeitverschwendung wird (Kapitel 7.8.1.1).

Für die Aufgabenklärung wird mit einfachen Mitteln eine **Prüfvorrichtung** für die Simulation des Betriebs des Unterdruckstellantriebs gebaut (orientierende Versuche Kap. 7.8.3). Mehrere Unterdruckstellantriebe werden mit Unterdruck beaufschlagt und beobachtet. Montagemöglichkeiten und Unterdruckwerte werden variiert. Ergebnisse werden durch Notizen, Skizzen und Photos dokumentiert. Der Einsatz des Vorgehenszyklus zur Analyse der Geräuschursachen mit Aufstellung hypothetischer Ursachen-Wirkungs Ketten und deren Eingrenzung auf wahrscheinlich zutreffende wird hier nicht mehr dargestellt (Kapitel 3.3.4 und 7.8.1.2)

Folgende Ursachen wurden erkannt:

Ursache I (Bild 8.5-4a): Verkanten des Kunststoffkolbens: Der bewegliche Kolben neigt sich während der linearen Bewegung und kommt in Kontakt mit dem Kunststoffgehäuse. Bei großen Neigungen kommen sogar Klemmeffekte vor.

Ursache II (Bild 8.5-4b): Verbiegung der Rückstellfeder: Die Krafteinleitung in die Rückstellfeder erzeugt ein Moment, welches die Feder „knickt". Dadurch reibt die Feder am Gehäuse. Außerdem ist die Rückstellkraft nicht parallel zu der Bewegungsrichtung des Kolbens.

Ursache III (Bild 8.5-4c): Umklappen der Membran: Bei der Elastomermembran bilden sich Falten zwischen dem beweglichen Kolben und dem Gehäuse. Die Folgen sind hohe Reibung der Membranwände gegenseitig und Geräuscherzeugung durch das schnelle Entspannen der Membran.

Ursache IV (Bild 8.5-4d): Anschlag des Kolbens auf das Gehäuse: Beim schnellen Nachlassen des Unterdrucks wird der Kolben von der Rückstellfeder beschleunigt und schlägt auf das Gehäuse.

Welche dieser Ursache dominiert, konnte nur qualitativ abgeschätzt werden.

Mit Hilfe dieser Analyse kann zunächst der Konstrukteur die **Aufgabe strukturieren**, seine Ziele genauer definieren, eine **konkretere Anforderungsliste** erstellen (welche hier aus Platzgründen nicht dargestellt wird) und eine **Planung seiner Vorgehensweise** aufstellen.

Ein wichtiger Punkt an dieser Stelle ist die **spontane** intuitive **Bildung von korrigierenden konstruktiven Lösungen** oder Lösungsrichtungen direkt ausgehend von den Analyseergebnissen. Die genaue Ermittlung der technischen Ursachen von Schwachstellen führt unmittelbar zu konstruktiven Lösungsideen und Abhilfemaßnahmen (Kapitel 5.1.4.3d). Die Effektivität der vorgeschlagenen Lösung hängt mit der Genauigkeit der Ursachenermittlung zusammen. Aus diesem Grund die Vielfalt und der Detaillierungsgrad der Lösungen einerseits von der Tiefe der Schwachstellenanalyse und andererseits von der Erfahrung und von dem Faktenwissen des Konstrukteurs stark abhängig (s. auch Bild

3.1-1). Nachfolgend werden einige solcher „spontanen", intuitiven Ideen für die Verbesserung des Unterdruckstellantriebes genannt.

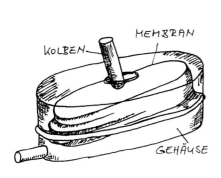 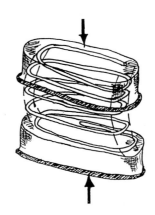

a) Ursache I: Verkanten des Kunststoffkolbens

b) Ursache II: Verbiegung der Rückstellfeder

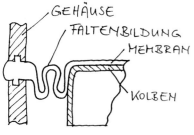 

c) Ursache III: Umklappen der Membran

d) Ursache IV: Schlag des Kolbens auf das Gehäuse

Bild 8.5-4: Mögliche Ursachen für die Geräuscherzeugung (Erläuterung a...d im Text)

Lösungsidee zu Ursache I (Bild 8.5-5a): Verbesserung der Kolbenführung. Das Verbindungsteil zwischen den beiden Kolben ist so gestaltet, daß eine zusätzliche relative Drehung der beiden Kolben außer der erforderlichen Verschiebung, möglich ist. Durch entsprechende Umgestaltung des Verbindungsteils kann der unnötige Freiheitsgrad vermieden werden, und dadurch kann der Kolben genauer geführt werden.

Lösungsidee zu Ursache II (Bild 8.5-5b): Verbesserung der Gestaltung und Zentrierung der Federenden. Durch mehrfache Wicklung an den Federenden und durch Einführung einer Zentrierungsnut am Kunststoffkolben kann das „Knicken" der Rückstellfeder vermieden werden.

Lösungsidee zu Ursache III: Verwendung eines Schmierstoffs auf die Oberfläche der Membran. Durch Verringerung des Reibkoeffizienten kann die Membranoberfläche besser gleiten, und dadurch könnte evtl. die Faltenbildung vermieden werden.

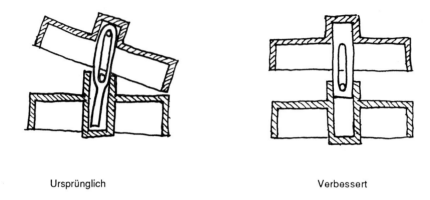

Ursprünglich   Verbessert

a) Lösungsidee zur Ursache I: Verbesserung der Kolbenführung

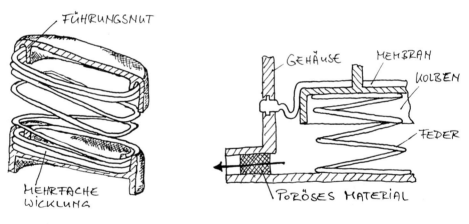

b) Lösungsidee zur Ursache II: Verbesserung   c) Lösungsidee zur Ursache IV: Verwendung
   der Gestaltung der Rückstellfeder   einer Drosselung

Bild 8.5-5: Spontane Lösungsideen in der Aufgabenklärung

Lösungsidee zu Ursache IV (Bild 8.5-5c): Einsatz einer Drosselung. Durch den Einbau eines porösen Materials im Unterdruckanschluß würde sich der Kunststoffkolben langsamer bewegen, und der Anschlageffekt wäre nicht so stark.

Diese intuitiven Lösungen können sehr erfolgreich sein und werden als Skizzen festgehalten. Der große Vorteil dieser Lösungen ist, daß mit minimalem Aufwand sehr große Verbesserungen der Konstruktion erreicht werden können, vorausgesetzt ein gewisses Verbesserungspotential zum Vorgängerprodukt ist vorhanden. Durch die Beibehaltung des größten Teils der vorhandenen Konstruktion wird der Entwicklungsaufwand von einer alternativen prinzipiellen Idee bis zu einer funktionsfähigen Ausführung gespart. Diese spontane Lösungen dürfen allerdings im Rahmen eines systematischen Vorgehens nicht als die einzigen konstruktiven Möglichkeiten vom Konstrukteur betrachtet werden. Wenn das Verbesserungspotential vorhandener Produkte ausgeschöpft ist, müssen prinzipiell neue Lösungen entwickelt werden. Der Entwicklungsaufwand muß in diesem Fall in Kauf genommen werden, wenn der Betrieb konkurrenzfähig bleiben soll. Der Konstrukteur muß auch **auf andere Weise alternative Lösungen** erzeugen, z. B. aus Konkurrenzprodukten oder Patenten, durch **Generieren von Varianten nach methodischen Variationsmerkmalen** (Kapitel 7.5 bis 7.7) usw., damit evtl. Lösungsfixierungen aufgelöst werden.

8.5.5 Entscheidung zwischen korrigierendem und generierendem Vorgehen

Nachdem der Konstrukteur bereits nach der Aufgabenklärung erste intuitive Vorstellungen für mögliche Verbesserungen der vorhandenen Konstruktion hat, muß er eine Entscheidung über seine weitere Vorgehensweise treffen. Es gibt die Möglichkeiten, generierend oder korrigierend vorzugehen (Kapitel 5.1.4.3).

Beim **generierenden Vorgehen** muß der Konstrukteur die Aufgabenformulierung abstrahieren und nach der Strategie „vom Abstrakten zum Konkreten" voranschreiten. Die Aufgabe würde in diesem Fall „Konstruktion eines neuen Unterdruckstellantriebs" lauten (Neukonstruktion, z. B. nach Bild 6.5-1 oder 6.5-3; Strategie II.3 in Bild 3.3-22).

Beim **korrigierenden Vorgehen** behält man einen möglichst großen Anteil des vorhandenen Produkts bei und gestaltet nach der Strategie „Vom Vorhandenen ausgehen" mit minimalem Aufwand die bereits vorhandenen und in Kapitel 8.5.4 dargestellten Verbesserungsideen (Strategie II.1 im Bild 3.3-22).

Ein Hilfsmittel für diese Entscheidungssituation wird in Kapitel 5.1.4.3 (Bild 5.1-20) beschrieben: Als erstes werden die vorhandenen konstruktiven Lösungen nach ihrem Verbesserungspotential bewertet. Wenn die Verbesserung durch eine korrigierende Lösung die Anforderungen erfüllt, wird die Lösung weiterverfolgt. Ist dies nicht der Fall, werden in einer zweiten Entscheidungsstufe zeitliche und finanzielle Kapazitäten bzw. der Realisierungsaufwand einer aufwendigeren generierenden Neukonstruktion geschätzt.

Die Lösungen durch Gestaltverbesserung von Rückstellfeder und Drosselung werden als effektiv eingeschätzt und weiterverfolgt. Die Lösungen mit der Verbesserung der Kolbenführung und der Verwendung einer Membranschmierung werden verworfen, da die zu erwartende Verbesserung unsicher ist. Die Kolbenführung bringt sogar zusätzliche konstruktive Probleme mit sich, wie die formschlüssige Verbindung des Zwischenstücks mit dem oberen Kolben. Die Einschätzung der Schwierigkeiten und der zu erwartenden Verbesserung durch die korrigierenden Lösungen ist also stark von der **Erfahrung des Konstrukteurs** abhängig und erfolgt nicht objektiv.

Im konkreten Fall des Unterdruckstellantriebes wird zwar das Verbesserungspotential der beiden ersten Lösungen als hoch eingeschätzt, jedoch sollen auch alternative Lösungen entwickelt werden. Eine Überprüfung der zeitlichen Kapazitäten zeigte, daß ein generierendes Vorgehen parallel zum korrigierenden möglich ist. **Beide Vorgehensweisen** werden aus diesem Grund **weiterverfolgt**.

8.5.6 Suche nach weiteren Lösungen

a) Lösungen durch korrigierendes Vorgehen

Ausgehend von der Lösung mit der Optimierung der Rückstellfeder zeigt sich, daß bisherige kleine Verbesserungen mit vertretbarem Aufwand realisierbar sind. Weitere Analyseschritte machen allerdings deutlich, daß die erwartete Verbesserung am Beginn des Konstruktionsprozesses überschätzt wurde. Im Rahmen des korrigierenden Vorgehens wird aus diesem Grund bei weiteren Iterationen ein **breiterer Lösungsraum** betrachtet, wie z. B. die Variation der grundsätzlichen Federform (Bild 7.6-25). Es werden unterschiedliche Federformen gesucht, klassifiziert und ausgewertet. Das gesamte Vorgehen wird aus Aufwandsgründen hier nicht beschrieben. Als besonders vorteilhaft wird eine Lösung mit einer Schenkelfeder eingestuft (**Bild 8.5-6**): Zwei Schenkelfedern werden parallel statt der ursprünglichen elliptischen Rückstellfeder eingesetzt. Gehäuse und Kunststoffkolben müssen entsprechend gestaltet werden, damit eine Positionierungsfläche für die Federenden entsteht. Die übrigen Bestandteile des Unterdruckstellantriebes bleiben unverändert.

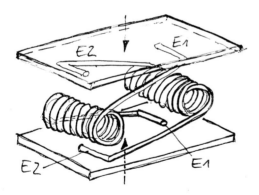

Bild 8.5-6: Lösung mit Schenkelfeder

b) Lösungen durch generierendes Vorgehen

In der Problemformulierung "Konstruktion eines Unterdruckstellantriebs" werden zunächst Teilfunktionen erkannt wie "Erzeugung einer linearen Bewegung durch Unterdruck", "Abdichtung der Unterdruckkammer" usw. Für diese Teilfunktionen werden Teillösungen auf abstrakter Ebene gesucht (z. B. mit Hilfe von Ordnungsschemata mit physikalischen Effekten, Kapitel 7.5.5.3). Die Lösungen werden nach dem Vorgehens-plan in Bild 6.5-1 schrittweise konkretisiert. Im folgenden werden nur die entstandenen Lösungen dargestellt, nicht das gesamte generierende Vorgehen (siehe Kapitel 8.1 und 7.6.5).

b1) Lösung mit gleitgedichtetem, linear beweglichen Kolben

Vorteile der Lösung (**Bild 8.5-7**) ist die Vermeidung von Elastomermembranen und die Möglichkeit für eine bessere Führung der Kolben. Zwei Kolben werden so montiert, daß eine relative Linearbewegung zwischen beiden erlaubt ist. Bei der ersten Stufe wird durch den Anschluß B die Kammer II unter dem zweiten Kolben mit Unterdruck beaufschlagt. Die lineare Bewegung des Kolbens II wird durch direkte Berührung auf den Kolben I übertragen. Beide Kolben bewegen sich zusammen nach unten. Bei der zweiten Stufe wird die Öffnung A zusätzlich mit Unterdruck beaufschlagt. Kolben I mit dem Schieber bewegt sich in diesem Fall relativ zu Kolben II nach unten.

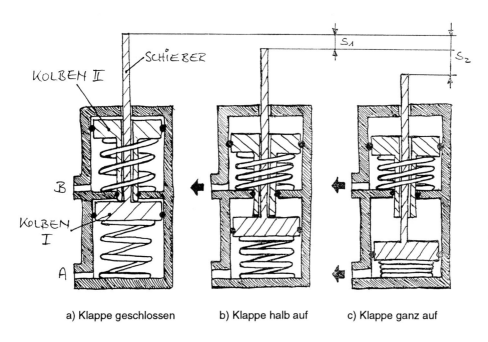

a) Klappe geschlossen   b) Klappe halb auf   c) Klappe ganz auf

Bild 8.5-7: Kolbenlösung

b2) Lösung mit Faltenbalg

Vorteil der Lösung (**Bild 8.5-8**) ist die Vermeidung der Elastomermembran. Zwei Fal-tenbälge sind mit den zwei Kunststoffkolben und mit dem Gehäuse dicht verbunden. Die Funktionsweise des Stellantriebs ist sonst ähnlich wie bei dem Vorgängerprodukt.

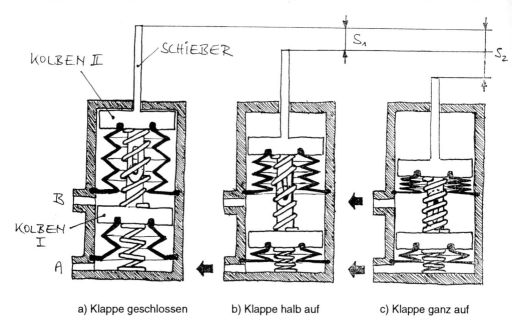

a) Klappe geschlossen   b) Klappe halb auf   c) Klappe ganz auf

Bild 8.5-8: Faltenbalglösung

8.5.7 Lösungsanalyse zur Lösungsauswahl

Wie in Kapitel 7.8 beschrieben, stehen dem Konstrukteur für die Lösungsanalyse verschiedene Hilfsmittel zur Verfügung. Die rechtzeitige Analyse der gefundenen konstruktiven Lösungen beeinflußt sehr stark den Konstruktionsprozeß und die Qualität des Ergebnisses. An Hand der Lösungen für den Unterdruckstellantrieb wird gezeigt, wie man verschiedene Analysehilfsmittel effektiv einsetzen kann.

Bei der weiteren Untersuchung der gefundenen Lösungsansätze ergeben sich wieder neue Probleme und unterschiedliche neue Anforderungen (**Folgeanforderungen**), deren Erfüllung schwierig werden kann. Für das Erkennen dieser Schwerpunkte spielt die Erfahrung des Konstrukteurs eine sehr wichtige Rolle.

Bei der **Schenkelfederlösung** (Bild 8.5-6) sind voraussichtlich die Montage und Positionierung der Feder die Hauptprobleme.

Bei der **Kolbenlösung** (Bild 8.5-7) sind bei Verfolgung einer zylindrischen Form des Unterdruckstellantriebs die geforderten geringen Abmessungen eine schwer zu erfüllende Anforderung. Wenn allerdings die flache Form des Außengehäuses behalten wird, ist die Abdichtung der ungewöhnlichen Kolbenform ein Problem.

Bei der **Faltenbalglösung** (Bild 8.5-8) sieht die Problemstellung unterschiedlich aus: Ein erster Problemkreis ist die Abdichtung der Verbindung des Faltenbalgs mit dem

Kunststoffkolben und ein zweiter die Steifigkeit des Faltenbalgs: Der benutzte Faltenbalg soll eine höhere Federsteifigkeit in der radialen als in der axialen Richtung haben. Nur auf diese Art würde unter Unterdruckbeaufschlagung die erforderliche lineare Bewegung vorhanden sein und nicht eine ungünstige Verformung des Faltenbalgs (**Bild 8.5-9**).

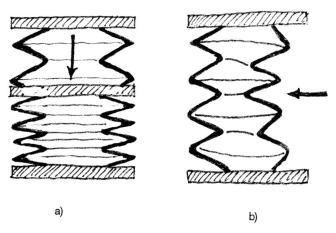

a)

b)

Bild 8.5-9: Günstige (a) und ungünstige (b) Verformung des Faltenbalgs bei Unterdruck

Alle diese Punkte stellen schwer zu erfüllende, teilweise **neue Anforderungen** und **eventuelle Schwachstellen** der Lösungen dar, die während des gesamten Prozesses gefunden wurden. Dies bedeutet, daß eine effektive Analyse sich an diesen Punkten orientieren muß und dadurch für jede Lösung unterschiedlich erfolgen muß.

Zunächst wird geprüft, welche Analysehilfsmittel mit welcher Genauigkeit und welchem Aufwand geeignet sind.

a) Analyse der Lösung mit Drosselung:

In diesem Fall (Bild 8.5-5) spielen die **Erfahrung und das Sachwissen** des Konstrukteurs die wichtigste Rolle für die Lösungsanalyse. Ein nicht erfahrener Konstrukteur, der evtl. noch dazu neigt, eigene Lösungen optimistisch zu bewerten, sieht einen großen Nachteil der Lösung mit der Drosselung nicht: die Gefahr der Verstopfung der Unterdruckanschlüsse durch Staub, wenn die Öffnungen nicht groß genug gestaltet werden. Die Analyse eines erfahrenen Konstrukteurs kann in diesem Fall nicht durch eine Berechnung oder Rechnersimulation ersetzt werden, da man ja zunächst wissen muß, daß überhaupt eine Verstopfung auftreten kann. Auch zur Planung eines praxisnahen Versuchs muß man zunächst diese Erfahrung haben.

b) Analyse der Lösung mit Schenkelfeder :

Die Dimensionierung und Analyse der Belastbarkeit der Schenkelfeder kann problemlos durch Berechnungen erfolgen. Die Bestimmung des genauen Verformungszustands der Feder unter Belastung und unter dem Einfluß der Befestigung und Zentrierung der Feder im Gehäuse kann allerdings **nur im Versuch** erfolgen (**Bild 8.5-10**). Der Aufwand für die Fertigung eines Modells ist durchaus vertretbar. Die Fertigung von durchsichtigen Gehäuseteilen ermöglicht, daß das Geschehen innerhalb des Unterdruckstellantriebs sichtbar wird.

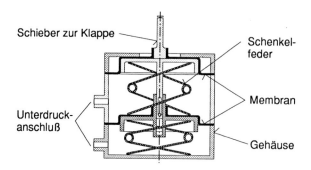

Bild 8.5-10:   Versuchsmodell der Lösung mit Schenkelfeder

Durchführung der Lösungsanalyse und Schlußfolgerungen:

Die Versuchsdurchführung hat gezeigt, daß die Schenkelfeder sich bei jeder Kolbenbewegung ungünstig verformt: Die unsymmetrische Krafteinleitung verursacht eine Verdrehung des Kunststoffkolbens durch die Federenden E1 und E2 (Bild 8.5-6) und bringt die Feder aus der Führung. Eine Verbesserung der Federführung würde die Montage gravierend erschweren. Die Lösung mit der Schenkelfeder wird aus diesen Gründen verworfen.

c) Analyse der Kolbenlösung:

Die erforderliche Kolbenfläche kann durch Berechnungen ermittelt werden. Eventuelle Dichtungsprobleme oder Stickslip-Effekte können allerdings nicht berechnet und nur mit enormem Aufwand am Rechner simuliert werden. Die Fertigung eines Modells (**Bild 8.5-11**) für den Versuch würde allerdings auch mit hohen Formkosten verbunden

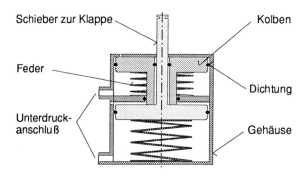

Bild 8.5-11: Modell der Kolbenlösung

sein, wenn die erforderlichen Dichtungselemente mit der genauen Geometrie als Spritz-gußteile gefertigt werden sollen. Ein für den Konstrukteur sinnvolles Vorgehen bedeutet in diesem Fall auf die für eine erste Analyse nicht unbedingt erforderliche hohe Genauig-keit des Modells zu verzichten und nur einen **orientierenden Versuch** (Kapitel 7.8.3) durchzuführen. Für das dafür nötige **Versuchsmodell** können fertige, **auf dem Markt verfügbare Dichtungselemente** verwendet werden. Die gesamten Abmessungen des Modells können sich nach den Abmessungen dieser Dichtungen richten. Aus diesem Grunde wird statt der elliptischen Ausgangsform eine rotationssymmetrische Form ver-wendet. An Hand dieses nicht aufwendigen Modells kann dann die prinzipielle Funktions-weise analysiert werden.

Durchführung der Lösungsanalyse und Schlußfolgerungen:

Die Kolbenlösung hat sich beim orientierenden Versuch als **sehr geräuscharm** erwie-sen. Der Konstrukteur hat mit Hilfe des orientierenden Versuchs die Funktionsfähigkeit der prinzipiellen Lösung absichern können. So kann er diese Lösung weiterbearbeiten, ohne das Risiko einzugehen, daß in späteren Konstruktionsphasen grundsätzliche Pro-bleme auftreten.

d) Analyse der Faltenbalglösung:

Obwohl man die Verformung eines Faltenbalgs als einfach errechenbar einschätzen könnte, stellt man dann doch fest, daß realistische **Berechnungsmodelle** sehr kompli-ziert und mit großem Aufwand verbunden sind. Die scheinbare Einfachheit des Objekts bedeutet nicht immer, daß die Berechnungen genauso einfach sind. Eine FEM-Simulation wäre in diesem Fall eine Alternative für die Analyse des Modells. Durch FEM kann der Bearbeiter die Belastbarkeit und Verformung des Balges untersuchen. Mehrere Einflüsse und Störeffekte können allerdings nicht berücksichtigt werden, wie z. B. die dichte Be-festigung des Balges am Kunststoffkolben oder die ungenaue Kolbenführung. Die einzige Möglichkeit scheint daher die Fertigung und **Untersuchung eines Modells** zu sein (**Bild 8.5-12**). Die hohen Kosten für die Fertigung eines oder sogar mehrerer Falten-bälge stellt die weitere Verfolgung der Lösung in Frage.

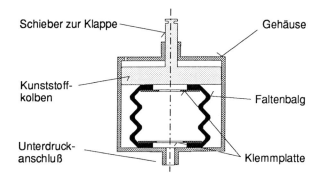

Bild 8.5-12: Vereinfachtes, einstufiges Modell der Faltenbalglösung

Eine effektive Kombination von orientierendem Versuch und FEM-Simulation bietet jedoch zu diesem Analyseproblem die optimale Lösung: Ausgehend von vorhandenen kreisrunden Faltenbälgen wird ein vereinfachtes Modell gefertigt (Bild 8.5-12). Dieses Modell hat nicht die endgültige Form des Unterdruckstellantriebs, ist aber mit kleinem Aufwand realisierbar, und der Konstrukteur kann daraus wichtige Informationen über die Teilfunktionen der prinzipiellen Lösung gewinnen: Verformung des Balgs unter Unterdruckbelastung, Funktion der Befestigung des Balgs am Kunststoffkolben, Bewegung und Führung des Kolbens usw. Parallel zu der Untersuchung der Prinziplösung durch den orientierenden Versuch kann die tatsächliche, flache Form des Faltenbalgs mit Hilfe von FEM simuliert und berechnet werden.

Durchführung der Lösungsanalyse und Schlußfolgerungen:

Der Orientierungsversuch hat gezeigt, daß die Lösung **prinzipiell funktionsfähig** ist. Mehrere Faktoren beeinflussen allerdings sehr stark die Verformungsart des Faltenbalgs unter Druckbelastung. Die richtige Kombination von Material, Länge, Wandstärke, Anzahl der Falten usw. stellen wesentliche Bedingungen für die Funktionsfähigkeit des Balgs dar. Daraus ergeben sich **neue Anforderungen** bzw. **Schwerpunkte** für den Konstrukteur, die seine Vorgehensweise in der folgenden Entwurfsphase stark beeinflussen.

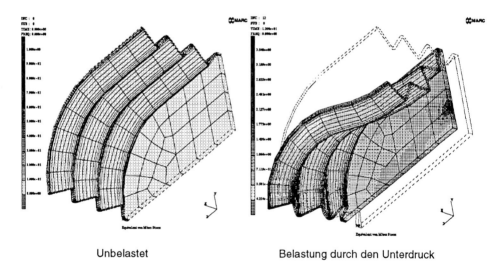

Unbelastet   Belastung durch den Unterdruck

Bild 8.5-13: FEM–Berechnung des Faltenbalgs (links Ausgangsstruktur; rechts Verformung bei Unterdruck)

Die FEM–Analyse hat zusätzlich gezeigt, daß eine nicht-zylindrische Balgform, die evtl. für die endgültige Form des Unterdruckstellantriebs vorgesehen würde, sich nicht wie erwünscht verformt. Die Notwendigkeit der Einhaltung der zylindrischen Form ist dadurch eine wichtige Erkenntnis und eine zusätzliche Anforderung für den Konstrukteur, obwohl sie zunächst den geforderten kleinen Abmessungen widerspricht (**Bild 8.5-13**).

Gesamtbewertung der konstruktiven Lösungen

Eine systematische Bewertung des gesamten Lösungsspektrums und Auswahl der günstigsten Lösung werden hier nicht dargestellt. An Hand der gewonnenen Erkenntnisse aus der Analyse können allerdings die Schwierigkeiten und der erforderliche Aufwand für die Entwicklung jeder konstruktiven Lösung bis zur serienreifen Konstruktion abgeschätzt werden.

Die Lösung mit Schenkelfeder wurde verworfen, da diese die Funktionsanforderungen nicht erfüllt. Die Möglichkeit einer evtl. Verbesserung ist fragwürdig.

Die **Kolbenlösung** und die **Faltenbalglösung** stellen **zwei prinzipiell funktionierende Lösungen** dar. Für die Gesamtbewertung der Kolbenlösung ist allerdings eine Analyse der Kostenstruktur (Zahl der Bauteile, Fertigungsaufwand usw.) und des Montageaufwands erforderlich, welche stark von den Randbedingungen des Betriebs abhängig sind.

Für die Faltenbalglösung sind noch weitere Iterationsschleifen im Entwicklungsprozeß erforderlich. Die notwendige zylindrische Form des Faltenbalgs stellt eine neue Anforderung dar und erfordert die Generierung weiterer Gestaltungslösungen des Faltenbalgs (z. B. eine runde Form, welche im flachen Gehäuse eingebaut werden kann, ein „8"-förmiger Faltenbalg usw.) und diese müssen wiederum entworfen und analysiert werden. Eine ausgereifte Faltenbalglösung könnte kostengünstiger und geräuschärmer als die Kolbenlösung sein. Ihr momentaner Entwicklungsstand erfordert allerdings mehr Aufwand. Die Entscheidung, welche Lösung weiterverfolgt werden soll, ist somit von den zur Verfügung stehenden Entwicklungskapazitäten (zeitliche und materielle) stark abhängig.

Das Beispiel wird hier abgebrochen. Es sollte nur das Vorgehen in der Konzeptphase und die Verzahnung mit orientierenden Versuchen und Berechnungen gezeigt werden.

8.5.8 Was kann man daraus lernen?

a) Die eingehende **Analyse der Aufgabenstellung** und der **Vorgängerprodukte** ist notwendig für die Bildung von konkreten Zielen und Bearbeitungsschwerpunkten im Konstruktionsprozeß. Die rechtzeitige Analyse beeinflußt den Ablauf des Konstruktionsprozesses positiv und damit den Erfolg der Konstruktion.

b) Eine detaillierte **Schwachstellenanalyse** bringt die ersten spontanen intuitiven Verbesserungsvorschläge.

c) Ein wichtiger Punkt für die Vorgehensweise des Konstrukteurs ist die Entscheidung, inwieweit er sich an Vorgängerprodukten und korrigierenden Lösungsvorschlägen orientiert **(korrigierendes Vorgehen)** oder ob er etwas neues konzipiert **(generierendes Vorgehen)**. Beide Vorgehensweisen können unter bestimmten Bedingungen sehr effektiv sein.

d) Die Erkenntnisse aus der **Analyse von erzeugten konstruktiven Lösungen** sind entscheidend für den weiteren Fortgang des Konstruktionsprozesses. Dabei ist die **Auswahl der richtigen Hilfsmittel** sehr wichtig. **Überschlagsrechnungen**, FEM-Simulationen und **orientierende Versuche** ermöglichen die nötige Eigenschaftsfrüherkennung der Konstruktion bzw. des Produkts mit kleinem Aufwand.

e) Die dauernde **Anpassung der Anforderungsliste** während des gesamten Konstruktionsprozesses ist notwendig für ein gutes Ergebnis. Viele Anforderungen sind lösungsabhängig und dadurch im Laufe und nicht am Anfang des Konstruktionsprozesses zu erfassen **(Folgeanforderungen)**. Die Verfolgung verschiedener konstruktiver Lösungen ergibt jeweils wieder **neue Unterprobleme** und **Konstruktionsschwerpunkte**.

f) Eine wichtige Rolle sowohl für die Lösungssuche (besonders für die korrigierende) als auch für die Lösungsanalyse spielt das **Faktenwissen und die Erfahrung** des Konstrukteurs.

8.6 Montagegünstige Konstruktion eines Reihenschalters

Bei dem Beispielprodukt handelt es sich um einen elektromechanischen Reihenschalter, der in Haushaltsgeräten, wie z. B. Waschmaschinen, eingesetzt wird. Eine Kostenanalyse des Reihenschalters ergab, daß der mit Abstand größte Teil der Fertigungslohnkosten in der Montage anfällt. Es sollten daher konstruktive Lösungen für eine Verbesserung der Montierbarkeit zur Senkung der Montagekosten erarbeitet werden.

Die **Ziele** im Beispiel waren anfangs unklar (montagegünstiger ?!), dann klar, dann durch neue Probleme wieder unklar. Die Anpassungskonstruktion war von den Mitteln her eine **Aufgabe**: also ein Wechsel zwischen I und III wie in Bild 8-1.

8.6.1 Was zeigt das Beispiel?

– Es wird gezeigt, wie der **Vorgehenszyklus** beim **korrigierenden Vorgehen** iterativ immer von neuem durchlaufen werden muß, wenn man eine endgültig befriedigende, montagegünstige Schalterkonstruktion erreichen will. So zeigt **Bild 8.6-12** vier Iterationen, die durch das Entstehen immer wieder neuer Probleme und Anforderungen ausgelöst wurden. Jede Lösung hat ihre Schwachstellen, die nach ihrer Analyse durch einen neuen Lösungsansatz beseitigt werden. Daraus ergeben sich dann u. U. wieder andere Schwachstellen usw. (Kapitel 5.1.4.3). Eine **generierende Lösungssuche** verbietet sich hier, da sonst ein wesentlicher Anteil der Investitionen in Spritzgußwerkzeuge und automatisierte Montageanlagen verloren wäre.

– Das Beispiel zeigt weiter die enge Verzahnung von konstruktiver Synthese und zugehöriger Eigenschaftsanalyse durch **FEM-Simulation und Versuch** (siehe auch Kapitel 7.8).

– Schließlich wird die **Integration** von **Produktkonstruktion**, **Montageplanung** und Entwurf der zugehörigen **Montageanlage** deutlich. Dies zeigt die Notwendigkeit des Simultaneous Engineering (Kapitel 4.4.1).

8.6.2 Ausgangssituation

Zunächst soll an Hand von **Bild 8.6-1** kurz die Funktion des Reihenschalters erläutert werden. Hauptfunktion eines Schalters ist die Herstellung bzw. Trennung einer elektrischen Verbindung. Zur einfachen Montage im Endgerät sind mehrere Schalter in Reihe (daher die Bezeichnung Reihenschalter) zusammengefaßt und elektrisch mit einer **Leiterplatte** verbunden. Von der Leiterplatte wird der elektrische Strom über Lötanschlüsse geleitet. Abhängig von der Stellung des **Schiebers** entsteht zwischen den Lötanschlüssen eine elektrische Brücke. Der Schieber ist im **Gehäuse** geführt. Seine Rückstellung in die Ausgangsposition nach einer Betätigung wird durch eine **Feder** ermöglicht. Um ein Rasten des Schiebers zu erreichen, wird ein im Schieber befindlicher Bolzen in der Kulisse des Schaltplättchens geführt. Die Führung dieses Plättchens wird von der **Führungsschiene** ermöglicht. Die gleichzeitige Auslösung aller eingerasteten Schieber kann durch die Auslöseschiene erreicht werden. Die **Tasten** leiten die Bedienkraft am Schalter in den Schieber.

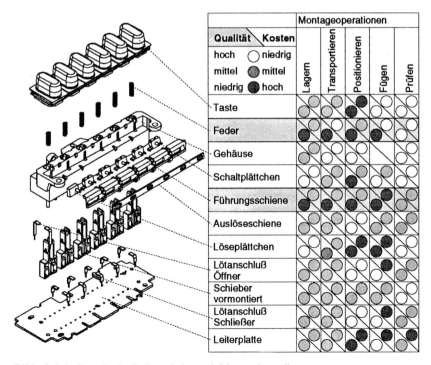

Bild 8.6-1: Bauteile des Reihenschalters mit Montagebeurteilung

Die sehr abstrakte Hauptforderung (vgl. auch Kapitel 6.5.2, Bild 6.5-5 Design to X) „Verbesserung der Montierbarkeit und Senkung der Montagekosten" muß zunächst in einer „kreativen Klärung" (vgl. Kapitel 7.3.7) soweit konkretisiert werden, daß sich Ansatzpunkte für die Problemlösung ergeben und so das weitere Vorgehen planbar wird.

Zur Unterstützung der „kreativen Klärung" wird eine Analyse der Schwachstellen am vorhandenen Produkt bzw. im bestehenden Montageprozeß durchgeführt. Den Bauteilen in Bild 8.6-1 ist eine Bewertung der Schwierigkeit des Montageprozesses zugeordnet. Die Bewertung ist das Ergebnis einer Schwachstellenanalyse, die an Hand von Beobachtungen und Befragungen in der Montage entstanden ist.

Die Montagebeurteilung ist aufgeschlüsselt nach den von [1/8.6] definierten Montageoperationen Handhaben, Fügen und Prüfen. Die Bewertung erfolgt über die für eine montagegerechte Produktgestaltung bedeutenden Faktoren Kosten und Qualität.

Aus der Montagebewertung (vgl. Bild 8.6-1) wird ersichtlich, daß insbesondere das Montieren der **Federn** und der **Führungsschiene** große Schwierigkeiten verursacht. Die Probleme lassen sich nicht durch eine alleinige Optimierung des Montageprozesses in den Griff bekommen, so daß für beide Probleme nach konstruktiven Verbesserungen gesucht werden muß. Dabei zeigt sich, daß eine Verbesserung der Montage der Führungsschiene mit einem sehr hohen Änderungsaufwand am Reihenschalter verbunden ist. Die Maßnahmen an der Führungsschiene sollten daher zweckmäßigerweise erst bei der Entwicklung des Nachfolgeprodukts umgesetzt werden.

Zur **Montage der Federn für die Tasten** wird hingegen ein Konzept gefunden, das mit sehr wenig Änderungen am Produkt auskommt. Eine Umsetzung in der laufenden Serie wird daher als effektiv beurteilt. Der Ablauf dieser Konstruktionsänderung wird im folgenden dargestellt.

8.6.3 Konstruktionsablauf

Bisher wurde die Federmontage, ähnlich dem Konzept von [2/8.6], seitlich, mit einer zusätzlichen Montagerichtung durchgeführt. Dabei waren das Zusammendrücken und Einführen der Federn mit einem speziellen Werkzeug notwendig (**Bild 8.6-2**).

Es zeigte sich jedoch erst nach der Realisierung, daß das Montieren der Federn nicht mit ausreichender Sicherheit beherrscht werden konnte. Immer wieder verklemmten sich Federn und erforderten eine manuelle Störungsbeseitigung. Dadurch wurde die Verfügbarkeit der Montageanlage erheblich herabgesetzt. Eine Beseitigung der oben angeführten Montageprobleme ist durch eine Anpassung des Montageprozesses allein nicht möglich, so daß über Veränderungen am Reihenschalter selbst nachgedacht wird.

An die Entwicklung des neuen Konzepts werden folgende **Anforderungen (1)** gestellt (Bild 8.6-12; Iteration 1):

– Die Federn sollen nicht mehr seitlich gefügt werden, sondern in der sonst einheitlichen senkrechten Fügerichtung des Schalters, nämlich in Richtung 1 bzw. 3 (Bild 8.6-2).

– Die Veränderungen am Reihenschalter sollen möglichst gering sein, um die Kosten für notwendige Werkzeugänderungen niedrig zu halten.
– Für die Konstruktionsänderungen soll eine ausreichende Funktionsabsicherung erfolgen.

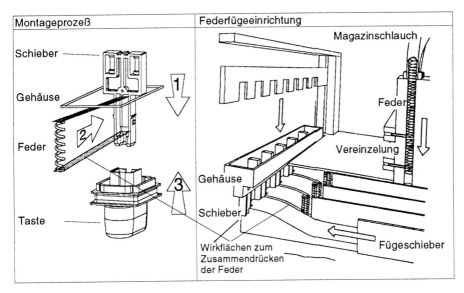

Bild 8.6-2: Montageprozeß: 1. Fügen des Schiebers in das hier symbolisch dargestellte Gehäuse, 2. Montage der Feder, 3. Montage der Taste. Prozeß 2 wird mit einer Federfügeeinrichtung nach [2/8.6] automatisiert (rechts im Bild).

Bild 8.6-3 stellt die Ausgangslösung L0 mit der Feder und den von der Feder beeinflußten Bauteilen Schieber, Gehäuse und Taste detailliert dar.

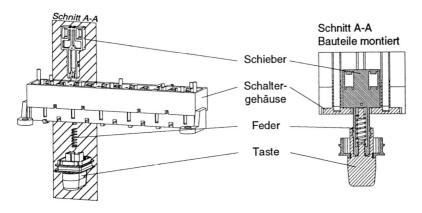

Bild 8.6-3: Die Verbindung: Gehäuse-Schieber-Feder-Taste, Ausgangslösung L0

8.6.3.1 Lösung L1 (Iteration 1)

In einem ersten Lösungsansatz (**Bild 8.6-4**) wird eine senkrechte Fügebewegung durch kleine Änderungen am Schieber realisiert. Bei dieser Variante erfolgen die Abstützung und Führung der Feder in Richtung der Federachse nicht mehr durch den Schieber, sondern durch die nachträglich auf den Schieber aufgeschnappte Taste.

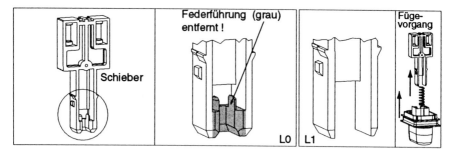

Bild 8.6-4: Lösungen (L0 Ausgangslösung - L1 erste Variante)

Für die Lösung L1 wurde ein Handversuch durchgeführt, der die einwandfreie Funktionsfähigkeit der neuen Lösung zeigte.

Eine Rücksprache mit dem Hersteller des Reihenschalters ergab, daß diese Lösung problematisch war, da die Auslieferung des Reihenschalters z.T. ohne Tasten erfolgt. Die neue Lösung L1 war jedoch ohne Tasten nicht funktionsfähig, da die Taste die Feder gegen Herausfallen sichern mußte. Eine Endkontrolle wäre somit nicht möglich gewesen. Darüber hinaus hätte bei dieser Lösung die Montage der Federn beim Kunden erfolgen müssen, was zu Akzeptanzproblemen geführt hätte.

Zusätzlich kam aus der Montageplanung der Einwand, daß aus der neuen Lösung erhöhte Montagezeiten und Kosten resultierten. Bisher wurde der Schieber von oben nach unten in das Gehäuse geschnappt (vgl. Bild 8.6-2). Bei dieser Lage des Schiebers fällt die Feder aufgrund der Schwerkraft aus dem Schieber. Folglich ist ein Einlegen der Federn ohne ein Wenden von Gehäuse und Schieber nicht möglich.

Lösung L1 konnte also wegen der aufgetretenen Probleme nicht befriedigen, in einer zweiten Iteration muß daher nach weiteren Lösungsmöglichkeiten gesucht werden.

8.6.3.2 Lösung L2 (Iteration 2)

Aus den Erfahrungen mit Lösung L1 ergaben sich **zusätzliche Anforderungen (2)**:

– Die Federmontage sollte, aufgrund der bestehenden Montageanlage, von unten in den Schieber erfolgen.
– Die Funktion und die Endkontrolle des Reihenschalters sollte auch bei Auslieferung ohne Tasten möglich sein.

Um den neuen Anforderungen gerecht zu werden, wurde die Lösungsidee aus L0 beibehalten. Durch eine Korrektur der vorliegenden Lösung wurde jedoch der Schieber mit kleinem Aufwand (durch Abtrennen der Rückwand) so umgestaltet, daß zwei Biegearme entstanden, die die Feder während des Montagevorganges einschnappen lassen (**Bild 8.6-5**).

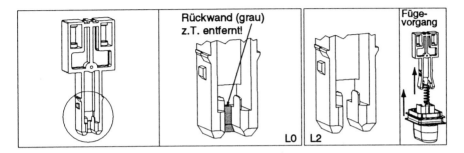

Bild 8.6-5: Lösung L2 im Vergleich zur Ausgangslösung L0

Auch dieses Konzept wird im orientierenden Versuch überprüft. Dabei zeigen sich Materialüberlastungen am Schieber durch eine zu hohe Dehnung des Werkstoffes. Daneben wird als weitere **neue Anforderung** deutlich, daß eine exakte Positionierung von Feder und Schieber zueinander für einen erfolgreichen Fügevorgang notwendig ist. Parallel zur weiteren Optimierung des Schiebers muß daher die Entwicklung einer Montagevorrichtung für Federn (**Bild 8.6-6**) vorgenommen werden (**Problembereich-Wechsel**, Bild 3.3-19).

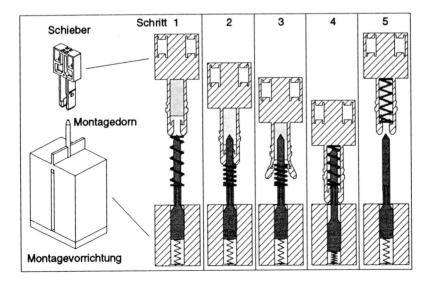

Bild 8.6-6: Fügevorgang: Lösung L2 mit Montagevorrichtung

Bild 8.6-6 zeigt die **Montagevorrichtung**, die für konstruktionsbegleitende, orientierende Versuche gefertigt wurde, sowie den prinzipiellen Fügevorgang mit den Schritten 1 bis 5. An Hand dieser Einrichtung können die Montagekräfte der Feder bestimmt werden. Die Montagekräfte der Feder sind anfangs sehr hoch, können aber auf ca. 30 N pro Feder gesenkt werden, indem der Schieber mit einer entsprechenden Fase versehen wird. Beim gleichzeitigen Fügen von sechs Federn (für Schalter mit sechs Tasten) entstehen so maximal 180 N. Beim Fügen in Richtung der Schwerkraft kann diese Kraft mit dem vorhandenen Roboter problemlos aufgebracht werden.

Der Versuch zum Fügen der Federn verdeutlicht darüber hinaus, daß der Biegearm sowie die kleinen Haken zur Führung der Feder während des Fügens (Schritt 3, Bild 8.6-6) zu stark belastet werden. Dadurch kommt es im Versuch zu bleibenden Verformungen bzw. Materialüberlastungen, die ein sicheres Einschnappen der Feder verhindern.

8.6.3.3 Lösung L3 (Iteration 3)

Ausgehend von den im Versuch erkannten Schwachstellen wird im dritten Iterationsschritt die Erfüllung von **zwei neuen Anforderungen (3)** verfolgt:

- Verringerung der Biegebelastung im Schieber,
- Verringerung der Belastung in der Federführung.

Die in **Bild 8.6-7** dargestellten Änderungen ließen sich auf einfache Weise am Schieber durchführen, so daß die Eigenschaften dieser Variante in Montageexperimenten untersucht werden konnten: Die Fügeschräge (**Fase**) an der Federhalterung erhöhte die Stabilität wesentlich. Eine weitere Verringerung der Rückwandhöhe ermöglichte dabei ein sicheres Einschnappen der Feder.

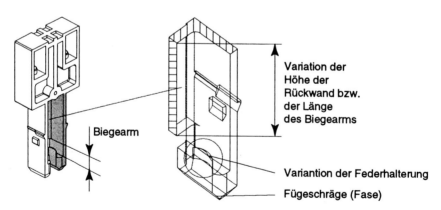

Bild 8.6-7: Lösung L3; Optimierung des Biegeverhaltens durch Änderungen an Lösung L2

Die Änderung der Rückwandhöhe hat jedoch einen erheblichen Einfluß auf die Dreh- und Biegesteifigkeit der eingeschnappten Taste. Bei schiefem Fingerdruck auf die Taste können beachtliche Seitenkräfte auftreten. Um diesen Effekt genau zu klären und nach geeigneten Abhilfemaßnahmen suchen zu können, wird eine FEM-Analyse durchgeführt.

Die FEM-Analyse (**Bild 8.6-8**) zeigt, daß sich durch die Änderung der Rückwandhöhe der folgende unerwünschte Nebeneffekt einstellt: Aufgrund der fehlenden Versteifung der Rückwand wird der Schieber sehr empfindlich gegen seitliche Belastung. Die Schnappverbindung Schieber-Taste hätte zur Versteifung beitragen können, die FEM-Analyse verdeutlicht jedoch, daß dieser Effekt nicht eintritt. Die Schnappverbindung gleitet unter seitlicher Belastung des Schiebers schon bei kleinem Kraftaufwand aus der Taste, d.h. die Taste löst sich vom Schieber. Damit ergibt sich ein **neues Problem mit einer neuen Anforderung**.

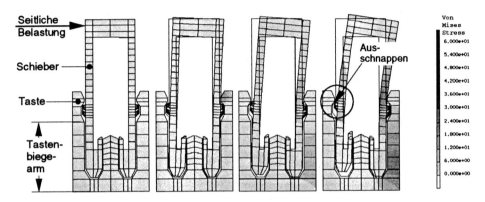

Bild 8.6-8: Lösung L3; FEM-Analyse von Schieber und Taste unter seitlicher Belastung

8.6.3.4 Lösung L4 (Iteration 4)

Aufgrund der Versuche und FEM-Analysen in der dritten Iteration wird an die weitere Entwicklung folgende **Anforderung (4)** gestellt:

– Die **Seitensteifigkeit** der Verbindung „Taste-Schieber" muß gewährleistet werden.

Für das neu hinzugekommene Problem der ungenügenden Seitensteifigkeit ist eine Reihe von Lösungsmöglichkeiten denkbar. Eine experimentelle Überprüfung verschiedener Varianten ist mit einfachen Mitteln nicht mehr möglich, da dies Änderungen an der Spritzgußform erfordern würde. Aus diesem Grund wird wiederum die FEM als Hilfsmittel zur Analyse der Lösungsvarianten eingesetzt. Ausgewählt wird schließlich eine Variante, die sich weitgehend an die vorhandene Geometrie anlehnt, wobei jedoch die Schnappverbindung weiter in die Taste hineinverlagert ist (**Bild 8.6-9**). Der Tastenbiegearm wurde bei der Lösung L4 (Bild 8.6-9) gegenüber dem der Lösung L3 (Bild 8.6-8) verkleinert. Dadurch wurde das Entschnappen weitgehend verhindert.

Darüber hinaus konnte die notwendige Biegearmlänge (vgl. Bild 8.6-7) durch eine Optimierung der Schiebergeometrie reduziert werden. Experimente hätten hier ebenfalls einen unverhältnismäßig hohen Aufwand erfordert. Deshalb wurden auch hier FEM-Analysen an der veränderten Bauteilgestalt durchgeführt.

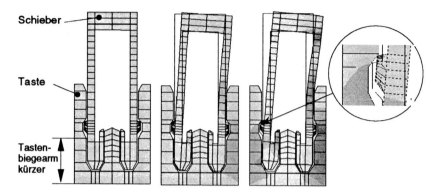

Bild 8.6-9: Lösung L4; FEM-Analyse von Schieber und Taste mit leicht veränderter Geometrie aber gleicher seitlicher Belastung wie bei L3 (Vergleiche den Tastenbiegearm links mit dem größeren von Bild 8.6-8)

Das Einschnappen am Schieber wurde simuliert. In den kritischen Bereichen des Schiebers wird aufgrund der geänderten Gestalt eine plastische Verformung vermieden. **Bild 8.6-10** faßt die Änderungen am Schieber und das Ergebnis der Simulation zusammen.

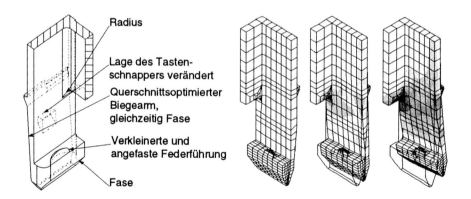

Bild 8.6-10: Zusammenfassung der Änderungen am Schieber; Simulation des Federeinschnappens

Parallel zur Optimierung des Schiebers wurde die Entwicklung der Handhabungseinrichtungen betrieben. Die ursprünglich eingesetzte Einrichtung (vgl. Bild 8.6-2) konnte nicht mehr verwendet werden, da die Montagerichtung verändert wurde. **Bild 8.6-11** zeigt die neu entwickelte Montagevorrichtung ohne auf die Funktion einzugehen.

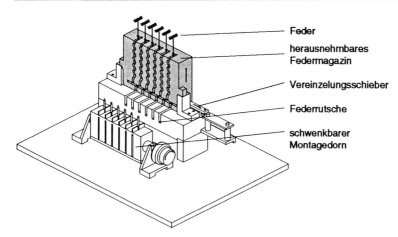

Feder

herausnehmbares
Federmagazin

Vereinzelungsschieber

Federrutsche

schwenkbarer
Montagedorn

Bild 8.6-11: Montageeinrichtung zum Magazinieren und Fügen der Federn

8.6.4 Was kann man daraus lernen?

Am Beispiel einer montagegerechten Gestaltung der Verbindung: Gehäuse-Schieber-Feder-Taste wurden folgende Aspekte deutlich:

- Der vorgestellte Konstruktionsprozeß erforderte mehrere **Iterationen**. An Hand der Zwischenlösungen konnten Schwachstellen (und damit neue Probleme) erkannt werden, die vorher nicht abzusehen waren und einen neuen Vorgehenszyklus erforderten.
- Speziell an Hand der Mängel von Lösung L1 wurde deutlich, daß die erste Iteration durch eine gründliche Aufgabenklärung vermeidbar gewesen wäre. Es ist jedoch schwierig die „richtigen" Fragen zu stellen, so daß oft erst im nachhinein deutlich wird, welche Anforderungen „implizit" an das Produkt gestellt wurden. Die Iteration war daher nicht zwecklos, durch sie konnten weitere wichtige Anforderungen ermittelt und im folgenden Prozeß berücksichtigt werden.
- Die jeweils **neuen Lösungsideen** L1 bis L4 ergaben sich fast zwangsläufig aus den vorangehenden **Schwachstellenanalysen** entsprechend dem Vorgehen des **korrigierenden Konstruierens** (Kapitel 5.1.4.3).
- Es konnte gezeigt werden, daß sich die Montierbarkeit von Produkten u. U. schon durch **kleine Änderungen** verbessern läßt. Die Optimierung der Montageeigenschaften rechtfertigt häufig keine großen Änderungen am Produkt, da diese die Auswirkungen auf das Produkt sehr schnell unüberschaubar werden lassen. Es besteht die Gefahr, daß die positiven Wirkungen einer Änderung durch negative Nebenwirkungen aufgehoben werden. Große Änderungen sollten daher besser im Rahmen einer Modellumstellung berücksichtigt werden.
- Das korrigierende Konstruieren, bei dem mit kleinstem Änderungsaufwand der **Lösungssuchraum schrittweise erweitert** wird (Bild 3.3-22 Strategie II.1), wurde im Beispiel konsequent eingesetzt. Im Beispiel war eine Problemlösung durch Abtren-

nen der Rückwand nicht möglich. Daher mußten weitere, umfassendere Änderungen an Schieber und Taste zugelassen werden.

– Kleine Änderungen am Schieber zogen große Änderungen an der Montageanlage nach sich. Hieraus wird die große **Abhängigkeit zwischen Produkt und Produktions- bzw. Montageprozeß** deutlich. Aus diesem Grund wurden das Produkt und die Montageanlage gleichzeitig entwickelt. Dadurch konnten kurze Regelkreise realisiert werden (Simultaneous Engineering, Kapitel 4.4.1).

– Mit **einfachen orientierenden Versuchen** konnten bereits frühzeitig die Erfüllung von Anforderungen abgesichert und Schwachstellen erkannt werden (Kapitel 7.8.3).

– Gerade bei Spritzgußteilen ist die Fertigung von Prototypen unter Umständen sehr teuer. Der Einsatz der **FEM ermöglicht eine frühzeitige Verifizierung der geforderten Eigenschaften** (Eigenschaftsfrüherkennung, Bild 7.8-1).

An Hand des in Kap 5.1.4.3 erläuterten Vorgehens wird rückblickend der Konstruktionsablauf als mehrfach durchlaufener Problemlösungszyklus dargestellt. Hervorgehoben sei der iterative Charakter des Zyklus und die Steuerung der Iterationen durch Strategien

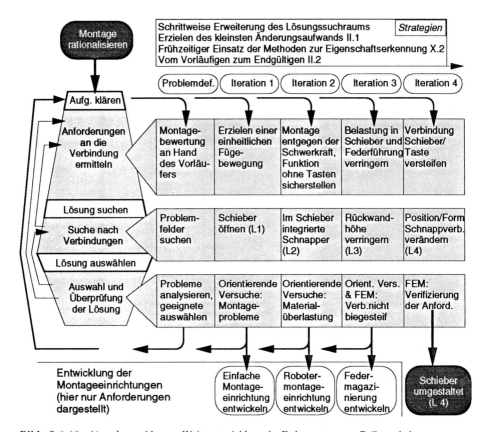

Bild 8.6-12: Vorgehenszyklus zur Weiterentwicklung der Federmontage am Reihenschalter

Literatur zu Kapitel 8.6

[1/8.6] Andreasen, M.; Kähler, S.; Lund, T.: Montagegerechtes Konstruieren. Berlin: Springer 1985.

[2/8.6] Barthelmeß, P.: Montagegerechtes Konstruieren durch die Integration von Produkt- und Montageprozeßgestaltung. Berlin: Springer 1987. (iwb-Forschungsberichte 9)

8.7 Entwicklung einer Pkw-Kennzeichenhalterung

8.7.1 Was zeigt das Beispiel?

Im nachfolgenden Konstruktionsbeispiel einer für die Serienproduktion entwickelten vorderen Pkw-Kennzeichenhalterung soll ein weiteres Mal die sinnvolle Auswahl und Aufeinanderfolge von Methoden gezeigt werden, die letztendlich unter den zu beachtenden Restriktionen eines Pkw-Großserienherstellers zu einer überraschenden und optimalen Lösung führten.

Gerade an diesem auf den ersten Blick eher einfachen Konstruktionsproblem mit Schwerpunkt in der Gestaltung, konnte gezeigt werden, daß durch das Vorgehen nach dem Vorgehenszyklus die Lösungsvielfalt ganz erheblich gesteigert werden konnte.

Erfolgreich waren folgende Elemente der Methodik:

– Aufgabe klären (Analyse, Formulierung, Strukturierung),
– systematische Analyse existierender Lösungen,
– iteratives Vorgehen zum Erzeugen neuer Lösungen und
– Bewertung der erzeugten Lösungsvielfalt unter besonderer Berücksichtigung der Schnittstellenproblematik.

Das Beispiel ist gemäß Bild 8-1 ein **Zielproblem** (III), da es durch die Zusammenarbeit von zwei Firmen schwierig war, Anforderungen und Restriktionen zu ermitteln. Von der Seite der Mittel her gesehen handelte es sich eher um eine einfache **Aufgabe** (I).

8.7.2 Aufgabe klären

Eines der ersten Projekte der BMW Technik GmbH war die Entwicklung einer Mittelmotor-Roadster-Studie Z1, die mit einer voll verzinkten Tragstruktur und daran befestigter Außenhautbeplankung aus Kunststoff neben weiteren interessanten Details völlig neue konstruktive Wege ging (siehe **Bild 8.7-1**).

Da die amtlichen Zulassungsvorschriften [1/8.7] bei dem zunächst als reine Projektstudie geplanten Z1 unberücksichtigt blieben, ergab sich u. a. die Notwendigkeit, eine nach den Economic-Comission-For-Europe-Richtlinien (ECE) zulässige **Kennzeichenhalterung** am Bug des Fahrzeuges zu entwickeln [2/8.7].

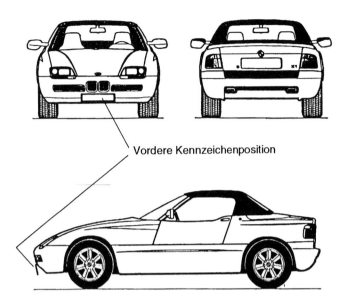

Vordere Kennzeichenposition

Bild 8.7-1:   Gesamtansicht BMW Z1

a) Aufgabe analysieren

Zur Analyse des Konstruktionsproblems „Kennzeichenhalterung" wurde zunächst versucht, das Problem durch Abstraktion auf die wesentlichen Anforderungen zu reduzieren bzw. durch Aufteilen in Teilaufgaben besser strukturierbar zu machen [3/8.7].

Ausgehend von einer abstrahierten **Gesamtfunktion** der Kennzeichenbefestigung:

> **Herstellung des Kräftegleichgewichts zwischen Beanspruchungskräften bzw. Eigengewicht von Halterung und Kennzeichen und den in die Karosserieaußenhaut einzuleitenden Kräften**

und den konstruktiven Randbedingungen des neuen Außenhautkonzepts des Z1 (siehe **Bild 8.7-2**) ließen sich im ersten Ansatz einzelne Anforderungen definieren:

– Auftretende Kräfte (z. B. Windkräfte) auf das Kennzeichen müssen sicher auf die Befestigung und durch diese auf die Karosserieaußenhaut übertragen werden.
– Für die Kennzeichenbefestigung sollen möglichst keine Außenhautveränderungen vorgenommen werden (z. B. Verformungen, Bohrungen).
– Die sogenannte „BMW-Niere" (Kühllufteinlaß) muß frei bleiben. Die Befestigung soll daher unterhalb des Stoßfängersystems angebracht werden (siehe **Bild 8.7-2**).
– Die ECE-Richtlinien für den europaweiten Verkauf müssen eingehalten werden; das Befestigungskonzept muß mit den Vorschriften der jeweiligen Zulassungsländer abgestimmt werden. Es ergibt sich die Forderung, Kennzeichen unterschiedlichster Größe mit derselben Halterung befestigen zu können („Größenverstellbarkeit").
– Sehr restriktive Zeitvorgaben für die Entwicklung (ca. 2 Monate).

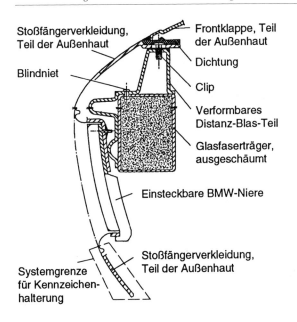

Bild 8.7-2: Stoßfängerquerschnitt des BMW Z1 in Fahrzeugmitte

b) Anforderungsliste erstellen

Wünsche und Forderungen konnten in der vorläufigen Anforderungsliste fixiert werden (**Bild 8.7-3**).

Nr.	Anforderung	Einheit	Wert	F = Forderung W = Wunsch	Quelle
1	Sichere Kraftübertragung (Winddruck, Eigengewicht, Bürsten in Waschanlage)		siehe StVZO	F	
2	Vormontierbar			F	
3	Möglichst keine Außenhautveränderungen			W	
4	An verschiedene Kennzeichengrößen anpaßbar (Größenverstellbarkeit)			F	
5	Nieren-Kontur und Luftschlitze dürfen nicht verdeckt werden			F	
6	Geringe Anzahl an Neuteilen			W	
7	Ausführungen nach ECE			F	
8	Konzept fertig bis		01.88	W	
9	Prototypenteile fertig bis		02.88	W	
10	Vorserienteile vorhanden bis		03.88	F	
11	Serienteile ab		07.88	F	

Bild 8.7-3: Ausschnitt aus der ersten Anforderungsliste für die Kennzeichenhalterung

Die vorgesehenen Zeitvorgaben wurden in Absprache mit der Produktionsplanung an der geplanten Markteinführung orientiert.

Aufgrund der Schnittstellenproblematik zwischen der Technik-GmbH als Entwickler und der BMW AG als Hersteller blieben anfänglich einige Randbedingungen unberücksichtigt, so daß die Anforderungsliste mehrfach geändert und vervollständigt werden mußte. Dies führte zu einer stark iterativ geprägten Vorgehensweise, wobei der Zwang zur Erstellung der Anforderungsliste mithalf, die Schnittstellenprobleme zu klären.

8.7.3   Lösungen suchen

Generell gibt es zur Lösungssuche eine Vielzahl von unterschiedlichen Strategien und Methoden. Unter dem gegebenen Zeitdruck wurde zunächst versucht, mit Hilfe des **korrigierenden Vorgehens** erst im eigenen Betrieb vorhandene Lösungen und später auch Konstruktionen anderer Hersteller auf ihre Verwendbarkeit hin zu untersuchen (vgl. Kapitel 5.1.4.3). Dieser Weg ist naheliegend, da bereits eine große Zahl von verschiedenen Lösungsvarianten erdacht waren und vorlagen. Diese Methode führte allerdings nicht zum gewünschten Erfolg, da die Anforderungen von den bestehenden Lösungen nicht erfüllt werden konnten.

Daraufhin wurde das **generierende Vorgehen** eingesetzt. Diese Methode führte über die Erzeugung eines breiten Lösungsfeldes letztendlich zu einer neuen und überraschend einfachen Lösung.

a)   Korrigierendes Vorgehen

Im allgemeinen sind für konstruktive Probleme bereits eine Reihe von Lösungen vorhanden. Um „das Rad nicht neu zu erfinden", ist es sinnvoll, die Vielzahl der Lösungsprinzipien zu sammeln. Es wurden vorhandene Kennzeichenhalterungen aus folgenden Bereichen berücksichtigt:

–   ausgeführte, nicht mehr verbaute BMW-Kennzeichenhalterungen,
–   neuere BMW-Kennzeichenhalterungen und
–   Kennzeichenhalterungen an Fahrzeugen anderer Hersteller.

Bei der Untersuchung stellte sich heraus, daß sowohl unter sämtlichen BMW-Konstruktionen als auch bei den durch eine „Parkplatzrecherche" untersuchten Fabrikaten anderer Automobilhersteller keine Lösung den aufgestellten Anforderungen entsprach (**Bild 8.7.-4**). Dies lag an der Nichterfüllung einiger Punkte der Anforderungsliste, wie z. B. die Anforderung, daß nur möglichst geringe Änderungen an der Außenhaut vorgenommen werden durften.

Eine zusätzliche Erkenntnis bei den BMW-eigenen Lösungen bestand darin, daß bei den bisherigen Halterungen nicht an die grundsätzliche Verwendung von Wiederholteilen zur Kostenreduzierung gedacht worden war.

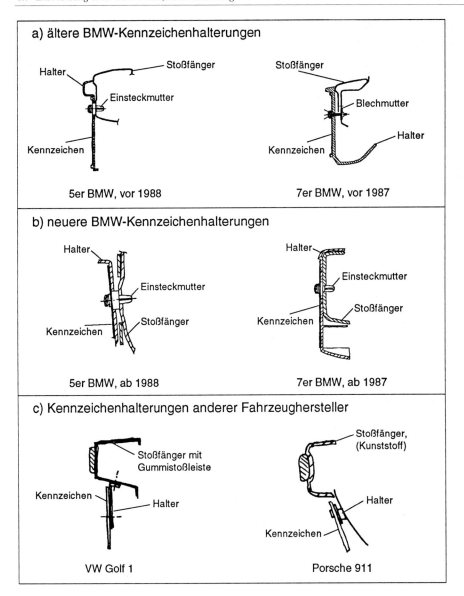

a) ältere BMW-Kennzeichenhalterungen

Halter — Stoßfänger Stoßfänger
Einsteckmutter Blechmutter
Kennzeichen Halter
Kennzeichen

5er BMW, vor 1988   7er BMW, vor 1987

b) neuere BMW-Kennzeichenhalterungen

Halter Halter
Einsteckmutter Einsteckmutter
Stoßfänger Stoßfänger
Kennzeichen Kennzeichen

5er BMW, ab 1988   7er BMW, ab 1987

c) Kennzeichenhalterungen anderer Fahrzeughersteller

Stoßfänger mit Stoßfänger, (Kunststoff)
Gummistoßleiste
Kennzeichen Halter
Halter Kennzeichen

VW Golf 1   Porsche 911

Bild 8.7-4:   Analyse von Kennzeichenhalterungen

b) Generierendes Vorgehen

Der erste Schritt der generierenden Lösungssuche war die Suche nach den wichtigsten **Teilfunktionen** der Funktionsträger (Kennzeichen, Halterung und Karosserie) durch einen Abstraktionsprozeß. Man fand folgende:

– TF 1: Haltekraft vom Kennzeichen auf den Halter leiten,
– TF 2: Kraft im Halter leiten,

- TF 3: Kraft vom Halter in die Karosserie leiten (Haltekraft) und
- TF 4: Größenverstellbarkeit für unterschiedliche Kennzeichengrößen.

Anschließend wurden die bei den gesammelten Lösungen verwandten **physikalischen Effekte** analysiert, da sich diese im Laufe der Automobilentwicklung als zuverlässig und ausreichend gezeigt haben (Kapitel 7.5.4.3). Diese Verfahrensweise diente der Vorab-Eingrenzung des späteren Lösungsfeldes und entsprach der Forderung nach schnellstmöglicher und effektiver Abwicklung des Konstruktionsprozesses. So wurden für die Funktion „Haltekraft übertragen" folgende Effekte gefunden (siehe auch Beiheft: Arbeitsblätter und Checklisten):

- Kohäsion fester Körper,
- Keil mit Reibung und
- Adhäsion.

Bei der Suche nach diesen Effekten war der Bearbeiter gezwungen zu abstrahieren. Diese Abstraktion verhalf ihm, eine eventuell bestehende Vorfixierung auf eine bestimmte Lösungsvariante methodisch zu unterbinden und einen kreativen Syntheseprozeß einzuleiten. Für alle Teilfunktionen TF 1 bis TF 4 waren die physikalischen Effekte die Basis für die Lösungssuche mit der Variation der Wirkgeometrie. Die Adhäsion in Form des Klebens wurde auf Wunsch des Fahrzeugherstellers ausgeklammert.

c) Wirkgeometrievariation zur Lösungssuche

Für die gesammelten physikalischen Effekte wurden dann systematisch die Wirkstrukturen für jede der oben angegebenen Teilfunktionen variiert. Hier soll nur eine Auswahl der Wirkgeometrievarianten für die Teilfunktion „Größenverstellbarkeit" vorgestellt werden (**Bild 8.7-5**).

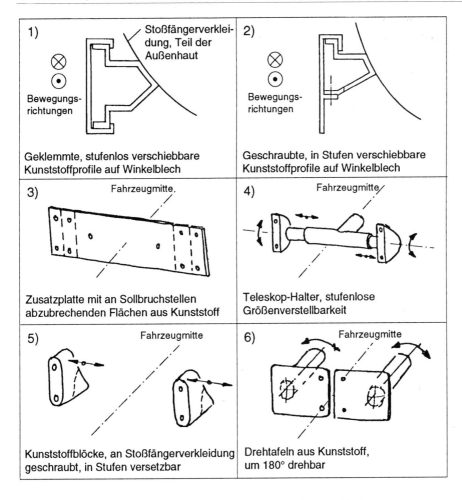

Bild 8.7-5: Wirkgeometrievarianten für die Teilfunktion „Größenverstellbarkeit"

8.7.4 Lösungen auswählen

a) Zwischenanalyse zur Begrenzung des Lösungsfeldes

Um aus der Vielzahl der gefundenen Wirkgeometrievarianten einer jeden Teilfunktion zu einer überschaubaren Zahl von guten Lösungsmöglichkeiten zu kommen, müssen die einzelnen Lösungsvarianten bewertet und verglichen werden. Zu dieser Zwischenanalyse wurden wegen der übersichtlichen und nachvollziehbaren Darstellung der Bewertung Auswahllisten verwendet (Bild 7.9-5).

Sinnvoll war es an dieser Stelle, erst die Varianten der einzelnen Teilfunktionen zu bewerten und auszuwählen, bevor man diese zu der Gesamtfunktion kombinierte. Durch dieses Vorgehen konnte die Entstehung von zu vielen Konzepten vermieden werden, welche sich auch aus den als schlecht bewerteten Teillösungen ergeben hätten. Beispielhaft ist hier die Auswahlliste für die Varianten der Teilfunktion „Größenverstellbarkeit" dargestellt (**Bild 8.7-6**).

Folgende Bewertungskriterien lagen der Bewertung zugrunde und erlaubten, das Lösungsfeld für die späteren Kombinationen einzuschränken:

- Anforderungsliste (vollständige Einhaltung),
- Verträglichkeit gegeben (die Konstruktion im Sichtbereich muß sich an der Rolle des Imageträgers des Z1 orientieren),
- Realisierbarkeit,
- Aufwand (Teilezahl, Kosten, Neuteile, geringer Bauaufwand),
- Sicherheitsaspekte,
- optische Eigenschaften (das Vorhandensein stylistischer Freiheitsgrade) und
- Haus- und Wiederholteile.

Kriterium	Lösungsvarianten					
	1	2	3	4	5	6
A: Forderungen der Anforderungsliste erfüllt?	+	+	+	+	+	+
B: Verträglichkeit mit angrenzenden Lösungen?	+	+	+	+	+	+
C: Grundsätzlich realisierbar?	+	+	–	–	+	+
D: Aufwand zulässig?	+	+	+	+	+	+
E: Sicherheitsaspekte berücksichtigt?	+	+	+	+	+	+
F: Optische Eigenschaften?	–	–	+	+	+	+
G: Haus- und Wiederholteile vorhanden?	–	–	–	–	–	–
Entscheidung	–	–	–	–	+	+

Bild 8.7-6:   Auswahlliste für die Teilfunktion „Größenverstellbarkeit"

Unter Zuhilfenahme dieser Methode wurde die Lösungsvielfalt durch die binäre Beurteilung mit ja (+) und nein (–) auf jeweils zwei Varianten pro Teilfunktion eingeschränkt. Für die Teilfunktion „Größenverstellbarkeit" wurden die Wirkgeometrievarianten 5 und 6 ausgewählt, die in einem nächsten Schritt mit den ausgewählten Varianten der anderen Teilfunktionen zu einer Gesamtlösung kombiniert werden sollten. Varianten, bei denen ein Kriterium nicht erfüllt war, wurden nicht weiter berücksichtigt. Kriterium G wurde dabei ausgenommen, da bei keiner der Varianten Wiederholcharakter gegeben war.

b) Matrix zur Kombination der Teillösungen und Auswahl einer Gesamtlösung

Als Instrumentarium zur Kombination und Untersuchung der vorausgewählten Wirkgeometrievarianten eignet sich der **morphologische Kasten** (Kapitel 7.5.6) grundsätzlich sehr gut. Mit diesem lassen sich die verschiedenen Wirkgeometrievarianten der einzelnen Teilfunktionen miteinander kombinieren (**Bild 8.7-7**). Diese Methode ermöglichte die Auswahl einer anforderungsgerechten Kombination.

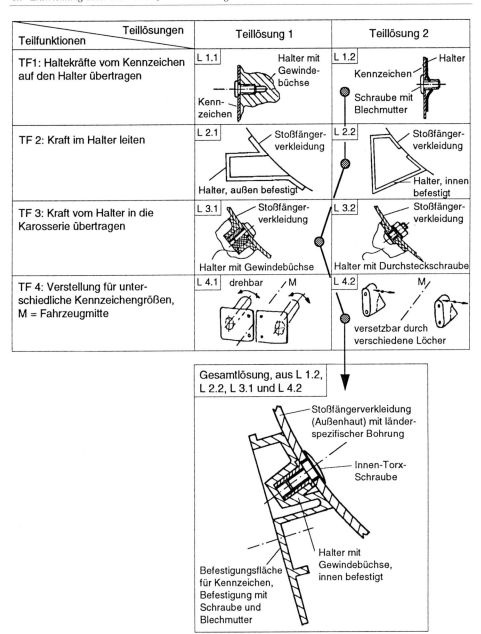

Bild 8.7-7: Auszug aus morphologischem Kasten zur Kombination von Teillösungen

8.7.5   Lösung

a) Erster Entwurf

Nach einer Handskizze wurde zunächst ein 1:1- Holzmodell der Kennzeichenhalterung nach Bild 8.7-7 angefertigt. Dieses gegenständliche Modell ermöglichte die Begutachtung der ausgewählten Lösung durch Abteilungen, deren Belange von der Kennzeichenhalterung berührt wurden, und half damit, die Schnittstellenproblematik zu lösen.

In Zusammenarbeit mit Designern und Montageplanern wurden **neue Anforderungen** deutlich, beispielsweise war zur genauen Positionierung der Kennzeichenhalter an der Stoßfängerverkleidung eine Montage- und Positionierhilfe erforderlich. Ebenso wurde das Lösungsprinzip zur Realisierung der Größenverstellbarkeit von den Montageplanern bemängelt. Zur Belieferung des internationalen Marktes wäre das Bohren verschiedener länderspezifischer Bohrungspaare nötig gewesen, was einen unnötigen hohen Aufwand für die Montagevorbereitung bedeutet hätte. Aus diesem Grund verlangten die Montageplaner nach einem Lösungsprinzip, das rechts und links der Fahrzeugmitte jeweils nur eine, für alle Kennzeichengrößen an der **gleichen** Stelle befindliche Befestigungsbohrung vorsieht.

b) Experimentelle und analytische Untersuchung

Versuche über die aerodynamischen Auswirkungen des derart befestigten Kennzeichens auf das Fahrzeug selbst wurden an einem 1:1-Fahrzeug-Tonmodell in einem Windkanal durchgeführt. Durch die Versuche konnte gezeigt werden, daß sich durch die Vergrößerung des Neigungswinkels des Kennzeichens zur Straße die Ablöseblase verkleinert und sich damit der c_W-Wert verbessert.

Versuche und Abstandsberechnungen des Kennzeichens von der Karosserie ergaben genaue Daten über den mindestens einzuhaltenden Abstand von der Karosserie als neue Anforderung für den endgültigen Entwurf.

c) Festlegung des endgültigen Entwurfs

Im Rahmen einer Iteration wurden nun die neu hinzugekommenen Anforderungen an die Kennzeichenhalterung eingearbeitet (**Bild 8.7-8**). Der entstandene Halter wurde aus Kunststoff gefertigt. Durch das Anbringen eines Nockens am Kennzeichenhalter und einer entsprechenden Vertiefung in Form einer Bohrung in der Stoßfängerverkleidung konnte der Halter bei der Montage exakt positioniert werden. Die Größenverstellbarkeit zur Anpassung an verschiedene Kennzeichengrößen wurde durch die Drehbarkeit zweier Halter um 180° ermöglicht (in Anlehnung an die Wirkgeometrievariante 6, Bild 8.7-5). Sollen die Halter ein großes (kleines) Kennzeichen tragen, werden sie mit nach außen (innen) gedrehten „Halteflügeln" an der Karosserie befestigt. Durch die symmetriebedingte Drehbarkeit und Befestigungsmöglichkeit des Halters wird nur **eine** Ausführung des Bauteils für die rechte bzw. linke Seite des Fahrzeugs benötigt.

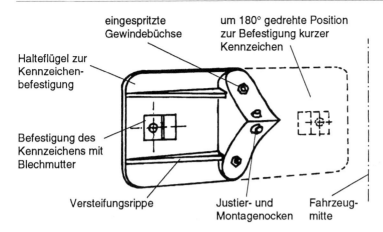

eingespritzte
Gewindebüchse

um 180° gedrehte Position
zur Befestigung kurzer
Kennzeichen

Halteflügel zur
Kennzeichen-
befestigung

Befestigung des
Kennzeichens mit
Blechmutter

Versteifungsrippe

Justier- und
Montagenocken

Fahrzeug-
mitte

Bild 8.7-8: Skizze des Kennzeichenhalters, von der Karosserie her gesehen

8.7.6 Was kann man daraus lernen?

Die systematische Auswertung vorhandener Lösungen ermöglicht eine gezielte Lösungsfindung. Aus der Vielzahl vorhandener Lösungen kristallisierten sich die verschiedenen und bewährten physikalischen Effekte heraus, die bei der Wirkgeometrievariation als Eingangsgröße dienten. Hier wurden die verschiedenen Varianten auf abstrakter Ebene systematisch generiert, um einer Lösungsfixierung zu begegnen.

Eine Vorauswahl auf einem abstrakten Lösungsniveau durch eine Zwischenanalyse ist sinnvoll, um das Lösungsfeld zu begrenzen. Hier bot sich die Auswahlliste als geeignetes Hilfsmittel an.

Die systematische Aufbereitung der Lösungen (die Kombination der generierten Wirkgeometrievarianten der Teilfunktionen zu einer Gesamtfunktion), z. B. durch Kombination der Teillösungen mit einem morphologischen Kasten, wirkte sich positiv auf die erreichte Lösungsgüte aus.

Die frühzeitige und kostengünstige Modellfertigung diente der Anschauung der Lösung und als Diskussionsgrundlage für bereichsübergeifende Abstimmungsprobleme. Durch den Einsatz dieses Modells zur konstruktionsbegleitenden Eigenschaftsfrüherkennung (Holzmodell, basierend auf einer Handskizze) im Windkanal konnten verschiedene Eigenschaften erkannt und verifiziert werden. Die Umsetzung der auf diese Art aufgedeckten und bisher unberücksichtigten Anforderungen (z. B. die Positioniergenauigkeit) konnte so schnell und kostengünstig im Rahmen einer kleinen Iterationsschleife verwirklicht werden. Man erkennt daraus, wie schwer es ist, zu Beginn der Bearbeitung alle Anforderungen und Eigenschaften aufzudecken. Manche erkennt und „begreift" der Konstrukteur oder der an der Entwicklung Mitbeteiligte erst durch ein vereinfachtes gegenständliches Modell bzw. durch einen Prototypen.

Literatur zu Kapitel 8.7

[1/8.7]   Bath, W; Wehrmeister, J.: StVZO Straßen-Verkehrs-Zulassungs-Ordnung. Bonn: Kirschbaum 1987.

[2/8.7]   Wehrmeister, J.: FEE-Fahrzeugtechnik EWG/ECE. Loseblatt Ausgabe Bd. 1–4. Bonn: Kirschbaum 1987.

[3/8.7]   Haug, W.: Neukonstruktion einer Befestigung für das vordere Kennzeichen an einem Pkw. München: TU, Lehrstuhl für Konstruktion im Maschinenbau, Unveröffentlichte Semesterarbeit 1988. (Nr. 1068)

9 Kostengünstig Konstruieren

9.1 Einleitung

Es ist nötig und möglich, Produkte so zu konstruieren, daß vom Markt vorgegebene Kostenziele erreicht werden. Im wesentlichen ist dies durch interdisziplinäre Zusammenarbeit erreichbar (Kapitel 4.2 bis 4.4). Die hemmenden Abteilungsmauern müssen fallen (Bild 4.1-22). Gleichzeitig sind aber auch Kostenwissen und eine Methode zum Kostengünstigen Konstruieren erforderlich.

Der Zweck des Kapitels ist deshalb, zu zeigen, daß die bisher vorgestellten Methoden auch für die Kostensenkung gelten: So kann der **Vorgehenszyklus** (Bild 3.3-22 bzw. prinzipiell 9.2-3), der für jede Hauptforderung einsetzbar ist (vgl. Kapitel 6.5.2), auch hier angewandt werden. Hier ist die Hauptforderung: Gezielt geringe Kosten erreichen. Im folgenden liegt der Schwerpunkt vornehmlich auf dem Erreichen eines Kostenzieles für Herstellkosten bei neuen Produkten bzw. dem Senken der **Herstellkosten** vorhandener Produkte, insbesondere deren Material- und Lohnanteil. Gerade beim Lohnanteil sind die Kostensenkungspotentiale (Bild 9.1-3), verglichen mit den **Gemeinkosten** eines Maschinenbauunternehmens, eher gering. Diese Kosten können über das Variantenmanagement (Kapitel 9.4 und 9.3.4.2) sowie über die Integrierte Produkterstellung (Kapitel 4.2 bis 4.5) erheblich verringert werden.

9.1.1 Kostensenken aus der Nutzersicht (Produkt-Gesamtkosten, life-cycle-costs)

Neben hoher Qualität und kurzer Lieferzeit sind geringe Kosten **die** bestimmende Größe für den Erfolg eines Produkts. Deshalb muß sich der Konstrukteur auch mit Kosten auseinandersetzen. Dabei muß er von den Kosten des Produktnutzers ausgehen (**Bild 9.1-1**). Für den Nutzer sind neben geringen Einstandskosten auch geringe Betriebs- und Instandhaltungskosten wichtig. Die Summe aller Kosten, d. h. die Produkt-Gesamtkosten (life-cycle-costs), sollen minimiert werden (Bild 4.4-5 [1/9, 2/9]). In Bild 9.1-1 sind den Kosten des Produktherstellers die Entsorgungskosten zugeordnet. Im Zuge der Rücknahmepflicht ist das unbedingt erforderlich, allerdings hat diese Betrachtungsweise noch nicht in dem üblichen Kostenrechnungsschema der differenzierten Zuschlagskalkulation (Bild 9.1-3) ihren Niederschlag gefunden.

Je nach Produkt sind die Anteile der verschiedenen Kosten an den Produkt-Gesamtkosten unterschiedlich (**Bild 9.1-2**). Für einen Gabelschlüssel fallen über der Lebensdauer nur Investitionskosten, für eine Wasserwerkkreiselpumpe fast nur Betriebskosten (Energiekosten) und für einen Pkw teilweise gleich große Kostenanteile an (ABC-Analyse, Bild 7.2-5). Entsprechend diesen Kostenanteilen müssen unterschiedliche Maßnahmen zum Kostensenken eingesetzt werden.

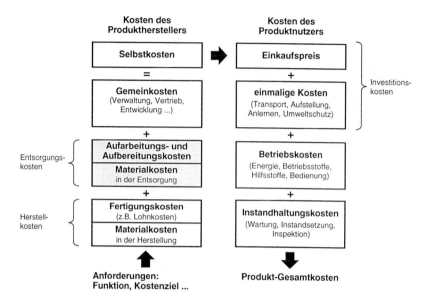

Bild 9.1-1:   Zusammensetzung der Produkt-Gesamtkosten

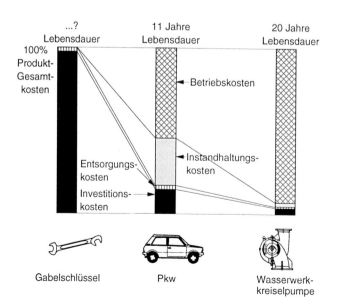

Bild 9.1-2:   Kostenstrukturen der Produkt-Gesamtkosten (life-cycle-costs) für verschiedene Produkte

Die Minimierung der Produkt-Gesamtkosten wäre das eigentliche Ziel des Kosten–günstigen Konstruierens. Der Blick auf die Produkt-Gesamtkosten ist z. B. beim Leasing von Maschinen und Fahrzeugen selbstverständlich. Im Maschinenbau ist ihre Beachtung weniger eingeführt, weil Daten über die Produkt-Gesamtkosten kaum zu erhalten sind. Deshalb wird im weiteren nur die Senkung der Herstellkosten besprochen. Das prinzipielle Vorgehen gilt für das Senken aller Kosten, auch der Produkt-Gesamtkosten.

9.1.2 Kostensenken aus Herstellersicht

Wie in Bild 9.1-2 zu erkennen ist, können die Selbstkosten des Produktherstellers (sie entsprechen in etwa den Investitionskosten des Produktnutzers) einen wesentlichen Anteil an den Produkt-Gesamtkosten haben. An den Selbstkosten des Produktherstellers haben wieder die Herstellkosten im Mittel des Maschinenbaus [3/9], bestehend im wesentlichen aus den Material- und Fertigungskosten [4/9], den größten Anteil mit 72%. **Bild 9.1-3** zeigt dies am Schema der im Maschinenbau verbreiteten **differenzierten Zuschlagskalkulation.**

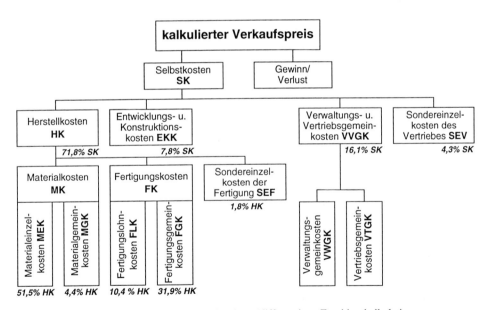

Bild 9.1-3: Kalkulationsschema des Maschinenbaus (differenzierte Zuschlagskalkulation, Prozentzahlen nach VDMA 1990 [3/9]) ohne Entsorgungskosten

Eine wesentliche Grundlage des Kostengünstigen Konstruierens ist die Kenntnis und Berücksichtigung der **Kostenrechnung.** Auf sie kann aus Platzgründen an dieser Stelle nicht weiter eingegangen werden. Hier soll nicht nur auf grundlegende Werke [5/9, 6/9, 7/9], sondern auch auf die für Konstrukteure besonders geeignete Literatur [4/9, 8/9] verwiesen werden.

Es sei angemerkt, daß es Entscheidungssituationen beim Kostensenken gibt, die durch die betriebliche Kostenrechnung nicht genügend genau berücksichtigt bzw. nicht ausreichend unterstützt werden. Zum Beispiel müssen bei der Entscheidung über Eigen- oder Fremdfertigung die **fixen und variablen Kosten** getrennt ausgewiesen werden. Bei Produkten mit unterschiedlicher Stückzahl und Baugröße führt die Verrechnung der Konstruktionskosten nur mit einem Gemeinkostenzuschlagssatz auf die Herstellkosten zu Fehlern. Gerade solche Fälle können im Sinne dieses Buches nur durch die integrierte Zusammenarbeit aller an der Produktentwicklung Beteiligten gelöst werden. Ansätze solche Gesichtspunkte stärker in der Kostenrechnung zu berücksichtigen bietet z. B. die **Prozeßkostenrechnung** [9/9, 10/9].

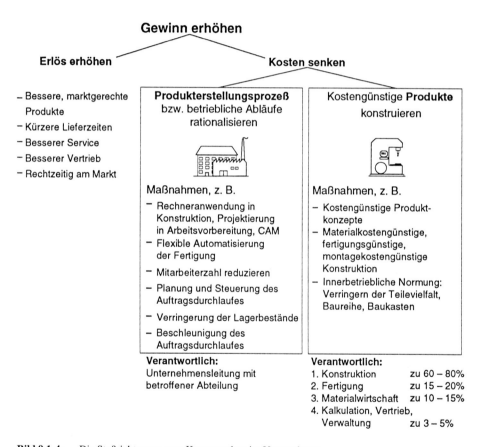

Bild 9.1-4:   Die Stoßrichtungen zum Kostensenken im Unternehmen

Einen möglichst hohen **Gewinn** zu erwirtschaften ist ein Ziel eines Unternehmens **(Bild 9.1-4)**. Das kann zum einen durch möglichst hohe Erlöse für die Produkte und zum anderen durch geringe Kosten für die Produkterstellung erreicht werden. Zum Kostensenken gibt es in jedem Unternehmen zwei grundsätzliche Wege:

– Die **Rationalisierung** der **betrieblichen Abläufe** im Produkterstellungsprozeß (Bild 9.1-4 Mitte). Dieser Weg ist die übliche betriebliche Rationalisierung, für die die betroffene Abteilung verantwortlich ist. Denn Kosten fallen für alle Tätigkeiten in allen Abteilungen eines Unternehmens an. Dementsprechend müssen alle Mitarbeiter kostenbewußt arbeiten. Dazu gibt es eine Reihe von Methoden, die Kosten im betrieblichen Ablauf zu senken [11/9].

– Die **Herstellkosten des Produkts** zu **senken** (rechts in Bild 9.1-4). Dies kann am wirkungsvollsten am Anfang der Produkterstellung durch eine Zusammenarbeit aller das Produkt beeinflussenden Abteilungen erreicht werden (Kapitel 4.4). Verantwortlich dabei ist die Konstruktion. Hilfsmittel dafür werden im folgenden beschrieben.

9.1.3 Kostenverantwortung der Konstruktion

Wie aus **Bild 9.1-5** hervorgeht, hat die Konstruktion die größte Produktkostenverantwortung, weil sie **60 bis 80% der veränderbaren Kosten festlegt** [1/9]. Diese festgelegten Kosten entsprechen den entscheidungsrelevanten Kosten, also den Kosten, die durch Entscheidungen noch beeinflußt werden können. In der Konstruktion selbst **entstehen** demgegenüber nur relativ geringe Kosten (Kapitel 5.2.2.4). Es lohnt sich also, methodisch gut geschultes Personal in der Konstruktion zu konzentrieren. Sie ist das Herz des Unternehmens, denn hier entstehen die Produkte, von denen das Unternehmen lebt.

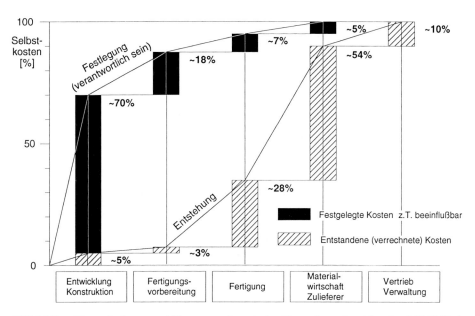

Bild 9.1-5: Kostenfestlegung und Kostenentstehung in den Unternehmensbereichen (nach H. C. Koch, BMW)

9.1.4 Probleme beim Kostengünstigen Konstruieren

Im Gegensatz zur hohen Kostenverantwortung steht oft das eher dürftige Kostenwissen und die mangelhafte Kostenberücksichtigung beim Konstruieren. Das hat viele Ursachen, von denen einige im folgenden aufgelistet werden:

– Die traditionelle **Trennung von Technik und Betriebswirtschaft** in den Unternehmen: „Technik ist Sache der Ingenieure – Kosten sind Sache der Kaufleute!" Im Gegenteil: **Es gibt keine rein technischen Entscheidungen beim Konstruieren!** (Bild 4.1-22) Jede angeblich „nur technische Entscheidung" hat u. U. große Kostenauswirkungen. Die Trennung ist schädlich und verursacht hohe Kosten. Das **Produkt ist ein Ganzes**! Auch in der Ausbildung ist diese Trennung Technik/Betriebswirtschaft vorhanden. In technischen Studiengängen werden nur vereinzelt und viel zu wenig betriebswirtschaftliche Grundlagen vermittelt.

– **Kosten sind „geheim".** Aufgrund der Trennung von Technik und Betriebswirtschaft und weil die Kosten eine Grundlage der Preisermittlung sind, werden sie oft als „Verschlußsache" eingestuft. Dieser Standpunkt ist falsch, denn **ohne Kostenwissen kann nicht kostengünstig konstruiert werden!** Selbstverständlich müssen Konstrukteure die Kostendaten vertraulich behandeln.

– **Kosten** und die Kostenrechnungsverfahren **sind betriebs-** und **entscheidungsabhängig.** Kosten können nicht wie physikalische Gesetzmäßigkeiten und Festigkeitswerte allgemeingültig erarbeitet und dargestellt werden. Sie sind von Unternehmen zu Unternehmen aus den verschiedensten Gründen unterschiedlich. Hier hilft die innerbetriebliche Schulung und Zusammenarbeit. Weil Kostendaten vertraulich und betriebsspezifisch sind, sind auch alle Kostenangaben in diesem Kapitel in ihrer Höhe verfälscht, aber die Verhältnisse, z. B. Material- zu Fertigungskosten, sind realistisch.

Kostendaten weisen überbetrieblich so **große Streuungen auf**, daß sie in jedem Unternehmen wieder neu ermittelt werden müssen. Eine wesentliche Ursache für diese Streuungen sind unterschiedliche Zeitfestlegungen der Fertigungsvorbereitung, wie **Bild 9.1-6** am Beispiel eines Zahnrades mit 200 mm Durchmesser zeigt. Es wurde von 12 Firmen (A-M) der Antriebstechnik bei gleichen technischen Bedingungen und gleichem Arbeitsplan kalkuliert. Die Herstellkosten streuen wie 1:3,5, die Fertigungskosten wie 1:5,9, die Materialkosten wie 1:2. Diese Streuungen lassen sich nicht mit unterschiedlichen Fertigungseinrichtungen erklären, denn bei den schraffierten Balken wurde für den Arbeitsgang Zahnfräsen nicht nur der gleiche Arbeitsplan, sondern sogar die gleiche Wälzfräsmaschine Pfauter P400 benutzt, ohne daß die Abweichungen kleiner wurden [12/9]. Bei den anderen Arbeitsgängen und bei anderen Produkten ergaben sich ähnliche Abweichungen.

Aus Bild 9.1-6 ergeben sich für die Konstruktion folgende Ansatzpunkte, um Kosten zu senken:

• Es ist meist noch „Luft" in der Fertigung, der Montage und dem Einkauf. Man weiß es nur nicht.

• Im Anbetracht der Streuungen sollte nicht alles als gegeben hingenommen werden: Es gibt immer noch eine günstigere Möglichkeit.

- Vorkalkulationen sind nur begrenzt genau. Bei der Kalkulation von gleichen Objekten in derselben Firma, aber durch unterschiedliche Kalkulatoren, ergaben sich Streuungen wie 1:2 [13/9]!

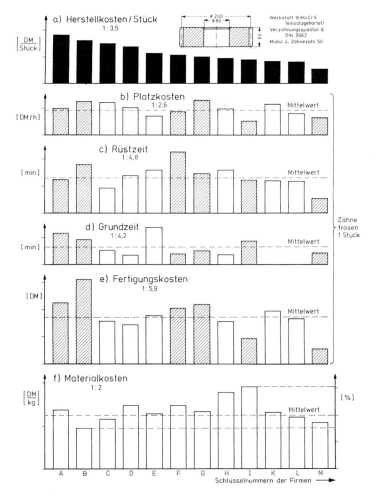

Bild 9.1-6: Kostenunterschiede bei einem von 12 Firmen der Antriebstechnik kalkulierten Zahnrad (Zeichnung, Arbeitsplan und Kalkulationsformular in allen Firmen gleich)

- Die übliche **Kostenrechnung hat andere Ziele, als das Kostengünstige Konstruieren**: Lohnabrechnung, pfenniggenaue Verrechnung der Kosten usw. Sie ist daher für schnelle Übersichten und Auswertung unter Konstruktionsgesichtspunkten wenig geeignet. Die Daten müssen entsprechend aufbereitet werden [1/9, 14/9].
- Wie die vorangegangenen Punkte zeigen, ist eine Zusammenarbeit und Schulung notwendig. Das **kostet Geld** und **Zeit**. Deshalb ist die Unterstützung durch die **Geschäftsleitung** unbedingt erforderlich. Da sich der Erfolg „nicht rechnen" läßt, fehlt häufig diese Unterstützung (Kapitel 5.2.2.3). Die Geschäftsleitung ist gefordert,

die entsprechenden Maßnahmen zu genehmigen, einzuleiten und zu unterstützen. Es ist nötig, daß sich der einzelne Konstrukteur vornimmt, die Kosten bei seiner Arbeit mehr zu berücksichtigen, aber es reicht nicht aus. Kostensenken ist eine **Gemein-schaftsaufgabe** (siehe Target Costing, Kapitel 9.3.3).

– Die traditionelle Kostenrechnung baut auf vollständigen Zeichnungen auf. Erst daraus werden der Arbeitsplan erstellt und die Kosten berechnet. Im Laufe des Konstruktionsprozesses sind aber die **Unterlagen nicht vollständig**, oft liegen nur Skizzen vor. Dann ist die **Kostenbeurteilung** notgedrungen schwierig und **ungenau**. Das muß in Kauf genommen werden. Ungefähre Kostenangaben sind in dieser Phase besser als keine.

Diese Problemliste kann noch fortgesetzt werden. Wichtig ist, daß Kosteninformationen in die Konstruktion einfließen, sonst kann nicht kostengünstig konstruiert werden. Als eine Grundvoraussetzung zum Kostengünstigen Konstruieren muß der Konstrukteur neben einem Kostenziel über ein bestimmtes Kostenwissen, d. h. Grundkenntnisse der wichtigsten Kostenbegriffe und Kalkulationsverfahren, sowie Kostendaten, z. B. Kosten von Werkstoffen und Kostenstrukturen der konstruierten Produkte, verfügen.

9.1.5   Einflußgrößen auf die Herstellkosten eines Produkts

Auf die Kosten eines Produkts wirken viele Einflußgrößen. In **Bild 9.1-7** sind eine Reihe von ihnen als Beispiele aufgelistet. Das Bild zeigt, daß der Konstrukteur die meisten Einflußgrößen nicht allein festlegen kann. Er kann nur in Zusammenarbeit mit allen Abteilungen des Unternehmens, besonders mit der Fertigungsvorbereitung, Fertigung, Kalkulation, Einkauf und Vertrieb, kostengünstig konstruieren. Dies sollen die sich überschneidenden Kreise darstellen. Allerdings gibt es auch eine Reihe von Einflußgrößen auf die Kosten, die die Konstruktion und auch andere Abteilungen nicht beeinflussen können, z. B. Markt, Kapitalausstattung, politische Randbedingungen usw. Das sollte bei mancher Diskussion um zu teure Produkte, ihre Ursachen und die Verantwortung dafür, berücksichtigt werden.

Aus der großen Zahl von Einflußgrößen auf die Herstellkosten (Bild 9.1-7) werden hier nur die Einflüsse von:

a) Anforderungen
b) Konzept, Funktionsprinzip
c) Baugröße
d) Stückzahl

dargestellt. Im Kapitel 9.4 wird gezeigt, wie sich durch Variantenmanagement, Baureihen- und Baukastenkonstruktionen zum einen direkt die Herstellkosten, zum anderen aber auch die Konstruktions- und Verwaltungskosten senken lassen.

Die vielen Einflußgrößen auf die Herstellkosten in Bild 9.1-7 zeigen auch eine Schwierigkeit des Kostengünstigen Konstruierens auf: Es sind sehr viele Einflußgrößen zu berücksichtigen und diese beeinflussen sich wieder gegenseitig. So kann z. B. ein kostengünstigeres Material zu höheren Fertigungskosten führen, weil es sich schlechter bearbeiten läßt. Nur in wenigen Fällen können technische und kostenmäßige Abhängigkeiten in einer „Bemessungsgleichung" zusammengefaßt werden [15/9].

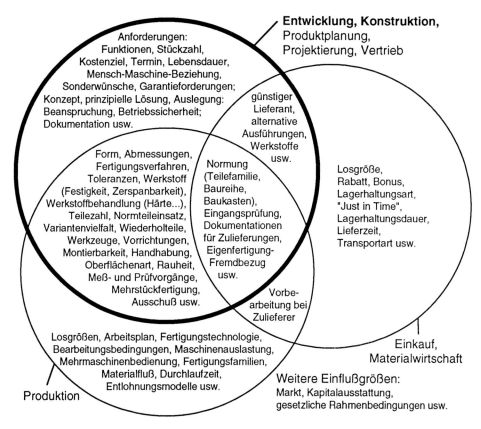

Bild 9.1-7: Beispiele für Einflußgrößen auf die Herstellkosten und deren verantwortliche Festlegung durch Abteilungen im Unternehmen (Kreisinhalte)

a) Anforderungen

Die erste und entscheidende Festlegung im Produkterstellungsprozeß ist die Festlegung der Anforderungen (Kap 7.3). Sie sind der Ausgangspunkt der Konstruktion; ihre Einhaltung bzw. Erfüllung steht im Mittelpunkt und ist immer wieder, spätestens bei den Freigaben, zu kontrollieren. Der Festlegung der Anforderungen ist nicht nur aus technischer Sicht, sondern genauso aus Kostensicht hohe Aufmerksamkeit zu schenken. Denn bereits durch die Anforderungen werden die Kosten weitgehend festgelegt. Ist durch die Anforderungen eine bestimmte Ausführung festgelegt, liegen auch die Kosten fest. Wird z. B. ein bestimmter Antriebsmotor vorgeschrieben, muß dieser genommen werden, die Suche nach einem günstigeren Lieferanten ist nicht möglich.

An der Festlegung der Anforderungen, intern bei der Festlegung des Pflichtenheftes, aber auch extern bei Auftragsgesprächen mit den Kunden, muß deshalb die Konstruktion beteiligt sein, wenn es sich nicht um Routineaufträge handelt (Kapitel 7.3.2 und Bild 7.3-2). Die Kosten werden dabei durch folgende Maßnahmen beeinflußt:

- Die frühzeitige Beteiligung der Konstruktion an der Festlegung des Pflichtenheftes bzw. an den Auftragsgesprächen wirkt im besten Sinne **integrierend**. Sie kann sich auf die kommenden Aufträge besser einstellen, die Motivation erhöht sich und die Durchlaufzeiten werden geringer.

- Es werden durch die Beteiligung der Konstruktion oft „**unnötige**", überzogene **Anforderungen** oder Sonderwünsche erkannt und verhindert, z. B. nicht genormte Anschlüsse und Sonderprüfläufe.

- **Statt teurer Sonderkonstruktionen** kann häufig die eingeführte **Standardisierung**, können vorhandene Baureihen, Baukästen verwendet werden.

- Umgekehrt kann die Konstruktion oft **Kundenwünsche** ohne wesentliche Mehrkosten erfüllen. Sie bekommt außerdem mehr Wissen über die wirklichen Probleme der Kunden (Kapitel 4.4.2 und Kapitel 7.2).

Eine der **wichtigsten Anforderungen an das Produkt ist das Kostenziel selbst!** Es muß mit den anderen Anforderungen frühzeitig marktkonform festgelegt werden (Kapitel 9.3.3). Wird kein Kostenziel festgelegt und nur gesagt, man wolle kostengünstig arbeiten, sind zu hohe Kosten die Folge.

b) Konzept, Lösungsprinzip

Bild 9.1-8 zeigt am Beispiel eines **Schalters** [1/9], wie ein neues Konzept mit Teilezahlreduzierung und Einsatz neuer Werkstoffe und Fertigungsverfahren die Baugröße und die Kosten drastisch senkt: Der Folienschalter (nur für kleinere Ströme geeignet, ohne Druckpunkt) kommt mit der halben Teilezahl des elektromechanischen Schalters aus und ist nur rund 0,5 mm dick. Dies wurde durch **Funktionsvereinigung** (Kapitel 7.7.1) an der mit einem Leiter bedruckten Polyesterfolie möglich: Ihre Eigenelastizität erspart Druckknopf und Feder, die aufgedruckte Leiterbahn die Kontaktfedern. Die Kostensenkung wird noch größer, wenn durch größere Anwendungsbreite die Stückzahl steigt.

Ein weiteres Beispiel für den Konzepteinfluß ist in Kapitel 9.3.3.2 ausführlich dargestellt. Es zeigt, wie durch Änderungen des Antriebskonzeptes ca. 40% der Herstellkosten bei dieser Baugruppe gesenkt werden konnten.

Grundsätzlich gilt, daß die ersten Entscheidungen beim Konzipieren die größten Möglichkeiten zur Kostenbeeinflussung bieten (**Bild 9.1-9**). Leider ist zu diesem Zeitpunkt die Möglichkeit der Kostenbeurteilung am geringsten: Noch lassen sich Herstellkosten nicht rechnen, es sind ja nur Skizzen vorhanden. Es bleibt in der Phase des Konzipierens nur übrig, die einzelnen alternativen Konzepte mit entsprechend großem Aufwand weiter zu bearbeiten, bis sich die Kosten berechnen lassen oder sich frühzeitig trotz Unsicherheit für ein Konzept zu entscheiden, das am kostengünstigsten scheint. Hier bewährt sich das Gefühl bzw. die Erfahrung des Konstrukteurs und die Zusammenarbeit mit anderen Abteilungen.

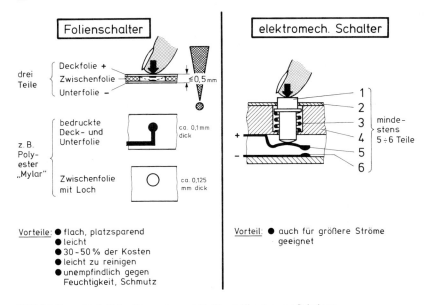

Bild 9.1-8: Einfluß des Konzeptes auf die Herstellkosten von Schaltern

Sich frühzeitig zu entscheiden, ist nicht nur wegen der Terminsituation, sondern auch wegen der Bearbeitungs- und Änderungskosten wichtig, die zum Ende des Konstruktionsprozesses (bzw. des ganzen Produktlebenslaufes) hin steil ansteigen (siehe auch „rule of ten" Kapitel 7.8.1.1a).

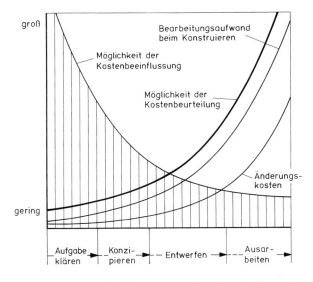

Bild 9.1-9: Kostenbeeinflussung und -beurteilung im Konstruktionsprozeß, gilt auch allgemein für Eigenschaftsfrüherkennung

c) Baugröße

Die Baugröße spielt, wie **Bild 9.1-10** nach einer Untersuchung mit der FVA [12/9] an Zahnrädern zeigt, eine dominierende Rolle. Dies ist bekannt, denn „**Kleinbau**" gilt seit jeher als kostengünstig. Im Bild sind die Herstellkosten von Stirnzahnrädern in **Einzelfertigung** bei Teilkreisdurchmessern von 50 bis 1000 mm aufgetragen. Die grau markierten **Materialkosten** (einschließlich der nach Gewicht abgerechneten Wärmebehandlungskosten) wachsen mit der dritten Potenz der Abmessungen ($\approx \varphi_L^3$). Ihr Anteil an den Herstellkosten beträgt bei 50 mm Durchmesser nur 0,5%, bei 1000 mm dagegen 50 bis 60%. Das ist an sich selbstverständlich, wird aber oft übersehen. Kleine Bauteile in Einzelfertigung müssen deshalb vor allem hinsichtlich ihrer **Fertigungskosten aus Rüstzeiten** betrachtet werden. Deren Absenkung ist wichtig, auch wenn dadurch mehr Materialkosten anfallen. Maßnahmen aus Kapitel 9.4.4 wirken dann kostensenkend. Bei großen Bauteilen steht dagegen die Absenkung der Materialkosten im Vordergrund. Eine Gleichung für die Berechnung der Herstellkosten für ähnliche Produkte, ausgehend von den Kosten eines Grundentwurfes, ist in Kapitel 9.2.3 angegeben.

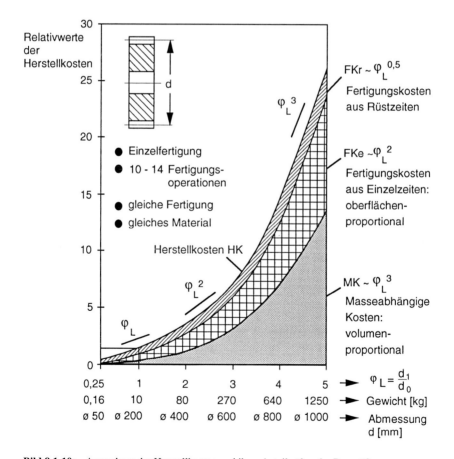

Bild 9.1-10:   Anwachsen der Herstellkosten und ihrer Anteile über der Baugröße

d) Stückzahl

Produkte, die in größeren Stückzahlen gefertigt werden, haben geringere Kosten pro Stück als bei der Einzelfertigung. Für diese Kostensenkung sind vor allem folgende **Ursachen** verantwortlich:

– Aufteilung einmaliger Kosten (z. B. Fertigungskosten aus Rüstzeiten, Modell- und Werkzeugkosten) auf eine größere Anzahl Produkte.

– **Trainiereffekt**, Wiederholarbeit geht zunehmend „leichter von der Hand". Bei Verdoppelung der Stückzahl ergeben sich jeweils 15 bis 30 % geringere Zeiten.

– Verwendung leistungsfähigerer Fertigungsverfahren.

– Optimierte Konstruktion (hinsichtlich Funktion, Festigkeit und Fertigung).

– Mengenrabatt im Einkauf.

– Weniger Ausschuß.

Die Abnahme der Herstellkosten pro Stück bei Stückzahlerhöhung zeigt **Bild 9.1-11**. Die Kostenstruktur bei Einzelfertigung entspricht Bild 9.1-10, wobei die Herstellkosten für die Fertigung bei Losgröße 1 zu 100% (hk) gesetzt sind. Es zeigt die Verhältnisse von kleinen (d = 50 mm) bis zu großen (d = 1000 mm) Zahnrädern. Kleine Teile haben hohe Anteile von Fertigungskosten aus Rüstzeiten (fkr): hier ca. 90% bei Einzelfertigung. Das ergibt bei Losgröße 2 bereits eine Kostensenkung von 45% pro Stück.

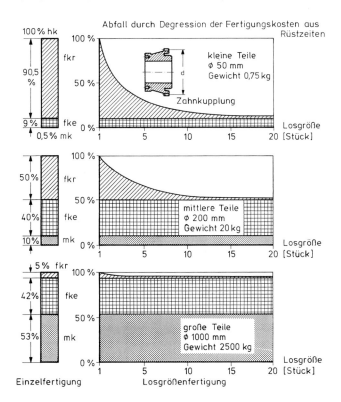

Bild 9.1-11   Verringerung der Herstellkosten über der Losgröße

Bei großen Teilen verdrängen die Anteile aus Materialkosten (mk) und **Fertigungs-kosten aus Einzelzeiten** (fke) die Anteile der Fertigungskosten aus Rüstzeiten (fkr) so stark (z. B. nur noch 5%), daß eine Kostendegression fast nicht mehr stattfindet. Es kommt also insbesondere bei kleinen Teilen darauf an, durch **werkinterne Normung** (Baureihen, -kasten, Teilefamilien, Wiederhol-, Gleichteilbauweise) die produzierte Stückzahl zu erhöhen. Bei großen Teilen steht dagegen die Verringerung der Material-kosten und der Fertigungskosten aus Einzelzeiten im Vordergrund.

Bild 9.1-11 bezieht sich auf geringe Stückzahlen (1-20 Stück). Bei **Großserienferti-gung** nähern sich die Kostenstrukturen dagegen auch für kleine Teile denen großer Teile an (Bild 9.1-11 unten). Die Materialkosten überwiegen. Die Fertigungskosten aus Rüst-zeiten sowie die Sondereinzelkosten der Fertigung sind, obwohl sie als Summe nicht unerheblich sind (z. B. Kosten für Vorrichtungen und Transferstraßen), aufgeteilt auf das einzelne Stück, gering. **Bild 9.1-12** zeigt die Abnahme der Fertigungskosten von Pkw-Motoren über der gefertigten Stückzahl pro Tag. Setzt man in die im Bild ange-gebene Formel eine Stückzahlverdoppelung ein ($n_2 = 2 \cdot n_1$), so sind die Fertigungs-kosten FK_2 rund 20 % niedriger als die Fertigungskosten FK_1. Diese Kostensenkung ist als Durchschnittswert aus verschiedenen Untersuchungen bekannt [16/9, 17/9, 18/9].

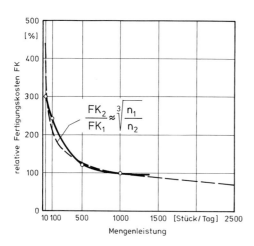

Bild 9.1-12: Fertigungskosten eines Pkw-Motors in Abhängigkeit von der Mengenleistung [16/9]
(Formel vereinfacht)

9.2   Vorgehen beim Kostengünstigen Konstruieren – zielkostengesteuertes Konstruieren

Den **üblichen Ablauf** der Kostenberücksichtigung beim Konstruieren zeigt **Bild 9.2-1a** in einer „Regelkreisdarstellung". Nach Festlegung der Anforderungen, oft ohne Angabe eines Kostenziels, wird konstruiert (**Synthese**). Für die **Kostenanalyse**, die Beurteilung der Kosten, stehen dem Konstrukteur keine Hilfsmittel außer seinem Gefühl bzw. seiner Erfahrung zur Verfügung. Er kann die Kosten nicht selbst früh berechnen und gezielt beeinflussen. Er muß den **„langen" Regelkreis** mit großer Totzeit abwarten, bis in der Fertigungsvorbereitung bzw. Kalkulation die Kosten kalkuliert werden. Wenn die dort ermittelten Kosten zu hoch sind, muß der Konstrukteur, wenn er Zeit hat, die Zeichnungen ändern und sie wieder in die Fertigungsvorbereitung und Kalkulation geben.

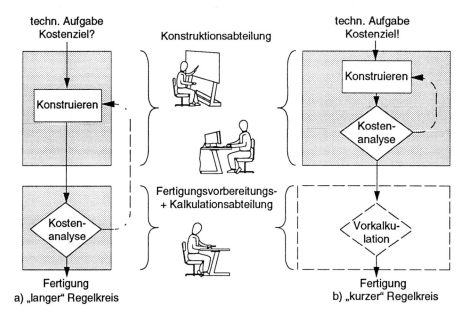

Bild 9.2-1: Kostenanalyse während der Konstruktion

Das nochmalige Überarbeiten eines Produkts ist fast nur in der Serienfertigung möglich, wo die Entwicklungszeiten lang sind (auch dort müssen sie immer kürzer werden). In der Einzel- und Kleinserienfertigung dagegen erfolgt oft noch nicht einmal die Rückmeldung der Kosten. Denn was sollte der Konstrukteur auch für Konsequenzen daraus ziehen: Es ist zu viel Zeit seit der konstruktiven Bearbeitung des betreffenden Auftrages verstrichen. Er arbeitet schon längst an einem anderen Auftrag; außerdem sind die Engpaßteile und das Rohmaterial aus Lieferzeitgründen schon längst bestellt. Es ist also praktisch nichts mehr veränderbar. Der notwendige Regelkreis zwischen der Synthese von Lösungen und deren Kostenanalyse findet nicht statt (Bild 9.2-1a). Um diesen Zustand zu verbessern, darf die Kostenermittlung nicht erst nach Abschluß der Konstruktion und Erstellen der Fertigungszeichnungen erfolgen, sondern muß unmittelbar am Konstruktionsarbeitsplatz durchgeführt werden. Durch die **mitlaufende Kalkulation** muß eine **Kostenfrüherkennung** (Kap 4.2.3.1) erfolgen. Die Kosteninformation muß „nach vorn" in die Produktentwicklung geholt werden. Dann werden Bearbeitungszeit und Änderungskosten für Zeichnungen gespart. Es entsteht ein **„kurzer" Regelkreis** (Bild 9.2-1b).

Wie kann der lange, häufig genug nicht vorhandene Regelkreis in einen kurzen Regelkreis überführt werden? Es müssen **Hilfsmittel für die Kostenfrüherkennung** in der Konstruktion [1/9, 69/9] geschaffen werden. Solche „Hilfsmittel" können beratende Personen sein, Informationen auf Papier bzw. durch EDV oder auch Job-Rotation.

Das Festigkeitsgerechte Konstruieren kann als Analogie zum Kostengünstigen Konstruieren aufgefaßt werden. **Bild 9.2-2** zeigt mit Beispielen zu den Schritten des Vorgehenszyklus (Bild 3.3-22) die Gemeinsamkeiten im Ablauf bei unterschiedlichen Inhalten. Es ist beim Festigkeitsgerechten Konstruieren ganz selbstverständlich, daß ein klares Ziel erforderlich ist. Ferner wird erst mit Regeln, „Daumenformeln" usw., ein Vorentwurf erarbeitet, der dann mit detaillierten Rechenverfahren genau nachgerechnet und optimiert wird (Strategie II.2). Genau so muß auch das Kostengünstige Konstruieren ablaufen. Dieses Beispiel zeigt auch, daß mit überschlägigen Festigkeitsrechnungen nur entsprechend unsichere Auslegungen erfolgen können, bei den Kosten ist das nicht anders!

		Festigkeitsgerechtes Konstruieren	Kostengünstiges Konstruieren
▶	I Aufgaben und Vorgehen klären	Geforderte Leistungen, Drehmomente, Lasten usw. festlegen. Vorhandene Konstruktionen analysieren.	Kostenziel für das Produkt, für Bauteile, Fertigungsverfahren usw. festlegen. Vorhandene Konstruktionen analysieren.
▶	II Lösungen suchen	Mit Regeln zum festigkeitsgerechten Konstruieren, Kraftflußvorstellungen, Erfahrungen usw. neue Lösungen suchen.	Mit Regeln zum kostengünstigen und fertigungsgerechten Konstruieren, Erfahrungen usw. neue Lösungen suchen.
◀	III Lösung auswählen	Auslegungsrechnung, detaillierte Nachrechnung der Festigkeit (Konstrukteur selbst oder Berechnungsabteilung).	Kostenschätzung durch den Konstrukteur bzw. Team, genaue Kalkulation durch Fertigungsvorbereitung und Kalkulation.

Bild 9.2-2:   Analogie Festigkeitsgerechtes und Kostengünstiges Konstruieren

Zur Unterstützung des Kostengünstigen Konstruierens zeigt **Bild 9.2-3** einen Ablauf, der aus dem Vorgehenszyklus (Bild 3.3-22) entwickelt wurde. Die Grundschritte sind um Teilschritte speziell für das Kostengünstige Konstruieren ergänzt.

Im **Grundschritt I** Aufgabenklärung (Kapitel 7.3 und Kapitel 9.2.1) ist nach der Teambildung neben den technischen Forderungen unbedingt ein **Kostenziel festzulegen**. Dieses muß auf Funktionen oder Baugruppen, u. U. bis auf Bauteile und Kosten für Fertigungsoperationen, aufgeteilt werden. Dann sind **Schwerpunkte und Kostensenkungspotentiale** aus einer Kostenanalyse des Vorgängerprodukts oder ähnlicher Produkte des eigenen Unternehmens und von Konkurrenzprodukten zu suchen und darauf aufbauend die Aufgabe und das Vorgehen detailliert vorzugeben.

Darauf erfolgt im **Grundschritt II** die **Suche nach mehreren Lösungen** oder Teillösungen (Kapitel 9.2.2). Die Suche nach mehreren Lösungen ist notwendig, weil man nicht sicher sein kann, ob die erste gefundene Lösung auch die kostengünstigste ist. Bei Grundschritt II „Lösungssuche" wurden mit den Teilschritten II.1 bis II.5 Vorschläge zum Kostensenken eingefügt, die aus einer Untersuchung von Wertanalysen an 135 Produkten aus 42 Firmen [20/9] abgeleitet sind (s. a. Bild 9.2-6).

Am besten parallel zur Lösungssuche, spätestens im Anschluß daran, sind im **Grundschritt III** die **Kosten der gefundenen Lösungen** zu ermitteln bzw. abzuschätzen (Kapitel 9.2.3), damit die kostengünstigste ausgewählt werden kann. Wenn das Kostenziel nicht erreicht wird, sind aus der Kalkulation neue Hinweise auf Kostenschwerpunkte und Änderungsmöglichkeiten abzuleiten und erneut im Grundschritt II Lösungen zu suchen, oder sogar im Grundschritt I die Forderungen neu zu klären oder mit dem Auftraggeber zu verändern. (Bild 9.2-4, 9.3-7)

I	**Aufgabe und Vorgehen klären**
I.0	**Vorgehen** planen, **Team** bilden. Verantwortliche benennen.
I.1	**Kostenziel** gesamt festlegen: Gewinnziel, Wirtschaftlichkeitsziel aus dem Markt (Produkt-Gesamt-, Selbst-, Herstellkosten). **Was wünscht der Kunde?**
I.2	**Analyse** ähnlicher Maschinen: **Kostenstruktur** nach Produkt-Gesamtkosten und/oder Herstellkosten bezogen auf Funktionen, auf Bauteile (z.B. nach Material-, Fertigungskosten aus Einzelzeiten und Rüstzeiten), nach Fertigungsverfahren, Fremd-, Eigenfertigung durchführen. Überprüfung der Normung (allgemein/werkintern).
I.3	**Schwerpunkte** zum Kostensenken suchen. Was kann geändert werden, was nicht? **Kostensenkungspotentiale** ermitteln.
I.4	**Kostenziel** aufteilen auf Funktionen, Baugruppen, Bauteile, Fertigungsgänge. Aufgabenstellung im einzelnen festlegen.
II	**Lösungen suchen**
II.1	**Funktion:** Weniger oder mehr Funktionen? Funktionsvereinigung?
II.2	**Prinzip:** Anderes Prinzip (Konzept)? Baugrößenverringerung?
II.3	**Gestaltung:** Weniger Teile (Integralbauweise)? Werkinterne **Normung:** Gleichteile, Wiederholteile, Teilefamilien, Baureihe, Baukasten?
II.4	**Material:** Weniger Material? Weniger Abfall? Kostengünstigeres Material? Norm-, Serienmaterial, Kaufteile?
II.5	**Fertigung:** Andere, weniger Fertigungsgänge? Andere Vorrichtungen, Betriebsmittel? Weniger Genauigkeit? Montagevarianten? Eigen- oder Fremdfertigung?
III	**Lösungen auswählen**
III.1	Analyse und Bewertung der Alternativen: **Kostenschätzung, Kalkulation.**
III.2	Auswahl einer Lösung.

Bild 9.2-3: Vorgehenszyklus zur Kostensenkung von Produkten

Im Bild 9.2-3 wird nur auf Kostengesichtspunkte eingegangen. Deshalb sei hier darauf hingewiesen, daß natürlich alle Anforderungen bei der Lösungssuche und auch bei der Auswahl berücksichtigt werden müssen. Es ist möglich, die Schritte zum Kostensenken den Arbeitsabschnitten des Vorgehensplans (Bild 6.5-1) oder anderen Vorgehensplänen [21/9], auch dem der Wertanalyse (Kapitel 9.3.2), zuzuordnen, z. B. die Teilschritte II.1 und II.2 dem Konzipieren und die Teilschritte II.3 bis II.5 dem Entwerfen. Das muß angepaßt an den Einzelfall flexibel geschehen. Die Inhalte der Grundschritte und Hilfsmittel dazu werden in den Kapiteln 9.2.1, 9.2.2 und 9.2.3 weiter erläutert.

9.2.1 Ermittlung und Aufspalten des Kostenzieles

Zu einer vollständigen Aufgabenstellung gehört als eine der wichtigsten Forderungen auch die quantitative Festlegung der einzuhaltenden Kosten. Bei technischen Forderungen, wie übertragbares Drehmoment, erreichbare Lebensdauer oder zulässiges Geräusch, sind quantitative Angaben eine Selbstverständlichkeit – bei Kostenforderungen müssen sie es erst noch werden (Kapitel 4.1.7.2 und 9.3.3).

Unter einem **Kostenziel** versteht man die quantitative Vorgabe der bei der Herstellung oder beim Gebrauch eines Produkts einzuhaltenden Kosten. Die Angabe kann sich auf unterschiedliche Kostenarten beziehen, z. B. auf Herstell-, Betriebs-, Transport-, Wartungs- und Reparaturkosten. Das Kostenziel muß dabei vom Kunden, bzw. von den erzielbaren Marktpreisen abgeleitet werden (Target Costing Kapitel 9.3.3).

Die **Vorgabe, Verfolgung und Kontrolle des Kostenziels**, möglichst durch kompetente Vorgesetzte, hat einen zentralen Einfluß auf das Kostengünstige Konstruieren. Die Festlegung des Kostenziels und die dazu notwendige Kostenanalyse vor und nach dem Konstruktionsvorgang werden dadurch erzwungen. Der Konstrukteur selbst sollte immer die Angabe eines Kostenziels fordern, da er dann effektiver arbeiten kann und nicht nachträglich die erarbeitete Lösung als zu teuer verworfen wird. Der „Auftraggeber" der Konstruktion (Geschäftsleitung, Verkauf, Projektierung, Konstruktionsleitung) muß allerdings das Kostenziel und auch notwendige Änderungen vertreten (Unterschrift in Anforderungsliste!).

a) Ermittlung des Kostenziels

Da jedes Produkt am Markt hinsichtlich seines Preises mit ähnlichen Produkten verglichen wird, kann zunächst ein Preisziel und dann daraus ein Kostenziel ermittelt werden. Vom erzielbaren Marktpreis wird auf die zulässigen Selbst- oder Herstellkosten heruntergerechnet (Bild 9.1-3, 9.3-3). Es ist zweckmäßig, bei der Zielvorgabe nicht vom Mittelwert des durchsetzbaren Preises auszugehen, sondern von einem unteren Wert, da die Kosten im Verlauf der Entwicklung meist höher ausfallen als angestrebt und außerdem für den Markt ein Preisanreiz nötig ist und später mit einem Preisverfall während der Marktlebensdauer des Produkts gerechnet werden muß.

b) Aufspalten des Kostenzieles mit Hilfe von Kostenstrukturen

Das Kostenziel muß durch Vergleich der Kostenstrukturen von vorhandenen, ähnlichen Produkten **aufgeteilt** werden (Schätzung!), und zwar auf notwendige Teilfunktionen (Funktionskosten) oder auf die voraussichtlich entstehenden Baugruppen und -teile. Man erhält damit einen Überblick über die Rangfolge der kostenintensivsten Teilfunktionen bzw. Bauteile (ABC-Analyse, Bild 7.2-5). In erster Näherung wird das Kostenziel entsprechend einer Vorläufer-Kostenstruktur gleichmäßig auf alle Baugruppen verteilt. Jedes Bauteil muß nach Möglichkeiten überprüft werden, ob und wie diese Kostensenkung erreicht werden kann (Kostensenkungspotentiale suchen). Dabei wird es Baugruppen geben, an denen eine Kostensenkung nicht erreicht werden kann, weil z. B. aus Sicherheitsgründen Änderungen nicht möglich sind. Dann muß das Kostenziel für andere Baugruppen entsprechend verändert werden. Wichtig bei der Aufteilung des Kostenziels und der Suche nach Kostensenkungspotentialen ist, nicht nur an konstruktive Änderungen zu denken, sondern auch den Einkauf, die Fertigung usw. zu berücksichtigen. Nicht nur die Kostenziele, sondern auch die Kostensenkungspotentiale und die Verantwortlichen für ihre Erreichung sind festzuhalten (Kapitel 7.3.7: Kreative Klärung).

Das Kostenziel insgesamt, mindestens aber die Teilzielkosten, z. B. für bestimmte Baugruppen müssen mit den zuständigen Konstrukteuren ermittelt und vereinbart sein, sonst besteht das Risiko, daß unrealistische Ziele festgelegt werden und die Motivation fehlt, sie zu erreichen. Beim Konstruieren geht man zweckmäßigerweise zuerst von den kostenintensivsten Teilen aus.

Kostenstrukturen sind nicht nur für die Aufteilung des Kostenziels, sondern ganz allgemein zum Auffinden der wesentlichen Kostenschwerpunkte ein hervorragendes Hilfsmittel. Sie bewahren davor, „den Wald vor lauter Bäumen nicht mehr zu sehen" und sich z. B. mit den Kosten für Schrauben von einigen Mark zu beschäftigen, wenn andererseits änderbare Materialkosten von einigen tausend Mark anstehen.

Kostenstrukturen lassen sich nach verschiedenen Gesichtspunkten aufstellen, z. B.:

– Kosten für Anforderungen
– Kosten für Produkteigenschaften bzw. -merkmale (z. B. Kosten für geringe Wartung und geringes Geräusch)
– Kosten für Produktfunktionen (z. B. Mischen, Antreiben, Entleeren: „Funktionskosten")
– Kosten für Baugruppen und Bauteile (Bild 9.2-4, 9.3-7)
– Material- und Fertigungskosten (Bild 9.2-8)
– Fertigungskosten bezüglich einzelner Arbeitsgänge (Bild 9.2-8)
– Fertigungskosten aus Rüst- und Einzelzeiten (Bild 9.2-4, 9.3-7)
– fixen und variablen Kosten
– Anteilen an den Produkt-Gesamtkosten usw.

So entnimmt man z. B. der Kostenstruktur eines Turbinengetriebes in **Bild 9.2-4**, daß Gehäuse, Rad und Ritzelwelle bereits 75% der Herstellkosten aller Teile ausmachen (A-Teile im Sinne der ABC-Analyse, Bild 7.2-5). Es ist also zunächst wichtiger, sich um die kostengünstige Gestaltung des Gehäuses zu bemühen, als z. B. um die der berührungslosen Wellendichtringe. Ebenso ist zu sehen, welch hohen Materialkostenanteil Rad und Radwelle haben (ca. 45% der Herstellkosten). Daraus kommt die Anregung, den teuren Nitrierstahl 31CrMoV9 durch den nur ca. ein Drittel kostenden Einsatzstahl 16MnCr5 zu ersetzen (Bild 9.2-5).

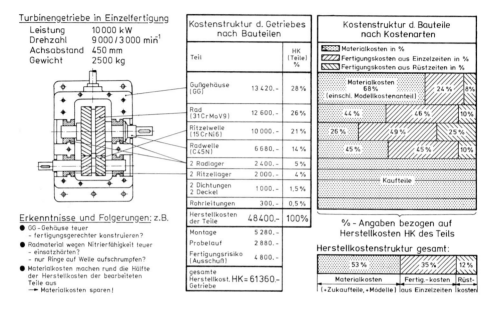

Bild 9.2-4:   Kostenstruktur eines Turbinengetriebes (nach Bauteilen und Kostenarten)

Eine Kostenstruktur läßt sich auch nach den **Funktionskosten** der Wertanalyse (Kapitel 9.3.2) aufstellen. Man erkennt daran, daß u. U. die Kosten für Nebenfunktionen die für Hauptfunktionen weit übersteigen. Dies kann Impulse geben, die Nebenfunktionen möglichst zu reduzieren.

Kostenstrukturen der wichtigsten Produkte sollten wenigstens die maßgebenden Konstrukteure vorliegen haben. So werden die Produkte „kostentransparent". Beim Konstruieren sind Kostenstrukturen nach Bauteilen und Arbeitsgängen nützlich, um ganz konkrete Hinweise zum Kostensenken zu erkennen. Sie liefern dem Konstrukteur robuste und verständliche Kosteninformationen [14/9, 22/9]. Meist gelten sie nicht nur für ein Produkt, sondern für eine ganze Reihe ähnlicher Produkte. Auch wenn sich die Kosten im Laufe der Zeit ändern, bleiben die Verhältnisse zueinander über längere Zeiträume konstant [1/9, 2/9, 23/9]. Anhand der Kostenstrukturen lassen sich während der Konstruktion auch kostenmäßige Auswirkungen von Änderungen leichter und genauer schätzen (Kapitel 9.2.3). Bei Vergleichen von Kostenstrukturen ähnlicher Produkte werden Unterschiede erkannt, die Hinweise auf zu teure Bauteile oder zum Kostensenken geben.

9.2.2   Suche kostengünstiger Lösungen

Bei der Lösungssuche (Grundschritt II) können Teilschritte (II.1 bis II.5) nach den beim Konstruieren festzulegenden Merkmalen: Funktion, Prinzip, Gestaltung, Material, Fertigung (Bild 9.2-3) abgeleitet werden. Zur Lösungssuche bei den Teilschritten können neben den Schritten und Hilfen der Methodik, die immer unter der Hauptforderung „geringe Kosten" abgearbeitet werden können (Kap 6.5.2) und der Lösungssuche im Team speziell für das Kostengünstige Konstruieren folgende **Hilfsmittel** eingesetzt werden:

a) Suche nach Kaufteilen, kaufbaren Funktionsträgern und Baugruppen (Kapitel 7.5.3) und nach Wiederhol- und Ähnlichteilen (Kap 9.4.4)

b) Relativkosten-Kataloge [1/9, 15/9]

c) Regeln [24/9, 25/9]

d) Checklisten [1/9, 26/9] (Kapitel 7.5.5.4)

e) Unterstützung des Konstrukteurs durch integrierte Rechnerwerkzeuge (Kapitel 9.3.4)

Die beste Wirkung erzielen alle genannten Hilfsmittel, wenn sie auf die speziellen Verhältnisse (Kostenrechnung, Produkte, Werkstoffe, Fertigungseinrichtungen usw.) der jeweiligen Firma abgestimmt und aktuell sind.

a) **Suchverfahren nach Kauf-, Wiederhol-, Ähnlichteilen und vorhandenen Lösungen**

Eine der wirkungsvollsten Methoden, Kosten zu senken, ist auf vorhandene eigene oder kaufbare Lösungen zurückzugreifen. Sie müssen erst gar nicht konstruiert werden, sind zuverlässig und werden meist, spätestens bei Wiederverwendung, in größerer Stückzahl gefertigt und damit kostengünstiger. Neben der Verwendung von **Kauf- und Normteilen** leistet auch die **Wiederverwendung eigengefertigter** Teile einen großen Beitrag zur Kostensenkung. Sie wird im weiteren besprochen.

In vielen Bereichen des Maschinenbaus machen Wiederholteile (gleiche Teile wie früher an anderen Produkten), Ähnlichteile oder „nahezu Wiederholteile" einen beachtlichen Prozentsatz der gesamten Teile eines Produkts aus. Ist eine durchdachte **Produktnormung** (Teilefamilien, Baureihen, Baukastensysteme) und ein Teilesuchsystem bzw. eine Baukastenstückliste vorhanden, so können bei Anpassungskonstruktionen 80 bis 90% der Teile Wiederhol-, Ähnlich-, Kauf- oder Normteile sein und brauchen nicht mehr konstruiert werden. Es fallen keine neuen Verwaltungs- und Einführungskosten dafür an (Bild 9.4-1). Außerdem können die Herstellkosten des Produkts damit schon weitgehend abgeschätzt werden. Voraussetzung ist, daß die kalkulierten Kosten der Teile aktualisiert werden und auf dem Bildschirm abrufbar sind. Die Verfahren zur Suche von Wiederholteilen werden in Kapitel 9.3.4.2 erläutert.

Bei der Suche nach kostengünstigen Kaufteilen macht sich eine **enge Zusammenarbeit** der Entwicklung und Konstruktion einem **technisch orientierten Einkauf** schnell bezahlt. Wichtige Aufgaben sind z. B. die frühzeitige **Einbindung von Zulieferanten** in Kostensenkungsteams, die Aufbereitung von Preisinformationen für Entwicklung und Konstruktion und die rechtzeitige Beschaffung von Zuliefererinformationen.

b) Relativkosten-Kataloge

Relativkosten werden gebildet, indem man die Kosten von Baureihen, Werkstoffen, Fertigungsverfahren usw. auf die Kosten einer Basis bezieht.

Bild 9.2-5 zeigt als Beispiel einen kleinen Auszug aus der VDI 2225 Blatt 2 [15/9]. Darin wird ein Materialrelativkosten-Katalog angeboten. Als Basis werden die Kosten für Rundmaterial von 35 bis 100 mm Durchmesser USt 37-2 (DIN 1013), Bezugsmenge 1000 kg, verwendet. Die Kosten der anderen Werkstoffe werden durch die Kosten des Basiswerkstoffes geteilt. Es ergeben sich Materialrelativkosten-Zahlen (bzw. nach VDI 2225: Relative Werkstoffkosten k^*_v). Sofern sich die anderen Werkstoffe in ihren Kosten proportional zu den Kosten des Basiswerkstoffes ändern, bleibt die Relativkostenzahl konstant. Man erhält also den Vorteil der seltener notwendigen Aktualisierung. Ferner lassen sich die längerfristig konstant bleibenden Zahlen im Bereich von z. B. 0,5 bis 30 leicht merken. Trotzdem müssen auch Materialrelativkosten innerbetrieblich erstellt und z. B. jährlich überprüft bzw. aktualisiert werden [23/9].

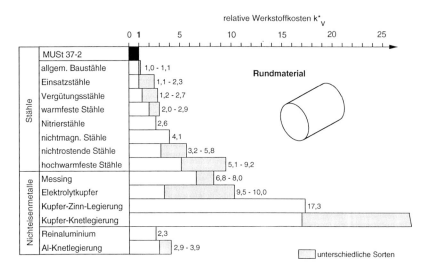

Bild 9.2-5: Relative Werkstoffkosten für Rundmaterial (volumenbezogen, nach VDI 2225 [15/9])

c) Regeln

Die Regeln zum kostengünstigen und fertigungsgerechten Konstruieren müssen aus der Literatur [1/9, 25/9] betriebsspezifisch modifiziert zusammengestellt werden.

Regeln, die meist nicht klar bewußt sind, enthalten einen Großteil unserer Erfahrungen und bestimmen zusammen mit Zielsetzungen wesentlich das Handeln. Auch beim Konstruieren sind Regeln die am meisten benutzten Hilfen. Sie werden aus konstruktiven Erfahrungen, Erfolgen, Fehlschlägen und Reklamationen gebildet. Regeln gelten nicht immer, denn sie verknüpfen nur wenige Einflußgrößen aus einem komplexen Zusammenhang.

d) Checklisten

Eine Form der Regeldarstellung sind Checklisten. Darin können allgemeine Erfahrungen, Maßnahmen usw. als Text evtl. mit Bildern zusammengestellt werden. Die Checklisten können bei Beginn der Konstruktionsarbeit als Anregungen dienen und zum Abschluß der Konstruktion zur Kontrolle systematisch abgearbeitet werden.

Bild 9.2-6 zeigt eine Checkliste [26/9], die die Punkte II.1, II.4 und II.5 aus Bild 9.2-3 weiter detailliert und mit der – als Anregung zu Beginn der Konstruktion und nach der Erstellung der Zeichnungen – Konstruktionen systematisch nach Kostensenkungspotentialen analysiert werden können. Selbstverständlich können diese Punkte auch bei der Lösungssuche oder der Analyse vorhandener Konstruktionen angewendet werden (Kapitel 7.5.5.4).

Funktion

Sind die Funktionen der Baugruppe bzw. des Teils geklärt?

Ist die Funktionserfüllung eindeutig, einfach und sicher?

Sind Funktionen in ein anderes Bauteil integrierbar?

Sind Funktionen auf mehrere Bauteile übertragbar?

Ist der Material- und der Fertigungsaufwand für die Funktionserfüllung gerechtfertigt?

Material

Ist das Rohmaterial oder ein Kaufteil kostengünstiger zu beschaffen?

Kann anderes kostengünstigeres Material verwendet werden?

Können Norm- bzw. Standardteile (Baukasten) verwendet werden?

Kann das Rohteil aus einem anderen Halbzeug hergestellt werden?

Kann der Verschnitt durch Gestaltung reduziert werden?

Ist das Rohteil als Guß-, Schmiede-, Sinter- bzw. Blechteil herstellbar?

Kann das Halbzeug bzw. der Rohling vorbehandelt bezogen werden?

Fertigung

Wird die Fertigungstechnologie im Haus beherrscht?

Paßt das Bauteil in das firmenspezifische Teilespektrum?

Muß das Bauteil im Haus gefertigt werden?

Sind die Fertigungszeiten gerechtfertigt?

Ist die Reihenfolge der Arbeitsgänge optimal?

Ist die Fertigung auf anderen Maschinen kostengünstiger?

Sind andere Verfahren zur Werkstofftrennung, zur Oberflächenbehandlung, zum Fügen und Montieren möglich?

Dienen alle bearbeiteten Flächen der Funktionserfüllung?

Müssen alle Wirkflächen bearbeitet werden?

Ist eine geringere Oberflächenqualität und sind gröbere Toleranzen möglich?

Können unterschiedliche Abmessungen vereinheitlicht werden?

Bild 9.2-6:   Checkliste Funktion, Material, Fertigung (nach Heil [26/9])

9.2.3   Konstruktionsbegleitende Kalkulation - Kostenermittlung beim Konstruieren

Im Grundschritt III (Lösungen auswählen) muß, damit in Grundschritt III.2 eine Lösung ausgewählt werden kann, als Unterschritt III.1 die frühzeitige und schnelle Kostenermittlung während der Konstruktion erfolgen (mitlaufende Kalkulation). Grundlage aller Kostenermittlungen sind die im Betrieb vorhandenen Kalkulationsverfahren. Auf sie wird hier nicht weiter eingegangen [1/9, 4/9, 5/9, 6/9,7/9, 8/9]. Weil sie meist zu lange dauern, werden hier Hilfsmittel aufgezeigt, die die Kostenermittlung während des Konstruierens durch den Konstrukteur selbst ermöglichen. Wobei noch einmal betont werden soll: Das beste Hilfsmittel, gerade zur Kostenermittlung, ist die **gute Zusammenarbeit** der Konstruktion **mit der Fertigungsvorbereitung bzw. Kalkulation!** Erst wenn sie nicht erfolgen kann, sollte der Konstrukteur selbst Kosten ermitteln.

Die bekanntesten Hilfsmittel zur frühzeitigen Kostenermittlung sind:

a) Kostenschätzung
b) Gewichtskostenkalkulation
c) Materialkostenmethode (VDI 2225 [15/9])
d) Kurzkalkulation mit Ähnlichkeitsbeziehungen [15/9, 12/9, 14/9, 27/9]:
    – bei geometrischer Ähnlichkeit, z. B. Ähnlichkeitsbeziehungen für Baureihen
    – bei geometrischer Halbähnlichkeit, z. B. Ähnlichkeitsbeziehungen für Fertigungsoperationen
e) Kurzkalkulation mit statistisch ermittelten Kostenfunktionen [1/9, 28/9]
f) Suchkalkulation (Kap 9.3.4) [29/9]
g) Koppelung von CAD und Kalkulation (XKIS) (Kap 9.3.4) [30/9, 50/9, 52/9]

Im Grunde geht es darum, über Beschaffenheitsmerkmale (Bild 2.3-1), d. h. die wesentlichen, kostenbeeinflussenden Parameter, eine gegenüber der üblichen Kalkulation vereinfachte Beziehung zu den Kosten herzustellen, die auch etwas weniger genau sein darf. Hauptsache ist, daß die Kalkulationsergebnisse rechtzeitig vorliegen. Die Gültigkeit dieser Verfahren ist eingeschränkt durch den bei ihrer Erarbeitung abgesicherten Anwendungsbereich. Ohne Überprüfung und Anpassung an die betrieblichen Kostendaten dürfen diese Hilfsmittel nicht auf andere Betriebe übertragen werden.

a) Kostenschätzung

Kosten zu schätzen ist eine einfache Möglichkeit zur schnellen Vorhersage der Kosten. Das Schätzen ist abhängig von den subjektiven Einflüssen und Erfahrungen der schätzenden Personen. Folgende Maßnahmen erhöhen die Schätzgenauigkeit:

–   **Unterteilendes Schätzen**
    Es sollte nicht direkt nur ein Schätzwert für ein Produkt gebildet werden, vielmehr sind möglichst viele Bauteile, Baugruppen oder auch einzelne Fertigungsoperationen **einzeln zu schätzen und zu einem Gesamtwert zu addieren.** Infolge des Fehlerausgleichs mitteln sich bei vielen Einzelschätzungen **zufällige** Fehler heraus. Je mehr Einzelschätzungen vorgenommen werden, um so genauer wird die Gesamtschätzung [31/9]. Allerdings wird auch der Aufwand zum Schätzen größer.

– **Schätzung durch mehrere Personen**

Im gleichen Sinne wirkt genauigkeitssteigernd, wenn mehrere Personen (Konstrukteure, Fertigungsvorbereiter und Kalkulatoren) unabhängig voneinander schätzen. Man bildet dann nach Diskussion von Ausreißern einen Mittelwert.

– **Kombination von Schätzung und genauer Kostenermittlung**

Dabei werden kostenbestimmende Teile (A-Teile gemäß der ABC-Analyse) durch die übliche Vorkalkulation oder durch Preisangebote für Zukaufteile genau ermittelt. Weniger wichtige Teile (B- und C-Teile) schätzt man ab.

– **Vergleichendes Schätzen**

Schätzergebnisse werden genauer, wenn man als Hilfsmittel gewisse Stützpunkte, wie Kosten ähnlicher Teile, Erfahrungswerte (Kosten/kg, mittlere Kosten pro Teil) heranzieht. Erfahrene Personen haben solche Vergleichswerte im Kopf. Im Grunde ist jede Kalkulation ein Vergleich mit „Ähnlichem". Wenn etwas völlig neu ist, können erforderliche Zeiten und Kosten nicht geschätzt werden.

b) Gewichtskostenkalkulation

Hierbei werden die Kosten (oder der Einkaufspreis) bekannter Produkte auf ihr Gewicht G bezogen (Gewichtskostensatz z. B. $HKg = HK/G$ [DM/kg]). Die Kosten eines ähnlichen Produkts werden durch die Multiplikation seines Gewichtes mit dem Gewichtskostensatz errechnet. Die Genauigkeit wird erhöht, wenn der Gewichtskostensatz abhängig von der Baugröße angegeben wird. Denn üblicherweise haben kleinere, leichtere Teile einen höheren Gewichtskostensatz als ähnliche größere, schwerere Teile.

Je größer die Produkte sind, d. h. je größer der Materialkostenanteil an den Herstellkosten ist, um so genauer wird die Gewichtskostenkalkulation. Das gleiche gilt für kleine Produkte, die in hoher Stückzahl gefertigt werden. Auch deren Materialkostenanteil ist hoch (Kapitel 9.1.5). Ganz ähnlich lassen sich die Kosten, statt abhängig vom Gewicht, auch von der Leistung, dem Drehmoment o. ä. auftragen [28/9].

c) Materialkostenmethode

Eine mit der Gewichtskostenkalkulation verwandte Methode wird in VDI 2225 [15/9] erläutert. Sie beruht auf der Annahme eines konstanten Anteils der Materialkosten (mk) an den Herstellkosten. Die Materialkosten können über das Volumen und Materialrelativkosten ermittelt werden. Dann wird mit dem bekannten Materialkostenanteil auf die Herstellkosten hochgerechnet.

d) Kurzkalkulation mit Ähnlichkeitsbeziehungen

Eine Ähnlichkeitsbeziehung für Kosten bzw. ein Kostenwachstumsgesetz ist eine Beziehung der Kosten von einander **geometrisch ähnlichen Produkten** [1/9, 12/9, 27/9 69/9]. Besteht Proportionalität zwischen Kosten und Zeiten, so kann die Beziehung je nach Differenzierungsgrad auch Zeiten enthalten. Nach der Art der vorliegenden Ähnlichkeiten wird unterschieden:

– die **geometrische Ähnlichkeit**, bei der sich die Produkte bei gleichen Proportionen nur durch den Stufensprung der Länge $\varphi_L = \text{Länge}_1/\text{Länge}_0$ unterscheiden (Storchschnabelvergrößerung). Hier liegt ein Sonderfall vor, bei dem alle möglichen Einflußgrößen durch eine einzige Größe, den Stufensprung φ_L, ersetzt werden können.

- die **geometrische Halbähnlichkeit**, bei der sich bestimmte Maße mit verschiedenen Stufensprüngen ändern. Hier müssen mehrere Einflußgrößen gleichzeitig berücksichtigt werden.

Werden die vom **Grundentwurf** (Index $_0$) bekannten Herstellkosten mit HK_0 bezeichnet und die für den Folgeentwurf (Indeex $_1$) zu bestimmenden Herstellkosten (HK_1), so ergibt sich ein summarischer Ansatz für die geometrische Ähnlichkeit:

$$\varphi_{HK} = \frac{HK_i}{HK_0} = f(\varphi_L)$$

und für die geometrische Halbähnlichkeit:

$$\varphi_{HK} = \frac{HK_i}{HK_0} = f(\varphi_L, \ \varphi_B, \ \dots \ ) \ .$$

Zum Beispiel sind die Materialkosten proportional zum Volumen bei einer Storchschnabelvergrößerung um φ:

$$\varphi_V = \varphi_L \cdot \varphi_B \cdot \varphi_H \ (L = \text{Länge}, B = \text{Breite}, H = \text{Höhe})$$

der Stufensprung der Länge ist dabei:

$$\varphi_L = \frac{L_1}{L_0} = \frac{B_1}{B_0} = \frac{H_1}{H_0}$$

und die Materialkosten MK_1 des Folgeentwurfes:

$$MK_1 = \varphi_L^3 \cdot MK_0 \ .$$

Eine beispielhafte **summarische Ähnlichkeitsbeziehung** für die Herstellkosten/Stck eines Folgeentwurfes (HK_1), auf der die Kurven in den Bildern 9.1-10 und 9.1-11 beruhen, lautet:

$$HK_1 = \frac{FKr_0 \cdot \varphi_L^{0,5}}{n_1} + FKe_0 \cdot \varphi_L^2 + MK_0 \cdot \varphi_L^3$$

Mit: FKr_0 = Fertigungskosten aus Rüstzeiten des Grundentwurfes/Los

FKe_0 = Fertigungskosten aus Einzelzeiten des Grundentwurfes/Stck

MK_0 = Materialkosten des Grundentwurfes/Stck

n_1 = Losgröße des Folgeentwurfes

Mit Ähnlichkeitsbeziehungen können, ausgehend von den Abmessungen und den Kostendaten des Grundentwurfs, schnell die Kosten für größere oder kleinere Folgeentwürfe berechnet werden. Es ist nicht nötig, die Folgeentwürfe erst zu konstruieren und danach zu kalkulieren (Beispiel in Kapitel 9.4.6). Vorteilhaft ist, schon beim Entwerfen einer Baureihe zu erkennen, wie sich die Kostenstrukturen mit ihren wichtigsten Kostenanteilen verändern. Dies kommt durch unterschiedliche Ähnlichkeitsbeziehungen für die Kosten verschiedener Fertigungsverfahren oder für den Werkstoff zustande.

Bezüglich des Gliederungspunkts e), Kurzkalkulation mit statistisch ermittelten Kosten-funktionen, sei auf die Literatur [1/9, 28/9, 32/9] und für die Punkte f) und g) auf Kapi-tel 9.3.4 verwiesen .

9.2.4 Beispiel für Kostengünstiges Konstruieren: Gehäuse einer Zentrifuge

Was zeigt das Beispiel?

Am Beispiel eines geschweißten Gehäuses einer Zentrifuge zur Rauchgasentschwefe-lung wird das **Vorgehen beim Kostengünstigen Konstruieren** (Kapitel 9.2, Bild 9.2-3) aufgezeigt [33/9]. Es zeichnet sich durch eine enge **Teamarbeit** von Konstruktion, Ar-beitsvorbereitung, Fertigung bis hin zum Schweißer aus. Ferner wird der Nutzen von **Kostenstrukturen** bis zu einzelnen Fertigungsoperationen als Hilfsmittel, die Kosten transparent zu machen und Kostensenkungsmöglichkeiten zu finden, dargestellt. Die Kostensenkung wurde im wesentlichen durch eine fertigungsgerechtere Gestaltung erreicht.

Bild 9.2-7:   Bisheriges Gehäuse (Variante 0)

Das Produkt wird am Markt bereits angeboten. Dabei hat sich herausgestellt, daß der Marktpreis die Selbstkosten nicht mehr deckt. Es muß eine Herstellkostenreduzierung erreicht werden. Die Baugruppen der Eigenfertigung sollen überarbeitet werden, ohne daß die Funktion geändert wird.

Die Funktion des Gehäuses (**Bild 9.2-7**) besteht darin, einen Trommelzylinder (Zentrifuge) in den oberen Bohrungen zu lagern. Der niedrige Teil dient als Ölbehälter zur Aufnahme des Elektromotors und diverser Zusatzaggregate. Als ausgewähltes Teilproblem wird hier im einzelnen nur auf die Baugruppe Gehäuse eingegangen [33/9]. Sie wiegt rund 900 kg, und seine Außenabmessungen sind 1250 · 920 · 970 mm.

a) Grundschritt I: Aufgabe klären

I.0 Vorgehen planen, Team bilden

Es wird ein Team gebildet, dem der Konstrukteur (Projektleiter), ein Fertigungsvorbereiter und Kalkulator, der Meister der Schweißerei und der Schweißer selbst angehören. Das weitere Vorgehen wird geklärt.

I.1 Kostenziel finden

Im vorliegenden Beispiel wird für die kommenden Jahre eine große Umsatzsteigerung erwartet. Damit das Produkt am Markt langfristig konkurrenzfähig wird und der Marktanteil ausgebaut werden kann, muß eine Herstellkostensenkung von 10% am gesamten Produkt erreicht werden.

I.2 Kostenziel aufteilen durch Analyse bisheriger oder ähnlicher Produkte

Von den Herstellkosten des gesamten Produkts entfallen bei der bisherigen Konstruktion 15% auf das Gehäuse. Nach der ABC-Analyse ist damit das Gehäuse zwar nicht die teuerste Baugruppe, jedoch scheinen die Kostensenkungspotentiale am Gehäuse am größten zu sein. Denn funktionell betonte Baugruppen (z. B. die Zentrifugentrommel und der Motor) sind im allgemeinen ohne Beeinflussung der Funktion schwerer zu ändern als frei gestaltete Baugruppen, wie z. B. Gehäuseteile. So wird für die Baugruppe Gehäuse ein höheres Kostenziel von minus 20% Herstellkosten vorgegeben.

I.3 Kostensenkungspotentiale für Baugruppe suchen

Für das bisherige Gehäuse wird eine Kostenstruktur für die Material- und Fertigungskosten bis hin zu den Kosten für einzelne Fertigungsgänge aufgestellt. Ergänzend hierzu werden weitere kostenbeeinflussende Größen (z. B. Teilezahl und Schweißnahtlänge) untersucht (**Bild 9.2-8**). Die Erstellung und Analyse der Kostenstruktur, vor allem der kostenintensiven Anteile, war, wie in den meisten Fällen, aufwendig. Der durchgeführte Vergleich mit anderen Fertigungsmöglichkeiten und Regeln zum Kostengünstigen Konstruieren brachte die ersten wichtigen **Erkenntnisse**:

– Der Anteil der **Materialkosten** mit rund 10% an den Herstellkosten ist relativ klein, so daß eine reine Gewichts- oder Werkstoffeinsparung voraussichtlich keine große Kostensenkung bringt. Hier stellt sich eher die Frage, ob nicht ein fertigungstechnisch günstigerer, dafür vielleicht teurerer Werkstoff geeigneter wäre.

– Die Arbeitsgänge: Bleche ausschneiden, Zusammenbau, Schweißen, Richten, Beschleifen und Sandstrahlen, die sich durch das früher gewählte Fertigungsverfahren **Schweißen** ergeben, haben einen Anteil von 40% an den Herstellkosten. Eine einfachere Lösung mit Reduzierung der Teilezahl und der Schweißnahtlänge durch mehr Abkanten, Biegen und andere Halbzeugwahl bietet sich an.

- Ferner stellt sich die **Bohrwerksbearbeitung** als sehr teuer heraus (ca. 37% der Herstellkosten). Eine weitergehendere Untersuchung zeigt, daß die Ursachen bei der teuren Bearbeitungsmaschine und den ungünstigen Bearbeitungsverhältnissen liegen. So müssen die Aufspannflächen bearbeitet werden (zusätzliche Haupt- und Nebenzeiten), und die Auskragiänge der Bohrspindel ist aufgrund der ungünstigen Form des Gehäuses sehr groß, folglich müssen die Schnittwerte reduziert werden. Vermeiden der Bohrwerksbearbeitung und weniger bearbeitete Flächen ergeben sich als abgeleitete Anforderungen aus der Aufgabenklärung.

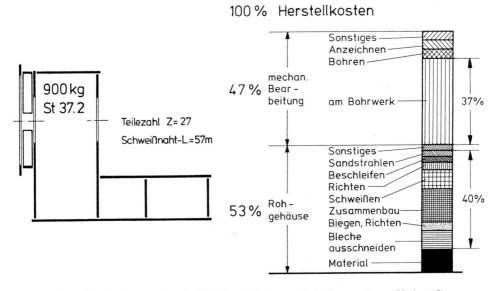

Bild 9.2-8: Herstellkostenstruktur des bisherigen Gehäuses nach Fertigungsgängen (Variante 0)

Die Toleranzanforderungen und Hauptabmessungen können hier wegen der Funktionserfüllung höchstens geringfügig geändert werden. Dieser Punkt ist im allgemeinen aber sehr wichtig, da hier oft deutliche Kosteneinsparungen ohne großen Aufwand möglich sind. Beim Lagerbock lassen sich nur die Bearbeitungsanforderungen bei Deckeln durch Verwendung von elastischen Dichtungen reduzieren.

Man sieht, durch eine eingehende Schwachstellenanalyse im Sinne des **korrigierenden Vorgehens** ergeben sich meist sofort bei „Grundschritt I: Klären der Aufgabe" erste Lösungsansätze (Kapitel 5.1.4.3 und 7.8.1).

b) Grundschritt II: Lösungssuche

Unter Einbeziehung von Hilfsmitteln zur Kostensenkung [34/9] werden ‚mit Ausnahme der Funktions-, Prinzip- und Baugrößenänderung (Schritte II.1 und II.2: in diesem Fall sind hier kaum Änderungen möglich), folgende Möglichkeiten untersucht:

II.3 Gestaltung:

– Das Anwenden der vom Team erkannten Regel „Schweißkosten verringern durch Abkanten und Biegen" führt zu einer Verringerung der Teilezahl und Schweißnahtlänge (unterbrochene Nähte innen). Weniger Teile ergeben sich allgemein außer durch Abkanten und Biegen auch durch Verwendung von Profil-Halbzeugen.

II.4 Material:

– weniger Abfall durch einheitliche Blechdicken und Brennschnittoptimierung.
– fertigungstechnisch günstigeres, etwas teureres Material, z. B. St 52-3 (leichtere Bearbeitung, weniger Verzug), ist bei geringem Materialkostenanteil vorzuziehen.

II.5 Fertigung:

– Die Fertigungskosten können gesenkt werden, wenn teure Bohrwerksarbeit durch Drehen ersetzt wird (Bearbeitung auf einer Karusselldrehmaschine oder durch Einschweißen von vorgedrehten Lagerstühlen mit Vorrichtungen).

Ausgehend von diesen Möglichkeiten werden 3 Alternativen entworfen (**Bild 9.2-9**):

Variante 1:

Hier werden Kosteneinsparungen am Rohteil durch Abkanten und Biegen erreicht. Es ergibt sich eine Verringerung der Teilezahl (von 27 auf 14) und der Schweißnahtlänge (von 57 m auf 23 m) im Vergleich zur Ausgangsvariante 0. Die geringe Teilezahl vereinfacht den Zusammenbau und das Richten. Die gebogenen und geschweißten Haubenbleche werden z. B. durch ein abgekantetes Blech ersetzt (Abkanten ist im allgemeinen billiger als Biegen). Es wird eine einheitliche Blechstärke aus St 52-3 vorgesehen. Zusammen mit der Optimierung des Brennplanes und der Schweißfolge können die Fertigungskosten des Rohteiles auf 70% verringert werden. Das Gewicht beträgt jetzt ca. 1000 kg, statt wie früher 900 kg.

Variante 2:

Ausgehend von Variante 1 werden zunächst Kosteneinsparungen bei der Bohrwerksarbeit durch Trennung des Gehäuses in zwei Teile erreicht. Die Lagerbohrungen können nun auf einer Karusselldrehmaschine bearbeitet und danach zusammengeschweißt werden. Die Fertigungskosten aus der Bearbeitung sinken dadurch auf 32% der ursprünglichen Kosten der Variante 0. Durch die zusätzliche Trennfuge erhöht sich allerdings die Teilezahl und die Schweißnahtlänge, so daß die Fertigungskosten des Rohteils wieder von 70% auf 76 % der Variante 0 anwachsen.

Variante 3:

Weil man unzulässigen Verzug beim Zusammenschweißen des eigentlichen Lagerbocks mit den Ölbehältern der Variante 2 befürchtet, wird alternativ ein Gehäuse mit einer Trennfuge und Verschraubung entworfen. Dadurch steigen, im Vergleich zur Variante 1, durch die höhere Teilezahl, die längere Schweißnaht und die zusätzliche Bearbeitung der Trennfuge die Fertigungskosten wieder etwas an.

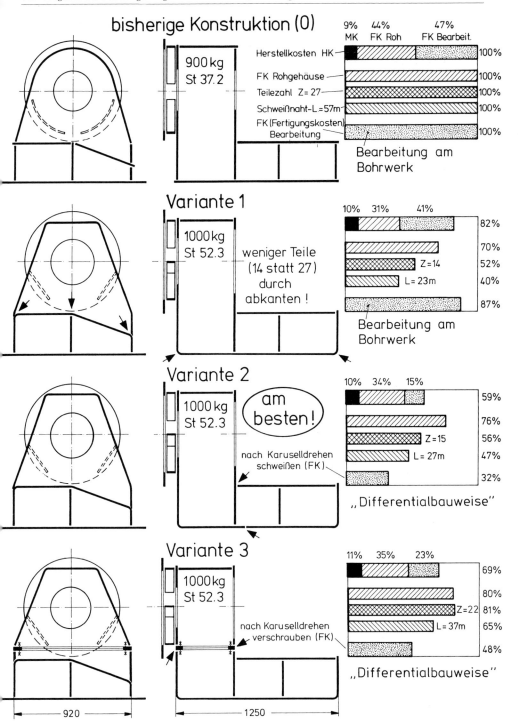

Bild 9.2-9:   Alternative Lösungen für das Gehäuse (Varianten 0,1,2,3)

c) Grundschritt III: Lösungsauswahl

Die Herstellkosten der drei Alternativen werden während des Entwurfs mitlaufend überschlägig und danach genauer von der Fertigungsvorbereitung kalkuliert. Bei der Bewertung ergeben sich keine gravierenden funktionellen Unterschiede, so daß die Auswahl nach Herstellkostengesichtspunkten auf die Variante 2 (59% der ursprünglichen Herstellkosten, Bild 9.2-9) fällt. Die Variante 2 stellt für das Gehäuse einen guten Kompromiß aus niedrigen Kosten für Rohteil und Bearbeitung dar.

Bei der Konstruktion der Variante 2 werden in Absprache mit Fertigungsspezialisten weitere Maßnahmen getroffen, um den Verzug der beiden Gehäuseteile beim Zusammenschweißen zu verringern. Die anfänglichen Bedenken wegen der Gefahr des Verzugs stellen sich später bei der Fertigung als unbegründet heraus. Die Toleranzen können aufgrund der konstruktiven Maßnahmen eingehalten werden.

Die Erprobung zeigt, daß das neu konstruierte Gehäuse (**Bild 9.2-10**) mit den anderen Baugruppen leicht kombinierbar ist und seine Funktion voll erfüllt.

Bild 9.2-10:   Neues Gehäuse (Variante 2)

Bei der Nachkalkulation stellt sich heraus, daß durch Trainiereffekte bei der Fertigung die Herstellkosten des neuen Gehäuses tatsächlich **sogar nur ca. 50% der ursprünglichen Herstellkosten** betragen. Das Kostenziel, eine Einsparung von 20% für das Gehäuse, ist damit deutlich überschritten. Die Herstellkosten der gesamten Zentrifuge sinken nur durch die Änderungen am Gehäuse um 7,5%. Für die anderen Baugruppen reduziert sich das Kostenziel deutlich auf die restlichen Einsparungen von 2,5%, welche dann auch leicht erreicht werden.

Als weiterer Effekt über die Kostensenkung dieses Produkts hinaus ergibt sich, daß die geänderte Konstruktion (Biegen statt Schweißen) nun auch in anderen ähnlichen Produkten verwendet wird und damit laufend Kosteneinsparungen erzielt werden. Ferner kennen die Teilnehmer des Teams nun die Zusammenhänge der Kostenentstehung besser, arbeiten kostenbewußter, und auch weiterhin ist die Zusammenarbeit ohne „Organisation" besser. Das Vorgehen, so im Team Kosten zu senken, wird als beispielhaft angesehen und bei anderen Baugruppen mit Erfolg eingesetzt. Wichtig dabei ist auch die Beteiligung des Werkers selbst, er macht z. T. erstaunlich effektive Vorschläge und ist voll motiviert.

Was kann man daraus lernen?

– Die Festlegung eines Kostenzieles und die Aufteilung auf Baugruppen ist die Voraussetzung für kostenbewußtes Arbeiten.
– Die Bildung eines Teams erhöht die Motivation aller Beteiligten, überwindet „Mauern" und führt rasch zu guten Lösungen.
– Das Vorgehen sollte an einem Plan orientiert ablaufen.
– Die konstruktiven Maßnahmen und die Teamarbeit wirken über das einzelne Kostensenkungsprojekt hinaus.

9.3 Integrierend wirkende Methoden und Organisationsformen

Das oben gezeigte Vorgehen beim Kostengünstigen Konstruieren ist schwerpunktmäßig auf den einzelnen Konstrukteur, seine Arbeit und seinen direkten Einfluß auf die Kosten abgestimmt. Es setzt selbstverständlich eine Zusammenarbeit von Konstruktion, Fertigungsvorbereitung und anderen Abteilungen voraus. Um diese Zusammenarbeit nicht dem Zufall zu überlassen, sondern im Sinne der Integration zu verbessern und zu organisieren, werden im folgenden Methoden und Maßnahmen zu dieser Integration aufgezeigt, denn alle Abteilungen eines Unternehmens beeinflussen die Kosten und werden wiederum durch Festlegungen des Konstrukteurs betroffen (Bild 9.1-7). Der Umfang der möglichen Kostensenkungen wird durch die Zusammenarbeit auch wesentlich größer.

9.3.1 Fertigungs- und Kostenberatung

Ein hervorragendes Hilfsmittel organisatorischer Art ist die Fertigungs- und Kostenberatung der Konstruktion bzw. ein Team, zu dem auch die Materialwirtschaft und der Vertrieb ihren Beitrag leisten und das bereits im Entwurfsstadium beratend wirkt. Viele Unternehmen haben dies erkannt und ein solches Gremium eingerichtet [35/9, 36/9, 37/9, 38/9 39/9]. Es gibt kaum eine schneller wirkende Maßnahme zum Kostensenken.

Für die Organisation der Fertigungs- und Kostenberatung [35/9] haben sich drei Formen herauskristallisiert:

– Der **Berater** aus der Fertigungsvorbereitung und Kalkulation ist von der Werkleitung **benannt** und wird von der Konstruktion bei Bedarf **angefordert**.

– Der **Berater** (z. B. ein Gruppenleiter der Fertigungsvorbereitung) **besucht zu festen Zeiten** die entsprechende Konstruktionsgruppe.

– Der **Berater** hat seinen **Arbeitsplatz in der Konstruktion.**

In jedem Fall ist es zweckmäßig, die disziplinarische Unterstellung des Mitarbeiters in der Fertigung zu belassen, damit der Berater nicht vom Informationsfluß bezüglich Fertigungstechnologie, Zeiten und Kosten abgeschnitten wird.

Die Zwecke und auch den Nutzen der Fertigungsberatung [35/9, 38/9] zeigt **Bild 9.3-1**. Der Berater hat die **Aufgabe** Vergleichskalkulationen aufzustellen, Kostenschätzungen direkt am Konstruktionsplatz zu machen und so zusammen mit dem Konstrukteur die Einhaltung des Kostenziels zu kontrollieren. Zusammen mit dem Einkauf holt er Angebote über Zukaufteile und Auswärtsfertigung ein. Er berät hinsichtlich vorhandener Vorrichtungen und Werkzeuge sowie bei Engpässen von Betriebsmitteln.

– **Verringerung des zeitlichen Aufwandes** für
  - Konstruktionsänderungen
  - Ablauf-, Prüfplanung
  - Betriebsmittelplanung
  - NC-Programmierung
  - Lagersortenhaltung
  - Einkauf
  - Werkzeugmaschinen
  - Betriebsmittel, Meß- und Prüfmittel

– **Senkung der Durchlaufzeiten** für Planungstätigkeiten im Arbeitsvorbereitungsbereich

– **Qualitätssteigerung** im Sinne der fertigungsgerechten und kostengünstigen Gestaltung

– **Reduzierung von nachträglichen Rationalisierungsaktionen** mit zahlreichen Konstruktionsänderungen

Bild 9.3-1:   Zweck der Fertigungsberatung (nach MTU [35/9])

Damit die Beratung auch wirklich durchgeführt wird, hat es sich bewährt, die Entwürfe, ähnlich wie früher von der Normstelle „normgeprüft", jetzt „fertigungstechnisch geprüft" oder besser „kostenzielgeprüft" vom Kostenberater abzeichnen zu lassen, bevor die Zeichnung von der Konstruktion weitergegeben werden kann.

Eine weitergehende wirkungsvolle Maßnahme ist, Konstruktion, Fertigungsvorbereitung und Kalkulation **örtlich zusammenzufassen**. Die Kommunikation ist stark von der

Entfernung der Arbeitsplätze abhängig. Sie ist am intensivsten, wenn sich die Personen laufend sehen (Bild 7.10-2). Schließlich haben sich gemeinsame **„Freigabebesprechungen"** oder Design-Reviews aller mit dem Produkt befaßten Stellen zur Freigabe des Konzepts, des Entwurfs oder der fertigen Produktdokumentation bewährt (Bild 4.3-4b).

Mit diesen Maßnahmen werden zeitaufwendige Änderungen bzw. Iterationen und die geistige „Rüstzeit" von Abteilungen, die im Produkterstellungsprozeß später eingreifen, verringert; die Motivation der Bearbeiter wird gefördert. Die Zeiteinsparung durch Wegfall von Rückfragen und Änderungen ist beachtlich. Die Motivation der frühzeitig informierten Mitarbeiter aus Produktion und Vertrieb wirkt ablaufbeschleunigend. Ein Verhältnis von einem Berater auf vierzig, besser nur auf zwanzig Konstrukteure, ist zu empfehlen.

9.3.2 Wertanalyse

Die Wertanalyse ist eine von L. D. Miles [40/9] entwickelte Methode zum Lösen komplexer Probleme. Sie wird seit ca. 1960 auch in Deutschland eingesetzt und hat sich im Laufe der Zeit zu einem „System" entwickelt, das sich außer auf einen Arbeitsplan (**Bild 9.3-2**) auf die Systemelemente „Management" und „Verhaltensweisen" abstützt und in DIN 69 910 [41/9] genormt ist. Wertanalyseobjekte können nicht nur Produkte sein, sondern auch Verfahren, Dienstleistungen, Informationsinhalte und -prozesse.

Zweck der Wertanalyse ist, den Wert des Objektes zu steigern, d. h. nicht nur die Kosten zu senken, sondern auch den „Wert", den Nutzen, die Funktion, die Leistung usw. zu verbessern [42/9]. In ca. 60% der Fälle wird Wertanalyse zum Kostensenken von Produkten eingesetzt, die bereits bestehen und vom Wertanalyseteam überarbeitet werden. Diese Form wird als **Wertverbesserung** bezeichnet. Durch den Vergleich der Kosten vorher und nachher ist ein Erfolgsnachweis möglich. Problematisch ist dabei der manchmal hohe Änderungsaufwand und bisweilen die Demotivation der Konstrukteure, die vorher unter hohem Zeitdruck ein Produkt konstruierten, an dem nachträglich die Wertanalyse mit mehr Zeit Kosten senkt. Deshalb wird zunehmend die **Wertgestaltung** bevorzugt, bei der die Methode beim Schaffen eines noch nicht bestehenden Objektes eingesetzt wird [42/9, 43/9].

Die wichtigsten Kennzeichen der Wertanalyse sind:

– **Systematisches Vorgehen** anhand eines **Arbeitsplans** (**Bild 9.3-2**). Er enthält die Schritte des Vorgehenszyklus (Bild 3.3-22):

Grundschritt 1	„Projekt vorbereiten" entspricht z. T. „Aufgabe strukturieren".
Grundschritt 2	„Objektsituation analysieren" entspricht „Aufgabe analysieren".
Grundschritt 3	„Sollzustand festlegen" entspricht „Aufgabe formulieren".
Grundschritt 4	„Lösungsideen entwickeln" entspricht „Lösungssuche".
Grundschritt 5	„Lösungen festlegen" entspricht „Lösungen analysieren, beurteilen und festlegen".

Typisch für die Wertanalyse, entsprechend ihrem Entstehen aus der betrieblichen Praxis, ist der Grundschritt 1 „Projekt vorbereiten". Hier geschieht die Einordnung des Projekts in die Unternehmensorganisation, die Bildung des interdisziplinären Teams und die Festlegung des zeitlichen und kostenmäßigen Rahmens.

Grundschritt	Teilschritt (Bearbeitungsintensität und ggf. auch die Reihenfolge der Teilschritte innerhalb eines jeden Grundschrittes sind projektabhängig)
1 Projekt vorbereiten	1.1 Moderator benennen 1.2 Auftrag übernehmen, Grobziel mit Bedingungen festlegen 1.3 Einzelziele setzen 1.4 Untersuchungsrahmen abgrenzen 1.5 Projektorganisation festlegen 1.6 Projektablauf planen
2 Objektsituation analysieren	2.1 Objekt- und Umfeld-Informationen beschaffen 2.2 Kosteninformationen beschaffen 2.3 Funktionen ermitteln 2.4 Lösungsbedingte Vorgaben ermitteln 2.5 Kosten den Funktionen zuordnen
3 Soll-Zustand festlegen	3.1 Informationen auswerten 3.2 Soll-Funktionen festlegen 3.3 Lösungsbedingende Vorgaben festlegen 3.4 Kostenziele den Soll-Funktionen zuordnen
4 Lösungsideen entwickeln	4.1 Vorhandene Ideen sammeln 4.2 Ideenfindungstechniken anwenden
5 Lösungen festlegen	5.1 Bewertungskriterien festlegen 5.2 Lösungsideen bewerten 5.3 Ideen zu Lösungsansätzen verdichten und darstellen 5.4 Lösungsansätze bewerten 5.5 Lösungen ausarbeiten 5.6 Lösungen bewerten 5.7 Entscheidungsvorlage erstellen 5.8 Entscheidungen herbeiführen
6 Lösungen verwirklichen	6.1 Realisierung im Detail planen 6.2 Realisierung einleiten 6.3 Realisierung überwachen 6.4 Projekt abschließen

Bild 9.3-2:   Arbeitsplan der Wertanalyse (nach DIN 69 910)

– **Ressortübergreifende Teamarbeit,** wodurch das Wissen aller betroffenen Bereiche und alle Gesichtspunkte, die für ein Problem relevant sind, erfaßt werden (siehe auch Kapitel 4.3 und 4.4). Statt der isolierten Betrachtungsweise und Entscheidung aus der Sicht nur eines Fachbereiches wird eine integrierende Betrachtung angestrebt.

Der wertanalytische Arbeitsplan und die Grundideen, z. B. funktions- und kostenorientiertes Denken und die Zusammenarbeit, können abgewandelt, aber auch für die Arbeit einer Einzelperson eingesetzt werden [35/9].

– **Funktionsdenken,** um Abstand zu gewinnen von bestehenden Lösungen und damit auf neue Lösungen zu kommen. Den Funktionen werden die vorhandenen Kosten des Objekts zugeordnet, so daß man aus diesen **Funktionskosten** zu bearbeitende Schwerpunkte, unnötige Funktionen und Kosten erkennen kann. Ein „Kostenziel" wird angegeben.

Funktion im Sinne der Wertanalyse ist die Wirkung eines Objekts. Sie wird sehr anschaulich durch ein Substantiv und Verb beschrieben. Es gibt Haupt-, Teil-, Hilfs- und unerwünschte Funktionen, sowie die Geltungsfunktion (Bild 7.4-8).

– **Einbindung des Managements** aus der klaren Erkenntnis heraus, daß Wertanalyse nur erfolgreich eingeführt werden kann, wenn die Führungsebene die hierzu erforderlichen Aktivitäten versteht, will und unterstützt. Diese Forderung ist eine Frucht jahrzehntelanger Erfahrungen, die grundsätzlich für die Einführung und Anwendung aller Arbeitsverfahren und Methoden gilt. Deren Wirksamkeit kann ja in der Regel nur zum Teil quantitativ nachgewiesen werden und tritt oft erst nach so langer Zeit ein, daß der Erfolg nicht mehr unmittelbar einsichtig ist (Kapitel 5.2.2.3).

– **Kooperatives, veränderungsbereites Verhalten** aller mitarbeitenden oder betroffenen Personen. Wer Erfahrungen in Unternehmen oder Verwaltungen gesammelt hat, weiß, daß auch die ausgefeiltesten Methoden, Anweisungen und Pläne wirkungslos untergehen, wenn sie nicht durch motiviertes und qualifiziertes Personal aufgegriffen und umgesetzt werden. Leistungs- und verantwortungsbereite Mitarbeiter, die den Erfolg des Teams über ihren eigenen stellen, erzeugen – natürlich nur zusammen mit einer begeisternden Führung – jenes kooperative, gute Betriebsklima, das das Kennzeichen einer erfolgreichen Mannschaft ist. Personal ist die wichtigste Ressource eines Unternehmens! (Kapitel 4.3.3, Bild 4.5-2)

Die Wertanalyse kann folgende Erfolge aufweisen [43/9]:

Direkt meßbare Erfolge sind die Kostensenkungen an Produkten, die sich bei 800 durchgeführten Wertanalysen im Durchschnitt auf 23% (5–75%) der variablen Herstellkosten belaufen. Bei 80% der Wertanalysen lag die Amortisationsdauer unter einem Jahr.

Als **qualitative Erfolge** werden beobachtet: Bessere, marktgerechtere Produkte, Begeisterung für Teamarbeit, mehr Arbeitszufriedenheit, direktere Informationsflüsse, mehr rationales Vorgehen.

Die Wertanalyse wird in den letzten Jahren weiterentwickelt zum **Value Management** [42/9, 43/9], das Problemlösungsmethoden mit Projekt- und Managementinstrumentarien sowie Methoden zur positiven Gestaltung des psychosozialen Bereiches verknüpft. Es wird dabei berücksichtigt, daß emotionale Beziehungen das Arbeitsergebnis maßgeblich bestimmen können.

9.3.3   Target Costing

9.3.3.1   Grundsätzliches Vorgehen beim Target Costing

Target Costing ist keine neue Kostenrechnung, sondern eine marktgetriebene Methodik modernen Kostenmanagements. Ausgehend von der Minimalforderung zum Kostengünstigen Konstruieren (Angabe eines Kostenzieles) bewirkt Target Costing [44/9, 45/9, 46/9], daß das Erreichen eines Kostenzieles den Ablauf des ganzen Produkterstellungsprozesses bestimmt. Denn je mehr gemeinsame Anstrengungen aller am Produkterstellungsprozeß Beteiligten gemacht werden, desto größer wird die Kostensenkung sein. Im folgenden wird das Vorgehen kurz beschrieben. Dabei ist nicht technische Höchstleistung und Perfektion das Entwicklungsziel, sondern möglichst gut verkäufliche Produkte. Der Kundennutzen steht im Mittelpunkt (Kapitel 4.4.2).

Für jedes Produkt wird ein Kostenziel festgelegt und auf jede seiner Eigenschaften (Funktionen oder Baugruppen) weiter heruntergebrochen (Zielkostenspaltung), auch wenn es zunächst unmöglich erscheint. **Kernpunkt ist die Frage: „Wieviel ist der Kunde bereit für diese Eigenschaft zu zahlen?"** Die Frage ist nicht mehr: „Wieviel **wird** ein Produkt kosten?", sondern: „Wieviel **darf** das Produkt kosten?" Aus dem so ermittelten Marktpreis wird auf Selbst- und Herstellkosten heruntergerechnet (top down, **Bild 9.3-3** rechts). So entstehen die **Zielkosten** bzw. das Kostenziel als die vom Markt erlaubten Kosten. Zu ihrer Ermittlung wird bei Serienprodukten die **Conjoint-Analyse** [45/9] eingesetzt, die aus Kundenbeurteilungen alternativer Produkte einzelne geforderte Eigenschaften und die zugehörigen zulässigen Kosten herausfiltert. Ferner werden die Konkurrenzprodukte und -prozesse, z. B. mit einem **Benchmarking** [19/9] und die Möglichkeiten des eigenen Unternehmens analysiert. Maßstab und zu übertreffendes Ziel ist dabei immer die beste und kostengünstigste Lösung im eigenen Unternehmen oder der Konkurrenz (Bild 7.2-6). Parallel dazu werden aus den Vergangenheitsdaten von ähnlichen Produkten die wahrscheinlichen Kosten des neuen Produkts kalkuliert (bottom up, Bild 9.3-3 links). Aus dem Vergleich der vom Markt erlaubten Kosten, dem Kostenziel, mit den wahrscheinlich nach den bisherigen Erfahrungen entstehenden Kosten ergibt sich die notwendige Kostensenkung. Um sie zu erreichen, müssen Kostensenkungspotentiale, bzw. Kostensenkungsmaßnahmen gesucht und festgelegt werden.

Kostensenkungspotentiale festlegen heißt, daß nicht nur Kostenziele, z. B. Herstellkosten minus 50%, vorgeben werden, sondern auch realistische Wege aufgezeigt werden, wie dieses Ziel zu erreichen ist, z. B. durch Änderung der Forderungen, des Werkstoffes, der Fertigungsverfahren usw. (Kapitel 7.3.7: Kreative Klärung). Deshalb ist bei der Kostenzielvorgabe und der Suche nach Kostensenkungspotentialen eine **Teamarbeit** von hochrangigen Mitarbeitern aus Vertrieb, Konstruktion, Produktion (einschließlich Montage) und Einkauf notwendig (Kapitel 4.3.3 und 4.4.1.1). Wichtig ist: Kostenziele müssen anspruchsvoll, aber auch realistisch sein und zu ihrer Erreichung muß Kapazität bereitgestellt werden! Leistungserstellung ohne Kosten gibt es nicht. Allerdings können auch die Entwicklungskosten ein Kostenziel sein!

Nach der Festlegung der Kostenziele und -senkungspotentiale beginnt die Entwicklung. In vorgegebenen Abständen trifft sich das Team und berichtet über den Stand. Läuft nicht alles planmäßig, werden Abweichungen analysiert, Abhilfemaßnahmen, Neufestlegungen usw. gemeinsam beschlossen. So erkennt man frühzeitig Fehlentwicklungen und kann weitere Maßnahmen zum Kostensenken einleiten oder das Projekt noch rechtzeitig stoppen. Die Iterationsschritte während des Prozesses werden „Kostenkneten" bzw. „Kosten-Forechecking" [45/9] genannt. Sauermann [47/9] beschrieb diesen Ablauf schon früh ganz ähnlich als „**Produktkostenplanung**" für Maschinenbauunternehmen.

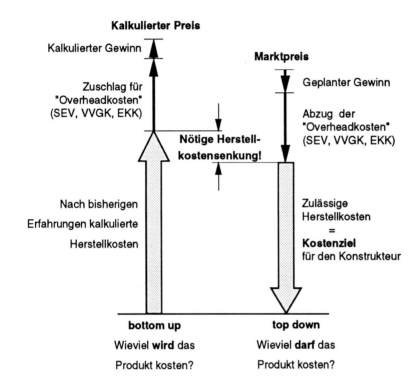

Bild 9.3-3: Bestimmung der notwendigen Herstellkostensenkung

Beim **Target Costing** können nicht nur die **Herstellkosten**, sondern die **Produkt-Gesamtkosten für den Kunden** berücksichtigt werden. Ferner wird davon ausgegangen, daß das neue Produkt nicht unbedingt mit den vorhandenen Fertigungseinrichtungen produziert wird, sondern u. U. rationellere neue Fertigungseinrichtungen beschafft werden. Ein weiterer wichtiger Punkt ist die verstärkte Einbeziehung der Zulieferer schon zu einem sehr frühen Zeitpunkt in den Produkterstellungsprozeß.

Target Costing erfordert ein konsequentes neues Denken. Hier liegt das größte Problem. In „alten" Organisationsstrukturen läßt es sich nicht oder nur schwer verwirklichen.

9.3.3.2   Beispiel für Target Costing: Betonmischer in Einzel- und Kleinserienfertigung

Was zeigt das Beispiel?

Am Beispiel der Weiterentwicklung eines Doppelwellen-Betonmischers soll das Vorgehen des Target Costing, aus der Serienfertigung in die Einzel- und Kleinserienfertigung übertragen, erläutert werden [48/9].

Das Beispiel zeigt eine organisierte Zusammenarbeit zum Kostensenken. Schwerpunkte sind die **Ableitung des Kostenziels** nicht nur für die **Herstellkosten**, sondern auch für die **Verschleißkosten** aus dem Markt und aus Kundenwünschen. Ferner das Erreichen von Kostensenkungen nicht allein durch Gestaltänderungen, sondern auch durch ein anderes Konzept beim Antrieb und den dadurch möglichen, verstärkten Einsatz von Zukaufteilen.

Funktionsbeschreibung der Mischer (**Bild 9.3-4**): Sie werden als stationäre Mischer in Mischtürmen von Betonzentralen eingebaut. Es werden 1,25 m^3 Festbeton je Mischspiel bei 50 Mischspielen pro Stunde gemischt. Von oben wird das Mischgut, Kies, Wasser, Zement, Zuschlagstoffe und chemische Zusätze, zugeführt. Über einen Entleerschieber wird der fertig gemischte Beton in Baustellenfahrzeuge oder Fahrmischer entleert.

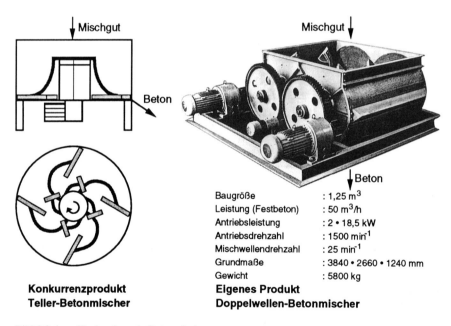

Baugröße	: 1,25 m^3
Leistung (Festbeton)	: 50 m^3/h
Antriebsleistung	: 2 • 18,5 kW
Antriebsdrehzahl	: 1500 min^{-1}
Mischwellendrehzahl	: 25 min^{-1}
Grundmaße	: 3840 • 2660 • 1240 mm
Gewicht	: 5800 kg

Konkurrenzprodukt   **Eigenes Produkt**
Teller-Betonmischer   **Doppelwellen-Betonmischer**

Bild 9.3-4:   Konkurrierende Betonmischer

Die Betonmischer werden in Losgrößen von 4 bis 6 Stück in Basisausführung produziert. Für jeden Kunden sind Anpassungskonstruktionen bei den Anschlußmaßen, Einlauf des Mischgutes, Auslauf des Betons usw. nötig. Bei diesen Anpassungskonstruktionen fließen immer wieder kleine Verbesserungen des Mischers mit ein. Eine grundsätzliche Überarbeitung wurde aber bisher nicht durchgeführt. Der hier gezeigte Mischer ist Glied einer Baureihe mit Mischvolumen von 0,75 bis 9 m³, die hier aber nicht weiter betrachtet wird. Am Markt existieren zwei unterschiedliche Prinzipien für solche Mischer:

– **Eigenes Produkt:** Doppelwellen-Betonmischer (Bild 9.3-4 rechts)
  Bei diesem Mischprinzip wird der Beton durch zwei waagerecht liegende, gegenläufige, mit Mischarmen bestückte Mischwellen im inneren unteren Drittel des Troges gemischt. Damit die Mischarme sich nicht verhaken, müssen die Mischwellen synchron laufen.

– **Konkurrenzprodukte:** Teller-Betonmischer (Bild 9.3-4 links)
  Beim Teller-Betonmischer sind die Mischarme an einer senkrecht stehenden Mischwelle befestigt. Gemischt wird auf der ganzen Grundfläche des Tellers. Um das Mischergebnis zu verbessern, kann an Stelle eines Mischarms noch ein zusätzlich angetriebener Wirbler eingebaut werden.

Vorgehen beim zielkostengesteuerten Konstruieren

a) Bildung eines Target Costing Teams

Es wird zur Strukturierung des Vorgehens ein Team, aus dem Konstruktionsleiter (gleichzeitig Projektleiter), dem Fertigungsleiter, einem Kalkulator, einem Einkäufer, dem Vertriebsleiter, einem Projektingenieur und dem Montagemeister gebildet.

Der Terminplan wird so gestaltet, daß nach 7 Monaten der Prototyp des neuen Mischers lauffähig sein soll. Das sind nur ca. 40% der geschätzten üblichen 1,5 Jahre Entwicklungszeit. Anfangs werden in zwei-, später im vierwöchigen Turnus Teamsitzungen abgehalten. Dazwischen werden die vereinbarten Arbeitspakete von den Teammitgliedern abgearbeitet und dann wieder präsentiert.

b) Ermittlung des Kostenzieles für den Mischer durch das Auftragsgespräch

In der Einzel- und Kleinserienfertigung ist das **Auftragsgespräch,** das nach einem Angebot des Herstellers beim Kunden stattfindet, eine der wesentlichen Maßnahmen zur Ermittlung der Kundenforderungen und -wünsche und natürlich des Preis- bzw. des Kostenzieles. Dabei meint der Begriff **Auftragsgespräch** nicht nur **ein** einzelnes Gespräch, sondern den oft langen Prozeß von einer Anfrage bis zum endgültig erteilten oder entgangenen Auftrag.

Im allgemeinen geht der Kunde dabei von mehr oder weniger vergleichbaren Angeboten der Konkurrenz aus. Es erfolgt in gewisser Weise ein Benchmarking, d. h. ein Vergleich des eigenen Produkts mit den besten der Konkurrenz aus Kundensicht. Allerdings fließt dabei die Politik des Kunden ein, d. h. er mischt „Dichtung und Wahrheit" zu seinem Vorteil: er kombiniert die Summe aller Eigenschaften der Konkurrenzprodukte mit dem jeweils niedrigsten Preis.

Der **erste Schritt** zur Erstellung einer **kundenbezogenen Anforderungsliste** (Zielkatalog) ist also die Aussagenbereinigung, um die Konkurrenzprodukte technisch/wirtschaftlich vergleichbar zu machen. Dabei hilft eine **Eigenschaftscheckliste** der konkurrierenden Produkte, die aus eigenen Untersuchungen, Angaben aus der Literatur und früheren Auftragsgesprächen gespeist wurde (**Bild 9.3-5**).

Eigenschaften	Tellermischer	Doppelwellenmischer „alte Bauart"
Mischqualität	gut (ohne Wirbler) (begrenzt bei Grobkorn)	sehr gut (für alle Korngrößen)
Mischzeit	60 s	60 s
Einbaumaße	⌀ 2800, h=1400 (großer ⌀, niedere Bauhöhe)	3800 x 2700 x 1700
Energiekosten	$0,6\ kWh/m^3$ (30% mehr bei Wirbler)	$0,6\ kWh/m^3$
Verschleißkosten (Geschw. am Mischwerkzeug)	$0,9\ DM/m^3$ (bei Wirbler höher)	$0,6\ DM/m^3$ (1,5 m/s)
Wartungs- u. Reparatur- freundlichkeit	für Mischraum gut, für Antrieb (unten!) nicht gut	gut
Gesamtlebensdauer	ca 8 bis 10 Jahre	ca 15 bis 20 Jahre
Preis ab Werk einschl. MwSt.	133.000 DM (Wirbler 6.000 - 8.000 DM)	190.000 DM
...	...	...

Bild 9.3-5:   Eigenschaftscheckliste für einen 1,25 m^3-Betonmischer

Im **Auftragsgespräch** wird vom Kunden anerkannt, daß der Doppelwellen-Betonmischer qualitative Vorteile gegenüber dem Teller-Betonmischer hat, die sich aber manchmal nur schwer quantifizieren lassen: bessere Mischqualität, bessere Wartungs- und Reparaturfreundlichkeit, Robustheit, längere Gesamtlebensdauer. Die Vorteile sind kaufentscheidend für den Doppelwellen-Betonmischer, wenn der höhere Einkaufspreis z. B. durch niedrigere Verschleißkosten so ausgeglichen wird, daß nach einem Jahr für den Kunden Kostengleichheit (break-even-point) aus der Summe von einmaligen Beschaffungs- und Verschleißkosten zu erwarten ist. Betriebs-, Wartungskosten usw. werden, weil sie bei beiden Typen in etwa gleich sind, nicht weiter betrachtet.

Aus vielen Auftragsgesprächen, erhaltenen und mehr noch aus verlorengegangenen Aufträgen, ist bekannt, daß mit dem vorhandenen Produkt, den daraus resultierenden Herstellkosten und damit dem notwendigen Preis am Markt nicht mehr zu argumentieren war. Deshalb wird der Entschluß gefaßt, mit Target Costing die Kosten zu senken und neue gedankliche und organisatorische Strukturen in Entwicklung, Konstruktion und Fertigung zu erreichen.

c) Festlegen der Kostenziele für Herstell- und Verschleißkosten

Im **zweiten Schritt** werden Kostenziele bezüglich der Herstell- und Verschleißkosten des neuen Doppelwellen-Betonmischers aus einer Überschlagsberechnung ermittelt, wobei hier die Verzinsung des Kapitals nicht berücksichtigt wurde.

Zeit zum break-even-point des alten Doppelwellen-Betonmischers (DWM) gegenüber einem Teller-Betonmischer (TM) aus Sicht des Kunden:

- Preisunterschied Doppelwellen- zu Tellermischer:
  ΔP = 190.000 DM - 133.000 DM = 57.000 DM
- Bei einer üblichen Auslastung der Mischer von 40.000 m³/Jahr ergibt sich mit den Verschleißkosten aus Bild 9.3-5 ein Verschleißkostenunterschied/Jahr (ΔVK):
  VK_{DWM} = 40.000 m³/Jahr · 0,60 DM/m³ = 24.000 DM/Jahr
  VK_{TM} = 40.000 m³/Jahr · 0,90 DM/m³ = 36.000 DM/Jahr
  ΔVK = 12.000 DM/Jahr.
- Zeit bis zum **break-even-point**:
  $\Delta P / \Delta VK$ = 57.000 DM/12.000 DM/Jahr = **4,75 Jahre**.

Um diese Zeit auf höchstens ein Jahr zu verringern, wird eine **Senkung der Herstellkosten um 25%** und eine **Senkung der Verschleißkosten VK auf 0,5 DM/m³** als erreichbar angesetzt. Annahme: Die Herstellkosten HK verhalten sich proportional zum Preis P. Die Herstellkosten betragen ca. 70% des kalkulierten Verkaufspreises.

Zeit bis zum break-even-point (**Bild 9.3-6**) des neuen Doppelwellen-Betonmischers bei einem neuen Preis für den Doppelwellen-Betonmischer:

P_{DWMneu} = 190.000 DM · 0,75 = 142.500 DM,

wird der Preisunterschied ΔP zum Tellermischer:

ΔP = 142.500 DM - 133.000 DM = 9.500 DM.

- Neuer Verschleißkostenunterschied/Jahr (ΔVK):
  VK_{DWMneu} = 40.000 m³/Jahr · 0,50 DM/m³ = 20.000 DM/Jahr
  ΔVK = 36.000 DM/Jahr - 20.000 DM/Jahr = 16.000 DM/Jahr.
- Neue Zeit zum **break-even-point:**
  ΔVK = 9.500 DM/16.000 DM/Jahr = **0,6 Jahre**.

Damit sind die **Zielkosten** bzw. die **Kostenziele** für den neuen Doppelwellenmischer:

1. Absenkung der Herstellkosten von 133.000 DM (190.000 DM · 0,7) um 25 % auf unter 100.000 DM (Herstellkostenziel).
2. Absenkung der Verschleißkosten von 0,6 DM/m³ um 17% auf 0,5 DM/m³ (Verschleißkostenziel).

Das Ziel, break-even-point innerhalb eines Jahres, wird damit unterschritten. Es ist aber damit zu rechnen, daß auch die Konkurrenz kostensenkend tätig wird, so daß die Ziele eher anspruchsvoll gesetzt werden.

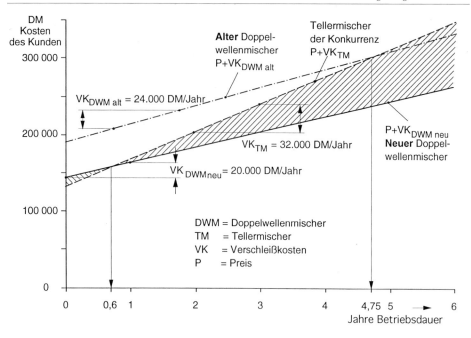

Bild 9.3-6: **Kosten des Kunden** bei verschiedenen Betonmischern

d) Analyse der bisherigen Konstruktion

Zu Beginn des Target Costing müssen, nachdem die Zielkosten für den Doppelwellen-Betonmischer bekannt sind, diese weiter aufgeteilt werden, z. B. nach vom Kunden gewünschten Eigenschaften und Funktionen (Kostenstrukturen Kapitel 9.2.1). Bei der Einzelfertigung ist es allerdings nicht in jedem Fall möglich, die geforderte Aufspaltung und Zuordnung der Zielkosten bis zu einzelnen vom Kunden gewünschten Eigenschaften durchzuführen. Die Aufspaltung der Kostenziele sollte aber so weit wie möglich betrieben werden, um die tatsächlich vom Kunden gewünschten und vergüteten Eigenschaften zu erkennen und Kostensenkungspotentiale sichtbar zu machen. Im Sinne der oben angeführten „robusten" Kosteninformation kommt es dabei nicht auf die „pfenniggenaue" Zurechnung von Kosten an, sondern auf das Erkennen von Schwerpunkten. Zur realistischen Aufspaltung des Kostenzieles und zur Ermittlung der Kostensenkungspotentiale wurde eine Analyse des bisherigen Mischers durchgeführt.

Bild 9.3-7 zeigt die **Herstellkostenanteile für die Baugruppen** der bisherigen Konstruktion. Es sind die folgenden kostenbestimmenden Baugruppen zu erkennen:

Baugruppe 1 (Antrieb):   Hoher Kostenanteil: 53.000 DM = 40% HK.
Baugruppe 2 (Mischtrog):   Hoher Kostenanteil: 36.000 DM = 27% HK.
Baugruppen 3 bis 6:   Die Kostenbeeinflussungsmöglichkeiten sind aufgrund der
                                Kostenanteile und des vorgegebenen Prinzips gering.

Hier wird nur noch das Vorgehen an Baugruppe 1 beschrieben.

Funktion des Antriebs:

Der Antrieb überträgt das Drehmoment der Elektromotoren mit einer Untersetzung von 1500 auf ca. 25 min⁻¹ auf die sich entgegengesetzt drehenden synchronisierten Wellen. Die Plattform nimmt die Antriebe und den Mischtrog auf.

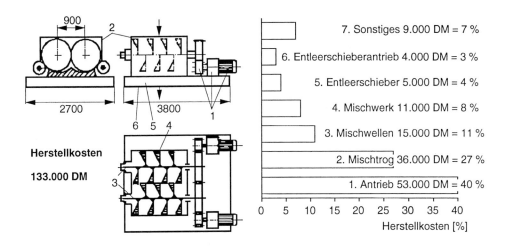

Bild 9.3-7:   Doppelwellen-Betonmischer: Kostenstruktur nach Baugruppen (bisherige Ausführung)

Das Vorgehen wird so eingerichtet, daß die kostenintensiven Baugruppen/Fertigungsverfahren zuerst betrachtet werden (Kap 7.4.1.2). Aus Risikogründen werden hier nicht die Hauptfunktionsträger, d. h. das Mischwerk, verändert (Bild 6.5-5).

e) Zielkosten und Kostensenkungspotentiale für die Baugruppe Antrieb

Eine genaue Analyse des Antriebes im Team ergab folgende Potentiale zum Kostensenken an der Baugruppe Antrieb (**Bild 9.3-8**) mit Fragen zu möglichen Änderungen:

- **Antriebsplattform:**
  - Braucht man sie überhaupt?
  - Welche anderen Lösungen gibt es? (z. B. selbsttragende Konstruktion ohne Plattform).
- **Synchronradsatz:**
  - Ist er durch Kaufteile oder andere Konstruktionen/Prinzipien ersetzbar? (z. B. andere Antriebseinheiten?)
- **Getriebemotoren:**
  - Sind sie durch andere Kaufteile ersetzbar?
  - Ist die Synchronisieraufgabe integrierbar?
  - Gibt es andere Lieferanten?
- Möglichkeiten der **Fertigung**:
  - Was sind die vorhandenen Möglichkeiten?
  - Was sind durch Investitionen zu schaffende Alternativen?

– Statt Einzelfertigung bestimmte **Bauteile in Kleinserien** fertigen?
– **Fremd- oder Eigenfertigung?**
– usw.

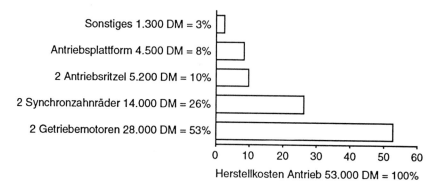

Bild 9.3-8:   Zweiwellen-Betonmischer: Kostenstruktur Antrieb

Diesen Fragen hat sich das Target-Costing-Team [49/9] zu stellen (Kapitel 4.4.1).
Lösungen und mögliche Änderungen werden durch das Team gefunden und schnell auf
ihre Realisierungschancen und Kostensenkungspotentiale hin beurteilt.

Die Änderungsmöglichkeiten und die sich daraus ergebenden Kosten wurden abgeschätzt, so daß als **Kostenziel für diese Baugruppe** eine **Einsparung von mindestens
30%** festgelegt wurde. Für das Erreichen der vereinbarten Teilkostenziele wurden entsprechende **Verantwortliche** bestimmt [22/9]. Bei konstruktiven Änderungen ist der
Konstruktionsleiter, bei mehr fertigungstechnischen Änderungen der Fertigungsleiter,
bei Beschaffungsänderungen der Einkaufsleiter usw. verantwortlich. Aber ein kompe-
tenter Projektleiter trägt die Gesamtverantwortung für das neue Produkt einschließlich
seines Erfolges.

f) Lösungssuche

Für den Antrieb wurden alternative Lösungsprinzipien gesucht und Grobentwürfe angefertigt. **Bild 9.3-9** zeigt **fünf mögliche Alternativen**, die die Forderungen an den Antrieb erfüllen. Hierbei wurde durchweg eine selbsttragende Konstruktion des Misch-
troges bevorzugt (Antriebsplattform fällt weg, der Mischer wird damit auch kleiner und
leichter).

Parallel zur Lösungssuche wird ein **Kosten-Forechecking** durch die enge Zusammen-
beit der Konstruktions-, Fertigungsvorbereitungs- und Kalkulationsabteilung im Target-
Costing-Team verwirklicht [22/9, 35/9, 36/9, 37/9, 39/9]. Die Herstellkosten werden
mitlaufend kalkuliert, Angebote eingeholt usw. Damit ist sichergestellt, daß die
benötigten Informationen in einem kurzen Regelkreis fließen und das vorgegebene
Kostenziel auch erreicht wird. Aus den verschiedenen Grobentwürfen muß dann die
endgültige Lösung unter Kosten- und Funktionsgesichtspunkten ausgewählt werden.

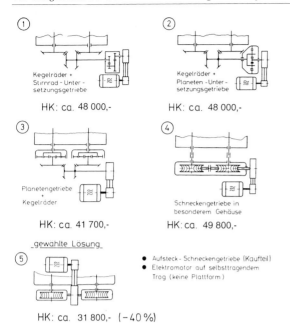

Bild 9.3-9: Alternative Antriebe für Doppelwellen-Betonmischer

Beim **Antrieb** wurde das in **Bild 9.3-9** gezeigte Prinzip 5 mit Aufsteck-Schnecken-getrieben (Antriebsplattform entfällt) gewählt, die über Keilriemen an den Schnecken-wellen angetrieben und durch eine elastische Kupplung synchronisiert werden. Der Elektromotor sitzt auf einer Spannwippe direkt am Mischtrog (**Bild 9.3-10**). Zu beachten ist, daß wegen der Verluste bei Verwendung von Schneckenantrieben die Antriebsleistung um rund 20% erhöht werden muß. Bei einem zentralen Antriebsmotor ist eine elastische Kupplung der beiden Mischwellenantriebe erforderlich.

Beim **Mischtrog** wurde ein komplett geschweißter Mischtrog ausgewählt. Die Bohr-werksbearbeitung für die Mischwellenlagerung entfällt durch Verwendung gedrehter Lagerstelleneinsätze, die auf einer Vorrichtung mit eingeschweißt wurden.

i) Durchführung der Konstruktion

Während der Konstruktion werden noch einige kleinere Änderungen vorgenommen, die jedoch die Herstellkosten kaum beeinflussen. Die Parallelität der Wellen (± 0,5 mm) kann mit der Schweißkonstruktion durch die Verwendung einer Vorrichtung eingehalten werden. Die Vorrichtungskosten wurden in die Kostenbetrachtung mit einbezogen.

Die Änderungen für die hier betrachtete Baugröße können auf die gesamte Baureihe übertragen werden. Bei den größeren Mischern werden lediglich zwei getrennte Antriebsmotoren verwendet.

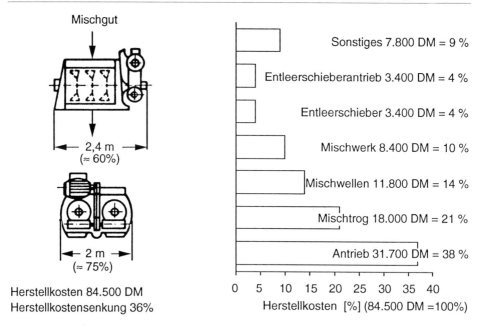

Mischgut

2,4 m
(≈ 60%)

2 m
(≈ 75%)

Herstellkosten 84.500 DM
Herstellkostensenkung 36%

Sonstiges 7.800 DM = 9 %

Entleerschieberantrieb 3.400 DM = 4 %

Entleerschieber 3.400 DM = 4 %

Mischwerk 8.400 DM = 10 %

Mischwellen 11.800 DM = 14 %

Mischtrog 18.000 DM = 21 %

Antrieb 31.700 DM = 38 %

0   5   10   15   20   25   30   35   40
Herstellkosten [%] (84.500 DM =100%)

Bild 9.3-10:   **Neuer Doppelwellen-Betonmischer**: Herstellkostenstruktur nach Baugruppen

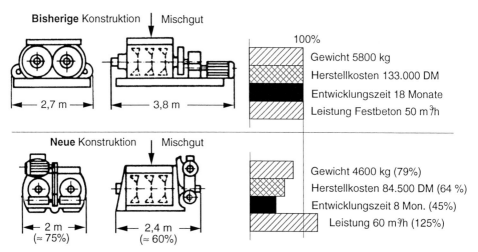

Bisherige Konstruktion | Mischgut

2,7 m   3,8 m

100%
Gewicht 5800 kg
Herstellkosten 133.000 DM
Entwicklungszeit 18 Monate
Leistung Festbeton 50 m³/h

Neue Konstruktion | Mischgut

2 m
(≈ 75%)   2,4 m
(≈ 60%)

Gewicht 4600 kg (79%)
Herstellkosten 84.500 DM (64 %)
Entwicklungszeit 8 Mon. (45%)
Leistung 60 m³/h (125%)

• Kleiner (selbsttragend)
• Leichter (Schweißkonstruktion)
• Leistungsfähiger

• Kostengünstiger
• Geräuschärmer (Schnecken- statt Stirnradgetriebe)
• Wartungsgünstiger (neue Schleißbleche,
  keine Stopfbüchsen, runde Mischnaben)

Bild 9.3-11:   Doppelwellen-Betonmischer: Gegenüberstellung **bisherige/neue Konstruktion**

j) Fertigung und Versuch

Bei der Erprobung stellt sich heraus, daß der Mischer aufgrund der Stoßunempfindlichkeit der Schneckengetriebe und auch vom Mischtrog her eine **25%-ige Überladung** zuläßt, so daß die Leistung entsprechend höher angesetzt werden kann. Damit werden auch die höheren Energiekosten durch den Schneckenantrieb ausgeglichen.

Das **Ergebnis** des zielkostengesteuerten Konstruierens ist, wie Bild **9.3-11** zeigt, ein **kleinerer, leichterer (80%), kostengünstigerer** Mischer (64%), der außerdem noch **leistungsfähiger (125%), geräuschärmer** (wegen der Schneckengetriebe) und **wartungsgünstiger** ist. Die Einsparung beim Grundentwurf ist so groß, daß voraussichtlich die Kosten der ganzen Baureihe um mindestens 20% gesenkt werden können. Die durch Target Costing gesteuerte konstruktive Überarbeitung des Betonmischers, durchgeführt durch ein interdisziplinär zusammengesetztes Team, ist also ein voller Erfolg. Durch die dabei intensive gegenseitige Abstimmung kann die Entwicklungszeit von früher üblichen 18 Monaten, wenn auch nicht auf die geplanten 7 Monate, aber auf 8 Monate verringert werden.

- **Zielkosten** für gesamtes Produkt (Vorgabe der Werksleitung aus Auftragsgespräch)

- Aufspalten in **Teilzielkosten** für Baugruppen: 1 bis 4 und Σ 5 bis 7 (entspr. den Anteilen aus ähnlichem Produkt und Kostensenkungspotentialen aus Target-Costing-Team)

- Erstellen von Vorentwürfen mit Berater

- Kalkulation durch Arbeitsvorbereitung, Kostenschätzung durch Berater

- Ermittelte Kosten für Baugruppen; Vergleich mit Teilzielkosten

- Konstruktive Überarbeitung der Baugruppen A2, B2

- Kalkulation bzw. Schätzung

- Ermittelte Kosten für Baugruppen; Vergleich mit Teilzielkosten

- Erstellen des Entwurfs

- Vorkalkulation des gesamten Produkts

- Vergleich der ermittelten Gesamtkosten mit Zielkosten

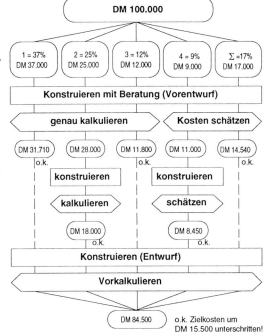

Bild 9.3-12: Ablauf beim Konstruieren auf ein Kostenziel hin

k) Was zeigt das Beispiel?

Den Ablauf des Beispiels zeigt zusammengefaßt schematisch **Bild 9.3-12** [1/9]. Es wird ein Team gebildet (Kapitel 4.3.3, 4.4.1). Die Zielkosten (hier 100.000 DM) werden in Teilziele aufgespalten: in Zielkosten für die Baugruppen bzw. -teile 1, 2, 3, 4 (A- und B-Teile) und die Summe der Baugruppen 5 bis 7 (C-Teile). Ferner wird ein Ziel für die

Verschleißkosten definiert. Für das Erreichen der Zielkosten der einzelnen Baugruppen werden Maßnahmen im Team festgelegt und Verantwortliche benannt, ähnlich auch für die Verschleißkosten. Die Maßnahmen werden umgesetzt. In festgelegten Zeitabständen trifft sich das Team und berichtet über den Stand. Wird bei bestimmten Baugruppen erkannt, daß das Ziel nicht erreicht wird (Baugruppen 2 und 4), werden diese erneut überarbeitet, bis die Zielkosten erreicht sind oder andere Kostensenkungsmaßnahmen beschlossen werden [22/9, 45/9].

9.3.4   Kostengünstig Konstruieren mit integrierten Rechnerwerkzeugen

Zur Unterstützung des Kostengünstigen Konstruierens bietet sich auch der Einsatz von Rechnern an. Das Entwicklungsteam oder der Konstrukteur wird beim kostenzielorientierten Arbeiten durch die Bereitstellung von kostenrelevanten Informationen und Kalkulationsverfahren unterstützt. Derartige Rechnerhilfsmittel werden unter dem Begriff **Kosteninformationssysteme** zusammengefaßt. Mit ihnen können nicht nur Materialeinzel- und Lohnkosten gesenkt werden, sondern genauso wirksam Gemeinkosten durch die Vermeidung unnötiger Varianten.

9.3.4.1   Kosteninformationssysteme

Ziel von Kosteninformationssystemen ist das Unterstützen des Kostengünstigen Konstruierens in zweierlei Hinsicht. **Unmittelbar beeinflußbare Kosten** des Produkts sollen mit Hilfe der konstruktionsbegleitenden Kalkulation und einer allgemeinen Kosteninformationsbereitstellung über die in Bild 9.1-7 dargestellten Einflußfaktoren kostengünstig festgelegt werden. **Variantenabhängige Gemeinkosten** sind durch eine geeignete Teileverwaltung und die Unterstützung von Normungsbestrebungen längerfristig ebenfalls beeinflußbar. Eine Auswahl aus möglichen Inhalten, die sich für rechnergestützte Kosteninformationssysteme eignen, ist in **Bild 9.3-13** dargestellt.

Auf der linken Seite sind Unterstützungsmöglichkeiten aufgezählt, die sich für den Einsatz eines datenbankgestützten, passiven Systems eignen. Der Anwender hat hier die Möglichkeit, sich die gespeicherten Kosteninformationen passend zu seiner Aufgabenstellung auszuwählen und anzusehen. Derartige **datenbankgestützte Informationssysteme** verhalten sich passiv, Kostenberechnungen oder eine fallbezogene Informationsaufbereitung ist nicht möglich. Eine CAD-integrierte Oberfläche ist in der Regel realisierbar und lohnend. Rechts dargestellt sind aktive Systemkomponenten: Am bekanntesten sind **Systeme zur konstruktionsbegleitenden Kalkulation**. Diese ermöglichen es, dem Konstrukteur schnell die Herstellkosten seines aktuellen Entwurfs zu kalkulieren und mit Hilfe von diesen Kostenergebnissen zielbewußt zu konstruieren. Von den einfachen Methoden der Kostenberechnung mit Kurzkalkulationsverfahren (Kap. 9.2.3) bis hin zur Kalkulation, basierend auf **automatisch erzeugten Arbeitsplänen**, sind zahlreiche Ansätze mit unterschiedlicher Genauigkeit und Kostentransparenz realisiert. Zusätzlich interessant, mit Blick auf die Gemeinkostenreduzierung, sind leistungsfähige Systeme zur **Wiederhol- und Ähnlichteilsuche**. Diese sind geeignet, einer unnötigen Variantenvielfalt in Konstruktion, Planung und Fertigung vorzubeugen. Mit Ähnlichkeitsanalysen kann auch die bestehende Teilevielfalt eingeschränkt werden (Kap. 9.4.4). Wissensbasierte Systeme, wie sie zur konstruktionsbegleitenden Kalkulation mit automatischer Arbeitsplanung eingesetzt werden, eignen sich auch zur automatischen Analyse des aktuellen Entwurfs. Die fertigungsgünstige, normgerechte und auch kostengünstige Gestaltung kann so teilweise geprüft und mit Hilfe von Hinweisen unterstützt werden.

Kosteninformationssysteme zum Kostengünstigen Konstruieren	
Inhalte passiver Module	Inhalte aktiver Module

Kosteninformationen
Kosten von Vorläufern MK, HK
Kostenstrukturen, Relativkosten
Kostensätze: Maschinen, Platzkosten...
Werkstoffpreise, Kaufteilkataloge mit Preisen
Ergebnisse aus Wertanalysen
Hinweise: kostengünstige Gestaltung
Kostenziele
Informationen mit indirektem Kostenbezug
Zeiten: Rüst-, Haupt-, Nebenzeiten
Arbeitspläne, Maschinen, Werkzeuge
Vorhandene Vorrichtungen
Zuverlässigkeit: Schäden, Probleme
Checklisten, Hinweise: montagegünstig,
   fertigungsgünstig, recyclinggerecht...
Musterzeichnungen, Normen
Ansprechpartner, Verbesserungsvorschläge
Werkstoffkennwerte, Leichtbau
	Konstruktionsbegleitende Kalkulation
	Kalkulationsverfahren (Kap. 9.2.3) insbes.:
	Kurzkalkulationsverfahren
	Fertigungsorientierte Analogieverfahren
	Arbeitsplanbasierte Kostenstrukturen
	Variantenvergleiche, fallbezogene Hinweise
	Automatische Arbeitsplanerstellung
	Wiederhol- und Ähnlichteilsuchsysteme
	Suche über Sachmerkmalsleisten
	Featurebasierte Wiederhol- und Ähnlichteilsuche
	Variantenanalysen
	Wiederverwendung von Detailgestaltungen,
	   Werkzeugen, Vorrichtungen
	Automatische Analyse des Entwurfs
	Dynamisches Prüfen: Maschinenarbeitsräume,
	   Prozeßeignung, Werkzeuge, Vorrichtungen
	Normenkontrolle, automatische Hinweise

Bild 9.3-13: Mögliche Inhalte von Kosteninformationssystemen

Um sowohl der Herstell- als auch der Gemeinkostenverantwortung in der Konstruktion gerecht zu werden, ist die **CAD-Integration des Kosteninformationssystems** von großer Bedeutung. Zur Unterstützung beider Zielrichtungen beim Kostengünstigen Konstruieren und der CAD-Integration eignet sich eine **featurebasierte Produktmodellierung** in einer firmenweit verfügbaren Datenbank. Features, als Basis dieser Produktmodellierung, sind Objekte, die zur Beschreibung der geometrischen und zusätzlichen, nichtgeometrischen Eigenschaften von Produkten, Baugruppen, Einzelteilen und Gestaltzonen dienen. In **Bild 9.3-15** wird am Beispiel einer Zahnradwelle veranschaulicht, wie die hierarchische Strukturierung eines Einzelteils in ein Feature für das Bauteil und mehrere, untergeordnete Features für die Gestaltzonen aufgebaut ist. Die in diesen Objekten verwalteten Eigenschaften richten sich nach den Anforderungen aus den Programmen, die auf diese Produktbeschreibung zugreifen oder Daten in ihr speichern. Im Zusammenhang mit Kosteninformationssystemen sind das neben der Geometrie insbesondere fertigungs- und montagerelevanten Eigenschaften. Basierend auf dieser rechnerinterpretierbaren Produktmodellierung ist der **Einsatz von wissensbasierten**

Systemen zur **automatischen Arbeitsplanung und Kostenrechnung** oder statistischen Verfahren der Kostenschätzung möglich. Auch leistungsfähige Wiederhol- und Ähnlichteilsuchsysteme lassen sich mit Hilfe der im Produktmodell gespeicherten Informationen realisieren.

9.3.4.2 Anwendung eines Kosteninformationssystems

Am Beispiel des Kosteninformationssystems **XKIS** (**E**xtendiertes **K**osten-**I**nformations-**S**ystem [50/9, 51/9]) soll der Stand der Technik und die Leistungsfähigkeit derartiger Systeme dargestellt werden. Die Produktbeispiele stammen aus einem Unternehmen der Antriebstechnik, das dieses Kosteninformationssystem einsetzt, die Kostenwerte sind abgeändert. Die Unterstützung des Kostengünstigen Konstruierens durch XKIS ist in **Bild 9.3-14** ausgehend vom Konzept in der Konstruktion bis hin zur Fertigungsplanung dargestellt. Damit wird in diesem Unternehmen gearbeitet.

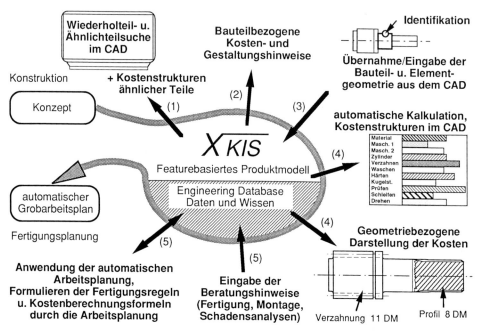

Bild 9.3-14: Unterstützen des Kostengünstigen Konstruierens mit einem CAD-integrierten Kosteninformationssystem (nach [50/9]). Die Nummern 1 bis 5 beziehen sich auf die Punkte (1) bis (5) des Textes.

Featurebasierte Wiederhol- und Ähnlichteilsuche (1)

Spätestens mit der Erstellung eines Produktkonzepts stellt sich dem Konstrukteur die Frage, ob im Unternehmen bereits ein Konzept, ein Bauteil oder eine Baugruppe existiert, das den gewünschten Anforderungen ganz oder teilweise entspricht. Rechtfertigt die erwartete Stückzahl keine Neukonstruktion, so ist die gezielte Wiederhol- oder

Ähnlichteilverwendung ohnehin die kostengünstigste Lösung. Wenn die Gemeinkostenverursachung von neuen Bauteilen und Varianten in indirekten Bereichen in der Kostenbewertung berücksichtigt wird, ist die Wiederholteilverwendung zusätzlich interessant.

Das **Modul zur Wiederholteilsuche** beinhaltet als Basis für die Suche alle Bauteile, die mit dem System bearbeitet (identifiziert) wurden. Sinnvollerweise sind das auch wiederzuverwendende Altteile. Da das Produktmodell die gesamte Bauteilgeometrie und fertigungsrelevante Zusatzinformationen umfaßt, kann der Konstrukteur nach nahezu allen technischen Ausprägungen suchen. Er kann sich sein Wunschbauteil aus beliebigen Features „zusammenbauen" (**Bild 9.3-15**). Als Suchattribute sind Wertebereiche, Grenzwerte oder diskrete Werte von beliebigen Eigenschaften der gewählten Features zulässig. Auch die Suche nach einem einzelnen, speziellen Feature, beispielsweise einer aufwendig herzustellenden Verzahnung, ist möglich. Diese kann dann an einem neuen Bauteil verwendet werden. Vorhandene Werkzeuge (hier teure Verzahnungswerkzeuge), Vorrichtungen und andere Betriebsmittel können so wiederverwendet werden.

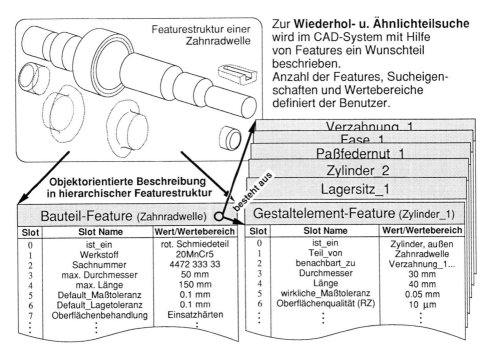

Bild 9.3-15: Featurebasierte Produktmodellierung als Basis für die rechnertechnische Verwaltung, die Wiederhol- und Ähnlichteilsuche und die konstruktionsbegleitende Kalkulation [nach 52/9]

Als **Ergebnis der Anfrage** erhält der Konstrukteur im CAD eine Liste der gefundenen Teile. Er kann die Zeichnungen unmittelbar ansehen oder gegebenenfalls die Suchanfrage weiter verfeinern. Das so gefundene Teil kann dann entweder unverändert in den aktuellen Entwurf übernommen und bedarfsweise angepaßt werden. Ein weiterer Vorteil aus der Verknüpfung dieser Wiederhol- und Ähnlichteilsuche mit dem Kalkulationssystem ist, daß zu ähnlichen Teilen auch die Kostenstrukturen gespeichert sind und am CAD-Bildschirm angezeigt werden können. Dies ist ein wichtiges Hilfsmittel für ein kostenzielorientiertes Vorgehen, auch wenn das ähnliche Teil nicht unmittelbar übernommen wird. Es verschafft einen transparenten Überblick über die Kosten, ihre Verteilung und die Kostenschwerpunkte. So wird neben der Anpassungs- und Variantenkonstruktion auch die kostenzielorientierte Neukonstruktion unterstützt.

Bauteilbezogene Hinweise (2)

Es besteht in der zugrundeliegenden Datenbank ebenfalls die Möglichkeit, Hinweise und Informationen (zu Fertigung, Montage, Schadensfällen, Produktgebrauchsverhalten, Marktanalysen, etc.) mit Teileklassenbezug abzuspeichern. Auf diese kann der Konstrukteur aus dem CAD-System heraus interaktiv über unterschiedliche Klassifizierungen zugreifen, um sich fallbezogen zu informieren.

Automatische Kalkulation der Entwürfe nach interaktiver Geometrie-Identifikation (3)

Ausgangsbasis für die Anwendung der konstruktionsbegleitenden Kalkulation ist eine 2D- oder $2^1/_2$D-Zeichnung im CAD. Diese muß nicht vollständig detailliert sein. Es genügt, wenn der Konstrukteur eine skizzenartige Entwurfszeichnung erstellt hat. Auf Basis dieses Entwurfs kann er die kostenbestimmenden Eigenschaften quantifizieren und dem System angeben. Um einen Entwurf kostenmäßig durch das System bewerten zu lassen, muß der Konstrukteur den Entwurf beschreiben. Hierzu ist die interaktive Eingabe der Geometriedaten des Teils mit der Maus durch „Anfassen" der beschreibenden Geometrieelemente nötig (= Identifikation). Die Gewinnung der nichtgeometrischen Eigenschaften – Werkstoff, Wärmebehandlungen, Standardoberflächenqualität, Zeichnungsfreigabestand, die geplante Jahresstückzahl, etc. – geschieht ebenfalls menügesteuert unmittelbar im CAD-System mit Hilfe eingeblendeter Auswahllisten oder über die Tastatur. Alle erforderlichen Daten werden entsprechend der featurebasierten Produktmodellierung, abhängig von der Featureklasse, um die es sich handelt (Bild 9.3-15), vom System abgefragt; es sind dieselben, die prinzipiell auch für die zukünftige Wiederholteilsuche zur Verfügung stehen.

Aufbauend auf diesen rechnerinterpretierbaren Produktdaten findet die **automatische Grobarbeitsplanung** statt [51/9]. Basis hierfür ist neben dem Produktmodell und der Wissensbasis ein detailliertes Fertigungs- und Kostenrechnungsmodell des zugrundeliegenden Unternehmens.

Darstellung der Berechnungsergebnisse als Kosten oder Zeiten (4)

Die Ausgabe der Ergebnisse im CAD erfolgt wahlweise in der in **Bild 9.3-16** oder in **Bild 9.3-17** dargestellten Form. In der ersten Darstellung werden einzelnen Bearbeitungsflächen die Kosten bzw. Zeiten, die für ihre Bearbeitung anfallen, mit Pfeilen zugeordnet. Berücksichtigung finden hier alle vom Konstrukteur erfaßten Features. Die Zuordnung zu den einzelnen Gestaltzonen des Entwurfs macht auf diese Weise die Kostenverursachung transparent. Die Werte dieser Darstellung enthalten Kosten aus allen beeinflußbaren und unbeeinflußbaren Einzelzeiten, die den einzelnen Bearbeitungsflächen und damit den Features zuzurechnen sind.

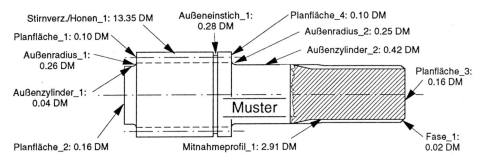

Bild 9.3-16: Ergebnisse der konstruktionsbegleitenden Kalkulation im CAD-System: Die Fertigungskosten werden – soweit möglich – direkt den Bearbeitungsflächen zugeordnet [nach 51/9].

Zur übersichtlichen Darstellung aller Kosten, die bei der Herstellung des Teils entstehen, ist die **Kostenstruktur** (Bild 9.3-17) geeignet. Im oberen Bereich sind die Kosten bzw. Zeiten für die Bearbeitung der Features, analog zur gestaltbezogenen Ausgabe in Bild 9.3-16, dargestellt. Desweiteren sind die geplanten Maschinen mit Rüst- und Nebenzeiten dargestellt. Im unteren Teil finden sich die Kosten, die dem Einzelteil gesamtheitlich zugerechnet werden. Dieses sind Materialkosten und Bearbeitungskosten, die nicht auf einzelne Gestaltzonen verteilt werden sollen oder können. Die Analyse dieser Kostenergebnisse ist Basis für gezielte Änderungen am Entwurf, die dann mit einer erneuten Kalkulation bewertet werden können. Die detaillierte Kostenstruktur dient als Diskussionsgrundlage im Team oder bei Rückfragen in der Arbeitsplanung.

Schnittstelle zur Fertigungsplanung und Kostenrechnung (5)

Zur qualifizierten Hilfestellung müssen die vorgesehenen Hinweise in strukturierter Form eingegeben werden. Die Pflege des Systems durch Experten, in Bild 9.3-14 dargestellt durch die Fertigungsplanung, wird über eine eigene Schnittstelle ermöglicht. Über diese haben die Expertenabteilungen (Fertigungsplanung, Zeiterfassung, Betriebsmittelkonstruktion, etc.) auch Zugriff auf das Produktmodell in der Datenbank, die Daten- und Wissensbanken und den automatisch erstellten Grobarbeitsplan. Für die Fertigungsplanung existiert ebenfalls die Möglichkeit, Teile automatisch planen zu lassen. Im Gegensatz zur CAD-Anwendung kann hier zusätzlich die Regelbasis verändert werden. Mit diesem Werkzeug können unterschiedliche Fertigungsvarianten für dasselbe Bauteil kosten- und zeitmäßig verglichen werden. Auch die Wiederholteil- und Ähnlichteilsuche ist über die alphanumerische Programmoberfläche verfügbar.

Diese dargestellten, leistungsfähigen Hilfsmittel erfordern neben dem featurebasierten **Produktmodell**, das wie beschrieben mit der Identifikation des Entwurfs im CAD gewonnen wird, eine umfangreiche, rechnerinterpretierbare Daten- und Wissensbereitstellung in einer Datenbank (rechts unten in **Bild 9.3-18**). Im vorgestellten System ist dieses in vier weiteren, eigenständigen Teilmodellen ausgeführt:

Das **Fertigungsmodell** umfaßt technische Fertigungs- und Anlagendaten, Maschinen, Werkzeuge, Werkstoffe, Betriebsmittel, Schneidstoffe, Vorgabezeiten und Abteilungs- bzw. Fertigungssegmentzuordnungen.

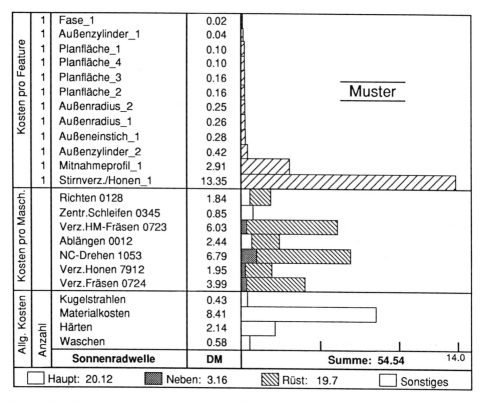

Bild 9.3-17: Konstruktionsbegleitende Kalkulation im CAD-System: Die Kostenstruktur vermittelt einen transparenten Überblick über die mit der Konstruktion festgelegten Kosten [nach 51/9]

Das **Prozeßmodell** beschreibt die beherrschten Prozesse und Operationen im Unternehmen, die Prozeß- und Operationsparameter (Schnittgeschwindigkeiten, Vorschübe, etc.), die Zuordnung der verfügbaren Maschinen zu Prozessen und Teileklassen, ebenso die Werkzeugzuordnung zu Operationen und Teileklassen; weiterhin die Bevorzugung bestimmter Maschinen für Fertigungsprozesse und die Freigabe für festgelegte Teileklassen. Das **Kostenrechnungsmodell** umfaßt die Stundensätze der Maschinen und Werker, die Gemeinkosten- und diversen anderen Kostenzuschläge, die Abteilungszugehörigkeit des Inventars, die Kostenverrechnungsmethoden und die Regeln über die Anwendung der einzelnen Kalkulationsformeln und ihrer Parameter. Das **Planungsmodell** beschreibt die Regeln und Formeln, die es gestatten, die im Produktmodell verfügbaren Features zu bearbeiten. Diese werden im wissensbasierten Arbeitsplanungsmodul verwendet und steuern die Planung. Hierzu zählen beispielsweise Anwendungsgrenzwerte der verschiedenen Fertigungsprozesse (Toleranzen, Abmessungen, etc.),

Regeln über die gestaltabhängigen Fertigungsprozesse, die Maschinen- und Werkzeugauswahl, über die Stückzahlabhängigkeit der Fertigungsprozesse, etc.

Prinzipiell sind dem gespeicherten Wissen und den Informationen keine Grenzen gesetzt, jedoch spielt wegen der geforderten Aktualität der **Pflegeaufwand** im Verhältnis zum Anwendernutzen eine wesentliche Rolle für die Festlegung des Umfangs und der damit verbundenen Leistungsfähigkeit des Systems.

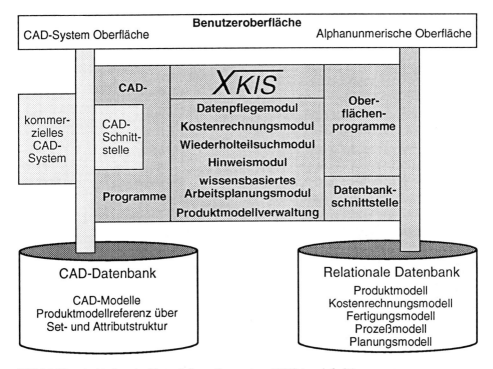

Bild 9.3-18: Architektur des Kosteninformationssystems XKIS (vereinfacht)

Die Funktionen des Systems sind in **unterschiedlichen Modulen** realisiert. Dargestellt sind in Bild 9.3-18 die wichtigsten Module: Das Datenpflegemodul zur komfortablen Daten- und Wissenspflege von alphanumerischen Terminals aus. Das Kostenrechnungsmodul, um aus den Zeiten des automatisch generierten Arbeitsplans mit den betrieblichen Kostenrechnungsverfahren die Herstellkosten zu ermitteln. Das Wiederholteilsuchmodul zur CAD-gestützten oder alphanumerischen Wiederhol- und Ähnlichteilsuche. Das Hinweismodul zur interaktiven Unterstützung des Konstrukteurs und das Modul zur automatischen, wissensbasierten Grobarbeitsplanung. Die Gewährleistung der Konsistenz von CAD-Modell und Produktmodell in der relationalen Datenbank stellt das Modul zur Produktmodellverwaltung sicher, ebenso die Möglichkeit, neue Featureklassen im System zu implementieren.

Die **unterschiedlichen Anwendungsprogramme** für Konstrukteure, Fertigungsplaner und weitere Anwender umfassen jeweils die Module mit den Datenbankschnittstellenprogrammen und die Produktmodellverwaltung. Die übrigen Systemkomponenten sind abhängig von der Anwendungsoberfläche und der gewünschten Funktionalität nur bedarfsweise integriert. Das Management der Benutzerführung und der Bildschirmdarstellung wird im CAD über Programme, die die CAD-Schnittstelle nutzen, gewährleistet. Für die alphanumerischen Oberflächen werden mit Hilfe der Oberflächenprogramme übliche Werkzeuge der Systemumgebung genutzt.

Wie weitgehend derartige Systeme ausgelegt werden, muß sich am Aufwand/Nutzen-Verhältnis und damit den Randbedingungen des Unternehmens orientieren. Die **erreichbare Abweichung** der Kostenrechungsergebnisse beträgt ±10% zu den Ergebnissen der Nachkalkulation oder ist abhängig von der Anzahl der Regeln und dem Umfang der verfügbaren Daten im Produktmodell noch deutlich besser. Mögliche Kostenreduzierungen mit Hilfe dieser detaillierten Kostenaussagen für Teileklassen, die in großen Stückzahlen und mit stark standardisierter Fertigungseinrichtung produziert werden, überschreiten selten 15%, sind jedoch gerade wegen der genannten Randbedingungen interessant. Das Kostensenkungspotential durch den Einsatz des Systems steigt mit größeren Abweichungen des Entwurfs vom firmentypischen Standard. Ein wesentliches Leistungsmerkmal des gewählten Ansatzes ist darüber hinaus, daß nicht nur die Gestaltung, und damit die günstige Festlegung der **Material- und Herstellkosten,** unterstützt wird, sondern sich auch die **Gemeinkosten** senken lassen, indem die Variantenvielfalt durch die Wiederhol- und Ähnlichteilsuche präventiv eingeschränkt wird. Das führt neben der unmittelbaren **Reduzierung der Teilevielfalt** auch zu verstärkter Standardisierung im Bereich der Fertigungsvorbereitung und damit zur Reduzierung der Geschäftsprozesse in gemeinkostenverursachenden, indirekten Bereichen. Darüber hinaus wird die Zahl der neu zu beschaffenden Werkzeuge, Sonderwerkzeuge und anderen Betriebsmittel minimiert. Mit Hilfe von komfortablen CAD-gestützten Ähnlichkeitsanalysen wird auch das nachträgliche Variantenreduzieren erleichtert (vgl. Kapitel 9.4.4).

Die dargestellte Rechnerintegration muß ergänzt werden durch eine verstärkte, personenbezogene Integration der Prozesse. Sie eignet sich aber, wie am Beispiel XKIS gezeigt, gut zur Unterstützung integrierender Vorgehensweisen (vgl. Kapitel 4.4).

9.4 Variantenmanagement

Der Wandel vom Verkäufer- zum Käufermarkt bedeutet ein verstärktes Konkurrieren von Herstellern um die Gunst des Kunden (Kapitel 4.2.2). Es werden demzufolge wenig besetzte Marktnischen gesucht und vermehrt spezifische Kundenwünsche erfüllt. Durch kurzfristige Überarbeitung oder Neuentwicklung von Produkten werden neue Kaufanreize erzeugt. Dieser Markttrend vergrößert die Variantenvielfalt bei gleichzeitig geringerer Stückzahl und Losgröße pro Variante.

Beide Tendenzen, der Variantenzuwachs und die Losgrößenverringerung, erhöhen die direkten und indirekten Kosten pro Variante und verlängern die Durchlauf- und Lieferzeit.

Untersuchungen, vor allem bei der Automobilindustrie, führten u. a. zu folgenden Ergebnissen [53/9]:

- Die Anzahl der Teilenummern ist seit 1975 bis 1985 um 400% gestiegen.
- ₍ 50% der Varianten sind überflüssig.
- 50% der Investitionen sind komplexitätsbedingt.
- 80% der Tätigkeiten sind nur noch mittelbar wertschöpfend.

Die Steigerung der Teilevielfalt, Produktvielfalt und die daraus resultierende Komplexität der Produkte erzwingen eine systematische Durchforstung der Produktpalette, um Teile und Varianten zu reduzieren.

Es ist also dringend erforderlich, durch sogenanntes Variantenmanagement folgende Ziele zu erreichen:

- Bedienen des Marktes **nur mit den nötigen Varianten** (am Markt erforderliche Varianz [54/9]).
- Erkennen und **Reduzieren der unnötigen Varianten**.
- **Verringern der Durchlaufzeiten** und insbesondere der **indirekten Kosten** bei den nötigen Varianten.

Im folgenden werden die Ursachen, dann die Auswirkungen und schließlich die Möglichkeiten der Analyse von Produkt- und Teilevielfalt vorgestellt. Diese Schritte sind Vorarbeiten zur Reduzierung der Variantenvielfalt und zur Senkung der Zeiten und Kosten.

9.4.1 Ursachen von Produkt- und Teilevielfalt

Die angesprochene Variantenvielfalt kann sich beziehen auf:

- **Die Produkt- oder die Erzeugnisvarianten,** die extern „zum Kunden hin" sichtbar wird (z. B in den Varianten der Leistung, Baugröße, Ausstattung, Materialien, des Designs).
- **Baugruppen- und Teilevarianten,** die intern z. B in unterschiedlicher Gestalt oder Fertigungs- und Montagetechnik erzeugt werden.

a) **Ursachen für die Produktvarianten** können folgende sein [vgl. 55/9]:

- Dominanz des Vertriebs relativ zu Konstruktion und Produktion
- größere Marktanteile durch breitgestreutes Angebotsprofil (Diversifikationsstrategie)
- länderspezifische Abänderungen zur Exportfähigkeit von Produkten
- Angebot einer kundenspezifischen Lösung als Türöffner für Folgeaufträge
- gesetzliche Auflagen

b) **Ursachen für die Teilevielfalt** können eher in der internen Organisation begründet sein [vgl. 54/9, 56/9]:

- Mangel an Koordination und Zusammenarbeit zwischen den Unternehmensbereichen

- mangelhafte Zugriffsmöglichkeit auf relevante Informationen
- unzureichende Beschreibung der Produktstruktur
- zu späte Normung und Standardisierung der Bauteile
- Verwendung von konventionellen Kalkulationsverfahren zur Beurteilung der Kosten anstelle des Prozeßkostenansatzes (Bild 9.1-3)
- bereits vorhandene Erfahrung wird nicht genutzt
- Fehlen von effektiven, schnellen Wiederholteil- und Ähnlichkonstruktionssuchsystemen
- Kommunikationsdefizite in der Konstruktion
- falsche Nutzung der Kopier- und Änderungsfreundlichkeit bei CAD-Systemen, d. h. schnelle Konstruktion, aber kostenintensive Herstellung

9.4.2   Auswirkungen der Produkt- und Teilevielfalt auf Herstellkosten

Es charakteristisch, daß die **Kosten der Variantenvielfalt** in den Herstellkosten der Produkte kaum sichtbar werden. Wieviel Kosten allein für die Erstellung einer neuen Zeichnung anfallen, zeigt **Bild 9.4-1** aus der Untersuchung eines Dieselmotorenherstellers (MTU). Eine Zeichnung, die mit einem Zeitaufwand von z. B. 2 Stunden Konstruktionsarbeit im Konstruktionsbüro 200 DM kostet, kann durch die Aktivitäten der davon betroffen Abteilungen (rechts im Bild) zur Einführung ohne weiteres das 6-fache, nämlich 1.200 DM, kosten. Durch die Erhaltung (z. B. Datenverarbeitung) und nötige Änderungen im Laufe von z. B. 10 Jahren können sich Kosten von 4.000 bis 7.000 DM ergeben (vgl. auch [57/9]. In stark arbeitsteiligen Unternehmen ist auch schon das Mehrfache davon errechnet worden. All das sind Kosten, die entstehen, ohne daß ein Teil gefertigt oder montiert wurde: also reine Verwaltungskosten. Die **Durchlaufzeiten** steigen gleichzeitig entsprechend mit der Zunahme der Teilevielfalt.

Hierbei werden durch die Anwendung der konventionellen Kostenrechnung nur die steigenden Fertigungskosten aus Rüstzeiten entsprechend den niedrigeren Stückzahlen sichtbar (Kapitel 9.2.3d). Die wesentlich größere Kostenauswirkung entsteht durch eine Erhöhung der Gemeinkosten im Bereich Entwicklung und Konstruktion, Vertrieb, Materialwirtschaft, Qualitätssicherung, Rechnungswesen, Logistik und Montage. Tätigkeiten, die früher einmalig für eine große Anzahl von gleichen Produkten waren, treten jetzt laufend, fast für jedes verkaufte Produkt auf. (Bild 9.1-3).

Meist ist mit der **Produkt-** und **Teilevielfalt** eine entsprechend hohe **Kunden-, Lieferanten-** und **Auftragsvielfalt** verbunden. Alle fünf Einflüsse bedingen einander und treiben die Gemeinkosten in die Höhe. Nach einer Untersuchung des Lehrstuhls für Konstruktion im Maschinenbau bei 10 Herstellern der Antriebstechnik betrug der Anteil der Gemeinkosten an den Selbstkosten bis zu 50% und mehr (Kapitel 4.5 b).

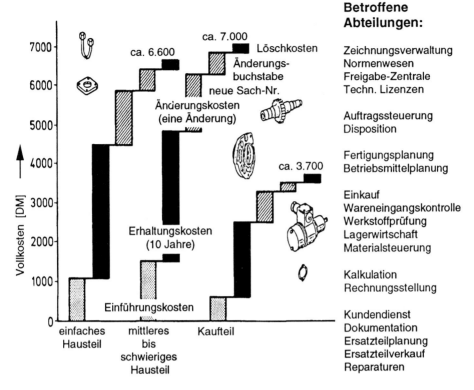

Bild 9.4-1: Beispiele für die Verwaltungskosten eines Bauteils

9.4.3 Analyse der Teilevielfalt

Die Feststellung des Istzustandes ist die Ausgangsposition zur Erforschung der **Ursachen der Varianten- und Teilevielfalt**. Hierzu können verschiedene Analysemethoden eingesetzt und ausgehend von deren Ergebnissen Abhilfemaßnahmen abgeleitet werden.

ABC-Analyse

Es erfolgt die Gegenüberstellung der gesamten Produktpalette nach dem Beitrag zum Gesamtumsatz bzw. zum Deckungsbeitrag. Tragen 80% der Artikel zu weniger als 20% des Umsatzes bei (80-zu-20 Regel), muß eine große Anzahl nicht gängiger Artikel als real unwirtschaftlich gewertet werden (Bild 7.2-5, Kapitel 4.5b).

Entwicklungsanalyse

Durch die Betrachtung der Entwicklung der Teilevielfalt im Laufe der Zeit werden der jeweils anteilige Umsatz und die Produktion pro Sachnummer in vergangenen Jahren verglichen (Kapitel 5.2.2.2). **Bild 9.4-2** zeigt hierfür ein Beispiel aus der Elektrogeräteindustrie. Die Gesamtzahl der Sachnummern hat hier innerhalb von 10 Jahren um über 200% zugenommen. Der Umsatz ist dabei nicht entsprechend gestiegen, im Gegenteil: Er ist um 40% pro Sachnummer gefallen! Bei dieser Entwicklungsanalyse erkennt man, daß die Sachnummer der mechanischen Bauteile am stärksten gestiegen ist.

Aus Detailanalysen zu Deckungsbeiträgen, Gemeinkosten und Fixkosten zur Ergebnisauswirkung läßt sich oft unmittelbar ein Lösungsweg ableiten.

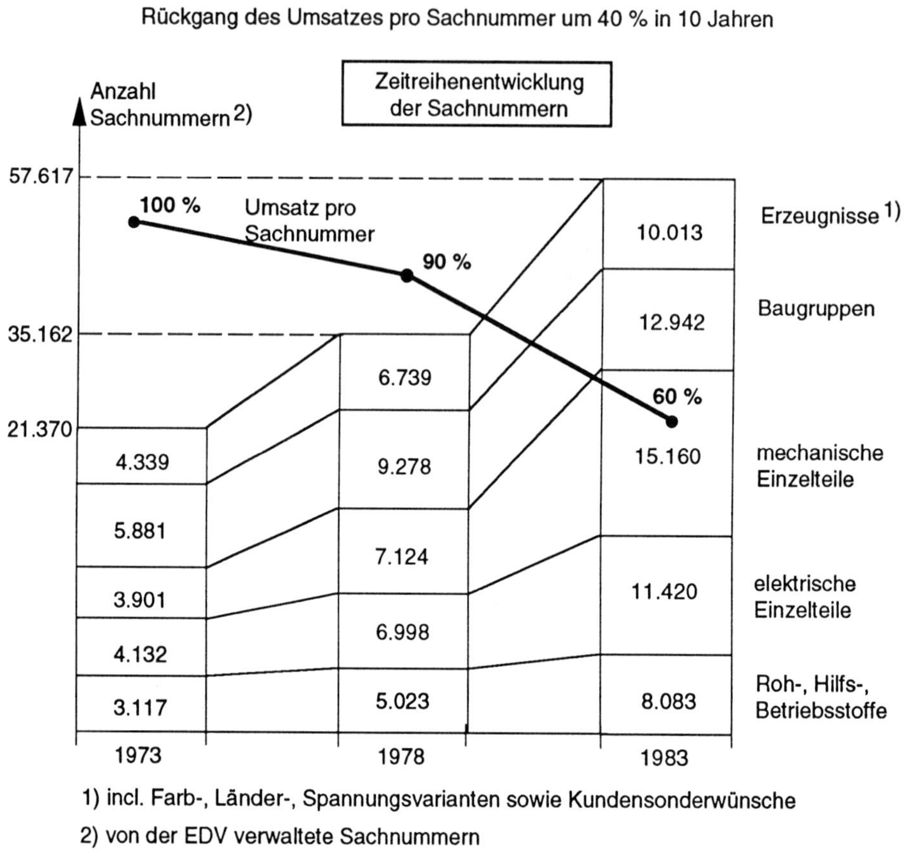

Rückgang des Umsatzes pro Sachnummer um 40 % in 10 Jahren

1) incl. Farb-, Länder-, Spannungsvarianten sowie Kundensonderwünsche

2) von der EDV verwaltete Sachnummern

Bild 9.4-2:   Ergebnis einer Untersuchung der Entwicklung der Sachnummer-Anzahl bei Elektrogeräten im Laufe der Zeit nach Hichert [55/9]

Erstellen eines Variantenbaums

Eine Beschreibung der Variantenvielfalt eines Produkts ist nicht allein aus den Strukturstücklisten, der Teileverwendungsnachweise, dem Fertigungsarbeitsplan oder dem Vorranggraph möglich. Die Übersicht über die Variantenvielfalt muß erst in einem sogenannten Variantenbaum, ausgehend von den genannten Informationsträgern, erstellt werden. Ordnet man die Anbauteile entsprechend ihrer Montagereihenfolge und stellt nach jedem Teilvorgang die bisher erreichte Variantenvielfalt dar, wobei ein Basis- oder Trägerbauteil den Anfang bildet, so gelangt man zu einer **Variantenbaumstruktur** [54/9].

Basisbauteil ---> Anbauteile ---> Varianten

Durch Ausarbeiten eines Variantenbaums [54/9, 56/9] kann der Produktaufbau durchleuchtet werden. Mit Basisarbeitsplan- und Stücklistendaten werden die Bauteile mit ihrer Montagevorgangsfolge für die Serienumfänge der zu untersuchenden Baugruppe ermittelt. Ist die Variantenstruktur der Produktpalette im IST-Zustand durchleuchtet, wird ein neuer Variantenbaum für den SOLL-Zustand entwickelt, in dem die **überflüssigen Varianten** ausgemerzt sind. Für Beispiele hierzu wird auf die Literatur verwiesen.

9.4.4 Verringerung der Produkt- und Teilevielfalt

Das **Bild 9.4-3** zeigt das Ergebnis einer Studie von McKinsey in der Elektronikbranche. Hier werden erfolgreiche (schattierter Balken) und weniger erfolgreiche Unternehmen (schraffierter Balken) bezüglich ihrer Varianten- und Teilevielfalt gegenübergestellt (siehe auch Kapitel 4.5b). Das Bild zeigt das Effizienzpotential, das in der Reduzierung der Produkt- und Teilevielfalt steckt. Um dieses Potential auszuschöpfen, ist es notwendig, nach der Durchführung der bereits beschriebenen Analysen technische bzw. organisatorische Maßnahmen zur Verringerung der Teilevielfalt zu treffen.

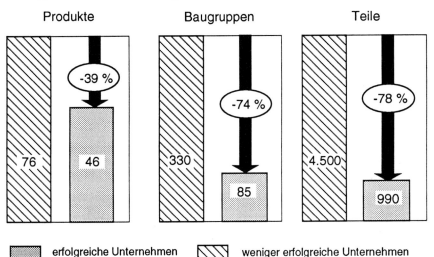

Erfolg durch Vereinfachung

Bild 9.4-3: Weniger Varianten - mehr Erfolg: Anzahl der Varianten pro 100 Mill. US $ Umsatz bei Computer und Kommunikationsprodukten. Nach McKinsey „Excellence in Electronics" [57/9]

9.4.4.1   Technische Maßnahmen

Technische Maßnahmen zur Reduzierung der Teilevielfalt sind folgende:

– Umgestalten mehrerer Teile zu einem Teil (Kapitel 7.7.2) ➜	**Integralbauweise**
– Möglichst viele gleiche Teile in einem Produkt verwenden ➜	**Gleichteile**
– Teile in unterschiedlichen Produkten verwenden ➜	**Wiederholteile**
– Teile gleicher Funktion standardisieren ➜	**Teilefamilie**
– Mehrfachverwendung von Teilen und Baugruppen ➜	**Baukastensystem**
– Vermeidung von Sonderkonstruktionen bei Produkten gleicher Funktion ➜	**Baureihen**
– Normteile verwenden ➜	**Normteile**
– Kaufteile verwenden, da diese ohnehin meist in größeren Stückzahlen gefertigt werden. ➜	**Kaufteile**

In der Regel kann man durch Anwendung von Baureihen-/Baukastentechniken die wirksamste Reduzierung der Variantenvielfalt erzielen [58/9]. Dabei ist das Ziel, daß die Produktvarianten erst spät in der Endmontage entstehen.

Teilefamilien

Eine frühzeitige Normung und Standardisierung ist wichtig. Folgendes Beispiel zeigt das **Einsparungspotential** bei innerbetrieblicher Normung bzw. Teilefamilienbildung. In **Bild 9.4-4** wurde die Variantenvielfalt des Antriebsflansches von Lkw-Getrieben von hunderten auf nur zwei Baugrößen reduziert. Vor der Untersuchung waren die 6 Hauptkonstruktionsmaße mit 416 Ausprägungen vorhanden. Nach der Untersuchung waren es nur noch 7, wobei sich lediglich die Länge in zwei Größen als notwendig erwies. Alle anderen Maße waren durch das nicht abgestimmte Bemaßen verschiedener Konstrukteure zufällig entstanden. Hier hatte ein Informationsaustausch bzw. ein effizientes Teilesuchsystem gefehlt (Kapitel 9.3.4.2, Abschnitt (1) und (5)).

Solche „**Aufräumaktionen**" werden zweckmäßigerweise wie folgt durchgeführt: Nach Festlegung der zu bearbeitenden Teileart wird eine Analyse der verschiedenen Varianten vorgenommen. Die Variantenliste wird den Konstrukteuren vorgelegt und typische Zeichnungen werden ausgehängt. Gemeinsam wird dann eine Reduzierung auf das Notwendige vereinbart. Man kann sowohl in der Konstruktion als auch in der Fertigung Teilefamilien bilden, wenn man darunter die **Ordnung unterschiedlich gestalteter Teile nach einem bestimmten Kriterium (Eigenschaft)** versteht, wie nachfolgend gezeigt wird.

Arten von Teilefamilien

– **Konstruktive Teilefamilien** ergeben sich, wenn man Teile nach den in **Bild 9.4-5** angegebenen Kriterien a bis d ordnet: Sie sind dadurch charakterisiert, daß sie für den gleichen Zweck bzw. die gleiche Funktion eingesetzt werden. Sie können darüber hinaus noch geometrisch (halb-)ähnlich, formähnlich und systematisch gestuft sein (Kapitel 9.4.5.3).

– **Fertigungstechnische Teilefamilien** ergeben sich, wenn Teile nach dem Kriterum „ohne Umrüsten auf einem fertigungstechnischen Betriebsmittel fertigbar" zuge-ordnet werden [59/9].

Dabei können die Teile selbst von der Gestalt oder von der Funktion her sehr unter-schiedlich sein. Beispielsweise lassen sich auf einem Revolverdrehautomaten mit Stangenzuführung ohne Umrüsten Stifte unterschiedlicher Form, Schrauben oder Ventilnadeln hintereinander drehen.

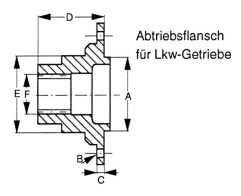

Abtriebsflansch
für Lkw-Getriebe

Hauptkonstruktionsmaße	Zahl der unterschiedlichen Ausführungen **vor** der Festlegung der Teilefamilien	Zahl der unterschiedlichen Ausführungen **nach** der Festlegung der Teilefamlilien
A Flansch-Zentrierung	176 ⎫	1 (Ø 90 mm) ⎫
B Bohrung	149 ⎪	1 (8 Löcher) ⎪
C Flanschdicke	62 ⎬ 416	1 (9 mm) ⎬ 7
D Flanschlänge	21 ⎪	2 (60; 69 mm) ⎪
E Dichtungslauffläche	6 ⎪	1 (Ø 60 mm) ⎪
F Innendurchmesser	2 ⎭	1 (Ø 42 mm) ⎭
Herstellkosten	▨▨▨▨▨▨ 100 %	▨▨▨ 46 %

Bild 9.4-4: Kostensenkung durch Teilefamilienbildung (nach ZF)

Das **Bilden von Teilefamilien** geschieht wie oben am Beispiel von Bild 9.4-4 gezeigt. Es kann unterstützt werden durch „sprechende" Zeichnungsnummern, die aus einer Zähl- (Identifikations-) und einer Klassifikationsnummer bestehen (Parallelnummern-system). Aus dem Klassifikationsteil der Nummer läßt sich mit einem Suchsystem die Zugehörigkeit zu einer Teileklasse erkennen. Mit Merkmalsleisten kann man dann die Ähnlichkeit von vorhandenen Teilen mit dem aktuell zu konstruierenden Teil feststellen. Bei DV-Systemen ist die Suche z. T. sehr einfach durch **Wiederholteilsuchsystem** zu bewerkstelligen, mit dem man auch ähnliche Baugruppen suchen kann, um sich Konstruktionsaufwand zu sparen [60/9] (Kapitel 9.3.4.2).

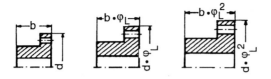

a) geometrisch ähnlich (form- und maßähnlich): z.B. Baureihe
b) geometrisch halbähnlich: z.B. Loch oder Flanschdicke bleibt gleich

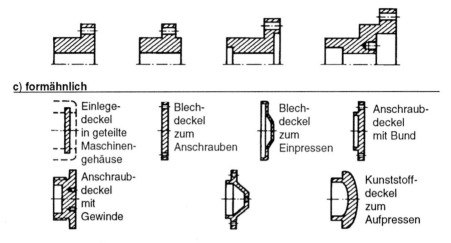

c) formähnlich

Einlege-
deckel
in geteilte
Maschinen-
gehäuse

Blech-
deckel
zum
Anschrauben

Blech-
deckel
zum
Einpressen

Anschraub-
deckel
mit Bund

Anschraub-
deckel
mit
Gewinde

Kunststoff-
deckel
zum
Aufpressen

d) funktionsgleich aber formunähnlich, fertigungstechnisch nicht ähnlich!
(die Teile sind noch größenmäßig gestuft – hier nicht dargestellt)

Bild 9.4-5:   Arten konstruktiver Teilefamilien

9.4.4.2   Organisatorische Maßnahmen

Organisatorische Maßnahmen sind z. T. bereits angesprochen worden:

– Verbesserung der **Kommunikation** zwischen Konstrukteuren ähnlicher Produkte
– Einführung von **DV-Informationssystemen** (z. B für Norm-, Kauf-, Eigenteile)
– Verwendung der **Prozeßkostenrechnung** zur Beurteilung der Einführungs- und
  Änderungskosten (Kapitel 9.1.2)
– Vorgabe eines „**Malus**" (z. B von 3.000 DM) pro Änderung, der durch die Kosten-
  senkung, die mit der Änderung bewirkt werden soll, überwunden werden muß. Der
  „Malus" entspricht den im Bild 9.4-1 gezeigten Einführungskosten für ein neues
  Teil. Er gilt nicht für Änderungen aus Qualitätsgründen.

9.4.5 Baureihenkonstruktion

Eine **Baureihe** besteht aus funktionsgleichen technischen Gebilden (Maschinen), die der Größe nach systematisch gestuft sind (**Bild 9.4-6, 9.4-7**). Es handelt sich um eine Anpassungskonstruktion (Kapitel 5.1.4.1) mit folgenden Merkmalen:

Gleich sind:

– Funktion (qualitativ),
– konstruktive Lösung,
– möglichst Werkstoffe,
– möglichst Fertigung;

Unterschiedlich sind:

– Leistungsdaten (Funktion quantitativ),
– Abmessungen und davon abhängige Größen (Gewicht, Kosten usw.).

Bild 9.4-6: Abstufung des Laufraddurchmessers nach R40/3 mit Stufensprung $\varphi \approx 1{,}25$ Turbolader-reihe (Bauart BBC, [61/9])

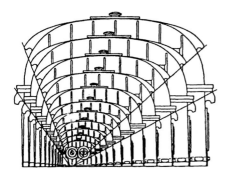

Bild 9.4-7: Geometrische Ähnlichkeit einer Redurex-Zahnradgetriebebaureihe nach Flender [62/9]

Der **Zweck** ist, einen großen Anwendungsbereich mit möglichst wenig unterschiedlichen Produkttypen zu überstreichen, um damit folgendes zu erreichen:

– **Kostensenkung** durch starke Verringerung der „Bürobearbeitungszeit" pro Stück in allen Abteilungen (Erhöhung der Stückzahl) gegenüber immer wieder andersartigen Sonderkonstruktionen (Maßkonfektion statt Maßanzug). Diese Zeitverringerung wirkt sich besonders in Konstruktion und Fertigung aus. Nach der oft erheblichen einmalig anfallenden Arbeitszeit für die Entwicklung und Dokumentation der Baureihe (einschließlich Verkaufsunterlagen) ist nur noch eine geringe Zeit für die Abwicklung der hereinkommenden Standardaufträge nötig. In der Fertigung können z. B. immer wieder gleiche Arbeitspläne verwendet werden. Teile und Baugruppen können in größeren Stückzahlen auf Lager gefertigt werden. Gleiche Produkte für unterschiedliche Kunden werden in der Fertigung zu größeren Losen zusammengefaßt. Der Einkauf bestellt mit entsprechendem Rabatt größere Mengen an Material.

– **Lieferzeitverkürzung** durch starke Verringerung der Konstruktionszeit, die bei Sonderprodukten über 50% der gesamten Lieferzeit ausmachen kann und durch Verwendung von vorhandenem, vorbereitetem Material, von vorhandenen Vorrichtungen usw. Außerdem geht infolge des „Trainiereffekts" der Zeitaufwand bei allen mit dem Produkt befaßten Abteilungen stark zurück.

– **Qualitäts- und Zuverlässigkeitssteigerung**, weil „Kinderkrankheiten" des Produkttyps ausgemerzt sind, keine Projektierungs- und Konstruktionsfehler mehr vorkommen, bessere Kenntnisse für Prüfung, Inbetriebnahme und Wartung vorhanden sind und weil die Austauschbarkeit und Lieferzeit für Ersatzteile meist günstig ist.

Dies sind **Vorteile** sowohl für den Nutzer wie für den Hersteller des Produkts.

Nachteile für den Produktnutzer ergeben sich dadurch, daß er ein Produkt mit nicht immer optimalen Leistungsdaten und Betriebskosten für seine Betriebsverhältnisse erhält. Im allgemeinen werden diese Nachteile durch obige Vorteile mehr als wettgemacht. Dies bedeutet für den Hersteller von Baureihenkonstruktionen, daß er folgendes zu beachten hat: Für den Käufer einer Baureihenkonstruktion ist diese nur interessant, wenn der Kaufpreis- und Lieferzeitvorteil gegenüber einer Spezialkonstruktion größer ist als der evtl. erhöhte Aufwand für Betriebskosten.

Der **Aufwand** für die **Erstellung** aller notwendigen **Unterlagen für eine Baureihe** (Zeichnungen, Stücklisten, Berechnungen, Verkaufsunterlagen, Bedienungs- und Wartungsvorschriften usw.) kann erheblich sein (z. B einige Mann-Jahre). Allerdings werden die weniger gängigen Typen meist nur soweit festgelegt, wie es für die Angebotserstellung nötig ist. Hier helfen die Hilfsmittel zur Baureihenentwicklung: Ähnlichkeitsgesetze und Normzahlstufung. So kann, ausgehend von einem mittleren Grundentwurf, der durchgerechnet und durchkonstruiert wurde, nach oben und unten mit geringem Arbeitsaufwand extrapoliert werden.

Das **Risiko** bei der Baureihenentwicklung besteht darin, daß die Baureihe am Markt nicht ankommt und damit der geleistete Aufwand umsonst war. Deshalb ist vor Beginn der Normungsarbeiten eine sehr intensive Aufgabenklärung und **Marktanalyse** notwendig: Welcher Bedarf besteht auf den möglichen Märkten? Wohin geht die zukünftige Entwicklung? Welche Forderungen sind am wichtigsten? Was entwickeln die Mitbewerber? Welche Stufensprünge hat der Wettbewerb? Welchen Einfluß auf die Produkt-Gesamtkosten des Kunden hat der Stufensprung? Um wieviel kann bei erwartetem Auftragseingang, d. h. zu erwartender Stückzahl pro Produkttyp, der Preis auf Grund geringerer Kosten abgesenkt werden? Damit wird dem Kunden ein Anreiz geboten, auf eine für ihn angepaßte Sonderausführung zu verzichten.

9.4.5.1   Normzahlreihen als Hilfsmittel zur Baureihenkonstruktion

Normzahlreihen nach DIN 323 sind dezimalgeometrisch gestufte Reihen, d. h. Zahlenreihen, bei denen sich innerhalb einer Dekade jedes Glied durch Multiplikation mit einem konstanten Faktor φ aus dem vorherigen ergibt. Sie sind ein wichtiges Hilfsmittel zur Stufung beim Baureihenentwurf. Beispiel:

	φ^0	φ^1	φ^2	φ^3	φ^4	...	φ^{10}	
z. B	1	1,25	1,6	2,0	2,5	...	10	für 10 Glieder pro Dekade

Bei 10 gewünschten Gliedern pro Dekade muß sich dementsprechend der Stufensprung ergeben zu: $\varphi_{10} = \sqrt[10]{10} \approx 1{,}25$,   bei 20 Gliedern zu $\varphi_{20} = \sqrt[20]{10} \approx 1{,}12 \approx \sqrt{\varphi_{10}}$

Die Glieder haben also im Gegensatz zu einer arithmetischen Reihe mit immer gleich großem additiven Zuwachs (z. B 1; 1,25; 1,5; 1,75; 2,0; 2,25; ...) einen immer gleich großen prozentualen Zuwachs. Am Anfang sind also kleine absolute Sprünge, später größere vorhanden. Diese Eigenschaft geometrischer Reihen kommt dem menschlichen Empfinden besser entgegen als der im Absolutwert konstante Zuwachs.

9.4.5.2   Grundsätzliches Vorgehen

Die Optimierungsaufgabe zwischen Markt und Hersteller zeigt **Bild 9.4-8**. Der Kunde will ein Produkt mit speziell auf seine Wünsche angepaßter Leistung, aber möglichst geringen Gesamtkosten und kurzer Lieferzeit. Der **Hersteller will möglichst wenig Typen in möglichst großen Stückzahlen** fertigen, um so auf geringe Herstellkosten zu kommen. Er verwendet deshalb die Baureihe (hier nach R10/2 gestuft, d. h. jedes 2. Glied von R/10)), um die vielfältigen Kundenwünsche in nur wenigen Kanälen zusammenzudrängen. Macht der Hersteller den Stufensprung „Kanal zu Kanal" (Kanal = Baugröße) groß, so ergeben sich hohe Stückzahlen. Es kann aber sein, daß Kunden dann nicht mehr bestellen wollen, da die Produkte hinsichtlich der Leistung ihre Wünsche zu wenig treffen[66/9].

Macht der Hersteller den Stufensprung klein, bietet er also viele Produkttypen innerhalb eines Größenbereiches an, so bekommt zwar der Kunde fast immer seinen Leistungswunsch erfüllt, aber die Stückzahl pro Typ wird so klein, daß der Hersteller keinen großen Preisvorteil gegenüber einer Sondermaschine bieten kann. In beiden Fällen können die Produkt-Gesamtkosten jeweils ansteigen. Es ist also das dazwischenliegende Optimum mit den niedrigsten Produkt-Gesamtkosten zu suchen (Kapitel 9.1.1).

Bei der Konstruktion einer neuen Baureihe **stuft man** erfahrungsgemäß **am Anfang erst gröber** (z. B nach R10), später in den Gebieten feiner, in denen durch hohen Marktbedarf ohnehin große Stückzahlen verkauft werden. Bei Investitionsgütern mit großen und schweren Maschinentypen muß man feiner stufen, da die Herstellkosten dort (nach Bild 9.1-10; Gleichung Kapitel 9.2.3d) mit annähernd der dritten Potenz des Stufensprungs der Länge wachsen. Unterläßt man dies, so erhält man zu große Preissprünge zwischen den Typen, innerhalb der die Konkurrenz verkaufen kann (**Bild 9.4-9**).

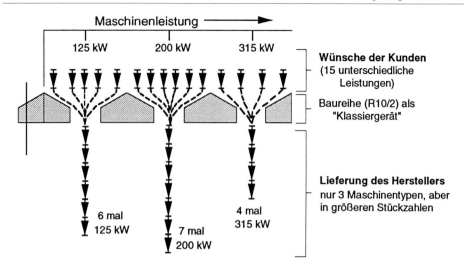

Bild 9.4-8:   Normung der Maschinenleistung: Produktnorm (Baureihe) schafft Voraussetzung für
                    größere Stückzahlen

Stufensprung	einmalige Kosten	Betriebskosten	Produkt-Gesamtkosten
zu großer Stufensprung ↗	geringe Herstellkosten und möglicher Preis, da große Stückzahlen	hoch, da Maschine z.B. in Leistung oder Wirkungsgrad schlecht angepaßt	hoch
Optimum	Optimum	Optimum	minimal
zu kleiner Stufensprung ↗	hoch, fast wie bei Sonderkonstruktionen	gering, da Maschine für Betriebsverhältnisse gut angepaßt	hoch

Bild 9.4-9:   Optimierung des Stufensprungs

9.4.5.3   Ähnlichkeitsgesetze als Hilfsmittel zur Baureihenkonstruktion

Beim Entwurf einer Baureihe arbeitet man einen mittleren Typ des Leistungsbereiches konstruktiv vollkommen aus **(Grundentwurf)**. Von diesem ausgehend rechnet man mit Ähnlichkeitsgesetzen für alle **geometrisch ähnlichen** Typen alle interessierenden technischen und wirtschaftlichen Daten aus. Man erspart sich also, sämtliche Typen durchzukonstruieren. Der Zweck der Anwendung von Ähnlichkeitsgesetzen besteht in der Arbeitsersparnis für Konstruktion und Projektierung sowie in einer besseren Übersicht und Kontrolle der technischen und wirtschaftlichen Eigenschaften einer zu planenden Baureihe [63/9].

Es werden hier nur die grundsätzlichen Möglichkeiten der Anwendung von Ähnlichkeitsgesetzen gezeigt. Angestrebt wird die vollkommene geometrische Ähnlichkeit innerhalb einer Baureihe (Storchenschnabelkonstruktion, Bild 9.4-7). Ähnlichkeitsgesetze stellen dann die Beziehungen zwischen **Stufensprung der Länge** $\varphi_1 = l_1/l_0$ (Index 0 Grundentwurf, Index 1 Folgeentwurf) und den übrigen am Produkt interessierenden Größen fest. Das Ziel ist dabei, für alle Glieder der Baureihe möglichst die gleichen Werkstoffe und Fertigungsarten einzusetzen und die Beanspruchungen konstant zu halten. Dies gelingt oft nur näherungsweise.

Entsprechend den physikalischen Grundgrößen definiert man bei Konstanz des Verhältnisses einer Grundgröße (Invariante) folgende **Grundähnlichkeiten** (**Bild 9.4-10**):

Ähnlichkeit	Grundgröße		konstante Größe	Beziehung
geometrische-	Länge	l	Stufensprung der Länge	$\varphi_L = l_1 / l_0$
zeitliche-	Zeit	t	Stufensprung der Zeit	$\varphi_T = t_1 / t_0$
Kraft-	Kraft	F	Stufensprung der Kraft	$\varphi_F = F_1 / F_0$
usw.	usw.		usw.	usw.

Bild 9.4-10: Grundähnlichkeiten nach Pahl [64/9]

Sind die Verhältnisse von mehr als einer Grundgröße konstant, so erhält man spezielle Ähnlichkeiten:

Statische Ähnlichkeit

Stufensprung der Länge (φ_L) und Stufensprung der statischer Kraft (φ_{Fs}) sollen konstant sein und gegenseitig so in Beziehung stehen, daß die Spannungen aus äußeren statischen Kräften F_s (nicht Gewichtskräften!) in allen Bautypen konstant sind ($\varphi_\sigma = 1$).

Spannung:
$$\sigma = \frac{F_s}{A} \leq \sigma_{zul},$$

Stufensprung der Spannung:
$$\varphi_\sigma = \frac{\sigma_1}{\sigma_0} = \frac{F_{s1}}{F_{s0}} \cdot \frac{A_0}{A_1} = \varphi_{F_s} \cdot \frac{1}{\varphi_L^2} = 1, \text{wobei } A = \text{Fläche},$$

damit muß also gelten
$$\varphi_{F_s} = \frac{F_{s1}}{F_{s0}} = \varphi_L^2$$

Also können die Kräfte in den Produkten bei doppelter Baugröße ($\varphi_L = 2$) auf das Vierfache wachsen, ohne daß die Spannungen größer werden.

Dynamische Ähnlichkeit

Für den Maschinenbau wichtiger ist die dynamische Ähnlichkeit, bei der folgende Grundgrößenverhältnisse konstant sind:

Stufensprung der Länge:
$$\varphi_L = \frac{l_1}{l_0},$$

Stufensprung der Zeit:
$$\varphi_T = \frac{t_1}{t_0},$$

Stufensprung der statischen Kräfte:
$$\varphi_{F_s} = \frac{F_{s1}}{F_{s0}},$$

Stufensprung der dynamischen Kräfte (aus Massen-, Trägheitsgesetzen):
$$\varphi_{F_d} = \frac{F_{d1}}{F_{d0}}.$$

Die Stufensprünge der statischen und dynamischen Kräfte müssen gleich groß sein ($\varphi_{Fs}=\varphi_{Fd}$), damit sich diese Kräfte zusammensetzen und in ihrer Auswirkung auf die Spannung gemeinsam behandeln lassen.

Der Stufensprung der statischen Kräfte ist

bei　$\sigma = \dfrac{F_s}{A} = \varepsilon \cdot E$;　　$F_s = A \cdot \varepsilon \cdot E$

$$\varphi_{F_s} = \frac{F_{s1}}{F_{s0}} = \frac{A_1 \cdot \varepsilon_1 \cdot E_1}{A_0 \cdot \varepsilon_0 \cdot E_0} = \varphi_L^2 \cdot 1 \cdot \varphi_E, \qquad (1)$$

da　$\varphi_\varepsilon = \dfrac{\varepsilon_1}{\varepsilon_0} = \dfrac{\Delta l_1 \cdot l_0}{\Delta l_0 \cdot l_1} = \dfrac{\varphi_L}{\varphi_L} = 1.$

Der Stufensprung der dynamischen Kräfte (ausgehend von der Fliehkraft) ist

bei　$F_d = m \cdot r \cdot \omega^2$　　mit　$m = \rho \cdot V$

$$\varphi_{F_d} = \frac{F_{d1}}{F_{d0}} = \frac{m_1 \cdot r_1 \cdot \omega_1^2}{m_0 \cdot r_0 \cdot \omega_0^2} = \varphi_\rho \cdot \varphi_L^3 \cdot \varphi_L \cdot \varphi_\omega^2.$$

Mit der Umfangsgeschwindigkeit $v = \omega \cdot r$ wird: $\varphi_v = \varphi_\omega \cdot \varphi_L$

$$\varphi_{F_d} = \varphi_\rho \cdot \varphi_L^2 \cdot \varphi_v^2. \qquad (2)$$

Die Stufensprünge beider Kraftarten sind dann gleich groß, wenn aus Gl.(1) und Gl. (2) wird:

$$\frac{\varphi_{F_d}}{\varphi_{F_s}} = \frac{\varphi_\rho \cdot \varphi_L^2 \cdot \varphi_v^2}{\varphi_E \cdot \varphi_L^2} = 1 \qquad \text{oder wenn} \qquad \frac{\varphi_\rho \cdot \varphi_v^2}{\varphi_E} = 1$$

oder　$\dfrac{\rho_1 \cdot v_1^2}{E_1} = \dfrac{\rho_0 \cdot v_0^2}{E_0} = const = Ca$　　**Cauchy-Zahl.**

Bei gleichem Werkstoff (Dichte ρ, E-Modul E) folgt daraus, daß zwischen geometrisch ähnlichen Konstruktionen nur dann dynamische Ähnlichkeit besteht, wenn an gleichartigen Stellen gleiche (Umfangs-) Geschwindigkeiten v vorliegen. Da $\varphi_\omega = \varphi_v / \varphi_L$ ist, darf bei doppelten Abmessungen die Drehzahl nur halb so groß sein. Aus **Bild 9.4-11** geht hervor, wie die übrigen Größen vom Stufensprung der Länge abhängen.

Mit $Ca = \dfrac{\rho \cdot \upsilon^2}{E} = const.$ und bei gleichem Werkstoff, d. h. $\rho = E = const.$, wird $\upsilon = const.$

Es ändern sich dann unter geometrischer Ähnlichkeit mit dem Stufensprung der Länge φ_L:

Drehzahlen n, ω	φ_L^{-1}
Biege- und torsionskritische Drehzahlen n_{kr}, ω_{kr}	
Dehnungen ε, Spannungen σ, Flächenpressungen p infolge Trägheits- und elast. Kräfte, Geschwindigkeit υ	φ_L^0
Federsteifigkeiten c, elastische Verformungen Δl infolge Schwerkraft: Dehnungen ε, Spannungen σ, Flächenpressungen p	φ_L^1
Kräfte F	φ_L^2
Leistungen P	
Gewichte G, Drehmomente M, Torsionssteifigkeit c_t, Wiederstandsmomente W, W_t	φ_L^3
Flächenträgheitsmomente I, I_t	φ_L^4
Massenträgheitsmomente θ	φ_L^5

Beachte: Werkstoffausnutzung und Istsicherheit sind nur dann konstant, wenn der Größeneinfluß auf die Werkstoffgrenzwerte vernachlässigbar ist.

Bild 9.4-11: Dynamische Ähnlichkeit [64/9]

Man kann die Abhängigkeiten nach Bild 9.4-11 im doppellogarithmischen Maßstab auftragen und erhält je nach obigen Potenzen des Stufensprungs eine Gerade (in gleichen Abständen eingetragene Normzahlen [65/9] ergeben eine logarithmische Maßstabseinteilung!).

9.4.6 Beispiel für Baureihe

a) Aufgabe:

Ein Kunde hat vor einiger Zeit ein Stirnradgetriebe mit den in **Bild 9.4-12** angegebenen technischen Daten und dem Preis von 55.000 DM geliefert bekommen. Er verlangt von der Projektierung innerhalb von 2 Stunden telefonische Auskunft über Größe, Gewicht und Preis (1 und 2 Stück) eines Getriebes doppelter Leistung (2.500 statt 1.250 kW). Da keine Unterlagen über das gewünschte Getriebe vorliegen, bleibt nur, eine Abschätzung über Ähnlichkeitsgesetze zu machen.

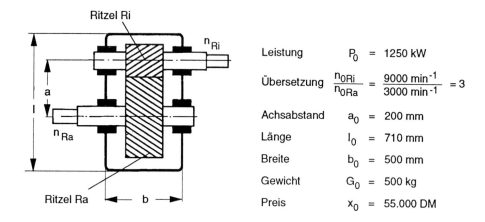

Leistung	P_0	= 1250 kW
Übersetzung $\dfrac{n_{0Ri}}{n_{0Ra}}$		$= \dfrac{9000 \text{ min}^{-1}}{3000 \text{ min}^{-1}} = 3$
Achsabstand	a_0	= 200 mm
Länge	l_0	= 710 mm
Breite	b_0	= 500 mm
Gewicht	G_0	= 500 kg
Preis	x_0	= 55.000 DM

Bild 9.4-12:   Daten des Grundentwurfs (Index 0) für ein Stirnradgetriebe.

b) Ableitung der Ähnlichkeitsgesetze für Baugröße und Gewicht:

Nur statische Kräfte aus den Momenten werden berücksichtigt. Dynamische Kräfte (Flieh- und Massenkräfte) und Gewichtskräfte werden vernachlässigt. Werkstoff, konstruktive Lösung und Fertigungsart seien konstant. Wie bei Reibradgetrieben erfolgt die Bemessung der Zahnräder in erster Näherung aus der zulässigen Stribeckpressung K. Der Modul und damit die Zahnfußspannung kann unabhängig von der Größe der Wälzkreiszylinder nachträglich variiert werden.

Mit Normalkraft **F**, Breite der Zahnräder **b** und Ersatzdurchmesser $1/d_E = 1/d_{Ri} + 1/d_{Ra}$ (d_{Ri} = Ritzelwälzkreisdurchmesser, d_{Ri} = Radwälzkreisdurchmesser) wird

$$K = \frac{F}{b \cdot d_E} \le K_{zul}, \qquad F_{zul} \le K_{zul} \cdot b \cdot d_E.$$

Da K_{zul} konstant sein soll, ist mit $\quad \varphi_L = \dfrac{b_1}{b_0} = \dfrac{d_{E1}}{d_{E0}}, \qquad F_{zul} \sim \dfrac{b_1}{b_0} \cdot \dfrac{d_{E1}}{d_{E0}} \sim \varphi_L^2.$

Damit wird das übertragbare Drehmoment: $\qquad M_{Ri} \sim F_{zul} \cdot d_{ri0} \sim \varphi_L^3 = \dfrac{M_{Ri1zul}}{M_{Ri0zul}},$

die übertragbare Leistung (da ω =const): $\qquad P_{zul} \sim M_{Rizul} \cdot \omega \sim \varphi_L^3 = \dfrac{P_{1zul}}{P_{0zul}},$

und das Gewicht des Getriebes: $\quad G \sim V \sim \varphi_L^3 = \dfrac{G_1}{G_0}$.

Damit sind schon alle wesentlichen technischen Abhängigkeiten vom Stufensprung der Länge φ_L ermittelt. (Die Leistung P ist hier $\sim\varphi_L^3$, da ω nicht $\sim\varphi_L^{-1}$ gesetzt wurde: Bild 9.4-11.)

Der Stufensprung der Länge ergibt sich aus der verlangten Leistungsverdoppelung.

Da $\quad \dfrac{P_1}{P_0} = \dfrac{2.500\ kW}{1.250\ kW} = 2 = \varphi_L^3,\quad$ wird $\quad \varphi_L = \sqrt[3]{2} \approx 1,25$ entsprechend der Reihe R 10.

Damit können bereits die **Daten des gesuchten Getriebes** zusammengestellt werden (**Bild 9.4-13**):

	Reihe	Ermittelter Stufen-sprung	Bekannter Grundentwurf 0	Gesuchter Folgeentwurf 1
Achsabstand a	R 10	$\varphi_a = \varphi_L = 1,25$	200 mm	**250 mm**
Breite b	R 10	$\varphi_b = \varphi_L = 1,25$	500 mm	**630 mm**
Länge l	R 20 / 2	$\varphi_l = \varphi_L = 1,25$	710 mm[*]	**900 mm**
Leistung P	R 10 / 3	$\varphi_P = \varphi_L^3 = 2$	1.250 kW	**2.500 kW**
Gewicht G	R 10 / 3	$\varphi_G = \varphi_L^3 = 2$	500 kg	**1.000 kg**

[*]   Der Wert l = 710 mm ist in Reihe R 10 nicht enthalten, aber in R 20. Also wird jedes 2. Glied von R 20 verwendet (R 20 / 2), das den gleichen Stufensprung ergibt:

$$\varphi_{10} = \varphi_{20}^2 = 1,12^2 \approx 1,25$$

Bild 9.4-13: Anwendung von Ähnlichkeitsgesetzen: die Daten des Folgeentwurfs 1 werden aus dem Grundentwurf 0 errechnet

c) **Ableitung der Ähnlichkeitsgesetze für Herstellkosten** zur Beantwortung der Frage nach dem kalkulatorischen Preis für den Folgeentwurf 1: X_1

Es war beim Grundentwurf (Index 0) **kalkulatorischer Preis** $\quad X_0 = 55.000$ DM.

Bei 5% Gewinn verbleiben als **Selbstkosten** $\quad SK_0 = X_0 - 0,05 \cdot X_0 = 52.250\ DM$;

Herstellkosten bei $\dfrac{HK}{SK} = 0,70$ (firmeninterner Rechenwert);

$HK_0 = 0,7 \cdot SK_0 = 36.575\ DM$

Kostenstruktur nach Auskunft der Kalkulationsabteilung:

- Anteil Fertigungskosten aus Rüstkosten $\quad fk_{r0} = 0,2$ an Herstellkosten $\quad = \dfrac{FK_{r0}}{HK_0}$

- Anteil Fertigungskosten aus Einzelzeiten $\quad fk_{e0} = 0,5$ an Herstellkosten $\quad = \dfrac{FK_{e0}}{HK_0}$

- Anteil masseabhängige Kosten $\quad mk_0 = 0,3$ an Herstellkosten $\quad = \dfrac{MK_0}{HK_0}$

Summarische Herstellkosten nach Kapitel 9.2.3d

Herstellkosten des Typs 1 $\qquad HK_1 = HK_0 \cdot \left(\dfrac{fk_{r0}}{n} \cdot \varphi_L^{0,5} + fk_{e0} \cdot \varphi_L^2 + mk_0 \cdot \varphi_L^3 \right)$

für Losgröße n = 1 Stück und φ_L = 1,25 wird

$$HK_{1\,(n=1)} = 36.575 \; DM \cdot \left(\frac{0,2}{1} \cdot 1,25^{0,5} + 0,5 \cdot 1,25^2 + 0,3 \cdot 1,25^3 \right) = 57.788 \, DM$$

Selbstkosten $\quad SK_{1\,(n=1)} = \dfrac{57.788 \, DM}{0,7} = 82.554 \, DM$

kalkulierter Verkaufspreis $\qquad X_{1\,(n=1)} = SK_1 + 0,05 \cdot SK_1 = 86.682 \, DM \cong 87.000 \, DM$

Für Losgröße n = 2 Stück wird

$\qquad HK_{1\,(n=2)} = 53.764 \, DM$, also rund 7% kostengünstiger,

$\qquad X_{1\,(n=2)} = 80.646 \, DM \cong 81.000 \, DM$.

Der Kunde bekommt also nach Abstimmung mit dem Verkauf die beiden Preise von 81.000 DM (n=2) und 87.000 DM (n=1) genannt.

9.4.7 Baukastenkonstruktion

Unter einem **Baukasten** versteht man ein Kombinationssystem von Bauteilen und Baugruppen zu Produkten **unterschiedlicher Gesamtfunktion**. Hier liegt der Unterschied zur Baureihe, bei der die Funktion des Produkts immer gleich ist. Sehr oft ist allerdings ein Baukasten mit einer Baureihe verknüpft, d. h. die Bausteine jeweils gleicher Funktion werden in unterschiedlichen Größen hergestellt (**Bild 9.4-14**). Außerdem gibt es Baukästen, bei denen durch Aneinanderfügen von Modulen im wesentlichen nur unterschiedliche Abmessungen verwirklicht werden sollen. Beispiele sind Industriehallen oder Ponton-Brücken, deren Größe durch Aneinanderfügen gleicher Module verändert wird. **Die Funktion bleibt** in diesen Fällen aber **gleich**.

9.4.7.1 Grundsätzliches

In Bild 9.4-14 ist ein Getriebebaukastensystem gezeigt, bei dem als Basisbausteine drei unterschiedliche Getriebegehäuse vorhanden sind, die wieder in unterschiedlichen Größen als Baureihe hergestellt werden (Herstellerbaukasten). Die **Vorteile** eines Baukastens sind vergleichbar mit denen von Baureihen:

–　**Kostensenkung** des Baukastensystems im Vergleich zu einer Vielzahl von speziellen Einzelprodukten mit jeweils der gewünschten Funktion. Dabei kann eine einzelne Funktion höhere Kosten verursachen als ein Spezialprodukt dieser Funktion. Die Betonung liegt auf der Kostensenkung des Kombinationssystems. Die **Kostensenkung beim Anwender** wird, wie das Beispiel Heimwerkerbaukasten zeigt, dadurch erreicht, daß er den Basisbaustein (Getriebemotor) nur einmal kaufen muß und die Spezialbausteine (z. B. für Sägen, Schleifen, Fräsen) vom Anwender angebaut werden können. Die **Kostensenkung beim Hersteller** entsteht dadurch, daß einzelne Bausteine in viel größerer Stückzahl hergestellt werden können als bei Sonderprodukten, da sie ja – wie das Getriebebeispiel in Bild 9.4-14 zeigt – in mehrere Basisbausteine eingebaut werden. **Bild 9.4-15** zeigt die mögliche Kostensenkung bei einem Industriekran-Baukastensystem. Die wichtigsten Elemente werden in größerer Stückzahl hergestellt, und damit werden in der Fertigung und allen „Gemeinkostenabteilungen" (z. B. Konstruktion, Vertrieb) die jeweils einmaligen Erarbeitungskosten pro Stück verringert.

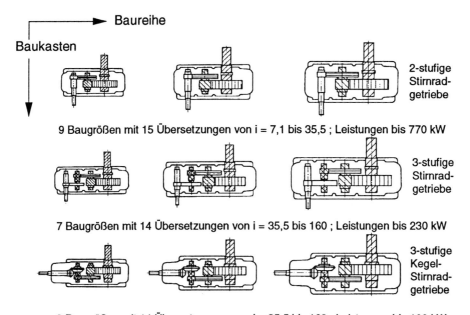

9 Baugrößen mit 15 Übersetzungen von i = 7,1 bis 35,5 ; Leistungen bis 770 kW

7 Baugrößen mit 14 Übersetzungen von i = 35,5 bis 160 ; Leistungen bis 230 kW

8 Baugrößen mit 14 Übersetzungen von i = 35,5 bis 160 ; Leistungen bis 160 kW

Bild 9.4-14: Redurex-Zahnradgetriebe nach dem Baureihen-/Baukastenprinzip. Gleiche Baukastenelemente (Wellen. Zahnräder) sind gleich schraffiert. Von links nach rechts wachsen diese Elemente entsprechend einer Baureihe in der Größe (nach Flender)

– Eine **Lieferzeitverkürzung** ist zum Teil auf die verringerte Bearbeitungszeit eines Auftrages in allen „Gemeinkostenabteilungen" zurückzuführen, zum Teil auch darauf, daß häufig vorkommende und in der Lieferzeit bestimmende Bausteine entweder vorbereitet oder fertiggestellt vom Lager abrufbereit sind. Durch EDV-Bearbeitung kann sowohl für die Angebotsabgabe wie für die Auftragsabwicklung eine zusätzliche Lieferzeitverkürzung erreicht werden.

– Es ergibt sich eine **Qualitätssteigerung** der Bausteine und des ganzen Baukastensystems, da durch frühere Lieferungen Betriebserfahrung vorliegt, Ersatzteile vorhanden und leicht auswechselbar sind.

Obige **Vorteile** sind gleichermaßen für Hersteller und Anwender von Bedeutung. Für den **Anwender** ergibt sich darüber hinaus noch der Vorteil, daß er eine größere Flexibilität bezüglich später nachzukaufender Bausteine (Funktionen) geboten bekommt (z. B. Landmaschinen-Baukastensysteme, Heimwerkerbaukästen, Werkzeugmaschinen). Für den **Hersteller** ergibt sich der Vorteil, daß er den Kunden damit langfristig an sich bindet [67/9, 68/9].

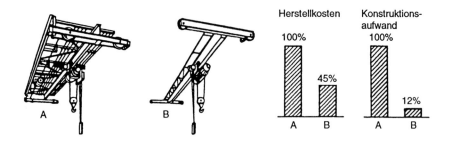

Bild 9.4-15:   Vorteile eines Baukastensystems für Industriekrane (nach K. Brankamp, DEMAG)

Nachteile eines Baukastensystems sind:

– **Spezielle Kundenwünsche** sind nicht erfüllbar. Der Kunde muß unter Umständen doch wieder auf Spezialausführungen zurückgreifen.

– Das Baukastensystem ist oft **technisch nicht so bedarfsgerecht** wie ein Sonderprodukt, da die Bausteine ja das Gesamtsystem befriedigen müssen. So hat z. B. bei einer nicht drehzahlgeregelten Heimwerkermaschine der Basisbaustein Getriebemotor oft für Bohren eine zu hohe Drehzahl, für Schleifen eine zu niedrige. Wegen der Verbindungen an den Schnittstellen der Bausteine sind Gewicht, Volumen oder auch Kosten höher als bei einer Spezialmaschine gleicher Stückzahl.

– Der **Zeitaufwand** beim Anwender für das Ummontieren von einer Funktion in eine andere schlägt beim industriellen Anwender kostenmäßig zu Buche (**Anwenderbaukasten**). Dies berücksichtigen Handwerker und Industriefirmen beim Kauf eines Baukastens. Keine Zeit für das Ummontieren fällt beim **Herstellerbaukasten** an, wenn also nur der Hersteller einen Baukasten für die Produktion seiner Produkte nutzt. Er liefert also aus Bausteinen fertig zusammengebaute Produkte an den Kunden. Ein Beispiel stellt die Lkw-Produktion dar.

– Der Hersteller wird in bezug auf **Marktwünsche weniger flexibel.** Er sucht die oft beträchtlichen einmaligen Erarbeitungskosten durch entsprechenden Absatz zu rechtfertigen und wird Produktänderungen nur nach größeren Zeiträumen ins Auge fassen. Insofern ist die Konzeption eines Baukastensystems auch für den Hersteller risikobehaftet und erfordert Sorgfalt bei Aufgabenklärung und Entwurf.

9.4.7.2 Begriffe

Für die Erarbeitung von Baukastensystemen sind vor allem die Aufgabenklärung und die nachfolgende Konzeptphase mit der Entscheidung über die zu verwirklichenden Funktionen von Bedeutung. Da man meist von einer Vielzahl früher gefertigter (oder am Markt üblicher) Einzelprodukte ausgeht, sind die Prinziplösungen (Konzepte) für die Teilfunktionen meist vorgegeben. Es kommt darauf an, die Zuordnung, Zusammenfassung oder Trennung der einzelnen Teilfunktionen zu mehr oder weniger häufig eingesetzten Bausteinen zu finden. Dafür sind folgende Begriffe für Teilfunktionen bzw. Bausteine zweckmäßig (siehe auch Bild 9.4-16):

- Die **Gesamtfunktion** GF gibt den von den einzelnen Varianten des Baukastensystems geforderten Zweck an (beim Heimwerker-Baukasten z. B. Bohren, Schleifen, Sägen, Fräsen).
- Die Gesamtfunktion wird in **Teilfunktionen** TF aufgeteilt, die notwendig sind, um die Gesamtfunktion zu erfüllen. Diese Teilfunktionen werden je nach Häufigkeit des Vorkommens im Gesamtsystem wie folgt unterschiedlich benannt:

  - Die **Basisfunktion** BF (entsprechend Basisbaustein) ist diejenige Teilfunktion, die bei jeder zu erfüllenden Gesamtfunktion vorkommt (z. B. Stromzuführung, Schalter, Motor, evtl. Getriebe beim Heimwerkerbaukasten). Dies ist eine sogenannte „Muß-Funktion".
  - Die **Spezialfunktion** SF (entsprechend Spezialbaustein) ist diejenige Teilfunktion, die charakteristisch für die Erfüllung der jeweiligen Gesamtfunktion ist (z. B. Bohrfutter und Bohrer, Sägeeinrichtung, Schleifscheibe beim Heimwerker). Dies ist eine sogenannte „Kann-Funktion".
  - Die **Anpaßfunktion** AF (entsprechend Anpaßbaustein) ist diejenige Teilfunktion, die notwendig ist, um z. B. Spezialfunktionen mit Basisfunktionen zu verknüpfen (z. B. Zwischenflanschen, Gerät zur Umwandlung von Rotationsbewegung in oszillierende Translation bei der Stichsäge oder dem Schwingschleifer des Heimwerkers). Anpaßbausteine können auch zum Anpassen an andere Systeme und Randbedingungen notwendig und maßlich nur zum Teil festgelegt sein. Sie brauchen nicht in allen Gesamtfunktionen vorzukommen.
  - Die **Sonderfunktion** SoF (entsprechend Sonderbaustein) stellt eine besondere ergänzende, aufgabenspezifische Teilfunktion dar, die ebenfalls nicht in allen Gesamtfunktionen vorkommen muß (z. B. Bohrständer, Handgriff, Schleifbock beim Heimwerker).
  - Die **Auftragsspezifische Funktion** AsF (entsprechend auftragsspezifischer oder „Nicht"-Baustein), stellt eine spezielle Teilfunktion für Einzelaufträge dar, die damit das Baukastensystem auch für spezielle Wünsche geeignet macht.

- Als **Herstellerbaukasten** wird ein Baukasten bezeichnet, der beim Hersteller zusammengebaut wird und danach i. allg. nicht mehr verändert wird (z. B. Lkw-Baukastensystem, Getriebebaukasten; Bild 9.4-14).

– Als **Anwenderbaukasten** wird im Gegensatz dazu ein vom Anwender jeweils umzubauender Baukasten bezeichnet (z. B. Heimwerkersystem, Küchenmaschinensystem, landwirtschaftliche Anbaugeräte an Traktoren).

– Ein **geschlossener Baukasten** wird durch ein vorgegebenes Bauprogramm mit endlich festgelegter Variantenzahl (z. B. Heimwerkersystem) gekennzeichnet.

– Ein **offener Baukasten** ist im Gegensatz dazu in seinen Variations- und Kombinationsmöglichkeiten offen (z. B. Küchenmöbel, Baugerüstsystem). Es existiert nur ein Baumusterplan mit Anwendungsbeispielen.

Ziel der Baukastenkonstruktion ist es, die für das Gesamtsystem am häufigsten zu erstellenden Teilfunktionen (Bausteine) zu erkennen und zusammenzufassen. Es soll eine möglichst große zu fertigende Stückzahl entstehen. Andererseits sollen aber dabei selten benötigte Teilfunktionen (Bausteine) abgetrennt werden, um eine häufig benötigte Gesamtfunktion nicht mit deren Kosten zu belasten.

9.4.7.3 Vorgehensweise bei der Baukastenkonstruktion

Zunächst muß der Markt nach absetzbaren Funktionen, Stückzahlen, Preisen, Lieferzeiten und der Konkurrenzsituation untersucht werden. Sind für den Kunden Vorteile bzw. Nachteile gegenüber Einzelausführung von Sondermaschinen zu erwarten? Welcher Zeit- und Kostenaufwand ist für die Systementwicklung realistisch? **Beispielsweise** kann von einem **Heimwerkerbaukasten** zu einem bestimmten Preis pro Jahr abgesetzt werden:

– die Gesamtfunktion GF1 „Bohren"   100.000 mal,
– die Gesamtfunktion GF2 „rotierend Schleifen"   90.000 mal,
– die Gesamtfunktion GF3 „Kreissägen"   40.000 mal,
– die Gesamtfunktion GF4 „Stichsägen"   5.000 mal,
  usw.

Dazu kommt eine gewisse Häufigkeit an Sonderfunktionen (in der Benennung als Funktionsträger: Bohrständer, Handgriff, Schleifbock).

Aufstellen von vereinfachten Funktionsstrukturen

Die Aufgliederung der Gesamtfunktionen in Teilfunktionen erfolgt so, daß möglichst wenige gleiche und wiederkehrende Teilfunktionen vorkommen. Varianten mit hohem Absatz sind soweit wie möglich mit Basisfunktionen BF und dann mit Spezialfunktionen SF zu erfüllen. Zahl und Umfang der Anpaß- und Sonderfunktionen sind klein zu halten. In **Bild 9.4-16** ist eine vereinfachte Funktionsstruktur für einen Heimwerkerbaukasten angegeben.

Varianten der Funktionsstrukturen können z. B. erzeugt werden, indem die Anpaßfunktionen AF2 und AF3 für Schleifen und Kreissägen weggelassen werden und von der Spezialfunktion SF1 übernommen werden: Schleifscheibe und Sägeblatt erhalten einen Dorn und werden direkt im Bohrfutter befestigt. Dies hätte auch beim Umbauen den Vorteil, daß das Bohrfutter nicht abgenommen werden muß. Es könne aber Kollisionsprobleme mit der Kreissägenführung und der Schutzeinrichtung entstehen. Die Anpaßfunktion AF4, Erzeugung einer hin- und hergehenden Bewegung für die Stichsäge, wird am besten mit der Funktion Sägen zu einem Baustein integriert, da diese Teilfunktion für keine andere Gesamtfunktion (allenfalls für einen evtl. Schwingschleifer) benötigt wird. Es würden sich andernfalls nur kostensteigernde zusätzliche Paß- und Verbindungsstellen geben. Für die Sonderfunktionen SoF' und SoF" (Zusatzhandgriff bzw. Tischständer) sind am Getriebemotor Paß- und Befestigungsstellen vorzusehen (mit entsprechenden Kosten), obwohl nur ein Teil der Käufer diese Sonderfunktion nützt. Dies ist ein Beispiel für die Verteuerung eines Baukastensystems gegenüber einer Spezialmaschine, die einen bereits mit dem Getriebe integrierten Zusatzhandgriff aufweist. Es ist zweckmäßig, selten verlangte, aber das Gesamtsystem stark verteuernde Funktionen zu streichen und besser als auftragsspezifische Funktion AsF zu liefern.

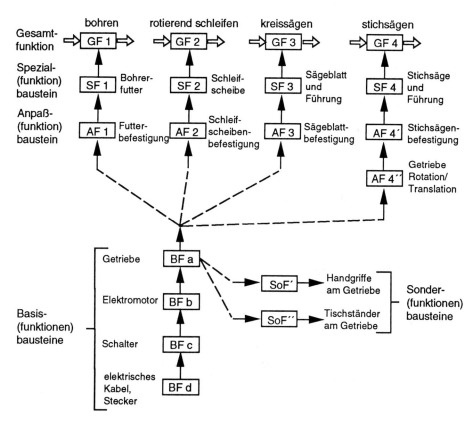

Bild 9.4-16: Vereinfachtes Beispiel einer funktionellen Baustruktur für einen Heimwerkerbaukasten. Zur Veranschaulichung sind nicht Funktionsbegriffe, sondern bereits Bausteine angegeben.

Konzept- und Entwurfsbearbeitung

Wenn nicht, wie im obigen Beispiel, die Lösungen der Teilfunktionen im wesentlichen bekannt sind, erfolgt jetzt die Lösungssuche mit anschließender Auswahl (Kapitel 7.5). Aus den gewählten Teillösungen können unterschiedliche Konzeptvarianten kombiniert werden, die dann wieder zur Auswahl anstehen und zunächst für eine grobe Kosten-kalkulation gestaltet werden müssen (Kapitel 7.5.6; 7.9).

Ausarbeitung der Fertigungsunterlagen

Hierbei ist auf eine Teilenumerierung entsprechend der Baukastenlogik zu achten, da damit eine EDV-Bearbeitung des Systems erleichtert wird. Für die Auswahl von Bausteinen und die Kombination zum Produkt bei der evtl. Angebotserstellung und Auftragsbearbeitung können Entscheidungstabellen als Software eingesetzt werden. Für die Variantenstückliste, die die Baustruktur wiedergibt, ist ein Zeichnungsnummern-system mit Parallelverschlüsselung zweckmäßig (Identifizierungs- oder Zählnummer und klassifizierende Nummer).

Literatur zu Kapitel 9

[1/9]   Ehrlenspiel, K.: Kostengünstig Konstruieren. Berlin: Springer 1985.

[2/9]   VDI-Richtlinie 2235 : Wirtschaftliche Entscheidungen beim Konstruieren. Methoden und Hilfen. Düsseldorf: VDI-Verlag 1987.

[3/9]   VDMA: Kennzahlenkompaß – Informationen für Unternehmer und Führungskräfte, Ausgabe 1990. Frankfurt: Maschinenbau Verlag 1990.

[4/9]   VDI-Richtlinie 2234: Wirtschaftliche Grundlagen für den Konstrukteur. Düsseldorf: VDI-Verlag 1990.

[5/9]   Bussmann, K. F.: Industrielles Rechnungswesen. Stuttgart: Pöschel 1973.

[6/9]   Heinen, E.: Industriebetriebslehre. Wiesbaden: Gabler 1992.

[7/9]   Kilger, W.: Flexible Plankostenrechnung und Deckungsbeitragsrechnung. Wiesbaden: Gabler 1981.

[8/9]   Warnecke, H. J.; Bullinger, H.-J.; Hichert, R.: Kostenrechnung für Ingenieure. München: Hanser 1981.

[9/9]   Horváth, P.; Mayer, R.: Prozeßkostenrechnung – Der neue Weg zu mehr Kostentransparenz und wirkungsvollen Unternehmensstrategien. Controlling (1989) 4, S. 214–219.

[10/9] Bruckner, J.: Kostengünstige Wärmebehandlung durch Entscheidungsunterstützung in Konstruktion und Härterei. München : Hanser 1994 (Konstruktionstechnik München , Band 16)
        Zugl. München: TU, Diss.: 1993

[11/9] Radke, M.: Kosten senkt man heute so. 222 praxiserprobte Maßnahmen zur Kostensenkung. Landsberg: MI Verlag Moderne Industrie 1984.

[12/9] Fischer, D.: Kostenanalyse von Stirnzahnrädern. Erarbeitung und Vergleich von Hilfs-mitteln zur Kostenfrüherkennung. München: TU, Diss. 1983.

[13/9] Käser, A.: Wo stehen wir auf dem Gebiet der Vorbestimmung der Schnittdaten und der Arbeitszeit in der spanenden Fertigung? REFA-Nachr. 27 (1974) 1, S. 21–32.

[14/9] Beitz, W.; Ehrlenspiel, K.; Eversheim, W.usw.: Kosteninformationen zur Kostenfrüh-erkennung. Handbuch für Entwicklung, Konstruktion und Arbeitsvorbereitung. Berlin: Beuth 1987.

[15/9]   VDI-Richtlinie 2225, Blatt 1 bis 4: Technisch-wirtschaftliches Konstruieren (Blatt 1 bis 4). Düsseldorf: VDI-Verlag 1994.

[16/9]   Derndinger, H. O.: Einfluß der Massenfertigung auf die konstruktive Gestaltung. wt-Z. ind. Fertig. 61 (1971) 5, S. 284–287.

[17/9]   Bronner, A.: Zukunft und Entwicklung der Betriebe im Zwang der Kostengesetze. Werkstattstechnik 56 (1966) 2, S. 80–89.

[18/9]   Henderson, B. D.: Die Erfahrungskurve in der Unternehmensstrategie. Frankfurt: Herder & Herder 1974.

[19/9]   Horváth, P.; Herter, R.: Benchmarking – Vergleich mit den Besten der Besten. Controlling 4 (1992) 1, S. 4–11.

[20/9]   Ehrlenspiel, K.: Möglichkeiten zum Senken der Produktkosten – Erkenntnisse aus einer Auswertung von Wertanalysen. Konstruktion 32 (1980) 5, S. 173–178.

[21/9]   VDI-Richtlinie 2222, Blatt 1 u. 2.: Konstruktionsmethodik. Düsseldorf: VDI-Verlag 1977.

[22/9]   Seidenschwarz, W.: Target Costing – ein japanischer Ansatz für das Kostenmanagement. Controlling 3 (1991) 4, S. 198–203.

[23/9]   Ehrlenspiel, K.: Genauigkeit, Gültigkeitsgrenzen, Aktualisierung der Erkenntnis und Hilfsmittel zum kostengünstigen Konstruieren. Konstruktion 32 (1980) 12, S. 487–490.

[24/9]   Rögnitz, H.; Köhler, G.: Fertigungsgerechtes Gestalten im Maschinen- und Gerätebau. Berlin: Teubner 1968.

[25/9]   Pahl, G.; Beitz, W.: Konstruktionslehre. 3. Aufl. Berlin: Springer 1993.

[26/9]   Heil, H.-G.: Kosten senken in der Konstruktion. Analyse von Kostensenkungspotentialen. Frankfurt: Maschinenbau Verlag 1993.

[27/9]   Pahl, G.; Rieg, F.: Kostenwachstumsgesetze für Baureihen. München: Hanser 1984.

[28/9]   Baumann, G.: Ein Kosteninformationssystem für die Gestaltungsphase im Betriebsmittelbau. München: TU, Diss. 1982.

[29/9]   Hillebrand, A.: Ein Kosteninformationssystem für die Neukonstruktion mit der Möglichkeit zum Anschluß an ein CAD-System. München: Hanser 1991 (Konstruktionstechnik München, Band 3) Zugl.: München: TU, Diss 1989

[30/9]   Pickel, H.: Kostenmodelle als Hilfsmittel zum Kostengünstigen Konstruieren. München: Hanser 1989 (Konstruktionstechnik München, Band 20) Zugl. München: TU, Diss. 1988

[31/9]   Kiewert, A.: Kurzkalkulationen und die Beurteilung ihrer Genauigkeit. VDI-Z 124 (1982) 12, S. 443–446.

[32/9]   Kiewert, A.: Systematische Erarbeitung von Hilfsmitteln zum Kostengünstigen Konstruieren. München: TU, Diss. 1979.

[33/9]   Hafner, J.: Kostensenkung an einem Lagerbock. München: TU, Lehrstuhl für Konstruktion i. M., unveröffentlichte Studie 1982.

[34/9]   Hafner, J.: Entscheidungshilfen für das Kostengünstige Konstruieren von Schweiß- und Gußgehäusen. München: TU, Diss. 1987.

[35/9]   Rehm, S.: Einfluß auf das Kostenbewußte Konstruieren durch Zusammenarbeit der Entwicklung und anderer Bereiche. In: VDI-Berichte 651, S. 75–90. Düsseldorf: VDI-Verlag 1987.

[36/9]   Keßler, M.: Konstruktionsberatung – ein Instrument zur Kosten- und Produktoptimierung. In: VDI-Berichte 651, S. 75–90. Düsseldorf: VDI-Verlag 1987.

[37/9]   Schill, J.: Ohne Teamarbeit geht nichts. Methodik des Vorgehens beim
          kostenbeachtenden Konstruieren. Maschinenmarkt 95 (1989) 36, S. 196–203.

[38/9]   Schiebeler. R.: Kostengünstig Konstruieren mit einer rechnergestützten Konstruktions-
          beratung. München: TU, Diss. 1993. Erscheint demnächst in der Reihe Konstruk-
          tionstechnik München im Hanser Verlag.

[39/9]   Stockert, A.: Kostensenken eine bereichsübergreifende Aufgabe. In: VDI-Berichte 767,
          S. 1–36. Düsseldorf: VDI-Verlag 1989.

[40/9]   Miles, L. D.: Value Engineering. Wertanalyse, die praktische Methode zur Kosten-
          senkung. 2. Aufl. München: Moderne Industrie 1967.

[41/9]   DIN 69 910: Wertanalyse. Berlin: Beuth 1987.

[42/9]   NN: Wertanalyse; Idee–Methode–System. Hrsg. VDI-Zentrum Wertanalyse. 4. Aufl.
          Düsseldorf: VDI-Verlag 1991.

[43/9]   Krehl, H.: Erfolgreiche Produkte durch Value Management. In: Proceedings of the
          ICED 81, S. 246–253. Zürich: Edition Heurista 1991. (Schriftenreihe WDK 20)

[44/9]   Burkhardt, R.: Volltreffer mit Methode – Target Costing. Top Business 2 (1994),
          S. 94–99.

[45/9]   Seidenschwarz, W.: Target Costing – Markorientiertes Zielkostenmanagement.
          München: Vahlen 1993. Zugl. Stuttgart: Univ., Diss. 1992

[46/9]   Ehrlenspiel, K.: Gründe für den Kosten-, Zeit- und Qualitätsdruck Japans und
          Antworten darauf – Eindrücke von einer Studienreise zu elf japanischen Unternehmen.
          Konstruktion 45 (1993) 1, S. 73–83.

[47/9]   Sauermann, H. J.: Eine Produktkostenplanung für Unternehmen des Maschinenbaues.
          München: TU, Diss. 1986.

[48/9]   Ehrlenspiel, K.; Seidenschwarz, W.; Kiewert, A.: Target Costing, ein Rahmen für
          kostenzielorientiertes Konstruieren – eine Praxisdarstellung. VDI-Berichte Nr. 1097,
          Düsseldorf: VDI-Verlag 1993, S. 167–187.

[49/9]   Ehrlenspiel, K.: Produktkosten-Controlling und Simultaneous Engineering. In:
          Horváth, P. (Hrsg.): Effektives und schlankes Controlling. Stuttgart: Schäffel-Poeschel
          1992, S. 289–308.

[50/9]   Steiner, M.; Ehrlenspiel, K.; Schnitzlein, W.: Erfahrungen mit der Einführung wissens-
          basierter Erweiterungen eines CAD-Systems zur konstruktionsbegleitenden Kalkula-
          tion. In: VDI-Berichte 1079, Düsseldorf: VDI-Verlag 1993, S. 33–54.

[51/9]   Schaal, S.: Integrierte Wissensverarbeitung mit CAD am Beispiel der konstruktions-
          begleitenden Kalkulation. München: Hanser 1992 (Konstruktionstechnik München,
          Band 8). Zugl. München: TU, Diss. 1992

[52/9]   Steiner, M.: C-Technologien zum Kostengünstigen Konstruieren. In: VDI-Berichte
          1097, Düsseldorf: VDI-Verlag 1993, S. 65–87.

[53/9]   Eversheim, W.; Schuh, G.; Caesar, C.: Variantenvielfalt in der Serienproduktion.
          VDI-Z 130 (1988) 12, S. 45–49.

[54/9]   Schuh G.: Gestaltung und Bewertung von Produktvarianten. Aachen: TH, Diss. 1989.

[55/9]   Hichert, R.: Probleme der Vielfalt. wt – Zeitschrift für die industrielle Fertigung 75
          (1985), S. 235–237.

[56/9]   Eversheim, W.; Böhmer, D.; Kümper, R.: Die Variantenvielfalt beherrschen.
          Entwicklung geeigneter Organisationsformen - Praxisbeispiel Automobilindustrie.
          VDI-Z 134 (1992) 4, S. 47–53.

[57/9]   Henzler, H. H.; Späth, L.: Sind die Deutschen noch zu retten. München: Bertelsmann
         1993.

[58/9]   Franke, H.-J.; Schill, J.: Kosten senken durch Einsparen von Teilen. Düsseldorf:
         VDI-Verlag 1987, S. 139–152. (VDI-Berichte 651)

[59/9]   Pollack, W.: Teilefamilie-Fertigungsfamilie. MM Maschinenmarkt 75 (1969) 10,
         S. 162.

[60/9]   Müller, R.: Datenbankgestützte Teileverwaltung und Wiederholteilsuche. München:
         Hanser 1991. (Konstruktionstechnik München, Bd. 6)
         Zugl. München: TU, Diss. 1990

[61/9]   Pahl, G.; Beitz, W.: Baureihenentwicklung. Konstruktion 26 (1974) 2 u. 3, S. 71–79 u.
         S. 113–118.

[62/9]   Flender: Firmenprospekt Nr. K 2173/D. Bocholt 1972.

[63/9]   Kittsteiner, H.: Die Auswahl und Gestaltung von kostengünstigen Welle-Nabe-Verbin-
         dungen. München: Hanser 1990. (Konstruktionstechnik München, Band 3)
         Zugl. München: TU, Diss. 1989

[64/9]   Pahl, G.; Beitz, W.: Konstruktionslehre. 3. Aufl. Berlin: Springer 1993.

[65/9]   DIN 323: Normzahlreihen. Berlin: Beuth 1952.

[66/9]   Kühborth, W.: Baureihen industrieller Erzeugnisse zur optimalen Nutzung von Kosten-
         depressionen. Mannheim: Uni, Diss. 1986.

[67/9]   Benthake, H.: Baukastensysteme – grundsätzliche Möglichkeiten, Optimierung am
         Beispiel einer Industriegetriebereihe. 7. Konstrukteurstagung Dresden 1990, Berlin:
         Kammer der Technik 1990, S. 217–238.

[68/9]   Peithmann, L.: Das Baukastensystem – eine Gestaltungsaufgabe bei Hebezeugen.
         Wirtschaftliche Aspekte für Hersteller und Benutzer. Vortrag Fachtagung
         Fördertechnik. DIM, Hannover 1967.

[69/9]   Gerhard, E.: Kostenbewußtes Entwickeln und Konstruieren. Renningen-Malmsheim:
         Expert Verlag 1984.

10 Begriffe

Nachfolgend sind die wichtigsten in diesem Buch verwendeten Begriffe definiert. Es ist im Interesse der Vereinheitlichung von Begriffen und der Überwindung von verschiedenen Methodikschulen zweckmäßig, vorhandene Begriffe zu übernehmen und nur dann Begriffe neu zu definieren, wenn dies unumgänglich ist. Deshalb werden in diesem Buch nach Möglichkeit Begriffe aus der VDI-Richtlinie 2221 [1/10] und nach Pahl & Beitz [2/10] übernommen.

A

Algorithmus
Festgelegte, eindeutige, endliche Folge von Vorgehensschritten und Regeln, deren schematische Befolgung zu einer eindeutigen Lösung einer Klasse von Aufgaben führt.

Anforderung
Qualitative und/oder quantitative Angabe von **Eigenschaften** oder Bedingungen für ein Produkt.
Anforderungen können unterteilt werden in Forderungen ("muß") und Wünsche ("kann").

Anforderungsliste
Schriftlich formulierte Sammlung der **Anforderungen** an ein Produkt.
Die Anforderungsliste wird aufgrund einer Aufgabenstellung oder eines Pflichten-(Lasten-)hefts zu Beginn des Entwicklungs- und Konstruktions- bzw. Produkterstellungsprozesses erarbeitet und während dieses Prozesses laufend auf dem neuesten Stand gehalten.

Anpassungskonstruktion
Konstruktionsart, bei der das **Konzept** vorgegeben ist. Der Entwurf wird an geänderte **Anforderungen** angepaßt.

Ausarbeiten
Erarbeiten verbindlicher Festlegungen aller Einzelheiten der Beschaffenheit und Nutzung eines Produkts aufgrund eines Gesamtentwurfs und einer **Anforderungsliste**. Das Ergebnis des Ausarbeitens ist die Produktdokumentation.

C

Concurrent Engineering (CE)
Integrierte Produkterstellung im interdisziplinären Team, wobei im Unterschied zu **Simultaneous Engineering (SE)** Produktionseinrichtungen für das neue Produkt nicht parallel entwickelt werden.

D

Denkformen

Normalbetrieb des Denkens

Vorwiegend im Unbewußten, routineartig ablaufende Denkvorgänge auf dem Hintergrund eingeübter Rationalität aus früheren Erfahrungen (Alltagswissen). Meist immer wieder unterbrochen zur rationalen Orientierung über das bisherige und zukünftige Vorgehen.

Rationalbetrieb des Denkens

Dominanz des rationalen, methodenbewußten, diskursiven Denkens, da der **Normalbetrieb des Denkens** überfordert bzw. nicht allein zielführend ist.

Negativ-Emotionalbetrieb des Denkens

Denken (und Handeln) in Situationen der Überforderung, wenn auch der **Rationalbetrieb** nicht mehr zielführend scheint. Es ist keine kompetente Beherrschung der Situation mehr möglich. Überflutung von Negativgefühlen wie Angst, Ärger, Wut, Verzweiflung, die aus dem Unbewußten aufsteigen .

Differentialbauweise

Aufteilung eines Bauteils in mehrere Bauteile. Gegenteil von **Integralbauweise.**

Diskursiv

Von einem Gedanken zum anderen fortschreitend; dabei ist deren Entstehung in Teilschritten verfolgbar. Gegensatz zu **intuitiv.**

Dokument

Ein Dokument ist eine als Einheit gehandhabte Zusammenfassung oder Zusammenstellung von Informationen, die nicht-flüchtig auf einem Informationsträger gespeichert sind (nach DIN 6789 Teil 1).

E

Eigenschaft

Eine Eigenschaft ist alles, was aufgrund von Beobachtungen, Meßergebnissen, allgemein akzeptierten Aussagen usw. von einem Objekt festgestellt werden kann. Eine Eigenschaft, die besonders herausgehoben werden soll, wird als Merkmal bezeichnet.

Entwerfen

Erarbeiten graphischer oder schriftlicher Darstellungen von **Gestalt** und Anordnung der Elemente eines Produkts, bei technischen Erzeugnissen auch der Materialien aufgrund einer **prinzipiellen Lösung** und einer **Anforderungsliste**. Nach dem Grad der Durcharbeitung von Einzelheiten lassen sich Vorentwerfen und Endentwerfen unterscheiden. Das Ergebnis des Entwerfens ist der Entwurf oder Gesamtentwurf.

Entwickeln, technisches

Zweckgerichtetes Auswerten und Anwenden von Forschungsergebnissen und Erfahrungen, z. B. technischer oder ökonomischer Art.

Praxisverständnis: **Konstruieren** einschließlich versuchstechnischer Arbeiten. Ziele des Entwickelns können sein: Stoffe, grundsätzliche Lösungen, technische Erzeugnisse, Programme und dergleichen.

F

Funktion
Eine Funktion im Sinne der Konstruktionsmethodik ist die lösungsneutrale Formulierung des gewollten (geplanten, bestimmungsgemäßen) Zwecks eines technischen Gebildes. Sie drückt die Zustandsänderung (Eigenschaftsänderung) eines Objekts (Umsatzprodukt) aus, die durch den **Funktionsträger** bewirkt wird. Man unterscheidet Gesamtfunktionen und Teilfunktionen sowie Hauptfunktionen und Nebenfunktionen, (Der Funktionsbegriff wird in den Natur- und Ingenieurwissenschaften auch zur Darstellung eines physikalischen oder mathematischen Zusammenhangs, z. B. in Form einer Gleichung, verwendet).

Folgefunktion
Eine **Funktion**, die als Folge einer gewählten Lösung zu erfüllen ist.

Funktionsstruktur
Anordnung und Verknüpfung einzelner Teilfunktionen zu einer oder mehreren komplexen **Funktionen**.

Funktionsträger
Lösungsprinzip, **prinzipielle Lösung**, Teil, Teileverband bzw. Baugruppe oder Produkt, das eine oder mehrere **Funktionen** erfüllt.

G

Generierendes Vorgehen
Für ein **Problem** werden völlig neue Lösungen angestrebt (siehe auch **Korrigierendes Vorgehen**).

Gestalt
Gesamtheit der geometrisch beschreibbaren Merkmale eines materiellen Objekts, wobei diese zeitlich veränderlich sein können (z. B. Gestalt eines Autokrans).
Faßt man ein Produkt als System von Gestaltelementen auf, so kann man die Gestalt eines Elementes durch die Merkmale Form und Größe (Abmessung), d. h. durch die Makrogeometrie und ferner durch die Oberfläche (Mikrogeometrie, Rauhheit) definieren. Die Gestalt des Produkts als System ist dann durch die Gestalt aller Elemente (Zahl!) und deren Lage (Anordnung) festgelegt. Die Gestalt eines materiellen Objekts ist dabei beschränkt auf Objekte, deren Oberfläche ist (z. B. feste, flüssige, körnige, teigige Objekte).

H

Hauptforderung
Zentrale, bestimmende Forderung an ein Produkt.

Heurismus
Erfahrungsgemäß sinnvoller **Vorgehensplan** zur Lösung von **Problemen**.

I

Integralbauweise
Zusammenfassen verschiedener Bauteile zu einem. Gegenteil von **Differentialbauweise**.

Iteration
Mehrfache Wiederholung eines Verfahrens beim gleichen **Problem** zur Annäherung an die gesuchte Lösung (siehe auch **Rekursion**). Im vorhandenen Buch wird Iteration im Interesse der Lesbarkeit auch an Stelle von Rekursion verwendet.

K

Komplexität
Die Komplexität eines **technischen Systems** ist ein objektiv feststellbares Maß für die Anzahl und Unterschiedlichkeit der Elemente und deren Relationen. Die **Objektkomplexität** enthält für Objekte allgemein weitere Merkmale (Kapitel 3.1.1).

Kompliziertheit
Die Kompliziertheit ist ein Maß für die subjektive Schwierigkeit bei der Behandlung eines Systems. Kompliziert können sowohl komplexe als auch nicht komplexe Systeme sein. Gleiche Systeme können für verschiedene Personen unterschiedlich kompliziert sein.

Konstruieren
Gesamtheit aller Tätigkeiten, mit denen – ausgehend von einer Aufgabenstellung – die zur Herstellung und Nutzung eines Produkts notwendigen Informationen erarbeitet werden und die in der Festlegung der Produktdokumentation enden. Diese Tätigkeiten schließen die vormaterielle Zusammensetzung der einzelnen Funktionen und Teile eines Produkts, den Aufbau zu einem Ganzen und das Festlegen aller Einzelheiten ein.

Praxisverständnis: Festlegen der Produktdokumentation ohne Rückgriff auf materielle Modelle und Versuche für die zu bearbeitende Aufgabe.

Methodisches Konstruieren
1. Planmäßiges und schrittweises Erarbeiten der Herstellungs- und Nutzungsunterlagen eines Produkts.
2. Lehre zum planmäßigen und systematischen Vorgehen beim Konstruieren.

Konzept
Allgemein: Erste Fassung, Plan, Programm für ein Vorgehen.
Hier: Festgelegte **prinzipielle Lösung** (siehe auch **Lösungsprinzip**).

Konzipieren
Eine Grundidee von etwas gewinnen. Erarbeiten und Darstellen der **Funktion**, der **Funktionsstruktur**, der Effekte und Effektträger und deren Gliederung sowie der **Wirkstruktur** aufgrund einer Aufgabenstellung und einer **Anforderungsliste**. Das Ergebnis des Konzipierens ist die **prinzipielle Lösung**.

Korrigierendes Vorgehen

Änderung einer Lösung aufgrund erkannter Schwachstellen mit möglichst geringem Aufwand (siehe auch **Generierendes Vorgehen**).

L

Lösungsprinzip

Grundsätzliche Verwirklichung einer **Funktion** oder mehrerer verknüpfter Funktionen durch Auswahl von Effekten (Effektebene) und wirkstruktureller Festlegungen (Gestaltebene).

M

Methode

Planmäßiges Vorgehen zum Erreichen eines bestimmten Ziels.
Methoden können sowohl bewußt als auch unbewußt ablaufen bzw. angewandt werden (nach J. MÜLLER: zielgerichtetes Handlungsregulativ).

Methodenbaukasten

Systematische Sammlung von **Methoden**, die für bestimmte Arbeitsabschnitte eines Prozesses (alternativ) eingesetzt werden können und für deren Auswahl Hilfen angegeben sind.

Methodik

1. Planmäßige Verfahrensweise zur Erreichung eines bestimmten Ziels nach einem **Vorgehensplan** unter Einschluß von **Methoden** und Hilfsmitteln.
2. Lehre, Wissenschaft, Theorie von **Methoden** und wissenschaftlichen Verfahren (auch Methodologie genannt).

Modell

Ein Modell ist gegenüber einem Objekt ein vereinfachtes gedankliches oder stoffliches Gebilde, das Analogien zu diesem Objekt aufweist. Damit können aus dem Verhalten des Modells Rückschlüsse auf das Objekt gezogen werden.

Morphologischer Kasten

Kombinationshilfe zum Erzielen einer Lösungsvielfalt mit systematischer Anordnung von Teillösungen.

N

Neukonstruktion

Konstruktionsart, bei der alle Phasen des Konstruktionsprozesses durchlaufen werden. Es entsteht ein Produkt mit neuer **prinzipieller Lösung**.

O

Operation

Eine Operation beschreibt die Zustandsänderung eines Umsatzprodukts und wird von einem **System** bewirkt.

P

Prinzipielle Lösung

Zusammenhang und Darstellung der **Lösungsprinzipien** und deren Struktur (**Wirkstruktur**).

Problem

Aufgabe oder Fragestellung, deren Lösung nicht erkennbar ist und auch nicht direkt mit bekannten Mitteln angegeben werden kann. Ein Problem ist gekennzeichnet durch drei Komponenten:

- unerwünschter Anfangszustand (a)
- erwünschter, evtl. unklarer Endzustand (b)
- Barriere, die die Umsetzung von (a) nach (b) verhindert.

Produkterstellung

Gesamter Prozeß der Erzeugung eines Produkts von der ersten Idee bzw. Auftragserteilung bis zur Auslieferung an den Nutzer. (Synonym: Auftragsabwicklung, Wertschöpfungskette, gesamter Geschäftsprozeß, integrierte Produktion, Produktentstehung, Produktentwicklung).

Integrierte Produkterstellung

Ganzheitliches und zielorientiertes Vorgehen, das durch Anwendung von **Methoden**, z. B. aus der **IP-Methodik**, gebildet und stetig an Unternehmen, Produkt und Mitarbeiter angepaßt wird. Hierbei wird durch die Zusammenarbeit aller betroffenen Abteilungen und Spezialisten ein optimales Produkt angestrebt.

Integrierte Produkterstellungsmethodik (IP-Methodik)

Methodik zur Produkterstellung unter besonderer Berücksichtigung der Zielsetzung und Zusammenarbeit der daran beteiligten Menschen.

Produktmodell

Modell, das alle für die Produkterstellung, -nutzung und -entsorgung relevanten Informationen in hinreichender Vollständigkeit enthält (Praxisdefinition: sämtliche geordneten Informationen, die zur Auftragsabwicklung für ein Produkt nötig sind).

Q

Qualität

Die Gesamtheit von Merkmalen einer Einheit bezüglich ihrer Eignung, festgelegte und vorausgesetzte Erfordernisse zu erfüllen (ISO 9000).

R

Rekursion

Wiederholung eines Verfahrens für jeweils ein qualitativ anderes **Problem** (siehe auch **Iteration**).

S

Simultaneous Engineering (SE)

Zielgerichtete, interdisziplinäre Zusammen- und Parallelarbeit für Produkt-, Produktions- und Vertriebsentwicklung für den ganzen Produktlebenslauf mit straffem Projektmanagement unter Einsatz von **Methoden**. (Eine Form der **integrierten Produkterstellung**).

Strategie

Entwurf über das grundsätzliche, zielgerichtete Vorgehen in der Art einer Leitidee, wobei man Faktoren, die in dieses Vorgehen hineinspielen können, von vorn herein einzubeziehen versucht. Der Einsatz geeigneter **Methoden** bleibt dabei noch offen (z. B. kann die Strategie „Vom Abstrakten zum Konkreten" durch momentane Konkretisierung unterbrochen werden).

Synthese

Allgemein: Erstellen eines Ganzen aus Teilen.

Beim **Konstruieren**: Die Phase im Lösungszyklus, bei der Lösungen gesucht und dargestellt werden.

System, technisches

Gesamtheit von der Umgebung abgrenzbarer (Systemgrenzen), geordneter und verknüpfter Elemente, die mit dieser durch technische Eingangs- und Ausgangsgrößen in Verbindung stehen. Geometrisch-stoffliches Gebilde, das einen bestimmten Zweck (**Funktion**) erfüllen, also Operationen (technische Prozesse) bewirken kann.

T

TOTE-Schema

Grundlegendes **Modell** des problemlösenden Denkens. Abkürzung für **T**est-**O**perate-**T**est-**E**xit.

V

Variantenkonstruktion

Konstruktionsart, bei der der Entwurf vorgegeben ist (mindestens grob-qualitativ). Es werden im wesentlichen Abmessungen wegen Leistungs-/ Schnittstellenanforderungen des Kunden geändert.

Vorgehensplan

Aufteilung eines Produkterstellungsprozesses in einzelne Arbeitsabschnitte zur zukünftigen Arbeitsorganisation.

Vorgehenszyklus

Allgemeine Beschreibung der Schrittfolge zur Lösung eines **Problems** oder Aufgabe.

W

Wirkbewegung
Bewegung, mit der eine funktionsrelevante Wirkung erzwungen oder ermöglicht wird.

Wirkgeometrie
Umfaßt die Flächen und Körper sowie deren geometrische Beziehungen untereinander, die für das prinzipielle Funktionieren ausschlaggebend sind.

Wirkstruktur
Anordnung und Verknüpfung mehrerer Wirkprinzipien. Ein Wirkprinzip entspricht dem Lösungsprinzip und umfaßt z. B. bei mechanischen Gebilden die Wirkflächen, Wirkflächenpaarungen, Wirkräume, **Wirkbewegungen** und Stoffarten.

Literatur zu Kapitel 10

[10/1]   VDI Richtlinie 2221: Methodik zum Entwickeln und Konstruieren technischer Systeme und Produkte. Düsseldorf: VDI-Verlag 1993.

[10/2]   Pahl, G.; Beitz, W.: Konstruktionslehre. 3. Aufl. Berlin: Springer 1993.

Anhang

A1 Erstellen von Funktionsstrukturen

In Kapitel 7.4.2 wurden Begriffe, Elemente und Symbole für das Erstellen von Funktionsstrukturen dargestellt. Hier sollen kurz Elemente und Symbole wiederholt werden. Danach werden weitere Definitionen und Regeln vorgestellt, die für eine formal sichere Formulierung von Funktionsstrukturen zweckmäßig sind. Trotzdem kann diese Modellierung nicht eindeutig sein. Es gibt immer mehrere mögliche Funktionsstrukturen.

A1.1 Elemente und Symbole

Bild A1-1 zeigt den formalen Aufbau einer Funktion aus Eingangs- und Ausgangsgrößen (Eigenschaften), einer Operation, die die Eigenschaftsänderungen durch einen Funktionsträger bewirkt, und den Relationen, die die Verbindung darstellen.

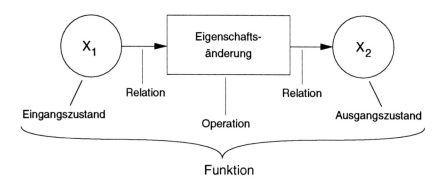

Bild A1-1:   Elemente zur Funktionsbeschreibung

Zur besseren Differenzierung innerhalb einer komplexen Systembeschreibung empfiehlt es sich, die Zustände zu numerieren. Die Operation wird durch die Zustände des Hauptumsatzes (Kapitel A1.3.3) gekennzeichnet. So ist die Operation zwischen den Zuständen 1 und 2 eben die Operation 1.2 .

A1.1.1 Die logischen Operationen

Je nachdem, ob durch den Funktionsträger (das technische System) die Eigenschaftsänderung des Umsatzprodukts bewirkt oder nicht bewirkt wird, kann von einem logischen

Verknüpfen oder **Trennen** der in den Zuständen beschriebenen Eigenschaften gesprochen werden.

Die Operationen lassen sich damit in zwei Klassen einteilen. Funktionen, die mit der **logischen Operation „Verknüpfen"** beschrieben werden, sind z. B. Strom leiten, Drehmoment vergrößern, Druck in Wärme wandeln usw. Funktionen, die mit der logischen Operation „Trennen" beschrieben werden, sind z. B. Wärme isolieren, Öl abdichten usw.

Die Differenzierung schlägt sich, wie in **Bild A1-2** gezeigt, in den Symbolen nieder. Die **logische Operation „Trennen"**, im folgenden im Zusammenhang mit elementaren Operationsbegriffen als **gesperrte Operation** bezeichnet, hebt sich durch einen Querstrich vom „Verknüpfen" ab.

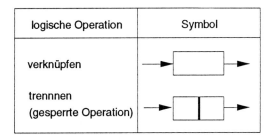

Bild A1-2:   Symbole der logischen Operationen

A1.1.2   Arten von Relationen

Relationen werden im allgemeinen durch das Symbol des Pfeils angegeben. Die Pfeilspitze deutet bei sogenannten **einfach wirkenden Relationen** in Richtung der gewünschten Zustandsänderung und definiert damit Eingangs- und Ausgangszustand einer Funktion (**Bild A1-3**).

Arten von Relationen	Symbole
einfach wirkend	———————▶
rückwirkend	◀———————▶
ungerichtet	———————

Bild A1-3:   Arten von Relationen

Bei rückwirkenden Zustandsänderungen, die sowohl in der einen als auch in der Gegenrichtung ablaufen können (z. B. Beschreibung von oszillierenden Transportvorgängen), wird ein Doppelpfeil, eine **rückwirkende Relation**, verwendet. Eine Differenzierung in Eingangs- und Ausgangszustand ist dann nur noch für einen momentanen Betriebszustand des Systems möglich, aber nicht mehr generell.

Ungerichtete Relationen ohne Orientierung durch eine Pfeilspitze werden dann nötig, wenn eine Unterscheidung von Eingangs- und Ausgangszustand physikalisch nicht mehr möglich ist. Bei einer Funktion „Drehmoment übertragen" müssen wegen des Momentengleichgewichts beide Zustände zugleich erfüllt sein. Dasselbe gilt für Kräfte.

A1.2   Formale Regeln zum Umgang mit den Elementen

Die funktionelle Beschreibung komplexer, aus vielen Teilsystemen zusammengesetzter Systeme führt zu sogenannten **Funktionsstrukturen**. Beim Erstellen dieser Strukturen sind sowohl die nachfolgend angeführten **formalen Regeln** (ohne Bezug zum Inhalt) als auch die in Kapitel A1.3 erläuterten inhaltlichen Regeln einzuhalten.

A1.2.1   Die Reihenfolgeregel

Die Elemente Zustand, Operation und Relation dürfen nur in der Reihenfolge

Zustand – Relation – Operation – Relation – Zustand – usw.

verknüpft werden. Folgende Verknüpfungen sind z. B. unzulässig:

> Zustand – Relation – Zustand
> Operation – Relation – Operation

Einzelne Teilfunktionen werden somit über ihre Zustände zu einer Funktionsstruktur verbunden. Der Ausgangszustand einer Funktion wird zum Eingangszustand der nächsten.

A1.2.2   Die Vollständigkeitsregel

Eine Funktionsstruktur darf **nur** mit Zuständen beginnen und aufhören. Bei komplexeren Strukturen ist eine Kennzeichnung der auf der Systemgrenze liegenden Zustände vorteilhaft. Dies kann durch ein dicker gezeichnetes Zustandssymbol erfolgen, aber auch durch einen mit einer Schlangenlinie abgebrochenen Relationspfeil, der in einen Eingangszustand hineinführt bzw. aus einem Ausgangszustand austritt. Letzteres würde die Vollständigkeitsregel nicht verletzen!

A1.2.3   Die Strukturartenregel

Mit den Elementen lassen sich formal **Reihenschaltungen**, **Parallelschaltungen** und **Kreisschaltungen** aufbauen, wie in **Bild A1-4** gezeigt ist.

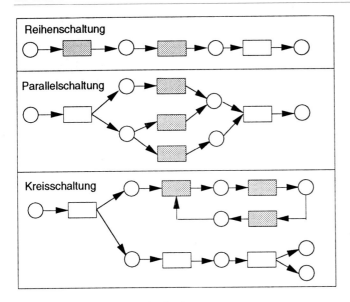

Bild A1-4:   Beispiele formaler Strukturarten

Aus den Beispielen in **Bild A1-5** sind zwei Arten von Strukturvereinigungen (-verzweigungen) ersichtlich. Formal lassen sich **Operationsvereinigungen (-verzweigungen)** und **Zustandsvereinigungen (-verzweigungen)** unterscheiden. Der Unterschied zwischen beiden ergibt sich aus der dynamischen Regel (A1.2.4).

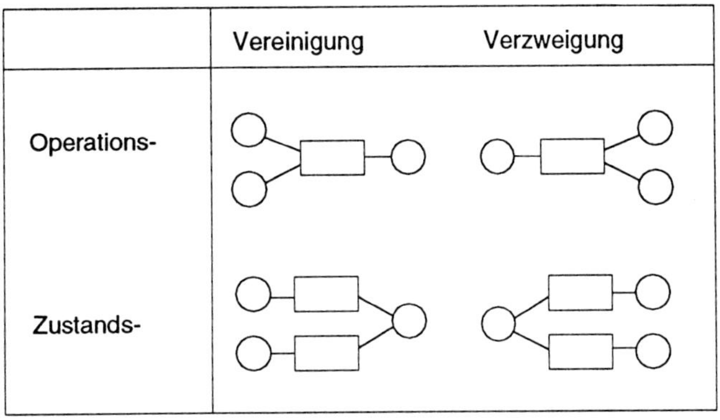

	Vereinigung	Verzweigung
Operations-		
Zustands-		

Bild A1-5:   Formale Strukturvereinigungen/-verzweigungen

A1.2.4   Die dynamische Regel

Eine Operation wird nur ausgeführt, wenn alle Eingangszustände erfüllt sind. Bei ungerichteten Relationen wird jeder derart mit einer Operation verknüpfte Zustand als Eingangszustand angesehen, bei rückwirkenden Relationen definiert die momentan gültige Pfeilrichtung den Eingangszustand. Damit lassen sich die in **Bild A1-6** gezeigten logischen Sachverhalte darstellen, die auch die Unterschiede von Operationsvereinigungen (-verzweigungen) und Zustandsvereinigungen (-verzweigungen) und die Notwendigkeit dieser Differenzierung erklären.

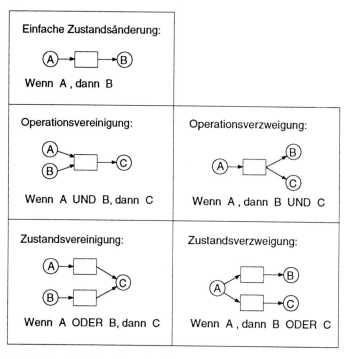

Bild A1-6:   Logik der Zustandsänderungen bei gerichteten Relationen

Beispiel für eine Operations- und Zustandsvereinigung bei gerichteten Relationen: (A=Sirup, B=Wasser)

– **Operationsvereinigung**

   Nur wenn Sirup und Wasser anliegen, ist der Ausgangszustand (C) erfüllt, und das Ausgangsprodukt ist Limonade. Liegt nichts, nur Sirup oder nur Wasser an, kann die Vereinigungsoperation nicht ausgeführt werden, da nicht alle Eingangszustände erfüllt sind.

– **Zustandsvereinigung**

   Der Ausgangszustand (C) ist erfüllt, wenn mindestens Sirup oder Wasser anliegen. Liegt nur Sirup an, so ist das Ausgangsprodukt auch Sirup. Liegt nur Wasser an, so ist das Ausgangsprodukt auch Wasser. Liegen Sirup und Wasser an, so ist das Ausgangsprodukt die gewünschte Limonade. Daß nur Limonade produziert wird, muß über eine zusätzliche Steuerung sichergestellt werden.

Mit der dynamischen Regel können der Prozeßablauf formal überprüft und Konfliktsituationen aufgespürt werden, die entsprechende Steuerungen oder Dimensionierungen von Teilsystemen verlangen. Konfliktsituationen heißen **Wettbewerbskonflikte** bei Zustandsvereinigungen bzw. **Verzweigungskonflikte** bei Zustandsverzweigungen. Sie resultieren aus Quantitätsproblemen des Umsatzprodukts.

A1.2.5 Die Strukturierungsregel

Der Gegenstand einer funktionellen Beschreibung, z. B. eine Maschine, kann beliebig differenziert betrachtet werden. Er kann als Ganzes oder als Vernetzung von Teilsystemen funktionell abgebildet werden. Jedes Teilsystem kann wiederum strukturiert werden. Formal bedeutet dies, daß jedes Operationselement durch eine Teilstruktur ersetzt werden kann (**Bild A1-7**) und umgekehrt jede Teilstruktur durch ein Operationselement, jedoch unter Beachtung der Reihenfolgeregel.

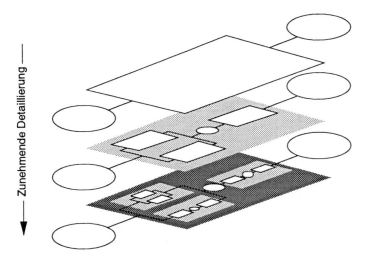

Bild A1-7:   Formale Strukturierung

A1.3 Inhaltliche Regeln zum Umgang mit den Elementen

Eine Funktionsstruktur muß außer den **formalen Regeln** auch die nachfolgenden **inhaltlichen Regeln** einhalten, wenn den Zuständen, Relationen und Operationen Inhalte (z. B. Umsatzart) zugeordnet werden.

A1.3.1 Die Flußregel

Die Verknüpfung einzelner Teilfunktionen zu einer Funktionsstruktur orientiert sich am **Fluß eines Umsatzprodukts**. Dieser Fluß darf innerhalb der Darstellungsgrenzen nicht unterbrochen werden. Flüsse können jedoch innerhalb des betrachteten Systems beginnen oder enden, wenn sie auch meist die Systemgrenze überschreiten. Es müssen stets die Erhaltungs- und Gleichgewichtssätze (Energie-, Massenerhaltungssatz, Kräfte-, Momentengleichgewicht usw.), allgemein die Prozeßgesetze, berücksichtigt werden, wobei in vielen Fällen vereinfachend ideale Prozesse ohne Berücksichtigung von Wirkungsgraden angenommen werden können.

A1.3.2   Die Umsatzartenregel

Umsatzprodukt kann alles sein, eine Informationseinheit ebenso wie ein ganzes Produkt. Eine Klassifizierung von Umsatzprodukten führt zu den drei Kategorien Energie, Stoff und Signal, so daß nach den Umsatzarten

Energieumsatz, Stoffumsatz, Signalumsatz

unterschieden wird. Dies kommt in der Funktionsstruktur zweckmäßigerweise durch eine entsprechende Kennzeichnung der Relationspfeile zum Ausdruck (**Bild A1-8**).

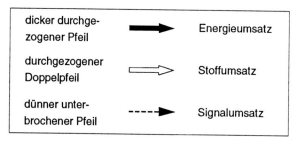

Bild A1-8:   Unterscheidung der Umsatzart

A1.3.3   Die Umsatztypregel

Komplexe technische Systeme sind aus vielen Teilsystemen aufgebaut. Nicht alle diese Teilsysteme sind unmittelbar am Systemzweck des ganzen Systems beteiligt, der den **Hauptumsatz** definiert. Teilsysteme können untergeordnete Systeme bedingen, die einem **Nebenumsatz** dienen. Daher ist eine Unterscheidung verschiedener **Umsatztypen** nötig:

- Hauptumsatz
- 1. Nebenumsatz
- 2. Nebenumsatz
- usw.

Innerhalb jedes Umsatztyps herrscht nur eine Umsatzart vor, und der Fluß des jeweiligen Umsatzprodukts darf nicht unterbrochen sein.

A1.3.4 Die Verknüpfungsregeln

Ein komplexes System besteht aus vielen Teilsystemen, die gleichrangig, über- oder untergeordnet sein können (siehe die verschiedenen Umsatztypen!). Dementsprechend gibt es innerhalb einer Funktionsstruktur hierarchisch verschiedenwertige Teilstrukturen. Um eine sinnvolle Verknüpfung unterschiedlicher Teilstrukturen und damit Umsatztypen darstellen zu können, sind je nach Art der jeweiligen Beziehungen **Verknüpfungsregeln** zu definieren. Folgende Fälle sind denkbar:

1 Zwei Teilstrukturen sind gleichwertig. Die Verknüpfung erfolgt über eine Operation, falls ein entsprechendes Teilsystem vorhanden/vorgesehen ist, oder über einen **Zwischenzustand**, der nicht besonders gekennzeichnet ist (**Bild A1-9**). Im Beispiel werden gleichwertige Stoffflüsse verknüpft. Auch der Signalfluß eines Meßsystems, das auf Eigenschaften der Stoffe in einem Zwischenzustand zugreift, ist eine gleichwertige Teilstruktur.

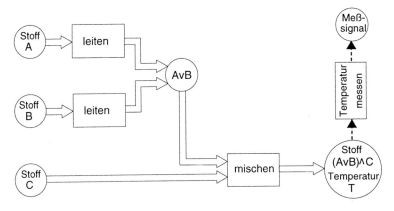

Bild A1-9:   Verknüpfung gleichwertiger Teilstrukturen

2 Aufgrund von Gleichgewichtsbedingungen oder Erhaltungssätzen ist ein Nebenumsatz nötig. Dieser Nebenumsatz wird dann über einen **Ergänzungszustand E** mit der entsprechenden Operation des übergeordneten Umsatzes verbunden. Diese Kennzeichnung ist notwendig, da die Bezeichnungen für Zustandsänderungen (siehe die elementaren Operationen) sich am Zweck eines Teilsystems, also der gewünschten Wirkung, und nicht an der physikalischen Ursache orientieren (**Bild A1-10**). Im Beispiel eines Planetengetriebes ist der Zweck, ein Drehmoment zu vergrößern oder verkleinern. Das Momentengleichgewicht verlangt jedoch auch die Abstützung eines resultierenden Moments, was funktionell in einem Nebenumsatz mittels Ergänzungszustand E ausgedrückt wird.

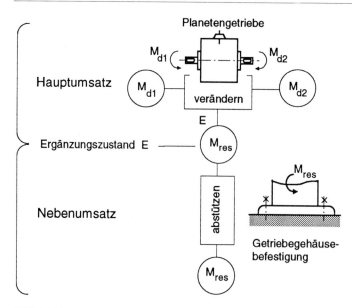

Bild A1-10: Verknüpfung von Nebenumsatz und Hauptumsatz mittels Ergänzungszustand E

3 Ein Nebenumsatz knüpft an Eigenschaften des Umsatzprodukts vom Hauptumsatz während einer Operation, einer Zustandsänderung bzw. eines Prozesses an. Dann wird der Nebenumsatz über einen Prozeßzustand P mit der entsprechenden Operation des Hauptumsatzes verknüpft. (**Bild A1-11**). Im Beispiel ist der **Prozeßzustand P** die zu messende Position der Schraube in der Greiferhand eines Montageroboters während der Handhabung.

4 Der Nebenumsatz hat Teile des Produkts oder das ganze Produkt des Hauptumsatzes zum Umsatzprodukt. Er beeinflußt Bedingungsgrößen dieses Produkts. In diesem Fall wird der Nebenumsatz über einen **Bedingungszustand B** mit dem Hauptumsatz verbunden (**Bild A1-12**). Im Beispiel eines Montageroboters wird dadurch die Montage der Greiferhand des Roboters durch einen Monteur beschrieben. Die Greiferhand ist eine „Bedingungsgröße", ohne die der Roboter, wie in Bild A1-12 ersichtlich, keine Schrauben handhaben könnte.

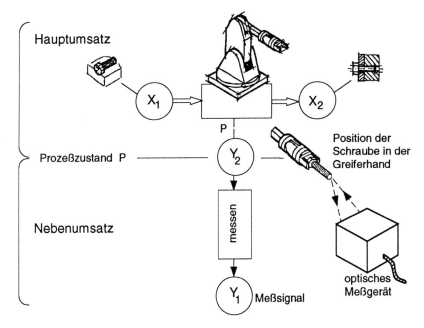

Bild A1-11: Verknüpfung von Nebenumsatz und Hauptumsatz mittels **Prozeßzustand P**

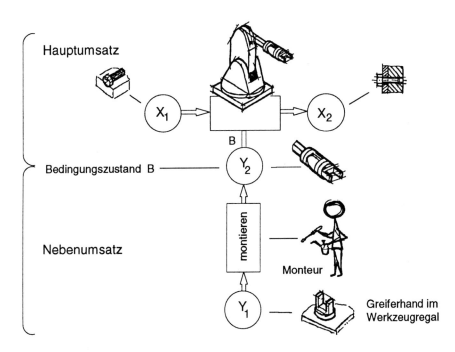

Bild A1-12: Verknüpfung von Nebenumsatz und Hauptumsatz mittels **Bedingungszustand B**

Mit diesen Verknüpfungsregeln lassen sich nun komplexe Systeme beschreiben. Zwei häufig brauchbare **Anwendungen der Regeln** sollen noch an Beispielen gezeigt werden.

1 Bei einer **Funktionsvereinigung** erfüllt dasselbe System zwei (mehrere) Aufgaben(Kapitel 7.7.1). Ein Beispiel hierfür ist ein Lampenkabel, das das Gewicht der Lampe zu tragen hat und zugleich den elektrischen Strom leitet. Das Kabel ist somit Bedingungsgröße sowohl für die Funktion „Kraft leiten" als auch für „elektrischen Strom leiten". Zur Darstellung der Funktionsvereinigung werden die entsprechenden Operationen daher über einen Bedingungszustand verbunden (**Bild A1-13**).

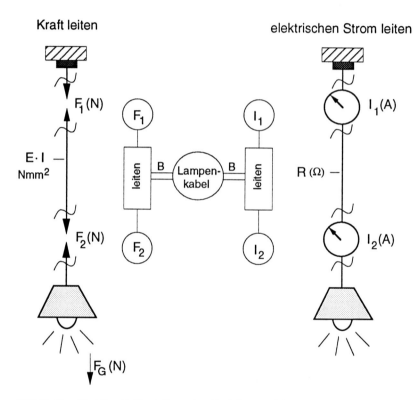

Bild A1-13: Funktionelle Darstellung einer Funktionsvereinigung

2 Besonders bei der Abbildung von stoffumsetzenden Produkten sind häufig **abhängige Systeme** darzustellen. Als Beispiel dient ein Nutzfahrzeug, das während der Fahrt zum Bestimmungsort Beton mischt. Der Betonmischer ist hier einmal „technisches System", das die „Zustandsänderung" des „Umsatzprodukts" Beton bewirkt, zum anderen ist er aber auch „Umsatzprodukt", das momentan durch das „technische System" Nutzfahrzeug von einem Ausgangsort zum Bestimmungsort transportiert wird. Verbindungsglied zwischen den Operationen „Mischen" und „Transportieren" ist ein Zustand, der die Eigenschaften des Betonmischers be-

schreibt. Dieser Zustand ist für das Mischen ein Bedingungszustand, für das Transportieren dagegen ein Prozeßzustand, was entsprechend gekennzeichnet und umgekehrt auch entsprechend „gelesen" wird (**Bild A1-14**).

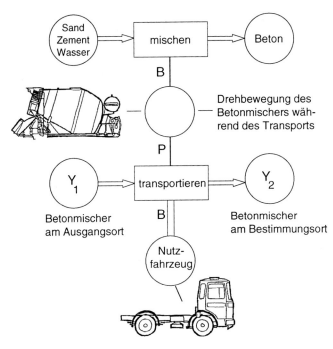

Bild A1-14: Funktionelle Darstellung abhängiger Systeme

A1.3.5   Zustandsänderungen mit elementaren Operationen

Die Fülle möglicher Zustandsänderungen läßt sich, wie bereits festgestellt, mit den logischen Operationen „**Verknüpfen**" und „**Trennen**" grob unterteilen. Eine feinere Klassifizierung erfolgt über 5 elementare Operationen, die sich auf die Art der Zustandsänderung beziehen. **Bild A1-15** zeigt die Darstellungsmöglichkeiten der **elementaren Operationen**, die zunächst unter die Kategorie „Verknüpfen" fallen, als gesperrte Operationen dann unter „Trennen".

Elementare Operationen lassen eine sehr abstrakte, lösungsneutrale Beschreibung zu. Häufig werden aber die in Kapitel A1.3.6 beschriebenen technischen Operationen der Anschaulichkeit wegen vorgezogen.

Leiten

Die mit „Leiten" verbundene Zustandsänderung ist eine **Ortsänderung** des Umsatzprodukts mit sonst gleichbleibenden Eigenschaften, „**Gesperrtes Leiten**" hat zum Ziel, die Ortsveränderung zu unterbinden. „Leiten" kann als Sonderfall von „Ändern" verstanden werden.

Ändern

Die mit „Ändern" verbundene Zustandsänderung ist eine **„quantitative Änderung von Eigenschaften"** des Umsatzprodukts; **„gesperrtes Ändern"** verhindert dies.

Wandeln

Die mit „Wandeln" verbundene Zustandsänderung ist eine **„qualitative Änderung von Eigenschaften"** des Umsatzprodukts. Beim Energieumsatz (Umsatzprodukt ist Energie) hat dies oft den Übergang auf einen anderen Energiebereich zur Folge, beim Stoffumsatz eine chemische Reaktion, beim Signalumsatz je nach Charakter des Signals (Energie oder Stoff) gilt dies sinngemäß. **„Gesperrtes Wandeln"** verhindert die qualitative Änderung der Eigenschaften.

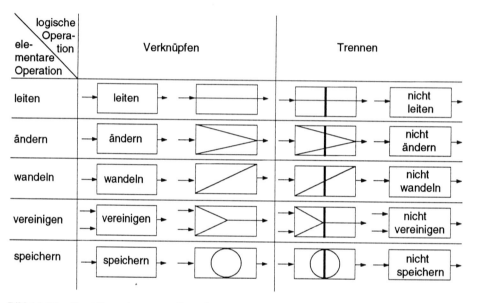

Bild A1-15:   Darstellung elementarer Operationen

Vereinigen

Die mit „Vereinigen" verbundene Zustandsänderung verknüpft mindestens drei Zustände derart, daß zwei Umsatzprodukte derselben Umsatzart zu einem vereinigt werden. Umgekehrt kann auch ein Umsatzprodukt in zwei Teile aufgespalten (verzweigt) werden. **„Gesperrtes Vereinigen"** verhindert diese Zustandsänderung. Mit der Operation „gesperrtes Vereinigen" ließe sich z. B. eine nicht gewollte, durch das technische System zu verhindernde, chemische Reaktion darstellen.

Speichern

Die mit „Speichern" verbundene Zustandsänderung ist eine **Änderung der „Flußmenge"** des Umsatzprodukts, die im Grenzfall am Ausgang Null werden kann, und ein Zurückhalten der Differenzmenge. **„Gesperrtes Speichern"** verhindert ungewolltes Speichern. Die Operation „Speichern" drückt damit den Vorgang des gespeichert Haltens und nicht etwa das Ein- oder Ausspeichern aus!

Anmerkung: Bei der Operation „Speichern" können mit Hilfe des Prozeßzustands P die momentanen Eigenschaften des Umsatzprodukts in gespeichertem Zustand beschrieben werden. Ein- und Ausgangszustände von „Speichern" beschreiben Eigenschaften des von der vorhergehenden Operation eingespeicherten bzw. des von der folgenden Operation ausgespeicherten Umsatzprodukts (vgl. Bild 7.4-5).

A1.3.6 Verwendung technischer Operationen

Eine technische Funktion wurde eingangs definiert. Wie bereits erwähnt, werden Systeme und Probleme der Anschaulichkeit wegen selten mit elementaren Operationen beschrieben, sondern mit **technischen Operationen**. **Bild A1-16** zeigt einige technische Operationen, die den elementaren Operationen und deren gesperrten Operationen zugeordnet werden können.

elementare Operation	technische Operation
leiten 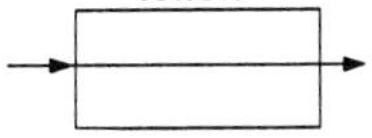	leiten, zu- und abführen, tragen, transportieren, lagern (im Sinne von „Kraftleiten", z. B. Wälzlager, Auflager), übertragen, dichten, schalten, isolieren, unterbrechen...
ändern 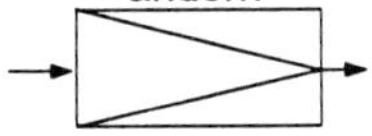	ändern, vergrößern, verkleinern, umlenken, übersetzen, umformen, verlängern, verdichten, zerspanen, schmelzen, verdampfen, reflektieren...
wandeln 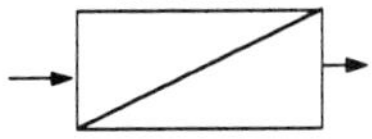	umsetzen, erzeugen, absorbieren, verbrennen, zersetzen, wandeln, messen...
vereinigen 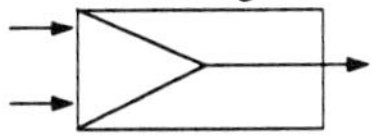	vereinigen, verzweigen, überlagern, summieren, aufteilen, zusammenführen, verbinden, montieren, entmischen, vermischen, trennen...
speichern 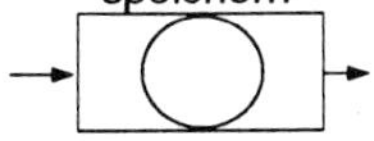	speichern, dämpfen, glätten, lagern (im Sinne von „Stofflagern"), aufstauen, sammeln...

Bild A1-16: Beispiele technischer Operationen

Die Verwendung technischer Operationsbegriffe zur Beschreibung von Funktionen darf jedoch nicht dazu verleiten, die oben beschriebenen Regeln zu mißachten. Auch sollte man wegen der größeren Lösungsneutralität versuchen, durch Abstraktion der verwendeten Begriffe zu elementaren Operationen überzugehen und gegebenenfalls den technischen Operationsbegriff neben das Symbol der elementaren Operation quasi als Anmerkung zu schreiben.

A1.4   Erstellen von Funktionsstrukturen

Bisher wurden Formalien und Regeln erklärt. In diesem Kapitel sollen nun Hinweise gegeben werden, wie damit Funktionsstrukturen zu bestehenden oder gesuchten technischen Systemen aufgestellt werden können.

Die funktionelle Beschreibung, unabhängig davon, ob bei der Analyse oder bei der Synthese eingesetzt, erfolgt stets in zwei Schritten:

1 Beschreibung der **Eigenschaften** des Umsatzprodukts (Zustände)
2 Beschreibung der **Eigenschaftsänderungen** des Umsatzprodukts (Operationen)

A1.4.1   Analyse bestehender technischer Systeme

Um Mißverständnissen vorzubeugen, muß gleich vorweg angemerkt werden, daß die funktionelle Beschreibung nicht zu eindeutigen Ergebnissen führt. Unterschiedliche Bearbeiter werden im allgemeinen zu unterschiedlichen Ergebnissen gelangen, wie dies z. B. bei mechanischen Ersatzmodellen und Maschinenzeichnungen (Ansichten, Schnitte, Bemaßungen) der Fall ist, obwohl dasselbe Objekt dargestellt wird.

Frage nach dem Hauptumsatz:

Ausgangspunkt bei der Analyse eines bestehenden Systems ist die Frage nach der Systemgrenze der Gesamtfunktion, dem wesentlichen Zweck des ganzen Systems, dem Umsatzprodukt und dessen wesentlichen Eigenschaften an den Systemgrenzen. Indem man den Fluß dieses Umsatzprodukts durch das System verfolgt, lassen sich Teilsysteme erkennen, die das Umsatzprodukt maßgeblich beeinflussen und Eigenschaftsänderungen bewirken. Dies setzt die Kenntnis und das Erkennen von Maschinenelementen, Teilaggregaten, Baugruppen usw. sowie deren Funktion voraus. Mit der Vorstellung, wenn möglich dem Versuch, „was passiert, wenn..." wird der Hauptumsatz mit seinen Teilelementen erfaßt und funktionell beschrieben. Falls nötig, ist eine spätere Differenzierung immer möglich.

Frage nach Nebenumsätzen, die über die Verknüpfungsregeln mit dem Hauptumsatz verbunden werden:

Im nächsten Schritt untersucht man die am Hauptumsatz beteiligten Teilsysteme auf Bedingungen, die diese zur Erfüllung ihrer Funktion verlangen. Über diese Bedingungen können Nebenumsätze erkannt, klassifiziert und analog dem Hauptumsatz durch Verfolgen des Flusses des jeweiligen Umsatzprodukts beschrieben werden.

Frage nach Nebenumsätzen, die an der Systemgrenze ersichtlich sind:

Häufig sind Nebenumsätze auch durch weitere die Systemgrenze überschreitende Flüsse von Umsatzprodukten zu erkennen, die mit dem Hauptumsatz nicht in unmittelbarem Zusammenhang stehen. Dies können z. B. Anschlüsse zur Energieversorgung, Steuerungen, Meßleitungen bzw. Anzeigen, Bedienvorrichtungen sein. Die jeweiligen Flüsse werden dann, soweit ersichtlich, verfolgt und beschrieben, wobei eine Anknüpfung an die Funktionsstruktur des Hauptumsatzes anzustreben ist.

Erstellung von Teilstrukturen und Verknüpfung zu einer Funktionsstruktur:

Problematisch wird das Erkennen und die Beschreibung komplexer Systeme mit z. B. funktionellen Kopplungen von Umsatzprodukt und Teilsystemen; also dann, wenn etwa das Umsatzprodukt rückkoppelnd auf das es verändernde Teilsystem einwirkt. Hierfür spezielle Vorgehensregeln anzugeben ist nicht möglich. Oft empfiehlt es sich, Teilbereiche des Gesamtsystems erst getrennt zu beschreiben und dann mit den Beschreibungsmitteln eine Synthese zu versuchen.

Funktionsstrukturen sind keine zeitlichen Ablaufpläne:

In jedem Fall wird gewarnt, die zeitliche Abfolge von Maschinenprozessen in Funktionsstrukturen umzusetzen. Vorsicht vor „wenn dann"-Überlegungen, wenn sie zeitlicher und nicht logischer Natur sind.

A1.4.2   Synthese neuer technischer Systeme

Bei der Synthese neuer technischer Systeme wird von einer Aufgabenstellung ausgegangen. Eine zwangsläufige Ableitung von Funktionsstrukturen aus der Aufgabenstellung ist in den meisten Fällen unmöglich. Die Funktionsstruktur wird meist begleitend zur Lösungsfindung iterativ (besonders im Bereich der Nebenumsätze) erstellt und dient der **Planung, Gliederung und Kontrolle des Lösungsfindungsprozesses** sowie der **exakten Formulierung von Teilaufgaben.** Sie gibt bereits grundsätzliche Lösungsvarianten an und ist meist der Ursprung ganzer Lösungsfelder.

Die im Planungsstadium wichtige **Strukturierung eines Problems** in leichter zu bearbeitende Teilprobleme orientiert sich im allgemeinen an funktionellen Beschreibungen bekannter Lösungen für analoge Probleme bzw. an konkreten, bildhaften Vorstellungen von einer intuitiv gewonnenen Lösung. Die bewußt und systematisch durchgeführte Analyse bekannter Problemlösungen vermittelt daher meist den Einstieg in den Lösungsfindungsprozeß. Eine häufig erfolgreiche Methode zum Auffinden von Teilfunktionen besteht in der Vorstellung, selbst das gesuchte technische System zu sein: „Stell Dir vor, Du wärst die Maschine! Was tätest Du, um die gewünschte Eigenschaftsänderung zu bewirken? Analysiere Dein Vorgehen!"

Einmal erstellte Funktionsstrukturen können in vernünftigem Umfang einer **formalen Variation** mit Hilfe der in **Bild A1-17** gezeigten Variationsmerkmale unterzogen werden (Beispiel siehe Kapitel 8.1.3.2, Fischentgrätungsmaschine). Dabei besteht die Chance, formal Denkblockaden im Konkreten auf abstrakter Ebene zu umgehen. Formale Variation soll aber nie zum Selbstzweck ausarten. In vielen Fällen ist auch eine Variation nur von Eigenschaften des Umsatzprodukts an einer bestimmten Stelle der Funktionsstruktur fruchtbar.

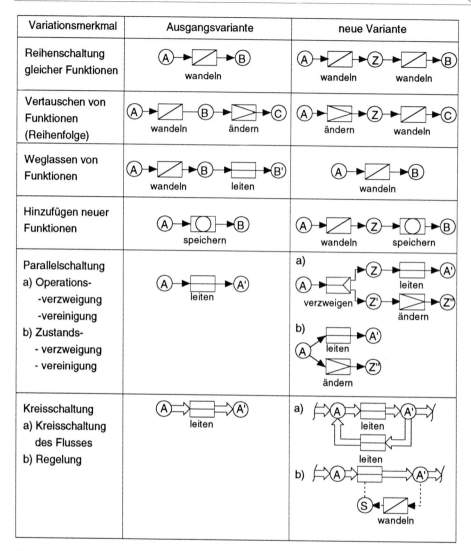

Bild A1-17: Variationsmerkmale für Funktionsstrukturen

A1.4.3   Aufbau von Nebenumsätzen

Die Erstellung einer Funktionsstruktur bei der Entwicklung neuer technischer Systeme vollzieht sich iterativ. Die Problematik von Nebenumsätzen kann auch oft erst in einer späteren Konkretisierungsphase offenkundig werden und iterativ Einfluß auf die bereits vorhandene Funktionsstruktur nehmen.

A.2 Strukturierte Methodensammlung (Methodenbaukasten)

Die nachfolgende strukturierte Methodensammlung soll einen **Überblick** über die in diesem Buch behandelten Methoden geben. Hierfür wird bei jeder genannten Methode auf die entsprechenden Kapitel verwiesen. Die Methoden werden in der Methodensammlung wie folgt **grob gegliedert**:

a) Allgemein anwendbare Methoden
b) Organisatorische Methoden
c) Sachgebundene Methoden.

Innerhalb dieser Bereiche werden geeignete Methoden **verschiedenen Problemarten zugeordnet**. So wird das schnelle Auffinden **passender Methoden** ermöglicht. Um die **Methodenauswahl** zu erleichtern, ist bei jeder Methode angegeben, ob sie in wichtige Bereiche der Produkterstellung stark, schwach oder gar nicht unterstützend wirkt.

Die in Kapitel 7.1.1 beschriebenen Anforderungen an einen Methodenbaukasten werden mit dieser Methodensammlung nicht erfüllt. Zur Verwirklichung eines solchen Methodenbaukastens fehlen noch umfangreiche Untersuchungen.

Weitere Methoden sind in der VDI 2221 [1/A] und in einschlägiger Literatur zu finden. Ein Überblick über verfügbare Konstruktionskataloge findet sich im Anhang A.3.

Methode (Maßnahme) a) Allgemein anwendbare Methoden	Kapitel	allgemein anwendbar	besonders integrativ	Produktplanung	Entw. & Konstr. Aufg. klären Vorg. planen	Konzipieren	Entwerfen	Ausarbeiten	Produktion	Vertrieb	Controlling
Systemmodellierung											
– technische Systeme	2.2.1	●	●	●	●	●	●	○	●	●	●
– Produktlogik	2.3.3	○	○		●	●	●	●	●	○	○
Basismethoden für Prozesse											
– Vorgehenszyklus	3.3.2	●	○	●	●	●	●	○	●	●	●
– Vorgehensplan	4.1.5 6.3.2	○		○	●	●	●	●	●	●	○
– IP-Methodik	6.2	●	●	●	●	●	●	●	●	●	●
– Methodenbaukasten	7.1	●	○	●	●	●	●	●	○	○	○
Analyse und Strukturierung											
– ABC-Analyse	7.2.3	●		●	●	●	●	●	●	●	●
– Klassifizierung	2.3.2	●		●	●	●	●	●	●	●	●
– Ordnungsschemata	7.5.4.1	●		●	●	●	●	○	○	●	○
– Checklisten	7.5.4.4	●	○	●	●	●	●	●	●	●	●
– Portfolio-Analyse	7.2.3	○		●	○	○		○		●	●
– Morphologischer Baum	7.2.4	○		●	○	●					
– Morphologisches Schema	7.5.4.1	●		●	○	●	●	○	○		
– Morphologischer Kasten	7.5.5	●		●	○	●	●	○	○		
– Schwachstellenanalyse	7.8.1.1 3.3.4	●	●	●	●	●	●	○	●	●	●
– Rechen- und Simulationsmethoden	7.8.2	●	●	●	●	●	●	●	●	●	●
– Schadensanalyse	7.8.1.2	○	○		●	○	○	○	●	○	
Berurteilung und Entscheidung	7.9										
– Einfachbewertung	7.9.4	●	○	●	○	●	●	○	●	●	●
– Intensivbewertung	7.9.5	●	○	●	○	●	●	○	●	●	●
Information	7.10										
– Dokumentation	7.10.3	●		○	●	●	●	●	●	●	●
– Informationssuche	7.10.2	●		●	●	●	●	○	●	●	●
– Informationsflußanalyse	7.10.4	●	○	○	○	●	●	○	●	●	●

● stark betroffen, anwendbar   ○ schwach betroffen, anwendbar

Bild A.2-1:   Strukturierte Methodensammlung, a) Allgemein anwendbare Methoden

Methode (Maßnahme) b) Organisatorische Methoden	Kapitel	allgemein anwendbar	besonders integrativ	Produktplanung	Entw. & Konstr.				Produktion	Vertrieb	Controlling
					Aufg. klären Vorg. planen	Konzipieren	Entwerfen	Ausarbeiten			
Aufbauorganisation, produktbezogene Spartenorganisation, Profit Center, Segmentierung	4.3.1	●	●	○	●	●	●	●	●	●	●
Ablauforganisation											
– Projektmanagement	4.3.4	●	●	●	●	●	●	○	●	●	●
– Teamarbeit	4.3.3	●	●	●	●	●	●	○	●	●	●
– Simultaneous Engineering	4.3.2 4.4.1	○	●		●	●	●	○	●	●	●
– Wertanalyse	9.3.2	●	●	○	●	●	●	○	●	●	●
– Fertigungs- und Kostenberatung	4.3.2 9.3.1		●		●	●	●	○	○		
– Freigabebesprechung	4.3.2	●	●	○	●	●	●	●	●	●	●
– Vorgehensplan	4.1.5 6.3.2 6.5.1	●		○	●	●	●	●	○	○	○
– Vorgehensstrukturierung, kreative Klärung	7.3.7 7.4	○			●	●	●	●	○	○	○
Rationalisierung											
– Methoden zur Leistungssteigerung und Durchlaufzeitverkürzung	5.2.2	●			●	●	●	●	○	○	○
– Termin- und Kapazitätsplanug	5.2.3	●			●	●	●	●	○	○	○

● stark betroffen, anwendbar   ○ schwach betroffen, anwendbar

Bild A.2-2: Strukturierte Methodensammlung b) Organisatorische Methoden

Methode (Maßnahme) c) Sachgebundene Methoden	Kapitel	allgemein anwendbar	besonders integrativ	Produktplanung	Entw. & Konstr. Aufg. klären Vorg. planen	Konzipieren	Entwerfen	Ausarbeiten	Produktion	Vertrieb	Controlling
Qualität											
– Quality Function Deployment – QFD	4.4.2	●	●	○	●	●	●	○	●	○	○
– FMEA	7.8.1		●		●	●	●	○	●	○	○
– Fehlerbaumanalyse	7.8.1		○		●	●	●	○	●	○	
Vorgehen	5.1.3				●	●	●	●			
– Vorgehenspläne für E & K	6.5.1										
– Vorgehen für beliebige Hauptforderungen (Design to X)	6.5.2	○	●	○	●	●	●	○	●	●	●
Produktplanung	7.2				●	●	●		○	●	○
– Ermittlung des Unternehmenspotentials	7.2.2			○	●	○			○	●	○
– Ermittlung des Produktpotentials	7.2.3			○	●	●	●	○	○	●	○
– Fremderzeugnisanalyse	7.2.3			○	●	●	●	●	○	●	●
– Widerspruchsorientierte Entwicklungsstrategie (WOIS)	7.2.4			●	●	●	●				
– Bionik	7.2.4			○	●	●	●	○			
Aufgabenklärung	7.3	○		●	●	●	●		○	○	○
– Systemabgrenzung	7.3.3				○	●	●	○			
– Abstraktion	7.3.5	○	○	●	●	●	○	○	○	○	○
– Anforderungsliste	7.3.6	○	○	○	●	●	●	○	○	○	○
– Vorgehensstrukturierung,	7.3.7				●				○	○	○
kreative Klärung	7.3.7		●		●	●	●	○	●	●	●
Aufgabenstrukturierung	7.4										
– Strukturierung nach Modulen	7.4.1.1				●	●	●	○			
– Strukturierung nach Funktionen	7.4.2			○	●	●	●			○	

● stark betroffen, anwendbar   ○ schwach betroffen, anwendbar

Bild A.2-3: Strukturierte Methodensammlung, c) Sachgebundene Methoden (Blatt 1)

Methode (Maßnahme) c) Sachgebundene Methoden	Kapitel	allgemein anwendbar	besonders integrativ	Produktplanung	Entw. & Konstr.				Produktion	Vertrieb	Controlling
					Aufg. klären Vorg. planen	Konzipieren	Entwerfen	Ausarbeiten			
Lösungssuche	7.5										
– Konventionelle Lösungssuche	7.5.2			○	○	●	●	○			
– Kreativitätstechniken	7.5.3	●	○	●	●	●	●	●		●	●
• Brainstorming	7.5.3	●	●	●	●	●	●	●	○	○	●
• Methode 6-3-5	7.5.3		○	●	○	●	○				
• Synektik	7.5.3		○	●	○	●	○				
• Galeriemethode	7.5.3		●	○	●	●	○				
– Systematiken	7.5.4										
• Ordnungsschemata, morphologische Schemata	7.5.4.1			●	○	●	●				
• Konstruktionskataloge	7.5.4.2			●	○	●	●				
• Physikalische Effekte	7.5.4.3			●	○	●	○				
• Checklisten	7.5.4.4	●	○	●	●	●	●	●	●	●	●
Kombination (morph. Kasten)	7.5.5			○	○	●	●				
Gestaltung	7.6										
– Variation der Flächen und Körper	7.6.1.1					●	●	○			
– Variation der Flächen und Körperbeziehungen	7.6.1.2					●	●	○			
– Variation der stofflichen Eigenschaften	7.6.2.1					●	●	○			
– Variation des Fertigungs- und Montageverfahrens	7.6.2.2					●	●	○			
– Variation der Bewegungen	7.6.2.3					●	●	○			
– Variation der Kraftübertragung	7.6.2.4					●	●	○			
– Variation der Getriebeart	7.6.2.5					●	●	○			
– Umkehrung	7.6.3					●	●	○			
– Funktionsvereinigung/-trennung	7.7.1					●	●	○			
– Integral-/Differentialbauweise	7.7.2					●	●	○			
– Kraftfluß	7.7.3					●	●	○			
– Lastausgleich	7.7.4					●	●	○			
– Selbsthilfe	7.7.5					●	●	○			

● stark betroffen, anwendbar   ○ schwach betroffen, anwendbar

Bild A.2-4: Strukturierte Methodensammlung, c) Sachgebundene Methoden (Blatt 2)

Methode (Maßnahme) c) Sachgebundene Methoden	Kapitel	allgemein anwendbar	besonders integrativ	Produktplanung	Entw. & Konstr. Aufg. klären Vorg. planen	Konzipieren	Entwerfen	Ausarbeiten	Produktion	Vertrieb	Controlling
Analyse	7.8										
– Schwachstellenanalyse	7.8.1	○		○	●	●	○		○	○	○
– Rechen-, Simulationsmethoden	7.8.2	○			○	●	●	○	●	●	●
– Kostenberechnung	9.2.3	○				●	●	○	●	●	●
– Versuchsmethoden	7.8.3				○	●	●	○	○		
– Schadensanalyse	3.3.4 7.8.1.2				●	●	○		○		
Beurteilung und Entscheidung	7.9										
– Einfachbewertung (Vorteil-/ Nachteil, Auswahlliste, paarweiser Vergleich, einfache Punktbewert.)	7.9.4	●	○	●	○	●	●	○	●	●	●
– Intensivbewertung (gewichtete Punktbewertung, techn.-wirtsch. Bewertung, Nutzwertanalyse)	7.9.5	●	○	●	○	●	●	○	●	●	●
Information	7.10										
– Dokumentationsarten	7.10.3	●		○	●	●	●	●	●	●	●
– Informationssuche	7.10.2	●			●	●	●	●	●	●	●
– Informationsflußanalyse	7.10.4	●	○	○	○	●	●	○	●	●	●
Kostengünstig Konstruieren	9										
– Strukturierung nach Kostenarten	9.1.1 9.2.1				●	●	●	○	●	●	●
– Zielkostengesteuertes Konstr.	9.2		●		●	●	●	○	●	●	●
– Fertigungsgerecht Konstruieren	9.2.2		●			○	○	●	●		○
– Target Costing	9.3.3		●		●	●	●	○	●	●	●
– Variantenmanagement	9.4	○	●	○	●						
• Teilezahlreduzierung	9.4.4		●		○	○	●	●	●	●	●
• Baureihenkonstruktion	9.4.5			●	●	●	●	●	●	●	●
• Baukastenkonstruktion	9.4.7				●	●	●	●	●	●	●
– Rechnergestütztes Kostensenken und Variantenmanagement	9.3.4			●		●	●	●	●	●	○	●

● stark betroffen, anwendbar   ○ schwach betroffen, anwendbar

Bild A.2-5:   Strukturierte Methodensammlung, c) Sachgebundene Methoden (Blatt 3)

A.3 Verfügbare Konstruktionskataloge

Anwendungsgebiet	Objekt	Autor und Quelle
Grundsätzliches zu Konstruktions- katalogen	Aufau von Katalogen Zusammenstellung verfügbarer Katalog- und Lösungssammlungen	Roth [3/A] Roth [3/A]
Prinzipielle Lösungen	Physikalische Effekte Erfüllen von Funktionen	Roth [3/A] Koller [4/A]
Verbindungen	Schlußarten Verbindungen Feste Verbindungen Geschweißte Verbindungen an Stahlprofilen Nietverbindungen Klebeverbindungen Spannelemente Verschraubungsprinzipien Schraubverbindungen Spielbeseitigung bei Schraubpaarungen Elastische Verbindungen Welle-Nabe-Verbindungen	Roth [3/A] Ewald [5/A] Roth [3/A] Wölse, Kastner [6/A] Roth [3/A], Kopowski [7/A], Grandt [8/A] Fuhrmann und Hinterwalder [9/A] Ersoy [10/A] Kopowski [7/A] Kopowski [7/A] Ewald [5/A] Gießner [11/A] Roth [3/A], Diekhöner und Lohkamp [12/A], Kollmann [13/A]
Führungen, Lager	Geradführungen Rotationsführungen Gleit- und Wälzlager Lager- und Führungen	Roth [3/A] Roth [3/A] Diekhöner [14/A] Ewald [5/A]
Antriebstechnik, Krafterzeugung	Elektrische Kleinmotoren Antriebe, allgemein	Jung, Schneider [15/A] Schneider [16/A]
Kraftleitung	Krafterzeuger, mechanisch Kraft mit einer anderen Größe erzeugen Einstufige Kraftmultiplikation Mechanische Huberzeuger Schraubantrieb Reibsysteme	Ewald [5/A] Roth [3/A] Roth [3/A], VDI 2222 [17/A] Raab, Schneider [18/A] Kopowski [7/A] Roth [3/A]

Bild A.3-1:   Verfügbare Konstruktionskataloge nach Pahl-Beitz [2/A] und Roth [3/A]

Kinematik, Getriebelehre	Elementenpaarungen	Roth [3/A]
	Elementenpaarungen und Ketten	Roth [3/A]
	Lösung von Bewegungsaufgaben mit Getrieben	VDI 2727 [19/A]
	Gliederketten und Getriebe	Roth [3/A]
	Zwangsläufige kinetische Mechanismen mit	VDI 2222 [17/A]
	4 Gliedern	Roth [3/A]
	Logische Negationsgetriebe	Roth [3/A]
	Logische Konjunktions- und Disjunktions-getriebe	Roth [3/A]
	Mechanische Flipflops	Roth [3/A], VDI 2222 [17/A],
	Mechanische Rücklaufsperren	Raab, Schneider [18/A]
		Roth [3/A]
	Mechanische Huberzeuger	VDI 2740 [20/A]
	Gleichförmige übersetzende Getriebe	
	Handhabungsgeräte	
Getriebe	Stirnradgetriebe	VDI 2222 [17/A], Ewald [5/A]
		Diekhöner und Lohkamp
	Mechanische einstufige Getriebe mit konstanter Übersetzung	[12/A]
		Ewald [5/A]
	Spielbeseitigung mit Stirnradgetrieben	
Sicherheitstechnik	Gefahrstellen	Neudörfer [21/A]
	Trennende Schutzeinrichtungen	Neudörfer [22/A]
Ergonomie	Anzeiger, Bedienteile	Neudörfer [23/A]
Fertigungs-verfahren	Gießtechnische Fertigungsverfahren	Ersoy [24/A]
	Gesenkformverfahren	Roth [3/A]
	Druckformverfahren	Roth [3/A]
Toleranzen	Regeln zur Berechnung der Grenzmaß-toleranzen	Roth [3/A]

Bild A.3-1: Verfügbare Konstruktionskataloge nach Pahl-Beitz [2/A](Fortsetzung)

Literatur zum Anhang

[1/A]   VDI-Richtlinie 2221: Methodik zum Entwickeln und Konstruieren technischer Systeme und Produkte. Düsseldorf: VDI-Verlag 1993.

[2/A]   Pahl, G.; Beitz, W.: Konstruktionslehre. Methoden und Anwendung. 3. Aufl. Berlin: Springer 1993.

[3/A]   Roth, K.: Konstruieren mit Konstruktionskatalogen. 2. Aufl. Berlin: Springer 1994.

[4/A]   Koller, R.: Konstruktionslehre für den Maschinenbau. 2. Aufl. Berlin: Springer 1985.

[5/A]   Ewald, O.: Lösungssammlungen für das methodische Konstruieren. Düsseldorf: VDI-Verlag 1975.

[6/A]   Wölse, H.; Kastner, M.: Konstruktionskataloge für geschweißte Verbindungen an Stahlprofilen. Düsseldorf: VDI-Verlag 1983. (VDI-Berichte 493)

[7/A]   Kopowski, E.: Einsatz neuer Konstruktionskataloge zur Verbindungsauswahl. Düsseldorf:: VDI-Verlag 1983. (VDI-Berichte 493)

[8/A]   Grandt, J.: Auswahlkriterien von Nietverbindungen im industriellen Einsatz. Düsseldorf: VDI-Verlag 1983. (VDI-Berichte 493)

[9/A]   Fuhrmann, U.; Hinterwalder, R.: Konstruktionskatalog für Klebeverbindungen tragender Elemente. Düsseldorf VDI-Verlag 1983. (VDI-Berichte 493)

[10/A] Ersoy, M.: Klemmverbindungen zum Spannen von Werkstücken. Düsseldorf: VDI-Verlag 1983. (VDI-Berichte 493)

[11/A] Gießner, F.: Gesetzmäßigkeiten und Konstruktionskataloge elastischer Verbindungen. Braunschweig: TH, Diss. 1975.

[12/A] Diekhöner, G.; Lohkamp, F.: Objektkataloge-Hilfsmittel beim methodischen Konstruieren. Konstruktion 28 (1976), S. 359-364.

[13/A] Kollmann, F. G.: Welle-Nabe-Vebindungen. Konstruktionsbücher Bd. 32. Berlin: Springer 1984.

[14/A] Diekhöner, G.: Erstellen und anwenden von Konstruktionskatalogen im Rahmen des methodischen Konstruierens. Düsseldorf: VDI-Verlag 1983. (Fortschrittsberichte der VDI-Zeitschriften Reihe 1, Nr. 75)

[15/A] Jung, R.; Schneider, J.: Elektrische Kleinmotoren. Marktübersicht mit Konstruktionskatalog. Feinwerktechnik und Meßtechnik 92 (1984), S. 153–165.

[16/A] Schneider, J.: Konstruktionskataloge als Hilfsmittel bei der Entwicklung von Antrieben. Darmstadt: TH, Diss. 1985.

[17/A] VDI-Richtlinie 2222: Konstruktionsmethodik, Erstellung und Anwendung von Konstruktionskatalogen. Düsseldorf: VDI-Verlag 1982.

[18/A] Raab, W.; Schneider, J.: Gliederungssystematik für getriebetechnische Konstruktionskataloge. Antriebstechnik 21 (1982). S. 603.

[19/A] VDI-Richtlinie 2727: Lösung von Bewegungsaufgaben mit Getrieben. Düsseldorf: VDI-Verlag 1991.

[20/A] VDI-Richtlinie 2740: Greifer für Handhabungsgeräte und Industrieroboter. Düsseldorf: VDI-Verlag 1991.

[21/A] Neudörfer, A.: Konstruktionskatalog für Gefahrstellen. Werkstatt und Betrieb 116 (1983), S. 71-74.

[22/A] Neudörfer, A.: Konstruktionskatalog trennender Schutzeinrichtungen. Werkstatt und Betrieb 116 (1983), S. 203-206.

[23/A] Neudörfer, A.: Gesetzmäßigkeiten und systematische Lösungssammlung der Anzeiger und Bedienteile. Düsseldorf: VDI-Verlag 1981.

[24/A] Ersoy, M.: Gießtechnische Fertigungsverfahren - Konstruktionskatalog für Fertigungsverfahren. wt-Z. in der Fertigung 66 (1976), S, 211–217.

Sachverzeichnis

Dissertationsverzeichnis
des Lehrstuhls für Konstruktion im Maschinenbau

Zur Vertiefung der hier behandelten Themen verweisen wir auch auf die zahlreichen Dissertationen, die am Lehrstuhl für Konstruktion im Maschinenbau der TU München unter der Betreuung von Prof. Dr.-Ing. W. Rodenacker und Prof. Dr.-Ing. K. Ehrlenspiel erschienen sind:

D1   Collin, H.: Entwicklung eines Einwalzenkalanders nach einer systematischen Konstruktionsmethode. München: TU, Diss. 1969.

D2   Ott, J.: Untersuchungen und Vorrichtungen zum Offen-End-Spinnen. München: TU, Diss. 1971.

D3   Steinwachs, H.: Informationsgewinnung an bandförmigen Produkten für die Konstruktion der Produktmaschine.
München: TU, Diss. 1971.

D4   Schmettow, D.: Entwicklung eines Rehabilitationsgerätes für Schwerstkörperbehinderte.
München: TU, Diss. 1972.

D5   Lubitzsch, W.: Die Entwicklung eines Maschinensystems zur Verarbeitung von chemischen Endlosfasern. München: TU, Diss. 1974.

D6   Scheitenberger, H.: Entwurf und Optimierung eines Getriebesystems für einen Rotationsquerschneider mit allgemeingültigen Methoden. München: TU, Diss. 1974.

D7   Baumgarth, R.: Die Vereinfachung von Geräten zur Konstanthaltung physikalischer Größen. München: TU, Diss. 1976.

D8   Mauderer, E.: Beitrag zum konstruktionsmethodischen Vorgehen durchgeführt am Beispiel eines Hochleistungsschalter-Antriebs. München: TU, Diss. 1976.

D9   Schäfer, J.: Die Anwendung des methodischen Konstruierens auf verfahrenstechnische Aufgabenstellungen. München: TU, Diss. 1977.

D10   Weber, J.: Extruder mit Feststoffpumpe – Ein Beitrag zum Methodischen Konstruieren. München: TU, Diss. 1978.

D11   Heisig, R.: Längencodierer mit Hilfsbewegung. München: TU, Diss. 1979.

D12   Kiewert, A.: Systematische Erarbeitung von Hilfsmitteln zum kostenarmen Konstruieren. München: TU, Diss. 1979.

D13   Lindemann, U.: Systemtechnische Betrachtung des Konstruktionsprozesses unter besonderer Berücksichtigung der Herstellkostenbeeinflussung beim Festlegen der Gestalt. Düsseldorf: VDI-Verlag 1980. (Fortschritt-Berichte der VDI-Zeitschriften Reihe 1, Nr. 60)
Zugl.: München: TU, Diss. 1980.

D14   Njoya, G.: Untersuchungen zur Kinematik im Wälzlager bei synchron umlaufenden Innen- und Außenringen. Hannover: Universität, Diss. 1980.

D15   Henkel, G.: Theoretische und experimentelle Untersuchungen ebener konzentrisch ge-
        wellter Kreisringmembranen. Hannover: Universität, Diss. 1980.

D16   Balken, J.: Systematische Entwicklung von Gleichlaufgelenken. München: TU, Diss.
        1981.

D17   Petra, H.: Systematik, Erweiterung und Einschränkung von Lastausgleichslösungen für
        Standgetriebe mit zwei Leistungswegen – Ein Beitrag zum methodischen Konstruieren.
        München: TU, Diss. 1981.

D18   Baumann, G.: Ein Kosteninformationssystem für die Gestaltungsphase im Betriebsmit-
        telbau. München: TU, Diss. 1982.

D19   Fischer, D.: Kostenanalyse von Stirnzahnrädern. Erarbeitung und Vergleich von
        Hilfsmitteln zur Kostenfrüherkennung. München: TU, Diss. 1983.

D20   Augustin, W.: Sicherheitstechnik und Konstruktionsmethodiken – Sicherheitsgerechtes
        Konstruieren. Dortmund: Bundesanstalt für Arbeitsschutz 1985.
        Zugl.: München: TU, Diss. 1984.

D21   Rutz, A.: Konstruieren als gedanklicher Prozeß. München: TU, Diss. 1985.

D22   Sauermann, H. J.: Eine Produktkostenplanung für Unternehmen des Maschinenbaues.
        München: TU, Diss. 1986.

D23   Hafner, J.: Entscheidungshilfen für das kostengünstige Konstruieren von Schweiß- und
        Gußgehäusen. München: TU, Diss. 1987.

D24   John, T.: Systematische Entwicklung von homokinetischen Wellenkupplungen. Mün-
        chen: TU, Diss. 1987.

D25   Figel, K.: Optimieren beim Konstruieren. München: Hanser 1988. Zugl.: München:
        TU, Diss. 1988 u. d. T.: Figel, K.: Integration automatisierter Optimierungsverfahren
        in den rechnerunterstützten Konstruktionsprozeß.

Reihe Konstruktionstechnik München

D26   Tropschuh, P. F.: Rechnerunterstützung für das Projektieren mit Hilfe eines wissensba-
        sierten Systems. München: Hanser 1989. (Konstruktionstechnik München, Band 1)
        Zugl.: München: TU, Diss. 1988 u. d. T.: Tropschuh, P. F.: Rechnerunterstützung für
        das Projektieren am Beispiel Schiffsgetriebe.

D27   Pickel, H.: Kostenmodelle als Hilfsmittel zum Kostengünstigen Konstruieren. München:
        Hanser 1989. (Konstruktionstechnik München, Band 2)
        Zugl.: München: TU, Diss. 1988.

D28   Kittsteiner, H.-J.: Die Auswahl und Gestaltung von kostengünstigen Welle-Nabe-Ver-
        bindungen. München: Hanser 1990. (Konstruktionstechnik München, Band 3)
        Zugl.: München: TU, Diss. 1989.

D29   Hillebrand, A.: Ein Kosteninformationssystem für die Neukonstruktion mit der Mög-
        lichkeit zum Anschluß an ein CAD-System. München: Hanser 1991.
        (Konstruktionstechnik München, Band 4)
        Zugl.: München: TU, Diss. 1990.

D30   Dylla, N.: Denk- und Handlungsabläufe beim Konstruieren. München: Hanser 1991.
        (Konstruktionstechnik München, Band 5)
        Zugl.: München: TU, Diss. 1990.

D31   Müller, R. Datenbankgestützte Teileverwaltung und Wiederholteilsuche. München: Hanser 1991. (Konstruktionstechnik München, Band 6) Zugl.: München: TU, Diss. 1990.

D32   Neese, J.: Methodik einer wissensbasierten Schadenanalyse am Beispiel Wälzlagerungen. München: Hanser 1991. (Konstruktionstechnik München, Band 7) Zugl.: München: TU, Diss. 1991.

D33   Schaal, S.: Integrierte Wissensverarbeitung mit CAD – Am Beispiel der konstruktionsbegleitenden Kalkulation. München: Hanser 1992. (Konstruktionstechnik München, Band 8) Zugl.: München: TU, Diss. 1991.

D34   Braunsperger, M.: Qualitätssicherung im Entwicklungsablauf – Konzept einer präventiven Qualitätssicherung für die Automobilindustrie. München: Hanser 1993. (Konstruktionstechnik München, Band 9) Zugl.: München: TU, Diss. 1992.

D35   Feichter, E.: Systematischer Entwicklungsprozeß am Beispiel von elastischen Radialversatzkupplungen. München: Hanser 1994. (Konstruktionstechnik München, Band 10) Zugl.: München: TU, Diss. 1992.

D36   Weinbrenner, V.: Produktlogik als Hilfsmittel zum Automatisieren von Varianten- und Anpassungskonstruktionen. München: Hanser 1994. (Konstruktionstechnik München, Band 11) Zugl.: München: TU, Diss. 1993.

D37   Wach, J. J.: Problemspezifische Hilfsmittel für die Integrierte Produktentwicklung. München: Hanser 1994. (Konstruktionstechnik München, Band 12) Zugl.: München: TU, Diss. 1993.

D38   Lenk, E.: Zur Problematik der technischen Bewertung. München: Hanser 1994. (Konstruktionstechnik München, Band 13) Zugl.: München: TU, Diss. 1993.

D39   Stuffer, R.: Planung und Steuerung der Integrierten Produktentwicklung. München: Hanser 1994. (Konstruktionstechnik München, Band 14) Zugl.: München: TU, Diss. 1993.

D40   Schiebeler, R.: Kostengünstig Konstruieren mit einer rechnergestützten Konstruktionsberatung. München: Hanser 1994. (Konstruktionstechnik München, Band 15) Zugl.: München: TU, Diss. 1993.

D41   Bruckner, J.: Kostengünstige Wärmebehandlung durch Entscheidungsunterstützung in Konstruktion und Härterei. München: Hanser 1994. (Konstruktionstechnik München, Band 16) Zugl.: München: TU, Diss. 1993.

D42   Wellniak, R.: Das Produktmodell im rechnerintegrierten Konstruktionsarbeitsplatz. München: Hanser 1995. (Konstruktionstechnik München, Band 17) Zugl.: München: TU, Diss. 1994.

D43   Schlüter, A.: Gestaltung von Schnappverbindungen für montagegerechte Produkte. München: Hanser 1995. (Konstruktionstechnik München, Band 18) Zugl.: München: TU, Diss. 1994.

D44   Wolfram, M.: Feature-basiertes Konstruieren und Kalkulieren. München: Hanser 1994. (Konstruktionstechnik München, Band 19) Zugl.: München: TU, Diss. 1994.

D45   Stolz, P.: Aufbau technischer Informationssysteme in Konstruktion und Entwicklung am Beispiel eines elektronischen Zeichnungsarchives. München: Hanser 1995. (Konstruktionstechnik München, Band 20) Zugl.: München: TU, Diss. 1994.

D46   Stoll, G.: Montagegerechte Produkte mit feature-basiertem CAD. München: Hanser 1995. (Konstruktionstechnik München, Band 21) Zugl.: München: TU, Diss. 1994.

D47   Steiner, M.: Rechnerwerkzeuge zum Kostensenken in der Prozeßkette Entwicklung – Produktion. München: Hanser 1995. (Konstruktionstechnik München, Band 22) Zugl.: München: TU, Diss. 1995.

D48   Huber, Th.: Senken von Montagezeiten und -kosten im Getriebebau. München: Hanser 1995. (Konstruktionstechnik München, Band 23) Zugl.: München: TU, Diss. 1995.

D49   Danner, S.: Ganzheitliches Anforderungsmanagement mit QFD – ein Beitrag zur Optimierung marktorientierter Entwicklungsprozesse. Aachen: Shaker 1996. (Konstruktionstechnik München, Band 24) Zugl.: München: TU, Diss. 1996.

D50   Merat, P.: Rechnergestützte Auftragsabwicklung an einem Praxisbeispiel. Aachen: Shaker 1996. (Konstruktionstechnik München, Band 25) Zugl.: München: TU, Diss. 1996 u. d. T.: MERAT, P.: Rechnergestütztes Produktleitsystem.

D51   Ambrosy, S.: Methoden und Werkzeuge für die integrierte Produktentwicklung. Aachen: Shaker 1997. (Konstruktionstechnik München, Band 26) Zugl.: München: TU, Diss. 1996.

Arbeitsblätter und Checklisten

zum methodischen Konstruieren

Beilage zum Buch:

Integrierte Produktentwicklung
Methoden für Prozeßorganisation, Produkterstellung und Konstruktion

von Klaus Ehrlenspiel

© by Carl Hanser Verlag München Wien 1995

Inhalt:

Zweck der Arbeitsblätter und Checklisten

- Es werden für die unmittelbare Konstruktionsarbeit die wichtigsten Inhalte, Bilder und Checklisten des Buches übersichtlich und schnell zugreifbar zusammengefaßt. Verweise auf die betreffenden Bildnummern bzw. Kapitel im Buch sind *kursiv* dargestellt.

- Längerfristige, umfangreiche, z. B. organisatorische Maßnahmen werden hier nicht angesprochen.

- Die Gliederung im Abschnitt 2 erfolgt nach den Abschnitten des Vorgehenszyklus.

1 Allgemeines

Grundsätzliche Hinweise zum methodischen Konstruieren

Allgemeines

Methodisches Vorgehen dem Problem **anpassen.**
- Nicht bei jeder Aufgabe müssen alle Arbeitsschritte gleich intensiv und in der gleichen Reihenfolge bearbeitet werden. – aber bewußt schrittweise vorgehen!
- Arbeitsschritte können übersprungen werden, wenn Ergebnisse schon bekannt sind.
- Nur wichtige Aufgabenteile methodisch bearbeiten.
- Häufig muß keine „ganz neue" Lösung gefunden werden, sondern nur eine geeignete vorhandene.

Grundsätzlich **schriftlich** und mit **kleinen Skizzen** arbeiten („schriftlich bzw. grafisch nachdenken").

Iterativ arbeiten: oft müssen frühere Arbeitsschritte nochmals durchlaufen werden.

Die Erfahrung, das Wissen anderer nutzen = **Teamarbeit**.

Bewußt die **Art des Problems** klären.
- Ist die Aufgabe unklar?   → 2.1 Aufgabe klären
- Ist es schwierig neue Lösungen zu finden?   → 2.2 Lösungen suchen
- Ist die Analyse, Bewertung und Auswahl schwierig? → 2.3 Lösungen auswählen

Vor dem Beginn der Problemlösung einen Arbeitsplan erstellen (Siehe BILD 6).

Im Einzelnen

Den **Vorgehenszyklus** einsetzen: BILD 3 und 4

Das wichtigste ist immer eine klare Aufgabenstellung. Nichts ohne Klärung als selbstverständlich ansehen.

Den Grund bzw. den Anlaß der Aufgabe dokumentieren.

Eine Anforderungsliste erstellen.

Aufgabe abstrahieren bzw. verallgemeinern z. B. zur Funktion.

Die Gesamtaufgabe in Teilaufgaben unterteilen.

Für jede Teilaufgabe mehrere Lösungen suchen.

Aus mehreren Lösungen mit einem Bewertungsverfahren die beste herausfinden.

Einfache Lösungen bevorzugen.

IP-Methodik (zu BILD 1 und 2)

Die **IP-Methodik** oder Integrierte Produkterstellungsmethodik ist eine Methodik für die Produkterstellung, die besonders die Zielorientierung und Zusammenarbeit der daran beteiligten Menschen berücksichtigt.

Produkterstellung ist der gesamte Prozeß von der ersten Idee (vom Auftragseingang) bis zur Auslieferung eines Produkts an den Nutzer.

Elemente sind:

a) TOTE-Schema für meist unbewußte Denkvorgänge.
b) Vorgehenszyklus (BILD 3 und 4).
c) Methoden (hier Abschnitt 2, 3 und 4).
d) Vorgehensplan (BILD 6 und 7).
e) Organisation (siehe Punkt 3 in BILD 2).

BILD 1: Elemente der Integrierten Produkterstellungs- (IP-) Methodik

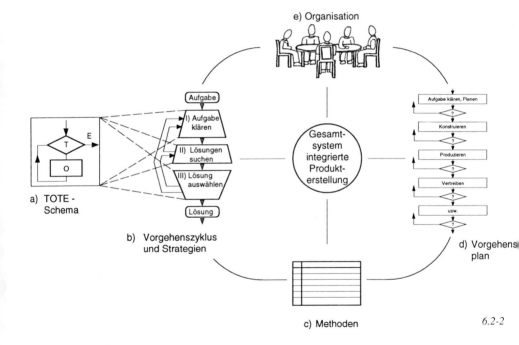

BILD 2: Elemente und Methoden der integrierten Produkterstellung

Elemente und Methoden der integrierten Produkterstellung

1 Persönliche Integration

1.1 Integration der Leistungsbereitschaft
• Gemeinsames Wollen
• Motivation

1.2 Integration der Ziele
• Kooperation, Führung und Mitarbeiter auf gemeinsam erarbeitete Ziele
• Mitarbeiter-Beteiligung
• Erfolgsorientierte Bezahlung

1.3 Integratives Wissen
• Ausbildung z.T. als Generalist
• Systemtechnisches Wissen
• Weiterbildung
• Job-Rotation

2 Informatorische Integration

2.1 Integration der Kunden
• Einbezug der Kunden in die Produktentwicklung
• Kooperation mit Pilotkunden
• Beteiligung von Kunden am Unternehmen

2.2 Aufgabenintegration
• Qualitätsmanagement TQM mit QFD
• Target Costing, Zielkost.gest. Konstruktion
• Arbeitsanreicherung, Fertigungsinseln
• Gruppen-/Teamarbeit
• Reengineering
• Planung u. Ausführung in einer Person
• KVP, KAIZEN, Verbesserungswesen

2.3 Methodenintegration
• Nutzung übergreifender Methoden (Konstruktionsmethodik, IP-Methodik, WA)
• Verwendung einheitlicher Begriffe
• Systemtechnik

2.4 Integrative Eigenschaftsfrüherkennung
• Simulation, Virtual Reality
• Rapid Prototyping

2.5 Datenintegration
• CIM; CAD/CAM; CAD/CAQ
• Rechnerintegrierte Entwicklung (CID)
• Produktmodell, Produktlogik

3 Organisatorische Integration

3.1 Aufbauintegration
• Produktorientierte Organisation (Spartenorg., Profit-Center, Segmentierung)
• Flache Hierarchien
• Verantwortungsdelegation

3.2 Ablaufintegration
• Parallelisierung von Tätigkeiten
• Projektmanagement
• Concurrent Engineering
• Simultaneous Engineering
• Fertigungs- u. Kostenberatung
• Kooperation mit Systemlieferanten
• Wertanalyse
• Qualitätszirkel
• Freigabebesprechung,
• Design Review
• FMEA, DFA, DFM
• Konstruktionsbegleitende Kalkulation

3.3 Örtliche Integration
• Gemeinsame Arbeitsräume
• Entwicklungs-Zentren
• Segmentierung

BILD 3: Vorgehenszyklus für die Lösungssuche (Synthese)

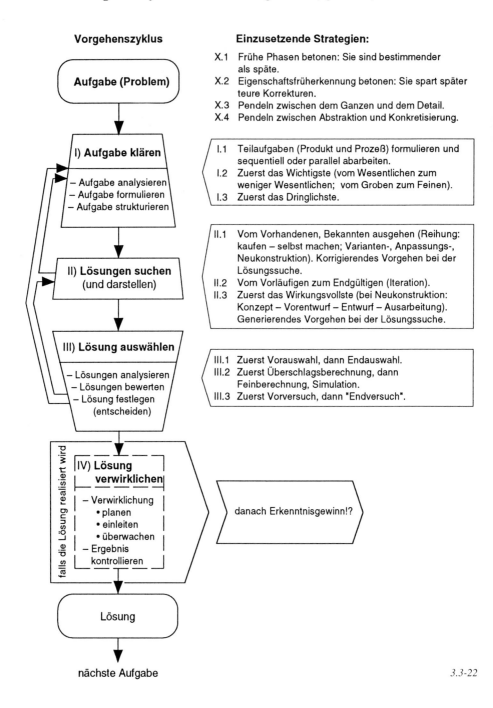

Vorgehenszyklus

Aufgabe (Problem)

I) **Aufgabe klären**
- Aufgabe analysieren
- Aufgabe formulieren
- Aufgabe strukturieren

II) **Lösungen suchen**
(und darstellen)

III) **Lösung auswählen**
- Lösungen analysieren
- Lösungen bewerten
- Lösung festlegen
(entscheiden)

IV) **Lösung verwirklichen**
- Verwirklichung
  • planen
  • einleiten
  • überwachen
- Ergebnis kontrollieren

falls die Lösung realisiert wird

Lösung

nächste Aufgabe

Einzusetzende Strategien:

X.1 Frühe Phasen betonen: Sie sind bestimmender als späte.
X.2 Eigenschaftsfrüherkennung betonen: Sie spart später teure Korrekturen.
X.3 Pendeln zwischen dem Ganzen und dem Detail.
X.4 Pendeln zwischen Abstraktion und Konkretisierung.

I.1 Teilaufgaben (Produkt und Prozeß) formulieren und sequentiell oder parallel abarbeiten.
I.2 Zuerst das Wichtigste (vom Wesentlichen zum weniger Wesentlichen; vom Groben zum Feinen).
I.3 Zuerst das Dringlichste.

II.1 Vom Vorhandenen, Bekannten ausgehen (Reihung: kaufen – selbst machen; Varianten-, Anpassungs-, Neukonstruktion). Korrigierendes Vorgehen bei der Lösungssuche.
II.2 Vom Vorläufigen zum Endgültigen (Iteration).
II.3 Zuerst das Wirkungsvollste (bei Neukonstruktion: Konzept – Vorentwurf – Entwurf – Ausarbeitung). Generierendes Vorgehen bei der Lösungssuche.

III.1 Zuerst Vorauswahl, dann Endauswahl.
III.2 Zuerst Überschlagsberechnung, dann Feinberechnung, Simulation.
III.3 Zuerst Vorversuch, dann "Endversuch".

danach Erkenntnisgewinn!?

BILD 4: Vorgehenszyklus für die Erkenntnisgewinnung (Analyse)

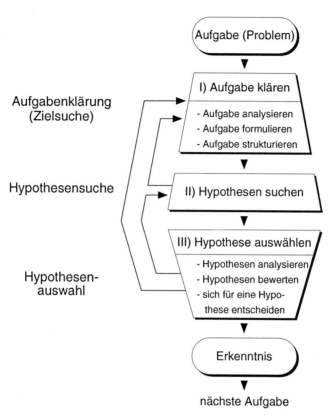

3.3-15

BILD 5: Vorgehenszyklus mit der Alternative korrigierender oder generierender Lösungssuche

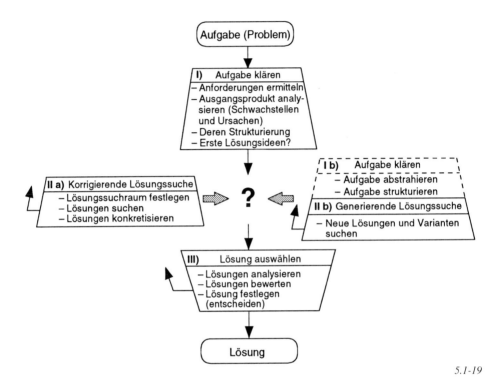

5.1-19

Korrigierendes Vorgehen:

„Normalfall" des Konstruierens, da schnell und risikoarm. Man geht von vorhandener Lösung aus, stellt die Anforderungen zusammen (Anforderungsliste). Davon ausgehend werden die Schwachstellen der Lösung analysiert. Je genauer die Ursachen gefunden werden, desto eher erkennt man wirksame Abhilfen, erste Lösungsideen (Schwachstellen-getrieben konstruieren). Meist nur eine korrigierte Lösung. Eine Hilfe ist u. a. die Strukturierung nach zu verbessernden Eigenschaften (z. B. ABC-Analyse nach Qualität und Kosten ...).

Generierendes Vorgehen:

Ergibt eher innovative Lösungen, aber oft mit mehr Zeitaufwand und Realisierungsrisiko. Man geht z. B. nach Vorgehensplan BILD 6 oder BILD 7 vor, abstrahiert und strukturiert die Aufgabe stärker, sucht systematisch mehrere neue Lösungsprinzipien und wählt aus. Vorhandene Lösungen werden z. B. als Elemente einer Lösungssystematik angesehen; man sucht die weißen Felder in dieser Systematik.

BILD 6: Vorgehensplan für Neukonstruktion (VZ = Vorgehenszyklus)

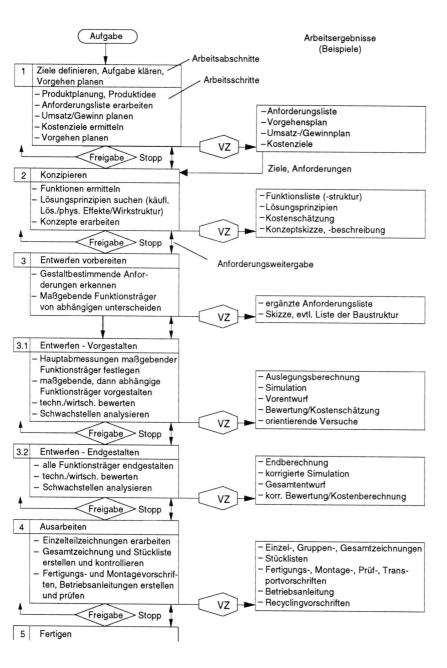

6.5-1

BILD 6 ist prinzipiell auch für die **Anpassungskonstruktion** einsetzbar, es wird nur der Arbeitsabschnitt 2 „Konzipieren" übersprungen, da ja das Konzept bereits vorliegt.

Entsprechend entfallen bei der **Variantenkonstruktion** die Arbeitsabschnitte 2, 3 und 3.1, da ja das Konzept und der Vorgänger-Entwurf schon vorhanden ist. Die gestaltbestimmenden Anforderungen werden im reduzierten Arbeitsabschnitt 1 geklärt.

BILD 7: Vorgehensplan für Konzipieren (weiter detailliert nach BILD 6)

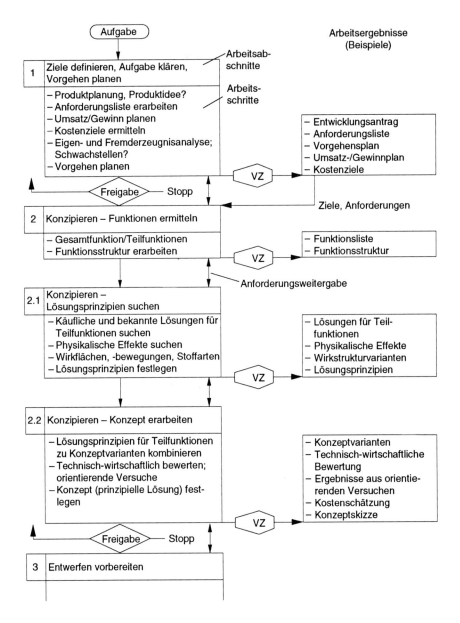

BILD 8: Vorgehen bei „kreativer Klärung" im interdisziplinären Team

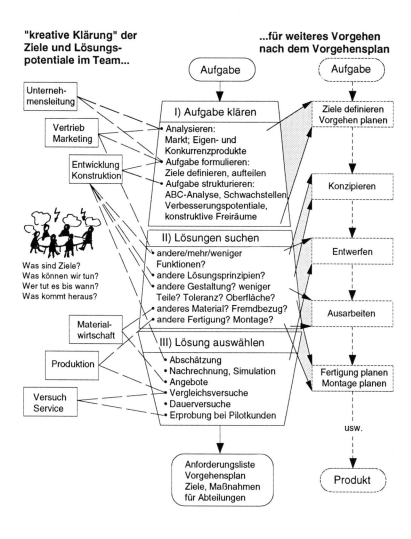

7.3-10

Bei der „**kreativen Klärung**" werden für größere, komplexe Projekte im interdisziplinären Team die Ziele und Lösungspotentiale für die spätere detaillierte Bearbeitung (rechts in BILD 8) vorab geklärt.

- Welche **Anforderungen** bestehen? Wie wichtig sind sie?
- Welche konstruktiven, fertigungs- und vertriebsmäßigen **Freiräume** bestehen? Was ändern, was beibehalten?
- Wo sind im Hinblick auf erkannte **Schwachstellen** aussichtsreiche **Lösungspotentiale**?
- Wie kann man **quantifizieren, analysieren, erproben**?
- Wer tut was bis wann mit wem?

2 Sachgebundene Methoden in Entwicklung und Konstruktion allgemein (geordnet nach den Abschnitten des Vorgehenszyklus, BILD 3)

2.1 Aufgabe klären

2.1.1 Anforderungsliste erstellen

BILD 9: Gliederung der Anforderungen

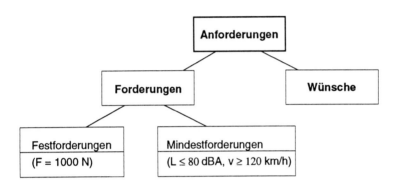

7.3-3

BILD 10: Beispiel einer Anforderungsliste

lfd. Nr.	Anforderung	Zahlen- wert mit Toleranz		Forderung Wunsch	Name	Datum
1	gleichförmige Momentübertragung	–	–	F	Maier	12.4.94
2	übertragbares Moment	M_{max}	≥ 200 Nm	F		
3	übertragbare Drehzahl	n_{max}	≥ 5000/min	F		
4	übertragbarer radialer Versatz	V_{max}	≥ 9 mm	F		
5	Durchmesser An-/Abtriebswelle	D_A	34-0,1mm	F		
6	Länge An-/Abtriebswelle	L_A	70 mm	F		

5.1-8

BILD 11: Checkliste für Anforderungen, lebenslauforientiert

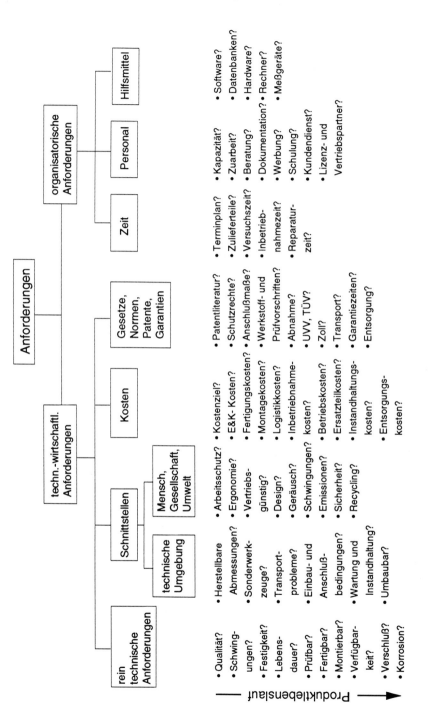

7.3-5

BILD 12: Checkliste für Anforderungen, vorwiegend technische Merkmale

Hauptmerkmal	Beispiele
Geometrie	Größe, Höhe, Länge, Durchmesser, Raumbedarf, Anzahl, Anordnung, Anschluß, Ausbau und Erweiterung
Kinematik	Bewegungsart, Bewegungsrichtung, Geschwindigkeit, Beschleunigung
Kräfte	Kraftgröße, Kraftrichtung, Krafthäufigkeit, Gewicht, Last, Verformung, Steifigkeit, Federeigenschaften, Stabilität, Resonanzen
Energie	Leistung, Wirkungsgrad, Verlust, Reibung, Ventilation, Zustandsgrößen wie Druck, Temperatur, Feuchtigkeit, Erwärmung, Kühlung, Anschlußenergie, Speicherung, Arbeitsaufnahme, Energieumformung
Stoff	Physikalische, chemische, biologische Eigenschaften des Eingangs- und Ausgangsprodukts, Hilfsstoffe, vorgeschriebene Werkstoffe (Nahrungsmittelgesetze u. ä.), Materialfluß und Materialtransport, Logistik
Signal	Eingangs- und Ausgangssignale, Anzeigeart, Betriebs- und Überwachungsgeräte, Signalform
Sicherheit	Unmittelbare Sicherheitstechnik, Schutzsysteme, Betriebs-, Arbeits- und Umweltsicherheit
Ergonomie	Mensch-Maschine-Beziehung: Bedienung, Bedienungsart, Übersichtlichkeit, Beleuchtung, Formgestaltung
Fertigung	Einschränkung durch Produktionsstätte, größte herstellbare Abmessungen, bevorzugtes Fertigungsverfahren, Fertigungsmittel, mögl. Qualität und Toleranzen
Kontrolle	Meß- und Prüfmöglichkeit, besondere Vorschriften (TÜV, ASME, DIN, ISO, AD- Merkblätter)
Montage	Besondere Montagevorschriften, Zusammenbau, Einbau, Baustellenmontage, Fundamentierung
Transport	Begrenzung durch Hebezeuge, Bahnprofil, Transportwege nach Größe und Gewicht, Versandart und -bedingungen
Gebrauch	Geräuscharmut, Verschleißrate, Anwendung und Absatzgebiet, Einsatzort (z. B. schwefelige Atmosphäre, Tropen)
Instandhaltung	Wartungsfreiheit bzw. Anzahl und Zeitbedarf der Wartung, Inspektion, Austausch und Instandsetzung, Anstrich, Säuberung
Recycling	Wiederverwendung, Wiederverwertung, Endlagerung, Beseitigung
Kosten	Zul. Herstellkosten, Werkzeugkosten, Investition und Amortisation, Betriebskosten
Termin	Ende der Entwicklung, Netzplan für Zwischenschritte, Lieferzeit

7.3-6

Fragen zur Aufgabenklärung:

– Was war der eigentliche **Anlaß** für die Aufgabe? Was ist das eigentliche Entwicklungsziel? Wo liegt das eigentliche **Problem**? Hauptforderung?

– **Wer** hat die Forderungen und Wünsche zum ersten Mal formuliert? Kann man rückfragen?

– **Welche Eigenschaften** muß das Produkt haben? Welche darf es nicht haben?

– Welche Wünsche und Erwartungen sind **selbstverständlich**?
– Wie sieht das **ideale Produkt** aus?
– Welche **Randbedingungen, Restriktionen** sind eventuell doch veränderlich? Wo liegen **Gestaltungsfreiheiten** und offene Wege?
– Was waren die bisherigen **Beanstandungen** und **Schwachstellen**? Welche hat die Konkurrenz? Wo ist die Konkurrenz besser?
– Können **Systemgrenzen** verschoben werden?

BILD 13: Beispiel für ABC-Analyse zur Unterscheidung von Wichtigem gegenüber Unwichtigem.

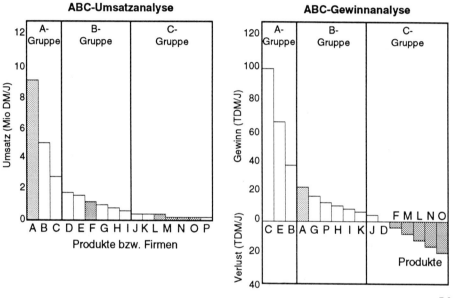

7.2-5

Aussage:

Die drei Produkte aus der A-Gruppe bringen ca. 65% des Umsatzes, obwohl sie nur ca. 20% aller Produkte ausmachen. Ebenfalls nur 3 Produkte bringen ca. 50% des Gesamtgewinns.

Aber: Produkt A macht viel Umsatz, jedoch wenig Gewinn.

2.1.2   Nach Funktionen strukturieren

BILD 14: Elemente einer Funktion

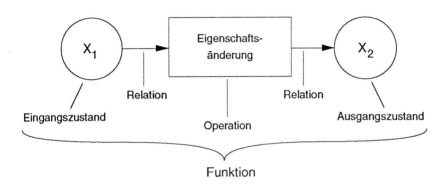

A1-1

BILD 15: Elementare und technische Operationen

elementare Operation	technische Operation
leiten 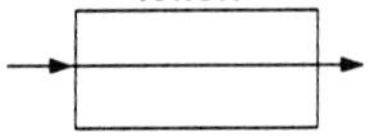	leiten, zu- und abführen, tragen, transportieren, lagern (im Sinne von „Kraftleiten", z. B. Wälzlager, Auflager), übertragen, dichten, schalten, isolieren, unterbrechen...
ändern 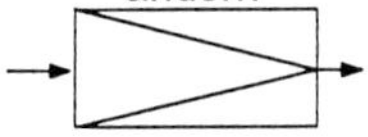	ändern, vergrößern, verkleinern, umlenken, übersetzen, umformen, verlängern, verdichten, zerspanen, schmelzen, verdampfen, reflektieren...
wandeln 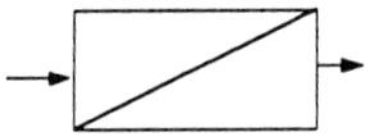	umsetzen, erzeugen, absorbieren, verbrennen, zersetzen, wandeln, messen...
vereinigen 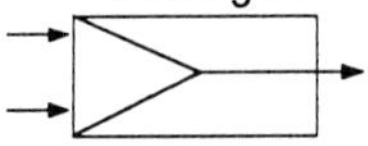	vereinigen, verzweigen, überlagern, summieren, aufteilen, zusammenführen, verbinden, montieren, entmischen, vermischen, trennen...
speichern 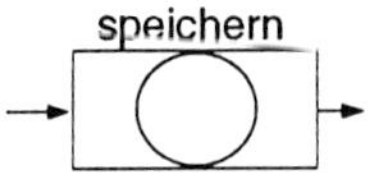	speichern, dämpfen, glätten, lagern (im Sinne von „Stofflagern"), aufstauen, sammeln...

A1-16

Technische Operationen sind in der Praxis gängige Begriffe, die den fünf elementaren Operationen zugeordnet werden können. Diese können auch als **gesperrte Operationen** definiert werden, wie nachfolgend erläutert (Symbol: Querstrich durch die Symbole für elementare Operationen nach BILD 15).

Definition der elementaren Operationen:

Leiten: Die mit „Leiten" verbundene Zustandsänderung ist eine **Ortsänderung** des Umsatzproduktes mit sonst gleichbleibenden Eigenschaften. **„Gesperrtes Leiten"** hat zum Ziel, die Ortsveränderung zu unterbinden. „Leiten" kann als Sonderfall von „Ändern" verstanden werden.

Ändern: Die mit „Ändern" verbundene Zustandsänderung ist eine **„quantitative Änderung von Eigenschaften"** des Umsatzproduktes, **„gesperrtes Ändern"** verhindert dies.

Wandeln: Die mit „Wandeln" verbundene Zustandsänderung ist eine **„qualitative Änderung von Eigenschaften"** des Umsatzproduktes. Beim Energieumsatz (Umsatzprodukt ist Energie) hat dies oft den Übergang auf einen anderen Energiebereich zur Folge, beim Stoffumsatz eine chemische Reaktion, beim Signalumsatz je nach Charakter des Signals (Energie oder Stoff) gilt dies sinngemäß. **„Gesperrtes Wandeln"** verhindert die qualitative Änderung der Eigenschaften.

Vereinigen: Die mit **„Vereinigen"** verbundene Zustandsänderung verknüpft mindestens drei Zustände derart, daß zwei Umsatzprodukte derselben Umsatzart zu einem vereinigt werden. Umgekehrt kann auch ein Umsatzprodukt in zwei Teile aufgespalten (verzweigt) werden. **„Gesperrtes Vereinigen"** verhindert diese Zustandsänderung. Mit einem gesperrten Vereinigen ließe sich z. B. eine nicht gewollte, durch das technische System zu verhindernde, chemische Reaktion darstellen.

Speichern: Die mit „Speichern" verbundene Zustandsänderung ist eine **Änderung der „Flußmenge"** des Umsatzproduktes, die im Grenzfall am Ausgang Null werden kann, und ein Zurückhalten der Differenzmenge. **„Gesperrtes Speichern"** verhindert ungewolltes Speichern. Die Operation „Speichern" drückt damit den Vorgang des gespeichert Haltens und nicht etwa das Ein- oder Ausspeichern aus!

BILD 16: Umsatzarten

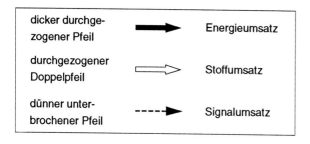

A1-8

BILD 17: Variationsmerkmale für Funktionsstrukturen

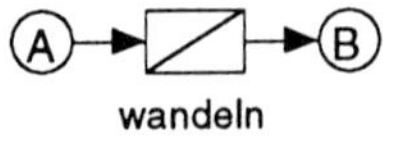

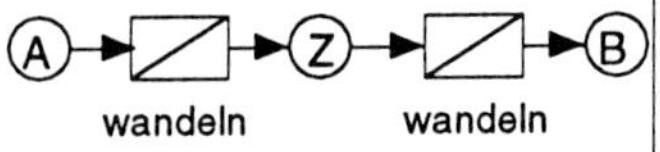

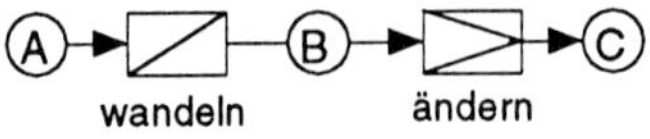

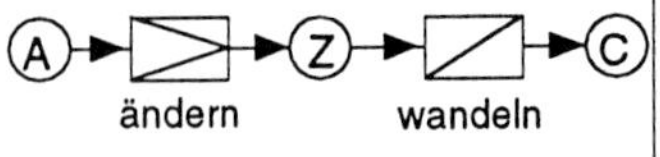

Variationsmerkmal	Ausgangsvariante	neue Variante

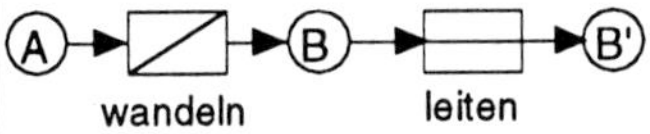

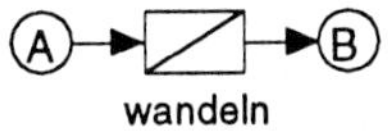

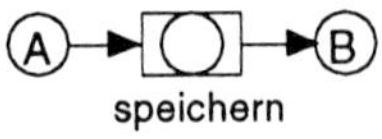

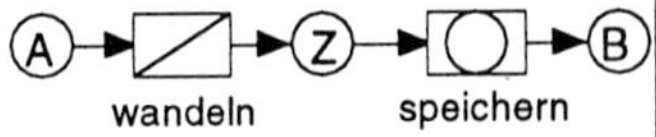

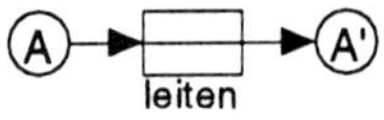

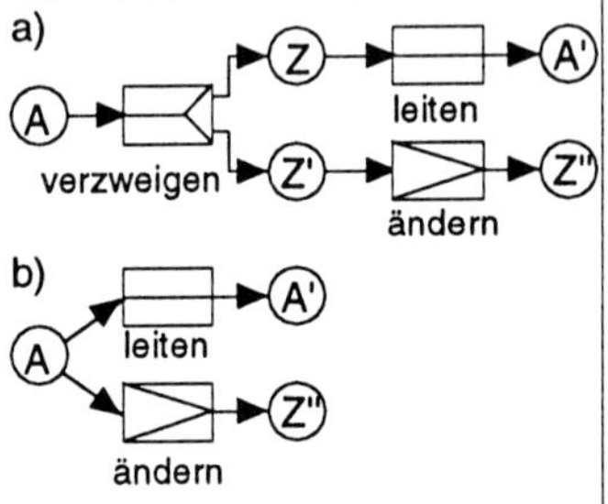

A1-17

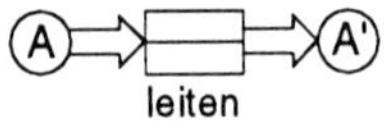

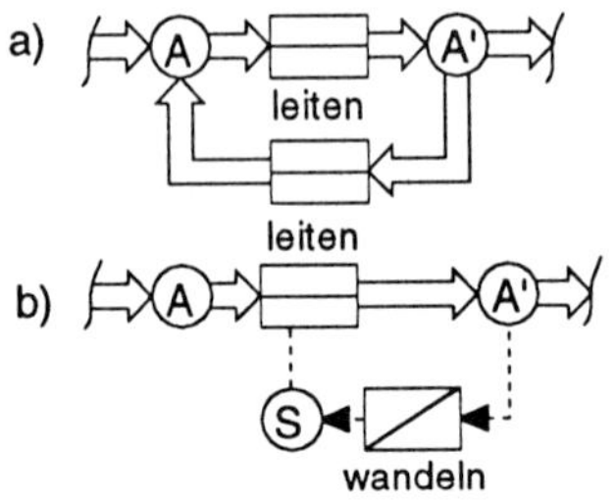

2.2 Lösungen suchen

2.2.1 Übersicht über Methoden der Lösungssuche

Konventionelle Lösungssuche *(7.5.3)*

- Im eigenen Haus vorhandene oder bekannte Lösung?
- Käufliche Lösung?
- Lösung aus der (Patent) Literatur?
- Lösung von Konkurrenten?

Einsatz von Kreativitätstechniken *(7.5.4)*

Lösungssuche mit Systematiken *(7.5.5)*
Geschlossener morphologischer Kasten

Lösungssuche mit physikalischen Effekten (2.2.2) *(7.5.5.3)*

Variation der Gestalt (2.2.3) *(7.6)*

- Direkte Variation (BILD 18 bis BILD 28)
- Indirekte Variation (BILD 29 bis BILD 45)
- Umkehrung/Negation (BILD 46)

Einsatz von Gestaltungsprinzipien (2.2.4., BILD 47 bis BILD 51) *(7.7)*

- Funktionsvereinigung/-trennung (BILD 47) *(7.7.1)*
- Integral-/Differentialbauweise (BILD 48) *(7.7.2)*
- Kraftfluß *(7.7.3)*
- Lastausgleich (BILD 49 und 50) *(7.7.4)*
- Selbsthilfe (BILD 51) *(7.7.5)*

Kombination von Lösungsprinzipien (2.2.5, BILD 52) *(7.5.6)*
Offener morphologischer Kasten (BILD 53)

2.2.2 Katalog physikalischer Effekte

Der folgende Katalog physikalischer Effekte dient der Lösungsfindung für physikalisch formulierte Funktionen.

Die für den Maschinenbau wichtigen mechanischen Effekte werden weitgehend abgedeckt, optische, thermische und akustische Effekte sind nur ansatzweise enthalten.

Der Katalog ist nach **Ein-** und **Ausgangsgrößen** der Effekte geordnet. Zum leichteren Auffinden des gesuchten Effektes ist dieser mit einer **Ordnungsnummer** versehen. Der Zusammenhang von physikalischen Größen und Ordnungsnummern ist auf der nachfolgenden Ordnungsmatrix hergestellt und anschließend mit einem Beispiel veranschaulicht:

Ordnungsmatrix:

Eingang → / Ausgang ↓	F 1	p_i 2	s 3	v 4	a 5	M 6	L 7	φ 8	ω 9	$\dot\omega$ 10	f 11	p_d 12	V 13	m 14	I 15	U 16	E 17	H 18	T 19	Q 20
F 1	•	•	•	•	•	•		•	•				•	•	•	•	•	•	•	•
p_i 2	•			•																
s 3	•		•	•		•				•	•			•			•			
v 4	•	•	•	•				•			•			•						
a 5	•			•				•												
M 6	•						•	•	•	•										
L 7																				
φ 8							•													
ω 9				•				•	•											
$\dot\omega$ 10							•													
f 11	•		•	•								•					•			
p_d 12	•		•	•							•						•			
V 13										•										
m 14																				
I 15			•													•	•			
U 16	•		•	•						•			•	•		•	•			•
E 17																				
H 18																	•			
T 19																				•
Q 20	•		•									•				•			•	

Tabelle wiederkehrender Größen

	Größe	Einheit		Größe	Einheit
A	Fläche	m^2	p_i	Impuls	Ns
a	Beschleunigung	m/s^2	Q	Wärmemenge	J
B	magnetische Induktion	T	Q	Ladung	C
C	Kapazität	F	R	elektrischer Widerstand	Ω
c	Federkonstante	N/m	r	Länge (Radius)	m
D	Richtgröße	N/m	S	Entropie	kcal/K
E	Energie	Nm	s	Länge	m
E	Elastizitätsmodul	N/m^2	T	Temperatur	K
E	elektrische Feldstärke	V/m	t	Zeit	s
F	Kraft	N	U	Spannung	V
f	Frequenz	1/s	V	Volumen	m^3
G	Schubmodul	N/m^2	v	Geschwindigkeit	m/s
g	Fallbeschleunigung	m/s^2	W	Arbeit	J
H	magnetische Feldstärke	A/m	x	Länge	m
h	Länge	m	ε_0	Dielektrizitätskonstante	F/m
I	Stromstärke	A	ε_r	Dielektrizitätszahl	1
J	Massenträgheitsmoment	kgm^2	η	dynamische Viskosität	Ns/m^2
L	Induktivität	H	μ_0	Permeabilitätskonstante	H/m
L	Drehimpuls	Nms	μ_r	Permeabilitätszahl	1
l	Länge	m	ρ	Dichte	kg/m^3
M	Moment	Nm	Φ	magnetischer Fluß	Wb
m	Masse	kg	φ	Winkel	rad
P	Leistung	W	ω	Winkelgeschwindigkeit	1/s
p_d	Druck	N/m^2	$\dot\omega$	Winkelbeschleunigung	$1/s^2$

Beispiel: Effekt-Nummer

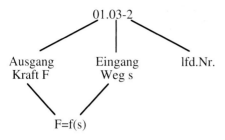

Die Markierungen in der Matrix geben die im Katalog aufgeführten physikalischen Abhängigkeiten an.

Zusätzliche Lösungen ergeben sich durch Effektketten.

Beispiel:

gesuchte Abhängigkeit: $F = f(L)$ 01.07   Erzeugung einer Kraft aus einem Drall

Effektkette: (1) $M = f(L)$ 06.07   Erzeugung eines Momentes aus einem Drall

            (2) $F = f(M)$ 01.06   Erzeugung einer Kraft aus einem Moment

Der Katalog erhebt keinen Anspruch auf Vollständigkeit oder Fehlerfreiheit.

Physikalischer Effekt (Prinzip)			
Name Nummer	Prinzipskizze	Gleichung	Anwendung Literatur
Kohäsion fester Körper $F_1 = f(F_2)$ 01.01-1		$F_1 = F_2$ für $D > d$	Formschluß
Hebel $F_1 = f(F_2)$ 01.01-2		$F_2 = \dfrac{r_1}{r_2} F_1$	Kraftübersetzung, Zahnrad, Hebelgetriebe [16]
Kniehebel $F_1 = f(F_2)$ 01.01-3		$F_2 = \dfrac{F_1}{\tan \alpha_1 + \tan \alpha_2}$	Backenbrecher [15]
Keil ohne Reibung $F_1 = f(F_2)$ 01.01-4		$F = \tan \alpha \, F_Q$	Bewegungsschraube [2]
Keil mit Reibung $F_1 = f(F_2)$ 01.01-5		$F = \dfrac{\tan(\alpha \pm \rho_2) \pm \tan \rho_1}{1 \mp \tan(\alpha \pm \rho_2) \tan \rho_3} F_Q$ für Heben und Senken	Schraubenverbindung [2]
Seileck $F_1 = f(F_2)$ 01.01-6		$F_3 = F_1 \cos \alpha + F_2 \cos \beta$	Seilstatik [15]
Flaschenzug $F_1 = f(F_2)$ 01.01-7		$F = \dfrac{1}{n} F_Q$ $F_2 = F_1 + F_0$ n Anzahl der Rollen	Hebezeug [2]

	Physikalischer Effekt (Prinzip)		
Name Nummer	Prinzipskizze	Gleichung	Anwendung Literatur
Coulombsche Reibung $F_1 = f(F_2)$ 01.01-8		$F = \mu\, F_n$ μ Reibwert	Bremse, Reibschluß [16]
Rollende Reibung $F_1 = f(F_2)$ 01.01-9		$F_W = \mu_r F_Q$ $\mu_r = \tan\alpha = \dfrac{f}{r}$ (Reibwert)	Rollwiderstand [2]
Umschlin- gungsreibung $F_1 = f(F_2)$ 01.01-10		$F_{s2} = e^{\mu\alpha} F_{s1}$ $F_R = \left(e^{\mu\alpha} - 1\right) F_{s1}$ F_R Reibkraft μ Reibwert	Ankerspill, Schiffsspoller, Bandbremse [2]
Adhäsion $F_1 = f(F_2)$ 01.01-11		$F_1 = F_2 < \tau_{zul} \cdot A$	Kleben, Löten (Stoffschluß)
Stoß $F_1 = f(F_2)$ 01.01-12		$F_2 = \dfrac{\Delta t_1}{\Delta t_2} F_1$ für $F_1, F_2 = $ konst.	Hammer [16]
Druckfort- pflanzung $F_1 = f(F_2)$ 01.01-13		$F_2 = \dfrac{A_2}{A_1} F_1$	Hydraulik, Pneumatik [16]
Trägheit $F = f(p_i)$ 01.02-1		$F = \dfrac{d}{dt} p_i$	Raketenantrieb [1]

	Physikalischer Effekt (Prinzip)		

Name
    Nummer
	Prinzipskizze	Gleichung	Anwendung
			    Literatur

Hebel $F = f(s)$ 01.03-1		$F = M \dfrac{1}{r}$	[18]
Keil $F = f(s)$ 01.03-2		$F_2 = F_1 \dfrac{x_1}{x_2}$	Wegübersetzung, Gewinde
Dehnung $F = f(s)$ 01.03-3		$F = c \cdot \Delta l$ $F = EA \dfrac{\Delta l}{l}$	Zugstab, Federwaage [2]
Elastische Biegung I $F = f(s)$ 01.03-4		$F = \dfrac{3EI}{l^3} s$	Waage
Elastische Biegung II $F = f(s)$ 01.03-5		$F = \dfrac{48EI}{l^3} s$	Blattfeder [18]
Elastische Schub- verformung $F = f(s)$ 01.03-6		$F = GA \sqrt{\dfrac{2\Delta l}{l}}$	[3]
Quer- kontraktion $F = f(s)$ 01.03-7		$F = \dfrac{AE}{\mu r} \Delta r$ μ Querkontraktionszahl	Zugversuch, Flaschenver- schluß [3]

	Physikalischer Effekt (Prinzip)		
Name Nummer	Prinzipskizze	Gleichung	Anwendung Literatur
Gravitation $F = f(s)$ 01.03-8		$F = GmM\dfrac{1}{l^2}$ G Gravitationskonstante	Gewichtskräfte [1]
Zentifugalkraft $F = f(s)$ 01.03-9		$F = mr\omega^2$	Zentrifuge [2]
Auftrieb $F = f(s)$ 01.03-10		$F = \rho_{fl} g A \Delta l$	Schwimmerventil [6]
Kapillar- wirkung $F = f(s)$ 01.03-11		$F = \Sigma_0 2\pi r$ Σ_0 Oberflächenspannung	Schwamm [15]
Wärme- dehnung $F = f(s)$ 01.03-12		$F = c\left(l_{T_1} - l_{T_0}\right)$ $F = \alpha \Delta T E A$ α Wärmeausdehnungs- koeffizient	Schrumpfsitz [18]
Elektrostat. Anziehung (Abstoßung) $F = f(s)$ 01.03-13		$F = \dfrac{1}{4\pi\varepsilon_0\varepsilon_r} \cdot \dfrac{Q_1 Q_2}{l^2}$	Photokopierer [6]
Magnetische Anziehung (Abstoßung) $F = f(s)$ 01.03-14		$F = \dfrac{1}{4\pi\mu_0\mu_r} \cdot \dfrac{\Phi_1\Phi_2}{l^2}$	Magnetische Federung [6]

Physikalischer Effekt (Prinzip)			
Name Nummer	Prinzipskizze	Gleichung	Anwendung Literatur
Magneto- striktion $F = f(s)$ 01.03-15		$F = c\left[l(B) - l(B_0)\right]$	Ultraschall [15]
Trägheit $F = f(v)$ 01.04-1		$F = \dfrac{d}{dt}(m\bar{v})$	Raketenantrieb, Stoßvorgänge [18]
Elastischer Stoß $F = f(v)$ 01.04-2		$F = \sqrt{\dfrac{c}{m}}mv$	Billardkugel [16]
Schalldruck $F = f(v)$ 01.04-3	 v=Teilchengeschwindigkeit	$F = \rho c A v$ v Teilchengeschwindigkeit ρ Dichte des Mediums c Schallgeschwindigkeit	Mikrophon [16]
Corioliskraft $F = f(v)$ 01.04-4		$F = 2m\omega v_r$	 [6]
Strömungs- widerstand $F = f(v)$ 01.04-5		$F = c_w \dfrac{\rho}{2} A v^2$ $\vec{F} \parallel \vec{v}$ c_w Widerstandsbeiwert	Landeklappen, Fallschirm [2]
Profilauftrieb $F = f(v)$ 01.04-6		$F = c_a \dfrac{\rho}{2} A v^2$ $\vec{F}_a \perp \vec{v}$ c_a Auftriebsbeiwert	Tragflügel, Kreiselverdichter [2]

	Physikalischer Effekt (Prinzip)		
Name Nummer	Prinzipskizze	Gleichung	Anwendung Literatur
Magnus-Effekt $F = f(v)$ 01.04-7		$F = 2\pi R^2 \rho \omega l v$	Schiffsantrieb [6]
Viskose Reibung $F = f(v)$ 01.04-8		$F = A\eta \dfrac{dv}{dh}$ $\vec{F} \parallel \vec{v}$	Flüssigkeitsdämpfung [1]
Lorentz-Kraft $F = f(v)$ 01.04-9		$F = QBv$	Hallsonden [16]
Wirbelstrom $F = f(v)$ 01.04-10		$F = \kappa c B^2 v$ κ elektr. Leitwert B magnetische Induktion c Anordnungskonstante	Instrumentendämpfung, Wirbelstrombremse, Tachometer [6]
Trägheit $F = f(a)$ 01.05-1		$F = ma$	
Hebel $F = f(M)$ 01.06-1		$F = \dfrac{1}{r} M$	Drehmomentschlüssel [18]
Keil $F = f(\varphi)$ 01.08-1		$F_2 = F_1 \tan \alpha$	

Physikalischer Effekt (Prinzip)			
Name Nummer	Prinzipskizze	Gleichung	Anwendung Literatur
Seileck $F = f(\varphi)$ 01.08-2		$F_3 = F_1 \cos\alpha + F_2 \cos\beta$	
Umschlin- gungsreibung $F = f(\varphi)$ 01.08-3		$F_{s2} = F_{s1}\, e^{\mu\alpha}$ μ Reibwert	Seilbefestigung [2]
Zentrifugal- kraft $F = f(\omega)$ 01.09-1		$F = mr\omega^2$	 [16]
Corioliskraft $F = f(\omega)$ 01.09-2		$F = 2m\omega v_r$	 [2]
Magnus- Effekt $F = f(\omega)$ 01.09-3		$F = 2\pi R^2 \rho\omega l v$	Schiffsantrieb [16]
Druckkraft $F = f(p_d)$ 01.12-1		$F = A p_d$	Kolben [18]
Auftrieb $F = f(V)$ 01.13-1		$F_A = \rho_{fl}\, g V$ $F_G = mg$	Schiff [18]

Physikalischer Effekt (Prinzip)			
Name Nummer	Prinzipskizze	Gleichung	Anwendung Literatur
Gravitation $F = f(m)$ 01.14-1		$F = gm$ g Erdbeschleunigung	Waage
Gravitation $F = f(m)$ 01.14-2		$F = GmM\dfrac{1}{l^2}$ G Gravitationskonstante	Mondumlauf [1]
Elastischer Stoß $F = f(m)$ 01.14-3		$F_{max} = \sqrt{\dfrac{c}{m}}\,mv$	Billardkugel [16]
Zentrifugal- kraft $F = f(m)$ 01.14-4		$F = \omega^2 rm$	Zentrifuge [2]
Corioliskraft $F = f(m)$ 01.14-5		$F_c = 2\omega v_r m$	[6]
Biot-Savart- Gesetz $F = f(I)$ 01.15-1		$F = Bl\,I$	Elektromotor, Generator, Lautsprecher [2]
Elektro- magnetische Anziehung $F = f(I)$ 01.15-2		$F = \dfrac{\mu_0 w^2 A}{l^2} I^2$ w Windungszahl	Elektromagnet [16]

Physikalischer Effekt (Prinzip)			
Name Nummer	Prinzipskizze	Gleichung	Anwendung Literatur
Elektrostat. Anziehung (Abstoßung) $F = f(U)$ 01.16-1		$F = \dfrac{1}{2}\dfrac{C}{l}U^2$ $C = \dfrac{\varepsilon_0\,\varepsilon_r\,A}{l}$	Anziehung zweier Kondensator- platten (Kraftmessung) [10]
Piezo-Effekt $F = f(U)$ 01.16-2		$F = \dfrac{c}{d}U$ $\dfrac{d}{c}$ Steilheit des Umformers	Piezoelektrischer Kraftgeber [4]
Coulombsche Kraft $F = f(E)$ 01.17-1		$F = QE$	[15]
Magnetische Anziehung (Abstoßung) $F = f(H)$ 01.18-1		$F = \dfrac{1}{2}\mu_0 A H^2$	
Wärme- dehnung $F = f(T)$ 01.19-1		$F = \alpha E A \Delta T$ α Wärmeausdehnungs- koeffizient	Schrumpfsitz
Osmose $F = f(T)$ 01.19-2		$F = A\dfrac{v}{V}RT$ v Molzahl R molare Gaskonstante	Filter [15]
Trägheit $p_i = f(F)$ 02.01-1		$p_i = \int F\,dt$	Stoßvorgänge [18]

	Physikalischer Effekt (Prinzip)		
Name Nummer	Prinzipskizze	Gleichung	Anwendung Literatur
Trägheit $p_i = f(v)$ 02.04-1		$p_i = \int m\,dv$	Pumpen, Stoßvorgänge [18]
Elastische Dehnung $s = f(F)$ 03.01-1		$\Delta l = \dfrac{1}{c}F$ $\Delta l = \dfrac{l}{EA}F$	Federwaage [2]
Elastische Biegung I $s = f(F)$ 03.01-2		$s = \dfrac{l^3}{3EI}F$	Waage
Elastische Biegung II $s = f(F)$ 03.01-3		$s = \dfrac{l^3}{48EI}F$	
Elastische Schub- verformung $s = f(F)$ 03.01-4		$\Delta l = \dfrac{l}{2}\left(\dfrac{F}{GA}\right)^2$	[3]
Quer- kontraktion $s = f(F)$ 03.01-5		$\Delta r = \dfrac{r\mu}{EA}F$ μ Querkontraktionszahl	Zugstab [3]
Auftrieb $s = f(F)$ 03.01-6		$\Delta l = \dfrac{1}{\rho_{fl}\,gA}F$	Schwimmerventil [6]

Physikalischer Effekt (Prinzip)

Name Nummer	Prinzipskizze	Gleichung	Anwendung Literatur
Elektrostat. Anziehung (Abstoßung) $s = f(F)$ 03.01-7	Ladung Q_2, F, Ladung Q_1	$l = \sqrt{\dfrac{1}{4\pi\varepsilon_0\varepsilon_r}\dfrac{Q_1 Q_2}{F}}$	[18]
Magnetische Anziehung (Abstoßung) $s = f(F)$ 03.01-8	Polstärke Φ_2, F, Polstärke Φ_1	$l = \sqrt{\dfrac{1}{4\pi\mu_0\mu_r}\dfrac{\Phi_1\Phi_2}{F}}$	Magnetische Federung [19]
Hebel $s = f(s)$ 03.03-1	l_1, l_2, s_1, s_2	$s_2 = \dfrac{l_2}{l_1} s_1$	Hebelgetriebe, Zahnräder [6]
Keil $s = f(s)$ 03.03-2	s_2, s_1, α	$s_2 = \tan\alpha\, s_1$	Kurvengetriebe, Schraube [6]
Elastische Schubverformung $s = f(s)$	Δl, Δs, l	$\Delta l = \dfrac{\Delta s^2}{2l}$ $\Delta l = \dfrac{1}{2}\left(\dfrac{F}{GA}\right)^2 L$	[6]
Querkontraktion $s = f(s)$ 03.03-4	d_0, $d_0 - \Delta d$, l_0, $l_0 + \Delta l$	$\Delta d = \mu\dfrac{d_0}{l_0}\Delta l$ μ Querkontraktionszahl	Zugstab [6]
Druckfortpflanzung $s = f(s)$ 03.03-5	A_1, A_2, s_1, s_2	$s_2 = \dfrac{A_1}{A_2} s_1$	Hydraulik, Pneumatik [6]

	Physikalischer Effekt (Prinzip)		
Name Nummer	Prinzipskizze	Gleichung	Anwendung Literatur
Kapillar- wirkung $s = f(s)$ 03.03-6	 $\Delta h = h_1 - h_2 \quad \Delta r = r_1 - r_2$	$\Delta h = -\dfrac{2\kappa\cos\theta}{\rho g}\dfrac{\Delta r}{r_1^2 - r_1\Delta r}$ κ Oberflächenspannung	[1]
Hebel $s = f(v)$ 03.04-1		$r_2 = \dfrac{v_2}{v_1}r_1$	
Hebel $s = f(M)$ 03.06-1		$r = \dfrac{1}{F}M$	
Resonanz $s = f(f)$ 03.11-1		$l = \dfrac{l_0}{1-\left(f/\omega_0\right)^2}$ ω_0 Eigenfrequenz	Zungenfrequenz- messer [2]
Stehende Welle $s = f(f)$ 03.11-2		$l = \dfrac{c}{f}$ c Wellengeschwindigkeit	Kundtsches Rohr, Wellenlängen- messer [3]
Gravitations- druck $s = f(p_d)$ 03.12-1		$h = \dfrac{1}{\rho g}p_d$	Hochbehälter [18]
Biot-Savart- Gesetz $s = f(I)$		$l = \dfrac{F}{BI}$	

Physikalischer Effekt (Prinzip)			
Name Nummer	Prinzipskizze	Gleichung	Anwendung Literatur
Wärme- dehnung $s = f(T)$ 03.19-1		$\Delta l = l_0\, \alpha\, \Delta T$ α Längenausdehnungs- koeffizient	Thermostat, Thermometer, Bimetall [19]
Wärme- dehnungs- anomalie $s = f(T)$ 03.19-2			Sprengen von Gestein mit Wasser [19]
Trägheit $v = f(F)$ 04.01-1		$v = \dfrac{1}{m}\int F\,dt$	Stoßvorgänge [2]
Viskose Reibung $v = f(F)$ 04.01-2		$v = \dfrac{h}{\eta A}\,F$	 [6]
Trägheit $v = f(p_i)$ 04.02-1		$v = \dfrac{1}{m}\,p_i$	Stoßvorgänge [18]
Hebel $v = f(s)$ 04.03-1		$v = \omega\, r$	
Torricelli- Gesetz $v = f(s)$ 04.03-2		$v = \sqrt{2gh}$	 [1]

	Physikalischer Effekt (Prinzip)		
Name Nummer	Prinzipskizze	Gleichung	Anwendung Literatur
Hebel $v = f(v)$ 04.04-1		$v_2 = \dfrac{r_2}{r_1} v_1$	Hebelgetriebe [6]
Keil $v = f(v)$ 04.04-2		$v_2 = \tan \alpha \, v_1$	Kurvengetriebe, Exzenter, Schräube [6]
Konti- gleichung $v = f(v)$ 04.04-3		$v_2 = \dfrac{A_1}{A_2} v_1$	Hydraulik, Pneumatik, Düsen [6]
Hebel $v = f(\omega)$ 04.09-1		$v = \omega \, r$	
Bernoulli- sches Gesetz $v = f(p)$ 04.12-1		$v = \sqrt{2\left(p_1 - p_2\right)/\rho}$	Düse, Turbinenrad [7]
Induktion $v = f(U)$ 04.16-1		$v = \dfrac{1}{Bl} U$	Drehzahlerhöhung eines Elektromo- tors durch Feld- schwächung [10]
Elektro- kinetischer Effekt $v = f(U)$ 04.16-2		$v = \dfrac{\xi \varepsilon_r \varepsilon_0}{l\eta} U$ ξ eletrokinetisches Potential	Hydroelektrische Wasserpumpe, Elektrokinetischer Geschwindigkeits- geber [6]

Physikalischer Effekt (Prinzip)			
Name Nummer	Prinzipskizze	Gleichung	Anwendung Literatur
Trägheit $a = f(F)$ 05.01-1		$a = \dfrac{F}{m}$	
Hebel $a = f(a)$ 05.05-1		$a_2 = \dfrac{r_2}{r_1} a_1$	
Zentrifugal- beschleuni- gung $a = f(a)$ 05.09-1		$a_n = r\omega^2$	Fliehkraftregler [2]
Coriolis- beschleuni- gung $a = f(\omega)r$ 05.09-2		$a_c = 2v_r\,\omega$	Föttingerkupplung [2]
Hebel $M = f(F)$ 06.01-1		$M = rF$	Fahrantrieb, Drehmoment- schlüssel [18]
Trägheit $M = f(L)$ 06.07-1		$M = \dfrac{d}{dt}\left(L_i\right)$ $L_i = I_p\,\omega$	Gyrobus [3]
Elastische Schub- verformung $M = f(\varphi)$ 06.08-1		$M = \dfrac{GI_t}{l}\varphi$ I_t Torsionsträgheitsmoment	Torsionsfeder [4]

Physikalischer Effekt (Prinzip)			
Name Nummer	Prinzipskizze	Gleichung	Anwendung Literatur
Präzessions- moment $M = f(\omega)$ 06.09-1		$M = I_p\,\omega\,\omega_p$ ω_p Winkelgeschwindigkeit der Präzession I_p pol. Trägheitsmoment	Kreisel [13]
Trägheit $M = f(\dot{\omega})$ 06.10-1		$M = I_p\,\dot{\omega}$ I_p pol. Trägheitsmoment	Schwungscheibe [2]
Eigen- frequenz $M = f(f)$ 06.11-1		$M = 4\pi^2 I_p \rho f^2$	Dynamische Bestimmung von Trägheitsmomen- ten [2]
Elastische Schub- verformung $\varphi = f(M)$ 08.06-1		$\varphi = \dfrac{l}{GI_t} M$ I_t Torsionsträgheitsmoment	Torsionsfeder [4]
Hebel $\omega = f(s)$ 09.03-1		$\omega = \dfrac{v}{r}$	
Trägheit $\omega = f(M)$ 09.06-1		$\omega = \dfrac{1}{I_p}\int M\,dt$	Gyrobus
Präzessions- moment $\omega = f(M)$ 09.06-2		$\omega_p = \dfrac{M}{I_p\,\omega}$ ω_p Winkelgeschwindigkeit der Präzession I_p pol. Trägheitsmoment	

Physikalischer Effekt (Prinzip)			
Name Nummer	Prinzipskizze	Gleichung	Anwendung Literatur
Trägheit $\omega = f(L_i)$ 09.07-1		$\omega = \dfrac{L_i}{I_p}$ I_p pol. Trägheitsmoment	 [2]
Trägheit $\dot{\omega} = f(M)$ 10.06-1		$\dot{\omega} = \dfrac{1}{I_p} M$ I_p pol. Trägheitsmoment	Schwungscheibe [2]
Saite $f = f(F)$ 11.01-1		$f = \dfrac{1}{2l}\sqrt{\dfrac{1}{A\rho}}\,F$	Frequenzeinstellung bei Saiteninstrumenten [1]
Gravitation $f = f(s)$ 11.03-1		$f = \dfrac{1}{2\pi}\sqrt{\dfrac{g}{l}}$	Pendeluhr [1]
Stick-Slip-Effekt $f = f(v)$ 11.04-1		$f = 1/T$ $\omega_0^2 = c/m$ $\omega_0 = 2\pi f$ Bed: 1.Schwingungsfähiges System 2.du/dv<0	Werkzeugmaschinenschlitten
Doppler-Effekt $f = f(v)$ 11.04-2		$f_E = f_S\dfrac{1 + v_E/c}{1 + v_S/c}$ c Schallgeschwindigkeit	Geschwindigkeitsmessung [19]
Eigenfrequenz $f = f(m)$ 11.14-1		$f = \dfrac{1}{2\pi}\sqrt{\dfrac{c}{m}}$	Dynamische Bestimmung von Massen [2]

Physikalischer Effekt (Prinzip)			
Name Nummer	Prinzipskizze	Gleichung	Anwendung Literatur
Eigen- frequenz Quarz $f = f(T)$ 11.19-1	Die Eigenfrequenz von Schwingquarzen ändert sich bei entsprechendem Kristallschnitt stark mit der Temperatur		Quarz- Temperatur- Sensoren
Elastische Druck- verformung $p_d = f(F)$ 12.01-1		$p_d = \sqrt{\dfrac{E^2}{r^2\left(1-\mu^2\right)^2}}\,F$ $\dfrac{1}{r} = \dfrac{1}{r_1} + \dfrac{1}{r_2}$	Hertzsche Pressung
Gravitations- druck $p_d = f(s)$ 12.03-1		$p_d = \rho g h$	Hochbehälter [12]
Kapillardruck $p_d = f(s)$ 12.03-2		$p_d = 2\,\kappa\cos\varphi\,\dfrac{1}{r}$ κ Oberflächenspannung	Docht, Kapillare [1]
Staudruck $p_d = f(v)$ 12.04-1		$p_d = \dfrac{\rho}{2}v^2$	Düse, Turbinenleitrad, Wasserstrahl- pumpe
Druckabfall in einer Rohr- leitung $p_d = f(v)$ 12.04-2		$p_d = \lambda\,\dfrac{l}{d}\,\dfrac{\rho}{2}\,v^2$	[2]
Gay-Lussac $p_d = f(V)$ 12.13-1		$p_d = mRT\,\dfrac{1}{V}$	[19]

Physikalischer Effekt (Prinzip)			
Name Nummer	Prinzipskizze	Gleichung	Anwendung Literatur
Osmotischer Druck $p_d = f(V)$ 12.13-2		$p_d = RTc$ R allg. Gaskonstante $c = \dfrac{n}{V}$ Naturkonstante	Manometer [19]
Gay-Lussac $p_d = f(T)$ 12.19-1		$p_d = \rho RT$ R allg. Gaskonstante	 [2]
Gay-Lussac $V = f(T)$ 13.12-1		$V = mRT\dfrac{1}{p_d}$	 [19]
Hagen-Poiseuille $V = f(T)$ 13.12-2		$\dot{V} = \dfrac{\pi t R^4}{8\eta l}\,\Delta p_d$	Laminare Rohrströmung [8]
Kompressibilität (Boyle-Mariotte) $V = f(T)$ 13.12-3		$\Delta V = \left(1 - \dfrac{p_{d1}}{p_{d2}}\right)V_1$	Pneumatische Feder [1]
Induktion $I = f(s)$ 15.03-1		$I = \dfrac{F}{B}\dfrac{1}{l}$	Elektromotor, Lautsprecher, Drehspulmeßwerk [3]
Lorentz-Kraft Hall-Effekt $I = f(s)$ 15.03-2		$I = \dfrac{U}{BR}d$ R Hallkonstante	Magnetfeldmessung, Hallmultiplikator [3]

Physikalischer Effekt (Prinzip)			
Name Nummer	Prinzipskizze	Gleichung	Anwendung Literatur
Induktion $I = f(I)$ 15.15-1		$I_2 = \dfrac{N_1}{N_2} I_1$ N Windungszahl	Transformator [18]
Stoßionisation $I = f(I)$ 15.15-2	Tritt in einer Röhre mit geringem Gasdruck aus der Kathode ein Elektronenstrom I_K aus, so vervielfacht sich dieser in Abhängigkeit des Anoden-Kathoden-Abstands	$I = e^{\alpha d} I_K$ α Ionisierungszahl d Anoden - Kathoden - Abstand I_K Elektronenstrom	[9]
Ohmsches Gesetz $I = f(U)$ 15.16-1		$I = \dfrac{1}{R} U = \dfrac{A}{\rho l} U$ A Leiterquerschnitt	Spannungsteiler, Schiebewiderstand [11]
Vakuum-Entladung $I = f(U)$ 15.16-2		$I_a = K U_{ak}^{3/2}$ I_a Anodenstrom U_{ak} Spannung zwischen den Platten K Konstante	Elektronenstrahlröhre, Diode [10]
Lorentz-Kraft Hall-Effekt $I = f(U)$ 15.16-3		$I = \dfrac{U}{BR} d$ R Hallkonstante	Magnetfeldmessung, Hallmultiplikator [3]
Halbleiter $I = f(U)$ 15.16-4		$I = I_{SP}\left(e^{\frac{eU}{kT}} - 1 \right)$ I_{SP} Sperrstrom e el. Elementarladung k Boltzmann − Konstante T Temp. des Halbleiters	Diode [8]
Elektrostatische Anziehung (Abstoßung) $U = f(F)$ 16.01-1		$U = \sqrt{\dfrac{2lF}{C}}$	

	Physikalischer Effekt (Prinzip)		
Name Nummer	Prinzipskizze	Gleichung	Anwendung Literatur
Piezo-Effekt $U = f(F)$ 16.01-2		$U = \dfrac{d}{c} F$ $\dfrac{d}{c}$ Steilheit des Umformers	
Elektrische Ladung $U = f(s)$ 16.03-1		$U = \dfrac{F}{Q} d = \dfrac{Q}{\varepsilon A} d$ $\varepsilon = \varepsilon_0 \varepsilon_r$	Kondensator [6]
Piezo-Effekt $U = f(s)$ 16.03-2			Dehnungsmesser [17]
Induktion $U = f(v)$ 16.04-1		$U = Blv$	 [10]
Elektro-kinetischer Effekt $U = f(v)$ 16.04-2		$U = \dfrac{l\eta}{\xi \varepsilon_r \varepsilon_0} v$ ε elektrokinetisches Potential	 [6]
Wirbelstrom $U = f(v)$ 16.09-1	zB.Cu	$U = kB \dfrac{d\omega}{dt}$ k Anordnungs - u. Materialkonstante	Gleichstrom-dynamo, Beschleunigungs-messer [14]
Josephson-Effekt $U = f(v)$ 16.11-1	Berühren sich 2 Supraleiter unter Mikrowellenbestrahlung, so entsteht zwischen ihnen eine Gleichspannung U, die der Mikrowellenfrequenz ν proportional ist	$U = \dfrac{h}{2e} f$	Spannungsnormal

Physikalischer Effekt (Prinzip)			
Name Nummer	Prinzipskizze	Gleichung	Anwendung Literatur
Elektro- kinetischer Effekt $U = f(v)$ 16.12-1		$U = \dfrac{\varepsilon_r \varepsilon_0 \xi l}{\eta \kappa} p_d$ ξ elektrokin. Potential κ elektrische Leitfähigkeit	
Ohmsches Gesetz $U = f(I)$ 16.15-1		$U = RI = \dfrac{\rho l}{A} I$ A Leiterquerschnitt	Spannungsteiler, Schiebewider- stand [11]
Vakuum- entladung $U = f(I)$ 16.15-2		$U_{ak} = K I_a^{2/3}$ I_a Anodenstrom U_{ak} Spannung zwischen den Platten K Konstante	Elektronenstrahl- röhre, Diode [10]
Lorentz-Kraft Hall-Effekt $U = f(I)$ 16.15-3		$U = \dfrac{BR}{d} I$ R Hallkonstante	Magnetfeld- messung, Hallmultiplikator [3]
Halbleiter $U = f(I)$ 16.15-4		$U = \dfrac{kT}{e} \ln \dfrac{I + I_{SP}}{I_{SP}}$ I_{SP} Sperrstrom e elektr. Elementarladung k Boltzmann – Konstante T Temp. des Halbleiters	Diode [8]
Induktion $U = f(U)$ 16.16-1		$U_2 = \dfrac{N_2}{N_1} U_1$ N Windungszahl	Transformator, Übertrager [3]
Thermo-Effekt $U = f(T)$ 16.19-1		$U = \alpha(T_2 - T_1)$ α Seebeck - Koeffizient	Temperaturmes- sung, Thermoelement, Thermomagnet [5]

Physikalischer Effekt (Prinzip)			
Name Nummer	Prinzipskizze	Gleichung	Anwendung Literatur
Supraleitung $H = f(T)$ 18.19-1	Bei Erreichen einer kritischen magnetischen Feldstärke H_c wird aus einem Supraleiter ein Normalleiter, wobei sich der el. Widerstand entsprechend erhöht.		[3]
Änderung des Aggregatzustands $T = f(Q)$ 19.20-1		$T = const.$ beim Phasenübergang	Temperaturkonstanthaltung
Coulombsche Reibung $Q = f(F)$ 20.01-1		$Q = \mu F s$	Reibschweißen [2]
Hysterese bei elastischer Verformung $Q = f(F)$ 20.01-2		$Q_Z = \oint F ds$ Q_Z pro Zyklus erzeugte Wärmemenge	Ultraschallschweißen [1]
Plastische Verformung $Q = f(F)$ 20.01-3		$Q = \int F ds$	Schmieden [5]
Coulombsche Reibung $Q = f(s)$ 20.03-1		$Q = \mu F s$	Reibschweißen [2]
Hysterese bei elastischer Verformung $Q = f(s)$ 20.03-2		$Q_Z = \oint F ds$ Q_Z pro Zyklus erzeugte Wärmemenge	Ultraschallschweißen [1]

	Physikalischer Effekt (Prinzip)		

Name
    Nummer
	Prinzipskizze	Gleichung	Anwendung
			    Literatur

Plastische Verformung $Q = f(s)$ 20.03-3		$Q = \int F ds$	Schmieden [5]
Dielektrische Verlustwärme $Q = f(f)$ 20.11-1		$Q = 2\pi U^2 Cf \tan\delta$ δ Dielektrischer Verlustwinkel	Kunststoff- schweißen, Verkleben von Sperrholz
Wirbelstrom $Q = f(f)$ 20.11-2	In einem elektrisch leit- fähigem (κ) Körper, der sich in einem Wechsel- magnetfeld (B sinωt) befindet, entsteht infolge von Wirbelströmen Wärme	$Q = const \cdot B^2 \kappa \omega^2$ $\omega = 2\pi f$	Induktions- erwärmung [3]
Peltier-Effekt $Q = f(I)$ 20.15-1		$Q = \pi J$ π Peltierkoeffizient	Kühlaggregat [5]
Wärmeleitung $Q = f(T)$ 20.19-1		$Q = \dfrac{\lambda A}{l}(T_1 - T_2)$ λ Wärmeleitfähigkeit	Wärmetauscher, Isolation [2]
Wärme- strahlung $Q = f(T)$ 20.19-2		$\dot{Q} = cA(T_2^4 - T_1^4)$ c Strahlungskoeffizient	Heizflächen, Heizstrahler, Laserschweißen [2]

Konvektion
 	
$Q = f(T)$
 	
20.19-3
		$\dot{Q} = \alpha A(T_W - T_F)$
		α Wärmeübergangs -
		    koeffizient
			Heizkörper,
			Wärmetauscher
			
			    [2]

Physikalischer Effekt (Prinzip)			
Name Nummer	Prinzipskizze	Gleichung	Anwendung Literatur
Wärme- speicherung $Q = f(T)$ 20.19-4	vorher T_1 nachher T_2	$Q = cm(T_2 - T_1)$ c spez. Wärmekapazität	Kachelofen

Literaturhinweise zur Vertiefung der physikalischen Grundlagen

Eine grundlegende Einführung in die Arbeiten mit physikalischen Effekten gibt:
Rodenacker, W.: Methodisches Konstruieren. 4. Aufl. Berlin: Springer 1991.

[1]   Bergmann; Schäfer: Lehrbuch der Experimentalphysik. Bd. 1: Mechanik, Akustik, Wärme. 10. Aufl. Berlin: de Gruyter 1990.

[2]   Dubbel, H. (Begr.); Beitz, W.; Küttner, K.-H. (Hrsg.): Dubbel. Taschenbuch für den Maschinenbau. 17. Aufl. Berlin: Springer 1990.

[3]   Gerthsen, C.: Physik. 17. Aufl. Berlin: Springer 1993.

[4]   Grave, H. F.: Elektrische Messung nichtelektrischer Größen. 2. Aufl. Frankfurt/Main: Akademische Verlagsgesellschaft 1965.

[5]   Kohlrausch, F.: Praktische Physik. Bd. 1: Mechanik, Akustik, Wärme, Optik; Bd. 2: Elektrizität, Magnetismus, Struktur der Materie. 22. Aufl. Stuttgart: Teubner 1968.

[6]   Koller, R.: Konstruktionslehre für den Maschinenbau. Grundlagen des methodischen Konstruierens. 2. Aufl. Berlin: Springer 1985.

[7]   Koller, R.: Konstruktionsmethode für den Maschinen-, Geräte- und Apparatebau. Berlin: Springer 1976.

[8]   Kuchling, H.: Taschenbuch der Physik. 13. Aufl. Frankfurt/Main: Harri Deutsch 1991.

[9]   Küpfmüller, K.: Einführung in die theoretische Elektrotechnik. 9. Aufl. Berlin: Springer 1968

[10]   Moeller, F.: Grundlagen der Elektronik. 17. Aufl. Stuttgart: Teubner 1986.

[11]   Siemens AG (Hrsg.): Technisches Tabellenheft. Berlin: 1977.–Firmenschrift

[12]   Orear, J.: Physik. München: Häger 1982.

[13]   Pohl, R. W.: Mechanik, Akustik und Wärmelehre. 16. Aufl. Berlin: Springer 1964.

[14]   Rohrbach, C.: Handbuch für elektrisches Messen. Düsseldorf: VDI-Verlag 1967.

[15]   Roth, K.H.: Konstruieren mit Konstruktionskatalogen. Berlin: Springer 1994.

[16]   Roth, K. H.; Franke, H. J.; Simonek, R.: Aufbau und Verwendung von Katalogen für das methodische Konstruieren. Konstruktion 24 (1972) 11, S. 449458.

[17]   Valvo GmbH: Piezoxide Wandler. Hamburg: 1968.–Firmenschrift

[18]   Westphal, W. H.: Physik. 25/26. Aufl. Berlin: Springer 1970.

[19]   Zeller, W.; Franke, A.: Das physikalische Rüstzeug des Ingenieurs. 10. Aufl. Darmstadt: Fikentscher 1963.

Bilder des Katalogs sind z. T. Literatur aus [2], [6], [7], [15] und [16] nachempfunden.

2.2.3 Variation der Gestalt: Übersicht

2.2.3.1 Direkte Variation der Gestalt

BILD 18: Variation der Form

Flächenelement ohne Krümmung (eben)

Tetraeder　Prisma　Würfel　Quader　Sechskant

Flächenelement mit einem Krümmungsradius

Wellmaterial　Zylinder　Rohr　Kegel

Flächenelement mit zwei Krümmungsradien

Kugel　Halbkugel　Linse　Tonne　Hyperboloid

7.6-4

BILD 19: Variation der Lage

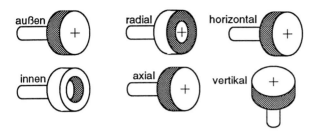

7.6-5

BILD 20: Variation der Zahl

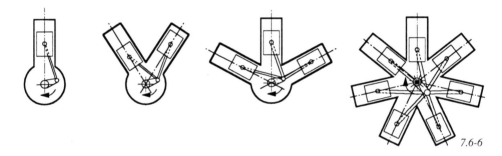

7.6-6

BILD 21: Variation der Größe

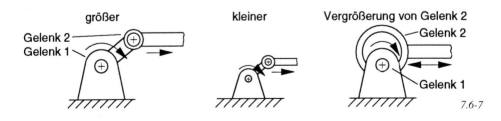

7.6-7

BILD 22: Variation der Verbindungsart

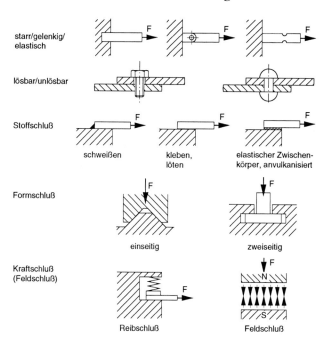

starr/gelenkig/
elastisch

lösbar/unlösbar

Stoffschluß

schweißen   kleben,   elastischer Zwischen-
löten   körper, anvulkanisiert

Formschluß

einseitig   zweiseitig

Kraftschluß
(Feldschluß)

Reibschluß   Feldschluß

7.6-9

BILD 23: Variation der Berührungs-/Kontaktart

Punktberührung

an 1 Punkt   an 2 Punkten   an 3 Punkten

Linienberührung

gerade Linie   Kreislinie

Flächenberührung

ebene Fl.   Zylinderfl.   Kugelfl.   Kegelfl.   Keil-Drehfl.   Keil-Schraub-
fläche

**tribologische
Einteilung**

konform =   flach   kontraform =
konvex–konkav   konvex–konvex

7.6-10

BILD 24: Variation der Kopplungsart

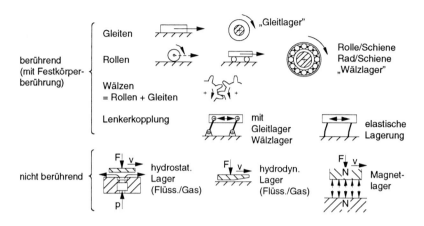

7.6-11

BILD 25: Variation der Kopplungsart bei Lagern, Führungen, Gewinden

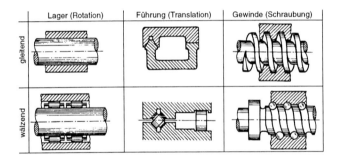

7.6-12

BILD 26: Variation der Verbindungsstruktur

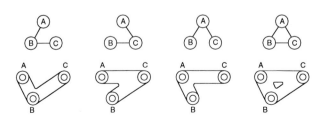

7.6-13

BILD 27: Variation der Reihenfolge

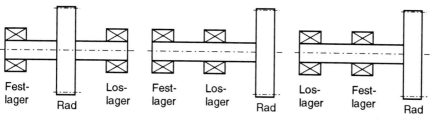

7.6-14

BILD 28: Variation der Kompaktheit

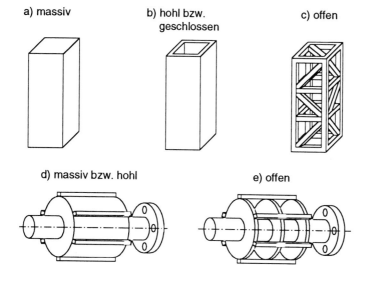

a) massiv

b) hohl bzw. geschlossen

c) offen

d) massiv bzw. hohl

e) offen

7.6-15

2.2.3.2   Indirekte Variation der Gestalt

BILD 29: Variation der Stoffart

Zustand:
– fest, flüssig, gasförmig, amorph
– metallisch/nicht-metallisch
– organisch/anorganisch

makroskopische Beschaffenheit:
„Festkörper", körnig, pulvrig, staubförmig

Verhalten:
– starr, elastisch, plastisch, viskos
– durchsichtig/undurchsichtig
– brennbar/nicht brennbar
– edel/unedel
– leitfähig/nicht leitfähig für Wärme, Elektrizität oder Magnetismus
– korrodierend/nicht korrodierend

7.6-16

BILD 30: Variation des Werkstoffs

Merkmal	Beispiele		Bemerkung
	vorher	nachher	(Einfluß auf die Gestalt)
Werkstoffart	St 37	GG 20	Änderung des Fertigungsverfahrens: gußgerecht gestalten
Werkstoffqualität	unbehandelt	gehärtet HRC 55	u. U. Schleifen nötig, deshalb u. U. Schleifauslauf vorsehen
Werkstoffzahl (Ein- oder Mehrstoffbauweise)	Polyamid unverstärkt	glasfaserverstärktes Polyamid	andere Fertigungs- und Trennverfahren? Gestalt?
Halbzeug	Profilmaterial	Blech	u. U. umformgerecht gestalten

7.6-17

BILD 31: Variation des Fertigungsverfahrens

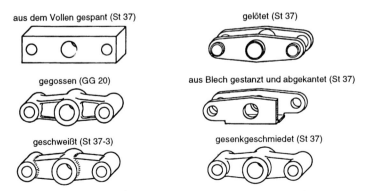

aus dem Vollen gespant (St 37)

gelötet (St 37)

gegossen (GG 20)

aus Blech gestanzt und abgekantet (St 37)

geschweißt (St 37-3)

gesenkgeschmiedet (St 37)

7.6-18

BILD 32: Überblick über Fertigungsverfahren

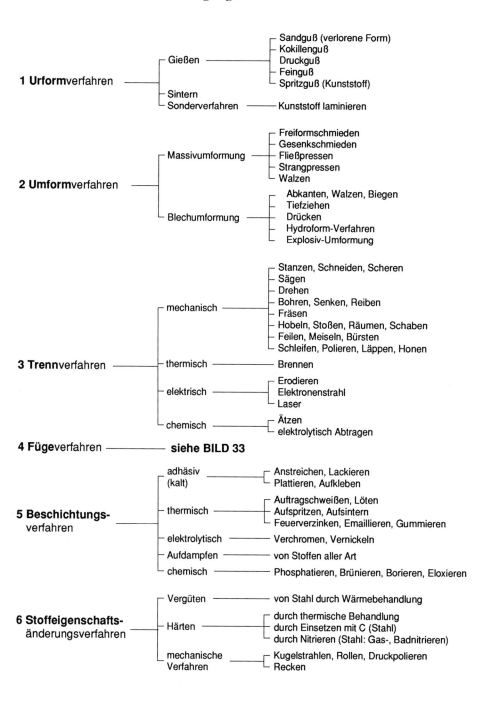

1 Urformverfahren
- Gießen
  - Sandguß (verlorene Form)
  - Kokillenguß
  - Druckguß
  - Feinguß
  - Spritzguß (Kunststoff)
- Sintern
- Sonderverfahren
  - Kunststoff laminieren

2 Umformverfahren
- Massivumformung
  - Freiformschmieden
  - Gesenkschmieden
  - Fließpressen
  - Strangpressen
  - Walzen
- Blechumformung
  - Abkanten, Walzen, Biegen
  - Tiefziehen
  - Drücken
  - Hydroform-Verfahren
  - Explosiv-Umformung

3 Trennverfahren
- mechanisch
  - Stanzen, Schneiden, Scheren
  - Sägen
  - Drehen
  - Bohren, Senken, Reiben
  - Fräsen
  - Hobeln, Stoßen, Räumen, Schaben
  - Feilen, Meiseln, Bürsten
  - Schleifen, Polieren, Läppen, Honen
- thermisch
  - Brennen
- elektrisch
  - Erodieren
  - Elektronenstrahl
  - Laser
- chemisch
  - Ätzen
  - elektrolytisch Abtragen

4 Fügeverfahren ———— **siehe BILD 33**

5 Beschichtungsverfahren
- adhäsiv (kalt)
  - Anstreichen, Lackieren
  - Plattieren, Aufkleben
- thermisch
  - Auftragschweißen, Löten
  - Aufspritzen, Aufsintern
  - Feuerverzinken, Emaillieren, Gummieren
- elektrolytisch
  - Verchromen, Vernickeln
- Aufdampfen
  - von Stoffen aller Art
- chemisch
  - Phosphatieren, Brünieren, Borieren, Eloxieren

6 Stoffeigenschaftsänderungsverfahren
- Vergüten
  - von Stahl durch Wärmebehandlung
- Härten
  - durch thermische Behandlung
  - durch Einsetzen mit C (Stahl)
  - durch Nitrieren (Stahl: Gas-, Badnitrieren)
- mechanische Verfahren
  - Kugelstrahlen, Rollen, Druckpolieren
  - Recken

BILD 33: Fortsetzung: Überblick über Fertigungsverfahren

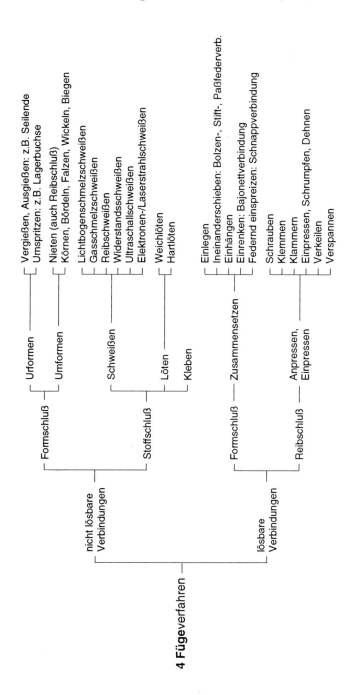

BILD 34: Variation des Fertigungsverfahrens; Vergleich von Herstellmöglichkeiten

	Gießen	Aufbau durch nicht lösbare Verbindungselemente			
		Schweißen	Löten	Kleben	Nieten
Anwendungsbereich	alle Sparten, bei Serien meist die wirtschaftlichste Methode	Stahlbau, Behälterbau, Maschinenbau, Leichtbau	Kleinteile, z.B. Behälter, Rohre (bei Hartlöten ganzes Teil erwärmen, Schutzgas)	Leichtbau, Mehrstoffverbindungen (Kunststoffe)	Stahlbau, Leichtmetallverbindungen, Mehrstoffverbindungen, Verkleidungen
Stückzahlbereich (große Verschiebungen möglich)	Serien	Vorwiegend Einzelanfertigungen und Kleinserien (Serien z.B. mit Schweiß- und Lötautomaten)			
Gewicht (% des notwendigen Stahlquerschnittes)	150...300 % (Sandguß)	110...150 % Stahlbau bis 20 % leichter als Nieten, Maschinenbau bis 50 % leichter als Guß	Weichlöten: 400...800 % Hartlöten: 200...300 % (Überlappung)	400...800 % (Überlappung)	115...170 % (Knotenbleche) Überlappung, Schwächung durch Bohrung
Gütekontrolle	schwierig (Lunker: Termin, Kosten)	schwierig (z.B. Röntgen)	schwierig	schwierig	einfach (Klang bei Anklopfen, lösbar durch Abschlagen)
Temperaturbereich (Lösen)	Schmelzpunkt (1500 °C)	Schmelzpunkt	Weichlöten: 150...200 °C Hartlöten: max. 1100 °C	normal ca. 150...200 °C Spezialkleber bis 400 °C	Schmelzpunkt (Warmfestigkeit)
Wärmespannungen	ja	ja, und Minderung der Festigkeit durch hohe Temperatur (Leichtmetall, hochfester Stahl: aushärten)	keine bis geringe	keine bis geringe (wärmehärtende Kleber)	keine bis geringe
Verbindung unterschiedlicher Werkstoffe	Eingießen von Metallteilen möglich (Verbundguß)	nein	ja (Metalle)	ja	ja

BILD 35: Variation des Montageverfahrens; Beispiel zur Befestigung von Leitungen an PKW-Karosserie

"früher" Handmontage	"heute" automatisierte Montage
Leitungen Blechstreifen Blechschraube punktgeschweißte Lasche Karosserieblech	Anschweißbolzen Leitungen Kunststoff-Klipse
3 Teile	1 Teil
Blechlasche an der Karosserie anpunkten; Leitungen in Blechstreifen legen; Blechstreifen und Schraube positionieren; verschrauben	Loch in Karosserie vorsehen oder Anschweißbolzen aufpunkten; Leitungen in Klipse legen; positionieren; einklipsen

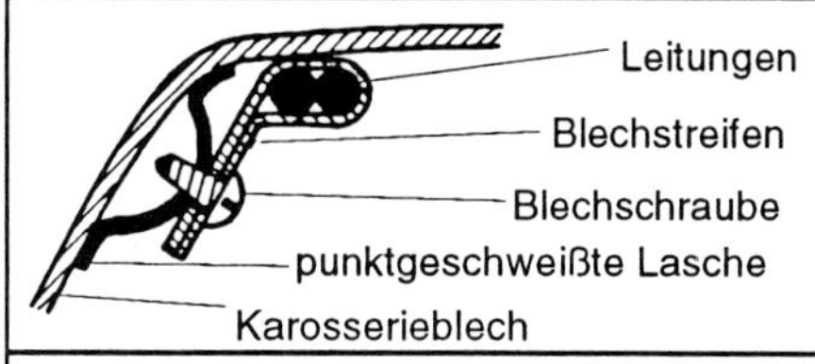

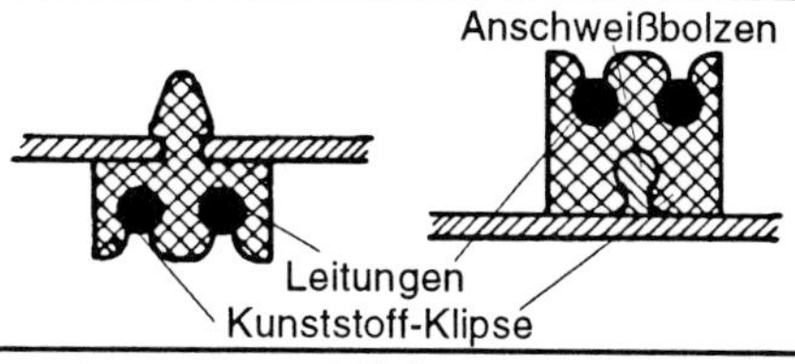

BILD 36: Maßnahmen für automatisierungsgerechtes Montieren (positiv auch für Handmontage)

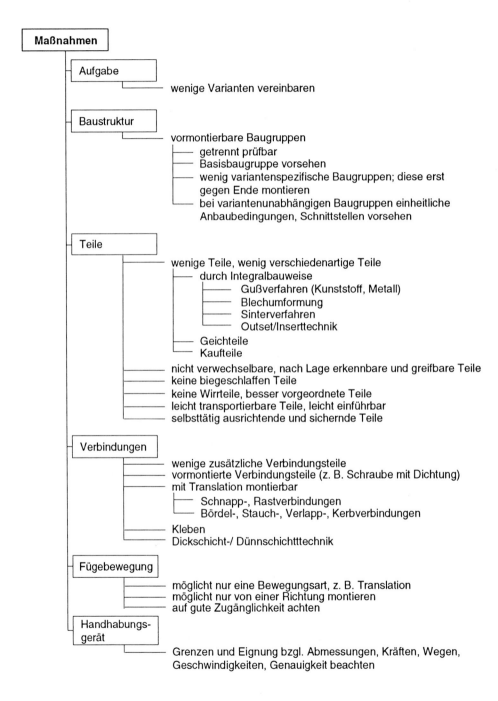

BILD 37: Variation des Bezugssystems

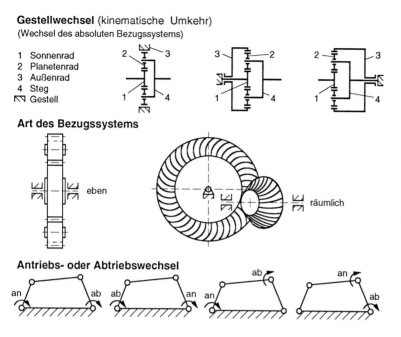

Gestellwechsel (kinematische Umkehr)
(Wechsel des absoluten Bezugssystems)

1 Sonnenrad
2 Planetenrad
3 Außenrad
4 Steg
◩ Gestell

Art des Bezugssystems

eben

räumlich

Antriebs- oder Abtriebswechsel

an   ab   ab   an   an   ab   ab   an

7.6-20

BILD 38: Variation der Bewegungsart

Art	Translation	Rotation	Schraubung	Wälzen
	→	↻	⤙- = 🌀	⤸
Orientierung und Überlagerung	Gleiten = Schiebung, Translation	Rollen = Rotationsachse senkrecht zur Berührnormalen	Rechtsschraubung= Rotations- und Translationsvektor gleichorientiert	Gleichlauf = Tangentialflächen gleich bewegt
	Prallen = Bewegung in Richtung zu erwartender Berührnormale	Bohren = Rotationsachse ist gleichzeitig Berührnormale	Linksschraubung = Rotations- u. Translationsvektor entgegengesetzt orientiert	Gegenlauf = Tangentialflächen entgegen bewegt

7.6-21

BILD 39: Variation des zeitlichen Verlaufs der Bewegung

Größe	stetig			mit Rast			mit Pilgerschritt (Teilrücklauf)		
Art	Rot.	Transl.	Schr.	Rot.	Transl.	Schr.	Rot.	Transl.	Schr.
Orientierung gleichsinnig	⟩	→	⟋⟍⟍	⟩	⟿	⟋⟍⟍	⟩	⟹	⟋⟍⟍
wechselsinnig (oszillierend, hin und her)	⟩	↔	⟋⟍⟍	⟩	⟷	⟋⟍⟍	⟩	⟻⟹	⟋⟍⟍

7.6-22

BILD 40: Variation des Getriebefreiheitsgrades

Grüblersche Formel:

$$F = \sum_1^e f - b(e - n) - b$$

F = kinematischer Bestimmtheitsgrad (Getriebefrei-
heitsgrad)

$\sum_1^e f$ = Summe aller Gelenk-
freiheitsgrade

b = Anzahl der voneinander
unabhängigen Bewegungen
des Bezugsystems

e = Anzahl aller Lagerstellen
(Gelenke)

n = Anzahl aller Körper
(Glieder)

Symbole:

$\aleph^2$ = Lagerstelle (Gelenk) mit
Anzahl der Freiheitsgrade

● Veränderung des Bezugssystems

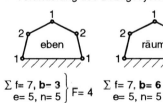

$$\left.\begin{array}{l} \sum f= 7,\ b\text{-}3 \\ e= 5,\ n= 5 \end{array}\right\} F= 4 \qquad \left.\begin{array}{l} \sum f= 7,\ b= 6 \\ e= 5,\ n= 5 \end{array}\right\} F= 1$$

● Veränderung der Freiheitsgrade der Lagerstellen (Gelenke)

$$\left.\begin{array}{l} \sum f= 4,\ b= 3 \\ e= 4,\ n= 4 \end{array}\right\} F= 1 \qquad \left.\begin{array}{l} \sum f= 5,\ b= 3 \\ e= 4,\ n= 4 \end{array}\right\} F= 2$$

● Veränderung der Anzahl der Lagerstellen (Gelenke)

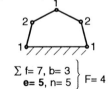

$$\left.\begin{array}{l} \sum f= 7,\ b= 3 \\ e= 5,\ n= 5 \end{array}\right\} F= 4 \qquad \left.\begin{array}{l} \sum f= 7,\ b= 3 \\ e= 6,\ n= 5 \end{array}\right\} F= 1$$

● Veränderung der Anzahl der Körper (Glieder)

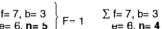

$$\left.\begin{array}{l} \sum f= 7,\ b= 3 \\ e= 6,\ n= 5 \end{array}\right\} F= 1 \qquad \left.\begin{array}{l} \sum f= 7,\ b= 3 \\ e= 6,\ n= 4 \end{array}\right\} F= -2$$

7.6-23

BILD 41: Variation der Lagerstellen (siehe auch BILD 24, 25)

Variationsmöglichkeit	Beispiele	Bild
Lageranordnung	Fest-Los-Lagerung schwimmende Anordnung **X-Anordnung** O-Anordnung	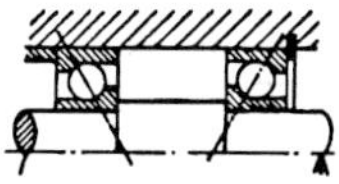
Wälzlager	Kugellager (axial + radial) **Rollenlager** (axial + **radial**) Nadellager (axial + radial) Drahtkugellager (axial + radial)	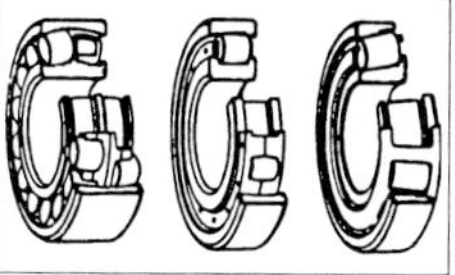

Gleitlager	hydrodynamische Lager
	    zylindrisch
	    Segmentlager
	    Kippsegmentlager
	hydrostatische Lager
		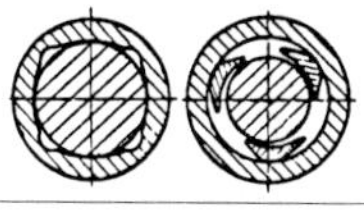

Führungen	offene Führungen
	umschließende Führungen
	umgreifende Führungen
	Wälzführungen
	Gleitführungen
	    hydrodynamisch
	    hydrostatisch
		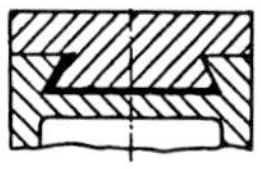

7.6-24

BILD 42: Variation elastischer Glieder (Federn)

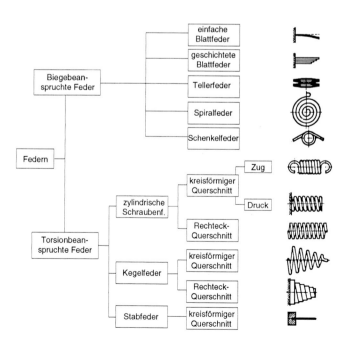

7.6-25

BILD 43: Variation des statischen Bestimmtheitsgrades

Lagertypen	Symbol	statische Kennzeichen (Wertigkeit, ebene Lagerreaktionen)	kinematische Kennzeichen (Bewegungs-möglichkeit)	statisch bestimmte Lagerungen	statisch unbestimmte Lagerungen
verschieb-bares Gelenklager		einwertig 1 Kraftkompo-nente (F_z)	Drehung um y-Achse Verschiebung in x-Richtung		
festes Gelenklager		zweiwertig 2 Kraftkompo-nenten (F_x, F_z)	Drehung um y-Achse		
feste Einspannung		dreiwertig 2 Kraftkomponenten 1 Momentkompo-nente (F_x, F_z, M_y)	weder Drehung noch Verschiebung		

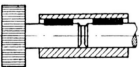

verschiebbares Gelenklager

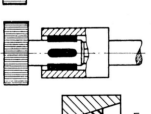

festes Gelenklager

ausgearteter Fall einer Drei-stablagerung

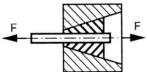

feste Einspannung

7.6-26

BILD 44: Variation der Schaltungsart

Reihenschaltung: eindeutige, meist übliche Aufeinanderfolge von Funktionsträgern

Parallelschaltung von Funktionsträgern meist zur Verringerung von Baugröße, Gewicht und Kosten (Beispiel: Lamellenkupplung, Wälzlager, Planetengetriebe, mechanische Vierradbremse). Bei mechanischen Wirkflächen evtl. Problem des Lastausgleichs.

Kreisschaltung: Teile des Stoff-, Energie- und Signalflusses werden zurückgeführt. Regelungs-, Selbsthilfestrukturen.

BILD 45: Variation der Getriebeart

phys. Effekt Getriebe-prinzip	Hebel-/ Keilgetriebe	Torsions-getriebe	Quer-kontraktions-getriebe	Fluidgetriebe	elektr./magn. Getriebe
Prinzip					

	Kurven-getriebe	Gelenk-getriebe	Räder-/Wälz-hebelgetriebe	Zug-/Druck-mittelgetriebe	hybride Getriebe
Gestalt-varianten 1. Ordnung (Getriebeart)					
Gestalt-varianten 2. Ordnung ebene, sphärische, räumliche Getriebe	ebene Kurvengetriebe Schwingen-, Stößel-, Keilg.	ebene Gelenkgetriebe	ebene Rädergetriebe Stirnrad-getriebe	ebene Zug-/Druck-mittelgetriebe	ebene hybride Getriebe
	sphärische Kurvengetriebe Kugelkurveng.	sphärische Gelenkgetriebe	sphärische Rädergetriebe Kegelradgetr.	sphärische Zug-/Druck-mittelgetriebe	sphärische hybride Getriebe
	räumliche Kurvengetriebe Zylinder-, Kur-ven-, Schraub-getriebe	räumliche Gelenkgetriebe	räumliche Schraubenrad-, Schneckenrad-, Räder-, Hyper-boloidradgetr.	räumliche Zug-/Druck-mittelgetriebe	räumliche hybride Getriebe

7.6-29

BILD 46: Umkehrung/Negation

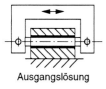
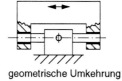
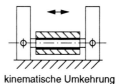

Ausgangslösung   geometrische Umkehrung   kinematische Umkehrung

7.6-31

Negation:	Merkmal vorhanden/nicht vorhanden
Spiegelung:	Bild/Spiegelbild
Grenzwert:	Merkmal gegen Null/gegen Unendlich
Vertauschung:	+/-, links/rechts, oben/unten, innen/außen, An-/Abtrieb, zyklische Ver-tauschung

2.2.4 Einsatz von Gestaltungsprinzipien

Übersicht:

2.2.4.1 Funktionsvereinigung/Funktionstrennung

Bei **Funktionsvereinigung** trägt ein und dasselbe Bauteil oder Funktionsträger zur Erfüllung von **mindestens zwei** Funktionen bei. Bei **Funktionstrennung** erfüllt ein Bauteil oder Funktionsträger **nur eine** Funktion.

BILD 47: Funktionsvereinigung/Funktionstrennung

Funktionsvereinigung   **Funktionstrennung**

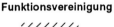

F1 + F2

Funktion F1:
el. Energie leiten

Funktion F2:
Gewichtskraft
leiten

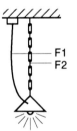

— F1
— F2

F1 + F2: Zuleitungskabel   F1: Zuleitungskabel
                                   F2: Kette

7.7-1

2.2.4.2 Integral-/Differentialbauweise

Unter **Integralbauweise** versteht man das Zusammenfassen verschiedener Bauteile zu einem. Unter **Differentialbauweise** versteht man das Aufteilen eines Bauteils in mehrere Bauteile.

Bei Integralbauweise zur **Teilezahlverringerung** variiert man zweckmäßig **Fertigungsverfahren** (und Werkstoff) wie z. B.: Urform-, Umform- oder Trennverfahren (BILD 32 und 33).

BILD 48: Differential-/Integralbauweise

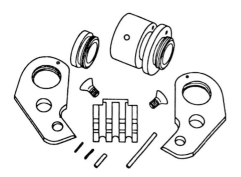 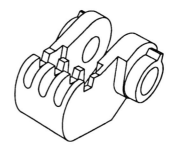

a) Differentialbauweise:
   11 Einzelteile

b) Integralbauweise:
   1 Feingußteil, Fertigungszeit-
   ersparnis 62%, Kostenersparnis 72%

7.7-5

2.2.4.3 Kraftfluß

Grundsätze zum Kraftfluß

– Ein **Kraftfluß** ist (bei umfassender Betrachtung des Systems) immer **geschlossen**.
  Massenkräfte (Gewichte, Fliehkräfte) werden nicht berücksichtigt.
– In einem Kraftfluß-Kreislauf **ändert sich die Beanspruchungsart** (Pressung, Druck,
  Zug, Biegung, Torsion).
– Der Kraftfluß sucht sich den **kürzesten Weg**. Die Kraftlinien drängen sich in engen
  Querschnitten zusammen, in weiten dagegen breiten sie sich aus.

Regeln zur kraftflußgerechten Gestaltung

Regel 1:   Kraftfluß **eindeutig** führen: Überbestimmungen, Unklarheiten der Kraftübertragung meiden (z. B. Fest-/Loslager-Bauweise).

Regel 2:   Für **steife, leichte Bauweisen** den Kraftfluß auf **kürzestem Wege führen.**
Biegung und Torsion vermeiden, Zug und Druck mit voll ausgenutzten
Querschnitten bevorzugen; z. B. Hängebrücken, Zuganker. Symmetrieprinzip bevorzugen wie z. B. bei Innenbackenbremsen, Doppelschrägverzahnun-
gen, Planetengetrieben.

Regel 3:   Für **elastische, arbeitsspeichernde Bauweisen:** Kraftfluß auf **weitem
Wege führen.**
Biegung und Torsion bevorzugen; den Kraftfluß „spazierenführen"; z. B. bei
Federn, Rohrkompensatoren, im Crash-Verhalten günstige Pkw-Karosse-
rien.

Regel 4 :   **Sanfte Kraftflußumlenkung** anstreben.
Scharfe Umlenkungen ergeben Spannungskonzentrationen; eine Abhilfe
sind Ausrundungen und außerdem gilt es, den Kraftfluß verformungsgerecht
ein- und auszuleiten.

2.2.4.4 Lastausgleich

Zweck ist, gleiche Kräfte/Momente an parallelgeschalteten und statisch unbestimmten mechanischen Wirkflächenkontakten zu erreichen

BILD 49: Beispiele für Lastausgleich

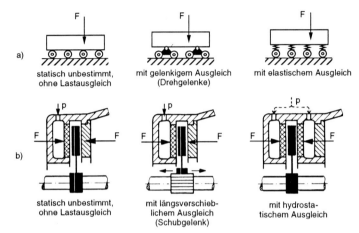

a)

statisch unbestimmt, ohne Lastausgleich

mit gelenkigem Ausgleich (Drehgelenke)

mit elastischem Ausgleich

b)

statisch unbestimmt, ohne Lastausgleich

mit längsverschieblichem Ausgleich (Schubgelenk)

mit hydrostatischem Ausgleich

7.7- 13

BILD 50: Lastausgleich

Lastausgleich

Problem beseitigen

statisch bestimmt machen
- gelenkiger Lastausgleich
  (Drehgelenke, Schubgelenke)
- hydrostatischer Lastausgleich

Störgröße verringern
- genau fertigen
- "einstückig" herstellen
  (Integralbauweise)
- bei Montage anpassen
- plastisch verformen
- einlaufen lassen
- Verringerung ungewollter
  elastischer oder thermi-
  scher Verformungen

**Auswirkungen der Stör-
größe verringern**

schlupfläufig machen
- Reibungsschlupf
  (Rutschkupplung)
- hydrostatisch
- hydrodynamisch
- (elektro-)magnetisch

elastisch gestalten
- elastische Gestaltung des
  Wirkkörpers selbst
- zusätzliche elastische Mittel
  (elast. Festkörper, Gas- oder
  Flüssigkeitselastizität, "hydrodynamische" Elastizität)

7.7-12

2.2.4.5 Selbsthilfe

Bei Selbsthilfe hilft ein geeignet angeordnetes Element meist im Kreisschluß mit, die Aufgabe besser zu erfüllen, d. h. sicherer, platzsparender, leichter, leistungsfähiger zu werden

BILD 51: Beispiel für Selbsthilfe

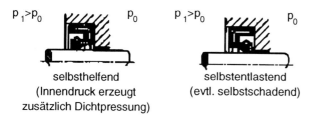

$p_1 > p_0$ p_0 $p_1 > p_0$ p_0

selbsthelfend   selbstentlastend
(Innendruck erzeugt   (evtl. selbstschadend)
zusätzlich Dichtpressung)

2.2.5 Kombination von Lösungsprinzipien

BILD 52: Strategie: Aufteilen-Kombinieren

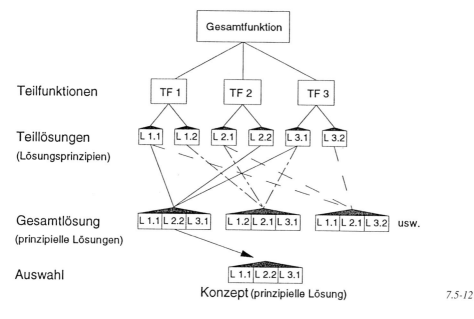

Konzept (prinzipielle Lösung)   *7.5-12*

BILD 53: Morphologischer Kasten als Kombinationshilfe

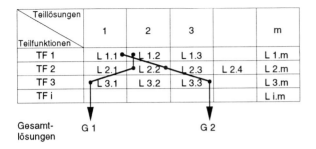

7.5-13

2.3 Lösung auswählen

2.3.1 Analysemethoden

BILD 54: Überblick über Analysemethoden

Zweck / Art der Methode	grundsätzliches Verhalten	Vergleich zwischen Alternativen	Eigenschaftsermittlung überschlägig	genau
Überlegung, Diskussion (Kap. 7.8.1)	interdisziplinäre Diskussion	Vorteils-/ Nachteilsvergleich, Portfolio-Analyse	Abschätzung, Scenariotechnik	logische Argumentation
Berechnung, Optimierung, Kennzahlenvergleich (Kap. 7.8.2)	z. B. kinematische, dynamische Berechnung, Berechnung von Verformung, Verschleiß, Kosten	ABC-Analyse, Vergleichsrechnung, Marktanalyse (z. B. Conjoint-Analyse), Kennzahlen	Auslegungsrechnung, Überschlagsrechnung	Nachrechnung
Simulation mit dem Rechner (Kap. 7.8.2)	kinematische, dynamische Simulation	Simulation mit unterschiedlichen Alternativen	Testmarkt, Rechnersimulation mit einfachem Modell	FEM-Rechnung, Rechnersimulation mit genauem Modell
Versuch (Kap. 7.8.3)	Handversuch, orientierender Versuch (Pappe, Draht, Plastik), Rapid Prototyping	Vergleichsversuche, Modellversuche	Vorversuch, Laborversuch, Technikumsversuch, spannungsoptischer Vers., Modellversuch	Prototypversuch, Prüfstandsversuch für Berechnungsformel

7.8-1

2.3.2   Bewertungsmethoden

BILD 55: Kriterien zur Methodenauswahl

Kriterien für die Methodenauswahl	Frage: Welche Art der Auswahl wählen?	
	Einfach-Auswahl, wenn	Intensiv-Auswahl, wenn
Erkennbarkeit der Eigenschaften	mäßig	gut
Wichtigkeit der Entscheidung	gering	hoch
Korrekturmöglichkeit	einfach	schwierig
Neuheit des Problems	gering	hoch
Komplexität des Problems	gering	hoch
Dringlichkeit der Entscheidung	es eilt	Zeit muß vorhanden sein, wenn obiges zutrifft!

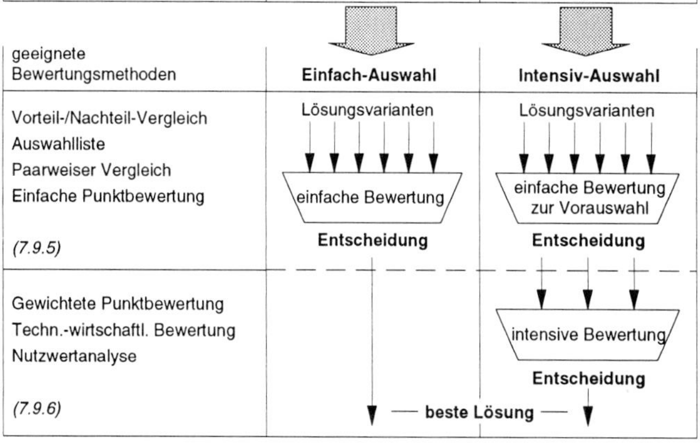

geeignete Bewertungsmethoden	Einfach-Auswahl	Intensiv-Auswahl
Vorteil-/Nachteil-Vergleich Auswahlliste Paarweiser Vergleich Einfache Punktbewertung	Lösungsvarianten ▼▼▼▼▼▼ einfache Bewertung	Lösungsvarianten ▼▼▼▼▼▼ einfache Bewertung zur Vorauswahl
(7.9.5)	Entscheidung	Entscheidung
Gewichtete Punktbewertung Techn.-wirtschaftl. Bewertung Nutzwertanalyse		▼▼▼ intensive Bewertung Entscheidung
(7.9.6)	▼ — beste Lösung — ▼	

7.9-1

BILD 56: Auswahlliste für Einfachauswahl

Kriterium	Lösungsvarianten				
	1	2	3	4	...
A Forderungen der Anforderungsliste erfüllt?	+	?	+	−	
B Verträglichkeit mit angrenzenden Lösungen gegeben?	+	−	+	+	
C Grundsätzlich realisierbar?	+	+	?	+	
D Aufwand zulässig?	+	+	+	−	usw.
E Unmittelbare Sicherheit gegeben?	+	−	+	+	
F Terminlich machbar?	+	+	+	+	
G Know-how vorhanden/beschaffbar?	+	+	+	+	
H ...					
Entscheidung	+	−	?	−	

7.9-5

Bewertung mit: ja (+), nein (-), Informationsmangel (?).

Ergebnis: Es werden nur die Lösungsvarianten weiterverfolgt, die alle Kriterien erfüllen (+), mindestens A und B (hier Variante 1). Informationsmängel (?) klären, dann neu beurteilen (hier Variante 3).

Grundsätzliches Vorgehen beim Bewerten

1) Über **Zielvorstellungen** des Kunden, des Marktes, des Herstellers, der Gesellschaft geeignete Kriterien aufstellen.

2) Diese Zielkriterien zu **Ober- und Unterkriterien** im Sinne der Nutzwertanalyse zusammenfassen und evtl. **gewichten**. Wird dieser Schritt nicht durchgeführt, besteht die Gefahr, daß die Gewichtung unbewußt geschieht, da dann öfter nach ähnlichen und voneinander abhängigen Kriterien bewertet wird.

3) Die **Lösungsalternativen auf ihre Eigenschaften** bezüglich dieser Kriterien **analysieren**. Dazu müssen die Kriterien auf erfaßbare Merkmale „heruntergebrochen" werden (z. B. Geräusch auf Frequenz, Schallpegel...).

4) Die von der Art her i. a. unterschiedlichen Eigenschaften (Lebensdauer, Gewicht, Kosten etc.) müssen normiert und z. B. durch eine **Wertvergabe dimensionsloser Punkte** gegenseitig verrechenbar gemacht werden (Wertfunktionen).

5) Die Einzelwerte (Punkte) eines jeden Kriteriums zu einem **Gesamtwert** der jeweiligen Alternative aufsummieren.

6) Die **Alternativen** hinsichtlich dieser Gesamtwerte **vergleichen**: Welche ist die Beste? Wie ist die Rangfolge? Wo sind die Schwachstellen der Alternativen, aber auch der Bewertung?

7) Grundsätzlich gute Alternativen, die wegen untergeordneter Defizite abgewertet wurden, in einem zweiten Bewertungsdurchgang bezüglich des Nachbesserungsaufwandes bewerten.

Beispiel: Unter drei 9-Volt Batterien soll die Beste ausgewählt werden.

BILD 57: Eigenschaften der Batterien

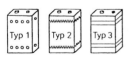

A&C 57

Batterietyp	Kriterien		
	Funktion	Kosten	Betriebssicherheit
Typ 1	9,1 V	2,50 DM	gut
Typ 2	8,5 V	2,20 DM	mittel
Typ 3	8,9 V	1,60 DM	mäßig

7.9-3

BILD 58: Paarweiser Vergleich von Alternativen (hier: Betriebssicherheit)

Bezüglich Betriebssicherheit ist Batterie vom	besser (1) oder schlechter (0) als Batterie vom			Punkte-summe Σ	Rangfolge
	Typ 1	Typ 2	Typ 3		
Typ 1	–	1	1	2	1
Typ 2	0	–	1	1	2
Typ 3	0	0	–	0	3

7.9-6

Ergebnis des Vergleichs jeder Alternative mit jeder ist eine Rangfolge der Alternativen.

BILD 59: Gewichtete Punktbewertung

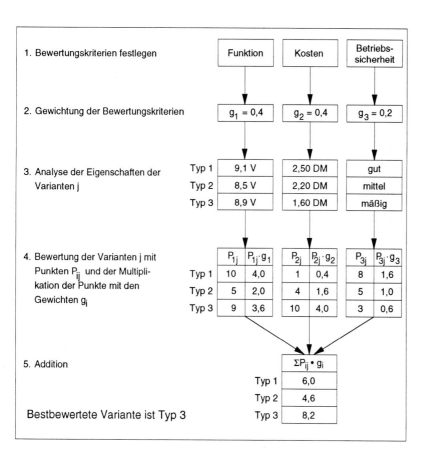

7.9-7

Bewertung mittels technisch-wirtschaftlicher Bewertung

1) Technische Wertigkeit X

Für jede technische Eigenschaftsklasse i einer Variante j werden Punkte p vergeben (z. B. von 0 bis 10 mit $p_{max} = 10$). Die Eigenschaftsklassen können mit Gewichten g_i (z. B. von 0 bis 1) versehen werden.

Die technische Wertigkeit X_j einer Variante j errechnet sich dann zu:

$$X_j = \left[\frac{g_1 p_1 + g_2 p_2 + \ldots + g_i p_i}{(g_1 + g_2 + \ldots + g_i) p_{max}} \right]_j < 1$$

Bezugswert ist die ideale Lösung mit der maximalen Punktezahl p_{max}.

Für das Beispiel 9V-Batterien ergeben sich mit den Punkten und Gewichten aus der gewichteten Punktbewertung folgende technische Wertigkeiten (Berücksichtigung der Funktion und Betriebssicherheit) der einzelnen Typen:

Typ 1: $\quad X_1 = \dfrac{0{,}4 \cdot 10 + 0{,}2 \cdot 8}{(0{,}4 + 0{,}2) \cdot 10} = 0{,}93$

Typ 2: $\quad X_2 = \dfrac{0{,}4 \cdot 5 + 0{,}2 \cdot 5}{(0{,}4 + 0{,}2) \cdot 10} = 0{,}50$

Typ 3: $\quad X_3 = \dfrac{0{,}4 \cdot 9 + 0{,}2 \cdot 3}{(0{,}4 + 0{,}2) \cdot 10} = 0{,}70$

2) Wirtschaftliche Wertigkeit Y

Bezugswert ist ein ideales Kostenziel, das ins Verhältnis zu den tatsächlichen Kosten der Varianten gesetzt wird. Um genügend attraktiv zu werden und eventuelle Kostensteigerungen aufzufangen, werden die idealen Kosten K_i zu $0{,}7\,K_{zul}$ gesetzt, wobei K_{zul} bisher zu 2,10 DM gesetzt worden war.

Die wirtschaftliche Wertigkeit Y_j einer Variante j errechnet sich dann im Batteriebeispiel (ideales Kostenziel 1,47 DM) zu:

$$Y_j = \left[\frac{\textit{ideales Kostenziel } K_i = 0{,}7 * K_{zul.}}{\textit{tatsächliche Kosten } K} \right]_j < 1$$

Typ 1: $\quad Y_1 = \dfrac{1{,}47 \text{ DM}}{2{,}50 \text{ DM}} = 0{,}59$

Typ 2: $\quad Y_2 = \dfrac{1{,}47 \text{ DM}}{2{,}20 \text{ DM}} = 0{,}67$

Typ 3: $\quad Y_3 = \dfrac{1{,}47 \text{ DM}}{1{,}60 \text{ DM}} = 0{,}92$

3) Stärke-Diagramm

Für die graphische Darstellung der technisch-wirtschaftlichen Wertigkeiten eignet sich das Stärkediagramm.

Durch Eintragen der Werte X und Y in das Stärke-Diagramm erhält man ein anschauliches Bild von dem jeweiligen technisch-wirtschaftlichen Wert einer konstruktiven Lösung. Die Lösungsvariante mit dem geringsten Abstand zum Idealpunkt S wird bevorzugt.

Beim Beispiel der 9V-Batterien zeigt das Stärke-Diagramm, daß Typ 3 als beste Variante hervorgeht.

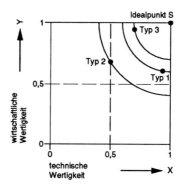

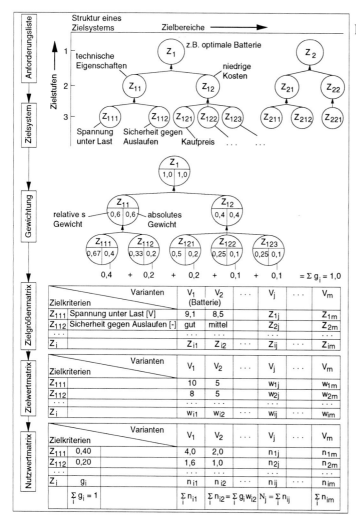

BILD 60:
Nutzwertanalyse

7.9-11

3 Kostengünstig Konstruieren

3.1 Kostenarten

BILD 61: Produkt-Gesamtkosten (life-cycle costs)

9.1-1

BILD 62: Herstellkosten am Beispiel der differenzierten Zuschlagskalkulation (Prozentzahlen nach VDMA 1990)

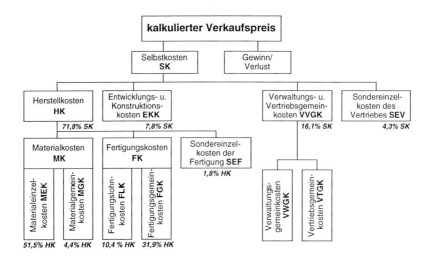

9.1-3

3.2 Vorgehen beim kostengünstig Konstruieren

BILD 63: Vorgehenszyklus für kostengünstig Konstruieren

I	**Aufgabe und Vorgehen klären**
I.0	**Vorgehen** planen, **Team** bilden. Verantwortliche benennen.
I.1	**Kostenziel** gesamt festlegen: Gewinnziel, Wirtschaftlichkeitsziel aus dem Markt (Produkt-Gesamt-, Selbst-, Herstellkosten). **Was wünscht der Kunde?**
I.2	**Analyse** ähnlicher Maschinen: **Kostenstruktur** nach Produkt-Gesamtkosten und/oder Herstellkosten bezogen auf Funktionen, auf Bauteile (z.B. nach Material-, Fertigungskosten aus Einzelzeiten und Rüstzeiten), nach Fertigungsverfahren, Fremd-, Eigenfertigung durchführen. Überprüfung der Normung (allgemein/werkintern).
I.3	**Schwerpunkte** zum Kostensenken suchen. Was kann geändert werden, was nicht? **Kostensenkungspotentiale** ermitteln.
I.4	**Kostenziel** aufteilen auf Funktionen, Baugruppen, Bauteile, Fertigungsgänge. Aufgabenstellung im einzelnen festlegen.
II	**Lösungen suchen**
II.1	**Funktion:** Weniger oder mehr Funktionen? Funktionsvereinigung?
II.2	**Prinzip:** Anderes Prinzip (Konzept)? Baugrößenverringerung?
II.3	**Gestaltung:** Weniger Teile (Integralbauweise)? Werkinterne **Normung:** Gleichteile, Wiederholteile, Teilefamilien, Baureihe, Baukasten?
II.4	**Material:** Weniger Material? Weniger Abfall? Kostengünstigeres Material? Norm-, Serienmaterial, Kaufteile?
II.5	**Fertigung:** Andere, weniger Fertigungsgänge? Andere Vorrichtungen, Betriebsmittel? Weniger Genauigkeit? Montagevarianten? Eigen- oder Fremdfertigung?
III	**Lösungen auswählen**
III.1	Analyse und Bewertung der Alternativen: **Kostenschätzung, Kalkulation.**
III.2	Auswahl einer Lösung.

9.2-3

BILD 64: Verfolgen eines Kostenziels während der Konstruktion

– **Zielkosten** für gesamtes Produkt (Vorgabe der Werksleitung aus Auftragsgespräch)

– Aufspalten in **Teilzielkosten** für Baugruppen: 1 bis 4 und $\sum$ 5 bis 7 (entspr. den Anteilen aus ähnlichem Produkt und Kostensenkungspotentialen aus Target-Costing-Team)

– Erstellen von Vorentwürfen mit Berater

– Kalkulation durch Arbeitsvorbereitung, Kostenschätzung durch Berater

– Ermittelte Kosten für Baugruppen; Vergleich mit Teilzielkosten

– Konstruktive Überarbeitung der Baugruppen A2, B2

– Kalkulation bzw. Schätzung

– Ermittelte Kosten für Baugruppen; Vergleich mit Teilzielkosten

– Erstellen des Entwurfs

– Vorkalkulation des gesamten Produkts

– Vergleich der ermittelten Gesamtkosten mit Zielkosten

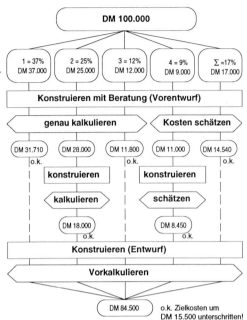

9.3-12

BILD 65: Kostenstruktur (ABC-Analyse) nach Fertigungsverfahren und Arbeitsgängen (Beispiel Zentrifugengehäuse, geschweißt)

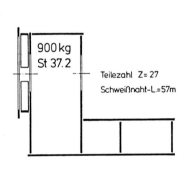

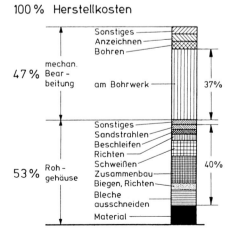

9.2-8

**BILD 66: Kostenstruktur (ABC-Analyse) nach Bauteilen und Kostenarten
(Beispiel Turbienengetriebe)**

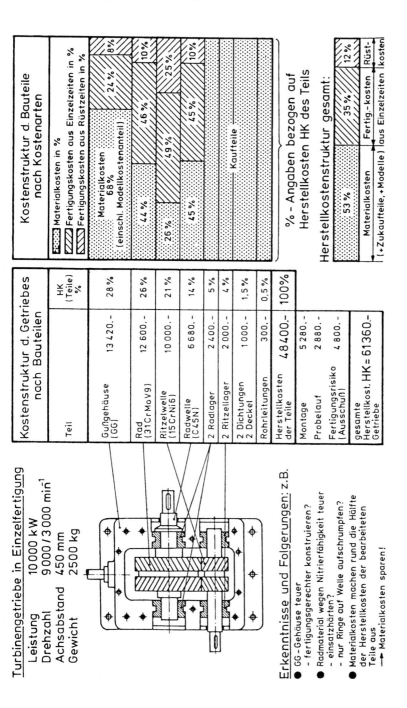

9.2-4

BILD 67: Checkliste für Funktion, Material und Fertigung

Funktion

Sind die Funktionen der Baugruppe bzw. des Teils geklärt?

Ist die Funktionserfüllung eindeutig, einfach und sicher?

Sind Funktionen in ein anderes Bauteil integrierbar?

Sind Funktionen auf mehrere Bauteile übertragbar?

Ist der Material- und der Fertigungsaufwand für die Funktionserfüllung gerechtfertigt?

Material

Ist das Rohmaterial oder ein Kaufteil kostengünstiger zu beschaffen?

Kann anderes kostengünstigeres Material verwendet werden?

Können Norm- bzw. Standardteile (Baukasten) verwendet werden?

Kann das Rohteil aus einem anderen Halbzeug hergestellt werden?

Kann der Verschnitt durch Gestaltung reduziert werden?

Ist das Rohteil als Guß-, Schmiede-, Sinter- bzw. Blechteil herstellbar?

Kann das Halbzeug bzw. der Rohling vorbehandelt bezogen werden?

Fertigung

Wird die Fertigungstechnologie im Haus beherrscht?

Paßt das Bauteil in das firmenspezifische Teilespektrum?

Muß das Bauteil im Haus gefertigt werden?

Sind die Fertigungszeiten gerechtfertigt?

Ist die Reihenfolge der Arbeitsgänge optimal?

Ist die Fertigung auf anderen Maschinen kostengünstiger?

Sind andere Verfahren zur Werkstofftrennung, zur Oberflächenbehandlung, zum Fügen und Montieren möglich?

Dienen alle bearbeiteten Flächen der Funktionserfüllung?

Müssen alle Wirkflächen bearbeitet werden?

Ist eine geringere Oberflächenqualität und sind gröbere Toleranzen möglich?

Können unterschiedliche Abmessungen vereinheitlicht werden?

9.2-6

Checkliste zur Reduzierung der Teilevielfalt

Technische Maßnahmen zur Reduzierung der Teilevielfalt:

– Umgestalten mehrerer Teile zu einem Teil	→ **Integralbauweise**
– Möglichst viele gleiche Teile in einem Produkts verwenden	→ **Gleichteile**
– Teile in unterschiedlichen Produkten verwenden	→ **Wiederholteile**
– Teile gleicher Funktion standardisieren	→ **Teilefamilie**
– Mehrfachverwendung von Teilen und Baugruppen	→ **Baukastensystem**
– Vermeidung von Sonderkonstruktionen bei Produkten gleicher Funktion	→ **Baureihen**
– Normteile verwenden	→ **Normteile**
– Kaufteile verwenden, da diese ohnehin meist in größeren Stückzahlen gefertigt werden.	→ **Kaufteile**

Kostenbeziehungen:

Pauschale Stückzahldegression der Fertigungskosten FK

$$\frac{FK_1}{FK_0} \approx \sqrt[3]{\frac{n_0}{n_1}}$$

mit n = Stückzahl

Bei Stückzahlverdopplung ergeben sich i. a. 15-25% Kostensenkung

Summarische Ähnlichkeitsbeziehung für Herstellkosten

$$HK_1 = FK_{r0} * \frac{\varphi_L^{0,5}}{n_1} + FK_{e0} * \varphi_L^2 + MK_0 * \varphi_L^3$$

FK_{r0} = Fertigungskosten aus Rüstzeiten des Grundentwurfs
FK_{e0} = Fertigungskosten aus Einzelzeiten des Grundentwurfs
MK_0 = Materialkosten des Grundentwurfs

$\varphi_L = \dfrac{L_1}{L_0}$ = Stufensprung der Länge

n = Losgröße; Index: 0 = Grundentwurf, 1 = Folgeentwurf

BILD 68: Arbeitsplan der Wertanalyse

Grundschritt	Teilschritt (Bearbeitungsintensität und ggf. auch die Reihenfolge der Teilschritte innerhalb eines jeden Grundschrittes sind projektabhängig)
1 Projekt vorbereiten	1.1 Moderator benennen 1.2 Auftrag übernehmen, Grobziel mit Bedingungen festlegen 1.3 Einzelziele setzen 1.4 Untersuchungsrahmen abgrenzen 1.5 Projektorganisation festlegen 1.6 Projektablauf planen
2 Objekt-situation analysieren	2.1 Objekt- und Umfeld -Informationen beschaffen 2.2 Kosteninformationen beschaffen 2.3 Funktionen ermitteln 2.4 Lösungsbedingte Vorgaben ermitteln 2.5 Kosten den Funktionen zuordnen
3 Soll-Zustand festlegen	3.1 Informationen auswerten 3.2 Soll-Funktionen festlegen 3.3 Lösungsbedingende Vorgaben festlegen 3.4 Kostenziele den Soll-Funktionen zuordnen
4 Lösungsideen entwickeln	4.1 Vorhandene Ideen sammeln 4.2 Ideenfindungstechniken anwenden
5 Lösungen festlegen	5.1 Bewertungskriterien festlegen 5.2 Lösungsideen bewerten 5.3 Ideen zu Lösungsansätzen verdichten und darstellen 5.4 Lösungsansätze bewerten 5.5 Lösungen ausarbeiten 5.6 Lösungen bewerten 5.7 Entscheidungsvorlage erstellen 5.8 Entscheidungen herbeiführen
6 Lösungen verwirklichen	6.1 Realisierung im Detail planen 6.2 Realisierung einleiten 6.3 Realisierung überwachen 6.4 Projekt abschließen

4 Checkliste zur Schlußprüfung der Konstruktion

Anforderungen
Alle Forderungen und Wünsche der Kunden erfüllt? (Anforderungsliste)

Funktionsqualität
Ist die geforderte Funktion erfüllt? Wo sind Schwachstellen? Was ist neu und eher unerprobt? Was wollte der Kunde eigentlich nur?

Betriebsbedingungen
Wird die Maschine den Betriebsbedingungen gerecht? Wie verhält sich die Maschine beim Anlauf? Können Schwingungen, Stöße, Temperaturschwankungen usw. aufgenommen werden oder auftreten?

Betriebssicherheit
Wo sind kritische Stellen hinsichtlich Bruch, Verformung, Verschleiß, Korrosion...? Wie stark sind die gemachten Vereinfachungen für die Berechnung? Woher stammen zulässige Werte? Ersatzmaßnahmen wenn die kritische Stelle ausfällt?

Versuch
Sind Versuche erforderlich? Welche Versuche sollten durchgeführt werden? Wie groß ist der Aufwand?

Werkstoffe
Welche Werkstoffe, Werkstoffvergütungen oder Oberflächenbehandlungen werden benutzt? Sind diese hinsichtlich Betriebsverhalten und Fertigung richtig? Sind die Werkstoffkennwerte gewährleistet? Liefertermine und Kosten?

Fertigung
Welche Fertigungsverfahren werden angewandt? Sind die Teile im eigenen Betrieb herstellbar? Sind alle Teile fertigungsgerecht konstruiert? Sind die Maßeintragungen fertigungsgerecht? Sind die Genauigkeiten ausreichend oder übertrieben? Sind alle Zeichnungen mit ausreichenden Bearbeitungs- und Oberflächenangaben versehen?

Zulieferumfänge
Schnittstellen klar? Wer macht Qualitätsprüfung? Wer garantiert für was? Wer ist verantwortlich? Liefertermine und Preise klar?

Montage
Ist die Maschine montierbar und demontierbar? Welche Vorrichtungen und Werkzeuge sind erforderlich? Automatisierungsgerecht?

Schmierung
Werden alle notwendigen Teile der Maschine ausreichend geschmiert? Ist die Dichtheit gewährleistet? Steht die richtige Schmierstoffart und -menge zur Verfügung?

Normprüfung
Welche Teile können durch Normteile oder Kaufteile ersetzt werden? Können andere Teile durch Wiederholteile ersetzt werden?

Vorschriften
Sind gesetzliche und andere Vorschriften eingehalten? Vorschriften für Qualitätsprüfung und -abnahme? Unfallverhütungsvorschriften? Umweltbeeinflussung? Entsorgungsvorschriften?

Transport
Welche Probleme können beim Transport auftreten? Verpackung, Versicherung?

Nutzung
Inbetriebnahme, Nutzung, Bedienung, Inspektion, Wartung, Reparaturen einfach genug? Ist die Unfallsicherheit gewährleistet?

Kosten
Sind Herstellkosten, Instandhaltungskosten, Betriebskosten und Entsorgungskosten unterhalb der geforderten Größe?

Lieferzeit
Welches sind lieferzeitkritische Teile oder Fertigungsverfahren? Was tun, wenn es dabei Ausschuß gibt?

Anhang zu ISBN 3-446-15706-9